Atomphysikalische Symbole

Symbol	Name	Symbol	Name
α	Alphateilchen	π	Pion, Pi-Meson
β	Betateilchen	d	Deuteron
γ	Photon, Quant	t	Triton
e⁻, β⁻	Elektron, neg. Betateilchen	n	Neutron
e⁺, β⁺	Positron, positives Betateilchen	p	Proton
δ	Delta-Elektron	ν	Neutrino
K	K-Meson	K, L, M ...	Elektronenschalen
μ	Myon, My-Meson		

27. JUNI 1980

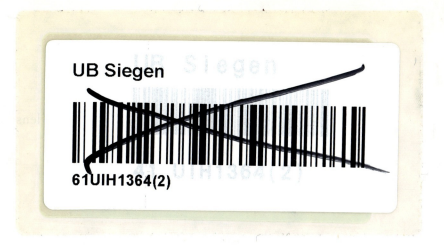

08. Dez. 1989

Dosimetrie und Strahlenschutz
2. Auflage

Logarithmus: ${}^b\log a$ ist die Zahl, mit der b potenziert werden muß, um a zu erhalten
$$x = {}^b\log a \qquad b^x = b^{{}^b\log a} = a$$
b Basis; a Numerus; x Logarithmus.

Ist $b = 10$, so nennt man ${}^{10}\log a$ den gemeinen oder Briggschen Logarithmus von a und schreibt dafür $\lg a$.
Ist $b = e = 2{,}718282\ldots$, so ist ${}^e\log a$ der natürliche Logarithmus von a, und man schreibt dafür $\ln a$.

Rechenregeln:
$${}^b\log(a \cdot c) = {}^b\log a + {}^b\log c$$
$${}^b\log \frac{a}{c} = {}^b\log a - {}^b\log c$$
$${}^b\log(a^n) = n \, {}^b\log a; \qquad {}^b\log\left(\sqrt[n]{a}\right) = \frac{1}{n} \, {}^b\log a.$$

Gemeine und natürliche Logarithmen lassen sich ineinander umrechnen.
$$\lg x = M \ln x; \qquad \ln x = \frac{1}{M} \lg x,$$
wobei $\quad M = \lg e = 0{,}4342945; \quad \dfrac{1}{M} = 2{,}30259.$

Exponentialfunktion:
$$e^x = \exp x; \qquad e^{-x} = \frac{1}{e^x} = \exp(-x).$$

Die Zahl π:
$$\pi = 3{,}14159; \qquad \lg \pi = 0{,}49715; \qquad \frac{1}{\pi} = 0{,}31831.$$

Näherungsformeln für $x \ll 1$:

1. $\dfrac{1}{1 \pm x} \approx 1 \mp x + x^2$ \qquad 2. $\sqrt{1 \pm x} \approx 1 \pm \dfrac{x}{2} - \dfrac{x^2}{8}$

3. $\dfrac{1}{\sqrt{1 \pm x}} \approx 1 \mp \dfrac{x}{2} + \dfrac{3}{8} x^2$ \qquad 4. $e^{\pm x} \approx 1 \pm x + \dfrac{x^2}{2}$

Fehlerrechnung [4, 7]:

1. Arithmetisches Mittel, Mittelwert $\bar{x}$ aus n Meßwerten x_i einer Meßreihe:
$$\bar{x} = \frac{1}{n}(x_1 + x_2 + \cdots + x_i + \cdots + x_n) = \frac{1}{n} \sum_{i=1}^{n} x_i$$

2. Mittlerer quadratischer Fehler des einzelnen Meßwertes, Standardabweichung s:
$$s = \sqrt{\frac{1}{n-1} \sum_{i=1}^{n} (x_i - \bar{x})^2}$$
s^2 wird Varianz genannt.

3. Standardabweichung $s_{\bar{x}}$ des Mittelwertes $\bar{x}$:
$$s_{\bar{x}} = \frac{s}{\sqrt{n}} \sqrt{\frac{1}{n(n-1)} \sum_{i=1}^{n} (x_i - \bar{x})^2}$$

4. Meßunsicherheit und Genauigkeit

Die Methoden zur Auswertung von Beobachtungen, die Fehlerarten und Grundlagen zur Fehlerberechnung sind in der DIN-Norm [2] und bei KOHLRAUSCH [7, Bd. I] ausführlich dargelegt.

1 Allgemeines

Von W. Hübner

Literaturverzeichnis s. S. 417

1.1 Mathematische Formeln, Fehlerrechnung, Größen, Einheiten, Kurzzeichen und Umrechnungsfaktoren für Einheiten

1.1.1 Einfache mathematische Formeln und Formeln für Fehlerrechnung [4]

Potenzen:

$$a^n = a \cdot a \cdot a \ldots \quad (n \text{ Faktoren})$$
$$x = a^n$$

a Basis (Grundzahl); n Exponent (Hochzahl); x Potenz

Rechenregeln:

$$a^n \cdot a^m = a^{n+m} \qquad a^0 = 1$$
$$\frac{a^n}{a^m} = a^{n-m}; \qquad \frac{1}{a^n} = a^{-n}$$
$$a^n \cdot b^n = (a \cdot b)^n; \qquad \frac{a^n}{b^n} = \left(\frac{a}{b}\right)^n$$

Wurzeln: $\sqrt[n]{a}$ ist die Zahl, die n-mal mit sich selbst multipliziert a ergibt:

$$x = \sqrt[n]{a} = a^{1/n}; \qquad x^n = \left(\sqrt[n]{a}\right)^n = a$$

a Radikant; n Wurzelexponent; x Wurzel

Rechenregeln:

$$\sqrt[n]{a} \cdot \sqrt[m]{a} = \sqrt[n+m]{a}$$
$$\frac{\sqrt[n]{a}}{\sqrt[m]{a}} = \sqrt[n-m]{a}$$
$$\sqrt[n]{a} \cdot \sqrt[n]{b} = \sqrt[n]{a \cdot b}; \qquad \frac{\sqrt[n]{a}}{\sqrt[n]{b}} = \sqrt[n]{\frac{a}{b}}$$

XVI Inhaltsverzeichnis

8.2	Wirkungen ionisierender Strahlung	329
8.2.1	Wirkungen auf den Menschen	329
8.2.2	Wirkungen auf sonstige Lebewesen	334
8.2.3	Wirkungen auf unbelebte Objekte	335
8.3	Primäre Grenzwerte der Strahlenbelastung des Menschen	340
8.3.1	Natürliche Strahlenbelastung auf der Erdoberfläche	341
8.3.2	Höchstzulässige Äquivalentdosen für beruflich strahlenexponierte Personen	342
8.3.3	Dosisgrenzen für einzelne Personen der Bevölkerung	343
8.3.4	Grenzwerte für die Strahlenbelastung der Gesamtbevölkerung	344
8.4	Sekundäre Grenzwerte der Strahlenbelastung des Menschen	344
8.4.1	Grenzwerte der Dosisleistung von äußeren Strahlenquellen	345
8.4.2	Grenzwerte für die innere Kontamination des Menschen	346
8.4.3	Grenzwerte für die äußere Kontamination des Menschen und für die Kontamination von Oberflächen	358
8.5	Praktischer Strahlenschutz	363
8.5.1	Administration	363
8.5.2	Abschätzung des Risikos	366
8.5.3	Allgemeiner technischer Strahlenschutz	377
8.5.4	Technischer Personenschutz	399
8.5.5	Meßtechnische Überwachung	401
8.5.6	Maßnahmen bei Störungen und Unfällen — Planung, Ausführung, Erfahrungen und Lehren	407
8.6	Umweltradioaktivität und Strahlenbelastung infolge von Anwendungen ionisierender Strahlungen	408
8.6.1	Strahlenbelastung durch künstlich radioaktive Stoffe in der Umwelt	408
8.6.2	Strahlenbelastung infolge medizinischer Anwendungen von Röntgenstrahlen und radioaktiven Stoffen	410
8.6.3	Strahlenbelastung durch berufliche Tätigkeit in Strahlenbetrieben	412
8.6.4	Strahlenbelastung durch sonstige Einflüsse	412
8.6.5	Zusammenfassung	413

Abkürzungen von nationalen und internationalen Organisationen, Kommissionen, Gesellschaften, Instituten, Ausschüssen usw. 415

Literatur 417

    Kapitel 1 417
    Kapitel 2 417
    Kapitel 3 417
    Kapitel 4 418
    Kapitel 5 420
    Kapitel 6 428
    Kapitel 7 431
    Kapitel 8 454
    Allgemeine und zusammenfassende Literatur 466

Sachverzeichnis 467

7.5	Elektronendosimetrie	248
	Von D. HARDER	
7.5.1	Anwendungsbereiche der Elektronenstrahlung	249
7.5.2	Strahlparameter	249
7.5.3	Monitore	254
7.5.4	Dosismeßmethoden	256
7.5.5	Dosisberechnungsmethoden	263
7.5.6	Dosisverteilungen	263
7.6	Neutronendosimetrie	272
	Von S. WAGNER	
7.6.1	Größen für die Neutronendosimetrie	272
7.6.2	Tiefendosisverteilungen	274
7.6.3	Meßverfahren der Neutronendosimetrie	276
7.7	Dosimetrie schwerer geladener Teilchen	282
	Von L. LANZL und H. H. EISENLOHR	
7.7.1	Allgemeines	282
7.7.2	Dosimetrie von Protonen und Deuteronen	283
7.8	Dosimetrie bei Kontakttherapie, intrakavitärer und interstitieller Therapie mit geschlossenen radioaktiven Präparaten	287
	Von R. G. JAEGER und W. HÜBNER	
7.8.1	Allgemeines	287
7.8.2	Dosimetrie von Betastrahlern	288
7.8.3	Dosimetrie von Gammastrahlern	294
7.8.4	Dosimetrie von kombinierten Beta-Gamma-Quellen	298
7.8.5	Dosimetrie von Alphastrahlern	299
7.9	Dosimetrie offener radioaktiver Stoffe bei Inkorporation und bei Hautkontamination	299
	Von W. HÜBNER und R. G. JAEGER	
7.9.1	Allgemeines	299
7.9.2	Dosimetrie von offenen inkorporierten Alpha- und Betateilchen sowie von Punktquellen und Dosisberechnung bei oberflächlich kontaminierter Haut	300
7.9.3	Dosimetrie offener inkorporierter Betastrahler	306
7.9.4	Dosimetrie offener inkorporierter Gammastrahler	308
7.9.5	Beispiele zur Berechnung der Energiedosis eines $(\beta + \gamma)$-Strahlers und der einer vorgegebenen Energiedosis entsprechenden Aktivität	310
7.10	Mikroskopische Energieverteilung im bestrahlten Material (Mikrodosimetrie)	313
	Von H. H. EISENLOHR	
7.11	Gleichungen und Nomogramme zur Umrechnung zwischen den gebräuchlichen Einheiten der Aktivität, der Dosis und Dosisleistung und den SI-Einheiten	316
	Von W. HÜBNER	
8	**Strahlenschutz**	319
	Von J. MEHL	
8.1	Strahlenschutzregelungen	319
8.1.1	Regelungen internationaler Organisationen	319
8.1.2	Regelungen europäischer Organisationen	322
8.1.3	Regelungen der Bundesrepublik Deutschland	322
8.1.4	Richtlinien und Normen anderer Länder	329

6.3.3	Richtungsverteilung der Röntgenbremsstrahlung	148
6.4	Wechselwirkungen zwischen Photonen und Materie	150
6.4.1	Allgemeines	150
6.4.2	Schwächung, Schwächungsgesetz, Schwächungskoeffizient	150
6.4.3	Energieumwandlung und Energieumwandlungskoeffizient	158
6.4.4	Massenschwächungskoeffizient und Massen-Energieumwandlungskoeffizient für Spektren	159
6.4.5	Energieabsorptionskoeffizient	160
6.4.6	Tabellen und Abbildungen zum Massen-Schwächungskoeffizienten, Massen-Energieumwandlungskoeffizienten und Massen-Energieabsorptionskoeffizienten	161
6.4.7	Materialäquivalenz	163
6.5	Strahlenqualität	170
6.5.1	Allgemeines	170
6.5.2	Praktische Charakterisierung der Strahlenqualität	170
6.5.3	Filterungen	175
6.6	Sekundärelektronen von Photonen	178
6.6.1	Allgemeines	178
6.6.2	Reichweite von Sekundärelektronen	178
6.6.3	Relative Anzahlen und mittlere relative Energien	179
7	**Dosimetrie**	**183**
7.1	Allgemeines Von W. Hübner	183
7.1.1	Dosimetrie und Dosierung	183
7.1.2	Ziel der Dosimetrie	183
7.1.3	Grundprinzipien der Dosimetrie	184
7.1.4	Absolut-, Fundamental- und Relativmethoden	185
7.2	Fundamentalverfahren und Standard-Dosimetrie Von W. Hübner	186
7.2.1	Allgemeines und Staatsinstitute	186
7.2.2	Ionisationsmethoden	187
7.2.3	Kalorimetrische Methoden	187
7.3	Relativmethoden Von W. Hübner, H. H. Eisenlohr und R. G. Jaeger	188
7.3.1	Allgemeine Anforderungen an Meßsonden	188
7.3.2	Für die Dosimetrie ausnutzbare Effekte und Methoden	189
7.3.3	Übersicht über Dosismeßverfahren	210
7.4	Röntgen- und Gammastrahlendosimetrie Von W. Hübner, H. H. Eisenlohr und L. Lanzl	212
7.4.1	Relativmethoden	213
7.4.2	Meßsonden	213
7.4.3	Tiefendosis und Dosisaufbaueffekt	219
7.4.4	Grenzflächen und Inhomogenitäten	221
7.4.5	Umrechnung des Meßwertes in die gesuchte Dosisgröße	223
7.4.6	Dosisleistungsspektren	230
7.4.7	Messung der Kenndosisleistung	231
7.4.8	Patientendosimetrie in der Diagnostik	231
7.4.9	Abweichungen vom Abstandsquadratgesetz	232
7.4.10	Dosisverteilung	233

4.6.1 Beziehungen zwischen Teilchenflußdichte und Energiedosisleistung bzw. zwischen Teilchenfluenz und Energiedosis bei direkt ionisierenden (geladenen) Teilchen ... 75

4.6.2 Beziehungen zwischen Energieflußdichte, Kermaleistung und Energiedosisleistung bzw. zwischen Energiefluenz, Kerma und Energiedosis bei indirekt ionisierenden Teilchen ... 77

4.6.3 Historische Entwicklung von Größen und Einheiten der Dosimetrie ... 79

5 Korpuskularstrahlen ... 84

5.1 Allgemeines ... 84
Von D. HARDER

5.1.1 Masse, Energie und Geschwindigkeit ... 84
5.1.2 Ablenkung im Magnetfeld ... 84
5.1.3 Materiewellen ... 87
5.1.4 Der elektromagnetische Impuls ... 88
5.1.5 Die Cerenkov-Strahlung ... 89
5.1.6 Die Synchrotronstrahlung ... 89

5.2 Elektronen und Betateilchen ... 90
Von D. HARDER

5.2.1 Energieverlust ... 90
5.2.2 Richtungsänderungen ... 97
5.2.3 Transmission und Rückdiffusion ... 104
5.2.4 Bahnlänge und Reichweite ... 107
5.2.5 Sekundärelektronen ... 112
5.2.6 Elektronenspektren im bestrahlten Material ... 113
5.2.7 Schwellenenergien für Kernreaktionen (Energiebestimmung) ... 116

5.3 Protonen, Deuteronen, Alphateilchen ... 117
Von H. H. EISENLOHR und L. LANZL

5.3.1 Physikalische Eigenschaften ... 117
5.3.2 Bremsvermögen ... 117
5.3.3 Reichweite und Bahnlänge ... 119

5.4 Neutronen ... 122
Von S. WAGNER

5.4.1 Physikalische Eigenschaften ... 122
5.4.2 Neutronenquellen ... 123
5.4.3 Wechselwirkung von Neutronen mit Materie, Wirkungsquerschnitte ... 128
5.4.4 Neutronennachweis und Flußdichtemessung ... 133

6 Photonenstrahlen (Röntgen- und Gammastrahlen) ... 141
Von W. HÜBNER

6.1 Allgemeines und Definitionen ... 141
6.1.1 Röntgenstrahlung ... 141
6.1.2 Gammastrahlung ... 141

6.2 Erzeugung von Röntgenstrahlen ... 142
6.2.1 Allgemeines ... 142
6.2.2 Strahlungsleistung und Wirkungsgrad ... 142
6.2.3 Charakteristische Röntgenstrahlung ... 143

6.3 Spektrale Verteilungen (Spektren) ... 146
6.3.1 Energie-, Frequenz- und Wellenlängenverteilung der Teilchen- und Energieflußdichte von Röntgenstrahlen ... 146
6.3.2 Energiespektrum von Gammastrahlern ... 148

2.5	Bezugsnachweis für Radionuklide, Standardpräparate und radioaktiv markierte Verbindungen	37
2.6	Alte Definition des Curie sowie veraltete Einheiten der Aktivität und Aktivitätskonzentration	44

3 Anregung und Ionisierung von Atomen und Molekülen; Ionen ... 46
Von W. HÜBNER und R. G. JAEGER

3.1	Allgemeines	46
3.2	Ionenzahldichte, Ionisierungsstärke, spezifisches Ionisierungsvermögen, Rekombination, Sättigung	46
3.2.1	Strahlung und Ionisation in der freien Atmosphäre und im galaktischen Raum	48
3.2.2	Ionenart, -größe, -ladung und -beweglichkeit	50
3.3	Ionisierungsenergie; Energieaufwand zur Bildung eines Ionenpaares und Ionisierungskonstante	50
3.3.1	Ionisierungsenergie	50
3.3.2	Energieaufwand zur Bildung eines Ionenpaares und Ionisierungskonstante	51

4 Strahlungsfeldgrößen und Einheiten, Dosisgrößen und Dosiseinheiten 53
Von W. HÜBNER und R. G. JAEGER

4.1	Allgemeines	53
4.1.1	Ionisierende Strahlen, ionisierende Teilchen	53
4.1.2	Strahlenquelle, Strahlungsfeld, Strahlenwirkung	54
4.1.3	Strahlenausbreitung	54
4.2	Größen und Einheiten zur Beschreibung von Strahlenquellen und Strahlungsfeldern	55
4.2.1	Quellstärke und Strahlungsleistung	55
4.2.2	Teilchenflußdichte und Teilchenfluenz	56
4.2.3	Energieflußdichte und Energiefluenz	58
4.2.4	Beziehungen zwischen Teilchenflußdichte φ und Energieflußdichte ψ sowie zwischen Teilchenfluenz Φ und Energiefluenz Ψ	59
4.2.5	Teilchenstromdichte, Teilchenstrom und Energiestromdichte	59
4.3	Energieübertragung, Energieumwandlung	60
4.3.1	Allgemeines	60
4.3.2	Auf das Material übertragene Energie	60
4.4	Dosisgrößen, Dosiseinheiten und zugehörige Begriffe	61
4.4.1	Allgemeines	61
4.4.2	Energiedosis, Energiedosisleistung und die Einheit Rad, Integraldosis	61
4.4.3	Sekundärteilchengleichgewicht	62
4.4.4	Bragg-Gray-Bedingungen und Fano-Theorem	63
4.4.5	Ionendosis, Ionendosisleistung und die Einheit Röntgen	64
4.4.6	Spezifische Gammastrahlenkonstante (Dosisleistungskonstante)	67
4.4.7	Kenndosisleistung	69
4.4.8	Relative Biologische Wirksamkeit, lineares Energieübertragungsvermögen, Äquivalentdosis, Bewertungsfaktor und deren Einheiten	70
4.4.9	Medizinische Dosisbegriffe	73
4.4.10	Dosisbegriffe für den Strahlenschutz	74
4.5	Kerma, Kermaleistung und deren Einheiten	75
4.6	Beziehungen zwischen Strahlungsfeldgrößen, Kerma (Kermaleistung) und Energiedosis (Energiedosisleistung)	75

Inhaltsverzeichnis

Mitarbeiterverzeichnis		VII
Vorwort zur 2. Auflage		VIII

1	**Allgemeines**	1
	Von W. Hübner	
1.1	Mathematische Formeln, Fehlerrechnung, Größen, Einheiten, Kurzzeichen und Umrechnungsfaktoren für Einheiten	1
1.1.1	Einfache mathematische Formeln und Formeln für Fehlerrechnung	1
1.1.2	Physikalische Größen und Einheiten	3
1.1.3	Atomphysikalische Einheiten für Stoffmenge, Masse und Energie	4
1.1.4	Namen, Kurzzeichen und Umrechnungsfaktoren für Einheiten	5
1.2	Elektrische und magnetische Größen und Einheiten	14
1.3	Frequenz, Wellenlänge, Teilchenenergie, Ruheenergie, Bewegungsenergie (kinetische Energie), Impuls	14
1.3.1	Frequenz, Wellenlänge, Photonenenergie, Impuls	14
1.3.2	Ruheenergie, Bewegungsenergie, relativistische Energie, Impuls	15
1.4	Physikalische Konstanten, Eigenschaften von Elementarteilchen und Periodisches System der Elemente	16

2	**Atombau und Radioaktivität**	22
	Von H. H. Eisenlohr und R. G. Jaeger	
2.1	Aufbau des Atoms	22
2.2	Stabilitätskriterien	23
2.2.1	Empirische Fakten	23
2.2.2	Massendefekt, Bindungsenergie und Stabilität	25
2.3	Radioaktivität	25
2.3.1	Zerfallsgesetz, Zerfallskonstante, Aktivität und die Einheit Curie	25
2.3.2	Mittlere Lebensdauer und Halbwertszeit	27
2.3.3	Spezifische Aktivität	28
2.3.4	Aktivitätskonzentration	28
2.3.5	Radioaktives Gleichgewicht	29
2.4	Radioaktive Quellen	29
2.4.1	Allgemeines, Umwandlungsarten und entstehende Strahlen	29
2.4.2	Alphastrahlung	31
2.4.3	Betastrahlung	31
2.4.4	Gammastrahlung	32
2.4.5	Innere Umwandlung	34
2.4.6	Andere Strahlenarten	34
2.4.7	Radioaktive Stromstandards und einige Konstanten radioaktiver Stoffe	34
2.4.8	Radioaktive Heilwässer, Emanationstherapie	35

Vielen Kollegen, die wir nicht aufzählen können, aus den Kreisen der Physikalisch-Technischen Bundesanstalt, der Deutschen Röntgengesellschaft, Strahlenkliniken, Universitäts- und Max-Planck-Instituten und der IAEA Wien danken wir für Vorschläge und Rat. Für ständige und einsatzfreudige Hilfe bei den Schreibarbeiten, Register- und Literaturzusammenstellungen u. a. danken wir den Damen HERBICH und JAKUBETZ, Braunschweig, und KÜSTER, Bad Nauheim, vielmals.

Dem Georg Thieme Verlag und Herrn Dr. med. h. c. GÜNTHER HAUFF danken wir besonders für die Ausstattung des Buches und das verständnisvolle Eingehen auf unsere Wünsche.

Herbst 1973   Die Herausgeber

Vorwort zur 2. Auflage

Seit dem Erscheinen der ersten Auflage haben sich die Anwendungsgebiete der Radiologie auf weitere Strahlenarten, höhere Energien und neue Methoden ausgedehnt, außerdem wurden die Erkenntnisse und Erfahrungen auf den Gebieten der Dosimetrie und des Strahlenschutzes vertieft und erweitert. Die Definitionen der in der Radiologie verwendeten Begriffe einschließlich der physikalischen Größen und Einheiten sowie die Meßmethoden haben manche Wandlungen und Präzisierungen erfahren, auch neue Begriffe sind hinzugekommen. Das grundlegende Zahlenmaterial wurde auf den neuesten Stand gebracht und hat an Umfang zugenommen. Die Strahlenschutzgesetze, Verordnungen und Richtlinien im nationalen wie im internationalen Bereich sind fast ebenso unübersehbar geworden wie die Literatur. Selbst Teilgebiete der beiden hier behandelten Gebiete können oft nur von Spezialisten überblickt werden. Diese Tatsachen haben uns bewogen, Mitarbeiter zu gewinnen, die in der Lage waren, einzelne Abschnitte sachkundig zu überarbeiten oder sogar völlig neu zu schreiben. Ihnen sind wir für die Bereitwilligkeit, diese nicht ganz einfache Aufgabe zu übernehmen, zu großem Dank verpflichtet.

Die zweite Auflage ist wiederum ein Schlüsselbuch und kein Lehrbuch. In dieser Eigenschaft soll es dem Benutzer die wichtigsten physikalischen und technischen Daten und Zahlenwerte zum Teil durch Tabellen und Diagramme vermitteln und ihm durch Hinweise helfen, zu spezielleren und vertieften Informationen zu gelangen. Der Text wurde nach Möglichkeit knapp gehalten, soweit nicht die Notwendigkeit bestand, geänderte und neue Auffassungen verständlich zu machen. Dem Zweck des Buches entsprechend wurde das Sachregister sehr ausführlich angelegt. Die nach Kapiteln aufgeteilte Literatur umfaßt insgesamt über 1500 Literaturstellen.

Als Grundlage terminologischer Formulierungen und zahlreicher Richtlinien für dosimetrische Arbeiten und Fragen des Strahlenschutzes konnten die Normblätter dienen, die von dem Fachnormenausschuß Radiologie (FNR) erarbeitet wurden, der sich der Unterstützung der Deutschen Röntgengesellschaft erfreut und dem die Mitarbeiter dieses Buches zum großen Teil angehören. Die Normen sind in den Literaturverzeichnissen angeführt.

In der Zwischenzeit hat sich auch der Kreis der radiologischen Physiker stark erweitert, die eine eigene wissenschaftliche Vereinigung, die Deutsche Gesellschaft für Medizinische Physik, gegründet haben, der ähnliche Gesellschaften in anderen Ländern entsprechen, wie z.B. die British Association of Hospital Physicists oder die American Association of Physicists in Medicine. Dadurch ist nicht nur ein reger wissenschaftlicher Austausch auf diesem Gebiet möglich, sondern auch ein Weg zu wissenschaftlichem Fortschritt offen, der sich für die Radiologie segensreich auswirken wird.

Es war uns durchaus klar, daß einige Unzulänglichkeiten in dieser zweiten Auflage nicht zu vermeiden sein würden. Bei allem Bemühen, das Material systematisch zu ordnen, sind manche Wünsche offen geblieben. Auch die Auswahl der Literatur war schwierig, und man wird die eine oder andere Arbeit vermissen oder eine nicht ausreichende Kritik bei der Auswahl bemängeln. Für alle Hinweise auf solche Beanstandungen oder Fehler sowie für Anregungen zu Verbesserungen sind wir dankbar.

Möge dieses Buch allen, die in der Radiologie oder ihren Grenzgebieten mit Fragen der Dosimetrie und des Strahlenschutzes zu tun haben, nützliche Hilfe bei der täglichen Arbeit vermitteln.

Mitarbeiterverzeichnis

Herausgeber

Professor Dr.-Ing. WALTER HÜBNER, 3300 Braunschweig, Elversberger Straße 4

Professor Dr. phil. ROBERT G. JAEGER, 6350 Bad Nauheim, Otto-Weiss-Straße 10

Autoren

Dipl.-Phys. Dr. HORST H. EISENLOHR, International Atomic Energy Agency, Division of Life Sciences, Dosimetry Section, A-1010 Wien, Kärntnerring 11—13, Österreich

Professor Dr. phil. nat. DIETRICH HARDER, Physikalisches Institut der Universität Würzburg, 8700 Würzburg, Röntgenring 8

Professor Dr.-Ing. WALTER HÜBNER, 3300 Braunschweig, Elversberger Straße 4

Professor Dr. phil. ROBERT G. JAEGER, Institut für Klinische Strahlenkunde der Universität Mainz (Direktor Professor Dr. med. L. DIETHELM), 6500 Mainz

Professor Dr. LAWRENCE H. LANZL, The Franklin McLean Memorial Research Institute, Chicago, Illinois 60637, USA

Regierungsdirektor Dipl.-Ing. Dr. rer. nat. JOHANNES MEHL beim Bundesminister für Bildung und Wissenschaft, 5300 Bonn, Heußallee 2—10*

Professor Dr. S. WAGNER, Direktor in der Physikalisch-Technischen Bundesanstalt, 3300 Braunschweig, Bundesallee 100

---

* jetzt: beim Bundesminister des Innern, 5300 Bonn, Rheindorfer Straße 198

In memoriam
Hermann Holthusen
1886 - 1971

1. Auflage 1959

Diejenigen Bezeichnungen, die zugleich eingetragene Warenzeichen sind, wurden *nicht* besonders kenntlich gemacht. Es kann also aus der Bezeichnung einer Ware mit dem für diese eingetragenen Warenzeichen nicht geschlossen werden, daß die Bezeichnung ein freier Warenname ist. Ebensowenig ist zu entnehmen, ob Patente oder Gebrauchsmuster vorliegen.

Alle Rechte, insbesondere das Recht der Vervielfältigung und Verbreitung sowie der Übersetzung, vorbehalten. Kein Teil des Werkes darf in irgendeiner Form (durch Photokopie, Mikrofilm oder ein anderes Verfahren) ohne schriftliche Genehmigung des Verlages reproduziert oder unter Verwendung elektronischer Systeme verarbeitet, vervielfältigt oder verbreitet werden.

© Georg Thieme Verlag, Stuttgart 1959, 1974 — Printed in Germany — Satz und Druck: Graphischer Betrieb Konrad Triltsch Würzburg.

ISBN 3 13 354802 6

Dosimetrie und Strahlenschutz

Physikalisch-technische Daten und Methoden
für die Praxis

Herausgegeben von R. G. Jaeger und W. Hübner

Mit Beiträgen von H. H. Eisenlohr, D. Harder, W. Hübner
R. G. Jaeger, L. Lanzl, J. Mehl, S. Wagner

2., völlig neubearbeitete Auflage
193 Abbildungen, 173 Tabellen

Georg Thieme Verlag Stuttgart 1974

Bei quantitativen Angaben sollte anstelle des mehr qualitativen Begriffes „Genauigkeit" besser die Bezeichnung „Unsicherheit" oder „Meßunsicherheit" verwendet werden, weil *kleine* Zahlenwerte eine *kleine* Meßunsicherheit, aber eine *große* Genauigkeit bedeuten. Vielfach werden Meßunsicherheit und Reproduzierbarkeit verwechselt. So kann z. B. ein Meßgerät bei wiederholten Messungen unter gleichen Bedingungen Meßergebnisse liefern, deren Einzelwerte infolge zufälliger Fehler nur sehr wenig streuen, trotzdem kann der Mittelwert infolge nicht korrigierter systematischer Fehler, z. B. durch falsche Kalibrierung, beträchtlich von dem wahren Wert der Meßgröße abweichen, d. h. mit erheblicher Unsicherheit behaftet sein. Genauere Fehleranalysen zeigten, daß oft eine viel zu kleine Meßunsicherheit angegeben wird.

Im Englischen haben sich zum Teil die Begriffe „accuracy" für die Angabe der Meßunsicherheit infolge abschätzbarer systematischer und zufälliger Fehler und „precision" (neuerdings: „repeatability") für Reproduzierbarkeit bzw. für die Angabe der Meßunsicherheit infolge zufälliger Fehler (Standardabweichung) eingebürgert. Beide Ausdrücke sind damit termini technici im Bereich der Meßtechnik und dürfen nicht mit „Genauigkeit" übersetzt werden, um Irrtümer zu vermeiden.

5. Empfindlichkeit [2]

Die Empfindlichkeit eines Meßgerätes ist der Quotient aus der Änderung $\Delta \alpha$ der Anzeige α, die durch eine hinreichend kleine Änderung ΔX der Meßgröße X hervorgerufen wird, also $\Delta \alpha / \Delta X$.

1.1.2 Physikalische Größen und Einheiten
[3, 7, 8]

1.1.2.1 *Größenarten und Größen*

Man unterscheidet „physikalische Größenarten" und „physikalische Größen"*. Größenarten sind qualitative Begriffe wie z. B. Länge, Zeit, Geschwindigkeit oder Spannung. Eine Größe ist das Produkt aus einem Zahlenwert und einer Einheit. Es gibt Grund- oder Basisgrößenarten und abgeleitete Größenarten. Die Basisgrößenarten, die nur durch Worte beschrieben werden können, sind: Länge, Masse, Zeit, elektrische Stromstärke, thermodynamische Temperatur, Lichtstärke und neuerdings Stoffmenge für Atomistik. Die abgeleiteten Größenarten wie z. B. Geschwindigkeit, Druck, elektrischer Widerstand usw. können durch Gleichungen auf die Basisgrößenarten zurückgeführt bzw. mit ihrer Hilfe definiert werden.

Um mit physikalischen Größen in Gleichungen rechnen zu können, ordnet man ihnen Formelzeichen (Symbole) zu, z. B. drückt man das Gesetz „Die Leistung P ist die Energie W, die in dem Zeitintervall t erzeugt wird, geteilt durch das Zeitintervall" durch die Größengleichung

$$P = \frac{W}{t}$$

aus.

Diese Gleichung bleibt unabhängig von der Wahl der Einheiten richtig.

Gleichungen, die nur richtig erfüllt sind, wenn man die Größen in ganz bestimmten Einheiten einsetzt, heißen Zahlenwertgleichungen, z. B.

$$U = \frac{1{,}24}{\lambda}, \quad U \text{ in kV}, \quad \lambda \text{ in nm}.$$

---

* Die Sprachregelung ist nicht ganz einheitlich, denn es ist ebenfalls üblich, Größe statt Größenart und Größenwert statt Größe zu sagen.

1.1.2.2 Einheiten
[1, 5, 6]

In der Bundesrepublik Deutschland ist das Internationale Einheitensystem der Meterkonvention (Système International: SI) gesetzlich verankert. Aus den sechs Basiseinheiten Meter (m), Kilogramm (kg), Sekunde (s), Ampere (A), Grad Kelvin (K) und Candela (cd), für die sechs Basisgrößenarten (s. Abschn. 1.1.2.1) lassen sich alle übrigen Einheiten ableiten, haben aber vielfach besondere Namen. Daneben sind noch die atomphysikalischen Einheiten für Stoffmenge, das Mol (mol), für Masse, die atomphysikalische Masseneinheit (u), und für Energie, das Elektronenvolt (eV), definiert (s. Abschn. 1.1.3) sowie die dezimalen Vielfachen und Teile von Einheiten festgelegt (Tab. 1–1). Die Kurzzeichen für Einheiten werden groß geschrieben, wenn sie von Eigennamen herrühren, die der übrigen Einheiten werden klein geschrieben. Beziehungen zwischen Einheiten nennt man Einheitengleichungen, z.B. 1 m = 100 cm.

Tabelle 1–1. Bezeichnungen und Kurzzeichen für dezimale Vielfache und Teile von Einheiten

Zehner-potenz	Vorsatz-name	Kurz-zeichen	Zehner-potenz	Vorsatz-name	Kurz-zeichen
10^{18}	Atta...	A	10^{-1}	Dezi...	d
10^{15}	Femta...	F	10^{-2}	Zenti...	c
10^{12}	Tera...	T	10^{-3}	Milli...	m
10^{9} *	Giga...	G	10^{-6}	Mikro...	μ
10^{6}	Mega...	M	10^{-9}	Nano...	n
10^{3}	Kilo...	k	10^{-12}	Pico...	p
10^{2}	Hekto...	h	10^{-15}	Femto...	f
10^{1}	Deka...	da	10^{-18}	Atto...	a

* 10^9 = 1 Billion (amerikanisch) = 1 Milliarde (deutsch).

Diese Bezeichnungen und Kurzzeichen dürfen nur in Verbindung mit einer Einheit gebraucht werden, z.B. Picoampere (pA), Kiloröntgen (kR), Megarad (Mrd).

1.1.3 Atomphysikalische Einheiten für Stoffmenge, Masse und Energie
[1, 5, 6]

Die Einheit der *Stoffmenge* ist das Mol (Kurzzeichen: mol). 1 mol ist die Stoffmenge eines Systems bestimmter Zusammensetzung, das aus ebensovielen Teilchen besteht, wie Atome in 12 g des Nuklids ^{12}C enthalten sind.

Die atomphysikalische Einheit der *Masse* für die Angabe von Teilchenmassen ist die atomphysikalische Masseneinheit (Kurzzeichen: u). 1 u ist der 12. Teil der Masse eines Atoms des Nuklids ^{12}C *

$$1 \, u = 1{,}66043 \cdot 10^{-27} \, kg = 1{,}66043 \cdot 10^{-24} \, g$$

Atomphysikalische Einheit der *Energie* ist das Elektronenvolt (Kurzzeichen: eV). 1 eV ist die Energie, die ein Elektron bei Durchlaufen einer Potentialdifferenz von 1 Volt im Vakuum gewinnt (Tab. 1–9).

---

* Bisher wurde die atomphysikalische Einheit der Masse auf 1/16 des Sauerstoffisotops ^{16}O bezogen (Kurzzeichen: ME, bis 1960 gebräuchlich). Zwischen der Einheit der Masse und der atomphysikalischen Masseneinheit gilt: $\frac{1\,g}{1\,u} = 6{,}0225 \cdot 10^{23}$ mol^{-1}, und man bezeichnet diesen Wert mit Avogadro-Konstante N_A (Tabelle 1–15).

1.1.4 Namen, Kurzzeichen und Umrechnungsfaktoren für Einheiten

In den folgenden Tabellen 1–2 bis 1–12 werden die deutschen und, soweit erforderlich, auch die englischen und amerikanischen Einheiten der Länge, der Fläche, des Volumens, der Masse, der Dichte, der Flächendichte, der Kraft, des Druckes, der Energie, der Leistung, der Zeit und der Temperatur mit Namen, Kurzzeichen und Umrechnungsfaktoren aufgeführt. Einige Umrechnungsfaktoren sind zwar trivial (Zehnerpotenzen von SI-Einheiten), wurden aber der Vollständigkeithalber mit angegeben.

Tabelle 1–2a. *Längeneinheiten* (deutsche, englische, amerikanische), Name, Kurzzeichen, Umrechnungsfaktoren

Einheit* Name	Kurz-zeichen	Å	nm	µm	mm	cm	m	km
Ångström	1 Å	1	10^{-1}	10^{-4}	10^{-7}	10^{-8}	10^{-10}	10^{-13}
Nanometer	1 nm**	10	1	10^{-3}	10^{-6}	10^{-7}	10^{-9}	10^{-12}
Mikrometer	1 µm***	10^4	10^3	1	10^{-3}	10^{-4}	10^{-6}	10^{-9}
Millimeter	1 mm	10^7	10^6	10^3	1	10^{-1}	10^{-3}	10^{-6}
Zentimeter	1 cm	10^8	10^7	10^4	10	1	10^{-2}	10^{-5}
Meter	1 m	10^{10}	10^9	10^6	10^3	10^2	1	10^{-3}
Kilometer	1 km	10^{13}	10^{12}	10^9	10^6	10^5	10^3	1
mil	1 mil	$2{,}54 \cdot 10^5$	$2{,}54 \cdot 10^4$	25,4	$2{,}54 \cdot 10^{-2}$	$2{,}54 \cdot 10^{-3}$	$2{,}54 \cdot 10^{-5}$	—
inch (Zoll)	1 in (1″)	$2{,}54 \cdot 10^8$	$2{,}54 \cdot 10^7$	$2{,}54 \cdot 10^4$	25,4	2,54	$2{,}54 \cdot 10^{-2}$	$2{,}54 \cdot 10^{-5}$
foot (Fuß)	1 ft (1′)	$3{,}05 \cdot 10^9$	$3{,}05 \cdot 10^8$	$3{,}05 \cdot 10^5$	$3{,}05 \cdot 10^2$	30,5	0,305	$3{,}05 \cdot 10^{-4}$
yard	1 yd	$9{,}14 \cdot 10^9$	$9{,}14 \cdot 10^8$	$9{,}14 \cdot 10^5$	$9{,}14 \cdot 10^2$	91,4	0,914	$9{,}14 \cdot 10^{-4}$
stat. mile (Landmeile)	1 st. mile	—	—	—	—	—	1609	1,609
naut. mile (Seemeile)	1 n. mile	—	—	—	—	—	1853	1,853

Tabelle 1–2b. *Längeneinheiten* (deutsche, englische, amerikanische), Name, Kurzzeichen, Umrechnungsfaktoren

Einheit* Name	Kurz-zeichen	mil	inch	ft	yd	stat. mile	naut. mile
Ångström	1 Å	$3{,}94 \cdot 10^{-6}$	$3{,}94 \cdot 10^{-9}$	—	—	—	—
Nanometer	1 nm**	$3{,}94 \cdot 10^{-5}$	$3{,}94 \cdot 10^{-8}$	—	—	—	—
Mikrometer	1 µm***	$3{,}94 \cdot 10^{-2}$	$3{,}94 \cdot 10^{-5}$	$3{,}28 \cdot 10^{-6}$	—	—	—
Millimeter	1 mm	39,4	$3{,}94 \cdot 10^{-2}$	$3{,}28 \cdot 10^{-3}$	$1{,}09 \cdot 10^{-3}$	—	—
Zentimeter	1 cm	$3{,}94 \cdot 10^2$	$3{,}94 \cdot 10^{-1}$	$3{,}28 \cdot 10^{-2}$	$1{,}09 \cdot 10^{-2}$	—	—
Meter	1 m	$3{,}94 \cdot 10^4$	39,4	3,28	$1{,}09_4$	$6{,}21 \cdot 10^{-4}$	$5{,}40 \cdot 10^{-4}$
Kilometer	1 km	$3{,}94 \cdot 10^7$	$3{,}94 \cdot 10^4$	$3{,}28 \cdot 10^3$	$1{,}09 \cdot 10^3$	0,621	0,540
mil	1 mil	1	10^{-3}	$8{,}33 \cdot 10^{-5}$	$2{,}78 \cdot 10^{-5}$	—	—
inch (Zoll)	1 in (1″)	10^3	1	$8{,}33 \cdot 10^{-2}$	$2{,}78 \cdot 10^{-2}$	$1{,}58 \cdot 10^{-5}$	—
foot (Fuß)	1 ft (1′)	$1{,}2 \cdot 10^4$	12	1	0,333	$1{,}89 \cdot 10^{-4}$	—
yard	1 yd	$3{,}6 \cdot 10^4$	36	3	1	$5{,}68 \cdot 10^{-4}$	—
stat. mile (Landmeile)	1 st. mile	—	$6{,}34 \cdot 10^4$	$5{,}28 \cdot 10^3$	$1{,}76 \cdot 10^3$	1	0,868
naut. mile (Seemeile)	1 n. mile	—	$7{,}30 \cdot 10^4$	$6{,}08 \cdot 10^3$	$2{,}03 \cdot 10^3$	1,152	1

* Die X-Einheit (Kurzzeichen: X) ist keine metrische Einheit, sondern wird durch die Gitterkonstante von Standardkristallen für eine bestimmte Röntgenwellenlänge definiert. Nach WEYERER [9, 10] gilt: $1 \text{ X} = (1{,}002056 \pm 0{,}000005) \cdot 10^{-13}$ m bezogen auf die $CuK_{\alpha 1}$-Linie. Für überschlägige Umrechnungen kann man setzen: $1 \text{ X} = 10^{-3}$ Å $= 10^{-4}$ nm $= 10^{-7}$ µm $= 10^{-13}$ m.
** Frühere Bezeichnung: Millimikron (mµ).
*** Frühere Bezeichnung: Mikron (µ).

Tabelle 1–3a. *Flächeneinheiten* (deutsche, englische, amerikanische), Name, Kurzzeichen und Umrechnungsfaktoren

Einheit Name	Kurzzeichen	barn	µm²	mm²	cm²	m²
Barn	1 barn	1	10^{-16}	10^{-22}	10^{-24}	10^{-28}
Quadratmikrometer	1 µm²	10^{16}	1	10^{-6}	10^{-8}	10^{-12}
Quadratmillimeter	1 mm²	10^{22}	10^{6}	1	10^{-2}	10^{-6}
Quadratzentimeter	1 cm²	10^{24}	10^{8}	10^{2}	1	10^{-4}
Quadratmeter	1 m²	10^{28}	10^{12}	10^{6}	10^{4}	1
Circular mil*	1 circ mil	$5{,}07 \cdot 10^{18}$	$5{,}07 \cdot 10^{2}$	$5{,}07 \cdot 10^{-4}$	$5{,}07 \cdot 10^{-6}$	$5{,}07 \cdot 10^{-10}$
Square inch	1 sq in	$6{,}45 \cdot 10^{24}$	$6{,}45 \cdot 10^{8}$	$6{,}45 \cdot 10^{2}$	$6{,}45$	$6{,}45 \cdot 10^{-4}$
Square foot	1 sq ft	$9{,}29 \cdot 10^{26}$	$9{,}29 \cdot 10^{10}$	$9{,}29 \cdot 10^{4}$	$9{,}29 \cdot 10^{2}$	$9{,}29 \cdot 10^{-2}$
Square yard	1 sq yd	$8{,}36 \cdot 10^{27}$	$8{,}36 \cdot 10^{11}$	$8{,}36 \cdot 10^{5}$	$8{,}36 \cdot 10^{3}$	0,836
Acre	1 acre	—	—	—	—	$4{,}05 \cdot 10^{3}$
Square mile	1 sq mile	—	—	—	—	$2{,}59 \cdot 10^{6}$

* Kreisfläche mit dem Durchmesser von 1 mil (Tabelle 1–2); 1 circ mil = $\pi/4$ square mil.

Tabelle 1–3b. *Flächeneinheiten* (deutsche, englische, amerikanische), Name, Kurzzeichen und Umrechnungsfaktoren

Einheit Name	Kurzzeichen	circ mil	sq in	sq ft	sq yd	acre	sq mile
Barn	1 barn	$1{,}97 \cdot 10^{-19}$	$1{,}55 \cdot 10^{-25}$	$1{,}08 \cdot 10^{-27}$	$1{,}20 \cdot 10^{-28}$	—	—
Quadratmikrometer	1 µm²	$1{,}97 \cdot 10^{-3}$	$1{,}55 \cdot 10^{-9}$	$1{,}08 \cdot 10^{-11}$	$1{,}20 \cdot 10^{-12}$	—	—
Quadratmillimeter	1 mm²	$1{,}97 \cdot 10^{3}$	$1{,}55 \cdot 10^{-3}$	$1{,}08 \cdot 10^{-5}$	$1{,}20 \cdot 10^{-6}$	—	—
Quadratzentimeter	1 cm²	$1{,}97 \cdot 10^{5}$	0,155	$1{,}08 \cdot 10^{-3}$	$1{,}20 \cdot 10^{-4}$	—	—
Quadratmeter	1 m²	$1{,}97 \cdot 10^{9}$	$1{,}55 \cdot 10^{3}$	10,8	1,20	$2{,}47 \cdot 10^{-4}$	$3{,}86 \cdot 10^{-7}$
Circular mil*	1 circ mil	1	$7{,}85 \cdot 10^{-7}$	$5{,}47 \cdot 10^{-9}$	$6{,}07 \cdot 10^{-10}$	—	—
Square inch	1 sq in	$1{,}27 \cdot 10^{6}$	1	$6{,}94 \cdot 10^{-3}$	$7{,}72 \cdot 10^{-4}$	—	—
Square foot	1 sq ft	$1{,}83 \cdot 10^{8}$	$1{,}44 \cdot 10^{2}$	1	0,111	$2{,}29 \cdot 10^{-6}$	$3{,}57 \cdot 10^{-9}$
Square yard	1 sq yd	$1{,}65 \cdot 10^{9}$	$1{,}30 \cdot 10^{3}$	9	1	$2{,}07 \cdot 10^{-4}$	$3{,}23 \cdot 10^{-7}$
Acre	1 acre	—	—	$4{,}36 \cdot 10^{4}$	$4{,}84 \cdot 10^{3}$	1	$1{,}56 \cdot 10^{-3}$
Square mile	1 sq mile	—	—	$2{,}8 \cdot 10^{7}$	$3{,}1 \cdot 10^{6}$	640	1

* Kreisfläche mit dem Durchmesser von 1 mil (Tabelle 1–2); 1 circ mil = $\pi/4$ square mil.

Tabelle 1–4. *Volumeneinheiten* (deutsche, englische, amerikanische), Name, Kurzzeichen und Umrechnungsfaktoren

Einheit Name	Kurzzeichen	µm³	mm³	cm³	dm³	m³	cu in	cu ft	cu yd
Kubikmikrometer	1 µm³	1	10^{-9}	10^{-12}	10^{-15}	10^{-18}	$6{,}11 \cdot 10^{-14}$	$3{,}53 \cdot 10^{-17}$	$1{,}31 \cdot 10^{-18}$
Kubikmillimeter	1 mm³	10^9	1	10^{-3}	10^{-6}	10^{-9}	$6{,}11 \cdot 10^{-5}$	$3{,}53 \cdot 10^{-8}$	$1{,}31 \cdot 10^{-9}$
Kubikzentimeter	1 cm³	10^{12}	10^3	1	10^{-3}	10^{-6}	$6{,}11 \cdot 10^{-2}$	$3{,}53 \cdot 10^{-5}$	$1{,}31 \cdot 10^{-6}$
Kubikdezimeter* (Liter)	1 dm³ = 1 l	10^{15}	10^6	10^3	1	10^{-3}	61,1	$3{,}53 \cdot 10^{-2}$	$1{,}31 \cdot 10^{-3}$
Kubikmeter	1 m³	10^{18}	10^9	10^6	10^3	1	$6{,}11 \cdot 10^4$	35,3	1,31
Cubic inch	1 cu in	$1{,}64 \cdot 10^{13}$	$1{,}64 \cdot 10^4$	16,4	$1{,}64 \cdot 10^{-2}$	$1{,}64 \cdot 10^{-5}$	1	$5{,}79 \cdot 10^{-4}$	$2{,}14 \cdot 10^{-5}$
Cubic foot	1 cu ft	$2{,}83 \cdot 10^{16}$	$2{,}83 \cdot 10^7$	$2{,}83 \cdot 10^4$	28,3	$2{,}83 \cdot 10^{-2}$	$1{,}73 \cdot 10^3$	1	$3{,}70 \cdot 10^{-2}$
Cubic yard	1 cu yd	$7{,}65 \cdot 10^{17}$	$7{,}65 \cdot 10^8$	$7{,}65 \cdot 10^5$	$7{,}65 \cdot 10^2$	0,765	$4{,}67 \cdot 10^4$	27	1

Englische und amerikanische Hohlmaße für Flüssigkeiten

1 US Gallon = 3,7854 l = 4 US quarts = 8 US pints   1 US quart = 0,9464 l   1 US pint = 0,4732 l
1 Brit. Gallon = 4,546 l = 4 Brit. quarts = 8 Brit. pints   1 Brit. quart = 1,136 l   1 Brit. pint = 0,568 l

* Auf Beschluß der 12. Generalkonferenz für Maß und Gewicht (Paris 1964) wird das Liter (l) als besonderer Name für das Kubikdezimeter (1 dm³) eingeführt und die frühere Definition, nach der 1 l = 1,000028 dm³ war, außer Kraft gesetzt (PTB-Mitt. 75 [1965] 365).

Tabelle 1–5a. *Masseneinheiten* (deutsche, englische, amerikanische), Name, Kurzzeichen und Umrechnungsfaktoren

Einheit Name	Kurz-zeichen	µg	mg	g	kg	t	gr	oz av	oz tr	lb av
Mikrogramm	1 µg	1	10^{-3}	10^{-6}	10^{-9}	10^{-12}	$1,54 \cdot 10^{-5}$	$3,53 \cdot 10^{-8}$	$3,22 \cdot 10^{-8}$	$2,20 \cdot 10^{-9}$
Milligramm	1 mg	10^3	1	10^{-3}	10^{-6}	10^{-9}	$1,54 \cdot 10^{-2}$	$3,53 \cdot 10^{-5}$	$3,22 \cdot 10^{-5}$	$2,20 \cdot 10^{-6}$
Gramm	1 g	10^6	10^3	1	10^{-3}	10^{-6}	15,4	$3,53 \cdot 10^{-2}$	$3,22 \cdot 10^{-2}$	$2,20 \cdot 10^{-3}$
Kilogramm	1 kg	10^9	10^6	10^3	1	10^{-3}	$1,54 \cdot 10^4$	35,3	32,2	2,205
Tonne	1 t	10^{12}	10^9	10^6	10^3	1	$1,54 \cdot 10^7$	$3,53 \cdot 10^4$	$3,22 \cdot 10^4$	$2,20 \cdot 10^3$
grain	1 gr	$6,48 \cdot 10^4$	64,8	$6,48 \cdot 10^{-2}$	$6,48 \cdot 10^{-5}$	—	1	$2,29 \cdot 10^{-3}$	$2,08 \cdot 10^{-3}$	$1,43 \cdot 10^{-4}$
ounce (avoir-dupois)	1 oz av	$2,83 \cdot 10^7$	$2,83 \cdot 10^4$	28,3	$2,83 \cdot 10^{-2}$	$2,83 \cdot 10^{-5}$	$4,37 \cdot 10^2$	1	0,911	$6,25 \cdot 10^{-2}$
ounce (troy)	1 oz tr	$3,11 \cdot 10^7$	$3,11 \cdot 10^4$	31,1	$3,11 \cdot 10^{-2}$	$3,11 \cdot 10^{-5}$	$4,80 \cdot 10^2$	1,10	1	$6,86 \cdot 10^{-2}$
pound (avoir-dupois)	1 lb av	$4,54 \cdot 10^8$	$4,54 \cdot 10^5$	$4,54 \cdot 10^2$	0,454	$4,54 \cdot 10^{-4}$	$7,00 \cdot 10^3$	16	14,6	1

Atomphysikalische Masseneinheit (Kurzzeichen u) s. Abschn. 1.1.3 und Tab. 1-15.

Tabelle 1–5b. *Apothecaries' Units*

Einheit Name	Kurzzeichen	gr	lb	g
scruple (UK) apothecaries' scruple (US) drachm (UK)	1 s apoth	20	1/350	1,29598
apothecaries' dram (US)	1 dr apoth	60	3/350	3,88793
apothecaries' ounce (UK, US)	1 oz apoth	480	12/175	31,1035
apothecaries' pound (US)	1 lb apoth	5760	144/175	373,242

Tabelle 1-6a. *Dichteeinheiten* (deutsche, englische, amerikanische), Name, Kurzzeichen und Umrechnungsfaktoren

Einheit Name	Kurz-zeichen	g/cm³	g/cu in	g/cu ft	oz/cm³	oz/cu in	oz/cu ft	lb/cm³	lb/cu in	lb/cu ft
Gramm/Kubikzentimeter	1 g/cm³	1	16,4	$2{,}83 \cdot 10^4$	$3{,}53 \cdot 10^{-2}$	0,579	$1{,}00 \cdot 10^3$	$2{,}20 \cdot 10^{-3}$	$3{,}61 \cdot 10^{-2}$	62,5
Gramm/cubic inch	1 g/cu in	$6{,}10 \cdot 10^{-2}$	1	$1{,}73 \cdot 10^3$	$2{,}15 \cdot 10^{-3}$	$3{,}53 \cdot 10^{-2}$	61,1	$1{,}34 \cdot 10^{-4}$	$2{,}20 \cdot 10^{-3}$	3,80
Gramm/cubic foot	1 g/cu ft	$3{,}53 \cdot 10^{-5}$	$5{,}79 \cdot 10^{-4}$	1	$1{,}25 \cdot 10^{-6}$	$2{,}04 \cdot 10^{-5}$	$3{,}53 \cdot 10^{-2}$	$7{,}77 \cdot 10^{-8}$	$1{,}27 \cdot 10^{-6}$	$2{,}20 \cdot 10^3$
Ounce/Kubikzentimeter	1 oz/cm³	28,3	$4{,}65 \cdot 10^2$	$8{,}03 \cdot 10^5$	1	16,4	$2{,}83 \cdot 10^4$	$6{,}25 \cdot 10^{-2}$	1,025	$1{,}77 \cdot 10^3$
Ounce/cubic inch	1 oz/cu in	1,73	28,3	$4{,}90 \cdot 10^4$	$6{,}10 \cdot 10^{-2}$	1	$1{,}73 \cdot 10^3$	$3{,}81 \cdot 10^{-3}$	$6{,}25 \cdot 10^{-2}$	$1{,}08 \cdot 10^2$
Ounce/cubic foot	1 oz/cu ft	$1{,}00 \cdot 10^{-3}$	$1{,}64 \cdot 10^{-2}$	28,3	$3{,}53 \cdot 10^{-5}$	$5{,}79 \cdot 10^{-4}$	1	$2{,}20 \cdot 10^{-6}$	$3{,}61 \cdot 10^{-5}$	$6{,}25 \cdot 10^{-2}$
Pound/Kubikzentimeter	1 lb/cm³	$4{,}54 \cdot 10^2$	$7{,}44 \cdot 10^3$	$1{,}28 \cdot 10^7$	16	$2{,}62 \cdot 10^2$	$4{,}53 \cdot 10^5$	1	16,4	$2{,}83 \cdot 10^4$
Pound/cubic inch	1 lb/cu in	27,7	$4{,}54 \cdot 10^2$	$7{,}83 \cdot 10^5$	0,976	16	$2{,}76 \cdot 10^4$	$6{,}10 \cdot 10^{-2}$	1	$1{,}73 \cdot 10^3$
Pound/cubic foot	1 lb/cu ft	$1{,}60 \cdot 10^{-2}$	0,262	$4{,}54 \cdot 10^2$	$5{,}65 \cdot 10^{-4}$	$9{,}26 \cdot 10^{-3}$	16	$3{,}53 \cdot 10^{-5}$	$5{,}79 \cdot 10^{-4}$	1

$1 \text{ kg/dm}^3 = 1 \text{ g/cm}^3 = 1 \text{ mg/mm}^3$.

Tabelle 1–6b. *Einheiten der Flächendichte.* Aus $\rho = m/V$ und $V = F \cdot d$ (ρ Dichte, m Masse, V Volumen, F Fläche, d Schichtdicke) ergibt sich die Flächendichte $\rho \cdot d = m/F$, die für Reichweitenbestimmungen von Korpuskularstrahlen und für Schwächungsmessungen von Photonenstrahlen benutzt wird.

Einheit Name	Kurzzeichen	mg/cm²	g/cm²	kg/m²
Milligramm/Quadratzentimeter	1 mg/cm²	1	10^{-3}	10^{-2}
Gramm/Quadratzentimeter	1 g/cm²	10^3	1	10
Kilogramm/Quadratmeter	1 kg/m²	10^2	10^{-1}	1

Tabelle 1–7. *Krafteinheiten.* — Kraft = Masse · Beschleunigung: $K = m \cdot b$
Newton: 1 N ist die Kraft, die der Masse von 1 kg die Beschleunigung von 1 m/s² erteilt
Kilopond: 1 kp ist die Kraft, die der Masse von 1 kg die Norm-Beschleunigung von 9,80665 m/s² erteilt
Dyn: 1 dyn ist die Kraft, die der Masse von 1 g die Beschleunigung von 1 cm/s² erteilt

Einheit Name	Kurzzeichen	N	kp	dyn
Newton	1 N	1	0,102	10^5
Kilopond	1 kp	9,81	1	$9,81 \cdot 10^5$
Dyn	1 dyn	10^{-5}	$1,02 \cdot 10^{-6}$	1

Zahlenwerte gerundet.

Tabelle 1–8. *Druckeinheiten*, Name, Kurzzeichen und Umrechnungsfaktoren (gerundet) — Druck = $\frac{\text{Kraft}}{\text{Fläche}}$: $p = \frac{K}{A}$

Einheit Name	Kurz-zeichen	N/m²	Torr bzw. mm Hg	dyn/cm²	atm	at	mm WS	bar
Newton/Quadratmeter*	1 N/m²	1	$7,5 \cdot 10^{-3}$	10	$0,987 \cdot 10^{-5}$	$1,02 \cdot 10^{-5}$	$1,02 \cdot 10^{-1}$	10^{-5}
Torr**	1 Torr = 1 mm Hg	$1,33 \cdot 10^2$	1	$1,33 \cdot 10^3$	$1,32 \cdot 10^{-3}$	$1,36 \cdot 10^{-3}$	13,6	$1,33 \cdot 10^{-3}$
Dyn/Quadratzentimeter	1 dyn/cm²	10^{-1}	$7,5 \cdot 10^{-4}$	1	$0,987 \cdot 10^{-6}$	$1,02 \cdot 10^{-6}$	$1,02 \cdot 10^{-2}$	10^{-6}
Atmosphäre (physikalische)	1 atm	$1,013 \cdot 10^5$	$7,6 \cdot 10^2$	$1,013 \cdot 10^6$	1	1,033	$1,033 \cdot 10^4$	1,013
Atmosphäre*** (technische)	1 at = 10^4 kp/m² = 1 kp/cm² *	$0,981 \cdot 10^5$	$7,36 \cdot 10^2$	$0,981 \cdot 10^6$	0,968	1	10^4	0,981
Millimeter Wassersäule	1 mm WS	9,81	$7,36 \cdot 10^{-2}$	$0,981 \cdot 10^2$	$0,968 \cdot 10^{-4}$	10^{-4}	1	$0,981 \cdot 10^{-4}$
Bar	1 bar	10^5	$7,5 \cdot 10^2$	10^6	0,987	1,02	$1,02 \cdot 10^4$	1

* s. Tab. 1-7; als neuer Name für die Druckeinheit ist das Pascal (Kurzzeichen Pa) eingeführt [1]; 1 Pa = 1 N/m².
** Torr von TORRICELLI, genauer 1 mm Hg = 1,000 000 14 Torr.
*** atü ist eine veraltete Bezeichnung für die Einheit des Überdruckes über dem natürlichen Atmosphärendruck.

Tabelle 1-9. *Energieeinheiten, Name, Kurzzeichen und Umrechnungsfaktoren*

Einheit Name	Kurzzeichen	J	erg	mkp	kWh	cal$_{IT}$	eV
Joule oder Wattsekunde	1 J = 1 Ws	1	10^7	$1{,}02 \cdot 10^{-1}$	$2{,}778 \cdot 10^{-7}$	$2{,}388 \cdot 10^{-1}$	$6{,}242 \cdot 10^{18}$
Erg oder Dynzentimeter	1 erg = 1 dyn cm	10^{-7}	1	$1{,}02 \cdot 10^{-8}$	$2{,}778 \cdot 10^{-14}$	$2{,}388 \cdot 10^{-8}$	$6{,}242 \cdot 10^{11}$
Meterkilopond	1 mkp	9,81	$9{,}81 \cdot 10^7$	1	$2{,}724 \cdot 10^{-6}$	2,342	$6{,}12 \cdot 10^{19}$
Kilowattstunde	1 kWh	$3{,}60 \cdot 10^6$	$3{,}60 \cdot 10^{13}$	$3{,}671 \cdot 10^5$	1	$8{,}60 \cdot 10^5$	$2{,}247 \cdot 10^{25}$
Kalorie*	1 cal$_{IT}$	4,187	$4{,}187 \cdot 10^7$	0,427	$1{,}163 \cdot 10^{-6}$	1	$2{,}613 \cdot 10^{19}$
Elektronenvolt	1 eV	$1{,}602 \cdot 10^{-19}$	$1{,}602 \cdot 10^{-12}$	$1{,}634 \cdot 10^{-20}$	$4{,}450 \cdot 10^{-26}$	$3{,}827 \cdot 10^{-20}$	1

* Die Wasserkalorie (cal$_{15}$ = 4,1855 J) wurde 1948 international abgeschafft; für die Internationale Tafelkalorie gilt cal$_{IT}$ = 4,1868 J.

Tabelle 1-10. *Leistungseinheiten, Name, Kurzzeichen und Umrechnungsfaktoren* — Leistung = $\dfrac{\text{Energie (Arbeit)}}{\text{Zeit}}$: $P = \dfrac{W}{t}$

Einheit Name	Kurzzeichen	W	kW	erg/s	PS	eV/s
Watt	1 W	1	10^{-3}	10^7	$1{,}36 \cdot 10^{-3}$	$6{,}242 \cdot 10^{18}$
Kilowatt	1 kW	10^3	1	10^{10}	1,36	$6{,}242 \cdot 10^{21}$
Erg/Sekunde	1 erg/s	10^{-7}	10^{-10}	1	$1{,}36 \cdot 10^{-10}$	$6{,}242 \cdot 10^{11}$
Pferdestärke (engl. Horsepower)	1 PS (hp)	736	0,736	$7{,}36 \cdot 10^9$	1	$4{,}594 \cdot 10^{21}$
Elektronenvolt/Sekunde	1 eV/s	$1{,}602 \cdot 10^{-19}$	$1{,}602 \cdot 10^{-22}$	$1{,}602 \cdot 10^{-12}$	$2{,}18 \cdot 10^{-22}$	1

Tabelle 1–11. *Zeiteinheiten*, Name, Kurzzeichen und Umrechnungsfaktoren

Einheit Name	Kurzzeichen	s	min	h	d	a
Sekunde	1 s	1	$1{,}667 \cdot 10^{-2}$	$2{,}778 \cdot 10^{-4}$	$1{,}157 \cdot 10^{-5}$	$3{,}171 \cdot 10^{-8}$
Minute	1 min	60	1	$1{,}667 \cdot 10^{-2}$	$6{,}944 \cdot 10^{-4}$	$1{,}903 \cdot 10^{-6}$
Stunde (hora)	1 h	$3{,}6 \cdot 10^{3}$	60	1	$4{,}167 \cdot 10^{-2}$	$1{,}142 \cdot 10^{-4}$
Tag (dies)	1 d	$8{,}64 \cdot 10^{4}$	$1{,}44 \cdot 10^{3}$	24	1	$2{,}74 \cdot 10^{-3}$
Jahr (annus)	1 a	$3{,}154 \cdot 10^{7}$	$5{,}256 \cdot 10^{5}$	$8{,}76 \cdot 10^{3}$	365	1

Tabelle 1–12. *Temperatureinheiten*, Name, Kurzzeichen und Umrechnungsgleichungen
Kelvintemperatur T, Celsiustemperatur t: $\quad T = t + 273{,}16$ grd

Einheit Name	Kurzzeichen	Umrechnung
Grad Kelvin*	°K, K	$0\,°\text{K} = -273{,}16\,°\text{C} = -459{,}72\,°\text{F}$
Grad Celsius	°C	$X\,°\text{C} = \dfrac{Y\,°\text{F} - 32}{1{,}8}$
Grad Fahrenheit	°F	$Y\,°\text{F} = (1{,}8 \cdot X)\,°\text{C} + 32$
Grad	grd	Bei Angabe von Temperaturdifferenzen für Temperaturen in °C und °K z. B. 38 °C $\pm$ 0,3 grd*

* Neuerdings ist „Grad Kelvin" (°K) in „Kelvin" (K) geändert, wobei das Kelvin (K) auch zur Angabe von Temperaturdifferenzen dient [7].

°C	°F	°C	°F
− 100	− 148	± 0	+ 32
− 90	− 130	+ 5	+ 41
− 80	− 112	+ 10	+ 50
− 70	− 94	+ 15	+ 59
− 60	− 76	+ 20	+ 68
− 50	− 58	+ 25	+ 77
− 45	− 49	+ 30	+ 86
− 40	− 40	+ 35	+ 95
− 35	− 31	+ 40	+ 104
− 30	− 22	+ 45	+ 113
− 25	− 13	+ 50	+ 122
− 20	− 4	+ 60	+ 140
− 15	+ 5	+ 70	+ 158
− 10	+ 14	+ 80	+ 176
− 5	+ 23	+ 90	+ 194
± 0	+ 32	+ 100	+ 212

1.2 Elektrische und magnetische Größen und Einheiten

Tabelle 1–13. Namen, Formelzeichen, Kurzzeichen und Beziehungen für elektrische und magnetische Größen und Einheiten

Größen Name	Formelzeichen	Einheiten Name	Kurzzeichen	Beziehungen
Stromstärke	I	Ampere	A	$1\,A = 1\,C\,s^{-1}$
Spannung	U	Volt	V	$1\,V = 1\,W\,A^{-1} = 1\,A\,\Omega$
Elektrizitätsmenge	Q	Coulomb	C	$1\,C = 1\,A\,s$
Widerstand	R	Ohm	Ω	$1\,\Omega = 1\,V\,A^{-1}$
Leitwert	$1/R$	Siemens	S	$1\,S = 1\,\Omega^{-1}$
Kapazität	C	Farad	F	$1\,F = 1\,A\,s\,V^{-1}$
Induktivität	L	Henry	H	$1\,H = 1\,V\,s\,A^{-1}$
Leistung	P	Watt	W	$1\,W = 1\,V\,A = 1\,J\,s^{-1}$
Energie	W	Joule	J	$1\,J = 1\,W\,s$
Magnetischer Fluß	Φ	Weber	Wb	$1\,Wb = 1\,V\,s$
		Maxwell (emE)*	Mx	$1\,Mx = 10^{-8}\,Wb$
Magnetische Feldstärke	H	Ampere/Meter	$A\,m^{-1}$	
		Oerstedt (emE)*	Oe	$1\,Oe = 10^{3}/(4\pi)\,A\,m^{-1}$
Magnetische Induktion	B	Tesla	T	$1\,T = 1\,Wb\,m^{-2}$
		Gauß (emE)*	G; Gs	$1\,G = 10^{-4}\,T$
Dielektrizitätskonstante	ε	$\varepsilon = \varepsilon_r \cdot \varepsilon_0$	(ε_0 s. Tabelle 1–15)	
Dielektrizitätszahl	ε_r			
Permeabilität (abs.)	μ	$\mu = \mu_r \cdot \mu_0$	(μ_0 s. Tabelle 1–15)	
relative Permeabilität	μ_r			

Eine elektrostatische Ladungseinheit (1 esE) entspricht $3{,}3356 \cdot 10^{-10}$ Coulomb

* (emE): Einheiten im elektromagnetischen Einheitensystem.

1.3 Frequenz, Wellenlänge, Teilchenenergie, Ruheenergie, Bewegungsenergie (kinetische Energie), Impuls

1.3.1 Frequenz, Wellenlänge, Photonenenergie, Impuls

Zwischen der Frequenz ν und der Wellenlänge λ gilt mit der Lichtgeschwindigkeit c_0 im Vakuum (s. Tab. 1–15)

$$\lambda = \frac{c_0}{\nu} \tag{1.1}$$

Die Einheit der Frequenz ist das Hertz (Kurzzeichen: Hz) $1\,Hz = 1\,s^{-1}$.
Zwischen der Photonenenergie E eines Photons* und der Wellenlänge λ bzw. der Frequenz ν besteht die Beziehung

$$E = h\,\nu = h\,\frac{c_0}{\lambda} \tag{1.2}$$

h Planck-Konstante (s. Tab. 1–15).

* Ein Photon ist ein Lichtquant oder Strahlungsquant. Quantenenergie ist der umfassendere Begriff und bezieht sich auch auf andere Energiequantelungen als bei Photonenstrahlen.

Aus Gleichung (1.1) und (1.2) folgen die Zahlenwertgleichungen

$$E = \frac{12{,}40}{\lambda} \quad \text{bzw.} \quad \lambda = \frac{12{,}40}{E} \; ; \tag{1.3}$$

E in keV; λ in Å.

$$E = \frac{1{,}24}{\lambda} \quad \text{bzw.} \quad \lambda = \frac{1{,}24}{E} \; ; \tag{1.4}$$

E in keV; λ in nm.

Impuls des Photons

$$p = \frac{h\nu}{c_0} \; . \tag{1.5}$$

In Tab. 1–14 sind Photonenenergien und Wellenlängen gegenübergestellt und die Bereiche der verschiedenen Strahlungsarten angegeben.

Tabelle 1–14. Photonenenergien und Wellenlängen (Zahlenwerte gerundet)

Photonenenergie E in				Wellenlänge λ	Art der Strahlung
eV, keV, MeV	Joule	erg	cal$_{IT}$	nm*	
1 eV	$1{,}6 \cdot 10^{-19}$	$1{,}6 \cdot 10^{-12}$	$3{,}82 \cdot 10^{-20}$	$1{,}24 \cdot 10^{3}$	Infrarot (IR)
5 eV	$8{,}0 \cdot 10^{-19}$	$8{,}0 \cdot 10^{-12}$	$1{,}91 \cdot 10^{-19}$	$2{,}48 \cdot 10^{2}$	Sichtbares Licht
10 eV	$1{,}6 \cdot 10^{-18}$	$1{,}6 \cdot 10^{-11}$	$3{,}82 \cdot 10^{-19}$	$1{,}24 \cdot 10^{2}$	Ultraviolett (UV)
50 eV	$8{,}0 \cdot 10^{-18}$	$8{,}0 \cdot 10^{-11}$	$1{,}91 \cdot 10^{-18}$	$2{,}48 \cdot 10^{1}$	
100 eV	$1{,}6 \cdot 10^{-17}$	$1{,}6 \cdot 10^{-10}$	$3{,}82 \cdot 10^{-18}$	$1{,}24 \cdot 10^{1}$	Charakt. Röntgenstrahlen
500 eV	$8{,}0 \cdot 10^{-17}$	$8{,}0 \cdot 10^{-10}$	$1{,}91 \cdot 10^{-17}$	$2{,}48$	
1 keV	$1{,}6 \cdot 10^{-16}$	$1{,}6 \cdot 10^{-9}$	$3{,}82 \cdot 10^{-17}$	$1{,}24$	
5 keV	$8{,}0 \cdot 10^{-16}$	$8{,}0 \cdot 10^{-9}$	$1{,}91 \cdot 10^{-16}$	$2{,}48 \cdot 10^{-1}$	
10 keV	$1{,}6 \cdot 10^{-15}$	$1{,}6 \cdot 10^{-8}$	$3{,}82 \cdot 10^{-16}$	$1{,}24 \cdot 10^{-1}$	Röntgenstrahlen
50 keV	$8{,}0 \cdot 10^{-15}$	$8{,}0 \cdot 10^{-8}$	$1{,}91 \cdot 10^{-15}$	$2{,}48 \cdot 10^{-2}$	
100 keV	$1{,}6 \cdot 10^{-14}$	$1{,}6 \cdot 10^{-7}$	$3{,}82 \cdot 10^{-15}$	$1{,}24 \cdot 10^{-2}$	Gammastrahlen
500 keV	$8{,}0 \cdot 10^{-14}$	$8{,}0 \cdot 10^{-7}$	$1{,}91 \cdot 10^{-14}$	$2{,}48 \cdot 10^{-3}$	
1 MeV	$1{,}6 \cdot 10^{-13}$	$1{,}6 \cdot 10^{-6}$	$3{,}82 \cdot 10^{-14}$	$1{,}24 \cdot 10^{-3}$	
5 MeV	$8{,}0 \cdot 10^{-13}$	$8{,}0 \cdot 10^{-6}$	$1{,}91 \cdot 10^{-13}$	$2{,}48 \cdot 10^{-4}$	
10 MeV	$1{,}6 \cdot 10^{-12}$	$1{,}6 \cdot 10^{-5}$	$3{,}82 \cdot 10^{-13}$	$1{,}24 \cdot 10^{-4}$	
50 MeV	$8{,}0 \cdot 10^{-12}$	$8{,}0 \cdot 10^{-5}$	$1{,}91 \cdot 10^{-12}$	$2{,}48 \cdot 10^{-5}$	Photonen der Höhenstrahlung
100 MeV	$1{,}6 \cdot 10^{-11}$	$1{,}6 \cdot 10^{-4}$	$3{,}82 \cdot 10^{-12}$	$1{,}24 \cdot 10^{-5}$	
500 MeV	$8{,}0 \cdot 10^{-11}$	$8{,}0 \cdot 10^{-4}$	$1{,}91 \cdot 10^{-11}$	$2{,}48 \cdot 10^{-6}$	
1000 MeV	$1{,}6 \cdot 10^{-10}$	$1{,}6 \cdot 10^{-3}$	$3{,}82 \cdot 10^{-11}$	$1{,}24 \cdot 10^{-6}$	

* Die Wellenlänge λ ergibt sich in Angstrom (Å) durch Multiplikation mit 10.

1.3.2 Ruheenergie, Bewegungsenergie, relativistische Energie, Impuls
[7] (s. auch Abschn. 5.1.1)

1.3.2.1 *Ruheenergie*

Eine Korpuskel (Proton, Neutron, Elektron usw.) mit der Ruhemasse m_0 hat nach dem Satz von EINSTEIN die Ruheenergie E_0 (c_0 s. Tab. 1–15)

$$E_0 = m_0 \, c_0^2 \tag{1.6}$$

1.3.2.2 Bewegungsenergie

Eine mit der Geschwindigkeit v ($v \ll c_0$) bewegte Korpuskel mit der Masse m hat die kinetische Energie

$$E_k = \tfrac{1}{2} m v^2 \tag{1.7}$$

1.3.2.3 Relativistische Energie und Massenzunahme

Wenn sich die Geschwindigkeit v der Lichtgeschwindigkeit c_0 nähert, nimmt die Masse m nach der relativistischen Energieformel zu:

$$m = \frac{m_0}{\sqrt{1-\beta^2}} \; ; \qquad \beta = \frac{v}{c_0} \tag{1.8}$$

Für die kinetische Energie E_k und die gesamte Energie E_{ges} gilt:

$$E_k = E_{ges} - E_0 = m_0 \, c_0^2 \left(\frac{1}{\sqrt{1-\beta^2}} - 1 \right) \tag{1.9}$$

$$E_{ges} = \frac{m_0 \, c_0^2}{\sqrt{1-\beta^2}} = m \, c_0^2 \, . \tag{1.10}$$

1.3.2.4 Impuls

Der Impuls p einer Korpuskel mit der relativistischen Masse m und der Ruhemasse m_0 beträgt bei der Geschwindigkeit v (s. Gleichung (1.8)):

$$p = m \, v = m_0 \, c_0 \frac{\beta}{\sqrt{1-\beta^2}} \, . \tag{1.11}$$

1.4 Physikalische Konstanten, Eigenschaften von Elementarteilchen und Periodisches System der Elemente
[3,7] (Tab. 1−15 bis 1−17)

Tabelle 1−15. Zahlenwerte einiger physikalischer Konstanten

Lichtgeschwindigkeit im Vakuum	$c_0 = (2{,}997925 \pm 3 \cdot 10^{-6}) \cdot 10^8$ m/s
Magnetische Feldkonstante	$\mu_0 = 4\pi \cdot 10^{-7}$ H m^{-1} = $1{,}256637 \cdot 10^{-6}$ H m^{-1}
Elektrische Feldkonstante	$\varepsilon_0 = 1/(\mu_0 \, c_0^2)$ F m^{-1} = $8{,}85419 \cdot 10^{-12}$ F m^{-1}
Avogadro-Konstante	$N_A = (6{,}02252 \pm 28 \cdot 10^{-5}) \cdot 10^{23}$ mol^{-1}
= Anzahl der Moleküle in der Stoffmenge 1 mol bezogen auf 1/12 $^{12}_{6}$C (früher: Loschmidtsche Zahl)	$N_A = N_L \cdot V_{m0}$
Loschmidt-Konstante	$N_L = 2{,}6870 \cdot 10^{19}$ cm^{-3}
= Molekülanzahldichte eines idealen Gases bei 0 °C und 760 Torr	
Spezifisches Molvolumen idealer Gase	$V_{m0} = (22413{,}6 \pm 3{,}0)$ cm^3/mol
Planck-Konstante (Wirkungsquantum)	$h = (6{,}6256 \pm 5 \cdot 10^{-4}) \cdot 10^{-34}$ J s
	$ = 4{,}1356 \cdot 10^{-15}$ eV s
	$\hbar = h/2\pi = 1{,}05450 \cdot 10^{-34}$ J s
	$ = 6{,}58198 \cdot 10^{-16}$ eV s
Elektrische Elementarladung	$e = (1{,}60210 \pm 7 \cdot 10^{-5}) \cdot 10^{-19}$ C
Boltzmann-Konstante	$k = 1{,}38054 \cdot 10^{-23}$ J/°K
	$ = 8{,}6170 \cdot 10^{-5}$ eV/°K

Faraday-Konstante bezogen auf 1/12 $^{12}_{6}$C (phys.)	$F = (9{,}64870 \pm 16 \cdot 10^{-5}) \cdot 10^4$ C/mol
Rydberg-Konstante	$R_\infty = 1{,}0974 \cdot 10^7$ m^{-1}
Rydberg-Frequenz	$R_y = R_\infty \cdot c_0 = 3{,}290 \cdot 10^{15}$ s^{-1}
Umrechnungsfaktor von der relativen atomaren Masse $A_r(^{12}_{6}\text{C} = 12)$ auf das physikalische Atomgewicht $A_r(^{16}_{8}\text{O} = 16)$ *	1,000 318 $A_r(^{16}_{8}\text{O} = 16) = 1{,}000\,318\, A_r(^{12}_{6}\text{C} = 12)$
Umrechnungsfaktor vom chemischen Atomgewicht $A_\text{chem}(_s\overline{\text{O}} = 16)$ auf das physikalische Atomgewicht $A_r(^{16}_{8}\text{O} = 16)$	1,000 275 (Smythescher Faktor) $A_r(^{16}_{8}\text{O}) = 1{,}000\,275 \cdot A_\text{chem}(_s\overline{\text{O}} = 16)$
Umrechnungsfaktor von der relativen atomaren Masse $A_r(^{12}_{6}\text{C} = 12)$ auf das chemische Atomgewicht $A_\text{chem}(_s\overline{\text{O}} = 16)$	1,000 043 $A_\text{chem}(_s\overline{\text{O}} = 16) = 1{,}000\,043\, A_r(^{12}_{6}\text{C} = 12)$

---

* 1 u = 1,000 318 ME (s. Abschn. 1.1.3).

18 Allgemeines

Tabelle 1-16. Namen, Symbole und Eigenschaften der wichtigsten Elementarteilchen [3, 7]

Name	Symbol Teilchen	Symbol Anti-Teilchen	Halbwertszeit s	Anzahl der Elementarladungen	Ruhemasse m_0 g	Massenverhältnis m_0/m_{e0}	Rel. Atommasse A_r u	Ruheenergie $E = m_0 c_0^2$ MeV	Spezifische Ladung e/m_0 C/g	
Photon	γ		stabil	0	0	0	0	0	0	
Neutrino	ν		stabil	0	0	0	0	0	0	
Elektron (Betateilchen)	e^-, β^-	e^+, β^+	stabil	$-1\ +1$	$9{,}109 \cdot 10^{-28}$	1	$5{,}486 \cdot 10^{-4}$	0,511	$1{,}7588 \cdot 10^8$	} Leptonen
Positron										
Myon (μ-Meson)	μ^-	μ^+	$1525 \cdot 10^{-9}$	$-1\ +1$	$0{,}1884 \cdot 10^{-24}$	206,78	0,1134	105,66	$8{,}506 \cdot 10^5$	
Pionen (π-Mesonen)	π^+	π^-	$6 \cdot 10^{-17}$	0	$0{,}2407 \cdot 10^{-24}$	264,2	0,1449	135,0	0	} Mesonen
	π^0		$18 \cdot 10^{-9}$	$+1\ -1$	$0{,}2489 \cdot 10^{-24}$	273,2	0,1499	139,6	$6{,}438 \cdot 10^5$	
K-Mesonen	K^+	K^-	$8{,}5 \cdot 10^{-9}$	$+1\ -1$	$0{,}8805 \cdot 10^{-24}$	966,6	0,5303	493,8	$1{,}820 \cdot 10^5$	
	K^0	$\tilde{K}^0$	$6 \cdot 10^{-11}$ 39,5·10^{-9}	0	$0{,}8874 \cdot 10^{-24}$	974,2	0,5344	497,9	0	
Proton	p^+	p^-	stabil	$+1\ -1$	$1{,}6725 \cdot 10^{-24}$	1836,1	1,007276	938,26	$9{,}5790 \cdot 10^4$	} Nukleonen
Neutron	n	$\tilde{n}$	700	0	$1{,}6748 \cdot 10^{-24}$	1838,6	1,008665	939,55	0	
Deuteron	d		stabil	+1	$3{,}3443 \cdot 10^{-24}$	—	2,01355	1875,5	$4{,}7919 \cdot 10^4$	
Triton	t		(12,3 a)	+1	$5{,}0070 \cdot 10^{-24}$	—	3,01550	2808,8	$3{,}1997 \cdot 10^4$	
α-Teilchen	α		stabil	+2	$6{,}644 \cdot 10^{-24}$	—	4,00151	3727,2	$4{,}8225 \cdot 10^4$	

Elektron	Klassischer Elektronenradius $r_e = 2{,}818 \cdot 10^{-13}$ cm	Compton-Wellenlänge $\lambda_C = 2{,}426 \cdot 10^{-10}$ cm	Ein Elektron mit der kinetischen Energie von 1 eV hat die Geschwindigkeit $v = 5{,}93 \cdot 10^5$ m/s	die de-Broglie-Wellenlänge $\lambda = 1{,}2264 \cdot 10^{-7}$ cm

Neben den hier aufgeführten Elementarteilchen gibt es u. a. noch η^-, ρ^-, ω^-, φ^-, ψ^-, f^0- und $\varkappa$-Mesonen sowie die mit den Nukleonen zu den Baryonen gehörenden Hyperonen wie Λ^-, Σ^+-, Σ^--, Σ^0-, Ξ^0-, Ξ^-- und Ω^--Teilchen; Mesonen und Baryonen (Nukleonen + Hyperonen) werden auch unter der Benennung Hadronen zusammengefaßt.

Tabelle 1–17. Periodisches System der Elemente. Über dem Element stehen die Massenzahlen der stabilen Isotope, vor dem Symbol des Elementes steht die Ordnungszahl (Kernladungszahl), unter dem Element die relative Atommasse, bezogen auf 1/12 $^{12}_{6}C$ (s. Tab. 1–15). Bei radioaktiven Elementen ist die relative Atommasse des Isotops mit der längsten Lebensdauer in Klammern angegeben

Gruppe / Periode	I	II	III
1	1 2 **1 H** Wasserstoff 1,00797		
2	6 7 **3 Li** Lithium 6,939	9 **4 Be** Beryllium 9,0122	10 11 **5 B** Bor 10,811
3	23 **11 Na** Natrium 22,990	24 25 26 **12 Mg** Magnesium 24,305	27 **13 Al** Aluminium 26,982
4	34 41 **19 K** Kalium 39,102	40 42 43 44 46 48 **20 Ca** Calcium 40,08	45 **21 Sc** Scandium 44,956
4	63 65 **29 Cu** Kupfer 63,546	64 66 67 68 70 **30 Zn** Zink 65,37	69 71 **31 Ga** Gallium 69,72
5	85 **37 Rb** Rubidium 85,47	84 86 87 88 **38 Sr** Strontium 87,62	89 **39 Y** Yttrium 88,90
5	107 109 **47 Ag** Silber 107,87	106 108 110 111 112 113 114 116 **48 Cd** Cadmium 112,40	113 **49 In** Indium 114,82
6	133 **55 Cs** Caesium 132,90	130 132 134 135 136 137 138 **56 Ba** Barium 137,34	**57–71 Lanthaniden*)**
6	197 **79 Au** Gold 196,97	196 198 199 200 201 202 204 **80 Hg** Quecksilber 200,59	203 205 **81 Tl** Thallium 204,37
7	— **87 Fr** Francium (223,02)	— **88 Ra** Radium (226,02)	**89–103 Aktiniden**)**

*) **Lanthaniden** (seltene Erden)

139 **57 La** Lanthan 138,91	136 138 140 **58 Ce** Cer 140,12	141 **59 Pr** Praseodym 140,91	142 143 145 146 148 150 **60 Nd** Neodym 144,24	— **61 Pm** Prometium (144,91)

) **Aktiniden

89 Ac Actinium (227,03)	**90 Th** Thorium 232,04	**91 Pa** Protactinium (231,04)	**92 U** Uran 238,03	**93 Np** Neptunium (237,05)

Tabelle 1–17 (Fortsetzung)

Gruppe / Periode	IV	V	VI
1			
2	12 13 **6 C** Kohlenstoff 12,01115	14 15 **7 N** Stickstoff 14,007	16 17 18 **8 O** Sauerstoff 15,9994
3	28 29 30 **14 Si** Silicium 28,086	31 **15 P** Phosphor 30,974	32 33 34 36 **16 S** Schwefel 32,064
4	46 47 48 49 50 **22 Ti** Titan 47,90	51 **23 V** Vanadium 50,942	50 52 53 54 **24 Cr** Chrom 51,996
	70 72 73 74 76 **32 Ge** Germanium 72,59	75 **33 As** Arsen 74,92	74 76 77 78 80 82 **34 Se** Selen 78,96
5	90 91 92 94 96 **40 Zr** Zirkon 91,22	93 **41 Nb** Niob 92,91	92 94 95 96 97 98 100 **42 Mo** Molybdän 95,94
	112 114 115 116 117 118 119 120 122 124 **50 Sn** Zinn 118,69	121 123 **51 Sb** Antimon 121,75	120 122 124 125 126 128 130 **52 Te** Tellur 127,60
6	176 177 178 179 180 **72 Hf** Hafnium 178,49	180 181 **73 Ta** Tantal 180,95	180 182 183 184 186 **74 W** Wolfram 183,85
	206 207 208 **82 Pb** Blei 207,19	209 **83 Bi** Wismuth 208,98	— **84 Po** Polonium (208,98)
7			

144 150 152 154 **62 Sm** Samarium 150,35	151 153 **63 Eu** Europium 151,96	154 155 156 157 158 160 **64 Gd** Gadolinium 157,25	159 **65 Tb** Terbium 158,92	158 160 161 162 163 164 **66 Dy** Dysprosium 162,50

94 Pu Plutonium (244,06)	**95 Am** Americium (243,06)	**96 Cm** Curium (247,07)	**97 Bk** Berkelium (247,07)	**98 Cf** Californium (251,08)

Tabelle 1–17 (Fortsetzung)

VII	VIII		
			34 **2 He** Helium 4,0026
19 **9 F** Fluor 18,998			0 21 22 **10 Ne** Neon 20,179
35 37 **17 Cl** Chlor 35,453			36 38 40 **18 Ar** Argon 39,948
55 **25 Mn** Mangan 54,938	54 56 57 58 **26 Fe** Eisen 55,847	59 **27 Co** Kobalt 58,933	58 60 61 62 64 **28 Ni** Nickel 58,71
79 81 **35 Br** Brom 79,90			78 80 82 83 84 86 **36 Kr** Krypton 83,80
— **43 Tc** Technetium (96,91)	96 98 99 100 101 102 104 **44 Ru** Ruthenium 101,07	103 **45 Rh** Rhodium 102,90	102 104 105 106 108 110 **46 Pd** Palladium 106,4
127 **53 J** Jod 126,90			124 126 128 129 130 131 132 134 136 **54 Xe** Xenon 131,30
185 **75 Re** Rhenium 186,2	184 186 187 188 189 190 192 **76 Os** Osmium 190,2	191 193 **77 Ir** Iridium 192,2	192 194 195 196 198 **78 Pt** Platin 195,09
— **85 At** Astatium (209,99)			— **86 Rn** Radon (222,02)

| 165
67 Ho Holmium
164,93 | 162 164 166
167 168 170
68 Er Erbium
167,26 | 169
69 Tm Thulium
168,93 | 168 170 171 172
173 174 176
70 Yb Ytterbium
173,04 | 175
71 Lu Lutetium
174,97 |

| **99 Es** Einsteinium
(254,09) | **100 Fm** Fermium
(253,08) | **101 Md** Mendelevium
(256) | **102 No** Nobelium
(253) | **103 Lw** Lawrencium
(257) |

2 Atombau und Radioaktivität
[2, 5, 10, 13, 15, 19]

Von H. H. Eisenlohr und R. G. Jaeger

Literaturverzeichnis s. S. 417

2.1 Aufbau des Atoms

Das elektrisch neutrale Atom besteht aus einem Atomkern mit der elektrischen Ladung $+Ze$ und einer Atomhülle mit der Ladung $-Ze$ (e Elementarladung, s. Tab. 1–15). Die ganze Zahl Z heißt Kernladungszahl und ist mit der Ordnungszahl des betreffenden chemischen Elements identisch*. Sie liegt für die natürlich vorkommenden Elemente im Bereich 1 (Wasserstoff) $\leq Z \leq$ 92 (Uran), der durch die künstlichen Elemente bis $Z = 104$ (Kurchatovium) erweitert worden ist (s. Tab. 1–17). Da die relative Atommasse des Kurchatoviums noch nicht bekannt ist, wurde es nicht in diese Tabelle aufgenommen.
Der Atomkern, in dem praktisch die gesamte Masse des Atoms konzentriert ist, besteht aus Z Protonen und $N = A - Z$ Neutronen. Die ganze Zahl A heißt Massenzahl oder Nukleonenzahl (Nukleon = Sammelname für Proton und Neutron). Die Massenzahlen der natürlich vorkommenden Nuklide liegen im Bereich $1 \leq A \leq 238$. Die Atomhülle enthält Z Elektronen, die in bestimmten Schalen (K-, L-, ... Schale) um den Kern verteilt sind. Ein Atom, dessen Hülle infolge einer Störung mehr oder weniger als Z Elektronen enthält, wird Ion genannt. Die wichtigsten Eigenschaften von Proton, Neutron und Elektron sind in der Tab. 1–16 aufgeführt.
Ein Nuklid wird durch das chemische Symbol X, die Ordnungszahl Z und die Massenzahl A gekennzeichnet:

$${}^{A}_{Z}X, \quad \text{z.B.} \quad {}^{60}_{27}\text{Co}.$$

Die Ordnungszahl (Kernladungszahl) wird häufig fortgelassen, da sie durch das Symbol gegeben ist. Gelegentlich wird die Massenzahl auch hinter das Symbol gesetzt, z.B. Kobalt 60.

Bezeichnungen:

Isotope: Nuklide mit gleicher Kernladungszahl Z wie ${}^{1}_{1}$H leichter Wasserstoff; ${}^{2}_{1}$H Deuterium (D) (schwerer Wasserstoff); ${}^{3}_{1}$H Tritium (T) (überschwerer Wasserstoff) [6, 22].
Deuteronen (d) sind die Deuteriumkerne und Tritonen (t) die Tritiumkerne (s. Tab. 1–16).

Isobare: Nuklide mit gleicher Massenzahl $A = Z + N$:
${}^{14}_{6}$C, ${}^{14}_{8}$O.

---

* Gelegentlich auch mit „Atomnummer" (atomic number) bezeichnet.

Isotone: Nuklide mit gleicher Neutronenzahl $N = A - Z$:

$^{18}_{8}$O, $^{20}_{10}$Ne.

Isomere: Nuklide mit gleicher Kernladungszahl Z und gleicher Massenzahl A, deren Atomkerne sich in einem angeregten, *metastabilen* Zustand befinden (s. Abschn. 2.4.4). Ein metastabiler Zustand wird durch ein rechts oben an das Elementsymbol angefügtes m gekennzeichnet:

$^{234}_{91}$Pa^m (Uran X$_2$).

Radionuklid: Radioaktives Nuklid. Allgemein wird eine radioaktive Atomart als „Radionuklid" bezeichnet. Der Ausdruck „Radioisotop" sollte nur verwendet werden, wenn neben der Radioaktivität die Zugehörigkeit zu einem bestimmten chemischen Element von Bedeutung ist. Ein Radionuklid sollte nicht allgemein Isotop genannt werden, da der Begriff „Isotop" nichts mit der Radioaktivität zu tun hat.

2.2 Stabilitätskriterien

2.2.1 Empirische Fakten

Es gibt stabile und instabile Atomkerne. Bei stabilen Kernen treten keine spontanen Änderungen der Zusammensetzung oder des Energieinhaltes im Laufe der uns zugänglichen Beobachtungszeiten ein, im Gegensatz zu den instabilen Kernen, welche Energie durch Emission von Teilchen oder Photonen abgeben.

Die in der Natur vorkommenden stabilen Atomkerne verteilen sich wie folgt auf die vier nachstehenden Konfigurationen:

	Z gerade (g)	Z ungerade (u)
N gerade (g)	163 (gg)	50 (gu)
N ungerade (u)	57 (ug)	4 (uu)

Die vier stabilen uu-Kerne sind: ^{2}H, ^{6}Li, ^{10}B und ^{14}N. Eine uu-Konfiguration tendiert offenbar zur Instabilität, und es ergibt sich die empirische Regel:

Oberhalb der Massenzahl $A = 14$ existiert kein stabiler uu-Kern.

Demgegenüber erscheinen gg-Konfigurationen stabilitätsbegünstigend. Eine weitere Erfahrung drückt sich in der Isobarenregel aus:

Von zwei isobaren Kernen mit benachbarten Ordnungszahlen Z und $Z-1$ ist der mit der größeren Masse instabil und wandelt sich unter Betazerfall (β^-) in den leichteren Kern um:

Beispiel 1: Von den beiden isobaren Kernen $^{14}_{6}$C ($A_r = 14{,}003242$) und $^{14}_{7}$N ($A_r = 14{,}003074$) hat ^{14}C die größere Masse und wandelt sich unter Aussendung von β^--Strahlung in ^{14}N um (A_r relative Atommasse s. Tab. 1–15).

Beispiel 2: Von dem Isobarenpaar $^1_1$p und $^1_0$n hat das Neutron die größere Masse (Tab. 1–16). Tatsächlich ist das freie Neutron (im Gegensatz zum im Nukleonenverband eines Kerns gebundenen) instabil, indem es sich unter β^--Zerfall in ein Proton verwandelt.

Trägt man die stabilen und instabilen Atomkerne in einem $N-Z$-Diagramm auf, dann gruppieren sich die stabilen Kerne eng um eine leicht nach oben gekrümmte Kurve, die Stabilitätskurve (Abb. 2–1). Sie fällt anfänglich mit der Geraden $N = Z$ zusammen. Mit wachsendem Z nimmt der Neutronenüberschuß ($N-Z$) der stabilen Kerne stetig zu. Diese Erscheinung wird durch die mit Z^2 anwachsende Coulomb-Energie der sich gegenseitig abstoßenden Kernprotonen verursacht.

24 Atombau und Radioaktivität

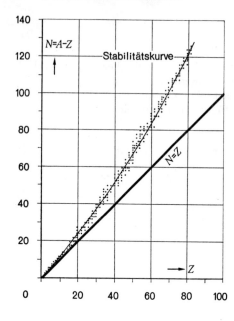

Abb. 2–1. Das N-Z-Diagramm der stabilen Kerne (N Neutronenzahl, A Massenzahl, Z Ordnungs- oder Kernladungszahl)

Künstlich radioaktive Nuklide liegen im allgemeinen oberhalb oder unterhalb des Stabilitätsbereichs. Kerne mit einem zu großen Neutronenüberschuß können eine stabilere Konfiguration durch Vergrößerung ihrer Kernladung erreichen. Dies geschieht durch die Umwandlung eines Kernneutrons in ein Kernproton, wobei ein Elektron und ein Antineutrino ($\tilde{\nu}$) emittiert werden. Wird das instabile Ausgangsnuklid durch (Z, A) beschrieben, dann ergibt sich also die Umwandlungsreaktion:

$$(Z, A) \to (Z + 1, A) + e^- + \tilde{\nu} \qquad (\beta^-\text{-Umwandlung}).$$

Kerne mit zu wenig Neutronen können eine stabilere Konfiguration durch Verminderung ihrer Kernladung erreichen. Dies geschieht entweder durch die Umwandlung eines Kernprotons in ein Kernneutron, wobei ein positives Elektron (Positron) und ein Neutrino (ν) emittiert werden:

$$(Z, A) \to (Z - 1, A) + e^+ + \nu \qquad (\beta^+\text{-Umwandlung})$$

oder durch Einfang eines Elektrons aus der Atomhülle, meist aus der K-Schale (K-Einfang), gelegentlich auch aus einer höheren Schale:

$$(Z, A) + e^- \to (Z - 1, A) + \nu \qquad (\text{Elektroneneinfang}).$$

K(L, ...)-Einfang äußert sich durch die Röntgen-K(L, ...)-Strahlung, die beim Auffüllen der Lücke in der K(L, ...)-Schale durch äußere Elektronen entsteht.
Eine Reihe meist schwerer Nuklide ($Z > 80$) zeigt Instabilität durch Emission eines He-Kerns (α-Teilchen). Diese werden α-Strahler genannt. Diese Umwandlungsreaktion verläuft nach dem Schema:

$$(Z, A) \to (Z - 2, A - 4) + \alpha \qquad (\alpha\text{-Umwandlung}).$$

Eine weitere Form der Instabilität, die spontane Spaltung, die allerdings auf Kerne mit $Z \geq 90$ beschränkt ist, äußert sich im Auseinanderbrechen des Kerns in zwei etwa gleichgroße Teile, wobei gleichzeitig einige Neutronen freigesetzt werden (s. Abschn. 2.4.6).

2.2.2 Massendefekt, Bindungsenergie und Stabilität

Die Masse des ^{4}He-Kerns (α) ist um den Massendefekt $\Delta m \approx 0{,}031$ u (u s. Abschn. 1.1.3) kleiner als die Summe der Massen seiner Bestandteile (2 p, 2 n, s. Tab. 1–16). Ein Massendefekt findet sich bei allen Atomkernen. Das Energieäquivalent $\Delta E = c_0^2\, \Delta m$ (c_0 siehe Tab. 1–15) des Massendefekts heißt Bindungsenergie des Atomkerns und verhindert den Zerfall des Kerns in seine Nukleonen. Diese Energie muß aufgewendet werden, um den Kern unter Überwindung der Kernkräfte in seine einzelnen Nukleonen zu zerlegen. Umgekehrt würde die Energie ΔE beim Aufbau (Fusion, Verschmelzung) des Kerns aus seinen einzelnen Nukleonen frei werden. Beim ^{4}He-Kern ist $\Delta E \approx 28$ MeV, d.h. die Bindungsenergie pro Nukleon beträgt etwa 7 MeV.

Stabilität gegen Zerfall in sämtliche Nukleonen bedeutet natürlich nicht auch Stabilität bezüglich einer anderen Zerfallsmöglichkeit. So hat z. B. der Kern ^{8}Be eine größere Bindungsenergie pro Nukleon als ^{9}Be, aber da die Masse des ^{8}Be-Kerns größer ist als die von zwei ^{4}He-Kernen, zerfällt er spontan in zwei ^{4}He-Kerne, während ^{9}Be stabil ist.

Ein Atomkern ist also dann stabil, wenn seine Masse kleiner ist als die Summe der Massen aller Teilkerne, die aus ihm durch Kernzerfall hervorgehen können.

2.3 Radioaktivität
[3, 7]

Die Radioaktivität ist die Eigenschaft bestimmter Nuklide, spontan Strahlung durch Energieabgabe beim Übergang eines instabilen Atomkerns in eine stabilere Konfiguration zu emittieren.

2.3.1 Zerfallsgesetz, Zerfallskonstante, Aktivität und die Einheit Curie

Die spontanen Kernumwandlungen (radioaktive Umwandlungen) oder Übergänge folgen statistischen Gesetzen. Daher ist die Anzahl dN der in einer radioaktiven Substanz pro Zeitintervall dt umgewandelten Kerne einer bestimmten Kernart der Zahl N der noch nicht zerfallenen Kerne proportional:

$$-A = \frac{dN}{dt} = -\lambda N. \tag{2.1}$$

Dabei ist λ die *Zerfallskonstante*. Sie ist eine für jede Kernart charakteristische Konstante. $-\dfrac{dN}{dt}$ wird Umwandlungsrate oder *Aktivität A* genannt.

Die Einheit der Aktivität ist das Curie (Ci). Eine radioaktive Strahlenquelle hat die Aktivität 1 Ci, wenn ihre Umwandlungs- oder Zerfallsrate

$$A = -dN/dt = 3{,}7 \cdot 10^{10}\ \text{s}^{-1}\ \text{(genau)}$$

beträgt (s. auch Abschn. 2.6). Gebräuchliche dezimale Vielfache bzw. Teile s. Tab. 1–1. Durch Integration von Gleichung (2.1) ergibt sich das Gesetz des radioaktiven Zerfalls:

$$N(t) = N_0 \exp(-\lambda t); \qquad A(t) = A_0 \exp(-\lambda t); \qquad A_0 = -\lambda N_0. \tag{2.2}$$

Dabei ist

N_0 die Anzahl der Radionuklide zur Zeit $t = 0$,
A_0 die Anfangsaktivität,
$N(t)$ die zur Zeit t vorhandene Anzahl der Atome,
$A(t)$ die Aktivität zur Zeit t.

Tabelle 2-1. Zerfallsgesetz $\exp(-\lambda t) = f(t/T)$ (aus H. Ebert [4])

t/T	$e^{-\lambda t}$	t/T	$e^{-\lambda t}$	t/T	$e^{-\lambda t}$	t/T	$e^{-\lambda t}$
0	1,000	0,54	0,6878	1,58	0,3345	4,00	0,0625
0,01	0,9931	0,56	0,6783	1,60	0,3299	4,10	0,0583
0,02	0,9862	0,58	0,6690	1,62	0,3253	4,20	0,0544
0,03	0,9794	0,60	0,6597	1,64	0,3209	4,30	0,0508
0,04	0,9726	0,62	0,6507	1,66	0,3164	4,40	0,0474
0,05	0,9659	0,64	0,6417	1,68	0,3121	4,50	0,0442
0,06	0,9593	0,66	0,6329	1,70	0,3078	4,60	0,0412
0,07	0,9526	0,68	0,6242	1,75	0,2973	4,70	0,0385
0,08	0,9461	0,70	0,6156	1,80	0,2872	4,80	0,0359
0,09	0,9395	0,72	0,6071	1,85	0,2774	4,90	0,0335
0,10	0,9330	0,74	0,5987	1,90	0,2679	5,00	0,0312
0,11	0,9266	0,76	0,5905	1,95	0,2588	5,10	0,0292
0,12	0,9202	0,78	0,5824	2,00	0,2500	5,20	0,0272
0,13	0,9138	0,80	0,5744	2,05	0,2415	5,30	0,0254
0,14	0,9075	0,82	0,5664	2,10	0,2333	5,40	0,0237
0,15	0,9013	0,84	0,5586	2,15	0,2253	5,50	0,0221
0,16	0,8950	0,86	0,5509	2,20	0,2176	5,60	0,0206
0,17	0,8888	0,88	0,5434	2,25	0,2102	5,70	0,0192
0,18	0,8827	0,90	0,5359	2,30	0,2031	5,80	0,0179
0,19	0,8766	0,92	0,5285	2,35	0,1961	5,90	0,0167
0,20	0,8705	0,94	0,5212	2,40	0,1895	6,00	0,0156
0,21	0,8645	0,96	0,5141	2,45	0,1830	6,20	0,0136
0,22	0,8586	0,98	0,5070	2,50	0,1768	6,40	0,0118
0,23	0,8526	1,00	0,5000	2,55	0,1708	6,60	0,0103
0,24	0,8467	1,02	0,4931	2,60	0,1649	6,80	0,0090
0,25	0,8409	1,04	0,4863	2,65	0,1593	7,00	0,0078
0,26	0,8351	1,06	0,4796	2,70	0,1539	7,20	0,0068
0,27	0,8293	1,08	0,4730	2,75	0,1487	7,40	0,0059
0,28	0,8236	1,10	0,4665	2,80	0,1436	7,60	0,0052
0,29	0,8179	1,12	0,4601	2,85	0,1387	7,80	0,0045
0,30	0,8122	1,14	0,4538	2,90	0,1340	8,00	0,0039
0,31	0,8066	1,16	0,4475	2,95	0,1294	8,20	0,0034
0,32	0,8011	1,18	0,4413	3,00	0,1250	8,40	0,0030
0,33	0,7955	1,20	0,4353	3,05	0,1207	8,60	0,0026
0,34	0,7900	1,22	0,4293	3,10	0,1166	8,80	0,0022
0,35	0,7846	1,24	0,4234	3,15	0,1127	9,00	0,0020
0,36	0,7792	1,26	0,4175	3,20	0,1088	9,20	0,0017
0,37	0,7738	1,28	0,4118	3,25	0,1051	9,40	0,0015
0,38	0,7684	1,30	0,4061	3,30	0,1015	9,60	0,0013
0,39	0,7631	1,32	0,4005	3,35	0,0981	9,80	0,0011
0,40	0,7579	1,34	0,3950	3,40	0,0948	10,00	0,0010
0,41	0,7526	1,36	0,3896	3,45	0,0915	10,50	0,0007
0,42	0,7474	1,38	0,3842	3,50	0,0884	11,00	0,0005
0,43	0,7423	1,40	0,3789	3,55	0,0854	11,50	0,0004
0,44	0,7371	1,42	0,3737	3,60	0,0825	12,00	0,0002
0,45	0,7320	1,44	0,3685	3,65	0,0797	13,00	0,0001
0,46	0,7270	1,46	0,3635	3,70	0,0770		
0,47	0,7220	1,48	0,3585	3,75	0,0743		
0,48	0,7170	1,50	0,3536	3,80	0,0718		
0,49	0,7120	1,52	0,3487	3,85	0,0693		
0,50	0,7071	1,54	0,3439	3,90	0,0670		
0,52	0,6974	1,56	0,3391	3,95	0,0647		

Für numerische Auswertungen des Zerfallsgesetzes eignet sich besonders die Schreibweise:
$$\ln(N/N_0) = \ln(A/A_0) = -\lambda t. \qquad (2.3)$$
Zerfallskonstanten werden üblicherweise in s^{-1} angegeben.

2.3.2 Mittlere Lebensdauer und Halbwertszeit

Die mittlere Lebensdauer τ eines Radionuklids ist diejenige Zeit, nach der die Anfangsaktivität auf $1/e$ oder rund 37% abgesunken ist. Es gilt also:
$$\tau = \lambda^{-1}. \qquad (2.4)$$

2.3.2.1 *Physikalische Halbwertszeit*

Die Halbwertszeit (HWZ) T ist die Zeitspanne, nach der sich genau die Hälfte der ursprünglich vorhandenen Atome N_0 umgewandelt hat. Aus Gleichung (2.3) ergibt sich:
$$T = \frac{\ln 2}{\lambda} = \frac{0{,}693}{\lambda} = 0{,}693\,\tau. \qquad (2.5)$$

Nach Ablauf einer weiteren Halbwertszeit ist wieder die Hälfte der bei $t = T$ vorhandenen Nuklide (Anzahl $N_0/2$) zerfallen. Die Anzahl N der Radionuklide bzw. die Aktivität A nimmt also folgendermaßen mit der Anzahl n der Halbwertszeiten ab:
$$N = \frac{N_0}{2^n}, \qquad A = \frac{A_0}{2^n}.$$

Die Tab. 2–1 enthält das Zerfallsgesetz, Gleichung (2.2), in der Form $\exp(-\lambda t) = f(t/T)$ im Bereich $0 \leq t/T \leq 13$.
Die Tab. 2–2 erleichtert die Umrechnung zwischen Umwandlungen oder Zerfällen pro Minute (disintegrations per minute [dpm]), pro Sekunde (dps) und Curie (Ci).

Tabelle 2–2. Beziehungen zwischen dpm, dps und Ci

	dpm	dps	Ci
1 dpm =	1	0,0167	$0{,}450 \cdot 10^{-12}$
1 dps =	60	1	$0{,}270 \cdot 10^{-10}$
1 Ci =	$2{,}22 \cdot 10^{12}$	$3{,}70 \cdot 10^{10}$	1

2.3.2.2 *Biologische und effektive Halbwertszeit*

Falls ein Stoff aus dem Körper durch Stoffwechselvorgänge zeitlich nach einer Exponentialfunktion (s. Abschn. 1.1.1) ausgeschieden wird, so läßt sich eine biologische Halbwertszeit T_b angeben; das ist die Zeitspanne, nach der die Hälfte der ursprünglich im Körper vorhandenen Stoffmenge ausgeschieden ist. Bei einem radioaktiven Stoff erfolgt die Abnahme sowohl infolge der radioaktiven Umwandlung als auch infolge der biologischen Vorgänge. Die hieraus resultierende effektive Halbwertszeit T_{eff} errechnet sich dann aus der physikalischen Halbwertszeit T und der biologischen Halbwertszeit T_b:
$$T_{eff} = \frac{T \cdot T_b}{T + T_b}. \qquad (2.6)$$

Nach Gleichung (2.5) beträgt die effektive Zerfallskonstante $\lambda_{eff} = (\ln 2)/T_{eff}$, so daß die Zahlenwerte der Tab. 2–1 gelten, wenn man T_{eff} anstelle von T und λ_{eff} anstelle von λ setzt.

2.3.3 Spezifische Aktivität *

Die spezifische Aktivität a einer Substanz ist der Quotient aus der in der Substanz vorhandenen Aktivität A und der Masse m der Substanz

$$a = A/m. \tag{2.7}$$

Übliche Einheiten der spezifischen Aktivität sind das Ci/g bzw. dezimale Vielfache oder Teile davon (s. Tab. 1–1).

Handelt es sich bei der Substanz um ein reines Radionuklid, dann besteht zwischen dessen Masse m und der Anzahl N der radioaktiven Atome der Zusammenhang

$$N = N_A\, m/M. \tag{2.8}$$

N_A = Avogadro-Konstante, M molare Masse des Nuklids.

($M = A_r$ g/mol, A_r = relative Atommasse).

Mit $A = \lambda N$ (Gleichung (2.1)) und $\lambda = \ln 2/T$ (Gleichung (2.5)) ergibt sich:

$$a = \frac{\lambda N_A}{M} = \frac{N_A \cdot \ln 2}{M \cdot T}. \tag{2.9}$$

Hieraus gewinnt man die Zahlenwertgleichungen

$$\begin{aligned}
a &= 1{,}63 \;\cdot 10^{23}\, \lambda/A_r & \text{Ci/g} & \quad (\lambda \text{ in s}^{-1}) \\
&= 1{,}128 \cdot 10^{13}/T\, A_r & \text{Ci/g} & \quad (T \text{ in s}) \\
&= 1{,}88 \;\cdot 10^{11}/T\, A_r & \text{Ci/g} & \quad (T \text{ in min}) \\
&= 3{,}134 \cdot 10^{9}/T\, A_r & \text{Ci/g} & \quad (T \text{ in h}) \\
&= 1{,}306 \cdot 10^{8}/T\, A_r & \text{Ci/g} & \quad (T \text{ in d}) \\
&= 3{,}574 \cdot 10^{5}/T\, A_r & \text{Ci/g} & \quad (T \text{ in a})
\end{aligned}$$

Beispielsweise ergeben sich danach folgende spezifische Aktivitäten für die reinen Radionuklide:

$a(^{238}\text{U}) = 3{,}34 \cdot 10^{-7}\,\text{Ci/g}; \quad a(^{241}\text{Am}) = 3{,}25\,\text{Ci/g};$

$a(^{137}\text{Cs}) = 87{,}2\,\text{Ci/g}; \quad a(^{32}\text{P}) = 2{,}82 \cdot 10^{5}\,\text{Ci/g}; \quad a(^{24}\text{Na}) = 8{,}69 \cdot 10^{6}\,\text{Ci/g}.$

Wenn das Radionuklid nicht rein vorliegt, sondern zusammen mit stabilen Isotopen desselben Elements, wird die spezifische Aktivität pro Gramm des Elements angegeben; z.B. gilt für ^{40}K:

$a(\beta^-) = 28{,}3\,\text{dps/g-K}_{\text{nat}} = 7{,}64\;\cdot 10^{-10}\,\text{Ci/g-K}_{\text{nat}}$

$a(\gamma)\; = 3{,}25\,\text{dps/g-K}_{\text{nat}} = 0{,}878 \cdot 10^{-10}\,\text{Ci/g-K}_{\text{nat}}.$

Die spezifische Aktivität der käuflichen Radioisotope ist sehr verschieden; das hängt unter anderem mit der Halbwertszeit der Radionuklide sowie mit der Neutronenfluenz und der Bestrahlungsdauer im Reaktor zusammen.

2.3.4 Aktivitätskonzentration

Die Aktivitätskonzentration einer radioaktiven Flüssigkeit oder eines radioaktiven Gases ist der Quotient aus der Aktivität A und dem Volumen V der Flüssigkeit bzw. des Gases:

$$c_A = A/V. \tag{2.10}$$

---

* Die molare Aktivität ist der Quotient aus Aktivität und Stoffmenge (s. Abschn. 1.1.3) und wird in Ci/mol angegeben.

Sie wird in Ci/l oder dezimalen Vielfachen oder Teilen (s. Tab. 1–1) hiervon angegeben. Für die Aktivitätskonzentration Radon-haltiger Wässer wird auch die Einheit „Eman" für 10^{-10} Ci/l verwendet (s. auch Abschn. 2.6).

2.3.5 Radioaktives Gleichgewicht

Das Zerfallsgesetz (s. Abschn. 2.3.1) gilt nur für die radioaktive Umwandlung eines reinen Nuklids; insbesondere ist also vorausgesetzt, daß das Zerfallsprodukt (der „Tochterkern") stabil ist. Bei den natürlich radioaktiven Familien (Zerfallsreihen) sind aber die Zerfallsprodukte im allgemeinen wieder radioaktiv. Man hat also Bildung und Zerfall des gleichen Nuklids gleichzeitig zu betrachten.

Bedeuten

$N_1(0)$ die Anzahl der Atomkerne der Muttersubstanz zur Zeit $t = 0$,
N_1 ihre Anzahl zur Zeit t,
N_2 die Anzahl der Tochterkerne zur Zeit t,
λ_1, λ_2 die Zerfallskonstanten von Mutter- und Tochtersubstanz und ist zur Zeit $t = 0$
$N_2(0) = 0$, dann gilt:

$$\frac{dN_2}{dt} = \lambda_1 N_1 - \lambda_2 N_2 = \lambda_1 N_1(0) \exp(-\lambda_1 t) - \lambda_2 N_2$$

und nach Integration

$$N_2(t) = N_1(0) \frac{\lambda_1}{\lambda_2 - \lambda_1} [\exp(-\lambda_1 t) - \exp(-\lambda_2 t)]. \tag{2.11}$$

Von besonderem Interesse ist der Fall $\lambda_1 \ll \lambda_2$, wenn also die Muttersubstanz sehr viel langsamer zerfällt als die Tochtersubstanz. Dann ergibt sich

$$N_2(t) = N_1(0) \frac{\lambda_1}{\lambda_2} [1 - \exp(-\lambda_2 t)]. \tag{2.12}$$

Danach nimmt die Tochtersubstanz bis zum Grenzwert $N_2(\infty) = N_1(0) \lambda_1/\lambda_2$ zu.
Analog gilt für eine Zerfallsreihe: Ist in einer radioaktiven Zerfallsreihe die Zerfallskonstante λ_1 der ersten Substanz klein gegen die Zerfallskonstanten $\lambda_2, \lambda_3 \ldots$ der übrigen Glieder, so stellt sich nach einer Zeit $t \gg T_2, T_3 \ldots$ ein radioaktives Gleichgewicht ein. Dabei zerfallen pro Zeitintervall ebensoviele Atome jeder Substanz, wie durch den Zerfall der vorhergehenden Substanz nachgebildet werden.
Sind $N_1 N_2 N_3 \ldots$ die Anzahlen der Atome und $\lambda_1 \lambda_2 \lambda_3 \ldots$ die entsprechenden Zerfallskonstanten, so zerfallen im betrachteten Zeitintervall je $\lambda_x N_x$ Atome, und es gilt die Gleichgewichtsbedingung

$$\lambda_1 N_1 = \lambda_2 N_2 = \lambda_3 N_3 \ldots, \tag{2.13}$$

d.h. die vorhandenen Anzahlen der Atome verhalten sich bei radioaktivem Gleichgewicht umgekehrt wie die Zerfallskonstanten.

2.4 Radioaktive Quellen

2.4.1 Allgemeines, Umwandlungsarten und entstehende Strahlen

Die meisten der natürlich vorkommenden Radionuklide sind Mitglieder einer der drei Zerfallsfamilien, deren Muttersubstanzen ^{238}U (UI), ^{235}U (AcU) und ^{232}Th sind (siehe Abb. 2–2). Die Nukleonenzahlen der drei Zerfallsfamilien können durch $A = 4n + 2$,

Atombau und Radioaktivität

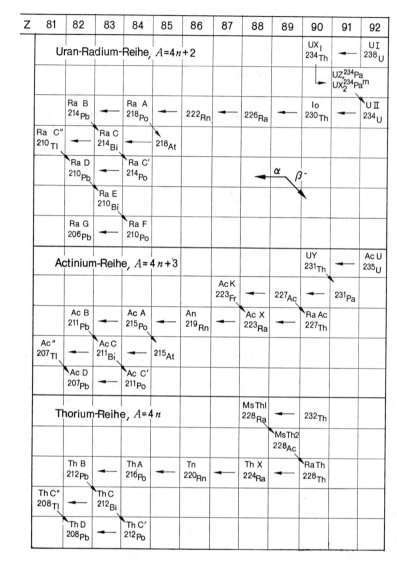

Abb. 2–2. Die drei Zerfallsfamilien der Uran-Radium, Actinium- und Thorium-Reihe

$A = 4n + 3$ und $A = 4n$ (n = ganze Zahl) dargestellt werden. Eine Familie, deren Glieder durch $A = 4n + 1$ dargestellt werden, existiert in der Natur nicht, kann aber künstlich mit ^{241}Pu als Muttersubstanz produziert werden. In Abb. 2–2 sind die historischen und die systematischen Nuklidsymbole aufgeführt (z. B.: UX$_1$ und ^{234}Th). Die jeweils letzten Nuklide der Zerfallsreihen, also ^{206}Pb, ^{207}Pb und ^{208}Pb sind stabil. Daneben existieren noch einige natürlich vorkommende radioaktive Nuklide außerhalb dieser Zerfallsreihen mit sehr großen Halbwertszeiten (s. Tab. 2–3).

In den letzten Jahren sind rund 1700 Radionuklide künstlich erzeugt worden. Natürlich wie künstlich radioaktive Nuklide wandeln sich unter Emission von Alpha- und Betastrahlung (β^- und β^+) in eines der 274 stabilen Nuklide um. Im allgemeinen befindet sich der Kern nach Abgabe des α- oder β-Teilchens in einem energetisch angeregten Zustand, aus dem er durch Emission eines Photons (Gammaquants) in einen Zustand geringerer Energie oder in den Grundzustand gelangt. Daher sind Alpha- und Betastrahlung meist — jedoch nicht immer — von Gammastrahlung begleitet.

Tabelle 2–3. Natürlich radioaktive Nuklide außerhalb der natürlichen Zerfallsfamilien

Nuklid	Relative Isotopenhäufigkeit %	T a	Umwandlungsart und -wahrscheinlichkeit	Energie der emittierten Strahlung MeV
^{40}K	0,0118	$1,28 \cdot 10^9$	β^- (89%) K (11%)	β^-: 1,314 max; γ: 1,460 (11%)
^{50}V	0,25	$6 \cdot 10^{15}$	β^- ($\approx$ 30%) K ($\approx$ 70%)	γ: 0,783 (30%); 1,55 (70%)
^{87}Rb	27,85	$4,8 \cdot 10^{10}$	β^-	β^-: 0,274 max
^{115}In	95,77	$6 \cdot 10^{14}$	β^-	β^-: 0,98 max
^{138}La	0,089	$1,12 \cdot 10^{11}$	β^- ($\approx$ 30%) K ($\approx$ 70%)	β^-: 0,21 max γ: 0,81 (30%); 1,426 (70%)
^{144}Nd	23,87	$2,4 \cdot 10^{15}$	α	α: 1,83
^{147}Sm	15,07	$1,05 \cdot 10^{11}$	α	α: 2,23
^{187}Re	62,93	$4,3 \cdot 10^{10}$	β^-	β^-: 0,003 max
^{190}Pt	0,0127	$6,9 \cdot 10^{11}$	α	α: 3,18

Die hinter der Strahlenenergie in Klammern stehende Zahl ist die prozentuale Intensität der betreffenden Strahlung bezogen auf die gesamte Umwandlung.

2.4.2 Alphastrahlung

Beim α-Zerfall verringert sich die Ordnungszahl um 2, die Massenzahl um 4 Einheiten (s. Abschn. 2.2.1): $^{226}_{88}\text{Ra} \rightarrow ^{222}_{86}\text{Rn} + ^4_2\text{He}$. Als α-Strahler werden meist die natürlich radioaktiven Elemente Ra oder Rn und ihre α-strahlenden Folgeprodukte verwendet. Die α-Teilchen der natürlichen Strahler werden in Gruppen mit gleicher Energie, vorwiegend zwischen 4 und 8 MeV, ausgestrahlt. So emittiert beispielsweise ^{226}Ra α-Teilchen mit Energien von 4,777 MeV (94,3%) und 4,589 MeV (5,7%). Einige α-Strahler enthält Tab. 2–4, die z.T. auch in Tab. 2–9 aufgeführt sind.

Tabelle 2–4. Alphastrahler

Nuklid	T		α-Energie MeV	Gammaenergien und -intensitäten
^{210}Po	138,4	d	5,305	0,803 (10^{-3}%)
^{220}Rn	55,3	s	6,29	0,55 (0,07%) und Strahlung von ^{216}Po
^{226}Ra	1600	a	4,78; 4,60	s. Tab. 2–9
^{228}Th	1,910	a	5,43; 5,34	Mehrere γ-Energien und Strahlung der Folgeprodukte ^{224}Ra, ^{220}Rn, ^{216}Po usw.
^{241}Am	458	a	5,49; 5,44	0,060 (36%); 0,101 (0,04%)

Reichweiten von α-Teilchen in Luft s. Abschn. 5.3.

2.4.3 Betastrahlung

Beim Betazerfall verläßt ein negatives (β^-) oder positives (β^+) Elektron den Kern, so daß sich seine Ordnungszahl um 1 vermehrt oder vermindert, die Massenzahl aber konstant bleibt (s. Abschn. 2.2.1), z.B.

$$^{64}_{29}\text{Cu} \rightarrow ^{64}_{28}\text{Ni} + \beta^+ + \tilde{\nu}.$$

Das bei der Betaumwandlung gleichzeitig emittierte Antineutrino ($\tilde{\nu}$) spielt zwar wegen seiner äußerst geringen Wechselwirkung mit der Materie in der Dosimetrie und im

Strahlenschutz keine Rolle, ist aber für die Energiebilanz der Umwandlungsreaktion wichtig: die Umwandlungsenergie verteilt sich nämlich auf die beiden emittierten Teilchen, so daß auf das Elektron jede Energie zwischen Null und der verfügbaren Maximalenergie entfallen kann, je nachdem welchen Energiebetrag das Neutrino abführt. Aus diesem Grund besitzen die Betaelektronen ein kontinuierliches Energiespektrum. Die Tab. 2–5 enthält die Daten einiger reiner Betastrahler (s. auch Tab. 2–9). Bei Betastrahlern tritt stets Bremsstrahlung auf, die in der radioaktiven Substanz und in der Präparathülle entsteht.

Tabelle 2–5. Reine β^--Strahler

Nuklid	T	E_{max} MeV	Bemerkungen
^{3}H	12,26 a	0,0186	
^{14}C	5730 a	0,156	
^{32}P	14,28 d	1,71	
^{33}P	25 d	0,25	
^{35}S	87,6 d	0,167	
^{36}Cl	$3,1 \cdot 10^5$ a	0,714	1,7% K-Einfang
^{45}Ca	165 d	0,252	
^{63}Ni	92 a	0,067	
^{69}Zn	52 min	0,90	
^{89}Sr	53 d	1,46	
^{90}Sr	28,0 a	0,546	Zerfallsprodukt: ^{90}Y
^{90}Y	64,0 h	2,27	
^{99}Tc	$2,1 \cdot 10^5$ a	0,292	
^{121}Sn	27 h	0,383	
^{143}Pr	13,6 d	0,933	
^{147}Pm	2,62 a	0,224	
^{185}W	75 d	0,429	
^{204}Tl	3,81 a	0,766	2% K-Einfang

Die Umwandlung von ^{64}Cu zu ^{64}Ni ist auch über K-Einfang (s. Abschn. 2.2.1) möglich:

$$^{64}_{29}\text{Cu} + e^-_K \rightarrow {^{64}_{28}\text{Ni}}^* \rightarrow {^{64}_{28}\text{Ni}} + \gamma.$$

Hierbei bedeutet e^-_K das vom ^{64}Cu-Kern aus der K-Schale aufgenommene Elektron. Durch das Auffüllen der Lücke mit einem Elektron aus einer äußeren Schale entsteht Ni-K-Röntgenstrahlung. Das Symbol * deutet an, daß sich der entstandene Nickelkern in einem angeregten Zustand befindet, aus dem er durch Emission eines Gammaquants ($E_\gamma = 1,34$ MeV) in den Grundzustand übergeht. Reichweite von Betastrahlen siehe Abschn. 5.2.4.3.

2.4.4 Gammastrahlung

Gammastrahlung (γ) tritt auf, wenn ein angeregter Atomkern in einen Zustand geringerer Energie oder in seinen Grundzustand übergeht. Die Energie E_γ der emittierten Photonen ist gleich der Energiedifferenz der beteiligten Zustände; daher besitzen Gammastrahler ein aus diskreten Energien bestehendes Spektrum (s. Abb. 2–3). Einige wichtige γ-Strahler enthält Tab. 2–9.

Gammastrahlung ohne begleitende Alpha- oder Betastrahlung kommt bei den *Isomeren* (s. Abschn. 2.1) vor. Dies sind Kerne, die außer ihrem Grundzustand noch einen zweiten,

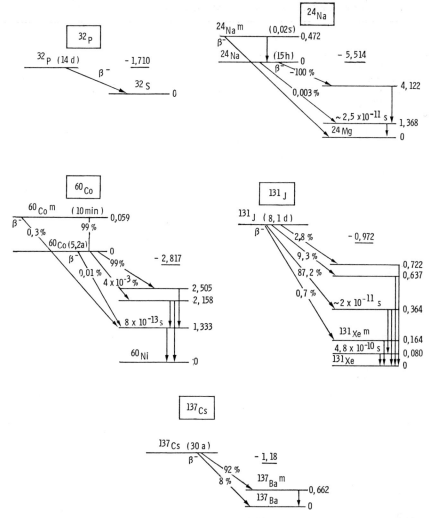

Abb. 2–3. Zerfallsschemata einiger Radionuklide. Niveau-Energien in MeV. Die unterstrichene Zahl beim obersten Niveau des Nuklids bezeichnet die Zerfallsenergie, das ist die Summe aus kinetischer Teilchenenergie, Kernrückstoßenergie und Energie der Photonenenergie, die beim Übergang des Endkerns von einem angeregten Zustand in den Grundzustand ausgestrahlt werden (nach STROMINGER, HOLLANDER, SEABORG [22])

metastabilen Energiezustand mit endlicher Lebensdauer besitzen. Eine Grenze der Halbwertszeiten, oberhalb deren ein Zustand als isomer oder metastabil bezeichnet wird, läßt sich nicht angeben. Ein Isomer geht im allgemeinen durch Gammaemission in einen energetisch tieferen Zustand, meist den Grundzustand, über; es kann sich aber auch durch Teilchenemission in ein anderes Nuklid umwandeln.
Einige Gammastrahler mit gut bekannter Photonenenergie und relativ hoher Emissionswahrscheinlichkeit der Linien nach Tab. 2–6 werden zur Energiekalibrierung, z. B. für Szintillationsspektrometer in Verbindung mit Vielkanalanalysatoren verwendet.

Tabelle 2–6. Gammastrahler zur Energiekalibrierung (nach KOHLRAUSCH [11])

Radionuklid	E_γ keV	Radionuklid	E_γ keV
^{241}Am	59,58	^{54}Mn	835,0
^{57}Co	121,98	^{88}Y	898,2
^{141}Ce	145,5	^{65}Zn	1115,6
^{114}In^m	190,3	^{60}Co	1173,23
^{203}Hg	279,12	^{22}Na	1274,6
^{131}J	284,31	^{60}Co	1332,48
	364,47		
^{198}Au	411,775	^{24}Na	1367,9
^{7}Be	478,0	^{124}Sb	1692
Vernichtungsstrahlung	510,976	^{88}Y	1836,2
^{137}Cs	661,6	^{124}Sb	2088
		^{208}Tl(ThC'')	2614,2
		^{24}Na	2753,6

Reichweite (Schwächungslänge) und Schwächungsgrad der Gammastrahlung siehe Abschn. 6.4.2 und Abschn. 6.5.2.1.

2.4.5 Innere Umwandlung

Ein in einem angeregten Zustand befindlicher Atomkern kann seine verfügbare Energie E_γ auch an ein Hüllenelektron abgeben, welches dann seinerseits das Atom mit der kinetischen Energie $E_\gamma - E_K$, $E_\gamma - E_L$ ... verläßt. Hierbei sind E_K, E_L ... die Bindungsenergien des Elektrons in der K-, L- ... Schale. Dieser Prozeß heißt innere Umwandlung oder innere Konversion (internal conversion, IC). Im Gegensatz zur Betastrahlung besitzen diese Konversionselektronen diskrete Energien und können daher zur Energiekalibrierung von Detektoren verwendet werden.

2.4.6 Andere Strahlenarten

Andere Teilchenstrahlen, wie z.B. Neutronen, Protonen oder Deuteronen können durch Kernspaltung oder Kernreaktionen erzeugt werden. So findet beispielsweise das spontan spaltende Nuklid ^{252}Cf in steigendem Maße als Neutronenquelle in der Radiobiologie und Medizin Verwendung. Für viele radiobiologische Versuche wird der Kernreaktor als intensive Neutronenquelle verwendet (s. Abschn. 5.4).
Eine direkte Emission von Protonen als neue Art radioaktiven Zerfalls wurde kürzlich (1970) beim Nuklid ^{53}Co^m entdeckt, das nach Emission eines Protons mit einer Energie von 1,57 MeV und einer Halbwertszeit von 0,242 s in ^{52}Fe übergeht.

2.4.7 Radioaktive Stromstandards und einige Konstanten radioaktiver Stoffe [11, 23]

In den Tab. 2–7a—c sind für einige radioaktive Substanzen mit definierter Menge, Aktivität und Beschaffenheit zusammengestellt: a) die Ionisationsströme in Luft, b) die Emissionsraten an Alphateilchen (Anzahl der emittierten Alphateilchen pro Zeitintervall) und c) die Anzahl der durch Alphateilchen gebildeten Ionenpaare in Luft.

Tabelle 2–7a. Ionisationsströme in Luft (20 °C, 760 Torr)

Radioaktive Substanz			Ionisations-strom A
1 cm²	U_3O_8*	(einseitig, α-gesättigte Schicht)	$5,78 \cdot 10^{-13}$
1 mg	U*	(einseitig, dünne Schicht)	$2,54 \cdot 10^{-13}$
1 mg	^{226}Ra	(einseitig, dünne Schicht)	$4,00 \cdot 10^{-7}$
1 mCi	^{210}Po	(einseitig, dünne Schicht)	$4,50 \cdot 10^{-7}$
1 mCi	^{222}Rn	ohne Zerfallsprodukte	$9,3 \ \cdot 10^{-7}$
		mit Zerfallsprodukten	$2,1 \ \cdot 10^{-7}$
1 mCi	^{228}Th	(frei von Folgeprodukten)	$4,46 \cdot 10^{-7}$
1 mCi	^{239}Pu		$2,61 \cdot 10^{-8}$

Tabelle 2–7b. α-Emissionsraten

Radioaktive Substanz		α-Emissions-rate s^{-1}
1 g	^{226}Ra	$3,67 \cdot 10^{10}$
1 g	^{232}Th	$4,11 \cdot 10^{3}$
1 g	U*	$2,51 \cdot 10^{4}$

* Natürliches Uran. Es besteht aus ^{238}U und ^{234}U im radioaktiven Gleichgewicht sowie 0,7% ^{235}U, jedoch ohne ^{234}Th.

Tabelle 2–7c. Anzahl der durch Alphateilchen gebildeten Ionen in Luft

Radioaktive Substanz	Anzahl der Ionenpaare pro Alphateilchen
^{214}Po	$2,20 \cdot 10^{5}$
^{210}Po	$1,52 \cdot 10^{5}$

Mit Hilfe der Daten in Tab. 2–7a lassen sich sehr kleine Mengen radioaktiver Substanz ermitteln, wenn diese in dünnen Schichten vorliegen. Außerdem können U_3O_8-Präparate als Stromstandards (Bronsonwiderstände) oder Urankompensatoren [8] verwendet werden.

2.4.8 Radioaktive Heilwässer, Emanationstherapie

Bei den radioaktiven Heilwässern für Bade-, Trink- und Inhalationskuren sind radiumhaltige Quellen und reine Radiumemanations-(Radon-)Quellen zu unterscheiden. Zwischen dem Radium- und Radongehalt der Quellen besteht kein fester Zusammenhang, da sich die Substanzen nicht im radioaktiven Gleichgewicht befinden. Radonwässer enthalten keine nennenswerten Mengen an Radium, während Radiumquellen stets radonhaltig sind, da Radon aus Radium nachgebildet wird.

Das Radon ist die wichtigste α-strahlende Substanz und dient zu Emanationskuren (Thermalstollen von Badgastein-Böckstein [20], Bad Münster am Stein, Bad Kreuznach). Die Gammastrahlung von 1 mCi Rn, d.h. der Emanationsmenge, die mit 1 mg Ra-Element in Gleichgewicht steht, ist praktisch dieselbe wie die von 1 mg Ra-Element. Die geringe Halbwertszeit der Emanation von 3,82 Tagen muß bei der Therapie berücksichtigt werden (s. Tab. 2–1 und 2–9). Neben Radon kann auch Thorium-Emanation (Thoron [Th] = ^{220}Rn s. Abb. 2–2) eine Rolle spielen, das aus dem Boden in die Luft übergeht und sich auch in manchen Quellen findet.

Tabelle 2–8. Gehalt an ^{226}Ra und ^{222}Rn einiger radioaktiver Quellen Europas

Quellen	Radiumgehalt nCi/l	Radongehalt nCi/l
Urgeirica (Portugal)	215	—
Saalfeld (Deutsche Demokratische Republik)	10,9	—
Heidelberg (Radiumsole) (Bundesrepublik Deutschland)	1,79	1,4
Badgastein (Österreich)	Mittelwert der Gasteiner Quellen	
Rudolfquelle		5,8
Wasserfallquelle	0,02	37,8
(19 Angaben über Gasteiner Quellen, auch nichtgenützte, bei Scheminzky [21])		
Oberschlema (Deutsche Demokratische Republik) Hindenburgquelle	0,06	4900
Val Sinestra (Schweiz) Schlamm in Trockensubstanz	2800	—
Pistyan (ČSSR) Schlamm Cratoquelle	40,1	—
Joachimsthal (ČSSR) Grubenwasser	—	750
Quellfassung	—	218
Ischia (Italien) Quelle Sorgente Romano in Lacco Ameno	—	75
Meran (Italien) St. Vigiljoch (vgl. Scheminzky [20])	—	40—200
Aix-les-Bains (Frankreich) Alaunquelle	—	20
Karlsbad (ČSSR) Mühlbrunnen	—	12
Bad Nauheim (Bundesrepublik Deutschland) Karlsbrunnen	—	10
Karlsbad (ČSSR) Schloßbrunnen	—	6

Wie in Österreich schon seit 1960 wurden auf Anregung von Scheminzky * auch in der Bundesrepublik Deutschland die Radiumquellen aus der Liste der Heilwässer gestrichen, da bei einem Ra-Gehalt unter etwa 0,1 nCi/l kein Heileffekt zu erwarten ist. Für Radonwässer wurde der Mindestwert von 18 nCi/l (∼ 50 ME, s. Abschn. 2.6) für die BRD beibehalten. Da die Konzentration des Radons im Blut von den Resorptionsbedingungen abhängt, wurden in Österreich folgende Radon-Mindestwerte gesetzlich festgelegt: für Badequellen 10 nCi/l, für Trinkkuren 100 nCi/l und für die Inhalation radonhaltiger Luft (Gasteiner Thermalstollen) 1 nCi/l.

In den Mineralquellen finden sich Vertreter aller drei radioaktiven Zerfallsfamilien (s. Abb. 2–2), vor allem der Uran-Radium-Reihe. Das Vorkommen von ^{226}Ra ist besser erforscht als das von ^{232}Th und dessen Folgeprodukten [1]. Tab. 2–8 wurde z.T. nach Amelung u. Evers [1] und der angezogenen Literatur aufgestellt.

---

* Herrn Professor Scheminzky, Universität Innsbruck und Forschungsinstitut Badgastein, danken wir für zahlreiche Hinweise und Überlassung von Literatur [1, 12, 18, 20, 21].

2.5 Bezugsnachweis für Radionuklide, Standardpräparate und radioaktiv markierte Verbindungen

Radionuklide, Standardquellen und markierte Verbindungen werden in der Bundesrepublik Deutschland von folgenden Firmen hergestellt:

C. F. Boehringer & Söhne, 8132 Tutzing, Bahnhofstr. 5

Buchler & Co., 33 Braunschweig, Frankfurter Str. 294

Farbwerke Hoechst AG, 623 Frankfurt/Main-Höchst

Frieseke & Hoepfner GmbH, 852 Erlangen-Bruck

Hochspannungs-Gesellschaft Fischer & Co., 5 Köln-Zollstock, Höninger Weg 111—131

KIREM Kernstrahlungs-, Impuls- und Reaktor-Meßtechnik GmbH, 6 Frankfurt/Main, Bockenheimer Landstr. 101

C. H. F. Müller AG, Röntgenwerk, 2 Hamburg 1, Mönckebergstr. 7

Phywe AG, Fabrik wissenschaftlicher Apparate und Laboreinrichtungen, 34 Göttingen, Am Stadtfriedhof

Radium-Chemie Dr. v. Gorup KG, 6 Frankfurt/Main, Untermainkai 34

Röntgen-Schneider, 46 Dortmund, Kronprinzenstr. 31

Isotopenlaboratorium Dr. Sauerwein, 4 Düsseldorf-Eller, Postfach 70

R. Seifert & Co., Röntgenwerk, 270 Ahrensburg, Bogenstr. 41

Siemens AG, 852 Erlangen, Luitpoldstr. 45—47

Spindler & Hoyer KG, Werk für Feinmechanik und Optik, 34 Göttingen, Königsallee 23

Sunvic Regler GmbH, Abt. Nukleonik, 565 Solingen-Wald, Friedrich-Ebert-Str. 58

Dr. Virus KG, Laboratoriumseinrichtungen, 53 Bonn, Rosenburgweg 20

Radioaktive Standardpräparate werden außerdem von der

Physikalisch-Technischen Bundesanstalt, 33 Braunschweig, Bundesallee 100, abgegeben. Die Tab. 2–9 enthält die wichtigsten Daten gebräuchlicher Radionuklide für Diagnostik, Therapie, Forschung und technische Anwendungen.

Tabelle 2-9. Gebräuchliche Radionuklide

Z Ordnungszahl, A Massenzahl (m metastabiler Zustand), T Halbwertszeit
E_α Energie der Alphateilchen
E_β Maximale Energie der Betateilchen, (+) Positronenstrahler, ε Elektroneneinfang (K-Strahler)
E_e Energie der Konversionselektronen (e) (innere Umwandlung)
E_γ Energie der Gammaphotonen, bei Positronenstrahlern einschließlich Vernichtungsstrahlung, jedoch ohne charakteristische Röntgen(K-, L-)Strahlung. In Klammern die Emissionswahrscheinlichkeit (E.W.) bei der betreffenden Photonenenergie für die relativ intensiven Linien
Γ Spezifische Gammastrahlenkonstante (Dosisleistungskonstante) (s. Abschn. 4.4.6)
D Diagnostik, F Forschung, Th Therapie, tV technische Verwendung*
(E_α, E_β, E_e, E_γ nach LEDERER u. Mitarb. [14]; T, Γ nach NACHTIGALL [17, 17a]; umfassendere Angaben finden sich bei EBERT[4], KOHLRAUSCH[11], LEDERER u. Mitarb. [14], NACHTIGALL[17, 17a]).
Die zu den Symbolen gehörenden Namen der Elemente stehen in Tab. 1-17

Element		T	E_α	E_β, E_e	E_γ	Γ $\frac{R\ m^2}{h\ Ci}$	Anwendung
Z	A		MeV	MeV	MeV (E.W.)		
1 H**	3	12,3 a	—	0,0186	—	—	D, F, tV
4 Be	7	53,2 d	—	ε	0,48 (0,1)	0,028	F
6 C	11	20,3 min	—	0,97(+)	0,511 (2,0)	0,59	F
	14	5700 a	—	0,156	—	—	D, F, tV
7 N	13	10,0 min	—	1,2(+)	0,511 (2,0)	0,59	D
9 F	18	110 min	—	0,64(+); ε	0,511 (1,9)	0,57	D, F
11 Na	22	2,6 a	—	0,54(+) 1,8(+); ε	0,511 (1,8); 1,27 (1,0)	1,19	D
	24	15 h	—	1,39	1,37 (1,0); 2,75 (1,0)	1,82	D
12 Mg	28	21,4 h	—	0,46	0,31 (0,96); 0,4 (0,3); 0,95 (0,3); 1,35 (0,7)	0,78	F
14 Si	31	2,62 h	—	1,48	1,26 (0,0007)	0,0005	F
15 P	32	14,3 d	—	1,71	—	—	D, Th
16 S	35	88 d	—	0,167	—	—	D
17 Cl	36	$3 \cdot 10^5$ a	—	0,71; ε	—	—	F
	38	37,2 min	—	4,9	1,6 (0,38); 2,2 (0,47)	0,73	F
18 Ar	37	35,1 d	—	ε	—	—	F
	41	1,83 h	—	1,20	1,29 (0,99)	0,66	F
19 K	42	12,4 h	—	3,52	1,52 (0,18)	0,137	D
20 Ca	45	165 d	—	0,252	—	—	D, F
	47	4,53 d	—	0,67; 1,98	0,5 (0,05); 0,81 (0,05); 1,3 (0,74)	0,54	D
21 Sc	44	3,9 h	—	1,47(+); ε	0,511 (1,88); 1,16 (1,0)	1,18	F
	46	84 d	—	0,36	0,89 (1,0); 1,12 (1,0)	1,09	F
22 Ti	44	47 a	—	ε	0,07 (0,9); 0,08 (0,98)	0,069	F
23 V	48	16,2 d	—	0,70(+); ε	0,511 (1,0); 0,95 (0,1); 0,98 (1,0); 1,31 (0,97); 2,24 (0,03)	1,57	F
	49	330 d	—	ε	—	—	F
24 Cr	51	27,8 d	—	ε	0,32 (0,09)	0,018	D
25 Mn	52	5,7 d	—	0,57(+); ε	0,511 (0,67); 0,74 (0,82); 0,94 (0,84); 1,43 (1,0)	1,79	F
	54	312 d	—	ε	0,83 (1,0)	0,47	F
	56	2,6 h	—	2,85	0,85 (0,99); 1,81 (0,29); 2,1 (0,15)	0,90	F
26 Fe	52	8 h	—	0,80(+); ε	0,17 (1,0); 0,511 (1,12)	0,41	D
	55	2,6 a	—	ε	—	—	D
	59	45 d	—	0,48	0,19 (0,03); 1,1 (0,56); 1,29 (0,44)	0,62	D

* Die Angaben über die Anwendungsgebiete verdanken wir der Fa. Buchler & Co., Braunschweig, Herrn Dr. BUNDE, München, und Herrn Professor MEISSNER, Borstel.
** Der überschwere Wasserstoff (Tritium) wird mit den Symbolen $^3_1$H oder T gekennzeichnet.

Tabelle 2-9 (Fortsetzung)

Element		T		E_α	E_β, E_e	E_γ	$\Gamma \dfrac{R \, m^2}{h \, Ci}$	Anwendung
Z	A			MeV	MeV	MeV (E.W.)		
27 Co	56	77	d	—	1,5(+); ε	0,511 (0,4); 0,85 (1,0); 1,04 (0,15); 1,24 (0,66); 1,76 (0,15); 2,0 (0,11); 2,6 (0,17); 3,3 (0,13)	1,76	F
	57	269	d	—	ε	0,014 (0,09); 0,12 (0,87); 0,14 (0,11)	0,093	D
	58	71,3	d	—	0,47(+); ε	0,511 (0,3); 0,81 (0,99); 0,86 (0,01)	0,54	D
	60	5,27	a	—	0,31	1,17 (1,0); 1,33 (1,0);	1,30	D, Th, tV
28 Ni	63	~100	a	—	0,067	—	—	tV
	65	2,54	h	—	2,1	0,37 (0,04); 1,1 (0,16); 1,5 (0,25)	0,30	F
29 Cu	64	12,8	h	—	0,66(+); 0,57(−); ε	0,511 (0,38)	0,116	D
30 Zn	65	246	d	—	0,33(+); ε	0,511 (0,03); 1,12 (0,49)	0,30	D, F
	69	52	min	—	0,90	—	—	F
	69m	13,8	h	—	0,43(e)	0,44 (0,95)	0,24	D, F
31 Ga	66	9,4	h	—	4,2(+); ε	0,511 (1,14); 0,83 (0,05); 1,04 (0,37); 1,9 (0,03); 2,2 (0,05); 2,7 (0,25); 4,3 (0,05)	1,12	F
	67	78,4	h	—	ε	0,09 (0,4); 0,18 (0,24); 0,3 (0,22); 0,39 (0,07)	0,095	F
	68	68	min	—	1,9(+); ε	0,511 (1,76); 1,08 (0,04)	0,54	D
	70	20,5	min	—	1,65	0,17 (0,002); 1,04 (0,005)	0,003	F
	72	14,2	h	—	3,1	0,6 (0,08); 0,63 (0,27); 0,84 (0,96); 0,89 (0,1); 1,05 (0,07); 1,46 (0,04); 1,6 (0,05); 1,86 (0,05); 2,2 (0,26); 2,5 (0,2)	1,39	D, F
32 Ge	68	275	d	—	ε	—	—	D, F
	69	38,7	h	—	1,22(+); ε	0,511 (0,68); 0,57 (0,13); 0,87 (0,1); 1,1 (0,28); 1,34 (0,03)	0,50	F
	71	11	d	—	ε	—	—	F
33 As	72	26,5	h	—	2,5(+); 3,3(+); ε	0,511 (1,5); 0,63 (0,08); 0,84 (0,78)	0,84	F
	73	80	d	—	ε	0,054 (0,09)	0,003	F
	74	17,7	d	—	0,95(+); 1,5(+); 1,4 (−); ε	0,511 (0,59); 0,6 (0,61); 0,64 (0,14)	0,45	D
	76	26,4	h	—	2,97	0,56 (0,43); 0,66 (0,06); 1,22 (0,05); 2,1 (0,01)	0,25	D, F
	77	38,5	h	—	0,68	0,09 (0,001); 0,16 (0,003); 0,24 (0,025); 0,52 (0,008)	0,006	F
34 Se	75	122	d	—	ε	0,07 (0,01); 0,1 (0,03); 0,12 (0,17); 0,14 (0,57); 0,26 (0,6); 0,28 (0,25); 0,4 (0,12)	0,20	D
35 Br	77	57,5	h	—	0,34(+); ε	0,24 (0,3); 0,3 (0,06); 0,52 (0,24); 0,58 (0,07); 0,75 (0,02); 0,82 (0,03); 1,0 (0,01)	0,216	F

Tabelle 2-9 (Fortsetzung)

Element		T	E_α	E_β, E_e	E_γ	Γ $\frac{R\ m^2}{h\ Ci}$	Anwendung
Z	A		MeV	MeV	MeV (E.W.)		
35 Br	82	35,6 h	—	0,44	0,55 (0,66); 0,62 (0,41); 0,7 (0,27); 0,78 (0,83); 0,83 (0,25); 1,04 (0,29); 1,32 (0,26); 1,48 (0,17)	1,48	Th
36 Kr	85	10,2 a	—	0,67	0,51 (0,044)	0,0012	D, tV
37 Rb	83	100 d	—	ε	0,53 (0,93); 0,79 (0,01)	0,29	F
	84	33,5 d	—	1,66(+); 0,91(−); ε	0,511 (0,42); 0,88 (0,74); 1,9 (0,01)	0,49	F
	86	18,7 d	—	1,78	1,08 (0,09)	0,051	D
	87	4,8 · 10¹⁰ a	—	0,27	—	—	D
38 Sr	85	64,7 d	—	ε	0,51 (1,0)	0,30	D
	87ᵐ	2,8 h	—	0,37(e); 0,39(e)	0,39 (0,8)	0,18	D
	89	53 d	—	1,46	—	—	D, F
	90	28 a	—	0,55	—	—	Th, tV
39 Y	87	80 h	—	0,7(+); ε	0,48 (?)	0,27	D, F
	88	106 d	—	0,76(+); ε	0,9 (0,91); 1,84 (1,0)	1,31	F
	90	64 h	—	2,27	—	—	Th
	91	58,4 d	—	1,55	1,21 (0,003)	0,001	F
40 Zr	95	64,8 d	—	0,4; 0,89	0,72 (0,49); 0,76 (0,49)	0,41	F
	97	17 h	—	1,91	0,75 (0,92)	0,45	F
41 Nb	95	35,2 d	—	0,16	0,76 (1,0)	0,43	F
42 Mo	99	66,5 h	—	1,23	0,04 (0,02); 0,18 (0,07); 0,37 (0,01); 0,74 (0,12); 0,78 (0,04)	0,083	D, F
43 Tc	99	2,1 · 10⁵ a	—	0,29	—	—	F
	99ᵐ	6,0 h	—	0,12(e)	0,14 (0,9)	0,061	D
44 Ru	103	39,5 d	—	0,21; 0,7	0,5 (0,88); 0,61 (0,06)	0,28	F
	105	4,4 h	—	1,15; 1,87	24 Linien 0,13 ... 1,73 0,26 (0,06); 0,32 (0,1); 0,47 (0,2); 0,67 (0,16); 0,73 (0,48)	0,40	F
	106	371 d	—	0,039	—	—	tV
45 Rh	102	207 d	—	1,29(+); 1,15(−); ε	0,48 (0,57); 0,511 (0,25); 0,63 (0,04); 1,1 (0,03)	0,37	F
	102ᵐ	2,9 a	—	ε	0,42 (0,13); 0,48 (0,95); 0,63 (0,54); 0,7 (0,41); 0,77 (0,3); 1,05 (0,41); 1,11 (0,22)	1,14	F
	105	36,2 h	—	0,57	0,31 (0,05); 0,32 (0,19)	0,045	F
46 Pd	103	17,2 d	—	ε	0,3 (0,0001); 0,36 (0,0006); 0,5 (0,0001)	0,0002	F
	109	13,5 h	—	1,03	0,09 (0,05) ... 0,64	0,0022	F
47 Ag	105	40 d	—	ε	0,06 (0,1); 0,28 (0,32); 0,34 (0,42); 0,44 (0,1); 0,62 (0,12); 1,1 (0,02)	0,225	F
	110ᵐ	252 d	—	0,087; 0,53; 1,5; 0,09(e); 0,11(e)	9 Linien 0,66 ... 1,5 0,66 (0,96); 0,88 (0,71); 0,94 (0,82)	1,48	F
	111	7,4 d	—	1,05	0,25 (0,01); 0,34 (0,06)	0,013	D
48 Cd	109	453 d	—	ε	—	—	F
	115ᵐ	43,5 d	—	1,62	0,48 (0,003); 0,94 (0,019); 1,29 (0,009)	0,017	F

Tabelle 2-9 (Fortsetzung)

Element		T		E_α	E_β, E_e	E_γ	Γ $\dfrac{\text{R m}^2}{\text{h Ci}}$	Anwendung
Z	A			MeV	MeV	MeV (E.W.)		
49 In	111	2,82	d	—	ε	0,17 (0,89); 0,25 (0,94)	0,20	F
	113m	102	min	—	0,36(e); 0,39(e)	0,39 (0,64)	0,145	D
	114m	50	d	—	0,16(e); 0,19(e); ε	0,19 (0,17); 0,56 (0,035); 0,72 (0,035)	0,043	F
	116m	54	min	—	1,0	11 Linien 0,14 … 2,12 0,41 (0,36); 0,82 (0,17); 1,1 (0,53); 1,3 (0,8); 1,5 (0,11); 2,1 (0,2)	1,30	F
50 Sn	113	120	d	—	ε	0,25 (0,018)	0,003	D, F
	119m	250	d	—	0,02(e); 0,026(e); 0,06(e)	0,024 (0,16)	0,021	F
	121	27	h	—	0,38	—	—	F
51 Sb	122	2,76	d	—	0,56(+); 1,97(−); ε	0,56 (0,66); 0,69 (0,03)	0,24	F
	124	60	d	—	2,31	10 Linien 0,6 … 2,09 0,6 (0,97); 0,64 (0,07); 0,72 (0,14); 1,37 (0,05); 1,7 (0,5); 2,09 (0,07)	0,90	tV
	125	2,5	a	—	0,61	0,18 (0,06); 0,43 (0,31); 0,46 (0,1); 0,6 (0,24); 0,63 (0,11); 0,66 (0,03)	0,246	F
52 Te	127m	105	d	—	0,73; 0,057(e); 0,084(e)	0,06 (0,002); 0,09 (0,0008)	0,0001	F
	129m	33,1	d	—	1,6; 0,074(e); 0,1(e)	0,69 (0,06)	0,070	F
	132	77,8	h	—	0,22	0,05 (0,17); 0,23 (0,9)	0,121	D, F
53 J	123	13,1	h	—	ε	0,16 (0,83)	0,072	F
	124	4,1	d	—	2,1(+); ε	0,511 (0,5); 0,6 (0,67); 0,64 (0,12); 0,73 (0,14); 1,37 (0,03); 1,5 (0,04); 1,7 (0,14)	0,448	F
	125	59,2	d	—	ε	0,035 (0,07)	0,004	D
	128	25	min	—	2,12; ε	—	0,053	D
	131	8,07	d	—	0,61; 0,81	0,08 (0,03); 0,28 (0,05); 0,36 (0,82); 0,64 (0,07)	0,21	D, Th
	132	2,35	h	—	2,1	11 Linien 0,24 … 1,99 0,52 (0,2); 0,67 (1,44); 0,77 (0,89); 0,96 (0,22); 1,14 (0,06); 1,28 (0,07); 1,4 (0,14)	1,13	D, Th
54 Xe	131m	11,9	d	—	0,13(e); 0,16(e)	0,16 (0,02)	0,002	F
	133	5,4	d	—	0,35	0,08 (0,37)	0,014	D
55 Cs	131	9,7	d	—	ε	—	—	F
	132	6,5	d	—	0,4(+); 0,7(−); ε	0,48 (0,04); 0,67 (0,99)	0,40	F
	134	2,1	a	—	0,66	0,57 (0,23); 0,6 (0,98); 0,8 (0,99); 1,03 (0,01); 1,17 (0,02); 1,36 (0,03)	1,49	tV
	137	30	a	—	0,51; 1,18	0,662 (0,85)	0,323	Th, tV

Tabelle 2-9 (Fortsetzung)

Element		T	E_α	E_β, E_e	E_γ	Γ $\frac{R\ m^2}{h\ Ci}$	Anwendung
Z	A		MeV	MeV	MeV (E.W.)		
56 Ba	131	11,7 d	—	ε	0,12 (0,28); 0,22 (0,19); 0,25 (0,05); 0,37 (0,13); 0,5 (0,48); 0,6 (0,03); 1,05 (0,01)	0,232	tV
	133m	39 h	—	0,01(e); 0,24(e); 0,27(e)	0,28 (0,17)	0,026	tV
	140	12,8 d	—	1,02	0,03 (0,11); 0,16 (0,06); 0,3 (0,06); 0,44 (0,05); 0,54 (0,34)	0,115	F
57 La	140	40,2 h	—	1,4; 1,7; 2,2	0,33 (0,2); 0,49 (0,4); 0,82 (0,19); 0,92 (0,1); 1,6 (0,96); 2,5 (0,03)	1,19	F
58 Ce	141	32,8 d	—	0,58	0,145 (0,48)	0,035	F
	144	282 d	—	0,31	0,08 (0,02); 0,134 (0,11)	0,024	tV
59 Pr	142	19,2 h	—	2,2	1,57 (0,04)	0,028	F
	143	13,6 d	—	0,93	—	—	F
60 Nd	147	11,1 d	—	0,81	13 Linien 0,09 … 0,69 0,09 (0,28); 0,32 (0,03); 0,4 (0,02); 0,44 (0,02); 0,53 (0,13)	0,078	F
	149	1,9 h	—	1,5	0,11 (0,18); 0,16 (0,04); 0,21 (0,27); 0,27 (0,26); 0,33 (0,05); 0,42 (0,09); 0,54 (0,1); 0,65 (0,09)	0,125	F
61 Pm	147	2,6 a	—	0,22	—	—	tV
62 Sm	153	47 h	—	0,8	Viele Linien 0,07 … 0,64	~ 0,016	F
63 Eu	152	12,4 a	—	0,71(+); 1,48(−); ε	0,12 (0,37); 0,24 (0,08); 0,34 (0,27); 0,78 (0,14); 0,96 (0,15); 1,09 (0,12); 1,1 (0,14); 1,4 (0,22)	0,69	F
	152m₁	9,3 h	—	0,89(+); 1,88(−); ε	0,12 (0,08); 0,34 (0,02); 0,84 (0,13); 0,96 (0,12)	0,155	F
	152m₂	96 min	—	0,01(e); 0,016(e); 0,032(e); 0,04(e)	0,09 (0,74)	0,031	F
	154	16 a	—	0,87; 1,85	0,12 (0,38); 0,25 (0,07); 0,59 (0,06); 0,72 (0,21); 0,76 (0,05); 0,88 (0,12); 1,0 (0,31); 1,28 (0,37)	0,64	F
	155	1,81 a	—	0,25	0,087 (0,32); 0,105 (0,2)	0,028	F
64 Gd	151	135 d	2,6	ε	0,022 (0,03); 0,15 (0,07); 0,18 (0,03); 0,24 (0,07); 0,31 (0,01)	0,023	F
	153	239 d	—	ε	0,07 (0,02); 0,1 (0,55)	0,027	F
65 Tb	160	72,5 d	—	0,86; 1,74	0,09 (0,12); 0,2 (0,06); 0,3 (0,3); 0,88 (0,31); 0,97 (0,31); 1,18 (0,15); 1,27 (0,07)	0,81	F
67 Ho	166	26,9 h	—	1,84	0,08 (0,054); 1,38 (0,01)	0,011	F
68 Er	169	9,3 d	—	0,34	—	—	F
	171	7,5 h	—	1,06; 1,49	0,11 (0,25); 0,12 (0,09); 0,3 (0,28); 0,31 (0,63) … 0,96	~ 0,197	F

Tabelle 2-9 (Fortsetzung)

Element		T		E_α	E_β, E_e	E_γ	Γ $\dfrac{\text{R m}^2}{\text{h Ci}}$	Anwendung
Z	A			MeV	MeV	MeV (E.W.)		
69 Tm	170	129	d	—	0,97	0,084 (0,033)	0,001	D, F
70 Yb	169	31	d	—	ε	0,06 (0,45); 0,11 (0,18); 0,13 (0,11); 0,18 (0,22); 0,2 (0,35); 0,31 (0,1)	~ 0,11	F
	175	101	h	—	0,47	0,11 (0,02); 0,28 (0,04); 0,4 (0,06)	0,021	F
71 Lu	177	6,7	d	—	0,5	0,11 (0,028); 0,21 (0,061)	0,009	F
72 Hf	175	70	d	—	ε	0,09 (0,03); 0,34 (0,85); 0,43 (0,01)	0,172	F
	181	44,2	d	—	0,41	0,13 (0,48); 0,35 (0,13); 0,48 (0,81)	0,29	F
73 Ta	182	115	d	—	0,52; 1,71	0,07 (0,42); 0,1 (0,14); 0,15 (0,07); 0,22 (0,08); 1,12 (0,34); 1,19 (0,16); 1,22 (0,27); 1,23 (0,13)	0,68	Th
74 W	181	133	d	—	ε	0,14 (0,001); 0,15 (0,001)	0,0001	F
	185	75	d	—	0,43	—	—	F
	187	23,9	h	—	0,63; 1,31	0,07 (0,11); 0,13 (0,09); 0,48 (0,23); 0,55 (0,05); 0,62 (0,06); 0,69 (0,27); 0,77 (0,04)	0,30	F
75 Re	183	70	d	—	ε	0,05 ... 0,29	—	F
	186	91	h	—	1,07; ε	0,14 (0,09)	0,007	F
	188	16,8	h	—	2,1	0,16 (0,10) ... 0,93	0,081	F
76 Os	185	93,6	d	—	ε	0,65 (0,8); 0,87 (0,14)	0,39	F
	191	15	d	—	0,14	0,13 (0,25)	~ 0,015	F
77 Ir	192	74,3	d	—	0,67; ε	0,3 (0,29); 0,31 (0,3); 0,32 (0,81); 0,47 (0,49); 0,59 (0,04); 0,6 (0,09); 0,61 (0,06)	0,51	Th, tV
	194	18,2	h	—	2,3	0,33 (0,1); 0,64 (0,01)	0,224	F
78 Pt	197	18,5	h	—	0,67	0,08 (0,2); 0,19 (0,06)	0,014	F
79 Au	195	190	d	—	ε	0,1 (0,1); 0,13 (0,01)	0,045	F
	198	2,7	d	—	0,96	0,41 (0,95); 0,68 (0,01)	0,233	D, Th
	199	3,15	d	—	0,3; 0,46	0,16 (0,37); 0,21 (0,08)	0,078	F
80 Hg	197	65	h	—	ε	0,08 (0,18); 0,19 (0,02)	0,009	D
	203	47,1	d	—	0,21	0,28 (0,77)	0,125	D
81 Tl	204	3,8	a	—	0,77; ε	—	—	tV
82 Pb	210	21,5	a	3,72	0,061	0,047 (0,04)	0,002	tV
83 Bi	206	6,24	d	—	ε	13 Linien 0,18 ... 1,72 0,52 (0,46); 0,8 (0,99); 0,88 (0,72); 1,7 (0,36)	1,86	D, Th
	210	5,0	d	4,7	1,16	—	—	F
84 Po	208	3	a	5,1	—	—	—	F
	210	138	d	5,3	—	—	—	F
86 Rn	222	3,82	d	5,49	—	0,51 (0,0007)	0,0002	F, Th
88 Ra	224	3,64	d	5,45; 5,68	—	0,24 (0,037) ... 0,65	0,005	Th, tV
	226	1600	a	4,6; 4,78	—	0,186 (0,04)	0,004*	Th, tV
	228	6,7	a	—	0,05	—	—	F

* Ohne Folgeprodukte. Für ^{226}Ra einschließlich der Folgeprodukte und 0,5 mm Pt Filterung gilt $\Gamma_{\text{Ra}} = 0{,}825 \dfrac{\text{R m}^2}{\text{h g}}$.

Element		T	E_α	E_β, E_e	E_γ	Γ $\dfrac{R\ m^2}{h\ Ci}$	Awendung
Z	A		MeV	MeV	MeV (E.W.)		
90 Th	228	1,91 a	5,34; 5,43	—	0,084 (0,016) ... 0,21	0,007	tV
	230	$7,9 \cdot 10^4$ a	4,62; 4,68	—	0,068 (0,006) ... 0,25	0,0003	F
	232	$1,4 \cdot 10^{10}$ a	3,9 ; 4,0	—	—	—	F
	234	24,1 d	—	0,19	0,06 (0,04); 0,09 (0,04)	0,003	F
91 Pa	231	$3,3 \cdot 10^4$ a	4,73 .. 5,06	—	0,03 (0,06); 0,29 (0,06)	0,016	F
	233	27,2 d	—	0,26; 0,57	0,31 (0,44)	0,11	F
92 U	233	$1,6 \cdot 10^5$ a	4,78; 4,82	—	0,03 ... 0,32	0,58	tV
	235	$7 \cdot 10^8$ a	4,37; 4,40; 4,58	—	0,11 (0,025); 0,14 (0,11); 0,16 (0,05); 0,18 (0,54); 0,2 (0,06)	0,071	tV
	238	$4,5 \cdot 10^9$ a	4,15; 4,20	—	—	—	tV
93 Np	237	$2,2 \cdot 10^6$ a	4,65.. 4,78	—	0,03 (0,14); 0,09 (0,14); 0,14 (0,01)	0,020	tV
94 Pu	237	43,2 d	5,4; 5,7	ε	0,06 (0,05)	0,002	F
	238	86,4 a	5,46; 5,50	—	—	—	tV
	239	$2,4 \cdot 10^4$ a	5,11; 5,16	—	0,039 ... 0,41	0,60	tV
95 Am	241	458 a	5,44; 5,49	—	0,06 (0,36)	0,016	tV
96 Cm	242	164 d	6,07; 6,12	—	0,044 ... 0,89 ($<$ 0,0004)	—	F, tV
	244	18 a	5,77; 5,81	—	0,04 ... 0,82 (sehr schwach)	—	F, tV

2.6 Alte Definition des Curie sowie veraltete Einheiten der Aktivität und Aktivitätskonzentration
(s. auch Tab. 2–10)

Nach der Definition der Internationalen Radium-Standard-Kommission von 1910 war 1 Curie (c) diejenige Menge einer Substanz der Uran-Radium-Reihe, die mit 1 g Radium im Gleichgewicht steht. Nach den bisherigen Messungen finden in 1 g Radium $(3,67 \pm 0,07) \cdot 10^{10}$ Zerfallsakte je Sekunde statt. Neben dem „Curie" findet man in der älteren Literatur und in der Balneologie andere Einheiten, die in Tab. 2–10 aufgeführt sind [1]. Vgl. dazu JAEGER u. HOUTERMANS [9].
In der Radiumtherapie benutzte man als Einheit das Produkt aus der Anzahl der zur Bestrahlung verwendeten Milligramm (mg) Radiumelement und der Applikationszeit in Stunden (h), die Einheit *Milligramm-Element-Stunde* („mgh" oder „mgelh"). Für Relativmessungen im gleichen Institut mit den gleichen Präparaten und bei ungefähr

gleicher Applikationsmethode blieben die Filterung sowie der Abstand zwischen Herd und Präparat unberücksichtigt. Ist die Bestrahlungszeit lang gegenüber der Zerfallszeit, wie z. B. bei Radiumemanation, so kann man die Dosis proportional dem Produkt aus Anfangsaktivität und der mittleren Lebensdauer setzen. Darauf beruhte die Einheit „*Millicurie detruite*" (med). Bei einer mittleren Lebensdauer von 132,3 h für Radon und dessen γ-Strahlung ergibt sich die Äquivalenz 1 med = 132,3 mgh (Radiumelement), da die γ-Strahlung beider von den gleichen Zerfallsprodukten Ra B und Ra C herrührt [16]. Das „med" wurde später noch auf die Radiumtherapie übertragen. In Tab. 2–10 sind auch die veralteten Einheiten „Eman" und „Macheeinheit" für die Aktivitätskonzentration erwähnt.

Tabelle 2–10. Veraltete Einheiten für Aktivität und Aktivitätskonzentration

Veraltete Einheiten der Aktivität:
1 Rutherford (rd) = $1 \cdot 10^6$ s^{-1}
1 Stat (St)   = Menge der Emanation, die bei allseitiger Ausnutzung ihrer Strahlung durch Ionisation der atmosphärischen Luft einen Sättigungsstrom von 1 esE/s oder $3,33 \cdot 10^{-10}$ A liefert

Veraltete Einheiten der Aktivitätskonzentration:
1 Eman   = $1 \cdot 10^{-10}$ Ci/l (Luft oder Flüssigkeit)
1 Macheeinheit (ME) = 3,64 Eman = $3,64 \cdot 10^{-10}$ Ci/l
Das Stat und die Macheeinheit gelten nur für Radon 222

3 Anregung und Ionisierung von Atomen und Molekülen; Ionen
[10, 20]

Von W. Hübner und R. G. Jaeger

Literaturverzeichnis s. S. 417—418

3.1 Allgemeines
[1, 21]

Durch Energiezufuhr, z. B. Wärme oder Strahlungsenergie, können Atome und Moleküle *angeregt*, d. h. aus dem Grundzustand in einen Zustand höherer Energie (angeregter Zustand) überführt, oder durch Abtrennung von Hüllenelektronen *ionisiert* werden, oder die Molekülbindung kann zerstört werden, wobei die Molekülfragmente positiv bzw. negativ geladen sind (Molekülionen). Bei der Anregung werden Atomelektronen auf weiter außen liegende Bahnen gebracht. Das Atom oder Molekül kehrt im allgemeinen nach etwa 10^{-8} s aus dem angeregten Zustand in den Grundzustand zurück, wobei die Energiedifferenz als Strahlung im optischen oder Röntgenstrahlenbereich emittiert wird. Mit steigender Energie der Elektronen oder Photonen wird das Atom schließlich durch Abspalten eines oder mehrerer Elektronen ionisiert, es entsteht ein positives Ion. Das freie Elektron kann sich an ein neutrales Atom oder Molekül anlagern, aus dem damit ein negatives Ion wird. Man erhält also dabei stets Ladungsträgerpaare mit gleich großen Ladungen entgegengesetzten Vorzeichens (positive Ionen und negative Ionen bzw. Elektronen).

Die Ionisierung von Gasen, insbesondere von Luft, spielt eine wesentliche Rolle für die Dosimetrie. Im Körpergewebe sind die durch ionisierende Strahlung gebildeten Ionen im allgemeinen nicht nachweisbar, weil sich in der Zellflüssigkeit um Größenordnungen mehr Ionen infolge Dissoziation befinden. Trotzdem wird vielfach behauptet, daß die biologische Strahlenwirkung im wesentlichen auf der Ionisierung der Moleküle im Gewebe beruht. Das erscheint fraglich, weil ein merklicher Teil der biologischen Strahlenwirkungen auch darauf beruht, daß durch radiochemische Reaktionen Radikale gebildet werden oder daß z. B. komplizierte Eiweißmoleküle mit Bindungsenergien von Bruchteilen eines Elektronenvolt zerstört werden, Vorgänge, die sich biologisch sogar an anderer Stelle als der der ersten Energieübertragung manifestieren können, z. B. bei Diffusion durch die Zellwände.

3.2 Ionenzahldichte, Ionisierungsstärke, spezifisches Ionisierungsvermögen, Rekombination, Sättigung
[8]

Die *Ionenzahldichte* oder *Ionenkonzentration* n_i (früher auch „Ionisation" genannt) ist die Anzahl N_i der Ionen in dem Volumen V, dividiert durch V:

$$n_i = \frac{N_i}{V}. \tag{3.1}$$

Ionisierungsstärke oder *Ionisierungsdichte* q ist die Anzahl N_i der in einem Volumen V in dem Zeitintervall t erzeugten Ionenpaare, dividiert durch $V \cdot t$:

$$q = \frac{N_i}{V \cdot t}. \tag{3.2}$$

Die Ionisierungsstärke ist für eine Strahlenart der Gasdichte und der Teilchenflußdichte (s. Abschn. 4.2.2) der Strahlung proportional. Im Gegensatz zu der räumlich homogenen Ionisierungsstärke bei Photonen- und Elektronen(Beta-)strahlen ist bei schweren Teilchen (α, p) die Ionisierungsstärke längs der Teilchenbahn in einem sehr kleinen Querschnitt sehr hoch im Vergleich zu der benachbarten Umgebung (Säulen- oder Kolonnenionisation).

Das *spezifische oder differentielle oder lineare Ionisierungsvermögen* einer Korpuskel ist die auf der Bahnlänge ds des Teilchens erzeugte Anzahl dN_i der Ionenpaare, geteilt durch ds:

$$\frac{\mathrm{d}N_i}{\mathrm{d}s}. \tag{3.3}$$

Das differentielle Ionisierungsvermögen hängt von der Art und der Geschwindigkeit bzw. Energie der Korpuskel ab und ist dem Gasdruck proportional. Abb. 3–1 zeigt das differentielle Ionisierungsvermögen dN_i/ds für Alphateilchen, Protonen (a) und Elektronen (b) in Luft in Abhängigkeit von der Teilchenenergie [8, 13].

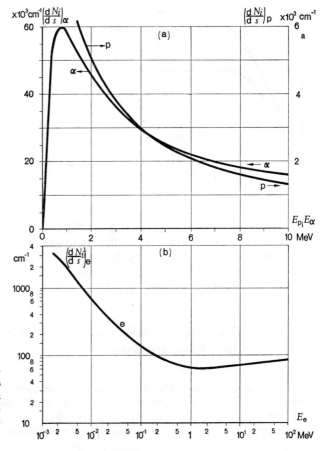

Abb. 3–1. Das differentielle Ionisierungsvermögen dN_i/ds in Luft (15 °C, 760 Torr) für Alphateilchen und Protonen (a) und für Elektronen (b) als Funktion der Teilchenenergie E

Rekombination [9, 22]. Die positiven und negativen Ionen vereinigen sich wieder (rekombinieren), wenn kein äußeres elektrisches Feld vorhanden ist, nach dem Gesetz

$$\frac{\mathrm{d}n_i}{\mathrm{d}t} = -\alpha\, n_i^2 \quad \text{mit der Lösung} \quad n_i = \frac{n_{i0}}{1+\alpha\, n_{i0}\, t}, \tag{3.4}$$

d.h. die zeitliche Abnahme ist dem Quadrat der gerade vorhandenen Werte von n_i proportional. α heißt Rekombinationskoeffizient. Ferner gilt $n_i = n_i^+ + n_i^-$, wobei n_i^+ und n_i^- die Ionenanzahldichten der positiven und negativen Ionen sind, und n_{i0} die Ionenanzahldichte zur Zeit $t = 0$ ist.

Der Rekombinations- oder Wiedervereinigungskoeffizient α, der vom Gasdruck abhängt, liegt für Luft von 20 °C und 760 Torr bei $\alpha = 1{,}6 \cdot 10^{-6}$ cm^3/s, für O_2 $\alpha = 1{,}61 \cdot 10^{-6}$ cm^3/s, für H_2 $\alpha = 1{,}42 \cdot 10^{-6}$ cm^3/s und für CO_2 $\alpha = 1{,}65 \cdot 10^{-6}$ cm^3/s [8].

Sättigung [2, 14, 15]. Steigert man die Spannung an den Elektroden einer Ionisationskammer bei homogener, zeitlich konstanter Ionisierungsstärke im Luftvolumen, so steigt der Strom I zunächst von Null proportional der Spannung U. Bei weiter zunehmender Spannung nimmt der Strom immer weniger zu und bleibt schließlich oberhalb der Sättigungsspannung U_s konstant. Der Sättigungsstrom I_s ist erreicht, wenn sämtliche der laufend neu gebildeten Ionen auf die Elektroden gelangen (Abb. 3–2).

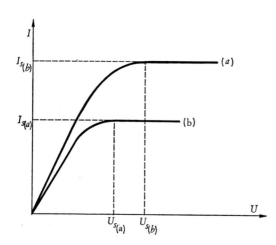

Abb. 3–2. Der Ionisationsstrom I als Funktion der Spannung U für zwei zeitlich konstante, homogene Ionisierungsstärken (a und b) im Luftvolumen einer Ionisationskammer. I_s Sättigungsstrom, U_s Sättigungsspannung

Die Sättigungsstromstärke hängt in komplizierter Weise von der Ionisierungsstärke q, dem Rekombinationskoeffizient α, der Beweglichkeit b^+ und b^- der positiven und negativen Ionen (s. Abschn. 3.2.2), der Spannung U und dem Elektronenabstand sowie der geometrischen Form der Ionisationskammer ab. Der Sättigungsgrad in einer Ionisationskammer läßt sich bei kontinuierlicher und gepulster Elektronen- oder Photonenstrahlung anhand der Formeln (7.33) und (7.34) in Abschn. 7.5.3.1 ermitteln.

3.2.1 Strahlung und Ionisation in der freien Atmosphäre und im galaktischen Raum
[18, 24, 25, 26]

Durch die Umgebungsstrahlung, die als terrestrische Strahlung hauptsächlich von Radionukliden der Erdkruste herrührt, sowie durch die kosmische Höhenstrahlung werden in der Atmosphäre laufend Ionen gebildet. Die Ionisierungsstärken q (s. Abschn. 3.2) liegen an der Erdoberfläche zwischen 4 und 30 cm^{-3} s^{-1}, nehmen mit steigender

Höhe bis $h = 15$ km zu, danach aber wegen der geringeren Luftdichte wieder ab. Aus bekannten Werten von q in Abhängigkeit von der geographischen Breite und der Höhe über dem Meeresspiegel wurde die Energiedosis (s. Abschn. 4.4.2) für Luft berechnet, die in einem Jahr durch die Höhenstrahlung erzeugt wird (s. Tab. 3–1). Diese Mittelwerte können zur Abschätzung der mittleren Gonadendosis der Gesamtbevölkerung im Vergleich zu der Energiedosis infolge künstlicher Strahlenquellen dienen (s. Abschn. 8.3.1; Tab. 8–17 und Abschn. 8.6; Tab. 8–48 bis 8–53).

Die galaktische Höhenstrahlung hängt auch von den solaren Aktivitätszyklen ab. Sie besteht zu etwa 85% aus Protonen, im übrigen aus mehrfach ionisierten schwereren Kernen ($Z \leq 50$), die Räumen außerhalb der solaren Systeme entstammen. Die Energien erstrecken sich bis zu 10^{20} eV.

Tabelle 3–1. Energiedosis D in einem Jahr in Luft infolge Höhenstrahlung

geographische Breite	D in mrd								
	Höhe in km								
	0	1	2	4	6	8	10	12	15
0° (Äquator)	22	40	66	144	270	500	760	990	1200
10°	22	40	66	144	280	510	780	1040	1360
20°	22	40	67	145	300	570	900	1240	1640
30°	23	42	68	152	310	680	1190	1670	2160
40°	24	44	70	170	360	800	1500	2220	3100
50–90°	26	46	80	198	460	1040	1900	2900	4400

Infolge des Magnetfeldes der Erde werden die kosmischen Partikel in einer doppelt toroidalen Region eingefangen und bilden dort als Van-Allen-Gürtel die „geomagnetic trapped radiation". Diese Region beginnt in einer Höhe von weniger als 1000 km und reicht bis zu etwa 70 000 km mit einem inneren Flußdichtemaximum bei etwa 2000 km Höhe. Die isotrope Protonenflußdichte mit Energien von mehr als 30 MeV überschreitet $2 \cdot 10^4$ cm^{-2} s^{-1}. Das äußere Maximum in einer Höhe von etwa 7000 km über dem Äquator hat ungefähr 1/3 dieses Wertes. Außerdem enthält der Gürtel Elektronen, deren Flußdichte im Maximum in etwa 2000 km Höhe mehr als 10^8 cm^{-2} s^{-1} mit Energien über 0,5 MeV erreicht. Die Elektronenstrahlung, die Röntgenbremsstrahlung in der Raumkapsel zur Folge hat, wird stark durch magnetische Stürme beeinflußt. Die maximale Energiedosisleistung in etwa 200 km Höhe betrug nach den Meßergebnissen von Gemini 4 etwa 100 mrd/h hinter Material mit einer Flächendichte von 1,5 g cm^{-2}. Aus Satellitenmessungen konnte VETTE [27] Karten der Energiespektren und räumlichen Flußdichte-Verteilung der Protonen und Elektronen im Van-Allen-Gürtel entwerfen.

Die galaktische Strahlung bildet mit einer mittleren Energiedosis von etwa 10 rd im Jahr im Gewebe bei Weltraumflügen bereits eine akute Gefahr. Die Umlaufbahn kann man zwar in Bereiche des Van-Allen-Gürtels mit relativ geringer Strahlung verlegen, jedoch entstehen durch die Sonnenausbrüche („flares") erhebliche Strahlenrisiken, da sie sehr große, unvorhersehbare Variationen der Energieverteilung und der

50　Anregung und Ionisierung von Atomen und Molekülen; Ionen

Flußdichte aufweisen. In vier Fällen wurde während solcher Ausbrüche eine Energiedosis von etwa 1000 rd hinter 0,5 g cm^{-2} Al gemessen, in 13 anderen Fällen wurden mehr als 200 rd hinter 2 g cm^{-2} Al gemessen [25].

3.2.2 Ionenart, -größe, -ladung und -beweglichkeit
[16, 17, 20]

Ionenart und -größe. An frisch gebildeten Ionen lagern sich nach 10^{-6} bis 10^{-3} s ein oder mehrere Moleküle (Cluster) an. Noch größere Komplexe (Langevin-Ionen) können sich durch Anlagerung an submikroskopische Staubteilchen bilden. Die Durchmesser der Ionen liegen zwischen 0,5 und 80 nm.

Ionenladung und -beweglichkeit. Die Ionenladung beträgt $1{,}602 \cdot 10^{-19}$ C oder bei mehrfach geladenen Ionen, die allerdings praktisch keine Rolle spielen, ein ganzzahliges Vielfaches hiervon.

Die Ionenbeweglichkeit

$$b = \frac{v}{E} \qquad (3.5)$$

v Wanderungsgeschwindigkeit, E elektrische Feldstärke

ist in weiten Grenzen von der Feldstärke unabhängig, umgekehrt proportional der Gasdichte und hängt von der Gasart und der Ionenart ab (s. Tab. 3-2). Die Beweglichkeit ist für negative Ionen etwas größer als für positive Ionen und für freie Elektronen 10^3 bis 10^{4}mal größer [10].

Tabelle 3-2. Ionenbeweglichkeiten von Gasen für 0 °C und 760 Torr (aus: H. EBERT [8])

Gas	b^+ cm^2/Vs	b^- cm^2/Vs
Luft	1,46	2,04
Sauerstoff	1,58	2,18
Stickstoff	2,09	—
Wasserstoff	8,2	—
Helium	21,4	—

Stickstoff, Wasserstoff und Helium bilden keine negativen Molekülionen.

3.3 Ionisierungsenergie; Energieaufwand zur Bildung eines Ionenpaares und Ionisierungskonstante

3.3.1 Ionisierungsenergie
[1, 6, 8, 21]

Die Ionisierungsenergie I (Ionisierungsarbeit) ist die Energie, die erforderlich ist, um ein Hüllenelektron aus dem Atom- oder Molekülverband zu lösen. Die Ionisierungsenergien für die äußeren Elektronen der Elemente liegen zwischen 3,9 eV für Caesium und 24,6 eV für Helium. Sie sind am niedrigsten bei den Alkalimetallen und am höchsten

bei den Edelgasen (s. Abb. 3–3). Die Ionisierungsenergien für die Elektronen der inneren Schalen einer Atomart sind umso größer, je näher die Elektronen dem Kern sind.
Die mittlere Anregungsenergie I ist ein Mittelwert aus den Ionisierungsenergien sämtlicher Elektronen eines Nuklids (s. Tab. 5–7) [1] und geht in die Gleichungen für das Bremsvermögen geladener Teilchen ein (s. Abschn. 5.2.1.1; Gleichung (5.5) und Abschn. 5.3.2; Gleichung (5.39)).

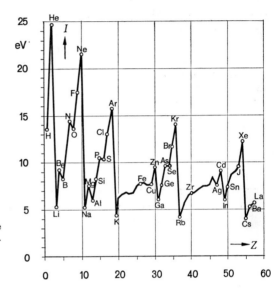

Abb. 3–3. Die Ionisierungsenergie I für die äußeren Elektronen der Elemente mit Ordnungszahlen Z zwischen 1 und 57

3.3.2 Energieaufwand zur Bildung eines Ionenpaares und Ionisierungskonstante
[1, 3, 4, 5, 11, 12, 14a, 21, 23]

Der mittlere Energieaufwand $\overline{E}_i$ (auch mit $\overline{W}$ oder $\overline{W}_i$ bezeichnet) zur Bildung eines Ionenpaares in einem Gas ist definiert durch

$$\overline{E}_i = \frac{E}{N_i}. \qquad (3.6)$$

Dabei ist N_i die Anzahl der gebildeten Ionenpaare und E die Energie des geladenen Teilchens, das diese Ionisation bewirkt. $\overline{E}_i$ hängt von der Art des Gases, der Art der Korpuskularstrahlung und in geringem Maße auch von der Teilchenenergie E ab. U_i nennt man die Ionisierungskonstante [7].

$$U_i = \frac{\overline{E}_i}{e} \qquad (3.7)$$

e Elementarladung (s. Tab. 1–15).

U_i für Luft wird zur Berechnung der Energiedosis aus der Ionendosis benötigt (siehe Abschn. 7.4.5.2). $\overline{E}_i$ ist stets größer als die Bindungsenergie für die äußeren Elektronen, da ein Teil der Energie (etwa die Hälfte) zur Anregung der Gasmoleküle verbraucht wird. Bei Elektronen mit Energien über etwa 5 keV ist $\overline{E}_i$ für Luft praktisch konstant. Mit kleineren Teilchenenergien steigt $\overline{E}_i$ etwas an. $\overline{E}_i$-Werte für α-Strahlen und Elektronen in verschiedenen Gasen stehen in Tab. 3–3.

Tabelle 3–3. Mittlerer Energieaufwand $\overline{E}_i$ zur Bildung eines Ionenpaares für Elektronen oder β-Strahlen und α-Strahlen in verschiedenen Gasen (aus: ICRU [19])

Gas	$\overline{E}_i$ in eV		Gas	$\overline{E}_i$ in eV	
	Elektronen und β-Strahlen	α-Strahlen		Elektronen und β-Strahlen	α-Strahlen
Luft	33,7 ± 0,15	34,98 ± 0,05	Xe	21,9 ± 0,3	21,9
H_2	36,6 ± 0,3	36,2 ± 0,2	CO_2	32,9 ± 0,3	34,1 ± 0,1
He	41,5 ± 0,4	—	CH_4	27,3 ± 0,3	29,1 ± 0,1
N_2	34,6 ± 0,3	36,39 ± 0,04	C_2H_2	25,7 ± 0,4	27,5
O_2	30,8 ± 0,3	32,3 ± 0,1	C_2H_4	26,3 ± 0,3	28,03 ± 0,05
Ne	36,2 ± 0,4	36,8	C_2H_6	24,6 ± 0,4	26,6 ± 0,3
Ar	26,2 ± 0,2	26,3 ± 0,1	BF_3	—	35,6 ± 0,3
Kr	24,3 ± 0,4	24,1			

4 Strahlungsfeldgrößen und Einheiten, Dosisgrößen und Dosiseinheiten

Von W. Hübner und R. G. Jaeger

Literaturverzeichnis s. S. 418—419

4.1 Allgemeines
[9, 20, 28, 29, 42, 44, 47, 49, 51, 63, 64, 72]

Namen und Formelzeichen der Größen sowie Namen und Kurzzeichen der Einheiten mit Umrechnungsgleichungen enthält Tab. 4–9 auf S. 81 bis 83.

4.1.1 Ionisierende Strahlen, ionisierende Teilchen

Ionisierende Strahlen sind Strahlungen aus direkt oder indirekt ionisierenden Teilchen. *Direkt ionisierende Teilchen* sind geladene Teilchen (Elektronen, Protonen, α-Teilchen, Deuteronen, Ionen), die kraft ihrer kinetischen Energie in der Lage sind, ein permanentes Gas durch Stoß zu ionisieren. *Indirekt ionisierende Teilchen* sind ungeladene Teilchen (Photonen, Neutronen), die in der Lage sind, geladene Teilchen freizusetzen, die ihrerseits ein permanentes Gas durch Stoß zu ionisieren oder Kernumwandlungen hervorzurufen vermögen. Hieran ist folgendes bemerkenswert:

a) Die masselosen Photonen (Strahlungsquanten) zählen zu den ionisierenden Teilchen (englisch: particle). Für die Dosimetrie und den Strahlenschutz spielt die Teilchennatur, nicht dagegen die Wellennatur der Photonen die ausschlaggebende Rolle. Photonen im Bereich des infraroten (IR), des sichtbaren und des ultravioletten (UV) Lichtes sind zwar in der Lage, z. B. in einer Photozelle Elektronen aus der Caesiumkathode abzulösen, also Cs-Atome zu ionisieren, jedoch reicht deren kinetische Energie nicht aus, Stoßionisation in einem Gas, wie z. B. Luft, zu bewirken. Deshalb rechnet man IR, sichtbares Licht und UV *nicht* zu den ionisierenden Strahlen.

b) Neutronen, auch solche mit thermischen Energien von Bruchteilen eines Elektronenvolt, gehören zu den ionisierenden Teilchen, da sie z. B. Stoffe radioaktiv zu machen vermögen (s. Abschn. 5.4), die dann ihrerseits ionisierende α- und β-Teilchen sowie γ-Strahlen (s. Abschn. 2.3 und 2.4) aussenden oder Kernspaltungen oder Kernanregungen bewirken (s. Abschn. 5.4).

c) Während Teilchen (englisch: particle) der Oberbegriff für masselose und massebehaftete Teilchen ist, bezeichnet man die massebehafteten Teilchen, also alle übrigen Teilchen außer den Photonen, mit Korpuskeln (englisch: corpuscle).

4.1.2 Strahlenquelle, Strahlungsfeld, Strahlenwirkung

Eine *Strahlenquelle* emittiert ionisierende Teilchen, die die *ionisierende Strahlung* ausmachen und ein *Strahlungsfeld* bilden. Unter einem Strahlungsfeld versteht man einen Bereich im Raum, der von ionisierenden Teilchen durchsetzt wird. Im Strahlungsfeld treten Wechselwirkungen zwischen den ionisierenden Teilchen und den Atomen oder Molekülen der Materie auf. Auf solchen Strahlenwirkungen beruht auch die Energiedosis (s. Abschn. 4.4.2), auf die die beobachtbaren, mitunter nur qualitativ beschreibbaren biologischen Effekte sinnvoll bezogen werden können, um vergleichbare und reproduzierbare Bestrahlungsergebnisse zu erzielen. Obwohl die Energiedosis noch keine schlüssige Antwort darauf erlaubt, welche biologischen Effekte auftreten, so ist sie doch zur Zeit diejenige mit physikalischen Mitteln bestimmbare Größe, die offenbar recht eng mit den biologischen und chemischen Wirkungen verknüpft ist. Biologen und Mediziner sind vor allem am Zusammenhang zwischen dem beobachteten biologischen Effekt und der Energiedosis interessiert. Dagegen sind für Physiker, Chemiker, Biophysiker und Krankenhausphysiker die Beziehungen von Strahlungsfeldgrößen über die Wechselwirkungskoeffizienten zu den Dosisgrößen von Interesse. Diese Gesetzmäßigkeiten klarzulegen, erscheint auch schon deshalb wichtig, weil verschiedentlich die Meinung vertreten wird, daß es genüge, die chemischen oder biologischen Strahlenwirkungen auf die Teilchenflußdichte oder die Energieflußdichte zu beziehen (siehe Abschn. 7.1.3). Andererseits können die Dosisgrößen nicht ohne weiteres zur Beschreibung des Strahlungsfeldes dienen, denn hierzu müßte man eigentlich für jeden Punkt des Raumes Anzahl, Richtung, Energie und Art der Teilchen angeben, die in einem bestimmten Zeitintervall den Raum an diesem Punkt durchsetzen [63]. Das ist in vielen Fällen nicht möglich und für die Radiologie im allgemeinen auch nicht erforderlich. Man kommt hierbei mit Größen wie Teilchenflußdichte, Teilchenfluenz, Energieflußdichte und Energiefluenz aus. Diese Feldgrößen sind mit den Dosisgrößen über die materie- und energieabhängigen Wechselwirkungskoeffizienten für die einzelnen Strahlenarten wie Schwächungskoeffizient, Energieumwandlungskoeffizient, Energieabsorptionskoeffizient, Bremsvermögen, Einfang- oder Spaltquerschnitte gesetzmäßig verknüpft.

4.1.3 Strahlenausbreitung

Bezüglich der Strahlenausbreitung unterscheidet man folgende Strahlungen [20]:

Primärstrahlung ist die gesamte aus der Strahlenquelle austretende Strahlung. *Sekundärstrahlung* ist die Strahlung, die durch Wechselwirkung der Primärstrahlung mit Materie erzeugt wird. *Tertiärstrahlung* ensteht durch Wechselwirkung der Sekundärstrahlung mit Materie.

Streustrahlung ist die Strahlung, die von der Primärstrahlung durch Richtungsänderung mit oder ohne Energieverlust erzeugt wird.

Nutzstrahlung ist die Strahlung innerhalb des kegel- oder pyramidenförmigen Bereiches, der durch die Strahlenquelle und durch die wirksamen Kanten des Blendensystems festgelegt ist (Nutzstrahlenbereich), einschließlich des geometrischen Halbschattenbereiches, jedoch mit Ausnahme der Streustrahlung aus dem durchstrahlten Körper.

Störstrahlung ist die gesamte Strahlung außerhalb des Nutzstrahlenbereiches; sie enthält einen Teil der Primärstrahlung, die außerhalb des Brennflecks entsteht, sowie die *Durchlaßstrahlung* durch das Schutzgehäuse oder durch die Blenden und die seitlich aus dem Nutzstrahlenbereich austretende Streustrahlung.

4.2 Größen und Einheiten zur Beschreibung von Strahlenquellen und Strahlungsfeldern

[20, 29, 47, 49]

Im folgenden werden die SI-Einheiten (s. Abschn. 1.1.2.2) für die Größen angegeben. Zur Umrechnung in andere Einheiten oder Teile oder Vielfache dieser Einheiten dienen die Tabellen in Abschn. 1.1.4 und Tab. 4–9.

4.2.1 Quellstärke und Strahlungsleistung

Die *Quellstärke* oder *Emissionsrate* B (englisch: source strength) ist die Anzahl dN der Teilchen, die in dem Zeitintervall dt durch die Oberfläche der Strahlenquelle gehen, geteilt durch dt:

$$B = \frac{dN}{dt}. \tag{4.1}$$

Die *Einheit der Quellstärke* ist 1/Sekunde (s^{-1})*.

Die *Strahlungsleistung* P ist die Energie dW, die von der Quelle in dem Zeitintervall dt abgestrahlt wird, geteilt durch dt:

$$P = \frac{dW}{dt}. \tag{4.2}$$

Die *Einheit für die Strahlungsleistung* ist das Watt (W).

Wenn die von der Quelle emittierten Teilchen unterschiedliche Energien haben oder wenn die Emission in verschiedenen Richtungen des Raumes von unterschiedlicher Stärke ist, muß man unter Umständen die Energieverteilungsfunktion oder die Richtungsverteilungsfunktion kennen.

4.2.1.1 *Spektrale Quellstärke und spektrale Strahlungsleistung*

Für die *spektrale Quellstärke* B_E** gilt: $B_E\, dE$ ist die Quellstärke für Teilchen mit Energien zwischen E und $E + dE$, aus der man die Quellstärke B zwischen 0 und E_{max} durch Integration erhält:

$$B = \int_0^{E_{max}} B_E\, dE. \tag{4.3}$$

Die *Einheit der spektralen Quellstärke* ist 1/(Sekunde · Joule) ($s^{-1}\, J^{-1}$).

Für die *spektrale Strahlungsleistung* P_E** gilt: $P_E\, dE$ ist die Strahlungsleistung, die von der Quelle durch Teilchen mit Energien zwischen E und $E + dE$ abgestrahlt wird. Für Energien zwischen 0 und E_{max} ergibt sich durch Integration:

$$P = \int_0^{E_{max}} P_E\, dE. \tag{4.4}$$

Die *Einheit der spektralen Strahlungsleistung* ist Watt/Joule (W J^{-1}).

---

* Man findet gelegentlich folgende unrichtige Schreibweise, z.B. Neutronenquellstärke $B = 500$ n/s. Da die Einheit der Anzahl „eins" ist, muß es richtig $B_n = 500\, s^{-1}$ heißen. Das Kennzeichen für die Teilchenart, hier n für Neutronen, gehört an das Symbol für die Größe B.

** In der Physik ist es z.T. üblich, die Größe, nach der differenziert wird (hier E), als Index an die zu differenzierende Größe zu setzen als $B_E = dB/dE$. Man beachte, daß die spektralen Größen eine andere Dimension haben.

4.2.1.2 Richtungsverteilung der Strahlungsleistung, Strahlstärke

$P_\Omega \, d\Omega$ ist die Strahlungsleistung, die in das Raumwinkelelement $d\Omega$ geht. P_Ω** heißt in der Optik Strahlstärke. Durch Integration über den Raumwinkel 4π ergibt sich die gesamte Strahlungsleistung einer Quelle:

$$P = \int_0^{4\pi} P_\Omega \, d\Omega. \tag{4.5}$$

Bei einem ausgeblendeten Strahlenbündel mit dem Öffnungswinkel Ω_0 erhält man die Strahlungsleistung für das Bündel aus

$$P = \int_0^{\Omega_0} P_\Omega \, d\Omega.$$

Die *Einheit für* P_Ω ist Watt/Steradiant (W sr^{-1})*.

4.2.2 Teilchenflußdichte und Teilchenfluenz

Die *Teilchenflußdichte* φ (englisch: particle flux density oder kurz: flux density; auch Fluenzrate genannt) ist die Anzahl d^2N der Teilchen, die ein Kügelchen mit der Großkreisfläche dA in dem Zeitintervall dt durchsetzen, dividiert durch $dA \cdot dt$:

$$\varphi = \frac{d^2N}{dA \, dt}. \tag{4.6}$$

Die *Einheit der Teilchenflußdichte* ist 1/(Quadratmeter · Sekunde) (m^{-2} s^{-1}).
Das Kügelchen kann man sich nach Abb. 4–1a dadurch entstanden denken, daß die Kreisfläche dA um den Kugelmittelpunkt so gedreht wird, daß die aus verschiedenen Richtungen einfallenden Teilchen die Fläche dA jeweils senkrecht durchsetzen. Bei einem parallelen Strahlenbündel steht dA senkrecht zur Strahlrichtung (Abb. 4–1b). Wenn die Teilchenflußdichte über den gesamten Querschnitt A homogen und zeitlich konstant ist, gilt $\varphi = N/(A \cdot t)$.
Die *Teilchenfluenz* Φ (englisch: particle fluence, kurz fluence) ist die Anzahl dN der Teilchen, die ein Kügelchen mit der Großkreisfläche dA in der Zeit zwischen 0 und t durchsetzen, geteilt durch dA:

$$\Phi = \frac{dN}{dA} = \int_0^t \varphi \, dt. \tag{4.7}$$

Die Teilchenfluenz ist also auch gleich dem Zeitintegral der Teilchenflußdichte (planare Fluenz s. Abschn. 7.3.2.5).
Die *Einheit der Teilchenfluenz* ist 1/Quadratmeter (m^{-2}).

4.2.2.1 Spektrale Teilchenflußdichte und spektrale Teilchenfluenz

Für die *spektrale Teilchenflußdichte* φ_E** gilt: $\varphi_E \, dE$ ist die Flußdichte für Teilchen mit Energien zwischen E und $E + dE$, aus der sich die Teilchenflußdichte φ für alle Energien zwischen 0 und $E_{\max}$ durch Integration ergibt:

$$\varphi = \int_0^{E_{\max}} \varphi_E \, dE. \tag{4.8}$$

---

* Der Steradiant (sr) ist definiert als der räumliche Winkel, der als gerader Kreiskegel mit der Spitze im Mittelpunkt einer Kugel mit dem Radius 1 m liegt und mit seinem Grundkreis aus der Kugeloberfläche die Fläche 1 m^2 ausschneidet.
** s. zweite Fußnote auf S. 55.

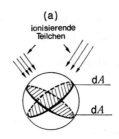
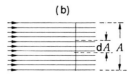
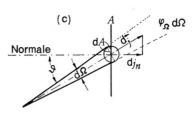

Abb. 4-1. Zu den Definitionen der Teilchenflußdichte (siehe Abschn. 4.2.2), der Teilchenstromdichte (s. Abschn. 4.2.5) und der Richtungsverteilung der Teilchenflußdichte (siehe Abschn. 4.2.2.2): a) Diffuse Strahlung: Elementarkügelchen mit der Großkreisfläche dA (s. Abschn. 4.2.2); b) Paralleles, homogenes, senkrecht auf die Fläche A fallendes Strahlenbündel (s. Abschn. 4.2.2); c) Auf das Flächenelement dA unter dem Winkel ϑ fallende Strahlung; dΩ Raumwinkelelement, $\vec{j}$ Teilchenstromdichte, j_n Normalkomponente der Teilchenstromdichte (s. Abschn. 4.2.5), φ_Ω differentielle Flußdichte (s. Abschn. 4.2.2.2)

Die *Einheit der spektralen Teilchenflußdichte* ist 1/(Quadratmeter · Sekunde · Joule) (m^{-2} s^{-1} J^{-1}).
Für die *spektrale Teilchenfluenz* Φ_E* gilt eine analoge Definition wie für φ_E, und es ist

$$\Phi = \int\limits_0^{E_{max}} \Phi_E \, dE = \int\limits_0^{E_{max}} \int\limits_0^t \varphi_E \, dt \, dE . \qquad (4.9)$$

Die *zugehörige Einheit* ist 1/(Quadratmeter · Joule) (m^{-2} J^{-1}).

4.2.2.2 *Richtungsverteilung der Teilchenflußdichte und der Teilchenfluenz*

φ_Ω dΩ ist die Flußdichte von Teilchen, die in das Raumwinkelelement dΩ senkrecht zu dem Flächenelement dA gehen. Die Integration über den Raumwinkel 4π ergibt:

$$\varphi = \int\limits_0^{4\pi} \varphi_\Omega \, d\Omega . \qquad (4.10)$$

Die Benennung für φ_Ω ist nicht einheitlich, gelegentlich wird φ_Ω differentielle Flußdichte genannt, ein Ausdruck, der aber auch mitunter für die spektrale Teilchenflußdichte gebraucht wird (s. Abb. 4–1 c).
Die *Einheit für* φ_Ω* ist 1/(Quadratmeter · Sekunde · Steradiant) (m^{-2} s^{-1} sr^{-1})**.
Bei analoger Definition für die Teilchenfluenz gilt:

$$\Phi = \int\limits_0^{4\pi} \Phi_\Omega \, d\Omega . \qquad (4.11)$$

---

* s. zweite Fußnote auf S. 55.
** s. erste Fußnote auf S. 56.

4.2.3 Energieflußdichte und Energiefluenz
[37, 38]

Die *Energieflußdichte* ψ (englisch: energy flux density, auch: intensity; gelegentlich auch Energiefluenzrate genannt) ist die Summe d^2W der Energien (ohne Ruheenergien, s. Abschn. 1.3.2.1) der Teilchen, die ein Kügelchen mit der Großkreisfläche dA (siehe Abb. 4–1) in dem Zeitintervall dt durchsetzen, geteilt durch $dA \cdot dt$:

$$\psi = \frac{d^2W}{dA\, dt} = \frac{dP}{dA} \tag{4.12}$$

P Strahlungsleistung (s. Gleichung (4.2)).

Die *Einheit der Energieflußdichte* ist Watt/Quadratmeter (W m^{-2}).

Die *Energiefluenz* Ψ (englisch: energy fluence) ist die Summe dW der Energien (ohne Ruheenergien, s. Abschn. 1.3.2.1) der Teilchen, die ein Kügelchen mit der Großkreisfläche dA in der Zeit zwischen 0 und t durchsetzen, geteilt durch dA:

$$\Psi = \frac{dW}{dA} = \int_0^t \psi\, dt . \tag{4.13}$$

Die Energiefluenz ist also auch gleich dem Zeitintegral der Energieflußdichte.
Die *Einheit der Energiefluenz* ist Joule/Quadratmeter (J m^{-2}).

4.2.3.1 Spektrale Energieflußdichte und spektrale Energiefluenz

Für die *spektrale Energieflußdichte* ψ_E* gilt: $\psi_E dE$ ist die Energieflußdichte für Teilchen mit Energien zwischen E und $E + dE$, aus der sich die Energieflußdichte ψ für alle Energien zwischen 0 und E_{max} durch Integration ergibt:

$$\psi = \int_0^{E_{max}} \psi_E\, dE . \tag{4.14}$$

Die *Einheit der spektralen Energieflußdichte* ist 1/(Quadratmeter · Sekunde) (m^{-2} s^{-1}).
Mit entsprechender Definition der spektralen Energiefluenz Ψ_E* gilt:

$$\Psi = \int_0^{E_{max}} \Psi_E\, dE = \int_0^{E_{max}} \int_0^t \psi_E\, dt\, dE . \tag{4.15}$$

Die *Einheit der spektralen Energiefluenz* ist 1/Quadratmeter (m^{-2}).

4.2.3.2 Richtungsverteilung der Energieflußdichte und der Energiefluenz, Strahldichte

Für die *Größe* ψ_Ω*, in der Optik auch *Strahldichte* L genannt, gilt: $\psi_\Omega d\Omega = L d\Omega$ ist die Energieflußdichte für die Teilchen, die in das Raumwinkelelement $d\Omega$ senkrecht zu dem Flächenelement dA gehen. Die Integration über den Raumwinkel 4π ergibt:

$$\psi = \int_0^{4\pi} \psi_\Omega\, d\Omega = \int_0^{4\pi} L\, d\Omega . \tag{4.16}$$

Die *Einheit der Strahldichte* ist Watt/(Quadratmeter · Steradiant)** (W m^{-2} sr^{-1}).
Bei analoger Definition für die Energiefluenz gilt:

$$\Psi = \int_0^{4\pi} \Psi_\Omega\, d\Omega .$$

---
* s. zweite Fußnote auf S. 55.
** s. erste Fußnote auf S. 56.

4.2.4 Beziehungen zwischen Teilchenflußdichte φ und Energieflußdichte ψ sowie zwischen Teilchenfluenz Φ und Energiefluenz Ψ

Für Teilchen einheitlicher Energie E gilt:

$$\psi = \varphi \cdot E \tag{4.17}$$

und $\quad \Psi = \Phi \cdot E\,.$ $\hfill(4.18)$

Für ein Spektrum gilt:

$$\psi_E = \varphi_E \cdot E \tag{4.19}$$

und $\quad \Psi_E = \Phi_E \cdot E\,,$ $\hfill(4.20)$

wobei die spektrale Teilchenflußdichte φ_E und die spektrale Energieflußdichte ψ_E zwischen E und $E + \mathrm{d}E$ liegen.

Aus Gleichung (4.14) und (4.19) bzw. (4.15) und (4.20) folgt:

$$\psi = \int_0^{E_{\max}} \varphi_E\, E\, \mathrm{d}E \tag{4.21}$$

und $\quad \Psi = \int_0^{E_{\max}} \Phi_E\, E\, \mathrm{d}E\,.$ $\hfill(4.22)$

Anmerkung: Teilchenflußdichte und Teilchenfluenz, Energieflußdichte und Energiefluenz sind skalare Größen. Dagegen sind Teilchenstromdichte und die Energiestromdichte gerichtete Größen (Vektoren) [20].

4.2.5 Teilchenstromdichte, Teilchenstrom und Energiestromdichte [20]

Die *Teilchenstromdichte* $\vec{\jmath}$ durch ein Flächenelement $\mathrm{d}A$ ist der Quotient aus der Anzahl der Teilchen, die das Flächenelement $\mathrm{d}A$ in dem Zeitelement $\mathrm{d}t$ durchsetzen, und dem Produkt $\mathrm{d}A\,\mathrm{d}t$. Die Teilchenstromdichte ist ein Vektor, für dessen Normalkomponente j_n in Richtung einer Flächennormalen gilt:

$$j_n = \int_{4\pi} \varphi_\Omega \cos\vartheta\, \mathrm{d}\Omega\,.$$

Dabei ist φ_Ω die in Abschn. 4.2.2.2 definierte Größe und ϑ der Winkel zwischen der Normalen des Flächenelementes $\mathrm{d}A$ und der Richtung des Raumwinkelelementes $\mathrm{d}\Omega$ (s. Abb. 4–1c).

Der *einseitige Teilchenstrom* I_1 durch eine Fläche A ist das Integral der Normalkomponente j_n der Teilchenstromdichte über diese Fläche

$$I_1 = \int_A \int_{2\pi} \varphi_\Omega \cos\vartheta\, \mathrm{d}\Omega\, \mathrm{d}A\,.$$

Treten Teilchen von beiden Seiten durch die Fläche A, so ist der *gesamte Teilchenstrom*

$$I = \int_A \int_{4\pi} \varphi_\Omega \cos\vartheta\, \mathrm{d}\Omega\, \mathrm{d}A\,.$$

Wegen des Faktors $\cos\vartheta$ werden Teilchen, die von einer Seite her die Fläche durchsetzen ($0 \leq \vartheta < \pi/2$), positiv, die von der anderen Seite ($\pi/2 \leq \vartheta < \pi$) negativ gerechnet.

Bei isotropem Strahlungsfeld ($\varphi_\Omega = $ const) sind j_n und I null, während die Teilchenflußdichte φ bzw. die Teilchenfluenz Φ stets positive Werte haben.

Die *Energiestromdichte* $\vec{g}$ ist ein Vektor, dessen Komponente g_n in Richtung einer Flächennormalen geht:

$$g_n = \int_{4\pi} \psi_\Omega \cos\vartheta\, \mathrm{d}\Omega\,.$$

ψ_Ω ist die in Abschn. 4.2.3.2 definierte Größe und ϑ und $\mathrm{d}\Omega$ haben die gleiche Bedeutung wie für die Teilchenstromdichte.

4.3 Energieübertragung, Energieumwandlung

4.3.1 Allgemeines
[21, 29, 44, 47, 49, 64, 72]

Durch die Wechselwirkungen zwischen den ionisierenden Teilchen (s. Abschn. 4.1.1) und der Materie wird *Energie auf die Materie übertragen*, und die Strahlungsenergie kann sich in mehreren Schritten in andere Energieformen umwandeln. So setzt sich z.B. die Teilchenenergie der Photonen in kinetische Energie von Elektronen um, die aus der Elektronenhülle von den getroffenen Atomen ausgelöst werden (Sekundärelektronen), wobei ein Teil der Photonenenergie zur Ablösung der Elektronen aus dem Atomverband verbraucht wird. Diese Sekundärelektronen übertragen ihre Bewegungsenergie auf weitere Atome oder Moleküle, wenn sie diese anregen oder ionisieren oder die chemische Bindungsenergie oder die Kristallstruktur ändern. Die Energie kann schließlich in Wärmeenergie umgewandelt werden. Schnelle Neutronen können z.B. ihre Bewegungsenergie auf Protonen oder leichte Atomkerne übertragen oder Kerne anregen, die dann beim Rückgang in den Grundzustand ihre Anregungsenergie als Gammastrahlung abgeben.

Bei sehr energiereichen Teilchen [19] braucht der Ort der ersten Wechselwirkung keineswegs mit dem Ort der hauptsächlich interessierenden Energieübertragung oder des beobachteten physikalischen oder biologischen Effektes zusammenzufallen (s. auch Abschn. 3.1).

Mit Rücksicht auf die Bedeutung der Dosimetrie für die Medizin, Biologie, Physik und Chemie mußte man sich darüber einigen, auf welche Stufe der Energieumwandlung man die „auf das Material übertragene Energie" und die „Energiedosis" beziehen sollte. Man ist nun auch aus meßtechnischen Gründen übereingekommen, die genannten Größen auf die Energie der direkt ionisierenden Teilchen zu beziehen.

4.3.2 Auf das Material übertragene Energie

Die durch ionisierende Strahlung *auf das Material* in einem Volumen während einer Zeitspanne *übertragene Energie* W_D ist die Summe W_{in} der Energien (ohne Ruheenergien, s. Abschn. 1.3.2.1) aller direkt oder indirekt ionisierenden Teilchen, die in das Volumen eintreten, vermindert um die Summe W_{ex} der Energien (ohne Ruheenergien) aller ionisierenden Teilchen, die aus dem Volumen austreten, vermehrt um die Summe W_Q der Reaktions- und Umwandlungsenergien aller Kern- und Elementarteilchenprozesse, die während dieser Zeitspanne in diesem Volumen stattfinden:

$$W_D = W_{in} - W_{ex} + W_Q. \qquad (4.23)$$

Während die Bedeutung der Summanden W_{in} und W_{ex} ohne weiteres einleuchtet, muß man sich bei W_Q in jedem Fall darüber klar werden, ob die Kern- oder Elementarteilchenprozesse exotherm oder endotherm sind, W_Q also positiv oder negativ einzusetzen ist. Wird z.B. bei der Absorption eines Photons im betrachteten Volumen durch Paarbildungseffekt ein Elektron (e⁻) und ein Positron (e⁺) erzeugt, so liegt ein endothermer Prozeß vor, und für den Einzelprozeß gilt $W_Q = -2m_e c_0^2 = -1{,}022$ MeV (m_e Ruhemasse des Elektrons, c_0 Lichtgeschwindigkeit, s. Tab. 1–15 u. 1–16). Wenn ein Neutron in das Volumen eindringt und dort einen (n, p-)Prozeß verursacht, so ist zu unterscheiden, ob der neu gebildete Kern oder das ausgestoßene Proton in dem Volumen verbleiben und dort ihre gesamte Energie abgeben, oder ob das Proton das Volumen wieder verläßt und nur ein Teil seiner Energie auf das Material in dem Volumen überträgt usw. Die einschränkende Bedingung „ohne Ruheenergie" ist notwendig, denn langsam in das interessierende Volumen etwa durch Diffusion eindringende oder herausgehende Atome oder Moleküle erhöhen oder vermindern zwar die gesamte Ruheenergie in dem Volumen, tragen aber nicht zur „auf das Material übertragenen Energie" bei, wenn sie keine Stoßionisation und keine Kern- und Elementarteilchenprozesse verursachen.

4.4 Dosisgrößen, Dosiseinheiten und zugehörige Begriffe

4.4.1 Allgemeines
[2, 6, 7, 18, 21, 29, 30, 31, 32, 33, 34, 40, 47, 49, 64, 67]

Für die Dosimetrie und den Strahlenschutz sind die folgenden Dosisgrößen und Einheiten gebräuchlich:

Größe	Symbol	Einheit	Kurzzeichen
Energiedosis	D	Rad	rd
Ionendosis	J	Röntgen	R
Äquivalentdosis	D_q	Rem	rem

Die Bezeichnungen „Dosis" oder „Strahlendosis" schlechthin sind ohne Beiwort jedenfalls mehrdeutig.
Durch die Arbeit der ICRU und des DNA sind diese Größen eindeutig definiert und die Einheiten an das internationale Einheitensystem (SI-System, s. Abschn. 1.1.2) angeschlossen worden. Über die „Ionendosis" herrscht bisher nur im deutschen Sprachbereich Einigkeit. In anderen Staaten möchte man die Bezeichnung „Dosis" nur in Verbindung mit der Energiedosis (englisch: absorbed dose) und der Äquivalentdosis (englisch: dose equivalent) gebrauchen. Vielleicht muß man anstelle von „Ionendosis" später eine andere Benennung finden, zumal auch der englische Ausdruck „exposure" doppeldeutig ist, denn „exposure" bedeutet sowohl einen Vorgang, nämlich „einer Bestrahlung aussetzen", als auch eine physikalische Größe und heißt zudem im Bereich der Optik „Belichtung" mit der physikalischen Größe „radiant exposure". Ein „exposure meter" ist im Englischen auch ein Belichtungsmesser.
Die fundamentale physikalische Dosisgröße ist zweifellos zur Zeit die Energiedosis, während die übrigen Dosisgrößen Hilfsgrößen sind, die den meßtechnischen Bedürfnissen (Ionendosis) oder den Anforderungen im Strahlenschutz (Äquivalentdosis) entgegenkommen. Zu jeder Dosisgröße läßt sich eine Dosisleistungsgröße definieren, wobei allgemein gilt: *Dosisleistung = Dosis/Zeitintervall.* In der deutschen Gesetzgebung (Ausführungsverordnung zum Gesetz über Einheiten im Meßwesen vom 26. Juni 1970) wird die Dosisleistung gleichbedeutend auch „Dosisrate" genannt.
Ähnlich wie Strahlungsfelder sind auch Dosisleistungsfelder oft räumlich inhomogen und zeitlich schwankend, *örtlich* z. B. an Grenzflächen von Weichteilgewebe und Knochen oder am Rande ausgeblendeter Strahlenbündel oder *zeitlich* bei gepulsten Strahlungen von Beschleunigern. Die Definitionen müssen deshalb auf so kleine Volumen und Massenelemente oder Zeitintervalle bezogen werden, daß der betreffende Quotient einem endlichen Grenzwert zustrebt, der durch den Differentialquotienten ausgedrückt wird.

4.4.2 Energiedosis, Energiedosisleistung und die Einheit Rad, Integraldosis

Die *Energiedosis* D, die von einer ionisierenden Strahlung in einem Material erzeugt wird, ist der Quotient aus der Energie dW_D, die auf das Material in dem Volumenelement dV durch die Strahlung übertragen wird, und der Masse $dm = \varrho \, dV$ des Materials mit der Dichte ϱ in diesem Volumenelement

$$D = \frac{dW_D}{dm} = \frac{1}{\varrho} \frac{dW_D}{dV}. \tag{4.24}$$

Die gebräuchliche *Einheit der Energiedosis* ist das „Rad" (Kurzzeichen rd)*.

$$1 \text{ rd} = 0{,}01 \text{ J/kg}. \tag{4.25}$$

---
* Das bisherige Kurzzeichen rad für das Rad war identisch mit dem Kurzzeichen rad für Radiant, die SI-Einheit für den ebenen Winkel.

Aus der Definition des Rad und den Beziehungen zwischen verschiedenen Masseneinheiten und Energieeinheiten folgt (s. Tab. 1–5a u. 1–9)

$$1 \text{ rd} = 10^{-5} \text{ J/g} = 100 \text{ erg/g} = 2{,}388 \cdot 10^{-6} \text{ cal}_{IT}/\text{g} = 6{,}242 \cdot 10^{13} \text{ eV/g}. \quad (4.26)$$

Der häufig gebrauchte Begriff „integrale Energiedosis" oder „Integraldosis" ist identisch mit dem Begriff „auf das Material übertragene Energie" $W_D = \int D \, dm$. Im Einzelfall heißt es also z. B. „auf den Kranheitsherd..." oder „auf den gesamten Körper übertragene Energie".

Aus der Einheitengleichung (4.25) ergibt sich die *Einheit der „auf das Material übertragenen Energie"*: Kilogrammrad (kg rd) bzw. Grammrad (g rd)*:

$$1 \text{ kg rd} = 0{,}01 \text{ J} \qquad 1 \text{ g rd}* = 10^{-5} \text{ J}. \quad (4.27)$$

Die *Energiedosisleistung* $\dot{D}$ ist der Differentialquotient der Energiedosis nach der Zeit:

$$\dot{D} = \frac{dD}{dt}. \quad (4.28)$$

Bei zeitlich konstanten Verhältnissen ist $\dot{D} = D/t$.

Gebräuchliche *Einheiten der Energiedosisleistung* sind „Rad/Sekunde" (rd/s), „Rad/Minute" (rd/min), „Rad/Stunde" (rd/h) (s. Tab. 4–1 u. 4–2).

$$1 \text{ rd/s} = 0{,}01 \text{ W/kg} = 10^{-5} \text{ W/g}. \quad (4.29)$$

Energiedosis und Energiedosisleistung sind für alle ionisierende Strahlungen gültig, Zahlenwerte müssen aber stets durch Angaben über das Material (atomare Zusammensetzung und Dichte) ergänzt werden.

Tabelle 4–1. Umrechnung von Einheiten der Energiedosisleistung (s. Abschn. 7.11)

Kurzzeichen	W/g	erg/s	cal$_{IT}$/gs	eV/gs
1 mrd/h	$2{,}778 \cdot 10^{-12}$	$2{,}778 \cdot 10^{-5}$	$6{,}634 \cdot 10^{-13}$	$1{,}734 \cdot 10^{7}$
1 μrd/s	10^{-11}	10^{-4}	$2{,}388 \cdot 10^{-12}$	$6{,}242 \cdot 10^{7}$
1 rd/h	$2{,}778 \cdot 10^{-9}$	$2{,}778 \cdot 10^{-2}$	$6{,}634 \cdot 10^{-10}$	$1{,}734 \cdot 10^{10}$
1 rd/min	$1{,}667 \cdot 10^{-7}$	$1{,}667$	$3{,}981 \cdot 10^{-8}$	$1{,}041 \cdot 10^{12}$
1 rd/s	10^{-5}	10^{2}	$2{,}388 \cdot 10^{-6}$	$6{,}242 \cdot 10^{13}$

4.4.3 Sekundärteilchengleichgewicht
[21, 24, 47, 49, 61]

Für Strahlungen indirekt ionisierender Teilchen (s. Abschn. 4.1.1) spielt der Zustand des Sekundärteilchengleichgewichts bei der Ermittlung der Energiedosis eine wesentliche Rolle.

Sekundärteilchengleichgewicht besteht an einem Punkt innerhalb eines Materials, wenn die Summe der kinetischen Energien der von einer indirekt ionisierenden Strahlung erzeugten geladenen Sekundärteilchen, die in ein Volumenelement eintreten, das diesen Punkt enthält, gleich der Summe der kinetischen Energien der Sekundärteilchen ist, die aus diesem Volumenelement austreten. Abb. 4–2 veranschaulicht das Sekundärelektronengleichgewicht für eine Photonenstrahlung.

---

* Nicht zu verwechseln mit dem Kurzzeichen grd für Differenzen von Kelvin- oder Celsiusgraden bei der Angabe von Temperaturdifferenzen (s. Tab. 1–12).

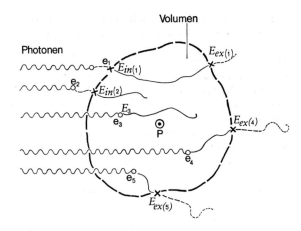

Abb. 4–2. Zur Veranschaulichung des Sekundärelektronengleichgewichtes: die Photonen lösen an den Stellen (○) Sekundärelektronen e_1 bis e_5 aus, die mit den Energien $E_{\text{in}(1)}$ und $E_{\text{in}(2)}$ in das Volumen eintreten und mit den Energien $E_{\text{ex}(1)}$, $E_{\text{ex}(4)}$ und $E_{\text{ex}(5)}$ das Volumen verlassen. Ist $E_{\text{in}(1)} + E_{\text{in}(2)} = E_{\text{ex}(1)} + E_{\text{ex}(4)} + E_{\text{ex}(5)}$, so besteht Sekundärelektronengleichgewicht

4.4.4 Bragg-Gray-Bedingungen und Fano-Theorem
[4, 10, 11, 12, 13, 14, 15, 17, 27, 35, 36, 62, 68, 69, 70]

Die Bragg-Gray-Bedingungen müssen erfüllt sein, wenn man die in der Materie einer Dosimetersonde erzeugte Energiedosis in die Energiedosis für ein anderes Material umrechnen will (s. Abschn. 7.4.5). Die Bedingungen lauten [21]:
Ist ein Hohlraum innerhalb eines Materials A mit einem Material B, dem Material der Dosimetersonde, z. B. Luft, gefüllt, so sind die Bragg-Gray-Bedingungen erfüllt, wenn

1. die Flußdichte der Elektronen der ersten Generation und ihre Energie- und Richtungsverteilung durch diesen mit dem Material B gefüllten Hohlraum nicht verändert wird,
2. der Energiebeitrag, der durch indirekt ionisierende Teilchen (Photonen, Neutronen) im eingebrachten Material B ausgelösten Sekundärteilchen (Sekundärelektronen bzw. Protonen) zu der auf das Material B übertragenen Energie verschwindend klein ist,
3. die Flußdichte der geladenen Teilchen aller Generationen innerhalb des Materials B ortsunabhängig ist.

Durch das Einbringen des Materials B dürfen sich also die Zustände im Strahlungsfeld und die Vorgänge nicht merklich gegenüber den Verhältnissen ändern, unter denen der Hohlraum mit dem Umgebungsmaterial A gefüllt ist (Abb. 4–3). In der Praxis lassen sich die Bragg-Gray-Bedingungen nur näherungsweise erfüllen.

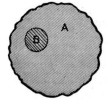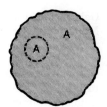

Abb. 4–3. Zum Bragg-Gray-Prinzip. Im Material A wird ein Hohlraum geschaffen, der mit dem Material B, z. B. einer Substanz, gefüllt ist, die den dosisproportionalen Effekt liefert

Die Theorien zum Bragg-Gray-Prinzip sind als ,,Cavity Theory" (Hohlraumtheorie) von verschiedenen Autoren [10, 12, 13, 35, 62, 68, 70] weiterentwickelt, experimentell nachgeprüft [4, 11, 15, 17, 36] und verglichen worden [14, 64]. Hierbei hat das von Fano bewiesene Theorem [27] die Grundlage für eine Verallgemeinerung geliefert. Es lautet: ,,Wenn ein Material gegebener (atomarer) Zusammensetzung einer Primärstrahlung mit räumlich konstanter Flußdichte ausgesetzt wird, dann ist auch die Flußdichte der

Sekundärstrahlung räumlich konstant (ortsunabhängig) und unabhängig sowohl von der Dichte des Materials als auch von örtlichen Dichteänderungen innerhalb des Materials".

Das Theorem beruht auf den Voraussetzungen, daß die Erzeugungsrate (Emissionsrate, Quellstärke (s. Abschn. 4.2.1)) für die Sekundärstrahlung und die Ereignisraten (Anzahl der Ereignisse pro Zeitintervall) für alle Wechselwirkungsprozesse zwischen Strahlung und Materie der örtlichen Dichte des Materials proportional sind, und daß das Material von einheitlicher (atomarer) Zusammensetzung ist (z.B. Polyäthylen, das einen mit Äthylen gefüllten Hohlraum enthält).

Während die Energieumwandlung und die Energieabsorption bei Photonen proportional der Dichte erfolgt, muß beim Bremsvermögen der geladenen Teilchen, vor allem der Elektronen (s. Abschn. 5.2.1.1; Gleichung (11)) berücksichtigt werden, daß infolge des Dichteeffektes die Dichteproportionalität nicht besteht, und für Energien oberhalb etwa 0,5 MeV eine Korrektur erforderlich wird.

4.4.5 Ionendosis, Ionendosisleistung und die Einheit Röntgen
[21, 25, 41, 50]

Die *Ionendosis* J, die von einer ionisierenden Strahlung erzeugt wird, ist der Quotient aus der elektrischen Ladung dQ der Ionen eines Vorzeichens, die in Luft in einem Volumenelement dV durch die Strahlung mittelbar oder unmittelbar gebildet werden, und $dm_L = \varrho_L \, dV$, der Masse der Luft mit der Dichte ϱ_L in diesem Volumenelement:

$$J = \frac{dQ}{dm_L} = \frac{1}{\varrho_L} \frac{dQ}{dV}. \tag{4.30}$$

Die gebräuchliche *Einheit der Ionendosis* ist das Röntgen (Kurzzeichen R).

$$1 \text{ R} = 2{,}58 \cdot 10^{-4} \text{ C/kg}* = 2{,}58 \cdot 10^{-7} \text{ C/g} \tag{4.31}$$

Aus der Definition des Röntgen und dem Zahlenwert für die Elementarladung (siehe Tab. 1–15) folgt: beträgt die Ionendosis 1 R, so werden

1,610 · 10^{12} Ionenpaare/g   oder

2,082 · 10^{9} Ionenpaare/cm^3 in Luft mit der Dichte $\varrho_L = 1{,}293$ mg/cm^3

gebildet (Energieäquivalent des Röntgen, s. Abschn. 7.4.5.2).

Die *Ionendosisleistung* $\dot{J}$ ist der Differentialquotient der Ionendosis nach der Zeit:

$$\dot{J} = \frac{dJ}{dt}. \tag{4.32}$$

Gebräuchliche *Einheiten der Ionendosisleistung* sind Röntgen/Sekunde (R/s), Röntgen/Minute (R/min) und Röntgen/Stunde (R/h) (s. Tab. 4–2 u. 4–3):

$$1 \text{ R/s} = 2{,}58 \cdot 10^{-4} \text{ A/kg} = 2{,}58 \cdot 10^{-7} \text{ A/g}. \tag{4.33}$$

Für die Umrechnung zwischen den Einheiten der Energiedosisleistung (rd/s, rd/min, rd/h usw.) (s. Abschn. 4.4.2) und zwischen den Einheiten der Äquivalentdosisleistung (rem/s, rem/min, rem/h usw.) (s. Abschn. 4.4.8.4) gelten die gleichen Zahlenwerte.

Ionendosis und Ionendosisleistung sind für alle ionisierenden Strahlen mit Ausnahme der Neutronen gültig. Für eine einfache Berechnung der Energiedosis (s. Abschn. 7.4.5) sind bei Ionisationsmessungen drei Sonderfälle wichtig, nämlich die Standard-Gleich-

---

* Nach einer früheren Definition war 1 Röntgen (r) = eine elektrostatische Ladungseinheit (siehe Tab. 1–13) pro 1,293 mg Luft; das entspricht dem Zahlenwert nach der obigen, jetzt gültigen Definition. Damit können alle Zahlenwerte in „r" aus der früheren Literatur den Zahlenwerten in „R" gleichgesetzt werden.

Tabelle 4–2. Einheiten der Ionendosisleistung, Kurzzeichen und Umrechnungsfaktoren

Kurzzeichen	mR/h	μR/s	R/h	R/min	R/s
1 mR/h	1	0,28	10^{-3}	$17 \cdot 10^{-6}$	$28 \cdot 10^{-8}$
1 μR/s	3,6	1	$3,6 \cdot 10^{-3}$	$6 \cdot 10^{-5}$	10^{-6}
1 R/h	10^3	280	1	$17 \cdot 10^{-3}$	$28 \cdot 10^{-5}$
1 R/min	$6 \cdot 10^4$	$17 \cdot 10^3$	60	1	$17 \cdot 10^{-3}$
1 R/s	$3,6 \cdot 10^6$	10^6	$3,6 \cdot 10^3$	60	1

Tabelle 4–3. Die bei einer Ionendosisleistung $\dot{J}$ in 1 g Luft bzw. in 1 cm³ Luft mit der Dichte $\varrho_L = 1{,}293$ mg/cm³ je Sekunde erzeugte Anzahl von Ionenpaaren und die entsprechenden Ionisationsströme (s. auch Abschn. 7.11)

Ionendosis-leistung $\dot{J}$	Anzahl der Ionenpaare		Ionisationsstrom	
	pro Zeit und Masse 1/gs	pro Zeit und Volumen 1/cm³ s	pro Masse A/g	pro Volumen A/cm³
1 mR/h	$4{,}47 \cdot 10^5$	$5{,}78 \cdot 10^2$	$7{,}17 \cdot 10^{-14}$	$9{,}27 \cdot 10^{-17}$
1 μR/s	$1{,}61 \cdot 10^6$	$2{,}082 \cdot 10^3$	$2{,}58 \cdot 10^{-13}$	$3{,}34 \cdot 10^{-16}$
1 R/h	$4{,}47 \cdot 10^8$	$5{,}78 \cdot 10^5$	$7{,}17 \cdot 10^{-11}$	$9{,}27 \cdot 10^{-14}$
1 R/min	$2{,}68 \cdot 10^{10}$	$3{,}47 \cdot 10^7$	$4{,}30 \cdot 10^{-9}$	$5{,}56 \cdot 10^{-12}$
1 R/s	$1{,}61 \cdot 10^{12}$	$2{,}082 \cdot 10^9$	$2{,}58 \cdot 10^{-7}$	$3{,}34 \cdot 10^{-10}$

gewicht-Ionendosis, die Kammer-Gleichgewicht-Ionendosis und die Hohlraum-Ionendosis.

4.4.5.1 *Standard-Gleichgewicht-Ionendosis*

Die Standard-Gleichgewicht-Ionendosis J_s (kurz: Standard-Ionendosis) ist die Ionendosis, die von einer Photonenstrahlung an einem Punkt bei Sekundärelektronengleichgewicht frei in Luft (s. Abschn. 4.4.3) erzeugt wird.

4.4.5.2 *Kammer-Gleichgewicht-Ionendosis*

Die Kammer-Gleichgewicht-Ionendosis J_a (kurz: Kammer-Ionendosis) ist die Ionendosis, die von einer Photonenstrahlung an einem Punkt bei Sekundärelektronengleichgewicht im luftgefüllten Innenraum einer Ionisationskammer erzeugt wird.

J_s und J_a sind also nur für Röntgen- und Gammastrahlen gültig. Da mit steigender Photonenenergie die Abweichungen vom Zustand des Sekundärelektronengleichgewichts zunehmend größer werden, lassen sich J_s und J_a nur bei Photonenenergien unterhalb etwa 3 MeV mit hinreichender Genauigkeit messen (s. Abschn. 7.4.2).

Die Standard-Ionendosis J_s wird fundamental mit Freiluft-Ionisationskammern bestimmt (s. Abschn. 7.2.2).

Kleinkammern handelsüblicher Dosimeter werden im allgemeinen durch Vergleich mit einer Freiluftkammer so kalibriert, daß sie die Standard-Ionendosis an der interessierenden Stelle anzeigen. Die im Volumen der Kleinkammer mit luftäquivalenten Wänden tatsächlich erzeugte Kammer-Ionendosis braucht nicht gleich der Standard-Ionendosis zu sein, die am Ort der Kammer frei in Luft erzeugt werden würde, denn infolge der Absorption und Streuung der Photonen durch die Kammerwände, den Kammerstiel und die Zuleitung wird die Energieflußdichte der Photonen gegenüber derjenigen frei in Luft verändert. Dadurch kann die Kammer-Ionendosis J_a größer, gleich oder kleiner als die Standard-Ionendosis J_s werden, je nachdem, ob der Einfluß der Photonenabsorption kleiner, gleich oder größer als der Einfluß der Photonenstreuung ist. Diese Einflüsse hängen von dem Photonenspektrum und vom Umgebungsmaterial (Phantom) ab (s. Abschn. 7.4.2.3 und 7.4.5).

4.4.5.3 *Exposure*

Die ICRU [47, 49] hat eine der Standard-Gleichgewicht-Ionendosis gleichwertige Größe, die ,,exposure", definiert:
Die ,,exposure X" ist der Quotient aus dQ und dm, wobei dQ die Summe der elektrischen Ladungen aller in Luft erzeugten Ionen eines der beiden Vorzeichen ist, wenn alle durch Photonen in einem Volumenelement Luft mit der Masse dm freigesetzten Elektronen (Negatronen und Positronen) vollständig in Luft abgebremst werden:

$$X = \frac{dQ}{dm}. \tag{4.34}$$

Die Einheit der ,,exposure" ist das Röntgen in der Definition nach Gleichung (4.31).

Die ICRU ergänzt die Definition durch eine Anmerkung: Mit den gegenwärtigen Methoden ist es schwierig, die ,,exposure" zu messen, wenn die benutzten Photonenenergien oberhalb weniger MeV oder unterhalb weniger keV liegen.
Wegen der oberen Grenze läßt sich die ,,exposure" nur bei Sekundärelektronengleichgewicht messen, eine Bedingung, die in der Definition der Standard-Ionendosis bereits enthalten ist.
Anhand von Abb. 4–2 kann der Unterschied zwischen der Standard-Ionendosis und der ,,exposure" erläutert werden: Die Standard-Ionendosis ergibt sich aus der Ladung der Ionen eines Vorzeichens, die längs der ausgezogenen Bahnen der Sekundärelektronen e_1 bis e_5 *innerhalb des Volumens* entstehen, während sich die ,,exposure" aus der Ladung der Ionen eines Vorzeichens ergibt, die *längs der gesamten Bahnlänge* der Sekundärelektronen e_3, e_4 und e_5 entstehen, die im Volumen ausgelöst worden sind und innerhalb und außerhalb des Volumens Ionen bilden. Da man aber in einer Ionisationskammer die von den Sekundärelektronen e_1 und e_2 erzeugten Ionenladungen stets mitmißt und die außerhalb des Volumens durch die Sekundärelektronen e_4 und e_5 erzeugten Ladungsträger nicht mit erfaßt, ist die ,,exposure" nur bei Sekundärelektronengleichgewicht meßbar [25, 26].
Für ,,exposure" existiert kein adäquates deutsches Wort. Die Bezeichnung ,,Bestrahlungsdosis" trifft den Sachverhalt nicht, denn man bestrahlt nicht *mit* einer Dosis, sondern man bestrahlt und erzeugt dadurch eine Ionendosis oder Energiedosis.
Standard-Ionendosis J_s und ,,exposure X" werden jedoch nach den gleichen Meßmethoden ermittelt und haben in der Einheit Röntgen den gleichen Zahlenwert.

4.4.5.4 *Hohlraum-Ionendosis*

Die Hohlraum-Ionendosis J_c ist die Ionendosis, die von einer Photonen- oder Elektronenstrahlung in einem luftgefüllten, von einem beliebigen Material umgebenen Hohlraum erzeugt wird, wenn die Bragg-Gray-Bedingungen erfüllt sind (s. Abschn. 4.4.4).
Unter bestimmten Voraussetzungen ist die Hohlraum-Ionendosis außer für Photonen und Elektronen auch für Alphateilchen, Protonen, Deuteronen, wenn auch nur bei relativ hohen Teilchenenergien, eine geeignete Meßgröße (s. Abschn. 7.7.2.1). Eine der Hohlraum-Ionendosis entsprechende Größe ist von der ICRU nicht definiert worden, obwohl das Bragg-Gray-Prinzip im Bereich hoher Photonen- und Elektronenenergie überall angewandt wird (cavity ionization).

4.4.6 Spezifische Gammastrahlenkonstante (Dosisleistungskonstante)
[3, 21, 47, 49, 53, 55]

Die *spezifische Gammastrahlenkonstante* Γ (bisher: Dosisleistungskonstante) eines gammastrahlenden Radionuklids (S. 23) oder eines Isomers (S. 23) ist der Quotient aus dem Produkt $\dot{J}_s \cdot r^2$ und der Aktivität (S. 25) A, wobei $\dot{J}_s$ die Standard-Ionendosisleistung ist, die von der Gammastrahlung (bei Positronenstrahlern (S. 24,38) einschließlich der Vernichtungsstrahlung) einer punktförmigen Strahlenquelle der Aktivität A im Abstand r erzeugt würde, wenn die Strahlung weder in der Strahlenquelle noch auf der Wegstrecke r eine Wechselwirkung erführe:

$$\Gamma = \frac{\dot{J}_s \cdot r^2}{A}. \tag{4.35}$$

Die *Einheit der spezifischen Gammastrahlenkonstante* ist Röntgen · Quadratmeter/(Stunde · Curie) (R m² h⁻¹ Ci⁻¹).

$$1 \text{ R m}^2 \text{ h}^{-1} \text{ Ci}^{-1} = 1{,}937 \cdot 10^{-18} \text{ C m}^2 \text{ kg}^{-1}. \tag{4.36}$$

Wird eine bei innerer Konversion (S. 34) oder Elektroneneinfang (S. 24) emittierte Röntgen-K-Strahlung mit in den Zahlenwert von Γ einbezogen, so muß das bei Angabe der spezifischen Gammastrahlenkonstante ausdrücklich vermerkt werden.
Bei einigen Radionukliden, z.B. ¹⁹⁷Hg (s. Tab. 2–9), bei denen die radioaktive Umwandlung vorwiegend durch innere Konversion oder Elektroneneinfang erfolgt, wird die Standard-Ionendosisleistung $\dot{J}_s$ maßgeblich von der charakteristischen Röntgenstrahlung erzeugt, so daß in diesen Fällen $\dot{J}_s$ nicht aus der spezifischen Gammastrahlenkonstanten errechnet werden kann (s. auch Tab. 4–4). Daher hat die ICRU abweichend von der „specific gamma ray constant" neuerdings [47, 49] die „exposure rate constant" eingeführt, die auch die „exposure" (s. Abschn. 4.4.5.3) infolge der charakteristischen Röntgenstrahlung und der inneren Bremsstrahlung enthält.
Bei Radionukliden mit kurzlebigen Folgeprodukten wird die spezifische Gammastrahlenkonstante für den Zustand des radioaktiven Gleichgewichts (S. 29) angegeben. $\dot{J}_s$ ist dabei die Standard-Ionendosisleistung, die von der Gammastrahlung aller Glieder der Reihe erzeugt wird, und A ist die Aktivität des Mutternuklids.
Bei ²²⁶Ra wird die spezifische Gammastrahlenkonstante abweichend von der obenstehenden Definition für eine Filterdicke von 0,5 mm Platin angegeben und nicht auf die Aktivität in Curie, sondern auf den Gehalt m_{Ra} an ²²⁶Ra in Gramm bezogen

$$\Gamma_{Ra} = \frac{\dot{J}_s \cdot r^2}{m_{Ra}}. \tag{4.37}$$

Die *Einheit der spezifischen Gammastrahlenkonstanten* für ²²⁶Ra ist Röntgen · Quadratmeter/(Stunde · Gramm) (R m² h⁻¹ g⁻¹).

$$1 \text{ R m}^2 \text{ h}^{-1} \text{ g}^{-1} = 7{,}17 \cdot 10^{-5} \text{ A m}^2 \text{ kg}^{-2}. \tag{4.38}$$

Der Zahlenwert der spezifischen Gammastrahlenkonstanten in R m²/(h Ci) ist mit anderen Worten gleich dem Zahlenwert der Standard-Ionendosisleistung $\dot{J}_s$ in R/h, die von der Gammastrahlung bei einer Aktivität von 1 Curie im Abstand von 1 m erzeugt wird. Γ ist nur dann eine für das Nuklid charakteristische Konstante, wenn man die Schwächung der Gammastrahlung unberücksichtigt läßt. Natürlich muß man diese Schwächung berücksichtigen, wenn man aus der spezifischen Gammastrahlenkonstanten die Standard-Ionendosisleistung berechnen will, die von einer kompakten Quelle in einem bestimmten Abstand tatsächlich erzeugt wird. Beträgt der Schwächungskoeffizient des Materials der Quelle μ_1 und deren effektive Schichtdicke d_1, der Schwächungskoeffizient der Luft μ_L für die Gammastrahlung, so errechnet sich die Standard-Ionendosisleistung nach Gleichung (4.35) aus folgender Beziehung:

$$\dot{J}_s = \frac{\Gamma \cdot A}{r^2} \exp(-\mu_1 d_1) \cdot \exp(-\mu_L r). \tag{4.39}$$

Gleichung (4.39) gilt allerdings nur für monoenergetische Gammastrahler, z.B. ^{137}Cs, oder für Gammastrahler mit eng benachbarten Linien, z.B. ^{60}Co; bei einem komplexen Spektrum muß man die Schwächung für jede Gammaenergie (jede Linie) getrennt berechnen.

Bei einer gekapselten Quelle mit ausgeblendetem Strahlenbündel wird diese Berechnung von $\dot{J}_s$ sehr unsicher infolge der Streustrahlung und der Änderung des Spektrums, s. Literatur S. 418 [20, 21]).

Die meisten spezifischen Gammastrahlenkonstanten (Dosisleistungskonstanten) der Radionuklide sind aus folgender Gleichung berechnet worden:

$$\Gamma = \frac{1}{U_i} \frac{\sum_i [(\eta'/\varrho)_i \cdot w_{\gamma i} \cdot E_{\gamma i}]}{O \cdot t} \cdot \frac{r^2}{A}. \tag{4.40}$$

Dabei ist:

U_i Ionisierungskonstante für Luft (s. Abschn. 3.3),
$(\eta'/\varrho)_i$ Massen-Energieabsorptionskoeffizient der Luft für die Photonenenergie E_γ (s. Abschn. 6.4.5 und Tab. 6-5 und 6-6),
$w_{\gamma i}$ Emissionswahrscheinlichkeit für ein Photon der Energie $E_{\gamma i}$,
$E_{\gamma i}$ Photonenenergie der Gammastrahlung,
$O = 4\pi r^2$ Oberfläche der Kugel mit dem Radius r und der Strahlenquelle im Mittelpunkt,
r Abstand von der Strahlenquelle,
t Zeitspanne,
A Aktivität der Quelle.

Aus Gleichung (4.40) ergibt sich die Zahlenwertgleichung

$$\Gamma = \frac{658{,}2}{U_i} \sum_i [(\eta'/\varrho)_i w_{\gamma i} E_{\gamma i}] \quad \text{in} \quad \frac{\text{R}}{\text{h}} \frac{\text{m}^2}{\text{Ci}} \tag{4.41}$$

mit $U_i = 33{,}7$ V, η'/ϱ in cm^2/g und E_γ in MeV.

Zur Ermittlung von $\Gamma = f(E_\gamma)$ kann Abb. 4–4 dienen, wobei $U_i = 33{,}7$ V und die Werte des Massen-Energieabsorptionskoeffizienten η'/ϱ für Luft nach Tab. 6-5 u. 6-6 benutzt wurden.

Tabelle 4–4. Spezifische Gammastrahlenkonstante einiger Radionuklide in $\frac{\text{R}}{\text{h}} \frac{\text{m}^2}{\text{Ci}}$ (s. auch Tab. 2-9)

	^{22}Na	^{24}Na	^{42}K	^{51}Cr	^{52}Mn	^{54}Mn	^{59}Fe	^{58}Co	^{60}Co	^{64}Cu	^{65}Zn
I.	1,19	1,84	0,14	0,015	1,86	0,47	0,63	0,55	1,31	0,12	0,28
II.	1,192	1,828	0,136	—	1,702	0,468	0,627	0,551	1,298	0,116	0,298

	^{124}Sb	^{125}J	^{130}J	^{131}J	^{132}J	^{137}Cs + ^{137}Ba^m	^{170}Tm	^{182}Ta	^{192}Ir	^{198}Au
I.	0,98	0,21 *	1,22	0,22	1,18	0,31	0,0025 *	—	0,50	0,23
II.	0,988	0,0044 **	1,218	0,212	1,333	0,323	0,0013 **	0,592	0,444	0,231

* einschließlich K-Strahlung. — ** ohne K-Strahlung.

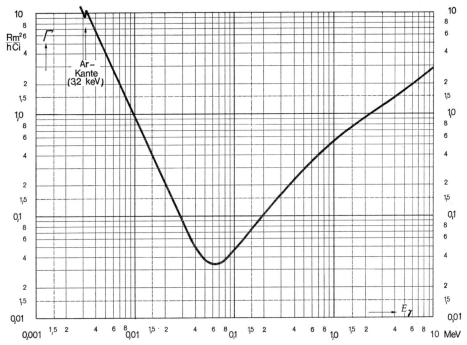

Abb. 4–4. Die spezifische Gammastrahlenkonstante Γ als Funktion der Photonenenergie E_γ

Für ^{226}Ra, gefiltert mit 0,5 mm Pt, gilt $\Gamma_{Ra} = 0{,}825 \dfrac{R}{h} \dfrac{m^2}{g}$.

Die Zahlenwerte der Reihe I (nach KOHLRAUSCH) und der Reihe II (nach NACHTIGALL [55]) für dasselbe Radionuklid unterscheiden sich, weil etwas differierende Werte für (η'/ϱ) und für w_γ benutzt worden sind. Für die Umrechnung in andere Einheiten gilt:

$$1 \, \frac{R}{h} \frac{m^2}{Ci} = 1 \, \frac{mR}{h} \frac{m^2}{mCi} = 10 \, \frac{R}{h} \frac{cm^2}{mCi}.$$

4.4.7 Kenndosisleistung
[21]

Mit Hilfe der Kenndosisleistung können die Ionendosisleistungen z. B. von Therapieeinrichtungen für Röntgen- und Gammastrahlen verglichen werden. Die Kenndosisleistung tritt anstelle des bisher üblichen *„Röntgenwertes"*, der für 50 cm Fokusabstand galt.

a) Bei Röntgen- und Gammastrahlen mit Photonenenergien bis 3 MeV ist die Kenndosisleistung die Standard-Ionendosisleistung $\dot{J}_{s100}$, die ohne Streukörper in der Achse des Nutzstrahlenbündels im Abstand 100 cm von der Strahlenquelle bei einer Feldgröße von etwa 200 cm² erzeugt wird.

b) Bei Röntgenstrahlen mit Photonenenergien über 3 MeV ist die Kenndosisleistung der örtliche Maximalwert der Hohlraum-Ionendosisleistung $\dot{J}_{c100}$ in Wasser, der in der Achse des Nutzstrahlenbündels im Abstand 100 cm von der Strahlenquelle bei einer Feldgröße von etwa 200 cm² erzeugt wird.

Die Bestimmung der Kenndosisleistung wird in Abschn. 7.4.7 erläutert.

In der englischen Literatur wird die „exposure rate" in einem bestimmten Abstand vielfach mit „output" bezeichnet.

70 Strahlungsfeldgrößen und Einheiten, Dosisgrößen und Dosiseinheiten

4.4.8 Relative Biologische Wirksamkeit, lineares Energieübertragungsvermögen, Äquivalentdosis, Bewertungsfaktor und deren Einheiten

4.4.8.1 *Allgemeines*
[8, 20, 21, 39, 43, 45, 54, 56, 57, 58, 60, 71, 73]

Bei strahlenbiologischen Untersuchungen hatte sich bereits früher herausgestellt, daß verschiedene Arten ionisierender Strahlen bei gleicher Energiedosis im biologischen Material unter sonst gleichen Umständen durchaus verschieden starke biologische Wirkungen gleicher Erscheinungsform haben können. Für die Strahlenbiologie und die medizinische Strahlenkunde genügt es also nicht, die Energiedosen zu ermitteln. Auch für den Strahlenschutz ergaben sich daraus neue Konsequenzen. Während man bis vor wenigen Jahren die „Relative Biologische Wirksamkeit" (RBW) in gleicher Weise in der Biologie (Medizin) und im Strahlenschutz benutzte, bleibt die relative biologische Wirksamkeit neuerdings der biologischen Forschung vorbehalten und im Strahlenschutz dient der Bewertungsfaktor als Grundlage zur Beurteilung für das Strahlenrisiko.

4.4.8.2 *Relative Biologische Wirksamkeit und RBW-Faktor*
[39, 43, 54, 60]

Um den Sachverhalt der unterschiedlichen Strahlenwirkungen durch verschiedene Strahlenarten bei gleicher Energiedosis quantitativ beschreiben zu können, wurde der Begriff der „Relativen Biologischen Wirksamkeit", RBW (englisch: relative biological effectiveness, RBE) geprägt. Der RBW-Faktor f_{RBW} ist das reziproke Verhältnis aus der Energiedosis D_i, die bei der interessierenden Strahlenart i eine bestimmte quantitativ erfaßbare biologische Wirkung u hervorruft, und der Energiedosis D_0, die bei einer definierten Vergleichsstrahlung (z.B. ^{60}Co Gammastrahlung oder hartgefilterte Röntgenstrahlung bei 250 kV) unter sonst gleichen Bedingungen dieselbe Wirkung u hervorruft:

$$f_{RBW}(u) = D_0(u)/D_i(u) . \qquad (4.42)$$

f_{RBW} ist also eine dimensionslose Zahl, die aus biologischen Experimenten gewonnen werden kann. Für ein und dieselbe Strahlenart können sich unterschiedliche Werte für f_{RBW} ergeben, je nachdem, welche Strahlenreaktion zur Beobachtung herangezogen wird, welches biologische System untersucht wird, in welchem Entwicklungszustand es sich befindet und wie die Energiedosis räumlich und zeitlich verteilt wird. Die Strahlenreaktionen können aber bei verschiedenen Strahlenarten auch qualitativ voneinander abweichen, so daß es vielfach unmöglich wird, den Sachverhalt durch eine einzige Zahl zu erfassen, die lediglich quantitative Unterschiede für dieselbe Reaktion auszudrücken gestattet.

In der Literatur wird meist anstelle von f_{RBW} nur RBW geschrieben: RBW $= D_0/D_i$ bzw. im Englischen RBE $= D_0/D_i$. Das ist für das Rechnen mit Formeln unzweckmäßig. Im Bericht des RBE-Committee [60] heißt es:

u sei ein spezieller Wert einer biologischen Variablen U, D_x sei die Dosis einer Standardstrahlung (mit niedrigem LET (s. Abschn. 4.4.8.3), D_n sei die Dosis derjenigen Strahlung, deren RBE ermittelt werden soll und $D_x(u)$ und $D_n(u)$ seien die Dosen, die denselben Wert u von U unter vergleichbaren Bestrahlungsbedingungen erzeugen.
Die Bestimmung eines RBE-Wertes besteht

a) in der Auswahl eines Wertes U, der von beiden Strahlungen erzeugt werden kann und der sich mit der Dosis im untersuchten Bereich ändert,

b) in der Ermittlung von $D_x(u)$ und $D_n(u)$. Dann ist

$$\mathrm{RBE}\left(\frac{n}{x}, u\right) = \frac{D_x(u)}{D_n(u)}. \quad (4.43)$$

Die Gleichungen (4.42) und (4.43) unterscheiden sich nur durch die Schreibweise.

4.4.8.3 *Lineares Energieübertragungsvermögen*
[20, 47, 48, 49, 66]

Wegen der nicht genügend eindeutigen Zusammenhänge zwischen dem biologischen Effekt und der Energiedosis (Dosis-Effekt-Kurven), gehen die Bemühungen dahin, noch andere physikalische Größen heranzuziehen, die möglicherweise enger mit dem biologischen Effekt verknüpft sind [65]. Dazu gehört vor allem das lineare Energieübertragungsvermögen L (englisch: linear energy transfer, LET). Das lineare Energieübertragungsvermögen L von geladenen Teilchen mit der Energie E in einem Material ist der Quotient aus der Energie $\mathrm{d}E_L$, die auf das Material durch ein Teilchen beim Durchqueren der Weglänge $\mathrm{d}s$ örtlich im Mittel übertragen wird:

$$L = \frac{\mathrm{d}E_L}{\mathrm{d}s}. \quad (4.44)$$

Die übliche *Einheit für das lineare Energieübertragungsvermögen* ist Kiloelektronenvolt/Mikrometer (keV/μm) in einem bestimmten Stoff, z. B. Wasser.

Zum Unterschied vom linearen Bremsvermögen S (s. Abschn. 5.2.1.1 und 5.3.2), das den Energieverlust betrifft, den ein geladenes Teilchen im Mittel auf dem Weg $\mathrm{d}s$ erleidet, bezieht sich das lineare Energieübertragungsvermögen L auf die Energie, die auf das Material in einem anzugebenden örtlichen Bereich übertragen wird (englisch: energy locally imparted).

Abb. 4–5 veranschaulicht die Unterschiede zwischen dem linearen Bremsvermögen S und linearen Energieübertragungsvermögen L: die Energie ΔE, die das Elektron e auf dem Weg Δs verloren hat, ist gleich der Differenz der Energien E_I am Anfang und E_II am Ende dieses Weges. Hierin sind auch die Energieverluste enthalten, die außer durch Ionisation und Anregung noch durch Bildung der δ-Teilchen (Bahnspuren (1), (2) und (3)) entstehen. Dagegen zählt zum linearen Energieübertragungsvermögen L nur die Summe der Energieanteile $\Delta E_L < \Delta E$, die durch das Teilchen selbst und durch die von ihm ausgelösten Sekundärteilchen innerhalb des gestrichelt umrandeten Bereichs auf das Material übertragen wird. Der Zahlenwert von $L = \Delta E_L / \Delta s$ ist also von den Abmessungen dieses Bereichs abhängig und somit $L \leqq S$.

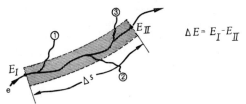

Abb. 4–5. Zur Erläuterung des Unterschiedes zwischen dem linearen Bremsvermögen S und dem linearen Energieübertragungsvermögen L für Elektronen. Δs Weglänge, (1), (2), (3) δ-Elektronenbahnen

Neuerdings gilt folgende Definition [20, 47, 49]:
Das *lineare Energieübertragungsvermögen* oder das *beschränkte Bremsvermögen* $L_{\Delta E}$ (englisch: restricted stopping power) geladener Teilchen ist der mittlere Energieverlust $\mathrm{d}E$, den geladene Teilchen auf dem Wege $\mathrm{d}s$ durch Stoß bei einer Übertragung der Energien erleiden, die kleiner als ein vorgegebener Wert ΔE sind, geteilt durch $\mathrm{d}s$:

$$L_{\Delta E} = \left(\frac{\mathrm{d}E}{\mathrm{d}s}\right)_{\Delta E}. \quad (4.45)$$

Damit wird für $\Delta E = \Delta E_\mathrm{max}$ auch $L = S$, dem Bremsvermögen.

4.4.8.4 Äquivalentdosis, Äquivalentdosisleistung, Bewertungsfaktor und die Einheit Rem [8, 21, 56]

Anstelle des RBW-Faktors f_{RBW} tritt für Strahlenschutzzwecke der Bewertungsfaktor q und es wird die *Äquivalentdosis* D_q als Produkt aus der von der interessierenden Strahlenart erzeugten Energiedosis D und dem Bewertungsfaktor q eingeführt:

$$D_q = q \cdot D \,. \tag{4.46}$$

Der Bewertungsfaktor für Röntgen- und Gammastrahlung ist $q = 1$; aber auch für andere Strahlenarten, für die q von eins verschieden ist (s. Tab. 4–5), ist q stets eine dimensionslose Zahl. Die Äquivalentdosis D_q ist also gleich der von einer als Vergleichsstrahlung dienenden Röntgen- oder Gammastrahlung erzeugten Energiedosis, die in bezug auf das Strahlenrisiko [46] ebenso bewertet wird wie die Energiedosis D, die von der wirklich vorhandenen Strahlung erzeugt wird.

Tabelle 4–5. Lineares Energieübertragungsvermögen und Bewertungsfaktoren für verschiedene Strahlenarten

L_∞ keV/μm(H$_2$O)	q	Strahlenart
3,5	1	e-, β-, γ-, Röntgenstrahlen
3,5 – 7	1 – 2	
7,0 – 23	2 – 5	α, p, d, n je nach Teilchenenergie
23 – 53	5 – 10	(s. Abschn. 7.6)
53 – 175	10 – 20	

In der Strahlenbiologie lassen sich die Energiedosen D_0 und D_i (s. Abschn. 4.4.8.2) experimentell ermitteln und f_{RBW} kann berechnet werden, im Strahlenschutz wird dagegen q durch Übereinkunft, allerdings unter Berücksichtigung der biologischen Erkenntnisse, festgesetzt, die Energiedosis D kann gemessen und D_q muß berechnet werden, denn die Exposition mit einer Vergleichsstrahlung wird dabei gar nicht vorgenommen. D_q ist also prinzipiell nicht direkt meßbar.

Da q dimensionslos ist, ist auch D_q eine Energiedosis mit der Einheit Rad. Man ist jedoch übereingekommen, anstelle des Rad die Sonderbezeichnung „Rem" (Kurzzeichen: rem) zur Angabe von Zahlenwerten der Äquivalentdosis einzuführen. Daher gilt für die *Einheit der Äquivalentdosis*:

$$1 \text{ rem} = 1 \text{ rd} \,. \tag{4.47}$$

Das Rem darf nur als Einheit für die Äquivalentdosis benutzt werden.

Alle Überlegungen, die Äquivalentdosis als eine biologische Größe oder die Einheit Rem als eine biologische Einheit abzustempeln, beruhen auf einer irrigen Vorstellung.

Bei Einwirkung verschiedener Strahlenarten i (Mischstrahlungen) werden die Äquivalentdosen D_{q_i}, nicht dagegen die Energiedosen D_i addiert:

$$D_{q_{\text{ges.}}} = \sum_i D_{q_i} = \sum_i (q_i D_i) \,. \tag{4.48}$$

Man hat Zahlenwerte für q in Abhängigkeit vom linearen Energieübertragungsvermögen L_∞ für Wasser festgesetzt, wobei L_∞ gleich dem Bremsvermögen (s. Abschn. 4.4.8.3) ist.

Die Äquivalentdosisleistung $\dot{D}_q$ ist der Differentialquotient der Äquivalentdosis nach der Zeit:

$$\dot{D}_q = \frac{\mathrm{d}D_q}{\mathrm{d}t}. \tag{4.49}$$

Gebräuchliche *Einheiten der Äquivalentdosisleistung* sind Rem/Sekunde (rem/s), Rem/Minute (rem/min) und Rem/Stunde (rem/h). Umrechnungsfaktoren s. Tab. 4–2.

4.4.9 Medizinische Dosisbegriffe
[21, 45]

4.4.9.1 *Allgemeines*

In der Strahlentherapie haben sich einige Dosisbegriffe wie Einfallsdosis, Oberflächendosis, Tiefendosis, Austrittsdosis, Herddosis usw. eingebürgert. Dabei kann es sich um eine Energiedosis (s. Abschn. 4.4.2) oder eine Gleichgewicht-Ionendosis (s. Abschn. 4.4.5.1 und 4.4.5.2) oder Hohlraum-Ionendosis (s. Abschn. 4.4.5.4) handeln. Daher muß unbedingt angegeben werden, welche Dosisgröße gemeint ist und welche Meßbedingungen vorlagen.

4.4.9.2 *Einfallsdosis*

Die Einfallsdosis J_{sE} ist die Standard-Ionendosis in der Achse des Nutzstrahlenbündels in Fokus-Haut-Abstand frei in Luft.

Die Einfallsdosis ist also praktisch auf Röntgen- und Gammastrahlen mit Photonenenergien bis höchstens 3 MeV beschränkt (s. Abschn. 4.4.5.1). Im „Fokus-Haut-Abstand frei in Luft" bedeutet, daß die Einfallsdosis unter den beabsichtigten Bestrahlungsbedingungen ohne Patient oder Phantom in dem Abstand vom Fokus gemessen werden muß, in den nachher die Oberfläche der Strahleneintrittsseite des zu bestrahlenden Objektes gebracht wird.

4.4.9.3 *Gewebeoberflächendosis*
[21]

Die Gewebeoberflächendosis D_O ist die Energiedosis im Gewebe an einem Punkt der Körperoberfläche (an der Strahleneintrittsseite D_{OE} oder an der Strahlenaustrittsseite D_{OA}).

4.4.9.4 *Austrittsdosis*
[45]

Die Austrittsdosis ist die Standard-Ionendosis J_{sA} oder die Hohlraum-Ionendosis J_{cA} in der Achse des Nutzstrahlenbündels an der Oberfläche der Strahlenaustrittsseite des bestrahlten Objektes.

4.4.9.5 *Tiefendosis, relative Tiefendosis, prozentuale Tiefendosis*

Die Tiefendosis ist die Energiedosis D_T oder die Standard-Ionendosis J_{sT} oder die Hohlraum-Ionendosis J_{cT} in der Achse des Nutzstrahlenbündels in einer anzugebenden Tiefe im bestrahlten Objekt.

Die relative Tiefendosis wird unterschiedlich definiert je nach der Bezugsdosis, z. B. die Standard-Ionendosis J_{sO} an der Oberfläche oder die Energiedosis $D_{T,\max}$ im Maximum der Dosisaufbaukurve (s. Abschn. 7.4.3):

$$t_s = J_{sT}/J_{sO} \quad \text{oder} \quad t_s = D_T/D_{T,\max}. \tag{4.50}$$

Daher muß stets angegeben werden, worauf sich der Relativwert bezieht. Es ist vielfach üblich, die relative Tiefendosis in Prozent anzugeben und dann von der „prozentualen Tiefendosis" (PTD) zu sprechen (s. Abschn. 7.4.10.1).

4.4.9.6 Herddosis
[21]

Die Herddosis ist die Energiedosis D_H an einem anzugebenden Punkt im Gewebe des Herdgebietes.

4.4.9.7 Flächendosisprodukt und dessen Einheit
[1, 16, 21, 59]

Das Flächendosisprodukt dient in der Strahlendiagnostik zur Beurteilung der Strahlenbelastung von Patienten (s. Abschn. 7.4.8). Das Flächendosisprodukt G ist das Integral der Standard-Ionendosis J_s über eine Schnittfläche F durch das Nutzstrahlenbündel. Das Flächendosisprodukt ist nur innerhalb eines Abstandsbereiches anwendbar, in dem die Standard-Ionendosis dem Quadrat des Brennfleckabstandes umgekehrt proportional ist (s. Abschn. 7.4.9).

$$G = \int\limits^{F} J_s \, dF . \tag{4.51}$$

Die gebräuchliche *Einheit des Flächendosisproduktes* ist Röntgen · Quadratzentimeter (R cm²).

4.4.10 Dosisbegriffe für den Strahlenschutz

4.4.10.1 Personendosis
[21]

Die Personendosis ist die Energiedosis D in einem dem Weichteilgewebe äquivalenten Dosimeter, das an einer für die Strahlenbelastung als repräsentativ geltenden Stelle der Körperoberfläche einer Person getragen wird, oder die Standard-Ionendosis J_s an dieser Stelle der Körperoberfläche.

4.4.10.2 Körperdosis
[22]

Die Körperdosis ist die über ein kritisches Volumen oder über die kritische Fläche der Haut gemittelte Äquivalentdosis.
Kritisches Volumen und kritische Fläche sind in der deutschen Norm [22] erläutert.

4.4.10.3 Ortsdosis und Ortsdosisleistung
[21]

Die Ortsdosis (-leistung) ist die Energiedosis D (-leistung $\dot{D}$) oder die Äquivalentdosis D_q (-leistung $\dot{D}_q$) für Weichteilgewebe oder die Standard-Ionendosis J_s (-leistung $\dot{J}_s$) an einem anzugebenden Ort unter anzugebenden Meßbedingungen.
Die Körperdosis läßt sich nur aus Messungen an anderen Stellen unter Berücksichtigung der Strahlenart, der Strahlenenergie, der Bewertungsfaktoren (s. Abschn. 4.4.8.4), der räumlichen Dosisverteilung usw. ermitteln.
Demgegenüber können Personendosis und Ortsdosis (-leistung) aus praktischen Gründen im Hinblick auf die verwendete Dosimeterart verschiedene Dosisgrößen bedeuten. Insbesondere mußte bei Neutronen berücksichtigt werden, daß das Dosimeter auch eine der Äquivalentdosis(-leistung) proportionale Größe anzeigen kann (Rem-counter) (s. Abschn. 7.6.3.4). Daher muß bei Angabe von Zahlenwerten der Personendosis und der Ortsdosis(-leistung) angegeben werden, um welche Dosisgröße es sich im Einzelfall handelt.

4.5 Kerma, Kermaleistung und deren Einheiten
[21, 29, 47, 49]

Durch indirekt ionisierende Strahlen (Photonen und Neutronen) können aus den getroffenen Atomen und Molekülen geladene Teilchen mit einer kinetischen Anfangsenergie W_K freigesetzt werden, mit deren Hilfe eine für dosimetrische Zwecke nützliche Größe, die „Kerma", definiert wurde. Kerma ist ein Kunstwort und leitet sich von *k*inetic *e*nergies *r*eleased in *ma*terial her, wobei das „a" aus phonetischen Gründen angefügt wurde.

Die *Kerma K* ist der Quotient aus dW_K und dm, wobei dW_K die Summe der kinetischen Anfangsenergien aller direkt ionisierenden geladenen Teilchen ist, die von den indirekt ionisierenden Teilchen (Photonen oder Neutronen) in einem Volumenelement dV eines Materials freigesetzt werden, und $dm = \varrho \, dV$, die Masse des Materials mit der Dichte ϱ in diesem Volumenelement:

$$K = \frac{dW_K}{dm} = \frac{1}{\varrho} \frac{dW_K}{dV} \, . \tag{4.52}$$

Die Kerma tritt in der Neutronendosimetrie (s. Abschn. 7.6.1) an die Stelle der „first collision dose" (Dosis des ersten Zusammenstoßes), mit der sie gleichbedeutend ist [5].
Die *Einheit der Kerma* ist das Joule/Kilogramm (J/kg) oder das Rad (rd) (s. Abschn. 4.4.2).
Die *Kermaleistung* $\dot{K}$ ist der Differentialquotient der Kerma nach der Zeit

$$\dot{K} = \frac{dK}{dt} \tag{4.53}$$

mit der *Einheit* Watt/kg (W/kg) oder Rad/Sekunde (rd/s) (s. Abschn. 4.4.2).

4.6 Beziehungen zwischen Strahlungsfeldgrößen, Kerma (Kermaleistung) und Energiedosis (Energiedosisleistung)
[23]

Die folgenden Beziehungen sollen nur die generellen Zusammenhänge klarmachen. Für die einzelnen Strahlenarten (Protonen, Neutronen, Photonen, Elektronen) und für deren Spektren stehen die Beziehungen in den entsprechenden Abschnitten des Kapitels 7.

4.6.1 Beziehungen zwischen Teilchenflußdichte und Energiedosisleistung bzw. zwischen Teilchenfluenz und Energiedosis bei direkt ionisierenden (geladenen) Teilchen

Aus der spektralen Teilchenflußdichte φ_E der geladenen Teilchen (s. Abschn. 4.2.2.1), dem Massen-Bremsvermögen* $S/\varrho = dE/\varrho \, dl$ (s. Abschn. 5.2.1.1) und der spektralen Energiedosisleistung $\dot{D}_E$ (s. Abschn. 7.4.6) erhält man die Energiedosisleistung $\dot{D}_E dE$ für Teilchen mit Energien zwischen E und $E + dE$:

$$\dot{D}_E \, dE = \frac{S}{\varrho} \varphi_E \, dE \, . \tag{4.54}$$

---

* Gemeint ist hier stets die Stoßbremsung im Gegensatz zur Strahlungsbremsung (s. Abschn. 5.2.1).

Entsprechend gilt zwischen spektraler Teilchenfluenz Φ_E und der spektralen Energiedosis D_E die Beziehung:

$$D_E \, dE = \frac{S}{\varrho} \Phi_E \, dE \,. \tag{4.55}$$

Für ein Spektrum ergibt sich durch Integration der Gleichungen (4.54) und (4.55):

$$\dot{D} = \int_0^{E_{\max}} \dot{D}_E \, dE = \int_0^{E_{\max}} S/\varrho(E) \, \varphi_E \, dE = (\bar{S}/\varrho) \cdot \varphi \tag{4.56}$$

$$D = \int_0^{E_{\max}} D_E \, dE = \int_0^{E_{\max}} S/\varrho(E) \, \Phi_E \, dE = (\bar{S}/\varrho) \cdot \Phi \,. \tag{4.57}$$

Dabei ist

$$\bar{S}/\varrho = \frac{1}{\varphi} \int_0^{E_{\max}} S/\varrho(E) \, \varphi_E \, dE$$

das über das Teilchenflußdichte-Spektrum gemittelte Massen-Bremsvermögen.
Für energiehomogene Strahlungen vereinfachen sich die Gleichungen (4.56) und (4.57) wegen $\varphi_E \, dE = \varphi$, $\dot{D}_E \, dE = \dot{D}$, $\Phi_E \, dE = \Phi$, $D_E \, dE = D$ und $S/\varrho = $ const.:

$$\dot{D} = (S/\varrho) \, \varphi \tag{4.58}$$

$$D = (S/\varrho) \, \Phi \,. \tag{4.59}$$

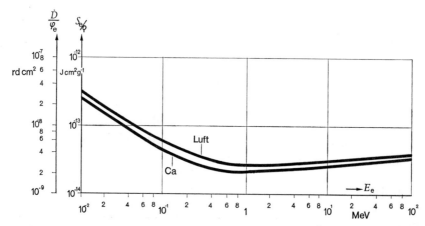

Abb. 4–6. Der Quotient „Energiedosisleistung/Elektronenflußdichte" $\dot{D}/\varphi_e$ und das Massen-Elektronenbremsvermögen S_e/ϱ für Luft und Calcium in Abhängigkeit von der Elektronenenergie E_e

In Abb. 4–6 ist der Quotient $\dot{D}/\varphi_e$ ($\dot{D}$ Energiedosisleistung, φ_e Elektronenflußdichte) und das Massen-Elektronenbremsvermögen S_e/ϱ für Luft und Calcium als Funktion der Elektronenenergie E_e (s. Gleichung (4.58)) aufgetragen. Die Abnahme von $\dot{D}/\varphi_e$ bzw. S_e/ϱ mit der Elektronenenergie zwischen 0,01 MeV und 1 MeV um etwa eine Zehnerpotenz zeigt, daß für die gleiche Elektronenflußdichte φ_e die Energiedosisleistung $\dot{D}$ bei kleinen Elektronenenergien etwa 10mal größer ist als bei höheren Elektronenenergien. Man kann also aus der Teilchenflußdichte der Elektronen nicht ohne Kenntnis der Teilchenenergie und des energieabhängigen Massen-Bremsvermögens auf die Energiedosisleistung in einem Material schließen. Die Energiedosisleistung in

Calcium (Knochen) und Luft unterscheiden sich im dargestellten Energiebereich nur wenig ($\sim 20\%$). Die Zahlenwerte in Tab. 4–6 zeigen, wie groß die Elektronenflußdichte φ_e in Muskel und Knochen sein muß, um bei der Elektronenenergie E_e und dem Massen-Elektronenbremsvermögen S_e/ϱ eine Energiedosisleistung von $\dot{D} = 1$ rd/min zu erzeugen. Für die gleiche Energiedosisleistung ist bei kleinen Elektronenenergien E_e also nur etwa 1/10 der Flußdichte φ_e wie bei hohen Energien erforderlich.

Tabelle 4–6. Elektronenenergie E_e, Massen-Elektronenbremsvermögen S_e/ϱ und Elektronenflußdichte φ_e zur Erzeugung einer Energiedosisleistung $\dot{D} = 1$ rd/min in Muskelgewebe und Knochen

E_e	Muskel		Knochen	
MeV	S_e/ϱ * MeV cm² g⁻¹	φ_e cm⁻² s⁻¹	S_e/ϱ * MeV cm² g⁻¹	φ_e cm⁻² s⁻¹
0,01	22,92	0,454 · 10⁵	21,10	0,492 · 10⁵
0,02	13,34	0,779 · 10⁵	12,31	0,845 · 10⁵
0,05	6,67	1,56 · 10⁵	6,19	1,68 · 10⁵
0,1	4,15	2,51 · 10⁵	3,86	2,69 · 10⁵
0,2	2,81	3,70 · 10⁵	2,62	3,97 · 10⁵
0,5	2,04	5,10 · 10⁵	1,90	5,48 · 10⁵
1	1,85	5,62 · 10⁵	1,73	6,01 · 10⁵
2,0	1,84	5,65 · 10⁵	1,72	6,04 · 10⁵
5,0	1,91	5,45 · 10⁵	1,80	5,78 · 10⁵
10	1,98	5,25 · 10⁵	1,87	5,56 · 10⁵
20	2,04	5,10 · 10⁵	1,94	5,36 · 10⁵
50	2,12	4,91 · 10⁵	2,03	5,12 · 10⁵
100	2,18	4,77 · 10⁵	2,09	4,97 · 10⁵

* Nach BERGER u. SELTZER [26 in Lit. zu Kapitel 5].

4.6.2 Beziehungen zwischen Energieflußdichte, Kermaleistung und Energiedosisleistung bzw. zwischen Energiefluenz, Kerma und Energiedosis bei indirekt ionisierenden Teilchen
[26]

Aus der spektralen Energieflußdichte ψ_E (s. Abschn. 4.2.3.1) der indirekt ionisierenden Teilchen erhält man die spektrale Kermaleistung $\dot{K}_E$, die von den indirekt ionisierenden Teilchen mit Energien zwischen E und $E + dE$ erzeugt wird, mit Hilfe des Massen-Energieumwandlungskoeffizienten η/ϱ (s. Abschn. 6.4.3):

$$\dot{K}_E \, dE = (\eta/\varrho) \, \psi_E \, dE \,. \tag{4.60}$$

Entsprechend gilt zwischen der spektralen Energiefluenz Ψ_E und der spektralen Kerma die Beziehung:

$$K_E \, dE = (\eta/\varrho) \, \Psi_E \, dE \,. \tag{4.61}$$

Für ein Spektrum ergibt sich durch Integration der Gleichungen (4.60) und (4.61):

$$\dot{K} = \int\limits_0^{E_{\max}} \dot{K}_E \, dE = \int\limits_0^{E_{\max}} \eta/\varrho \, (E) \, \psi_E \, dE = (\overline{\eta/\varrho}) \, \psi \tag{4.62}$$

$$K = \int_0^{E_{\max}} K_E \, dE = \int_0^{E_{\max}} \eta/\varrho\,(E)\,\Psi_E \, dE = (\overline{\eta}/\varrho)\,\Psi. \tag{4.63}$$

Dabei ist

$$\overline{\eta}/\varrho = \frac{1}{\psi} \int_0^{E_{\max}} \eta/\varrho\,(E)\,\psi_E \, dE$$

der über das Energieflußdichtespektrum der Photonen gemittelte Massen-Energieumwandlungskoeffizient (s. Abschn. 6.4.4).

Für energiehomogene Strahlungen vereinfachen sich die Gleichungen (4.62) und (4.63) wegen $\psi_E \, dE = \psi$, $\dot{K}_E \, dE = \dot{K}$, $\Psi_E \, dE = \Psi$, $K_E \, dE = K$ und $\eta/\varrho = $ const.:

$$\dot{K} = (\eta/\varrho)\,\psi \tag{4.64}$$
$$K = (\eta/\varrho)\,\Psi. \tag{4.65}$$

Bei Sekundärteilchengleichgewicht (s. Abschn. 4.4.3) ist die Energiedosisleistung $\dot{D}$ näherungsweise gleich der Kermaleistung $\dot{K}$, d.h. soweit die Massen-Energieumwandlungskoeffizienten η/ϱ und die Massen-Energieabsorptionskoeffizienten η'/ϱ etwa gleich groß sind (s. Tab. 6–5 u. 6–6):

$$\dot{K} = \dot{D}. \tag{4.66}$$

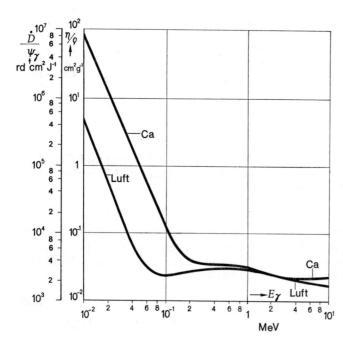

Abb. 4–7. Der Quotient „Energiedosisleistung/Energieflußdichte" $\dot{D}/\psi_\gamma$ und der Massen-Energieumwandlungskoeffizient η/ϱ für Luft und Calcium in Abhängigkeit von der Photonenenergie E_γ

Abb. 4–7 zeigt den Quotienten $\dot{D}/\psi_\gamma$ ($\dot{D}$ Energiedosisleistung, ψ_γ Energieflußdichte der Photonen) und den Massen-Energieumwandlungskoeffizienten η/ϱ für Luft und Calcium als Funktion der Photonenenergie E_γ (s. Gleichung (4.64) und (4.66)). Im Photonenenergiebereich zwischen 0,01 MeV und 1 MeV nehmen $\dot{D}/\psi_\gamma$ und η/ϱ für Luft um mehr als zwei und für Calcium um mehr als drei Zehnerpotenzen mit steigender Photonenenergie ab. Sowohl diese Abnahme als auch die Unterschiede zwischen den beiden Stoffen sind in dem Energiebereich zwischen 0,01 und 0,1 MeV für Photonen erheblich größer als für Elektronen (s. Abb. 4–6). Aus der Energieflußdichte der Photonen läßt sich ohne Kenntnis des Materials, der Photonenenergie und des energieabhängigen Massen-Energieumwandlungskoeffizienten nicht auf die Energiedosisleistung schließen. Tab. 4–7 enthält für verschiedene Photonenenergien E_γ die Massen-Energieumwandlungskoeffizienten η/ϱ sowie diejenigen Teilchenflußdichten φ_γ und Energieflußdichten ψ_γ der Photonen, die zur Erzeugung einer Energiedosisleistung $\dot{D} = 1$ rd/min in Muskel und Knochen bei Sekundärelektronengleichgewicht erforderlich sind. Für die gleiche Energiedosisleistung ist also bei niedrigen Photonenenergien in Muskel eine etwa 200mal größere Energieflußdichte ψ_γ und für Knochen eine etwa 700mal größere Energieflußdichte ψ_γ erforderlich als für hohe Photonenenergien. Die Unterschiede der Teilchenflußdichten φ_γ sind vergleichsweise geringer.

Tabelle 4–7. Photonenenergie E_γ, Massen-Energieumwandlungskoeffizient η/ϱ, Teilchenflußdichte φ_γ und Energieflußdichte ψ_γ der Photonen zur Erzeugung einer Energiedosisleistung $\dot{D} = 1$ rd/min in Muskelgewebe und Knochen

E_γ	Muskel			Knochen		
MeV	η/ϱ * cm² g⁻¹	φ_γ cm⁻² s⁻¹	ψ_γ MeV cm⁻² s⁻¹	η/ϱ * cm² g⁻¹	φ_γ cm⁻² s⁻¹	ψ_γ MeV cm⁻² s⁻¹
0,01	4,96	$2,10 \cdot 10^7$	$2,1 \cdot 10^5$	19,0	$5,47 \cdot 10^6$	$5,47 \cdot 10^4$
0,02	0,544	$9,55 \cdot 10^7$	$1,91 \cdot 10^6$	2,51	$2,06 \cdot 10^7$	$4,13 \cdot 10^5$
0,05	0,0409	$5,08 \cdot 10^8$	$2,54 \cdot 10^7$	0,158	$1,32 \cdot 10^8$	$6,58 \cdot 10^6$
0,1	0,0252	$4,13 \cdot 10^8$	$4,13 \cdot 10^7$	0,0386	$2,69 \cdot 10^8$	$2,69 \cdot 10^7$
0,2	0,0297	$1,75 \cdot 10^8$	$3,50 \cdot 10^7$	0,0302	$1,72 \cdot 10^8$	$3,44 \cdot 10^7$
0,5	0,0327	$6,36 \cdot 10^7$	$3,18 \cdot 10^7$	0,0316	$6,56 \cdot 10^7$	$3,28 \cdot 10^7$
1	0,0308	$3,37 \cdot 10^7$	$3,37 \cdot 10^7$	0,0297	$3,50 \cdot 10^7$	$3,50 \cdot 10^7$
2	0,0257	$2,02 \cdot 10^7$	$4,05 \cdot 10^7$	0,0248	$2,09 \cdot 10^7$	$4,19 \cdot 10^7$

* Aus: ICRU: Physical aspects of irradiation. In: NBS-Handbook, Bd. 85, hrsg. von National Bureau of Standard, Washington 1964.

4.6.3 Historische Entwicklung von Größen und Einheiten der Dosimetrie
[52]

Die exakte Unterscheidung zwischen physikalischen Größen und Einheiten hat sich auf dem Gebiet der Dosimetrie erst in neuerer Zeit durchgesetzt. Um die Jahrhundertwende lag das Hauptinteresse der Radiologie in dem Bestreben, therapeutische Bestrahlungen zu reproduzieren und für Vergleiche eine objektive Meßmethode zu entwickeln. Sehr früh erkannte man schon, daß sich mit Hilfe der Ionisation der Luft eine gut reproduzierbare Meßgröße darstellen läßt, auf die man die biologischen Reaktionen beziehen kann. Erst sehr viel später gelang es, die Energiedosis zu messen, die auf dem von CHRISTEN [18] vorgeschlagenen Dosisbegriff basierte. In den zwanziger Jahren begann im Rahmen der ICRU eine enge Zusammenarbeit in den Fragen der Definitionen und der dosimetrischen Grundlagen. Tab. 4–8 zeigt die historische Entwicklung der Dosisbegriffe, Dosisgrößen und Einheiten.

Tabelle 4–8. Historische Entwicklung von Größen und Einheiten der Dosimetrie

Jahr	Autor oder Kommission	Bezeichnung	Definition oder Bedeutung
1910	VILLARD, SZILARD	Megamegaion	Anzahl der Ionen, die durch Röntgenstrahlen in 1 cm^3 Luft erzeugt werden
1913	CHRISTEN	Physikalische und biologische Dosis	Physikalische Dosis ist die Röntgenenergie, die in einem Körperelement absorbiert wird, dividiert durch das Volumen dieses Körperelements. Biologische Dosis ist gleich der physikalischen Dosis multipliziert mit dem Sensibilitätskoeffizienten dieses Körperelementes
1916	FRIEDRICH	e-Einheit	e-Einheit entspricht einer Ladung der Ionen von 1 esE in 1 cm^3 Luft
1922	SOLOMON	Französische R-Einheit	R-Einheit ruft gleiche Ionisation hervor wie 1 g Ra-Element, gefiltert durch 0,5 mm Pt, koaxial zur Ionisationskammer in 2 cm Entfernung
1922	DUANE	E-Einheit	E-Einheit entspricht einer Röntgenstrahlenintensität, die in 1 cm^3 Luft eine Ladung von 1 esE erzeugt
1923	DAUVILLIER	E-Einheit	E-Einheit wird in erg mittels der Ionisation in einer mit Xenon gefüllten Kammer gemessen
1924 1926	BEHNKEN, BEHNKEN u. JAEGER	Deutsches Röntgen (R)	Einheit der Röntgenstrahlendosis wird von der Röntgenstrahlenenergiemenge geliefert, die bei Bestrahlung von 1 cm^3 Luft von 18 °C und 760 mm Quecksilberdruck bei voller Ausnutzung der in der Luft gebildeten Elektronen und bei Ausschaltung von Wandwirkungen eine Elektrizitätsmenge von einer elektrostatischen Einheit erzeugt. Die Einheit der Dosis wird 1 Röntgen (R) genannt
1928	ICRU ICR, Stockholm	Internat. Röntgen (r)	Def. wie „Deutsches Röntgen" (R), aber auf 0 °C und 760 mm Quecksilberdruck bezogen
1937	ICRU ICR, Chikago	Internat. Röntgen (r) Neue Fassung	Def. von 1928 erweitert auf Gammastrahlen und auf 1,293 mg Luft bezogen
1940	MAYNEORD, GRAY u. READ	Grammröntgen	Das Grammröntgen entspricht in Luft 0,877 erg
1948	PARKER	rep und rem	rep ∼ Röntgen-equivalent-physical (1 rep ∼ 83 erg/g Gewebe) rem ∼ Röntgen-equivalent-man
1950	ICRU ICR, London	Internat. Röntgen	Internat. Röntgen bis 3 MeV gültig
1950	HOLTHUSEN	„Ionendosis" und „Röntgen"	Vorschlag, die Größe „Ionendosis" einzuführen und die Definition u. den Anwendungsbereich der Einheit „Röntgen" zu erweitern
1953	ICRU ICR, Kopenhagen	„Rad" als Einheit der „absorbed dose"	Die Einheit der „absorbed dose" (Energiedosis): 1 rd = 100 erg/g
1957	FRÄNZ u. HÜBNER	Definition der Ionendosis	Def. der Ionendosis als Hohlraum- und Gleichgewichts-Ionendosis. Einheit der Ionendosis ist das Röntgen

Tabelle 4-9. Namen, Formelzeichen und Dimensionen der Größen. Namen, Kurzzeichen und Umrechnungsgleichungen für die zugehörigen Einheiten

Zeile	Größen Name	Formelzeichen	Dimension	Einheiten SI-Einheit	Besondere Einheit Name	Kurzzeichen	Gleichungen	Abschnitt
								4.2.1
1	Quellstärke	B	T^{-1}	s^{-1}				4.2.1.1
2	Spektrale Quellstärke	B_E	$L^{-2}MT$	$J^{-1}s^{-1}$			$1\,\text{MeV}^{-1}\text{s}^{-1}$ $= 6{,}242 \cdot 10^{12}\,\text{J}^{-1}\text{s}^{-1}$	
3	Strahlungsleistung	P	L^2MT^{-3}	W			$1\,\text{MeV s}^{-1} = 1{,}602 \cdot 10^{-13}\,\text{W}$	4.2.1
4	Spektrale Strahlungsleistung	P_E	T^{-1}	s^{-1}				4.2.1.1
5	Strahlstärke, Differentielle Strahlungsleistung	P_Ω	L^2MT^{-3}	$W\,\text{sr}^{-1}$			$1\,\text{MeV s}^{-1}\text{sr}^{-1}$ $= 1{,}602 \cdot 10^{-13}\,\text{W sr}^{-1}$	4.2.1.2
6	Teilchenflußdichte	φ	$L^{-2}T^{-1}$	$\text{m}^{-2}\text{s}^{-1}$			$1\,\text{cm}^{-2}\text{s}^{-1} = 10^4\,\text{m}^{-2}\text{s}^{-1}$	4.2.2
7	Spektrale Teilchenflußdichte	φ_E	$L^{-4}M^{-1}T$	$\text{m}^{-2}\text{s}^{-1}\text{J}^{-1}$			$1\,\text{cm}^{-2}\text{s}^{-1}\text{MeV}^{-1}$ $= 6{,}242 \cdot 10^{16}\,\text{m}^{-2}\text{s}^{-1}\text{J}^{-1}$	4.2.2.1
8	Differentielle Teilchenflußdichte	φ_Ω	$L^{-2}T^{-1}$	$\text{m}^{-2}\text{s}^{-1}\text{sr}^{-1}$			$1\,\text{cm}^{-2}\text{s}^{-1}\text{sr}^{-1}$ $= 10^4\,\text{m}^{-2}\text{s}^{-1}\text{sr}^{-1}$	4.2.2.2
9	Teilchenfluenz	Φ	L^{-2}	m^{-2}			$1\,\text{cm}^{-2} = 10^4\,\text{m}^{-2}$	4.2.2
10	Spektrale Teilchenfluenz	Φ_E	$L^{-4}M^{-1}T^2$	$\text{m}^{-2}\text{J}^{-1}$			$1\,\text{cm}^{-2}\,\text{MeV}^{-1}$ $= 6{,}242 \cdot 10^{16}\,\text{m}^{-2}\text{J}^{-1}$	4.2.2.1
11	Differentielle Teilchenfluenz	Φ_Ω	L^{-2}	$\text{m}^{-2}\text{sr}^{-1}$			$1\,\text{cm}^{-2}\text{sr}^{-1} = 10^4\,\text{m}^{-2}\text{sr}^{-1}$	4.2.2.2
12	Energieflußdichte	ψ	MT^{-3}	$W\,\text{m}^{-2}$			$1\,\text{MeV s}^{-1}\text{cm}^{-2}$ $= 1{,}602 \cdot 10^{-9}\,\text{W m}^{-2}$	4.2.3
13	Spektrale Energieflußdichte	ψ_E	$L^{-2}T^{-1}$	$\text{m}^{-2}\text{s}^{-1}$			s. Zeile 6	4.2.3.1
14	Strahldichte, Differentielle Energieflußdichte	L, ψ_Ω	MT^{-3}	$W\,\text{m}^{-2}\text{sr}^{-1}$			$1\,\text{MeV s}^{-1}\text{cm}^{-2}\text{sr}^{-1}$ $= 1{,}602 \cdot 10^{-9}\,\text{W m}^{-2}\text{s r}^{-1}$	4.2.3.2
15	Energiefluenz	Ψ	MT^{-2}	$J\,\text{m}^{-2}$			$1\,\text{MeV cm}^{-2}$ $= 1{,}602 \cdot 10^{-9}\,\text{J m}^{-2}$	4.2.3
16	Spektrale Energiefluenz	Ψ_E	L^{-2}	m^{-2}			s. Zeile 9	4.2.3.1

Tabelle 4-9 (Fortsetzung)

Zeile	Größen		Dimension	Einheiten				Ab-schnitt
	Name	Formel-zeichen		SI-Einheit	Besondere Einheit Name	Kurzzeichen	Gleichungen	
17	Differentielle Energiefluenz	Ψ_Ω	MT^{-2}	$J\,m^{-2}\,sr^{-1}$			$1\,MeV\,cm^{-2}\,sr^{-1}$ $= 1{,}602 \cdot 10^{-9}\,J\,m^{-2}\,sr^{-1}$	4.2.3.2
18	Auf das Material übertragene Energie (Integraldosis)	W_D	L^2MT^{-2}	J	Gramm · Rad	g rd	$1\,g\,rd = 10^{-5}\,J$	4.3.2; 4.4.2
19	Energiedosis	D	L^2T^{-2}	$J\,kg^{-1}$	Rad	rd	$1\,rd = 10^{-2}\,J\,kg^{-1}$	4.4.2
20	Spektrale Energiedosis	D_E	M^{-1}	kg^{-1}	Rad/Joule	$rd\,J^{-1}$	$1\,rd\,J^{-1} = 10^{-2}\,kg^{-1}$	4.6.1
21	Energiedosisleistung	$\dot{D}$	L^2T^{-3}	$W\,kg^{-1}$	Rad/Sekunde	$rd\,s^{-1}$	$1\,rd\,s^{-1} = 10^{-2}\,W\,kg^{-1}$	4.4.2
22	Spektrale Energiedosisleistung	$\dot{D}_E$	$M^{-1}T^{-1}$	$kg^{-1}\,s^{-1}$	Rad/(Sekunde · Joule)	$rd\,s^{-1}\,J^{-1}$	$1\,rd\,s^{-1}\,J^{-1} = 10^{-2}\,kg^{-1}\,s^{-1}$	4.6.1; 7.4.6
23	Kerma	K	L^2T^{-2}	$J\,kg^{-1}$	Rad	rd	s. Zeile 19	4.5
24	Spektrale Kerma	K_E	M^{-1}	kg^{-1}	Rad/Joule	$rd\,J^{-1}$	s. Zeile 20	4.6.2
25	Kermaleistung	$\dot{K}$	L^2T^{-3}	$W\,kg^{-1}$	Rad/Sekunde	$rd\,s^{-1}$	s. Zeile 21	4.5
26	Spektrale Kermaleistung	$\dot{K}_E$	$M^{-1}T^{-1}$	$kg^{-1}\,s^{-1}$	Rad/(Sekunde · Joule)	$rd\,s^{-1}\,J^{-1}$	s. Zeile 22	4.6.2
27	Ionendosis	J	$M^{-1}T\,I$	$C\,kg^{-1}$	Röntgen	R	$1\,R = 2{,}58 \cdot 10^{-4}\,C\,kg^{-1}$	4.4.5
28	Ionendosisleistung	$\dot{J}$	$M^{-1}I$	$A\,kg^{-1}$	Röntgen/Sekunde	$R\,s^{-1}$	$1\,R\,s^{-1} = 2{,}58 \cdot 10^{-4}\,A\,kg^{-1}$	4.4.5
29	Äquivalentdosis	D_q	L^2T^{-2}	$J\,kg^{-1}$	Rem	rem	$1\,rem = 10^{-2}\,J\,kg^{-1}$	4.4.8.4
30	Äquivalentdosisleistung	$\dot{D}_q$	L^2T^{-3}	$W\,kg^{-1}$	Rem/Sekunde	$rem\,s^{-1}$	$1\,rem\,s^{-1} = 10^{-2}\,W\,kg^{-1}$	4.4.8.4
31	Spezifische Gammastrahlen-konstante, Dosisleistungskonstante	Γ	$L^2M^{-1}T\,I$	$C\,m^2\,kg^{-1}$	Röntgen · Quadratmeter / Stunde · Curie	$R\,m^2\,h^{-1}\,Ci^{-1}$	$1\,R\,m^2\,h^{-1}\,Ci^{-1}$ $= 1{,}937 \cdot 10^{-18}\,C\,m^2\,kg^{-1}$	4.4.6
32	Spezifische Gammastrahlen-konstante für Radium	Γ_{Ra}	$L^2M^{-2}I$	$A\,m^2\,kg^{-2}$	Röntgen · Quadratmeter / Stunde · Gramm	$R\,m^2\,h^{-1}\,g^{-1}$	$1\,R\,m^2\,h^{-1}\,g^{-1}$ $= 7{,}17 \cdot 10^{-5}\,A\,m^2\,kg^{-2}$	4.4.6
33	Aktivität	A	T^{-1}	s^{-1}	Curie	Ci	$1\,Ci = 3{,}7 \cdot 10^{10}\,s^{-1}$	2.3.1; 4.4.6

Tabelle 4-9 (Fortsetzung)

Zeile	Größen			Einheiten			Gleichungen	Abschnitt
	Name	Formelzeichen	Dimension	SI-Einheit	Besondere Einheit Name	Kurzzeichen		
34	Spezifische Aktivität	a	$T^{-1}M^{-1}$	$s^{-1}\,kg^{-1}$	Curie/Gramm	Ci/g	$1\,Ci/g = 3{,}7 \cdot 10^{13}\,s^{-1}\,kg^{-1}$	2.3.3
35	Aktivitätskonzentration	c_A	$T^{-1}L^{-3}$	$s^{-1}\,m^{-3}$	Curie/Kubikzentimeter	Ci/cm³	$1\,Ci/cm^3 = 3{,}7 \cdot 10^{16}\,s^{-1}\,m^{-3}$	2.3.4
36	Flächendosisprodukt	G	$L^2M^{-1}TI$	$C\,m^2\,kg^{-1}$	Röntgen · Quadratzentimeter	$R\,cm^2$	$1\,R\,cm^2 = 2{,}58 \cdot 10^{-8}\,C\,m^2\,kg^{-1}$	4.4.9.7
37	Lineares Energieübertragungsvermögen	L	LMT^{-2}	$J\,m^{-1}$	Kiloelektronenvolt/Mikrometer	$keV\,\mu m^{-1}$	$1\,keV\,\mu m^{-1} = 1{,}602 \cdot 10^{-10}\,J\,m^{-1}$	4.4.8.3
38	(Lineares) Bremsvermögen	S	LMT^{-2}	$J\,m^{-1}$	Megaelektronenvolt/Zentimeter	$MeV\,cm^{-1}$	$1\,MeV\,cm^{-1} = 1{,}602 \cdot 10^{-11}\,J\,m^{-1}$	
39	Massen-Bremsvermögen	S/ϱ	L^4T^{-2}	$J\,m^2\,kg^{-1}$	Megaelektronenvolt · Quadratzentimeter/Gramm	$MeV\,cm^2\,g^{-1}$	$1\,MeV\,cm^2\,g^{-1} = 1{,}602 \cdot 10^{-14}\,J\,m^2\,kg^{-1}$	4.6.1
40	(Linearer) Schwächungskoeffizient	μ	L^{-1}	m^{-1}	1/Zentimeter	cm^{-1}	$1\,cm^{-1} = 10^2\,m^{-1}$	6.4.2
41	Massen-Schwächungskoeffizient	μ/ϱ	L^2M^{-1}	$m^2\,kg^{-1}$	Quadratzentimeter/Gramm	$cm^2\,g^{-1}$	$1\,cm^2\,g^{-1} = 10^{-1}\,m^2\,kg^{-1}$	6.4.2
42	(Linearer) Energieumwandlungskoeffizient	η	L^{-1}	m^{-1}	1/Zentimeter	cm^{-1}	s. Zeile 40	6.4.3
43	Massen-Energieumwandlungskoeffizient	η/ϱ	L^2M^{-1}	$m^2\,kg^{-1}$	Quadratzentimeter/Gramm	$cm^2\,g^{-1}$	s. Zeile 41	6.4.3
44	(Linearer) Energieabsorptionskoeffizient	η'	L^{-1}	m^{-1}	1/Zentimeter	cm^{-1}	s. Zeile 40	6.4.5
45	Massen-Energieabsorptionskoeffizient	η'/ϱ	L^2M^{-1}	$m^2\,kg^{-1}$	Quadratzentimeter/Gramm	$cm^2\,g^{-1}$	s. Zeile 41	6.4.5

Es bedeuten in der Spalte „Dimension": L Länge, M Masse, T Zeit, I Stromstärke
in der Spalte „SI-Einheit": J Joule, W Watt, C Coulomb, A Ampère, m Meter, kg Kilogramm, s Sekunde, sr Steradiant

5 Korpuskularstrahlen

5.1 Allgemeines
Von D. Harder

Literaturverzeichnis s. S. 420—427

5.1.1 Masse, Energie und Geschwindigkeit

Korpuskularstrahlen bestehen aus Teilchen mit endlicher Ruhemasse m_0 bzw. endlicher Ruheenergie $m_0 c_0^2$, die sich mit der Geschwindigkeit v in bestimmter Richtung bewegen. Hierzu gehören Elementarteilchen und Atomkerne wie Deuteronen oder α-Teilchen (s. Tab. 1–16) sowie Atome und Moleküle aller Arten.

Abschn. 1.3.2 enthält die wichtigsten Beziehungen zwischen der relativistischen Teilchenmasse m, der Gesamtenergie mc_0^2, der kinetischen Energie E, dem Impuls p und der Relativgeschwindigkeit $\beta = v/c_0$ (c_0 s. Tab. 1–15). Ist die kinetische Energie des Teilchens bzw. seine Gesamtenergie $mc_0^2 = E + m_0 c_0^2$ gegeben, so findet man Geschwindigkeit und Impuls durch die Beziehungen

$$\beta = \sqrt{1 - \left(\frac{m_0 c_0^2}{m c_0^2}\right)^2}$$

und

$$p\, c_0 = m_0\, c_0^2 \sqrt{\left(\frac{m c_0^2}{m_0 c_0^2}\right)^2 - 1}\,.$$

Zur Kennzeichnung der Teilchenenergie wird daher oft ihr Verhältnis zur Ruheenergie angegeben (Abb. 5–1).

Durchläuft ein Teilchen der Ladung $z \cdot e$ die Potentialdifferenz U, so gewinnt es die kinetische Energie $z \cdot e \cdot U$ (Einheit 1 eV s. Abschn. 1.1.3). Ein z-fach geladenes Teilchen hat also nach Durchlaufen der Potentialdifferenz 1 V die kinetische Energie z eV gewonnen. Anstelle des Impulses p wird oft die Größe pc_0, welche die Dimension einer Energie hat, in MeV oder GeV angegeben. Wegen $pc_0 = \beta \cdot mc_0^2$ kann für Teilchen mit $\beta \approx 1$ hieraus auch die Gesamtenergie entnommen werden.

5.1.2 Ablenkung im Magnetfeld

In magnetischen Feldern sind die Bahnlinien geladener Teilchen gekrümmt. Stehen die Feldlinien eines homogenen Magnetfeldes der magnetischen Induktion B senkrecht zur Bewegungsrichtung eines Teilchens mit dem Impuls p und der Ladung $z \cdot e$, so bewegt

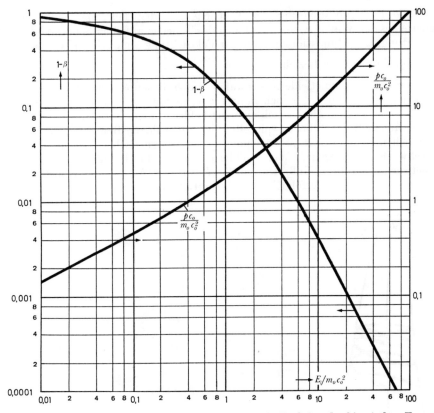

Abb. 5–1. Die Relativgeschwindigkeit β und der Impuls p als Funktion der kinetischen Energie E für beliebige Teilchen

sich dieses auf einer Kreisbahn in einer Ebene senkrecht zu den Feldlinien. Für den Krümmungsradius r gilt

$$B\,r = \frac{p}{z\,e} = \frac{k}{z} \cdot \frac{m_0}{m_e} \cdot \frac{p\,c_0}{m_0\,c_0^2}$$

mit $k = m_e c_0/e = 1{,}705 \cdot 10^3$ G cm und $m_0/m_e =$ Verhältnis der Ruhemasse des Teilchens zur Ruhemasse des Elektrons (s. Tab. 1–16).
$B\,r$ läßt sich aus der kinetischen Teilchenenergie mit einem Fehler $< \pm 0{,}5\%$ nach den folgenden Zahlenwertgleichungen ($B\,r$ in G cm, E in eV) berechnen:

Für Elektronen

$$B\,r = \sqrt{11{,}4\,E} \qquad\qquad 0 < E < 10 \text{ keV}$$
$$B\,r = 0{,}00333\,E + 1705 \qquad\qquad E > 5 \text{ MeV}.$$

Für Protonen

$$B\,r = \sqrt{20900\,E} \qquad\qquad 0 < E < 16 \text{ MeV}.$$

Für α-Teilchen

$$B\,r = \sqrt{20800\,E} \qquad\qquad 0 < E < 50 \text{ MeV}.$$

Bildet die Bewegungsrichtung des Teilchens mit den Feldlinien eines homogenen Magnetfeldes den Winkel α, so bewegt sich das Teilchen auf einer Schraubenlinie um die Feldrichtung. Ihre Projektion auf eine zur Feldrichtung senkrechte Ebene ist ein Kreis, für dessen Radius r die Beziehung $Br = \dfrac{p \sin \alpha}{z\,e}$ gilt.

In inhomogenen Magnetfeldern verlaufen die Teilchenbahnen ebenfalls schraubenähnlich um die Feldlinien, jedoch nimmt mit wachsender Induktion die Steigung der Schraubenlinie solange ab, bis sich eine zur Feldrichtung senkrechte Bahnebene ergibt. Von hier aus läuft das Teilchen spiegelbildlich zur früheren Bewegung auf einer schraubenähnlichen Bahn zurück („Spiegelung" in der „magnetischen Flasche"), s. Abb. 5–2. Bei schwach inhomogenen Magnetfeldern umfaßt die Bahnlinie einen konstanten magnetischen Induktionsfluß. Die Größe $B/\sin^2 \alpha = B_0$ ist eine Konstante der Bewegung; die Spiegelung erfolgt bei der Induktion B_0, für die $\sin \alpha = 1$ wird.

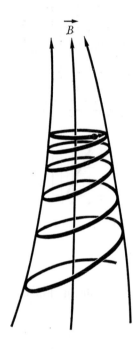

Abb. 5–2. Bahn eines geladenen Teilchens im inhomogenen Magnetfeld; letzter Umlauf vor der „Spiegelung"

Homogene magnetische Sektorfelder haben in der Bahnebene senkrecht zu den Kraftlinien fokussierende Eigenschaften (Abb. 5–3). Nach der „Barberschen Regel" erhält man zu einem Gegenstandspunkt G den Bildpunkt B, indem man den senkrecht in das Sektorfeld ein- und austretenden Strahl mit der geradlinigen Verbindung von Gegenstandspunkt G und Sektorzentrum Z zum Schnitt bringt. Die Brennweite f in der Fokussierungsebene eines Sektorfeldes beträgt $f = r \operatorname{ctg} \alpha$, wobei r der Krümmungsradius der Teilchenbahnen und α der Sektorwinkel ist.

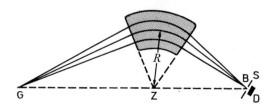

Abb. 5–3. Bahnen geladener Teilchen im homogenen magnetischen Sektorfeld; Bahnfokussierung nach der BARBERschen Regel. G Teilchenquelle; Z Sektorzentrum; R Krümmungsradius der Bahnen; B optisches Bild in der Zeichenebene; S Spaltblende zur Impulsmessung; D Detektor

Für die Feldkomponenten magnetischer Vierpolfelder gilt $B_x = ay$, $B_y = ax$ und $B_z = 0$. Die Konstante a wird als „Feldgradient" bezeichnet. Die Feldlinien haben Hyperbelgestalt (Abb. 5–4). Durchläuft ein Teilchenstrahl das Vierpolfeld in z-Richtung, so tritt in der $x-z$-Ebene eine Fokussierung, in der $y-z$-Ebene eine Defokussierung ein (oder umgekehrt, je nach dem Vorzeichen der Teilchenladung). Ein Vierpolfeld hat die Brennweiten

$$f_F = (w \sin w\, l)^{-1} \qquad \text{in der Fokussierungsebene,}$$

$$f_D = (-w \sinh w\, l)^{-1} \qquad \text{in der Defokussierungsebene.}$$

l Länge des Vierpolfeldes in z-Richtung, $w^2 = a/Br$.
Mit Dubletts oder Tripletts von Vierpolfeldern abwechselnder Polung können die Teilchenbahnen in beiden Ebenen fokussiert werden.

Abb. 5–4. Vierpolmagnet mit Polschuhen, Stromwicklungen und hyperbolischen Feldlinien (Zeichenebene: x–y-Ebene)

5.1.3 Materiewellen

Korpuskularstrahlen zeigen nach dem Durchgang durch Kristallgitter, hinter scharfkantigen Schirmrändern und bei der Streuung an Atomkernen, Atomen und Molekülen im Prinzip ähnliche Beugungserscheinungen wie elektromagnetische Wellen. Nach der Quantentheorie sind den Teilchen Materiewellen mit der Wellenlänge

$$\lambda = \frac{h}{p} = \frac{h}{m_0 c_0} \frac{\sqrt{1-\beta^2}}{\beta}$$

zugeordnet, wobei h die Planck-Konstante (s. Tab. 1–15) ist. Die Beziehung zwischen kinetischer Energie und Wellenlänge ist für einige Teilchenarten aus Tab. 5–1 zu entnehmen.

Tabelle 5–1. De-Broglie-Wellenlängen von Elektronen, Protonen, Neutronen und α-Teilchen in Abhängigkeit von kinetischer Energie und Geschwindigkeit der Teilchen

Energie	Geschwindigkeit v (cm/s) und Wellenlänge λ (cm) von					
	Elektronen		Protonen u. Neutronen		α-Teilchen	
eV	v	λ	v	λ	v	λ
0	0	∞	0	∞	0	∞
1	$5{,}93 \cdot 10^7$	$1{,}23 \cdot 10^{-7}$	$1{,}38 \cdot 10^6$	$2{,}86 \cdot 10^{-9}$	$6{,}95 \cdot 10^5$	$1{,}02 \cdot 10^{-9}$
10	$1{,}88 \cdot 10^8$	$3{,}88 \cdot 10^{-8}$	$4{,}37 \cdot 10^6$	$9{,}05 \cdot 10^{-10}$	$2{,}20 \cdot 10^6$	$3{,}21 \cdot 10^{-10}$
10^2	$5{,}93 \cdot 10^8$	$1{,}23 \cdot 10^{-8}$	$1{,}38 \cdot 10^7$	$2{,}86 \cdot 10^{-10}$	$6{,}95 \cdot 10^6$	$1{,}02 \cdot 10^{-10}$
10^3	$1{,}88 \cdot 10^9$	$3{,}88 \cdot 10^{-9}$	$4{,}37 \cdot 10^7$	$9{,}05 \cdot 10^{-11}$	$2{,}20 \cdot 10^7$	$3{,}21 \cdot 10^{-11}$
10^4	$5{,}85 \cdot 10^9$	$1{,}22 \cdot 10^{-9}$	$1{,}38 \cdot 10^8$	$2{,}86 \cdot 10^{-11}$	$6{,}95 \cdot 10^7$	$1{,}02 \cdot 10^{-11}$
10^5	$1{,}64 \cdot 10^{10}$	$3{,}70 \cdot 10^{-10}$	$4{,}37 \cdot 10^8$	$9{,}05 \cdot 10^{-12}$	$2{,}20 \cdot 10^8$	$3{,}21 \cdot 10^{-12}$
10^6	$2{,}84 \cdot 10^{10}$	$8{,}72 \cdot 10^{-11}$	$1{,}38 \cdot 10^9$	$2{,}86 \cdot 10^{-12}$	$6{,}95 \cdot 10^8$	$1{,}02 \cdot 10^{-12}$

5.1.4 Der elektromagnetische Impuls

Die Wechselwirkung eines geladenen Teilchens mit den Atomkernen und Elektronen der Materie wird durch das elektromagnetische Feld des Teilchens vermittelt. An einem Punkt P der Materie wird beim Vorbeiflug eines Teilchens für kurze Zeit ein Feld aufrechterhalten, das man als „elektromagnetischen Impuls" am Punkt P bezeichnet.

In Abb. 5-5 sei b der Abstand der Bahn eines Teilchens der Ladung q vom Punkt P (Stoßparameter b), ferner sei v die Geschwindigkeit und $v\,t$ der Weg des Teilchens in dem mit P verbundenen System, wobei $t = 0$ den zeitlichen Mittelpunkt des elektromagnetischen Impulses kennzeichnet. Dann gelten für die in P erzeugten Feldstärkekomponenten in den drei Koordinatenrichtungen 1, 2, 3 die relativistischen Formeln

$$E_1 = \gamma\, q\, b / 4\pi\, \varepsilon_0 (b^2 + \gamma^2 v^2 t^2)^{3/2} \qquad B_1 = 0$$
$$B_2 = \mu_0\, \gamma\, q\, b\, v / 4\pi (b^2 + \gamma^2 v^2 t^2)^{3/2} \qquad E_2 = 0$$
$$E_3 = -\gamma\, q\, v\, t / 4\pi\, \varepsilon_0 (b^2 + \gamma^2 v^2 t^2)^{3/2} \qquad B_3 = 0$$

mit $\gamma = 1/\sqrt{1 - \beta^2}$ (s. Abb. 5-5). Diese Formeln zeigen, daß die Maximalwerte der Komponenten E_1 und B_2 des elektromagnetischen Impulses entsprechend dem Faktor γ

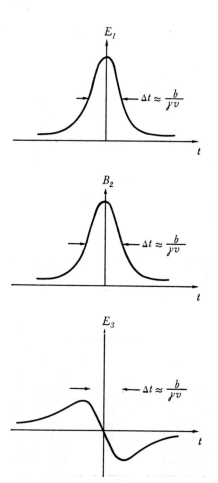

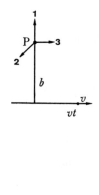

Abb. 5-5. Zur Erläuterung des elektromagnetischen Impulses mit den in P erzeugten Feldstärkekomponenten E_1, B_2 und E_3 in den drei Koordinatenrichtungen 1, 2 und 3

für $\beta \to 1$ stark ansteigen und daß die Dauer Δt des elektromagnetischen Impulses ($\Delta t \approx b/\gamma v$) für $\beta \to 1$ stark abnimmt. Die Verstärkung und Verkürzung des elektromagnetischen Impulses im relativistischen Geschwindigkeitsbereich ist die Ursache für den relativistischen Wiederanstieg von $dE/dx_{\text{Stoß}}$ (s. Abschn. 5.2.1.1). Da mit wachsendem γ vorgegebene Werte dieser Feldstärken in wachsenden Abständen von der Teilchenbahn erreicht werden, nimmt im relativistischen Bereich der Abschirmungseffekt bei der Erzeugung von Bremsstrahlung (s. Abschn. 5.2.1.2) und der Polarisationseffekt beim Energieverlust durch Stöße (s. Abschn. 5.2.1.1) zu.

5.1.5 Die Cerenkov-Strahlung

In einem dielektrischen Material mit der Brechzahl (Brechungsindex) n, in dem elektromagnetische Wellen die Phasengeschwindigkeit c_0/n haben, kann sich der elektromagnetische Impuls durch konstruktive Interferenz als elektromagnetische Cerenkov-Strahlung [64, 65] mit sichtbarem Spektralanteil ausbreiten, falls für die Teilchengeschwindigkeit $v > c_0/n$ gilt.

Die Wellenfront bildet einen zur Teilchenbahn symmetrischen Kegelmantel mit der Spitze am Ort des Teilchens. Die Ausstrahlungsrichtung schließt mit der Teilchenbahn den Winkel Θ mit $\cos \Theta = 1/\beta n$ ein. Wegen der Frequenzabhängigkeit von n hängt die Emissionsrichtung von der Wellenlänge der Strahlung ab.

Die Anzahl dN der Lichtquanten mit Frequenzen zwischen ν und $d\nu$, die auf einem Weg s des Teilchens emittiert werden, beträgt bei einer Teilchenladung $z \cdot e$

$$dN = \frac{2\pi z^2 r_e m_e}{\hbar} s \left(1 - \frac{1}{n^2 \beta^2}\right) d\nu$$

(r_e, m_e s. Tab. 1–16 und $\hbar$ s. Tab. 1–15). Für $\beta \approx 1$ werden z.B. in Wasser etwa 205 Lichtquanten pro cm der Teilchenbahn im sichtbaren Spektralbereich 3500 bis 5500 Å emittiert. Diese Formel bestimmt durch die Frequenzabhängigkeit von n das Spektrum der Cerenkov-Strahlung.

Der aus der Emission von Cerenkov-Strahlung resultierende differentielle Energieverlust des Teilchens ergibt sich durch Integration über alle zur Ausstrahlung beitragenden Frequenzen zu

$$\left(-\frac{dE}{dx}\right)_{\text{Cerenkov}} = 4\pi^2 z^2 r_e m_e \int \left(1 - \frac{1}{n^2 \beta^2}\right) \nu \, d\nu.$$

Er ist relativ zum Energieverlust durch Ionisation und Anregung sehr klein (etwa 1 keV/cm für $z = 1$ und $\beta \approx 1$ in Glas oder Plexiglas). Die Dauer des Cerenkov-Lichtimpulses für einen punktförmigen Detektor ergibt sich aus der Öffnung des Emissionskegels für die verschiedenen Frequenzen und beträgt theoretisch etwa $5 \cdot 10^{-12}$ s. Die Messung der Cerenkov-Strahlung ermöglicht daher eine sehr schnelle Teilchenregistrierung. Über die Emissionsrichtung des Lichtes kann die Teilchengeschwindigkeit gemessen werden [39, 206, 266].

5.1.6 Die Synchrotronstrahlung

Auf Kreisbahnen umlaufende geladene Teilchen, z.B. in Magnetfeldern, müssen wegen ihrer Radialbeschleunigung nach der Elektrodynamik elektromagnetische Strahlung aussenden. Die pro Zeitintervall dt abgestrahlte Energie dE beträgt für ein Teilchen der Ladung $z \cdot e$:

$$-\frac{dE}{dt} = \frac{2}{3} \frac{z^2 r_e m_e c_0^3}{r^2} \frac{\beta^4}{(1-\beta^2)^2} = \frac{2}{3} \frac{z^2 r_e m_e c_0^3}{r^2} \left(\frac{m c_0^2}{m_0 c_0^2}\right)^4 \beta^4.$$

Hierbei ist $\frac{2}{3} r_e m_e c_0^3 = 2{,}86$ keV cm^2 s^{-1} und r der Krümmungsradius der Teilchenbahn. Die in Richtung der Tangente an die Teilchenbahn ausgesandte Strahlung ist stark gebündelt; der halbe Öffnungswinkel des Strahlungskegels beträgt etwa $m_0 c_0^2 / m c_0^2$. Im Spektrum der Synchrotronstrahlung ist der kurzwellige Bereich stark bevorzugt. Für Elektronensynchrotrons oder Betatrons mit Energien bei etwa 50 MeV liegt das Maximum des Spektrums im sichtbaren Spektralbereich [170], bei Energien von einigen GeV und Bahnradien in der Größenordnung von 100 m erstreckt sich das Spektrum kontinuierlich bis in den Bereich der harten Röntgenstrahlen [17]. Der Energieverlust durch Synchrotronstrahlung ist für die obere Energiegrenze eines Kreisbeschleunigers ausschlaggebend.

5.2 Elektronen und Betateilchen
Von D. Harder

Literaturverzeichnis s. S. 420—427

Das physikalische Verhalten von Elektronen beim Durchgang durch Materie ist bereits mit verschiedener Schwerpunktsetzung zusammenfassend dargestellt worden [33, 39, 49, 97, 138, 164, 192, 205, 236, 237, 248, 253, 308]. In der folgenden Übersicht werden Grundlagen für die Elektronen- und Betadosimetrie (s. Abschn. 7.5, 7.8 und 7.9) besonders berücksichtigt. Zur schnellen Information über Elektronenstrahlquellen siehe Laughlin [178]. Kernphysikalische Meßverfahren, Nachweis und Energiemessung von Elektronen sind in verschiedenen Arbeiten zusammengefaßt [191, 211, 234, 252]; spezielle Methoden enthält der ICRU-Bericht 21 [153].

5.2.1 Energieverlust

An den Energieverlusten von Elektronen beim Durchgang durch Materie sind mehrere Arten der elektromagnetischen Wechselwirkung beteiligt:
1. Unelastische Stöße mit den Hüllenelektronen (Anregung und Ionisation), Erzeugung von Cerenkov-Strahlung (s. Abschn. 5.1.5),
2. Erzeugung von Bremsstrahlung im Felde des Kerns und der Hüllenelektronen
3. Elastische Streuung am abgeschirmten Kernfeld,
4. Unelastische Wechselwirkung mit dem Atomkern (Kernanregung und Elektrodesintegration).

Die Energieverluste durch die Prozesse 3 und 4 können wegen der Massen-Unterschiede zwischen Elektron und Atomkernen und wegen der geringen Wirkungsquerschnitte in der Regel gegenüber den Energieverlusten durch die Prozesse 1 und 2 vernachlässigt werden.

5.2.1.1 *Energieverlust durch Stöße*

In der nichtrelativistischen Bethe-Born-Näherung [32] beträgt der Wirkungsquerschnitt für die Anregung von Wasserstoff (Übergang aus dem Energiezustand 1 in den Energiezustand n):

$$\sigma_n = \frac{8\pi R_\infty c_0 h}{m_e v^2} |x_{1n}|^2 \log \frac{2 a_n m_e v^2}{R_\infty c_0 h} ; \tag{5.1}$$

für die Ionisation von Wasserstoff gilt entsprechend

$$\sigma_W \, dW = \frac{8\pi}{m_e v^2} |x_{1W}|^2 \left(\log \frac{m_e v^2}{R_\infty c_0 h} + a_W \right) dW . \tag{5.2}$$

Die optischen Übergangswahrscheinlichkeiten $|x_{1n}|$ und $|x_{1W}|$ sowie die Größen a_n und a_W sind bei BETHE [32] tabelliert, s. auch die Arbeiten von BREITLING [54] und MOTT u. MASSEY [205]. $R_\infty c_0 h = 13,6$ eV (R_∞, c_0, h s. Tab. 1–15). W ist die kinetische Energie des abgelösten Elektrons. Diese Wirkungsquerschnitte sind auch für andere Atome berechnet worden [36, 37, 38, 160, 161, 289, 290]. Die Aufteilung der Stöße in Anregungen und Ionisationen hängt nur sehr wenig von der Elektronenenergie ab, sofern diese genügend weit oberhalb der Ionisierungsgrenze liegt. Für Festkörper sind von verschiedenen Autoren Messungen und Rechnungen vorgenommen worden [39, 40, 87, 88, 162, 175, 226, 230, 231, 244, 258]. Bei hohen Elektronenenergien kann die Bindung der Hüllenelektronen vernachlässigt werden. In relativistischer Rechnung gilt dann nach MØLLER [202] für die Erzeugung eines Sekundärelektrons mit einer Energie zwischen W und $W + \mathrm{d}W$ durch ein Primärelektron der kinetischen Energie E:

$$\sigma_W \, \mathrm{d}W = \frac{8\pi r_e^2 m_e c_0^2}{\beta^2} \left\{ \frac{1}{W^2} + \frac{1}{(E-W)^2} - \frac{1}{W(E-W)} \right.$$

$$\left. \cdot \frac{m_e c_0^2 (2E + m_e c_0^2)}{(E + m_e c_0^2)^2} + \frac{1}{(E + m_e c_0^2)^2} \right\} \mathrm{d}W \,. \tag{5.3}$$

Durch Integration erhält man den Wirkungsquerschnitt für die Erzeugung von Sekundärelektronen der Mindestenergie W_0 [298]. Dabei ist r_e der klassische Elektronenradius (s. Tab. 1–16), $m_e c_0^2$ die Ruheenergie des Elektrons (s. Tab. 1–16) und $\beta = v/c_0$ die Relativgeschwindigkeit. Da der Emissionswinkel Θ eines Sekundärelektrons, bezogen auf die Richtung des einfallenden Elektrons, im Laborsystem durch

$$\mathrm{tg}^2 \Theta = \frac{2 m_e c_0^2}{E + 2 m_e c_0^2} \frac{E - W}{W} \quad \text{bzw.} \quad \cos^2 \Theta = \frac{W(E + 2 m_e c_0^2)}{E(W + 2 m_e c_0^2)} \tag{5.4}$$

gegeben ist, werden energiearme Sekundärelektronen mit $W \ll E$ praktisch unter 90° gegen die Bahn des einfallenden Elektrons emittiert. Die Richtung des nach dem Stoß energiereicheren Elektrons erhält man ebenfalls aus diesen Formeln, wenn man W mit seiner Energie identifiziert.

Der mit den unelastischen Energieverlusten verbundene mittlere Energieverlust $\overline{\Delta E}$ eines Elektrons beim Durchlaufen eines kurzen Wegstückes Δx in einem Material der Ordnungszahl Z, der molaren Masse M^* und der Dichte ϱ läßt sich aus den angegebenen Wirkungsquerschnitten berechnen. Das Ergebnis wird als „differentieller Energieverlust durch Stöße", $S_{\text{Stoß}} = (- \mathrm{d}E/\mathrm{d}x)$, oder als „Massen-Stoßbremsvermögen des Materials", $(S/\varrho)_{\text{Stoß}} = (- \mathrm{d}E/\varrho \, \mathrm{d}x)$, angegeben.

$$(S/\varrho)_{\text{Stoß}} = \frac{2\pi r_e^2 m_e c_0^2}{\beta^2} \frac{N_A Z}{M} \left\{ \log \frac{E m_e c_0^2 \beta^2}{2 I^2 (1 - \beta^2)} + (1 - \beta^2) \right.$$

$$\left. - (1 - \beta^2) \frac{2E + m_e c_0^2}{m_e c_0^2} \log 2 + \frac{1}{8} \frac{E}{E + m_e c_0^2} - \delta \right\} \tag{5.5}$$

(Bethe-Bloch-Formel [32, 42, 43, 235, 245]).
Dabei ist N_A die Avogadro-Konstante (s. Tab. 1–15), E die kinetische Energie des Elektrons, I die mittlere Anregungsenergie (s. Tab. 5–7) und δ die Dichtekorrektion für das Material; r_e, $m_e c_0^2$ und β siehe Gleichung (5.3).
Werte für die Dichtekorrektion enthalten die Tabellen von STERNHEIMER [265]. Gleichung (5.5) enthält auch den Energieverlust durch Cerenkov-Strahlung (s. Abschn.

---

* Die molare Masse M hat in der Einheit g/mol denselben Zahlenwert wie die relative Atommasse A_r (s. Tab. 6–3). Vielfach steht in derartigen Gleichungen wie (5.5) noch A_r statt M, die dann dimensionsrichtig bleiben, wenn man den Zahlenwert von A_r mit der Einheit g/mol multipliziert, das heißt $M = A_r$ g/mol.

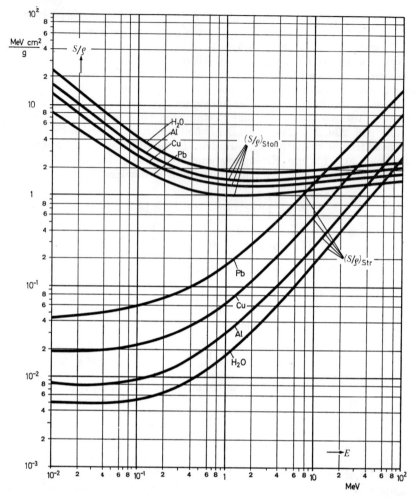

Abb. 5–6. Massen-Stoßbremsvermögen $(S/\varrho)_{\text{Stoß}}$ und Massen-Strahlungsbremsvermögen $(S/\varrho)_{\text{Str}}$ für Elektronen in Wasser, Aluminium, Kupfer und Blei als Funktion der kinetischen Energie E nach BERGER u. SELTZER [24, 26]

5.1.5). Zahlenwerte für das Massen-Stoßbremsvermögen findet man in Tab. 5–2 und Abb. 5–6. Der mittlere Energieverlust eines Elektrons beim Durchlaufen einer Materieschicht der Dicke Δx ist infolge der Umwege durch Vielfachstreuung stets größer als der mittlere Energieverlust beim Durchlaufen eines Bahnstückes der Länge Δx nach Gleichung (5.5). Diese Umwege können durch Korrektionen berücksichtigt werden [39, 56, 306].
Die statistischen Fluktuationen („straggling") des Energieverlustes hat LANDAU [177] für schnelle Elektronen berechnet. Zur Berücksichtigung der Anregung diskreter Energieniveaus sind Korrektionen ermittelt worden [46]. Eine Zusammenfassung gibt BIRKHOFF [39]. Im MeV-Bereich wurden zahlreiche Messungen vorgenommen [55, 105, 164, 165, 216, 270, 281].
Erstreckt man die Berechnung des mittleren Energieverlustes nur auf Einzelstöße, bei denen keine den Betrag Δ überschreitende Energieübertragung stattfindet, so erhält

Tabelle 5–2. Massen-Stoßbremsvermögen $(S/\varrho)_{\text{Stoß}}$ in MeV cm²/g für einige Elemente, Gewebe und Stoffe als Funktion der Elektronenenergie E (aus: M. J. BERGER, S. M. SELTZER [24, 26])

E MeV	H 1	C 6	N 7	O 8	Al 13	Fe 26	Cu 29	Pb 82
0,010	51,47	20,15	19,81	19,64	16,57	14,07	13,28	8,419
0,015	36,97	14,72	14,49	14,37	12,25	10,53	9,973	6,556
0,020	29,28	11,78	11,60	11,52	9,885	8,553	8,120	5,450
0,030	21,18	8,634	8,515	8,454	7,316	6,385	6,078	4,179
0,04	16,93	6,958	6,866	6,819	5,932	5,204	4,962	3,462
0,05	14,29	5,909	5,834	5,795	5,059	4,455	4,252	2,997
0,06	12,49	5,188	5,124	5,091	4,456	3,935	3,759	2,669
0,08	10,18	4,259	4,208	4,182	3,676	3,259	3,118	2,237
0,10	8,766	3,685	3,642	3,621	3,191	2,838	2,717	1,964
0,15	6,840	2,900	2,868	2,852	2,526	2,257	2,164	1,584
0,20	5,869	2,493	2,475	2,462	2,188	1,961	1,882	1,389
0,30	4,912	2,097	2,089	2,078	1,848	1,667	1,603	1,196
0,4	4,458	1,907	1,906	1,897	1,691	1,526	1,473	1,106
0,5	4,205	1,801	1,806	1,798	1,603	1,449	1,396	1,059
0,6	4,053	1,735	1,747	1,739	1,551	1,403	1,353	1,033
0,8	3,893	1,665	1,687	1,680	1,496	1,356	1,310	1,010
1,0	3,826	1,634	1,665	1,658	1,473	1,337	1,293	1,002
1,5	3,798	1,613	1,664	1,658	1,464	1,333	1,291	1,015
2,0	3,833	1,619	1,688	1,682	1,476	1,346	1,305	1,036
3,0	3,933	1,645	1,744	1,738	1,508	1,378	1,338	1,076
4	4,029	1,670	1,794	1,788	1,537	1,406	1,367	1,109
5	4,112	1,692	1,837	1,831	1,561	1,430	1,391	1,135
6	4,184	1,710	1,874	1,868	1,581	1,450	1,411	1,157
8	4,304	1,739	1,935	1,929	1,613	1,481	1,442	1,191
10	4,400	1,761	1,983	1,977	1,637	1,505	1,466	1,217
15	4,580	1,798	2,075	2,069	1,679	1,545	1,507	1,262
20	4,707	1,825	2,139	2,133	1,709	1,575	1,535	1,293
30	4,890	1,859	2,231	2,225	1,747	1,612	1,573	1,334
40	5,013	1,882	2,288	2,288	1,773	1,637	1,597	1,360
50	5,089	1,899	2,330	2,324	1,792	1,656	1,616	1,380
60	5,141	1,914	2,361	2,352	1,808	1,671	1,631	1,396
80	5,211	1,936	2,408	2,394	1,831	1,694	1,653	1,419
100	5,258	1,953	2,440	2,425	1,849	1,711	1,670	1,436

man den „beschränkten differentiellen Energieverlust" bzw. das „beschränkte Massen-Bremsvermögen"

$$(S/\varrho)_{\text{Stoß}}^{\Delta} = \frac{2\pi r_e m_e c_0^2}{\beta^2} \frac{N_A Z}{M} \left\{ \log \frac{2\Delta(E-\Delta)m_e c_0^2 \beta^2}{I^2 E(1-\beta^2)} - 1 - \beta^2 + \frac{E}{E-\Delta} \right.$$
$$\left. + (1-\beta^2) \frac{2E + m_e c_0^2}{m_e c_0^2} \log\left(1 - \frac{\Delta}{E}\right) + \frac{1}{2} \frac{\Delta^2}{(E + m_e c_0^2)^2} - \delta \right\}. \quad (5.6)$$

Für die maximal mögliche Energieübertragung $\Delta = E/2$ geht Gleichung (5.6) in Gleichung (5.5) über. Zahlenwerte für das beschränkte Massen-Bremsvermögen sind tabelliert [24, 152].

5.2.1.2 *Energieverlust durch Erzeugung von Bremsstrahlung*

Der differentielle Wirkungsquerschnitt $\sigma_k \, \mathrm{d}k$ für die Erzeugung eines Photons im Energiebereich k bis $k + \mathrm{d}k$ beträgt nach BETHE u. HEITLER [34] sowie nach anderen Autoren

Tabelle 5–2 (1. Fortsetzung)

E MeV	Luft	Wasser	Muskel	Knochen	Plexiglas	Polyäthylen
0,010	19,70	23,20	22,92	21,01	22,51	24,65
0,015	14,41	16,90	16,70	15,36	16,40	17,91
0,020	11,55	13,50	13,34	12,31	13,11	14,29
0,030	8,475	9,879	9,763	9,030	9,588	10,44
0,04	6,835	7,951	7,859	7,281	7,717	8,390
0,05	5,808	6,747	6,669	6,186	6,548	7,113
0,06	5,101	5,919	5,851	5,434	5,746	6,237
0,08	4,190	4,854	4,799	4,463	4,712	6,110
0,10	3,627	4,197	4,149	3,862	4,074	4,415
0,15	2,856	3,299	3,261	3,041	3,202	3,466
0,20	2,466	2,844	2,811	2,625	2,761	2,986
0,30	2,081	2,394	2,366	2,210	2,326	2,513
0,4	1,899	2,181	2,155	2,011	2,106	2,280
0,5	1,800	2,061	2,036	1,901	1,987	2,148
0,6	1,740	1,989	1,964	1,835	1,914	2,067
0,8	1,681	1,911	1,887	1,762	1,835	1,979
1,0	1,659	1,876	1,852	1,728	1,799	1,937
1,5	1,659	1,852	1,829	1,709	1,774	1,906
2,0	1,683	1,858	1,835	1,717	1,779	1,909
3,0	1,738	1,884	1,861	1,747	1,805	1,934
4	1,789	1,909	1,886	1,775	1,832	1,960
5	1,831	1,931	1,908	1,798	1,854	1,982
6	1,868	1,949	1,927	1,818	1,873	2,002
8	1,929	1,978	1,956	1,850	1,903	2,032
10	1,978	2,000	1,978	1,874	1,926	2,056
15	2,068	2,038	2,017	1,915	1,971	2,098
20	2,133	2,064	2,043	1,945	1,994	2,125
30	2,225	2,100	2,079	1,983	2,030	2,163
40	2,283	2,125	2,103	2,010	2,055	2,189
50	2,324	2,144	2,123	2,029	2,074	2,209
60	2,355	2,160	2,138	2,045	2,089	2,225
80	2,400	2,185	2,163	2,070	2,113	2,251
100	2,433	2,204	2,182	2,089	2,132	2,270

[139, 168, 236] im relativistischen Bereich $(1 - \beta^2 \ll 1)$ bei „vollständiger Abschirmung" des Kernfeldes durch die Elektronenhülle $(U_0 U/m_e c_0^2 k \gg 137 Z^{-1/3})$:

$$\sigma_k \, dk = \frac{4 r_e^2 Z^2}{137} \frac{dk}{k} \left\{ \left[1 + \left(\frac{U}{U_0}\right)^2 - \frac{2}{3} \frac{U}{U_0}\right] \cdot \log 183 \, Z^{-1/3} + \frac{1}{9} \frac{U}{U_0} \right\}. \quad (5.7)$$

$U_0 = E_0 + m_e c_0^2$ ist die Gesamtenergie des Elektrons vor der Erzeugung des Photons und $U = E + m_e c_0^2 = U_0 - k$ die Gesamtenergie des Elektrons nach dem Bremsstrahlungsprozeß.

Abb. 5–7 zeigt den Verlauf einer zu $k \sigma_k$ proportionalen Größe für Blei und Luft, auch bei nicht vollständiger Abschirmung, nach BETHE u. HEITLER [34]; s. auch ROSSI [236]. Zu dieser Theorie existieren weitere Korrektionen [24, 168]. Auf die analytische Näherung nach BERNSTEIN wird bei HEISENBERG [138] hingewiesen.

Tabelle 5–2 (2. Fortsetzung)

E MeV	Polystyrol	Silizium	LiF	Standard-Emulsion
0,010	22,60	16,92	18,17	13,15
0,015	16,46	12,53	13,30	9,884
0,020	13,15	10,11	10,66	8,050
0,030	9,617	7,491	7,823	6,028
0,04	7,739	6,077	6,311	4,922
0,05	6,565	5,185	5,363	4,219
0,06	5,760	4,568	4,711	3,730
0,08	4,723	3,769	3,870	3,094
0,10	4,083	3,273	3,350	2,697
0,15	3,208	2,592	2,639	2,148
0,20	2,766	2,246	2,277	1,869
0,30	2,330	1,904	1,916	1,593
0,4	2,119	1,739	1,742	1,464
0,5	1,999	1,651	1,645	1,394
0,6	1,925	1,598	1,585	1,353
0,8	1,846	1,544	1,521	1,314
1,0	1,809	1,522	1,492	1,299
1,5	1,783	1,514	1,473	1,301
2,0	1,787	1,528	1,478	1,318
3,0	1,813	1,562	1,502	1,355
4	1,838	1,593	1,524	1,387
5	1,861	1,618	1,544	1,413
6	1,879	1,639	1,560	1,435
8	1,909	1,673	1,586	1,469
10	1,932	1,698	1,606	1,495
15	1,972	1,743	1,641	1,541
20	1,998	1,773	1,664	1,571
30	2,034	1,812	1,695	1,611
40	2,059	1,839	1,716	1,638
50	2,077	1,859	1,733	1,658
60	2,093	1,875	1,746	1,674
80	2,117	1,899	1,766	1,698
100	2,135	1,917	1,782	1,716

Die Richtungsverteilung der im Bremsstrahlungsprozeß erzeugten Photonen (s. Abschn. 6.3.3) ist untersucht [264] und die Richtungsverteilung der Elektronen nach der Strahlerzeugung beschrieben [195] worden. Beide Teilchenarten werden im extrem relativistischen Bereich unter Winkeln der Größenordnung $m_e c_0^2/U_0$ gegen die Einfallsrichtung emittiert.

Die Energieverluste der Elektronen durch Bremsstrahlungserzeugung werden durch den differentiellen Energieverlust S_{Str} bzw. das Massen-Strahlungsbremsvermögen $(S/\varrho)_{Str}$ beschrieben. Im extrem relativistischen Bereich gilt bei vollständiger Abschirmung:

$$(S/\varrho)_{Str} = \frac{4 r_e^2 Z^2}{137} \frac{N_A}{M} U_0 \left(\log 183 \, Z^{-1/3} + \frac{1}{18} \right). \tag{5.8}$$

$M = A_r$ g/mol s. Gleichung (2.8).

Zahlenwerte von $(S/\varrho)_{Str}$ findet man in Abb. 5–6 und Tab. 5–3.

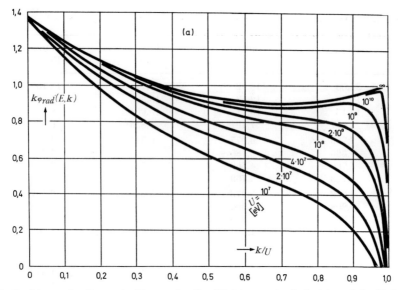

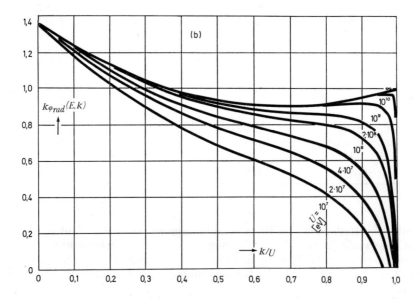

Abb. 5–7. Spektrum der Bremsstrahlung schneller Elektronen in Luft (a) und in Blei (b) nach Rossi [236]. Parameter: Gesamtenergie $U = m\, c_0^2$ des Elektrons. Abszisse: Verhältnis der Quantenenergie k zur Gesamtenergie U des Elektrons. Ordinate: Mit k multiplizierte Anzahl der Quanten pro Energieintervall für $x = X_0$ (Schichtdicke x gleich Strahlungslänge X_0)

Die Energieverluste durch Bremsstrahlung übersteigen danach die Energieverluste durch Stöße bei einer für das Material der Ordnungszahl z charakteristischen Elektronenenergie, der „kritischen Energie" E_{krit}, die sich mit guter Genauigkeit nach der Formel

$$E_{\text{krit}} = \frac{800}{Z + 1{,}2}, \qquad E_{\text{krit}} \text{ in MeV} \tag{5.9}$$

errechnet.

Tabelle 5-3. Massen-Strahlungsbremsvermögen $(S/\varrho)_{\text{Str}}$ für Wasser und Blei als Funktion der Elektronenenergie E (nach BERGER u. SELTZER [24, 26]).
Erklärung der Schreibweise: $5{,}069/-3 = 5{,}069 \cdot 10^{-3}$

E MeV	Wasser $(S/\varrho)_{\text{Str}}$ MeV g^{-1} cm^2	Blei $(S/\varrho)_{\text{Str}}$ MeV g^{-1} cm^2
0,010	5,069/−3	4,513/−2
0,020	4,904/−3	4,620/−2
0,050	4,812/−3	5,262/−2
0,100	5,184/−3	5,944/−2
0,200	6,286/−3	7,251/−2
0,500	1,030/−2	1,078/−1
1,000	1,727/−2	1,661/−1
2,000	3,187/−2	2,802/−1
5,000	8,270/−2	6,437/−1
10,000	1,829/−1	1,275/ 0
20,00	4,055/−1	2,614/ 0
50,00	1,132/ 0	6,923/ 0
100,0	2,403/ 0	1,455/+1

Durch Bremsstrahlung würde die Elektronenenergie bei Vernachlässigung anderer Energieverluste nach einer bestimmten Schichtdicke auf $1/e \approx 37\%$ ihres Ausgangswertes absinken. Diese Schichtdicke X_0, multipliziert mit der Dichte ϱ des Materials, wird als Strahlungslänge ϱX_0 bezeichnet. Die gebräuchliche Formel für die Strahlungslänge ist [236]

$$\varrho X_0 = \left[\frac{4 r_e^2 Z^2}{137} \frac{N_A}{M} \log\left(183 Z^{-1/3}\right)\right]^{-1}. \tag{5.10}$$

Abb. 6–2 enthält Werte für die Strahlungslänge, die dort mit $(\varrho d)_0$ bezeichnet ist. Um die Bremsstrahlungserzeugung im Feld der Atomelektronen zu berücksichtigen, wird in Gleichung (5.10) Z^2 durch $Z(Z+1)$ ersetzt.

Die statistischen Fluktuationen der Energieverluste von Elektronen erhöhen sich infolge der Erzeugung von Bremsstrahlung [47]. Daten über die Bremsstrahlungsproduktion in Targets verschiedener Dicke enthalten die Arbeiten von BERGER u. SELTZER [25], DANCE u. BAGGERLY [72], LAWSON [179], ZERBY u. KELLER [308].

5.2.2 Richtungsänderungen

Zu Richtungsänderungen von Elektronen beim Durchgang durch Materie führen im wesentlichen die Wechselwirkungen 2 und 3 nach Abschn. 5.2.1, während 1 und 4 durch geringfügige Korrekturen berücksichtigt werden können. Die folgende Darstellung beschränkt sich auf die bei nicht zu hohen Energien vorherrschende Richtungsänderung durch elastische Streuung am Atomkern; wegen der Richtungsänderung bei der Bremsstrahlungsproduktion sei auf die Arbeit von MCCORMICK u. Mitarb. [195] verwiesen.

Mit der Dicke der durchstrahlten Materieschicht steigt die Wahrscheinlichkeit, daß ein Elektron zwei oder mehr Richtungsänderungen erfährt. Ist diese Wahrscheinlichkeit relativ zur Wahrscheinlichkeit *einer* Richtungsänderung sehr klein, so spricht man von *Einzelstreuung*, liegt die mittlere Zahl der Streuprozesse zwischen 1 und 20, so spricht man von *Mehrfachstreuung*. Die Kombination von mehr als 20 Richtungsänderungen wird als *Vielfachstreuung* bezeichnet, die bei einer sehr großen Anzahl von Richtungsänderungen in den Grenzfall der „vollständigen Diffusion" übergeht.

5.2.2.1 Einzelstreuung

Einen umfassenden Überblick über die Theorie der elastischen Einzelstreuung geben Motz u. Mitarb. [207]. Der differentielle Wirkungsquerschnitt hat die Form:

$$\sigma_\theta \, d\Omega = \left(\frac{Z \, r_e \, m_e \, c_0^2}{2 p v}\right)^2 \cdot \frac{d\Omega}{\sin^4 \frac{\Theta}{2}} \cdot S(E, Z, \Theta) \cdot R(E, Z, \Theta) \cdot N(E, Z, \Theta). \tag{5.11}$$

Die beiden ersten Faktoren bilden den Rutherford-Wirkungsquerschnitt [241]; ferner ist Θ der Streuwinkel, $d\Omega$ das Raumwinkelelement, p der Impuls, v die Geschwindigkeit, E die kinetische Energie (r_e, m_e, c_0 siehe Gleichung (5.3)). Die drei Korrekturfaktoren beziehen sich auf Einflüsse der Atomausdehnung (S), der Lorentz-Transformation des Coulomb-Feldes (R) und der Kernausdehnung (N). Sie haben in verschiedenen Bereichen der Elektronenenergie Bedeutung:

Die Abschirmung des Kernfeldes durch die Elektronenhülle und die bei sehr kleinen Elektronenenergien eintretenden Beugungserscheinungen am Gesamtatom werden durch die Korrektion $S(E, Z, \Theta)$ berücksichtigt, in die die Ladungsverteilung der Elektronenhülle als „Atomformfaktor" eingeht. Wertetabellen für S bei Hartree-Fock- und Thomas-Fermi-Atompotentialen findet man in den Arbeiten verschiedener Autoren [60, 145, 183, 184, 192, 205]. Für Coulomb-Potentiale mit exponentiell abfallendem radialem Abschirmungsfaktor (Wentzel-Potentiale) ist ein spezieller Ausdruck entwickelt worden [41, 106, 205, 236, 308]. Der von Molière [199, 200] berechnete Faktor S ist in den Arbeiten verschiedener Autoren enthalten [39, 164, 215]; für die Theorie der Vielfachstreuung benutzt Molière die Darstellung (in Kleinwinkelnäherung, $\sin \Theta \approx \Theta$)

$$S = \frac{\Theta^4}{(\Theta^2 + \Theta_s^2)^2} \tag{5.12}$$

mit dem „Abschirmwinkel"

$$\Theta_s = (\hbar/0{,}885 \, p \, r_H \, Z^{-1/3}) \sqrt{1{,}13 + 3{,}76 \left(\frac{Z}{137 \, \beta}\right)^2}, \tag{5.13}$$

wobei $r_H = 0{,}529 \cdot 10^{-10}$ m der Bohrsche Wasserstoff-Radius ist. Die Molière-Theorie ist kritischen Betrachtungen unterzogen worden [212, 307]; ferner gibt es eine Reihe neuerer Messungen [4, 92, 208].

Die Korrektion $R(E, Z, \Theta)$ berücksichtigt die Änderungen, die bei Lösung der Dirac-Gleichung anstelle der Schrödinger-Gleichung eintreten [204]. In 2. Bornscher Näherung erhält man für kleine Z nach McKinley u. Feshbach [197]:

$$R(E, Z, \Theta) = 1 - \beta^2 \sin^2 \frac{\Theta}{2} + \frac{\pi}{137} Z \beta \sin \frac{\Theta}{2} \left(1 - \sin \frac{\Theta}{2}\right). \tag{5.14}$$

Die Theorie ist verschiedentlich verbessert [79, 256, 308], mit Tabellen versehen [39] und durch Messungen innerhalb $\pm 10\%$ bestätigt [217, 233] worden. Ein Beispiel für die kombinierte Berücksichtigung der Faktoren S und R geben die Rechnungen von Spencer [259, 260].

Die Korrektion $N(E, Z, \Theta)$ berücksichtigt die räumliche Ladungsverteilung des Atomkerns [143]. Für $p\Theta \ll \hbar/r_N$, d.h. für genügend kleine Streuwinkel, ist $N(E, Z, \Theta) = 1$, wobei $r_N \approx 1{,}1 \cdot A^{1/3} \cdot 10^{-13}$ cm der Kernradius ist [1, 186, 215]. Das erste Minimum von N liegt bei dem Streuwinkel $3\hbar/p \sqrt{\overline{r_N^2}}$, wobei $\sqrt{\overline{r_N^2}}$ der quadratisch gemittelte Kernradius ist.

Der totale Wirkungsquerschnitt beträgt nach der vereinfachten Darstellung von MOLIÈRE

$$\sigma_e = \left(\frac{Z\, r_e\, m_e\, c_0^2}{p\, v}\right)^2 \frac{4\pi}{\Theta_s^2} = \frac{9{,}85\, r_H^2}{Z^{2/3}} \cdot \frac{\gamma^2}{1{,}13 + 3{,}76\, \gamma^2} \tag{5.15}$$

mit

$$\gamma = \frac{Z}{137\, \beta}.$$

Er wird also für $\beta \approx 1$ energieunabhängig. Eine Korrektion des differentiellen Wirkungsquerschnittes für elastische Streuung zur Berücksichtigung der Richtungsänderungen durch unelastische Streuung gibt FANO [86, 308].

5.2.2.2 Mehrfachstreuung

Die Überlagerung von wenigen (< 20) Einzelstreuereignissen wurde von KEIL u. Mitarb. [159] untersucht. Eine Zusammenstellung der Ergebnisse gibt SCOTT [250]. Ein Sonderfall der Mehrfachstreuung liegt beim Durchgang von Elektronen durch dünne Einkristalle vor. Schießt man Elektronen nahezu parallel zu einer der Kristallachsen ein, so kann es zu Anomalien der Mehrfachstreuung kommen [171, 278, 279].

5.2.2.3 Vielfachstreuung

Die Überlagerung von mehr als 20 Einzelstreuprozessen ist von MOLIÈRE [199, 200, 201], GOUDSMIT u. SAUNDERSON [106] und anderen Autoren theoretisch behandelt und vielfach experimentell untersucht worden. Übersichten enthalten die Arbeiten verschiedener Autoren [164, 215, 236, 250]. MOLIÈRE [200] gibt eine bis zu mittleren Streuwinkeln von etwa 20° gültige [131] Korrektur zur Berücksichtigung von Energieverlusten im Streukörper an.
Die Richtungsverteilung geht mit wachsender Schichtdicke in eine Gauß-Verteilung

$$W(\Theta)/W(0) = \exp(-\Theta^2/\overline{\Theta^2}) \tag{5.16}$$

über [301, 302]. ROSSI [236] gibt folgende Formeln zur Berechnung des mittleren Streuwinkelquadrats $\overline{\Theta^2}$ an:
Für $280\, A^{-1/3}\, m_e\, c_0^2/(p\, c_0) < 1$, d.h. für hohe Elektronenenergien und große Massenzahl A, gilt:

$$\frac{\overline{\Theta^2}}{\varrho\, x} = 16\pi\, N_A \frac{Z^2}{M} r_e^2 \left(\frac{m_e\, c_0^2}{\beta\, p\, c_0}\right)^2 \log\left[196\, Z^{-1/3}\left(\frac{Z}{A}\right)^{1/6}\right], \tag{5.17}$$

wobei $r_e^2 = 7{,}941 \cdot 10^{-26}$ cm^2 und $\beta p c_0 = \beta^2(E + m_e c_0^2)$. Diese Formel berücksichtigt die Kernausdehnung.
Für $280\, A^{-1/3}\, m_e\, c_0^2/(p c_0) > 1$, d.h. für kleinere Elektronenenergien und niedrigere Massenzahl, gilt

$$\frac{\overline{\Theta^2}}{\varrho\, x} = 16\pi\, N_A \frac{Z^2}{M} r_e^2 \left(\frac{m_e\, c_0^2}{\beta\, p\, c_0}\right)^2 \log\left[\frac{137\, p\, c_0}{Z^{1/3}\, m_e\, c_0^2}\right]^{1/2}. \tag{5.18}$$

Zahlenwerte des „Massenstreuvermögens" $\overline{\Theta^2}/\varrho x$ sind in Tab. 5-4 für verschiedene Stoffe und Elektronenenergien angegeben ($M = A_r$ g/mol s. Gleichung (2.8)).
Eine für Abschätzungen nützliche Darstellung des mittleren Streuwinkelquadrats [236] ist

$$\overline{\Theta^2} = \left(\frac{E_s}{E}\right)^2 \frac{x}{X_0}, \tag{5.19}$$

wobei x/X_0 das Verhältnis der durchlaufenen Schichtdicke zur Strahlungslänge (siehe Abschn. 5.2.1.2, Gleichung (5.10)) und die Konstante $E_s = 21$ MeV ist. Zur seitlichen

Tabelle 5–4. Massen-Streuvermögen $(\overline{\Theta^2})/\varrho x$ in rad² cm²/g für einige Elemente, Gewebe und Stoffe als Funktion der Elektronenenergie E (berechnet nach ROSSI [231]).

Erklärung der Schreibweise: $2{,}62/+3 = 2{,}62 \cdot 10^3$

E MeV	H 1	C 6	N 7	O 8	Al 13	Si 14
0,010	2,62/+3	6,50/+3	7,43/+3	8,35/+3	1,23/+4	1,35/+4
0,015	1,25/+3	3,14/+3	3,59/+3	4,04/+3	5,96/+3	6,58/+3
0,020	7,39/+2	1,87/+3	2,14/+3	2,41/+3	3,57/+3	3,95/+3
0,030	3,53/+2	9,04/+2	1,04/+3	1,17/+3	1,74/+3	1,92/+3
0,04	2,10/+2	5,41/+2	6,22/+2	7,01/+2	1,04/+3	1,15/+3
0,05	1,41/+2	3,64/+2	4,19/+2	4,72/+2	7,04/+2	7,79/+2
0,06	1,02/+2	2,64/+2	3,04/+2	3,43/+2	5,12/+2	5,66/+2
0,08	6,12/+1	1,60/+2	1,84/+2	2,08/+2	3,11/+2	3,44/+2
0,10	4,15/+1	1,09/+2	1,25/+2	1,42/+2	2,12/+2	2,35/+2
0,15	2,08/+1	5,49/+1	6,33/+1	7,15/+1	1,07/+2	1,19/+2
0,20	1,29/+1	3,42/+1	3,94/+1	4,46/+1	6,70/+1	7,42/+1
0,30	6,68/ 0	1,78/+1	2,06/+1	2,33/+1	3,51/+1	3,89/+1
0,4	4,24/ 0	1,14/+1	1,31/+1	1,49/+1	2,24/+1	2,49/+1
0,5	3,00/ 0	8,07/ 0	9,32/ 0	1,05/+1	1,60/+1	1,77/+1
0,6	2,26/ 0	6,11/ 0	7,06/ 0	7,99/ 0	1,21/+1	1,34/+1
0,8	1,46/ 0	3,95/ 0	4,56/ 0	5,17/ 0	7,83/ 0	8,68/ 0
1,0	1,03/ 0	2,81/ 0	3,25/ 0	3,68/ 0	5,58/ 0	6,19/ 0
1,5	5,50/−1	1,51/ 0	1,74/ 0	1,97/ 0	3,00/ 0	3,33/ 0
2,0	3,49/−1	9,58/−1	1,11/ 0	1,26/ 0	1,91/ 0	2,12/ 0
3,0	1,80/−1	4,97/−1	5,75/−1	6,53/−1	9,95/−1	1,10/ 0
4	1,11/−1	3,08/−1	3,57/−1	4,05/−1	6,18/−1	6,86/−1
5	7,61/−2	2,11/−1	2,45/−1	2,78/−1	4,24/−1	4,70/−1
6	5,55/−2	1,54/−1	1,79/−1	2,03/−1	3,10/−1	3,44/−1
8	3,35/−2	9,34/−2	1,08/−1	1,23/−1	1,88/−1	2,09/−1
10	2,25/−2	6,29/−2	7,29/−2	8,28/−2	1,27/−1	1,41/−1
15	1,08/−2	3,03/−2	3,52/−2	3,99/−2	6,12/−2	6,80/−2
20	6,38/−3	1,80/−2	2,08/−2	2,37/−2	3,63/−2	4,03/−2
30	3,01/−3	8,51/−3	9,87/−3	1,12/−2	1,72/−2	1,91/−2
40	1,76/−3	4,99/−3	5,79/−3	6,58/−3	1,01/−2	1,12/−2
50	1,16/−3	3,29/−3	3,82/−3	4,34/−3	6,62/−3	7,35/−3
60	8,24/−4	2,34/−3	2,71/−3	3,06/−3	4,62/−3	5,12/−3
80	4,79/−4	1,33/−3	1,53/−3	1,73/−3	2,61/−3	2,89/−3
100	3,14/−4	8,51/−4	9,82/−4	1,11/−3	1,67/−3	1,86/−3

Versetzung der Elektronenbahnen durch Vielfachstreuung siehe MOLIÈRE [201] sowie ROSSI u. GREISEN [237].

Ein grundlegender Begriff für Probleme der Vielfachstreuung ist die „Transportweglänge" λ, definiert durch [35]

$$\frac{1}{\lambda} = N \int_{4\pi} \sigma_\theta (1 - \cos \Theta)\, d\Omega = \frac{1 - \overline{\cos \Theta}}{\lambda_e}, \qquad (5.20)$$

wobei $N = N_A \varrho/M$ die Anzahldichte der Atome, σ_θ der differentielle Wirkungsquerschnitt für elastische Streuung und $\lambda_e = 1/(N \sigma_e)$ die mittlere freie Weglänge der elasti-

Tabelle 5–4 (1. Fortsetzung)

E MeV	Fe 26	Cu 29	Pb 82	Luft	Wasser	Muskel
0,010	2,15/+4	2,31/+4	4,77/+4	7,75/+3	7,72/+3	7,58/+3
0,015	1,05/+4	1,14/+4	2,38/+4	3,75/+3	3,73/+3	3,67/+3
0,020	6,33/+3	6,84/+3	1,45/+4	2,24/+3	2,23/+3	2,19/+3
0,030	3,10/+3	3,35/+3	7,17/+3	1,08/+3	1,08/+3	1,06/+3
0,04	1,87/+3	2,02/+3	4,36/+3	6,49/+2	6,46/+2	6,35/+2
0,05	1,27/+3	1,37/+3	2,97/+3	4,37/+2	4,36/+2	4,28/+2
0,06	9,21/+2	9,97/+2	2,17/+3	3,17/+2	3,16/+2	3,10/+2
0,08	5,61/+2	6 08/+2	1,33/+3	1,92/+2	1,92/+2	1,88/+2
0,10	3,84/+2	4,16/+2	9,15/+2	1,31/+2	1,31/+2	1,28/+2
0,15	1,95/+2	2,12/+2	4,68/+2	6,61/+1	6,59/+1	6,47/+1
0,20	1,22/+2	1,32/+2	2,95/+2	4,12/+1	4,10/+1	4,03/+1
0,30	6,42/+1	6,96/+1	1,56/+2	2,15/+1	2,14/+1	2,11/+1
0,4	4,11/+1	4,46/+1	1,00/+2	1,37/+1	1,37/+1	1,34/+1
0,5	2,93/+1	3,18/+1	7,17/+1	9,74/ 0	9,71/ 0	9,53/ 0
0 6	2,22/+1	2,41/+1	5,45/+1	7,38/ 0	7,36/ 0	7,22/ 0
0,8	1,44/+1	1,57/+1	3,55/+1	4,77/ 0	4,75/ 0	4,67/ 0
1,0	1,03/+1	1,12/+1	2,55/+1	3,40/ 0	3,39/ 0	3,32/ 0
1,5	5,55/ 0	6,03/ 0	1,38/+1	1,82/ 0	1,82/ 0	1,78/ 0
2,0	3,54/ 0	3,85/ 0	8,83/ 0	1,16/ 0	1,16/ 0	1,13/ 0
3,0	1,85/ 0	2,01/ 0	4,63/ 0	6,02/−1	6,00/−1	5,89/−1
4	1,15/ 0	1,25/ 0	2,89/ 0	3,74/−1	3,72/−1	3,66/−1
5	7,89/−1	8,59/−1	1,99/ 0	2,56/−1	2,55/−1	2,50/−1
6	5,78/−1	6,29/−1	1,46/ 0	1,87/−1	1,87/−1	1,83/−1
8	3,51/−1	3,82/−1	8,87/−1	1,13/−1	1,13/−1	1,11/−1
10	2,37/−1	2,58/−1	6,00/−1	7,63/−2	7,61/−2	7,47/−2
15	1,15/−1	1,25/−1	2,91/−1	3,68/−2	3,67/−2	3,60/−2
20	6,80/−2	7,41/−2	1,73/−1	2,18/−2	2,17/−2	2,13/−2
30	3,23/−2	3,52/−2	8,00/−2	1,03/−2	1,03/−2	1,01/−2
40	1,88/−2	2,04/−2	4,54/−2	6,06/−3	6,05/−3	5,93/−3
50	1,21/−2	1,31/−2	2,92/−2	4,00/−3	3,99/−3	3,91/−3
60	8,43/−3	9,14/−3	2,03/−2	2,83/−3	2,82/−3	2,76/−3
80	4,76/−3	5,16/−3	1,15/−2	1,60/−3	1,59/−3	1,56/−3
100	3,05/−3	3,31/−3	7,37/−3	1,03/−3	1,02/−3	1,00/−3

schen Streuung ist. Da σ_θ stets ein scharfes Maximum in Vorwärtsrichtung hat, kann man in guter Näherung setzen

$$\frac{1}{\lambda} = \frac{1}{2} \frac{\overline{\Theta^2}}{x}, \qquad (5.21)$$

so daß sich die Transportweglänge in einfacher Weise aus dem mittleren Streuwinkelquadrat berechnen läßt. Gleichung (5.19) vermittelt die Beziehung der Transportweglänge zur Strahlungslänge: $\lambda = 2 X_0 (E/E_s)^2$.

5.2.2.4 Vollständige Diffusion

Da die Aufstreuung eines Elektronenbündels mit wachsender Schichtdicke des durchstrahlten Materials zunimmt, stark abgelenkte Elektronen jedoch aus dem Bündel ausscheiden, kann schließlich der Grenzfall einer schichtdicken-unabhängigen Richtungsverteilung erreicht werden („vollständige Diffusion" nach LENARD [182] und anderen Autoren [35, 50, 51, 52, 122]).

Tabelle 5–4 (2. Fortsetzung)

E MeV	Knochen	Polystyrol	Plexiglas	Polyäthylen	LiF	Standardemulsion
0,010	9,33/+ 3	6,20/+ 3	6,78/+ 3	5,94/+ 3	7,25/+ 3	2,61/+ 4
0,015	4,53/+ 3	2,99/+ 3	3,28/+ 3	2,87/+ 3	3,51/+ 3	1,29/+ 4
0,020	2,71/+ 3	1,78/+ 3	1,95/+ 3	1,71/+ 3	2,10/+ 3	7,77/+ 3
0,030	1,32/+ 3	8,61/+ 2	9,45/+ 3	8,25/+ 2	1,02/+ 3	3,82/+ 2
0,04	7,89/+ 2	5,15/+ 2	5,66/+ 2	4,94/+ 2	6,09/+ 3	2,31/+ 2
0,05	5,32/+ 2	3,47/+ 2	3,81/+ 2	3,32/+ 2	4,10/+ 2	1,57/+ 2
0,06	3,87/+ 2	2,52/+ 2	2,76/+ 2	2,41/+ 2	2,98/+ 2	1,14/+ 2
0,08	2,35/+ 2	1,52/+ 2	1,67/+ 2	1,46/+ 2	1,80/+ 2	6,98/+ 1
0,10	1,60/+ 2	1,04/+ 2	1,14/+ 2	9,93/+ 1	1,23/+ 2	4,78/+ 1
0,15	8,09/+ 1	5,23/+ 1	5,75/+ 1	5,00/+ 1	6,21/+ 1	2,44/+ 2
0,20	5,05/+ 1	3,25/+ 1	3,58/+ 1	3,11/+ 1	3,87/+ 1	1,53/+ 2
0,30	2,64/+ 1	1,70/+ 1	1,87/+ 1	1,62/+ 1	2,02/+ 1	8,04/+ 1
0,4	1,69/+ 1	1,08/+ 1	1,19/+ 1	1,04/+ 1	1,29/+ 1	5,16/+ 1
0,5	1,20/+ 1	7,68/ 0	8,46/ 0	7,35/ 0	9,16/ 0	3,68/+ 1
0,6	9,08/ 0	5,82/ 0	6,41/ 0	5,56/ 0	6,94/ 0	2,80/+ 1
0,8	5,88/ 0	3,76/ 0	4,14/ 0	3,59/ 0	4,49/ 0	1,82/+ 1
1,0	4,19/ 0	2,67/ 0	2,95/ 0	2,56/ 0	3,20/ 0	1,30/+ 1
1,5	2,25/ 0	1,43/ 0	1,58/ 0	1,37/ 0	1,71/ 0	7,01/ 0
2,0	1,43/ 0	9,11/− 1	1,01/ 0	8,71/ 1	1,09/ 0	4,48/ 0
3,0	7,45/− 1	4,73/− 1	5,22/− 1	4,52/− 1	5,67/− 1	2,34/ 0
4	4,62/− 1	2,93/− 1	3,24/− 1	2,80/− 1	3,52/− 1	1,46/ 0
5	3,17/− 1	2,01/− 1	2,22/− 1	1,92/− 1	2,41/− 1	1,00/ 0
6	2,32/− 1	1,47/− 1	1,62/− 1	1,40/− 1	1,76/− 1	7,34/− 1
8	1,40/− 1	8,88/− 2	9,80/− 2	8,48/− 2	1,07/− 1	4,46/− 1
10	9,46/− 2	5,98/− 2	6,60/− 2	5,71/− 2	7,19/− 2	3,01/− 1
15	4,57/− 2	2,88/− 2	3,19/− 2	2,75/− 2	3,47/− 2	1,46/− 1
20	2,71/− 2	1,71/− 2	1,89/− 2	1,63/− 2	2,06/− 2	8,66/− 2
30	1,29/− 2	8,09/− 3	8,94/− 3	7,73/− 3	9,75/− 3	4,12/− 2
40	7,54/− 3	4,74/− 3	5,24/− 3	4,53/− 3	5,72/− 3	2,35/− 2
50	4,93/− 3	3,13/− 3	3,46/− 3	2,99/− 3	3,77/− 3	1,51/− 2
60	3,47/− 3	2,22/− 3	2,45/− 3	2,12/− 3	2,65/− 3	1,05/− 2
80	1,96/− 3	1,26/− 3	1,39/− 3	1,21/− 3	1,50/− 3	5,95/− 3
100	1,26/− 3	8,10/− 4	8,91/− 4	7,74/− 4	9,62/− 4	3,82/− 3

Zum graphischen Interpolieren wird zweckmäßigerweise eine doppelt-logarithmische Darstellung verwendet. Stoffzusammensetzung nach Berger u. Seltzer [24]

a) Die Richtungsverteilung der aus einer *planparallelen Absorberplatte* austretenden Elektronen hat im Grenzfall die Form [35]:

$$\frac{W(\Theta)}{W(0)} = 0{,}717 \cos \Theta + \cos^2 \Theta \, . \tag{5.22}$$

Messungen zwischen 1,75 MeV und 20 MeV haben diese Beziehung bestätigt [96, 131, 267].

Zur Annäherung an diesen Grenzfall wird mit wachsender Energie und abnehmender Ordnungszahl ein zunehmender Bruchteil der gesamten Eindringtiefe benötigt (Abb. 5–8).

b) Die Richtungsverteilung der Elektronen in einem praktisch *unendlich ausgedehnten Medium* wird mit zunehmender Annäherung der Elektronen an ihre Bahnenden isotrop,

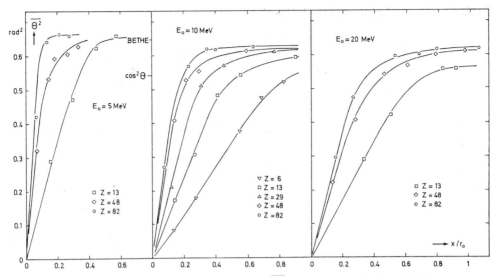

Abb. 5–8. Verlauf des mittleren Streuwinkelquadrats $\overline{\Theta^2}$ mit der Schichtdicke nach Messungen von HARDER, DREPPER, ROOS und SCHULZ [131]. Abszisse: Verhältnis der Schichtdicke x zur mittleren Bahnlänge r_0 (s. Abschn. 5.2.4.1). Die nach BETHE, ROSE und SMITH [35] sowie nach einer $\cos^2 \Theta$-Winkelverteilung erwarteten Grenzwerte sind eingetragen

d.h. $W(\Theta)$ strebt gegen $1/4\pi$. Gute Annäherung an den Grenzfall der Isotropie ist erreicht, sobald die Elektronen die erste Transportweglänge λ_0 durchlaufen haben [35, 52, 122], die deshalb auch „Diffusionstiefe" heißt. In transporttheoretischen Rechnungen zur Transmission [35] und zur Rückdiffusion [9, 272, 273] wird hiervon Gebrauch gemacht.
Man erhält λ_0 unter Berücksichtigung der Energieabhängigkeit von λ aus dem Ansatz

$$1 = \int_0^{\lambda_0} \frac{ds}{\lambda} = \int_{E_0}^{E(\lambda_0)} \frac{1}{2} \left(\frac{d\overline{\Theta^2}}{dx} \Big/ \frac{dE}{dx} \right) dE. \tag{5.23}$$

Mit vereinfachten Ausdrücken für das mittlere Streuwinkelquadrat und für den differentiellen Energieverlust, wobei die logarithmischen Faktoren in den Gleichungen (5.5), (5.17) und (5.18) als konstant angenommen werden, erhält man [119, 122]

$$1 + \frac{2 m_e c_0^2}{E(\lambda_0)} = \left(1 + \frac{2 m_e c_0^2}{E_0} \right) \exp\left(\frac{2{,}5}{Z} \right) \tag{5.24}$$

als Näherungsformel für den Energiebereich von 20 keV bis 20 MeV, wobei $E(\lambda_0)/E_0$ der verbleibende Bruchteil der Elektronenenergie nach Durchlaufen der ersten Transportweglänge ist. Dieser Quotient hängt bei kleinen Energien nur von der Ordnungszahl Z, bei großen Energien nur von dem Quotienten Z/E_0 ab, denn aus Gleichung (5.24) folgt:

$$\frac{E_0}{E(\lambda_0)} = \begin{cases} \exp \dfrac{2{,}5}{Z} & \text{für} \quad E_0, E(\lambda_0) \ll m_e c_0^2 \\ 1 + \dfrac{1{,}25 \, E_0}{Z \, m_e c_0^2} & \text{für} \quad E_0, E(\lambda_0) \gg m_e c_0^2 \end{cases}. \tag{5.25}$$

5.2.3 Transmission und Rückdiffusion

Die Wahrscheinlichkeit, daß ein Elektron aus einer Absorberschicht, die von einem Elektronenstrahl getroffen wird, in den vorderen Halbraum austritt, nennt man Transmissionskoeffizient η_T. Die Wahrscheinlichkeit für den Austritt in den rückwärtigen Halbraum heißt Rückdiffusionskoeffizient η_R, für Nichtaustritt Absorptionskoeffizient η_A, dabei gilt

$$\eta_T + \eta_R + \eta_A = 1 . \tag{5.26}$$

Zur Messung von η_T und η_R müssen die aus dem Absorber kommenden niederenergetischen Sekundärelektronen durch Gegenspannungen von etwa 50 Volt zwischen Absorber und Detektor zurückgehalten werden; die Sekundärelektronen aus dem Detektor dürfen die Messung nicht stören [126, 172].

5.2.3.1 *Transmissionskoeffizient*

Beispiele für Transmissions- oder Durchlässigkeitskurven geben die Abb. 5–9 und 5–10 für Aluminium (Standardsubstanz für Transmissionsmessungen) und Kollodium (geeignet zur Herstellung geringster Schichtdicken). Transmissionskurven für andere Substanzen s. Literatur [2, 3, 41, 71, 128, 251].

Eine brauchbare Näherungstheorie des Transmissionskoeffizienten wurde von BETHE u. Mitarb. [35] aufgestellt, sie wird aber von Monte-Carlo-Rechnungen an Genauigkeit übertroffen [29, 119, 122, 181, 218, 303]. Ersetzt man die Schichtdicke durch ihr Verhältnis zur mittleren Bahnlänge (s. Abschn. 5.2.4.1), so findet man ein Ähnlichkeitsgesetz: Bei mittleren Elektronenenergien hängt die Form der Transmissionskurve dann nur von der Ordnungszahl des Absorbers, bei hohen Energien nur von dem Parameter Z/E_0 ab [124, 125, 128, 251].

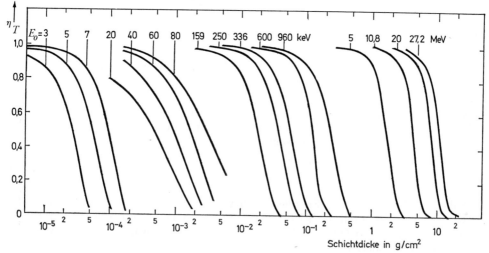

Abb. 5–9. Transmissionskoeffizient η_T von Aluminium für Elektronen verschiedener Anfangsenergie E_0 in Abhängigkeit von der Schichtdicke. — 3 bis 7 keV: I. R. YOUNG: Phys. Rev. 103 (1956) 292. — 20 keV: R. B. HELLER u. Mitarb.: Rev. Sci. Instr. 21 (1950) 898. — 40 bis 80 keV: B. v. BORRIES u. Mitarb.: Phys. Z. 35 (1934) 279. — 159 bis 336 keV und 960 keV: H. H. SEELIGER: Phys. Rev. 100 (1955) 1029. — 600 keV: B. N. C. AGU u. Mitarb.: Proc. Phys. Soc. A 71 (1958) 201. — 5 bis 27,2 MeV: D. HARDER, G. POSCHET: Phys. Lett. 24 B (1967) 519

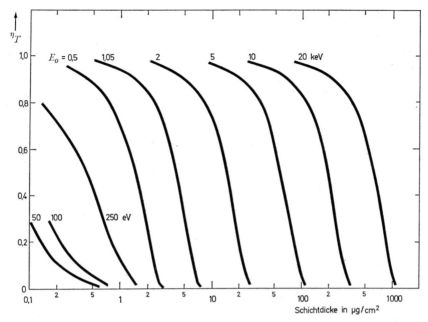

Abb. 5–10. Transmissionskoeffizient η_T von Kollodiumfolien für Elektronen verschiedener Anfangsenergie E_0 in Abhängigkeit von der Schichtdicke nach COLE [68]

5.2.3.2 Rückdiffusionskoeffizient

Der Rückdiffusionskoeffizient und die Richtungsverteilung der rückdiffundierenden Elektronen sind von der Dicke des Streukörpers abhängig [67, 82, 96]. Überschreitet die Dicke des Rückstreukörpers die halbe Elektronenreichweite, so wird in allen Fällen ein Sättigungswert des Rückdiffusionskoeffizienten erreicht (s. Abb. 5–11 und 5–12). Die Richtungsverteilung der rückdiffundierenden Elektronen hat dann näherungsweise die Form $W(\Theta) \sim \cos \Theta$ [41, 96, 119, 122]. Das Maximum der Energieverteilung der rückdiffundierenden Elektronen liegt um so näher an der Anfangsenergie, je stärker die Einzel-

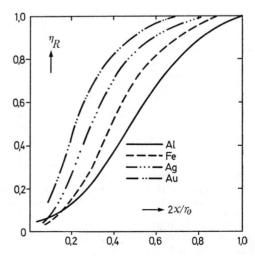

Abb. 5–11. Anstieg von η_R für senkrechten Einfall mit der Dicke des Rückstreukörpers nach Messungen von COHEN u. KORAL [67]. Abszisse: Verhältnis der Schichtdicke x zur halben mittleren Bahnlänge $r_0/2$. Die Kurven gelten für den Energiebereich 0,6 bis 1,8 MeV

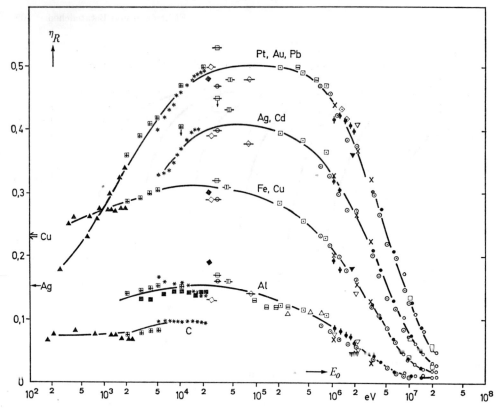

Abb. 5–12. Rückdiffusionskoeffizient η_R für monoenergetische Elektronen bei senkrechtem Einfall auf den quasiunendlich dicken Rückstreukörper.

- ▲ E. Sternglass: Phys. Rev. 95 (1954) 345
- ✳ J. E. Holliday, E. Sternglass: J. Appl. Phys. 28 (1957) 1189
- ■ H. Kanter: Phys. Rev. 121 (1961) 681
- ⊕ H. Kanter: Ann. Phys. 20 (1957) 144 (10–70 keV)
- ⊞ P. Palluel: C. R. Acad. Sci (Paris) 224 (1947) 1492/1551
- ◆ Mulvey and Doe, zit. bei G. D. Archard: J. appl. Phys. 32 (1961) 1505
- ⊟ H. Kulenkampff, K. Rüttiger: Z. Phys. 137 (1954) 426
- ⊖ H. Kulenkampff, W. Spyra: Z. Phys. 137 (1954) 416 (bei $Z = 29$ auf η_R nach Schonland normiert) (20–40 keV)
- ◇ F. J. Schonland: Proc. roy. Soc. A 104 (1923) 235 und A 108 (1925) 187 (9–100 keV)
- ◊ J. K. Bienlein, G. Schlosser: Z. Phys. 174 (1963) 91 (60–100 keV)
- ▫ J. G. Trump, R. J. Van de Graaf: Phys. Rev. 75 (1949) 44 (einschl. persönl. Information über Korrektionen für Al)
- ⊡ J. Jakschick: Diss. Berlin 1965
- △ B. N. C. Agu, T. Burdett, E. Matsukava: Proc. phys. Soc. A 71 (1958) 201 und 72 (1958) 727
- ✕ K. A. Wright, J. G. Trump: J. appl. Phys. 33 (1962) 687
- ◆ A. J. Cohen, K. F. Koral, NASA TND-2782, zit. bei T. Tabata: Phys. Rev. 162 (1967) 336
- ▽ J. Saldick, A. O. Allen: J. Chem. Phys. 22 (1954) 438/1777
- ◇ B. L. Miller: Rev. Sci. Instr. 23 (1952) 401
- ▼ H. Frank: Z. Naturforsch. 14a (1959) 247
- ⊙ R. W. Dressel: Phys. Rev. 144 (1966) 332 (Die Werte η_R von Dressel wurden bei $Z = 29$ auf den Mittelwert der übrigen Autoren normiert)
- ● T. Tabata: Phys. Rev. 162 (1967) 336
- ○ D. Harder, H. F. Ferbert: Phys. Lett. 9 (1964) 233
- □ D. Harder, L. Metzger: Z. Naturforsch. 23a (1968) 1675

Asymptotische Werte ($E_0 = 10$ eV):
- ← H. Bruining: Physica 5 (1938) 913
- ⇐ I. Gimpel, O. Richardson: Proc. Roy. Soc. A 182 (1943) 17

und Mehrfachstreuung gegenüber der Vielfachstreuung an der Rückemission beteiligt ist [41, 52, 67, 156, 172, 173, 174]. Bei schrägem Einfall erhöht sich der Rückdiffusionskoeffizient [49].

Rechnungen zur Rückdiffusion wurden mit der analytischen Transporttheorie [52, 73, 119, 122, 272, 273] und nach der Monte-Carlo-Methode [23, 27, 30, 31, 218, 303] durchgeführt. Im hochenergetischen Bereich ($E_0 \gg m_e c_0^2$) ist der Rückdiffusionskoeffizient im wesentlichen von dem Parameter Z/E_0 abhängig [126, 127, 128]; für $Z > 13$ gilt näherungsweise [128, 269]:

$$\eta_R = 2{,}2\,(Z\,m_e\,c_0^2/E_0)^{1,3}; \qquad \eta_R \text{ in \%}. \tag{5.27}$$

5.2.4 Bahnlänge und Reichweite

5.2.4.1 *Bahnlänge*

Die Bahnlänge („wahre Reichweite") ist die längs der Elektronenbahn einschließlich aller Krümmungen vom Anfangs- bis zum Endpunkt gemessene Wegstrecke. Zur Veranschaulichung dienen Bahnspuraufnahmen in Nebel- und Blasenkammern [102, 132, 135] und in Kernspuremulsionen [223]. Die Fluktuationen der Energieverluste führen zu Bahnlängenschwankungen [45, 133, 134].

Der theoretische Näherungswert für die mittlere Bahnlänge r_0

$$r_0 = \int_0^{E_0} \left(\frac{dE}{dx}\right)^{-1}_{\text{Stoß}+\text{Str}} dE \tag{5.28}$$

wird kurz als „mittlere Bahnlänge" oder als „Bahnlänge bei kontinuierlicher Abbremsung" (continuous slowing down approximation range, c.s.d.a. range [24]), auch als „Bethe range" [41, 71] bezeichnet. Tabellen von r_0 für den mittel- und hochenergetischen Bereich geben BERGER u. SELTZER [24, 26, 210]; einen Auszug enthält Tab. 5–5. Genäherte Berechnungen von r_0 für kleine Elektronenenergien findet man in den Arbeiten von BICHSEL [36], COSSLET u. THOMAS [71] und LEA [180].

Tabelle 5–5. Mittlere Bahnlänge r_0 in g/cm² als Funktion der Elektronenenergie E_0. Theoretische Werte nach BERGER u. SELTZER [24, 26]. Erklärung der Schreibweise: $2{,}436/-4 = 2{,}436 \cdot 10^{-4}$

E_0 MeV	Polyäthylen	Wasser	Muskel	Polystyrol	Plexiglas	Aluminium	Blei
0,010	2,282/−4	2,436/−4	2,467/−4	2,499/−4	2,511/−4	3,519/−4	8,251/−4
0,020	7,845/−4	8,331/−4	8,435/−4	8,553/−4	8,587/−4	1,165/−3	2,335/−3
0,050	3,992/−3	4,218/−3	4,269/−3	4,334/−3	4,347/−3	5,714/−3	1,011/−2
0,100	1,329/−2	1,400/−2	1,417/−2	1,439/−2	1,443/−2	1,864/−2	3,096/−2
0,200	4,185/−2	4,400/−2	4,451/−2	4,524/−2	4,533/−2	5,772/−2	9,100/−2
0,500	1,657/−1	1,735/−1	1,755/−1	1,786/−1	1,792/−1	2,243/−1	3,303/−1
1,0	4,134/−1	4,297/−1	4,350/−1	4,441/−1	4,460/−1	5,493/−1	7,631/−1
2,0	9,315/−1	9,613/−1	9,733/−1	9,975/−1	1,002/ 0	1,212/ 0	1,571/ 0
5,0	2,439/ 0	2,499/ 0	2,530/ 0	2,602/ 0	2,609/ 0	3,076/ 0	3,519/ 0
10,0	4,792/ 0	4,880/ 0	4,939/ 0	5,095/ 0	5,097/ 0	5,841/ 0	5,879/ 0
20,0	9,096/ 0	9,180/ 0	9,289/ 0	9,633/ 0	9,603/ 0	1,054/+1	9,060/ 0
30,0	1,301/+1	1,302/+1	1,317/+1	1,373/+1	1,365/+1	1,448/+1	1,124/+1
40,0	1,661/+1	1,650/+1	1,670/+1	1,749/+1	1,733/+1	1,788/+1	1,290/+1
50,0	1,995/+1	1,968/+1	1,992/+1	2,095/+1	2,072/+1	2,087/+1	1,423/+1
60,0	2,306/+1	2,262/+1	2,289/+1	2,417/+1	2,385/+1	2,355/+1	1,534/+1
80,0	2,873/+1	2,788/+1	2,822/+1	3,000/+1	2,950/+1	2,816/+1	1,711/+1
100,0	3,379/+1	3,249/+1	3,289/+1	3,517/+1	3,449/+1	3,204/+1	1,850/+1

5.2.4.2 Reichweite

Die Reichweite R („projizierte Reichweite") ist die in der Anfangsrichtung gemessene Eindringtiefe eines Elektrons. Die Transmissionskurve kann als integrale Verteilungskurve der Elektronenreichweiten aufgefaßt werden: der zu einer bestimmten Schichtdicke x gehörige Transmissionskoeffizient $\eta_T(x)$ ist die Wahrscheinlichkeit, daß ein Elektron gegebener Anfangsenergie eine Reichweite hat, die größer als die Schichtdicke x ist (Abb. 5–13).

Als Kenngrößen der Reichweitenverteilung werden benutzt:

a) die *mittlere Reichweite* $\bar{R}$. Zur Berechnung aus der Transmissionskurve $\eta_T(x)$ dient die Beziehung

$$\bar{R} = \int_0^\infty x\left(-\frac{d\eta_T(x)}{dx}\right)dx = \int_0^\infty \eta_T(x)\,dx. \tag{5.29}$$

Messungen sind im hochenergetischen Bereich vorgenommen worden [128, 268], theoretische Berechnungen s. Abschn. 5.2.3.1.

b) Die *maximale Reichweite* $R_{\max}$. Sie ist gemäß Abb. 5–13 definiert durch den Einmündungspunkt der Transmissionskurve in den Bremsstrahlungsuntergrund bzw. in die Abszissenachse, falls der Bremsstrahlungsuntergrund verschwindend klein ist. Das Problem der reproduzierbaren Bestimmung dieses Einmündungsgebietes mit verschiedenen Detektoren ist mehrfach untersucht worden [57, 157, 213]. Meßwerte liegen bei hohen Energien vor [57, 128, 268].

Bei Betastrahlern mit kontinuierlichen Spektren kann die maximale Reichweite genauer als die praktische Reichweite bestimmt werden.

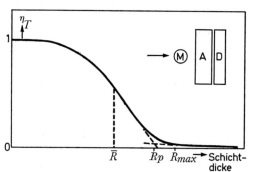

Abb. 5–13. Zur Definition der mittleren Reichweite $\bar{R}$, der praktischen Reichweite R_p und der maximalen Reichweite $R_{\max}$. Die eingefügte Skizze zeigt das Schema einer Messung des Transmissionskoeffizienten η_T. (M); Monitorzähler A Absorber veränderlicher Schichtdicke; D großflächiger Detektor

c) Die *praktische Reichweite* R_p („extrapolierte Reichweite"). Sie ergibt sich nach Abb. 5–13 als Schnittpunkt der Wendetangente mit der geradlinigen Verlängerung des Bremsstrahlungsausläufers bzw. mit der Abszissenachse, falls der Bremsstrahlungsuntergrund verschwindend klein ist. Da die Form der Transmissionskurve von der Beobachtungsgeometrie abhängt, erhält man eindeutige und übereinstimmende Werte der praktischen Reichweite nur für schmalen Parallelstrahl und breiten Elektronendetektor oder für breiten Parallelstrahl und schmalen Elektronendetektor [213]. Der Detektordurchmesser soll den Strahldurchmesser um mindestens $a \cdot R_p$ über- bzw. unterschreiten [77].

Faktor a zur Messung der praktischen Reichweite

Z	E_0	2,5 MeV	10 MeV	40 MeV
6		1,5	0,8	0,5
13		2,3	1,1	0,7

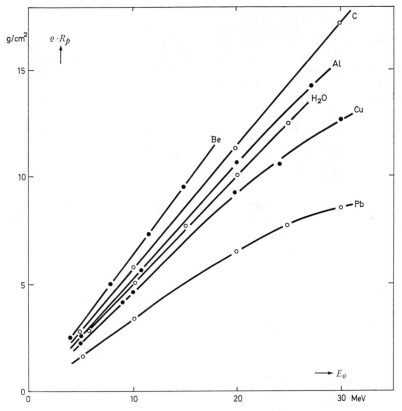

Abb. 5–14. Meßwerte der praktischen Reichweite $\varrho \cdot R_p$ als Funktion der Elektronenenergie E_0. Be nach TABATA u. Mitarb. [268]; H$_2$O nach NÜSSE [213]; C, Al, Cu und Pb nach HARDER u. POSCHET [128]. Die Reihenfolge nach der Ordnungszahl wird wegen der doppelten Elektronendichte des Wasserstoffs für H$_2$O unterbrochen

R_p-Messungen mit Ionisationskammern, Teilchenzählern und Ladungsdetektoren stimmen bei Absorbern niedriger Ordnungszahl ausgezeichnet überein [82, 128, 213, 268, 283]. Für monoenergetische Elektronen kann daher die Elektronenenergie aus der gemessenen praktischen Reichweite nach bekannten Energie-Reichweite-Beziehungen bestimmt werden (Abb. 5–14 und Abschn. 5.2.4.3).

5.2.4.3 Energie-Reichweite-Beziehungen

a) Hochenergetischer Bereich

KATZ u. PENFOLD [157] (gültig für Aluminium; E_0 von 0,5 bis 30 MeV):

$$\varrho R_p = 0{,}530 E_0 - 0{,}106 \tag{5.30}$$

mit ϱR_p in g/cm² und E_0 in MeV. Unsicherheit $\approx \pm 1{,}5\%$.

MARKUS [189] (gültig für Stoffe mit $Z < 8$; E_0 von 5 bis 35 MeV):

$$(Z/A_r)_\text{eff}\, \varrho R_p = 0{,}285 E_0 - 0{,}137 \tag{5.31}$$

mit ϱR_p in g/cm² und E_0 in MeV. Unsicherheit $\approx \pm 2\%$.
Für chemische Verbindungen oder Stoffgemische berechnet sich $(Z/A_r)_\text{eff}$ nach den Gleichungen (6.45) und (6.46), s. auch Tab. 6–8. Für Energien oberhalb 30 MeV ergeben sich Korrekturen (Abweichung von der Linearität) [130].

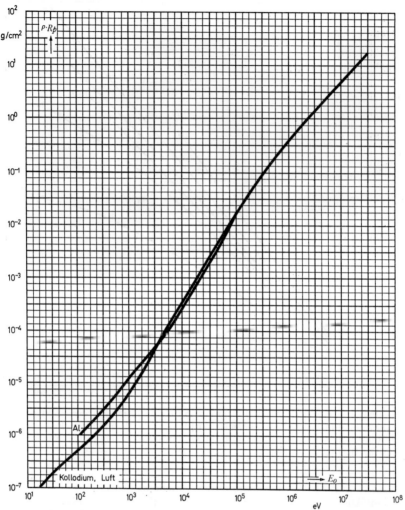

Abb. 5–15. Praktische Reichweite $\varrho \cdot R_p$ als Funktion der Elektronenenergie E_0 für Aluminium (zusammenstellt von KOBETICH u. KATZ [166]) und für Kollodium und Luft (zusammengestellt von COLE [68])

Während nach der MARKUSschen Reichweiteformel (monoenergetische Elektronen der Energie E_0) für Wasser $\varrho R_p = 0{,}512\, E_0 - 0{,}246$ gilt, haben LOEVINGER u. Mitarb. [185] für Wasser die Energie-Reichweite Beziehung

$$\varrho R_p = 0{,}54\, \bar{E}_0 - 0{,}3 \tag{5.32}$$

angegeben. $\bar{E}_0$ ist die *mittlere* Energie eines Elektronenbündels nach Durchlaufen einer Streufolie, die eine Dicke von 1% der Transportweglänge nach Gleichung (5.21) hat; sie erzeugt also ein mittleres Streuwinkelquadrat $\overline{\Theta^2} = 0{,}02$.

b) Betastrahlung und Elektronen mittlerer Energie

Zwischen der maximalen Energie $E_{\max}$ eines Betastrahlers und der maximalen Reichweite $R_{\max}$ der Betateilchen in Stoffen der Dichte ϱ gilt im Energiebereich von 0,05 MeV bis 5 MeV die empirische Formel von FLAMMERSFELD [93]:

$$E_{\max} = 1{,}92 \sqrt{(\varrho R_{\max})^2 + 0{,}22\, \varrho R_{\max}} \tag{5.33}$$

mit E_{max} in MeV und ϱR_{max} in g/cm². Diese Formel stimmt mit Meßergebnissen auf wenige Prozent überein [97, 164].

c) Niederenergetische Elektronen und gesamter Energiebereich

WEBER [292] und andere Autoren [68, 166, 167] haben Energie-Reichweite-Beziehungen aufgestellt, die vom keV- bis zum MeV-Bereich gültig sind.

KOBETICH u. KATZ [166, 167] (gültig für Aluminium; E_0 von 0,3 keV bis 20 MeV):

$$\varrho R_p = 0{,}537\, E_0[1 - 0{,}9815/(1 + 0{,}003123\, E_0)] \tag{5.34}$$

mit ϱR_p in mg/cm² und E_0 in keV. Unsicherheit: $\pm 6\%$.

COLE [68] (gültig für Kollodium und Luft; E_0 von 20 eV bis 20 MeV):

$$E_0 = 5{,}9\,(\varrho R_C + 0{,}007)^{0{,}563} + 0{,}00413\,(\varrho R_C)^{1{,}33} - 0{,}367 \tag{5.35}$$

mit ϱR_C in 100 µg/cm² und E_0 in keV. R_C ist die von COLE definierte Reichweite (entsprechend $\eta_T = 1\%$ für Luft oder $\eta_T = 5\%$ für Kollodium). Unsicherheit $\approx \pm 10\%$. Wichtig sind auch die Elektronenreichweiten in Kernspuremulsion [255]. Abb. 5–15 gibt einen Überblick über die Elektronenreichweiten in einem großen Energiebereich.

5.2.4.4 Umwegfaktoren

Die Bahnkrümmungen der im Absorbermaterial gestreuten Elektronen werden durch das Verhältnis aus Bahnlänge r_0 und Reichweite, den „Umwegfaktor", charakterisiert

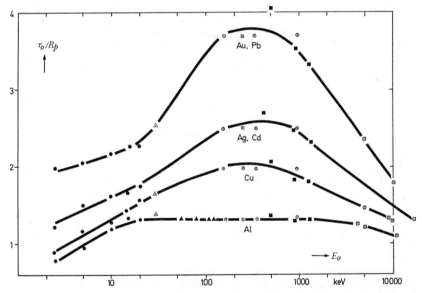

Abb. 5–16. Umwegfaktor r_0/R_p für Stoffe verschiedener Ordnungszahlen als Funktion der Elektronenenergie E_0. Mittlere Bahnlänge r_0 (s. Abschn. 5.2.4.1). Praktische Reichweiten R_p aus folgenden Arbeiten:
- ● V. E. COSLETT, R. N. THOMAS: J. appl. Phys. 15 (1964) 128
- △ F. J. SCHONLAND: Proc. roy. Soc. 104 (1923) 235 und 108 (1925) 187
- ▲ F. N. HUFFMAN u. Mitarb.: Phys. Rev. 106 (1957) 435
- ⊙ H. H. SEELIGER: Phys. Rev. 100 (1955) 1029
- ■ J. FLEEMAN: Electron Physics, NBS-Circular 527 (1954) 91
- ▣ D. HARDER, H. POSCHET: Phys. Lett. 24 B (1967) 519

[49]. Im hochenergetischen Bereich (5 bis 30 MeV) und für $6 \leqq Z \leqq 82$ gelten die empirischen Formeln [128]

$$r_0/R_p = 0{,}51 \sqrt{Z\, m_e\, c_0^2/E_0 + 0{,}69} \tag{5.36}$$

$$r_0/\bar{R} = 1{,}01 \sqrt{Z\, m_e\, c_0^2/E_0 + 0{,}77}. \tag{5.37}$$

Zahlenwerte für Umwegfaktoren im niederenergetischen Bereich s. bei BOTHE [49]. Abb. 5–16 stellt den Verlauf des R_p-Umwegfaktors in einem großen Energiebereich dar. Zur Theorie s. bei HARDER [124, 125].

5.2.5 Sekundärelektronen

Die Quellenspektren niederenergetischer Sekundärelektronen sind von den atomaren oder molekularen Bindungsenergien [32], beim Festkörper von den Bindungsenergien besetzter Energiebänder [254] abhängig. Bei größerer Energieübertragung auf das Sekundärelektron gilt der Wirkungsquerschnitt nach Gleichung (5.3) für die Sekundärelektronenerzeugung. Bindungsenergie-Korrekturen s. FORD u. MULLIN [95]. Zusammengefaßte Quellenspektren s. BREITLING [54].
Die Spektren der aus Absorberschichten austretenden Sekundärelektronen werden von der zwischen Entstehungs- und Austrittsort stattfindenden Abbremsung und Aufstreuung beeinflußt [129, 247]. Sie haben Maxima bei wenigen eV [221].

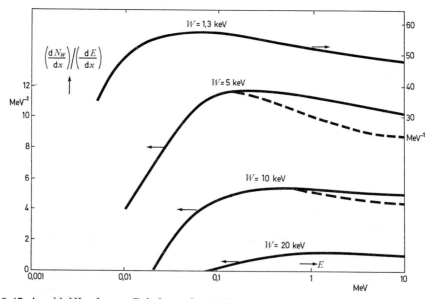

Abb. 5–17. Anzahl dN_W der pro Bahnlänge dx gebildeten δ-Teilchen mit Startenergien oberhalb W im Verhältnis zum differentiellen Energieverlust dE/dx; Daten für Wasser, nach HARDER [123]. Die ausgezogenen Kurven gelten unter Berücksichtigung aller Elektronengenerationen; die gestrichelten Kurven nach WIDEROE [298] gelten für die vom Primärelektron direkt erzeugten Sekundärelektronen

Das Verhältnis zwischen der Anzahl der gebildeten Sekundärelektronen und dem gesamten Energieverlust eines Elektrons auf einer bestimmten Wegstrecke steigt mit abnehmender Elektronenenergie an (s. Abb. 5–17). Nach der „Bahnendenhypothese" [116, 117, 298, 299] ist dieser Anstieg die Ursache für die bei vielen Strahlenwirkungstypen gegenüber hochenergetischen Elektronen erhöhte „Relative Biologische Wirksamkeit" (RBW s. Abschn. 4.4.8.2) mittelschneller Elektronen. Ein 30-MeV-Elektron bildet pro 1 cm Weg in Wasser 177 Sekundärelektronen mit mehr als 0,75 keV Startenergie, von denen 113,3 zur ersten Sekundärelektronengeneration, dagegen 55,2 zur Tertiär- und 8,5 zu noch höheren Generationen gehören [300]. Daß ein Teil der von einem Primärelektron abgegebenen Energie durch Sekundärelektronen von der Primärteilchenbahn wegtransportiert wird, hat Folgen für die Wirkungsweise von Elektronendetektoren [214] und muß bei der Definition des „linearen Energieübertragungsvermögens" (s. Abschn. 4.4.8.3) berücksichtigt werden [116, 152].

5.2.6 Elektronenspektren im bestrahlten Material

5.2.6.1 Ortsunabhängige Abbremsspektren

Sind Elektronenquellen in einem homogenen Absorber gleichmäßig verteilt — dies kann z.B. für die Sekundärelektronen einer hochenergetischen Photonen- oder Elektronenstrahlung in begrenzten Volumenbereichen angenommen werden — so entstehen ortsunabhängige Spektren auch bei der Abbremsung dieser Elektronen. Sie werden durch die spektrale Teilchenfluenz Φ_E (s. Abschn. 4.2.2.1) oder durch deren Volumenintegral $Y_E = \int_V \Phi_E \, dV$ dargestellt. $Y_E \, dE$ ist der im Volumen V von Elektronen mit Energien zwischen E und $E + dE$ zurückgelegte Weg.

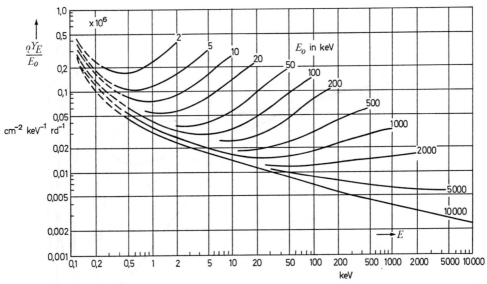

Abb. 5–18. Energiespektren abgebremster Elektronen, dargestellt durch die Funktion $\varrho Y_E/E_0$, nach BRUCE u. Mitarb. [59]. Ausgezogene Kurve: Berechnet nach McGINNIES [196]; gestrichelte Kurve: Erweiterung zu kleinen Energien; Parameter: Anfangsenergie E_0 der Elektronen

Wird ein Elektron in einem Volumen V eines homogenen Mediums von der Anfangsenergie E_0 vollständig auf der Energie 0 abgebremst, ohne daß Sekundärelektronen entstehen, so ist $Y_E = (- dE/dx)^{-1}$ (Modell der kontinuierlichen Abbremsung). Infolge der Sekundärelektronenproduktion hat man Y_E^P (Primärelektron) und Y_E^S (Sekundärelektronen aller Generationen) zu unterscheiden. Y_E^P ist wegen der Energieverluste bei der Sekundärelektronenproduktion um einige Prozent kleiner als $(- dE/dx)^{-1}$ [262]. Abb. 5–18 zeigt ein Beispiel [59] für die Ergebnisse in Form der Funktion $\varrho Y_E/E_0$, die bei Ortsunabhängigkeit der spektralen Teilchenflußdichte mit der dosisnormierten spektralen Teilchenfluenz Φ_E/D identisch ist. Sie strebt für $E \ll E_0$ einem asymptotischen Verlauf zu [124]. Weitere Beispiele findet man in den Arbeiten anderer Autoren [28, 116, 121, 136, 190, 196, 229, 246, 262]. Derartige Spektren liegen der dosimetrischen „Hohlraum-Theorie" von SPENCER u. ATTIX [261] zugrunde. Zur experimentellen Nachprüfung s. bei BIRKHOFF [39] und McCONNEL u. Mitarb. [194].

5.2.6.2 Abbremsspektren in verschiedenen Tiefen

Tritt ein monoenergetischer, ausgeblendeter Elektronenstrahl in ein Bremsmedium ein, so nimmt die Energie der Primärelektronen mit wachsender Tiefe ab; deshalb entstehen tiefenabhängige Sekundärelektronenspektren.

Durch Kombination einer Monte-Carlo-Rechnung mit einem ortsunabhängigen Y-Spektrum für die in einer bestimmten Tiefenzone entstehenden und darin abgebremsten Sekundärelektronen wurden die tiefenabhängigen Spektren in Abb. 5–19 und 5–20 berechnet. Genauere Rechnungen haben die im niederenergetischen Teil dieser Spektren eintretende Tiefenunabhängigkeit zwar nicht völlig bestätigt [112, 123], doch widersprechen auch sie der früher gemachten Annahme [136] eines starken Anstiegs der mittleren linearen Energieübertragung mit der Tiefe.

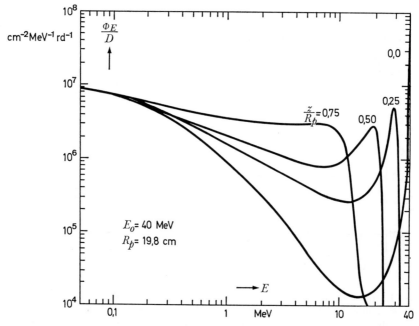

Abb. 5–19. Energiespektren abgebremster Elektronen in verschiedenen Tiefen in Wasser, berechnet von BERGER u. SELTZER [28]. Ordinate: Verhältnis der spektralen Teilchenfluenz Φ_E zur Energiedosis D; Parameter: Verhältnis der Tiefe z zur praktischen Reichweite R_p; Anfangsenergie 40 MeV

Zur Messung der spektralen Teilchenfluenz in verschiedenen Tiefen und unter verschiedenen Richtungen werden evakuierte Plexiglasrohre als Sonden in Wasserphantome oder andere Bremsmedien eingeführt. Die längs der Rohrachse austretenden Elektronen werden einer Spektrometeranordnung zugeführt [85, 89, 118, 119, 120, 122, 154]. Die gemessenen Spektren stimmen gut mit den Rechnungen überein.

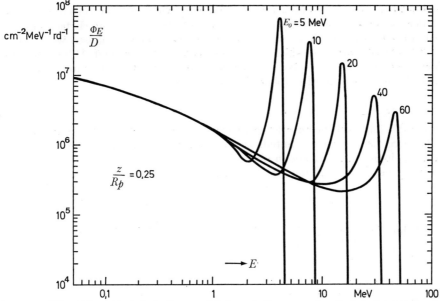

Abb. 5–20. Wie Abb. 5–19, jedoch für verschiedene Anfangsenergien E_0 bei gleichbleibendem Verhältnis z/R_p der Tiefe z zur praktischen Reichweite R_p

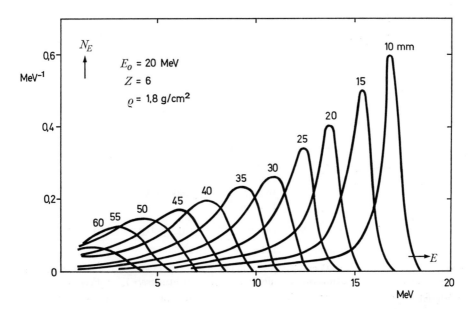

Abb. 5–21. Energiespektren abgebremster Elektronen hinter verschieden dicken Kohlenstoffschichten in 2π- Geometrie nach HARDER [121]

Hat der Absorber eine ebene Austrittsfläche, so kann die spektrale Verteilung N_E der Anzahl der austretenden Teilchen sowohl in 2π-Geometrie (Erfassung aller Austrittsrichtungen) als auch in winkelabhängiger Geometrie gemessen werden [118, 119, 121, 122]. An Kohlenstoffschichten gewonnene Ergebnisse zeigt Abb. 5–21. Nach diesen Messungen nimmt die wahrscheinlichste Energie (Lage des Maximums) linear mit der Schichtdicke ab. Genähert gilt eine lineare Beziehung

$$\bar{E}_z = E_0(1 - z/R_p) \tag{5.38}$$

auch für die Abhängigkeit der mittleren Energie $\bar{E}_z$ von der Tiefe z [118, 120].

Der niederenergetische Spektralanteil, zu dem im wesentlichen Sekundärelektronen beitragen, wurde bisher bei Energien oberhalb etwa 50 keV gemessen [129]. Diese Spektren ändern sich sehr stark in der Nähe der Eintrittsfläche des Absorbers für die Primärelektronen.

5.2.7 Schwellenenergien für Kernreaktionen (Energiebestimmung)

Durch Wechselwirkung mit einem hochenergetischen Elektron oder Photon kann der Atomkern zur Emission eines oder mehrerer Nukleonen angeregt werden [148, 276]. Diese Kernreaktionen werden als „Elektrodesintegration", z.B. (e, e′ n) oder (e, e′ p), und „Kernphotoeffekt", z.B. (γ, n) oder (γ, p), bezeichnet. Die Energieschwelle der Reaktion ist durch die Differenz zwischen der Bindungsenergie des Ausgangskerns und der des Restkerns gegeben. Aus massenspektrometrischen Daten [193] sind die Bindungsenergien vieler Atomkerne so genau bekannt, daß die daraus berechneten Schwellenenergien zur Energiemessung von Photonen- oder Elektronenstrahlung benutzt werden können.

In der Regel wird die im Restkern erzeugte Radioaktivität gemessen, es kann aber auch die Neutronen- oder Protonemission gemessen werden. Durch Variation der Energieeinstellung des Beschleunigers findet man den Wert, der der Energieschwelle einer bekannten Kernreaktion nach Tab. 5-6 entspricht [153, 178, 220]. Bei Elektronenstrahlung ist zu beachten, daß die in einer Probe erzeugten Kernreaktionen sowohl direkt durch die Elektrodesintegration als auch durch Kernphotoeffekt über die in der Probe erzeugte Bremsstrahlung ausgelöst werden.

Tabelle 5–6. Schwellenwerte für den Kernphotoeffekt [153]

Reaktion	^{63}Cu (γ, n) ^{62}Cu	^{16}O (γ, n) ^{15}O	^{12}C (γ, n) ^{11}C	^{16}O (γ, 2n) ^{14}O
Schwellenenergie *	10,85 MeV	15,68 MeV	18,74 MeV	28,92 MeV
Knicke der Aktivierungskurve		15,86 MeV	18,79 MeV	
		15,99 MeV	18,86 MeV	
		16,22 MeV	19,00 MeV	
		17,27 MeV		
Induzierte radioaktive Umwandlung	^{62}Cu $\xrightarrow{\beta^+}$ ^{62}Ni	^{15}O $\xrightarrow{\beta^+}$ ^{15}Ni	^{11}C $\xrightarrow{\beta^+}$ ^{11}B	^{14}O $\xrightarrow{\beta^+}$ ^{14}N
Halbwertszeit	9,73 min	124 s	20,5 min	70,48 s
Strahlung	β^+, γ (Vernichtungsstr.)	β^+, γ (Vernichtungsstr.)	β^+, γ (Vernichtungsstr.)	β^+, γ (2,313 MeV), γ (Vernichtungsstr.)
Probenmaterial	Kupfer	Wasser	Benzol	Wasser

* korrigiert auf das Laborsystem.

5.3 Protonen, Deuteronen, Alphateilchen
Von H. H. Eisenlohr und L. Lanzl

Literaturverzeichnis s. S. 420—427

5.3.1 Physikalische Eigenschaften
[61]

Elektrische Ladung, Ruhemasse m_0, Massen-Verhältnis m_0/m_{e0} (m_{e0} Ruhemasse des Elektrons), relative Atommasse A_r, Ruheenergie $E_0 = m_0 c_0^2$ und spezifische Ladung e/m_0 für Proton, Deuteron und Alphateilchen enthält Tab. 1–16. Formeln für die relativistische Masse m und den Impuls p findet man im Abschn. 1.3.2. Weitere Zusammenhänge können Abb. 5–1 entnommen werden. Das differentielle Ionisierungsvermögen dN_i/ds für Protonen und Alphateilchen zeigt Abb. 3–1. Der mittlere Energieaufwand E_i zur Bildung eines Ionenpaares für Alphastrahlen in verschiedenen Gasen, der in guter Näherung auch für Protonen und Deuteronen gilt, steht in Tab. 3–3.

5.3.2 Bremsvermögen
[12, 33, 36, 81, 169, 210, 238, 288, 296]

Protonen und andere schwere geladene Teilchen übertragen ihre Energie im wesentlichen durch unelastische Stöße auf Atome, wobei sie diese anregen oder ionisieren (Stoßbremsung). Energieverlust durch Bremsstrahlungserzeugung (Strahlungsbremsung) wird erst bei Energien oberhalb der Ruheenergie $m_0 c_0^2$ des Teilchens merklich, bei Protonen also oberhalb etwa 10^3 MeV. Bei so hohen Energien spielen aber Kernreaktionen und die π-Meson-Produktion eine so große Rolle, daß die unten angegebene Formel für das Bremsvermögen S ohnehin nicht mehr gültig ist.

Das Bremsvermögen S für schwere geladene Teilchen ist der Quotient aus dem Energieverlust dE, den das Teilchen mit der kinetischen Energie E im Mittel auf der Wegstrecke dx in dem Absorbermaterial erleidet, und dem Wegelement dx. Im Energiebereich $E \ll m_0 c_0^2$ und mit der Einschränkung $(2zZ/137) \ll \beta$ gilt:

$$S = -\frac{dE}{dx} = \frac{4\pi e^4 z^2}{m_{e0} v^2} \frac{\varrho N_A Z}{M} \left[\ln \frac{2m_0 v^2}{\bar{I}(1-\beta^2)} - \beta^2 - k\right]. \tag{5.39}$$

Dabei sind e die Elementarladung, z die Ladungszahl und v die Geschwindigkeit des bewegten Teilchens; ϱ die Dichte, Z die Kernladungszahl, M die molare Masse (siehe Gleichung (2.8)) und $\bar{I}$ die mittlere Anregungsenergie der Atome des Absorbermaterials (s. Tab. 5–7), $\beta = v/c_0$ (c_0 Lichtgeschwindigkeit), N_A die Avogadro-Konstante und k ein

Tabelle 5–7. Mittlere Anregungsenergie $\bar{I}$ für einige Elemente und Stoffe

Element Stoff	Z	$\bar{I}$ eV [36]	$\bar{I}$ eV [12]	Element Stoff	Z	$\bar{I}$ eV [36]	$\bar{I}$ eV [12]
H	1	18	18,7	Ag	47	475	487
He	2	42	42	Sn	50	500	516
Be	4	64	60	W	74	740	748
C (Graphit)	6	78	78	Pt	78	780	787
N	7	78	—	Au	79	790	797
O	8	100	—	Pb	82	820	826
Al	13	164	163	U	92	900	923
Cu	29	322	314	Wasser	—	—	65,1
				Luft	—	—	86,8

Korrektionsglied, durch das berücksichtigt wird, daß die Hüllenelektronen in dem Maße weniger zum Bremsvermögen beitragen, in dem die Geschwindigkeit v in die Größenordnung der Umlaufgeschwindigkeit der Hüllenelektronen kommt. (e, m_{e0}, N_A, c_0, s. Tab. 1–15 und Tab. 1–16; A_r, Z/A_r, ϱ s. Tab. 6–3). Die mittlere Anregungsenergie $\bar{I}$ ist ein Mittelwert über die Anregungsenergien für die Elektronen in den einzelnen Schalen des Nuklids (s. Tab. 5–7 [277]). Im allgemeinen nimmt das Bremsvermögen mit zunehmender Teilchenenergie zunächst rasch bis zu einem flachen Minimum etwa bei $v/c_0 = 0{,}94$ ab. Für Protonen, Deuteronen und Alphateilchen mit Energien von einigen MeV ist daher das Bremsvermögen stark energieabhängig.

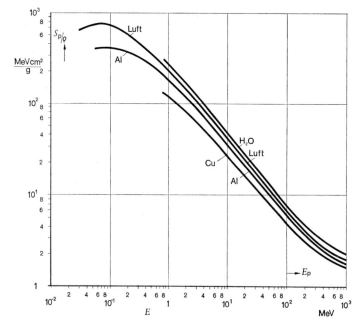

Abb. 5–22. Massen-Bremsvermögen S_p/ϱ von Wasser, Luft, Aluminium und Kupfer für Protonen als Funktion der Protonenenergie E_p (nach BETHE, ASHKIN [33], BICHSEL [36] und WHALING [296])

Abb. 5–22 zeigt das Massen-Bremsvermögen S_p/ϱ für Protonen in Luft, Wasser, Aluminium und Kupfer in Abhängigkeit von der Protonenenergie (ϱ Dichte). Das Massen-Bremsvermögen S_p/ϱ von Graphit kann oberhalb von $E_p = 1$ MeV in guter Näherung gleich dem von Luft und das Massen-Bremsvermögen von Muskelgewebe gleich dem von Wasser gesetzt werden.

Aus dem Massen-Bremsvermögen S_p/ϱ eines Stoffes für Protonen läßt sich das Massen-Bremsvermögen $S_{m,z}/\varrho$ des gleichen Stoffes für andere schwere Teilchen mit der Masse m, der Ladungszahl z und der kinetischen Energie $E_{m,z}$ folgendermaßen angenähert aus Abb. 5–22 gewinnen: aus der kinetischen Energie $E_{m,z}$ des interessierenden Teilchens (m, z) berechnet man die äquivalente Protonenenergie E_p:

$$E_p = \frac{A_{rm}}{A_{rp}} E_{m,z},$$

wobei A_{rp} und A_{rm} die relativen Atommassen des Protons (p) bzw. des interessierenden Teilchens (m) sind (s. Tab. 1–16). Aus dem Massen-Bremsvermögen S_p/ϱ bei diesem Wert von E_p erhält man:

$$S_{m,z}/\varrho = z^2 S_p/\varrho. \tag{5.40}$$

Das Massen-Bremsvermögen $(S/\varrho)_G$ und die mittlere Anregungsenergie $\bar{I}_G$ eines Gemisches oder einer chemischen Verbindung erhält man aus den Massen-Bremsvermögen $(S/\varrho)_n$ und den mittleren Anregungsenergien $\bar{I}_n$ der einzelnen Komponenten (n) durch Summation nach folgenden Beziehungen:

$$(S/\varrho)_G = \sum_n p_n (S/\varrho)_n, \qquad (5.41)$$

$$(Z/A_r)_G = \sum_n p_n (Z/A_r)_n, \qquad (5.42)$$

$$(Z/A_r)_G \ln \bar{I}_G = \sum_n p_n (Z/A_r)_n \ln \bar{I}_n . \qquad (5.43)$$

Dabei ist p_n der relative Massenanteil der n-ten Komponente an der Gesamtmasse. Der Dichteeffekt macht sich im Unterschied zu den Elektronen (s. Abschn. 5.2.1.1) beim Bremsvermögen der Protonen und der anderen schweren Teilchen erst oberhalb etwa 1000 MeV bemerkbar.

5.3.3 Reichweite und Bahnlänge

[12, 81, 169, 288]

Die Reichweite eines geladenen Teilchens in einem Absorber ist die Schichtdicke, die das Teilchen bei senkrechtem Auffall auf die Schicht gerade nicht mehr zu durchdringen vermag. Die schweren Teilchen werden viel weniger als die Elektronen gestreut, so daß die Bahnlänge, das ist der Weg unter Berücksichtigung der Umwege, den das Teilchen im Absorber zurücklegt, sich nicht sehr von der Reichweite unterscheidet. Trägt man die Zählrate $\dot{N} = dN/dt$ über der Schichtdicke d auf, so erhält man die Reichweitenkurve für schwere geladene Teilchen gleicher Anfangsenergie (s. Abb. 5–23). Wegen der

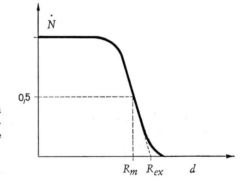

Abb. 5–23. Die Zählrate $\dot{N}$ von schweren geladenen Teilchen als Funktion der Schichtdicke d (schematisch). R_m mittlere Reichweite; R_{ex} extrapolierte Reichweite

statistischen Schwankungen bezüglich der Anzahl der Stöße und der hierbei abgegebenen Energiebeträge tritt eine Reichweitenstreuung auf, d.h. die Kurve $\dot{N} = f(d)$ fällt nicht senkrecht, sondern asymptotisch auf Null ab. Die mittlere Reichweite R_m ist die Schichtdicke, bei der die Zählrate auf die Hälfte zurückgegangen ist, und die extrapolierte Reichweite R_{ex} ist der Abszissenwert der Schichtdicke, bei der die geradlinige Verlängerung der abfallenden Flanke die Abszisse schneidet.

Anstelle der Reichweite R wird vielfach die Massen-Reichweite $R \cdot \varrho$ (ϱ Dichte) angegeben.

In Abb. 5–24 ist die Reichweite R von Protonen, Deuteronen und Alphateilchen in Luft von 760 Torr und 15 °C ($\varrho_L = 1{,}226 \cdot 10^{-3}$ g/cm³) als Funktion der Teilchenenergie E

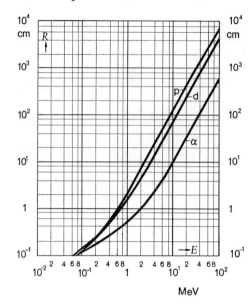

Abb. 5-24. Reichweite R von Protonen (p), Deuteronen (d) und Alphateilchen (α) in Luft (15 °C, 760 Torr) als Funktion der Teilchenenergie E (nach Kohlrausch [169])

angegeben. Die Reichweiten verhalten sich umgekehrt wie die Luftdichten (Luftdichte s. Tab. 7-15):

$$\frac{R_1}{R_2} = \frac{\varrho_2}{\varrho_1}. \tag{5.44}$$

Abb. 5-25 zeigt die Massen-Reichweite $R_p \cdot \varrho$ für Protonen in Wasser, Aluminium und Kupfer als Funktion der Protonenenergie E_p. Die Werte für Wasser gelten näherungsweise auch für Muskelgewebe, während die $R_p \cdot \varrho$-Werte für Luft etwa zwischen den Werten für Wasser und Aluminium liegen.
Die Massen-Reichweiten für Teilchen derselben Art mit gleicher Anfangsenergie in zwei Stoffen mit den Dichten ϱ_1 und ϱ_2 und den relativen Atommassen A_{r1} und A_{r2} (siehe Tab. 6-3) folgen für Ordnungszahlen $Z < 20$ der Beziehung von Bragg-Kleemann

$$\frac{R_1 \cdot \varrho_1}{R_2 \cdot \varrho_2} = \sqrt{\frac{A_{r1}}{A_{r2}}}. \tag{5.45}$$

Für chemische Verbindungen und Gemische kann man mit Hilfe der effektiven Atommasse $A_{r\,\text{eff}}$ analog rechnen, wobei

$$\sqrt{A_{r\,\text{eff}}} = \frac{n_1 A_{r1} + n_2 A_{r2} + \cdots}{n_1 \sqrt{A_{r1}} + n_2 \sqrt{A_{r2}} + \cdots} \tag{5.46}$$

und $n_1, n_2 \ldots$ die Anzahl der Atome pro Volumen (Atomanzahldichte) sind. Für Luft als Bezugssubstanz mit $\sqrt{A_{r\,\text{eff}}} = 3{,}81$, $\varrho_L = 1{,}226 \cdot 10^{-3}$ g/cm³ bei 15 °C und 760 Torr wird

$$R_1 = 3{,}2 \cdot 10^{-4} \frac{\sqrt{A_{r1}}}{\varrho_1} R_L, \tag{5.47}$$

wobei R_L die Reichweite in Luft bei 15 °C und 760 Torr und ϱ_1 die Dichte des interessierenden Stoffes in g/cm³ ist.
Reichweiten von Alphateilchen in Wasser und Knochen als Funktion der Teilchenenergie E_α zeigt Abb. 5-26.

Protonen, Deuteronen, Alphateilchen   121

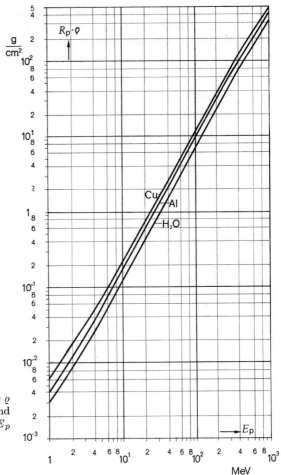

Abb. 5–25. Die Massen-Reichweite $R_p \cdot \varrho$ von Protonen in Wasser, Aluminium und Kupfer als Funktion der Protonenenergie E_p (nach BICHSEL [36])

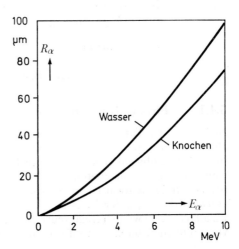

Abb. 5–26. Reichweite R_α von Alphateilchen in Wasser und Knochen, als Funktion der Teilchenenergie E_α berechnet (nach SPIERS [263])

Die Reichweite $R_{z,m}$ eines schweren geladenen Teilchens mit der Ladungszahl z und der Masse m ergibt sich aus der Reichweite R_p für Protonen mit der Masse m_p im gleichen Stoff bei gleicher Anfangsgeschwindigkeit v (nicht: Anfangsenergie) aus:

$$R_{z,m} = \frac{1}{z^2}\frac{m}{m_\mathrm{p}} R_\mathrm{p}. \tag{5.48}$$

Für die kinetischen Energien E_p, E_d und E_α von Proton, Deuteron und Alphateilchen und deren Reichweiten R_p, R_d, R_α gilt in demselben Stoff auch:

$$R_\mathrm{d}(2 E_\mathrm{p}) = 2 R_\mathrm{p}(E_\mathrm{p}); \qquad R_\alpha(4 E_\mathrm{p}) = R_\mathrm{p}(E_\mathrm{p}). \tag{5.49}$$

Für Vergleiche sind in Tab. 5–8 die Reichweiten von Protonen, Deuteronen, Alphateilchen und Elektronen gleicher Energie in Luft, Wasser bzw. Weichteilgewebe zusammengestellt.

Tabelle 5–8. Reichweiten R von Protonen (p), Deuteronen (d), Alphateilchen (α) und Elektronen (e) in Luft (15 °C, 760 Torr) und Wasser bzw. Weichteilgewebe bei den Teilchenenergien E

E	R in Luft [cm]				R in Wasser oder Weichteilgewebe [mm]			
MeV	p	d	α	e	p	d	α	e
0,1	0,13	0,14	0,12	12	0,0016	0,0017	0,0014	0,14
0,2	0,25	0,25	0,18	33	0,0030	0,0030	0,0022	0,40
0,5	0,80	0,63	0,32	140	0,0098	0,0077	0,0039	1,7
1,0	2,3	1,6	0,50	330	0,028	0,019	0,0061	4,0
2,0	7,0	4,5	1,0	790	0,086	0,055	0,012	9,5
5,0	33	20	3,2	2100	0,40	0,24	0,039	25
10	120	65	9,5	4150	1,47	0,80	0,12	50
20	400	240	32	8300	4,9	2,8	0,39	100
50	2000	1200	160	—	24	14,7	1,9	250
100	6500	4000	550	—	78	48	6,6	400

5.4 Neutronen

[7, 15, 18, 22, 90, 146, 147, 149, 150, 151, 158, 188, 198, 211, 304]

Von S. Wagner

Literaturverzeichnis s. S. 420—427

5.4.1 Physikalische Eigenschaften

Neutronen (s. Tab. 1–16) sind zusammen mit Protonen die Elementarbausteine der Materie. Ihre Spin-Quantenzahl ist 1/2, ihr mechanischer Drehimpuls (Spin) $\frac{1}{2}\hbar$, und sie besitzen, obwohl elektrisch neutral, ein magnetisches Moment $\mu_n = -1{,}913$ Kernmagneton (1 Kernmagneton = $0{,}5050 \cdot 10^{-27}$ A m²), das ihrem Spin entgegengerichtet ist. Das freie Neutron ist instabil und geht durch Betazerfall mit einer Halbwertszeit von etwa 11 min unter Emission eines Elektrons ($E_\mathrm{max} = 0{,}78$ MeV) in ein Proton über. Im allgemeinen werden freie Neutronen jedoch, lange bevor sie einen Betazerfall erleiden, von anderen Atomkernen infolge von Kernreaktionen absorbiert.

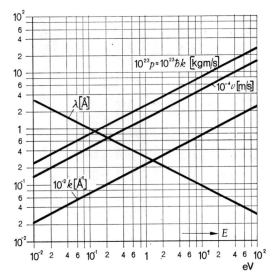

Abb. 5-27. Wellenlänge λ, Wellenzahl $k = 2\pi/\lambda$, Impuls $p = \hbar k$ und Geschwindigkeit v von Neutronen als Funktion ihrer Energie E

Kinetische Energie E, Geschwindigkeit v und Wellenlänge λ eines Neutrons mit der Ruhemasse m_0 hängen über folgende Beziehungen zusammen (s. auch Abb. 5-27):

a) nichtrelativistischer Bereich ($v \ll c_0$; c_0 Lichtgeschwindigkeit, h Planck-Konstante, s. Tab. 1-15): Aus $E = m_0 v^2/2$ (s. Abschn. 1.3.2) folgen die Zahlenwertgleichungen

$$E = 5{,}2269 \cdot 10^{-9} v^2; \qquad v = 1{,}3832 \cdot 10^4 \sqrt{E}, \tag{5.50}$$

und aus $\lambda = h/m_0 v = h/\sqrt{2 m_0 E}$:

$$\lambda = 0{,}28601/\sqrt{E}; \tag{5.51}$$

E in eV, v in m/s, λ in Å.

b) relativistischer Bereich (E_0 Ruheenergie des Neutrons, s. Tab. 1-16):

$$E = m_0 c_0^2 (1/\sqrt{1-\beta^2} - 1), \tag{5.52}$$

$$v = c_0 \sqrt{1 - 1/(1 + E/E_0)^2}, \tag{5.53}$$

$$\lambda = h c_0/\sqrt{2 E E_0 (1 + E/2 E_0)}. \tag{5.54}$$

5.4.2 Neutronenquellen

Freie Neutronen können durch Kernreaktionen mit schnellen geladenen Teilchen oder energiereichen Photonen erzeugt werden und durch spontan oder in Reaktoren erfolgende Kernspaltung entstehen. Bei vielen dieser Reaktionen wird ein Teil der dem Kern zugeführten Energie (kinetische und Bindungsenergie des Geschoßteilchens) als Gammastrahlung emittiert, sofern sie die Bindungsenergie des loszulösenden Neutrons wesentlich übersteigt. Bei manchen Reaktionen, insbesondere bei der Spaltung, bleiben radioaktive Kerne (s. Abschn. 2.3 und 2.4) zurück, die oft ebenfalls Gammastrahlen aussenden. Deshalb sind Neutronen fast immer von Photonenstrahlen begleitet (gemischte Strahlungsfelder). Auch die kosmische Strahlung (s. Abschn. 3.2.1) erzeugt durch Kernreaktionen in der Atmosphäre ständig energiereiche Neutronen.

5.4.2.1 Radioaktive Neutronenquellen

Zum Kalibrieren von Strahlenschutzmeßgeräten reicht die Emissionsrate radioaktiver Neutronenquellen [114] zumeist aus. Dazu werden radioaktive Stoffe mit möglichst energiereicher α- oder Gammastrahlung benutzt (Tab. 5-9). Die maximal erzielbare

Tabelle 5-9. Eigenschaften radioaktiver Neutronenquellen [144] ($T_{1/2}$ Halbwertszeit, $\bar{E}_n$ mittlere Neutronenenergie, Γ spezifische Gammastrahlenkonstante (s. Abschn. 4.4.6), sp. Sp. spontane Spaltung)

Quelle	$T_{1/2}$	Neutronenausbeute etwa	$\bar{E}_n$ MeV	Γ R m²/(hCi)	Vorteile	Nachteile
Ra-Be(α, n)	$1{,}60 \cdot 10^3$ a	$1{,}5 \cdot 10^7$ s^{-1} Ci^{-1}	2,8	0,825	Hohe Ausbeute, kleine Abmessungen, als Standardquelle geeignet	Breite Neutronenenergieverteilung, hoher γ-Strahlenanteil (10^3 Photonen/Neutron), Ausbeute ändert sich nicht nur mit $T_{1/2}$, sondern auch mit dem Anwachsen des Po [150]. Quelle nur schwer reproduzierbar und stabil herzustellen (Ausnahme: RaBeF$_4$ mit geringer Ausbeute [115]) [101, 163, 271, 311]
^{239}Pu-Be(α, n)	$2{,}44 \cdot 10^4$ a	$1{,}5 \cdot 10^6$ s^{-1} Ci^{-1}	3,4	0,60	Wenig γ-Strahlen ($E_\gamma \leqq 0{,}45$ MeV), $T_{1/2}$ groß, stabile reproduzierbare Quellen geringerer Ausbeute als Legierung Pu-Be$_{13}$ [240]	Breite Neutronenenergieverteilung, beträchtliche Selbstabsorption, große Abmessungen, Ausbeute wächst oft mit der Zeit, da ^{239}Pu nicht rein [5, 8, 107, 239, 274]
^{241}Am-Be(α, n)	458 a	$2 \cdot 10^6$ s^{-1} Ci^{-1}	3,9	$\approx 0{,}016$	Wenig γ-Strahlen, mäßig große Abmessungen, stabile reproduzierbare Quellen geringerer Ausbeute als Legierung Am-Be$_{13}$ [240]	Breite Neutronenenergieverteilung, beträchtliche Selbstabsorption [100, 108, 163, 203, 209, 271, 311]
^{210}Po-Be(α, n)	138 d	$2{,}5 \cdot 10^6$ s^{-1} Ci^{-1}	4	$\approx 1 \cdot 10^{-4}$	Wenig γ-Strahlen (1 bis 2 Photonen zu 4,45 MeV pro Neutron)	Breite Neutronenenergieverteilung [111, 222, 224, 284, 285]
Ra-Be(γ, n)	$1{,}60 \cdot 10^3$ a	$1{,}2 \cdot 10^6$ s^{-1} Ci^{-1}		0,825	Reproduzierbar herzustellen	Sehr viele γ-Strahlen (10^4 Photonen/Neutron), Neutronenenergieverteilung bis 0,7 MeV [83]
^{124}Sb-Be(γ, n)	60 d	$1{,}6 \cdot 10^6$ s^{-1} Ci^{-1}	0,025	0,90	Nahezu monoenergetische Neutronen mittlerer Energie	Sehr viele Gammastrahlen
^{240}Pu(sp. Sp.)	$6{,}6 \cdot 10^3$ a	$7 \cdot 10^2$ s^{-1} g^{-1}	1,78		Spaltneutronenspektrum $T_{1/2}$ groß, wenig γ-Strahlen	Sehr teuer, niedrige Ausbeute
^{244}Cm(sp. Sp.)	18 a	$1 \cdot 10^7$ s^{-1} g^{-1}			Spaltspektrum, geringe Masse	Sehr teuer, nur beschränkt erhältlich
^{252}Cf(sp. Sp.)	2,6 a	$2{,}3 \cdot 10^{12}$ s^{-1} g^{-1}	2,13		Spaltspektrum, sehr geringe Masse	$T_{1/2}$ niedrig

Quellstärke B (s. Abschn. 4.2.1) für einen mit Beryllium gemischten α-Strahler läßt sich abschätzen:

$$B/\dot{N}_\alpha = 0{,}152 \cdot 10^{-6}\, E_\alpha^{3,65}. \tag{5.55}$$

$\dot{N}_\alpha$ Emissionsrate der α-Teilchen, E_α α-Teilchenenergie in MeV.
Die spektrale Energieverteilung der Neutronen reicht bei den (α, n)-Quellen mit Beryllium bis über 10 MeV (Abb. 5–28) [141, 150, 282]; sie scheint merklich von der Größe und der Zusammensetzung der Quelle abzuhängen, so daß verschiedene Quellen des gleichen Typs nicht das gleiche Spektrum zeigen müssen.

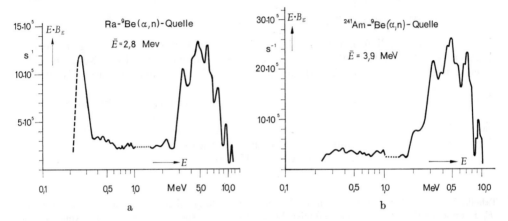

Abb. 5–28. Spektrale Energieverteilung der Neutronen aus einer Ra-^{9}Be(α, n)-Quelle (a) und aus einer ^{241}Am-^{9}Be(α, n)-Quelle (b) ($B_E = \mathrm{d}B/\mathrm{d}E$ spektrale Energieverteilung der Neutronenquellstärke B. Die Fläche unter der Kurve B_E zwischen den Energien E_1 und E_2 ist gleich der partiellen Quellstärke in diesem Bereich, wenn B_E als Funktion der Energie E aufgetragen ist. Die gleiche Bedeutung hat die entsprechende Fläche unter der Kurve $E \cdot B_E$, wenn diese über dem Logarithmus der Energie E/E^* oder über der Lethargie $u = \ln(E_{\max}/E)$ aufgetragen ist. In den Abb. 5–28 und 5–29 ist $E^* = 1$ MeV, $E_{\max} = 10$ MeV)

Bei den räumlich größeren (γ, n)-Quellen umschließt das Zielkernmaterial den getrennt angeordneten γ-Strahler. Die maximale Neutronen-Energie liegt unterhalb 1 MeV; es gibt Quellen nahezu monoenergetischer Neutronen. Für viele Anwendungen, z. B. zum Kalibrieren von neutronenempfindlichen Zählrohren, sind derartige Quellen wegen ihrer sehr intensiven γ-Strahlung jedoch nicht brauchbar. Die spektrale Energieverteilung der Neutronenquellstärke von Spaltungsquellen kann durch die folgende Formel beschrieben werden:

$$\frac{B_E}{B} = \frac{1}{B}\frac{\mathrm{d}B}{\mathrm{d}E} = \frac{2}{\sqrt{\pi}\, E_\vartheta^{3/2}} \sqrt{E}\, \exp(-E/E_\vartheta). \tag{5.56}$$

B Quellstärke, B_E spektrale Quellstärke, E_ϑ Konstante von der Dimension einer Energie (s. Tab. 5–10) [69, 158].
Das Spaltspektrum läßt sich mit Hilfe einer geeigneten Mischung von (α, n)-Quellen annähern („mock-fission-source") [275].

5.4.2.2 Beschleuniger (Neutronengeneratoren)

Während die Quellstärken radioaktiver Neutronenquellen auf die Größenordnung von $10^7\,\mathrm{s}^{-1}$ ($10^9\,\mathrm{s}^{-1}$ für ^{252}Cf) beschränkt sind, können mit Ionenbeschleunigern $10^{12}\,\mathrm{s}^{-1}$ und mehr erzeugt werden [48], ferner auch monoenergetische Neutronen, deren Energie über einen ausgedehnten Bereich gewählt werden kann [58, 70, 187, 203, 305]. Dafür kommen vor allem die endothermen Reaktionen (Reaktionen mit negativer Energietönung Q) ^{7}Li(p, n)^{7}Be [103] ($Q = -1,647$ MeV, monoenergetische Neutronen zwischen 0,12 und 0,65 MeV) und ^{3}H(p, n)^{3}He ($Q = -0,764$ MeV, monoenergetische Neutronen zwischen 0,29 und 4 MeV) in Frage, ferner für monoenergetische Neutronen im keV-Bereich bei allerdings geringer Ausbeute ^{45}Sc(p, n)^{45}Ti ($Q = -2,79$ MeV) und ^{51}V(p, n)^{51}Cr ($Q = -1,562$ MeV). Die endothermen Reaktionen setzen bei der Schwellenenergie E_s des Geschoßteilchens (Masse m_G) ein (s. Gleichung (5.83)):

$$E_s = |Q| \frac{m_G + m_Z}{m_Z} \tag{5.57}$$

m_Z Masse des Zielkerns.

Höhere Ausbeuten liefern schon bei niedrigen Beschleunigungsspannungen die exothermen Reaktionen D(d, n)^{3}He ($Q = +3,268$ MeV, monoenergetische Neutronen zwischen 2 und 10 MeV) und T(d, n)^{4}He ($Q = +17,6$ MeV, monoenergetische Neutronen zwischen 12 und 20 MeV).

Um streng monoenergetische Neutronen zu erzeugen, dürfen die beschleunigten Ionen im Target keinen merklichen Energieverlust erleiden, d.h. die Targets müssen dünn sein, was geringe Ausbeuten bedeutet. Die relative Energieunschärfe hängt bei dicken Targets von der Energietönung Q und der Kinematik der Reaktion ab und ist deshalb für die Reaktion T(d, n)^{4}He mit $Q = +17,6$ MeV geringer als für die Reaktion

Tabelle 5-10. Charakteristische Daten für die Energieverteilung der Neutronen aus der Kernspaltung (E_n Energie der die Spaltung induzierenden Neutronen, sp.Sp. spontane Spaltung, E_ϑ Konstante der Verteilung nach Formel (5.56), E_0 wahrscheinlichste Energie der Spaltneutronen, $\bar{E}$ mittlere Energie der Spaltneutronen, $\bar{\nu}$ mittlere Anzahl der bei der Spaltung emittierten Neutronen)

Spaltbares Nuklid	E_n MeV	E_ϑ MeV	E_0 MeV	$\bar{E}$ MeV	$\bar{\nu}$
^{232}Th	14,0	1,53	0,76	2,30	4,04
^{233}U	therm.	1,36	0,68	2,04	2,47
	14,0	1,53	0,76	2,30	4,55
^{235}U	therm.	1,30	0,65	1,95	2,43
	3,9	1,38	0,69	2,07	2,94
	14,1	1,37	0,68	2,06	4,56
^{238}U	2,09	1,29	0,64	1,94	2,58
	4,91	1,42	0,71	2,13	3,02
	14,1	1,48	0,74	2,22	4,46
^{239}Pu	therm.	1,39	0,70	2,08	2,83
	3,9	1,42	0,71	2,13	3,45
	14,0	1,58	0,79	2,37	5,07
^{240}Pu	sp. Sp.	1,19	0,60	1,78	2,19
^{241}Pu	therm.	1,34	0,67	2,01	2,95
^{252}Cf	sp. Sp.	1,42	0,71	2,13	3,76

^{2}H(d, n)^{3}He mit $Q = +3,26$ MeV. Hohe Ausbeuten von Neutronen mit breitem Energiespektrum liefern die Reaktionen ^{9}Be(d, n)^{10}B mit $Q = +4,362$ MeV und ^{7}Li(d, n)^{8}Be mit $Q = +15,028$ MeV.

Auch Elektronenbeschleuniger werden oft als Neutronenquellen benützt, wobei Neutronen über (γ, n)-Reaktionen oder den Photospaltungsprozeß erzeugt werden [99, 144].

5.4.2.3. Reaktoren

Reaktoren stellen räumlich ausgedehnte, starke Neutronenquellen dar. Bei dem durch Einfang eines Neutrons eingeleiteten Spaltungsprozeß zerfällt ein spaltbarer Atomkern (meistens ^{235}U, aber auch ^{239}Pu oder ^{233}U) in zwei hochangeregte, radioaktive Bruchstücke mittlerer Massenzahl und sendet dabei im Mittel $\bar{\nu}$ schnelle Neutronen aus (siehe Tab. 5-10), deren spektrale Energieverteilung φ_E^{Sp} der gesamten Spaltneutronenflußdichte φ^{Sp} durch

$$\varphi_E^{\mathrm{Sp}} = \frac{d\varphi^{\mathrm{Sp}}}{dE} = \varphi^{\mathrm{Sp}} \frac{2}{\sqrt{\pi}\, E_\vartheta^{3/2}} \sqrt{E} \exp(-E/E_\vartheta) \tag{5.58}$$

beschrieben wird [14, 158].

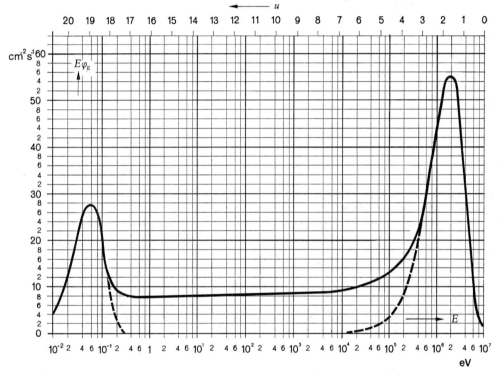

Abb. 5–29. Spektrale Energieverteilung $\varphi_E = d\varphi/dE$ der Neutronenflußdichte φ in einem thermischen Reaktor. Aufgetragen ist die Größe $E\,\varphi_E$ über dem Logarithmus der Energie; s. Legende zu Abb. 5–28. Im linken Teil der Abbildung ist die Maxwell-Verteilung der thermischen Neutronen nach Formel (5.60) mit $kT = 0{,}03$ eV, $T = 348$ K gestrichelt eingezeichnet, im rechten Teil das Spektrum der Spaltneutronen nach Formel (5.56)

Im Spektrum der Reaktorneutronen (vgl. auch BARLEON u. Mitarb. [13]) lassen sich drei Bereiche unterscheiden (Abb. 5–29).
a) Primäre Spaltneutronen mit $E > 0{,}5$ MeV, Energieverteilung gemäß Formel (5.56);
b) Bremsneutronen mit $0{,}2$ eV $< E < 0{,}5$ MeV (im unteren Energiebereich oft Resonanzneutronen genannt), Energieverteilung (s. auch Abschn. 5.4.4.2)

$$\varphi_E^i(E) = \frac{\varphi_e}{E}\left(\frac{E}{E^*}\right)^\varepsilon \tag{5.59}$$

mit $\varepsilon \ll 1$, $E^* = 1$ eV.

128 Korpuskularstrahlen

φ_e ist eine Konstante und bedeutet die Flußdichte im logarithmischen Einheitsintervall der Energie, d.h. zwischen E und E/e;

c) thermische Neutronen, die sich angenähert im thermischen Gleichgewicht mit dem Moderator befinden und deren Energieverteilung durch eine Maxwell-Verteilung

$$\varphi_E^{\text{th}}(E) = \varphi^{\text{th}} \frac{E}{(kT)^2} \exp(-E/kT) \tag{5.60}$$

beschrieben wird.

Es ist

φ^{th} die gesamte thermische Flußdichte,
T die Neutronentemperatur,
k die Boltzmann-Konstante (s. Tab. 1–15),
$v_0 = \sqrt{2kT/m}$ die wahrscheinlichste Neutronengeschwindigkeit,
$\bar{v} = 2v_0/\sqrt{\pi}$ die mittlere Neutronengeschwindigkeit,
$E_0 = kT$ die Neutronenenergie bei der wahrscheinlichsten Geschwindigkeit v_0,
$E_w = E_0/2$ die wahrscheinlichste Energie,
$\bar{E} = \frac{3}{2}kT$ die mittlere Energie.

5.4.3 Wechselwirkung von Neutronen mit Materie, Wirkungsquerschnitte

Je nach der kinetischen Energie der Neutronen und der Kernart des Stoßpartners unterscheidet man verschiedene Wechselwirkungsprozesse, und zwar die Potentialstreuung, bei der das Neutron im Kernkraftfeld eines Atomkerns abgelenkt wird, und Wechselwirkungen, bei denen das Neutron von einem Atomkern eingefangen wird und der gebildete Zwischenkern (Compoundkern) seine überschüssige Energie durch Emission von Photonen oder Kernteilchen — auch durch Reemission des eingefangenen Neutrons — wieder abgibt.

Der äußeren Erscheinung nach unterscheidet man:

a) elastische Streuung (n, n),

b) inelastische Streuung (n, n'),

c) Kernumwandlung unter Emission von geladenen Teilchen (n, p), (n, α) u. a.,

d) Kernspaltung (n, f) (f fission = Spaltung),

e) Strahlungseinfang (n, γ).

Hinzu treten bei hohen Neutronenenergien ($E > 10$ MeV) noch Mehrteilchenprozesse wie (n, 2n), (n, 3n), (n, np) u. ä. Schließlich kann ein sehr energiereiches Neutron einen Atomkern zum Zerplatzen bringen (Spallation).
Als Maß für die Wahrscheinlichkeit, mit der eine bestimmte Kernreaktion auftritt, dient ihr *Wirkungsquerschnitt*. Dazu denkt man sich einen Atomkern durch ein Kügelchen symbolisiert, welches so groß ist, daß jedes darin eintretende Geschoßteilchen der betrachteten Art und Energie diese Kernreaktion auslöst. Die Querschnittsfläche dieses Kügelchens wird als atomarer Wirkungsquerschnitt σ in der Einheit Barn (b) (siehe Tab. 1–3) angegeben. Betrachtet man eine sehr dünne Schicht von Zielkernen, die sich in einem Strahlungsfeld mit homogener Teilchenflußdichte und einheitlicher Teilchenenergie E befindet, so ist

$$\sigma = \frac{N_R}{N_Z \cdot \Phi}. \tag{5.61}$$

N_R Anzahl der Kernreaktionen, N_Z Anzahl der Zielkerne, Φ Teilchenfluenz (s. Abschn. 4.2.2).

Den makroskopischen Wirkungsquerschnitt (die Wirkungsquerschnittsdichte) Σ erhält man daraus durch Multiplikation mit der Anzahldichte n_Z der Zielkerne

$$\Sigma = n_Z \, \sigma. \tag{5.62}$$

($n_Z = \dfrac{\varrho}{M} N_A$; ϱ Dichte, M molare Masse, N_A Avogadro-Konstante (siehe Tab. 1–15); Zahlenwerte für ϱ und M s. Tab. 6–3).

Σ hat die Dimension einer reziproken Länge, und $\exp(-\Sigma d)$ ist die Wahrscheinlichkeit, daß ein Neutron in einem Stoff mit dem makroskopischen Wirkungsquerschnitt Σ die Entfernung d ohne Zusammenstoß zurücklegt;

$$\Lambda = 1/\Sigma \tag{5.63}$$

ist demzufolge die mittlere freie Weglänge für die betrachtete Reaktion.
Die Reaktionsratendichte $\dot{n}_R = \mathrm{d}n_R/\mathrm{d}t$ beträgt

$$\dot{n}_R = \varphi \Sigma, \tag{5.64}$$

wenn φ die Flußdichte (s. Abschn. 4.2.2) von Neutronen der einheitlichen Energie E bezeichnet.

Der Wirkungsquerschnitt σ ist eine Funktion $\sigma(E)$ der Energie E der einfallenden Teilchen. Differentielle Wirkungsquerschnitte nennt man die Differentialquotienten von $\sigma(E)$ nach dem Raumwinkel $\vec{\Omega}$ der austretenden Reaktionsprodukte, bezogen auf die Richtung der einfallenden Teilchen, also $\sigma_\Omega = \mathrm{d}\sigma/\mathrm{d}\vec{\Omega}$, oder die Differentialquotienten nach der Energie E' der austretenden Teilchen, also $\sigma_{E'} = \mathrm{d}\sigma/\mathrm{d}E'$.

Der Verlauf der Wirkungsquerschnitte mit der Energie der einfallenden Teilchen ist für jedes Nuklid und jede Reaktion verschieden und muß experimentell ermittelt werden. Zu beachten ist, daß Wirkungsquerschnitte sowohl für einzelne Nuklide als auch für das natürliche Isotopengemisch eines Elementes angegeben werden. Sie können bei langsamen Neutronen bis zu mehreren hunderttausend Barn betragen und übertreffen den geometrischen Kernquerschnitt, der in der Größenordnung eines Barn liegt, dann bei weitem. Dieses sog. „Resonanz-Verhalten" hängt mit der Wellennatur des Neutrons zusammen.

Für den totalen Wirkungsquerschnitt σ_t, entsprechend der Summe aller möglichen Reaktionen an einem bestimmten Nuklid, kann man oft folgende charakteristische Bereiche in Abhängigkeit von der Energie der einfallenden Neutronen unterscheiden:

a) Ein Gebiet bei niederen Neutronenenergien, in dem σ_t (maßgeblich bestimmt durch den Einfangquerschnitt) umgekehrt proportional zur Neutronengeschwindigkeit v ist, also proportional zur Aufenthaltsdauer des Neutrons in der Nähe eines Atomkerns;

b) zu höheren Energien schließt ein breiter Bereich mit ausgeprägter Resonanzstruktur (für Einfang und Streuprozesse) an, der schließlich bei hohen Energien in

c) ein Gebiet übergeht, in dem σ_t (maßgeblich bestimmt durch den Streuquerschnitt) konstant (gleich dem doppelten geometrischen Kernquerschnitt) wird.

Bei leichten Kernen und niedrigen Neutronenenergien bestimmt die elastische Potentialstreuung den Wirkungsquerschnitt, der dann energieunabhängig konstant und von der Größenordnung des geometrischen Kernquerschnitts ist. Ausgenommen davon sind solche Nuklide, bei denen infolge von Einfangreaktionen geladene Teilchen entstehen können (^{3}He(n, p)^{3}H, ^{6}Li(n, α)^{3}H, ^{10}B(n, α)^{7}Li, ^{14}N(n, p)^{14}C) und bei denen für niedrige Neutronenenergien das oben erwähnte $1/v$-Verhalten den Energieverlauf des Wirkungsquerschnitts beschreibt. Charakteristische Beispiele enthält Abb. 5-30.

Die elastische Streuung trägt den wesentlichen Anteil zur Energieübertragung von schnellen Neutronen auf biologisches Gewebe bei. Die Energie $\bar{E}_Z$, die dabei im Mittel

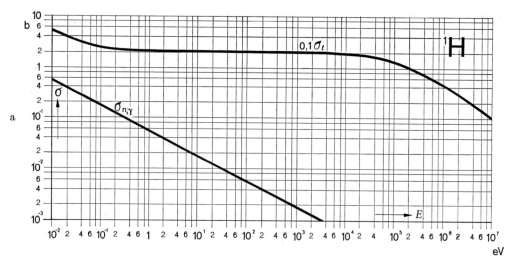

Abb. 5–30. Wirkungsquerschnitte verschiedener Nuklide in Abhängigkeit von der Neutronenenergie (a—i). σ_t totaler Wirkungsquerschnitt, $\sigma_{n,n}$ Wirkungsquerschnitt für elastische Neutronenstreuung, $\sigma_{n,\gamma}$ Wirkungsquerschnitt der Neutronen-Einfangreaktion mit nachfolgender Gammastrahlenemission, $\sigma_{n,p}$ desgl. mit nachfolgender Protonenemission, $\sigma_{n,\alpha}$ desgl. mit nachfolgender α-Teilchenemission, σ_f Wirkungsquerschnitt für Kernspaltung

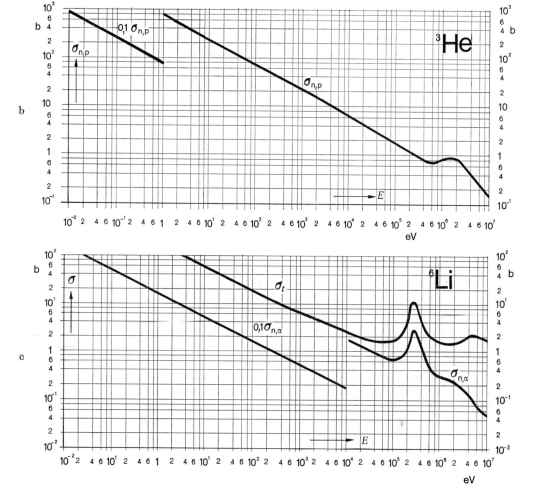

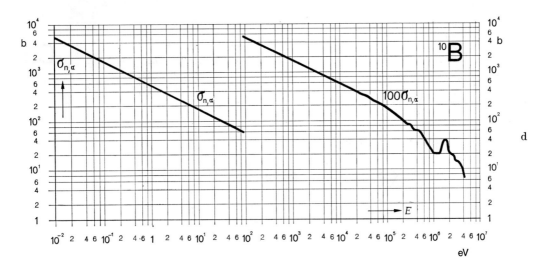

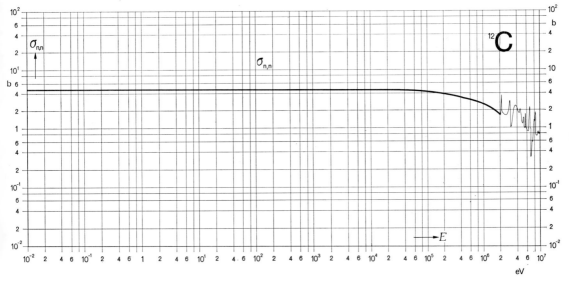

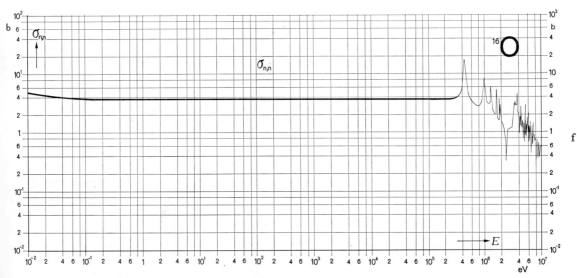

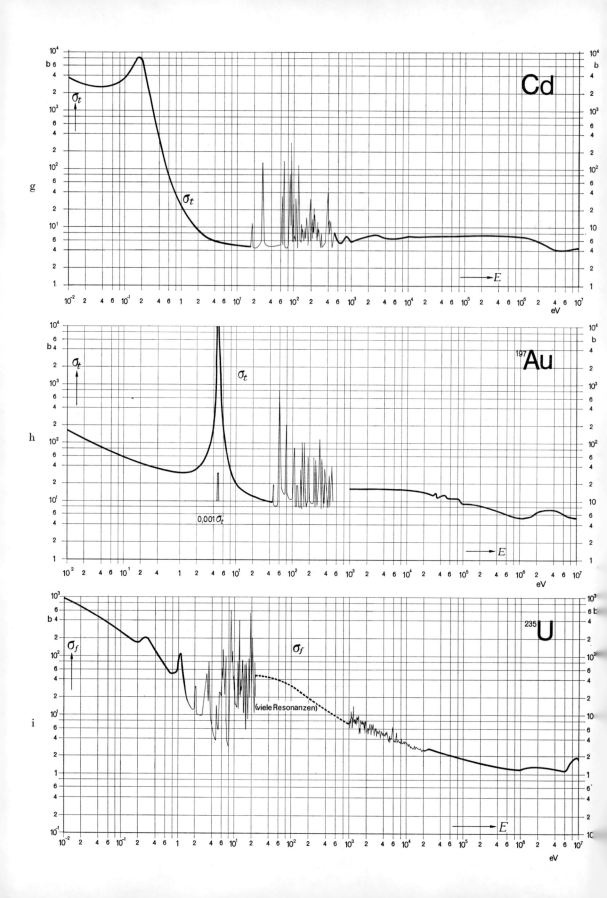

auf den vor dem Stoß als ruhend angenommenen Zielkern übertragen wird, beträgt

$$\bar{E}_Z = \frac{2 m_\mathrm{n} m_Z}{(m_\mathrm{n} + m_Z)^2} E_\mathrm{n}. \tag{5.65}$$

In Materie werden schnelle Neutronen zunächst durch elastische und unelastische Streuprozesse abgebremst; nur ein kleiner Teil wird bereits während des Bremsvorganges durch Einfangreaktionen absorbiert. Mit geringer werdender Neutronenenergie gewinnen jedoch diese Einfangprozesse an Bedeutung. Trotzdem erreichen in vielen Stoffen, besonders in solchen mit niedrigen Einfangquerschnitten (Moderatoren wie D_2O, Be, C, H_2O) die Neutronen so geringe Energie, daß sie sich nahezu im thermischen Gleichgewicht mit der Bremssubstanz befinden und darin als thermische Neutronen diffundieren, deren Geschwindigkeitsverteilung der Anzahldichten n^th durch eine Maxwell-Verteilung (s. Gleichung (5.60))

$$n_v^\mathrm{th} = \frac{\mathrm{d}n^\mathrm{th}}{\mathrm{d}v} = n^\mathrm{th} \frac{4}{\sqrt{\pi}} \exp(-m v^2/2kT) \frac{m v^2}{2kT} \sqrt{\frac{m}{2kT}} \tag{5.66}$$

beschrieben wird mit einer Temperatur T, die je nach den Absorptionseigenschaften der betreffenden Substanz über der wahren Temperatur der Bremssubstanz liegt. Die mittlere Lebensdauer von thermischen Neutronen liegt (in den reinen Substanzen) um 0,13 s in D_2O, um 3,6 ms in Be, um 13 ms in Graphit, um 0,2 ms in H_2O und Paraffin. Ein in Materie gemessenes Spektrum (siehe z. B. Abb. 5–29) hängt vom Abstand zwischen Quelle und Meßort und von den Eigenschaften des Moderators ab. Folgende Einteilungen der Neutronenenergiebereiche sind gebräuchlich:

Energiereiche Neutronen	$E > 20$ MeV
schnelle Neutronen	10 keV $< E \leq 20$ MeV
mittelschnelle (intermediäre) Neutronen	$0{,}5$ eV $< E \leq 10$ keV
langsame (thermische und epithermische) Neutronen	$E \leq 0{,}5$ eV.

Die Grenzen sind fließend; insbesondere bewegt sich die Grenze von mittelschnellen zu schnellen Neutronen zwischen 1 keV und 100 keV. Die untere Energiegrenze der mittelschnellen Neutronen entspricht etwa der Absorptionskante (Abschneideenergie) des Kadmiums (s. Abb. 5–30 g).

5.4.4 Neutronennachweis und Flußdichtemessung

Neutronen vermögen Gase nicht direkt zu ionisieren. Zu ihrem Nachweis nimmt man daher Kernprozesse zu Hilfe, bei denen radioaktive Nuklide oder unmittelbar schnelle geladene Teilchen entstehen, und weist diese entweder durch die Ionisation von Gasen (Ionisationskammer, Proportionalzählrohr), Anregung von Festkörpern (Szintillationszähler, Halbleiterdetektor, photographische Emulsion) oder Strahlenschäden in bestimmten Stoffen nach [15, 18, 22, 188, 198] (s. auch Abschn. 7.3.2). Wegen der Energieabhängigkeit der Wirkungsquerschnitte benutzt man dazu je nach dem Energiebereich der nachzuweisenden Neutronen verschiedene Reaktionen. Man unterscheidet direkt anzeigende Verfahren, bei denen die Reaktionsprodukte sofort nachgewiesen werden [84, 91, 211, 227] und Aktivierungsverfahren, bei denen nach der Exposition geeigneter Sonden im Neutronenfeld aus der Sondenaktivität auf die Neutronenflußdichte oder -fluenz während der Exposition geschlossen wird [62, 309, 310].
Die Sättigungsaktivität A_∞ einer ideal dünnen Sonde mit N aktivierbaren Kernen, d.h. einer Sonde, die das Neutronenfeld nicht stört und keine Selbstabsorption zeigt, beträgt

$$A_\infty = N \int_0^{E_\mathrm{max}} \sigma(E) \varphi_E \, \mathrm{d}E. \tag{5.67}$$

E_max maximale Energie der Neutronen.

134   Korpuskularstrahlen

Sondenkorrektionen für endlich dicke Sonden aufgrund der Aktivierungsstörung infolge Selbstabschirmung und Flußdichtedepressionen s. Literatur [18, 22, 150].
Wenn A_∞ die Aktivität der Sonde nach unendlich langer Bestrahlung im Neutronenfeld ist, so beträgt die Aktivität A nach der Bestrahlungszeit t_1

$$A(t_1) = A_\infty [1 - \exp(-\lambda t_1)], \tag{5.68}$$

worin λ die Zerfallskonstante des aktivierten Nuklids ist (s. Abschn. 2.3.1). Nach der Zeitspanne t_2 zwischen dem Ende der Bestrahlung und dem Beginn der Messung sinkt die Aktivität auf

$$A(t_2) = A_\infty [1 - \exp(-\lambda t_1)] \exp(-\lambda t_2). \tag{5.69}$$

Da Neutronen fast immer mit Photonenstrahlen vermischt auftreten, muß jedes Nachweisverfahren für Neutronen selektiv sein. Diese Forderung ist bei Aktivierungsdetektoren erfüllt, da ihre Aktivität erst nach ihrer Bestrahlung im Neutronenfeld bestimmt wird und die zu messende Aktivität nur durch Neutronen induziert wird. Störaktivitäten, aktivierte Verunreinigungen oder vom Trägermaterial herrührende Aktivitäten dürfen bei der Messung nicht miterfaßt werden. Bei den direkt anzeigenden Verfahren müssen die von Photonen ausgelösten Sekundärelektronen gegen die Reaktionsprodukte der Neutronenreaktionen z.B. aufgrund unterschiedlicher Impulshöhen oder Impulsanstiegszeiten diskriminiert werden können.

5.4.4.1   *Langsame Neutronen*
Nachweis

Für direkt anzeigende Detektoren werden die Reaktionen ^{3}He(n, p)^{3}T, ($Q = +0{,}764$ MeV), ^{6}Li(n, α)^{3}T, ($Q = +4{,}79$ MeV), ^{10}B(n, α)^{7}Li ($Q = +2{,}79$ MeV) und ^{235}U(n, f) ($Q \approx +200$ MeV) benutzt (Tab. 5–11). Meistens werden Proportionalzählrohre mit BF$_3$-Gasfüllung, gelegentlich auch mit Borwandbelag verwendet, bei denen zur Erhöhung der Nachweis-

Tabelle 5–11. Detektoren für thermische Neutronen (nach ICRU [150]) ($T_{1/2}$ Halbwertszeit, σ_0 Wirkungsquerschnitt bei einer Neutronengeschwindigkeit von 2200 m/s, B im Aktivierungsbad als Salzlösung, z.B. zur Quellstärkebestimmung, D als Kathode in Betastromdetektoren, F als folienförmige Aktivierungssonde, H als Konverter vor Halbleiterdetektoren, I in der Ionisationskammer, P im Proportionalzählrohr, K als Konverter zur Spurenerzeugung in Isolatoren [Glimmer, Plastik], Sz in Szintillatoren)

Reaktion	$T_{1/2}$	σ_0 10^{-24} cm^2	Westcott-Parameter		Anwendung
			g (20 °C)	s (20 °C)	
^{3}He(n, p)^{3}H	12,3 a	5327	1,0		H, P
^{6}Li(n, t)^{4}He	stabil	945	1,0		H, Sz
^{10}B(n, α)^{7}Li	stabil	3837	1,0		I, P, K, Sz
^{23}Na(n, γ)^{24}Na	15,0 h	0,534	1,0	0,15	B
^{45}Sc(n, γ)^{46}Sc	84 d	22,3			F
^{51}V(n, γ)^{52}V	3,8 min	4,9	1,0	0,083	F, D
^{55}Mn(n, γ)^{56}Mn	2,58 h	13,3	1,0	0,666	B, F
^{59}Co(n, γ)^{60}Co	5,27 a	36,6	1,0	1,736	F
^{63}Cu(n, γ)^{64}Cu	12,8 h	4,5	1,0	0,77	F
^{93}Nb(n, γ)^{94}Nb^m	6,3 min	1,0			
^{103}Rh(n, γ)^{104}Rh	43 s	150			D
^{115}In(n, γ)^{116}In^m	54 min	157	1,019	19,8	F
^{157}Gd(n, γ)^{158}Gd	stabil	242000	0,854	−0,85	H
^{197}Au(n, γ)^{198}Au	2,70 d	98,8	1,005	17,3	F
^{235}U(n, f)	Spaltproduktgemisch	577	0,976	−0,04	H, I, P, K

wahrscheinlichkeit das Isotop ^{10}B angereichert ist, da es einen hohen Wirkungsquerschnitt für langsame Neutronen hat, der bis zu etwa 100 keV proportional zu $1/v$ ist (vgl. Abschn. 5.4.3). ^{6}Li-belegte Kammern sind seltener. Auch mit Bor oder Lithium beladene Szintillatoren sind gebräuchlich, oder Halbleiterdetektoren, vor deren empfindlicher Oberfläche sich bor-, lithium- oder gadoliniumhaltige Schichten oder Spaltstofffolien befinden [74, 228, 242]. ^{3}He wird wegen seines hohen Wirkungsquerschnitts für langsame Neutronen in Proportionalzählrohren eingesetzt. In Spaltkammern für thermische Neutronen werden die Kernfragmente aus der Spaltungsreaktion am ^{235}U (selten auch am ^{239}Pu oder ^{233}U) nachgewiesen. Das spaltbare Nuklid befindet sich dabei als Wandbelag in einem Proportionalzählrohr. Bei einem neueren Verfahren wird ein Spaltstoffbelag auf eine Folie aus Glimmer oder Plastikmaterial gebracht; nach der Exposition im Neutronenfeld lassen sich die Spaltfragmentspuren in der Folie durch Ätzen sichtbar machen und auszählen [94, 224, 225, 280].

Die erwähnten Reaktionen sind alle stark exotherm, so daß die Anzahl oder Anzahlrate der Reaktionen durch Impulshöhendiskriminierung auch in Gegenwart intensiver Photonenstrahlen selektiv bestimmt werden kann. In Betastromdetektoren wird die Betastrahlenemission des aktivierbaren Kathodenmaterials (^{103}Rh, ^{51}V) zur direkten Strommessung ausgenutzt [142].

Dichte- und Flußdichtemessung

In der Regel enthält ein Neutronenfeld Neutronen sehr verschiedener Geschwindigkeiten. Durch ein etwa 1 mm starkes Filter aus Kadmiumblech werden aber nahezu alle Neutronen mit Energien unterhalb etwa 0,5 eV von der Sonde ferngehalten (Abb. 5-30g), so daß der Anteil dieser Neutronen durch Messung mit und ohne Kadmiumabschirmung (Kadmiumdifferenzmessung) leicht ermittelt werden kann. Bei Messungen mit Sonden, deren Wirkungsquerschnitt proportional zu $1/v$ verläuft (^{10}B, ^{3}He), ist der Beitrag zum Meßeffekt von Neutronen mit Energien oberhalb der Abschneidekante des Kadmiums nur gering, so daß auf eine Kadmiumdifferenzmessung meistens verzichtet werden kann.

Für den sog. $1/v$-Indikator beträgt der Wirkungsquerschnitt bei der Neutronengeschwindigkeit v

$$\sigma = \sigma_0 \cdot v_0/v. \tag{5.70}$$

(σ_0 Wirkungsquerschnitt bei der Neutronengeschwindigkeit $v_0 = 2200$ m/s, dem Maximum der Maxwellschen Geschwindigkeitsverteilung bei 293,6 K = 20,4 °C; das ist die wahrscheinlichste Geschwindigkeit bei dieser Temperatur), so daß seine Reaktionsrate $\dot{N}_R$ mit der Neutronenflußdichte $\varphi = n \cdot v$ und der Neutronendichte n

$$\dot{N}_R = N_Z\, \sigma_Z\, \varphi = N_Z\, \sigma_{0Z}\, v_0\, n = N_Z\, \sigma_{0Z}\, \varphi_0 \tag{5.71}$$

wird, also proportional zur Neutronendichte unabhängig von der Neutronengeschwindigkeit.

$$\varphi_0 = n\, v_0 \tag{5.72}$$

heißt „konventionelle" Flußdichte im Gegensatz zur wirklichen Flußdichte

$$\varphi = \int_0^{E_{\max}} \frac{dn}{dE}\, v\, dE = \int_0^{v_{\max}} \frac{dn}{dv}\, v\, dv. \tag{5.73}$$

Mit Hilfe der konventionellen Flußdichte kann über Gleichung (5.71) die Reaktionsrate von $1/v$-Indikatoren berechnet werden.

Für Messungen mit Detektoren, deren Wirkungsquerschnitt vom $1/v$-proportionalen Verlauf abweicht, wird die Beziehung (5.71) nach Westcott u. Mitarb. [295] mit Hilfe des effektiven Wirkungsquerschnitts

$$\hat{\sigma} = \sigma_0[g(T) + r\,s(T)] \qquad (5.74)$$

korrigiert. r kennzeichnet den über die Maxwell-Verteilung hinausgehenden relativen Flußdichteanteil und ist damit eine Eigenschaft des Moderators. Man erhält r aus einer Messung des Kadmiumverhältnisses (vgl. ICRU [150]). g und s sind ein Maß für die Abweichungen des Wirkungsquerschnitts vom $1/v$-proportionalen Verhalten im thermischen (g) und im nach höheren Neutronenenergien anschließenden Bereich (s). g und s hängen von der Neutronentemperatur T ab und sind tabelliert [294]. Damit wird dann die Reaktionsrate wieder

$$\dot{N}_R = N_Z\,\hat{\sigma}_Z\,n\,v_0. \qquad (5.75)$$

Darstellungsweisen der Flußdichte im moderierten Neutronenspektrum

a) Konventionelle Flußdichte

$$n\,v_0 = \frac{\dot{N}_R}{\hat{\sigma}} = \frac{\dot{N}_R}{\sigma_0(g + r\,s)}. \qquad (5.76)$$

b) Thermische Flußdichte unterhalb der Abschneideenergie des Kadmiums

$$n_{\text{th}}\,v_0 = \frac{\dot{N}_R - \dot{N}_R^{\text{Cd}}}{\sigma_0\,g} \qquad (5.77)$$

$\dot{N}_R^{\text{Cd}}$ Reaktionsrate unter der Cd-Abschirmung.

c) Konventionelle Maxwell-Flußdichte

$$n_M\,v_0 = n\,v_0\left(1 - \frac{4\,r}{\sqrt{\pi\,a}}\right). \qquad (5.78)$$

In Gleichung (5.78) ist nur das Maxwell-Spektrum enthalten, das man durch Subtraktion des Anteils bei höherer Energie (Epi-Maxwell-Komponente) von der gesamten Flußdichte erhält. $E = a k T$ ist die untere Abschneideenergie dieser Bremsneutronenkomponente ($a \approx 4$ dimensionsloser Zahlenfaktor, k Boltzmann-Konstante (s. Tab. 1–15), T absolute Temperatur. Für gut moderierte Systeme ($r < 0{,}05$) ist $n_M v_0$ nur wenige Prozent niedriger als $n_{\text{th}} v_0$.

d) Mittlere Maxwell-Flußdichte

$$n_M\,\bar{v} = n_M\,v_0\,\frac{2}{\sqrt{\pi}}\sqrt{\frac{T}{T_0}}, \qquad (5.79)$$

$T_0 = 293{,}6\,\text{K}$, $v_0 = 2200\,\text{m/s}$.

5.4.4.2 *Mittelschnelle Neutronen*
Nachweis

Mittelschnelle Neutronen können mit Hilfe der gleichen Reaktionen (s. Abschn. 5.4.4.1) nachgewiesen werden wie langsame; die Nachweiswahrscheinlichkeit ist jedoch wegen der im allgemeinen niedrigeren Wirkungsquerschnitte geringer (s. Abb. 5–30). Deshalb umgibt man oft einen Detektor für langsame Neutronen (z.B. ein BF_3-Zählrohr, siehe Abschn. 5.4.4.1) mit einem Moderator (z.B. eine ein bis zwei Zentimeter starke Umhüllung aus Polyäthylen), in dem die mittelschnellen Neutronen abgebremst werden und der außen mit Kadmiumblech gegen einfallende langsame Neutronen abgeschirmt ist (s. auch BASSON [16]). Allerdings wird auch ein — von ihrer Einfallsenergie abhängiger — Teil der schnellen Neutronen nachgewiesen. Diskriminierung gegen Gammastrahlen ist auf die gleiche Weise möglich wie beim Nachweis langsamer Neutronen.

Flußdichtemessung

In einem Bremsmedium (Moderator), dessen Streuquerschnitt energieunabhängig konstant ist, — das ist in der Regel im Energiebereich zwischen etwa 1 eV und 10 keV der Fall —, und in dem Quellen schneller Neutronen homogen verteilt sind, ist die differentielle Flußdichte der mittelschnellen Neutronen umgekehrt proportional zu ihrer Energie (s. Gleichung (5.59)):

$$\varphi_E = \varphi_e/E\,. \tag{5.80}$$

Die Konstante φ_e läßt sich aus Messungen an einer Aktivierungssonde mit und ohne Kadmiumabdeckung ermitteln [18, 22, 310]. Sind Abweichungen vom $1/E$-Verlauf zu erwarten, z. B. in einem Neutronenfeld, das punktförmig lokalisierte Quellen enthält, so kann der Verlauf der differentiellen Neutronenflußdichte mit Hilfe von Resonanzsonden (s. Tab.5-12) näher untersucht werden. Näherungsweise kann man die differentielle Flußdichte durch Gleichung (5.59) darstellen.

Eine nützliche Tafel zur Ermittlung von ε aus Messungen mit Gold, Mangan und Kupfer findet man bei ZIJP [310]. Weitere Methoden („Sandwich"-Verfahren) sind ausführlich beschrieben [18, 22, 310].

Tabelle 5-12. Resonanzdetektoren für Messungen an mittelschnellen Neutronen (Bremsspektrum) (nach ICRU [150]) (I_r relativer Beitrag des Resonanzintegrals zur Bildung des beobachteten Nuklids bezogen auf die Fläche $\int_{0,5\,\mathrm{eV}}^{\infty} \sigma_{\mathrm{act}}(E)\,\mathrm{d}E$ unter der Kurve des Aktivierungsquerschnitts $\sigma_{\mathrm{act}}(E)$ in einer unendlich dünnen Sonde)

Reaktion	$T_{1/2}$	Neutronen-energie an der Hauptresonanz eV	Westcott-Parameter g	I_r
$^{115}\mathrm{In}(n,\gamma)^{116}\mathrm{In}^m$	54,0 min	1,46	1,02	0,96
$^{197}\mathrm{Au}(n,\gamma)^{198}\mathrm{Au}$	2,70 d	4,9	1,005	0,95
$^{186}\mathrm{W}(n,\gamma)^{187}\mathrm{W}$	23,9 h	18,8	1,00	0,98
$^{139}\mathrm{La}(n,\gamma)^{140}\mathrm{La}$	40,2 h	73,5	1,00	0,97
$^{55}\mathrm{Mn}(n,\gamma)^{56}\mathrm{Mn}$	2,58 h	337	1,00	0,88
$^{100}\mathrm{Mo}(n,\gamma)^{101}\mathrm{Mo} \to {}^{101}\mathrm{Tc}$	15 min	367	1,00	
$^{23}\mathrm{Na}(n,\gamma)^{24}\mathrm{Na}$	15,0 h	2850	1,00	

5.4.4.3 Schnelle Neutronen

Nachweis

Schnelle Neutronen werden meistens durch die Rückstoßprotonen aus wasserstoffhaltigen Stoffen nachgewiesen [6, 63, 188]. Im einfachsten Fall geschieht das in einem mit Wasserstoff oder Methan gefüllten Proportionalzählrohr, aber auch in organischen flüssigen oder festen Szintillatoren (Stilben, Plastik), in Proportionalzählrohren oder Halbleitern mit wasserstoffhaltigen Plastikfolien als Rückstoßprotonenradiator und in photographischen Emulsionen. Bei diesen Verfahren kann gegen die von Photonenstrahlen ausgelösten Sekundärelektronen aufgrund deren schwächerer differentieller Ionisierung (s. Abschn. 3.2) diskriminiert werden. Infolgedessen werden Neutronen mit Energien oberhalb einer bestimmten Schwelle erfaßt, die z.B. bei Rückstoßprotonen-Proportionalzählrohren mit nachgeschaltetem Schwellendiskriminator um 200 keV liegt. Diskriminierung aufgrund unterschiedlicher Impulsformen für Rückstoßprotonen und Sekundärelektronen kann bei dafür speziell geeigneten Detektoren weiterhelfen. Ähnlich wie mittelschnelle lassen sich auch schnelle Neutronen dadurch nachweisen, daß sie in einem — nun aber 10 bis 15 cm dicken — Moderator abgebremst werden, der einen Detektor für langsame Neutronen (s. Abschn. 5.4.4.1) umgibt.

Spektrums- und Flußdichtemessung

Da schnelle Neutronen einen breiten Energiebereich oberhalb von 10 keV (siehe Abschn. 5.4.3) erfüllen können, in dem sich die Wirkungsquerschnitte aller Substanzen stark ändern, muß die Angabe der Strom- oder der Flußdichte im allgemeinen durch Informationen über ihr Energiespektrum ergänzt werden. Die spektrale Flußdichteverteilung $\varphi_E = d\varphi/dE$ entnimmt man dabei je nach dem verwendeten Verfahren
— der Energieverteilung der Rückstoßprotonen oder anderer Reaktionsprodukte,
— der Aktivität bestimmter Aktivierungsdetektoren mit dafür geeigneter Energieabhängigkeit des Wirkungsquerschnitts,
— der Zählrate von Detektoren für langsame Neutronen als Funktion der umgebenden Moderatordicke,
— der Neutronenflugzeit auf definierter Strecke oder der zur Abbremsung der Neutronen benötigten Zeit bei gepulster Quelle.

Um mit Hilfe der oben erwähnten Rückstoßprotonenverfahren das Neutronenspektrum zu ermitteln, muß die darin beobachtete Energieverteilung der Rückstoßprotonen differenziert werden, da einfallenden monoenergetischen Neutronen wegen der Richtungsisotropie der Streuung am Wasserstoff eine Rechteckverteilung der Rückstoßprotonenenergien bis zur Neutronenenergie entspricht. Bei Rückstoßprotonenteleskopen, bei denen die Richtung der einfallenden Neutronen und der nachgewiesenen gestoßenen Protonen durch die Konstruktion festliegt, läßt sich das Neutronenspektrum mit Hilfe der Kinematik des elastischen Stoßes direkt aus der Energieverteilung der Rückstoßprotonen berechnen; entsprechend wird bei Auswertung von Aufnahmen mit photographischen Kernspurenemulsionen vorgegangen. Zur quantitativen Bestimmung der spektralen Flußdichte φ_E wird der energieabhängige Wirkungsquerschnitt für die elastische Neutron-Proton-Streuung (Abb. 5–30a) benutzt und die Meßgeometrie berücksichtigt. Die Reaktionsrate $\dot{N}_R$ im neutronenempfindlichen Volumen (enthaltend N_H Wasserstoffkerne), mit der Rückstoßprotonen erzeugt werden, beträgt im Neutronenenergieintervall zwischen E und $E + dE$

$$d\dot{N}_R = N_H\,\sigma(E)\,\varphi_E\,dE \tag{5.81}$$

und insgesamt

$$\dot{N}_R = N_H \int_0^{E_{max}} \sigma(E)\,\varphi_E\,dE\,, \tag{5.82}$$

wenn das Neutronenfeld im Detektorvolumen nicht geschwächt wird und keine Vielfachstöße stattfinden, Voraussetzungen, die praktisch meistens erfüllt sind. Im Energiebereich schneller Neutronen wirkt die Meßsonde im allgemeinen nicht wesentlich auf das Neutronenfeld zurück, so daß von daher keine Korrektionen notwendig sind. Rückstoßprotonenverfahren sind im Energiebereich zwischen 1 keV und etwa 20 MeV anwendbar. Bei Proportionalzählrohren, die mit Wasserstoff oder Methan gefüllt sind, können Rückstoßprotonen im Energiebereich zwischen 1 keV und 1 MeV mit Hilfe einer Impulsformdiskriminierung auch in Gegenwart von Gammastrahlung selektiv gemessen werden [19, 20, 21, 291, 293]. Teleskope mit gasförmigem Radiator [219, 232] arbeiten ebenfalls selektiv im Energiebereich zwischen 0,1 und 1 MeV, Teleskope mit Folien als Radiator im Bereich oberhalb 1 MeV [188, 222, 243] in spezieller Ausführung auch schon ab 0,4 MeV [74]. Die Vermessung der Rückstoßprotonenspuren in photographischen Emulsionen ist zuverlässig für Energien oberhalb 0,5 MeV möglich [80, 297].

Organische Szintillatoren können für den Energiebereich zwischen 1 und 20 MeV eingesetzt werden [107, 285]; eine beträchtliche Empfindlichkeit gegenüber Gammastrahlen und Nichtlinearitäten im Zusammenhang zwischen absorbierter Energie und Impulshöhe erschweren jedoch die Auswertung [249]. Die Impulsformdiskriminierung kann auch bei Szintillatoren von großem Nutzen sein.

Als Aktivierungsdetektoren für schnelle Neutronen werden Schwellwertreaktionen (endotherme Reaktionen) benutzt. Die Schwellenenergie E_S, bei der die Reaktion einsetzt, hängt mit der Energietönung Q der Reaktion über folgende Beziehung zusammen (s. Gleichung (5.57)):

$$E_S = \frac{|Q|}{1 - m_n/m_C} = |Q|\, \frac{m_n + m_Z}{m_Z}. \tag{5.83}$$

m_n Neutronenmasse, m_Z Masse des Zielkerns, m_C Masse des nach dem Neutroneneinfang gebildeten Zwischen- oder Compoundkerns.

Da der Wirkungsquerschnitt $\sigma(E)$ einer derartigen Reaktion keine Sprungfunktion ist, definiert man mit dem maximalen Wirkungsquerschnitt σ_{eff} eine effektive Schwellenenergie E_S^{eff}

$$\int_0^{E_{\max}} \sigma(E)\, \varphi_E\, dE = \sigma_{\text{eff}} \int_{E_S^{\text{eff}}}^{E_{\max}} \varphi_E\, dE, \tag{5.84}$$

indem man für φ_E das Spaltspektrum nach Gleichung (5.58) zugrundelegt, was bei Reaktoren für Neutronenenergien oberhalb 0,5 MeV angenähert zutrifft. In Tab. 5–13 sind einige gebräuchliche Schwellwertdetektoren aufgeführt (s. auch BYERLY [62]). Die Spaltreaktionen am Ende der Tabelle können in direkt anzeigenden Detektoren (Spaltkammern) verwendet werden oder als Konverter vor Glimmer- oder Plastikfolien zum Nachweis der Spaltfragmentspuren (s. Abschn. 5.4.4.1). Aus Messungen mit verschiedenen Schwellwertdetektoren läßt sich das Neutronenspektrum nur mit beträchtlicher Unsicherheit ermitteln [109, 110, 137 150, 309].

Tabelle 5–13. Schwellwertdetektoren für Messungen an schnellen Neutronen (E_S Schwellenenergie, Gleichung (5.83)), E_s^{eff} effektive Schwellenenergie, σ_{eff} effektiver Wirkungsquerschnitt, Gleichung (5.84))

Reaktion	$T_{1/2}$		E_S MeV	E_S^{eff} MeV	σ_{eff} mbarn	Störaktivitäten
^{103}Rh(n, n')^{103}Rh^m	57	min	0,04	0,9	1500	^{104}Rh*, ^{102}Rh
^{115}In(n, n')^{115}In^m	4,5	h	0,34	1,12	282	^{116}In*, ^{113}In*, ^{113}Ag, ^{112}Ag
^{31}P(n, p)^{31}Si	2,6	h	0,7	2,7	126	^{30}P, ^{28}Al, ^{29}Al, ^{32}P
^{32}S(n, p)^{32}P	14,3	d	1,0	2,7	234	^{33}P, ^{31}Si, ^{35}S
^{58}Ni(n, p)^{58}Co	71,3	d	—	2,79	478	^{57}Ni, ^{61}Co, ^{56}Ni
^{54}Fe(n, p)^{54}Mn	312	d	—	3,75	400	^{51}Cr, ^{56}Mn
^{27}Al(n, p)^{27}Mg	9,5	min	1,9	4,67	56	^{28}Al, ^{24}Na
^{56}Fe(n, p)^{56}Mn	2,58	h	3,0	6,34	54	^{51}Cr, ^{54}Mn
^{24}Mg(n, p)^{24}Na	15,0	h	4,9	7,0	120	—
^{27}Al(n, α)^{24}Na	15,0	h	3,2	7,42	62	^{27}Mg
^{65}Cu(n, 2n)^{64}Cu	12,8	h	10,1	11,7	1000	^{61}Co, ^{65}Ni, ^{64}Cu
^{63}Cu(n, 2n)^{62}Cu	10	min	11,0	12,84	650	^{60}Co*, ^{66}Cu, ^{62}Co, ^{65}Ni, ^{61}Co
^{58}Ni(n, 2n)^{57}Ni	36	h	12,0	14	80	^{56}Ni, ^{61}Co
^{234}U(n, f)			0,3	0,62	1500	
^{237}Np(n, f)			0,4	0,87	1500	
^{236}U(n, f)			0,7	1,25	850	
^{232}Th(n, f)			1,3	1,40	140	
^{238}U(n, f)			1,3	1,55	606	

Spezielle zylindrische Moderatoranordnungen, die ein Bortrifluorid-Proportionalzählrohr umgeben, gestatten, die Stromdichte in einem gerichteten Neutronenbündel nahezu unabhängig von der Neutronenenergie zu messen (sog. Langer Zähler [76, 115]; die Doppelmoderatoranordnung [75] ist auch für Messungen in isotropen Neutronenfeldern geeignet). Mit kugelförmigen Moderatoren, die einen LiJ-Szintillator umgeben, können Neutronenflußdichten, und mit mehreren Kugeln verschiedenen Durchmessers ihre Energieverteilung mit geringem Auflösungsvermögen gemessen werden [11, 16, 53, 113, 176, 209]. In allen diesen Fällen sind auch andere Detektoren für thermische Neutronen verwendbar.

Die exothermen Reaktionen ^{3}He(n, p)T und ^{6}Li(n, α)T (s. Abschn. 5.4.4.1) lassen sich auch zur Spektrometrie schneller Neutronen benutzen. Dabei wird ein mit einigen Atmosphären ^{3}He gefülltes Gasvolumen [66, 74, 155, 287] oder eine dünne ^{6}Li enthaltende Schicht [10, 44, 104, 140, 257, 286] zwischen zwei Halbleiterdetektoren angeordnet und die Energiesumme der darin koinzident nachgewiesenen Reaktionsprodukte gemessen. Der hohe Wirkungsquerschnitt der beiden Reaktionen für thermische Neutronen (s. Abb. 5–30b und c) verhindert Messungen bei niedrigen Neutronenenergien, Störreaktionen in den Halbleiterdetektoren erschweren die Auswertung bei hohen Neutronenenergien. Der Hauptanwendungsbereich dieser Verfahren liegt im Bereich von 2 MeV bis 20 MeV bei der Reaktion ^{3}He(n, p)T und im Bereich von 0,2 MeV bis 6 MeV bei der Reaktion ^{6}Li(n, α)T.

6 Photonenstrahlen (Röntgen- und Gammastrahlen)
[9, 50]

Von W. Hübner

Literaturverzeichnis s. S. 428—430

6.1 Allgemeines und Definitionen
[23, 47]

Photonenstrahlen sind elektromagnetische Wellenstrahlungen (s. Abschn. 1.3.1). Röntgen- und Gammastrahlen gehören zu den Photonenstrahlen, die indirekt ionisieren (s. Abschn. 4.1.1). Die früher übliche Unterscheidung zwischen Röntgenstrahlen und Gammastrahlen nach Wellenlängen oder Photonenenergien läßt sich nicht mehr aufrechterhalten, da es einerseits gammastrahlende Radionuklide mit Photonenenergien von wenigen Kiloelektronvolt (keV) gibt und andererseits in Beschleunigern Röntgenstrahlen mit Photonenenergien von mehreren Gigaelektronvolt (GeV) erzeugt werden können. Daher unterscheidet man sie jetzt nach ihrer Entstehung.

6.1.1 Röntgenstrahlung

Röntgenstrahlen entstehen in der Atomhülle oder am Coulombschen Feld des Atomkernes.
Röntgenbremsstrahlung entsteht durch Abbremsen geladener Teilchen am Coulombschen Feld von Atomkernen. Das Röntgenbremsspektrum ist ein kontinuierliches Spektrum mit Photonen aller Energien bis zu einem Höchstwert, der Grenzenergie.
Charakteristische Röntgenstrahlung (Eigenstrahlung, Röntgen-Fluoreszenzstrahlung) entsteht in der Atomhülle, wenn Atome, die in einer inneren Elektronenschale angeregt sind, in einen Zustand niedrigerer Energie übergehen. Das Spektrum der charakteristischen Röntgenstrahlung ist ein Linienspektrum mit Photonenenergien, die für das betreffende Element charakteristisch sind und, je nachdem auf welche Schale das Elektron zurückgeht, als K-, L- oder M-Strahlung bezeichnet wird (s. Abschn. 6.2.3 und Tab. 6–1).

6.1.2 Gammastrahlung

Gammastrahlung wird von angeregten Atomkernen beim Übergang des Kernes in einen Zustand kleinerer Energie ausgesendet. Sie tritt z.B. bei radioaktiven Umwandlungen oder beim Einfang von Neutronen (s. Abschn. 5.4.3) auf. Das Spektrum der Gammastrahlung ist ein Linienspektrum mit Photonenenergien, die für das betreffende Nuklid charakteristisch sind (s. Abschn. 6.3.2 und Abb. 6–8).

142 Photonenstrahlen (Röntgen- und Gammastrahlen)

6.2 Erzeugung von Röntgenstrahlen
[9, 50]

6.2.1 Allgemeines
[40]

Röntgenstrahlen entstehen zwar bei der Abbremsung aller Arten von schnellen geladenen Teilchen (α, p, d, e) an Materie, praktisch werden zur Bremsstrahlerzeugung jedoch nur Elektronen benutzt, die beschleunigt und dann in einem schwer schmelzenden Material eines Auffängers (Anode, Antikathode, Target) abgebremst werden. Da sich die Wirkungsquerschnitte für die Bremsstrahlerzeugung bei gleichen Auffängermaterialien umgekehrt wie die Quadrate der Massen der geladenen Teilchen verhalten, ist die Bremsstrahlausbeute im gleichen Auffänger für Elektronen 1836^2, also etwa $3,4 \cdot 10^6$mal größer als für Protonen (s. Tab. 1–16). Da die Ausbeute mit der Ordnungszahl des Auffängermaterials steigt, verwendet man vorwiegend Materialien hoher Ordnungszahl. Mit Hilfe radioaktiver β-Strahler (z.B. ^{170}Tm, s. Tab. 2–9) lassen sich zwar Röntgenbremsstrahlenquellen herstellen, sie haben aber praktisch keine Bedeutung erlangt, da mit der erforderlichen hohen spezifischen Aktivität eine geringe Halbwertszeit verbunden ist (s. Abschn. 2.3.3, Gleichung (2.9)). Bei Betastrahlern ist aber auf die stets in der Substanz selbst, im Trägermaterial, in der Präparathülle oder im Schutzbehälter entstehende Röntgenbremsstrahlung zu achten (s. Abschn. 8.5.2.1.3).

6.2.2 Strahlungsleistung und Wirkungsgrad
[56]

Je nachdem ob die kinetischen Energien der Elektronen kleiner als die Ruheenergie ($m_e c_0^2 = 0{,}511$ MeV) des Elektrons (nichtrelativistische Energien) oder von gleicher Größenordnung (intermediäre Energien) oder größer als die Ruheenergie (relativistische Energien) sind oder ob es sich um dicke oder dünne Auffänger handelt, gelten unterschiedliche Beziehungen für die Bremsstrahlungsleistung P und den Wirkungsgrad ε, der gleich dem Verhältnis „Leistung der Bremsstrahlung/Leistung der Elektronenstrahlung" ist.
Für *nichtrelativistische* und *intermediäre Teilchenenergien* der Elektronen ($E_e \leqq m_e c_0^2$) und *dicke Auffänger*, in denen die Elektronen ihre gesamte kinetische Energie abgeben, gilt:

$$P \approx \text{const}\, IZU^2 \quad (6.1); \qquad \varepsilon \approx 10^{-6} ZU. \qquad (6.2)$$

I Röhrenstrom, U Röhrenspannung in kV, Z Ordnungszahl des Auffängermaterials.
Für *relativistische Teilchenenergien* der Elektronen ($E_e > m_e c_0^2$) und *dünne Auffänger* ($\varrho d < (\varrho d)_0$) gilt:

$$\varepsilon = \mathrm{K}\, \frac{\varrho d}{(\varrho d)_0}\,. \qquad (6.3)$$

Dabei ist K ein von der kinetischen Anfangsenergie E_e der Elektronen und vom Auffängermaterial abhängiger Faktor nach Abb. 6–1. ϱ ist die Dichte und d die Dicke des Auffängermaterials und $(\varrho d)_0$ die von der Ordnungszahl Z des Auffängermaterials abhängige „Strahlungslänge", die Abb. 6–2 als Funktion der Ordnungszahl Z zeigt ((s. Abschn. 5.2.1.2, Gleichung (5.10)).
Für *relativistische Teilchenenergien* E_e und *dicke Auffänger* ist:

$$\varepsilon \approx \frac{6 \cdot 10^{-4} Z E_e}{1 + 6 \cdot 10^{-4} Z E_e}. \qquad (6.4)$$

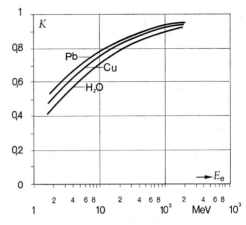

Abb. 6–1. Der Faktor K in Gleichung (6.3) als Funktion der kinetischen Anfangsenergie E_e der Elektronen für Blei, Kupfer und Wasser (nach KOCH u. MOTZ [56])

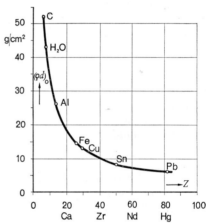

Abb. 6–2. Die Strahlungslänge $(\varrho d)_0$ in Gleichung (6.3) als Funktion der Ordnungszahl Z des Auffängermaterials (nach KOCH u. MOTZ [56])

Den Wirkungsgrad ε nach den Gleichungen (6.2) und (6.4) für dicke Auffänger aus Wolfram ($Z = 74$) und Kupfer ($Z = 29$) in Abhängigkeit von der kinetischen Anfangsenergie E_e der Elektronen zeigt Abb. 6–3, wobei für Röntgenröhren der Zahlenwert der Röhrenspannung U in kV gleich dem Zahlenwert der Elektronenenergie E_e in keV zu setzen ist. Die beiden Kurvenäste für Wolfram und für Kupfer gehen nicht ineinander über, da die Formeln (6.2) und (6.4) die theoretisch nicht exakt erfaßbare Bremsstrahlungsausbeute nur näherungsweise wiedergeben.

Der ausnutzbare Wirkungsgrad ist erheblich kleiner als nach Abb. 6–3, weil besonders der energieärmere Teil des Spektrums durch die Gefäß-(Röhren-)wand, das Strahlenaustrittsfenster des Schutzgehäuses und durch Zusatzfilter geschwächt wird und weil die Röntgenstrahlung nur in einem begrenzten Raumwinkel aus dem Schutzgehäuse austritt (Nutzstrahlenbündel). Der nicht in Röntgenstrahlungsenergie umgesetzte Anteil der gesamten Elektronenenergie, also $1 - \varepsilon$, wird in Wärme umgesetzt; z. B. 99,3% in einer Röntgenröhre mit $U = 100$ kV mit einer Wolframanode und 60% in einem Elektronenbeschleuniger mit $E_e = 15$ MeV.

6.2.3 Charakteristische Röntgenstrahlung
[49, 57, 71]

Übersteigt die Energie der beschleunigten Elektronen die Anregungsenergie für die inneren Elektronenschalen (K-, L-, M-Schalen) der Atome, so entsteht neben der Brems-

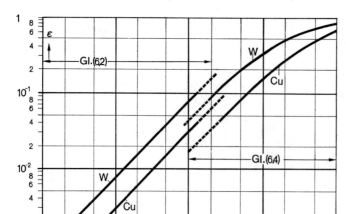

Abb. 6–3. Der Wirkungsgrad ε (Bremsstrahlungsausbeute) als Funktion der kinetischen Anfangsenergie E_e der Elektronen für Wolfram und Kupfer als Auffängermaterial nach den Gleichungen (6.2) ($E_e \leq m_e c_0^2$) und (6.4) ($E_e > m_e c_0^2$).

strahlung die für das Anodenmaterial charakteristische Röntgenstrahlung (K-, L-, M-Strahlung). Die Intensität I jeder Linie mit der Anregungsspannung U_0 steigt mit der Röhrenspannung U näherungsweise nach der Gleichung:

$$I \approx \text{const}\,(U - U_0)^n, \tag{6.5}$$

wobei $n = 1{,}9$ für die K-Strahlung und $n = 1{,}7$ für die L-Strahlung ist und $U_0 < U \leq 6\,U_0$ sein muß.
Die Wellenlängen der $\lambda_{K\alpha}$ und $\lambda_{L\alpha}$ (in m) der charakteristischen K- und L-Strahlung lassen sich in guter Näherung berechnen:

$$\lambda_{K\alpha} = \frac{4}{3} \frac{1}{R_\infty (Z-1)^2}, \tag{6.6}$$

$$\lambda_{L\alpha} = \frac{36}{5} \frac{1}{R_\infty (Z-7{,}5)^2}, \tag{6.7}$$

wobei R_∞ die Rydberg-Konstante (s. Tab. 1–15) und Z die Ordnungszahl des Anodenmaterials ist. Die Tab. 6–1 enthält für einige Elemente die Anregungsspannungen U_0 für die K-, L- und M-Serie sowie die Wellenlängen und Photonenenergien der intensivsten Linien.
Aus den Gleichungen (6.6) und (6.7) ergeben sich mit der Frequenz $\nu = c_0/\lambda$ (s. Abschn. 1.3.1) die Gleichungen für die Frequenzen $\nu_{K\alpha}$ und $\nu_{L\alpha}$ der K_α- und K_β-Linien

$$\sqrt{\frac{\nu_{K\alpha}}{R_\infty c_0}} = \sqrt{\frac{3}{4}}\,(Z-1), \tag{6.8}$$

$$\sqrt{\frac{\nu_{L\alpha}}{R_\infty c_0}} = \sqrt{\frac{5}{36}}\,(Z-7{,}5). \tag{6.9}$$

In Abb. 6–4 sind diese Ausdrücke als Funktion der Ordnungszahl Z dargestellt.
Die biologischen Wirkungen der charakteristischen Röntgenstrahlung [13], die aus Röhren mit Berylliumfenster austritt, sind untersucht worden [3, 91, 92]. W. KOLB [58] hat den Anteil der charakteristischen Strahlung an der Gesamtstrahlung für verschiedene Anodenmaterialien gemessen.

Erzeugung von Röntgenstrahlen 145

Tabelle 6–1. Anregungsspannung U_0, Wellenlänge λ, Photonenenergie E der intensivsten Linien der charakteristischen Röntgenstrahlung der K-, L- und M-Serie für einige Elemente der Ordnungszahl Z; Werte gerundet. 1 kX $\approx$ 0,1 nm s. Tab. 1–2

Element	Z	U_0 in kV für			λ in kX (E in keV) für							
		K	L	M	$K_{\alpha 1}$	$K_{\beta 1}$	$L_{\alpha 1}$	$L_{\beta 1}$	$L_{\gamma 1}$	M_α	M_β	M_γ
C	6	0,3	—	—	45 (0,28)							
Al	13	—	—	—	8,32 (1,49)	7,94 (1,56)						
Cr	24	6,1	—	—	2,28 (5,42)	2,08 (5,94)	21,5 (0,58)	21,2 (0,58)				
Fe	26	—	—	—	1,93 (6,40)	1,75 (7,07)	17,6 (0,71)	17,2 (0,72)				
Ni	28	8,3	—	—	1,65 (7,48)	1,50 (8,26)	14,5 (0,85)	14,2 (0,87)				
Cu	29	8,9	—	—	1,54 (8,05)	1,39 (8,91)	13,3 (0,93)	13,0 (0,95)				
Zn	30	—	—	—	1,43 (8,64)	1,29 (9,57)	12,2 (1,01)	12,0 (1,03)				
Mo	42	20	2,7	—	0,71 (17,5)	0,63 (19,6)	5,4 (2,3)	5,2 (2,4)				
Ag	47	25	3,8	—	0,56 (22,2)	0,50 (25,0)	4,2 (3,0)	3,9 (3,1)	3,5 (3,5)			
Cd	48	—	—	—	0,53 (23,2)	0,47 (26,1)	3,9 (3,1)	3,7 (3,3)	3,3 (3,7)			
Sn	50	—	—	—	0,49 (25,3)	0,43 (28,5)	3,6 (3,4)	3,4 (3,7)	3,0 (4,1)			
W	74	69	12	2,8	0,21 (59)	0,18 (67)	1,5 (8,4)	1,3 (9,7)	1,1 (11,3)	7,0 (1,8)	6,7 (1,8)	6,1 (2,0)
Pt	78	78	14	3,3	0,18 (67)	0,16 (76)	1,3 (9,4)	1,1 (11,1)	1,0 (13,0)	6,0 (2,1)	5,8 (2,1)	5,3 (2,3)
Au	79	80	14	3,4	0,18 (69)	0,16 (78)	1,3 (9,7)	1,1 (11,5)	0,9 (13,4)	5,8 (2,1)	5,6 (2,2)	5,1 (2,4)
Pb	82	—	—	—	0,16 (75)	0,15 (85)	1,2 (10,6)	1,0 (12,6)	0,8 (14,8)	5,3 (2,3)	5,1 (2,4)	4,7 (2,7)
U	92	115	—	—	0,13 (98)							

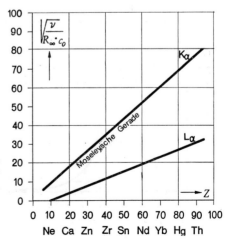

Abb. 6–4. $\sqrt{\nu/R_\infty \cdot c_0}$ für die K- und L-Strahlung (siehe Gleichung (6.8) und (6.9)) in Abhängigkeit von der Ordnungszahl Z; ν Frequenz, R_∞ Rydberg-Konstante, c_0 Lichtgeschwindigkeit (s. Tab. 1–15)

6.3 Spektrale Verteilungen (Spektren)

6.3.1 Energie-, Frequenz- und Wellenlängenverteilung der Teilchen- und Energieflußdichte von Röntgenstrahlen
[4, 7, 8, 17, 18, 19, 24, 25, 28, 33, 40, 41, 42, 43, 47, 49, 56, 57, 59, 67, 70, 71, 74, 76, 79, 89]

In der Literatur findet man die Teilchenflußdichte φ oder die Energieflußdichte ψ als Funktion der Wellenlänge λ, der Frequenz ν oder der Photonenenergie E (s. Abschn. 1.3.1, 4.2.2, 4.2.3) dargestellt. Die Teilchenflußdichtespektren lassen sich z. B. mit Hilfe der folgenden Beziehungen in Wellenlängenspektren umrechnen:

$$\varphi_E \, dE = \varphi_\lambda \, d\lambda \quad (6.10) \qquad \varphi_\lambda = -\varphi_E \frac{E^2}{h\,c_0} \quad (6.12)$$

$$E = h\,c_0/\lambda \quad (6.11) \qquad \varphi_E = -\varphi_\lambda \frac{\lambda^2}{h\,c_0} \quad (6.13)$$

φ_E und φ_λ sind die spektralen Teilchenflußdichten in bezug auf die Photonenenergie E (s. Abschn. 4.2.2) bzw. die Wellenlänge λ, h Planck-Konstante und c_0 Lichtgeschwindigkeit (s. Tab. 1–15). Für Energieflußdichtespektren gelten analoge Umrechnungsgleichungen. Die Dosisleistungsspektren werden in Abschn. 7.4.6 behandelt.
In Abb. 6–5a ist die spektrale Teilchenflußdichte φ_E eines Bremsspektrums mit überlagerten K- und L-Linien schematisch als Funktion der Photonenenergie E dargestellt. Mit Hilfe der Gleichung (6.12) ist hieraus das Spektrum $\varphi_\lambda = f(\lambda)$ in Abb. 6–5b errechnet. Der höchsten im Energiespektrum (a) vorkommenden Photonenenergie, der Grenzenergie E_{gr}, entspricht im Wellenlängenspektrum (b) eine kürzeste Wellenlänge, die Grenzwellenlänge λ_{gr}, nach Gleichung (1.3) bzw. (1.4). Die Grenzenergie ist weder vom Anodenmaterial noch von der Spannungsform abhängig.

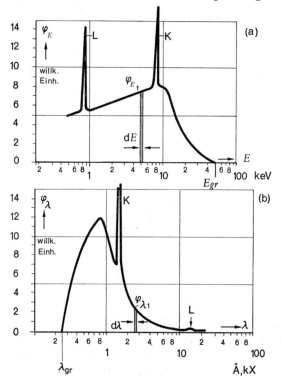

Abb. 6–5. a) Die spektrale Teilchenflußdichte φ_E als Funktion der Photonenenergie E; b) Die spektrale Teilchenflußdichte φ_λ als Funktion der Wellenlänge λ für ein Röntgenbremsspektrum mit überlagerten Linien der K- und L-Strahlung

Mit den modernen Szintillationsspektrometern läßt sich die spektrale Teilchenflußdichte φ_E mit sehr gutem Auflösungsvermögen als Funktion der Energie ermitteln [26]. Abb. 6–6 zeigt als Beispiel gemessene Röntgenspektren von einer mit 140 kV betriebenen Röntgenröhre mit und ohne Al-Filter. Die K- und L-Strahlung des Wolframs ist deutlich zu erkennen.

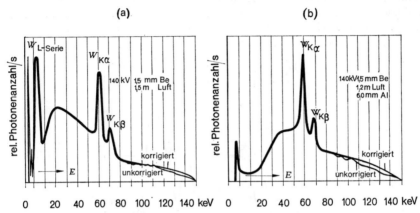

Abb. 6–6. Spektren einer 140-kV-Röntgenstrahlung. a) ohne zusätzlichen Al-Filter, b) mit zusätzlichem Al-Filter (nach DREXLER u. PERZL [Nucl. Inst. Meth. 48 (1967) 332])

Für manche Beschleuniger werden dünne Auffänger, sogenannte Durchstrahlauffänger, benutzt, während man bei Kreisbeschleunigern die Elektronen streifend auf das Target fallen läßt, um Röntgenbremsstrahlung zu erzeugen. In Abb. 6–7 sind theoretisch nach SCHIFF [76] berechnete ungefilterte Bremsspektren aus dünnen Platintargets für verschiedene Elektronenenergien E_e dargestellt, und zwar durch das Verhältnis ψ_E/ψ_{E_0} als Funktion von E_{ph}/E_e mit ψ_E (spektrale Energieflußdichte der Photonen), ψ_{E_0} (spektrale Energieflußdichte für $E_{ph}/E_e \to 0$, E_{ph} Photonenenergie, E_e kinetische Anfangsenergie der Elektronen). Durch Filterung der austretenden Strahlung ändert sich die Form des Spektrums, so daß man z.B. für $E_e = 10$ MeV und eine Gesamtfilterung von 2 mm Kupfer die gestrichelte Energieverteilung erhält.

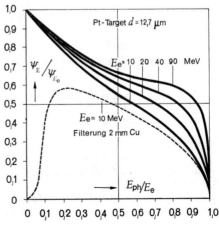

Abb. 6–7. Bremsspektren von Beschleunigern mit dünnem Platinauffänger für verschiedene Elektronenenergien E_e. ψ_E/ψ_{E_0} relative spektrale Energieflußdichte der Photonen, E_{ph} Photonenenergie (nach SCHIFF, aus: H. W. KOCH, J. M. MOTZ [56])

6.3.2 Energiespektrum von Gammastrahlern
[1, 20, 21, 39, 77]

Gammastrahlung von Radionukliden zeigt stets ein Linienspektrum. Die Anzahl und Intensität der Linien und ihre Lage auf der Energieachse sind charakteristisch für jedes Radionuklid. Daher erleichtert die Kenntnis der Gammalinien die Identifizierung von Radionukliden in Nuklidgemischen nach Art und Anteil, z.B. bei radioaktiven Kontaminationen. Abb. 6–8 zeigt die Gammaspektren von ^{192}Ir und ^{198}Au.

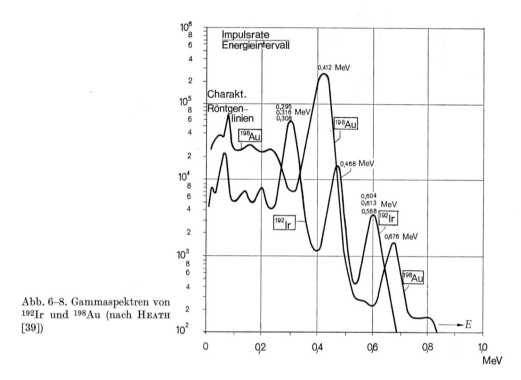

Abb. 6–8. Gammaspektren von ^{192}Ir und ^{198}Au (nach HEATH [39])

Die Spektren von Gammastrahlern, die wie in der Teletherapie eine verhältnismäßig große Masse haben und zur Strahlenabschirmung und -ausblendung gekapselt sind, zeigen außer dem Linienspektrum des Radionuklids noch ein kontinuierliches Compton-Spektrum, das durch die Streuung der Photonen im Material der Quelle, im Schutzbehälter und an den Blendenrändern entsteht [1, 20, 21].

6.3.3 Richtungsverteilung der Röntgenbremsstrahlung
[50, 56, 76]

Für kleine Elektronenenergien $E_e \leq m_e c_0^2$ (Ruheenergie des Elektrons s. Tab. 1–16) gibt es keine Formeln zur Abschätzung der Richtungsverteilung der Strahlungsleistung der Photonen (s. Abschn. 4.2.1.2) bei dicker Anode.
Für Elektronenenergien zwischen 1,25 MeV und 2,35 MeV liegen die in Abb. 6–9 dargestellten experimentellen Ergebnisse über die Richtungsverteilung der reduzierten Kenndosisleistung (s. Abschn. 4.4.7) für Beryllium- und Goldtargets vor [56].

Für dünne Targets zeigt die Richtungsverteilung der Strahlungsleistung, wie schematisch in Abb. 6–10 erkennbar ist, ausgeprägte Minima für $\alpha = 0°$ und $\alpha = 180°$ gegen die Richtung des Elektronenstrahls und ein Maximum zwischen 0° und 90°, das sich mit zunehmender Elektronenenergie in Richtung des Elektronenstrahls verlagert. Mit dicker werdendem Target verwischen sich die Maxima und Minima infolge der Streuung der Elektronen im Target. Außerdem werden die Photonen stärker im Target absorbiert, so daß die Leistung der Bremsstrahlung in der Ebene des Target stark absinkt.

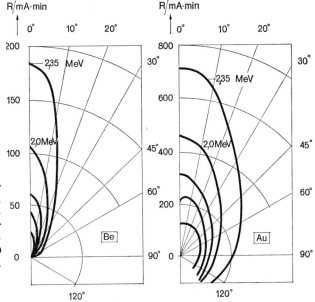

Abb. 6–9. Richtungsverteilung der reduzierten Kenndosisleistung (s. Abschn. 4.4.7) von an dicken Auffängern aus Be und Au erzeugter Bremsstrahlung mit Elektronenenergien von 1,25; 1,5; 1,75; 2,0 und 2,35 MeV (nach Koch u. Motz [56])

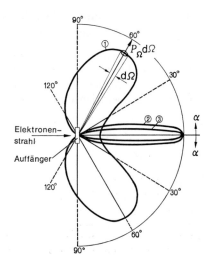

Abb. 6–10. Richtungsverteilung der Strahlungsleistung $P_\Omega \, d\Omega$ der Röntgenbremsstrahlung bei dünnen Auffängern; ① 34-kV-Elektronen, Al-Auffänger (nach Honerjäger, Ann. Physik 38 (1940) 33); ② 10-MeV-Elektronen, Wolfram-Auffänger (nach Schiff [76]); ③ 20-MeV-Elektronen, Wolfram-Auffänger (nach Schiff [76])

6.4 Wechselwirkungen zwischen Photonen und Materie

6.4.1 Allgemeines
[23, 30, 32, 50, 94]

Treffen Photonen auf Materie, so können sie mit den Atomen in folgender Weise in Wechselwirkung treten:

a) *Absorption:* Die Energie des Photons wird in eine andere Energieform, z.B. Bewegungsenergie von Sekundärelektronen, umgewandelt, die aus dem Atomverband gelöst werden. Das Photon verschwindet.

b) *Elastische (kohärente oder Rayleigh-)Streuung:* Die Atomelektronen werden durch das Photon zu kohärenten Schwingungen angeregt. Das wirkt sich so aus, als ob das Photon ohne Energieverlust aus seiner ursprünglichen Richtung abgelenkt wird.

c) *Unelastische (inkohärente) Streuung:* Ein Teil der Energie des Photons wird in andere Energieformen umgewandelt, während die restliche Energie als Photonenenergie unter Richtungsänderung des energieärmeren Photons weitergeht.

Man unterscheidet nun bei Photonenstrahlungen: *Schwächung, Energieumwandlung und Energieabsorption.* Schwächung bedeutet die Abnahme der Anzahl der Photonen durch Absorption und Streuung. Die Energieumwandlung bezieht sich auf die Umwandlung der Photonenenergie in kinetische Energie von Elektronen, wobei die Photonenenergie teilweise oder vollständig absorbiert wird. Ein Bruchteil der kinetischen Energie der Elektronen kann jedoch durch deren Abbremsung wieder in Photonenenergie umgesetzt werden. Man versteht nun unter Energieabsorption den Vorgang der Energieumwandlung abzüglich der Bremsstrahlerzeugung. Dementsprechend definiert man Schwächungskoeffizienten (s. Abschn. 6.4.2), Energieumwandlungskoeffizienten (s. Abschn. 6.4.3) und Energieabsorptionskoeffizienten (s. Abschn. 6.4.5).

Während der Energieumwandlungskoeffizient zur Berechnung der Kermaleistung (s. Abschn. 4.5) aus der Energieflußdichte (s. Abschn. 4.2.3) indirekt ionisierender Strahlen benötigt wird (für Photonen s. Abschn. 4.6.2; für Neutronen s. Abschn. 7.6.1), errechnet sich die Energiedosisleistung (s. Abschn. 4.4.2) aus der Energieflußdichte der Photonen korrekt mit Hilfe des Energieabsorptionskoeffizienten, der auch erforderlich ist, wenn man die Energiedosis in einem Material A in die Energiedosis im Material B umrechnen will (s. Abschn. 7.4.5.4).

6.4.2 Schwächung, Schwächungsgesetz, Schwächungskoeffizient
[5, 23, 30, 32, 47, 50, 60]

Durchsetzt ein schmales Strahlenbündel aus Photonen einheitlicher Energie eine Materieschicht von der Dicke dl, so ist die durch Wechselwirkung mit den Atomen bedingte Abnahme dN/N der Photonenanzahl N proportional der Schichtdicke dl und dem Schwächungskoeffizienten μ:

$$dN/N = -\mu\, dl. \tag{6.14}$$

Daraus ergibt sich

$$N = N_0 \exp(-\mu l).$$

N_0 ist die Anzahl der Photonen ohne Schicht, N die Anzahl hinter der Schicht, l die Schichtdicke und μ der lineare Schwächungskoeffizient, der üblicherweise in cm^{-1} angegeben wird. Analog gilt für die Teilchenflußdichte φ (s. Abschn. 4.2.2) und die Energieflußdichte ψ (s. Abschn. 4.2.3):

$$\varphi = \varphi_0 \exp(-\mu l); \quad \psi = \psi_0 \exp(-\mu l). \tag{6.16}$$

$\exp(-\mu l) = e^{-\mu l}$ (s. Abschn. 1.1.1) bezeichnet man auch als *Schwächungsgrad* und $1/\mu$ als Schwächungs- oder Relaxationslänge.

Für sehr dünne Schichten mit $\mu l \ll 1$ ($l \ll 1/\mu$) gilt mit guter Näherung

$$\frac{N_0 - N}{N} = \frac{\varphi_0 - \varphi}{\varphi} = \frac{\psi_0 - \psi}{\psi} \approx \mu l. \tag{6.17}$$

Der *Massen-Schwächungskoeffizient* μ/ϱ (ϱ Dichte), der meist in der *Einheit* cm²/g angegeben wird (s. Tab. 4–9), hängt von der Ordnungszahl Z der durchsetzten Materie und von der Photonenenergie ab. In Tab. 6–4 sind Werte für die Massen-Schwächungskoeffizienten einiger Elemente und Stoffe als Funktion der Photonenenergie zusammengestellt und in den Abb. 6–17 und 6–18 teilweise veranschaulicht.

Der *atomare Schwächungskoeffizient*

$$\mu_{\text{at}} = \frac{\mu}{\varrho} \frac{M}{N_A} \qquad \text{(Einheit cm}^2\text{)} \tag{6.18}$$

und der *Schwächungskoeffizient pro Elektron*

$$_e\mu = \frac{\mu}{\varrho} \frac{M}{Z \cdot N_A} \qquad \text{(Einheit cm}^2\text{)} \tag{6.19}$$

sind in Sonderfällen von Bedeutung (s. Abschn. 6.4.2.2), N_A Avogadro-Konstante (s. Tab. 1–15), M molare Masse (s. Abschn. 2.3.3, Gleichung (2.8)).

6.4.2.1 *Schwächungskoeffizienten für Stoffgemische und chemische Verbindungen* [2]

Für *Stoffgemische* aus n Elementen $1, 2 \ldots i \ldots n$ ergibt sich der resultierende Massen-Schwächungskoeffizient $(\mu/\varrho)_G$ aus den Koeffizienten $(\mu/\varrho)_1 \ldots (\mu/\varrho)_i \ldots (\mu/\varrho)_n$ der einzelnen Elemente und den relativen Anteilen $p_1 \ldots p_i \ldots p_n$ an der Gesamtmasse nach der Formel:

$$(\mu/\varrho)_G = \sum_{i=1}^{n} p_i (\mu/\varrho)_i \tag{6.20}$$

$$\sum_{i=1}^{n} p_i = 1.$$

Für *chemische Verbindungen* erhält man den resultierenden Massen-Schwächungskoeffizienten $(\mu/\varrho)_V$ aus den Massen-Schwächungskoeffizienten der Elemente, die die Verbindung bilden, aus den mittleren relativen Atommassen $\bar{A}_r$ (s. Tab. 6–3) und den Verbindungszahlen $a_1 \ldots a_i \ldots a_n$ dieser Elemente:

$$(\mu/\varrho)_V = \sum_{i=1}^{n} [a_i (\mu/\varrho)_i A_{ri}] / \sum_{i=1}^{n} [a_i A_{ri}]. \tag{6.21}$$

6.4.2.2 *Elastische Streuung, Photoeffekt, Compton-Effekt, Paarbildungseffekt und die zugehörigen Koeffizienten* [23, 30, 36]

Die Schwächung der Photonenstrahlung entsteht in dem für die Radiologie interessierenden Energiebereich durch elastische Streuung, Photoeffekt, Compton-Effekt und Paarbildungseffekt. Der erst bei hohen Energien einsetzende Kernphotoeffekt ist im allgemeinen vernachlässigbar klein. Demgemäß setzt sich der Schwächungskoeffizient μ aus dem Rayleigh-Streukoeffizienten σ_R [68], dem Photoabsorptionskoeffizienten τ, dem Compton-Streukoeffizienten σ_C und dem Paarbildungskoeffizienten $\varkappa$ additiv zusammen:

$$\mu = \sigma_R + \tau + \sigma_C + \varkappa. \tag{6.22}$$

Photonenstrahlen (Röntgen- und Gammastrahlen)

Die Division durch die Dichte ϱ ergibt den Massen-Schwächungskoeffizienten

$$\mu/\varrho = \sigma_R/\varrho + \tau/\varrho + \sigma_C/\varrho + \varkappa/\varrho. \tag{6.23}$$

Im folgenden werden σ_R und σ_C zum Streukoeffizienten σ zusammengefaßt; da außerdem im Photonenenergiegebiet oberhalb 10 keV σ_R im Verhältnis zu σ_C mit steigender Energie sehr stark abnimmt, kann dort $\sigma \approx \sigma_C$ gesetzt werden, so daß

$$\mu/\varrho = \tau/\varrho + \sigma/\varrho + \varkappa/\varrho \tag{6.24}$$

wird.

Photoabsorptionskoeffizient

Der Photoeffekt findet an den Elektronen der inneren Schalen (K, L, M) statt. Die Energie E des Photons muß dabei größer als die Bindungsenergie E_b des Elektrons in der betreffenden Schale sein. Die überschüssige Energie wird in kinetische Energie E_k des Elektrons umgesetzt: $E \geqq E_b + E_k$.

Für den Massen-Photoabsorptionskoeffizient gilt bei Photonenenergien, die oberhalb der Bindungsenergie für die K-Elektronen liegen, in erster Näherung

$$\tau/\varrho = \text{const}\, Z^3/E^3 \tag{6.25}$$

E Photonenenergie, Z Ordnungszahl.

Der Massen-Photoabsorptionskoeffizient nimmt also mit der dritten Potenz der Ordnungszahl zu und mit der dritten Potenz der Photonenenergie ab.

Die relative Richtungsverteilung der Teilchenflußdichte der Photoelektronen $\varphi_\Omega/\varphi_{\Omega\max}$ in Abhängigkeit vom Winkel ϑ zwischen der Richtung der Photonen und der Photoelektronen für vier verschiedene Photonenenergien E zeigt Abb. 6–11. Bei kleinen Photonenenergien gehen die Photoelektronen vorzugsweise in Richtungen senkrecht zur Richtung der Photonen, mit steigender Photonenenergie gehen sie mehr und mehr in Richtung der Photonen und der Richtungsbereich wird schmaler.

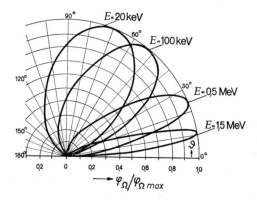

Abb. 6–11. Relative Richtungsverteilung $\varphi_\Omega/(\varphi_\Omega)_{\max}$ der Photoelektronen in Abhängigkeit vom Winkel ϑ zwischen der Richtung der Photonen und der Photoelektronen für die Photonenenergie E (nach WHYTE [94])

Streukoeffizient
[29, 30]

Der Compton-Effekt findet nur an freien oder den lose gebundenen Elektronen der äußeren Schalen statt. Dabei wird ein Teil der Energie des Photons dem abgelösten Hüllenelektron als Bewegungsenergie mitgeteilt. Die restliche Photonenenergie bleibt erhalten, so daß ein Photon geringerer Energie (größerer Wellenlänge) unter Richtungsänderung weitergeht.

Der Streukoeffizient σ ist gleich der Summe aus dem Compton-Streustrahlungskoeffizienten σ_s und dem Compton-Rückstoßkoeffizienten σ_r:

$$\sigma = \sigma_s + \sigma_r. \tag{6.26}$$

Nach den Formeln von KLEIN u. NISHINA [Z. Phys. 52 (1929) 853] lassen sich die Koeffizienten pro Elektron $_e\sigma$, $_e\sigma_s$ und $_e\sigma_r$ berechnen, die in Tab. 6–2 als Funktion der Photonenenergie aufgeführt und in Abb. 6–12 dargestellt sind.

Unter sinngemäßer Anwendung der Gleichung (6.19) ergeben sich der Massen-Streukoeffizient σ/ϱ sowie der auf die Dichte bezogene Compton-Streustrahlungskoeffizient

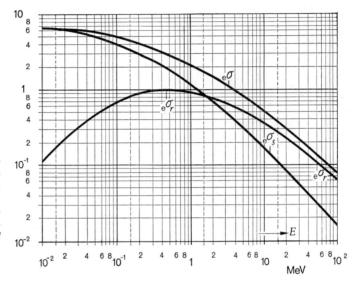

Abb. 6–12. Die Koeffizienten pro Elektron $_e\sigma$ (Streukoeffizient), $_e\sigma_s$ (Compton-Streustrahlungskoeffizient) und $_e\sigma_r$ (Compton-Rückstoßkoeffizient) als Funktion der Photonenenergie E

Tabelle 6–2. Streukoeffizient pro Elektron $_e\sigma$, Compton-Streustrahlungskoeffizient pro Elektron $_e\sigma_s$ und Compton-Rückstoßkoeffizient pro Elektron $_e\sigma_r$ als Funktion der Photonenenergie E_0 nach den Formeln von KLEIN u. NISHINA (s. auch Abb. 6–12)

E_0 MeV	$_e\sigma$ 10^{-25} cm^2	$_e\sigma_s$ 10^{-25} cm^2	$_e\sigma_r$ 10^{-25} cm^2	E MeV	$_e\sigma$ 10^{-25} cm^2	$_e\sigma_s$ 10^{-25} cm^2	$_e\sigma_r$ 10^{-25} cm^2
0,010	6,4039	6,2837	0,1208	1,0	2,1118	1,1825	0,9293
0,015	6,2888	6,1154	0,1735	1,5	1,7155	0,8669	0,8486
0,020	6,1791	5,9563	0,2228	2,0	1,4634	0,6865	0,7768
0,030	5,9742	5,6633	0,3109	3,0	1,1507	0,4864	0,6643
0,040	5,7866	5,3996	0,3870	4,0	0,9596	0,3772	0,5824
0,050	5,6143	5,1612	0,4531	5,0	0,8285	0,3082	0,5203
0,060	5,4555	4,9447	0,5108	6,0	0,7322	0,2606	0,4715
0,070	5,3085	4,7472	0,5614	7,0	0,6579	0,2258	0,4321
0,080	5,1722	4,5663	0,6058	8,0	0,5987	0,1993	0,3994
0,090	5,0453	4,4001	0,6451	9,0	0,5503	0,1783	0,3720
0,10	4,9268	4,2469	0,6799	10	0,5098	0,1613	0,3484
0,15	4,4354	3,6301	0,8053	15	0,3771	0,1093	0,2677
0,20	4,0643	3,1849	0,8793	20	0,3024	0,08270	0,2197
0,30	3,5340	2,5810	0,9530	30	0,2199	0,05562	0,1643
0,40	3,1663	2,1859	0,9804	40	0,1746	0,04190	0,1327
0,50	2,8912	1,9042	0,9870	50	0,1456	0,03361	0,1120
0,60	2,6746	1,6916	0,9830	60	0,1254	0,02806	0,09734
0,70	2,4976	1,5245	0,9715	70	0,1104	0,02408	0,08632
0,80	2,3492	1,3892	0,9601	80	0,09880	0,02109	0,07771
0,90	2,2222	1,2771	0,9452	90	0,08954	0,01876	0,07078
1,0	2,1118	1,1825	0,9293	100	0,08197	0,01690	0,06507

154 Photonenstrahlen (Röntgen- und Gammastrahlen)

σ_s/ϱ und der Compton-Rückstoßkoeffizient σ_r/ϱ:

$$\sigma/\varrho = \frac{N_A \cdot Z}{M} {}_e\sigma; \quad \sigma_s/\varrho = \frac{N_A \cdot Z}{M} {}_e\sigma_s; \quad \sigma_r/\varrho = \frac{N_A \cdot Z}{M} {}_e\sigma_r. \quad (6.27)$$

Die Werte für $N_A \cdot Z/M$ entnimmt man Tab. 6–3 (N_A Avogadro-Konstante (s. Tab. 1–15), Z Ordnungszahl, M molare Masse (s. Abschn. 2.3.3, Gleichung (2.8))).
σ_r ist identisch mit den Compton-Umwandlungskoeffizienten η_C (s. Abschn. 6.4.3).
Die Energie E und die Wellenlänge λ der durch den Compton-Prozeß bei der primären Photonenenergie E_0 gestreuten Photonen ergeben sich aus:

$$E = E_0/[1 + E_0/m_e c_0^2 (1 - \cos \varphi)],$$
$$\lambda = \lambda_0 + h/m_e c_0^2 (1 - \cos \varphi). \quad (6.28)$$

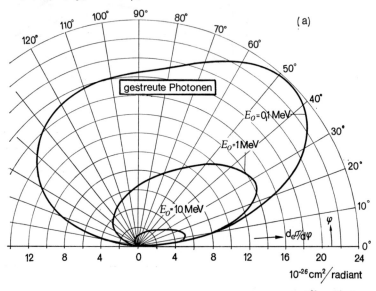

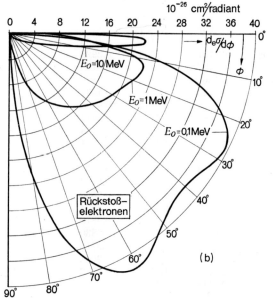

Abb. 6–13. a) Die Richtungsverteilung der gestreuten Photonen in Abhängigkeit vom Winkel φ zwischen den primären und den gestreuten Photonen; b) die Richtungsverteilung der Rückstoßelektronen in Abhängigkeit vom Winkel Φ zwischen primären Photonen und Rückstoßelektronen für die Photonenenergien E_0 (nach Evans [29])

λ_0 ist die Compton-Wellenlänge und m_e die Ruhemasse des Elektrons (s. Tab. 1–16) (h, c_0 s. Tab. 1–15). Zwischen den Winkeln φ für das gestreute Photon E und Φ für das Rückstoßelektron gegen die Richtung des primären Photons E_0 besteht die Beziehung

$$\operatorname{ctg} \Phi = - (1 + E_0/m_e c_0^2) \operatorname{tg} \varphi/2 . \tag{6.29}$$

Die Anfangsenergie des Compton-Rückstoßelektrons ist gleich $E_0 - E$.

Abb. 6–13 zeigt für verschiedene primäre Photonenenergien E_0 (a) die Richtungsverteilung des differentiellen Streuquerschnitts $d_e\sigma/d\varphi$ als Funktion des Winkels φ und (b) die Richtungsverteilung des differentiellen Streuquerschnitts $d_e\sigma/d\Phi$ als Funktion des Winkels Φ (s. Gleichung (6.29)). Die Zahlenwerte geben die Wahrscheinlichkeit dafür, daß das gestreute Photon je einfallendes Photon und je Elektron pro Flächenelement des streuenden Materials in die Richtung zwischen φ und $\varphi + d\varphi$ bzw. das Rückstoßelektron in die Richtung zwischen Φ und $\Phi + d\Phi$ geht. Die Verteilung in Abb. 6–13 ist anhand der Zahlenwerte und Formeln nach EVANS [29] berechnet worden. Mit steigender Energie E_0 werden immer weniger Photonen nach rückwärts gestreut, und die Streuphotonen gehen mehr und mehr in Richtung der primären Photonen. Die Rückstoßelektronen, die höchstens in Richtungen von 90° gegen die Richtung der primären Photonen gehen können, gehen mit steigender Photonenenergie in noch stärkerem Maße als die Streuphotonen in Richtung der Primärstrahlung.

Paarbildungskoeffizient

Bei Photonenenergien über $2 m_e c_0^2 = 1{,}022$ MeV kann sich die gesamte Energie des Photons durch Wechselwirkung mit dem Coulomb-Feld der Kerne in einen Elektronenzwilling (Elektron + Positron) umwandeln. Übersteigt die Photonenenergie E 1,022 MeV, so wird die überschüssige Energie als Bewegungsenergie auf das Elektron und Positron (E_{e^-}; E_{e^+}) übertragen.

$$E_{e^-} + E_{e^+} = E - 2 m_e c_0^2 . \tag{6.30}$$

Trägt man wie in Abb. 6–14 den durch Z^2 geteilten atomaren Paarbildungskoeffizienten $\varkappa_{at}$, also $\varkappa_{at}/Z^2$, als Funktion der Photonenenergie E auf, so erkennt man aus den Kurven für C, Al, Sn und Pb, daß die Werte sich im wesentlichen mit der Energie E, dagegen nur schwach mit der Ordnungszahl Z des Elementes ändern. Hieraus gewinnt man den Massen-Paarbildungskoeffizienten:

$$\varkappa/\varrho = \left(\frac{\varkappa_{at}}{Z^2}\right) \frac{N_A \cdot Z^2}{M} . \tag{6.31}$$

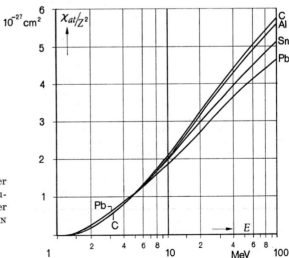

Abb. 6–14. $\varkappa_{at}/Z^2$ als Funktion der Photonenenergie E für Kohlenstoff, Aluminium, Zinn und Blei. $\varkappa_{at}$ atomarer Paarbildungskoeffizient nach DAVISSON [22], Z Ordnungszahl

Tabelle 6–3. Ordnungszahl Z, mittlere relative Atommasse $\bar{A}_r$, bezogen auf $1/12\ {}^{12}_{6}C$, Quotient $Z/\bar{A}_r$, Elektronenanzahl pro Masse $N_A Z/\bar{M}$, $\bar{M} = \bar{A}_r$ g/mol mittlere molare Masse (s. Gleichung (2.8)) und Dichte ϱ der Elemente in der natürlich vorkommenden Isotopenzusammensetzung. Für feste und flüssige Stoffe gilt die Dichte ϱ für 20 °C, die eingeklammerten Dichtewerte für Gase gelten für 0 °C und 760 Torr (N_A Avogadro-Konstante s. Tab. 1–15, periodisches System s. Tab. 1–17, Werte für Stoffgemische und chemische Verbindungen s. Tab. 6–8, Werte für $\bar{A}_r$ und ϱ nach EBERT und KOHLRAUSCH) (s. Literatur Kap. 2 [4, 11]).

Z	Element	$\bar{A}_r$	$Z/\bar{A}_r$	$N_A \cdot Z/\bar{M}$ 10^{23} g^{-1}	ϱ g/cm³
1	H	1,00797	0,9921	5,975	$(0,0899 \cdot 10^{-3})$
2	He	4,0026	0,4997	3,009	$(0,1785 \cdot 10^{-3})$
3	Li	6,939	0,4323	2,604	0,534
4	Be	9,0122	0,4438	2,673	1,85
5	B	10,811	0,4625	2,785	2,34
6	C	12,01115	0,4995	3,008	*
7	N	14,0067	0,4998	3,010	$(1,250 \cdot 10^{-3})$
8	O	15,9994	0,5000	3,011	$(1,429 \cdot 10^{-3})$
9	F	18,9984	0,4737	2,853	$(1,696 \cdot 10^{-3})$
10	Ne	20,179	0,4955	2,984	$(0,9002 \cdot 10^{-3})$
11	Na	22,9898	0,4785	2,882	0,971
12	Mg	24,305	0,4937	2,973	1,74
13	Al	26,9815	0,4818	2,902	2,702
14	Si	28,086	0,4985	3,002	2,42
15	P	30,9738	0,4843	2,917	1,82
16	S	32,064	0,4990	3,005	**
17	Cl	35,453	0,4795	2,888	$(3,214 \cdot 10^{-3})$
18	Ar	39,948	0,4506	2,714	$(1,784 \cdot 10^{-3})$
19	K	39,102	0,4859	2,926	0,86
20	Ca	40,08	0,4990	3,005	1,55
21	Sc	44,956	0,4671	2,813	2,5
22	Ti	47,90	0,4593	2,766	4,52
23	V	50,942	0,4515	2,719	5,96
24	Cr	51,996	0,4616	2,780	6,93
25	Mn	54,938	0,4551	2,741	7,2
26	Fe	55,847	0,4656	2,804	7,86
27	Co	58,9332	0,4581	2,759	8,9
28	Ni	58,71	0,4769	2,872	8,90
29	Cu	63,546	0,4564	2,749	8,92
30	Zn	65,37	0,4589	2,764	7,14
31	Ga	69,72	0,4446	2,678	5,91
32	Ge	72,59	0,4408	2,655	5,35
33	As	74,9216	0,4405	2,653	5,73
34	Se	78,96	0,4306	2,593	4,82
35	Br	79,904	0,4380	2,638	3,12
36	Kr	83,80	0,4296	2,587	$(3,745 \cdot 10^{-3})$
37	Rb	85,47	0,4329	2,607	1,532
38	Sr	87,62	0,4337	2,612	2,6
39	Y	88,905	0,4387	2,642	5,51
40	Zr	91,22	0,4385	2,641	6,4
41	Nb	92,906	0,4413	2,658	8,55
42	Mo	95,94	0,4378	2,636	10,21
44	Ru	101,07	0,4353	2,622	12,6

* Graphit α $\varrho = 2{,}24$ g/cm³
  Graphit β $\varrho = 2{,}22$ g/cm³
  Diamant $\varrho = 3{,}52$ g/cm³

** S monoklin $\varrho = 1{,}96$ g/cm³

Tabelle 6-3 (Fortsetzung)

Z	Element	$\bar{A}_r$	$Z/\bar{A}_r$	$N_A \cdot Z/\bar{M}$ 10^{23} g^{-1}	ϱ g/cm^3
45	Rh	102,905	0,4573	2,634	12,4
46	Pd	106,4	0,4322	2,604	11,4
47	Ag	107,868	0,4357	2,624	10,5
48	Cd	112,40	0,4270	2,572	8,65
49	In	114,82	0,4268	2,570	7,362
50	Sn	118,69	0,4213	2,537	α 5,75 β 7,28
51	Sb	121,75	0,4189	2,523	6,69
52	Te	127,60	0,4075	2,454	6,25
53	J	126,904	0,4176	2,515	4,93
54	Xe	131,30	0,4113	2,477	(5,897 · 10^{-3})
55	Cs	132,905	0,4138	2,492	1,873
56	Ba	137,34	0,4077	2,456	3,5
57	La	138,91	0,4103	2,471	6,15
58	Ce	140,12	0,4139	2,493	6,7
59	Pr	140,907	0,4187	2,522	6,5
60	Nd	144,24	0,4160	2,505	6,9
62	Sm	150,35	0,4124	2,484	7,7—7,8
63	Eu	151,96	0,4146	2,497	—
64	Gd	157,25	0 4070	2,451	—
65	Tb	158,924	0,4090	2,463	—
66	Dy	162,50	0,4062	2,446	—
67	Ho	164,930	0,4062	2,446	—
68	Er	167,26	0,4066	2,448	—
69	Tm	168,934	0,4084	2,460	—
70	Yb	173,04	0,4045	2,436	—
71	Lu	174,97	0,4058	2,444	—
72	Hf	178,49	0,4034	2,429	13,3
73	Ta	180,948	0,4034	2,430	16,6
74	W	183,85	0,4025	2,424	19,3
75	Re	186,2	0,4028	2,426	20,53
76	Os	190,2	0,3996	2,406	22,48
77	Ir	192,2	0,4006	2,413	22,42
78	Pt	195,09	0,3998	2,408	21,45
79	Au	196,967	0,4011	2,416	19,29
80	Hg	200,59	0,3988	2,402	13,546
81	Tl	204,37	0,3963	2,387	11,85
82	Pb	207,19	0,3958	2,384	11,34
83	Bi	208,982	0,3972	2,392	9,80
90	Th	232,038	0,3879	2,336	11,2
92	U	238,03	0,3865	2,328	18,7

$\varrho \cdot N_A \cdot Z/M$ ergibt die Elektronenanzahldichte (Anzahl der Elektronen pro Kubikzentimeter, ϱ in g/cm^3, M in g/mol).

Das Positron vereinigt sich in Anwesenheit von Materie wieder mit einem Elektron, wobei sich die Masse des Elektronenzwillings in Strahlungsenergie umwandelt (s. Abschn. 1.3.2.1) und zwei Photonen von je 0,511 MeV in entgegengesetzten Richtungen gehen (Vernichtungsstrahlung).

158 Photonenstrahlen (Röntgen- und Gammastrahlen)

6.4.2.3 *Photoabsorptionskoeffizient, Streukoeffizient und Paarbildungskoeffizient für Elemente benachbarter Ordnungszahlen*

Sind der Massen-Photoabsorptionskoeffizient $(\tau/\varrho)_1$, der Massen-Streukoeffizient $(\sigma/\varrho)_1$ und der Massen-Paarbildungskoeffizient $(\varkappa/\varrho)_1$ für ein Element (1) mit der Ordnungszahl Z_1 und der relativen Atommasse A_{r1} bekannt, so kann man die entsprechenden Koeffizienten $(\tau/\varrho)_2$, $(\sigma/\varrho)_2$ und $(\varkappa/\varrho)_2$ für ein Element (2) mit der relativen Atommasse A_{r2} und der Ordnungszahl Z_2, die nicht zu stark von Z_1 abweicht, wie folgt näherungsweise berechnen:

$$(\tau/\varrho)_2 = (\tau/\varrho)_1 (A_{r1}/Z_1)(Z_2/A_{r2})(Z_2/Z_1)^n, \tag{6.32}$$

wobei $3{,}6 < n < 3{,}0$ zwischen $0{,}1 < E < 3$ MeV ist.

$$(\sigma/\varrho)_2 = (\sigma/\varrho)_1 (A_{r1}/Z_1)(Z_2/A_{r2}), \tag{6.33}$$

$$(\varkappa/\varrho)_2 \approx (\varkappa/\varrho)_1 (A_{r1}/Z_1)(Z_2/A_{r2})(Z_2/Z_1). \tag{6.34}$$

Die Zahlenwerte für Z/A_r sind in Tab. 6–3 angegeben.

Trägt man in ein Z-E-Diagramm (Z Ordnungszahl, E Photonenenergie) für die Elemente diejenigen Werte der Photoabsorptionskoeffizienten τ, der Streukoeffizienten σ und der Paarbildungskoeffizienten $\varkappa$ ein, für die $\tau = \sigma$ und $\sigma = \varkappa$ ist, so erhält man die beiden in Abb. 6–15 dargestellten Kurvenäste. Dadurch wird veranschaulicht, in welchen Photonenenergiebereichen für die einzelnen Elemente der Photoeffekt oder der Compton-Effekt oder der Paarbildungseffekt überwiegt. Je höher die Ordnungszahl Z ist, um so schmaler wird der Bereich des überwiegenden Compton-Effektes.

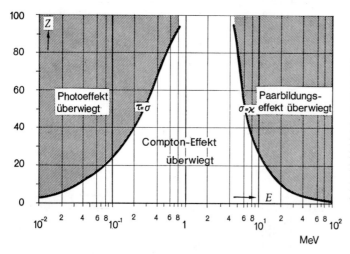

Abb. 6–15. Die Bereiche mit überwiegendem Photoeffekt, Compton-Effekt und Paarbildungseffekt werden durch die Kurven begrenzt, längs deren der Photoabsorptionskoeffizient τ gleich dem Streukoeffizienten σ bzw. der Streukoeffizient σ gleich dem Paarbildungskoeffizienten $\varkappa$ als Funktion der Ordnungszahl Z und der Photonenenergie E ist

6.4.3 Energieumwandlung und Energieumwandlungskoeffizient
[5, 23, 35, 44, 45, 47]

Im folgenden wird die Umwandlung der Photonenenergie in kinetische Energie von Elektronen behandelt. (Energieumwandlung bei Neutronen s. Abschn. 7.6.1.)
Der *Energieumwandlungskoeffizient* η eines Stoffes für eine Photonenstrahlung mit der Energie E wird definiert durch die Gleichung

$$\eta = \frac{dW_k}{W dl}. \tag{6.35}$$

Dabei ist W die Summe der Energien der Photonen, die senkrecht auf eine Schicht der Dicke dl fallen und dW_k die Summe der kinetischen Energien der Elektronen, die in dieser Schicht durch Photo-, Compton- und Paarbildungseffekt freigesetzt werden. Demzufolge setzt sich der Energieumwandlungskoeffizient (englisch: mass energy transfer coefficient μ_k/ϱ oder neuerdings μ_{tr}/ϱ, früher: true absorption coefficient) aus dem Photoumwandlungskoeffizient η_τ, dem Compton-Umwandlungskoeffizient η_C und dem Paarumwandlungskoeffizient $\eta_\varkappa$ zusammen. Für den *Massen-Energieumwandlungskoeffizienten* η/ϱ gilt somit:

$$\eta/\varrho = \eta_\tau/\varrho + \eta_C/\varrho + \eta_\varkappa/\varrho. \tag{6.36}$$

Die Gleichungen (6.35) und (6.36) bilden den Kern des *Glockerschen Grundgesetzes* für Photonen, nach dem der in kinetische Energie der verschiedenen Sekundärelektronen umgesetzte Anteil der auffallenden Energie auch für die biologische Strahlenwirkung maßgebend ist [Z. Phys. 40 (1926) 479; Strahlentherapie 93 (1954) 1]. In den Tab. 6–5 und 6–7 sind η/ϱ-Werte für einige Elemente und Stoffe als Funktion der Photonenenergie E zusammengestellt und teilweise durch die Abb. 6–17 und 6–19 veranschaulicht.

Photoumwandlungskoeffizient

Der *Massen-Photoumwandlungskoeffizient* η_τ/ϱ ergibt sich aus dem Massen-Photoabsorptionskoeffizient τ/ϱ (s. Abschn. 6.4.2.2) nach der Gleichung:

$$\eta_\tau/\varrho = \tau/\varrho\,(1 - E_{\text{ch}}/E). \tag{6.37}$$

Dabei ist E_{ch} die mittlere Energie der charakteristischen Röntgenstrahlung, die je Photon der Energie E emittiert wird. Beim Photoeffekt tritt nämlich ein Teil der Energie als charakteristische Röntgenstrahlung wieder in Erscheinung. Bei den leichten Elementen bis etwa $Z = 13$ (Al) ist $E_{\text{ch}}/E \ll 1$ und somit $\eta_\tau/\varrho \approx \tau/\varrho$.
In η_τ ist die kinetische Energie der Auger-Elektronen mit enthalten. Beim Auger-Effekt wird die Energie des Photons der charakteristischen Röntgenstrahlung dazu verbraucht, ein Elektron aus einer weiter außen liegenden Schale desselben Atoms zu lösen, in dessen Hülle die charakteristische Röntgenstrahlung entstanden ist (s. Abschn. 6.1.1).

Compton-Umwandlungskoeffizient

Der Compton-Umwandlungskoeffizient η_C ist gleich dem Compton-Rückstoßkoeffizienten σ_r (s. Abschn. 6.4.2.2).

$$\eta_C/\varrho = \sigma_r/\varrho. \tag{6.38}$$

Paarumwandlungskoeffizient

Der Paarumwandlungskoeffizient $\eta_\varkappa$ ist um denjenigen relativen Energieanteil der Photonenenergie kleiner als der Paarbildungskoeffizient $\varkappa$ (s. Abschn. 6.4.2.2), der gerade benötigt wird, um das Elektron-Positron-Paar zu bilden.

$$\eta_\varkappa/\varrho = \varkappa/\varrho\,(1 - [1{,}022/E]), \tag{6.39}$$

wobei E die Photonenenergie in MeV und $1{,}022\ \text{MeV} = 2m_e c_0^2$ die Bildungsenergie für den Elektronenzwilling ist.

6.4.4 Massen-Schwächungskoeffizient und Massen-Energieumwandlungskoeffizient für Spektren
[48, 64, 66, 81]

Wenn keine energiehomogene Photonenstrahlung, sondern ein Photonenspektrum vorliegt, muß man mit Hilfe der Tab. 6-4 bis 6-6 die Mittelwerte $\overline{\mu}$, $\overline{\eta}$ und $\overline{\eta}'$ der Schwächungs-, Energieumwandlungs- und Energieabsorptionskoeffizienten für die vorhandene spektrale Teilchenflußdichteverteilung $\varphi_E = f(E)$ oder Energieflußdichteverteilung $\psi_E = g(E)$ bilden (s. Abschn. 4.2.2 und 4.2.3). Diese Mittelwerte errechnen sich streng nach den folgenden Gleichungen:

$$\bar{\mu} = \int_0^{E_{max}} \mu(E)\,\varphi_E\,dE \bigg/ \int_0^{E_{max}} \varphi_E\,dE = 1/\varphi \int_0^{E_{max}} \mu(E)\,\varphi_E\,dE, \qquad (6.40)$$

$$\bar{\eta} = \int_0^{E_{max}} \eta(E)\,\psi_E\,dE \bigg/ \int_0^{E_{max}} \psi_E\,dE = 1/\psi \int_0^{E_{max}} \eta(E)\,\psi_E\,dE = 1/\psi \int_0^{E_{max}} \eta(E)\,\varphi_E\,E\,dE. \quad (6.41)$$

$\mu(E)$ Schwächungskoeffizient, $\eta(E)$ Energieumwandlungskoeffizient bei der Photonenenergie E für das betreffende Material.

Um diese Mittelwerte näherungsweise zu bestimmen, unterteilt man das Spektrum in äquidistante Energieabschnitte, wie Abb. 6–16 für ein Teilchenflußdichtespektrum zeigt. Danach ergibt sich der Mittelwert des Schwächungskoeffizienten folgendermaßen:

$$\bar{\mu} = \frac{\mu_1\,\varphi_{E_1} + \mu_2\,\varphi_{E_2} + \mu_3\,\varphi_{E_3} + \mu_4\,\varphi_{E_4} + \mu_5\,\varphi_{E_5}}{\varphi_{E_1} + \varphi_{E_2} + \varphi_{E_3} + \varphi_{E_4} + \varphi_{E_5}}.$$

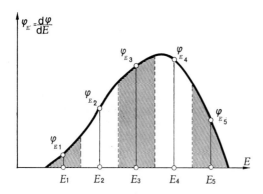

Abb. 6–16. Zur Bestimmung des Mittelwertes $\bar{\mu}$ des Schwächungskoeffizienten für ein Photonenspektrum $\varphi_E = f(E)$

6.4.5 Energieabsorptionskoeffizient
[5, 23, 47, 80]

Der Energieabsorptionskoeffizient η' (englisch: energy absorption coefficient μ_{en}) eines Stoffes für eine indirekt ionisierende Strahlung und der Massen-Energieabsorptionskoeffizient η'/ϱ (ϱ Dichte) lassen sich mit Hilfe des Energieumwandlungskoeffizienten η (s. Abschn. 6.4.3) definieren:

$$\eta'/\varrho = \eta/\varrho\,(1 - G). \qquad (6.42)$$

G ist derjenige Bruchteil der Energie der durch die Photonen freigesetzten Sekundärelektronen, der in Bremsstrahlung umgesetzt wird, um den also die kinetische Energie W_k vermindert wird. Diese Bremsstrahlung kann aus dem räumlichen Bereich, in dem sie entstanden ist, wieder austreten. Grundsätzlich ist $\eta'/\varrho < \eta/\varrho$. Solange die kinetische Energie der Sekundärelektronen nicht wesentlich größer als die Ruheenergie $m_e c_0^2 = 0{,}511$ MeV ist, unterscheiden sich η'/ϱ und η/ϱ nur geringfügig. Zahlenwerte für η'/ϱ findet man in Tab. 6–5, soweit $\eta'/\varrho = \eta/\varrho$, und in Tab. 6–6, soweit $\eta'/\varrho < \eta/\varrho$. G errechnet sich aus:

$$G = \frac{1}{\varphi_e} \int_0^\infty \varphi_{E_e} \frac{E_B}{E_e}\,dE_e. \qquad (6.43)$$

Dabei ist φ_e die Flußdichte, $\varphi_{E_e} = (d\varphi_e/dE_e)$ die spektrale Flußdichte der Elektronen mit der Anfangsenergie E_e und E_B die Photonenenergie, die durch vollständige Bremsung entsteht.

6.4.6 Tabellen und Abbildungen zum Massen-Schwächungskoeffizienten, Massen-Energieumwandlungskoeffizienten und Massen-Energieabsorptionskoeffizienten

[5, 22, 44, 45]

Die Tab. 6–4 bis 6–6 enthalten Massen-Schwächungskoeffizienten μ/ϱ, Massen-Energieumwandlungskoeffizienten η/ϱ und Massen-Energieabsorptionskoeffizienten η'/ϱ für einige Elemente, Luft und Wasser im Photonenenergiebereich zwischen 0,01 und

Tabelle 6–4. Massen-Schwächungskoeffizient μ/ϱ in cm²/g (einschl. der kohärenten Streuung) für einige Elemente sowie für Luft und Wasser als Funktion der Photonenenergie E (Dichte ϱ s. Tab. 6–3) (nach DAVISSON [22] und HUBBELL u. BERGER [44, 45])

E MeV	H 1	Be 4	C 6	N 7	O 8	Al 13	Luft	Wasser
0,010	0,385	0,602	2,32	3,77	5,81	26,2	5,04	5,21
0,015	0,376	0,301	0,798	1,19	1,74	7,90	1,56	1,59
0,020	0,369	0,226	0,433	0,601	0,830	3,39	0,757	0,778
0,030	0,357	0,181	0,253	0,304	0,372	1,11	0,351	0,370
0,04	0,346	0,163	0,205	0,229	0,257	0,565	0,247	0,267
0,05	0,335	0,155	0,185	0,196	0,211	0,368	0,206	0,224
0,06	0,326	0,149	0,175	0,181	0,190	0,277	0,187	0,205
0,08	0,309	0,141	0,162	0,165	0,168	0,201	0,167	0,184
0,10	0,294	0,133	0,152	0,154	0,157	0,171	0,155	0,172
0,15	0,265	0,119	0,135	0,136	0,137	0,138	0,136	0,151
0,20	0,243	0,109	0,123	0,124	0,124	0,122	0,123	0,137
0,30	0,211	0,0945	0,107	0,107	0,107	0,104	0,107	0,120
0,4	0,189	0,0847	0,0953	0,0953	0,0957	0,0926	0,0955	0,106
0,5	0,173	0,0773	0,0870	0,0870	0,0871	0,0843	0,0868	0,0966
0,6	0,160	0,0715	0,0805	0,0805	0,0805	0,0777	0,0804	0,0894
0,8	0,140	0,0628	0,0707	0,0707	0,0707	0,0682	0,0706	0,0785
1,0	0,126	0,0565	0,0635	0,0636	0,0636	0,0613	0,0635	0,0706
1,5	0,103	0,0459	0,0517	0,0517	0,0518	0,0500	0,0517	0,0575
2,0	0,0875	0,0393	0,0443	0,0444	0,0445	0,0431	0,0444	0,0493
3,0	0,0691	0,0313	0,0356	0,0357	0,0359	0,0353	0,0358	0,0396
4	0,0581	0,0267	0,0305	0,0308	0,0310	0,0311	0,0308	0,0340
5	0,0505	0,0235	0,0271	0,0274	0,0278	0,0284	0,0276	0,0303
6	0,0450	0,0212	0,0247	0,0251	0,0255	0,0266	0,0252	0,0277
8	0,0375	0,0182	0,0216	0,0221	0,0226	0,0244	0,0223	0,0243
10	0,0325	0,0163	0,0196	0,0203	0,0209	0,0232	0,0205	0,0222
15	0,0254	0,0136	0,0170	0,0178	0,0187	0,0220	0,0181	0,0194
20	0,0215	0,0123	0,0158	0,0167	0,0177	0,0217	0,0170	0,0181
30	0,0174	0,0110	0,0147	0,0159	0,0170	0,0220	0,0163	0,0171
40	0,0154	0,0104	0,0144	0,0157	0,0170	0,0225	0,0161	0,0168
50	0,0141	0,0102	0,0143	0,0156	0,0170	0,0231	0,0161	0,0167
60	0,0133	0,0100	0,0143	0,0157	0,0172	0,0236	0,0162	0,0168
80	0,0124	0,00993	0,0144	0,0160	0,0176	0,0244	0,0165	0,0170
100	0,0119	0,00993	0,0146	0,0162	0,0179	0,0251	0,0168	0,0172

Tabelle 6–4 (Fortsetzung). Massen-Schwächungskoeffizient μ/ϱ in cm²/g

E MeV	Ca 20	Fe 26	Cu 29	Sn 50	W 74	Pb 82	U 92	
0,010	96,5	173	224	141	95,3	137	178	
0,015	30,2	56,4	74,0	45,9	139		63,7	L₃
0,020	12,9	25,5	33,5	21,1	65,5	85,4		L₂
0,030	3,98	8,11	10,9	42,0	22,6	29,1	41,0	L₁
0,04	1,77	3,61	4,88	18,7	10,6	13,8	19,6	
0,05	0,994	1,94	2,61	10,2	5,85	7,70	11,0	
0,06	0,646	1,20	1,59	6,34	3,64	4,87	6,91	
0,08	0,363	0,590	0,767	3,07	7,88	2,37	3,33	
0,10	0,256	0,370	0,461	1,72	4,43	5,79	1,91	
0,15	0,168	0,197	0,224	0,635	1,57	2,07	2,57	K
0,20	0,138	0,146	0,157	0,332	0,777	1,02	1,28	
0,30	0,112	0,111	0,112	0,165	0,319	0,406	0,508	
0,4	0,0980	0,0942	0,0943	0,116	0,190	0,233	0,287	
0,5	0,0886	0,0840	0,0835	0,0948	0,136	0,161	0,194	
0,6	0,0814	0,0768	0,0762	0,0811	0,107	0,126	0,147	
0,8	0,0712	0,0668	0,0659	0,0668	0,0799	0,0886	0,0996	
1,0	0,0639	0,0599	0,0589	0,0578	0,0655	0,0709	0,0776	
1,5	0,0519	0,0486	0,0478	0,0462	0,0494	0,0518	0,0549	
2,0	0,0452	0,0425	0,0419	0,0410	0,0435	0,0456	0,0476	
3,0	0,0377	0,0361	0,0359	0,0366	0,0402	0,0417	0,0438	
4	0,0340	0,0331	0,0332	0,0355	0,0398	0,0414	0,0435	
5	0,0317	0,0315	0,0318	0,0353	0,0406	0,0424	0,0443	
6	0,0304	0,0306	0,0310	0,0357	0,0416	0,0436	0,0455	
8	0,0289	0,0299	0,0307	0,0370	0,0440	0,0467	0,0481	
10	0,0284	0,0299	0,0310	0,0387	0,0466	0,0496	0,0509	
15	0,0284	0,0309	0,0324	0,0428	0,0527	0,0553	0,0578	
20	0,0291	0,0322	0,0341	0,0464	0,0581	0,0611	0,0641	
30	0,0308	0,0347	0,0370	0,0520	0,0663	0,0701	0,0739	
40	0,0321	0,0367	0,0393	0,0560	0,0720	0,0760	0,0804	
50	0,0333	0,0384	0,0412	0,0591	0,0764	0,0806	0,0854	
60	0,0343	0,0397	0,0426	0,0615	0,0798	0,0843	0,0893	
80	0,0359	0,0418	0,0449	0,0653	0,0848	0,0899	0,0950	
100	0,0371	0,0432	0,0466	0,0678	0,0881	0,0936	0,0993	

E (Kante) keV	μ/ϱ cm²/g	E (Kante) keV	μ/ϱ cm²/g	E (Kante) keV	μ/ϱ cm²/g
Sn		Pb		U	
$E_K = 29,19$	7,62	$E_{L3} = 13,04$	70,1	$E_{L3} = 17,16$	45,7
	45,4		165		106
W		$E_{L2} = 15,20$	112	$E_{L2} = 20,94$	62,3
			146		87,6
$E_{L3} = 10,20$	90,4	$E_{L1} = 15,86$	130	$E_{L1} = 21,77$	79,5
	235		160		91,5
$E_{L2} = 11,54$	170	$E_K = 88,00$	1,87	$E_K = 115,6$	1,34
	235		7,31		4,86
$E_{L1} = 12,10$	205				
	239				
$E_K = 69,51$	2,50				
	11,3				

Tabelle 6–5. Massen-Energieumwandlungskoeffizient η/ϱ in cm²/g für einige Elemente sowie für Luft und Wasser als Funktion der Photonenenergie E (für $E < 0{,}010$ MeV s. Tab. 6–7, Dichte ϱ s. Tab. 6–3) (nach Hubbell u. Berger [44, 45])

E MeV	H 1	C 6	N 7	O 8	Na 11	Al 13	Luft	Wasser
0,010	0,00986	1,97	3,38	5,39	14,9	25,5	4,61	4,79
0,015	0,0110	0,536	0,908	1,44	4,20	7,47	1,27	1,28
0,020	0,0135	0,208	0,362	0,575	1,70	3,06	0,511	0,512
0,030	0,0185	0,0594	0,105	0,165	0,475	0,868	0,148	0,149
0,04	0,0231	0,0306	0,0493	0,0733	0,199	0,357	0,0668	0,0677
0,05	0,0271	0,0233	0,0319	0,0437	0,106	0,184	0,0406	0,0418
0,06	0,0306	0,0211	0,0256	0,0322	0,0668	0,111	0,0305	0,0320
0,08	0,0362	0,0205	0,0223	0,0249	0,0382	0,0562	0,0243	0,0262
0,10	0,0406	0,0215	0,0224	0,0237	0,0297	0,0386	0,0234	0,0256
0,15	0,0481	0,0245	0,0247	0,0251	0,0260	0,0285	0,0250	0,0277
0,20	0,0525	0,0265	0,0267	0,0268	0,0264	0,0276	0,0268	0,0297
0,30	0,0569	0,0287	0,0287	0,0288	0,0277	0,0282	0,0287	0,0319
0,4	0,0586	0,0295	0,0295	0,0295	0,0284	0,0287	0,0295	0,0328
0,5	0,0593	0,0297	0,0297	0,0297	0,0285	0,0287	0,0297	0,0330
0,6	0,0587	0,0296	0,0296	0,0296	0,0284	0,0286	0,0296	0,0329
0,8	0,0574	0,0289	0,0289	0,0289	0,0277	0,0279	0,0289	0,0321
1,0	0,0555	0,0279	0,0280	0,0280	0,0268	0,0270	0,0280	0,0311
1,5	0,0507	0,0256	0,0256	0,0256	0,0245	0,0247	0,0256	0,0284
2,0	0,0465	0,0235	0,0236	0,0236	0,0227	0,0229	0,0236	0,0263
3,0	0,0399	0,0206	0,0207	0,0208	0,0202	0,0206	0,0207	0,0233
4	0,0353	0,0187	0,0189	0,0191	0,0188	0,0193	0,0189	0,0214
5	0,0319	0,0174	0,0177	0,0179	0,0179	0,0185	0,0178	0,0200
6	0,0292	0,0164	0,0167	0,0171	0,0173	0,0181	0,0168	0,0190
8	0,0253	0,0151	0,0156	0,0160	0,0167	0,0177	0,0157	0,0176
10	0,0227	0,0143	0,0149	0,0154	0,0164	0,0176	0,0151	0,0168

100 MeV. Für Luft, Graphit und Aluminium ist η/ϱ außerdem für Photonenenergien zwischen 0,003 und 0,008 MeV in Tab. 6–7 angegeben. Abb. 6–17 zeigt für Wasser (in guter Näherung auch für Luft) den Gang der auf die Dichte ϱ bezogenen Koeffizienten für Photoabsorption (τ/ϱ), für Streuung ($\sigma/\varrho = \sigma_R/\varrho + \sigma_C/\varrho$), für Paarbildung ($\varkappa/\varrho$), für Schwächung ($\mu/\varrho$) und für Energieumwandlung (η/ϱ) mit der Photonenenergie E. Abb. 6–18 verdeutlicht den unterschiedlichen Gang der Massen-Schwächungskoeffizienten (μ/ϱ) und Abb. 6–19 der Massen-Energieumwandlungskoeffizienten (η/ϱ) zwischen Luft, Al, Cu und Pb. Die Kurven unterscheiden sich besonders stark in den Bereichen überwiegenden Photo- und Paarbildungseffektes.

6.4.7 Materialäquivalenz
[31, 52, 54, 55, 62, 65, 72, 73, 78, 82, 87, 93, 95]

Die Gleichwertigkeit (Äquivalenz) zweier Stoffe kann sich nur auf bestimmte Eigenschaften dieser Stoffe beziehen. In der Dosimetrie und im Strahlenschutz der Photonenstrahlen sind hierbei die Schwächung und Energieumwandlung der Photonenstrahlung (s. Abschn. 6.4.2 und 6.4.3) sowie das Bremsvermögen (s. Abschn. 5.2.1.1) für die von Photonen ausgelösten Sekundärelektronen maßgebend. Zwei Substanzen sollen als äqui-

Tabelle 6–5 (Fortsetzung). Massen-Energieumwandlungskoeffizient η/ϱ in cm²/g

E MeV	P 15	S 16	K 19	Ca 20	Fe 26	Cu 29	Sn 50	Pb 82	
0,010	39,8	49,7	77,6	91,6	142	160	136,5	131	L₃
0,015	11,8	14,9	23,9	28,6	49,3	59,4	43,7		L₂
0,020	4,91	6,21	10,2	12,2	22,8	28,2	19,8	69,2	L₁
0,030	1,39	1,77	2,94	3,60	7,28	9,50	16,2	24,6	
0,04	0,572	0,727	1,23	1,50	3,17	4,24	9,97	11,8	
0,05	0,293	0,372	0,623	0,764	1,64	2,22	6,25	6,57	
0,06	0,173	0,218	0,366	0,444	0,961	1,32	4,20	4,11	
0,08	0,0820	0,101	0,162	0,196	0,414	0,573	2,19	1,92	
0,10	0,0511	0,0609	0,0913	0,109	0,219	0,302	1,26	2,28	K
0,15	0,0322	0,0357	0,0442	0,0497	0,0814	0,106	0,446	1,16	
0,20	0,0293	0,0311	0,0343	0,0371	0,0495	0,0597	0,211	0,637	
0,30	0,0288	0,0299	0,0304	0,0318	0,0335	0,0370	0,0853	0,265	
0,4	0,0291	0,0301	0,0298	0,0309	0,0308	0,0318	0,0536	0,147	
0,5	0,0291	0,0300	0,0294	0,0304	0,0295	0,0298	0,0423	0,0984	
0,6	0,0288	0,0297	0,0291	0,0300	0,0287	0,0287	0,0358	0,0737	
0,8	0,0280	0,0290	0,0283	0,0291	0,0275	0,0272	0,0301	0,0503	
1,0	0,0272	0,0280	0,0273	0,0280	0,0264	0,0261	0,0270	0,0396	
1,5	0,0248	0,0256	0,0250	0,0257	0,0241	0,0237	0,0233	0,0288	
2,0	0,0231	0,0238	0,0233	0,0240	0,0225	0,0222	0,0220	0,0259	
3,0	0,0209	0,0216	0,0214	0,0220	0,0212	0,0211	0,0219	0,0260	
4	0,0198	0,0205	0,0206	0,0213	0,0209	0,0211	0,0232	0,0281	
5	0,0191	0,0200	0,0202	0,0211	0,0211	0,0214	0,0247	0,0306	
6	0,0188	0,0197	0,0202	0,0211	0,0215	0,0220	0,0262	0,0331	
8	0,0187	0,0197	0,0205	0,0215	0,0226	0,0234	0,0292	0,0378	
10	0,0188	0,0200	0,0210	0,0222	0,0238	0,0248	0,0319	0,0419	

Sn
$E_K = 29{,}19$ keV
η/ϱ 6,83
       16,7

Pb
$E_{L3} = 13{,}04$ keV $\eta/\varrho = 66{,}2$
                                129
$E_{L2} = 15{,}20$ keV $\eta/\varrho = 89{,}6$
                                113
$E_{L1} = 15{,}86$ keV $\eta/\varrho = 102$
                                123
$E_K = 88{,}00$ keV $\eta/\varrho = 1{,}49$
                                2,47

valent gelten, wenn ihre Massen-Schwächungskoeffizienten μ/ϱ oder ihre Massen-Energieumwandlungskoeffizienten η/ϱ in bestimmten Photonenenergiebereichen übereinstimmen. Bei Messungen von räumlichen Dosisverteilungen in Phantomen interessiert die Gewebeäquivalenz (Muskel-, Knochen- oder Fettgewebe) des Phantommaterials und bei Energiedosis- oder Ionendosismessungen, z. B. die Luftäquivalenz des Stoffes, aus dem die Dosimetersonde besteht. Als luftäquivalentes Material für Ionisationskammern ist „Aerion" gebräuchlich (Phys.-Techn. Werkstätten Dr. Pychlau, Freiburg i. Br.). Die Schwierigkeit, zu einem gegebenen Stoffgemisch oder Gewebe oder zu einer chemischen Verbindung eine äquivalente Substanz zu finden, liegt vor allem darin, daß Photo-, Compton- und Paarbildungseffekt in verschiedener Weise von der Ordnungszahl der

Tabelle 6–6. Massen-Energieabsorptionskoeffizient η'/ϱ in cm²/g für einige Elemente sowie für Luft und Wasser als Funktion der Photonenenergie E (Dichte ϱ s. Tab. 6–3). Für E zwischen 0,010 MeV und den hier angegebenen Werten ist $\eta'/\varrho = \eta/\varrho$ (s. Tab. 6–5) (nach HUBBELL u. BERGER [44,45])

E MeV	H 1	C 6	N 7	O 8	Na 11	Al 13	Luft	Wasser
0,4								
0,5				0,0296		0,0286	0,0296	
0,6		0,0295	0,0295			0,0286	0,0295	
0,8		0,0288	0,0289		0,0275	0,0277	0,0289	
1,0		0,0279	0,0279	0,0278	0,0266	0,0269	0,0278	0,0309
1,5		0,0255	0,0255	0,0254	0,0243	0,0245	0,0254	0,0282
2,0	0,0464	0,0234	0,0234	0,0234	0,0225	0,0226	0,0234	0,0260
3,0	0,0398	0,0204	0,0205	0,0206	0,0199	0,0202	0,0205	0,0227
4	0,0352	0,0185	0,0186	0,0188	0,0184	0,0188	0,0186	0,0206
5	0,0317	0,0171	0,0173	0,0175	0,0174	0,0179	0,0174	0,0191
6	0,0290	0,0161	0,0163	0,0166	0,0167	0,0172	0,0164	0,0180
8	0,0252	0,0147	0,0151	0,0155	0,0159	0,0168	0,0152	0,0166
10	0,0225	0,0138	0,0143	0,0148	0,0155	0,0165	0,0145	0,0157

E MeV	P 15	S 16	K 19	Ca 20	Fe 26	Cu 29
0,4						
0,5				0,0293		
0,6				0,0290	0,0299	0,0286	0,0286
0,8	0,0278	0,0288	0,0282	0,0289	0,0273	0,0271
1,0	0,0270	0,0278	0,0270	0,0278	0,0262	0,0258
1,5	0,0246	0,0253	0,0247	0,0254	0,0237	0,0233
2,0	0,0228	0,0235	0,0229	0,0236	0,0220	0,0217
3,0	0,0204	0,0211	0,0208	0,0214	0,0204	0,0202
4	0,0192	0,0199	0,0198	0,0205	0,0199	0,0200
5	0,0184	0,0192	0,0193	0,0200	0,0198	0,0200
6	0,0179	0,0188	0,0190	0,0198	0,0199	0,0202
8	0,0175	0,0184	0,0190	0,0198	0,0204	0,0209
10	0,0174	0,0184	0,0191	0,0201	0,0209	0,0215

Tabelle 6–7. Massen-Energieumwandlungskoeffizient η/ϱ in cm²/g für Luft, Kohlenstoff und Aluminium für Photonenenergien $E < 0{,}010$ MeV (nach BERGER [5])

E MeV		Luft	C	Al	Anmerkung
0,003		165	89,0	747	
0,0032	(a)	145	—	—	(a) Argon-K-Kante
0,0032	(a)	165	—	—	
0,004		82,5	37,5	346	
0,005		41,8	18,6	183	
0,006		23,4	10,0	111	
0,008		9,45	4,0	52	

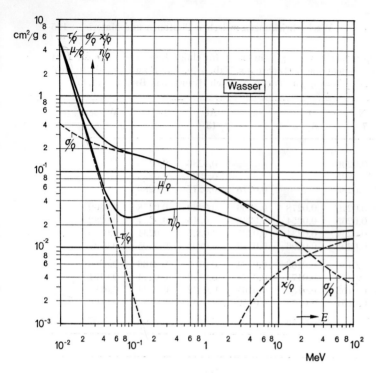

Abb. 6–17. Massen-Photoabsorptionskoeffizient τ/ϱ, Massen-Streukoeffizient σ/ϱ (einschl. der kohärenten Streuung, s. Abschn. 6.4.2.2), Massen-Paarbildungskoeffizient $\varkappa/\varrho$, Massen-Schwächungskoeffizient μ/ϱ und Massen-Energieumwandlungskoeffizient η/ϱ für Wasser als Funktion der Photonenenergie E

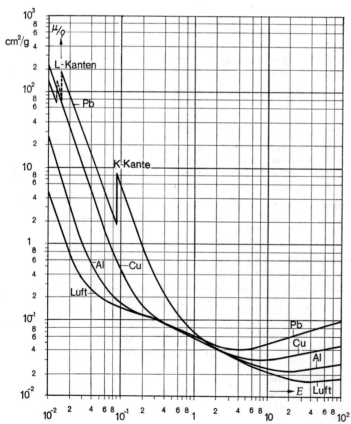

Abb. 6–18. Massen-Schwächungskoeffizient μ/ϱ für Luft, Aluminium, Kupfer und Blei als Funktion der Photonenenergie E

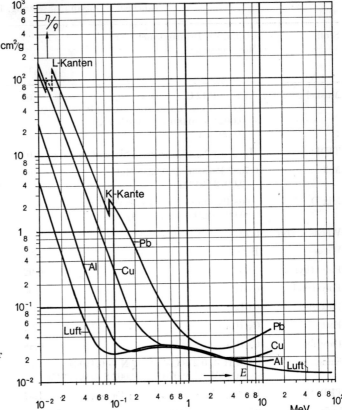

Abb. 6–19. Massen-Energie-umwandlungskoeffizient η/ϱ für Luft, Aluminium, Kupfer und Blei als Funktion der Photonenenergie E

in den Substanzen vorkommenden Elemente und von der Photonenenergie abhängen. Eine befriedigende Materialäquivalenz läßt sich über einen größeren Photonenenergiebereich im allgemeinen nur erzielen, wenn die Ordnungszahlen und die Massenanteile der Elemente in den beiden Substanzen nicht zu verschieden sind. Soll die Äquivalenz auch für die linearen Schwächungskoeffizienten bestehen, so dürfen außerdem die Dichten nicht so stark voneinander abweichen wie z.B. zwischen Gasen und festen Stoffen (s. Abschn. 7.5.6).

Als Maß für die Äquivalenz der Materialien (1) und (2) in bezug auf die *Energieumwandlung*, d.h. bezüglich des Massen-Energieumwandlungskoeffizienten, kann das Verhältnis w dienen:

$$w = (Z^n/A_r)_{\text{eff}(1)} / (Z^n/A_r)_{\text{eff}(2)}. \tag{6.44}$$

Für Stoffgemische gilt:

$$(Z^n/A_r)_{\text{eff}} = \sum_{i=1}^{m} p_i \frac{Z_i^n}{A_{ri}} = p_1 \frac{Z_1^n}{A_{r1}} + \cdots + p_i \frac{Z_i^n}{A_{ri}} + \cdots + p_m \frac{Z_m^n}{A_{rm}}. \tag{6.45}$$

Für chemische Verbindungen gilt:

$$(Z^n/A_r)_{\text{eff}} = \frac{\sum_{i=1}^{m} a_i Z_i^n}{\sum_{i=1}^{m} a_i A_{ri}} = \frac{a_1 Z_1^n + \cdots + a_i Z_i^n + \cdots + a_m Z_m^n}{a_1 A_{r1} + \cdots + a_i A_{ri} + \cdots + a_m A_{rm}}. \tag{6.46}$$

Tabelle 6–8. Zusammensetzung, Dichte ϱ, Elektronenanzahlen,

Stoff	Chemische Bruttoformel oder Massenanteile	ϱ g/cm³	Elektronenanzahl	
			$N_A(Z/M)_{\text{eff}}$ 10^{23} g⁻¹	$N_A \varrho (Z/M)_{\text{eff}}$ 10^{23} cm⁻³
Muskel	0,1 H + 0,12 C + 0,04 N + 0,73 O + 0,001 Na + 0,0004 Mg + 0,002 P + 0,002 S + 0,001 Cl + 0,0035 K + 0,0001 Ca	1,05	3,31	3,47
TEM	$H_{10,2}C_{6,35}N_{0,25}O_{0,325}F_{0,102}Si_{0,0373}Ca_{0,05116}$	1,07	3,31	3,54
M 3	0,7692 Paraffin + 0,2235 MgO + 0,0072 $CaCO_3$	1,05	3,34	3,51
Mix D	0,608 Paraffin + 0,304 Polyäthylen + 0,064 MgO + 0,024 TiO_2	0,99	3,40	3,37
Wachs n. Ott	0,79 Paraffin + 0,21 MgO	1,01	3,35	3,39
Wasser	H_2O	1,00	3,34	3,34
Polyäthylen	CH_2	0,92	3,44	3,16
Polystyrol	C_8H_8	1,06	3,24	3,43
Plexiglas	$C_5H_8O_2$	1,18	3,25	3,83
Fett (Triolein)	$C_{57}H_{104}O_6$	0,92	3,36	3,09
Paraffin	$C_{25}H_{52}$	0,88	3,45	3,04
Knochen	0,064 H + 0,278 C + 0,027 N + 0,410 O + 0,002 Mg + 0,070 P + 0,002 S + 0,147 Ca	1,5	3,19	4,79
TEB	$H_{6,2}C_{4,49}N_{0,193}O_{0,193}F_{0,8911}C_{0,4456}$	1,37	3,17	4,34
Luft	0,755 N + 0,232 O + 0,013 Ar	1,293·10⁻³	3,01	3,89·10⁻³
Graphit	C	2,25	3,01	6,77

* $M = A_r$ g/mol. (s. Abschn. 2.3.3, Gleichung (2.8)).

Dabei ist:

p_i relativer Massenanteil der Atomart i; $\sum p_i = 1$; a_i Verbindungszahl der Atomart i (z. B. $O_5H_8O_2$: $a_1 = 5$; $a_2 = 8$; $a_3 = 2$); Z_i Ordnungszahl und A_{ri} relative Atommasse der Atomart i (s. Tab. 6–3); $n = 1$ im Bereich überwiegenden Compton-Effektes; $n = 2$ im Bereich überwiegenden Paarbildungseffektes; $n = 4$ im Bereich überwiegenden Photoeffektes.
Als Maß für die Äquivalenz der Materialien (1) und (2) in bezug auf die *Schwächung*, d.h. bezüglich des linearen Schwächungskoeffizienten, dient das Verhältnis w':

$$w' = \varrho_1 (Z^n/A_r)_{\text{eff}(1)} / \varrho_2 (Z^n/A_r)_{\text{eff}(2)} \tag{6.47}$$

mit den Dichten ϱ_1 und ϱ_2. Im übrigen gelten die Gleichungen (6.45) und (6.46).
Die Materialäquivalenz bezüglich einer der beiden genannten Eigenschaften besteht also, wenn $w \approx 1$ oder $w' \approx 1$ ist, und zwar günstigstenfalls gleichzeitig für $n = 1$, 2 und 4. Früher hat man die Materialäquivalenz meist mit Hilfe der „effektiven Ordnungszahlen" Z_{eff} bestimmt, die jedoch etwas umständlicher zu berechnen sind [82, 83].

$(Z^n/A_r)_{eff}$ und $\varrho(Z^n/A_r)_{eff}$ für einige Stoffe, Gewebe und Phantomsubstanzen*

Compton-Effekt $n = 1$		Paareffekt $n = 2$		Photoeffekt $n = 4$	
$(Z/A_r)_{eff}$	$\varrho(Z/A_r)_{eff}$	$(Z^2/A_r)_{eff}$	$\varrho(Z^2/A_r)_{eff}$	$(Z^4/A_r)_{eff}$	$\varrho(Z^4/A_r)_{eff}$
0,549	0,576	3,60	3,78	230	241
0,550	0,589	3,07	3,28	204	218
0,555	0,583	3,27	3,44	221	232
0,565	0,559	2,98	2,95	196	194
0,557	0,562	3,22	3,25	202	204
0,555	0,555	3,66	3,66	227	227
0,570	0,525	2,71	2,49	92,5	85,1
0,538	0,570	2,84	3,01	99,6	105,6
0,539	0,636	3,16	3,72	147	173
0,558	0,513	2,87	2,64	111	102,4
0,573	0,504	2,70	2,38	92,0	81,0
0,530	0,795	4,63	6,95	847	1270
0,527	0,721	4,36	5,97	834	1143
0,499	$0,654 \cdot 10^{-3}$	3,67	$4,75 \cdot 10^{-3}$	223	$288 \cdot 10^{-3}$
0,500	1,124	3,00	6,75	108	243

Aus $(Z^n/A_r)_{eff}$ nach den Gleichungen (6.45) oder (6.46) erhält man mit Hilfe der Avogadro-Konstante N_A (s. Tab. 1–15) $N_A(Z/M)_{eff}$, die Anzahl der Elektronen pro Masse in g^{-1}, und $N_A \varrho(Z/M)_{eff}$, die Anzahl der Elektronen pro Volumen in cm^{-3}, wenn man die Dichte ϱ in g/cm^3 und die molare Masse M in g/mol einsetzt*. In Tab. 6–8 sind für einige Gewebe, Stoffe und Phantomsubstanzen die Werte für die Dichte ϱ, für die Elektronenanzahl pro Gramm und pro Kubikzentimeter sowie für $(Z^n/A_r)_{eff}$ und $\varrho(Z^n/A_r)_{eff}$ zusammengestellt.

Für Dosismessungen in Photonenbündeln nach dem Bragg-Gray-Prinzip oder bei der Elektronendosimetrie muß gegebenenfalls auch Äquivalenz bezüglich des linearen Bremsvermögens oder des Massen-Bremsvermögens und der Elektronenstreuung gefordert werden. Äquivalenz bei schnellen Elektronen besteht bezüglich der Bremsung, wenn $w \approx 1$ bzw. $w' \approx 1$ für $n = 1$, und bezüglich der Elektronenstreuung, wenn $w \approx 1$ bzw. $w' \approx 1$ für $n = 2$ erfüllt ist (s. Abschn. 7.5.6.1).

* Die molare Masse M hat in der Einheit g/mol denselben Zahlenwert wie die relative Atommasse A_r (s. Tab. 6–3). Vielfach steht in derartigen Beziehungen noch A_r statt M, die aber dann dimensionsrichtig bleiben, wenn man den Zahlenwert von A_r mit der Einheit g/mol multipliziert, d.h. $M = A_r$ g/mol.

170 Photonenstrahlen (Röntgen- und Gammastrahlen)

6.5 Strahlenqualität

6.5.1 Allgemeines
[6, 9, 23, 24, 28, 37, 41, 42, 47, 50, 53, 57, 63, 67, 70, 74, 75, 77, 79, 84, 85, 88, 89, 90]

Die Strahlenqualität an einem Punkt oder in einem begrenzten Raumbereich eines Strahlungsfeldes läßt sich bei energiehomogener Photonenstrahlung durch die Photonenenergie und bei komplexer Photonenstrahlung durch die spektrale Teilchenflußdichteverteilung (s. Abschn. 4.2.2.1) oder die spektrale Energieflußdichteverteilung (s. Abschn. 4.2.3.1) charakterisieren. In vielen Fällen können diese Flußdichteverteilungen aber nur unter relativ großem Aufwand mit Szintillations- und Halbleiterspektrometern in Verbindung mit Vielkanalanalysatoren ermittelt werden. In der dosimetrischen Praxis begnügt man sich meist mit den nachstehenden Näherungsmethoden.

6.5.2 Praktische Charakterisierung der Strahlenqualität
[9, 23, 47, 50, 84, 85, 86, 88]

In Photonenenergiebereichen, innerhalb deren der Massen-Schwächungskoeffizient monoton mit der Energie abnimmt (s. Abb. 6–18), läßt sich die Strahlenqualität eines Bremsspektrums, das kein merkliches Linienspektrum der charakteristischen Röntgenstrahlung enthalten darf, mit Hilfe einer Schwächungskurve bei bekannter Röhrenspannung charakterisieren. Aus der Schwächungskurve können die 1. und 2. Halbwertschichtdicke (s. Abschn. 6.5.2.2) entnommen werden, die auch direkt meßbar sind. Schließlich dient auch die äquivalente oder effektive Energie zur groben Charakterisierung der Strahlenqualität. Die Röhrenspannung und die Zusatzfilterung müssen aber stets angegeben werden, um eindeutige und reproduzierbare Ergebnisse zu erhalten.

6.5.2.1 *Schwächungskurve, Schwächungsgrad, Schwächungsmessung*
[23, 48]

Eine *Schwächungskurve* gibt die relative Abnahme einer Bezugsgröße von der Schichtdicke d des schwächenden Materials wieder. Als Bezugsgröße kann die Teilchenflußdichte φ (s. Abschn. 4.2.2) oder die Energieflußdichte ψ (s. Abschn. 4.2.3) oder eine Dosisleistungsgröße ($\dot{D}, \dot{J}$, s. Abschn. 4.4.2 und 4.4.5) dienen. Für energiehomogene Strahlungen in schmalen Strahlenbündeln gilt für kleine Schwächungsgrade:

$$\varphi/\varphi_0 = \psi/\psi_0 = \dot{D}/\dot{D}_0 = \dot{J}/\dot{J}_0 = \exp(-\mu d). \tag{6.48}$$

$\varphi_0, \psi_0, \dot{D}_0$ und $\dot{J}_0$ sind die Werte bei der Schichtdicke $d = 0$.

In halblogarithmischer Darstellung erhält man dann eine Gerade (s. Abb. 6–20). Anders liegen die Verhältnisse für ein Photonenspektrum; denn mit steigender Schichtdicke ändert sich die spektrale Verteilung, weil die Anzahl der energieärmeren Photonen stärker abnimmt, als die der energiereicheren. Die restliche Strahlung wird durchdringender und damit weniger geschwächt. Bei einem Bremsspektrum verläuft die Schwächungskurve für die Standard-Ionendosisleistung mit anfänglich etwas stärkerem Abfall im allgemeinen unterhalb der Kurve für die Energieflußdichte unter sonst gleichen Bedingungen.

Der *Schwächungsgrad* ψ/ψ_0 der Energieflußdichte ergibt sich für ein Bremsspektrum mit der Grenzenergie $E_{\max}$ aus der spektralen Energieflußdichteverteilung $\psi_E(E)$:

$$\psi/\psi_0 = 1/\psi_0 \int_0^{E_{\max}} \psi_E \exp(-\mu d)\, dE. \tag{6.49}$$

Abb. 6–20. Zur Ermittlung der 1. und 2. Halbwertschichtdicken s_1 und s_2 aus einer Dosisleistungsschwächungskurve $\dot{J}_s/\dot{J}_{s0} = f(d)$ (d Schichtdicke des Kupferfilters) und des mittleren Schwächungskoeffizienten $\mu = \text{tg}\,\beta$ sowie der äquivalenten Photonenenergie $E_{\text{äq}}$ (s. Abschn. 6.5.2.3) für eine heterogene Röntgenstrahlung

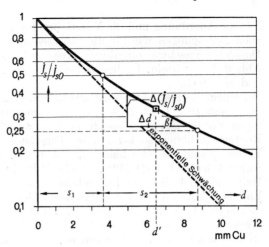

Demgegenüber gilt für den Schwächungsgrad $\dot{J}_s/\dot{J}_{s0}$ der Standard-Ionendosisleistung wegen der Proportionalität mit der Energiedosisleistung $\dot{D}_L$ in Luft ($\dot{D}_L = (E_i/e)\dot{J}_s$, s. Abschn. 7.4.5.2) und der Beziehung $\dot{D} = \eta'/\varrho \cdot \psi$ (s. Abschn. 4.6.2):

$$\dot{J}_s/\dot{J}_{s0} = \int_0^{E_{\max}} \psi_E (\eta'/\varrho)_L \exp(-\mu d)\,\mathrm{d}E \Big/ \int_0^{E_{\max}} \psi_E (\eta'/\varrho)_L\,\mathrm{d}E. \tag{6.50}$$

Dabei ist μ der lineare Schwächungskoeffizient des schwächenden Materials und $(\eta'/\varrho)_L$ der Massen-Energieabsorptionskoeffizient für Luft bei der Photonenenergie E (siehe Tab. 6–5 u. 6–6).
Schwächungsmessungen müssen in eng ausgeblendeten Strahlenbündeln vorgenommen werden, andernfalls hängen die Meßwerte von der Feldgröße am Ort des Filters ab. Als schwächende Materialien eignen sich besonders Aluminium, Kupfer und Blei, die frei von Stoffen abweichender Ordnungszahl sein müssen und sich in gleichmäßiger Schichtdicke herstellen lassen (s. Abschn. 6.5.3.2). Die K-Kante für diese Stoffe muß in Photonenenergiebereichen liegen, die unterhalb der niedrigsten im Bremsspektrum vorkommenden Photonenenergie merklicher Flußdichte liegen. Die schwächende Schicht soll etwa in der Mitte zwischen Strahlenquelle und Detektor liegen.

6.5.2.2 Halbwertschichtdicke und Homogenitätsgrad
[9, 23, 47, 50, 51, 61, 84, 85, 86, 88, 96, 97]

Die 1. Halbwertschichtdicke s_1 ist diejenige Schichtdicke eines Stoffes, durch die die ursprünglich am Meßort erzeugte Standard-Ionendosisleistung (s. Abschn. 4.4.5.1) auf die Hälfte herabgesetzt wird. Die 2. Halbwertschichtdicke s_2 ist diejenige Dicke einer Schicht aus dem gleichen Stoff, durch die die Dosisleistung nochmals um die Hälfte vermindert wird. $s_1 + s_2$ verringern die anfängliche Dosisleistung also auf 1/4. Der Homogenitätsgrad H ist definiert durch

$$H = s_1/s_2, \tag{6.51}$$

wobei stets $H \leq 1$ ist.
Mitunter werden Halbwertschichtdicken auch für die Teilchenflußdichte oder die Energieflußdichte (s. Abschn. 4.2.2 und 4.2.3) angegeben. Da sich unterschiedliche Werte ergeben, je nachdem auf welche Größe sich die Werte beziehen, muß stets angegeben werden, ob es sich um die Standard-Ionendosisleistung, die Teilchenflußdichte oder die Energieflußdichte handelt [48].

172 Photonenstrahlen (Röntgen- und Gammastrahlen)

Für die Anordnung und die Materialien für Halbwertschichtmessungen gelten die gleichen Bedingungen wie für die Schwächungsmessungen in Abschn. 6.5.2.1. Aus einer Dosisleistungsschwächungskurve lassen sich die Halbwertschichtdicken graphisch nach Abb. 6–20 ermitteln. In diesem Beispiel ergibt sich: $s_1 = 3{,}6$ mm Cu, $s_2 = 5{,}2$ mm Cu und $H = 0{,}69$.

Bei einem Bremsspektrum ist aus den in Abschn. 6.5.2.1 genannten Gründen $s_2 > s_1$ und somit $H < 1$. Ist $H \sim 1$, so nennt man die Strahlung homogen, für $H < 1$ heterogen. Enthält das Bremsspektrum einen merklichen Intensitätsanteil charakteristischer Röntgenstrahlung, so kann unter Umständen der Homogenitätsgrad mit steigender Filterung zunächst abnehmen (s. Abb. 6–26).

Anhand der Abb. 6–21 läßt sich die Al-Halbwertschichtdicke in eine äquivalente Cu-Halbwertschichtdicke und umgekehrt umrechnen.

Eine Beziehung zwischen der Halbwertschichtdicke in Wasser und den Halbwertschichtdicken in Al, Cu und Pb hat LOWRY [61] angegeben (Abb. 6–22).

Streng genommen gelten die Diagramme in Abb. 6–21 und 6–22 nur für bestimmte Röhrenspannungen und Filterungen. Anhaltswerte für die Abhängigkeit der Halbwertschichtdicke in Aluminium und Kupfer von der Filterung bei verschiedenen Röhrenspannungen kann man den Abb. 6–23 bis 6–25 [88] entnehmen.

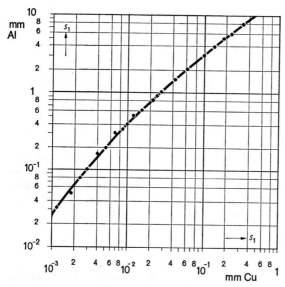

Abb. 6–21. Äquivalente Halbwertschichtdicken s_1 für Aluminium und Kupfer (nach WACHSMANN u. DIMOTSIS [88]). Die Kurve gilt für Normalstrahlungen (s. Abschn. 6.5.3.5)

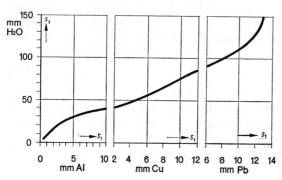

Abb. 6–22. Die Halbwertschichtdicken s_1 in Aluminium, Kupfer und Blei, die den Halbwertschichtdicken s_1 in Wasser äquivalent sind (nach LOWRY [61])

Die Änderung des Homogenitätsgrades H mit der Halbwertschichtdicke in Al und Cu für Röhrenspannungen U_{max} zwischen 100 und 300 kV zeigen die Abb. 6–26 und 6–27 [47].

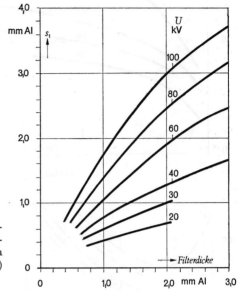

Abb. 6–23. Die Halbwertschichtdicke s_1 als Funktion der Filterdicke in Aluminium für Röntgenstrahlen mit Erzeugungsspannungen U zwischen 20 und 100 kV (nach WACHSMANN u. DIMOTSIS [88])

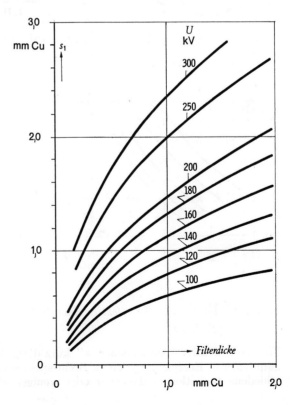

Abb. 6–24. Die Halbwertschichtdicke s_1 als Funktion der Filterdicke in Kupfer, für Röntgenstrahlen mit Erzeugungsspannungen U zwischen 100 und 300 kV (nach WACHSMANN u. DIMOTSIS [88])

174 Photonenstrahlen (Röntgen- und Gammastrahlen)

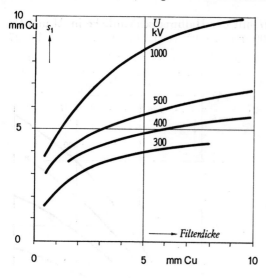

Abb. 6–25. Die Halbwertschichtdicke s_1 als Funktion der Filterdicke in Kupfer für Röntgenstrahlen mit Erzeugungsspannungen U zwischen 300 und 1000 kV (nach WACHSMANN u. DIMOTSIS [88])

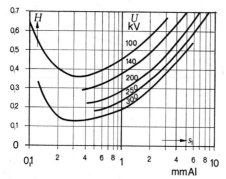

Abb. 6–26. Der Homogenitätsgrad H als Funktion der 1. Halbwertschichtdicke s_1 in Aluminium für Röntgenstrahlen mit Erzeugungsspannungen U zwischen 100 und 300 kV (nach ICRU [47])

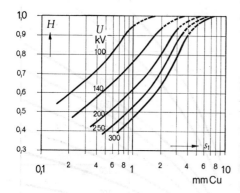

Abb. 6–27. Der Homogenitätsgrad H als Funktion der 1. Halbwertschichtdicke s_1 in Kupfer für Röntgenstrahlen mit Erzeugungsspannungen U zwischen 100 und 300 kV (nach ICRU [47])

6.5.2.3 *Äquivalente oder effektive Energie*
[27, 34, 47]

Für die „effektive Photonenenergie" kurz die „effektive Energie" E_{eff} oder besser die „äquivalente Energie" $E_{äq}$ eines Bremsspektrums findet man in der Literatur verschiedene Definitionen, die mehr oder weniger willkürlich und daher unbefriedigend sind. Die äquivalente Energie $E_{äq}$ läßt sich nun mit Hilfe der Schwächung folgendermaßen definieren:

Die äquivalente Energie $E_{äq}$ ist gleich derjenigen Photonenenergie E einer energiehomogenen Strahlung, für die der Massen-Schwächungskoeffizient μ/ϱ gleich dem mittleren Massen-Schwächungskoeffizienten $\overline{\mu}/\varrho$ (s. Abschn. 6.4.4) für das Spektrum ist.

Zur Ermittlung von $E_{äq}$ legt man an die Dosisleistungsschwächungskurve $\dot{J}_s/\dot{J}_{s0} = \mathrm{f}(d)$ die Tangente in dem Punkt, in dem die Ordinate durch die vorhandene Filterdicke d' die Kurve schneidet (s. Abb. 6–20). Dann ist $\overline{\mu} = \mathrm{tg}\,\beta = [\ln\Delta(\dot{J}_s/\dot{J}_{s0})/\Delta d]$. Aus $\overline{\mu}$ und der Dichte ϱ des Filtermaterials ergibt sich $\overline{\mu}/\varrho$. Die zu diesem $\overline{\mu}/\varrho$-Wert gehörige Energie $E_{äq}$ findet man in Tab. 6–4.

Ältere Definitionen der effektiven Energie waren:
1. $E_{\mathrm{eff}} = 0{,}5\,E_{\mathrm{gr}}$ für konstante Gleichspannung und $E_{\mathrm{eff}} = 0{,}45\,E_{\mathrm{gr}}$ für pulsierende Gleichspannung, wobei E_{gr} die Grenzenergie des Spektrums ist (s. Abschn. 6.3.1). Diese Definition setzt eigentlich für jede Spannung eine bestimmte, aber meist nicht angegebene Filterung voraus.
2. E_{eff} ist diejenige Photonenenergie, bei der die spektrale Teilchenflußdichte oder die spektrale Energieflußdichte ihr Maximum hat.
Diese Definition ist nur bei sehr hart gefilterter Strahlung mit einem schmalen Spektrum sinnvoll.
3. E_{eff} ist diejenige Energie, bei der die Ordinate die Fläche unter der Kurve der spektralen Flußdichteverteilung halbiert.
Auch diese Definition ist praktisch nur auf ein schmales Spektrum anwendbar.

6.5.3 Filterungen

6.5.3.1 Eigenfilterung, Zusatzfilterung, Härtungs- und Schwächungsgleichwert
[14, 15, 16, 23]

Filterung bedeutet das Einbringen einer oder mehrerer Materieschichten in den Strahlengang zum Zwecke der *Härtung* einer heterogenen Photonenstrahlung oder der *Schwächung* der Flußdichte bzw. der Dosisleistung oder zur *Änderung der räumlichen Verteilung* der Dosisleistung. Unter *Härtung* versteht man die Änderung der Flußdichteverteilung durch bevorzugte Schwächung der energiearmen Anteile des Spektrums, während sich die *Schwächung* allgemein auf die Verminderung der Flußdichte oder der Dosisleistung bezieht. Man unterscheidet *Eigenfilterung* (englisch: inherent filtration) und *Zusatzfilterung* (added filtration). Die *Eigenfilterung* entsteht durch die fest an der Röntgenröhre oder am Beschleuniger angebrachten Materieschichten sowie durch die von der Nutzstrahlung zu durchdringenden Wandungen oder durch sonstige Schichten, wie z. B. Strahlenaustrittsfenster, Ölschichten usw. Die *Zusatzfilterung* bezieht sich auf alle auswechselbaren Filterschichten im Nutzstrahlenbündel zwischen Strahlenquelle und Bestrahlungsobjekt (DIN 6814, Blatt 6). Es ist üblich, für die Eigenfilterung einen *Härtungsgleichwert* anzugeben, das ist die Dicke eines Vergleichsstoffes, die für die interessierende Strahlenqualität die gleiche Härtung der Strahlung bewirkt wie die Stoffschichten, die die Eigenfilterung ausmachen (z. B. Al-Härtungsgleichwert oder Cu-Härtungsgleichwert des Eigenfilters). In analoger Weise wird der *Schwächungsgleichwert* einer Stoffschicht als diejenige Dicke eines Vergleichsstoffes definiert, die unter gegebenen Verhältnissen die gleiche Verminderung der Standard-Ionendosisleistung bewirkt wie die gegebene Stoffschicht (z. B. Bleigleichwert eines Strahlenschutzstoffes). Zu den Schwächungsfiltern gehören auch die Materieschichten, die die räumliche Verteilung der Flußdichte oder der Dosisleistung verändern (compensating filter), das sind z. B. *Ausgleichsfilter*, die zu einer räumlich homogenen Verteilung führen (beam flattening filter), oder *Keilfilter* (wedge filter) [14, 15, 16], die eine gezielte räumliche Verteilung, z. B. in der Therapie, erlauben.

6.5.3.2 Filtermaterialien und Härtebereiche
[46, 51, 88]

Als Filtermaterialien müssen Stoffe hohen Reinheitsgrades benutzt werden, insbesondere für Schwächungs- und Halbwertschichtdickenmessungen. Je nach den Härtebereichen kommen hier Kunststoffe aus Elementen niedriger Ordnungszahl sowie Aluminium, Kupfer oder Blei nach Tab. 6–9 in Betracht.

Tabelle 6–9. Härtebereiche, Röhrenspannungen (Grenzenergien) und Filterstoffe (nach DIN 6814, Bl. 2 [23])

Härtebereich der Strahlung	Röhrenspannung in kV bzw. Grenzenergie in keV	Filterstoffe
sehr weich	bis 20	Al oder Kunststoff
weich	über 20 bis 60	Al
mittelhart	über 60 bis 150	Al oder Cu
hart	über 150 bis 400	Cu
sehr hart	über 400 bis 3000	Cu oder Pb

Der Gewichtsanteil an Fremdstoffen aus Elementen mit merklich von der des Grundstoffes abweichender Ordnungszahl darf bei sehr weicher bis mittelharter Strahlung nicht mehr als 0,1%, bei harter Strahlung nicht mehr als 1% betragen [46].

6.5.3.3 Beispiele für Einfach- und Kombinationsfilter nebst Halbwertschichtdicken
[12]

Die Bereiche der Zusatzfilterdicken und der 1. Halbwertschichtdicken für bestimmte Röhrenspannungen sind in der radiologischen Praxis verhältnismäßig breit. Die Tab. 6–10 bis 6–12 enthalten nur Richtwerte.
Bei Schwächungs- und Halbwertschichtmessungen hängen die Schichtdicken für eine bestimmte Schwächung selbst bei gleichgerichteter Spannung in geringem Maße von der Röhrenstromstärke ab, da die Welligkeit mit steigender Stromstärke zunimmt. Für die gleiche Röhrenspitzenspannung können sich bei großen Röhrenströmen etwas kleinere Halbwertschichtdicken ergeben als bei kleinen Strömen.
Zur Kalibrierung von Strahlenschutzinstrumenten und zur Ermittlung der Energieabhängigkeit von Dosimetern soll die Strahlung verhältnismäßig stark gefiltert werden, um einen hohen Homogenitätsgrad zu erzielen. Dabei darf aber die Dosisleistung nicht zu klein werden, und die in den Filtermaterialien angeregte Eigenstrahlung darf nicht merklich in das Anzeigegerät gelangen. Daher benutzt man vielfach Kombinationsfilter aus Pb + Sn + Cu + Al. Die Tab. 6–10 bis 6–12 enthalten die Röhrenspannungen, Härtungsgleichwerte, Zusatzfilterungen, Halbwertschichtdicken sowie zum Teil den Homogenitätsgrad und die äquivalente Energie (s. Abschn. 6.5.2.3) für die in den angegebenen Staatsinstituten zur Kalibrierung von Dosimetern benutzten Strahlenqualitäten. Weitere Werte in der Therapie üblicher Filterungen stehen in Tab. 6–13.

6.5.3.4 Selektivfilter für Röntgen-K-Strahlung

Bei der Anregung der charakteristischen Röntgenstrahlung entsteht neben der gewünschten K-Strahlung auch L-Strahlung (s. Abschn. 6.2.3). Um die Intensität der L-Linien gegenüber der der K-Linien zu schwächen und die Homogenität der Gesamt-

Tabelle 6–10. Röhrengleichspannung U, Härtungsgleichwert (HGW) der Eigenfilterung, Zusatzfilterung, 1. Halbwertschichtdicke s_1, Homogenitätsgrad H und äquivalente Photonenenergie $E_{äq}$

U kV	HGW mm Al	Zusatzfilterung			s_1 mm Cu	H	$E_{äq}$ keV
		mm Pb	mm Cu	mm Al			
a) mittelharte Filterungen							
40	1,8	—	—	—	0,039		
60	1,8	—	—	2,0	0,087		
80	1,8	—	—	3,0	0,137		
100	1,8	—	0,2	—	0,300		
150	1,8	—	0,6	—	0,914		
200	2,7	—	1,2	—	1,76		
300	2,7	—	2,7	—	3,56		
380	2,7	—	5,0	—	4,67		
b) harte Filterungen							
30	2,7	—	—	—	0,033	0,88	22
40	2,7	—	—	2,0	0,061	0,86	28
50	2,7	—	—	5,0	0,099	0,85	33
60	2,7	—	0,2	2,0	0,15	0,81	38
70	2,7	—	0,4	2,0	0,27	0,82	46
80	2,7	—	0,7	2,0	0,42	0,85	55
100	2,7	—	2,0	2,0	0,83	0,89	72
120	2,7	—	3,5	2,0	1,32	0,91	88
150	2,7	—	7,0	2,0	2,20	0,94	113
180	2,7	—	11,0	2,0	3,01	0,95	135
200	2,7	0,9	5,0	2,0	3,62	0,95	151
220	2,7	1,2	5,0	2,0	4,21	0,97	170
250	2,7	2,0	5,0	2,0	5,00	0,98	198
300	2,7	3,5	5,0	2,0	6,00	0,99	243
350	2,7	6,0	5,0	2,0	6,82	0,99	287
380	2,7	7,0	5,0	2,0	7,08	0,99	305
400	2,7	8,0	5,0	2,0	7,19	0,99	314

Zur Kalibrierung von Dosimetern benutzte Strahlenqualitäten der Physikalisch-Technischen Bundesanstalt (PTB) Braunschweig.

strahlung zu verbessern, benutzt man für die bei der Röhrenspannung U angeregten Anodenmaterialien die Filterstoffe mit den zugehörigen Flächendichten und Dicken nach Tab. 6–14.

6.5.3.5 Filter für „Normalstrahlungen"
[88]

Unter „Normalstrahlung" versteht man eine heterogene Röntgenstrahlung, die so gefiltert ist, daß ihre erste Halbwertschichtdicke gleich der ersten Halbwertschichtdicke einer energiehomogenen Strahlung ist, deren Photonenenergie gleich der halben Grenzenergie (s. Abschn. 6.1.1) der heterogenen Strahlung ist. Röhrenspannungen, Filterungen und Halbwertschichtdicken für Normalstrahlungen sind von WACHSMANN u. DIMOTSIS [88] tabelliert.

Tabelle 6–11. Röhrengleichspannung U, Härtungsgleichwert (HGW) der Eigenfilterung, Zusatzfilterung und 1. Halbwertschichtdicke s_1

U kV	HGW mm	Zusatzfilterung mm Cu	Zusatzfilterung mm Al	s_1 mm Cu	s_1 mm Al
7,5	1,0 Be	—	—	—	0,022
10	1,0 Be	—	—	—	0,036
20	1,0 Be	—	—	—	0,061
40	1,0 Be	—	0,075	—	0,103
40	1,0 Be	—	0,223	—	0,20
30	1,0 Be	—	0,38	—	0,30
40	1,0 Be	—	0,50	—	0,51
50	1,0 Be	—	0,71	—	0,83
50	1,0 Be	—	0,94	—	1,00
50	3,0 Be	—	0,73	0,05	—
110	3,0 Be	—	1,6	0,10	—
125	3,0 Be	0,11	1,0	0,25	—
125	3,0 Be	0,41	1,0	0,50	—
200	4,0 Al	0,30	1,0	1,0	—
250	4,0 Al	1,8	1,0	2,5	—
290	4,0 Al	3,2	1,0	3,5	—

Zur Kalibrierung von Dosimetern benutzte Strahlenqualitäten des National Physical Laboratory (NPL), Teddington, Großbritannien (nach: Calibration Service in Radiation Dosimetry).

6.6 Sekundärelektronen von Photonen

6.6.1 Allgemeines
[10, 11, 38, 50, 69]

Die von Photonen bei der Wechselwirkung mit Materie (s. Abschn. 6.4.1) erzeugten Elektronen bezeichnet man als Sekundärelektronen. Die biologische Wirkung der Röntgen- und Gammastrahlen beruht letzten Endes auf der Wirkung dieser Sekundärelektronen. Daten über Elektronen (s. Abschn. 5.2), über Betastrahlen (s. Abschn. 2.4.3, 7.8 und 7.9). Die folgenden Angaben beziehen sich speziell auf die von Photonen zwischen 10 keV und 100 MeV ausgelösten Sekundärelektronen.

6.6.2 Reichweite von Sekundärelektronen

Da selbst bei einem energiehomogenen Photonenbündel die Sekundärelektronen eine breite spektrale Energieverteilung haben, die sich bei einem Photonenspektrum noch erheblich verbreitert, können sinnvoll nur die maximalen Reichweiten R_m der Sekundärelektronen maximaler Energie angegeben werden. Energie-Reichweite-Beziehungen findet man in Abschn. 5.2.4.3.
Die maximalen Reichweiten der Photo-, Compton- und Paarbildungselektronen maximaler Energie sind für Wasser als Funktion der Photonenenergie E in Tab. 6–15 enthalten; dabei sind die maximalen Elektronenenergien E_{max} beim Photoeffekt praktisch gleich den Photonenenergien E_0 gesetzt (Vernachlässigung der Bindungsenergie). Beim Compton-Effekt ergibt sich E_{max} anhand der Gleichung (6.28) für den Winkel $\varphi = 0$ zu $E_{max} = E_0/(1 + E_0/2\,m_e c_0^2)$, und beim Paareffekt wird hierbei angenommen, daß der Anteil $E_0 - 2\,m_e c_0^2$ der Photonenenergie E_0 als Bewegungsenergie vollständig auf einen der beiden Partner des Elektronenzwillings (e+, e−) übertragen wird. Abb. 6–28 zeigt die maximalen Reichweiten R^τ_{max}, R^c_{max} und $R^\varkappa_{max}$ der Photo-(τ), Compton-(C) und Paarbildungs-($\varkappa$)-Elektronen als Funktion der Photonenenergie E und zum Vergleich die mittlere Reichweite $\bar{R}$ der Sekundärelektronen nach Abb. 7–13.

Tabelle 6–12. Röhrengleichspannung U, Härtungsgleichwert (HGW) der Eigenfilterung, Zusatzfilterung, 1. Halbwertschichtdicke s_1, Homogenitätsgrad H und äquivalente Energie $E_{äq}$

U kV	HGW	Zusatzfilterung [mm]				s_1 [mm]		H	$E_{äq}$ keV
		Pb	Sn	Cu	Al	Cu	Al		
a) leichte Filterung									
	mm Be								
10	1,00	—	—	—	—	—	0,024	0,75	
15	1,00	—	—	—	—	—	0,035	0,62	
20	0,25	—	—	—	—	—	0,06	0,42	
20	0,25	—	—	—	—	—	0,07	—	
20	0,25	—	—	—	—	—	0,08	—	
20	0,25	—	—	—	0,5	—	0,20	0,68	
30	0,25	—	—	—	0,5	—	0,33	0,67	
50	0,25	—	—	—	1,0	—	0,90	0,68	
75	0,25	—	—	—	1,5	—	1,6	0,66	
100	0,25	—	—	—	2,0	—	2,5	0,63	
b) mittelharte Filterung									
	mm Al								
60	1,5	—	—	—	—	—	1,64	0,67	
60	1,5	—	—	—	2,5	0,09	$2,7_6$	0,77	
75	1,5	—	—	—	2,5	0,11	$3,4_1$	0,73	
100	1,5	—	—	—	3,5	0,20	$5,0_3$	0,73	
150	1,5	—	—	0,25	3,5	0,66	10,1	0,87	
200	1,5	—	—	0,5	3,5	$1,2_6$	13,2	0,92	
250	1,5	—	—	1,0	3,5	$2,1_7$	16,2	0,94	
250	1,5	—	—	3,2	3,5	$3,2_0$	18,4	0,98	
c) harte Filterung									
	mm Al								
50	1,5	0,12	—	—	2,5	0,16	4,4	—	40
100	1,5	0,53	—	—	2,5	0,72	11,2	—	70
150	1,5	—	1,5	4,0	2,5	2,4	16,8	—	120
200	1,5	0,7	4,0	0,6	2,5	4,1	19,5	—	170
250	1,5	0,7	1,0	0,6	2,5	5,4	21,5	—	215

Zur Kalibrierung von Dosimetern benutzte Strahlenqualitäten des National Bureau of Standards (NBS), Washington (nach Mitteilung von Dr. LOEVINGER, 1969).

6.6.3 Relative Anzahlen und mittlere relative Energien
[50]

Die relative Anzahl N_τ/N_e der Photoelektronen, N_C/N_e der Compton-Rückstoßelektronen und $N_\varkappa/N_e$ der Elektronenpaare, bezogen auf die Anzahl N_e aller durch Photonen der Energie E ausgelösten Sekundärelektronen, errechnet sich anhand der folgenden Beziehungen, die auf den Gleichungen (6.14) und (6.22) beruhen, mit Hilfe der Photoabsorptionskoeffizienten τ, des Compton-Streukoeffizienten σ_C (ohne kohärente Streuung (s. Abschn. 6.4.2.2)), des Paarbildungskoeffizienten $\varkappa$ und des linearen Schwächungskoeffizienten $\mu' = \mu - \sigma_R$ (σ_R Koeffizient für kohärente Streuung):

$$N_\tau/N_e = \tau/\mu'; \quad N_C/N_e = \sigma_C/\mu'; \quad N_\varkappa/N_e = \varkappa/\mu'. \qquad (6.52)$$

Die mittleren relativen Energien $\bar{E}_\tau/\bar{E}_k$ der Photoelektronen, $\bar{E}_C/\bar{E}_k$ der Compton-Rückstoßelektronen, $\bar{E}_\varkappa/\bar{E}_k$ der Paarelektronen, bezogen auf die mittlere kinetische

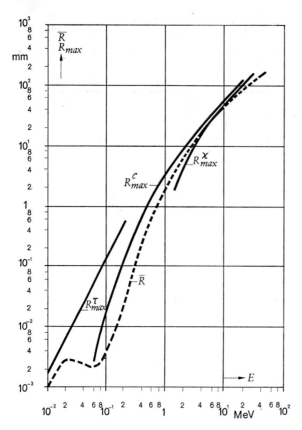

Abb. 6-28. Mittlere Reichweite $\overline{R}$ der Sekundärelektronen nach Abb. 7-13 und maximale Reichweiten R_{max} der Photo- (τ), Compton- (C) und der Paar- $(\varkappa)$ Elektronen in Wasser (Weichteilgewebe) als Funktion der Photonenenergie E nach Tab. 6-15

Tabelle 6-13. Röhrengleichspannung U und 1. Halbwertschichtdicke s_1 für die angegebenen Filterungen. Die Al- bzw. Cu-Filterungen gelten für Eigenfilterung + Zusatzfilterung = Gesamtfilterung. Th 1 bis Th 3 sind die von THORAEUS unten angegebenen Kombinationsfilter (aus: Siemens-Taschenkalender 1973)

U kV	s_1 in mm Al bei Gesamt-Al-Filterungen von					
	0,1	0,2	0,5	1	2	3
20	0,05	0,1	0,2	0,4	—	—
40	0,1	0,15	0,4	0,8	1,2	1,6
60	0,15	0,2	0,6	1,1	1,7	2,3
80	0,2	0,3	0,7	1,4	2,2	2,8
100	0,3	0,4	0,8	1,6	2,9	3,5

U kV	s_1 in mm Cu bei Gesamt-Cu-Filterungen bzw. Thoraeus-Filtern von					
	0,2	0,5	1	Th 1	Th 2	Th 3
100	0,2	0,36	0,6	—	—	—
120	0,32	0,52	0,8	—	—	—
140	0,4	0,65	0,95	—	—	—
160	0,5	0,80	1,1	—	—	—
180	0,6	0,94	1,3	—	—	—
200	0,7	1,10	1,5	2,0	—	—
250	1,0	1,50	2,1	2,7	3,3	—
300	1,3	1,85	2,4	3,3	3,8	4,2

Th 1 = 0,4 mm Sn + 0,25 mm Cu + 1 mm Al
Th 2 = 0,8 mm Sn + 0,25 mm Cu + 1 mm Al
Th 3 = 1,2 mm Sn + 0,25 mm Cu + 1 mm Al

Tabelle 6–14. Selektivfilter für die Röntgen-K-Strahlung (nach KOHLRAUSCH [11], in Literatur zu Kap. 2)

Anodenmaterial	U kV	$E_{K\alpha_{1,2}}$ keV	Filterstoff gegen K_β-Linien	Flächendichte mg/cm²	Filterdicke µm
Cr	35	5,43	Va	9	16
Fe	40	6,41	Mn	12	16
Co	45	6,94	Fe	15	18
Cu	50	8,05	Ni	19	21
Mo	80	17,7	Zr	69	108
Ag	90	22,1	Pt oder Rh	96	79

Tabelle 6–15. Relative Anzahlen N_τ/N_e, N_C/N_e, $N_\varkappa/N_e$, mittlere relative Energien $\overline{E}_\tau/\overline{E}_k$, $\overline{E}_C/\overline{E}_k$, $\overline{E}_\varkappa/\overline{E}_k$ der Photo- (τ), Compton- (C) und Paar-($\varkappa$) Elektronen; maximale Reichweiten $(R_m \cdot \varrho)_\tau$, $(R_m \cdot \varrho)_C$, $(R_m \cdot \varrho)_\varkappa$ der Sekundärelektronen maximaler Energie bei der Photonenenergie E für Wasser

E MeV	N_τ/N_e	N_C/N_e	$N_\varkappa/N_e$	$\overline{E}_\tau/\overline{E}_k$	$\overline{E}_C/\overline{E}_k$	$\overline{E}_\varkappa/\overline{E}_k$	$(R_m\cdot\varrho)_\tau$ g/cm²	$(R_m\cdot\varrho)_C$ g/cm²	$(R_m\cdot\varrho)_\varkappa$ g/cm²
0,010	0,96	0,04	—	1,00	—	—	0,00015	—	—
0,015	0,86	0,14	—	1,00	—	—	0,00036	—	—
0,020	0,71	0,29	—	0,99	0,01	—	0,00065	—	—
0,030	0,41	0,60	—	0,93	0,07	—	0,0013	—	—
0,04	0,20	0,80	—	0,79	0,21	—	0,0024	—	—
0,05	0,11	0,89	—	0,61	0,39	—	0,0037	—	—
0,06	0,07	0,93	—	0,43	0,57	—	0,0051	0,0002	—
0,08	0,03	0,97	—	0,20	0,80	—	0,0085	0,0006	—
0,10	0,01	0,99	—	0,09	0,91	—	0,013	0,0012	—
0,15	0,01	0,99	—	0,03	0,97	—	0,024	0,0045	—
0,20	—	1,00	—	0,01	0,99	—	0,042	0,010	—
0,3	—	1,00	—	—	1,00	—	—	0,030	—
0,4	—	1,00	—	—	1,00	—	—	0,060	—
0,5	—	1,00	—	—	1,00	—	—	0,095	—
0,6	—	1,00	—	—	1,00	—	—	0,140	—
0,8	—	1,00	—	—	1,00	—	—	0,23	—
1,0	—	1,00	—	—	1,00	—	—	0,33	—
1,5	—	1,00	—	—	1,00	—	—	0,60	0,16
2,0	—	0,99	0,01	—	0,99	0,01	—	0,87	0,42
3,0	—	0,97	0,03	—	0,97	0,03	—	1,3	0,95
4,0	—	0,95	0,05	—	0,93	0,07	—	1,6	1,6
5,0	—	0,92	0,08	—	0,90	0,10	—	2,6	2,1
6,0	—	0,89	0,11	—	0,87	0,13	—	3,0	2,7
8,0	—	0,84	0,16	—	0,80	0,20	—	4,1	3,7
10	—	0,79	0,21	—	0,74	0,26	—	5,1	4,8
15	—	0,68	0,32	—	0,61	0,39	—	8,1	7,5
20	—	0,59	0,41	—	0,52	0,48	—	10,2	10,0
30	—	0,46	0,54	—	0,40	0,60	—	—	—
40	—	0,38	0,62	—	0,32	0,68	—	—	—
50	—	0,32	0,68	—	0,27	0,73	—	—	—
60	—	0,28	0,72	—	0,23	0,77	—	—	—
80	—	0,22	0,78	—	0,18	0,82	—	—	—
100	—	0,18	0,82	—	0,15	0,85	—	—	—

Tabelle 6–16. Relative Anzahlen N_τ/N_e, N_C/N_e, $N_\varkappa/N_e$, mittlere relative Energien $\overline{E}_\tau/\overline{E}_k$, $\overline{E}_C/\overline{E}_k$, $\overline{E}_\varkappa/\overline{E}_k$ der Photo- (τ), Compton- (C) und Paar-($\varkappa$) Elektronen bei der Photonenenergie E für Calcium

E MeV	N_τ/N_e	N_C/N_e	$N_\varkappa/N_e$	$\overline{E}_\tau/\overline{E}_k$	$\overline{E}_C/\overline{E}_k$	$\overline{E}_\varkappa/\overline{E}_k$
0,010	1,00	—	—	1,00	—	—
0,015	0,99	0,01	—	1,00	—	—
0,020	0,98	0,02	—	1,00	—	—
0,030	0,96	0,04	—	1,00	—	—
0,040	0,90	0,10	—	0,99	0,01	—
0,05	0,82	0,18	—	0,98	0,02	—
0,06	0,72	0,28	—	0,97	0,03	—
0,08	0,53	0,47	—	0,90	0,10	—
0,10	0,38	0,62	—	0,81	0,19	—
0,15	0,16	0,84	—	0,51	0,49	—
0,20	0,08	0,92	—	0,28	0,72	—
0,3	0,03	0,97	—	0,09	0,91	—
0,4	0,01	0,99	—	0,04	0,96	—
0,5	0,01	0,99	—	0,02	0,98	—
0,6	—	1,00	—	0,01	0,99	—
0,8	—	1,00	—	0,01	0,99	—
1,0	—	1,00	—	—	1,00	—
1,5	—	0,99	0,01	—	1,00	—
2,0	—	0,98	0,02	—	0,98	0,02
3,0	—	0,92	0,08	—	0,91	0,09
4,0	—	0,85	0,15	—	0,83	0,17
5,0	—	0,79	0,21	—	0,75	0,25
6,0	—	0,73	0,27	—	0,68	0,32
8,0	—	0,64	0,36	—	0,57	0,43
10	—	0,55	0,45	—	0,48	0,52
15	—	0,41	0,59	—	0,35	0,65
20	—	0,32	0,68	—	0,27	0,73
30	—	0,23	0,77	—	0,18	0,82
40	—	0,17	0,83	—	0,14	0,86
50	—	0,14	0,86	—	0,11	0,89
60	—	0,11	0,89	—	0,09	0,91
80	—	0,09	0,91	—	0,07	0,93
100	—	0,07	0,93	—	0,06	0,94

Energie $\overline{E}_k$ aller Sekundärelektronen, errechnen sich nach den folgenden Beziehungen, die auf den Gleichungen (6.35) und (6.36) beruhen, mit Hilfe des Energieumwandlungskoeffizienten η_τ für den Photoeffekt, η_C für den Compton-Effekt, $\eta_\varkappa$ für den Paarbildungseffekt und für den linearen Energieumwandlungskoeffizienten η (s. Abschn. 6.4.3):

$$\overline{E}_\tau/\overline{E}_k = \eta_\tau/\eta; \quad \overline{E}_C/\overline{E}_k = \eta_C/\eta; \quad \overline{E}_\varkappa/\overline{E}_k = \eta_\varkappa/\eta. \tag{6.53}$$

Tab. 6–15 enthält für Wasser die Zahlenwerte nach den Gleichungen (6.52) und (6.53) sowie die maximalen Massen-Reichweiten $R_m \cdot \varrho$ und Tab. 6–16 die entsprechenden Zahlenwerte für Calcium ohne die Reichweiten. In guter Näherung gilt Tab. 6–15 auch für Weichteilgewebe und Tab. 6–16 für Knochen. Aus den Reichweiten $R_m(w)$ für Wasser lassen sich die Reichweiten $R_m(z)$ in anderen Stoffen und Geweben (Z) mit Hilfe der Dichten ϱ_W und ϱ_Z berechnen:

$$R_m(z) = R_m(w) \cdot \varrho_W/\varrho_Z. \tag{6.54}$$

Die Zahlenwerte für $R_m \cdot \varrho$ für Wasser mit der Dichte $\varrho = 1$ g/cm³ sind gleich den Zahlenwerten der Reichweite R_m in cm.

7 Dosimetrie

Literaturverzeichnis s. S. 431—453

7.1 Allgemeines
[4, 5, 28, 93, 244, 271, 355, 362, 371, 373, 389, 411, 521, 582, 584, 707, 761, 763, 781]

Von W. Hübner

7.1.1 Dosimetrie und Dosierung
[169]

Im weiteren Sinne umfaßt die *Dosimetrie* die Ermittlung von Dosisgrößen (s. Abschn. 4.4). Das kann die direkte Messung der betreffenden Dosisgröße beinhalten oder die Berechnung der Energiedosis aus der Hohlraum-Ionendosis oder aus einer Flußdichte mit Hilfe bekannter Wechselwirkungskoeffizienten oder schließlich die Bestimmung der Energiedosis mit Hilfe von Tiefendosistabellen. Dagegen ist die Messung von Flußdichten allein noch keine Dosimetrie. Bezeichnungen wie „Reaktordosimetrie" oder „in pile"-Dosimetrie sind dann irreführend, wenn das Ziel überhaupt nicht auf die Ermittlung einer Dosisgröße gerichtet ist; man sollte dann besser von „Reaktormetrologie" sprechen.

Unter *Dosierung* versteht man die Verabfolgung (Applikation) einer Dosis nach einem Plan. In der radiologischen Praxis fällt die Dosierung in den Verantwortungsbereich des Arztes, während die Dosisermittlung eine physikalische Aufgabe ist. Um den gewünschten Effekt am Krankheitsherd, eine zweckentsprechende Dosisverteilung unter Schonung des umliegenden Gewebes zu erreichen, müssen Arzt und Krankenhausphysiker bei der Aufstellung eines Dosierungsplanes eng zusammenarbeiten, damit die biologisch-medizinischen und die physikalisch-dosimetrischen Aspekte aufeinander abgestimmt werden können.

7.1.2 Ziel der Dosimetrie
[492]

Das Ziel der Dosimetrie muß darin bestehen, an der interessierenden Stelle in dem Material oder Gewebe die Energiedosis zu bestimmen, auf die die beobachteten Erscheinungen bezogen werden können und vergleich- und reproduzierbare Ergebnisse zu gewinnen. Auf dem Gebiet des Strahlenschutzes besteht die Aufgabe oft darin, die Äquivalentdosis zu ermitteln.

7.1.3 Grundprinzipien der Dosimetrie
[33, 269, 304, 341, 371]

Um eine Dosisgröße (Energiedosis, Ionendosis) messen zu können, muß man sich einen durch die ionisierende Strahlung verursachten, meßbaren *Effekt* zunutze machen, der einen dosisproportionalen Meßwert liefert. In den wenigsten Fällen entsteht in der Materie, innerhalb deren eine bestimmte „Dosis" erzeugt wird, bereits ein meßbarer Effekt, aus dem sich die „Dosis" bestimmen ließe. Daher bringt man an die betreffende Stelle in der Materie eine *Sonde*, in deren Substanz ein meßbarer, dosisproportionaler Effekt erzeugt wird. Unter bestimmten Voraussetzungen (z. B. Sekundärteilchengleichgewicht, s. Abschn. 4.4.3), Bragg-Gray-Bedingungen (s. Abschn. 4.4.4) läßt sich aus der gemessenen Dosisgröße die Energiedosis ermitteln, die im bestrahlten Material erzeugt würde, wenn sich dort anstelle der Sonde das ursprüngliche Material (Gewebe) befinden würde. Oft läßt sich aber auch die Sonde nicht an den Krankheitsherd bringen. Dann kann man sich durch Dosismessungen in gewebeäquivalenten Phantomen helfen. Aber auch das ist nicht in jedem Fall erforderlich. Inzwischen sind nämlich umfangreiche Dosismessungen mit Phantomen unter verschiedenen Bestrahlungsbedingungen vorgenommen worden. Daraus sind die „Tiefendosistabellen" entstanden, aus denen man für bestimmte Bestrahlungsbedingungen die Tiefendosis ermitteln kann. Wie charakteristisch sich die Tiefendosiskurven verschiedener Strahlenarten unterscheiden, zeigt Abb. 7-1. Auch räumliche Dosisverteilungen können aus bekannten Isodosenkarten entnommen werden. Durch Inhomogenitäten im Gewebe, besonders an Grenzflächen zwischen Knochen und Weichteilgewebe, können Sprungstellen der Dosisverteilung entstehen (s. Abschn. 7.4.4, 7.4.10 und 7.5.6.3), die Korrektionen an den Isodosen für homogenes Gewebe erfordern.

Die Sonde ruft nun im allgemeinen Störungen des Strahlungsfeldes hervor, sofern sie sich nicht bezüglich der Wechselwirkungen mit der Strahlung ähnlich wie die Körper- oder Materialsubstanz verhält (s. Abschn. 6.4.7). Es gehört zu den Aufgaben der Dosimetrie, Sondensubstanzen und -formen ausfindig zu machen, bei denen diese Störungen entweder vernachlässigbar klein oder meßtechnisch oder rechnerisch erfaßbar sind. Die Störungen sind zwar um so geringer, je kleiner die Sonde ist, aber mit abnehmender Sondengröße wird auch die Nachweisempfindlichkeit geringer und die Meßunsicherheit größer.

Die Berechnung der Energiedosisleistung aus der Teilchen- oder Energieflußdichte (s. Abschn. 4.6) ist im allgemeinen nicht sehr sinnvoll, denn Flußdichtemessungen sind ebenso aufwendig wie Dosisleistungsmessungen, vor allem aber ist der Zusammenhang zwischen der Flußdichte am Ort der Dosiserzeugung und der Energiedosisleistung keineswegs immer eindeutig und ohne Kenntnis der spektralen Energieverteilung nicht auswertbar. Eine Ausnahme bilden die Neutronen, bei denen wegen der komplexen Wechselwirkungen (s. Abschn. 5.4.3) die Dosimetrie mitunter so kompliziert wird, daß man sich mit Flußdichtemessungen begnügen und die Energiedosisleistung oder Äquivalentdosisleistung näherungsweise berechnen muß (s. Abschn. 7.6). Der wesentliche Unterschied zwischen der Ermittlung der Energiedosis in einem bestimmten Material aus der Energiedosis in der Sondensubstanz und der Ermittlung der Energiedosis aus der Teilchen- oder Energiefluenz ergibt sich aus folgender Tatsache (s. Abschn. 4.6):

Im *ersten* Fall geht in die Berechnung das *Verhältnis* der Wechselwirkungskoeffizienten für das Material und für die Sondensubstanz ein. Dieses Verhältnis ändert sich bei annähernd äquivalenten Stoffen viel weniger mit der Teilchenenergie als die einzelnen Koeffizienten selbst. Daher spielt das Spektrum der Strahlungen keine so ausschlaggebende Rolle. Dagegen errechnet sich im *zweiten* Falle die Energiedosis aus der Teilchen- oder Energiefluenz mit Hilfe des betreffenden Wechselwirkungskoeffizienten für das Material selbst, der sich erheblich mit der Teilchenenergie ändern kann, so daß die spektralen Verteilungen bekannt sein müssen.

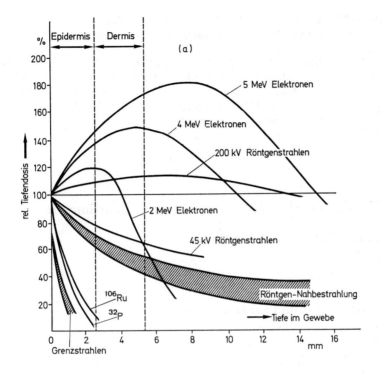
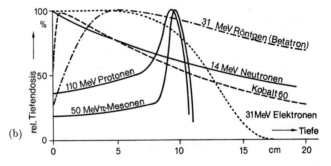

Abb. 7–1. Tiefendosiskurven verschiedener Strahlungen.
a) bezogen auf die Dosis an der Körperoberfläche,
b) bezogen auf die Dosis im Maximum (nach HORST u. CONRAD [343])

7.1.4 Absolut-, Fundamental- und Relativmethoden
[805]

Unter *Absolutbestimmung* einer Dosisgröße soll ein Meßverfahren verstanden werden, bei dem die gesuchte Größe gemäß ihrer Definition aus Messungen der Grundgrößen oder daraus abgeleiteter physikalischer Größen (s. Abschn. 1.1.2.1) und aus bekannten physikalischen Konstanten (z. B. elektrische Elementarladung e oder mittlerer Energieaufwand E_i zur Bildung eines Ionenpaares oder dem G-Wert bei chemischen Reaktionen) ermittelt werden kann. Ein Dosimeter zur Absolutbestimmung braucht nicht kalibriert* zu werden, sondern dient u. a. dazu, andere Dosimeter zu kalibrieren.

---

* Der in der Umgangssprache für „kalibrieren" gebräuchliche Ausdruck „eichen" wird hier vermieden, da das „Eichen" bedauerlicherweise für solche Geräte reserviert worden ist, die dem Eichgesetz unterliegen. Dosimeter sind zur Zeit nicht „eichpflichtig".

Fundamentalverfahren sind Absolutverfahren mit besonders geringer Meßunsicherheit und guter Reproduzierbarkeit. Die *Standard-Dosimetrie* befaßt sich mit den Fundamentalverfahren.

Zu den Absolutverfahren zählen Ionisationsmethoden, kalorimetrische und bestimmte chemische Dosismeßmethoden. Nur die beiden ersten Methoden werden bisher in der Standard-Dosimetrie als Fundamentalverfahren angewendet.

Auf *Relativverfahren* beruhende Dosimeter (s. Abschn. 7.3) erfordern stets eine Kalibrierung durch Vergleich mit einem Fundamentalverfahren oder mit einem zuverlässig kalibrierten Dosimeter (Sekundärstandard).

7.2 Fundamentalverfahren und Standard-Dosimetrie

7.2.1 Allgemeines und Staatsinstitute
[373, 805]

Von W. HÜBNER

Die Standard-Dosimetrie wird nur in wenigen Instituten, im allgemeinen in den Staatsinstituten, ausgeführt, wie z.B.:

1. Australien
   Commonwealth X-Ray and Radium Laboratory, Melbourne

2. Bundesrepublik Deutschland
   Physikalisch-Technische Bundesanstalt (PTB), Braunschweig

3. Deutsche Demokratische Republik
   Deutsches Amt für Meßwesen und Warenprüfung (DAMW), Berlin

4. Großbritannien
   National Physical Laboratory (NPL), Teddington

5. Japan
   Electrotechnical Laboratory, Tokio

6. Kanada
   National Research Council (NRC), Ottawa

7. Neuseeland
   National Radiation Laboratory, Christchurch

8. Niederlande
   Rijksinstituut voor de Volksgezondheid, Utrecht

9. Schweden
   Radiofysisca Institutionen, Stockholm

10. Schweiz
    Eidgenössisches Amt für Maß und Gewicht, Bern

11. Südafrikanische Union
    National Physical Research Laboratory, Pretoria

12. Union der Sozialistischen Sowjetrepubliken
    Mendeleev Institut für Metrologie (J.M.M.), Leningrad
13. Vereinigte Staaten von Amerika
    National Bureau of Standards (NBS), Washington

Die Fundamentalverfahren der Dosimetrie erfordern einen hohen Aufwand. Da die Standard-Dosimetrie nur einen begrenzten Personenkreis interessiert und über den Rahmen dieses Buches weit hinausgehen würde, wird sie hier nur kurz behandelt.
Die internationale Zusammenarbeit auf dem Gebiet der Standard-Dosimetrie wird durch die ICRU und das BIPM koordiniert. Die Meßunsicherheit der Fundamentalverfahren für Photonen- und Elektronenstrahlungen liegt zur Zeit zwischen $\pm 1\%$ und $\pm 3\%$. Die Reproduzierbarkeit liegt in der Größenordnung von wenigen Promille. Die Neutronendosimetrie (s. Abschn. 7.6) ist noch in der Entwicklung und erfordert je nach der Neutronenenergie spezielle Meßverfahren, deren Meßunsicherheit im allgemeinen größer ist als die der Verfahren für Photonen und Elektronen.
Bei der Kalibrierung eines Dosimeters durch Anschluß an ein Fundamentalverfahren erhöht sich die oben genannte Meßunsicherheit durch die Übertragungsfehler und durch die Meßunsicherheit des zu kalibrierenden Dosimeters.

7.2.2 Ionisationsmethoden
(s. auch Abschn. 7.3.2.1)
[6, 92, 159, 228, 280, 598, 606, 744, 804, 806]

Die Standard-Ionendosis J_s (s. Abschn. 4.4.5.1) wird fundamental im ausgeblendeten Strahlenbündel mit relativ großen Ionisationskammern gemessen, in denen das Bezugsvolumen vollständig von Luft umgeben ist. In Luft von Atmosphärendruck läßt sich J_s im Photonenenergiebereich zwischen etwa 5 und 400 keV messen. Für Photonenenergien bis etwa 1,3 MeV (Gammastrahlung des ^{60}Co) sind auf der gleichen Grundlage beruhende Hochdruck-Ionisationskammern entwickelt worden [6, 804].
Die Hohlraum-Ionendosis J_c (s. Abschn. 4.4.5.4) kann im Photonenenergiebereich zwischen etwa 100 keV und 100 MeV mit speziellen Kleinkammern gemessen werden [228]. Für Elektronen und Betastrahlen eignen sich Extrapolationskammern, deren Kammertiefe sich meßbar ändern läßt [473].

7.2.3 Kalorimetrische Methoden
(s. auch Abschn. 7.3.2.3)
[7, 226, 227, 263, 385, 455]

Die kalorimetrischen Methoden dienen zur Fundamentalbestimmung der Energiedosis und sind auf alle Strahlenarten anwendbar. Die auf den Probekörper übertragene Strahlungsenergie kann zu einem Bruchteil auch chemische Umwandlungen und Strukturänderungen bewirken. Dieser nicht in Wärme umgesetzte Anteil (Wärmedefekt, heat defect) erfordert eine Korrektion des kalorisch gemessenen Wertes. Die erzeugte Wärmeenergie muß aus dem Temperaturanstieg im Probekörper mit sehr empfindlichen Temperaturindikatoren (Thermistoren) ermittelt werden, da z. B. eine Energiedosis von 1000 rd in Wasser eine Temperaturerhöhung von nur etwa 0,002 °C hervorruft. Die Probekörper müssen eine kleine spezifische Wärmekapazität haben.

Zwei Typen von Dosiskalorimetern haben sich bewährt:

1. das Differential- oder Zwillingskalorimeter mit zwei identischen Probekörpern, von denen der eine durch die Strahlung, der andere durch elektrische Energie auf die gleiche Temperatur aufgeheizt wird,

2. das quasiadiabatische Kalorimeter mit nur einem Probekörper, der vor und nach der Bestrahlung durch elektrische Energie auf die gleiche Temperatur gebracht werden kann wie durch die Strahlungsenergie. Der aus dem gleichen Material wie der Probekörper bestehende, elektrisch heizbare Mantel, der den Probekörper umgibt, wird dabei während der Bestrahlung und der elektrischen Beheizung des Probekörpers ständig auf der gleichen Temperatur wie der Probekörper gehalten.

7.3 Relativmethoden

Von W. Hübner, H. H. Eisenlohr und R. G. Jaeger

7.3.1 Allgemeine Anforderungen an Meßsonden
[354]

Zunächst werden hier einige allgemeine Anforderungen an Dosisindikatoren behandelt bevor in Abschn. 7.3.2 ein Überblick über die zur Dosimetrie ausnutzbaren *Effekte* gegeben wird, während in Abschn. 7.4 bis 7.9 die Anwendung auf die verschiedenen *Strahlenarten* im Vordergrund steht. Von der Anwendung her wäre noch eine andere Einteilung denkbar, nämlich die *klinische Dosimetrie*, die Dosimetrie in der *Biologie*, die Dosimetrie für *strahleninduzierte chemische Umsetzungen* und die *Strahlenschutzdosimetrie* [376]. Für die Dosimetrie in der Medizin und Biologie sind die Dosen und Dosisleistungen im Durchschnitt höher und die Meßunsicherheit muß etwa um eine Größenordnung geringer sein als für Strahlenschutzmessungen, während chemische Umsetzungen und Strukturänderungen im allgemeinen um Größenordnungen höhere Energiedosen erfordern als die biologischen Straßleneffekte. Im Strahlenschutz müssen Ionendosisleistungen über mehrere Größenordnungen (etwa von 10 μR/h bis 1000 R/h) erfaßt werden, während sich in der klinischen Dosimetrie die Dosisleistungen etwa zwischen 1 und 100 R/min bewegen. Für die Katastrophendosimetrie im Strahlenschutz muß man zwar Energiedosen zwischen etwa 50 rd und 1000 rd und mehr ermitteln können, aber für die überwiegenden Routinemessungen liegt der ausschlaggebende Bereich zwischen 0,1 rd und 10 rd. Die hier gewählte Einteilung erscheint zweckmäßiger, da man anhand der Eigenschaften eine Auswahl für den Anwendungszweck treffen kann. Dem Sprachgebrauch im Fachnormenausschuß Radiologie (FNR) folgend, werden hier mit Dosimeter sowohl Dosismeßgeräte als auch Dosisleistungsmeßgeräte bezeichnet.

7.3.1.1 *Energieabhängigkeit der Anzeige*

Der Ausdruck „Energieabhängigkeit" (früher: Wellenlängenabhängigkeit) eines Dosimeters besagt, daß die Anzeige bei gleicher Meßgröße von der Teilchenenergie der Strahlung abhängig ist. Eine Sonde ist von sich aus nicht energieabhängig, sondern die Anzeige gibt als Meßwert die in der Sonde erzeugte Dosisgröße (Meßgröße) an, sofern der Effekt in der Sondensubstanz dosisproportional ist. Erst beim Vergleich mit der Dosisgröße in einer Bezugssubstanz — z.B. in Luft bei Ionisationsmessungen oder in Graphit bei kalorimetrischen Energiedosismessungen — kann man von der Energieabhängigkeit bzw. -unabhängigkeit sprechen.

Die Energieabhängigkeit der Anzeige eines Dosimeters rührt vor allem daher, daß die Wechselwirkungskoeffizienten der Bezugssubstanz und der Sondensubstanz in unterschiedlicher Weise von der Teilchenenergie einer bestimmten Strahlung abhängen. Im allgemeinen wird die Anzeige um so weniger energieabhängig (s. Abschn. 7.4.2.3), je besser die Bedingungen für die Materialäquivalenz erfüllt sind (s. Abschn. 6.4.7).

7.3.1.2 Dosis- und Dosisleistungsabhängigkeit der Anzeige

Der lineare Zusammenhang zwischen Anzeige und Meßgröße kann bei Dosismessungen dadurch verloren gehen, daß z. B. die Ionen rekombinieren oder bei der Radiophotolumineszenz und der Thermolumineszenz alle Haftstellen besetzt bzw. entleert oder bei chemischen Dosimetern sämtliche reaktionsfähige Moleküle umgewandelt sind. Die Dosisabhängigkeit der Anzeige kann bei der Kalibrierung festgestellt und der ausnutzbare Dosisbereich vom Hersteller angegeben werden. Kritischer ist die Abhängigkeit der Anzeige von der Dosisleistung. So macht sich z. B. in Zählrohren mit steigender Dosisleistung, die eine große Impulsrate zur Folge hat, die Totzeit mehr und mehr bemerkbar, oder bei Ionisationskammern nehmen die Sättigungsverluste (s. Abschn. 3.2) zu; ähnliche Erscheinungen können auch bei Halbleitern auftreten.

7.3.1.3 Richtungsabhängigkeit der Anzeige
[762, 791]

Die Anzeige wird dadurch von der Strahleneinfallsrichtung, bezogen auf ein gewähltes Achsensystem durch die Sonde, abhängig, daß die Sonden im allgemeinen nicht kugelsymmetrisch gemacht werden können. Eine Richtungsabhängigkeit wird, wenn auch nur in einem begrenzten Raumwinkelbereich, allein durch die elektrischen Zuleitungen oder die Halterungen bei den Sonden entstehen, die mit dem Meßgerät fest verbunden sind. Bei Dosismeßsonden, die den Meßwert speichern (Kondensatorkammern, Festkörperdosimeter) beeinflußt die Form der Sonde die Richtungsabhängigkeit, die, ganz allgemein, auch von der Strahlenart und Energie abhängig ist.

7.3.1.4 Empfindlichkeit gegen andere Strahlenarten

In gemischten Strahlungsfeldern, z. B. in Neutronen- und Photonenfeldern, in denen man nur die von *einer* Strahlungskomponente erzeugte Dosisgröße messen will, darf die Sonde nur in vernachlässigbarer Weise auf die übrigen Strahlenkomponenten ansprechen.

7.3.1.5 Abhängigkeit der Anzeige von anderen Einflüssen
[45, 797, 798]

Die folgenden, nur summarisch aufgeführten Einflußgrößen können die Anzeige eines Dosimeters verfälschen.
Luftdichte, Luftdruck, Lufttemperatur, Luftfeuchte [45], Selbstablauf, Fading, Nachwirkung, Strahlenresistenz, Alterung, Versorgungsspannungen, Anwärmzeit, Einstellzeit,
statistische Schwankungen, Ableseunsicherheit, Lage des Instrumentes, Helligkeit, Nulleffekt,
elektrostatische, magnetische, elektromagnetische Felder.

7.3.2 Für die Dosimetrie ausnutzbare Effekte und Methoden
[26, 59, 93, 107, 164, 172, 194, 206, 245, 249, 315, 366, 373, 386, 418, 425, 533, 621, 645, 668, 678, 679, 730, 743]

Im folgenden werden nur wesentliche Merkmale der für die Dosimetrie ausnutzbaren Effekte und Methoden zusammengestellt, Einzelheiten findet man in der Spezialliteratur und ergänzende Angaben in Abschn. 7.4 bis 7.9. Die Gesichtspunkte für die Auswahl eines Meßverfahrens für bestimmte Anwendungen sind recht vielfältig und in dem Aufsatz von BOAG [93] übersichtlich zusammengestellt (s. auch Abschn. 7.3.3). Die Einteilung ist etwas Auffassungssache. Im englischen Sprachbereich wird eine Reihe von Effekten und Verfahren unter dem Begriff „solid state dosimetry" (Festkörperdosimetrie) zusammengefaßt, dazu rechnen üblicherweise: Radiophotolumineszenz, Thermolumineszenz, Induzierung von Ladungsträgern in Halbleitern, Änderung der optischen Durchlässigkeit, Änderung der elektrischen Leitfähigkeit, Szintillation, Elektronen-Spinresonanz und Exoelektronenemission.

7.3.2.1 *Ionisationsmethoden*
[36, 66, 92, 283, 331, 420, 473, 608, 638, 672 ,744]

Auf der Ionisierung von Gasen, insbesondere der Luft, beruhen die ältesten und am weitesten verbreiteten Dosismeßmethoden (s. Abschn. 7.4.5 und 7.5.4.3). Luft ist für Neutronen allerdings kein geeignetes Medium, da sie praktisch keinen Wasserstoff enthält. Zur Dosimetrie schneller Neutronen benutzt man Äthylen, Bortrifluorid oder gewebeäquivalente Gasgemische (s. Abschn. 7.6.3.4 und 7.6.3.5). Der Vorteil der Gasionisation liegt vor allem in der verhältnismäßig hohen Empfindlichkeit und der einfachen Strom- oder Ladungsmessung. Der Ionisationsstrom ist bei gegebenem Gasvolumen und bekannter Gasdichte der Energiedosisleistung, und die elektrischen Ladungen der Ionen sind der Energiedosis in dem Gas direkt proportional. Der Meßbereich läßt sich durch die Meßbereiche des Anzeigeinstrumentes, die Größe des Gasvolumens (1 mm³ bis 100 dm³) und die Gasdichte um mehrere Größenordnungen ändern. Auf diese Weise lassen sich Energiedosen etwa zwischen 10 μrd und 10^5 rd und Energiedosisleistungen zwischen 10 μrd/h und $3{,}6 \cdot 10^8$ rd/h $(= 10^5$ rd/s) messen. Abgesehen von den extrem kleinen Werten kann man eine Meßunsicherheit von $\pm 3\%$ bei einer Reproduzierbarkeit von etwa $\pm 1\%$ erreichen.

7.3.2.2 *Zählrohrmethoden*
[225, 272]

Auslöse-(Geiger-Müller-)Zählrohre und Proportionalzählrohre werden für alle Strahlenarten vorwiegend zum Strahlennachweis, weniger zur Dosimetrie, im Strahlenschutz verwendet. Zählrohre beruhen auch auf der Ionisation von Gasen unter Ausnutzung der Gasverstärkung, so daß sie sich besonders für sehr kleine Dosisleistungen eignen. Hierbei wird meist der zeitliche Mittelwert der Impulsströme gemessen. Abb. 7-2 zeigt für eine zylindrische Kammer mit einem dünnen Draht als Innenelektrode die Kammerspannungsbereiche für ein Verhalten als Ionisationskammer (B), als Proportionalzählrohr (C) und als Auslösezählrohr (E).

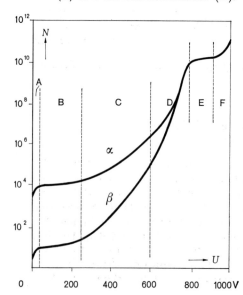

Abb. 7–2. Anzahl N der gesammelten Ionen, die in einem zylindrischen Zählrohr von Alpha- und Beta-Teilchen herrühren, als Funktion der Spannung U zwischen den Elektroden. Bereiche: A unvollständige Sammlung infolge Rekombination, B Ionisationskammer, C Proportionalbereich, D Übergangsbereich, E Auslösebereich, F selbständige Entladung (aus C. G. Montgomery, D. D. Montgomery: J. Franklin Inst. 231 [1941] 447)

Beim *Proportionalzählrohr* ist die durch Stoßionisation im Gasraum erzeugte Ladung der Ionen proportional der Ionisation durch das primäre Teilchen. Das Proportionalzählrohr kann man als Ionisationskammer mit Gasverstärkung (Gasverstärkungsfaktor A, $1 < A < 10^4$) auffassen, so daß man damit eine $1/A$-fach kleinere Dosisleistung als mit einer Ionisationskammer gleichen Volumens messen kann. Der Strom I ist der Ionendosisleistung $\dot{J}$ bzw. der Energiedosisleistung $\dot{D}$ im Zählgas proportional:

$$\dot{D} = \frac{1}{A} \frac{I}{V \cdot \varrho} \frac{E_{i(\text{Gas})}}{e} = \dot{J} \frac{E_{i(\text{Gas})}}{e}, \qquad (7.1)$$

V Zählrohrvolumen, ϱ Gasdichte, $E_{i(\text{Gas})}$ mittlerer Energieaufwand pro Ionenpaar (s. Abschn. 3.3), e Elementarladung (s. Tab. 1-15).

Die Ionenladung im Gasraum eines *Auslösezählrohres* ist unabhängig von der primären Ionisation, d. h. jedes direkt ionisierende Teilchen, das in den Gasraum gelangt, gibt stets den gleichen Impuls. Meßgeräte mit Auslösezählrohren für Photonen oder geladene Teilchen sind im allgemeinen nur zum Strahlennachweis geeignet und sehr energieabhängig, zeichnen sich aber durch Einfachheit und hohe Empfindlichkeit aus. Die Ionendosisleistung $\dot{J}$ von einer Betastrahlenquelle in Luft am Ort des Eintrittsfensters eines Auslösezählrohres läßt sich aus der Impulsrate $\dot{N}$ eines Zählrohres, aus der Fensterfläche F des Zählrohres, der spezifischen Ionisation dN_i/ds der Betateilchen (s. Abb. 3-1b) und der Luftdichte ϱ_L (s. Tab. 7-15) überschlägig nach der Beziehung

$$\dot{J} = \frac{\dot{N}(dN_i/ds) \cdot e}{F \cdot \varrho_L} \qquad (7.2)$$

ermitteln; e Elementarladung (s. Tab. 1-15). Hieraus gewinnt man die Zahlenwertgleichung

$$\dot{J} = 2{,}24 \cdot 10^{-3} \frac{\dot{N}(dN_i/ds)}{F \cdot \varrho_L}, \qquad (7.3)$$

$\dot{J}$ in mR/h, $\dot{N}$ in s^{-1}, dN_i/ds in cm^{-1}, F in cm^2, ϱ_L in mg/cm^3.

Die üblichen Zählgasgemische sind für alle Strahlenarten mit Ausnahme der Neutronen geeignet, für die Bortrifluorid (BF$_3$) oder Äthylen (C$_2$H$_4$) als Zählgas dient (s. Abschn. 7.6.3.1, 7.6.3.2, 7.6.3.3, 7.6.3.4).

Besondere Vorsicht ist bei Dosisleistungsmessungen in pulsierenden oder gepulsten Strahlungsfeldern oder bei hoher Dosisleistung geboten. Zählrohre haben eine Totzeit zwischen 10^{-2} und 10^{-4} s. Infolge der Totzeit nimmt die Anzeige unter Umständen nicht mehr zu, wenn die Dosisleistung ansteigt. Bei gepulsten Strahlungen zeigen Zählrohr-Dosisleistungsmesser mitunter unabhängig von der Höhe der Dosisleistung einen konstanten, der Impulsfrequenz proportionalen Wert an.

7.3.2.3 Kalorimetrische Methoden
[10, 80, 101, 141, 230, 231, 241, 275, 279, 294, 384, 385, 455, 456, 534, 560, 624, 633, 799]

Trotz des hohen apparativen Aufwandes für kalorische Dosimeter (s. Abschn. 7.2.3) konnten inzwischen auch transportable Dosiskalorimeter hergestellt werden [263]. Mit einem quasiadiabatischen Dosiskalorimeter lassen sich Energien in Phantomen an Photonen- und Elektronen-Strahlenquellen (s. Abschn. 7.5.4.2) bei Energiedosisleistungen > 10 rd/min messen. Die Probekörper, in denen die Energiedosis erzeugt und gemessen wird, werden aus elektrisch leitenden und gewebeäquivalenten Kunststoffen (SHONKA u. Mitarb. [78, Kap. 6]) oder aus Graphit hergestellt. Für den nicht in Wärme umgewandelten Anteil der Strahlenenergie (kalorischer (Wärme-) Defekt) kann nach SÄBEL u. Mitarb. [650, 650a] für Shonka-Plastik bei einem mittleren linearen Energieübertragungsvermögen von 3,5 keV/μm (30 kV Röntgenstrahlung) und für Energiedosen bis 100 Mrd praktisch unabhängig von der Dosis ein Mittelwert von $(4{,}08 \pm 0{,}55)\%$ angegeben werden. Für Protonen von 1,7 MeV wurden Werte von 4,2 bis 3,7% in Abhängigkeit von der Dosis (max. 100 Mrd) gefunden [242]. Neuerdings wurde die kalorimetrische Dosimetrie schneller Neutronen (15 MeV) unter Berücksichtigung des kalorischen Defekts mit verschiedenen Absorbern untersucht (WEIMER [775a]). Durch Vergleich der so korrigierten Werte der kalorisch gemessenen Energiedosen mit den ionometrisch gewonnenen Werten läßt sich der mittlere Energieaufwand E_i für die Bildung eines Ionenpaares bestimmen. Außerdem lassen sich die Energiedosisleistungen verschiedener Strahlenquellen vergleichen. Die Meßunsicherheit liegt zwischen 2 und 3%. Die Reproduzierbarkeit ist merklich besser.

Wesentlich einfacher lassen sich Energieflußdichte oder Energiefluenz messen und dadurch die Strahlenausbeuten verschiedener Strahlenquellen vergleichen [560, 660].

7.3.2.4 *Chemische Methoden*

[7, 21, 32, 120, 127, 171, 173, 198, 199, 200, 250, 253, 255, 262, 264, 291, 313, 314, 323, 335, 373, 412, 428, 486, 487, 516, 517, 519, 532, 551, 648, 677, 714, 731, 771]

7.3.2.4.1 Allgemeines

Ein chemisches Dosimeter beruht auf einer strahleninduzierten Änderung der chemischen Zusammensetzung des verwendeten Systems und muß folgende Forderungen erfüllen:

1. Die durch strahlenchemische Reaktionen produzierte Substanz muß genügend stabil, d.h. langlebig genug sein, um eine quantitative Bestimmung der Änderung des ursprünglichen Systems zu erlauben.
2. Die strahleninduzierte Änderung des Systems muß der Energiedosis proportional sein.
3. Das System muß genügend strahlenempfindlich sein, d.h. die durch die Bestrahlung produzierte Menge des Reaktionsprodukts muß quantitativ nachweisbar sein.

Außerdem sollten möglichst folgende Bedingungen erfüllt werden:

4. Die Strahlenreaktion soll nicht von der Energiedosisleistung, der Strahlenart und der spektralen Verteilung der Flußdichte abhängen.
5. Das System soll unempfindlich gegen Spuren von Fremdstoffen und gegen Lichteinwirkung sein.

Grundsätzlich unterscheidet man folgende Systeme:

a) wäßrige Lösungen,   b) organische Verbindungen,

c) Monomere und Polymere,   d) organische und anorganische Gase.

Der ausnutzbare Energiedosisbereich erstreckt sich von etwa 0,1 rd bis 10^{10} rd, wobei ein bestimmtes System normalerweise 1 bis 2 Dekaden zu überstreichen gestattet.

Die Strahlenempfindlichkeit eines chemischen Systems wird durch die Ausbeute charakterisiert; das ist der Quotient aus der Anzahl der durch die Strahlenreaktion umgewandelten Moleküle und der auf die Substanz durch die Strahlung übertragenen Energie. Die Anzahl der umgewandelten Moleküle pro 100 eV übertragener Energie wird G-Wert genannt. Je empfindlicher ein System ist, um so höher ist der G-Wert. Die G-Werte der üblichen chemischen Dosimetersysteme liegen zwischen 0,1 und 30. Der reziproke Wert ergibt, analog zur Definition von E_i bei der Ionisation von Gasen (s. Abschn. 3.3), den mittleren Energieaufwand für die Umwandlung eines Moleküls. Ein großer G-Wert bedeutet also einen geringen mittleren Energieaufwand pro umgewandeltes Molekül.

7.3.2.4.2 Eisensulfatdosimeter
[121, 458]

Das Eisensulfat- oder Frickedosimeter [120, 200, 250, 255, 373, 677, 771] ist das am meisten verwendete chemische Dosimetersystem und beruht auf der strahleninduzierten Oxydation von Fe^{2+}-Ionen in luftgesättigter 0,4 molarer Schwefelsäure. Die der Energiedosis proportionale Konzentration der gebildeten Fe^{3+}-Ionen wird üblicherweise spektralphotometrisch aus der Änderung der optischen Dichte der Dosimeterlösung bei der Wellenlänge 304 nm bestimmt.

Die Standard-Frickelösung besteht aus:

10^{-3} molarem Eisen(II)-Ammoniumsulfat (Mohrsches Salz),
10^{-3} molarem Natriumchlorid und
0,4 molarer (= 0,8 normaler) Schwefelsäure.

Alle Substanzen müssen den Reinheitsgrad „pro analysi" aufweisen.

Für routinemäßige Anwendung des Frickedosimeters stellt man sich eine zehnfach konzentrierte Vorratslösung her, die in einem einwandfrei gereinigten Behälter aus Jenaer Glas an lichtgeschützter Stelle 2 bis 3 Monate aufbewahrt werden kann. Zum Gebrauch füllt man dann 10 ml der Vorratslösung mit zweifach destilliertem Wasser auf 100 ml auf, wobei die Lösung luftgesättigt sein muß.

Zur Dosismessung werden mehrere Milliliter Frickelösung in einem dünnwandigen Gefäß aus Jenaer Glas oder Quarz mit möglichst großem Verhältnis Volumen: Oberfläche am Meßort bestrahlt. Bei Kunststoffgefäßen (Teflon, Plexiglas, Polyäthylen) können strahleninduzierte Reaktionen zwischen Gefäßwand und Lösung auftreten. Sie können vermieden werden, wenn das Gefäß im gefüllten Zustand vorbestrahlt (Energiedosis etwa 10^5 rd) und anschließend sorgfältig mit Dosimeterlösung gespült wird.

Möglichst bald nach der Bestrahlung, jedoch nicht vor Ablauf einer Minute nach Bestrahlungsende, wird die Änderung der optischen Dichte der bestrahlten Lösung mit einer unbestrahlten Lösung in einem gleichartigen Gefäß bei der Wellenlänge $\lambda = 304$ nm im Spektralphotometer verglichen. Der Zusammenhang zwischen Energiedosis D und optischer Dichte ist gegeben durch

$$D = \frac{\ln(I_0/I) \cdot N_A}{\varepsilon \cdot G \cdot \varrho \cdot d}, \tag{7.4}$$

I_0 Lichtintensität hinter der unbestrahlten, I hinter der bestrahlten Lösung, N_A Avogadro-Konstante (s. Tab. 1-15), ε molarer natürlicher Extinktionskoeffizient von Fe^{3+}, G der G-Wert, ϱ Dichte und d Schichtdicke der Lösung*. Aus Gleichung (7.4) ergibt sich die Energiedosis D in Rad:

$$D = 9{,}65 \cdot 10^8 \frac{\ln(I_0/I)}{\varepsilon \cdot G \cdot \varrho \cdot d}, \tag{7.5}$$

ε in cm^{-1} mol^{-1} l, G in $(100\ eV)^{-1}$, ϱ in g cm^{-3} und d in cm.
Der molare Extinktionskoeffizient für Fe^{3+} bei $\lambda = 304$ nm und $t = 25\ °C$ beträgt:

$$\varepsilon = 2191\ mol^{-1}\ cm^{-1}\ l$$

mit einem positiven Temperaturkoeffizienten von 0,7% pro Grad Celsius. Wird die optische Dichte bei einer anderen Temperatur (t) als 25 °C gemessen, dann ist also in die Gleichung (7.5) $\varepsilon(t) = 2191[1 + 0{,}007(t - 25)]$ einzusetzen. Der angegebene Wert für ε ist ein Mittelwert aus neueren Messungen. Die Dichte der Standard-Frickelösung bei 25 °C beträgt $\varrho = 1{,}024$ g/cm^3.

---

* Die Benennungen und Formelzeichen für Größen beim Lichtdurchgang durch optisch klare Stoffe sind neuerdings zum Teil geändert worden [190, 191].

Die Tab. 7-1 zeigt G-Werte des Eisensulfatdosimeters für verschiedene Strahlenqualitäten. Darin bedeuten E_{hin} bzw. E_{max} die kinetische bzw. maximale kinetische Energie der Elektronen. Unter der äquivalenten Photonenenergie eines Spektrums (s. Abschn. 6.5.2.3) wird diejenige monoenergetische Photonenenergie verstanden, welche in Kupfer dieselbe Halbwertsdicke besitzt.

Tabelle 7-1. G-Werte und Dosisumrechnungsfaktoren des Eisensulfatdosimeters in Abhängigkeit von der Strahlenqualität (nach FRICKE u. HART [255], SHALEK u. Mitarb. [673] und WAMBERSIE [771])

Strahlenqualität		G $(100 \text{ eV})^{-1}$	$D_{\text{H}_2\text{O}}/D_{\text{Lös}}$
Elektronen (2 MeV $< E_{\text{kin}} <$ 30 MeV) (s. Abschn. 7.5.4.4)		$15{,}6 \pm 0{,}3$	1,00
Betastrahlung ^{32}P ($E_{\text{max}} = 0{,}69$ MeV)		15,4	1,00
Gammastrahlung ^{60}Co ($E_\gamma = 1{,}17$ und $1{,}33$ MeV)		$15{,}6 \pm 0{,}2$	1,00
Röntgenstrahlung (4 MeV $< E_{\text{max}} <$ 20 MeV)		$15{,}6 \pm 0{,}3$	1,00
effektive Photonenenergie keV	Halbwertsdicke mm Cu		
98	2,7	14,50	0,985
58	0,9	14,11	0,930
43	0,45	13,94	0,890

Wegen ihres Gehaltes an Schwefelsäure ist die Dosimeterlösung nicht völlig wasseräquivalent. Um die Energiedosis in Wasser zu erhalten, ist daher die in der Frickelösung ermittelte Energiedosis noch mit dem Dosisumrechnungsfaktor

$$D_{\text{H}_2\text{O}}/D_{\text{Lös}} = (\eta'/\varrho)_{\text{H}_2\text{O}} : (\eta'/\varrho)_{\text{Lös}}$$

nach Tab. 7-1 zu multiplizieren (s. Abschn. 6.4.5).
Das Eisensulfatdosimeter ist im Energiedosisbereich von etwa 2000 bis 40000 rd brauchbar. Die Anzeige ist bis 10^7 rd/s unabhängig von der Energiedosisleistung.
Die Meßunsicherheit des Frickedosimeters für ^{60}Co-Strahlung beträgt etwa $\pm 3\%$ und die Reproduzierbarkeit etwa $\pm 1\%$.

7.3.2.4.3 Das Eisensulfat/Kupfersulfat-Dosimeter

Durch Zusatz von Cu^{2+}-Ionen wird die Strahlenempfindlichkeit des Eisensulfatdosimeters herabgesetzt. Mit der Zusammensetzung

FeSO_4, 10^{-3} molar
CuSO_4, 10^{-2} molar
H_2SO_4, $5 \cdot 10^{-3}$ molar (luftgesättigt)

ergibt sich ein G-Wert von 0,66 für ^{60}Co-Strahlung und der Dosismeßbereich erweitert sich auf etwa $5 \cdot 10^4$ bis $8 \cdot 10^6$ rd.
Während die Ausbeute des Frickedosimeters mit zunehmendem linearen Energieübertragungsvermögen (s. Abschn. 4.4.8.3) der Strahlung kleiner wird, nimmt sie beim Fricke-Kupferdosimeter zu (s. Tab. 7-1 und 7-2).
Bei Anwendung beider Dosimetersysteme können die beiden Dosisanteile in einem aus zwei Komponenten bestehenden Strahlungsfeld getrennt ermittelt werden [7, 677].

Tabelle 7–2. G-Werte des Eisensulfat/Kupfersulfat-Dosimeters (nach HART u. WALSH [314])

Strahlung	$G(Fe^{2+})$ $(100\ eV)^{-1}$	$G(Fe^{2+}, Cu^{2+})$ $(100\ eV)^{-1}$
^{60}Co	15,6	0,66
$^{10}B(n, \alpha)$-Rückstoß-Alphateilchen	4,2	2,0

7.3.2.4.4 Andere Dosimetersysteme

Tab. 7-3 enthält einige andere chemische Dosimetersysteme.

Tabelle 7–3. Andere chemische Dosimetersysteme

System	Auswertung	Energiedosisbereich rd	$G(^{60}Co)$ $(100\ eV)^{-1}$	Literatur
Fricke mit ^{59}Fe	radiometrisch	40 bis 40000	15,6	[648]
Cersulfat	spektralphotometrisch	10^5 bis 10^7	2,50	[200, 731]
Benzol	kolorimetrisch	10 bis $4 \cdot 10^4$	1,81	[428]
Oxalsäure	kolorimetrisch	$1,6 \cdot 10^6$ bis $1,6 \cdot 10^8$	4,9	[198, 199, 200, 486, 487]
Triphenyltetrazoliumchlorid	spektralphotometrisch	10^5 bis 10^7	0,16	[291]
Perspex	spektralphotometrisch	10^5 bis $2 \cdot 10^8$	—	[551]
Terephthalsäure	spektralphotofluorometrisch	1 bis 1000	0,95	[21]
Hexa(hydroxyäthyl)-pararosanilin zyanid	spektralphotometrisch	10^3 bis 10^5	0,57	[504]

7.3.2.5 *Photographische Methoden*

7.3.2.5.1 Allgemeines

[37, 43, 54, 109, 110, 115, 117, 118, 188, 201, 208, 210, 218, 219, 236, 326, 336, 382, 414, 415, 425, 427, 480, 496, 520, 601, 602, 603, 609, 617, 659, 716, 741, 756]

Die Filmdosimetrie ist auf alle Strahlenarten anwendbar, wobei die Dosis aus der Schwärzung einer photographischen Emulsion oder durch Analyse der Kernspuren (tracks) ermittelt wird (Anzahl der Spuren, Reichweite). Für die beiden Verfahren stehen zwei Typen von Emulsionen zur Verfügung. Die Filmdosimetrie ist keine exakte Methode, da die Schwärzung bei gleicher Emulsion außer von dem linearen Energieübertragungsvermögen (s. Abschn. 4.4.8.3), der Energie- oder Ionendosis, der Strahleneinfallsrichtung, der Temperatur und dem Entwicklungsverfahren noch von anderen, z. T. unkontrollierbaren Einflüssen abhängt. Die gesamte örtliche Verteilung der Flußdichte oder der Dosisleistung auf einer ebenen oder gekrümmten Fläche läßt sich jedoch mit einer *einzigen* Aufnahme erfassen. In bezug auf hohe räumliche Auflösung ist die Filmmethode unübertroffen [603]. Der Dosisfilm stellt zudem ein Dokument dar. Die Meßbereiche der Dosisfilme (Personendosis, Strahlenschutzüberwachung) gehen von etwa 10 mrd bis 10 Mrd, für Belichtungszeiten zwischen Mikrosekunden und Monaten mit bestrahlbaren Flächen von etwa 10 μm² bis 10 m² [57, 115, 210].

Einige im wesentlichen auf die Filmdosimetrie beschränkte Begriffe und Größen sind:

Planare Fluenz $\Phi_{Pl} = N/A$ ist die Anzahl N der Teilchen oder Photonen, die in einer bestimmten Zeit senkrecht auf eine ebene Filmfläche A fallen, geteilt durch A (siehe Abschn. 4.2.2). Φ_{Pl} ist identisch mit dem Zeitintegral des Teilchenstroms (s. Abschn. 4.2.5).

Schwärzung (optical density) $S = \lg(I_0/I_1)$, wobei I_0 und I_1 die Lichtströme vor und hinter dem Film sind.

Nettoschwärzung (net density) ist $S - S_0$, wobei S_0 die Schwärzung des Grundschleiers ist. Die meßbaren Schwärzungen liegen etwa zwischen 0,1 und 6. Bei scharfen Übergängen ist $S = 0,02$ noch mit dem Auge wahrnehmbar.

Die Empfindlichkeit einer Emulsion wird definiert durch $S(0,3)/\Phi_{Pl}$; $S(0,3)/J_s$; $S(0,3)/D$ oder $S(0,3)/D_q$ [210]. $S(0,3)$ bedeutet $S = 0,3$. Oft interessiert nur die relative Empfindlichkeit. Bei geladenen Teilchen hängt die Filmempfindlichkeit vom linearen Energieübertragungsvermögen L der Teilchen ab (s. Abschn. 4.4.8.3) [741]. Der *Filmkontrast* ist $dS/d\lg\Phi_{Pl}$.

Das *Reziprozitätsgesetz* $\varphi \cdot t = $ const. besagt, daß die Schwärzung unabhängig von der Flußdichte φ und der Belichtungszeit t ist und nur von der Fluenz Φ abhängt. Für ionisierende Strahlen ist das Gesetz im allgemeinen erfüllt, für optisches Licht nur bedingt, was bei Anwendung von Szintillatoren zur Verstärkung der Schwärzung zu beachten ist.

Mit *Fading* bezeichnet man die zeitliche Abnahme der zu erwartenden Schwärzung zwischen Bestrahlung und Entwicklung.

Härtefaktor ist das Verhältnis zwischen Standard-Ionendosis J_s bei der Strahlenqualität, die den Film am stärksten schwärzt und der Standard-Ionendosis bei der interessierenden Strahlung bei gleicher Schwärzung.

7.3.2.5.2 Filmdosimetrie bei Röntgen- und Gammastrahlung

Standard-Ionendosen lassen sich bei Photonenenergien bis herunter zu etwa 15 keV noch relativ gut messen. Normale Filme überstreichen einen Ionendosis-Meßbereich von etwa 10^{-2} bis 10^4 R; mit Fluoreszenzverstärkung gelangt man herunter bis 10^{-4} R, mit Auskopieremulsion herauf bis etwa 10^8 R [54]. Die Abhängigkeit des Massen-Energieumwandlungskoeffizienten η/ϱ (s. Abschn. 6.4.3) des AgBr von der Photonenenergie zeigt Abb. 7-3 [496], in der auch die K-Kanten von Ag bei 25,5 keV und von Br bei 13,5 keV erkennbar sind. Die starke Energieabhängigkeit der Schwärzung, bezogen auf die Standard-Ionendosis (s. Abschn. 7.3.1.1), rührt her von der starken Energieabhängigkeit des Verhältnisses $(\eta/\varrho)_{AgBr}/(\eta/\varrho)_{Luft}$ (Abb. 7-3, rechte Ordinate). Dadurch läßt sich bei einer effektiven Photonenenergie von etwa 50 keV noch eine Ionendosis von nur wenigen Prozent der Ionendosis bei 1 MeV nachweisen. Eine Standard-Ionendosis von 100 mR bei einer Photonenstrahlung von 1 MeV ergibt $S = 0,3$, so daß noch einige Milliröntgen ($S \approx 0,02$) nachweisbar sind. Den typischen Verlauf der Empfindlichkeit eines Dosisfilms als Funktion der Energie zeigt Abb. 7-4. Diese starke Abhängigkeit läßt sich durch Filter oder Filterkombinationen [716], durch Szintillatoren (s. Abb. 7-4) oder durch Kombination zweier Filmtypen [218] herabsetzen.

Anwendungsmöglichkeiten und Meßgenauigkeit der Filmdosimetrie in der Therapie sind vielfach untersucht worden [117, 118, 236, 414, 415, 427, 496, 520, 601, 602, 603]. Bei der Strahlenschutzüberwachung [37, 320, 424, 659] werden die Filme in Plaketten (film badges) oder Fingerringen getragen. In Tab. 7-4 sind für einige handelsübliche Filme die Standard-Ionendosen für 5 bzw. 6 Schwärzungsgrade bei verschiedenen Photonenenergien zusammengestellt [210]. Andere Filme für große Dosen und für Werte

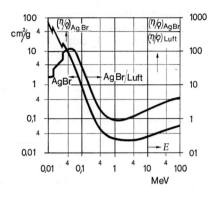

Abb. 7–3. Der Massen-Energieumwandlungskoeffizient $(\eta/\varrho)_{\text{AgBr}}$ des Silberbromids und das Verhältnis $(\eta/\varrho)_{\text{AgBr}}/(\eta/\varrho)_{\text{Luft}}$ für Silberbromid und Luft als Funktion der Photonenenergie E (nach MAUDERLI [496])

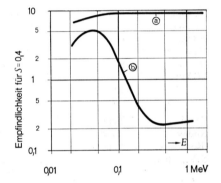

Abb. 7–4. Die Filmempfindlichkeit als Funktion der Photonenenergie E. (a) mit, (b) ohne Szintillator (nach HOERLIN u. Mitarb. [336])

von S bis 5,0 sind in der Originalarbeit näher charakterisiert. Die Emulsionen sind 10 bis 25 μm dick (Flächendichte 2 bis 5 mg/cm²) und können für Energiebereiche zwischen etwa 10 keV und 30 MeV benutzt werden. Die Strahlenqualität läßt sich mit Hilfe der Abhängigkeit der Schwärzung von Filtern ermitteln [480]. Die Grundregeln für die Filmdosimetrie finden sich in der deutschen Norm DIN 6816 [188]. Die Schwärzung kann nach DIN 4512, Blatt 3 [187], Empfindlichkeit, Gradation und Schleier können nach DIN 6829 [189] bestimmt werden.

Folgende Meßstellen sind in der Bundesrepublik Deutschland für die Anwendung der Filmdosimetrie zur Strahlenschutzüberwachung zugelassen:

1000	*Berlin-Charlottenburg 9* Soorstraße 83	Strahleninstitut der Freien Universität. — Amtliche Personendosismeßstelle —
4600	*Dortmund-Aplerbeck* Marsbruchstaße 186	Staatliches Materialprüfungsamt. — Amtliche Personendosismeßstelle —
2000	*Hamburg 1* Lohmühlenstraße 5	Therapeutisches Strahleninstitut des Allgemeinen Krankenhauses St. Georg. — Amtliche Personendosismeßstelle —
5170	*Jülich* Postfach 365	Kernforschungsanlage Jülich G.m.b.H. Zentralabteilung Strahlenschutz. — Personendosismeßstelle —
7500	*Karlsruhe* Kaiserallee 61	Landesinstitut für Arbeitsschutz und Arbeitsmedizin — Personendosismeßstelle —
8042	*Neuherberg/Post Schleißheim* Ingolstädter Landstraße 1	Auswertungsstelle für Strahlendosimeter. — Amtliche Personendosismeßstelle —.

Tabelle 7-4. Beziehung zwischen Photonenenergie, Schwärzung S und Standard-Ionendosis J_s für verschiedene handelsübliche Filme zur Überwachung der Personendosis nach DUDLEY [210] und persönl. Mitt. von MAKIOLA

Hersteller	Film	Energie oder Strahler	S 0,05	1,0	2,0	3,0	4,0	5,0
			J_s R	R	R	R	R	R
Agfa-Gevaert	Structurix D 10	60 keV	—	0,014	0,033	0,056	0,090	0,145
		^{60}Co	—	0,42	1,0	1,7	2,7	4,35
	Structurix D 2	60 keV	—	0,92	1,75	3,2	5,8	11
		^{60}Co	—	18,4	35	64	116	220
Dupont (de Nemours & Co., Wilmington, Delaware, USA)	519	30 keV	0,003	0,05	0,18	—	—	
		^{60}Co	0,04	1,0	4,0	—	—	
	555	30 keV	0,003	0,045	0,14	0,34	0,80	
		^{60}Co	0,04	0,88	2,5	6,0	14	
	834	30 keV	0,16	2,7	9	55	—	
		^{60}Co	3,0	35	130	500	—	
	1290	30 keV	0,68	20	70	—	—	
		^{60}Co	9,0	190	700	—	—	
Eastman Kodak (Rochester, N.Y., USA)	Type 2 2 Emulsionen	50 kV	0,0013	0,032	0,075	0,14	0,29	
		Radium	0,027	0,65	1,6	3,0	5,9	
	Type 2 (langsam)	50 kV	0,094	1,9	4,9	12	46	
		Radium	2,6	51	140	320	1300	
	Type 3 (schnell)	50 kV	0,0006	0,012	0,025	0,041	0,062	
		Radium	0,013	0,29	0,61	1,0	1,5	
	Type 3 (langsam)	50 kV	0,018	0,60	2,2	6,7	22	
		Radium	0,46	13	50	150	480	
Ilford (Ilford-Essex, England)	PM. 1	20 keV	—	0,09	0,25	0,72	—	
	PM. 2	20 keV	—	0,10	0,19	0,27	0,40	
	PM. 3	20 keV	—	0,35	0,68	1,0	1,4	
Kodak Ltd. (Harrow, Middlesex, England)	RM (2 Emulsionen)	80 keV gefiltert	0,002	0,045	0,14	0,35	1,1	
		^{60}Co	0,03	0,7	1,8	4,5	16	
	RM (langsam)	80 keV gefiltert	0,4	4	18	30	65	
		^{60}Co	7	120	200	500	930	

Die Überwachungsperiode erstreckt sich in der Regel über einen Monat, nach dessen Ablauf die Filme innerhalb 5 Tagen an die Meßstellen zurückgeschickt werden müssen. Vergleichsmessungen an Filmdosimetern wurden innerhalb der Europäischen Gemeinschaft vorgenommen [617].

7.3.2.5.3 Filmdosimetrie bei Elektronen und Betastrahlen
(vgl. Tab. 5-2, 5-4 und 7-30)

Infolge der Dicke der Emulsion und der Filmverpackung (etwa 34 mg/cm²) ist die Filmdosimetrie von Elektronen und Betastrahlen erst bei Energien oberhalb 300 keV möglich. Daher ist sie für Betastrahlen (erforderliche maximale Betastrahlenenergie etwa 0,6 MeV) kaum anwendbar. Die Gefahr einer Unterschätzung der Betastrahlendosis aus der Schwärzung ist in der Praxis erheblich. Die Massenreichweiten $R \cdot \varrho$

(R Reichweite, ϱ Dichte) von Elektronen in einer Ilfordemulsion werden bei den Energien 0,01; 0,04 und 0,1 MeV zu 0,46; 4,76 und 22,2 mg/cm² angegeben [210].
Abb. 7-5 zeigt die Empfindlichkeit des Eastman No-Screen-Films als Funktion der Elektronenenergie [208, 210]. Da sich das Verhältnis der linearen Energieübertragungsvermögen von Weichteilgewebe zu AgBr für Energien zwischen 0,01 und 10 MeV nur unwesentlich ändert [74], bleibt die Empfindlichkeit in einem großen Bereich auf etwa 1% konstant [109].

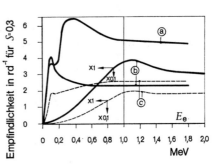

Abb. 7-5. Die Empfindlichkeit eines Eastman No-Screen-Films als Funktion der Energie E_e monoenergetischer Elektronen. — (a) Doppelschicht-Emulsion, senkrechter Strahleneinfall, (b) Einschicht-Emulsion, senkrechter Strahleneinfall, (c) Einschicht-Emulsion, diffuser Einfall (nach DUDLEY [208])

7.3.2.5.4 Filmdosimetrie schwerer geladener Teilchen

Wegen der im Vergleich zu Elektronen (s. Abschn. 7.3.2.5.3) merklich geringeren Reichweite der schweren geladenen Teilchen, ist die Filmdosimetrie auf Protonen, Deuteronen, Alphateilchen und Mesonen nur sehr beschränkt anwendbar. Den Zusammenhang zwischen der Energie schwerer geladener Teilchen und der Spurlänge in der Ilford C 2-Emulsion zeigt Abb. 7-6 [756]. Die Werte anderer Autoren [43, 741] in anderen Ilford-Emulsionen und bei anderen Feuchtigkeitsgraden weichen nur um wenige Prozente ab. Bei schweren geladenen Teilchen und bei Neutronen ist die Kernspurzählung die Methode der Wahl.
Eine Zusammenstellung handelsüblicher Kernspuremulsionen findet sich bei BARKAS [43]. Verläuft die Spur nur teilweise in der Emulsion, so ist die Energiedosis schwer zu ermitteln. Bei Kernspuremulsionen hängt der Fading-Effekt viel stärker von Feuchtigkeit und Temperatur ab als bei anderen Emulsionen [314]. Die Nachweisgrenze liegt bei 3 bis 4 Körnern je cm² und hängt hauptsächlich von radioaktiven Konzentrationen in der Glasplatte oder der Emulsion ab, die im allgemeinen von ^{226}Ra und Th mit 0,1 bis 1 pCi/g und deren Zerfallsprodukten aus der Luft herrühren.

7.3.2.5.5 Filmdosimetrie bei Neutronen

Bei Bestrahlung einer Emulsion mit thermischen Neutronen werden Protonen vorwiegend durch die Reaktion ^{14}N(n, p)^{14}C (s. Abschn. 7.6.2) mit einer kinetischen Energie von 0,62 MeV ausgelöst. Die Bahnlänge von 6 μm in der Emulsion kann nahezu vollständig beobachtet werden. Die Energiedosis läßt sich aus der Spurenkonzentration berechnen, wenn Stickstoffkonzentration und Dicke der Emulsionsschicht bekannt sind. Zur Erhöhung des Energieumsatzes kann die Emulsion mit Lithium oder Bor „beladen" werden (s. Abschn. 7.6.3.7).
Schnelle Neutronen mit Energien bis zu 15 MeV geben ihre Energie vorwiegend durch elastische Stöße an die in der Emulsion enthaltenen Wasserstoffkerne ab, bei höheren Energien herrschen Kernreaktionen mit Elementen höherer Ordnungszahl vor. Die Neutronendosis kann man aus der Kernspurkonzentration und der mittleren Energie für jede Spur sowie dem Wirkungsquerschnitt der (n, p)-Reaktion im MeV-Bereich recht genau ermitteln, vor allem, wenn die Luftfeuchtigkeit bekannt ist, die den Wasser-

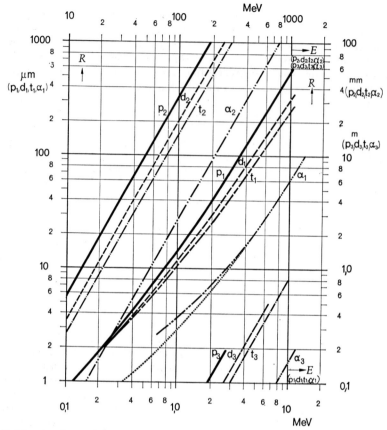

Abb. 7–6. Reichweite R von Protonen (p), Deuteronen (d), Tritonen (t) und Alphateilchen (α) in Ilford-C-2-Emulsion bei 0% relativer Feuchte als Funktion der Teilchenenergie E (nach VIGNERON [756])

stoffgehalt der Emulsionsgelatine beeinflußt. Der Wasserstoffgehalt, normalerweise etwa 0,05 g/cm³, ist im Muskelgewebe etwa doppelt so hoch. Für die Dosimetrie schneller Neutronen werden die Filme oft beiderseitig mit 0,5 mm dicken Cd-Folien bedeckt.

7.3.2.6 Radiophotolumineszenz

[25, 57, 58, 61, 179, 247, 387, 426, 498, 544, 575, 576, 577]

Mit Radiophotolumineszenzvermögen bezeichnet man die Fähigkeit bestimmter Stoffe, vor allem Gläser, im sichtbaren Bereich zu leuchten, wenn man sie nach der Bestrahlung mit der ionisierenden Strahlung UV-Licht aussetzt (mit UV „ausleuchtet"). Das emittierte Licht wird mit Hilfe von Sekundäremissionsvervielfachern (SEV) (Photomultiplier) in elektrischen Strom umgesetzt. Das Maximum der spektralen Empfindlichkeit des SEV muß in dem Spektralbereich liegen, in dem der Lumineszenzstoff leuchtet. Bei diesem Speichereffekt wird ein Teil der örtlich deponierten Energie der ionisierenden Strahlung durch die Anregung mit UV-Licht wieder freigesetzt.

Da bei der „Ausleuchtung" nur ein sehr geringer Bruchteil der gespeicherten Energie in Lichtenergie umgewandelt wird, kann der Meßwert wiederholt abgefragt werden. Bei wiederholter Bestrahlung mit ionisierender Strahlung findet eine Summierung statt, so daß man die Doswerte auch über längere Zeiträume mit einem einzigen Dosimeter ermitteln kann, ohne die gespeicherten Informationen in der Sonde merklich zu löschen. Allerdings geht je nach der Art des Lumineszenzstoffes ein Bruchteil der gespeicherten Energie durch das Tageslicht oder durch Temperaturänderungen verloren. Durch dieses „Fading" nimmt die Lumineszenzausbeute in der Zeit nach der Bestrahlung etwas ab. Es gibt aber auch den umgekehrten Effekt, daß nämlich kurz nach der Bestrahlung die Lumineszenzausbeute zunächst etwas ansteigt. Durch Erhitzung auf Temperaturen über 200 °C kann die gesamte gespeicherte Energie freigesetzt und damit der Lumineszenzstoff in den Ursprungszustand vor der Bestrahlung gebracht werden. Je nach der atomaren Zusammensetzung zeigen die Radiolumineszenzdosimeter im Photoenergiebereich unterhalb 1 MeV unterschiedliche Energieabhängigkeit (s. Abb. 7-16) und sind verschieden empfindlich. Bei hohen Dosen nimmt die Lumineszenzausbeute und damit die Anzeige nicht mehr proportional zur Energiedosis zu, da Sättigungserscheinungen auftreten (s. Abb. 7-7). Ein Einfluß der Energiedosisleistung auf die Ausbeute war bis 10^8 rd/s nicht feststellbar. Radiophotolumineszenzdosimeter werden vorwiegend für Photonen und energiereiche Elektronen verwendet. Gläser, die Silber enthalten, reagieren auch auf thermische Neutronen durch Aktivierung des Silbers, dessen Betazerfall die Lumineszenz verursacht (s. Tab. 7-5), dagegen sind sie relativ unempfindlich gegen schnelle Neutronen (s. Abschn. 7.6.3.7).

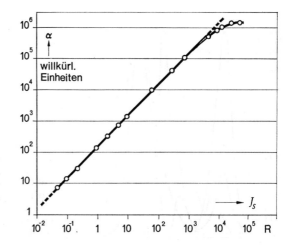

Abb. 7-7. Die Anzeige α am Auswertegerät für Glasdosimeter nach YOKOTA ($8 \times 8 \times 4{,}7$ mm³) als Funktion der Standard-Ionendosis J_s (nach MAUSHART u. PIESCH [498])

Tabelle 7-5. Zusammensetzung und Meßbereich einiger Gläser für Dosimeter

	Massenanteil [%]									Ionendosis-Meßbereich für Photonen R
	Li	B	O	Mg	Al	P	K	Ag	Ba	
Silber-Phosphat-Glas (Z groß)	—	—	44,1	—	4,7	28,4	7,7	4,3	10,8	$10-10^5$ [668]
Silber-Phosphat-Glas (Z klein)	1,9	—	52,3	4,1	4,7	33,7	—	4,3	—	$10-10^5$ [668]
Bor-Lithium-Glas (Z klein)	3,6	0,8	53,5	—	4,6	33,3	—	4,2	—	$10^{-2}-10^4$ [366]*

* BECKER, in IAEA-Proceedings 1967.

Einige organische Lumineszenzstoffe, z. B. Anthrazen, zeigen oberhalb 10^5 bis 10^9 rd Lumineszenzdegradation [25].

Die Entwicklung geht dahin, die Empfindlichkeit zu steigern und vor allem die Energieabhängigkeit durch die Zusammensetzung der Gläser und durch spezielle Kapselung zu verringern (s. Abb. 7-17). Ferner die Vordosis („predose") zu vermeiden, bei der auch ohne vorangegangene Bestrahlung Lumineszenz auftritt, die einen Dosiswert vortäuscht [179].

7.3.2.7 Thermolumineszenz

[13, 16, 119, 133, 142, 145, 148, 154, 178, 247, 286, 322, 410, 439, 440, 469, 494, 536, 537, 570, 571, 592, 622, 623, 652, 657, 681, 710, 711, 713, 719, 721, 740]

Unter Thermolumineszenzvermögen versteht man die Fähigkeit bestimmter Stoffe, wie Calciumsulfat, Calciumfluorid, Lithiumfluorid und neuerdings Berylliumoxyd [740], sichtbares oder ultraviolettes Licht zu emittieren, wenn man sie nach Bestrahlung mit ionisierenden Strahlen (Elektronen s. Abschn. 7.5.4.6a) erwärmt. Im Gegensatz zur Radiophotolumineszenz wird hier durch die Erwärmung die gesamte gespeicherte Energie freigesetzt, d.h. die gespeicherte Information wird gelöscht. Mit zunehmender Temperatur steigt die Leuchtintensität bis zu einem Maximum und fällt danach wieder ab („Glow"-Kurve, s. Abb. 7-8). Manche thermolumineszierenden Stoffe zeigen mehrere

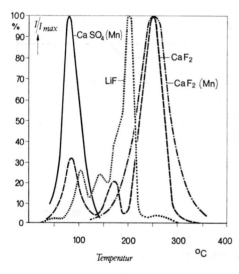

Abb. 7-8. Typische Glow-Kurven einiger Materialien mit Thermolumineszenz-Vermögen: relative Thermolumineszenz-Intensität I/I_{max} als Funktion der Temperatur für verschiedene Standard-Ionendosen bzw. Energiedosen.
CaSO$_4$(Mn);   Heizrate 6 °C/min   —
LiF;   Heizrate 20 °C/min; $J_s = 10^4$ R
CaF$_2$;   Heizrate 60 °C/min; $D = 20$ rd
CaF$_2$(Mn);   Heizrate 20 °C/min; $J_s = 10^4$ R
(nach FOWLER u. ATTIX [247])

Maxima in verschiedenen Temperaturbereichen. Für die Dosimetrie sind nur solche Materialien geeignet, deren 1. Maximum genügend oberhalb der Raumtemperatur liegt. Mittels Sekundäremissionsvervielfachern (SEV) wird das Maximum der Lichtintensität oder die gesamte Lichtenergie gemessen. Der spektrale Empfindlichkeitsbereich des SEV muß dem Spektralbereich des emittierten Lumineszenzlichtes angepaßt werden. Das Fading (Rückgang der Lumineszenzausbeute im Laufe der Zeit nach der Bestrahlung [721]), die Energieabhängigkeit der Anzeige (s. Abschn. 7.3.1.1), die Abweichungen von der Linearität zwischen Anzeige und Energiedosis hängen vom Lumineszenzstoff und dessen Vorbehandlung ab. Tab. 7-6 enthält einige Eigenschaften bei Photonenstrahlung, während Abb. 7-9 den Strom eines SEV als Funktion der Standard-Ionendosis bei der ^{60}Co-Gammastrahlung zeigt.

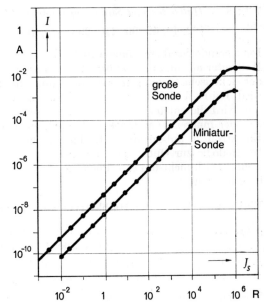

Abb. 7–9. Thermolumineszenz von zwei CaF$_2$(Mn)-Dosimetersonden verschiedener Größe. Der Strom I am Ausgang eines Photomultipliers als Funktion der Standard-Ionendosis J_s bei ^{60}Co-γ-Strahlung (nach SCHULMAN [668])

Die thermolumineszierenden Substanzen reagieren mit unterschiedlicher Empfindlichkeit auf Neutronen [713]. Das natürlich vorkommende Lithium enthält 92,6% ^{7}Li und 7,4% ^{6}Li und ist daher wegen des geringen Wirkungsquerschnittes des ^{7}Li für thermische Neutronen verhältnismäßig unempfindlich. In gemischten Neutronen- und Photonenfeldern lassen sich die beiden Energiedosiskomponenten mittels zweier Dosimeter bestimmen, und zwar verwendet man für Photonen reines ^{7}Li und für Neutronen (n, α-Reaktion) ^{6}Li in starker Anreicherung (s. Abschn. 7.6.3.7).

Die Anwendungen erstrecken sich auf Strahlentherapie, Strahlenbiologie, Materialuntersuchungen und Strahlenschutz.

Tabelle 7–6. Verschiedene Eigenschaften von Thermolumineszenzstoffen (nach FOWLER u. ATTIX [247])

	Ionendosis-Meßbereich für Photonen R	Unabhängig von der Ionendosisleistung bis R/s	Fading
CaSO$_4$(Mn) Calciumsulfat mit Mangan aktiviert	10^{-1} bis 10^5 ($2 \cdot 10^{-5}$ R $\pm$ 50%)	unterschiedlich: 10^4 $5 \cdot 10^3$ $4 \cdot 10^2$	stark
CaF$_2$ Natürliches Calciumfluorid	10^{-2} bis 10^3	$5 \cdot 10^3$	30% nach 5 h; dann <1% pro Tag bei 21 °C
CaF$_2$(Mn) synthetisches Calciumfluorid mit Mangan aktiviert	10^{-3} bis 10^5 je nach Herstellung	$\sim 10^2$	bis 10% in 16 h; dann <1% pro Tag
LiF Lithiumfluorid (Pulver)	10^{-1} bis 10^5	$2 \cdot 10^8$	Null in 24 h bei 50 °C; dann $\sim$ 5% pro Jahr

7.3.2.8 Halbleiter und Strahlungselemente (Photoelemente)
[22, 40, 42, 90, 246, 292, 325, 402, 553, 554, 555, 599, 649, 676, 748, 778]

Ionisierende Strahlen können in Halbleitern Ladungsträger bilden. Man unterscheidet Halbleiter mit und ohne äußere Hilfsspannung. Bei Halbleitern mit Hilfsspannung wird der elektrische Strom gemessen, der infolge der Strahlungsleistung im Halbleiter erzeugt wird. Bei Halbleitern ohne äußere Spannungsquelle, den Strahlungs- oder Photoelementen, wird die entstehende Potentialdifferenz gemessen, die bei ausreichender Ergiebigkeit der inneren Spannungsquelle auch einen meßbaren Strom zur Folge haben kann. Ein Strom in unbestrahlten Halbleitern heißt „Leck- oder Dunkelstrom".

In Analogie zur Optik spricht man auch von Photostrom und Photospannung, selbst wenn es sich nicht um eine Photonenstrahlung, sondern eine andere ionisierende Strahlung handelt.

Einige Begriffe aus der Halbleitertechnik werden nachfolgend erläutert.

p-Leiter: Materialien, in denen die elektrische Leitung überwiegend durch die Bewegung der „positiven Löcher" (Defektelektronen) stattfindet.

n-Leiter: Materialien, in denen die elektrische Leitung überwiegend durch die Bewegung der negativen Elektronen stattfindet.

Verarmungszone: Unter einer äußeren Spannung findet eine Verarmung an positiven und negativen Ladungsträgern in der inneren Grenzzone zwischen p- und n-Leiter statt unter gleichzeitiger Konzentration der Ladungsträger an den außen liegenden Zonen.

Dotierung: Gezielte Beimengung von Fremdatomen in die p- oder n-leitende Schicht.

Driften: Einbau bestimmter Fremdatome in die Verarmungszone durch Diffusion.

Oberflächen-Sperrschicht Detektoren, diffundierte Detektoren und gedriftete Detektoren unterscheiden sich durch Aufbau, Herstellung und durch die Verfahren zur Erzielung der strahlungsempfindlichen Zone.

Die Bildung und Sammlung von Ladungsträgerpaaren in p-n-Halbleitern oder gedrifteten p-n-Halbleitern (auch p-i-n-Halbleiter genannt), läßt sich mit den Vorgängen in einer Ionisationskammer vergleichen. Der mittlere Energieaufwand E_i zur Bildung eines Ladungsträgerpaares beträgt bei den Halbleitern etwa 1/10 der Werte von Gasen. Da die Dichte der Halbleiter rund 2000mal so groß wie die der Luft ist, werden unter gleichen Bedingungen in gleich großen Volumina im Halbleiter rund 20000mal mehr Ladungsträgerpaare als in Luft erzeugt. Dabei wird häufig übersehen, daß zur Dosimetrie nach dem Bragg-Gray-Prinzip (s. Abschn. 4.4.4) die Schichtdicke des Halbleiters etwa nur 1/2000 der Dicke einer äquivalenten Luftschicht betragen darf. Die Schwierigkeit, Halbleiter selbst bei gut bekanntem Wert von E_i zur Fundamentalbestimmung einer Energiedosis zu benutzen, liegt darin, daß sich das Volumen der Verarmungszone bisher nicht genau genug bestimmen läßt.

Weitere Eigenschaften, die u.a. auch für die Spektrometrie mit Halbleitern von Bedeutung sind, sind die Ordnungszahl, die Beweglichkeit (s. Abschn. 3.2.2) der Elektronen und der Löcher, die mittlere Lebensdauer der Elektronen und der Löcher (s. Tab. 7-7).

Die Halbleiter eignen sich vor allem zur Photonen- und Elektronendosimetrie (siehe Abschn. 7.5.4.6 b). Für Photonenstrahlen werden folgende Ströme bzw. Spannungen pro Energiedosisleistung (Ergiebigkeit) angegeben [246].

Tabelle 7-7. Eigenschaften einiger Halbleitermaterialien (nach FOWLER [246], PARKER [553] und KOHLRAUSCH [11, in Lit. zu Kap. 2])

Eigenschaften	Halbleiter			
	Silizium (Si)	Germanium (Ge)	Gallium-Arsenid (GaAs)	Diamant (C)
Energiebandbreite der verbotenen Zone bei 20 °C in eV	1,1	0,65 bis 0,67	1,3 bis 1,4	5,6 bis 6,0
mittlere relative Atommasse	28,1	72,6	72,5	12,0
Ordnungszahl (mittlere)	14	32	(31,3)	6
Schmelzpunkt in °C	1420	940	1240	3500
E_i in eV	3,6	2,8 bis 2,9	6,3	10
Beweglichkeit bei 25 °C in cm^2 V^{-1} s^{-1}				
Elektronen	1300 bis 1500	3800	5000 bis 8500	1800
Löcher	500	1800	200 bis 420	1200 bis 1400
Spezifische Leitfähigkeit bei 25 °C in Ω^{-1} cm^{-1}	$4 \cdot 10^{-6}$	$2,5 \cdot 10^{-2}$	10^{-6}	10^{-12} bis 10^{-13}
mittlere Lebensdauer in s				
Elektronen in p-Leitern	$3 \cdot 10^{-3}$	10^{-3}	10^{-7}	—
Löcher in n-Leitern	$3 \cdot 10^{-3}$	10^{-3}	10^{-7}	—

Si-, Ge-, GaAs-p-n-Halbleiter
mit äußerer Hilfsspannung $10^{-9} - 10^{-8}$ A/(rd/h)

Si-, Ge-, GaAs-p-n-Halbleiter
ohne Hilfsspannung $10^{-6} - 10^{-5}$ V/(rd/h)
(Strahlungselemente)

Allerdings fehlt hierbei die Angabe der Masse der empfindlichen Schicht, denn die Ergiebigkeit ist direkt proportional der Masse. Die Schichtdicken der Verarmungszonen liegen zwischen 0,1 und 2,5 mm, die Flächen zwischen einigen Quadratmillimetern und einigen Quadratzentimetern. Die Ergiebigkeit nimmt infolge innerer Strukturänderungen (Strahlenschäden) nach intensiver Bestrahlung ab (1% bei 1000 R, 9% bei 10000 R). Durch schnelle Neutronen wird die Leitfähigkeit bleibend verändert. Diese Leitfähigkeitsabnahme kann bei bekanntem Wirkungsquerschnitt des Halbleitermaterials und bekanntem Neutronenspektrum zur Messung der Neutronendosis benutzt werden. Bedeckt man den Halbleiter mit einer wasserstoffhaltigen Schicht, so lassen sich die Neutronen über die n-p-Reaktion nachweisen. Zum Nachweis langsamer Neutronen wird der Halbleiter mit einer Uran- oder Borschicht bedeckt.

Zum Nachweis von Alpha-, Beta- und Gammastrahlen, z.B. bei der Untersuchung von Oberflächen auf radioaktive Kontamination, werden die Halbleiter ähnlich wie Zählrohre verwendet, wobei die Impulse gezählt oder die mittleren Impulsströme gemessen werden.

7.3.2.9 Strahlungselemente mit äußerem Photoeffekt
[246, 271, 289, 327, 344, 345, 346, 425, 546, 589, 773]

Bei Strahlungselementen mit äußerem Photoeffekt (Strahlungselemente s. Abschn. 7.3.2.8) erzeugt die ionisierende Strahlung die geladenen Sekundärteilchen, deren Ladung ohne äußere Spannungsquelle gemessen wird (self-powered instruments). Die elektrische Aufladung besorgen bei Röntgen- und Gammastrahlen die Photo- und Comptonelektronen, bei Neutronen die Rückstoßprotonen oder durch Aktivierung ausgelöste Betateilchen [546]. Durch geeignete Elektrodenmaterialien werden aus der einen Elektrode mehr Sekundärteilchen freigesetzt als aus der anderen Elektrode, so daß ein ausreichender Überschuß an Sekundärteilchen entsteht. Die Meßkammer kann evakuiert oder mit einem Dielektrikum gefüllt sein.

Der Grundgedanke, zuerst erwähnt von CURIE und SAGNAC, wurde 1942 von B. HESS wiederentdeckt (Röntgenelement) [327] und durch GROSS und MURPHY (Comptondosimeter) [289] sowie HOSEMANN, WARRIKOFF u. Mitarb. [344, 346] erweitert [s. auch Lit. 271, 425, 589]. Für Photonen zwischen 80 keV und 1,25 MeV konnte bei einer mittleren Empfindlichkeit von 0,48 V/R eine Energieabhängigkeit von $\pm 8\%$ erreicht werden [773]. Die neuesten Ergebnisse für Neutronenelemente sind in einem Bericht [345] zusammengestellt.

7.3.2.10 Optische Durchlässigkeit, Verfärbung
[79, 94, 153, 190, 247, 332]

Optisch durchsichtige Gläser, Kunststoffe oder Substanzen mit Farbbeimengungen können durch Bestrahlung ihre optische Dichte ändern oder verfärbt werden. Die Farbänderungen werden mit Kolorimetern, die Änderungen der optischen Dichte mit Densitometern gemessen. Bei weitem nicht alle diese Effekte nehmen linear mit der Energiedosis zu. Tab. 7–8 enthält einige erprobte Stoffe. Manche Stoffe sind nur für sehr hohe Dosen verwendbar, andere zeigen ein Fading oder sind empfindlich gegen UV- und Tageslicht.

Änderungen der optischen Durchlässigkeit und Farbänderungen sind zur Photonen- und Elektronendosimetrie, insbesondere bei gepulsten Strahlungen, verwendet worden (Elektronen s. Abschn. 7.5.4.6c). Die Kunststoffe sind etwa gewebeäquivalent und daher nicht so energieabhängig wie die Gläser, die Elemente höherer Ordnungszahlen enthalten.

7.3.2.11 Elektrische Leitfähigkeit
[124, 177, 246, 248, 388, 435, 466, 553, 653, 676]

Normalerweise isolierende Kunststoffe und Kadmium-Sulfid (CdS)- oder Kadmium-Selenid (CdSe)-Kristalle ändern durch Bestrahlung ihre elektrische Leitfähigkeit in Abhängigkeit von der Energiedosisleistung oder Ionendosisleistung, die aus dem Stromanstieg bei konstanter Spannung ermittelt werden kann. Die Änderung der Leitfähigkeit beruht auf einer Erzeugung von Ladungsträgern, daher wird dieser Effekt in der Literatur oft gemeinsam mit den Halbleitern (s. Abschn. 7.3.2.8) behandelt. Bei CdS- und CdSe-Kristallen wird der Endwert erst nach einer endlichen Zeitspanne (Sekunden bis Minuten) erreicht und geht auch nach Beendigung der Bestrahlung mit einer merklichen Zeitkonstante wieder auf den Anfangswert zurück (s. Abb. 7–10). Während bei Isolierstoffen, wie Polyäthylen, Polytetrafluoräthylen (Teflon), Polymethylmethacrylat (Plexiglas) und Anthracen, verhältnismäßig hohe Dosisleistungen erforderlich sind, um meß-

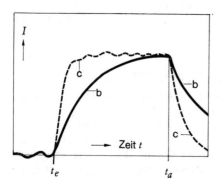

Abb. 7–10. Der zeitliche Verlauf des Stromes I in einem CdS-Kristall infolge Bestrahlung. Zur Zeit t_e ist die zu messende Strahlung eingeschaltet und zur Zeit t_a wieder ausgeschaltet worden. Bei zusätzlicher Bestrahlung ergibt sich Kurve c), ohne Zusatzbestrahlung Kurve b) (aus: B. A. TURNER u. Mitarb.: Phys. in Med. Biol. 8 [1963] 439)

bare Ströme zu erhalten, sind die Ströme bei CdS- und CdSe-Kristallen mit gleicher Masse infolge des inneren Verstärkungseffektes 10^3 bis 10^4fach größer (s. Tab. 7–9). Die Stromanstiegs- und -abfallzeiten lassen sich durch Vorbestrahlung der Sonde erheblich verkürzen (Abb. 7–10). Die Anzeige bei CdS- und CdSe-Sonden für Photonenstrahlen ist stark energieabhängig. Über Dosismessungen mit anderen Strahlenarten liegen bisher keine Erfahrungen vor.

7.3.2.12 Szintillationsmethoden
[143, 607]

In bestimmten festen, plastischen und flüssigen, organischen und anorganischen Substanzen können durch ionisierende Strahlen Lichtimpulse ausgelöst werden, die durch einen Sekundäremissionsvervielfacher (SEV) in Stromimpulse umgewandelt und verstärkt (bis $2 \cdot 10^6$fach) werden, wobei die Impulse gezählt oder die mittleren Impuls-

Tabelle 7–8. Verschiedene Eigenschaften von Substanzen, deren optische Dichte sich durch Bestrahlung ändert (nach Fowler u. Attix [247])

Substanzen	Energiedosisbereich rd	Unabhängig von der Energiedosisleistung bis rd/s	Reproduzierbarkeit ± %	Fading in 24 h %	Bemerkungen
Gläser					
Silberphosphat	$5 \cdot 10^3$ bis $2 \cdot 10^6$	10^5	2	8 bis 19	Fading durch Erhitzen (10 min bei 130 °C) verringert
Kobaltborsilikat	10^3 bis $2 \cdot 10^6$	10^6	2	1 bis 2	sehr geringes Fading
Mikroskopiergläser	10^5 bis 10^6	10^4	16 bis 30	—	geeignet zur Lokalisierung von Strahlenbündeln
Wismutbleiborat	10^4 bis 10^9	$3 \cdot 10^2$	?	—	Für Nachweis kleiner Dosen erwärmen (1 h bei 130 °C)
Plastische Kunststoffe mit UV-Absorption					
Polymethylmethacrylat (Plexiglas, Perspex, Lucite)	10^5 bis $3 \cdot 10^6$	$3 \cdot 10^8$	2	Zunahme 5%	Maximum bei $\lambda = 292$ nm
Polyvinyl, Vinyliden	$7 \cdot 10^4$ bis 10^7	$3 \cdot 10^2$	8	Zunahme in 100 Tagen	instabil
Polyvinylchlorid (PVC)	$5 \cdot 10^5$ bis $6 \cdot 10^6$	?	10	Zunahme um den Faktor 2 in 3 Tagen	stabilisierbar durch Erwärmen; geeignet als dünne Folien
Polystyrol	10^6 bis $2 \cdot 10^8$	?	2	50% in 4 Tagen	nach 4 Tagen gering
Polyäthylenterephtalat (Melinex, Mylar)	$5 \cdot 10^6$ bis 10^9	nein	5	Null, in sehr dünnen Schichten	Einfluß der Dosisleistungsabhängigkeit korrigierbar
Celluloseazetat	10^7 bis 10^9	?	?	gering	—

Tabelle 7–8 (Fortsetzung)

Substanzen	Energie-dosis-bereich rd	Unabhängig von der Energiedosis-leistung bis rd/s	Repro-duzier-barkeit ± %	Fading in 24 h %	Bemerkungen
Farbstoffe in plastischen Kunststoffen, Gel usw.					
Methylenblau in Polyvinylalkohol	1 bis 100 (?)	0,3	?	—	schwer herzu-stellen
Methylenblau in Agargel	$5 \cdot 10^2$ bis $5 \cdot 10^4$	?	?	—	mit Stickstoff durch-blasen, um den O_2-bedingten Schwell-wert zu beseitigen
Methylengelb in CCl_4 und Wachs	$5 \cdot 10^2$ bis $4 \cdot 10^3$	?	?	empfindlich gegen UV- und Tageslicht	—
Tetrazoliumblau in Polyvinyl-alkohol	$5 \cdot 10^3$ bis $5 \cdot 10^6$	?	5	stabil	—
Perspex Rot 400	10^5 bis 10^6	?	2	5	—
Gefärbtes Cellophan	$5 \cdot 10^5$ bis 10^7	10^5	10	stabil	—

Tabelle 7–9. Verschiedene Eigenschaften von Substanzen mit Änderung der elektrischen Leitfähig-keit (nach FOWLER [246])

Substanz	$I/\dot{J}_s$ (^{60}Co-Gammastrahlung) A min/R	Zeitintervall, innerhalb dessen die Anzeige auf 1/10 nach Beendigung der Bestrahlung abfällt s
CdS-Einkristall	$5 \cdot 10^{-6}$	1–5 bei 1 R/min 60 bei 1 R/h
CdSe-Einkristall	10^{-7}	länger als bei CdS
Polyäthylen Durchmesser 12 mm Dicke 0,25 mm	10^{-13}	~ 600
Polytetrafluoräthylen Durchmesser 12 mm Dicke 0,25 mm	10^{-13}	~ 6000
Polymethylmethacrylat (Plexiglas) Durchmesser 12 mm Dicke 0,25 mm	10^{-14}	120
Anthrazen Durchmesser 12 mm Dicke 2 mm	10^{-12}	1

ströme gemessen werden. Da hier im Gegensatz zur Radiophotolumineszenz und Thermolumineszenz (s. Abschn. 7.3.2.6 und 7.3.2.7) die Energie nicht gespeichert, sondern sofort in Licht umgesetzt und emittiert wird, spricht man auch von prompter Lumineszenz. Das Szintillatormaterial muß optisch transparent sein, damit die Lichtimpulse möglichst ungeschwächt auf die Photokathode des SEV gelangen. Um Verluste durch Reflexion an der Grenzschicht zwischen Szintillator und SEV klein zu halten, muß zwischen beiden guter optischer Kontakt, gegebenenfalls durch ein Zwischenmedium mit passendem Brechungsindex, hergestellt werden. Die spektrale Empfindlichkeit des SEV muß dem Spektrum des erzeugten Lichtes angepaßt sein.

Mitunter bringt man zwischen dem Szintillator und dem SEV einen Lichtleiter an, z.B. einen verspiegelten Glas- oder Kunststoffstab, in dem die Lichtimpulse durch Totalreflexion zur Photokathode gelangen. Der Lichtleiter selbst darf keinen Szintillationseffekt zeigen. Für spektrometrische Untersuchungen muß die Abklingzeit der Lichtimpulse kurz sein. Die Lichtausbeute von Szintillatoren wird üblicherweise auf die Lichtausbeute von Anthrazen bezogen.

In den Tab. 7-10 bis 7-13 sind Dichte, mittlere Ordnungszahl, Wellenlänge des emittierten Lichtes, Brechungsindex, Lichtausbeute relativ zu Anthrazen und Abklingzeit für organische, anorganische, flüssige, plastische und gläserne Szintillatoren zusammengestellt. Abb. 7-11 zeigt die Ausbeute von Anthrazen in Abhängigkeit von der Teilchenenergie für Protonen, Deuteronen und Alphateilchen relativ zur Ausbeute bei Elektronen. Ähnliche Kurven ergeben sich auch für andere organische Szintillatoren.

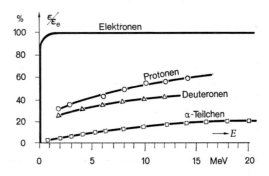

Abb. 7-11. Der relative innere Wirkungsgrad $\varepsilon/\varepsilon_e$ von Anthrazen für Protonen, Deuteronen und Alphateilchen, bezogen auf ε_e für Elektronen, als Funktion der Teilchenenergie E. $\varepsilon = W_L/W_k$, W_L Energie des emittierten Lichtes, W_k Energie der geladenen Teilchen (aus: C. J. TAYLOR u. Mitarb.: Phys. Rev. 84 [1951] 1034)

7.3.2.13 Elektronenspin-Resonanz
[102, 103, 247, 421, 481, 620]

Durch ionisierende Strahlen können in einigen Substanzen Radikale mit ungepaarten Elektronen gebildet werden. Zur Dosimetrie von Elektronen, Protonen, Alphateilchen und Photonen ist Alpha-Alanin-Pulver im Energiedosisbereich zwischen 10^2 und 10^5 rd benutzt worden, wobei die freien Radikale aufgrund der magnetischen Elektronenspin-Resonanz (ESR) spektrometrisch nachgewiesen wurden. Die meßtechnischen Schwierigkeiten und der Aufwand sind erheblich.

7.3.2.14 Exoelektronenemission
[60, 63, 342, 436, 437]

Der von J. KRAMER entdeckte und nach ihm benannte Effekt besteht u.a. darin, daß bestimmte Stoffe, wie z.B. Gips, Al_2O_3, BeO, die ionisierender Strahlung ausgesetzt worden sind, bei nachfolgender optischer oder thermischer Anregung sehr energiearme Elektronen aus der Oberfläche emittieren (optisch oder thermisch stimulierte Exoelektronenemission). Die Elektronen können mit einem Auslösezählrohr gezählt werden. Bei sehr starker Emission kann deren elektrische Ladung mit einem Elektrometer bestimmt

Tabelle 7–10. Plastische und flüssige Szintillatoren (nach Ramm [607])

Gelöster Szintillator	Lösungsmittel	Optimale Konzentration g/l	Dichte g/cm³	Effektive Ordnungszahl Z_{eff}	Wellenlänge des emittierten Lichtes nm	Brechungsindex	Lichtausbeute relativ zu Anthrazen	Abklingzeit ns
p-Terphenyl	Xylol	5	0,87	5,6	360	1,5	0,50	$\leqq 3$
2,5-Diphenyloxazol (DPO)	Xylol	5	0,87	5,6	380	1,5	0,50	$\leqq 3$
p-Terphenyl + POPOP	Toluol	4 0,1	0,87	5,6	430	—	0,61	$\leqq 3$
2-Phenyl-5(4-biphenylyl)-1,3,4-oxadiazol (PBD)	Xylol	10	0,87	5,6	—	1,5	0,70	$\leqq 3$
p-Terphenyl + POPOP	Polyvinyl-Toluol	36 1	—	—	—	—	0,51	—
p-Terphenyl + Diphenylstilben	Polyvinyl-Toluol	36 0,9	—	—	—	—	0,52	—
Pilot B	—	—	1,02	—	400	1,58	0,68	2,1

Tabelle 7–11. Gläserne Szintillatoren (nach Ramm [607])

Glas-Nr.	molare Zusammensetzung	Dichte g/cm³	Effektive Ordnungszahl Z_{eff}	Wellenlänge des emittierten Lichtes nm	Brechungsindex	Lichtausbeute relativ zu Anthrazen	Abklingzeit ns
Gl-55	B_2O_3 (3,0) Na_2O (1,0) Al_2O_3 (1,0) Ce_2O_3 (0,1)	2,37	23	400	—	0,07	43
Gl-127	B_2O_3 (1,0) Na_2O (1,0) SiO_2 (1,5) Al_2O_3 (1,3) Ce_2O_3 (0,09)	2,53	22,9	400	—	0,11	42
Gl-230	Li_2O (1,3) SiO_2 (10,0) Al_2O_3 (1,0) MgO (5,2) Ce_2O_3 (0,10)	2,63	18,2	390	1,55	0,15	52
Gl-304	Li_2O (3,6) SiO_2 (11,0) Al_2O_3 (0,75) Ce_2O_3 (0,10)	2,34	18,7	390	—	0,12	42

werden. Das Verfahren kann auch zur Dosimetrie von geladenen Teilchen, Photonen und Neutronen benutzt werden. Die gespeicherte Information unterliegt einem Fading. Bisher sind Ionendosiswerte bis zu einigen Mikroröntgen herunter gemessen worden, Sättigungserscheinungen treten offenbar erst bei extrem hohen Dosen auf.

7.3.3 Übersicht über Dosismeßverfahren

Die Tabelle 7–13a enthält eine Zusammenstellung über Eignung, Aufwand und Genauigkeit der verschiedenen Dosis- und Dosisleistungsmeßverfahren [93].

Tabelle 7–12. Organische Szintillatoren (nach RAMM [607])

Szintillator	Dichte g/cm³	Effektive Ordnungszahl Z_{eff}	Wellenlänge des emittierten Lichtes nm	Brechungsindex	Lichtausbeute relativ zu Anthrazen	Abklingzeit ns	Bemerkungen
Anthrazen	1,25	5,8	445	1,59	1,00	25	große Kristalle etwas trübe
Quaterphenyl	—	5,8	438	—	0,85	8	reine Kristalle schwer herstellbar
Stilben	1,16	5,7	410	1,62	0,73	7	gute Kristalle leicht zu erhalten
Terphenyl	1,12	5,8	415	—	0,55	12	gute Kristalle leicht zu erhalten
Diphenylazetylen (Tolan)	1,18	5,8	390	—	0,26—0,92	7	große, gute Kristalle leicht zu erhalten
Naphthalen	1,15	5,8	345	1,58	0,15	7,5	gute Kristalle leicht zu erhalten
Chloranthrazen	—	9,8	—	—	0,03	—	—

Tabelle 7–13. Anorganische Szintillatoren (nach RAMM [607] und KOHLRAUSCH [11, in Lit. zu Kap. 2])

Szintillator (Aktivator)	Dichte g/cm³	Effektive Ordnungszahl Z_{eff}	Wellenlänge des emittierten Lichtes nm	Brechungsindex	Lichtausbeute relativ zu Anthrazen	Abklingzeit μs	Bemerkungen
ZnS(Ag)	4,1	27	450	2,4	2,0	3,0	sehr kleine Kristalle
CdS(Ag)	4,8	44	760	2,5	2,0	>1	gelbe Kristalle
NaJ(Tl)	3,67	50	410	1,7	2,0	0,25	gute Kristalle hygroskopisch
KJ(Tl)	3,13	49	410	1,68	0,8	>1	gute Kristalle nicht hygroskopisch
NaCl(Ag)	2,17	16	245 385	1,54	1,15	>1	gute Kristalle
LiJ(Eu)	4,06	52	440	1,95	0,7	1,4	hygroskopisch
CsJ(Tl)	4,51	54	420—540	1,79	1,5	0,55	gute Kristalle nicht hygroskopisch
CaWO₄	6,06	59	430	1,92	1,0	>1	kleine Kristalle gute Transparenz

Tabelle 7–13a. Summarische Übersicht der Dosismeßverfahren (① bedeutet eine höhere Genauigkeit [kleinere Meßunsicherheit] als ②)

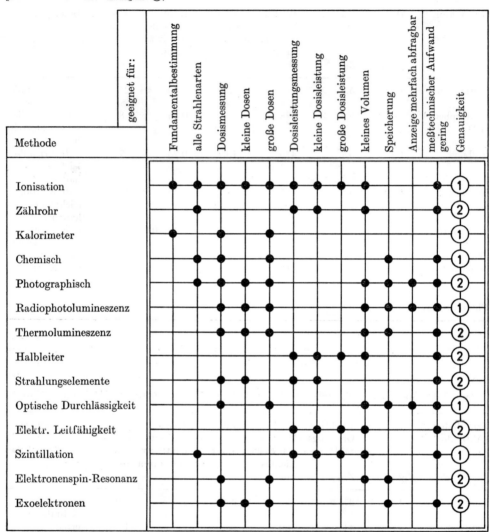

7.4 Röntgen- und Gammastrahlendosimetrie (Photonendosimetrie)

[371 bis 375]

Von W. Hübner, H. H. Eisenlohr und L. Lanzl

Eine Zusammenstellung der radiotherapeutischen Anwendungsgebiete, denen die Meßsonden der Dosimeter angepaßt werden müssen, zeigt Tab. 7–14.

Tabelle 7–14. Therapeutische Anwendungsbereiche

Bezeichnung	Herdlage	Gewebehalbwertstiefe (s. Abschn. 7.4.10.5) mm	Röhrenspannung oder Photonenenergie
1. Oberflächentherapie (Grenzstrahlen)	auf der Haut	0,5	6 bis 12 kV
2. Oberflächentherapie	in der Haut	1 bis 5	20 bis 60 kV
3. Halbtiefentherapie	direkt unter der Haut	bis etwa 40	80 bis 120 kV
4. Tiefentherapie	im Innern des Körpers		
a) konventionell	im Innern des Körpers	50 bis 100	180 bis 300 kV
b) Telegamma-, Telecurietherapie	im Innern des Körpers	bis etwa 120	0,66 MeV ^{137}Cs 1,25 MeV ^{60}Co
c) Supervolt-, Megavolttherapie	im Innern des Körpers	über 100	1 bis 42 MeV (Beschleuniger)

7.4.1 Relativmethoden
[348, 591]

Sämtliche Effekte nach Abschn. 7.3.2 können auch für die Photonendosimetrie ausgenutzt werden. Einige Methoden sind noch im Entwicklungsstadium (Strahlungselemente mit äußerem Photoeffekt [s. Abschn. 7.3.2.9], Exoelektronenemission [s. Abschn. 7.3.2.14]), andere sind zu aufwendig für die praktische Dosimetrie (kalorimetrische Dosimetrie [s. Abschn. 7.3.2.3], Elektronenspin-Resonanz [s. Abschn. 7.3.2.13]) oder zu unempfindlich (optische Durchlässigkeitsänderungen [s. Abschn. 7.3.2.10]). In der Radiologie und im Strahlenschutz werden vorwiegend verwendet: Ionisationsmethoden (s. Abschn. 7.3.2.1), Thermolumineszenz (s. Abschn. 7.3.2.7), Radiophotolumineszenz (s. Abschn. 7.3.2.6), chemische Methoden (s. Abschn. 7.3.2.4), Halbleiter (s. Abschn. 7.3.2.8), elektrische Leitfähigkeitsänderungen (s. Abschn. 7.3.2.11), Szintillationsmethoden (s. Abschn. 7.3.2.12) und Schwärzung photographischer Emulsionen (siehe Abschn. 7.3.2.5).

7.4.2 Meßsonden

7.4.2.1 *Allgemeine Anforderungen*
[2, 194, 685, 722, 737, 747, 789, 790, 791, 792]

Je nachdem, ob eine Dosisgröße bei Sekundärelektronengleichgewicht (s. Abschn. 4.4.3) oder unter Bragg-Gray-Bedingungen (s. Abschn. 4.4.4) gemessen werden soll, unterscheiden sich die Anforderungen an die Meßsonde. In räumlich inhomogenen Dosisleistungsfeldern sind besonders kleine Sonden erforderlich. Die Anforderungen an die Richtungsunabhängigkeit der Sonde (s. Abschn. 7.3.1.3) sind bei einseitig einfallender Strahlung geringer als bei allseitig einfallender Strahlung. Die Sondensubstanz muß bestimmte Bedingungen bezüglich der Materialäquivalenz (s. Abschn. 6.4.7) erfüllen.
Der Einfluß der Zuleitungen muß berücksichtigt werden, denn die Anzeigen verschiedener Sondenbauarten können bei Messungen im Phantom voneinander abweichen, selbst wenn sie unter sonst gleichen Bedingungen frei in Luft die gleichen Werte liefern [789, 790, 791, 792].

7.4.2.2 Spezielle Anforderungen an die Meßsonden
[27, 46, 47, 197, 229, 284, 287, 793]

7.4.2.2.1 Sekundärelektronengleichgewicht

Sekundärelektronengleichgewicht (SEG) (s. Abschn. 4.4.3) besteht bei hinreichend homogenem Strahlungsfeld am Meßort im bestrahlten Material, z.B. im Phantom, wenn die Dicke d der Materieschicht zwischen Strahleneintritt und Meßort größer als die maximale Reichweite R_{max} der Sekundärelektronen (SE) (s. Abschn. 5.2.4.3 und Tab. 6-15) in dieser Schicht ist und wenn die mittlere Reichweite $\bar{R}$ der SE klein gegen die Schwächungslänge $1/\mu$ der Photonen in der Materie ist (μ Schwächungskoeffizient, s. Abschn. 6.4.2); es muß also $d \cdot \varrho \geq R_{max} \cdot \varrho$ und $\bar{R} \cdot \varrho \ll \varrho/\mu$ gelten (ϱ Dichte). Um im Meßvolumen einer Sonde SEG zu erzielen, muß das Meßvolumen von einer Materieschicht umgeben sein, die in bezug auf die SE-Produktion der Sondensubstanz äquivalent ist (s. Abschn. 6.4.7) und für deren Dicke d ebenfalls $d \cdot \varrho \geq R_{max} \cdot \varrho$ erfüllt sein muß. Schließlich müssen die linearen Abmessungen l der Sonde einschließlich der Wand der Bedingung $l \cdot \varrho \ll \varrho/\mu$ genügen. Bei einer Sonde zur Messung der Standard-Ionendosis J_s oder der Kammer-Ionendosis J_a (s. Abschn. 4.4.5.1 und 4.4.5.2) müssen Sonde und Wand luftäquivalent sein. Ist die Wand bei hoher Photonenenergie nicht dick genug, so muß sie durch eine luftäquivalente Kappe verstärkt werden. Abb. 7–12 zeigt ϱ/μ als Funktion der Photonenenergie E_γ und $\bar{R} \cdot \varrho$ als Funktion der Elek-

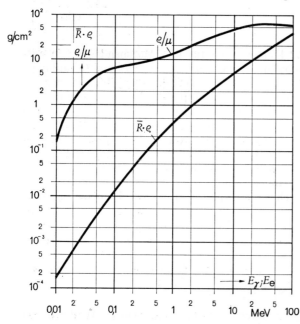

Abb. 7–12. Massen-Reichweite $\bar{R} \cdot \varrho$ der Elektronen als Funktion der Elektronenenergie E_e und Massen-Schwächungslänge ϱ/μ der Photonen als Funktion der Photonenenergie E_γ in Wasser. $\bar{R}$ mittlere Reichweite, ϱ Dichte, μ Schwächungskoeffizient

tronenenergie E_e für Wasser. Mit steigender Energie nimmt $R \cdot \varrho$ stärker zu als ϱ/μ, so daß die Bedingung $\bar{R} \cdot \varrho \ll \varrho/\mu$ für Wasser, aber ebenso auch für Luft, nur bis zu Energien von etwa 3 MeV erfüllt ist ($R \cdot \varrho \approx 0{,}1 \, \varrho/\mu$). Die Energie von 3 MeV ist die vielfach genannte, wenn auch nicht scharfe Grenze, bis zu der die Standard-Ionendosis und die „exposure" gemessen werden können (s. Abschn. 4.4.5.1 und 4.4.5.3).

7.4.2.2.2 Bragg-Gray-Bedingungen

Nach dem Bragg-Gray-Prinzip (s. Abschn. 4.4.4) dürfen nur solche Sekundärelektronen (SE) im Meßvolumen der Sonde einen Effekt hervorrufen, die aus dem Umgebungsmaterial (Phantom, Gewebe) stammen. Daher muß die Sonde wandlos sein oder eine extrem dünne Wand haben oder aus umgebungsäquivalentem Material bestehen. Ferner müssen die linearen Abmessungen l der Sonde klein gegen die mittlere Reichweite $\bar{R}$ der SE und klein gegen die Schwächungslänge $1/\mu$ der Photonen (μ Schwächungskoeffizient, s. Abschn. 6.4.2) sein; es muß also $l \cdot \varrho \ll \bar{R} \cdot \varrho$ und $l \cdot \varrho \ll \varrho/\mu$ erfüllt sein. Da für zwei Stoffe mit den Dichten ϱ_1 und ϱ_2 bei Ordnungszahlen $Z \leq 20$ $R_1/R_2 = \varrho_2/\varrho_1$ gilt, dürfen hiernach die linearen Abmessungen einer Feststoffsonde (s. Abschn. 7.3.2) etwa nur 1/2000 der Abmessungen einer luftgefüllten Sonde betragen, wenn die Bragg-Gray-Bedingungen in etwa gleicher Weise erfüllt sein sollen (s. auch Abschn. 7.3.2.8). In Abb. 7-13 ist die Halbwertsdicke $(\varrho/\mu) \ln 2$ und die Massen-Reichweite $R \cdot \varrho$ als Funktion der Energie E aufgetragen. Die Photonenenergiebereiche und die Wanddickenbereiche für Kammern zur Messung der Standard-Ionendosis und der Hohlraum-Ionendosis sind schraffiert.

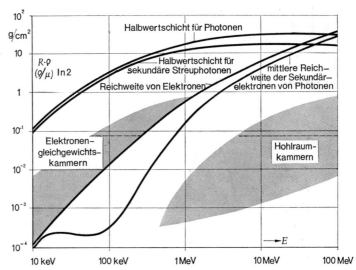

Abb. 7–13. Halbwertschichtdicken $(\varrho/\mu) \ln 2$ für Photonen und Reichweiten $R \cdot \varrho$ für Elektronen in Luft bzw. luftäquivalentem Material als Funktion der Energie E. ϱ Dichte, μ Schwächungskoeffizient, R Reichweite. Anwendungsbereiche für Elektronengleichgewichts- und Hohlraum-Ionisationskammern (aus: H. BERGER: Sonderband Strahlentherapie 43 [1959] 3)

7.4.2.3 Energieabhängigkeit
[128, 256, 671]

Die Energieabhängigkeit (s. Abschn. 7.3.1.1) der Anzeige verschiedener Dosimeterarten zeigen die Abb. 7-14 bis 7-23, in denen die Quotienten α/J_s oder α/α_0 oder I/J_s als Funktion der Photonenenergie E oder der 1. Halbwertsdicke s_1 aufgetragen sind. (α Anzeige, α_0 Anzeige für eine Bezugsstrahlung, J_s Standard-Ionendosis, I Stromstärke des Indikators).
Der Quotient $k_s = J_s/\alpha$ heißt bei Ionisationskammern Kammerfaktor. Der Kehrwert α/J_s wird oft fälschlich Empfindlichkeit genannt (s. Abschn. 1.1.1).
Die Energieabhängigkeit hat verschiedene Ursachen:
1. Das Verhältnis der Massen-Energieabsorptionskoeffizienten für Luft und für die Sondensubstanz ändert sich mit der Photonenenergie (s. Abb. 7-28).
2. Die Schwächung der Photonenstrahlung durch die Wand ist energieabhängig (Abb. 6-17 und 6-18).
3. In der Sondenwand gestreute Photonen, die im Meßvolumen absorbiert werden, liefern einen energieabhängigen Dosisbeitrag.
4. Das Wandmaterial ist nicht dem Sondenmaterial bzw. dem Umgebungsmaterial äquivalent.
5. Die Streuung der Photonen durch die Zuleitungen und den Sondenstiel ist energieabhängig.

Die Energieabhängigkeit läßt sich mitunter durch Kapselung der Sonde verringern. Dabei macht man sich die unterschiedliche Schwächung und SE-Produktion in der Kapsel und der Sonde im Energiebereich überwiegenden Photoeffektes (Abb. 6-15) zunutze (Abb. 7-17, Kurve b).

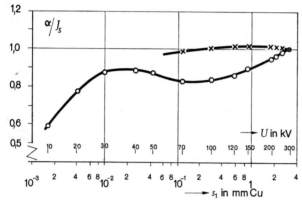

Abb. 7-14. Zur Energieabhängigkeit von Ionisationsdosimetern. Der Quotient α/J_s, bezogen auf den Wert bei $U = 300$ kV Röhrenspannung ($s_1 = 3,5$ mm Cu), als Funktion der Halbwertsdicke s_1 für zwei verschiedene Ionisationskammer-Dosimeter. α Anzeige, J_s Standard-Ionendosis

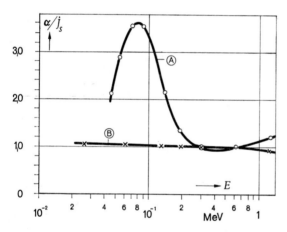

Abb. 7-15. Zur Energieabhängigkeit von Zählrohrdosimetern. Der Quotient $\alpha/\dot{J}_s$, bezogen auf den Wert bei ^{137}Cs-Gammastrahlung als Funktion der effektiven Photonenenergie E. α Anzeige, $\dot{J}_s$ Standard-Ionendosisleistung A für ein Auslösezählrohr, B für ein Proportionalzählrohr (nach GLOCKER u. Mitarb. [272])

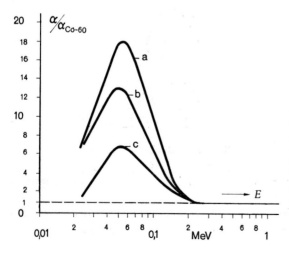

Abb. 7-16. Zur Energieabhängigkeit verschiedener Dosimetergläser. Die relative Anzeige α/α_{Co-60} für die gleiche Standard-Ionendosis als Funktion der Photonenenergie E. α_{Co-60} Anzeige bei der ^{60}Co-Gammastrahlung. a) Schulman-Glas „großes Z", b) Schulman-Glas „kleines Z", c) Yokota-Glas (nach MAUSHART u. PIESCH [498])

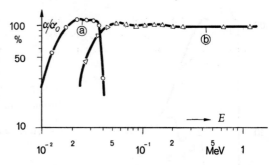

Abb. 7–17. Zur Energieabhängigkeit von Dosimetergläsern (Yokota-Glas). Die relative Anzeige α/α_0 für die gleiche Standard-Ionendosis als Funktion der Photonenenergie E. α_0 Anzeige bei der Bezugsstrahlung, a) Doppeldosimeter, b) Kugeldosimeter (nach MAUSHART u. PIESCH [498])

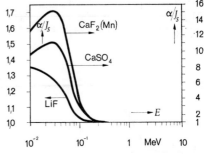

Abb. 7–18. Zur Energieabhängigkeit von Thermolumineszenz-Dosimetern. Die relative Anzeige α/J_s, bezogen auf den Wert bei ^{60}Co-Gammastrahlung, für CaF$_2$(Mn), CaSO$_4$ und LiF (s. Abschn. 7.3.2.7) als Funktion der Photonenenergie. Die Kurven wurden aus $(\eta'/\varrho)/(\eta'/\varrho)_{\text{Luft}}$ unter der Annahme $\alpha/D = \text{const.}$ berechnet. J_s Standard-Ionendosis, D Energiedosis, η'/ϱ Massen-Energieabsorptionskoeffizient (nach FOWLER u. ATTIX [247])

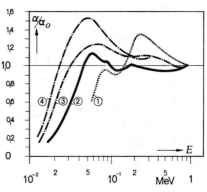

Abb. 7–19. Zur Energieabhängigkeit von Thermolumineszenz-Dosimetern. Die relative Anzeige α/α_0 für die gleiche Standard-Ionendosis als Funktion der Photonenenergie E. α_0 Anzeige bei der ^{60}Co-Gammastrahlung. ① Standard CaF$_2$, Al-Hülle 1,3 mm-Pb-Filter, ② „Low Z" CaF$_2$ Kunststoff-Hülle 0,5 mm-Pb-Filter 10% Löcher, ③ „Low Z" LiF Kunststoff-Hülle 0,5 mm-Sn-Filter 80% Löcher, ④ „Low Z" LiF Kunststoff-Hülle ohne Filter (nach BROOKE u. SCHAYES [119])

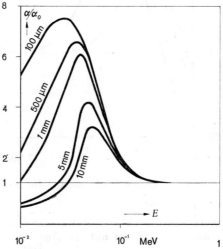

Abb. 7–20. Zur Energieabhängigkeit von Si-p-n-Halbleitern mit verschiedener Dicke der empfindlichen Schicht. Die relative Anzeige α/α_0 für die gleiche Standard-Ionendosis als Funktion der Photonenenergie E. α_0 Anzeige bei der ^{60}Co-Gammastrahlung (nach PARKER u. MORELEY [554])

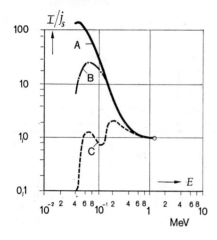

Abb. 7–21. Zur Energieabhängigkeit von CdS-Kristall-Dosimetern. Der Quotient $I/\dot{J}_s$ für verschiedene CdS-Kristalle, bezogen auf den Wert bei ^{60}Co-Gammastrahlung, als Funktion der Photonenenergie E. I Photostrom im Kristall, $\dot{J}_s$ Standard-Ionendosisleistung. A berechnet für den Kristall allein, B gemessen an einem mit Indium gelöteten Kristall in 0,25-mm-Cu-Kapsel, C gemessen an einem Kristall mit 1,18-mm-Pb-Filter (nach FOWLER [246])

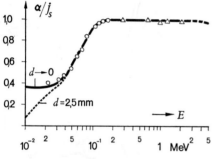

Abb. 7–22. Zur Energieabhängigkeit von Szintillationsdosimetern. Der Quotient $\alpha/\dot{J}_s$ für Anthrazen als Funktion der Photonenenergie E, bezogen auf den Wert bei ^{60}Co-Gammastrahlung. α Anzeige, $\dot{J}_s$ Standard-Ionendosisleistung, $d \to 0$ gilt für einen sehr dünnen Kristall (nach RAMM [607])

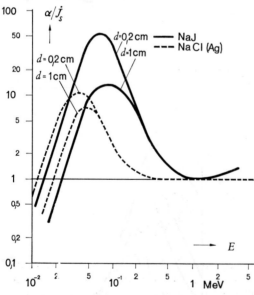

Abb. 7–23. Zur Energieabhängigkeit von Szintillationsdosimetern. Der Quotient $\alpha/\dot{J}_s$ für NaJ- und NaCl(Ag)-Kristalle verschiedener Dicke d als Funktion der Photonenenergie E, bezogen auf den Wert bei ^{60}Co-Gammastrahlung. α Anzeige, $\dot{J}_s$ Standard-Ionendosisleistung (nach RAMM [607])

7.4.2.4 *Andere Einflüsse auf die Anzeige*
[393, 419]

Neben den in Abschn. 7.3.1 und bei den einzelnen Methoden (s. Abschn. 7.3.2) genannten Einflüssen auf die Anzeige eines Dosimeters sind auch die Einflüsse durch

Verunreinigungen in der Sondensubstanz [419] und durch Induzierung von Ladungen in Isolierstoffen [393] untersucht worden.

7.4.3 Tiefendosis und Dosisaufbaueffekt
[108, 207, 343, 347, 394, 444, 491, 511, 569, 664, 665, 666, 800]

Bei einer monoenergetischen Photonenstrahlung nehmen die Teilchenflußdichte φ und die Energieflußdichte ψ der Photonen sowie die Kermaleistung der Sekundärelektronen (s. Abschn. 4.2.2, 4.2.3 und 4.5) mit zunehmender Tiefe monoton ab. Dagegen steigen die Energiedosisleistung $\dot{D}$ und die Hohlraum-Ionendosisleistung $\dot{J}_c$ (s. Abschn. 4.4.2 und 4.4.5.4) zunächst mit wachsender Tiefe und fallen nach einem Maximum wieder ab (Tiefendosiskurve). Die anfängliche Zunahme bezeichnet man als Dosisaufbaueffekt (dose build-up effect). Anhand von Abb. 7-24 läßt sich unter vereinfachenden Annahmen

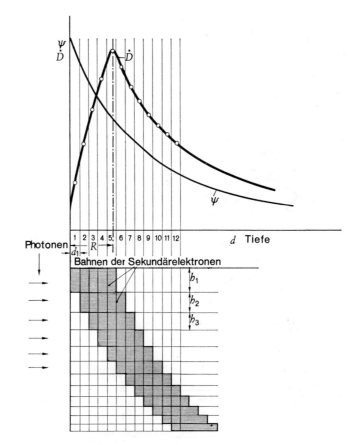

Abb. 7-24. Zur Erläuterung des Dosisaufbaueffektes und des Verlaufes der Tiefendosiskurve $\dot{D} = f(d)$.

$\dot{D}$ Energiedosisleistung, d Tiefe im bestrahlten Körper, ψ Energieflußdichte der Photonen, $\overline{R}$ mittlere Reichweite der Sekundärelektronen (in Abb. mit R bezeichnet)

(monoenergetische Strahlung, Vorwärtsrichtung der Sekundärelektronen, Vernachlässigung der Abnahme der Energieflußdichte mit dem Quadrat des Abstandes von der Strahlenquelle) der Gang der Tiefendosiskurve erläutern. Man denke sich das im unteren Bildteil bestrahlte Material in Schichten gleicher Dicke $d_1, d_2 \ldots d_n$ unterteilt. In der 1. Schicht werden Sekundärelektronen (SE) ausgelöst, deren Reichweite über 5 Schichten gehen möge, in der 2. Schicht werden ebenfalls SE ausgelöst, die wieder 5 Schichten durchsetzen. Infolge der Schwächung der Photonenstrahlung durch die 1. Schicht entstehen in der 2. Schicht entsprechend weniger SE usw. Das wird durch die nach unten schmaler werdenden Streifen $h_1, h_2 \ldots h_n$ angedeutet. — Zur Verdeutlichung sind die Vorgänge untereinander gezeichnet. — Die darüber liegende Tiefendosiskurve entsteht durch die Addition der auf gleiche Massen bezogenen Energiebeträge, die von den SE auf jede Schicht übertragen werden. In diesem Beispiel wird das Maximum in der 5. Schicht erreicht, die in einer Tiefe gleich der mittleren Reichweite $\bar{R}$ der SE liegt. Danach fällt $\dot{D}$ wieder, da die SE aus der 1. Schicht nicht bis in die 6. Schicht gelangen und die Summe der Energiebeträge, die je Schicht übertragen werden, laufend kleiner wird. Ein Dosisaufbaueffekt anderer Art wird in Abschn. 7.8.3 behandelt.

Tiefendosiskurven werden in verschiedener Weise dargestellt, und zwar als D/D_{max} oder D/D_0 oder $D/D_{d'}$ in Abhängigkeit von der Tiefe d (D_{max} Energiedosis im Maximum, D_0 an der Oberfläche, $D_{d'}$ in der Bezugstiefe d' (Abb. 7-25).

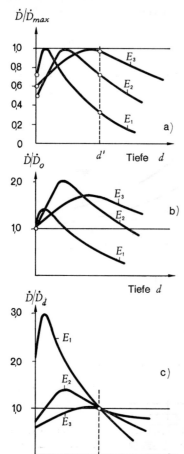

Abb. 7–25. Tiefendosiskurven für drei Photonenenergien E ($E_1 < E_2 < E_3$). a) bezogen auf den Maximalwert $\dot{D}_{max}$ der Energiedosisleistung, b) bezogen auf die Energiedosisleistung $\dot{D}_0$ in der Tiefe Null (Oberfläche) (s. a)), c) bezogen auf die Energiedosisleistung $\dot{D}_{d'}$ in der Tiefe $d = d'$ (s. a))

Die unterschiedliche Darstellung derselben Tiefendosiskurven für die drei Photonenenergien E_1, E_2 und E_3 nach Abb. 7-25a, b oder c verdeutlicht folgende Tatbestände: Für eine bestimmte Energiedosis in den oberflächlichen Gewebeschichten unter Schonung der tiefer gelegenen Gewebe ist nach Abb. 7-25b die Photonenenergie E_1 am günstigsten, dagegen wird bei der größeren Energie E_2 eine relativ hohe Energiedosis in mittlerer Tiefe erzeugt; die maximale Energiedosis ist zwar bei der Energie E_3 dort geringer als bei der Energie E_2, dafür erhalten aber bei E_3 größere Körperbereiche in der Tiefe eine höhere Energiedosis, so daß die insgesamt auf den Körper übertragene Energie (Integraldosis [s. Abschn. 4.3.2]) bei E_3 größer ist, als bei E_2. Will man eine bestimmte Energiedosis im Krankheitsherd in der Tiefe d' erzielen, so ist nach Abb. 7–25 c die größte Photonenenergie E_3 am günstigsten, weil dabei die vor dem Krankheitsherd liegenden Gewebe mehr geschont werden (s. auch Abschn. 7.4.10).

Die Energiedosis an der Oberfläche hat stets einen endlichen Wert (Abb. 7–26), weil

1. die SE auch rückgestreut werden,
2. im allgemeinen vor dem bestrahlten Objekt eine Luftschicht liegt, in der SE ausgelöst werden,
3. die Photonen bereits in der Strahlenquelle selbst (radioaktive Quellen) oder in dem Material der Filter und Blenden SE auslösen. Handelt es sich hierbei um Materialien höherer Ordnungszahl als der für Luft, so ist die SE-Ausbeute höher als in der Luft, und ist die Reichweite der SE größer als die Schichtdicke der Luft bis zum bestrahlten Objekt, so erhält man Tiefendosiskurven wie in Abb. 7–26 b oder c, d. h. der Dosisaufbaueffekt braucht nur wenig oder gar nicht in Erscheinung zu treten, wie bei radioaktiven Quellen, die außer Gammastrahlen noch Betastrahlen emittieren.

Der Effekt (3.) läßt sich vermeiden, wenn man hinter dem letzten Filter bzw. der letzten Blende eine hinreichend dicke luftäquivalente Schicht, z. B. aus Graphit, anbringt. Der ansteigende Teil der Tiefendosiskurve läßt sich nur mit einer Hohlraumsonde nach dem Bragg-Gray-Prinzip (s. Abschn. 7.4.2.2.2) ermitteln.

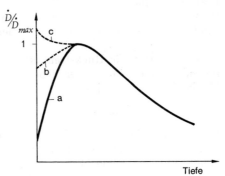

Abb. 7–26. Tiefendosiskurven (schematisch) a) für eine Photonenstrahlung; infolge der rückgestreuten Sekundärelektronen (SE) und der in der Luft ausgelösten SE hat die Kurve in der Tiefe Null (Oberfläche) bereits einen endlichen Wert, b) für eine Photonenstrahlung; infolge der gegenüber Luft erhöhten SE-Ausbeute aus der Quelle, dem Strahlenaustrittsfenster, den Blenden und Filtern verläuft der Kurvenast b) oberhalb von a), c) für eine beta- und gammastrahlende radioaktive Quelle mit starkem Anteil relativ weicher Betastrahlung

7.4.4 Grenzflächen und Inhomogenitäten
[134, 212, 213, 214, 233, 288, 350, 441, 466, 495, 535, 765, 795]

In der Praxis hat man es vorwiegend mit Strahlenquellen komplexer Energieverteilung zu tun, die aus einem Medium, z. B. Luft, in ein anderes Medium, z. B. Gewebe, eindringen. In diesem sind verschiedenartige Stoffe mit verschiedenen Wechselwirkungskoeffizienten inhomogen verteilt. Durch das Einbringen einer Meßsonde in die Materie entsteht ebenfalls eine Inhomogenität, die das Strahlungsfeld verändern kann. Infolgedessen ändert sich auch die räumliche Verteilung der Energiedosisleistung (s. Abb. 7–43 bis 7–45). Diese Probleme lassen sich theoretisch kaum behandeln, da sich auch die Spektren der primären und sekundären Strahlungen mit der Tiefe im Material in schwer überschaubarer Weise ändern.

7.4.4.1 Einflüsse der Grenzschichten in Meßsonden
[134, 229, 233, 288]

Über den Einfluß des Wandmaterials von Sonden auf den Meßwert sind Untersuchungen in verschiedenen Umgebungsmaterialien gemacht worden [229]. Dabei hat sich gezeigt,

daß infolge der sehr energiearmen δ-Elektronen aus nichtluftäquivalenter Umgebung der Meßwert von der Größe des Meßvolumens abhängig wird (s. Abschn. 7.5.4.1). Dieser Einfluß läßt sich vermeiden, wenn die Innenfläche der Kammer mit einer Graphitschicht von etwa 10 μm Dicke bedeckt wird.
Für chemische Reaktionen in Flüssigkeiten, z. B. Fricke-Dosimetern (s. Abschn. 7.3.2.4), benötigt man Gefäße, deren Material oft mit Rücksicht auf chemische und Strahlenresistenz gewählt werden muß, so daß unter Umständen das Gefäßmaterial weder dem Umgebungsmaterial noch der Fricke-Lösung äquivalent ist und sich somit Wandeffekte auf den Meßwert auswirken.

7.4.4.2 Einflüsse der Grenzflächen und Inhomogenitäten auf die räumliche Dosisverteilung und der Rückstreufaktor

[212, 213, 214, 350, 441, 466, 495, 535, 765, 795, 810]

Wegen der sehr zahlreichen theoretischen und experimentellen Untersuchungen zu diesem Thema muß auf die Literatur verwiesen werden. Erwähnt sei, daß z. B. die Energiedosis in Weichteilgewebe, das unmittelbar an Knochen angrenzt, merklich höher ist als im homogenen Weichteilgewebe unter sonst gleichen Bestrahlungsbedingungen. Dieser Dosisanstieg wird durch die vom Knochen stammende, gegenüber Weichteilgewebe stärkere Sekundärelektronenerzeugung verursacht, und zwar in Photonenenergiebereichen mit überwiegendem Photoeffekt und in örtlichen Bereichen, die innerhalb der Reichweite dieser Sekundärelektronen liegen (s. Abb. 7–43 und 7–44). Der Dosisanstieg im Knochen selbst ist für das vom Knochen umschlossene weiche Gewebe (Haversiansche Kanäle, Knochenmark) (s. Abschn. 7.4.10.6) von Bedeutung.

Infolge der Rückstreuung der Photonen ist die Standard-Ionendosis an der Strahleneintrittsseite eines Objektes höher als am gleichen Ort „frei in Luft" ohne Objekt. Der daraus resultierende Rückstreufaktor f_R ist definiert als Verhältnis aus der Standard-Ionendosis J_{s1} an der Oberfläche des Objektes und der Standard-Ionendosis J_{s2} am gleichen Ort ohne Objekt:

$$f_R = J_{s1}/J_{s2}. \tag{7.6}$$

f_R hängt von der Form und Beschaffenheit des Objektes, von der Feldgröße, der dahinter liegenden Materieschicht und der Strahlenqualität ab. Der Rückstreufaktor nimmt mit der Feldgröße zu, er steigt zunächst mit wachsender Photonenenergie (zunehmende Halbwertsdicke) und fällt nach einem Maximum wieder ab (Abb. 7–27).

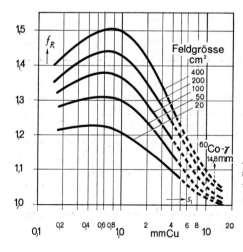

Abb. 7–27. Der Rückstreufaktor f_R für Photonenstrahlung als Funktion der Halbwertsdicke s_1 bei verschiedenen Feldgrößen (Bündelquerschnitten) (nach JOHNS [389])

Er ist bei sehr dünner Materieschicht nahezu 1 und nimmt mit wachsender Schichtdicke bis zu einer Sättigungsdicke zu. Die in der Literatur angegebenen Rückstreufaktoren unterscheiden sich zum Teil stark. Zahlenwerte von f_R enthält Tab. 7-24.

7.4.5 Umrechnung des Meßwertes in die gesuchte Dosisgröße
[9, 11, 44, 50, 130, 131, 132, 168, 194, 252, 270, 285, 287, 290, 302, 329, 330, 348, 377a, 403, 416, 474, 539, 604, 605, 630, 646, 664, 665, 666, 686, 704, 708, 712, 779, 780, 789, 790, 792]

Aus einer Dosisgröße (Standard-Ionendosis J_s [s. Abschn. 4.4.5.1], Hohlraum-Ionendosis J_c [s. Abschn. 4.4.5.4], Energiedosis [s. Abschn. 4.4.2] im Material der Dosimetersonde [s. Abschn. 7.3.1.1]), die unter bestimmten Bedingungen, z. B. frei in Luft, an der Oberfläche oder innerhalb eines Phantoms (s. Abschn. 7.1.3), gemessen wurde, läßt sich die Energiedosis im Gewebe (s. Abschn. 7.1.2) mit Hilfe von Dosisumrechnungsfaktoren ermitteln. Ausführliche Angaben hierüber findet man in einer deutschen Norm [194] und in einem Bericht der ICRU [377a].

Bei der Kalibrierung handelsüblicher Kleinkammern durch Vergleich mit einer Freiluft-Ionisationskammer wird der Kammerfaktor k_s (s. Abschn. 7.4.2.3) als Funktion der Strahlenqualität (s. Abschn. 6.5) ermittelt. Der Einfluß der Kammerwand wird durch die Kalibrierung bereits berücksichtigt. Will man dagegen die Kammer-Gleichgewicht-Ionendosis $J_a = Q/(\varrho_L \cdot V_{\text{eff}})$ (s. Abschn. 4.4.5.2) bestimmen, so muß man das effektive Kammervolumen V_{eff} kennen, das mit dem geometrischen Kammervolumen nicht übereinzustimmen braucht. J_a läßt sich nun dadurch ermitteln, daß man luftäquivalente Kappen verschiedener Wandstärke d über die Kammer mit der Wanddicke d_0 setzt, das gemessene Verhältnis $J_s(d+d_0)/J_s(d_0)$ über der Wanddicke $d+d_0$ aufträgt und die Kurve nach $d+d_0 \to 0$ extrapoliert. Dann ist $J_s(0) = J_a$, aus dem sich auch V_{eff} berechnen läßt.

7.4.5.1 *Berücksichtigung der Luftdichte und der Luftfeuchte bei der Ermittlung der Ionendosis*

Die Ionendosis ist zwar unabhängig von der Luftdichte ϱ_L in der Kammer, man muß aber bei einem Dosimeter mit nichtluftdichter Kammer, das für die Luftdichte ϱ_1 kalibriert worden ist, den abgelesenen Wert J_{ab} auf die vorhandene Luftdichte $\varrho(t,p)$ bei der Lufttemperatur t und dem Luftdruck p (Tab. 7-15) korrigieren, um die wahre Ionendosis J zu erhalten:

$$J = J_{\text{ab}} \cdot \frac{\varrho_1}{\varrho(t,p)} . \tag{7.7}$$

Diese Korrektion ist bei luftdichten Kammern nicht erforderlich. Besonders kritisch sind Kammern, bei denen sich der Innendruck nur sehr allmählich auf den Außendruck einstellt.

Mit dem Wasserdampfgehalt der Luft ändert sich in geringem Maße sowohl die Luftdichte als auch die Anzahl der gebildeten Ionenpaare, da der mittlere Energieaufwand zur Bildung eines Ionenpaares in Wasserdampf (W) etwas geringer als in Luft (L) ist — $E_{i,W}/E_{i,L} \approx 0,9$.

In der Arbeit von BARNARD u. Mitarb. [45] sind Korrektionsfaktoren für die Dichte im Druckbereich von 600 bis 845 Torr, im Temperaturbereich von 10 °C bis 40 °C und im Feuchtebereich von 0% bis 100% enthalten. Nur im ungünstigsten Fall unterscheiden sich die Korrektionsfaktoren zwischen trockener und 100% feuchter Luft um etwa 2%.

Große Luftfeuchte kann außerdem den Isolationswiderstand herabsetzen, so daß sich bei Ionisationskammern der Selbstablauf vergrößert.

Tabelle 7–15. Luftdichte ϱ als Funktion der Lufttemperatur t und des Luftdruckes p

$$\varrho = \varrho_0 \frac{1}{1 + 0{,}00366\, t} \frac{p}{760}\; ; \quad \varrho_0 = 1{,}293\ \text{mg/cm}^3$$

	ϱ in mg/cm³										
t	p in Torr										
°C	700	710	720	730	740	750	760	770	780	790	800
0	1,191	1,208	1,225	1,242	1,259	1,276	1,293	1,310	1,327	1,345	1,361
1	1,187	1,204	1,221	1,238	1,255	1,272	1,288	1,305	1,322	1,340	1,356
2	1,182	1,199	1,216	1,233	1,250	1,267	1,284	1,301	1,318	1,335	1,351
3	1,178	1,195	1,212	1,229	1,245	1,262	1,279	1,296	1,313	1,330	1,347
4	1.174	1,191	1,207	1,224	1,241	1,258	1,274	1,291	1,308	1,325	1,342
5	1,170	1,186	1,203	1,220	1,236	1,253	1,270	1,287	1,303	1,320	1,337
6	1,165	1,182	1,199	1,215	1,232	1,249	1,265	1,282	1,299	1,315	1,332
7	1,161	1,178	1,194	1,211	1,228	1,244	1,261	1,277	1,294	1,310	1,327
8	1,157	1,174	1,190	1,207	1,223	1,240	1,256	1,273	1,289	1,306	1,322
9	1,153	1,169	1,186	1,202	1,219	1,235	1,252	1,268	1,285	1,301	1,317
10	1,149	1,165	1,182	1,198	1,215	1,231	1,247	1,264	1,280	1,296	1,313
11	1,145	1,161	1,178	1,194	1,210	1,227	1,243	1,259	1,276	1,292	1,308
12	1,141	1,157	1,173	1,190	1,206	1,222	1,239	1,255	1,271	1,287	1,303
13	1,137	1,153	1,169	1,186	1,202	1,218	1,234	1,251	1,267	1,283	1,299
14	1,133	1,140	1,165	1,181	1,198	1,214	1,230	1,246	1,262	1,279	1,295
15	1,129	1,145	1,161	1,177	1,193	1,210	1,226	1,242	1,258	1,274	1,290
16	1,125	1,141	1,157	1,173	1,189	1,205	1,221	1,238	1,254	1,270	1,286
17	1,121	1,137	1,153	1,169	1,185	1,201	1,217	1,233	1,249	1,266	1,282
18	1,117	1,133	1,149	1,165	1,181	1,197	1,213	1,229	1,245	1,261	1,277
19	1,113	1,129	1,145	1,161	1,177	1,193	1,209	1,225	1,241	1,257	1,273
20	1,110	1,126	1,141	1,157	1,173	1,189	1,205	1,221	1,236	1,253	1,268
21	1,106	1,122	1,137	1,153	1,169	1,185	1,201	1,216	1,232	1,248	1,264
22	1,102	1,118	1,134	1,149	1,165	1,181	1,197	1,212	1,228	1,244	1,260
23	1.098	1,114	1,130	1,145	1,161	1,177	1,193	1,208	1,224	1,240	1,256
24	1,095	1,110	1,126	1,142	1,157	1,173	1,189	1,204	1,220	1,236	1,251
25	1,091	1,107	1,122	1,138	1,153	1,169	1,185	1,200	1,216	1,232	1,247
26	1,087	1,103	1,118	1,134	1,149	1,165	1,181	1,196	1,212	1,227	1,243
27	1,084	1,099	1,115	1,130	1,146	1,161	1,177	1,192	1,208	1,223	1,239
28	1,080	1,096	1,111	1,126	1,142	1,157	1,173	1,188	1,204	1,219	1,234
29	1,077	1,092	1,107	1,123	1,138	1,153	1,169	1,184	1,200	1,215	1,230
30	1,073	1,088	1,104	1,111	1,134	1,150	1,165	1,180	1,196	1,213	1,227

7.4.5.2 *Ermittlung der Energiedosis für Luft aus der Ionendosis*

Die Energiedosis E_L für Luft ergibt sich aus der Ionendosis J und der Ionisierungskonstanten U_i (s. Abschn. 3.3):

$$D_L = \frac{E_i}{e} J = U_i J. \tag{7.8}$$

Mit $U_i = 33{,}7$ V, 1 R $= 2{,}58 \cdot 10^{-4}$ C/kg, 1 rd $= 10^{-2}$ J/kg ergibt sich aus Gleichung (7.8)

$$D_L = 0{,}869\, J \quad J \text{ in R}, \quad D_L \text{ in rd}. \tag{7.9}$$

Für $J = 1$ R wird $D_L = 0{,}869$ rd. Den Wert $0{,}869$ rd/R bezeichnet man auch als *Energieäquivalent des Röntgen* für Luft.
In Rad kalibrierte Ionisationsdosimeter zeigen also die Energiedosis für Luft und *nicht* für Gewebe an.

7.4.5.3 Ermittlung der Energiedosis in einem Material aus der Standard-Ionendosis und der Hohlraum-Ionendosis

[9, 11, 44, 130, 131, 132, 220a, 270, 285, 287, 302, 479, 539, 604, 605, 646, 686]

Die Energiedosis D in einem Material ergibt sich aus der an der interessierenden Stelle gemessenen Standard-Ionendosis J_s und dem Dosisumrechnungsfaktor f

$$D = f \cdot J_s, \tag{7.10}$$

$$f = 0{,}869 \frac{(\bar{\eta}'/\varrho)_X}{(\bar{\eta}'/\varrho)_L}, \tag{7.11}$$

wobei $\bar{\eta}'/\varrho$ der über das Photonenspektrum gemittelte Massen-Energieabsorptionskoeffizient für das Material (X) und für Luft (L) sind (Tab. 7–16a).

Tabelle 7–16a. Dosisumrechnungsfaktor $f = D/J_s$ (s. Gleichung (7.10) u. (7.11))

Strahlenqualität					f in rd/R			
Röhren- spannung kV	Gesamtfilterung		Halbwertsschichtdicke s_1		Luft	Wasser	Weich- teil- gewebe*	Knochen (kompakt)
	mm Al	mm Cu	mm Al	mm Cu				
50	1,4	—	1,2	0,03	0,87	0,88	0,93	4,2
100		0,2	4,2	0,18	0,87	0 89	0 92	3,6
150		0,5		0,75	0,87	0,92	0,94	2,3
200		1,0		1,45	0,87	0,94	0,95	1,6
250		1,5		2,35	0,87	0,95	0,95	1,4
300		3,0		3,5	0,87	0,96	0,95	1,2
400		3,0		4,2	0,87	0,96	0,96	1,1
E MeV	Nuklid				f in rd/R			
0,66	^{137}Cs-Gammastrahlung				0,87	0,96	0,96	0,92
1,25	^{60}Co-Gammastrahlung				0,87	0,96	0,96	0,92

* Zur Ermittlung der Energiedosis für in Knochen eingebettetes Weichteilgewebe muß der Faktor f zwischen den Werten für Weichteilgewebe und Knochen interpoliert werden. f hängt dabei vom Abstand des Ortes, für den die Energiedosis ermittelt werden soll, von der Knochensubstanz ab.

Aus der Hohlraum-Ionendosis J_c und dem Dosisumrechnungsfaktor g ergibt sich die Energiedosis D in einem Material aus

$$D = g \cdot J_c, \tag{7.12}$$

$$g = 0{,}869 \cdot \frac{(\bar{S}/\varrho)_X}{(\bar{S}/\varrho)_L}, \tag{7.13}$$

wobei $\bar{S}/\varrho$ die über das Sekundärelektronenspektrum gemittelten Massen-Elektronenbremsvermögen für das Material (X) und für Luft (L) sind (Tab. 7–16b).

Tabelle 7–16b. Dosisumrechnungsfaktor $g = D/J_s$ (s. Gleichung (7.12) u. (7.13))

Strahlenqualität	g in rd/R		
	Luft	Wasser	Weichteil-gewebe*
Bremsstrahlung, 400 kV $s_1 = 4{,}2$ mm Cu	0,87	1,01	1,00
^{137}Cs-Gammastrahlung, 0,66 MeV	0,87	1,00	1,00
^{60}Co-Gammastrahlung, 1,25 MeV	0,87	0,99	0,99
Bremsstrahlung 15 MeV	0,87	0,98	0,97
Bremsstrahlung 30 MeV	0,87	0,95	0,94
Bremsstrahlung 45 MeV	0,87	0,94	0,93

* Zur Ermittlung der Energiedosis für in Knochen eingebettetes Weichteilgewebe muß der Faktor g für Weichteilgewebe benutzt werden, da der Einfluß des Knochens bereits bei der Messung der Hohlraum-Ionendosis J_c mit erfaßt wird.

7.4.5.4 Ermittlung der Energiedosis in einem Material A aus der Energiedosis im Material B einer Sonde
[329, 712, 779, 780]

Bei Sekundärelektronengleichgewicht (s. Abschn. 4.4.3) und monoenergetischen Photonen verhalten sich die Energiedosen D_A und D_B wie die Massen-Energieabsorptionskoeffizienten (s. Abschn. 6.4.5 und Tab. 6–6) $(\eta'/\varrho)_A$ und $(\eta'/\varrho)_B$ der beiden Materialen A und B:

$$\frac{D_A}{D_B} = \frac{(\eta'/\varrho)_A}{(\eta'/\varrho)_B}. \tag{7.14}$$

Unter Bragg-Gray-Bedingungen (s. Abschn. 4.4.4) und bei monoenergetischen Sekundärelektronen verhalten sich D_A und D_B wie die Massen-Stoßbremsvermögen $(S/\varrho)_A$ und $(S/\varrho)_B$ der beiden Materialien A und B:

$$\frac{D_A}{D_B} = \frac{(S/\varrho)_A}{(S/\varrho)_B}. \tag{7.15}$$

Die Abb. 7–28 bis 7–31 zeigen die Quotienten $(\eta'/\varrho)_A/(\eta'/\varrho)_B$ für verschiedene Materialien und Gewebe in Abhängigkeit von der Photonenenergie. Man kann daraus z. B. entnehmen, welche Gewebe, Stoffe oder Stoffgemische in bestimmten Photonenenergiebereichen annähernd wasser- oder luftäquivalent sind (s. Abschn. 6.4.7).
Aus Abb. 7–32, die die auf Luft (L) und Wasser (W) bezogenen Massen-Bremsvermögen $(S/\varrho)_x/(S/\varrho)_L$ und $(S/\varrho)_x/(S/\varrho)_W$ für verschiedene Stoffe und Gewebe (x) als Funktion der Elektronenenergie E_e zeigt, erkennt man den Einfluß des Dichteeffektes [712, 779] (s. Abschn. 5.2.1.1) an dem starken Gang der auf Luft bezogenen Bremsvermögen mit der Elektronenenergie E_e. Die auf Wasser bezogenen Bremsvermögen sind dagegen, abgesehen von Aluminium, in dem gesamten Energiebereich annähernd konstant.
Die Schwierigkeiten für eine Berechnung entstehen durch folgende Tatsachen und Vorgänge:

a) Die Photonenstrahlungen sind nur in wenigen Fällen energiehomogen (z.B. ^{60}Co-Gammastrahlung), oder ihre Spektren sind nicht genau bekannt.
b) Die spektralen Verteilungen der Photonen ändern sich durch die Wechselwirkungen mit der Eindringtiefe.

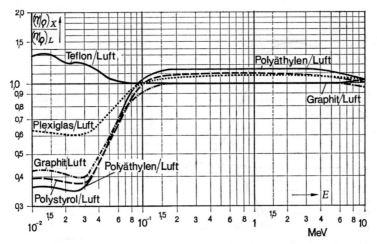

Abb. 7-28. Das Verhältnis $(\eta'/\varrho)_x/(\eta'/\varrho)_L$ der Massen-Energieabsorptionskoeffizienten für verschiedene Stoffe (x) und für Luft (L) als Funktion der Photonenenergie E

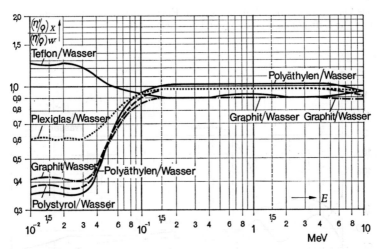

Abb. 7-29. Das Verhältnis $(\eta'/\varrho)_x/(\eta'/\varrho)_W$ der Massen-Energieabsorptionskoeffizienten für verschiedene Stoffe (x) und für Wasser (W) als Funktion der Photonenenergie E

c) Das Spektrum der Sekundärelektronen ändert sich ebenfalls mit der Tiefe im Objekt infolge der Änderung des Photonenspektrums und durch die Wechselwirkungsprozesse der Elektronen.

Daher muß man in die Gleichungen (7.14) und (7.15) die über das Spektrum der Photonen und Sekundärelektronen gemittelten Werte der Massen-Energieabsorptionskoeffizienten bzw. der Massen-Stoßbremsvermögen einsetzen (s. auch Abschn. 6.4.4):

$$\frac{D_A}{D_B} = \frac{(\overline{\eta'/\varrho})_A}{(\overline{\eta'/\varrho})_B}, \tag{7.16}$$

$$\frac{D_A}{D_B} = \frac{(\overline{S/\varrho})_A}{(\overline{S/\varrho})_B}. \tag{7.17}$$

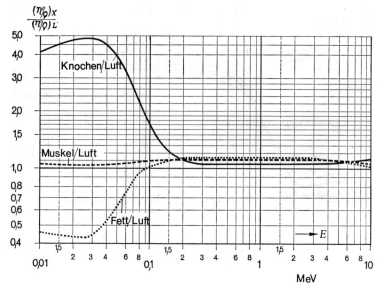

Abb. 7–30. Das Verhältnis $(\eta'/\varrho)_x/(\eta'/\varrho)_L$ der Massen-Energieabsorptionskoeffizienten für verschiedene Gewebe (x) und für Luft (L) als Funktion der Photonenenergie E

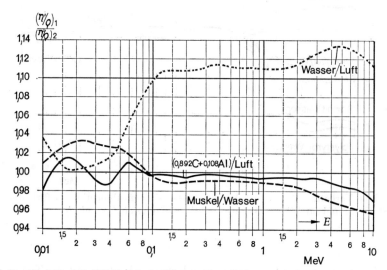

Abb. 7–31. Das Verhältnis $(\eta'/\varrho)_1/(\eta'/\varrho)_2$ der Massen-Energieabsorptionskoeffizienten für verschiedene Stoffe und Gewebe (1, 2) als Funktion der Photonenenergie E

Tiefendosiskurven, die unter den gleichen Voraussetzungen mit verschiedenen Sondenarten aufgenommen werden, sind z.T. in Abszissenrichtung, d.h. hinsichtlich der Tiefe, etwas versetzt, bezogen auf den Ort des geometrischen Mittelpunktes der Sonden. Der durch die Sonde bedingte Fehler läßt sich mit Hilfe des „displacement-factor" korrigieren [329].

Röntgen- und Gammastrahlendosimetrie (Photonendosimetrie)

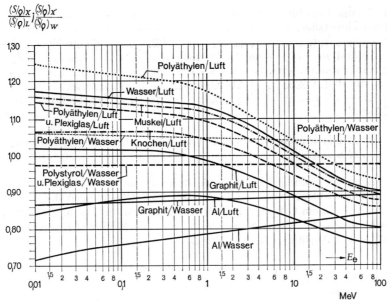

Abb. 7–32. Relatives, auf Luft (L) und Wasser (W) bezogenes Massen-Stoßbremsvermögen $(S/\varrho)_x/(S/\varrho)_L$ und $(S/\varrho)_x/(S/\varrho)_W$ für verschiedene Gewebe und Stoffe (x) als Funktion der Elektronenenergie E_e

7.4.5.5   *Ermittlung der Energiedosis in einem Material aus der an einer anderen Stelle in einem anderen Material bestimmten Energiedosis; das Gewebe-Luft-Verhältnis*

[340, 371, 377a, 664, 665, 666]

Die Energiedosis D_x in der Tiefe x läßt sich aus Tiefendosistabellen (s. Abschn. 7.4.10) errechnen, wenn man die Energiedosis D_0 für einen festen Bezugspunkt (Bezugsdosis) auf dem Achsenstrahl gemessen hat.
Bei der Bewegungsbestrahlung, bei der der Achsstrahl durch den Mittelpunkt des Krankheitsherdes geht, benutzt man neben den Tiefendosistabellen das Gewebe-Luft-Verhältnis (GLV) (englisch: tissue-air-ratio [TAR]) zur Ermittlung der Energiedosis. Das Gewebe-Luft-Verhältnis, das hier mit V_{G-L} bezeichnet werden soll, ergibt sich anhand von Abb. 7–33 zu

$$V_{G-L} = \frac{D_L \left(\frac{p}{p-d}\right)^2 \cdot f_R \cdot \frac{D(p-d,A,d)}{D_0 \cdot 100}}{D_L} = \frac{p^2}{(p-d)^2} \cdot \frac{D(p-d,A,d)}{D_0 \cdot 100} \cdot f_R. \quad (7.18)$$

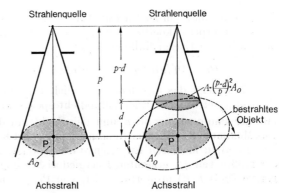

Abb. 7–33. Zur Erläuterung des Gewebe-Luft-Verhältnisses. Rechte Seite: Das Objekt oder der Achsstrahl rotiert um die durch P gehende, senkrecht zur Bildebene stehende Achse. A_0 Feldgröße im Fokusabstand p, A Feldgröße an der Oberfläche der Strahleneintrittsseite, P Stelle, für die die Dosis ermittelt werden soll, d Objektdicke. Linke Seite: Ohne Objekt. (nach ICRU [371])

D_L ist die Energiedosis für Luft, frei in Luft, am Ort P des Herdes im Fokusabstand p bei der Querschnittsfläche des Bündels A_0 (Feldgröße), $D_L(p/[p-d])^2$ ist die nach dem Abstandsquadratgesetz (s. auch Abschn. 7.4.9) umgerechnete Energiedosis, frei in Luft, im Abstand $p-d$, in dem die Querschnittsfläche $A = A_0([p-d]/p)^2$ beträgt. f_R ist der Rückstreufaktor (s. Abschn. 7.4.4.2). $D(p-d, A, d)/D_0$ ist die prozentuale Tiefendosis für den Fokus-Haut-Abstand $p-d$, die Feldgröße A und die Tiefe d unter der Körperoberfläche. Einige Zahlenwerte für das Gewebe-Luft-Verhältnis enthält Tab. 7–23.

7.4.5.6 Beziehungen zwischen Standard-Ionendosisleistung und Aktivität einer Gammastrahlenquelle

Die Berechnung der Standard-Ionendosisleistung $\dot{J}_s$ aus der Aktivität A und der spezifischen Gammastrahlenkonstante Γ (s. Abschn. 4.4.6, Gleichungen (4.35) und (4.39)) ist zu ungenau. Aus diesem Grunde werden im allgemeinen die Therapie-Gammastrahlenquellen nicht durch die Aktivität, sondern durch die Standard-Ionendosisleistung in einem bestimmten Abstand gekennzeichnet.

7.4.6 Dosisleistungsspektren
[316, 319, 383]

Für die spektrale Energiedosisleistung $\dot{D}_E$ gilt: $\dot{D}_E\,dE$ ist die Energiedosisleistung, die von Teilchen oder Photonen mit Energien zwischen E und $E+dE$ erzeugt wird. Durch Integration über alle Energien zwischen 0 und $E_{\max}$ erhält man die Energiedosisleistung $\dot{D}$:

$$\dot{D} = \int_0^{E_{\max}} \dot{D}_E\,dE. \qquad (7.19)$$

Für die spektrale Ionendosisleistung $\dot{J}_E$ und die Ionendosisleistung $\dot{J}$ gilt:

$$\dot{J} = \int_0^{E_{\max}} \dot{J}_E\,dE. \qquad (7.20)$$

Zwischen der spektralen Teilchenflußdichte φ_E (s. Abschn. 4.2.2.1) und der spektralen Energieflußdichte ψ_E (s. Abschn. 4.2.3.1) gilt $\psi_E = \varphi_E \cdot E$, während zwischen der spektralen Energiedosisleistung $\dot{D}_E$ für Luft und der spektralen Ionendosisleistung $\dot{J}_E$ nach Gleichung (7.8) die Beziehung

$$\dot{D}_E = U_i \cdot \dot{J}_E \qquad (7.21)$$

besteht.
Ferner errechnet sich $\dot{D}_E$ für Luft bei Sekundärelektronengleichgewicht aus dem Massen-Energieabsorptionskoeffizienten η'/ϱ für Luft (s. Abschn. 6.4.5 sowie Tab. 6–6) und aus der spektralen Energieflußdichte ψ_E:

$$\dot{D}_E = (\eta'/\varrho)_L \cdot \psi_E = (\eta'/\varrho)_L \cdot \varphi_E\,E. \qquad (7.22)$$

Abb. 7–34 zeigt das aus dem willkürlich angenommenen Photonenflußdichtespektrum $\varphi_E/(\varphi_E)_{\max}$ errechnete Energieflußdichtespektrum $\psi_E/(\psi_E)_{\max}$, den Verlauf von $(\eta'/\varrho)_L$ mit der Photonenenergie E und das Spektrum der Energiedosisleistung $\dot{D}_E/(\dot{D}_E)_{\max}$. Das Maximum des Dosisleistungsspektrums liegt bei relativ niedrigen Photonenenergien, weil (η'/ϱ) zu kleineren Energien stark ansteigt. In dem gewählten Beispiel wird also der größte Teil der gesamten Energiedosisleistung $\dot{D}$, die dem Flächeninhalt unter der Kurve $\dot{D}_E = h(E)$ proportional ist, von Photonen geringer Energie erzeugt.

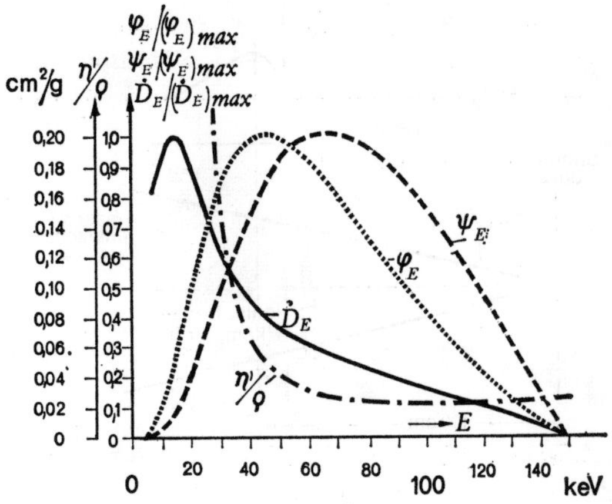

Abb. 7–34. Das willkürlich angenommene Photonenflußdichtespektrum $\varphi_E/(\varphi_E)_{max} = f(E)$, das daraus errechnete Energieflußdichtespektrum $\psi_E/(\psi_E)_{max} = g(E)$ und das errechnete Spektrum $\dot{D}_E/(\dot{D}_E)_{max} = h(E)$ der Energiedosisleistung sowie der Massen-Energieabsorptionskoeffizient η'/ϱ für Luft als Funktion der Photonenenergie E

Abb. 7–35 zeigt spektrale Verteilungen der Standard-Ionendosisleistung $\dot{J}_{sE} = \mathrm{d}\dot{J}_s/\mathrm{d}E$ als Funktion der Photonenenergie für verschiedene Röntgenstrahlenqualitäten, normiert auf gleiche Standard-Ionendosisleistung, d.h. die Flächen unter den Kurven sind gleich.

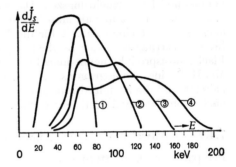

Abb. 7–35. Spektren der Standard-Ionendosisleistung $\mathrm{d}\dot{J}_s/\mathrm{d}E = f(E)$ für verschiedene Strahlenqualitäten (Normalstrahlungen) mit folgenden Röhrenspannungen und Zusatzfilterungen: ① 80 kV; 0,22 mm Cu, ② 120 kV; 0,5 mm Cu, ③ 160 kV; 0,82 mm Cu, ④ 200 kV; 1,15 mm Cu. Die Spektren sind auf gleiche Werte von $\dot{J}_s$ umgerechnet (nach M. HEITZMANN u. Mitarb. [319])

7.4.7 Messung der Kenndosisleistung
[610, 628, 813]

Die Kenndosisleistung $\dot{J}_{s100}$ für Röntgen- und Gammastrahlen mit Photonenenergien bis etwa 3 MeV läßt sich mit handelsüblichen Ionisationsdosimetern messen, wenn man die Ionisationskammer definitionsgemäß im Strahlenbündel anordnet (s. Abschn. 4.4.7a). Zur Messung der Kenndosisleistung $\dot{J}_{c100}$ für Photonenenergien über 3 MeV (s. Abschn. 4.4.7b) benötigt man eine wasserdichte Hohlraum-Ionisationskammer (s. Abschn. 7.4.2.2.2) und ein Wasserphantom, dessen Abmessungen so groß sein müssen, daß sich bei weiterer Vergrößerung der Meßwert nicht mehr merklich ändert. In der Anordnung nach Abb. 7-36 bringt man die Kammer in 100 cm Abstand in den Achsstrahl und verschiebt bei festgehaltenem Kammerabstand den Wasserbehälter längs des Achsstrahles, bis $\dot{J}_c$ den Maximalwert $\dot{J}_{c100}$ der darüber angedeuteten Tiefendosiskurve erreicht.

7.4.8 Patientendosimetrie in der Diagnostik
[20, 147, 296, 370, 579, 631]

Untersuchungen haben gezeigt, daß man brauchbare Anhaltswerte für die Strahlenbelastung von Patienten in der Röntgendiagnostik mit Hilfe einer flachen Ionisations-

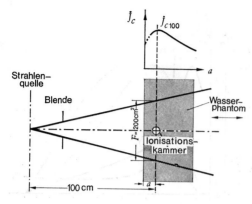

Abb. 7–36. Zur Messung der Kenndosisleistung $\dot{J}_{c100}$ bei Photonenenergien über 3 MeV mit einer Hohlraum-Ionisationskammer im Wasserphantom

kammer gewinnt, die im Strahlenbündel zwischen Brennfleck und Patient angebracht und stets entsprechend der Blendenöffnung von der Strahlung durchsetzt wird. Die Standard-Ionendosis J_s ist unter sonst gleichen Bedingungen proportional zum durchstrahlten Querschnitt F der Kammer, zum Strom in der Röntgenröhre und zur Aufnahme- und Durchleuchtungszeit. Das so gemessene Flächendosisprodukt G (s. Abschn. 4.4.9.7) dient nicht nur als Maß für die Strahlenbelastung des Patienten, sondern gibt auch dem Arzt einen Anhalt für die Verbesserung seiner Untersuchungstechnik und für die Verringerung der Strahlenexposition der Patienten. Die Meßgeräte für das Flächendosisprodukt nennt man Flächendosimeter oder Patientendosimeter.

Mit Hilfe eines Nomogramms (s. Abb. 8–28) können die Standard-Ionendosis bei Aufnahmen und die Standard-Ionendosisleistung bei Durchleuchtungen an der Hautoberfläche von Patienten ermittelt werden.

7.4.9 Abweichungen vom Abstandsquadratgesetz

Bei punktförmigen Strahlenquellen und Meßsonden verhalten sich die Ionendosisleistungen $\dot{J}_{a0}$ und $\dot{J}_{b0}$ unter Vernachlässigung der Schwächung umgekehrt wie die Quadrate der Abstände a und b zwischen Quelle und Sonde:

$$\dot{J}_{a0}/\dot{J}_{b0} = b^2/a^2. \tag{7.23}$$

Diese Beziehung gilt natürlich entsprechend für die Flußdichten oder Energiedosisleistungen.

Beobachtete Abweichungen vom Abstandsquadratgesetz können

1. durch die Schwächung der Photonenstrahlung in der Luftschicht zwischen Quelle und Sonde (s. auch Gleichung (4.39),
2. durch die Streuung an Wänden, Decke oder Fußboden,
3. durch die räumliche Ausdehnung von Quelle und Sonde [497] verursacht werden.

Für räumlich ausgedehnte Quellen und Sonden, deren geometrische Mittelpunkte die Abstände a bzw. b haben, gilt die Faustregel: Die Abweichungen vom Abstandsquadratgesetz liegen unter 1%, wenn die Abstände a und b mindestens 5mal so groß sind wie die Summe der größten linearen Ausdehnungen der Quelle (l_q) und der Sonde (l_s), d.h. es muß

$$5(l_q + l_s) \leq a \quad \text{und} \quad 5(l_q + l_s) \leq b \tag{7.24}$$

sein. Die Abweichungen sind am größten, wenn die größten linearen Abmessungen von Quelle und Sonde in Richtung der Verbindungslinie Quelle-Sonde liegen.

7.4.10 Dosisverteilung
[371, 389, 390, 391, 500, 522, 543, 550, 699, 763]

7.4.10.1 *Grundsätzliche Bemerkungen*
[19, 24, 97, 158, 260, 347, 394, 511, 549, 569, 736]

Unter „Dosisverteilung" versteht man das (dreidimensionale) räumliche Verteilungsmuster der Energiedosis innerhalb eines bestrahlten Körpers. Die Kenntnis der Dosisverteilung ist von entscheidender Bedeutung für den Radiotherapeuten. Die folgenden Darlegungen gelten für die Bestrahlung von außen.

Meistens wird es unmöglich sein, die Energiedosis mittels eines Dosimeters im Tumor selbst zu bestimmen. Deshalb wird die Dosisverteilung im Patienten im allgemeinen mit Hilfe von Dosisverteilungskurven oder -tabellen ermittelt, die aus Messungen im Phantom [377a] oder aus Berechnungen gewonnen sind.

Die „prozentuale Tiefendosis" (PTD) und die „relative Tiefendosis" sind in Abschn. 4.4.9.5 definiert. Diese Definitionen gelten unabhängig von der Strahlenart und -energie. Als Bezugsdosis wird vorwiegend die Energiedosis im Maximum der Tiefendosiskurve gewählt (s. Abschn. 7.4.3 und Abb. 7–25 und 7–26). In der Praxis werden meist Darstellungen der Dosisverteilung in einer bestimmt gewählten Schnittebene (zweidimensionale Darstellung) oder längs einer geraden Linie (eindimensionale Darstellung) verwendet.

Tiefendosiskurven sind selten in analytischer Form darstellbar und werden daher meist graphisch oder tabellarisch angegeben. Abb. 7–37 zeigt die Tiefendosisverteilung im Achsstrahl in Wasser für Röntgenstrahlen mit 2 bis 70 MeV Maximalenergie.

Das Dosismaximum verschiebt sich mit zunehmender Photonenenergie nach größeren Tiefen hin und verbreitert sich gleichzeitig, weil die Energie der Comptonelektronen mit zunehmender Photonenenergie größer wird und weil die energiereichen Elektronen ihre

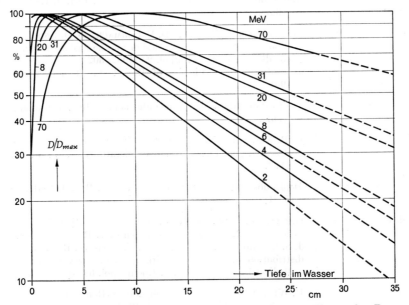

Abb. 7–37. Tiefendosisverteilung D/D_{max} längs des Achsstrahles in Wasser für Röntgenstrahlen mit 2 bis 70 MeV Maximalenergie bei einer Feldgröße von 10×10 cm² und einem Abstand von 100 cm zwischen Quelle und Wasseroberfläche, bei 70 MeV von 190 cm (nach WEBSTER u. TSIEN [775])

Tabelle 7–17. Von der ICRU empfohlene Informationsquellen für Tiefendosisdaten (aus NBS-Handbook, Bd. 87, National Bureau of Standards, Washington 1963)

Halbwertsdicke, Energie bzw. Nuklid	Quellennachweis
0,01 bis 1,0 mm Al	Depth dose tables for use in radiotherapy. Brit. J. Radiol. Suppl. 10 (1961)
1,0 bis 8,0 mm Al	C. B. Braestrup: Depth dose measurements for 100, 120 and 135 kV roentgen rays. Radiology 42 (1944) 258. H. E. Johns: The Physics of Radiology. Thomas, Springfield/Ill. 1961*. H. E. Johns, E. R. Epp, S. O. Fedoruk: Depth dose data 75 kVp to 140 kVp. Brit. J. Radiol. 26 (1953) 32*. H. E. Johns, J. W. Hunt, S. O. Fedoruk: Surface backscatter in the 100 kV to 400 kV range. Brit. J. Radiol. 27 (1954) 443*. F. Wachsmann, A. Dimotsis: Kurven und Tabellen für die Strahlentherapie. Hirzel, Stuttgart 1957.
0,5 bis 3,0 mm Cu	H. E. Johns: The Physics of Radiology. Thomas, Springfield/Ill. 1961*. H. E. Johns, E. R. Epp, S. O. Fedoruk: Depth dose data 75 kVp to 140 kVp. Brit. J. Radiol. 26 (1953) 32*. F. Wachsmann, A. Dimotsis: Kurven und Tabellen für die Strahlentherapie. Hirzel, Stuttgart 1957.
1,0 bis 4,0 mm Cu	Depth dose tables for use in radiotherapy. Brit. J. Radiol. Suppl. 10 (1961).
Caesium 137	Depth dose tables for use in radiotherapy. Brit. J. Radiol. Suppl. 10 (1961).
2 MeV	Depth dose tables for use in radiotherapy. Brit. J. Radiol. Suppl.10 (1961).
Kobalt 60	H. E. Johns, E. R. Epp, D. V. Cormack, S. O. Fedoruk: Depth dose data and diaphragm design for the Saskatchewan 1000 Curie cobalt unit. Brit. J. Radiol. 25 (1952) 302*. H. E. Johns: The Physics of Radiology. Thomas, Springfield/Ill. 1961*.
4 MeV	Depth dose tables for use in radiotherapy. Brit. J. Radiol Suppl. 10 (1961).
8 MeV	G. R. Newbery, D. K. Bewley: The performance of the Medical Research Coucil 8 MeV linear accelerator. Brit. J. Radiol. 28 (1955) 241*.
15 MeV	Depth dose tables for use in radiotherapy. Brit. J. Radiol. Suppl. 10 (1961).
20 bis 25 MeV	G. Shapiro, W. S. Ernst, J. Ovadia: Radiation dose distribution in water for 22.5 MeV peak roentgen rays. Radiology 66 (1956) 429. J. S. Laughlin, J. M. Beattie, J. E. Lindsay, R. A. Harvey: Dose distribution measurements with the University of Illinois 25 MeV Medical Betatron. Amer. J. Roentgenol. 65 (1951) 787.
30 bis 35 MeV	R. Wideroe: Integraldosen für 200 kV-Röntgen und für Megavoltstrahlen. Strahlentherapie 110 (1959) 1.

* Tabellen dieser Autoren sind ebenfalls in Brit. J. Radiol. Suppl. 10 (1961) abgedruckt.

Energie über einen größeren Tiefenbereich abgeben. Bei Photonenenergien unter etwa 300 kV liegt das Dosismaximum dicht unter der Oberfläche des bestrahlten Wasserphantoms bzw. Körpers.

Allgemein hängt die Verteilung der Tiefendosis von der spektralen Verteilung der Photonenenergie (Strahlenqualität), von den verwendeten Filtern, vom Quelle-Oberflächen-Abstand (source-to-surface-distance, SSD) und von der Feldgröße ab [19, 394, 549, 569, 800]. Die Strahlenqualität (s. Abschn. 6.5.2) wird bei Röntgenstrahlungen mit Erzeugungsspannungen zwischen 10 kV und 3000 kV durch die Röhrenspannung und die Halbwertsdicke charakterisiert (s. Abschn. 6.5.2.2, 6.5.3.2 und Tab. 6–9), bei ultraharter Röntgenstrahlung durch die maximale Photonenenergie, das Gesamtfilter und das Antikathodenmaterial.

Messungen der Tiefendosis längs des Achsstrahles sind in großer Zahl und unter verschiedenen Bedingungen ausgeführt worden. Von der ICRU werden die Informationsquellen nach Tab. 7–17 empfohlen [371]. Berechnungen der absoluten Tiefendosis im Zentralstrahl einer ^{60}Co-Quelle führten EISENLOHR und ABEDIN-ZADEH aus [220b].

Die im folgenden gekürzt wiedergegebenen Einzeltabellen 7–18 bis 7–22, aus denen sich Zwischenwerte graphisch ermitteln lassen, enthalten die prozentuale Tiefendosis in Wasser längs des Achsstrahles für einige Röntgenstrahlenqualitäten nach JOHNS u. CUNNINGHAM [391] sowie für Kobalt-60-Gammastrahlen nach Angaben der Hospital Physicists' Association [347].

Tabelle 7–18. Prozentuale Tiefendosis, Scheitelspannung ca. 70 kV, nur Eigenfilter. HWS = 1,0 mm A

Fläche (cm²)	0	3,1	12,5	50	100
Durchmesser (cm)	0	2	4	8	11,3
Tiefe (cm)	Fokus-Haut-Abstand 15 cm				
0	100	100	100	100	100
0,5	61	74	81	86	87
1	42	56	63	67	69
2	23	32	39	42	44
3	13	19	24	27	29
4	8	12	15	19	20
8	2	2	3	4	5
	Fokus-Haut-Abstand 30 cm				
0	100	100	100	100	100
0,5	63	76	83	88	89
1	45	60	66	70	71
2	25	36	42	46	48
3	16	22	27	31	33
4	10	14	18	22	23
8	2	3	4	6	7

7.4.10.2   *Gewebe-Luft-Verhältnis (Tissue-Air-Ratio)*
[340, 347, 371, 377a, 509]

Das Gewebe-Luft-Verhältnis ist in Abschn. 7.4.5.5 anhand der Abb. 7–33 erläutert.
Bei der Bestimmung von Tiefendosiswerten bleibt der Abstand zwischen der Strahlenquelle und der Oberfläche des Phantoms konstant. Demgegenüber braucht man bei bewegter Strahlenquelle Tabellen für das Verhältnis der Energiedosis im Gewebe

Tabelle 7–19. Prozentuale Tiefendosis, Scheitelspannung ca. 120 kV, 1,0 mm-Al-Filter. HWS = 3,0 mm Al

Fläche (cm²)	0	3,1	12,5	50	100
Durchmesser (cm)	0	2	4	8	11,3
Tiefe (cm)					
	Fokus-Haut-Abstand 15 cm				
0	100	100	100	100	100
0,5	75	85	88	90	90
1	58	70	76	78	80
2	37	48	56	60	62
3	24	33	41	46	48
4	17	23	30	35	37
8	4	6	9	13	14
	Fokus-Haut-Abstand 30 cm				
0	100	100	100	100	100
0,5	77	86	90	92	92
1	62	74	79	82	83
2	41	54	61	66	67
3	29	39	46	53	55
4	21	28	35	42	44
8	6	9	12	17	19

Tabelle 7–20. Prozentuale Tiefendosis, HWS: 1,0 mm Cu, Fokus-Haut-Abstand 50 cm

Tiefe cm	Feldgröße in cm²					
	0	20	50	100	200	400
0	100,0	100,0	100,0	100,0	100,0	100,0
1	79,0	94,2	98,2	100,8	102,6	103,0
2	63,0	83,2	90,2	94,2	96,9	98,4
4	40,5	62,0	70,6	77,1	82,4	86,4
6	26,3	44,4	52,5	59,2	64,9	69,8
8	17,3	31,2	38,2	44,6	50,3	55,5
10	11,3	21,9	27,8	33,1	38,3	43,6
12	7,4	15,4	20,1	24,4	29,1	33,8
14	4,8	10,8	14,4	17,9	21,9	25,8
16	3,2	7,6	10,8	13,2	16,4	19,8
18	2,1	5,3	7,4	9,6	12,3	15,2
20	1,4	3,7	5,4	7,1	9,1	11,6

(Wasser) zur Energiedosis in Luft für einen festen Abstand zwischen Strahlenquelle und Detektor, denn in diesem Falle ändert sich die Entfernung zwischen Quelle und Oberfläche. Die Tab. 7–23 enthält das Gewebe-Luft-Verhältnis für Kobalt-60-Gammastrahlung bei verschiedenen Feldgrößen als Funktion der Tiefe nach Angaben der Hospital Physicists' Association [347]. Diese Werte hängen relativ wenig vom Quelle-Detektor-Abstand ab.

Tabelle 7–21. Prozentuale Tiefendosis, HWS: 3,0 mm Cu, Fokus-Haut-Abstand 50 cm

Tiefe cm	Feldgröße in cm²					
	0	20	50	100	200	400
0	100,0	100,0	100,0	100,0	100,0	100,0
1	82,3	94,7	97,4	99,0	100,5	101,4
2	68,0	85,8	89,8	92,7	95,4	97,6
4	46,4	64,8	71,8	77,0	81,8	85,9
6	32,0	47,7	54,9	60,9	66,4	71,0
8	22,0	34,9	41,5	47,6	53,0	58,2
10	15,4	25,3	31,1	36,6	41,8	46,8
12	10,7	18,5	23,2	27,9	32,7	37,3
14	7,5	13,4	17,3	21,2	25,4	29,5
16	5,3	9,8	12,9	16,1	19,7	23,4
18	3,7	7,2	9,6	12,2	15,4	18,5
20	2,6	5,2	7,2	9,3	11,9	14,6

Tabelle 7–22. Prozentuale Tiefendosis für Kobalt-60-Gammastrahlen, Quelle-Haut-Abstand 50 cm

Feldgröße (cm)	0	4×4	5×5	6×6	7×7	8×8	10×10	12×12	15×15	20×20
Rückstreufaktor	1,00	$1,01_1$	$1,01_4$	$1,01_6$	$1,01_9$	$1,02_1$	$1,02_6$	$1,03_0$	$1,03_7$	$1,04_6$
Tiefe (cm)										
0,5	100,0	100,0	100,0	100,0	100,0	100,0	100,0	100,0	100,0	100,0
1	94,6	96,0	96,4	96,7	97,0	97,1	97,5	97,6	97,7	97,7
2	85,2	88,7	89,4	90,1	90,6	90,9	91,4	91,7	91,9	92,1
3	76,8	81,6	82,7	83,6	84,2	84,7	85,4	85,8	86,2	86,7
4	69,3	75,0	76,3	77,3	78,2	78,7	79,6	80,0	80,7	81,5
5	62,6	68,8	70,2	71,3	72,3	72,9	74,0	74,6	75,4	76,4
6	56,4	63,0	64,3	65,6	66,6	67,4	68,6	69,4	70,3	71,6
7	51,0	57,6	59,0	60,2	61,2	62,1	63,4	64,4	65,5	67,0
8	46,1	52,6	53,9	55,2	56,3	57,1	58,5	59,6	60,9	62,6
9	41,7	48,0	49,3	50,5	51,5	52,4	53,9	55,1	56,6	58,5
10	37,8	43,8	45,0	46,2	47,2	48,1	49,7	50,9	52,5	54,7
11	34,3	40,0	41,2	42,3	43,3	44,2	45,8	47,0	48,7	51,1
12	31,1	36,5	37,7	38,8	39,8	40,7	42,2	43,5	45,2	47,7
13	28,2	33,3	34,6	35,6	36,5	37,4	39,0	40,2	42,0	44,5
14	25,6	30,5	31,6	32,6	33,5	34,4	36,0	37,3	39,0	41,6
15	23,3	27,9	28,9	29,9	30,8	31,6	33,2	34,6	36,3	38,8
16	21,1	25,5	26,5	27,4	28,4	29,1	30,6	32,0	33,8	36,3
17	19,3	23,3	24,2	25,1	26,0	26,8	28,2	29,6	31,5	34,0
18	17,5	21,3	22,0	23,0	23,8	24,7	26,1	27,5	29,3	31,8
19	15,9	19,5	20,3	21,1	22,0	22,7	24,1	25,5	27,3	29,8
20	14,5	17,8	18,6	19,4	20,1	20,9	22,2	23,6	25,4	27,9
22	(12,0)	(14,9)	(15,6)	(16,3)	(17,0)	(17,7)	(18,9)	(20,2)	(22,0)	(24,2)
24	(10,0)	(12,4)	(13,0)	(13,7)	(14,3)	(15,0)	(16,1)	(17,3)	(19,0)	(21,2)
26	(8,2)	(10,4)	(11,0)	(11,5)	(12,1)	(12,7)	(13,8)	(14,9)	(16,5)	(18,5)
28	(6,8)	(8,7)	(9,2)	(9,7)	(10,2)	(10,8)	(11,8)	(12,8)	(14,3)	(16,2)
30	(5,6)	(7,2)	(7,7)	(8,2)	(8,6)	(9,1)	(10,1)	(11,0)	(12,4)	(14,2)

(aus: Depth dose tables for use in radiotherapy. Brit. J. Radiol. Suppl. 10 [1961])

Tabelle 7–23. Gewebe-Luft-Verhältnis für Kobalt-60-Gammastrahlen

Feldgröße (cm) Tiefe (cm)	0	4×4	5×5	6×6	7×7	8×8	10×10	12×12	15×15	20×20
0,5	1,000	1,011	1,014	1,016	1,019	1,021	1,026	1,030	1,037	1,046
1	0,965	0,989	0,995	1,000	1,004	1,009	1,018	1,024	1,031	1,042
2	0,905	0,950	0,959	0,967	0,974	0,981	0,992	1,001	1,009	1,020
3	0,845	0,910	0,921	0,932	0,941	0,948	0,961	0,970	0,982	0,995
4	0,792	0,868	0,881	0,894	0,905	0,914	0,929	0,940	0,953	0,968
5	0,742	0,824	0,840	0,854	0,866	0,877	0,893	0,906	0,922	0,939
6	0,694	0,781	0,799	0,813	0,826	0,838	0,855	0,870	0,887	0,908
7	0,650	0,736	0,755	0,772	0,785	0,798	0,817	0,833	0,850	0,875
8	0,608	0,694	0,712	0,728	0,742	0,756	0,777	0,794	0,815	0,841
9	0,570	0,652	0,671	0,688	0,703	0,716	0,739	0,756	0,778	0,808
10	0,534	0,615	0,631	0,648	0,663	0,676	0,700	0,719	0,745	0,776
11	0,501	0,578	0,596	0,611	0,628	0,640	0,664	0,684	0,709	0,744
12	0,469	0,542	0,560	0,577	0,592	0,605	0,629	0,650	0,677	0,712
13	0,440	0,507	0,527	0,543	0,557	0,572	0,596	0,616	0,643	0,680
14	0,412	0,478	0,496	0,512	0,527	0,540	0,564	0,587	0,615	0,650
15	0,386	0,451	0,466	0,481	0,496	0,510	0,534	0,557	0,585	0,620
16	0,361	0,425	0,440	0,454	0,468	0,481	0,506	0,528	0,556	0,593
17	0,338	0,400	0,415	0,430	0,442	0,455	0,479	0,500	0,530	0,568
18	0,317	0,375	0,391	0,405	0,418	0,431	0,454	0,474	0,503	0,542
19	0,297	0,352	0,367	0,380	0,394	0,406	0,429	0,449	0,477	0,518
20	0,278	0,330	0,345	0,358	0,371	0,383	0,405	0,425	0,454	0,494
22	0,246	0,291	0,304	0,316	0,328	0,341	0,362	0,382	0,411	0,449
24	0,215	0,257	0,268	0,279	0,290	0,301	0,321	0,341	0,369	0,407
26	0,187	0,227	0,236	0,246	0,256	0,266	0,286	0,305	0,331	0,366
28	0,164	0,200	0,209	0,218	0,226	0,236	0,253	0,272	0,298	0,332
30	0,144	0,175	0,183	0,192	0,200	0,208	0,226	0,243	0,267	0,301

(aus: Depth dose tables for use in radiotherapy. Brit. J. Radiol. Suppl. 10 [1961])

7.4.10.3 *Rückstreufaktor*
[14, 389, 391, 397]

Mit Hilfe des Rückstreufaktors f_R (s. Abschn. 7.4.4.2) ergibt sich die interessierende Dosisgröße, z. B. die Standard-Ionendosis J_{s1} an der Oberfläche des Objektes (Körper oder Phantom) aus der Standard-Ionendosis J_{s2} am gleichen Raumpunkt „frei in Luft", also ohne Objekt, aus Gleichung (7.6): $J_{s1} = f_R \cdot J_{s2}$. Einige Rückstreufaktoren nach verschiedenen Arbeiten [158, 397, 745] enthält Tab. 7–24. Diese Werte stimmen mit den Werten nach Abb. 7–27 nicht völlig überein.

7.4.10.4 *Isodosenverteilung*
[87, 235, 398, 399, 404, 495, 512, 752, 800]

Zweidimensionale Dosisverteilungen werden durch Kurven veranschaulicht, die jeweils Punkte gleicher Dosis in einer Schnittebene verbinden. Die Dosis an einem Punkt im Nutzstrahlenbereich innerhalb des bestrahlten Mediums besteht aus dem vom Primärstrahl erzeugten Anteil und dem Beitrag, der von der Streustrahlung herrührt. Das Verhältnis Streustrahlendosis zu Primärstrahlendosis nimmt mit wachsendem Abstand

Tabelle 7–24. Rückstreufaktoren

Niederenergetischer Bereich

Strahlenqualität			Feldgröße in cm²							
U_{max} kV	Zusatz-filter mm	Halbwerts-dicke mm	5	10	25	50	75	100	200	300
			Rückstreufaktor f_R							
100	0	1 Al	1,07	1,10	1,13	1,16	1,17	1,18	1,19	1,20
100	1 Al	2 Al	1,09	1,12	1,17	1,20	1,22	1,24	1,25	1,27
120	3 Al	4 Al	1,10	1,14	1,21	1,26	1,28	1,30	1,33	1,35
140	0,25 Cu + 1 Al	8 Al 0,45 Cu	1,12	1,16	1,23	1,29	1,32	1,34	1,40	1,42

Mittlerer Energiebereich

Halbwerts-dicke mm Cu	Feldgröße in cm²							
	20	35	50	80	100	150	200	400
	Rückstreufaktor							
1,0	1,20	1,24	1,27	1,32	1,34	1,38	1,41	1,47
1,5	1,18	1,23	1,26	1,30	1,32	1,36	1,39	1,45
2,0	1,16	1,21	1,23	1,27	1,29	1,33	1,36	1,42
2,5	1,15	1,19	1,21	1,25	1,27	1,30	1,33	1,36
3,0	1,14	1,17	1,20	1,23	1,25	1,28	1,31	1,36
3,5	1,13	1,17	1,19	1,22	1,24	1,27	1,30	1,35

Für höhere Photonenenergien wird als Bezugspunkt nicht die Oberfläche, sondern der Ort des Maximums der Dosisaufbaukurve gewählt (s. Abschn. 7.4.3).

vom Achsstrahl zu. Im Schattenbereich der Blende wird die Dosis ausschließlich von der Streustrahlung verursacht und nimmt an der Grenzfläche zwischen Primärstrahlkegel und Schattenbereich sprunghaft ab [392, 404].

7.4.10.4.1 Einzelstehfeldbestrahlung
[363, 377a, 392, 395, 396, 400, 457, 523, 663, 664, 665, 666, 680, 745, 749, 775]

Beispiele für Isodosenverteilungen bei Einzelfeldbestrahlung mit 200 kV Röntgenstrahlung, ^{60}Co-Gammastrahlung und 22 MeV Bremsstrahlung zeigt Abb. 7–38. Die prozentuale Tiefendosis im Schattenraum wird vorwiegend durch die Feldgröße bestimmt. Auch für Isodosenverteilungen mit kreisförmigen und rechteckigen Feldern finden sich Beispiele [396, 400].
Aus Tab. 7–25 erkennt man, daß die prozentuale Tiefendosis einer 2-MV-Bremsstrahlung mit 9-mm-Pb-Filterung stärker mit der Tiefe abnimmt als die 1,25-MeV-Gammastrahlung des ^{60}Co.

7.4.10.4.2 Bestrahlung mit Keilfilter
[162, 163, 175, 445, 749, 775]

Eine Isodosenverteilung läßt sich durch Einbringen eines Keilfilters aus Kupfer, Messing oder Aluminium in gewünschter Weise verändern. Auch in diesem Falle verwendet man bereits anderweitig gemessene Isodosenverteilungen. Die Isodosen liegen

240 Dosimetrie

Tabelle 7–25. Vergleich der Tiefendosis bei der Gammastrahlung von ^{60}Co und der 2-MV-Röntgenbremsstrahlung bei 9-mm-Pb-Filterung (nach MORRISON u. Mitarb.[523])

Tiefe cm	Feldgröße 5 × 5 cm FHA 100 cm		Feldgröße 10 × 10 cm FHA 100 cm	
	Kobalt 60	2 MV Rö.-Strahlen	Kobalt 60	2 MV Rö.-Strahlen
0,5	100	100	100	100
1,0	97	91	98	98
5,0	76	66	80	75
10,0	52	44	58	52
15,0	36	30	41	36
20,0	24	20	29	25

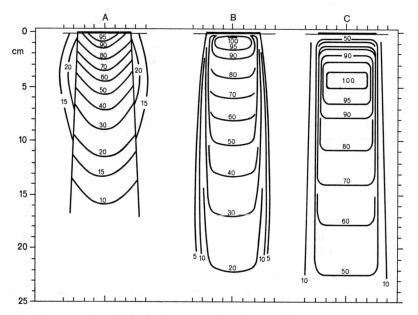

Abb. 7–38. Zweidimensionale Isodosenverteilung. Die Zahlen an den Isodosen sind die Prozentualwerte bezogen auf die maximale Tiefendosis. A 200 kV Röntgenstrahlung, Halbwertsdicke 1,5 mm Cu, FHA 50 cm, Feldgröße 5 × 7 cm²; B Kobalt-60-Gammastrahlung, Quelle-Haut-Abstand 80 cm Feldgröße 5 × 7 cm²; C 22 MeV Bremsstrahlung, FHA 70 cm, Feldgröße 6 cm Durchmesser (nach JOHNS [389] und JOHNS u. CUNNINGHAM [391])

nicht mehr symmetrisch um den Zentralstrahl (Abb. 7–39). Das Komplement des Winkels, den die Tangente einer Isodosenkurve mit dem Zentralstrahl bildet, wird gelegentlich als quantitatives Maß für die Wirksamkeit eines Keilfilters verwendet (wedge-isodose-angle).
Einzelfeld-Isodosenverteilungen mit und ohne Keilfilter sind in den Veröffentlichungen von TSIEN u. COHEN [749] sowie WEBSTER u. TSIEN [775] dargestellt.

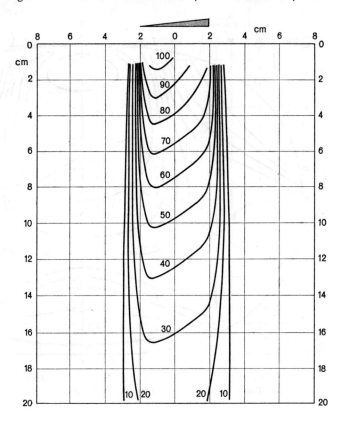

Abb. 7–39. Zweidimensionale Isodosenverteilung für ^{60}Co-Gammastrahlung mit Keilfilter. Quellendurchmesser 2 cm, Feldgröße 4 × 6 cm², Quelle-Haut-Abstand 65 cm (nach WEBSTER u. TSIEN [775])

7.4.10.4.3 Mehrfeldbestrahlung
[165]

Bei der Mehrfeldbestrahlung wird der Patient zwei oder mehreren Stehfeldern ausgesetzt, wobei naturgemäß eine Vielzahl von Isodosenverteilungen möglich ist, die durch folgende Parameter charakterisiert werden:

1. Strahlenenergie.
2. Anzahl der Felder. Bei sehr großer Anzahl nähert sich die Verteilung derjenigen bei Bewegungsbestrahlung.
3. Feldgröße, die für die Einzelfelder verschieden sein kann.
4. Dosisleistung, die für die Einzelfelder verschieden sein kann.
5. Strahlrichtungen, die bei drei oder mehr Strahlen nicht in einer Ebene zu liegen brauchen.
6. Quelle-Haut-Abstände der einzelnen Strahlen.
7. Winkel zwischen den einzelnen Achsstrahlen.

Wegen der vielen Kombinationsmöglichkeiten werden Isodosenkurven bei Mehrfeldbestrahlung grundsätzlich nur durch Addition der Beiträge von den Einzelfeldern gewonnen. Abb. 7–40 zeigt die Dosisverteilung für drei in einer Ebene liegende, um 120° versetzte Einzelfelder mit 10 × 10 cm Feldgröße. Eine Sammlung von Isodosenkarten findet sich bei COHEN u. MARTIN [165].

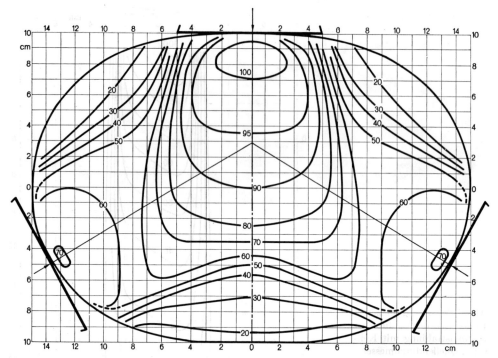

Abb. 7–40. Mehrfeld-Isodosenkurven für ^{60}Co-Gammastrahlung. Drei Felder mit Feldgröße 10×10 cm^2, Trennwinkel $120°$ (nach COHEN u. MARTIN [165])

7.4.10.4.4 Bewegungsbestrahlung
[116, 318, 750, 766, 782]

Bei der Bewegungsbestrahlung wird der Patient einem oder mehreren sich bewegenden Strahlenfeldern ausgesetzt [766]. Auch hier macht es die große Zahl der Parameter unmöglich, die Isodosenkurven für alle denkbaren Fälle darzustellen. Isodosenkarten für Bewegungsbestrahlung finden sich in der Arbeit von TSIEN u. Mitarb. [750].

7.4.10.5 *Integraldosis und Raumdosis*
[91, 138, 139, 140, 146, 223, 413, 499, 501, 626, 654, 759, 760, 783]

Die Integraldosis $W_D = \int D \, dm = \int D \varrho \, dV$ (s. Abschn. 4.4.2) läßt sich im allgemeinen nur auf sehr komplizierte Weise ermitteln, da man die Dosisverteilung und die räumliche Verteilung der verschiedenen Gewebearten und deren Dichte genau kennen muß. In Sonderfällen läßt sich die Integraldosis bei homogener Materie näherungsweise berechnen.

In der älteren Literatur herrschen unterschiedliche Vorstellungen über die „Integraldosis" und „Volumendosis" (Raumdosis). So hatte MAYNEORD [499, 501] bereits die Integraldosis als Integral der exposure (s. Abschn. 4.4.5.1, 4.4.5.2 u. 4.4.5.3) über die Masse des Körpers oder Körperbereiches definiert, die in Gramm-Röntgen (gR) oder Kilogramm-Röntgen (kgR) angegeben wurde. Einige Autoren [223, 413, 626, 759, 760] benutzten auch den Begriff der Raum- oder Volumendosis. Da die auf den Körper oder Körperbereich insgesamt übertragene Energie außer von der Energiedosis auch von dem Produkt aus Dichte und Volumen und nicht nur vom Volumen abhängt, sollte unter Integraldosis „W_D" künftig nur die Größe $\int D \, dm$ verstanden werden, für die gelegentlich auch das Symbol Σ verwendet wird [389, 390, 391].

a) In einem homogenen Medium (ϱ = const.) läßt sich die Integraldosis bei bekannten, symmetrisch um den Achsstrahl gelegenen Isodosen und kreisrunder Strahlenblende nach Abb. 7–41 folgendermaßen berechnen:

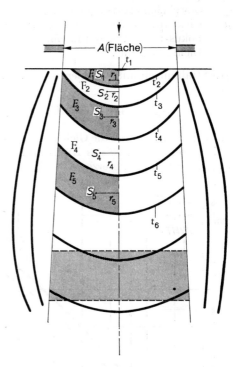

Abb. 7–41. Zur Ermittlung der Integraldosis aus den Isodosenkurven für die relativen Tiefendosiswerte t_1 bis t_n bei einer Oberflächendosis D_0 und einem Blendenquerschnitt A (s. auch JOHNS [390])

Man bestimmt die Volumina $V_1 \ldots V_n$ und die zugehörigen Massen $m_1 \ldots m_n$ aus den von zwei Isodosen und dem Achsstrahl begrenzten Flächen $F_1 \ldots F_n$ und den Abständen $r_1 \ldots r_n$ der zugehörigen Schwerpunkte $S_1 \ldots S_n$ dieser Flächen von dem Achsstrahl nach der Guldinschen Regel:

$$V = 2\pi r F; \qquad m = \varrho \cdot V.$$

Für die Materie zwischen zwei Isodosenflächen mit den relativen Tiefendosiswerten $t_1 = D_1/D_0$ und $t_2 = D_2/D_0$ beträgt die mittlere relative Tiefendosis $(t_1+t_2)/2 = (D_1+D_2)/2D_0$, wobei D_0 die Energiedosis im Achsstrahl an der Körperoberfläche ist. Die Integraldosis W_D erhält man dann durch Summation der Einzelbeträge:

$$W_D = \pi \cdot \varrho \cdot D_0 [(t_1+t_2) r_1 F_1 + (t_2+t_3) r_2 F_2 + \cdots + (t_{n-1}+t_n) r_{n-1} F_{n-1}]. \tag{7.25}$$

Für rechteckige oder quadratische Blendenquerschnitte liefert das folgende Verfahren einen Näherungswert.

b) Man ersetzt die gekrümmten Isodosenflächen durch ebene Flächen senkrecht zum Achsstrahl (Abb. 7–41). Für ein annähernd paralleles Strahlenbündel ergibt sich die Integraldosis W_D in einem homogenen Medium (ϱ = const.) in Gramm-Rad (g rd) nach folgender Zahlenwertgleichung [390].

$$W_D = 1{,}44\, D_0 \cdot \varrho \cdot A \cdot s_1 \left[1 + 2{,}88\, \frac{s_1}{a} - \left(1 + 2\frac{d}{a} + 2{,}88\, \frac{s_1}{a} \right) \right. \\ \left. \times \exp\left(-0{,}693\, \frac{d}{s_1} \right) \right] \tag{7.26}$$

Dabei ist

D_0 Energiedosis an der Körperoberfläche in Rad,
A Querschnittsfläche der Blende in cm²,
s_1 Gewebehalbwertsdicke in cm,
d Dicke des Patienten bzw. des Körperteiles in cm,
a Fokus-Haut-Abstand in cm,
ϱ Dichte in g/cm³.

Bei Strahlungen mit Energien unter etwa 400 keV vereinfacht sich die obige Gleichung zu:

$$W_D = 1{,}44 \cdot D_0 \cdot \varrho \cdot A \cdot s_1 \cdot \left(1 + 2{,}88 \frac{s_1}{a}\right). \tag{7.27}$$

Allerdings wird durch die Gleichungen (7.25) bis (7.27) der Anteil der Integraldosis nicht erfaßt, der außerhalb des Nutzstrahlenbündels in den angrenzenden Körperbereichen durch Streustrahlung erzeugt wird.

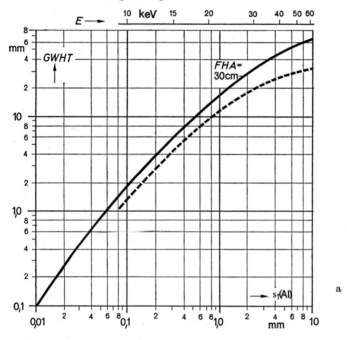

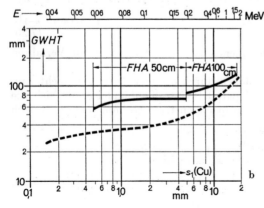

Abb. 7–42. Die Gewebehalbwertstiefe (GWHT) als Funktion der Al-Halbwertsdicke s_1 (Al) (a) und der Cu-Halbwertsdicke s_1 (Cu) (b) für 100 cm² Feldgröße und FHA 30 cm; 50 cm und 100 cm, ausgezogene Kurven nach WACHSMANN u. DIMOTSIS [763], und die für monoenergetische Photonenstrahlungen berechneten Werte bei schmalem Bündel, gestrichelte Kurven. Die Energieskala am oberen Rand der Diagramme gilt für monoenergetische Strahlen

Die *Gewebehalbwertsdicke* (auch *Gewebehalbwertstiefe*, GWHT) ist die Gewebeschichtdicke, durch die die betreffende Dosisgröße auf die Hälfte herabgesetzt wird. Sie hängt außer von der Gewebeart, von der Stahlenqualität, vom Fokus-Haut-Abstand und von der Feldgröße ab, die Werte in der Literatur [522, 763] gelten im allgemeinen für Weichteilgewebe und weichen zum Teil voneinander ab. Die ausgezogenen Kurven in Abb. 7–42a u. b zeigen die GWHT als Funktion der Al-Halbwertsdicke s_1 (Al) und der Cu-Halbwertsdicke s_1 (Cu) für Feldgrößen von 100 cm² und Fokus-Haut-Abstände von 30, 50 und 100 cm nach WACHSMANN u. DIMOTSIS [763]. Die gestrichelten Kurven sind für Weichteilgewebe und schmale monoenergetische Photonenstrahlenbündel berechnet. Der Berechnung wurden die μ/ϱ-Werte für Wasser (anstelle von Weichteilgewebe), Aluminium und Kupfer nach Tab. 6–4, die Dichte für Muskel $\varrho = 1,05$ g/cm³ und die Beziehung $s_1 = 0{,}693/\mu$ zugrunde gelegt.

Die ausgezogenen Kurven für breite Bündel liegen infolge der stärkeren Streuung über den gestrichelten Kurven für schmale Bündel.

7.4.10.6 Dosisverteilung bei Berücksichtigung der heterogenen Zusammensetzung des menschlichen Körpers
[23, 176, 702, 703, 706, 764, 810]

Die meisten Tafeln und Tabellen sind aus Messungen an homogenen Phantomen aus weichteilgewebeähnlichen Substanzen gewonnen, lassen aber die z.T. gänzlich anderen Absorptions- und Streuverhältnisse in Fett-, Lungen- oder Knochengewebe außer acht. Die heterogene Zusammensetzung des menschlichen Körpers muß jedoch vielfach berücksichtigt werden. Abb. 7–43 [703] zeigt den Tiefendosisverlauf bei einer Kiefer-

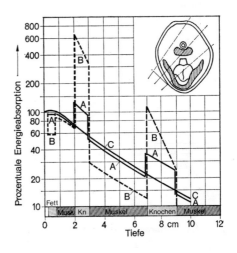

Abb. 7–43. Die prozentuale Energieabsorption als Funktion der Tiefe im Unterkiefer für die oben angegebene Strahlrichtung in die tonsillare Region. A Radium-Gammastrahlung, Feldgröße 20 cm², FHA = 5 cm, E_γ = 830 keV; B 140 kV-Röntgenstrahlung, Feldgröße 22 cm², FHA = 15 cm, E_eff = 52 keV; C Aus Tiefendosistabellen (nach SPIERS [703])

durchstrahlung mit der Radium-Gammastrahlung (A), mit 140 kV Röntgenstrahlung (B) und für ein homogenes Phantom (C). Der durch die Absorption in den Knochenschichten beeinflußte Dosisverlauf ist deutlich erkennbar. In den Abb. 7–44 und 7–45 [389, 391] sind die Tiefendosen für ein homogenes Phantom und für ein Phantom mit eingelagerter 3 cm dicker Knochenschicht für eine Röntgenstrahlung mit einer Halbwertsdicke von 1 mm Cu und für die Kobalt-60-Gammastrahlung schematisch dargestellt. Bei der Röntgenstrahlung ist der Massen-Energieabsorptionskoeffizient η'/ϱ (s. Abschn. 6.4.5) von Knochen größer als der von Weichteilgewebe, bei der Kobalt-60-Strahlung dagegen kleiner als der von Weichteilgewebe, infolgedessen steigt die Energiedosis im ersten Fall im Knochen stark an, während sie im zweiten Fall unter der Kurve für das homogene Phantom liegt. Neben der Energiedosis ist außerdem die absorbierte Energie pro Volumen $D \cdot \varrho = dW_D/dV$ dargestellt. In Wirklichkeit ändert sich der Dosisverlauf infolge von Übergangseffekten nicht so sprunghaft.

Zur Dosierung bei der Therapie von Knochensarkomen muß die Absorption im Knochen berücksichtigt werden.

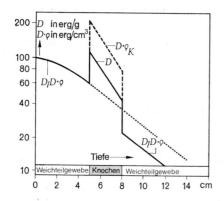

Abb. 7-44. Die Energiedosis D in erg/g (——) und $D \cdot \varrho = dW_D/dV$ in erg/cm³ (---) als Funktion der Tiefe in einem weichteiläquivalenten Phantom ($\varrho = 1$ g/cm³) mit einer 3 cm dicken Knochenschicht ($\varrho_K = 1{,}85$ g/cm³) für eine Röntgenstrahlung mit einer Halbwertsdicke von 1 mm Cu. Feldgröße 6 cm × 8 cm, FHA = 50 cm.
D Knochen / D Weichteilgewebe = (η'/ϱ) Knochen / (η'/ϱ) Weichteilgewebe = 1,9.
(····) Tiefendosis ohne Knochenschicht (nach JOHNS [389] und JOHNS u. CUNNINGHAM [391])

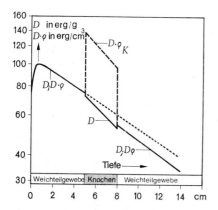

Abb. 7-45. Die Energiedosis D in erg/g (——) und $D \cdot \varrho = dW_D/dV$ in erg/cm³ (---) als Funktion der Tiefe in einem weichteilgewebeäquivalenten Phantom ($\varrho = 1$ g/cm³) mit einer 3 cm dicken Knochenschicht ($\varrho_K = 1{,}85$ g/cm³) für ^{60}Co-Gammastrahlung. Feldgröße 6 cm × 8 cm, FHA = 80 cm,
D Knochen / D Weichteilgewebe = (η'/ϱ) Knochen / (η'/ϱ) = 0,96.
(····) Tiefendosis ohne Knochenschicht (nach JOHNS [389] und JOHNS u. CUNNINGHAM [391])

7.4.10.7 *Berechnung von Dosisverteilungen mit Computern*
[137, 168, 237, 367, 464, 564, 647, 674, 675]

Seit längerem werden Dosisverteilungen für äußere und innere Strahlenquellen auch mit Computern berechnet.

Angaben über Computer, über die Nutzung der vorhandenen Programme, Lochkarten, Blockdiagramme und Magnetbänder sind im Anhang II der IAEA-Publikation [367] veröffentlicht.

Um einen Überblick über die Methode zur Ermittlung von Isodosen mit Datenverarbeitungsanlagen zu geben, werden einige Abschnitte und Abbildungen aus der Arbeit von PERSSON u. ROHLEDER [564] übernommen.

,,Das Fernziel der Bestrahlungsplanung: Der Arzt bestimmt die Tumorlage und legt die für die Behandlung notwendige Dosis fest. Der Computer errechnet die Bestrahlungs-

parameter. Er gibt also unter anderem an, aus welcher Entfernung, unter welchem Winkel und mit welcher Feldgröße der Krankheitsherd behandelt werden kann, so daß der Tumor die vorbestimmte Dosis erhält, die Umgebung jedoch möglichst geschont bleibt. Diese Aufgabe — eine schwierige Optimierung — ist leider noch nicht gelöst."
„Mit einem Computer läßt sich die Isodosenverteilung mit Stehfeldern aus einigen vorgegebenen Parametern errechnen — wesentlich schneller, als sie in Wasserphantomen experimentell zu bestimmen ist. Die Rechenergebnisse stimmen mit den Messungen überein. Auch sind die Berechnungen nur maschinell durchführbar, denn die verwendeten Formeln sind für eine manuelle Berechnung zu kompliziert."
„Das Berechnen der resultierenden Dosisverteilung ... ist im Prinzip nur eine Addition vieler Einzelwerte. Sie ist nicht kompliziert, aber umfangreich. ... Um dem Radiotherapeuten einen anschaulichen Überblick zu geben, werden diese Werte nicht in Tabellenform, sondern entsprechend ihrer geometrischen Verteilung ausgedrückt" ... (Abb. 7–46).

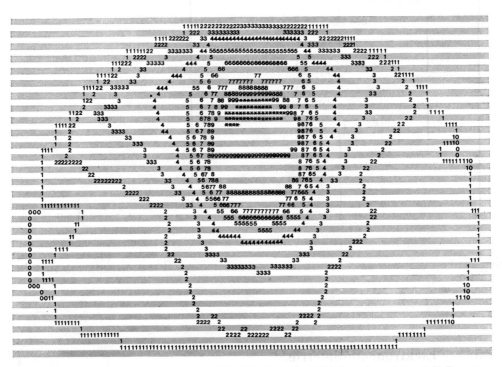

Abb. 7–46. Mit Computer berechnete Pendelfeldisodosen für 180°-Pendelung (aus: J. E. Persson, K. Rohleder [564])

„Einen Überblick über den Programmablauf gibt Abb. 7–47. Für das Berechnen der Isodosenverteilung benötigt die Datenverarbeitungsanlage außer der gerätespezifischen Formel die Bestrahlungsparameter (Pendelradius, Pendelwinkel, Achstiefe, Feldbreite) und die Kontur des Patientenquerschnitts" ...
„Der Computer ermittelt die relative Dosis, indem er jeden Wert durch den Höchstwert dividiert und mit 10 multipliziert. Auftretende Dezimalstellen werden vernachlässigt."
Vgl. auch Schoknecht [664, 665, 666], Schoknecht u. Klatt [666a], Onai u. Mitarb. [549a].

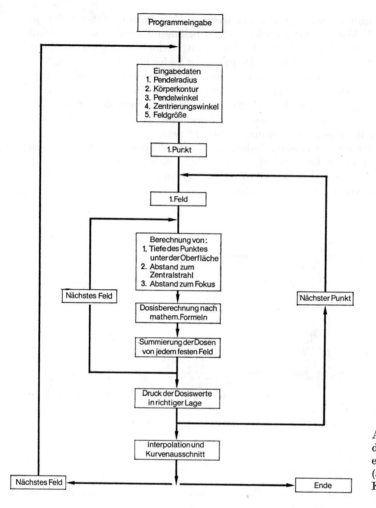

Abb. 7–47. Blockdiagramme des Berechnungsablaufes einer Pendelbestrahlung (aus: J. E. PERSSON, K. ROHLEDER [564])

7.5 Elektronendosimetrie
Von D. HARDER

In diesem Abschnitt wird die Dosimetrie gebündelter Elektronenstrahlung im Energiebereich von etwa 1 bis 50 MeV behandelt. Angaben zur Dosimetrie der Betastrahlung radioaktiver Substanzen enthalten die Abschn. 7.8 u. 7.9. Für die Elektronendosimetrie sind die gleichen Meßeffekte (s. Abschn. 7.3.2) ausnutzbar wie für die Photonendosimetrie (s. Abschn. 7.4), da viele Wirkungen der Photonen durch Sekundärelektronen vermittelt werden. Die Besonderheiten der Elektronendosimetrie ergeben sich vorwiegend aus dem physikalischen Verhalten der Elektronenstrahlung beim Durchgang durch Materie, insbesondere aus der tiefenabhängigen Abbremsung und Aufstreuung [307]. Viele Daten und Verfahren der Elektronendosimetrie sind bereits in Monographien [303, 339, 448, 490, 584], zusammenfassenden Berichten [53, 349, 377, 449, 453, 545, 784], Symposien [52, 217, 265, 454, 815] und DIN-Normen [193, 194] niedergelegt.

7.5.1 Anwendungsbereiche der Elektronenstrahlung

Die Aufgaben der Elektronendosimetrie ergeben sich aus der Anwendung von Betatrons, Linear- und Van-de-Graaf-Beschleunigern [453] zur Elektronentherapie und zur industriellen Materialbestrahlung. Abschirmungsprobleme an Teilchenbeschleunigern für Forschungszwecke sowie in der Raumfahrt [73, 78, 503, 538] (s. auch Abschn. 3.2.1) berühren ebenfalls die Elektronendosimetrie. Die interessierenden Dosis- und Dosisleistungsbereiche zeigt Tab. 7–26.

Tabelle 7–26. Anwendung der Elektronenstrahlung; Energiedosis- und Energiedosisleistungsbereiche

Anwendung	Energiedosis	Energiedosisleistung
Industrielle Materialbestrahlung		
Polymerisierung von Isoliermaterial	1 bis 2 Mrd	1 bis 250 Mrd/s
Sterilisierung von medizinischem Material	2 bis 5 Mrd	1 bis 250 Mrd/s
Vulkanisierung von Silikon und Gummi	10 bis 40 Mrd	1 bis 250 Mrd/s
Vernetzung von Polyäthylen	20 bis 60 Mrd	1 bis 250 Mrd/s
Elektronentherapie	1 bis 10 krd	0,1 bis 1 krd/min
Strahlenschutzmessungen	> 10 mrd	> 1 mrd/h

Bei der Materialbestrahlung [161, 192] variiert die Elektronenenergie etwa zwischen 1 und 15 MeV [125, 334, 339].
In der Strahlentherapie nutzt man die Form der Elektronendosisverteilung (s. Abschn. 7.5.6), die durch annähernd gleichbleibende Dosiswerte bis zu einer bestimmten Tiefe — der „therapeutischen Reichweite" nach Abb. 7–48 — und durch einen anschließenden, relativ steilen Dosisabfall gekennzeichnet ist. Hierdurch wird die homogene Bestrahlung oberflächlicher und oberflächennaher Tumoren bei gleichzeitiger Schonung des tiefer liegenden gesunden Gewebes erreicht [53, 597, 753, 784]. Die meisten Beschleuniger erlauben eine Anpassung der therapeutischen Reichweite an die Tiefenausdehnung des Tumors durch Wahl der günstigsten Elektronenenergie; durch Keilfilter (s. Abschn. 7.5.6.2) kann die Elektronenenergie auch innerhalb eines Bestrahlungsfeldes abgestuft werden.
Tab. 7–27 gibt einen Überblick über die wichtigsten Einsatzmöglichkeiten der Elektronentherapie. Die angegebenen Elektronenenergien sind erprobte Mindestwerte [53, 265, 658, 815] für die einzelnen Herdgebiete, von denen je nach der Tiefenausdehnung des Tumors und der Tiefe des zu schonenden, dahinter liegenden Gewebes nach oben abgewichen wird.
Das Spektrum der mit Dosimetern zu messenden Elektronenstrahlung (s. Abschn. 5.2.6) erstreckt sich infolge der Sekundärelektronenerzeugung fast immer über den gesamten Energiebereich unterhalb der Beschleunigerenergie. Die niederenergetische Komponente des Spektrums muß wegen der geringen Elektronenreichweiten bei der Dosimeterkonstruktion (s. Abschn. 7.5.4) besonders berücksichtigt werden; bei Elektronendosismessungen für Strahlenschutzzwecke genügt im Hinblick auf die Eindringtiefe — auch in Haut und Kleidung — in der Regel eine untere Abschneidegrenze von etwa 250 keV für den Elektronennachweis [188, 353].

7.5.2 Strahlparameter

Die physikalischen Eigenschaften des Elektronenstrahles, der aus dem Kollimatorsystem eines Beschleunigers austritt, bestimmen sowohl die relative Dosisverteilung

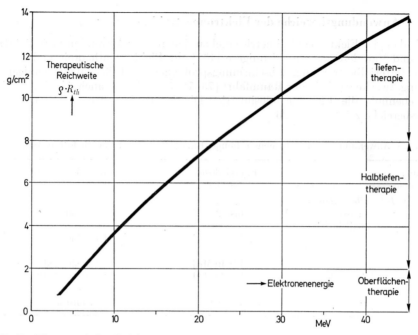

Abb. 7-48. Therapeutische Reichweite gebündelter Elektronenstrahlung nach MARKUS [488], LOEVINGER u. Mitarb. [477] und BECKER u. Mitarb. [53]. Für Energien unter 8 MeV ist $\varrho \cdot R_{th}$ die Tiefe, in der die Tiefendosis den gleichen Wert wie an der Oberfläche erreicht (s. Abb. 7-58). Für Energien oberhalb 8 MeV ist $\varrho \cdot R_{th}$ die Tiefe, in der die Tiefendosis 80% des Maximalwertes erreicht (s. Abb. 7-58 bis 7-60)

Tabelle 7-27. Wichtige Herdgebiete der Elektronentherapie mit Anhaltswerten für die Mindestenergie der Elektronen (nach BECKER u. Mitarb. [53], SCHERER [658], GIL y GIL u. GIL GAYARRE [265], ZUPPINGER u. PORETTI [815])

Mindestenergie						
3 MeV	6 MeV	10 MeV	15 MeV	25 MeV		35 MeV
Haut	Mamma	Zunge	Nasenhöhle	Kieferhöhle		Ösophagus
Lippe	Penis	Mundhöhle	Nasenrachenraum	Zungengrund		Bronchien
Auge		Wange	Gehörgang	Hypopharynx		Darm
Anus			Unterkiefer			Blase
Vulva			Tonsillen			Uterus
			Speicheldrüse			Niere
			Schilddrüse			Weichteile
			Halswirbelsäule			
			Larynx			
			Brustwand			
			Urethra (intrakav.)			
			Lymphknoten			

als auch die Absolutwerte der Energiedosis im bestrahlten Material. Durch charakteristische und gut meßbare Strahlparameter können diese Strahleigenschaften erfaßt, auf Einflüsse der Beschleunigerkonstruktion hin untersucht und reproduzierbar gemacht werden [125, 193, 293, 349, 352, 377, 477, 545, 584, 718, 724, 727].

Auf die örtliche Verteilung der *Relativwerte* der Energiedosis im Absorber („relative Dosisverteilung") haben die Strahlparameter Elektronenenergie und Energieunschärfe, Strahlrichtung und Bündeldivergenz sowie Feldgröße und Feldhomogenität Einfluß. Für die *Absolutwerte* der Energiedosis im Absorber ist die Energiedosis im Bezugspunkt des Absorbers (Bezugsdosis) in Relation zur Monitoranzeige maßgebend („Bezugswertmessung" [193], „Monitorkalibrierung" [584], auch „output convention" [718]).

7.5.2.1 Energie und Energieunschärfe

Das Energiespektrum (spektrale Teilchenflußdichte bzw. spektrale Teilchenstromdichte [s. Abschn. 4.2.2; 4.2.5]) des erzeugten Elektronenstrahls erhält durch Energieverlustschwankungen in Austrittsfenstern, Streufolien [477, 723, 724], Monitorkammern, Kollimatoren [53, 584, 725, 784, 817, 823, 824] und auf dem Luftweg zum bestrahlten Material sowie in Absorberumhüllungen, Deceleratoren und Keilfiltern [831] eine bestimmte Breite oder „Unschärfe".
Da die Energieverteilung der Elektronen vor dem Austritt aus dem Beschleunigerfenster in der Regel außerordentlich schmal ist, spricht man von einer einheitlichen Anfangsenergie oder „Beschleunigerenergie" E_a der Elektronen. Diese tritt auch als Maximalenergie der an einem inneren Target des Beschleunigers erzeugten Bremsstrahlung auf. Bei sehr geringer Flächendichte des Austrittsfensters und anderer Materialien im Weg des Elektronenstrahles haben die auf den Körper oder Absorber treffenden Elektronen ein noch immer sehr schmales Energiespektrum mit der einheitlichen „Oberflächenenergie" E_0:

$$E_0 = E_a - \overline{\Delta E}, \qquad (7.28)$$

wobei $\overline{\Delta E}$ der mittlere Energieverlust in den durchlaufenen Materialschichten durch Stöße und Bremsstrahlungserzeugung (s. Abschn. 5.2) ist.
Zur Messung von E_0 werden oft die Schwellenenergien der Elektrodesintegration bestimmter Atomkerne (s. Abschn. 5.2.7) herangezogen [10, 377, 453, 582, 584, 586, 718, 727]. Ein noch bequemer zugängliches Maß für E_0 ist die unter Standardbedingungen [489] gemessene praktische Reichweite R_p [311, 377] in Wasser oder Aluminium (siehe Abschn. 5.2.4.3).
Die folgenden Werte der praktischen Reichweite wurden für den unendlich breiten Parallelstrahl monoenergetischer Elektronen durch Ionisationsmessung im einseitig unendlich ausgedehnten Absorber mit einer Unsicherheit von ± 0,5% ermittelt [254, 311]:

E_0 in MeV	4,27	10,63	20,43	21,23	28,71	45,9	62,0
R_p (Plexiglas) in g/cm²	2,05	5,53		10,90		23,0	30,0
R_p (Aluminium) in g/cm²	2,20	5,57	10,70		15,17	22,9	28,2

Für die Umrechnung der praktischen Reichweite in Plexiglas auf Stoffe ähnlicher Zusammensetzung (Wasser, Polystyrol) gilt Gleichung (7.40).
Sobald der mittlere Energieverlust im Austrittsfenster und in den übrigen Materialien im Strahlengang jedoch wenige Prozent der Anfangsenergie überschreitet, kann die Energieverteilung der austretenden Elektronen nicht mehr durch die Energie E_0 beschrieben werden. Die Verteilungsfunktion läßt sich mit magnetischen [446] oder, bei geringeren Genauigkeitsansprüchen, mit Szintillationsspektrometern [238] feststellen. In der Praxis benutzt man die „mittlere Energie" $\bar{E}_0$ (arithmetisches Mittel der Verteilungsfunktion) und die „wahrscheinlichste Energie" E_{0p} (Energie für das Maximum der Verteilungskurve) (s. Abb. 5–19 bis 5–21) als Kenngrößen der Energieverteilung an der Oberfläche.
Wendet man bei verbreiterten Elektronenspektren die geschilderten Methoden (Elektrodesintegration, praktische Reichweite) an, so erhält man eine Energie in der Nähe von E_{0p}, die vielfach als Kennwert der Elektronenenergie an der Absorberoberfläche

angegeben wird [718, 727]. E_{0p} errechnet sich auch näherungsweise, indem man von der Anfangsenergie E_a nur den Energieverlust durch Stöße in den Streufolien usw. subtrahiert.

Andere Arbeitsgruppen [477, 584] verwenden die mittlere Energie $\bar{E}_0$ als Kennwert für die Elektronenenergie an der Absorberoberfläche. Zur Bestimmung von $\bar{E}_0$ kann die Reichweiteformel von LOEVINGER u. Mitarb. [477] (s. Abschn. 5.2.4.3) herangezogen werden, die jedoch nur für Streufolien gilt, die einen mittleren Streuwinkel von 10° erzeugen. Aus praktischen Reichweiten, die mit davon abweichenden Streufolien gemessen sind, kann man auf die Loevinger-Reichweite interpolieren [613].

Auch aus der unter Standardbedingungen gemessenen *mittleren* Reichweite des Elektronenbündels kann die mittlere Energie bestimmt werden, da die mittlere Reichweite für ein Elektronenspektrum der mittleren Energie $\bar{E}_0$ gleich der mittleren Reichweite monoenergetischer Elektronen der Energie $\bar{E}_0$ ist [308], sofern die mittlere Reichweite linear von der Elektronenenergie abhängt. Nach Messungen an monoenergetischen Elektronen [310] gilt für Aluminium im Bereich 4 bis 15 MeV:

$$\varrho \bar{R} = 0{,}415 \bar{E}_0 - 0{,}450 \tag{7.29}$$

und für Kohlenstoff im Bereich 4 bis 30 MeV

$$\varrho \bar{R} = 0{,}450 \bar{E}_0 - 0{,}250 \tag{7.30}$$

mit $\varrho \bar{R}$ in g/cm² und $\bar{E}_0$ in MeV. Schließlich läßt sich die mittlere Energie $\bar{E}_0$ auch aus der Anfangsenergie E_a analog zu Gleichung (7.28) durch Subtraktion des mittleren Energieverlustes in den Streufolien und sonstigen Absorberschichten berechnen, sofern die Schichtdicken bekannt und klein gegen die Elektronen-Transportweglänge sind (s. Abschn. 5.2.2.3), andernfalls sind Umwegkorrekturen anzubringen. Entgegen weitverbreiteter Meinung ist hierbei der gesamte Energieverlust einschließlich des Energieverlustes durch Bremsstrahlungserzeugung (Abschn. 5.2.1.2) einzusetzen [477]; die Wahrscheinlichkeit, daß ein Elektron nach Erzeugung eines Bremsquants so stark abgelenkt ist, daß es im Kollimator absorbiert wird, ist bei Elektronenenergien oberhalb 30 MeV vernachlässigbar klein [502, 811]. Bei Betatrons mit weit innerhalb des Magnetfeldes liegenden Streufolien unterstützt allerdings die verstärkte magnetische Ablenkung die Eliminierung stark abgebremster Elektronen [W. POHLIT, pers. Mitt. 1970]. Die Verwendung der verschiedenen Kenngrößen E_{0p} und $\bar{E}_0$ führt nur bei Elektronenenergien oberhalb 25 MeV und dicken Streufolien zu Diskrepanzen, die im Extremfall allerdings mehrere MeV betragen können.

7.5.2.2 *Strahlrichtung und Bündeldivergenz*

Bei Beschleunigern mit magnetischer Auslenkung des Elektronenstrahls wird eine einfache Methode zur Richtungskontrolle benötigt [584] (Abb. 7-49). Q sei der Quellpunkt (bei magnetischer Ablenkung oder Streufolieneinfluß auch virtueller Quellpunkt) des Elektronenstrahls; A, B, C seien drei senkrecht zur Zeichenebene ausgespannte Drähte, die symmetrisch zu der gestrichelten Achse $\overline{OC}$ angeordnet sind. Diese Drähte werden durch den Elektronenstrahl an den Punkten A', B' und C auf einen Röntgenfilm projiziert. Die Abweichung $\varepsilon = \overline{OQ}$ des Quellpunkts von der Symmetrieachse ergibt sich dann aus den meßbaren Abständen a, b_1 und b_2 zu

$$\varepsilon = \frac{1}{2} \frac{a(b_2 - b_1)}{b_1 + b_2 - a}, \tag{7.31}$$

und der Quellpunktabstand s folgt aus

$$s = \frac{a \cdot l}{b_1 + b_2 - a}. \tag{7.32}$$

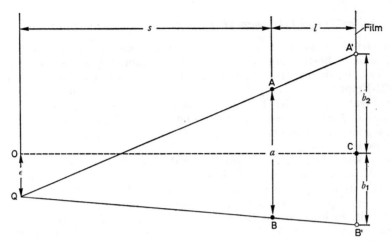

Abb. 7–49. Messung der Strahlrichtung und der Bündeldivergenz, nach POHLIT [584]. Erklärung der Symbole s. Text

Abb. 7–50. Einfluß der Strahldivergenz auf die Tiefendosiskurve, nach POHLIT [584]. Zentralstrahl-Tiefendosiskurven in Plexiglas (Hohlraum-Ionendosis J_c, bezogen auf den Wert $J_{c\,max}$ im Dosismaximum) für 25 MeV Elektronenenergie bei verschiedenem Abstand Quellpunkt/Oberfläche

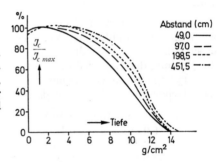

Diese Messung, die sich mit Drahtkreuzen anstelle der drei Drähte gleichzeitig in der Horizontal- und Vertikalebene durch $\overline{OC}$ ausführen läßt, liefert sowohl die Neigung der Strahlachse $\overline{QC}$ gegen die Bezugsrichtung $\overline{OC}$ als auch den Divergenzwinkel $\alpha \approx a/s$ des Elektronenstrahls, falls $\overline{QA}$ und $\overline{QB}$ die Randstrahlen sind. Der Fokus-Haut-Abstand (FHA) wird hierbei von dem so festgelegten Quellpunkt aus gemessen [377, 545].

Die Strahldivergenz beeinflußt erheblich den Verlauf der Tiefendosiskurve [584] (Abb. 7–50). Multipliziert man die Dosis in der Tiefe d des Phantoms mit dem Faktor $(s + d)^2/s^2$ (s Quellpunktabstand der Oberfläche), so eliminiert man praktisch den Einfluß der Strahldivergenz auf die Teilchenfluenz und erhält näherungsweise die „ideale Tiefendosiskurve" [584] für ein paralleles Strahlenbündel.

Bei normalen Quellpunktabständen von etwa 1 m kann man breite Elektronenfelder nur mit erheblicher Strahldivergenz herstellen, sofern man die Feldbreite durch Aufstreuen des Elektronenbündels erzeugt. Dies ist eine der Ursachen für unerwünschte Abflachung von Elektronen-Tiefendosiskurven. Breite Elektronenfelder lassen sich ohne Divergenzvergrößerung durch Abtasten (scanning) des Feldbereiches mit einem schmalen Elektronenstrahl mittels magnetischer Ablenkung [150] oder Kleinwinkelpendelung [612] oder durch Translationsbewegung des Bestrahlungsgutes [334] bzw. Patienten erzielen. Die therapeutischen Reichweiten sind bei diesem Verfahren größer als bei divergenten Elektronenbündeln gleicher Energie.

7.5.2.3 Feldgröße und Feldhomogenität

Die „geometrische Feldgröße" wird durch die Abmessungen des auf das Bestrahlungsfeld aufgesetzten Bestrahlungstubus oder „Kollimators" bzw. dessen Projektion in beliebige Tiefe bestimmt. Hiervon zu unterscheiden ist die „effektive Feldgröße" nach den AAPM-Empfehlungen [718], die durch die 90%-Isodose — gemessen in der Normalebene zur Strahlachse in der Tiefe des Dosismaximums — definiert ist. Der „Homogenitäts-Index" nach SVENSSON u. HETTINGER [727] ist das prozentuale Verhältnis der Fläche, die gemäß einer Messung in 2 cm Tiefe eines Polystyrolphantoms innerhalb der 90%-Isodose liegt, zur „geometrischen Feldfläche".

Durch die Messung in 2 cm Tiefe wird der Einfluß abgebremster Elektronen, vor allem aus den Kollimatorwänden, auf das Meßergebnis reduziert. Das gleiche Ziel wird nach POHLIT [584] erreicht, indem man die Verteilung der Teilchenfluenz (s. Abschn. 4.2.2) über den Bündelquerschnitt durch die induzierte Radioaktivität in einem Kupferlineal feststellt. Elektronen mit Energien unterhalb der Schwellenenergie der Elektrodesintegration (s. Abschn. 5.2.7) des Kupfers (10,85 MeV) tragen nicht zur Aktivierung bei.

Systematische Untersuchungen zum Einfluß der Feldgröße auf die Tiefendosiskurve wurden von MARKUS [490] durchgeführt (s. auch Tab. 7–32).

7.5.2.4 Bezugsdosismessung und Monitorkalibrierung

Um einen Absolutwert der Dosisleistung unter standardisierten Bedingungen zu gewinnen, der sowohl einen Vergleich der Strahlleistungen verschiedener Elektronenbeschleuniger als auch die Monitorkalibrierung ermöglicht, empfiehlt die ICRU [377] die Messung der Energiedosisleistung für Wasser in einem würfelförmigen Wasser- oder Polystyrolphantom von 30 cm Kantenlänge bei 10×10 cm Feldgröße für Quellpunkt-Oberflächen-Abstände größer als 100 cm in folgenden Tiefen:

$$0{,}5 \text{ cm} \quad \text{für} \quad 2 \text{ MeV} \leq E_0 < 5 \text{ MeV}$$
$$1{,}0 \text{ cm} \quad \text{für} \quad 5 \text{ MeV} \leq E_0 < 10 \text{ MeV}$$
$$2{,}0 \text{ cm} \quad \text{für} \quad 10 \text{ MeV} \leq E_0 < 20 \text{ MeV}$$
$$3{,}0 \text{ cm} \quad \text{für} \quad 20 \text{ MeV} \leq E_0 < 50 \text{ MeV}.$$

Diese Meßtiefen werden in DIN 6809 [193] als Bezugstiefen, die Messungen als Bezugsdosismessungen zum Zwecke der Monitorkalibrierung bezeichnet.

7.5.3 Monitore

Da sich bei Elektronenbeschleunigern kurz- und langzeitige Schwankungen der Strahlstromstärke nicht völlig vermeiden lassen, kann man reproduzierbare Bestrahlungen nur mit Hilfe einer Monitormessung, d.h. einer Anzeige der Strahlstromstärke oder ihres Zeitintegrals, durchführen. Der Detektorteil des Monitorgerätes soll die Energie- und Richtungsverteilung des Elektronenstrahls nur wenig beeinflussen und die Strahlstromstärke im *gesamten* Nutzstrahl (s. Abschn. 4.1.3.) erfassen, da sich die Stromdichteverteilung im Querschnitt des Nutzstrahls ändern kann. Am bekanntesten ist der großflächige Transmissionsdetektor (s. Abschn. 7.5.3.1 und 7.5.3.2), für enge Strahlquerschnitte auch der Induktionsmonitor (s. Abschn. 7.5.3.3).

7.5.3.1 Transmissions-Monitorkammern

Mit dünnen, graphitierten oder aluminiumbedampften Kunststoffolien (ab 10 μm Dicke handelsüblich) als Meßelektroden lassen sich großflächige Transmissions-Ionisationskammern einfach herstellen. Die Ionenladung wird entweder nach der Auflademethode oder nach der Townsendschen Kompensationsmethode gemessen [251] (automatische Ausführung [303]). Beispiele sind in der Literatur beschrieben [95, 305, 438, 568, 578, 584].

Für Monitorkammern und Dosimeterionisationskammern ist ein hoher Sättigungsgrad zu fordern, damit Proportionalität zwischen Anzeige und Strahlstromstärke besteht. Nach der Theorie von BOAG [92] erreicht man einen Sättigungsgrad von mehr als 99% bei kontinuierlicher Strahlung für

$$\xi \leq 0{,}2 \quad \text{mit} \quad \xi = m(d^2 \sqrt{q}/U) \tag{7.33}$$

und bei gepulster Strahlung für

$$u \leq 0{,}02 \quad \text{mit} \quad u = \mu(d^2 \cdot r/U), \tag{7.34}$$

wobei $m \approx 15{,}9$ bzw. $\mu \approx 1000$ (Luft: 760 Torr, 20 °C), d Elektrodenabstand in cm, q erzeugte Ionenladung pro Volumen und Zeitintervall in esE/(cm³ s), r erzeugte Ionenladung pro Volumen je Strahlimpuls in esE/cm³ und U Kammerspannung in Volt ist (esE s. Tab. 1–13).

Nach der Theorie, die auch für Photonenstrahlungen gilt, kann man linear auf vollständige Sättigung extrapolieren, wenn man die Anzeige bei kontinuierlicher Strahlung über $1/U^2$, bei gepulster Strahlung über $1/U$ aufträgt; die Pulsdauern müssen klein gegen die Wanderungszeit der Ionen sein. Die Theorie ist nachgeprüft worden [224].

Für Elektronen-Strahlstromstärken an Betatrons unter 10^{-8} A läßt sich in Monitorionisationskammern bei nicht zu großer Stromdichte ein hoher Sättigungsgrad erzielen [240]. Die Beziehung zwischen der Anzeige einer Transmissionskammer und der Strahlstromstärke ist etwas energieabhängig wegen des schwachen Anstiegs des spezifischen Ionisierungsvermögens (etwa 60 Ionenpaare je cm Normalluft) mit der Elektronenenergie im relativistischen Bereich [232, 240]. Der Anstieg beträgt etwa 5% im Energiebereich 5 bis 15 MeV, s. auch Abschn. 3.2 und Abb. 3–1b.

7.5.3.2 Sekundäremissionsmonitore (SEM)

Die Wirkungsweise des SEM beruht auf der Sekundärelektronenemission dünner Metallfolien im Hochvakuum, z.B. 10 μm starker Al-Folien, die zur Vermeidung langsamer Oberflächenveränderungen vergoldet werden [380, 381, 409, 547, 734, 754]. Durch ein negatives Potential an einer „Emitter"-Folie bewegen sich die Sekundärelektronen vorzugsweise in Richtung auf die „Kollektor"-Folie, die, z.B. in der Townsend-Schaltung, auf Erdpotential gehalten werden muß. Im Spannungsbereich zwischen etwa 20 und 100 V erreicht die gemessene Stromstärke, auch bei den höchsten an Linearbeschleunigern erreichten Strahlstromstärken, einen Sättigungswert, nimmt jedoch bei höheren Spannungen langsam wieder ab [380]. Die Stromstärke eines SEM beträgt je Kollektorfolie etwa 2 bis 3% der Strahlstromstärke. Diese Ausbeute ist zwischen 1 und 20 MeV nahezu energieunabhängig [734, 754], steigt aber bei höheren Elektronenenergien deutlich an [380].

7.5.3.3 Induktionsmonitore

Wird ein Elektronenstrahl der Strahlstromstärke I ringförmig mit einem Material hoher Permeabilität $\mu = \mu_0 \mu_r$ umfaßt (s. Tab. 1–13 u. 1–15), so beträgt der magnetische Fluß in diesem Material nach dem Ampère-Theorem

$$\Phi = \frac{\mu_0 \mu_r S I}{2 \pi r}, \tag{7.35}$$

wobei S der Querschnitt und r der mittlere Ringradius des Ringes ist (Abb. 7–51). In einer auf den Ring gewickelten Spule der Windungszahl N wird bei zeitlicher Änderung der Strahlstromstärke die Spannung

$$U_0 = \frac{\mu_0 \mu_r SN}{2\pi r} \frac{dI}{dt} = N \frac{d\Phi}{dt} \tag{7.36}$$

induziert. Wegen des Frequenzganges von μ_r lassen sich Stromänderungen im GHz-Bereich allerdings nicht nachweisen (GHz s. Tab. 1–1 und Abschn. 1.3.1). Durch Integration dieser Spannung mit einem Operationsverstärker wird eine zur Strahlstromstärke proportionale Ausgangsspannung

$$U = \frac{1}{\tau} \int U_0 \, dt \tag{7.37}$$

gewonnen. Eine weitere Integration liefert eine Anzeige proportional zur Gesamtzahl der Elektronen, die den Induktionsring durchlaufen haben. Diese Monitore [204, 380, 818] beeinflussen den Strahl besonders wenig, sind jedoch bei Werten von etwa $\bar{I}/r < 10^{-9}$ A/cm nicht mehr empfindlich genug.

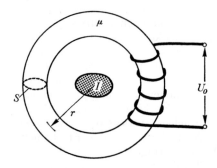

Abb. 7–51. Induktionsmonitor (Prinzipzeichnung).
S Ringquerschnitt, r Ringradius, μ Permeabilität, I Strahlstrom, U_0 Leerlaufspannung

7.5.3.4 *Monitormessung durch Probenentnahme*

Bei zeitlich konstanter Verteilung der Stromdichte im Strahlquerschnitt brauchen die Monitordetektoren nur einen Teil des Strahls zu erfassen. Neben kleinen Ionisationskammern sind Kleinauffänger (isolierte, an eine Ladungsmeßeinrichtung angeschlossene Metallabsorber) zu erwähnen, die durch eine intermittierende Bewegung in den Strahl gebracht werden oder Teile des Blendensystems bilden [125, 377 sowie D. K. BEWLEY, pers. Mitt. 1970]. Kleinauffänger müssen sich im Hochvakuum befinden oder können durch eine isolierende Folie vor der Aufladung durch Luftionen geschützt werden. Verteilt man mehrere kleine Detektoren über den Strahlquerschnitt, so können Schwankungen der Stromdichteverteilung überwacht und gegebenenfalls automatisch kompensiert werden [568]. Bei genügend kleinen kurzzeitigen oder statistischen Schwankungen der Strahlstromstärke kommt auch die Probenentnahme in bestimmten Zeitabständen in Betracht. Zu diesem Zweck können Absorber periodisch durch den Strahl bewegt werden, deren Bremsstrahlung nachgewiesen wird [305], oder der Strahl kann periodisch aus der Nutzstrahlrichtung in eine andere, für Monitormessungen geeignete Richtung abgelenkt werden [361, 820, 830]. Eine dritte Form der Probenentnahme, die zur Überwachung der Energie der Elektronen dient [548], beruht auf dem Nachweis der durch eine Folie elastisch aus dem Nutzstrahl herausgestreuten Elektronen.

7.5.4 Dosismeßmethoden

Dosismessungen sind erforderlich zur Ermittlung der räumlichen Energiedosisverteilungen und zur Kalibrierung des Strahlmonitors auf die Energiedosis am Bezugspunkt (s. Abschn. 7.5.2.4). Mehrere Arbeitsgruppen haben Dosimeter und Dosisverteilungen verglichen [220, 265, 304, 454, 532, 723, 729, 815].

7.5.4.1 Prinzip der Sondenmethode

Bei den meisten Absorbermaterialien, insbesondere bei biologischem Gewebe, läßt sich die darin erzeugte Energiedosis D_m nicht unmittelbar messen, weil die Strahlenwirkungen im Absorber selbst nicht beobachtet werden können. Man bedient sich deshalb einer Substitutionsmethode oder Sondenmethode [160, 249, 269, 270, 301, 304]:

1. Ein kleiner Teil des Absorbermaterials wird an der interessierenden Stelle durch die Dosimetersonde so ersetzt, daß das Strahlungsfeld der Primärelektronen möglichst wenig gestört wird. Die Sonde, deren Abmessungen ein ausreichendes räumliches Auflösungsvermögen gewährleisten müssen, besteht im Prinzip aus dem strahlenempfindlichen „Sondenmaterial", z.B. der Luftfüllung einer Ionisationskammer oder der Meßlösung eines FeSO$_4$-Dosimeters, und der „Sondenwand", z.B. den Elektroden einer Ionisationskammer oder der Bestrahlungsküvette eines FeSO$_4$-Dosimeters (s. Abschn. 7.3.2.4).

2. Aus der Anzeige des Dosimeters läßt sich aufgrund der Kalibrierung oder der physikalischen Daten des Dosimeters die „Sondendosis" D_i bestimmen. Bei absolut messenden Dosimetern ist D_i die im Sondenmaterial erzeugte Energiedosis, bei kalibrierten (nicht absolut messenden) Dosimetern ist D_i die Energiedosis in der Sonde des Bezugsdosimeters. Bei luftgefüllten Ionisationskammern erhält man die Energiedosis in der Luftfüllung als Produkt aus der Hohlraum-Ionendosis J_c (siehe Abschn. 4.4.5.4) und der Konstanten $\overline{W}/e = 33{,}73 \text{ V} = 0{,}870 \text{ rd/R}$ [377] (s. auch Abschn. 3.3.2 und Tab. 3-3).

3. Aus der Sondendosis D_i wird durch Multiplikation mit dem „Dosisumrechnungsfaktor" s_{mi} (relatives Bremsvermögen, stopping power ratio) (s. Abb. 7-32; 7-52; 7-53) und dem Faktor p_i die Energiedosis D_m im Absorbermaterial berechnet:

$$D_m = D_i \cdot s_{mi} \cdot p_i \tag{7.38}$$

Der Korrekturfaktor p_i (s. Tab. 7-28) (perturbation correction) eliminiert die Störung des Strahlungsfeldes durch die Sonde. Gleichung (7.38) ist die verallge-

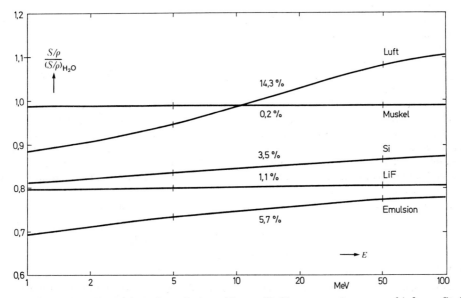

Abb. 7–52. Energieabhängigkeit des relativen Massen-Stoßbremsvermögens verschiedener Stoffe, bezogen auf Wasser. Die relative Änderung im Bereich 5 bis 50 MeV ist in Prozent angegeben. Berechnet aus Massen-Bremsvermögen nach BERGER u. SELTZER [74]

258 Dosimetrie

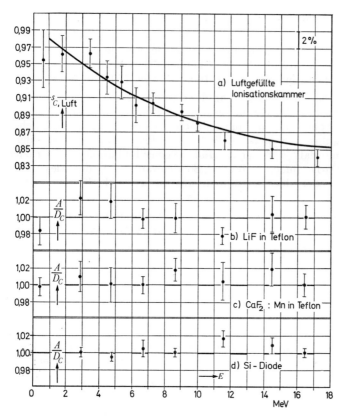

Abb. 7–53. Energieabhängigkeit des Dosisumrechnungsfaktors, bezogen auf Kohlenstoff, nach Messungen von PINKERTON [578]. a) Dosisumrechnungsfaktor $s_{C,Luft}$ (s. Gleichung (7.38)); Meßwerte und aus Gleichung (7.38a) berechnete Werte nach HARDER [302]. b)–d) Auf die Energiedosis D_C in Kohlenstoff bezogene Anzeige A verschiedener Festkörperdosometer [306])

meinerte Bragg-Gray-Gleichung (s. Abschn. 4.4.4) für beliebige Sondentypen der Elektronendosimetrie.

Für den Dosisumrechnungsfaktor s_{mi} sind Material und Bauart der Dosimetersonde entscheidend. Ist das Sondenmaterial, wie z.B. bei unverpackten Dosisfilmen oder LiF-Proben, direkt in das Absorbermaterial eingebettet („wandlose Sonde"), so kann die Transition des Sekundärelektronenspektrums, die nahe der Randfläche des Sondenmaterials entsteht [106], einen Gradienten der Energiedosis innerhalb des Sondenmaterials verursachen. Die mittlere Energiedosis in der Sonde und der Dosisumrechnungsfaktor s_{mi} werden dann vom Sondenvolumen abhängig. Dieser Fall wird, vor allem im Hinblick auf gasgefüllte, wandlose Sonden, in der „Hohlraumtheorie" [135, 424, 449, 490, 715] behandelt, erweist sich jedoch in der Praxis als ungünstig.

Bei geeigneter Wahl von Bauart und Material der Sonde fallen diese Randeffekte jedoch weg, und zwar

a) bei den „umgebungsäquivalenten Sonden", bei denen das Sonden- und gegebenenfalls das Wandmaterial die gleiche oder eine äquivalente (s. Abschn. 6.4.7) Zusammensetzung wie das umgebende Absorbermaterial hat, so daß der Dosisumrechnungsfaktor $s_{mi} = 1$ wird [826];

b) bei nicht umgebungsäquivalenten Sonden, sofern sie genügend dicke, nicht zum Sondenmaterial gehörende „Wände" (Cuvetten- oder Ionisationskammerwände, Probenumhüllungen) besitzen, die mit dem Sondenmaterial in ausreichender Näherung im Sekundärelektronengleichgewicht stehen. Die hierzu erforderlichen Wandstärken betragen in der Elektronendosimetrie nur etwa 2 mg/cm² [194, 302, 377].

Die mittleren Ordnungszahlen von Wand- und Sondenmaterial sollten übereinstimmen, jedoch haben kleine Abweichungen etwa zwischen $Z = 6$ und $Z = 7$ keine merklichen Fehler zur Folge [307, 311]. Der Dosisumrechnungsfaktor wird in diesem Fall gleich dem Verhältnis der Massen-Stoßbremsvermögen von Sonden- und Umgebungsmaterial [302, 311, 377]. Da dieses Verhältnis je nach dem Sondenmaterial von der Elektronenenergie abhängt (s. Abb. 7–32, 7–52, 7–53), sind in Gleichung (7.38a) die Massen-Bremsvermögen für die mittlere Elektronenenergie am Meßort (Tab. 5–2; Gleichung (5.38)) einzusetzen [302, 349, 377, 545].

$$s_{mi} = \frac{(S/\varrho)_m}{(S/\varrho)_i} . \qquad (7.38\text{a})$$

7.5.4.2 Kalorimetrische Dosimeter

Das strahlenempfindliche Material der Sonde wird durch den zentralen Absorber gebildet, dessen Temperaturerhöhung gemessen wird (s. Abschn. 7.3.2.3). Bei Elektronendosismessungen mit Kalorimetern [10, 81, 195, 263, 278, 450, 534, 567, 578, 583] liegen die unteren Meßgrenzen je nach Konstruktion zwischen 10 und 1000 rd/min, aber es können auch sehr hohe Energiedosisleistungen, z.B. 10^{10} rd/s, gemessen werden [794, 828]. Für Kalorimeter gelten alle Gesichtspunkte des Sondenprinzips nach Abschn. 7.5.4.1. Betrachtet man den Absorbermantel als Sondenwand, so können die Gleichungen (7.38) und (7.38a) zur Berechnung der Energiedosis für ein Material benutzt werden, das die Kalorimetersonde umgibt [10, 578].

Das Kalorimeter zeichnet sich, abgesehen vom hohen experimentellen Aufwand, gegenüber anderen Dosimeterarten dadurch aus, daß die Relation der Anzeige zur Sondendosis von der Strahlenqualität in sehr weiten Grenzen unabhängig ist. (Vergleiche die Energieabhängigkeit der Faktoren $\bar{W}$ [377] und G [s. Abschn. 7.5.4.4] für Ionisations- und chemische Dosimeter.) Daher wird das Kalorimeter zur Kalibrierung anderer Dosimeterarten verwendet. Abb. 7–53 zeigt das Ergebnis der Kalibrierung bzw. Vergleichsmessung mit einem Graphitkalorimeter [578]. Während die drei Festkörperdosimeter im untersuchten Bereich keine Energieabhängigkeit in bezug auf die Energiedosis in Graphit erkennen lassen, nimmt der Dosisumrechnungsfaktor Graphit/Luft infolge des Polarisations- oder Dichteeffekts (s. Abschn. 5.2.1.1) mit wachsender Elektronenenergie ab [269, 270, 448, 449].

7.5.4.3 Ionisationsdosimeter

Ionisationskammern für die Elektronendosimetrie müssen sehr dünne Vorderwände haben, damit Energie- und Richtungsverteilung der eintretenden Elektronen möglichst wenig verändert werden. Die Stärke der Vorderwand darf jedoch bei Verwendung in nicht luftäquivalenter Umgebung etwa 2 mg/cm^2 nicht unterschreiten (s. Abschn. 7.5.4.1). Die Meßelektrode soll aus einem Material bestehen, das sich in der Rückstreuung nicht wesentlich vom Umgebungsmaterial unterscheidet. Läßt sich das nicht verwirklichen, so müssen alle Elektroden aus dünnen Folien bestehen, damit auch Elektronen an der Rückseite eintreten können [95, 299, 584].

Bei flachem zylindrischem Meßvolumen ist die fehlerhafte Vermehrung der Ionisation, die durch das Hereinstreuen von Elektronen aus dem Umgebungsmaterial zustande kommt [306], am kleinsten. Durch Schutzelektroden wird außerdem der am Außenrand des Luftvolumens liegende Streusaum vom Meßvolumen ferngehalten. Für Fingerhutkammern ist dieser Streueffekt größer; der Faktor p_i, mit dem die gemessene Ionenladung korrigiert werden muß, hat die Werte nach Tab. 7–28 [377].

Bei flachen Kammern liegt der effektive Meßort, d.h. der Ort im Umgebungsmaterial, dessen Teilchenfluenz die Ionisation in der Kammer bestimmt, unmittelbar hinter der Eintrittsfolie. Bei zylindrischen Kammern (Radius r), die senkrecht zur Zylinderachse bestrahlt werden, liegt der effektive Meßort um $(\pi/4)r$, bei kugelförmigen Kammern um $\tfrac{2}{3}r$ vor der Kammermitte. Je breiter die Richtungsverteilung der einfallen-

Tabelle 7–28. Der Korrektionsfaktor p_i für Gleichung (7.38), berechnet für zylindrische luftgefüllte Ionisationskammern (Radius r) in Wasser bei Bestrahlung senkrecht zur Zylinderachse (aus: D. HARDER [306])

Elektronen- energie MeV	$r = 0{,}25$ cm	$r = 0{,}5$ cm	$r = 0{,}8$ cm
1	0,947		
2	0,970	0,958	
3	0,978	0,970	0,962
4	0,984	0,977	0,972
5	0,986	0,981	0,977
10	0,992	0,989	0,987
20	0,997	0,995	0,993

Elektronen wird, um so mehr rückt der effektive Meßort zur Kammermitte. Messungen [215, 329] ergaben effektive Meßorte zwischen $0{,}65\,r$ und $0{,}75\,r$ vor der Kammermitte.

Die Absorption von Elektronen in Isolatoren der Kammer oder der Zuleitungen muß so gering wie möglich gehalten und notfalls durch Messungen mit umgepolter Kammerspannung eliminiert werden [825], ferner dürfen außer dem Meßvolumen keine gasgefüllten Volumina, in denen zusätzliche Ionisation auftreten könnte, an die Meßleitung grenzen [587].

Die im Umgebungsmaterial erzeugte Energiedosis errechnet sich aus der Energiedosis in der Luftfüllung nach den Gleichungen (7.38) und (7.38a). Anhand der Abb. 7–53a läßt sich diese Rechenvorschrift [302] mit experimentellen Ergebnissen vergleichen (s. auch Literatur [302, 377, 424, 545, 578, 723]).

Für die direkte Umrechnung von der Hohlraum-Ionendosis J_c auf die im Umgebungsmaterial erzeugte Energiedosis D_m ist in einer deutschen Norm [194] außerdem der Faktor $g = D_m/J_c = s_{m,\text{Luft}} \cdot \overline{W}/e$ (s. Abschn. 7.5.4.1) angegeben (g s. Tab. 7–16b). Der ICRU-Report [377] enthält einen analogen Faktor C_E in der Bedeutung $C_E = D_m/(M \cdot N)$, wo M die Anzeige der Ionisationskammer und N ihr Exposure-Kalibrierungsfaktor für ^{60}Co-Gammastrahlung ist (Exposure s. Abschn. 4.4.5.3). Zum Vergleich von g mit C_E setze man $J_c = M \cdot k_c$, wobei k_c der Kalibrierungsfaktor der Kammer für die Hohlraum-Ionendosis ist. Durch Gleichsetzen des DIN-Ausdrucks mit dem ICRU-Ausdruck für D_m findet man

$$C_E = \frac{k_c}{N}\, g\,. \tag{7.39}$$

Vergleicht man die von SVENSSON, PETTERSSON und HETTINGER [723, 728, 832] gemessenen Werte von C_E mit den Werten von g, so erhält man $k_c/N \approx 0{,}985$ (für kommerzielle Fingerhutkammern). Infolge der Wandabsorption bei der Exposure-Kalibrierung mit ^{60}Co-Gammastrahlung ist $N > k_c$.

7.5.4.4 *Eisensulfatdosimeter*

Das Eisensulfatdosimeter (s. Abschn. 7.3.2.4) bildet ein wertvolles Hilfsmittel der Elektronendosimetrie, da der G-Wert im Energiebereich 1 bis 30 MeV, vermutlich bis 50 MeV, energieunabhängig ist und das relative Massen-Bremsvermögen gegenüber Wasser zwischen 1 und 50 MeV nur um 0,5 bzw. 1% (je nach H_2SO_4-Konzentration) ansteigt [377] (Tab. 7–29). Der empfohlene G-Wert der AAPM [718] beträgt $G =$

$15{,}5 \cdot 10^{-2}$ eV^{-1}; die ICRU [377] empfiehlt $G = 15{,}7 \cdot 10^{-2}$ eV^{-1} für Meßlösungen mit 0,4 mol/l H$_2$SO$_4$ und $G = 15{,}3 \cdot 10^{-2}$ eV^{-1} für 0,05 mol/l H$_2$SO$_4$.

Die äußerst geringe Energieabhängigkeit des relativen Massen-Bremsvermögens gegenüber Wasser (und weichem Gewebe) ist in Anbetracht der Tiefenabhängigkeit des Elektronenspektrums vorteilhaft. Das Eisensulfatdosimeter eignet sich daher besonders für Tiefendosismessungen hoher Genauigkeit, z. B. bei RBW-Untersuchungen [408, 771, 772] (RBW s. Abschn. 4.4.8). Experimentelle und theoretische Ergebnisse für den Dosisumrechnungsfaktor $s_{\text{Wasser, Luft}}$, die experimentell größtenteils mit dem Eisensulfatdosimeter gewonnen wurden, stimmen praktisch überein [12, 77, 101, 302, 311, 377, 424, 468, 477, 613, 723, 771].

Tabelle 7–29. Massen-Bremsvermögen und G-Werte für das Eisensulfatdosimeter bei verschiedener H$_2$SO$_4$-Konzentration (aus R. J. Shalek, C. E. Smith[673])

Elektronen-energie MeV	S/ϱ in MeV g^{-1} cm^2			G in 10^{-2} eV^{-1}	
	0,1 N H$_2$SO$_4$*	0,8 N H$_2$SO$_4$*	Wasser	0,1 N H$_2$SO$_4$	0,8 N H$_2$SO$_4$
0,01	23,2	23,2	23,2	13,2	13,5
0,1	4,20	4,20	4,20	14,7	15,1
1	1,88	1,88	1,88	15,1	15,5
2	1,86	1,86	1,86	15,1	15,5
4	1,91	1,92	1,91	15,1	15,5
6	1,95	1,96	1,95	15,1	15,5
8	1,98	1,99	1,98	15,1	15,5
10	2,00	2,01	2,00	15,1	15,5
20	2,07	2,08	2,06	15,1	15,5
30	2,10	2,11	2,10	15,1	15,5
40	2,13	2,14	2,12	15,1**	15,5**
50	2,15	2,16	2,14	15,1**	15,5**

* Berechnet für 96,3% H$_2$O bei 0,8 N H$_2$SO$_4$ und 99,5% H$_2$O bei 0,1 N H$_2$SO$_4$; Rest: H$_2$SO$_4$.
** Nicht durch experimentelle Daten belegt.

7.5.4.5 Filmdosimeter

Die photographische Dosimetrie ist bereits in Abschn. 7.3.2.5 behandelt. Da es das Filmdosimeter gestattet, mit nur einer Aufnahme die Dosiswerte in einer ganzen Ebene zu registrieren, wird die Filmdosimetrie trotz zahlreicher Fehlerquellen auch in der Elektronendosimetrie häufig verwendet. Die Schwärzung wird dabei grundsätzlich als Maß für die Energiedosis im Umgebungsmaterial, nicht im Filmmaterial, angesehen [109, 209, 218, 493].

Tab. 7–30 gibt einen Überblick über die wichtigsten Größen, die den Zusammenhang Schwärzung/Energiedosis beeinflussen. Mehrere dieser Effekte wirken zusammen, wenn ein Dosisfilm in verschiedenen Tiefen eines Phantoms mit Elektronen bestrahlt wird. Abb. 7-54 zeigt ein Beispiel [614, 717]. Aufgetragen ist das Verhältnis $F = D_{\text{El}}(S)/D_{\text{Co}}(S)$, gemittelt über den Bereich $0{,}2 < S < 2$, wobei $D_{\text{El}}(S)$ und $D_{\text{Co}}(S)$ die Energiedosen in einem Polystyrolphantom für die gleiche Filmschwärzung S von Elektronen- und ^{60}Co-Gammastrahlung sind. Mit wachsendem Reduktionsfaktor F sinkt also die Filmempfindlichkeit für Elektronenstrahlung. Die Haupteinflüsse sind der Aufbau der Sekundärelektronen und die Aufstreuung der Primärelektronen auf den ersten Zentimetern der Phantomtiefe sowie die allmähliche Zunahme des mittleren Streuwinkels und die allmähliche Abnahme der mittleren Energie mit der Tiefe. Entgegen den Er-

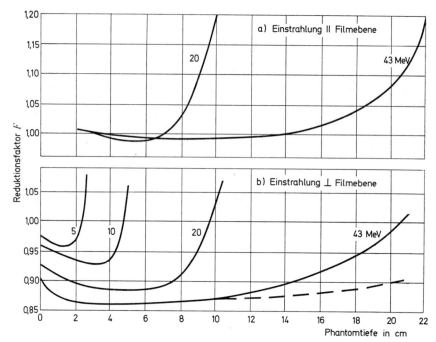

Abb. 7–54. Abhängigkeit der Filmempfindlichkeit von der Phantomtiefe. Messung im Polystyrolphantom bei verschiedenen Elektronenenergien. a) Film parallel und b) Film senkrecht zur Einstrahlungsrichtung. Der Reduktionsfaktor F ist proportional der zur Erzielung einer bestimmten Filmschwärzung erforderlichen Elektronendosis in Polystyrol (s. Text). Die ausgezogenen Kurven beruhen auf Messungen der Energiedosis mit Ionisationskammern, die gestrichelte Kurve mit LiF-Dosimetern. Agfa-Gevaert Film N 51, Agfa-Gevaert Entwickler G 5p (nach RASSOW u. STRÜTER [614] und STRÜTER u. Mitarb. [717])

Tabelle 7–30. Einflüsse auf die Filmschwärzung in der Elektronendosimetrie (s. Abschn. 7.3.2.5.3)

Einflüsse	Einzelangaben	Literatur
Entwicklungsdauer und -temperatur		[209, 218]
Entwickler- und Filmsorte		[615]
Cerenkov-Strahlung, Luftspalte		[328]
Einfallswinkel (hohe Energien)	Schwärzungsmaximum bei 80 bis 85° Einfallswinkel	[109]
Einfallswinkel (Energie unter 1 MeV)	Schwärzung sinkt mit wachsendem Einfallswinkel	[209]
Elektronenenergie (hohe Energien)	Schwärzung proportional der Energiedosis in H_2O-Umgebung	[109]
Elektronenenergie (Energie unter 1 MeV)	Schwärzungsmaximum bei 0,1 bis 0,4 MeV Elektronenenergie	[209]

fahrungen bei kleineren Elektronenenergien [493] unterscheiden sich die Meßfehler bei Einstrahlung parallel und senkrecht zum Film nicht merklich. „Parallelen" Einschuß verwenden auch HETTINGER u. SVENSSON [328]. Abgesehen von der starken Änderung der Filmempfindlichkeit auf den ersten Zentimetern können Dosisverteilungen in größeren Tiefen mit einer Unsicherheit von etwa ±10% gemessen werden [211, 216, 261, 328, 615].

7.5.4.6   *Festkörperdosimeter*

a) *Thermolumineszenzdosimeter* (s. auch Abschn. 7.3.2.7) eignen sich wegen der geringen Größe der Sonden, wegen des sehr großen Dosis- und Dosisleistungsmeßbereichs und wegen der geringen Energieabhängigkeit des relativen Massen-Bremsvermögens gegenüber Wasser und weichem Gewebe (s. Abschn. 7.5.4.1) gut zur Elektronendosimetrie. PINKERTON [578] hat festgestellt, daß diese Energieunabhängigkeit für in Teflon eingebettetes LiF und CaF_2:Mn (s. Abb. 7–53), jedoch nicht für pulverförmiges LiF gilt. Die Befunde von ALMOND [10] und HOLLOWAY u. CAMPBELL [338] stimmen hiermit überein, während NAKAJIMA u. Mitarb. [537] im Bereich von 10 bis 30 MeV für gepulvertes LiF keine 2% überschreitende Energieabhängigkeit fanden (s. auch Literatur [16, 83, 720]). LiF-Stäbchen, die in Katheter eingelagert sind, eignen sich zur Messung der Energiedosis in Körperhöhlen.

b) *Halbleiterdosimeter* (s. Abschn. 7.3.2.8), z. B. Silizium-p-i-n-Dioden [41, 206, 249], deren Leitfähigkeitsänderung eine kontinuierliche elektrische Dosisleistungsanzeige ermöglicht, eignen sich hervorragend zur Elektronendosimetrie, da das relative Massen-Bremsvermögen von Silizium gegenüber Wasser nur einen geringen Energiegang hat (Abb. 7–52 u. 7–53). Die von der Strahlung erzeugte Leerlaufspannung ist von 0,01 bis 400 rd/h der Dosisleistung proportional [41, 249], während die Kurzschlußstromstärke zur Dosisleistungsmessung zwischen 10 µR/h und 10^5 R/h herangezogen werden kann [206, 249, 819]. Si-Dioden für In-vivo-Dosimetrie wurden von GLASOW [266] entwickelt. Da man auf einem Siliziumstück sehr viele kleine Dioden unterbringen kann, lassen sich die Dosisverteilungen in einer Ebene simultan messen [A. P. PINKERTON, pers. Mitt. 1967]. Das Halbleiterdosimeter ist neben dem Szintillationsdosimeter das einzige Festkörperdosimeter mit kontinuierlicher elektrischer Anzeige.

c) *Optische Durchlässigkeit.* Die Messung der Verfärbung von Polymethylmethacrylat (Plexiglas) und von Polyvinylchlorid (PVC) (s. auch Abschn. 7.3.2.10) hat für die Elektronendosimetrie wegen der hohen oberen Dosisgrenze (Mrd-Bereich) bei der industriellen Bestrahlung große praktische Bedeutung [79, 125, 205, 339]. Ebenfalls für sehr hohe Dosen an Elektronenbeschleunigern eignet sich die Messung des Lumineszenzabbaues [249, 378].

7.5.5   Dosisberechnungsmethoden

Da die Wirkungsquerschnitte aller interessierenden Wechselwirkungen genügend genau bekannt sind, lassen sich viele Fragen der Dosimetrie am zweckmäßigsten mit Hilfe elektronischer Rechenanlagen bearbeiten. Einige Probleme, z. B. der Dosimetrie an Grenzflächen und in geschichteten Medien [429] sowie der Mikrodosimetrie [71], können mit vertretbarem Aufwand auch gar nicht experimentell gelöst werden.
Man unterscheidet volltheoretische Rechenverfahren wie die „Momentenmethode" (analytische Berechnung der Momente von Dosisverteilungsfunktionen aus der Transportgleichung) oder die „Monte-Carlo-Methode" (numerische Berechnung von Einzelteilchenschicksalen unter Verwendung von Zufallszahlen zur Simulation atomarer Schwankungen) von den halbempirischen Rechenverfahren, die auf Anpassungsformeln zur Darstellung experimenteller Ergebnisse beruhen. Tab. 7–31 gibt einen Überblick über einige Rechnungen für Elektronenstrahlung. Die Vergleiche mit Meßergebnissen in Abb. 7–55 bis 7–57 zeigen die gegenwärtige Genauigkeit der Rechnungen.

7.5.6   Dosisverteilungen

Die in Abschn. 7.4.10.1 erläuterten Begriffe zur Dosisverteilung gelten auch für die Elektronen. Eine „Tiefendosiskurve" gibt die Verteilung der Energiedosis im Absorber

Tabelle 7–31. Numerische Rechnungen zur Abbremsung und Dosisverteilung von Elektronen

Autoren	Energiebereich	Material
1. Monte-Carlo-Methode		
BERGER [69, 71, 73]	} 5 keV bis 40 MeV	} beliebig
BERGER u. SELTZER [76, 77, 78]		
BISHOP [88]	10 bis 50 keV	beliebig
HARDER [303], SCHULZ u. HARDER [669]	10 bis 20 MeV	C
KNIEDLER u. SILVERMAN [429]	1 bis 10 MeV	H_2O, Al, Fe
LEISS u. Mitarb. [465]	5 bis 55 MeV	C
MEISSNER [508]	1 MeV	Al
PATAU u. Mitarb. [556]	0,25 bis 2 MeV	Be, Al, org. Verb.
PERKINS [563]	0,4 bis 4 MeV	C, Al, Cu
SIDEI u. Mitarb. [682]	2 MeV	Al
WITTIG [796]	0,25 bis 6 MeV	beliebig
2. Momentenmethode		
ADAWI [3]	10 bis 25 MeV	H_2O
KESSARIS [423]	10 bis 20 MeV	H_2O
LEWIS [467]	allgemein	allgemein
SPENCER [700]	0,025 bis 10 MeV	beliebig
3. Empirische Formeln		
KOBETICH u. KATZ [430, 431]	0,025 bis 2 MeV	beliebig

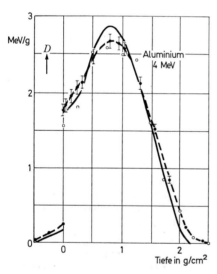

Abb. 7–55. Tiefendosiskurve für 4 MeV-Elektronen in Al, Vergleich zwischen Messung und Rechnung. Die Energiedosis D ist auf die Teilchenfluenz 1 cm^{-2} eines breiten Parallelstrahls normiert. Ausgezogene Kurve: Momentenmethode (SPENCER [700, 701]). Kreise: Monte-Carlo-Rechnung (PERKINS [563]). Punkte und gestrichelte Kurve: Messung HARDER [303] und FREYBERGER [254]. Der Ausläufer nach links entsteht durch rückgestreute Elektronen in einem allseitig unbegrenzten Phantom

auf der Strahlachse an; soll abweichend davon die Hohlraum-Ionendosis als Funktion der Tiefe angegeben werden, so spricht man von der „Tiefen-Ionisationskurve".

7.5.6.1 Phantome

Wenn die Dosisverteilungen im Gewebe und Phantom maßstäblich ähnlich sein sollen, so müssen die Massen-Stoßbremsvermögen (s. Gleichung (5.5)), die Massen-Strahlungsbremsvermögen (s. Gleichung (5.8)) und die Massen-Streuvermögen (s. Gleichung (5.17) und (5.18)) von Phantom und Gewebe übereinstimmen. Das ist unter Vernachlässigung

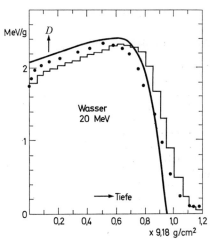

Abb. 7-56. Tiefendosiskurve für 20 MeV-Elektronen in Wasser, Vergleich zwischen Messung und Rechnung. Die Energiedosis D ist auf die Teilchenfluenz 1 cm^{-2} eines breiten Parallelstrahls normiert. Glatte Kurve: Momentenmethode (KESSARIS [423]). Stufenlinie: Monte-Carlo-Rechnung (BERGER u. SELTZER [76]). Punkte: Messung HARDER [307] und FREYBERGER [254], von Plexiglas auf Wasser umgerechnet

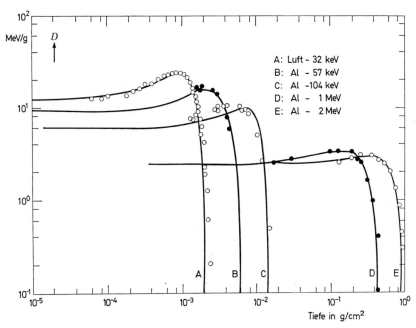

Abb. 7-57. Tiefendosiskurven für Elektronen im Energiebereich 32 keV bis 2 MeV, Vergleich zwischen Messung und Anpassungsformel. Die Energiedosis D ist auf die Teilchenfluenz 1 cm^{-2} eines breiten Parallelstrahls normiert. Meßpunkte nach GRÜN (Z. f. Naturforsch. 12a [1957] 89), HUFFMAN u. Mitarb. (Phys. Rev. **106** [1957] 435) und NAKAI (Japan. J. Appl. Phys. **2** [1963] 743). Anpassungskurven nach KOBETICH u. KATZ [430]

der logarithmischen Terme in diesen Gleichungen in guter Näherung erfüllt, wenn die Werte für Z/A_r und Z^2/A_r — bei Gemischen für $(Z/A_r)_{\text{eff}}$ und $(Z^2/A_r)_{\text{eff}}$ — beider Materialien übereinstimmen (s. Abschn. 6.4.7, Gleichungen (6.45) und (6.46)). Tab. 6–8 enthält die Werte für Muskel, Lunge, Fett und Knochen sowie für einige Phantomsubstanzen. In diesem Fall sind alle Längen — z.B. die Abstände der Isodosenkurven — umgekehrt proportional zu den Dichten. Entsprechend muß auch der Durchmesser des Strahlenbündels vergrößert oder verkleinert werden. Stimmen dagegen zwei Substanzen in den mit der Dichte ϱ (s. Tab. 6–8) multiplizierten Effektivwerten überein, so erhält

man nicht nur maßstäblich ähnliche, sondern sogar annähernd gleiche Dosisverteilungen.
Nach Tab. 6–8 haben Wasser, Plexiglas und Polystyrol gute Phantomeigenschaften als Substituenten für weiches Gewebe. Kleine Abweichungen kann man unter Berücksichtigung der Vielfachstreuung und der Energieverluste mit Hilfe der halbempirischen Formel [310]

$$R_p = r_0 (0{,}69 + 0{,}51 \sqrt{Z\, m_e\, c^2/E_0})^{-1} \tag{7.40}$$

berücksichtigen, indem man beim Übergang von einem zum anderen Material alle interessierenden Längen im Verhältnis der praktischen Reichweiten R_p umrechnet. Dabei ist die mittlere Bahnlänge r_0 den Tabellen von BERGER u. SELTZER [74, 75] zu entnehmen (s. Tab. 5–5), und bei Gemischen und Verbindungen ist $Z = (Z^2/A_r)_{\text{eff}} : (Z/A_r)_{\text{eff}}$. Hierdurch wird das Problem der „effektiven Dichten" gelöst [470, 477]. Gleichung (7.40) zeigt weiterhin, daß bei zwei verschiedenen Kombinationen von Ordnungszahl Z und Elektronenenergie E_0, die im Quotienten Z/E_0 übereinstimmen, die interessierenden Längen im Verhältnis der mittleren Bahnlängen r_0 stehen (Ähnlichkeitsregel) [309, 829].
Das körperähnliche Phantom der Fa. Alderson wird auch in der Elektronendosimetrie zur Messung von Dosisverteilungen in unübersichtlichen Körperregionen herangezogen.

7.5.6.2 *Dosisverteilungen für homogene Medien*

Den größten Einfluß auf die Form der Tiefendosiskurve hat die Anfangsenergie der Elektronen (Abb. 7–58 bis 7–60). Eine zum Interpolieren geeignete Darstellung von Tiefendosiskurven gibt Abb. 7–61. Den Einfluß der Feldgröße und der Strahldivergenz erkennt man in Tab. 7–32 und Abb. 7–50. Abb. 7–62 zeigt den Einfluß der Streufolien eines Betatrons auf die Isodosen [611]. Ein Atlas von Einzelfeldisodosen enthält weitere Beispiele für Elektronenstrahlung [775]. Auch auf die Dosisverteilung für Siebbestrahlung [53] sei hingewiesen. Die Verhältnisse bei unregelmäßig geformten Körperoberflächen und bei schrägem Eintritt des Elektronenstrahls wurden ebenfalls untersucht [757].
Besondere Aufmerksamkeit hat der Dosisanstieg nahe der Oberfläche gefunden (Meßwerte s. Abb. 7–56), der allerdings nur bei nicht mit Streuelektronen „kontaminiertem"

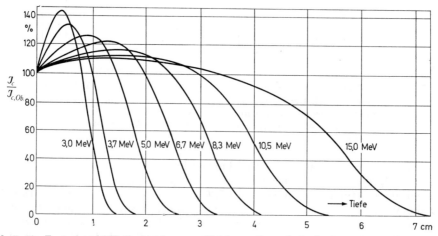

Abb. 7–58. Zentralstrahl-Tiefendosiskurven (Hohlraum-Ionendosis J_c, bezogen auf den Wert $J_{c,Ob}$ an der Oberfläche) für breite Eintrittsfelder bei 3 bis 15 MeV Elektronenenergie im Gewebephantom M 3 ($\varrho = 1{,}055\, \text{g/cm}^3$) (nach MARKUS [490])

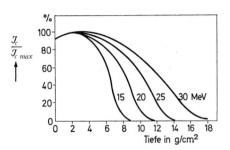

Abb. 7-59. Zentralstrahl-Tiefendosiskurven (Hohlraum-Ionendosis J_c, bezogen auf den Wert $J_{c,max}$ im Dosismaximum) für breite Eintrittsfelder bei 15 bis 30 MeV Elektronenenergie in Plexiglas (nach POHLIT [584])

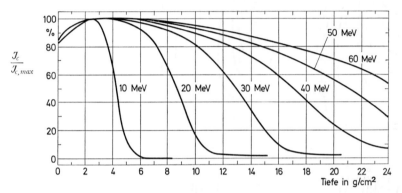

Abb. 7-60. Zentralstrahl-Tiefendosiskurven (Hohlraum-Ionendosis J_c, bezogen auf den Wert $J_{c,max}$ im Dosismaximum) für breite Eintrittsfelder bei 10 bis 60 MeV Elektronenenergie in Wasser, nach LOEVINGER u. Mitarb. [477]. Energieangabe: mittlere Elektronenenergie an der Phantomoberfläche

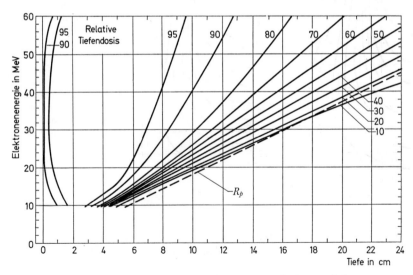

Abb. 7-61. Darstellung von Tiefendosiswerten zur Energieinterpolation, nach LOEVINGER u. Mitarb. [477]. R_p Praktische Reichweite, sonst wie Abb. 7-60

Elektronenstrahl voll ausgeprägt ist [317, 726, 803]. Dieser erste Anstieg ist durch Sekundärelektronenerzeugung bedingt, im Gegensatz zu dem durch Streuung der Primärelektronen hervorgerufenen Maximum der Tiefendosiskurve [303]. Die Modifika-

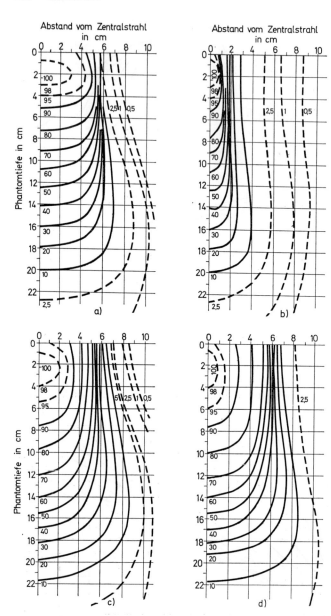

Abb. 7–62. Feldausgleich mit Streufolien bei 43 MeV Anfangsenergie, (nach RASSOW [611]). Isodosen im Polystyrolphantom; Tubusöffnung 10×10 cm²; Quellpunktabstand 100 cm. Messungen: a) ohne Streufolie, Isodosen in der Sollkreisebene des Betatrons, b) ohne Streufolie, Isodosen in der dazu senkrechten Ebene, c) Streufolie 0,6 mm Pb, Isodosen in der Sollkreisebene des Betatrons, d) Streufolie 0,6 mm Pb, Isodosen in der dazu senkrechten Ebene

tionen der Dosisverteilung durch gewebeäquivalente Keilfilter und durch Bleiabdeckungen sowie Deceleratoren sind wirksame Hilfsmittel der Bestrahlungsplanung [170, 490, 831].

7.5.6.3 Dosisverteilungen für inhomogene Medien

Sind in ein sonst homogenes Medium Absorber abweichender Dichte oder Materialzusammensetzung eingelagert, z.B. Knochen, Lunge oder luftgefüllte Körperhöhlen innerhalb des Weichteilgewebes, so spricht man von inhomogenen Medien. Die Dosisverteilung für Elektronenstrahlung wird durch diese Inhomogenitäten in charakteri-

Tabelle 7-32. Elektronen- Tiefendosisdaten für ein 42-MeV-Betatron bei 100 cm Fokus- Haut-Abstand (aus: H. Svensson [723]).

Energie in MeV	6	15	15	15	15	25	25	25	25	35	35	40	40	40	40
Felddurchmesser in cm	15	4	6	8	15	4	6	8	15	15	15	4	6	8	15
Streufolie	β_0	β_1	β_1	β_1	β_4	β_2	β_2	β_2	β_2*	β_3	β_4	β_3	β_3	β_3	β_3*
Relative Tiefendosis in %	Wassertiefe in cm														
95	1,6	3,3	3,9	4,3	3,0	3,7	4,5	4,5	4,6	4,6	4,3	3,5	5,0	5,4	5,2
90	1,7	3,6	4,4	4,6	3,6	4,6	5,6	5,8	6,2	6,3	5,9	4,9	6,4	6,9	6,8
80	1,8	4,1	5,0	5,1	4,4	5,7	6,8	7,3	7,8	8,8	8,2	6,9	8,4	9,1	9,3
70	2,0	4,7	5,5	5,5	5,0	6,5	7,8	8,3	8,8	10,6	10,0	8,3	10,1	10,9	11,6
60	2,1	5,2	5,8	5,8	5,5	7,3	8,5	9,1	9,7	12,1	11,5	9,6	11,5	12,5	13,5
50	2,2	5,5	6,0	6,1	5,8	8,0	9,2	9,7	10,3	13,4	12,8	10,8	12,9	14,0	15,0
40	2,3	6,0	6,3	6,4	6,3	8,8	10,0	10,4	10,7	14,4	14,0	12,0	14,2	15,3	16,3
30	2,5	6,4	6,6	6,7	6,7	9,6	10,6	11,1	11,3	15,4	15,3	13,4	15,5	16,7	17,5
20	2,6	6,8	6,9	6,9	7,1	10,6	11,4	11,7	11,9	16,5	16,5	15,1	17,2	18,2	18,8
10	2,8	7,3	7,2	7,2	7,7	11,6	12,2	12,4	12,6	17,9	23,0	17,8	19,4	20,5	20,7

* Feldhomogenität nicht ausreichend.
Foliendicken [723]: 0 mm (β_0); 0,1 mm Pb (β_1); 0,25 mm Pb (β_2); 0,5 mm Pb (β_3); 1,0 mm Pb (β_4).
Die Energie wurde nach Svensson u. Hettinger [727] aus der praktischen Reichweite ermittelt.

stischer Weise beeinflußt. Abb. 7-63a, b zeigt, daß Einschlüsse *höherer* Dichte eine Isodosenverschiebung entgegen der Strahlrichtung, Einschlüsse *geringerer* Dichte dagegen in Strahlrichtung infolge der höheren bzw. geringeren Energieverluste in der Inhomogenität verursachen. Gleichzeitig treten seitlich vorn an den Einschlüssen höherer Dichte (und Ordnungszahl) in Strahlrichtung weisende Spitzen und Zwischenmaxima der Isodosenkurven — sog. hot spots — auf, während seitlich vorn an den Einschlüssen geringerer Dichte (und Ordnungszahl) zur Strahlenquelle weisende Spitzen der Isodosenkurven — sog. cold spots — zu beobachten sind. Hierin äußert sich die stärkere bzw. geringere Elektronenstreuung in dem inhomogenen Bereich.
Da diese Modifikationen der Dosisverteilung große praktische Bedeutung für die Bestrahlungsplanung haben, wurden systematische Untersuchungen dieser Einflüsse begonnen [15, 99, 111, 214, 234, 333, 451, 452, 482, 581, 821, 822, 827]. Die ICRU [377] berücksichtigt die Inhomogenitäten folgendermaßen: Hinter Inhomogenitäten, die im gesamten Strahlquerschnitt ungefähr gleichbleibende Dicke x haben (Schädeldach, Sternum, Lungenlappen) werden die Isodosenkurven des homogenen Mediums so verschoben, als ob die Inhomogenität die Dicke $c_{ET} \cdot x$ hätte, wobei c_{ET} („coefficient of equivalent thickness") die Werte 0,5 für Lungengewebe, 1,1 für spongiöse Knochen und 1,8 für kompakte Knochen annimmt. Gleichzeitig werden die „verschobenen" Dosiswerte nach dem Abstandsquadratgesetz von ihrem Ausgangspunkt auf die nunmehr größere oder kleinere Entfernung von der Strahlenquelle umgerechnet. Das Ergebnis dieser Korrektion zeigt Abb. 7-64.
Allerdings werden hierdurch noch nicht die Streueffekte am Rande breiter Inhomogenitäten und in der Umgebung kleinerer Inhomogenitäten (z.B. Kiefer, Hals) erfaßt. Pohlit [585] hat einen Randausgleich zusätzlich zur c_{ET}-Korrektion vorgeschlagen, der sich auf den Bereich des mittleren Vielfachstreuwinkels der Elektronen im ungestörten Medium erstrecken soll. Brenner u. Mitarb. [114] weisen darauf hin, daß die Streueinflüsse kleiner Inhomogenitäten als „überlagerte Störung" zum Isodosenbild

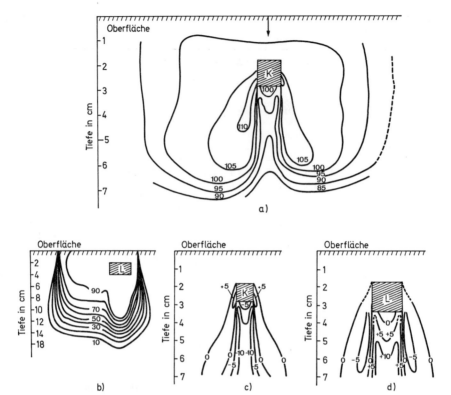

Abb. 7–63. Isodosenverformung durch Absorberinhomogenitäten. a) 34 MeV, Polystyrolphantom, Knocheneinschluß (nach KARJALAINEN u. Mitarb. [407]), b) 30 MeV, Preßholzphantom, Lufteinschluß (nach NETTELAND [540]), c) 34 MeV, Polystyrolphantom, Knocheneinschluß (nach BRENNER u. Mitarb. [114]). Die dargestellten Kurven verbinden Punkte mit gleicher prozentualer Abweichung von der Dosis im ungestörten Phantom, d) 34 MeV, Polystyrolphantom, Lufteinschluß, sonst wie c)

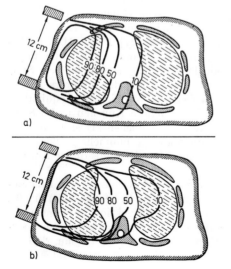

Abb. 7–64. Dosisverteilung bei einer Lungenbestrahlung mit 30 MeV-Elektronen. a) Unkorrigierte Isodosen, b) unter Berücksichtigung der Inhomogenitäten korrigierte Isodosen (nach POHLIT [584])

des umgebenden Mediums behandelt werden können, wobei die „cold spots", abgesehen von der Vorzeichenumkehr, ähnliche Formen wie die „hot spots" haben (Abb. 7–63c, d). Mehrere Arbeitsgruppen beschäftigen sich mit dem Einbau der Inhomogenitätskorrektion in die rechnerische Bestrahlungsplanung [98, 170]. Der Berechnung der Dosisverteilung für einen dünnen „Nadelstrahl" [76, 816 sowie G. BENEDETTI, pers. Mitt. 1971] kommt besondere Bedeutung zu, da man den Gesamtstrahl rechnerisch aus dünnen Teilbündeln zusammensetzen und so die Einflüsse von Inhomogenitäten für jedes Teilbündel gesondert berücksichtigen kann.

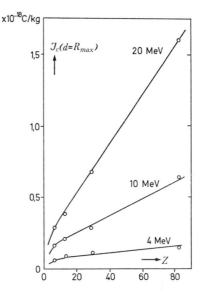

Abb. 7–65. Durch Bremsstrahlung des elektronenbestrahlten Absorbers erzeugte Hohlraum-Ionendosis für $d = R_{max}$ (maximale Elektronenreichweite) bei verschiedenen Anfangsenergien und Ordnungszahlen Z. Breites paralleles Strahlenbündel, Teilchenfluenz 1 cm^{-2}. Vergleichswert: $J_c \approx 1{,}2 \cdot 10^{-17}$ C/kg im Dosismaximum des Elektronenstrahls in Wasser bei 10 bis 60 MeV Anfangsenergie (nach FREYBERGER [254])

7.5.6.4 Nebenstrahlung

Die Nebenstrahlung, von der das Elektronenbündel eines Beschleunigers begleitet ist, besteht aus drei Anteilen:

a) Bremsstrahlung, Neutronen und Strahlung aktivierter Kerne, die in elektronenbestrahltem Material unvermeidbar entstehen: Abb. 7–65 zeigt die durch Bremsstrahlung im Absorber erzeugte Hohlraum-Ionendosis J_c, gemessen hinter der maximalen Reichweite, für verschiedene Anfangsenergien der Elektronen als Funktion der Ordnungszahl Z des Absorbers. Die Energiedosis infolge Bremsstrahlung im Weichteilgewebe beträgt bei 20 MeV, gemessen hinter der maximalen Reichweite der Elektronen, etwa 2,5 rd bei 100 rd Elektronendosis im Maximum. Dieser Dosisanteil ist bis 60 MeV annähernd der Elektronenenergie proportional [254, 311]. Bei 35 MeV beträgt die Neutronen-Äquivalentdosis etwa 0,35 rem pro 100 rd Elektronendosis und die von aktivierten Kernen herrührende Äquivalentdosis etwa 0,5 rem pro 100 rd [257].

b) Brems- und Neutronenstrahlung im Elektronenstrahlbündel des Beschleunigers: der Bremsstrahlungsuntergrund hängt von der Wahrscheinlichkeit ab, daß Elektronen in Kollimatoren und anderen Bauteilen auf Materialien höherer Ordnungszahl treffen. Der Dosisanteil infolge Bremsstrahlung kann bei nicht justierter Extraktion der Elektronen eines Betatrons bis zu 30% der Elektronendosis betragen [113], liegt aber normalerweise unter 10%. Die Neutronenäquivalentdosis beträgt nach BRENNER [112] 0,35 rem pro 100 rd Elektronendosis; nach FROST u. MICHEL [257] 0,1 rem pro 100 rd.

c) **Gehäusedurchlaßstrahlung des Beschleunigers**: nach Messungen an einem 42-MeV-Betatron verursacht die durchgelassene Röntgenstrahlung an keiner Stelle mehr als 0,5% der Elektronendosisleistung im Nutzstrahlenbündel [616].

7.6 Neutronendosimetrie

[4, 28, 29, 239, 364, 365, 369, 373, 425, 506, 507, 517, 541, 590, 656, 707, 781]

Von S. WAGNER

7.6.1 Größen für die Neutronendosimetrie

Die von Neutronen auf Materie übertragene Energie wird durch die Kerma K (siehe Abschn. 4.5; vgl. auch ICRU [373] und NACHTIGALL [526]) beschrieben:

$$K = \frac{1}{\varrho} \int_0^{E_{max}} \Phi_E(E) \sum_i \sum_j n_i \, \sigma_{ij}(E) \, \bar{T}_{ij} \, \mathrm{d}E . \tag{7.41}$$

ϱ Dichte der bestrahlten Materie,

n_i Atomanzahldichte des Nuklids i in der Materie,

$\sigma_{ij}(E)$ Wirkungsquerschnitt (s. Abschn. 5.4.3) des Nuklids i, mit dem ein Neutron der Energie E durch den Prozeß j ein direkt ionisierendes Teilchen erzeugt,

$\bar{T}_{ij}$ mittlere Energie dieses direkt ionisierenden Teilchens,

$\Phi_E = \mathrm{d}\Phi/\mathrm{d}E$ spektrale Neutronenfluenz (s. Abschn. 4.2.2.1),

E_{max} maximale Neutronenenergie.

Der Massen-Energieumwandlungskoeffizient η/ϱ (s. Abschn. 6.4.3) ist

$$\frac{\eta}{\varrho} = \frac{1}{\varrho W} \frac{\mathrm{d}W_K}{\mathrm{d}l} . \tag{7.42}$$

Für Neutronen der Energie E ist

$$\frac{\eta(E)}{\varrho} = \frac{1}{\varrho} \sum_i \sum_j n_i \, \sigma_{ij}(E) \, \bar{T}_{ij}/E . \tag{7.43}$$

Damit ergibt sich

$$K = \frac{1}{\varrho} \int_0^{E_{max}} \eta(E) \, \Phi_E(E) \, E \, \mathrm{d}E = \frac{1}{\varrho} \int_0^{E_{max}} \eta(E) \, \Psi_E(E) \, \mathrm{d}E = \frac{\bar{\eta}}{\varrho} \, \Psi , \tag{7.44}$$

$\Psi = \int_0^{E_{max}} E \, \Phi_E(E) \, \mathrm{d}E$ Energiefluenz (s. Abschn. 4.2.3),

$\Psi_E = \mathrm{d}\Psi/\mathrm{d}E$ spektrale Energiefluenz (s. Abschn. 4.2.3.1),

$\bar{\eta} = 1/\Psi \int_0^{E_{max}} \eta(E) \, \Psi_E(E) \, \mathrm{d}E$ Mittelwert von $\eta(E)$ über die spektrale Verteilung der Neutronenenergiefluenz.

Abb. 7–66 gibt den Verlauf der Größe $K(E)/\Phi$ [38, 373, 627] als Funktion der Neutronenenergie wieder (Standardmensch, Tab. 7–33). Wenn die Kerma über einen Bereich konstant bleibt, dessen Abmessungen größer als die Reichweite der geladenen Sekundärteilchen sind, so ist auch die Neutronenenergiedosis D (s. Abschn. 4.4.2) im mittleren

Teil dieses Bereiches konstant und gleich der Kerma K, d.h. es herrscht Sekundärteilchengleichgewicht (s. Abschn. 4.4.3). Für schnelle Neutronen ist diese ideale Situation in guter Näherung in allen homogen mit Materie erfüllten Bereichen gegeben, die weiter als die Reichweite der Sekundärteilchen von den Grenzflächen entfernt sind, denn die Schwächungslänge $1/\mu$ für Neutronen ($\mu = \sum_i n_i \cdot \sigma_{t,i}$ linearer Schwächungskoeffizient,

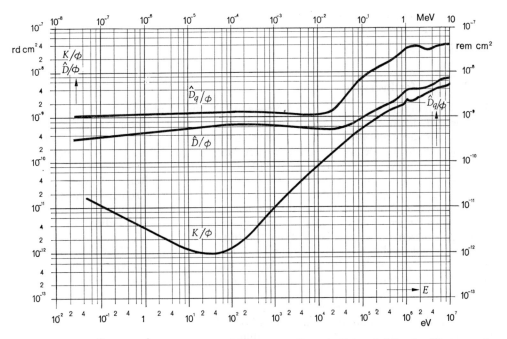

Abb. 7-66. K/Φ, $\hat{D}/\Phi$ und $\hat{D}_q/\Phi$ in Abhängigkeit von der Energie E der einfallenden Neutronen in Materie von der Zusammensetzung des Standardmenschen (s. Tab. 7-33). K Kerma nach BACH u. CASWELL [38], $\hat{D}$ maximale Tiefenenergiedosis, $\hat{D}_q$ maximale Tiefenäquivalentdosis nach NBS [590], Φ Teilchenfluenz der einfallenden Neutronen

bei nicht gerichteten Neutronenbündeln als totaler makroskopischer Wirkungsquerschnitt Σ [s. Abschn. 5.4.3] bezeichnet; $\sigma_{t,i}$ totaler mikroskopischer Wirkungsquerschnitt des Nuklids i mit der Anzahldichte n_i; vgl. Abschn. 5.4.3) ist groß gegen die Reichweite der Rückstoßprotonen, die Sekundärteilchen mit der größten Reichweite (s. Tab. 7-34).

Tabelle 7-33. Zusammensetzung des Standardmenschen (nach ICRU [373], NBS [590], SCHREIBER u. PETERS [667]); die restlichen Bestandteile (Na, Mg, P, S, K, Ca, Cl, Fe, Cu, Mn, J) können bei Berechnungen von Neutronendosen unberücksichtigt bleiben. Die Dichte ist zu $\varrho = 1$ g/cm^3 angenommen.

Element	H	C	N	O	
Massenanteil	10	18	3	65	%
Atomanzahlanteil	62,8	9,49	1,36	25,7	%
spezifische Atomanzahl	5,98	0,903	0,129	2,45	$\cdot 10^{22}$ g^{-1}
Atomanzahldichte	5,98	0,903	0,129	2,45	$\cdot 10^{22}$ cm^{-3}

Tabelle 7–34. Reichweite R_p von Protonen und Schwächungslänge $1/\mu$ (μ linearer Schwächungskoeffizient) von Neutronen in biologischem Gewebe (E Teilchenenergie)

E MeV	R_p cm	$1/\mu$ cm	E MeV	R_p cm	$1/\mu$ cm
0,1	$16 \cdot 10^{-5}$	0,86	3,0	$18 \cdot 10^{-3}$	6,7
0,3	$60 \cdot 10^{-5}$	2,4	10,0	$15 \cdot 10^{-2}$	17
1,0	$28 \cdot 10^{-4}$	4,0	30,0	1,2	33

7.6.2 Tiefendosisverteilungen

Bei Bestrahlung eines ausgedehnten Körpers in Luft mit Neutronen nimmt die Energiedosis wegen der doch nicht völlig zu vernachlässigenden Reichweite der Sekundärstrahlen mit der Tiefe im Körper zunächst zu (Aufbaueffekt), und sinkt dann infolge der Absorption der Primärstrahlung wieder langsam ab [693]. Die Lage des Dosismaximums hängt von der Energie der einfallenden Neutronen und von der Bestrahlungsgeometrie ab; dieses Maximum liegt dicht unter der bestrahlten Oberfläche. Mit zunehmender Eindringtiefe werden die Neutronen — im biologischen Gewebe zumeist durch elastische Stöße mit Wasserstoffkernen — abgebremst und als langsame Neutronen eingefangen, wenn sie den Körper nicht zuvor verlassen haben. Die bei den Einfangprozessen vorwiegend erzeugten Gammastrahlen mit Energien bis zu einigen MeV — in biologischem Gewebe werden beim Einfang langsamer Neutronen nur durch den Prozeß $^{14}N(n,p)^{14}C$ geladene Teilchen emittiert — sind sehr viel durchdringender als die abgebremsten Neutronen, so daß die Photonenstrahlen auch an Stellen, die weit von ihrem Entstehungsort entfernt sind, beträchtlich zur Energiedosis beitragen können, die dadurch nicht mehr proportional zur Neutronenfluenz an dieser Stelle ist. Die gesamte Energiedosis nimmt demzufolge mit der Tiefe im Körper langsamer ab, als der Schwächung der primären Neutronenstrahlung entspricht. Erst für Neutronen mit Energien oberhalb etwa 2,5 MeV wird wegen deren höherer Durchdringungsfähigkeit der Beitrag der Einfang-Gammastrahlen auch bei größeren Körpertiefen gering. Im übrigen hängen Tiefendosisverteilungen für Neutronen, im besonderen wegen des Beitrages der Einfang-Gammastrahlung, stark von der Bestrahlungsgeometrie ab; je ausgedehnter das bestrahlte Objekt ist, um so größer ist deren Anteil.
Es liegen nur wenige Messungen von Tiefendosisverteilungen vor [1, 8, 35, 48, 100, 157, 459, 690]. Einige Ergebnisse von Monte-Carlo-Rechnungen [31, 542, 694, 695, 696, 802] sind in Abb. 7–67a und b wiedergegeben. In den älteren Rechnungen [696], deren Ergebnisse meist dem im Strahlenschutz benutzten Zusammenhang zwischen Neutronenfluenz und Äquivalentdosis zugrunde liegen [369], wird von einer 30 cm starken, unendlich ausgedehnten Platte aus Gewebe (Zusammensetzung des „Standardmenschen") ausgegangen, auf die von einer Seite gleichmäßig verteilt senkrecht zur Oberfläche monoenergetische Neutronen auftreffen (vgl. Lit. [17, 379, 590]). In den neueren Rechnungen [31, 405] wird die Tiefendosisverteilung in einem Zylinder (30 cm Durchmesser, 60 cm Höhe) ermittelt, der senkrecht zur Achse von parallelen monoenergetischen Neutronenstrahlen getroffen wird [406, 695, 814]. Für Körpertiefen bis zu etwa 8 cm unterscheiden sich die Ergebnisse beider Rechnungen nicht wesentlich. Für größere Tiefen liefert die Zylindergeometrie bei Neutronenenergien unterhalb etwa 2,5 MeV kleinere Doswerte, da der Beitrag der Neutroneneinfang-Gammastrahlung geringer ist, während sich für höhere Neutronenenergie wieder recht gute Übereinstimmung ergibt.
Die Äquivalentdosis D_q (s. Abschn. 4.4.8 und Lit. [68, 300, 337, 356, 625]) wird mit den in Abhängigkeit vom linearen Energieübertragungsvermögen L (s. Abschn. 4.4.8.3) festgesetzten Bewertungsfaktoren q ermittelt (s. Tab. 4–5). Abb. 7–66 enthält den Quotien-

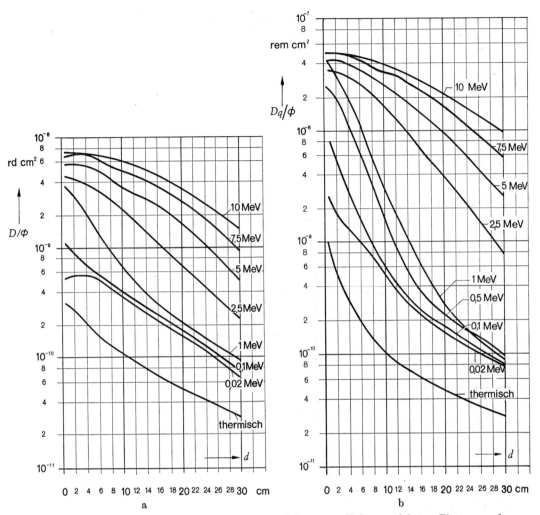

Abb. 7-67. Tiefendosisverteilungen in einer 30 cm dicken, unendlich ausgedehnten Platte von der Zusammensetzung des Standardmenschen (Tab. 7-33), auf die senkrecht zur Oberfläche gleichmäßig verteilt Neutronen verschiedener Energien (Parameter an den Kurven) treffen. a) D/Φ (D Energiedosis, Φ Neutronenfluenz) in Abhängigkeit von der Gewebetiefe d, b) D_q/Φ (D_q Äquivalentdosis) (aus: NBS-Handbook, Bd. 63 [590], dort weitere Kurven, auch über die verschiedenen Dosisbeiträge)

ten $\hat{D}/\Phi$ aus der maximalen Tiefenenergiedosis $\hat{D}$ in der 30 cm dicken, unendlich ausgedehnten Gewebeplatte und der Fluenz Φ der einfallenden Neutronen sowie den Quotienten $\hat{D}_q/\Phi$ aus der maximalen Tiefenäquivalentdosis $\hat{D}_q$ und der Fluenz Φ nach den Berechnungen von SNYDER u. NEUFELD [696] (s. auch IRVING u. Mitarb. [379]). Tab. 7-35 gibt den daraus bestimmten effektiven Bewertungsfaktor

$$\bar{q} = \frac{1}{D} \int_0^{L_{max}} q(L) \frac{dD}{dL} dL \tag{7.45}$$

am Ort des Dosismaximums wieder (s. auch ROSSI u. Mitarb. [643]). Abb. 7-67 zeigt den Verlauf von D/Φ (a) und D_q/Φ (b) in der Gewebeplatte [770].

7.6.3 Meßverfahren der Neutronendosimetrie

Neutronen können ihre Energie nur durch Kernprozesse auf Materie übertragen. Die Wahrscheinlichkeit, mit der solche Wechselwirkungsprozesse stattfinden, hängt in einer für jedes Nuklid charakteristischen Weise von der Neutronenenergie ab (s. Abschn. 5.4.3). Deshalb ist die Neutronendosis im jeweils interessierenden Stoff zu bestimmen. Alle bisher vorliegenden Meßverfahren und Berechnungen sind vorwiegend für Zwecke des Strahlenschutzes angegeben worden. Sie führen auch zu sicheren Grenzwerten, doch sind die Voraussetzungen zu stark idealisiert, als daß sie der Radiologe zu mehr als qualitativen Aussagen verwenden könnte.

Im Strahlenschutz [483, 561] muß die gemessene Dosis derjenigen in biologischem Gewebe (Tab. 7–33) proportional sein. Der Wasserstoff liefert dann den größten Anteil zur übertragenen Energie, und zwar bei der Kerma mehr als 90% für Energien bis zu 7 MeV. Die nur in Luft definierte Ionendosis (Abschn. 4.4.5) ist hier keine geeignete Meßgröße, denn Luft enthält nur wenig Wasserstoff. Die in praktischen Fällen zu be-

Tabelle 7–35. Effektiver Bewertungsfaktor $\bar{q}$ für verschiedene Energien E der einfallenden Neutronen

E	$\bar{q}$	E	$\bar{q}$
Thermisch	3		
0,1 keV	2	1,0 MeV	10,5
5 keV	2,5	2,5 MeV	8
20 keV	5	5,0 MeV	7
100 keV	8	7,5 MeV	7
500 keV	10	10 MeV	6,5

stimmenden Energiedosen sind so klein, daß sie direkt, z.B. kalorimetrisch, nicht gemessen werden können. Im Bereich der schnellen Neutronen sind die bei Streuprozessen auf geladene Sekundärteilchen, vorwiegend Rückstoßprotonen, übertragenen Energien groß genug, um ionometrische Verfahren anwenden zu können. Bei niedrigen Neutronenenergien wird die Ionisation durch Rückstoßkerne jedoch sehr gering, so daß exotherme Kernreaktionen in speziellen Meßanordnungen ausgenutzt werden müssen, deren Anzeige dosisproportional gemacht wird.

Neutronenfelder enthalten vielfach auch Photonenstrahlung. Da die Bewertungsfaktoren (Tab. 7–35) für Neutronen aber größer als Eins sind, muß die Neutronendosis selektiv bestimmt werden. Bei älteren Verfahren werden dazu oft zwei Meßkammern eingesetzt, deren eine für Photonen- und Neutronenstrahlen empfindlich ist und deren Anzeige angenähert proportional zur gesamten Energiedosis in Gewebe ist, während die zweite keinen Wasserstoff enthält, so daß ihre Anzeige im wesentlichen proportional zur Photonendosis sein sollte [483]. Die Neutronendosis ergibt sich dann als Differenz der Anzeigen (Ionenströme) beider Kammern, in den meisten Fällen aber als Differenz zweier großer Zahlen mit entsprechend hoher Unsicherheit. Aus diesem Grunde ist die elektrische Kompensation des Photonendosisanteils schwierig. Bei gleicher Dosis hängt die Differenz der Anzeigen beider Kammern außerdem wegen ihrer unterschiedlichen Materialien von den Energiespektren der Strahlungen ab. Für kalorimetrische Zwillingssysteme, die nur bei hohen Dosisleistungen, z.B. in Reaktoren, eingesetzt werden können, gilt das gleiche. Bei den neueren Verfahren werden im allgemeinen Unterschiede im differentiellen Ionisierungsvermögen (s. Abschn. 3.2) zwischen Sekundärprotonen (stark ionisierend) und Sekundärelektronen (schwach ionisierend) oder die hohe Energietönung exothermer Neutroneneinfangreaktionen (^{3}He(n, p)T, ^{6}Li(n, α)^{3}He, ^{10}B(n, α)^{7}Li oder eine Spaltungsreaktion) ausgenutzt, um in impulszählenden Meßanordnungen [225, 607] gegen den Photonenanteil zu diskriminieren. Die beiden Forderungen nach energieunabhängiger, zur Gewebedosis proportionaler Anzeige und nach selektiver Messung der Dosisanteile verschiedener Strahlenarten werden von den bisher bekannten Instrumenten nur unvollkommen erfüllt [34, 181, 277, 298, 422].

Die meisten Meßverfahren sind Relativmethoden (s. Abschn. 7.1.4 und 7.3). Zur Kalibrierung können monoenergetische Neutronen von einem Beschleuniger benutzt werden. Aus der Flußdichte am Meßort wird die interessierende Dosisgröße (Kerma, Energiedosis, Äquivalentdosis) nach Abschn. 7.6.1 berechnet [513, 527]. Mitunter muß man sich mit einer radioaktiven Neutronenquelle (s. Abschn. 5.4.2.1) bekannter Quellstärke und einem breiten Neutronenspektrum begnügen. Für die meistens benutzten Quellen vom Typ ^{241}Am-Be(α, n) beträgt die Größe K/Φ etwa $3{,}7 \cdot 10^{-9}$ rd cm^2, die Größe $\hat{D}/\Phi$ etwa $4{,}7 \cdot 10^{-9}$ rd cm^2, die Größe $\hat{D}_q/\Phi$ etwa $3{,}5 \cdot 10^{-8}$ rem cm^2, $\bar{q}$ also etwa 7,5 (s. auch Abschn. 7.6.1 sowie Lit. [258, 401, 528]). Mit einer solchen Quelle läßt sich die Empfindlichkeit eines Meßgerätes (s. Abschn. 1.1.1) auf Konstanz prüfen.

7.6.3.1 *Selektive Messung der Energiedosis von schnellen Neutronen*

Das einzige Verfahren, das die Energiedosis ohne Kalibrierung mit einer bekannten Dosis selektiv zu bestimmen gestattet, ist das im Bereich schneller Neutronen arbeitende Proportional-Zählrohrdosimeter nach HURST [357, 359, 588, 767]. Es bestimmt die Energiedosis in Äthylen, für das unabhängig von der Neutronenenergie im Bereich zwischen 1 keV und 18 MeV gilt [31]:

$$\frac{\text{Neutronenkerma in Äthylen}}{\text{Neutronenkerma im Standardmenschen}} = 1{,}42 \pm 0{,}12 \,. \tag{7.46}$$

Das Dosimeter ist ein zylindrisches, mit Äthylen gefülltes Zählrohr, dessen Wand aus Polyäthylen besteht in einer Dicke, die gleich der maximalen Reichweite der Rückstoßprotonen ist (4 mm für 20 MeV), so daß in seinem (durch Feldröhrchen oder auf andere Weise [588]) wohl definierten empfindlichen Volumen ΔV Sekundärteilchengleichgewicht (s. Abschn. 4.4.3) erreicht wird. Damit ist aber die Energiedosis D_n der Neutronen gleich der Kerma in Äthylen. Die linearen Abmessungen (etwa 5 cm) und der Fülldruck (etwa 780 Torr) sind so gewählt, daß die durch Photonenstrahlen erzeugten Sekundärelektronenimpulse (wegen der schwachen differentiellen Ionisierung der Elektronen) unterhalb einer Diskriminatorschwelle liegen, deren Höhe als Folge der Impulsaufstockungen von der Dosisleistung und Energie der Photonen abhängt und einer Protonenenergie von etwa 200 keV entspricht. Mit einem derartigen Proportional-Zählrohr ergibt sich die Energiedosis D_n der Neutronen in Äthylen zu

$$D_n = \frac{c}{\varrho \, \Delta V} \int_0^{U_{\max}} N_U(U) \, U \, \mathrm{d}U \tag{7.47}$$

($N_U(U) \, \mathrm{d}U$ Anzahl der Impulse mit Scheitelspannungen zwischen U und $U + \mathrm{d}U$, ϱ Dichte des Füllgases). Dabei ist

$$\int_0^{U_{\max}} N_U(U) \, U \, \mathrm{d}U = \int_0^{U_{\max}} N(U) \, \mathrm{d}U \,, \tag{7.48}$$

also gleich der Fläche unter der mit Hilfe eines Schwellendiskriminators aufgenommenen Kurve

$$N(U) = \int_U^{U_{\max}} N_U \, \mathrm{d}U \tag{7.49}$$

des integralen Impulsspektrums. Die Integration wird meistens elektronisch ausgeführt [267, 562, 588]. Die Konstante c von der Dimension Energie/Spannung = Ladung ermittelt man dadurch, daß α-Strahlen bekannter Energie aus einem in der Kammerwand befindlichen, abdeckbaren Präparat (^{210}Po, RaD-^{210}Po oder ^{241}Am) in das Meßvolumen eingeschossen werden.

Die Energien der Rückstoßprotonen, die bei der Streuung monoenergetischer Neutronen an Wasserstoff entstehen, sind wegen der Richtungsisotropie (im Schwerpunktsystem) des Streuprozesses gleichmäßig von Null bis zur Energie der primären Neutronen verteilt. Also liegen nicht nur die von Photonenstrahlung herrührenden Elektronenimpulse unterhalb der Diskriminatorschwelle, sondern auch ein Teil der Rückstoßprotonenimpulse, die von Neutronen mit Energien oberhalb der Diskriminatorschwelle erzeugt werden. Bei der Ermittlung der Energiedosis mit Hilfe der Beziehung (7.47) muß dieser Anteil berücksichtigt werden, und zwar durch Extrapolation aus dem beobachteten Impulsspektrum [768] oder theoretisch [152]. Unter günstigen Verhältnissen ist es so möglich, die Energiedosis in Äthylen für schnelle Neutronen mit Energien oberhalb 200 keV mit einer Unsicherheit von etwa $\pm 5\%$ zu bestimmen.

Wird eine größere Meßunsicherheit zugelassen, so genügt es, die Impulse lediglich zu zählen, welche eine geeignete Diskriminatorschwelle in einem speziell konstruierten Proportional-Zählrohr [182] übersteigen. Für Zwecke des Strahlenschutzes werden heute im allgemeinen Verfahren nach Abschn. 7.6.3.4 vorgezogen.

7.6.3.2 *Selektive Bestimmung der Äquivalentdosis von schnellen Neutronen*

Ein meßtechnisch schwieriges Verfahren [639, 640, 641] erlaubt, durch Analyse des Impulshöhenspektrums, das man in einem kugelförmigen Proportional-Zählrohr (Wandung aus gewebeäquivalentem Plastik, gewebeäquivalente Gasfüllung, s. Abschn. 7.6.3.5) erhält, das Spektrum der Energiedosis als Funktion des linearen Energieübertragungsvermögens L (s. Abschn. 4.4.8.3) zu ermitteln. Gegen Sekundärelektronen, die durch Photonenstrahlung ausgelöst werden, wird dabei aufgrund deren schwacher differentieller Ionisierung ($L_\infty < 3{,}5$ keV/μm im Gewebe) diskriminiert. Nach diesem Verfahren kann die Äquivalentdosis für Neutronen mit Energien oberhalb etwa 200 keV und auch für andere stark ionisierende Teilchen, z. B. Mesonen, mit Hilfe der in Abhängigkeit von L gegebenen Bewertungsfaktoren q (s. Tab. 4–5) bestimmt werden [34, 644]. Mit einem einfacheren Proportional-Zählrohrverfahren ohne Impulshöhenanalyse läßt sich die Äquivalentdosis schneller Neutronen mit Energien oberhalb 10 keV für Strahlenschutzzwecke bestimmen [182, 808].

7.6.3.3 *Selektive Meßverfahren für langsame Neutronen*

Im Bereich mittelschneller Neutronen (100 eV $< E \leq$ 10 keV) [49, 64, 65, 67] sind die bei Streuprozessen übertragenen Energien sehr klein. Derartige Neutronen werden in biologischem Gewebe auf kurzen Strecken bis auf thermische Energien verlangsamt. Die bei den nachfolgenden Einfangprozessen (H(n, γ)D und ^{14}N(n, p)^{14}C) freiwerdenden Energien liegen um Größenordnungen höher. Die Dosisbeiträge von mittelschnellen Neutronen werden meistens durch Instrumente erfaßt, die von Moderatoren umgebene Detektoren für langsame Neutronen enthalten (s. Abschn. 7.6.3.4 sowie Lit. [525, 529]).

Für langsame Neutronen in ausgedehnten biologischen Objekten liefert die Neutroneneinfang-Gammastrahlung des Wasserstoffs den höchsten Beitrag zur Energiedosis und neben dem (n, p)-Prozeß im Stickstoff einen wesentlichen Beitrag zur Äquivalentdosis. Infolge der großen Durchdringungsfähigkeit der 2,2 MeV-Einfang-Gammastrahlung hängt die Dosis stark von der Bestrahlungsgeometrie ab. Für Strahlenschutzmessungen an langsamen Neutronen wird die Neutronenflußdichte, z. B. mit Hilfe eines Borzählers oder einer Aktivierungssonde (s. Abschn. 5.4.4.1), bestimmt und daraus die maximale Tiefendosis (Energie- oder Äquivalentdosis) durch Berechnungen [31, 696] ermittelt (Abb. 7–66).

7.6.3.4 Selektive Bestimmung der Äquivalentdosis für den gesamten Bereich von thermischen Neutronenenergien bis zu etwa 14 MeV

Für Strahlenschutzzwecke wird zur Ermittlung von kumulierten Dosen unabhängig von der Strahlenart die Äquivalentdosis im „Standardmenschen" bestimmt. Obwohl die Äquivalentdosis nicht direkt meßbar ist (s. Abschn. 4.4.8.4), lassen sich doch Instrumente konstruieren, deren Ansprechwahrscheinlichkeit im Bereich von thermischen Neutronenenergien bis zu etwa 14 MeV der Neutronen-Äquivalentdosis proportional ist, ohne daß die zumeist gleichzeitig vorhandene Photonendosis angezeigt wird. Sie enthalten einen Detektor für thermische Neutronen (BF$_3$-Zählrohr [18, 733], ^{3}He-Zählrohr [462], LiJ-Szintillationszähler [104, 297]), der die von Photonenstrahlen ausgelösten Sekundärelektronen diskriminiert und der von einem — manchmal heterogen aufgebauten — zylindrischen oder kugelförmigen Moderator (Paraffin oder Polyäthylen) umgeben ist (charakteristische Abmessung etwa 25 cm [525, 529, 530, 632]). Kommerzielle Geräte dieser Art sind so konstruiert, daß ihre Anzeige mit einer maximalen Abweichung von etwa ±50% proportional zum Maximum der von SNYDER u. NEUFELD [369, 696] berechneten Tiefen-Äquivalentdosis ist [422, 463].

Ein älteres Instrument, das Doppelmoderator-Dosimeter von DE PANGHER [183], gestattet, zwei konzentrische Paraffinzylinder wahlweise übereinander zu schieben. Wird nur der innere Zylinder benutzt, so ist die Anzeige für Neutronenenergien zwischen 0,02 und 5 MeV innerhalb ±20% zur Flußdichte proportional, ähnlich wie bei dem Langen-Zähler (Long Counter) (s. Abschn. 5.4.4.3), jedoch mit angenähert richtungsunabhängiger Empfindlichkeit. Nach Überschieben des äußeren Zylinders zeigt das Instrument für Neutronenenergien zwischen 0,1 und 5 MeV innerhalb etwa ±30% proportional zur Gewebeenergiedosis an und, da sich der Bewertungsfaktor q in diesem Bereich nur wenig ändert, auch zur Äquivalentdosis, jedoch mit jeweils unterschiedlichen Kalibrierfaktoren. Für Neutronenenergien unterhalb 0,1 MeV nimmt die Ansprechwahrscheinlichkeit des Dosimeters stark zu. Aus den zwei Meßwerten mit dem inneren und mit beiden Moderatorzylindern erhält man angenähert die mittlere Neutronenenergie im ungestörten Neutronenfeld am Meßort, falls der Anteil langsamer Neutronen gering ist. Ein im Prinzip ähnliches Verfahren zur Bestimmung der Äquivalentdosis für Neutronen mit Energien oberhalb 0,5 eV ist beschrieben worden [807].

Geräte mit einem ausgedehnten Moderator, der einen Detektor für langsame Neutronen umgibt, können auch zu Messungen an gepulsten Neutronenquellen eingesetzt werden, da die im Moderator abgebremsten und diffundierenden Neutronen über einen längeren Zeitabschnitt verteilt in den Detektor gelangen. Bei dem Instrument nach ANDERSSON u. BRAUN [18] erreicht die Impulsrate im Detektor zwischen 10 und 20 µs nach einem kurzen Quellenimpuls ihr Maximum, und fällt dann proportional zu $\exp(-\alpha t)$ mit $\alpha \approx 2 \cdot 10^4$ s^{-1} [461]. Für einen Detektor mit einem zeitlichen Auflösungsvermögen von 0,5 µs betragen die Zählverluste etwa 10%, wenn die Impuls-Wiederholungsfrequenz $\nu = 200\,\dot{D}_q$ ist (ν in s^{-1}, Äquivalentdosisleistung $\dot{D}_q$ in rem/h). Ist die Impuls-Wiederholungsfrequenz geringer und werden dadurch die Zählverluste untragbar hoch, so kann anstelle des BF$_3$-Zählrohres eine BF$_3$-Ionisationskammer zur Strommessung eingesetzt werden. Deren Äquivalentdosis-Empfindlichkeit für Neutronen (Ionisationskammerstrom/Neutronen-Äquivalentdosis) ist im allgemeinen etwa viermal so groß wie für Photonen. Auch wenn die Impulse des Neutronengenerators mit starken Bremsstrahlenimpulsen einhergehen, ist es ratsam, eine Ionisationskammer anstelle eines Zählrohres zu verwenden, weil dieses sonst die Impulsfrequenz des Generators mitregistriert.

7.6.3.5 Verfahren zur Bestimmung der gesamten Energiedosis

Für diese nichtselektiven Verfahren werden gewebeäquivalente Ionisationskammern benutzt, deren Kammerwand und Füllgas angenähert wie biologisches Gewebe zusammengesetzt sind. Bei Sekundärteilchengleichgewicht (s. Abschn. 4.4.3), wird die Energiedosis aller Strahlenarten gemessen. Dazu nimmt man die mittlere Energie zur Erzeugung eines Ionenpaares (s. Abschn. 3.3) für alle auftretenden Arten von geladenen Sekundärteilchen als gleich an.

In praktisch ausgeführten Kammern [233, 636, 638] wird der im biologischen Gewebe enthaltene Sauerstoff durch Kohlenstoff ersetzt, wodurch man stabilere Stoffe erhält. Das dosisäquivalente Verhalten zum Gewebe wird dadurch kaum beeinträchtigt. Leitende Kunststoffe dieser Art sind erhältlich. Das Füllgas setzt sich aus 64,4% CH_4, 32,5% CO_2 und 3,1% N_2 (Volumenanteile) zusammen.

Mittelschnelle Neutronen werden bei diesen Meßverfahren kaum erfaßt, da die von ihnen erzeugten Rückstoßkerne nur wenig zur Ionisation in der Kammer beitragen. Hingegen ist der Beitrag der bei ihrer weiteren Abbremsung in ausgedehnten Körpern emittierten Gammastrahlung zur Dosis beträchtlich (s. Abschn. 7.6.1 und 7.6.3.3). Die Interpretation von Messungen mit gewebeproportionalen Ionisationskammern hängt deshalb wesentlich von der Bestrahlungsgeometrie ab.

7.6.3.6 Selektive Messung der Photonendosis in gemischten Strahlungsfeldern

Instrumente, deren Anzeige unabhängig von der Strahlenart und der Strahlenenergie proportional zur maximalen Tiefenäquivalentdosis im menschlichen Körper ist, gibt es bisher nicht. Deshalb muß man in gemischten Strahlenfeldern neben der Neutronendosis (z.B. nach Abschn. 7.6.3.4) auch die Photonendosis bestimmen [373, 506].

In einfacher Weise kann diese Messung mit Hilfe eines kalibrierten Auslösezählrohrs geschehen, dessen Impulsanzahl durch geeignete Wahl des Kathodenmaterials für Photonen näherungsweise energieunabhängig proportional zur Energiedosis im Gewebe ist, und dessen Neutronenempfindlichkeit durch Vermeidung aller Stoffe mit großen Wirkungsquerschnitten gegenüber Neutronen weitgehend herabgesetzt ist [359, 769]. Langsame Neutronen lassen sich zusätzlich durch eine dünne lithiumhaltige Schicht (Li_2CO_3) abschirmen. Neutronen werden darin mit großer Wahrscheinlichkeit über den Prozeß $^6Li(n, \alpha)^3T$ eingefangen, dessen Reaktionsprodukte die Zählrohrwand nicht durchdringen können und bei dem keine Photonen entstehen.

Die Energiedosis der Photonen in einem gemischten Strahlungsfeld kann man auch mit Hilfe einer Ionisationskammer geringer Neutronenempfindlichkeit messen, deren Wände aus Graphit oder Teflon bestehen und die mit CO_2 gefüllt ist. Doch kann die in derartigen Ionisationskammern durch Neutronen erzeugte Energiedosis je nach der Neutronenenergie immer noch bis zu 20% der Energiedosis in Gewebe erreichen [506]. Mit dem Proportionalzählrohr-Dosimeter nach HURST (s. Abschn. 7.6.3.1) läßt sich neben der Neutronenenergiedosis gleichzeitig die Photonenenergiedosis bestimmen, wenn auch der (gasverstärkte) Ionenstrom gemessen und der Neutronenanteil davon abgezogen wird [588, 687].

Die Photonenenergiedosis kann man in Umkehrung des Hurstschen Verfahrens auch dadurch selektiv ermitteln, daß nur die kleinen, durch Sekundärelektronen erzeugten Impulse analog zu dem Vorgehen in Abschn. 7.6.3.1 ausgewertet werden [151]. Dazu benutzt man ein für Photonenstrahlung dosisproportionales, für Neutronen nur wenig empfindliches Proportionalzählrohr mit Graphitwandung und He-CO_2-Füllung.

7.6.3.7 Selektive Personendosismessungen für Neutronen

Für die Personendosimetrie [56] lassen sich Kernspurfilme (s. Abschn. 7.3.2.5.5) verwenden, in denen die Bahnspuren der Rückstoßprotonen gezählt werden [54, 156, 202, 203, 210]. Die Spurenanzahl ist je nach Kalibrierung näherungsweise proportional zur Energiedosis oder zur Äquivalentdosis schneller Neutronen. Dabei werden Neutronen mit Energien oberhalb 0,5 MeV und Äquivalentdosen zwischen 0,1 und 20 rem erfaßt.

Die Unsicherheit der Auswertung ist beträchtlich [55, 572] und hängt u. a. vom Energiespektrum der Neutronen, von der Rückbildung der latenten Spuren und von persönlichen Auswertefehlern ab. Die Vermessung der Spuren (s. Abschn. 7.3.2.5.5) ermöglicht eine genauere Dosisbestimmung, ist aber für Strahlenschutzzwecke zu aufwendig.
Langsame Neutronen können aus der Schwärzungsdifferenz von Filmplaketten hinter Sn-Cd-Filterkombinationen ermittelt werden, doch liefern langsame Neutronen nur in seltenen Fällen einen wesentlichen Dosisbeitrag. Deshalb ist auch der Anwendungsbereich von Stabdosimetern mit Borbelag beschränkt.
Systeme aus zwei stabförmigen Ionisationskammern, von denen eine für alle Strahlenarten angenähert proportional zur Energiedosis in Gewebe anzeigt, die andere vorwiegend nur zur Photonendosis, sind mit beträchtlicher Meßunsicherheit behaftet [62]. Auch silberaktivierte Pphosphatgläser [573] (s. Abschn. 7.3.2.6) und Thermolumineszenzdosimeter [434] (s. Abschn. 7.3.2.7), die aus ^{6}LiF/^{7}LiF-Kombinationen in Polyäthylen bestehen, sind für die Personendosimetrie verwendet worden.
Bei der Kalibrierung und Auswertung von Personendosimetern, die am Körper getragen werden, ist der Beitrag der vom Körper in das Dosimeter zurückgestreuten Neutronen zu berücksichtigen. Im Bereich zwischen thermischen Energien und 10 keV ist der Reflexionsfaktor angenähert konstant etwa 0,65; für schnelle Neutronen bewegt er sich zwischen 0,05 und 0,2 [531, 808].

7.6.3.8 Unfalldosimeter für Neutronen

An Stellen, an denen man damit rechnen muß, daß Kernbrennstoffe (^{233}U, ^{235}U, ^{239}Pu) unvorhergesehen kritisch werden oder daß eine unkontrollierte Leistungsexkursion eines Reaktors erfolgt, sollte man Vorsorge treffen, auch hohe Personendosen messen zu können, weil etwa notwendige ärztliche Maßnahmen entscheidend vom Betrag der Dosis abhängen. Da dabei nicht die im Strahlenschutz benutzten hohen Bewertungsfaktoren für Dauerbelastung berücksichtigt werden dürfen, die einen beträchtlichen zusätzlichen Sicherheitsfaktor enthalten, ist in der Unfalldosimetrie grundsätzlich die

Tabelle 7–36. Unfalldosimetersysteme (aus: E. Piesch [574])

Strahlenart	Detektoren		
	Dennis [180]	Bramson [105], Kocher u. Mitarb. [432]	Gupton u. Mitarb. [295], Hurst u. Ritchie [358]
γ-Strahlung *Personendosimeter*	Glasdosimeter	Filmdosimeter	Glasdosimeter und chem. Dosimeter
Neutronen:			
langsame	^{115}In; ^{115}In + Cd	^{198}Au; ^{198}Au + Cd	^{198}Au; ^{198}Au + Cd
mittelschnelle	^{115}In + Cd; ^{63}Cu		^{198}Au + Cd
schnelle	^{32}S; ^{115}In + Cd	^{32}S	^{32}S
Fluenzindikator	^{115}In	^{115}In	^{115}In
Ortsdosimeter			
Bestimmung des Neutronenspektrums	wie beim Personendosimeter	wie beim Personendosimeter, zusätzlich ^{58}Ni ^{27}Al	wie beim Personendosimeter, zusätzlich ^{239}Pu, ^{237}Np ^{238}U, ^{32}S
Dosisbestimmung	In, Au in Paraffinzylinder	Natriumoleatphantom + Personendosimeter	in Cd-B-Kapsel

Energiedosis, jedoch selektiv für Neutronen- und Photonenstrahlen, zu bestimmen [300, 337, 356, 644]. Für die weitere Beurteilung braucht man zumindest rohe Informationen über das Energiespektrum der Neutronen.

Diese Forderungen versucht man durch Personen-Unfalldosimeter (Tab. 7–36) zu erfüllen, die neben einem Gammastrahlendosimeter mehrere Aktivierungssonden (s. Abschn. 5.4.4) für verschiedene Neutronenenergiebereiche enthalten [30, 259, 360, 688]. Ergänzend dazu werden oft ortsfeste Dosimeter installiert. Auch die Aktivitätsmessung des Natriums im Blut [180, 358, 360, 651, 689, 735] oder des Schwefels im Haar [565, 566] kann man heranziehen.

7.6.3.9   *Praxis der Strahlenschutzdosimetrie für Neutronen*

Die Erfahrung aus Messungen an Reaktoren und Neutronengeneratoren (Beschleunigern) hat gezeigt, daß der durch langsame Neutronen verursachte Beitrag zur gesamten Äquivalentdosis nur in Ausnahmefällen (z. B. an der thermischen Säule eines Reaktors) 5% übersteigt. Gammastrahlendosimeter, die an der Körperoberfläche getragen werden, erfassen über die Einfang-Gammastrahlung aus dem Körper einen großen Teil der darin durch langsame Neutronen erzeugten Dosis.

Der Anteil mittelschneller Neutronen mit Energien zwischen 0,5 eV und 0,1 MeV zur Neutronen-Äquivalentdosis kann — besonders hinter Abschirmungen — beträchtlich sein und mehr als 90% ausmachen [525]. Sie werden von den Verfahren nach Abschn. 7.6.3.4 miterfaßt. Erfahrungsgemäß ist aber an Reaktoren und Beschleunigern hinter ausreichenden Abschirmungen die Äquivalentdosis der Neutronen aller Energien kaum höher als die Energiedosis der Photonenstrahlung.

Personendosismessungen für Neutronen im Rahmen des routinemäßigen Strahlenschutzes sind wegen der ihnen bisher anhaftenden großen Unsicherheit sehr problematisch. Deshalb begnügt man sich bisher zu Recht oft damit, gründliche Ortsdosismessungen mit zuverlässigeren Geräten auszuführen.

7.7   Dosimetrie schwerer geladener Teilchen
(Protonen, Deuteronen, Ionen, mit Ausnahme der Alphateilchen)
[184, 518, 742, 758]

Von L. Lanzl und H. Eisenlohr

7.7.1   Allgemeines
[34, 82, 86, 123, 167, 411, 746]

Eigenschaften schwerer geladener Teilchen s. Tab. 1–16 und 5–1 sowie Abschn. 5.1 und 5.3. Protonen, Deuteronen und Alphateilchen zeigen analoge Wechselwirkungen mit Materie. Da sich jedoch die dosimetrischen Probleme vornehmlich für die α-Strahlen von offenen radioaktiven Stoffen ergeben, werden sie in Abschn. 7.9 behandelt.

Für die Dosimetrie schwerer geladener Teilchen stehen drei Methoden zur Verfügung:

1. Ermittlung der Anzahl und Energie der Teilchen,
2. experimentelle Bestimmung der Energie, die auf einen Probekörper aus dem interessierenden Material übertragen wird,
3. Berechnung der „particle histories" nach der Monte-Carlo-Methode mit Computern unter Berücksichtigung der wesentlichsten Wechselwirkungsprozesse im Medium [542, 751].

7.7.2 Dosimetrie von Protonen und Deuteronen

7.7.2.1 *Meßmethoden*

Für die Methoden 1 und 2 können folgende Meßgeräte benutzt werden:
Faraday-Käfig zur Ermittlung der Anzahl der Teilchen durch Ladungsmessung [552], Ionisationskammer, Kalorimeter, Zählrohr, Film oder Kernemulsionen [655], Aktivierungsfolien, Vakuumkammern (Sekundärelektronenkammern), Halbleiterdetektoren.

Am häufigsten wird zur Dosimetrie schwerer geladener Teilchen eine Parallelplatten-Ionisationskammer mit Schutzring verwendet. Elektroden und Schutzring bestehen aus dünnen Metallfolien (z. B. Al) oder aus Mylarfolien mit Leitlacküberzug.

Die atomare Zusammensetzung des Folienmaterials ist nicht sehr kritisch, da sich die primären Wechselwirkungsprozesse in erster Linie im Gas selbst abspielen. Die Energiedosis im Meßgas wird aus der gemessenen Ionenladung, dem empfindlichen Volumen der Kammer, der Gasdichte und dem mittleren Energieaufwand zur Erzeugung eines Ionenpaares ermittelt (s. Abschn. 3.3.2).

Bei energiereichen, schweren geladenen Teilchen kann auch deren Fähigkeit, durch unelastische Stöße Radionuklide im Targetmaterial zu erzeugen, zur Bestimmung der Teilchenfluenz oder der Flußdichte herangezogen werden [738]. Eine für Protonen verwendete Kernreaktion ist $^{12}C(p, pn)^{11}C$, wobei die Vernichtungsstrahlung des vom ^{11}C emittierten Positrons gemessen wird. Als kohlenstoffhaltiges Target dient Polyäthylenfolie [505].

Mit kleinen Halbleiterdioden lassen sich Protonen-Tiefendosisverteilungen ermittelt [433]. Proportionalität zwischen Dosisleistung und Diodenkurzschlußstrom besteht bis zu Dosisleistungen von $2 \cdot 10^5$ rd/min. Irreversible Änderungen der Diodencharakteristik, die die Empfindlichkeit vermindern, sind oberhalb einer Energiedosis von etwa 10^4 rd zu erwarten. Daher sollte eine neue Diode mit einer Vordosis von etwa 10^6 rd belastet werden. Ihre Empfindlichkeit kann dabei zwar auf etwa die Hälfte des Anfangswertes absinken, sie hängt jedoch dann nicht mehr von der Energiedosis ab, sofern diese 10% der Vordosis nicht überschreitet [600]. Auch mit LiF als Thermolumineszenzmaterial sind Tiefendosen bei 185 MeV Protonen gemessen worden [149].

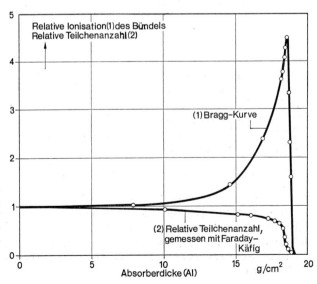

Abb. 7–68. (1) Typische Bragg-Kurve für 190-MeV-Deuteronen in Aluminium und (2) Anzahl der Deuteronen als Funktion der Absorberdicke (nach TOBIAS u. Mitarb. [739])

7.7.2.2 Dosisverteilungen

Der differentielle Energieverlust (das Bremsvermögen) dE/dx schwerer Teilchen nimmt mit abnehmender Teilchenenergie zu (s. Abschn. 5.3). Die entsprechende Ionisierungsdichte wird durch die Bragg-Kurve wiedergegeben. Abb. 7–68 zeigt eine typische Bragg-Kurve für 190 MeV Deuteronen in Aluminium [739]. Die untere Kurve gibt die Anzahl der Deuteronen bei verschiedenen Absorberdicken wieder und hat infolge Mehrfachstreuung und „straggling" (statistische Fluktuationen des Energieverlustes)

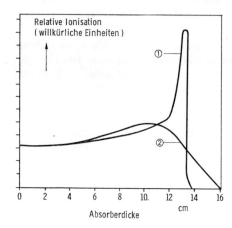

Abb. 7–69. Berechneter Effekt einer 10 MeV breiten Anfangsenergieverteilung auf die Bragg-Kurve (nach WARSHAW u. OLDFIELD [774]); (1) Bragg-Kurve für monoenergetische Deuteronen, (2) 10 MeV breite Anfangsenergieverteilung

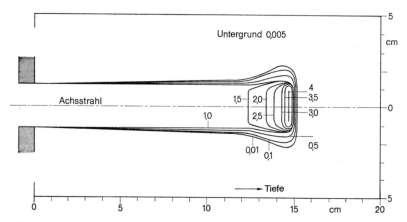

Abb. 7-70. Typische Isodosenkurven in Plexiglas für einen 180-MeV-Deuteronenstrahl von kreisförmigen Querschnitt. Die Zahlen bezeichnen die Energiedosen relativ zur Oberflächendosis (nach TOBIAS u. Mitarb. [739])

gegen das Ende der Teilchenbahn nicht denselben scharfen Abfall wie die dazugehörige Bragg-Kurve.

Für die Radiotherapie ist eine räumliche Verteilung des differentiellen Energieverlustes wie in Abb. 7–68 meist nicht günstig, weil Tumoren vielfach eine größere Ausdehnung haben, als dem „peak" entspricht. Man kann nun die Bragg-Kurve dadurch verbreitern, daß anstelle monoenergetischer Teilchen solche mit einer breiten Anfangsenergieverteilung verwendet werden. Die Verhältnisse für Deuteronen mit einer 10 MeV breiten Verteilung der Anfangsenergie sind berechnet worden [774]. Das Ergebnis, das auf

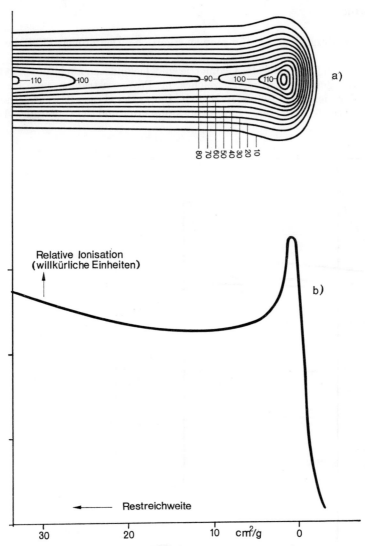

Abb. 7–71. Isodosenkurven (a) und Bragg-Kurve (b) für das letzte Drittel der Reichweite von 460-MeV-Protonen in Wasser (nach WARSHAW u. OLDFIELD [774])

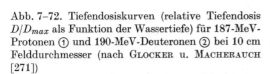

Abb. 7–72. Tiefendosiskurven (relative Tiefendosis D/D_{max} als Funktion der Wassertiefe) für 187-MeV-Protonen ① und 190-MeV-Deuteronen ② bei 10 cm Felddurchmesser (nach GLOCKER u. MACHERAUCH [271])

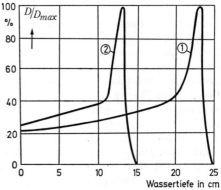

Messungen der Bragg-Kurven für monoenergetische Deuteronen [739] beruht, zeigt Abb. 7–69.

Neben Tiefendosen [732] bei fester Geometrie sind Tiefendosen auch für ein zylindrisches Phantom [312] gemessen worden, welches in Protonenstrahlen mit Energien von 5 bis 28 MeV rotierte (s. BOLES u. Mitarb. [96]). Bei diesen Experimenten wurden Thermolumineszenz-Dosimeter, Ionisationskammern und ein Faraday-Käfig verwendet.

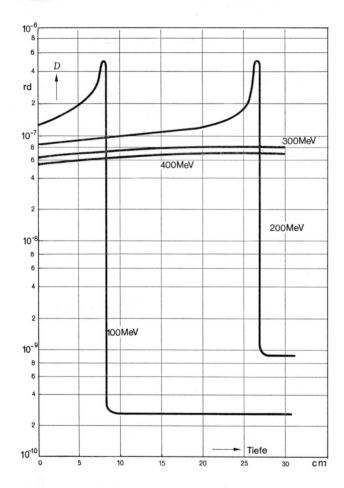

Abb. 7–73. Verteilung der Energiedosis D in einem Gewebeblock von 30 cm Dicke, einseitig bestrahlt mit einem monoenergetischen, senkrecht auffallenden, breiten Protonenstrahl mit der Teilchenfluenz $1/cm^2$ (nach NEUFELD u. Mitarb. [542] und TURNER [751])

Beispiele von Isodosen für Protonen und Deuteronen enthalten die Abb. 7–70 und 7–71 [739, 774].

Bei den Messungen für Abb. 7–71 trafen etwa 45% der Primärprotonen auf den Kollimator und erzeugten dort Neutronen und Protonen verminderter Energie [774]. Diese Protonen verursachen eine Absenkung des Bragg-peaks. Die Reichweite von 460 MeV-Protonen in Wasser beträgt 107 g/cm².

Tiefendosisdaten existieren auch für Protonen mit Energien zwischen 45,8 MeV und 730 MeV, und zwar für gewebeäquivalente Zylinder mit kreisförmigem und elliptischem Querschnitt bei einem gleichförmig senkrecht zur und um die Zylinderachse einfallenden Strahl [39]. Diese Daten wurden mittels eines Computerprogrammes aus experimentell gewonnenen Werten ermittelt. Die Tab. 7–37 enthält reduzierte Energiedosiswerte an ausgewählten Punkten auf und innerhalb der Zylinderphantome. Tiefendosiskurven in

Tabelle 7–37. Energiedosis an der Oberfläche und innerhalb von gewebeäquivalenten Zylinderphantomen (aus: N. A. BAILY, H. S. FREY [39]). Die Dosiswerte D sind auf eine Energiedosis von 100 rd reduziert, die an der Oberfläche eines flachen, gewebeäquivalenten Blocks bei Bestrahlung mit einem parallelen, senkrecht zur Oberfläche gerichteten Protonenstrahl derselben Energie auftreten würde.

Protonen-energie	Position	D [rd] für Kreiszylinder Durchmesser	
		10 cm	30 cm
45,8 MeV	Oberfläche	390	320
	1 cm Tiefe	400	350
138 MeV	Oberfläche	710	570
	1 cm Tiefe	720	620
	5 cm Tiefe	730	680
	Mittelpunkt	—	390
300 MeV	Oberfläche	690	700
	1 cm Tiefe	730	740
	5 cm Tiefe	750	760
	Mittelpunkt	—	770
630 MeV	Oberfläche	740	740
	1 cm Tiefe	820	830
	5 cm Tiefe	850	880
	Mittelpunkt	—	890
730 MeV	Oberfläche	750	750
	1 cm Tiefe	860	850
	5 cm Tiefe	890	890
	Mittelpunkt	—	910

Bezüglich der Dosimetrie von Pionen (π-Mesonen) [273], von Protonen und Pionen im BeV-Bereich (1 BeV [amerikanisch] = 10^9 eV) [777] und der Dosimetrie für die Raumfahrt [478, 655] wird auf die Literatur verwiesen.

Wasser für Deuteronen und Protonen annähernd gleicher Teilchenenergie zeigt Abb. 7–72 [447, 738]. Bei ähnlicher Kurvenform ist die Reichweite der Deuteronen deutlich geringer als die der Protonen.
Für Fragen des Strahlenschutzes [34] sind die von NEUFELD u. Mitarb. [542] und TURNER [751] berechneten Dosisverteilungen im Gewebe von Interesse. Die Tiefendosiskurven nach Abb. 7–73 ergaben sich in einem 30 cm dicken Gewebeblock, der mit monoenergetischen, senkrecht auffallenden Protonen bestrahlt wurde. Abb. 7–74 zeigt die Kurven für isotrop auffallende Protonen.

7.8 Dosimetrie bei Kontakttherapie, intrakavitärer und interstitieller Therapie mit geschlossenen radioaktiven Präparaten
[184, 185, 193, 282, 324, 391, 476, 485, 515, 522, 557, 595, 670, 674, 675, 705, 755, 812]
Von R. G. JAEGER und W. HÜBNER

7.8.1 Allgemeines
Zur Kontakttherapie (Oberflächenbestrahlung) dienen neben energiearmen Röntgenstrahlen hauptsächlich Elektronen von Beschleunigern, gelegentlich auch Betastrahler

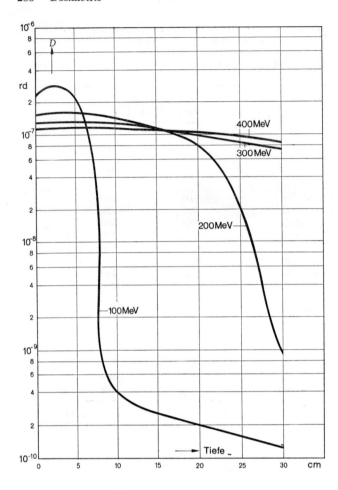

Abb. 7–74. Verteilung der Energiedosis D in einem Gewebeblock von 30 cm Dicke, einseitig bestrahlt mit einem monoenergetischen, isotrop einfallenden, breiten Protonenstrahl mit der Teilchenfluenz $1/cm^2$ (nach NEUFELD u. Mitarb. [542] und TURNER [751])

(^{90}Sr, ^{90}Y und (^{90}Sr + ^{90}Y)), die den Vorteil begrenzter Tiefenwirkung haben, oder bei Hautkarzinomen ^{226}Ra- und ^{60}Co-Gammastrahlenquellen.

Die intrakavitäre Bestrahlung von Körperhöhlen ist im Grunde auch eine Kontaktbestrahlung (Co-Perlen, Moulagen, Instillation radioaktiver Flüssigkeiten).

Die interstitielle Bestrahlung erfolgt mit Ra-Nadeln, Drähten aus ^{192}Ir oder ^{182}Ta (Implantation), mit ^{198}Au-Seeds (Spickung) oder durch Injektion radioaktiver Lösungen in das Tumorgewebe.

7.8.2 Dosimetrie von Betastrahlern
[186, 391, 476, 484, 485, 524]

7.8.2.1 *Allgemeines, maximale und mittlere Betaenergien*

Das kontinuierliche Spektrum der Betastrahler (s. Abschn. 2.4.3) wird bestimmt durch die positive oder negative Ladung des Betateilchens, durch die Kernladungszahl Z des Radionuklids und dadurch, daß das Spektrum „erlaubt" oder „verboten" ist.*

---

* Die Bezeichnungen „erlaubt" bzw. „verboten" sind nicht eindeutig festgelegt. Praktisch genügt die Aussage, daß „erlaubte" Spektren mit relativ kurzlebigen Übergängen verbunden sind, „verbotene" Spektren dagegen mit relativ langlebigen Übergängen.

Dosimetrie bei Kontakttherapie mit geschlossenen radioaktiven Präparaten 289

Die für die Dosimetrie wichtige mittlere Energie $\bar{E}_\beta$ der Betateilchen ergibt sich aus:

$$\bar{E}_\beta = \frac{\int_0^{E_{\max}} E N_E(E)\,dE}{\int_0^{E_{\max}} N_E(E)\,dE}, \tag{7.50}$$

wobei $N_E(E)\,dE$ die Anzahl der Betateilchen mit Energien zwischen E und $E + dE$ ist. In Abb. 7-75 ist das Verhältnis $\bar{E}_\beta/E_{\max}$ aus der mittleren Energie $\bar{E}_\beta$ und der Maximalenergie $E_{\max}$ für „erlaubte" Spektren als Funktion der Maximalenergie $E_{\max}$ für verschiedene Kernladungszahlen Z des Ausgangsnuklids dargestellt. Die mittleren Ener-

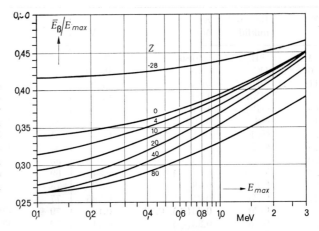

Abb. 7-75. Das Verhältnis $\bar{E}_\beta/E_{\max}$ für „erlaubte" Spektren als Funktion der Maximalenergie $E_{\max}$ der Betateilchen mit der mittleren Energie $\bar{E}_\beta$ und verschiedenen Ordnungszahlen Z des Ausgangsnuklids. Positive Z-Werte gelten für negative Elektronen, negative Z-Werte für Positronen (nach MARINELLI u. Mitarb. [484, 485])

Tabelle 7-38. Mittlere β-Energie „verbotener" Spektren; (E.W.) = Emissionswahrscheinlichkeit (aus: R. LOEVINGER u. Mitarb. [476])

Nuklid	Z	$E_{\max}$ MeV (E.W.)	$\bar{E}_\beta/\bar{E}_\beta^*$	$\bar{E}_\beta$ MeV	Methode
85Rb	37	1,77 (0,91)	1,03	0,66	Kalorimeter
		0,68 (0,09)	1	0,67	berechnet
90Sr	38	0,536	1,17	0,198	berechnet
90Y	39	2,24	1,02	0,90	Ionisationskammer
				0,93	berechnet
91Y	39	1,56	1,04	0,623	berechnet
204Tl	81	0,765	0,99	0,238	Spektrum
RaE	83	1,17	0,77	0,320	Kalorimeter
				0,305	Spektrum

gien $\bar{E}_\beta$ mit „verbotenen" Spektren enthält Tab. 7-38. $\bar{E}_\beta^*$ ist die nach der Fermi-Theorie berechnete mittlere Energie eines hypothetischen „erlaubten" Spektrums mit der gleichen Maximalenergie $E_{\max}$ wie für das „verbotene" Spektrum [476].
Die mittleren Betaenergien $\bar{E}_\beta$ differieren in der Literatur z.T. beträchtlich. Das hängt u. a. von der Art der Berechnung oder dem oft unzureichend bekannten Zerfallsschema ab [185]. Mitunter wird die Näherungsgleichung $\bar{E}_\beta \approx \frac{1}{3} E_{\beta,\max}$ verwendet, manche Berechnungen für „erlaubte" Spektren basieren auf den Kurven von Abb. 7-75. Im Bericht des Committee II der ICRP [368] werden andere Formeln benutzt, in denen

außerdem Größe und Absorption des interessierenden Organs berücksichtigt werden. Teilweise werden auch die Konversionselektronen (s. Abschn. 2.4.5) in die Berechnung einbezogen [785]. Experimentell läßt sich $\bar{E}_\beta$ kalorimetrisch bestimmen.
Umfangreiches Kurvenmaterial zur Berechnung von $\bar{E}_\beta$ „erlaubter" und „verbotener" Betaspektren findet man in der Arbeit von WIDMAN u. Mitarb. [786]. Danach kann $\bar{E}_\beta$ auf etwa $\pm 0{,}2\%$ ermittelt werden, wenn die Übergänge bekannt sind.
In Tab. 7–39 sind die $\bar{E}_\beta$-Werte mit einer für die Praxis ausreichenden Genauigkeit angegeben.

Tabelle 7–39. Maximale und mittlere Beta-Energien E_{max} und $\bar{E}_\beta$ einiger Radionuklide (s. auch Tab. 2–9) (nach GLOCKER u. MACHERAUCH [271], LOEVINGER u. Mitarb. [476], gerundet)

Z	Radio-nuklid	E_{max} MeV	$\bar{E}_\beta$ MeV	Z	Radio-nuklid	E_{max} MeV	$\bar{E}_\beta$ MeV
1	^{3}H	0,0186	0,0055	35	^{82}Br	0,44	0,135
6	^{14}C	0,156	0,050	37	^{86}Rb	1,78	0,67
11	^{22}Na	0,54(+), 1,8(+)	0,19	38	^{89}Sr	1,46	0,56
11	^{24}Na	1,39	0,55	38	^{90}Sr	0,55	0,17
15	^{32}P	1,71	0,69	39	^{90}Y	2,27	0,92
16	^{35}S	0,167	0,049	47	^{111}Ag	1,05	0,36
17	^{36}Cl	0,71	0,25	51	^{124}Sb	2,31	0,37
19	^{42}K	3,52	1,47	53	^{131}J	0,61; 0,81	0,19
20	^{45}Ca	0,252	0,078	55	^{137}Cs	0,51; 1,18	0,18
25	^{52}Mn	0,57(+)	0,84	69	^{170}Tm	0,97	0,32
26	^{59}Fe	0,48	0,13	73	^{182}Ta	0,52; 1,71	0,14
27	^{60}Co	0,31	0,095	77	^{192}Ir	0,67	0,17
29	^{64}Cu	0,66(+), 0,57	0,13	79	^{198}Au	0,96	0,31
30	^{65}Zn	0,33(+)	0,14	79	^{199}Au	0,3; 0,46	0,085
33	^{76}As	2,97	1,1	80	^{203}Hg	0,21	0,057
				81	^{204}Tl	0,77	0,24

Positronenstrahler sind durch (+) gekennzeichnet.

7.8.2.2 Dosisformeln und Dosisfunktionen

Wenn die Beta- oder Alpha-Strahlenquellen gleichmäßig im Gewebekomplex verteilt sind, dessen Abmessungen groß gegen die Reichweite der Partikel sind, läßt sich die Energiedosis einfach bestimmen. Für Fälle, in denen kein Gleichgewicht besteht, hat LOEVINGER [471, 472, 475] empirische Formeln entwickelt. An Grenzflächen, z.B. zwischen Knochen und Weichteilgewebe, sind besondere Überlegungen nötig.

Für Gleichgewicht und eine Zeitspanne, die klein gegen die effektive Halbwertszeit (s. Abschn. 2.3.2.2) für das Radionuklid ist, ergibt sich die Energiedosisleistung $\dot{D}$ aus der mittleren Energie $\bar{E}_\beta$ der Betateilchen, der spezifischen Aktivität a (s. Abschn. 2.3.3) nach den Formeln:

$$\begin{aligned}
\dot{D}_\beta &= 5{,}92 \cdot 10^{-4} \cdot a \cdot \bar{E}_\beta \quad \text{in rd/s} \\
&= 3{,}55 \cdot 10^{-2} \cdot a \cdot \bar{E}_\beta \quad \text{in rd/min} \\
&= 2{,}13 \quad \cdot a \cdot \bar{E}_\beta \quad \text{in rd/h} \\
&= 51{,}2 \quad \cdot a \cdot \bar{E}_\beta \quad \text{in rd/d} \\
&= 358 \quad \cdot a \cdot \bar{E}_\beta \quad \text{in rd/Woche}.
\end{aligned} \qquad (7.51)$$

a in µCi/g und $\bar{E}_\beta$ in MeV.

Muß die zeitliche Aktivitätsabnahme berücksichtigt werden, so ist die Formel (7.61) in Abschn. 7.9.3.2 zu benutzen.

LOEVINGER u. Mitarb. [476] haben nach Messungen an ^{32}P, ^{35}S, ^{90}Y und ^{131}J eine empirische Formel für punktförmige Betaquellen, die Punktquellenfunktion $J(x)$, angegeben, die etwas umgeformt und mit den hier benutzten Größen und Formelzeichen, folgendermaßen lautet:

$$J(x) = \frac{1{,}28 \cdot 10^{-9} \cdot \nu/\varrho \cdot \alpha \cdot \bar{E}_\beta}{x^2} \left\{ c + \nu x \left[\exp(1 - \nu x) - \exp\left(1 - \frac{\nu x}{c}\right) \right] \right\} \quad (7.52)$$

$$\alpha = [3c^2 - (c^2 - 1)\,\mathrm{e}]^{-1}; \qquad \mathrm{e} = 2{,}718 \text{ (s. Abschn. 1.1.1)}; \qquad (7.52\mathrm{a})$$

$$c = \begin{cases} 3 & \text{für} & E_{\max} < 0{,}17 \text{ MeV} \\ 2 & \text{für} & 0{,}17 \leq E_{\max} < 0{,}5 \text{ MeV} \\ 1{,}5 & \text{für} & 0{,}5 \leq E_{\max} < 1{,}5 \text{ MeV} \\ 1 & \text{für} & 1{,}5 \leq E_{\max} < 3{,}0 \text{ MeV} \end{cases} \quad (7.52\mathrm{b})$$

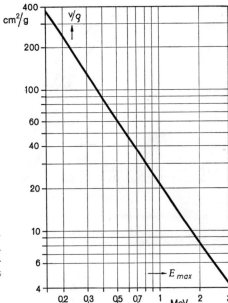

Abb. 7-76. Der scheinbare Massen-Absorptionskoeffizient ν/ϱ für Weichteilgewebe als Funktion der Maximalenergie E_{max} von „erlaubten" Betaspektren, für die $\overline{E}_\beta/\overline{E}_\beta^* = 1$ in Gleichung (7.53) ist (nach LOEVINGER u. Mitarb. [476])

Dabei ist $J(x)$ der Quotient aus der Energiedosis in rd und der Anzahl der Betazerfälle, ν/ϱ der „scheinbare" Massen-Energieabsorptionskoeffizient für die Betastrahlung in cm^2/g (s. Gleichung (7.53) und Abb. 7-76), ϱ die Dichte in g/cm^3, x der Abstand von der Punktquelle in cm und $\bar{E}_\beta$ die mittlere Betaenergie in MeV (s. Tab. 7-39); α und c sind dimensionslose Zahlen. Für Weichteilgewebe gilt:

$$\nu/\varrho = \frac{18{,}6}{(E_{\max} - 0{,}036)^{1{,}37}} \left(2 - \frac{\bar{E}_\beta}{\bar{E}_\beta^*}\right) \quad \text{in} \quad \text{cm}^2/\text{g}. \quad (7.53)$$

Dabei ist $E_{\max}$ die maximale Betaenergie in MeV (s. Tab. 7-39 und 2-9), $\bar{E}_\beta/\bar{E}_\beta^*$ für „verbotene" Spektren entnimmt man Tab. 7-38, für „erlaubte" Spektren ist $\bar{E}_\beta/\bar{E}_\beta^* = 1$. Aus $J(x)$ erhält man die Energiedosisleistung $\dot{D}_\beta$ in rd/h für die Aktivität A in Ci im Abstand x in cm:

$$\dot{D}_\beta = 1{,}33 \cdot 10^{14} \cdot J(x) \cdot A. \quad (7.54)$$

Die Gleichungen (7.52) bis (7.54) gelten für Abstände x, die kleiner als die mittlere Reichweite $\bar{R}$ der Betateilchen (s. Abschn. 5.2.4.2) sind, also für $x/\bar{R} < 1$.

Nach der Theorie von SPENCER [700] wurde eine andere Punktquellen-Dosisfunktion $J_\beta(x)$ entwickelt, die eine ähnliche Bedeutung wie die spezifische Gammastrahlenkonstante für die Dosimetrie punktförmiger Gammastrahler hat (s. Abschn. 7.8.3). Abb. 7-77 veranschaulicht den Verlauf von $J_\beta(x)$ als Funktion des reduzierten Abstandes $x/R_{\max}$, wobei $R_{\max}$ die maximale Reichweite der Betateilchen in der Materie

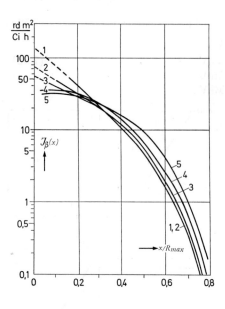

Abb. 7-77. Die Punktquellen-Dosisfunktion $J_\beta(x)$ für einige reine Betastrahler im Abstand x nach der Theorie von SPENCER [701]. R_{max} maximale Reichweite der Betateilchen mit der maximalen Energie $E_{\beta,max}$ (s. Abschn. 5.2.4.3) ① ^{35}S; ② ^{185}W; ③ ^{204}Tl; ④ ^{32}P; ⑤ ^{90}Y (nach BURCHARDT u. HERRMANN [129])

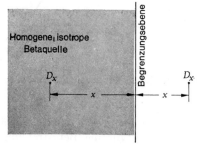

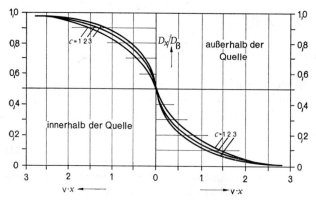

Abb. 7-78. Relative Energiedosisverteilung $D_x/D_\beta = f(x)$ innerhalb und außerhalb einer unendlich ausgedehnten, homogenen und isotropen Betaquelle mit ebener Begrenzung. D_x Energiedosis im Abstand x von der Begrenzungsebene, D_β Energiedosis nach Gleichung (7.54) (nach LOEVINGER u. Mitarb. [476]) (siehe Text nach Gleichung (7.52b)

ist [129] (s. Abschn. 5.2.4.3). Aus $J_\beta(x)$ gewinnt man die Energiedosisleistung $\dot{D}_\beta$ in rd/h im Abstand x in cm für die Aktivität A in Ci:

$$\dot{D}_\beta = \frac{J_\beta(x)\,A}{x^2} \cdot 10^4 \,. \tag{7.55}$$

Für $x/R_{\max} = 0{,}3$ liefert Gleichung (7.54) etwa 1,5mal größere Energiedosisleistungen als Gleichung (7.55) und für $x/R_{\max} = 0{,}6$ sogar 9 bis 36mal größere Werte je nach dem Radionuklid.

7.8.2.3 Dosisverteilungen, insbesondere bei Betaapplikatoren

Die relative Dosisverteilung innerhalb und außerhalb einer im Halbraum unendlich ausgedehnten, homogen verteilten Betaquelle mit ebener Begrenzung zeigt Abb. 7-78. Für den Parameter c gelten die Werte nach Gleichung (7.52b).
Die Arbeit von LOEVINGER u. Mitarb. [476] enthält auch Formeln und Diagramme zur Berechnung der Energiedosis für eine radioaktive Quelle in einem Medium mit Betateilchen, deren maximale Reichweiten klein gegen die Dimensionen des Mediums sind. Folgende Strahlengeometrien sind behandelt: a) unendlich ausgedehnte, ebene, dünne Schicht; b) unendlich ausgedehnte, ebene Schicht endlicher Dicke; c) unendlich dünne Kreisscheibe; d) Kugel.
Applikatoren mit Betaquellen werden unter anderem auch auf der Oberfläche des zu bestrahlenden Objekts angebracht. Manchmal enthält der Applikator zwei verschiedene Betaquellen [321]. Abb. 7-79 zeigt die relative Tiefendosis längs des Achsstrahles als Funktion der Tiefe im Gewebe für vier verschiedene Applikatoren.

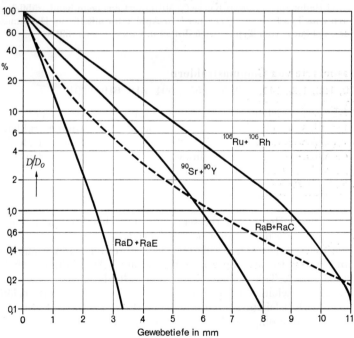

Abb. 7-79. Relative Tiefendosis D/D_0 längs des Achsstrahles von ebenen, auf der Haut aufliegenden Betaapplikatoren, bezogen auf die Energiedosis D_0 an der Hautoberfläche, als Funktion der Tiefe im Gewebe. Daten der Quellen und Filter: RaD + RaE, Durchmesser 5,6 mm; 0,1 mm Mg; ^{90}Sr + ^{90}Y, Durchmesser 7,8 mm, 0,25 mm Al + 0,05 mm rostfreier Stahl; ^{106}Ru + ^{106}Rh, Durchmesser 10 mm; 0,25 mm Al; RaB + RaC, 10 × 10 mm², kein Filter der in Pech eingebetteten Quelle (nach LOEVINGER u. Mitarb. [476])

In Abb. 7–80 sind die Tiefendosiskurven längs des Achsstrahles für einige Applikatoren mit ebener und gekrümmter Oberfläche für Augenbestrahlung dargestellt [391].

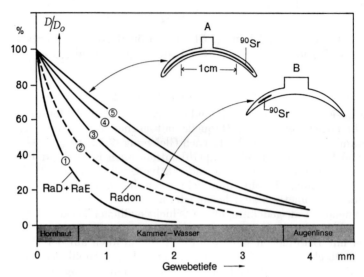

Abb. 7–80 Relative Tiefendosisverteilung D/D_o als Funktion der Gewebetiefe, bezogen auf die Oberflächendosis D_o, für verschiedene Betaapplikatoren. Kurve ① für RaD + RaE; Kurve ② Mittelwert aus drei Radonapplikatoren; Kurve ③ Mittelwert aus neun handelsüblichen, sphärischen ^{90}Sr-Applikatoren vom Typ B; Kurve ④ ebener ^{90}Sr-Applikator mit 16 mm Durchmesser; Kurve ⑤ sphärischer ^{90}Sr-Applikator vom Typ A (nach JOHNS u. CUNNINGHAM [391])

7.8.3 Dosimetrie von Gammastrahlern

[70, 122, 126, 144, 510, 558, 559, 594, 618, 619, 809]

Die Standard-Ionendosisleistung $\dot{J}_s$ (s. Abschn. 4.4.5.1), die von einem punktförmigen Gammastrahler mit der Aktivität A und der spezifischen Gammastrahlenkonstante Γ im Abstand r (s. Abschn. 4.4.6 und Tab. 2–9) in einem homogenen Medium mit dem Schwächungskoeffizienten μ (s. Abschn. 6.4.2) bei der betreffenden Gammaenergie erzeugt wird, errechnet sich nach der Beziehung

$$\dot{J}_s = B \frac{\Gamma \cdot A}{r^2} \exp(-\mu r). \tag{7.56}$$

Dabei ist B ein Dosisaufbaufaktor (besser: Dosiszuwachsfaktor), der den Dosisanstieg infolge Photonenstreuung im Medium berücksichtigt.

Berechnete Dosisaufbaufaktoren (Dosiszuwachsfaktoren) B für verschiedene Anfangsenergien E und Relaxationslängen μr in Wasser und Aluminium enthält Tab. 7–40. Weitere Werte stehen in Tab. 8–39 auch für breite Strahlenbündel.

Nach Abschn. 6.4.2 bezeichnet man im allgemeinen $1/\mu$ als Relaxationslänge, d.h. für $r = 1/\mu$ nimmt die Dosisleistung auf $1/e = 0{,}368$ ihres Betrages ab. Streng genommen stehen also in den beiden obersten Reihen der Tab. 7–40 die Anzahlen der Relaxationslängen.

Für eine Linienquelle wird die Ionendosisleistung in R/h mittels folgendem Ausdruck berechnet:

$$\dot{J}_s = \int_{x=0}^{x=l} \frac{\Gamma \cdot A(x)\,\mathrm{d}x}{l \cdot r^2}. \tag{7.57}$$

Tabelle 7–40. Dosisaufbaufaktor B (Dosiszuwachsfaktor) für eine punktförmige Gammastrahlenquelle in einem unendlich ausgedehnten Absorber (aus: H. GOLDSTEIN: [274])

E MeV	Relaxationslänge μr in Wasser						
	1	2	4	7	10	15	20
0,255	3,09	7,14	23,0	72,9	166	456	982
0,5	2,52	5,14	14,3	38,8	77,6	178	334
1,0	2,13	3,71	7,68	16,2	27,1	50,4	82,2
2,0	1,83	2,77	4,88	8,46	12,4	19,5	27,7
3,0	1,69	2,42	3,91	6,23	8,63	12,8	17,0
4,0	1,58	2,17	3,34	5,13	6,94	9,97	12,9
6,0	1,46	1,91	2,76	3,99	5,18	7,09	8,85
8,0	1,38	1,74	2,40	3,34	4,25	5,66	6,95
10,0	1,33	1,63	2,19	2,97	3,72	4,90	5,98

E MeV	Relaxationslänge μr in Aluminium						
	1	2	4	7	10	15	20
0,5	2,37	4,24	9,47	21,5	38,9	80,8	141
1,0	2,02	3,31	6,57	13,1	21,2	37,9	58,5
2,0	1,75	2,61	4,62	8,05	11,9	18,7	26,3
3,0	1,64	2,32	3,78	6,14	8,65	13,0	17,7
4,0	1,53	2,08	3,22	5,01	6,88	10,1	13,4
6,0	1,42	1,85	2,70	4,06	5,49	7,97	10,4
8,0	1,34	1,68	2,37	3,45	4,58	6,56	8,52
10,0	1,28	1,55	2,12	3,01	3,96	5,63	7,32

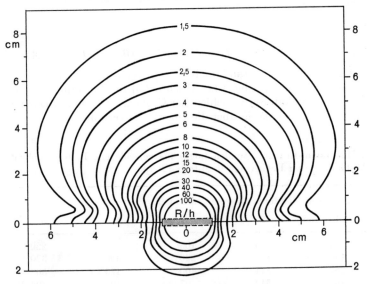

Abb. 7–81. Isodosenkurven für eine Radiumnadel mit 13,3 mg Ra. Aktive Länge 1,35 cm, Gesamtlänge 2,17 cm, Platinfilter 1 mm Dicke. Die Standard-Ionendosisleistung ist in R/h angegeben (nach JOHNS und CUNNINGHAM [391])

Hierbei ist l die Länge der Linienquelle und $A(x)$ die lineare Aktivitätsverteilung. Abb. 7–81 zeigt die Isodosen für eine linienförmige Radiumquelle mit gleichmäßiger Aktivitätsverteilung.

MINDER [515] hat die allgemeinen Gleichungen, Hilfskurven und Isodosenpläne für folgende Quellenanordnungen angegeben, wobei auf möglichst homogene Strahlenfelder Wert gelegt wurde: strahlende Gerade, Kreislinie, ebene Fläche, Kugelfläche, Zylinderfläche, strahlender Raum, homogen strahlende Kugel, Zylinder und zahlreiche Präparatkombinationen. In den Arbeiten von MEREDITH [510] und MINDER [515] werden besonders auch die klinischen Bedingungen der Moulagetherapie und der Spickmethode berücksichtigt. Zur Berechnung der Schwächung sind für das von SIEVERT angegebene Integral ausführliche Tabellen aufgestellt worden [675, 683, 684]. Zur Erzielung zweckmäßiger Dosisverteilungen haben sich in der klinischen Praxis bewährt: das QUIMBY-System [593, 596], das PATERSON-PARKER-System [559] und das Manchester-System [510]. Heute können mit Hilfe der Computer auch komplizierte Dosisverteilungen in und um die Implante routinemäßig aufgezeichnet werden, wie Abb. 7–82 zeigt [675].

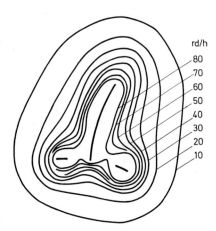

Abb. 7–82. Mit einem Computer berechnete Energiedosisverteilung von intrakavitär (Uterus) angeordneten Radiumpräparaten (nach SHALEK u. STOVALL [675])

7.8.3.1 Quimby-Tabellen für die Dosierung bei Oberflächen-Radium-Applikatoren

Die Tab. 7–41 gibt die für eine Standard-Ionendosis von 1000 R notwendige Anzahl von Milligramm-Element-Stunden (mgh) (s. Abschn. 2.6) im Zentralfeld bei verschiedenen Abständen flacher Applikatoren verschiedener Größe und Form an. Das mit 0,5 mm Pt gefilterte Radium ist gleichmäßig über die Oberfläche verteilt.

Tabelle 7–41. Milligramm-Element-Stunden (mgh) für verschiedene Radiumapplikatoren bei verschiedenen Abständen (aus: D. GLASSER u. Mitarb. [268])

Abstand cm	Runde Applikatoren; Durchmesser in cm					
	1	2	3	4	5	6
0,5	44	75	103	170	220	300
1,0	136	176	220	300	370	453
1,5	283	324	400	476	562	681
2,0	496	542	607	700	795	918
2,5	735	795	865	955	1155	1265
3,0	1090	1150	1220	1320	1430	1565

Abstand cm	Quadratische Applikatoren; Länge der Seite in cm					
	1	2	3	4	5	6
0,5	46	80	115	197	250	350
1,0	141	188	233	327	405	511
1,5	295	345	415	511	600	735
2,0	500	570	645	747	855	1000
2,5	730	795	895	1010	1140	1370
3,0	1090	1150	1270	1390	1520	1670

Abstand cm	Rechteckige Applikatoren; Länge der Seite in cm					
	1×1,5	2×3	3×4	4×6	6×9	8×12
0,5	51	103	143	287	570	955
1,0	148	214	274	426	726	1110
1,5	298	370	466	624	945	1355
2,0	506	590	715	870	1240	1670
2,5	721	840	990	1140	1520	2000
3,0	1110	1190	1335	1520	1930	2500

Aus den QUIMBY-Tabellen können für andere Flächen und Formen praktisch brauchbare Werte interpoliert werden, und zwar verhalten sich die Milligramm-Element-Stunden wie die aktiven Flächen der Applikatoren (nicht wie die linearen Abmessungen) (vgl. Tab. 7–42).

Tabelle 7–42. Gebräuchliche Abmessungen von Radiumpräparaten in mm (aus: D. GLASSER u. Mitarb. [268])

Röhrchen für	Gesamtlänge	Aktive Länge	Außendurchmesser	Wandmaterial	Wanddicke	
10 mg Ra-El	10	8,0	2,2	Pt-Ir	0,3	
	15	12,0	2,0	Pt-Ir	0,3	
	15	12,0	2,0	Monel	0,2	
5 mg Ra-El	8,0	6,0	1,5	Pt-Ir	0,3	
	8,0	6,0	1,5	Monel	0,2	
2 mg Ra-El	11,5	10,0	1,0	Pt-Ir	0,2	
	11,5	10,0	1,0	Monel	0,2	
Nadeln für						
2 bis 7 mg Ra-El	27,7	16,2	1,65	Pt-Ir	0,4	Spitze 5,0 mm
7 bis 13,3 mg Ra-El	44,0	32,4	1,65	Pt-Ir	0,4	5,0

7.8.3.2 Dosisverteilungen bei Radiumapplikatoren
[136]

Je kleiner der Durchmesser der intrakavitären Strahlenquelle ist, um so stärker fällt die Dosis mit der Tiefe im Gewebe ab, wie Tab. 7–43 zeigt, die für eine punktförmige Quelle (0) und Röhrchen von 30 und 50 mm Länge gilt.

Tabelle 7-43. Relative Tiefendosen in Prozent für intrakavitäre Radiumapplikatoren verschiedenen Durchmessers (aus: D. GLASSER u. Mitarb. [268])

Äußerer Durchmesser in cm	0,5			1,0			3,0		
Länge in cm	0	3	5	0	3	5	0	3	5
Abstand von der Oberfläche des Applikators									
0 mm	100	100	100	100	100	100	100	100	100
5 mm	11	29	35	25	38	44	56	63	65
10 mm	4	13	19	11	20	27	35	42	45
15 mm	2	7	11	6	13	18	25	30	34
20 mm	1	5	8	4	8	12	17	24	27
Zeitfaktoren für die Oberflächendosis von 100%, bezogen auf die Zeit für den kleinsten Durchmesser jeder Länge	1,0	1,0	1,0	4,0	2,2	1,9	36	11	7,0

Die Zeitfaktoren im unteren Teil der Tabelle geben an, wievielmal länger man zum Erreichen einer relativen Oberflächendosis von 100% gegenüber der Zeit für den kleinsten Durchmesser (0,5 cm) bestrahlen muß. Mit steigendem Durchmesser benötigt man längere Bestrahlungszeiten oder mehr Milligramm-Element-Stunden (mgh).

In letzter Zeit sind die Dosisverteilungen vor allem für Radiumnadeln oder -röhrchen mit Hilfe digitaler Computer untersucht worden [51, 221, 222, 674, 809].

7.8.3.3 Radiumäquivalente gebräuchlicher Gammastrahler

Aus dem Verhältnis der spezifischen Gamma-Strahlenkonstanten Γ (s. Abschn. 4.4.6) lassen sich Äquivalenzbeziehungen für gebräuchliche Gammastrahler berechnen [391]:

$$1{,}57 \text{ mg Radium} \triangleq 1 \text{ mCi } ^{60}\text{Co} \qquad 1 \text{ mg Radium} \triangleq 0{,}637 \text{ mCi } ^{60}\text{Co}$$
$$0{,}39 \text{ mg Radium} \triangleq 1 \text{ mCi } ^{137}\text{Cs} \qquad 1 \text{ mg Radium} \triangleq 2{,}55 \text{ mCi } ^{137}\text{Cs}$$
$$0{,}83 \text{ mg Radium} \triangleq 1 \text{ mCi } ^{182}\text{Ta} \qquad 1 \text{ mg Radium} \triangleq 1{,}21 \text{ mCi } ^{182}\text{Ta}$$
$$0{,}62 \text{ mg Radium} \triangleq 1 \text{ mCi } ^{192}\text{Ir} \qquad 1 \text{ mg Radium} \triangleq 1{,}62 \text{ mCi } ^{192}\text{Ir}$$
$$0{,}283 \text{ mg Radium} \triangleq 1 \text{ mCi } ^{198}\text{Au} \qquad 1 \text{ mg Radium} \triangleq 3{,}54 \text{ mCi } ^{198}\text{Au}.$$

Für eine permanente Implantation eines Goldstrahlers gilt:

$$26{,}6 \text{ mgh Radium} \triangleq 1 \text{ mCi } ^{198}\text{Au nach völligem Zerfall}$$
$$1 \text{ mgh Radium} \triangleq 0{,}0376 \text{ mCi } ^{198}\text{Au nach völligem Zerfall}.$$

7.8.4 Dosimetrie von kombinierten Beta-Gamma-Quellen

In einer grundlegenden Arbeit über die Dosisberechnung für im Gewebe verteilte Radionuklide [485] wird unterschieden zwischen 1. durchdringenden Gammastrahlen und 2. weniger durchdringungsfähigen Strahlungen, d.h. Betastrahlen, Elektronen und niederenergetischen Photonen. Diese Methode ist trotz der etwas willkürlichen Unterscheidung auch heute noch weit verbreitet.

Ein kürzlich entwickelter Formalismus [471, 472] vermeidet diese Willkür und läßt sich daher auf alle Radionuklide anwenden.

Eine Dosisberechnung gilt immer nur für ein spezielles Modell, dem unter anderem folgende Annahmen zugrunde liegen, die die Genauigkeit stark beeinflussen:

1. über die Energieverteilung,
2. die Schwächungs- und Absorptionskoeffizienten des Mediums,
3. über die Reinheit und chemische Verbindung des Radionuklids,
4. über die räumliche Verteilung der radioaktiven Substanzen,
5. über Größe, Form und Lage der betreffenden Organe im Körper,
6. über die physiologischen und kinetischen Vorgänge im Körper.

7.8.5 Dosimetrie von Alphastrahlern

Über die Dosimetrie inkorporierter alphastrahlender Nuklide liegt wenig Literatur vor [155, 196, 351] (s. Abschn. 7.9).

7.9 Dosimetrie offener radioaktiver Stoffe bei Inkorporation und bei Hautkontamination

Von W. Hübner und R. G. Jaeger

7.9.1 Allgemeines
[140, 184, 351, 417, 460, 471, 475, 515, 629, 670, 691, 692, 697, 698, 705, 801]

Unter „Inkorporation" wird hier nicht die Einführung geschlossener radioaktiver Präparate in Körperhöhlen für intrakavitäre oder interstitielle Behandlung verstanden, sondern das Einbringen oder Eindringen offener radioaktiver Stoffe in den Organismus, so daß die inkorporierte Substanz am Stoffwechsel teilnimmt. Radionuklide mit organaffinen Eigenschaften sind außer Jod (Schilddrüse) nicht bekannt.
Bei Infusion in Hohlräume, Injektion in ungelöster Form in Tumoren oder bei oraler Einnahme sowie bei ungewollter Inkorporation, z.B. Inhalation, können die Dosen nur schätzungsweise bestimmt werden, wobei Messungen der Kontrolle dienen können. Zur Dosisermittlung sind folgende Angaben nötig:

1. Halbwertszeit des Radionuklids,
2. Zerfallsschema des Radionuklids und mittlere Teilchenenergien,
3. spezifische Aktivität im bestrahlten Körper und die geometrische Verteilung,
4. zeitliche Ausscheidungsfunktion des radioaktiven Stoffes (effektive Halbwertszeit, s. Abschn. 2.3.2.2).

Über biologische und effektive Halbwertszeiten (s. Abschn. 2.3.2.2) von Radionukliden in einzelnen Organen sind ausführliche Tabellen publiziert worden [368, 755]. Die folgenden Beispiele [580] zeigen, wie verschieden die biologischen Halbwertszeiten desselben Radionuklids sein können (Tab. 7-44).
Die Dosisermittlung bei der Kontamination der Haut mit offenen radioaktiven Stoffen wird in Abschn. 7.9.2.6 behandelt, weil hierbei eine Inkorporation über Wunden, auf oralem Wege oder durch Inhalation möglich ist. Die Dosimetrie inkorporierter Radionuklide unter Berücksichtigung des Knochens konnte hier nicht zur Sprache kommen [351, 417, 705, 801].

Tabelle 7-44. Biologische Halbwertszeiten einiger Radionuklide (nach POHLIT [580])

Radionuklid	^{24}Na	^{32}P	^{35}S	^{42}K	^{60}Co	^{69}Zn	^{86}Rb	^{90}Sr	^{90}Y	^{131}J	^{198}Au	^{204}Tl
T_{biol} (Tage)	~20	13 (G)		38 (G)	21 (G)		13 (G)	190 (G)	550 (G)	131 (G)	12 (G)	
		1600 (K)	22 (H)	37 (K)	9 (O)	23 (K)	13 (M)	4000 (K)	500 (K)	120 (O)	50 (O)	17 (M)
									34 (L)			

G Gesamtkörper, K Knochen, M Muskel, H Haut, O innere Organe, L Lunge.

7.9.2 Dosimetrie von offenen inkorporierten Alpha- und Betateilchen sowie von Punktquellen und Dosisberechnung bei oberflächlich kontaminierter Haut

7.9.2.1 Beziehung zwischen Energiedosisleistung und spezifischer Aktivität

Die grundlegenden, für Betastrahler geltenden Beziehungen zwischen der Energiedosisleistung D, der spezifischen Aktivität a und der mittleren Energie $\bar{E}$ der Teilchen sind in Abschn. 7.8.2.2 und 7.9.3.2 angegeben.

7.9.2.2 Bedeutung der Rückstoßatome bei der Alphaemission in einer Zelle

Auch die Rückstoßatome bei der Emission von Alphateilchen sind biologisch wirksam [705]. Die Rückstoßenergie des Radonatoms (^{222}Rn) beim Zerfall von ^{226}Ra durch Emission eines Alphateilchens von 4,78 MeV beträgt 86 keV. Das Energieübertragungsvermögen des Radonatoms ist mehr als zehnmal so groß wie das des Alphapartikels. Die Radon-Rückstoßatome haben im Knochensalz Hydroxyapatit eine Reichweite von 200 Å und können aus den Kristalliten des Knochens entweichen. Infolgedessen kann durch das Rückstoßatom in einer Zelle eine erhebliche lokale Schädigung eintreten, denn das Rückstoßatom gibt seine kinetische Energie von etwa 0,1 MeV auf der Strecke von etwa 200 Å ab. Dagegen verliert das Alphateilchen auf der gleichen Strecke eine Energie von nur wenigen keV, hat aber bereits eine Energie von etwa 0,5 MeV verloren, ehe es den Zellbereich durchsetzt.

7.9.2.3 Energiedosis beim Durchgang eines Alphateilchens durch die Zelle und den Zellkern

Infolge des hohen Energieübertragungsvermögens L (s. Abschn. 4.4.8.3) eines Alphapartikels ist die biologische Wirkung auf eine Zelle oder einen Zellverband anders als bei einem Betateilchen. Die Energiedepots sind bei α-Teilchen nämlich diskontinuierlich verteilt. Die Energie, die auf einen Zellkern beim Durchgang eines Alphateilchens mit $L = 0{,}1$ MeV/μm übertragen wird, beträgt 0,5 MeV und die Energiedosis etwa 100 rd. Diese Überlegungen spielen besonders für die Ermittlung der von Radionukliden verursachten Energiedosis im Knochen und dem biologisch wichtigen Knochenmark eine besondere Rolle [155, 351, 705].

7.9.2.4 Energiedosisleistung in der unmittelbaren Umgebung von Alpha- oder Betateilchen
[72]

Die Abschätzung der Energiedosisleistung oder der Energiedosis im Gewebe in sehr kleinen Abständen von einem radioaktiven Partikel (heißes Teilchen, engl. hot spot) ist wichtig für die Untersuchung des Strahleneffektes bei inhomogen verteilten kleinen Aktivitätsdepots [174]. Über eine Meßreihe an Partikeln von 5 μm bis 20 μm Durchmesser, einer mittleren Energie von 0,3 MeV und Aktivitäten von $5 \cdot 10^{-11}$ und $3 \cdot 10^{-8}$ Ci in gewebeäquivalentem Material berichtet SCHMIDT-BURBACH [166, 661, 662] und vergleicht die gemessenen Werte mit den nach der Theorie von LOEVINGER und SPENCER berechneten Werten (s. Abb. 7-83). Die Abweichungen von der Theorie werden unter anderem durch die nichtpunktförmige Strahlenquelle erklärt. Die Energiedosisleistung in unmittelbarer Nähe des Partikels liegt bei 10^3 rd/h.

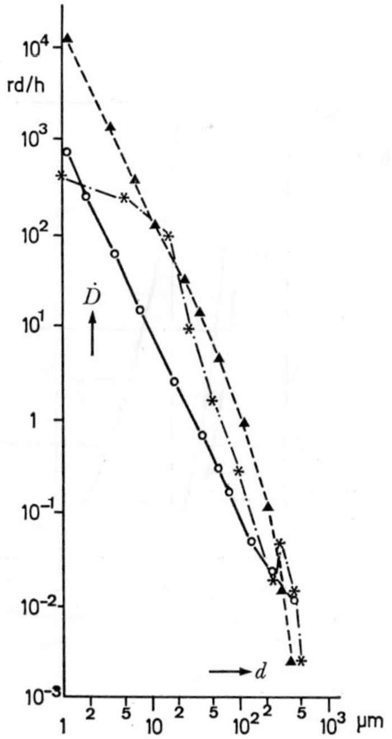

Abb. 7-83. Die Abhängigkeit der Energiedosisleistung $\dot{D}$ vom Abstand d von einem Fall-out-Partikel (hot spot) mit der Aktivität $5 \cdot 10^{-11}$ Ci und der mittleren Energie 0,3 MeV (nach SCHMIDT-BURBACH [661, 662]). *—·—·—* experimentelle Werte, o——o berechnete Werte nach SPENCER, ▲---▲ berechnete Werte nach LOEVINGER

Bei Inhalation radioaktiver Stäube oder Aerosole gelangen kleinste radioaktive Partikel (< 5 μm) in den unteren Atemtrakt, wo die Dosisleistung in unmittelbarer Nähe der Partikel sehr hoch sein kann. Der Abfall der Dosisleistung nach außen hin hängt von der Reichweite der Teilchen ab.

Für Abstände zwischen 10 und 1000 μm von einer punktförmigen β-Strahlenquelle von 1 μCi wurde die Energiedosisleistung für ^{90}Sr, ^{90}Y und ^{90}Sr + ^{90}Y berechnet (Tab. 7-45). Wenn die Aktivität nur auf der Oberfläche eines inaktiven Körperchens kondensiert ist, ist die Dosisleistung sehr viel kleiner. Die Energiedosisleistung in der Umgebung von Alphapartikeln kann aus der Teilchenflußdichte und dem linearen Energieübertragungsvermögen L berechnet werden.

Der Quotient Energiedosisleistung/Aktivität ist im Abstand von 10 μm bei Alphateilchen etwa 200mal größer als bei Betateilchen, wie Abb. 7-84 zeigt. Kurz vor dem

Tabelle 7–45. Energiedosisleistung/Aktivität von ^{90}Sr-, ^{90}Y- und (^{90}Sr + ^{90}Y)-Punktquellen in Abhängigkeit vom Abstand (nach SPIERS[705])

Abstand μm	Energiedosisleistung/Aktivität in rd/(h μCi)		
	^{90}Sr	^{90}Y	^{90}Sr + ^{90}Y
10	610 000	319 000	929 000
20	151 000	78 000	229 000
30	66 500	35 200	101 700
50	23 800	12 700	36 500
100	5 720	3 190	8 910
200	1 210	800	2 010
500	119	127	246
1000	8	32	40

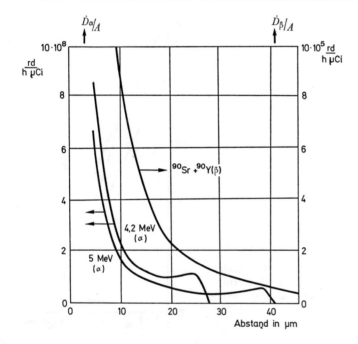

Abb. 7–84. Der Quotient Energiedosisleistung/Aktivität, $\dot{D}/A$, als Funktion des Abstandes von Alpha- und Betastrahlern (nach SPIERS [705])

Bahnende der Alphapartikel macht sich entsprechend der Bragg-Kurve (s. Abb. 7–68) ein leichter Anstieg bemerkbar.

Die Abhängigkeit der Energiedosisleistung $\dot{D}$ von der Größe der Partikel hat SPIERS [705] im Abstand 10 μm für ^{238}U in Form von U_3O_8 und für ^{226}Ra in Form von $RaSO_4$ berechnet (Tab. 7–46).

Bei ständiger Einatmung einer nach den ICRP-Empfehlungen maximal zulässigen Aktivitätskonzentration (MZK) von $5 \cdot 10^{-11}$ μCi/cm^3 für ^{238}U ergibt sich folgende Lungenbelastung: Im Gleichgewichtszustand beträgt bei einer effektiven Halbwertszeit von 120 Tagen, einem Atmungsvolumen von $2 \cdot 10^7$ cm^3/Tag und einer Retention von 12,5% die Aktivität (engl. body burden) in der Lunge 0,022 μCi. Dieser Wert entspricht etwa $3 \cdot 10^{10}$ U_3O_8-Partikeln von 1 μm Durchmesser. Unter den angegebenen Bedingungen belasten danach Alphateilchen das Lungengewebe örtlich ungleichmäßig, Betateilchen unter analogen Verhältnissen dagegen nahezu gleichmäßig [670, 705].

Tabelle 7–46. Partikeldurchmesser d, -masse m, Aktivität A und Energiedosisleistung $\dot{D}$ von U_3O_8- und $RaSO_4$-Partikeln (nach SPIERS [705])

d μm	m g	U_3O_8		$RaSO_4$	
		A μCi	$\dot{D}$ rd/h	A μCi	$\dot{D}$ rd/h
0,1	$2{,}6 \cdot 10^{-15}$	$7{,}4 \cdot 10^{-16}$	0,17	$1{,}8 \cdot 10^{-9}$	0,32
0,5	$3{,}3 \cdot 10^{-13}$	$9{,}3 \cdot 10^{-14}$	21	$2{,}3 \cdot 10^{-7}$	40
1,0	$2{,}6 \cdot 10^{-12}$	$7{,}4 \cdot 10^{-13}$	170	$1{,}8 \cdot 10^{-6}$	320
5,0	$3{,}3 \cdot 10^{-10}$	$9{,}3 \cdot 10^{-11}$	21 000	$2{,}3 \cdot 10^{-4}$	40 000

7.9.2.5 *Energiedosis infolge subzellularer Radionuklid-Konzentrationen, Markierung mit Tritium*

[89, 442, 705]

Bei den meisten Betastrahlern ist die Reichweite der Partikel groß genug, so daß bei Anlagerung in einem subzellularen Bezirk eine gleichförmige Bestrahlung angenommen werden kann. Anders ist es bei Betastrahlern sehr niedriger Energien, wie z. B. ^{106}Ru, ^{227}Ac, ^{228}Ra ($E_{\max} < 0{,}05$ MeV) oder dem biologisch besonders wichtigen Tritium ($E_{\max} = 0{,}019$ MeV). Bei der Reichweite von im Mittel 1 μm kann der Zellkern (DNA) oder das Zytoplasma selektiv bestrahlt werden [89, 276, 705]. Die Dosisverteilung in dem Zellkern infolge von tritiummarkiertem Thymidin wurde für gleichförmige Konzentration des Tritiums im Kern (Radius etwa 2 μm) berechnet [443]. Dabei ergibt sich eine Energiedosis je Zerfallsakt im Zentrum des Zellkerns von 1,5 rd und in der Kernmembran von 0,065 rd. Die Energiedosis im Zytoplasma sinkt in 2 μm Abstand von der Kernmembran fast auf Null ab. Die mittlere Energiedosis je Zerfallsakt beträgt etwa 1,1 rd [89]. Für eine Aktivitätskonzentration von etwa 30 pCi/μm^3 liegen die mittleren Energiedosen in den Chromosomen zwischen 56 und 68 rd.

7.9.2.6 *Dosisbestimmung bei oberflächlich mit Alpha- und Betastrahlern kontaminierter Haut*

[196]

Für die spezielle Dosisbestimmung bei Kontamination der äußeren Hautoberfläche mit offenen α- oder β-Strahlern bedient man sich zweier sehr vereinfachender Modelle:

a) die kontaminierte Schicht ist unendlich dünn,

b) die kontaminierte Schicht hat eine endliche Dicke.

Für Alphastrahler ist im Falle a) die perkutane Durchdringung vernachlässigbar, die Kontamination bleibt auf das Stratum granulosum beschränkt. Der Fall b) läßt sich aus Fall a) durch Integration über die Schichtdicke behandeln. Die Reichweite der Alphateilchen (s. Tab. 5–8) ist fast stets viel kleiner als die Tiefe der oberflächlichen Kontamination, so daß die Alphateilchen das empfindliche Stratum germinativum nicht erreichen. Daher kann man von einer unendlich ausgedehnten Fläche ausgehen. Abb. 7–85 zeigt das lineare Energieübertragungsvermögen L als Funktion der Energie E_α der Alphateilchen und Abb. 7–86 L als Funktion deren Weglänge s im feuchten Gewebe für verschiedene Anfangsenergien E_α [281, 776]. Am Schnittpunkt der Kurven mit der Abszisse ist s gleich der Reichweite der Alphateilchen. Bei Integration über alle Teilchen, die ein Volumenelement im Abstand d von einer kontaminierten Schicht erreichen, läßt sich der Quotient Energiedosisleistung $\dot{D}$ durch Flächenaktivität A/F (A Aktivität,

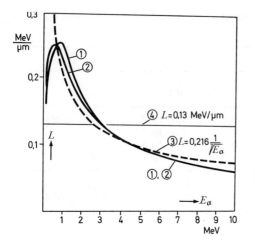

Abb. 7–85. Lineares Energieübertragungsvermögen L als Funktion der Energie E_α eines Alphateilchens (nach GRAY, WHALING und WIJKER). Kurve ① nach GRAY [281], Kurve ② nach WHALING [776], Kurve ③ analytische Näherungsfunktion nach CHARLTON und CORMACK [155], die Horizontale ④ gibt den mittleren Wert für L an

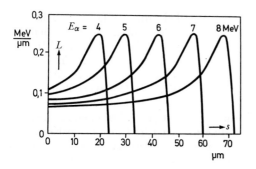

Abb. 7–86. Lineares Energieübertragungsvermögen L als Funktion der Weglänge s von Alphateilchen verschiedener Energien E_α in feuchtem Gewebe (nach DOUSSET u. LE GRAND [196])

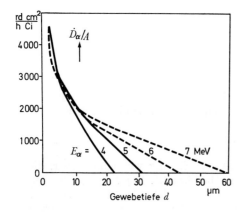

Abb. 7–87. Der Quotient Energiedosisleistung/Aktivität, $\dot{D}/A$, als Funktion der Gewebetiefe d für eine unendlich dünne, mit Alphateilchen verschiedener Energien E_α kontaminierte Schicht bei einer Flächenaktivität von 1 µCi/cm² (nach WIJKER [788])

F Fläche) für verschiedene Alphaenergien E_α berechnen [788]. Abb. 7–87 zeigt den Quotienten Energiedosisleistung/Aktivität ($\dot{D}/A$) als Funktion der Gewebetiefe d für eine Flächenaktivität $A/F = 1$ µCi/cm². Anhand der Näherungskurve nach WHALING [776] haben CHARLTON u. CORMAC [155] die Energiedosisleistung im Abstand d von einer gleichmäßig kontaminierten Schicht berechnet und fanden

$$\dot{D} = 2{,}16\, c_A \cdot E_0 \cdot G(d/R) \quad \text{in} \quad \text{rd/h,}$$

wobei c_A die Aktivitätskonzentration in der kontaminierten Schicht in µCi/cm³, E_0 die Anfangsenergie in MeV, R die Reichweite, d der Abstand und $G(d/R)$ eine Funktion von d/R ist, deren Verlauf Abb. 7–88 wiedergibt [788].

Für unlösliche ThO$_2$-Partikel mit einem Durchmesser von 10 µm und einer Aktivität von 10^{-9} µCi errechnet sich bei einer biologischen Halbwertszeit von 120 Tagen nach dem Morganschen Modell eine Äquivalentdosis von etwa 1000 rem im Gebiet der

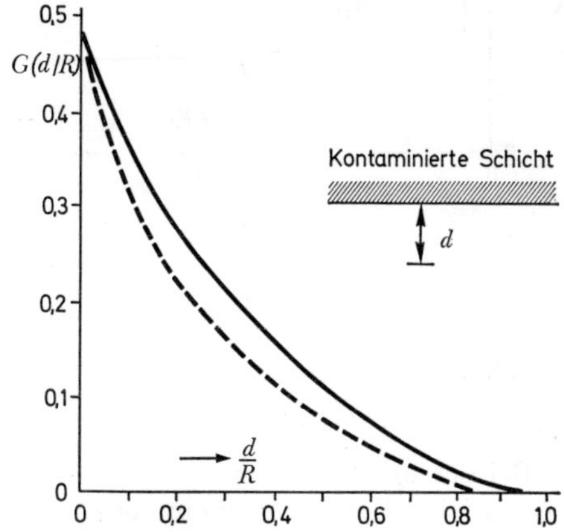

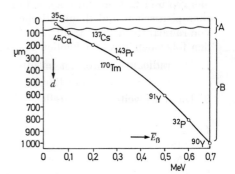

Abb. 7–88. Der Faktor $G(d/R)$ als Funktion von d/R zur Berechnung der Energiedosisleistung im Abstand d von einer mit Alphateilchen der Reichweite R kontaminierten Schicht (nach CHARLTON u. CORMACK [155] und WIJKER [788])

Abb. 7–89. Die Tiefe d, in der die Anzahl der senkrecht auf die Hautoberfläche auftreffen denBetateilchen auf die Hälfte abgenommen hat, als Funktion der mittleren Betaenergie $E_\beta \sim \frac{1}{3}\overline{E}_{\beta,max}$. A Epidermis, B Dermis (nach FOREMAN [243] und WI°KER [787])

kontaminierten Hautfläche [221]. Lösliche Partikel werden schneller ins Körperinnere transportiert. Die biologischen Halbwertszeiten (s. Abschn. 2.3.2.2 und 7.9.1) können sehr viel länger sein als gewöhnlich angenommen wird. Bei ^{239}Pu war eine Aktivität von 55 nCi noch nach 4,5 Jahren nachzuweisen. Die Energiedosis in der Haut oder der Umgebung einer kontaminierten Wunde kann daher ohne biologische Dekontaminierung 100mal größer werden.

Für kontaminierte Hautoberflächen kann man aus Abb. 7–89 die Gewebetiefe d entnehmen, in welcher die Anzahl der senkrecht auf der Oberfläche auftretenden Betateilchen jeweils auf die Hälfte abgenommen hat (Halbwertstiefe). Die Energiedosen in der Haut lassen sich nach Abb. 7–90 abschätzen, die die Energiedosis je Betateilchen im Gewebe als Funktion der maximalen Energie E_{max} für einige Radionuklide zeigt. Oberhalb $E_{max} = 1$ MeV bleibt die Energieabgabe fast konstant, weil sich das Massen-Stoßbremsvermögen der Elektronen zwischen 1 und 3 MeV nur wenig ändert (siehe Abb. 5–6).

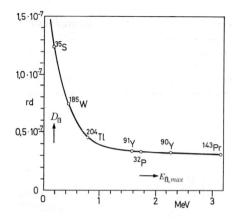

Abb. 7–90. Die Energiedosis D_β pro Betateilchen als Funktion der maximalen Betaenergie $E_{\beta,max}$ (nach AGLINZEW [5] und WIJKER [787])

7.9.3 Dosimetrie offener inkorporierter Betastrahler

7.9.3.1 *Allgemeines*
[471, 472, 475]

Bei der medizinischen Anwendung offener Betastrahler wird im allgemeinen aufgrund ärztlicher Erfahrungen eine bestimmte Menge einer Aktivitätskonzentration als Lösung des betreffenden Radionuklids in den Körper gebracht, ohne bei der Festsetzung der Mengen und Konzentrationen jedesmal von der Energiedosis auszugehen [391]. Für die therapeutischen und diagnostischen Anwendungen sowie bei ungewolltem Eindringen von radioaktiven Betastrahlen in den Körper ist es nützlich, daß die Energiedosis unter den folgenden vereinfachenden Annahmen abgeschätzt werden kann:

1. Der radioaktive Stoff ist im interessierenden Körperbereich gleichmäßig verteilt.
2. Das Gewebe ist in dem Bereich von einheitlicher Beschaffenheit.
3. Die Reichweite der Betateilchen ist klein gegen die Abmessungen des Körperbereiches, in dem sich der radioaktive Stoff befindet.
4. Die Zeitdauer, innerhalb derer die spezifische Aktivität nach der Verabfolgung des radioaktiven Stoffes infolge von Stoffwechselvorgängen zunächst im betrachteten Gewebe zunimmt, kann vernachlässigt werden.
5. Die biologische Ausscheidung erfolgt nach einer Exponentialfunktion (konstante biologische Halbwertszeit).

7.9.3.2 *Beziehungen zwischen der Aktivitätskonzentration, der spezifischen Aktivität und der Energiedosisleistung bzw. der Energiedosis sowie der Größe K_β*

Wird einem Körper das Volumen V einer radioaktiven Lösung mit der Aktivitätskonzentration $c_A = A/V$ (A Aktivität) (s. Abschn. 2.3.4) zugeführt, so errechnet sich die spezifische Aktivität a (s. Abschn. 2.3.3) in dem Organ mit der Masse m aus

$$a = \frac{c_A \cdot V}{m} \cdot f_A . \tag{7.58}$$

a in µCi/g, c_A in µCi/cm³, V in cm³, m in g.

f_A ist eine Zahl zwischen 1 und 10^{-6}, die angibt, welcher Bruchteil der Aktivität ($A = c_A \cdot V$) bzw. der Aktivitätskonzentration c_A in das interessierende Organ gelangt ist. f_A hängt von der radioaktiven Lösung, von den Stoffwechselvorgängen und von der Verabfolgung (Ingestion, Injektion usw.) ab [368, 755]. Die Energiedosisleistung $\dot{D}_\beta$ er-

hält man aus der mittleren Energie $\bar{E}_\beta$ der Betateilchen (s. Tab. 7–38 und 7–39) und der spezifischen Aktivität a (Gleichung (7.58)) nach Gleichung (7.51).
Um die Energiedosis $D_\beta(t)$ zu ermitteln, die in der Zeitspanne t nach Verabfolgung des radioaktiven Stoffes im Gewebe entsteht, muß man die Abnahme der Aktivität infolge des radioaktiven Zerfalls und der biologischen Ausscheidung berücksichtigen. Die spezifische Aktivität $a(t)$ nach der Zeitspanne t ergibt sich aus dem Anfangswert a_0 und der effektiven Halbwertszeit T_{eff} (s. Abschn. 2.3.2.2) zu

$$a(t) = a_0 \exp(-0{,}693\, t/T_{\text{eff}}) \qquad (7.59)$$

und die Energiedosis $D_\beta(t)$ durch Integration über die Zeit t

$$D_\beta(t) = 5{,}92 \cdot 10^{-4}\, \bar{E}_\beta\, a_0 \int_0^t \exp(-0{,}693\, t/T_{\text{eff}})\, \mathrm{d}t \qquad (7.60)$$

mit der Lösung

$$D_\beta(t) = 8{,}54 \cdot 10^{-4}\, \bar{E}_\beta\, a_0\, T_{\text{eff}}[1 - \exp(-0{,}693\, t/T_{\text{eff}})]\,. \qquad (7.61)$$
$D_\beta(t)$ in rd; $\bar{E}_\beta$ in MeV; a_0 in µCi/g; T_{eff} und t in s.

Bis zum vollständigen Zerfall bzw. bis zur vollständigen Ausscheidung, d.h. $t \gg T_{\text{eff}}$, wird der Ausdruck in der eckigen Klammer gleich eins, und man erhält D_β in Rad aus:

$$\begin{aligned} D_\beta &= 8{,}54 \cdot 10^{-4}\, \bar{E}_\beta\, a_0\, T_{\text{eff}} & T_{\text{eff}} \text{ in s} \\ &= 5{,}12 \cdot 10^{-2}\, \bar{E}_\beta\, a_0\, T_{\text{eff}} & T_{\text{eff}} \text{ in min} \\ &= 3{,}15\, \bar{E}_\beta\, a_0\, T_{\text{eff}} & T_{\text{eff}} \text{ in h} \\ &= 73{,}8\, \bar{E}_\beta\, a_0\, T_{\text{eff}} & T_{\text{eff}} \text{ in d}\,. \end{aligned} \qquad (7.62)$$

$\bar{E}_\beta$ in MeV, a_0 in µCi/g.

Ist $t \geq 6\, T_{\text{eff}}$, so unterscheiden sich die Ergebnisse nach den Gleichungen (7.61) und (7.62) um weniger als 2%.
Ist die Zeitspanne t, für die die Energiedosis berechnet werden soll, klein gegen die effektive Halbwertszeit, so kann der radioaktive Zerfall und die biologische Ausscheidungsrate vernachlässigt werden, so daß näherungsweise gilt:

$$D_\beta(t) \sim \dot{D}_\beta \cdot t \qquad (7.63)$$

mit $\dot{D}_\beta$ nach den Gleichungen (7.51) und t in den zugehörigen Zeiteinheiten. Außerdem sind folgende Fälle behandelt worden [475]:
1. die effektive Halbwertszeit ist nicht konstant,
2. die spezifische Aktivität steigt nach Verabfolgung der radioaktiven Substanz infolge biologischer Vorgänge anfänglich an und nimmt erst danach wieder ab.

Für die Dosimetrie offener radioaktiver Betastrahler wird in den Gleichungen (7.61) und (7.62) gelegentlich auch die Größe K_β verwendet, die folgendermaßen definiert ist:

$$K_\beta = 73{,}8\, \bar{E}_\beta\, T \qquad \text{in } \frac{\text{g rd}}{\mu\text{Ci}} \qquad \text{(s. Anmerkung)} \qquad (7.64)$$

mit $\bar{E}_\beta$ in MeV und die physikalische Halbwertszeit T in Tagen (d).
K_β ist die Energiedosis in Rad, die beim vollständigen radioaktiven Zerfall bei einer spezifischen Aktivität von 1µCi/g erzeugt wird. K_β für einige Radionuklide findet man in Tab. 7–47.
Anmerkung. In der Literatur [475, 476, 705] findet man für K_β die Einheitenbezeichnung $\frac{\text{g rd}}{\mu\text{Cid}}$, die zu Irrtümern Anlaß gibt und zudem nicht korrekt ist.
Nach LOEVINGER u. Mitarb. [475, 476] ist mit µCid Mikrocurie *destroyed* gemeint. Dieses Kurzzeichen könnte fälschlich auch als Mikrocurie-Tage gelesen werden. K_β ist aber von der Größenart D/a (Energiedosis/spezifische Aktivität).

Tabelle 7–47. K_β für einige Radionuklide, $\bar{E}_\beta$ nach Tab. 7–39, T nach Tab. 2–9

Radionuklid	K_β g rd / µCi	Radionuklid	K_β g rd / µCi
^{24}Na	25	^{59}Fe	430
^{32}P	730	^{64}Cu	5,1
^{35}S	320	^{131}J	113
^{42}K	56	^{198}Au	62
^{45}Ca	950		

Ausführlichere Tabellen findet man bei GLOCKER u. MACHERAUCH [271], LOEVINGER u. Mitarb. [475].

7.9.4 Dosimetrie offener inkorporierter Gammastrahler

7.9.4.1 Allgemeines

Unter den Annahmen 1, 2, 4 und 5 in Abschn. 7.9.3.1 läßt sich auch die durch Gammastrahlen im Gewebe erzeugte Energiedosisleistung und Energiedosis errechnen.

7.9.4.2 *Beziehungen zwischen der spezifischen Aktivität, der spezifischen Gammastrahlenkonstanten (Dosiskonstante), dem Geometriefaktor und der Energiedosisleistung bzw. Energiedosis*

Die Energiedosisleistung $\dot{D}_\gamma$ im Gewebe nach der Zeitdauer t ergibt sich aus der anfänglichen spezifischen Aktivität a_0, der Dichte ϱ des Gewebes (s. Tab. 6–8), der spezifischen Gammastrahlenkonstanten Γ (s. Abschn. 4.4.6), dem Geometriefaktor g_p (s. unten), dem Dosisumrechnungsfaktor f (s. Abschn. 7.4.5.3) und der effektiven Halbwertszeit T_{eff} (s. Abschn. 2.3.2.2) nach der Formel:

$$\begin{aligned}\dot{D}_\gamma &= 2{,}78 \cdot 10^{-6} \cdot \{a_0 \cdot \varrho \cdot \Gamma \cdot g_p \cdot f \cdot \exp(-0{,}693\, t/T_{\text{eff}})\} \quad \text{in rd/s} \\ &= 1{,}67 \cdot 10^{-4} \cdot \{\qquad\qquad\qquad\qquad\qquad\qquad\} \quad \text{in rd/min} \\ &= 1 \cdot 10^{-2} \quad\cdot \{\qquad\qquad\qquad\qquad\qquad\qquad\} \quad \text{in rd/h} \\ &= 0{,}24 \quad\quad\cdot \{\qquad\qquad\qquad\qquad\qquad\qquad\} \quad \text{in rd/d}\, .\end{aligned} \qquad (7.65)$$

a_0 in µCi/g; ϱ in g/cm³; Γ in $\dfrac{\text{R m}^2}{\text{h Ci}}$ (s. Tab. 2–9);

g_p in cm (s. Tab. 7–48, 7–49, und 7–50); f in rd/R (s. Tab. 7–16a);
t und T_{eff} jeweils in gleichen Einheiten.
Im übrigen gelten die Gleichungen (7.58) und (7.59).
Die Energiedosis $D(t)$ nach der Zeitspanne t ergibt sich in Rad durch Integration der Energiedosis nach der Zeit t:

$$\begin{aligned}D(t) &= 4\cdot 10^{-6}\cdot T_{\text{eff}}\{a_0\cdot\varrho\cdot\Gamma\cdot g_p\cdot f\cdot[1-\exp(-0{,}693\,t/T_{\text{eff}})]\}; & T_{\text{eff}}\ \text{in s} \\ &= 2{,}4\cdot 10^{-4}\cdot T_{\text{eff}}\{\qquad\qquad\qquad\qquad\qquad\}; & T_{\text{eff}}\ \text{in min} \\ &= 1{,}44\cdot 10^{-2}\cdot T_{\text{eff}}\{\qquad\qquad\qquad\qquad\qquad\}; & T_{\text{eff}}\ \text{in h} \\ &= 0{,}346\quad\cdot T_{\text{eff}}\{\qquad\qquad\qquad\qquad\qquad\}; & T_{\text{eff}}\ \text{in d}\, .\end{aligned}$$
(7.66)

Die Energiedosis, die bis zum vollständigen Zerfall bzw. bis zur vollständigen Ausscheidung erzeugt wird, d.h. für $t \gg T_{\text{eff}}$ (praktisch $t \geqq 6\, T_{\text{eff}}$), erhält man, wenn der Ausdruck in der eckigen Klammer in Gleichung (7.66) gleich eins gesetzt wird.

Tabelle 7-48. Näherungswerte des Geometriefaktors g_p

Für den Kugelmittelpunkt			Für den Zylindermittelpunkt			
R cm	V cm³	g_p cm	R cm	h cm	V cm³	g_p cm
1	4,2	13	3	10	283	46
2	33,5	25	5	16	1260	73
3	113	38	8	30	6000	108
4	268	50	12	40	18000	156
6	905	76	20	60	76000	214
8	2140	101				
10	4180	126				

(Tab. 7-48 bis 7-50 aus: R. LOEVINGER u. Mitarb. [475])

Tabelle 7-49. Mittlerer Geometriefaktor $\bar{g}_p$ für den gesamten Körper

Körper-gewicht kg	Körperlänge in cm						
	200	190	180	170	160	150	140
	$\bar{g}_p$ in cm						
100	138	139	142	145	147	150	154
90	134	136	138	140	143	146	148
80	129	130	131	134	136	139	141
70	123	124	125	126	129	131	135
60	117	118	119	120	122	125	128
50	112	113	114	116	117	119	122
40	102	104	105	106	108	109	110

Tabelle 7-50. Mittlerer Geometriefaktor $\bar{g}_p$ für Zylinder

Höhe cm	Radius in cm							
	3	5	10	15	20	25	30	35
	$\bar{g}_p$ in cm							
2	17,5	22,1	30,3	34,0	36,2	37,5	38,6	39,3
5	22,3	31,8	47,7	56,4	61,6	65,2	67,9	70,5
10	25,1	38,1	61,3	76,1	86,5	93,4	98,4	103
20	25,7	40,5	68,9	89,8	105	117	126	133
30	25,9	41,0	71,3	94,6	112	126	137	146
40	25,9	41,3	72,4	96,5	116	131	143	153
60	26,0	41,6	73,0	97,8	118	134	148	159
80	26,0	41,6	73,3	98,4	119	135	150	161
100	26,0	41,6	73,3	98,5	119	136	150	162

Wegen der Reichweite der Gammastrahlen wird hier ein *Geometriefaktor* g_p eingeführt, der von der Form und den Abmessungen des Körperbereichs oder Organs abhängt, innerhalb dessen der radioaktive Stoff als homogen verteilt angenommen wird. g_p ist unter Vernachlässigung der Absorption für kugel- und zylinderförmige Volumina berechnet worden [475]. Für den Mittelpunkt von Kugeln und Zylindern kann g_p der Tab. 7–48 entnommen werden. Für Punkte, die im Abstand d vom Mittelpunkt einer Kugel mit dem Radius R liegen, ist in den Gleichungen (7.65) und (7.66) $g_p(d)$ anstelle von g_p einzusetzen, wobei

$$g_p(d) = g_p \cdot F(d/R) \tag{7.67}$$

ist.

Die Funktion $F(d/R)$ zeigt Abb. 7–91. Am Rande der Kugel $(d/R = 1)$ ist $F(d/R) = 0{,}5$ und fällt mit steigendem $d > R$, also außerhalb des radioaktiven Volumens stark ab.

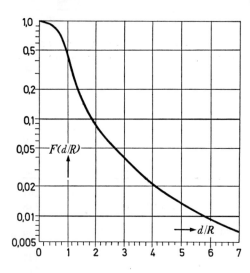

Abb. 7–91. Die Funktion $F(d/R)$ zur Ermittlung der Energiedosis innerhalb und außerhalb einer Kugel mit dem Radius R, in der ein radioaktiver Gammastrahler gleichmäßig verteilt ist. d Abstand vom Kugelmittelpunkt (nach LOEVINGER u. Mitarb. [475])

Wenn bei räumlich ungleichmäßiger Dosisverteilung die über das Volumen des Organs gemittelte Energiedosis interessiert, so rechnet man in den Gleichungen (7.65) und (7.66) anstelle von g_p mit einem Mittelwert $\bar{g}_p$. Über den gesamten Körper und über zylindrische Volumina gemittelte $\bar{g}_p$-Werte enthalten die Tab. 7–49 und 7–50.

7.9.5 Beispiele zur Berechnung der Energiedosis eines $(\beta + \gamma)$-Strahlers und der einer vorgegebenen Energiedosis entsprechenden Aktivität

7.9.5.1 $(\beta + \gamma)$-Strahler, ^{131}J-Lösung, Injektion

Injizierte Menge $V = 2$ cm³, Aktivitätskonzentration $c_A = 1000$ µCi/cm³. Gesucht sind die spezifische Aktivität a für die Schilddrüse, die Aktivität A, die Energiedosen D_β und D_γ, die gesamte Energiedosis $D_\beta + D_\gamma$ nach 1 d, 7 d, 14 d und nach 6 T_{eff} und die Quotienten D_β/A und D_γ/A für den äußeren Rand der Schilddrüse.
Bei ^{131}J ist $f_A = 0{,}3$ für die Schilddrüse [755] mit der Masse $m = 20$ g. Nach Gleichung (7.58) ist

$$a = \frac{c_A \cdot V}{m} \cdot f_A = 30 \text{ µCi/g}$$

$$A = c_A \cdot V = 2 \cdot 10^3 \text{ µCi.}$$

Für ^{131}J ist $\bar{E}_\beta = 0{,}19$ MeV (s. Tab. 7–39); $T_{\text{eff}} = 7{,}6$ d [755]; $\Gamma = 0{,}212 \dfrac{\text{R} \cdot \text{m}^2}{\text{h} \cdot \text{Ci}}$ (siehe Tab. 2–9); $g_p(d) = g_p \cdot F(d/R) = 20 \cdot 0{,}5 = 10$ cm (s. Tab. 7–48 und Abb. 7–91); $f = 0{,}96$ rd/R (s. Tab. 7–16a).

Mit Gleichung (7.62) ergibt sich

$$D_\beta = 73{,}8 \cdot \bar{E}_\beta \cdot a \cdot T_{\text{eff}} \cdot [1 - \exp(-0{,}693\, t/T_{\text{eff}})] \quad \text{in rd.}$$

Bei vollständigem Zerfall bzw. vollständiger Ausscheidung ($t \gg T_{\text{eff}}$) wird die eckige Klammer gleich eins und

$$D_\beta = 3200 \text{ rd} \quad \text{und} \quad D_\beta/A = 3200/2000 = 1{,}6 \text{ rd}/\mu\text{Ci}.$$

Nach Gleichung (7.66) wird

$$D_\gamma = 0{,}346 \cdot T_{\text{eff}} \cdot a \cdot \varrho \cdot \Gamma \cdot g_p \cdot F(d/R) \cdot f[1 - \exp(-0{,}693\, t/T_{\text{eff}})] \quad \text{in rd.}$$

Für $t \gg T_{\text{eff}}$ (eckige Klammer gleich eins) wird mit den oben angegebenen Zahlenfaktoren sowie unter Berücksichtigung der Bemerkungen zum Geometriefaktor in Abschn. 7.9.4.2 für $\varrho = 1$ g/cm^3

$$D_\gamma = 160 \text{ rd}.$$

Für D_β und D_γ sowie $D_\beta + D_\gamma$ ergibt sich:

$t =$	1 d	$D_\beta =$	279 rd	$D_\beta + D_\gamma =$	293 rd
		$D_\gamma =$	14 rd		
$t =$	7 d	$D_\beta =$	1510 rd	$D_\beta + D_\gamma =$	1586 rd
		$D_\gamma =$	76 rd		
$t =$	14 d	$D_\beta =$	2310 rd	$D_\beta + D_\gamma =$	2425 rd
		$D_\gamma =$	115 rd		
$t =$	$6\, T_{\text{eff}}$	$D_\beta =$	3150 rd	$D_\beta + D_\gamma =$	3308 rd
		$D_\gamma =$	158 rd		
$t =$	∞	$D_\beta =$	3200 rd	$D_\beta + D_\gamma =$	3360 rd.
		$D_\gamma =$	160 rd		

Im Zentrum der Schilddrüse ist $D_\gamma = 2 \cdot 160 = 320$ rd und somit $D = 3520$ rd.
Das von JOYET und MILLER entwickelte Diagramm nach Abb. 7–92 liefert für ^{131}J dieselben Werte für D_β wie die Gleichung (7.62).

7.9.5.2 *Berechnung der Aktivität, die bei einmaliger Aufnahme eines radioaktiven Stoffes eine vorgegebene Energiedosis zur Folge hat*

Gefragt ist für ^{137}Cs, ^{82}Br und ^{36}Cl nach derjenigen Aktivität A im Gesamtkörper mit der Masse m, deren Strahlung nach der Zeit $t = 6\, T_{\text{eff}}$ bei einmaliger Aufnahme die Energiedosis D erzeugt, welche sich unter Zugrundelegung einer Jahresdosis von 5 rd für Strahlenbeschäftigte aus $D = 5(t/365)$ rd errechnet (t in Tagen).
Die Formel zur Berechnung von A lautet:

$$A = \frac{m \cdot D}{(73{,}8 \cdot \bar{E}_\beta + 0{,}346 \cdot \Gamma \cdot \varrho \cdot \bar{g}_p \cdot f)\, T_{\text{eff}}[1 - \exp(-0{,}693\, t/T_{\text{eff}})]}. \qquad (7.68)$$

Die Zahlenwerte und Ergebnisse sind für drei Radionuklide in Tab. 7–51 zusammengestellt.

Nach Formel (7.68) erhält man größere Aktivitäten, als bei der ICRP [368] zugelassen sind, da hier die *einmalige* Aufnahme des radioaktiven Stoffes, bei der ICRP aber die *Dauer*aufnahme zugrunde gelegt ist.

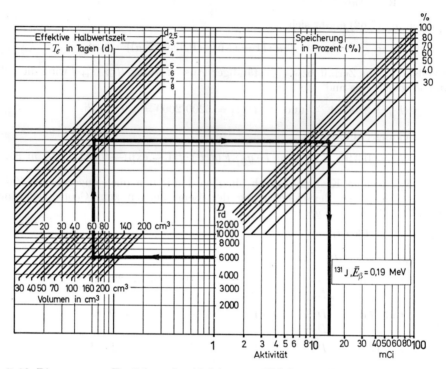

Abb. 7–92. Diagramm zur Ermittlung der Aktivität von ^{131}J für eine bestimmte Energiedosis D. Beispiel: $D = 6000$ rd; $V = 100$ cm³, $Te = 5$ d, Speicherung 60% ergibt eine Aktivität $A = 14$ mCi (aus: JOYET u. MILLER: Ann. Radiol. 5 [1962] 21)

Tabelle 7–51. Aktivitäten von ^{137}Cs, ^{82}Br und ^{36}Cl, deren Strahlungen nach $t = 6\,T_{\text{eff}}$ bei einmaliger Aufnahme die Energiedosen D erzeugen

			^{137}Cs	^{82}Br	^{36}Cl	
$\bar{E}_\beta$	in	MeV	0,18	0,135	0,25	(s. Tab. 7–39)
T_{eff}	in	d	70	1,3	29	[368]
Γ	in	$\dfrac{\text{R m}^2}{\text{h Ci}}$	0,323	1,48	—	(s. Tab. 2–9)
$\bar{g}_p$	in	cm	125	125	125	(s. Tab. 7–49)
f	in	rd/R	0,96	0,96	0,96	(s. Tab. 7–16a)
m	in	g	$7 \cdot 10^4$	$7 \cdot 10^4$	$7 \cdot 10^4$	
ϱ	in	g/cm³	1	1	1	
t	in	d	420	7,8	174	
D	in	rd	5,8	0,11	2,4	
A	in	µCi	215	84	311	
q	in	µCi	30	10	80	[368]

(q body burden nach ICRP)

7.10 Mikroskopische Energieverteilung im bestrahlten Material (Mikrodosimetrie)

Von H. H. EISENLOHR

Die in Abschn. 4.4.2 definierte Energiedosis $D = \mathrm{d}W/\mathrm{d}m$ ist eine makroskopische Größe, d. h. in dem bestrahlten Volumen $\mathrm{d}V = \mathrm{d}m/\varrho$ müssen genügend viele Wechselwirkungsprozesse stattfinden, so daß sich statistische Schwankungen, die durch die diskrete Natur dieser Prozesse bedingt sind, nicht bemerkbar machen.

In Abb. 7–93 sind die Verhältnisse schematisch aufgetragen, die sich ergeben, wenn man das Bezugsvolumen V immer mehr verkleinert. Im mittleren Bereich von V ist das Verhältnis E/m aus der absorbierten Energie E und der absorbierenden Masse m, das üblicherweise als *lokale Energiedichte Z* bezeichnet wird, von der Größe des Volumens unabhängig (bei sehr großem Volumen werden sich Inhomogenitäten des Strahlenfeldes innerhalb des Volumens bemerkbar machen; von diesen sei hier abgesehen). In diesem Bereich ist $Z = D$. Da nun die Energiedosis durch die Energieabgabe einzelner geladener Teilchen zustande kommt, deren Anzahl mit kleiner werdendem Volumen abnimmt, so muß es bei kleinem Volumen, bei gleicher Bestrahlung, notwendig zu statistischen Schwankungen von Z kommen. Bei sehr kleinem Volumen, etwa in der Größe einer Zelle, können diese Schwankungen extrem groß werden, weil eine Zelle vielleicht überhaupt nicht von einem Teilchen durchsetzt wird ($Z = 0$), während in einer benachbarten, die von einem Teilchen durchsetzt wird, die lokale Energiedichte Z wegen der kleinen Masse der Zelle sehr viel größer als D sein kann. (vgl. Stochastik der Strahlenwirkung in Lit. Kap. 8 [167a]).

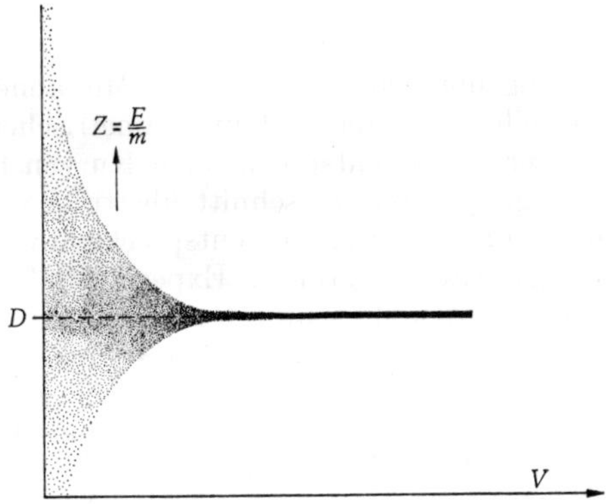

Abb. 7–93. Die lokale Energiedichte Z in Abhängigkeit von der Größe des Volumens V, schematisch nach ROSSI [637]

Der biologische Effekt in einem bestrahlten Organ hängt nicht nur von der makroskopischen Energiedosis ab, sondern auch von der räumlichen Verteilung der lokalen Energiedichte Z. Da diese Verteilung für die diversen Strahlenarten und -qualitäten verschieden ist, ergibt ihre Untersuchung einen natürlichen Ansatzpunkt für ein quantitatives Verständnis der sog. „relativen biologischen Wirksamkeit" (RBW) der verschiedenen Arten ionisierender Strahlen.

Die experimentelle und theoretische Untersuchung der Mikroverteilung der Energieabsorption wird oft abkürzend „Mikrodosimetrie" genannt. Ihr Gegenstand ist demnach nicht die Energiedosis selbst, sondern die Bestimmung ihres Verteilungsmusters. Hierbei spielen eine Reihe mikrodosimetrischer Größen und Verteilungsfunktionen eine große Rolle. Sie sind in wichtigen Arbeiten von ROSSI u. Mitarb. [634, 635, 637, 642, 709] ausführlich diskutiert und in gasförmigen Modellsubstanzen mittels geeigneter Proportionalzähler experimentell zugänglich gemacht worden. Sie erlauben in einigen Fällen eine quantitative, physikalische Deutung des RBW-Faktors. Einige mikrodosimetrische Größen sind nachfolgend aufgeführt.

Die Verteilungsfunktion $P(Z)$ gibt die Häufigkeit an, mit der die möglichen Werte der lokalen Energiedichte Z für bestimmte Durchmesser d des kugelförmig angenommenen Testvolumens bei gegebener Energiedosis auftreten. In Abb. 7–94 sind solche Verteilungsfunktionen für eine gegebene Energiedosis und verschiedene Durchmesser des Testvolumens für Gammastrahlen (a) und Neutronen (b) qualitativ wiedergegeben. Bei einem relativ großen Durchmesser (d_1) erhält man eine vergleichsweise schmale Ver-

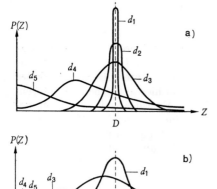

Abb. 7-94. Die Häufigkeitsverteilung $P(Z)$ für eine gegebene Energiedosis D, aber verschiedene Durchmesser d. a) Für Gammastrahlen; b) für Neutronen, schematisch nach ROSSI [637]

teilung um den Wert $Z = D$. Mit abnehmendem Durchmesser $(d_2, d_3, \ldots)$ wird die Verteilung breiter und unsymmetrischer. Die Verteilungskurven für Neutronen sind breiter als die entsprechenden Kurven für Gammastrahlen, weil Rückstoßkerne mehr Energie pro Bahnabschnitt übertragen als Elektronen; bei gleicher Energiedosis wird daher die Testkugel von entsprechend weniger Rückstoßkernen durchquert, die Schwankungsbreite ist größer. Experimentell oder rechnerisch ermittelte Verteilungsfunktionen $P(Z)$ können unmittelbar zur Prüfung radiobiologischer Testmodelle herangezogen werden. Eine weitere von ROSSI eingeführte, dem linearen Energieübertragungsvermögen L (s. Abschn. 4.4.8.3) dimensionsgleiche Größe ist $Y = E/d$, der Quotient aus der Energie E, die ein einzelnes geladenes Teilchen einschließlich aller etwaigen Sekundärteilchen beim Durchgang durch eine Kugel an diese abgibt, dividiert durch deren Durchmesser d. ROSSI nennt das Auftreten eines geladenen Teilchens in der Testkugel ein „event" (Absorptionsereignis) und dementsprechend Y „event size". Die Größe Y ist per definitionem unabhängig von Energiedosis und Dosisleistung und kann wie das lineare Energieübertragungsvermögen zur Kennzeichnung der Strahlenqualität herangezogen werden. Experimentell wird Y mit einem kugelförmigen Proportionalzählrohr ermittelt, dessen Wand und Gasfüllung aus gewebeäquivalenten Stoffen bestehen.
Für solche Anordnungen gilt einerseits das Fanosche Theorem (s. Abschn. 4.4.4), wonach sich die Fluenz der geladenen Teilchen durch die wandäquivalente Gasfüllung nicht ändert; andererseits ist aber die Energie, die beim Durchgang eines geladenen Teilchens an das kugelförmige Gasvolumen abgegeben wird, für Kugeln mit gleichem Produkt aus Durchmesser und Dichte gleich. Daher kann ein kugelförmiger Proportionalzähler, gefüllt mit einem gewebeäquivalenten Gas unter einem Druck von einigen Torr, als experimentell zugängliches Testvolumen zur Bestimmung von Y dienen, wobei durch das Testvolumen die Verhältnisse in einem entsprechend verkleinerten, mikroskopischen Gewebebereich simuliert werden. ROSSI u. Mitarb. beschreiben Proportionalzähler, mit denen die Verhältnisse in Gewebekugeln mit Durchmessern unterhalb 1 µm untersucht werden können.

Werden die im Proportionalzählrohr entstehenden Impulse einem Impulshöhenanalysator zugeführt, dann erhält man das Y-Spektrum $N(Y)$, welches die Anzahl der Absorptionsereignisse der Größe Y angibt. Aus dieser Verteilungsfunktion lassen sich alle anderen in der Mikrodosimetrie verwendeten Größen und Verteilungen ableiten. So erhält man z.B. aus dem normierten Y-Spektrum $P(Y) = N(Y)/\int N(Y)\,\mathrm{d}Y$ durch Multiplikation mit $Y\,\mathrm{d}Y$ und anschließender Normalisierung

$$D(Y)\,\mathrm{d}Y = \frac{P(Y)\,Y\,\mathrm{d}Y}{\int_0^{Y_{\max}} P(Y)\,Y\,\mathrm{d}Y}, \qquad (7.69)$$

d.h. denjenigen Bruchteil der Energiedosis, welcher von Absorptionsereignissen der Größe Y herrührt.

Division von $N(Y)$ durch die Energiedosis D ergibt $F(Y) = N(Y)/D$, die Häufigkeit für das Auftreten eines Absorptionsereignisses pro Y-Intervall und pro Energiedosis. Numerisch entspricht einem Absorptionsereignis der Größe Y (in keV/μm) in einer Kugel mit dem Durchmesser d (in μm) und der Dichte $\varrho = 1$ g/cm³ eine Energieabsorption von $30{,}6 \cdot 10^2\,Y/d^2$ erg/g. Pro Energiedosis (in rd) entfällt der Anteil $D(Y)\,\mathrm{d}Y$ auf das bei Y liegende Intervall $\mathrm{d}Y$. Folglich ist auch

$$F(Y) = D(Y)\,d^2/30{,}6\,Y. \qquad (7.70)$$

Hieraus errechnet sich die Häufigkeit pro Energiedosis (in rd) für das Auftreten von Absorptionsereignissen, deren Größe den Wert Y übersteigt, zu

$$\Phi(Y) = \int_Y^{Y_{\max}} F(Y)\,\mathrm{d}Y = \frac{d^2}{30{,}6}\int_Y^{Y_{\max}} \frac{D(Y)\,\mathrm{d}Y}{Y}. \qquad (7.71)$$

Ist schließlich ΔZ der von einem einzelnen Absorptionsereignis herrührende Beitrag zur lokalen Energiedichte, dann ergibt sich mit den oben benutzten Einheiten

$$\Delta Z = 3060\,Y/d^2 \quad \text{in erg/g} \qquad (7.72)$$

und für die Wahrscheinlichkeit für dessen Auftreten

$$P(\Delta Z) = P(Y)\,d^2/3060. \qquad (7.73)$$

Anhand eines sehr einfachen Beispiels sei angedeutet, wie man die mikrodosimetrischen Größen zur Deutung radiobiologischer Befunde heranziehen kann.

Im Sinne der Treffertheorie erhält man immer dann exponentielle Dosiswirkungsbeziehungen, wenn ein einziger Treffer, d.h. ein einziges kritisches Absorptionsereignis, für den Strahleneffekt im biologischen Objekt verantwortlich ist. Bezeichnet man mit S den Bruchteil der Individuen, die keinen Testeffekt zeigen, dann lautet die Dosiswirkungsbeziehung

$$S(D) = \mathrm{e}^{-kD}. \qquad (7.74)$$

Die experimentell bestimmbare Inaktivierungskonstante k ist numerisch gleich dem reziproken Wert derjenigen Energiedosis D_{37}, bei welcher 37% der Individuen keinen Testeffekt zeigen. Treffertheoretisch bedeutet sie die mittlere Häufigkeit eines Absorptionsereignisses pro Energiedosis. In der Mikrodosimetrie ist diese Größe durch den Ausdruck $\Phi(0)$ gegeben, d.h. es ist $k = \Phi(0)$. Entsprechend gilt für den Fall, daß der Testeffekt ein Absorptionsereignis erfordert, dessen Größe oberhalb Y liegt, $k = \Phi(Y)$. Nun ist die Inaktivierungskonstante k aufgrund der Dosiswirkungsfunktion bekannt. Ist also andererseits $\Phi(0)$ als Funktion des Kugeldurchmessers d für verschiedene Strahlenenergien nach den oben skizzierten Methoden (d.h. primär durch Ermittlung der Verteilung $N(Y)$) bestimmt worden, dann kann auf die Größe des Durchmessers d des empfindlichen Volumens geschlossen werden.

Andererseits kann wegen der Beziehung $S(D) = \exp[-\Phi(Y)D]$ erwartet werden, daß der Faktor der relativen biologischen Wirksamkeit zweier Strahlenarten a und b gleich dem Quotienten der entsprechenden Integrale $\Phi(Y)$ (s. Gleichung (7.71)) ist:

$$\text{RBW}(a, b) = \frac{D_b}{D_a} = \frac{\Phi_a(Y)}{\Phi_b(Y)}. \tag{7.75}$$

ROSSI u. Mitarb. ist es gelungen, mittels einer detaillierten Analyse mikrodosimetrischer Verteilungsfunktionen eine ganze Reihe radiobiologischer Befunde quantitativ zu deuten. Durch diese Arbeiten ist der etwas vage Begriff „Strahlenqualität" quantitativ faßbar und auch der RBW-Faktor einer physikalischen Interpretation zugänglich gemacht worden.

Dieser Beitrag sollte eine erste Fühlungsnahme mit dem neuen, für Strahlenphysik und Radiobiologie gleichermaßen interessanten Gebiet der Mikrodosimetrie vermitteln. Für ein weitergehendes Studium sei auf die Literatur verwiesen [84, 85, 356a, 514, 634, 635, 637, 642, 709, 833].

7.11 Gleichungen und Nomogramme zur Umrechnung zwischen den gebräuchlichen Einheiten der Aktivität, der Dosis und Dosisleistung und den SI-Einheiten

Von W. HÜBNER

Nach einem Beschluß der Meterkonvention sollen die SI-Einheiten (s. Abschn. 1.1.2.2) von den Mitgliedstaaten gesetzlich verankert werden. Die Bundesregierung hat inzwischen das Gesetz über Einheiten im Meßwesen und eine Ausführungsverordnung (s. [1, 5] in Lit. zu Kapitel 1) erlassen. Daher werden künftig Aktivitäten und Dosisgrößen auch in SI-Einheiten angegeben. Das erfordert ein Umdenken vor allem in den Zahlenwerten, die nach den folgenden Beziehungen umzurechnen sind. Die Nomogramme in Abb. 7–95 ermöglichen einen raschen Überblick über die zahlenmäßigen Beziehungen zwischen den verschiedenen Einheiten. Dezimale Vielfache und Teile s. Tab. 1–1.

Einheiten der Aktivität

$$\begin{array}{ll}
1 \text{ kCi} = 37 \cdot 10^{12} \text{ s}^{-1} = 37 \text{ ps}^{-1} & 1 \text{ s}^{-1} = 27{,}03 \cdot 10^{-12} \text{ Ci} = 27{,}03 \text{ pCi} \\
1 \text{ Ci} = 37 \cdot 10^{9} \text{ s}^{-1} = 37 \text{ ns}^{-1} & 1 \text{ ms}^{-1} = 27{,}03 \cdot 10^{-9} \text{ Ci} = 27{,}03 \text{ nCi} \\
1 \text{ mCi} = 37 \cdot 10^{6} \text{ s}^{-1} = 37 \text{ }\mu\text{s}^{-1} & 1 \text{ }\mu\text{s}^{-1} = 27{,}03 \cdot 10^{-6} \text{ Ci} = 27{,}03 \text{ }\mu\text{Ci} \\
1 \text{ }\mu\text{Ci} = 37 \cdot 10^{3} \text{ s}^{-1} = 37 \text{ ms}^{-1} & 1 \text{ ns}^{-1} = 27{,}03 \cdot 10^{-3} \text{ Ci} = 27{,}03 \text{ mCi} \\
1 \text{ nCi} = 37 \cdot 10^{0} \text{ s}^{-1} = 37 \text{ s}^{-1} & 1 \text{ ps}^{-1} = 27{,}03 \cdot 10^{0} \text{ Ci} = 27{,}03 \text{ Ci}
\end{array}$$

Einheiten der Energiedosis

$$1 \text{ rd} = 0{,}01 \text{ J/kg} = 0{,}01 \text{ mJ/g}; \qquad 1 \text{ J/kg} = 1 \text{ mJ/g} = 100 \text{ rd}$$

Einheiten der Energiedosisleistung

$$\begin{array}{ll}
1 \text{ rd/s} = 0{,}01 \text{ W/kg} = 0{,}01 \text{ mW/g}; & 1 \text{ W/kg} = 1 \text{ mW/g} = 100 \text{ rd/s} \\
1 \text{ rd/min} = 0{,}1667 \text{ mW/kg} = 0{,}1667 \text{ }\mu\text{W/g}; & 1 \text{ W/kg} = 1 \text{ mW/g} = 6 \text{ krd/min} \\
1 \text{ rd/h} = 2{,}778 \text{ }\mu\text{W/kg} = 2{,}778 \text{ nW/g}; & 1 \text{ W/kg} = 1 \text{ mW/g} = 0{,}36 \text{ Mrd/h}
\end{array}$$

Einheiten der Ionendosis

1 R   = 0,258 mC/kg = 0,258 µC/g;   1 C/kg = 1 mC/g = 3,876 kR

Einheiten der Ionendosisleistung

1 R/s   = 0,258 mA/kg = 0,258 µA/g;   1 A/kg = 1 mA/g = 3,876 kR/s;
1 R/min = 4,3 µA/kg = 4,3 nA/g;   1 A/kg = 1 mA/g = 0,2326 MR/min;
1 R/h   = 71,67 nA/kg = 71,67 pA/g;   1 A/kg = 1 mA/g = 13,95 MR/h

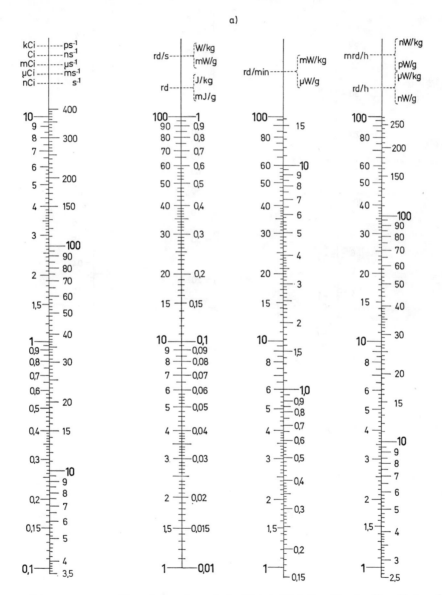

Abb. 7–95. Nomogramme zur Umrechnung der gebräuchlichen Einheiten Ci, rd, rd/s, rd/min, rd/h und mrd/h in SI-Einheiten und umgekehrt (a) sowie R, R/s, R/min, R/h und mR/h in SI-Einheiten und umgekehrt (b) (siehe auch folgende Seite)

318 Dosimetrie

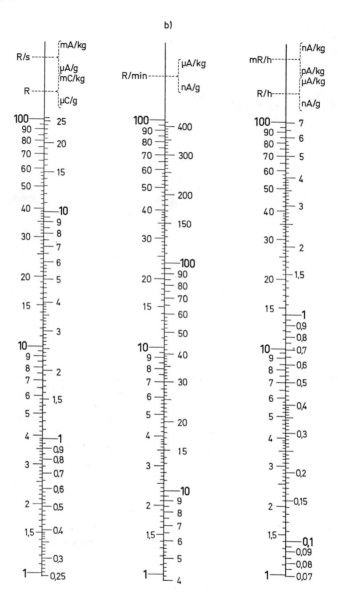

8 Strahlenschutz

Von J. MEHL

Literaturverzeichnis s. S. 454—465

In den letzten Jahren hat sich der Strahlenschutz in der gesamten Welt stürmisch entwickelt. Internationale, regionale und nationale Institutionen haben ein kaum noch überschaubares Regelwerk geschaffen, das auch noch nicht in allen Teilen ausreichend koordiniert ist. Die wissenschaftlichen Grundlagen der Wirkungen ionisierender Strahlen wurden erweitert und vertieft [284]. Das für den Praktiker wesentliche Material ist hier in Tabellen und Kurven zusammengestellt.

Für viele Begriffe des Strahlenschutzes bestehen mehrere Definitionen. Diese Definitionen sind zu einem großen Teil in den Strahlenschutzregelungen (s. Abschn. 8.1) enthalten. Darüber hinaus hat ein Ausschuß der Internationalen Elektrotechnischen Kommission (s. Abschn. 8.1.1.3) Begriffsbestimmungen auf den Gebieten der Radiologie und Strahlenphysik sowie der elektrischen Meßgeräte für ionisierende Strahlungen in mehreren Sprachen herausgegeben [273, 274, 275]. Die deutschen Fachnormenausschüsse Radiologie (FNR), Materialprüfung (FNM) und Kerntechnik (FNKe)* publizieren neben den Strahlenschutznormen nur der Begriffsbestimmung dienende Normen, die in der Literatur angegeben sind, soweit sie den Strahlenschutz betreffen [75, 84, 86].

8.1 Strahlenschutzregelungen

Unter dem Begriff „Strahlenschutzregelungen" werden hier Empfehlungen, Richtlinien, Normen, Vorschriften, Verordnungen und Gesetze zusammengefaßt, die den Strahlenschutz betreffen (Abkürzungen s. Tab. 8–1).

8.1.1 Regelungen internationaler Organisationen
[305, 392, 445]

8.1.1.1 *Kommissionen des Internationalen Radiologenkongresses*

Die Kommissionen des Internationalen Radiologenkongresses (International Congress of Radiology [ICR]) arbeiten Berichte und Empfehlungen aus. Zu den Gremien der Vereinten Nationen unterhalten die Kommissionen des ICR enge Beziehungen.

Internationale Kommission für radiologische Einheiten und Messungen (International Commission on Radiological Units and Measurements [ICRU]).

---

* Diese Fachausschüsse arbeiten mit entsprechenden Technischen Komitees der ISO und IEC (s. Abschn. 8.1.1.3) zusammen.

Tabelle 8–1. Abkürzungen von nationalen und internationalen Strahlenschutzregelungen

Kurzform	Gesetze, Verordnungen, Vorschriften usw.
ABl.E.G.	Amtsblatt der Europäischen Gemeinschaften
ADN	European Agreement concerning the International Carriage of Dangerous Goods by Inland Water Way
ADR	European Agreement concerning the International Carriage of Dangerous Goods by Road
AHB Str.	Allgemeine Versicherungsbedingungen für die Haftpflichtversicherung von genehmigter Tätigkeit mit Kernbrennstoffen und sonstigen radioaktiven Stoffen außerhalb von Atomanlagen
AtG	Atomgesetz
B.Anz.	Bundesanzeiger
BGBl.	Bundesgesetzblatt
BKVO	Berufskrankheiten-Verordnung
CIM	Convention internationale concernant le transport des marchandises par chemins de fer
CIV	Convention internationale concernant le transport des voyageurs et des bagages par chemins de fer
DVO	Deckungs-Vorsorge-Verordnung
ECE	Europäische Wirtschaftskommission der Vereinten Nationen (UN Economic Commission for Europe), Genf
EVO	Eisenbahn-Verkehrsordnung
IMCO	Intergovernmental Maritime Consultative Organization, London
LBVO	Lebensmittel-Bestrahlungs-Verordnung
Luft V.G.	Luft-Verkehrs-Gesetz
MtGG	Merkblatt technischer Gamma-Großquellen
RGBl.	Reichsgesetzblatt
RID	Règlement international concernant le transport des marchandises dangéreuses par chemins de fer (Internationale Verordnung für die Beförderung gefährlicher Güter mit der Eisenbahn)
RVO	Reichs-Versicherungs-Ordnung
RöV	Röntgen-Verordnung
SMGS	Soglaschenije meschdunarodnoje grosowje svobschtschenije (Accord concernant le transport international des marchandises par chemin de fer)
SMPS	Soglaschenije meschdunarodnoje passaschirskoje svobschtschenije (Accord concernant le transport international des voyageurs et des bagages par chemin de fer)
SSVO	Strahlenschutz-Verordnung
Struv	Besondere Bedingungen für die Strahlenunfallversicherung von Personen, die beruflich mit strahlenerzeugenden Stoffen oder Geräten in Berührung kommen
UVV	Unfall-Verhütungs-Vorschriften (der Berufsgenossenschaften)
VO GüKG	Verordnung über Bestimmungen des Güter-Kraft-Gesetzes

Die Kommission (gegr. 1925) hat Empfehlungen über einheitliche Meßgrößen, Maßeinheiten und Meßverfahren für die Radiologie und den Strahlenschutz publiziert [257—272a].

Internationale Kommission für Strahlenschutz (International Commission on Radiological Protection [ICRP]).

Die Kommission (gegr. 1928) hat Berichte und Empfehlungen publiziert und damit die Grundlage einheitlicher Strahlenschutzregeln geschaffen [241—255b].

Internationale Kommission für radiologische Ausbildung (International Commission on Radiological Education (ICRE]).
Die Kommission (gegr. 1972) befaßt sich mit dem Ausbildungswesen für Radiologen.

8.1.1.2 Gliederungen der Vereinten Nationen

Wissenschaftlicher Fachausschuß der Vereinten Nationen für Wirkungen atomarer Strahlung (United Nations Scientific Committee on the Effects of Atomic Radiation [UNSCEAR]).
Der Ausschuß (gegr. 1955) publiziert Ergebnisse der Mitgliedsländer und Fachorganisationen der Vereinten Nationen über die Strahlenpegel und die Radioaktivität der Umwelt, Untersuchungen über die Wirkung ionisierender Strahlung auf den Menschen und seine Umwelt sowie Empfehlungen über einheitliche Verfahren für die Sammlung und Messung von Proben [406—411].

Internationale Arbeitsorganisation (International Labour Office [ILO]).

Die Organisation (gegr. 1945) hat 1960 in Genf eine „Konvention zum Schutz der Arbeitnehmer vor ionisierenden Strahlen" zur Ratifizierung vorgelegt und im „Manual of Industrial Radiation Protection" die Konvention, Strahlenschutzempfehlungen, Mustervorschriften und Richtlinien für spezielle industrielle Anwendungen ionisierender Strahlung und radioaktiver Stoffe publiziert [276].

Weltgesundheitsorganisation (World Health Organisation [WHO]).

Die Organisation (gegr. 1946) hat in den „Technical Report Series" den Strahlenschutz betreffende Berichte publiziert [426—436].

Internationale Atomenergie-Organisation (International Atomic Energy Agency [IAEA]).

Die Organisation (gegr. 1956) erstellt Normen und Richtlinien auf dem Gebiet von Strahlenschutz und Strahlensicherheit. Die Organisation empfiehlt den Mitgliedstaaten diese Normen und Richtlinien in die nationalen Rechtsgrundlagen des Strahlenschutzes aufzunehmen. Sie publiziert verschiedene Schriftenreihen wie z.B. „Safety Series" [169 bis 202] oder „Technical Reports Series" [205, 206, 213, 218—221, 232—239] und andere Übersichten auf dem Gebiet des Strahlenschutzes [203, 204, 207—212, 214—217, 222 bis 231], die von Sachverständigen ausgearbeitet werden.

8.1.1.3 *Internationale Organisation für Normung* (International Organization for Standardization [ISO])

Die Organisation (gegr. 1946 als Nachfolgeorganisation der „International Federation of National Standardizing Associations" und des „United Nations Standards Coordinating Committee") fördert die Entwicklung von Normen. Sie arbeitet mit den Fachorganisationen der Vereinten Nationen zusammen und publiziert Empfehlungen, die von nationalen Normenausschüssen verwendet werden können.

Internationale Elektrotechnische Kommission (International Electrotechnical Commission [IEC]).

Die Kommission (gegr. 1906) vertritt seit ihrer Statusänderung (1949) den Fachbereich Elektrotechnik. Sie hat unter anderem Wörterbücher mit zahlreichen Begriffsbestimmungen aus Radiologie und Strahlenschutz publiziert [273—275].

8.1.1.4 *Internationale Verträge, Übereinkommen und Vorschriften für die Beförderung radioaktiver Stoffe*

Internationale Beförderungsbestimmungen bestehen für den Schienen-, Straßen-, See- und Luftweg sowie für die Post, die in Tab. 8–2 angegeben sind [37]. Für die Beförderung auf Binnenwasserwegen liegt ein Entwurf vor. Als Basis dieser Bestimmungen haben bis auf SMGS und SMPS seit 1964 die Beförderungsrichtlinien der IAEA [174] gedient. Die SMGS gilt für Osteuropa, China, Mongolei, Nord-Korea und Nord-Vietnam. Bei Beförderungen auf dem Schienenweg zwischen Ländern des RID einerseits und des SMGS und SMPS andrerseits sind deshalb Ad-hoc-Vereinbarungen erforderlich.

8.1.2 Regelungen europäischer Organisationen

Europäische Wirtschaftsgemeinschaft (EWG)/Europäische Atomgemeinschaft (Euratom)

Für die Mitgliedstaaten der Gemeinschaft sind die Euratom-Empfehlungen, -Richtlinien und -Verordnungen nach Tab. 8–3 verbindlich.

Organisation für wirtschaftliche Zusammenarbeit und Entwicklung/Europäische Kernenergie-Agentur (Organisation for Economic Co-Operation and Development [OECD]/ European Nuclear Energy Agency [ENEA]).

Für die Mitgliedstaaten der Organisation wurden die in Tab. 8–4 angegebenen Normen und das Übereinkommen zur Sicherheitskontrolle von der ENEA zur Annahme empfohlen.

8.1.3 Regelungen der Bundesrepublik Deutschland

8.1.3.1 *Regelungen auf internationaler, regionaler und zwischenstaatlicher Ebene*

In Tab. 8–5 sind Abkommen, Gesetze, Verordnungen und Bekanntmachungen der Bundesbehörden zusammengestellt, durch die die Bundesrepublik Verpflichtungen auf internationaler und zwischenstaatlicher Ebene eingegangen ist, die u. a. den Strahlenschutz und die Sicherheit betreffen. Die zwischen der Bundesrepublik und Euratom bzw. ENEA bestehenden Regelungen sind in Abschn. 8.1.2 (Tab. 8–3 und 8–4) behandelt [15, 277, 278, 404].

8.1.3.2 *Regelungen auf nationaler Ebene*

Gesetze, Verordnungen und Verfügungen der deutschen Bundesbehörden

Mit den in Tab. 8–6 angegebenen Gesetzen, Verordnungen und Verfügungen der Bundesbehörden sind Strahlenschutz und -sicherheit auf Bundesebene geregelt. Diese Regelungen wurden durch Ausführungsbestimmungen auf Länderebene ergänzt [18, 111, 304].

Tabelle 8-2. Internationale Verträge, Übereinkommen und Vorschriften für die Beförderung radioaktiver Stoffe

Transportart	Institutionen und Konventionen
Beförderung auf dem Schienenweg	*Zentralamt für den internationalen Eisenbahntransport* (Office Central des Transports Internationaux par chemins de fer) Bern, Schweiz:
	Convention internationale concernant le transport des marchandises par chemins de fer (CIM)*, Annexe I: Règlement international concernant le transport des marchandises dangéreuses par chemins de fer (RID) in der Fassung vom 1. 4. 67**
	Convention internationale concernant le transport des voyageurs et des bagages par chemins de fer (CIV) in der Fassung vom 25. 2. 61***
	Organisation für die Zusammenarbeit der Eisenbahnen (Organisation pour la Collaboration des Chemins de Fer) Warschau, Polen:
	Soglaschenije meschdunarodnoje grosowje swobschtschenije (SMGS) (Accord concernant le transport international des marchandises par chemins de fer) in der Fassung vom 1. 11. 51
	Soglaschenije meschdunarodnoje passaschirskoje swobschtschenije (SMPS) (Accord concernant le transport international des voyageurs et des bagages par chemins de fer)
Beförderung auf dem Straßenweg	*Europäische Wirtschaftskommission der Vereinten Nationen* (UN Economic Commission for Europe [ECE]) Genf, Schweiz:
	European Agreement Concerning the International Carriage of Dangerous Goods by Road (ADR) in der Fassung vom 29. 1. 68 mit technischen Anhängen vom 29. 7. 68****
Beförderung auf dem Seeweg	*Zwischenstaatliche Beratende Schiffahrtsorganisation* (Intergovernmental Maritime Consultative Organisation [IMCO]) London, England:
	International Maritime Dangerous Goods Code in der Fassung vom Juli 1969
Beförderung auf Binnenwasserwegen	*Europäische Wirtschaftskommission der Vereinten Nationen* (UN Economic Commission for Europe [ECE]) Genf, Schweiz:
	European Agreement Concerning the International Carriage of Dangerous Goods by Inland Waterway (ADN) (Entwurf)
Beförderung auf dem Luftweg	*Internationaler Verband der Luftfahrtgesellschaften* (International Air Transport Association [IATA]) Montreal, Canada:
	Regulations Relating to the Carriage of Restricted Articles by Air (Twelfth Edition) vom 1. 7. 71
Beförderung mit der Post	*Weltpostverein* (Universal Postal Union [UPU]) Genf, Schweiz:
	Convention Postale Universelle — Detailed Regulations for Implementing the Universal Postal Convention in der Fassung vom 1. 1. 66
Beförderung auf beliebige Art	*Internationale Atomenergie-Organisation* (International Atomic Energy Agency [IAEA]) Wien, Österreich:
	Regulations for the Safe Transport of Radioactive Materials in der Fassung von 1967 (Neufassung Sept. 1972)
	Rat für Gegenseitige Wirtschaftliche Hilfe (Council for Mutual Economic Assistance [COMECON]) Moskau, USSR:
	Regulations for the Transport of Radioactive Materials in der Fassung von 1967 (Neufassung Sept. 1972)

* dtsch. Fassung s. BGBl. 1964 II, S. 1520.
** dtsch. Fassung s. BGBl. 1967 II, S. 1140.
*** dtsch. Fassung s. BGBl. 1964 II, S. 1898.
**** dtsch. Fassung s. BGBl. 1969 II, Nr. 54 — Anlagenband — Z 1998 A.

Tabelle 8–3. Regelungen europäischer Organisationen — Europäische Atomgemeinschaft (Euratom)

Vertrag zur Gründung der Europäischen Atomgemeinschaft vom 25. 3. 1957 in der Fassung vom 8. 4. 1965.
BGBl. 1957 II, S. 1014; BGBl. 1965 II, S. 1454.
Gesetz zu den Verträgen vom 25. März 1957 zur Gründung der Europäischen Wirtschaftsgemeinschaft und Europäischen Atomgemeinschaft vom 27. Juli 1957.
BGBl. 1957 II, S. 753.
Richtlinien des Rates der Europäischen Atomgemeinschaft zur Festlegung der Grundnormen für den Gesundheitsschutz der Bevölkerung und der Arbeitskräfte gegen die Gefahren ionisierender Strahlungen vom 2. 2. 1959 in der Fassung vom 27. 10. 1966.
Amtsblatt der Europäischen Gemeinschaften (ABl.E.G.) 1955, S. 221; ABl.E.G. 1962, S. 1633; ABl.E.G. 1966, S. 3693.
Empfehlung betreffend die Anwendung des Artikels 37 des Vertrages.
ABl.E.G. 1960, S. 1893.
Verordnung Nr. 4 zur Bestimmung der Investitionsvorhaben, die der Kommission gemäß Artikel 41 des Vertrages anzuzeigen sind.
ABl.E.G. 1958, S. 417.
Verordnung Nr. 5 zur Festlegung der Durchführungsbestimmungen für die in Artikel 41 des Vertrages vorgeschriebenen Anzeigen.
ABl.E.G. 1958, S. 511.
Verordnung Nr. 7 zur Festlegung der Durchführungsbestimmungen für die im Artikel 78 des Vertrages vorgeschriebenen Anzeigen.
ABl.E.G. 1959, S. 298.
Verordnung Nr. 8 zur Bestimmung von Art und Umfang der Verpflichtungen aus Artikel 79 des Vertrages.
ABl.E.G. 1959, S. 651.
Verordnung Nr. 9 zur Bestimmung der Konzentration der in Artikel 197 Abs. 4 des Vertrages erwähnten Erze.
ABl.E.G. 1960, S. 482.
Siehe hierzu auch:
Bekanntmachung über die Meldungen an die Behörden der Mitgliedstaaten auf dem Gebiet der Sicherheitsüberwachung gemäß Artikel 79 Abs. 2 des Euratom-Vertrages vom 10. Dezember 1959.
Bundesanzeiger Nr. 242 v. 17. 12. 1959.

Tabelle 8–4. Regelungen Europäischer Organisationen — Europäische Kernenergie-Agentur (ENEA)

Übereinkommen über die Organisation für Wirtschaftliche Zusammenarbeit und Entwicklung.
BGBl. 1961 II, S. 1151.
Grundnormen für den Strahlenschutz.
OECD/ENEA, Paris 18. 12. 1962; 25. 4. 1968.
Gesetz zum Ratsbeschluß der OECD vom 18. 12. 1962 über die Annahme der Grundnormen für den Strahlenschutz vom 29. 7. 1964.
BGBl. 1964 II, S. 857.
Bekanntmachung der geänderten Fassung der Grundnormen für den Strahlenschutz der OECD vom 20. 4. 1970.
BGBl. 1970 II, S. 208.
Strahlenschutznormen für Uhren mit radioaktiven Leuchtfarben (Radiation Protection Standards for Radioluminous Timepieces).
OECD/ENEA, Paris 1967 — IAEA Safety Series Nr. 23 (1967).

Tabelle 8-4 (Fortsetzung)

Gesetz zum Ratsbeschluß der Organisation für Wirtschaftliche Zusammenarbeit und Entwicklung (OECD) v. 19. 7. 1966 über die Annahme von Strahlenschutznormen für Uhren mit radioaktiven Leuchtfarben.
BGBl. 1969 II, S. 1309.
Bekanntmachung über das Inkrafttreten des Ratsbeschlusses der OECD über die Annahme von Strahlenschutznormen für Uhren mit radioaktiven Leuchtfarben v. 9. 12. 1970.
BGBl. 1970 II, S. 1371.
Übereinkommen vom 20. 12. 1957 über die Errichtung einer Sicherheitskontrolle auf dem Gebiete der Kernenergie.
BGBl. 1959 II, S. 585 u. 985.

Tabelle 8–5. Regelungen der Bundesrepublik Deutschland auf internationaler, regionaler und zwischenstaatlicher Ebene

Gesetz vom 6. 5. 1965 zum Schiffssicherheitsvertrag vom 17. Juni 1960.
BGBl. 1965 II, S. 465.
Fünfte Verordnung zur Änderung der Verordnung über gefährliche Seefrachtgüter vom 29.1.1972.
BGBl. 1972 I, S. 529.
Gesetz über die Beteiligung der Bundesrepublik Deutschland an dem Internationalen Übereinkommen vom 25. 2. 1961 über den Eisenbahnfrachtverkehr und über den Eisenbahn-, Personen- und Gepäckverkehr vom 21. 12. 1964.
BGBl. 1964 II, S. 1517.
Verordnung über die Änderung und Ergänzung der Anlage I des Internationalen Übereinkommens über den Eisenbahnfrachtverkehr vom 6. 3. 1967.
BGBl. 1967 II, S. 1140.
Verordnung über die Inkraftsetzung von Änderungen des Internationalen Übereinkommens vom 25. Februar 1961 über den Eisenbahnfrachtverkehr nebst Anlage (RID) v. 20. 11. 1970.
BGBl. 1970 II, S. 1185.
Verordnung über die Beförderung gefährlicher Güter auf dem Rhein (ADNR) vom 1.12.1971 nebst Änderungen und Ausdehnung des ADNR auf die übrigen Bundeswasserstraßen vom 1.12.1972.
Anlage Nr. 119 zum BGBl. 1971 I und BGBl. 1973 I, S. 9.
Gesetz zu dem Europäischen Übereinkommen vom 30. 9. 57 über die internationale Beförderung gefährlicher Güter auf der Straße (ADR).
BGBl. 1969 II, S. 1489.
Erste Verordnung zur Änderung der Anlagen A und B zum Europäischen Übereinkommen über die internationale Beförderung gefährlicher Güter auf der Straße (ADR) — 1. ADR Änderungsverordnung v. 21. April 1971.
BGBl. 1971 II, S. 209.
Bekanntmachung über die Erlaubnis zum Mitführen gefährlicher Güter in Luftfahrzeugen vom 21. 3. 1961.
Verkehrsblatt, Amtsblatt des Bundesministers für Verkehr der Bundesrepublik Deutschland, Nr. 7/1961 vom 15. 4. 1961, S. 196.
Gesetz zu der Satzung der Internationalen Atomenergie-Behörde vom 27. 9. 1957 in der Fassung vom 6. 5. 1963.
BGBl. 1957 II, S. 1357 und BGBl. 1963 II, S. 329.
Übereinkommen zur Errichtung einer internationalen Organisation für das gesetzliche Meßwesen.
BGBl. 1959 II, S. 674.
Abkommen der Regierung der Bundesrepublik Deutschland und der Regierung der Vereinigten Staaten von Amerika über Zusammenarbeit auf dem Gebiet der zivilen Verwendung der Atomenergie vom 3. 7. 57.
Bulletin des Presse- und Informationsamtes der Bundesregierung vom 25. 7. 1957, Nr. 134, S. 1261.
(Dieses Abkommen wurde nach 10jähriger Laufzeit ungültig.)

Tabelle 8-5 (Fortsetzung)

Abkommen zwischen der Bundesrepublik und Großbritannien über die Zusammenarbeit auf dem Gebiet der zivilen Verwendung der Atomenergie vom 31. 7. 1956.
B.Anz. Nr. 177, 1956, S. 1.

Abkommen zwischen der Bundesrepublik Deutschland und Kanada über Zusammenarbeit auf dem Gebiet der zivilen Verwendung der Atomenergie vom 11. 12. 1957.
Bulletin des Presse- und Informationsamtes der Bundesregierung vom 14. 12. 1957, Nr. 232, S. 2140.

Tabelle 8–6. Nationale Regelungen der Bundesrepublik Deutschland

Gesetz über die friedliche Verwendung der Atomenergie und den Schutz gegen ihre Gefahren (Atomgesetz) vom 23. 12. 1959; zuletzt geändert am 23. 6. 1970.
BGBl. 1959 I, S. 814; BGBl. 1963 I, S. 201; BGBl. 1964 I, S. 337; BGBl. 1968 I, S. 529; BGBl. 1969 I, S. 1429; BGBl. 1970 I, S. 814.

Verordnung über das Verfahren bei der Genehmigung von Anlagen nach § 7 des Atomgesetzes (Atomanlagenverordnung) vom 20. 5. 60; zuletzt geändert am 29. 10. 1970.
BGBl. 1960 I, S. 310; BGBl. 1963 I, S. 208; BGBl. 1970 I, S. 1517.

Verordnung über die Deckungsvorsorge nach dem Atomgesetz (Deckungsvorsorgeverordnung) vom 22. 2. 1962; zuletzt geändert am 10. 11. 1970.
BGBl. 1962 I, S. 77; BGBl. 1970 I, S. 1520.

Allgemeine Verwaltungsvorschrift zu den §§ 9 und 10 der Verordnung über die Deckungsvorsorge nach dem Atomgesetz (Deckungsvorsorgeverordnung) vom 22. 2. 1962.
BGBl. 1962 I, S. 77; B.Anz. Nr. 145 vom 2. 8. 1965.

Kostenverordnung zum Atomgesetz vom 2. 7. 1962.
BGBl. 1962 I, S. 440.

Erste Verordnung über den Schutz vor Schäden durch Strahlen radioaktiver Stoffe (Erste Strahlenschutzverordnung) vom 24. 6. 1960; zuletzt geändert am 15. 10. 1965.
BGBl. 1960 I, S. 430; BGBl. 1964 I, S. 233; BGBl. 1965 I, S. 759.

Verordnung über den Schutz vor Schäden durch ionisierende Strahlen in Schulen (Zweite Strahlenschutzverordnung) vom 18. 7. 1964; zuletzt geändert am 12. 8. 1965 (Kommentar s. Lit. [363]).
BGBl. 1964 I, S. 500; BGBl. 1965 I, S. 759.

Verordnung zum Schutze gegen Schädigung durch Röntgenstrahlen und radioaktive Stoffe in nichtmedizinischen Betrieben (Röntgenverordnung) vom 7. 2. 1941.
RGBl. 1941 I, S. 88 (zuletzt geändert durch § 55 Abs. 2 Nr. 1 des Atomgesetzes).

Verordnung über den Schutz vor Schäden durch Röntgenstrahlen (Röntgenverordnung — RöV) vom 1. 3. 1973.
BGBl. 1973 I, S. 173.

Reichsversicherungsordnung
(s. z.B. F. AICHBERGER: Reichsversicherungsordnung, 3. Buch, Unfallversicherung, Beck'sche Verlagsbuchhandlung, München 1970).

Sechste Verordnung über die Ausdehnung der Unfallversicherung auf Berufskrankheiten (6. Berufskrankheiten-Verordnung — 6. BKVO) vom 28. 4. 1961.
BGBl. 1961 I, S. 505.

Siebente Berufskrankheiten-Verordnung vom 20. 6. 1968.
BGBl. 1968 I, S. 721.

Anordnung der Versicherungsaufsichtsbehörden über die Rücklage der Versicherungsunternehmen für die Versicherung von Atomanlagen (Atomanlagen-Rücklage) vom 10. 7. 1963.
B.Anz. Nr. 139 vom 31. 7. 1963.

Zweite Anordnung über die Rücklage der Versicherungsunternehmen für die Versicherung von Atomanlagen (Atomanlagen-Rücklage) vom 14. 3. 1969.
B.Anz. Nr. 58 vom 25. 3. 1969.

Tabelle 8–6 (Fortsetzung)

Gesetz über den Verkehr mit Lebensmitteln und Bedarfsgegenständen (Lebensmittelgesetz) in der Fassung der Bekanntmachung vom 17. 1. 1936 mit späteren Änderungen.
RGBl. 1936 I, S. 18.

Verordnung über die Behandlung von Lebensmitteln mit Elektronen-, Gamma- und Röntgenstrahlen oder ultravioletten Strahlen (Lebensmittel-Bestrahlungsverordnung) vom 19. 12. 1959.
BGBl. 1959 I, S. 761.

Weingesetz vom 16. 7. 1969.
BGBl. 1969 I, S. 781.

Gesetz über den Verkehr mit Arzneimitteln (Arzneimittelgesetz) vom 16. 5. 1961.
BGBl. 1961 I, S. 553.

Verordnung über die Zulassung von Arzneimitteln, die mit ionisierenden Strahlen behandelt sind oder die radioaktive Stoffe enthalten, vom 29. 6. 1962, zuletzt geändert am 10. 5. 1971.
BGBl. 1962 I, S. 439; BGBl. 1967 I, S. 893; BGBl. 1971 I, S. 449.

Gesetz zur Ordnung des Wasserhaushaltes (Wasserhaushaltsgesetz) vom 27. 7. 1957 mit Fristverlängerungsgesetz vom 19. 2. 1959.
BGBl. 1957 I, S. 1110; BGBl. 1959 I, S. 37.

Eisenbahnverkehrsordnung (EVO) v. 8. Sept. 1938, zuletzt geändert durch die neunundsiebzigste Verordnung zur Eisenbahnverkehrsordnung vom 17. 4. 1970.
RGBl. 1938 II, S. 663; BGBl. 1967 II, S. 941; BGBl. 1969 II, S. 1229; BGBl. 1970 I, S. 358.

Luftverkehrsgesetz (Luft V.G.) in der Fassung vom 4. 11. 1968.
BGBl. 1965 I, S. 1730; BGBl. 1968 I, S. 1113.

Bekanntmachung über die Erlaubnis zum Mitführen gefährlicher Güter in Luftfahrzeugen vom 21. 3. 1961.
Verkehrsblatt, Amtsblatt des Bundesministers für Verkehr der Bundesrepublik Deutschland Nr. 7, 1961, S. 196.

Postordnung vom 16. 5. 1963.
BGBl. 1963 I, S. 431.

Verfügung Nr. 275 zur Postordnung vom 18. 6. 1964.
Amtsblatt des Bundesministers für das Post- und Fernmeldewesen Nr. 73, 1964, S. 607.

Postreiseordnung vom 6. 7. 1964.
BGBl. 1964 I, S. 445.

Verordnung über die Befreiung bestimmter Beförderungsfälle von den Bestimmungen des Güterkraftgesetzes (Freistellungs-VO GüKG) vom 27. 7. 1969.
BGBl. 1969 I, S. 1022.

Gesetz zur Ergänzung des Gesetzes über den deutschen Wetterdienst vom 8. 8. 1955.
BGBl. 1955 I, S. 506.

Gesetz über Einheiten im Meßwesen v. 2. Juli 1969.
BGBl. 1969 I, S. 759.

Ausführungsverordnung zum Gesetz über Einheiten im Meßwesen v. 26. 6. 1970.
BGBl. 1970 I, S. 981.

Bekanntmachung über bautechnische Grundsätze für Hausschutzräume des Grundschutzes und des verstärkten Schutzes sowie für die Lieferung und Abnahme von Anschlüssen der Schutzräume in der Fassung 1969.
Beilage zum B.Anz. Nr. 104 vom 11. 6. 69.

Bekanntmachung über bautechnische Grundsätze für Großschutzräume des Grundschutzes in Verbindung mit unterirdischen Bahnen als Mehrzweckbauten, in der Fassung August 1969.
Beilage zum B.Anz. Nr. 176 vom 23. 9. 1969.

Bekanntmachung über technische Grundsätze für Ausführung, Prüfung und Abnahme von lüftungstechnischen Bauelementen in Schutzräumen, in der Fassung vom September 1969.
Beilage zum B.Anz. Nr. 192 vom 15. 10. 1969.

Tabelle 8–7. Merkblätter und Richtlinien der deutschen Bundesbehörden

Titel	Ausgabejahr
Merkblatt für die ärztliche Untersuchung zu Nr. 27 der Anlage zur 6. Berufskrankheiten-Verordnung. Erkrankungen durch die Strahlen radioaktiver Stoffe oder durch andere ionisierende Strahlen (gilt auch für die 7. Berufskrankheiten-Verordnung). Bundesminister für Arbeit- und Sozialordnung	1963
Merkblatt für die ärztliche Überwachung nach §§ 46ff. der Ersten Strahlenschutzverordnung und Untersuchungsformulare. Schriftenreihe „Strahlenschutz" des Bundesministers für wissenschaftliche Forschung, Heft 24	1963
Grundsätze für den Strahlenschutz bei Verwendung radioaktiver Stoffe im medizinischen Bereich. Schriftenreihe „Strahlenschutz" des Bundesministers für wissenschaftliche Forschung, Heft 29	1966
Richtlinien zur regelmäßigen Inkorporationsmessung mittels Ganzkörperzähler oder durch Urinuntersuchungen. Länderausschuß für Atomkernenergie	1967
Richtlinien für Angaben zur Notstandssicherheit von Anlagen mit Hochcuriegeräten. Bundesminister für wissenschaftliche Forschung	1963
Merkblatt: Technische Gamma-Großquellen. Erforderliche Strahlenschutzmaßnahmen und ihre Überwachung beim Bau und Betrieb (Entwurf). Bundesminister für wissenschaftliche Forschung	1966
Merkblatt: Medizinische Gamma-Bestrahlungsanlagen. Erforderliche Strahlenschutzmaßnahmen und ihre Überwachung beim Bau und Betrieb (Entwurf). Bundesminister für wissenschaftliche Forschung	1966
Merkblatt über die Lagerung radioaktiver Abfälle. Bundesminister für wissenschaftliche Forschung	1962
Merkblatt über die Beförderung radioaktiver Abfälle. Bundesminister für wissenschaftliche Forschung	1962
Strahlenschutzmerkblatt für 200-Liter-Einheitsbehälter zur Sammlung, Beförderung und Lagerung radioaktiver Abfälle (Entwurf). Bundesminister für wissenschaftliche Forschung	1964
Strahlenschutzmerkblatt für Abstellkammern zur Unterbringung von 200-Liter-Einheitsbehältern für radioaktive Abfälle (Entwurf). Bundesminister für wissenschaftliche Forschung	1964
Aufbewahrung radioaktiver Stoffe (Entwurf). Bundesminister für wissenschaftliche Forschung	1967
Merkpostenaufstellung für die Abfassung des Sicherheitsberichtes ortsfester Spaltungsreaktoren. Bundesminister für wissenschaftliche Forschung	1962

Merkblätter und Richtlinien der deutschen Bundesbehörden

Ergänzende Informationen zu den Regelungen auf Bundesebene wurden in Merkblättern und Richtlinien verschiedener Bundesministerien publiziert (Tab. 8–7).

Unfallverhütungsvorschriften, Richtlinien und Merkblätter der Berufsgenossenschaften

Die Unfallverhütungsvorschriften (UVV) der Berufsgenossenschaften (Tab. 8–8), sind durch die Reichsversicherungsordnung (RVO) verbindlich. Die älteren Vorschriften (UVV 94a, 95 und 117) sind nicht berücksichtigt, da sie nicht mehr dem Stand von Wissenschaft und Technik entsprechen.

Deutsche Normen

Normen über den Strahlenschutz haben die Fachnormenausschüsse Radiologie (FNR), Materialprüfung (FNM), Kerntechnik (FNKe) und Kunststoffe (FNK) publiziert [71—90].

Richtlinien und Merkblätter sonstiger Organisationen

Tab. 8–9 enthält Richtlinien und Merkblätter verschiedener Organisationen. Sie haben für das gesamte Bundesgebiet Bedeutung gewonnen.

Tabelle 8-8. Unfallverhütungsvorschriften, Richtlinien und Merkblätter der Berufsgenossenschaften *

Bestell-Nr.	Titel	Ausgabejahr
VBG 1a	Schutz gegen gefährliche chemische Stoffe	1965
202	Richtlinien: Umschlossene radioaktive Stoffe (mit Ausnahme der medizinischen Anwendung)	1944
204	Richtlinien zum Schutze gegen ionisierende Strahlen bei Verwendung und Lagerung offener radioaktiver Stoffe (mit Ausnahme der medizinischen Anwendung)	1963
283	Merkblatt für das Arbeiten mit offenen radioaktiven Stoffen	1963

* Bezugsquelle: Hauptverband der gewerblichen Berufsgenossenschaften, Bonn, Langwartweg 103

8.1.4 Richtlinien und Normen anderer Länder

Häufig muß auf Richtlinien und Normen anderer Länder zurückgegriffen werden. Dazu gehören insbesondere Richtlinien des National Committee on Radiation Protection and Measurements der USA (NCRP) [343—354] und des American National Standards Institute (ANSI) [5—10] sowie Richtlinien der USA [11, 417] Frankreichs und Englands auf dem Gebiet der nuklearen Sicherheit (Kritikalitätssicherheit). Ein Teil der NCRP-Berichte und der ANSI-Normen ist in der Handbuchreihe des National Bureau of Standards, Washington, USA, erschienen (s. auch Schriftenreihe Kernenergierecht [47]).

8.2 Wirkungen ionisierender Strahlung

Durch die verschiedenartigen Wirkungen der ionisierenden Strahlen auf Menschen, Tiere, Pflanzen und unbelebte Objekte wird die gesamte menschliche Umwelt betroffen [121, 369, 400]. Wegen der begrenzten Anwendbarkeit der Treffertheorie zur Deutung der Dosiswirkungsbeziehungen ist neuerdings die Theorie der Stochastik der Strahlenwirkungen verallgemeinert worden [167a].

8.2.1 Wirkungen auf den Menschen
[434]

8.2.1.1 *Niedrige Strahlendosen*

Als „niedrig" werden von der ICRP [247] Energiedosiswerte (s. Abschn. 4.4.2) angesehen, die bei kurzfristiger (akuter) Bestrahlung 50 rd oder bei zeitlich verteilter Bestrahlung 10 rd in einem Jahr nicht überschreiten.

Das Risiko für die Einzelperson bei einer niedrigen Strahlendosis läßt sich nur mit statistischen Methoden erfassen [167a]. Da über die Wirkung niedriger Strahlendosen nur wenig bekannt ist, wird versucht, aus der Wirkung hoher Dosen auf die Wirkung niedriger Dosen zu schließen. Um auf der sicheren Seite zu liegen, hat die ICRP eine lineare Dosis-Wirkung-Beziehung bis herab zu kleinsten Strahlendosen angenommen, obwohl die Existenz von Dosisschwellwerten nicht auszuschließen ist. Wegen der großen Unsicherheiten läßt sich praktisch nur die Größenordnung des Risikos mit Hilfe des Risikokoeffizienten abschätzen, der als Quotient aus der Anzahl der Schädigungen und der Anzahl der bestrahlten Personen definiert ist [247]. Man spricht von einem Risiko n-ter Größenordnung, wenn der Risikokoeffizient zwischen $1 \cdot 10^{-n}$ und $10 \cdot 10^{-n}$ liegt.

Tabelle 8–9. Richtlinien und Merkblätter sonstiger Organisationen

Titel	Ausgabe-jahr
Merkblatt für den Umgang mit umschlossenen radioaktiven Stoffen. Deutsche Gesellschaft für Arbeitsschutz e. V., Frankfurt/Main.	1962
Merkblatt über Gesundheitsschäden durch Radargeräte und ähnliche Anlagen und deren Verhütung. Deutsche Gesellschaft für Ortung und Navigation e. V., Düsseldorf	1963
Atemschutzgeräte gegen Staubgefahren (mit Staubschutzmerkblatt). Deutscher Ausschuß für Atemschutzgeräte	1962
Vorläufige Richtlinien zur Prüfung von Filtern zur Abscheidung von Schwebstoffen (einschließlich radioaktiver Stäube, Nebel, Bakterien und Viren) aus der Luft und anderen Gasen. Staubforschungsinstitut des Hauptverbandes der gewerblichen Berufsgenossenschaften e. V. Bonn. Erschienen in: Staub 23 (1963) 21—27.	1963
Netzbetriebene Rundfunk- und verwandte elektronische Geräte. Merkblätter des Vereins deutscher Elektrotechniker (VDE-Merkblätter) VDE 0860 H	1969
Ausbreitung luftfremder Stoffe in der Atmosphäre. Zusammenhang zwischen Emission und Immission. Schornsteinhöhen in ebenem, unbebautem Gelände. Merkblätter des Vereins deutscher Ingenieure (VDI-Merkblätter) VDI 2289, Blatt 1	1963
Dichtigkeitsprüfung der Umhüllung umschlossener (nicht emanierender) radioaktiver Stoffe. Vereinigung der Technischen Überwachungs-Vereine.	1961
Sicherheitstechnische Anforderungen an Hebezeuge und Transportmittel in kerntechnischen Anlagen. Vereinigung der Technischen Überwachungs-Vereine (Entwurf).	1967
Bestimmungen über sicherheitstechnische Maßnahmen nach Freiwerden gefährlicher Stoffe. Deutsche Bundesbahn, Minden (zu beziehen durch Drucksachendienst der Bundesbahndirektion Hannover)	1967
Allgemeine Versicherungsbedingungen für die Haftpflichtversicherung von genehmigter Tätigkeit mit Kernbrennstoffen und sonstigen radioaktiven Stoffen außerhalb von Atomanlagen (AHBStr.). Verlag Versicherungswirtschaft e. V., Karlsruhe.	1965
Besondere Bedingungen für die Strahlenunfallversicherung von Personen, die beruflich mit strahlenerzeugenden Stoffen oder Geräten in Berührung kommen (Struv). Anhang zu Grewing „Die Strahlenunfallversicherung" Verlag Versicherungswirtschaft e. V., Karlsruhe	1965

8.2.1.1.1 Somatische Wirkungen

Folgende Wirkungen wurden von der UNSCEAR [408, 409] und ICRP [247] im einzelnen untersucht:

1. Krebserzeugende Wirkungen
   a) Leukämie
   b) sonstige Neoplasien
   c) Schilddrüsenkarzinome
   d) Knochensarkome
2. Entwicklung anderer Anomalien
3. Unspezifische Reduzierung der Lebenserwartung soweit nicht durch 1. oder 2. bedingt
4. Sonstige Wirkungen (z.B. Linsentrübung).

Aufgrund der vorliegenden Erfahrungen werden jedoch nur die in Tab. 8–10 angegebenen Wirkungen bei der aufgeführten Größenordnung des Risikos als wesentlich angesehen.

Tabelle 8–10. Somatische Wirkungen niedriger Strahlendosen (nach IAEA [189], ICRP [247], UNSCEAR [409]). Geschätztes Risiko der Krebsbildung bei einer Energiedosis von 1 rd (Annahme: lineare Dosis-Effekt-Beziehung)

Art der Schädigung	Zahl der geschätzten Fälle pro 10^6 betroffener Personen *	Größenordnung des Risikos für die Einzelperson
Neoplasien mit tödlichem Ausgang Leukämie**	20	5-te
Sonstige	20	5-te
Schilddrüsenkarzinom***	10 bis 20	5-te

* Die Strahlenwirkung wäre in einem Zeitraum zwischen 10 und 20 Jahren zu erwarten.
** Das Risiko kann sich bei Bestrahlung des Fetus um einen zwischen 2 und 20 liegenden Faktor erhöhen.
*** Die Schätzung bezieht sich auf Bestrahlungen im Kindesalter. In diesem Fall ist die geschätzte Häufigkeit nicht wie bei den anderen Krebsfällen mit der Mortalität gleichzusetzen.

Die Werte der Tab. 8–10 werden vor allem in Zusammenhang mit der Festlegung von Reaktorstandorten und der Einplanung möglicher Katastrophen diskutiert und aufgrund neuerer Erkenntnisse ergänzt [16, 91, 93]. Für Bereiche, in denen die Energiedosis unter 10 rd liegt, sollten die Risikokoeffizienten für Leukämie, maligne Neoplasien und Schädigungen einzelner Organe nicht mehr angewendet werden, weil die zu erwartenden Strahlenschädigungen in allen Altersgruppen höchstens etwa ebenso häufig sein werden wie die sonst auftretenden Schäden dieser Art [93].

8.2.1.1.2 Genetische Wirkungen

In Tab. 8–11 sind die geschätzten genetischen Schäden von einer Million Nachkommen einer Bevölkerung angegeben, in der die gesamte Elterngeneration zusätzlich zur Energiedosis infolge der natürlichen Strahlung eine Energiedosis von 1 rd bzw. 30 rd empfangen hat [247, 409]. Zur Zeit läßt sich allerdings die Häufigkeit chromosomaler Anomalien nicht schätzen, die bei niedrigen Dosen zu erwarten sind. Bisher wird die Annahme einer linearen Dosis-Mutation-Beziehung nur für Genmutationen durch Experimente gestützt. Die Annahme einer linearen Beziehung für chromosomale Abweichungen wäre dagegen äußerst spekulativ.

8.2.1.2 Hohe Strahlendosen

Die Kenntnis der Wirkung hoher Strahlendosen wird u. a. benötigt, um Grenzwerte für außergewöhnliche Strahlenbelastungen (etwa von Einsatzkräften zur Behebung ernster Gefahrenquellen) und „Aktionspegel" (s. Abschn. 8.3.2.2 und 8.3.3.2) für die Maßnahmen in Unfall- oder Katastrophensituationen festzulegen. Dazu sind vor allem Angaben über die somatische Wirkung der Strahlung auf die Einzelperson von Interesse. Falls somatische und genetische Wirkungen hoher Strahlendosen auf weite Bevölkerungskreise in Betracht kommen, so können die Werte in den Tab. 8–10 und 8–11 verwendet werden. Bei der Wirkung hoher Strahlendosen auf Einzelpersonen wird zwischen kurzzeitiger und protrahierter Bestrahlung des Gesamtkörpers (Ganzkörperbestrahlung) oder von Körperteilen (Teilkörperbestrahlung) unterschieden.

8.2.1.2.1 Kurzzeitige Bestrahlung

Als „kurzzeitig" wird eine Bestrahlung bezeichnet [344], die innerhalb eines vier Tage nicht überschreitenden Zeitraumes stattgefunden hat. Tab. 8–12 gibt eine Übersicht über Strahlenwirkungen nach kurzzeitiger Ganzkörperbestrahlung in Abhängigkeit von der Äquivalentdosis (s. Abschn. 4.4.8.4). Die Strahlenwirkungen nach Tab. 8–13 können nach kurzzeitiger Teilkörperbestrahlung bei Überschreitung der angegebenen Energiedosiswerte auftreten. Natürlich unterliegen die Schwellwerte individuellen Schwankungen und sind von der Strahlenart, Strahlenqualität und dem bestrahlten Bereich abhängig [317, 442]. Für den in der Strahlenschutzpraxis besonders interessanten Fall der Hautbestrahlung enthält Tab. 8–14 Schwellwerte der Erythemdosis für die menschliche Haut bei Einwirkung von Röntgenstrahlung in Abhängigkeit von der Strahlenqualität [145].

8.2.1.2.2 Protrahierte und fraktionierte Bestrahlung

Als „protrahiert" wird eine Bestrahlung bezeichnet [344], die sich kontinuierlich oder intermittierend (bzw. „fraktioniert", s. [271 in Lit. zu Kap. 7]) über mehr als vier Tage erstreckt. Dabei nimmt die Strahlenwirkung wegen der Erholungsfähigkeit des Organismus nicht mehr wie bei kurzzeitiger Bestrahlung linear mit der akkumulierten Dosis zu. Um Voraussagen über die Wirkungen derartiger Bestrahlungen machen zu können, wurde vielfach das von der NCRP [344] eingeführte und auf den Arbeiten von BLAIR [25, 26, 27] beruhende „ERD"-Konzept (ERD = Equivalent Residual Dose = äquivalente Restdosis) übernommen. Als äquivalente Restdosis (D_{qe}) wird dabei die Äquivalentdosis bezeichnet, die bei einer kurzzeitigen Bestrahlung etwa die gleichen Symptome bewirken würde, wie die zahlenmäßig höhere Äquivalentdosis unter protrahierter Bestrahlung. Zur groben Abschätzung der Erholung wird folgendes vorausgesetzt*:

a) 10% des der gesamten Äquivalentdosis zugeordneten Schadens wird als irreparabel angesehen;
b) der Körper repariert den verbleibenden Schaden mit einer Rate von 2,5% pro Tag;
c) die Erholung beginnt bei kurzzeitiger Bestrahlung vier Tage nach Beginn der Bestrahlung;
d) die Erholung verläuft während der protrahierten Bestrahlung kontinuierlich.

Die äquivalente Restdosis D_{qe} errechnet sich dann folgendermaßen:

$$D_{qe} = D_{q0}[0,1 + 0,9(1,000 - 0,025)^{t-4}] + \dot{D}_q \int_4^t [0,1 + 0,9(1,000 - 0,025)^t] dt$$
$$= a(t) D_{q0} + b(t) \dot{D}_q.$$

---

* Obwohl durch Experimente nachgewiesen ist, daß diese Voraussetzungen in zahlreichen Fällen nicht erfüllt sind [156, 307, 309, 310, 376], konnte bisher kein Alternativkonzept empfohlen werden. Die berechneten Zahlenwerte sind daher mit großer Unsicherheit behaftet.

Tabelle 8–11. Genetische Wirkungen niedriger Strahlendosen (nach IAEA [189], ICRP [247], UNSCEAR [409]). Geschätzte genetische Schäden für die erste Generation von einer Million Nachkommen einer Bevölkerung, in der die gesamte Elterngeneration zusätzlich zur Energiedosis infolge der natürlichen Strahlung eine Energiedosis von 1 rd bzw. 30 rd empfangen hat (Annahme: Lineare Dosis-Effekt-Beziehung)

Art der Schädigung	Erwartete Anzahl ohne Bestrahlung der Eltern durch künstl. Strahlenquellen		Geschätzte zusätzliche Anzahl durch Energiedosen von					
			1 rd			30 rd		
	Gesamtes natürliches Vorkommen	Neu in vorheriger Generation auftretende Anzahl	Anzahl der Fälle	Größenordnung des Risikos	Entspricht Erhöhung des natürl. Auftretens %	Anzahl der Fälle	Größenordnung des Risikos	Entspricht Erhöhung des natürl. Auftretens %
Autosome dominante Genmerkmale (Geburten)	8 000	300	15	5-te	0,2	450	4-te	5,5
Geschlechtsgebundene Genmerkmale (Geburten)	250	80	5	6-te	2	150	4-te	60
Chromosomale Abweichungen (Geburten)	7 000	7 000	*			*		
Durch chromosomale Abweichungen bedingte Fehlgeburten (Zygoten)	35 000	35 000	*			*		
„Genetische Todesfälle" (Zygoten)	240 000	6 000	200	4-te	0,1	6000	3-te	2,5

* Schätzwerte nicht angebbar (s. Text).

Dabei ist D_{qe} äquivalente Restdosis; D_{q0} Äquivalentdosis aus kurzzeitiger Bestrahlung; $\dot{D}_q$ mittlere Äquivalentdosisleistung nach dem vierten Bestrahlungstag in Rem/Tag (rem/d); t Zeit in Tagen (d) nach Beginn der ersten Bestrahlung; a Faktor für den Zeitpunkt t, um die Erholung zu berücksichtigen; b Faktor für den Zeitpunkt t, um die Erholung zu berücksichtigen.

Abb. 8–1 zeigt den Faktor a als Funktion von t und Abb. 8–2 den Faktor b als Funktion von t.

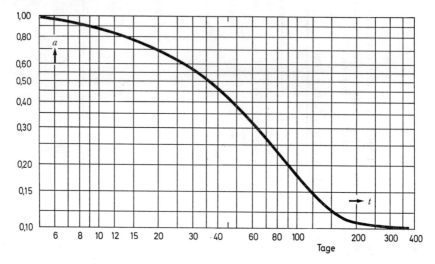

Abb. 8–1. Zur Berechnung der äquivalenten Restdosis D_{qe}: Faktor a als Funktion der Zeit t

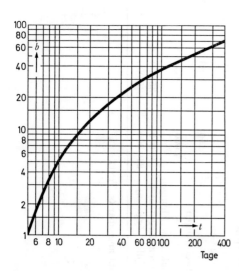

Abb. 8–2. Zur Berechnung der äquivalenten Restdosis D_{qe}: Faktor b als Funktion der Zeit t

8.2.2 Wirkungen auf sonstige Lebewesen

In Tab. 8–15 sind für verschiedene biologische Objekte die Energiedosen angegeben, die innerhalb von 30 Tagen für 50% der Objekte tödlich wirken (Kurzbezeichnung $LD_{50/30}$ = Letaldosis für 50% der Objekte in 30 Tagen). Anhand dieser Werte läßt sich die

Tabelle 8–12. Strahlenwirkungen nach kurzzeitiger Ganzkörperbestrahlung (nach MORITZ u. HENRIQUES [338], RAJEWSKY [368])

Äquivalentdosis rem	Strahlenwirkung
0 bis 25	Keine klinisch erkennbaren Wirkungen, Spätwirkungen können auftreten.
25 bis 100	Leichte vorübergehende Veränderung des Blutbildes (Rückgang der Lymphozyten und Neutrophilen). Die Betroffenen sollten in Notfällen ihre normale Tätigkeit fortsetzen können, da eine Beeinträchtigung ihrer Arbeitsfähigkeit kaum zu erwarten ist. Spätwirkungen können auftreten, jedoch ist die Wahrscheinlichkeit des Auftretens ernster Schäden für die Einzelperson sehr gering.
100 bis 200	Übelkeit und Müdigkeit bei Äquivalentdosen von mehr als 125 rem, möglicherweise mit Erbrechen verbunden. Veränderung des Blutbildes (Rückgang der Lymphozyten und Neutrophilen) mit verzögerter Erholung. Spätwirkungen können die Lebenserwartung um etwa 1% reduzieren.
200 bis 300	Übelkeit und Erbrechen am ersten Tag. Nach einer Latenzzeit bis zu 2 Wochen oder mehr treten die folgenden Symptome in leichter Form auf: Appetitverlust, allgemeine Übelkeit, Halsweh, Blässe, Durchfall, mittelmäßige Abmagerung. Sofern der Gesundheitszustand nicht schon vor der Bestrahlung schlecht gewesen ist und keine Komplikationen durch überlagerte Schäden oder Infektionen zu erwarten sind, ist Erholung innerhalb von etwa 3 Monaten wahrscheinlich.
300 bis 600	Übelkeit, Erbrechen und Durchfall nach wenigen Stunden. Nach einer Latenzzeit, die bis zu einer Woche dauern kann, treten die folgenden Symptome auf: Epilation, Appetitverlust, allgemeines Unwohlsein, während der zweiten Woche Fieber, danach Hämorrhagie (innere Blutungen), Purpura (purpurfarbene Flecken auf der Haut, bedingt durch subkutanen Austritt von Blut aus den Blutgefäßen), Petechie (punktförmige Hautblutung bedingt durch Zerreißen von Blutkapillaren), Durchfall, mittlere Abmagerung in der dritten Woche, Entzündung von Mundhöhle und Rachenraum. Einige Todesfälle sind in einem Zeitraum von 2 bis 6 Wochen zu erwarten. Bei Äquivalentdosen von etwa 450 rem muß in 50% der Fälle mit dem Tod gerechnet werden.
600 und mehr	Übelkeit, Erbrechen und Durchfall nach wenigen Stunden. Nach kurzer Latenzzeit gegen Ende der ersten Woche treten die folgenden Symptome auf: Durchfall, Hämorrhagie, Purpura, Entzündung von Mundhöhle und Rachenraum, Fieber. Schnelle Abmagerung und erste Todesfälle bereits in der zweiten Woche. In nahezu 100% der Fälle muß mit dem Tod gerechnet werden.

Strahlensensibilität des Menschen mit der anderer Lebewesen vergleichen und die Wirkung starker Strahlenfelder auf die belebte menschliche Umwelt abschätzen.

8.2.3 Wirkungen auf unbelebte Objekte

Auch die Wirkung ionisierender Strahlung auf unbelebte Objekte kann die Sicherheit beeinträchtigen; z.B. durch Beeinflussung von Messungen, die Minderung der Brauchbarkeit und damit des Wertes von Sachgütern, Anlagen und Einrichtungen. Wenn sogar infolge der Bestrahlung toxische Stoffe oder explosible Gase bzw. Gasgemische gebildet werden oder in geschlossenen Systemen durch Gasbildung mit Druckanstieg zu rechnen ist oder wesentliche Materialeigenschaften geändert werden, dann können Gesundheit oder schließlich Menschenleben gefährdet sein. Deshalb ist für den Strahlenschutz auch die Kenntnis der Strahlenwirkungen auf unbelebte Objekte erforderlich [55, 70, 155, 285, 291, 296, 389, 401].

Tabelle 8–13. Strahlenwirkungen, die nach kurzzeitiger Teilkörperbestrahlung bei Überschreitung bestimmter Energiedosiswerte auftreten können (nach GLASTONE [146], IAEA [189], ICRP [247], RAJEWSKY [368], SAENGER [377])

Organ	Energiedosis rd	Strahlenwirkung
Haut	≥ 200	Epilation
	≥ 300	Dermatitis Typ I: Erythem entspricht Hitzeverbrennung ersten Grades oder leichtem Sonnenbrand, Latenzzeit etwa zwei bis drei Wochen
	1000	Dermatitis Typ II: transepidermale Schädigung. Trockene oder feuchte Dermatitis, Blasenbildung, Latenzzeit etwa ein bis zwei Wochen
	etwa 5000	Dermatitis Typ III: ernstere Version von II; Erscheinung ähnelt Verbrühung oder chemischer Verbrennung, sofort Schmerz
Augen	> 200	Linsentrübung
Ovarien	≥ 300	Sterilität oder vorübergehend (bis zu mehreren Jahren) verringerte Fruchtbarkeit
Hoden	≥ 600	

Tabelle 8–14. Schwellwerte für die Erythemdosis der menschlichen Haut für Röntgenstrahlung in Abhängigkeit von der Strahlenqualität (nach GLASSER u. Mitarb. [145])

Röhrenspannung kV	Halbwertsschichtdicke mm	Ionendosis an der Körperoberfläche zur Erzeugung eines Erythems R
100	1,0 Al	270
140	0,4 Cu	525
200	0,9 Cu	680
700	7,0 Cu	800
1000	3,8 Pb	1000

Tabelle 8–15. $LD_{50/30}$ (s. Abschn. 8.2.2) für verschiedene Lebewesen (nach IAEA [189, 193], RAJEWSKY [368])

Objekt	Energiedosis rd	Objekt	Energiedosis rd
Wachstumshemmungsvirus von Buschtomaten	450 000	Hamster	800
Amöbe	100 000	Kaninchen	700
Wespe	100 000	Maultier	650
Bakteriophage T 2	40 000	Maus	560
Diplococcus pneumoniae	30 000	Rhesusaffe	540
Schnecke	20 000	Mensch	450
Fledermaus	15 000	Meerschweinchen	400
Escherichia coli B	4 000	Hund	260
Goldfisch	850	Schwein	250
Ratte	800	Ziege	240

Über die Wirkungen ionisierender Strahlung auf unbelebte Objekte liegen bei Röntgen- und Gammastrahlung sowie bei schnellen Elektronen und Ionen bereits recht umfassende Erfahrungen vor, die jedoch bei schnellen Neutronen noch lückenhaft sind und für die Entwicklung schneller Reaktoren erst ergänzt werden müssen.

8.2.3.1 *Gase*

Die durch die Strahlung angeregten Moleküle (Radikale, Radikalionen, Elektronen, elektronisch angeregte Moleküle) können chemische Reaktionen eingehen. Bei Bestrahlung der Luft entstehen vor allem NO, NO_2 und O_3.

Zahlenwerte für Ionenpaarausbeuten* in Gasen wurden u.a. in einer Übersicht [311] publiziert. Bei anhaltender intensiver Bestrahlung größerer Luftmengen können in abgeschlossenen und unzureichend belüfteten Räumen über den MAK-Werten liegende Konzentrationen auftreten** (MAK Maximale Arbeitskonzentration).

Kohlendioxid kann strahlenchemisch zersetzt werden. In Abwesenheit von Graphit stellt sich verhältnismäßig schnell das Gleichgewicht $CO_2 \rightleftarrows CO + \frac{1}{2} O_2$ ein. Für die Zersetzung von organischen Molekülen in der Gasphase sind G-Werte* von 10 möglich [3].

8.2.3.2 *Flüssigkeiten*
[55]

Die Zersetzung in der flüssigen Phase (ausgedrückt durch die G-Werte) ist im allgemeinen etwa halb so groß wie in der Gasphase.

8.2.3.2.1 Wäßrige Lösungen
[54]

Bei der Radiolyse des Wassers entstehen primär die Radikale H, OH und $e^{\ominus}_{aqu}$ sowie als Moleküle H_2 und H_2O_2. Das solvatisierte Elektron ($e^{\ominus}_{aqu}$) wird in saurer Lösung in ein Radikal umgewandelt. Leichtes und schweres Wasser verhalten sich grundsätzlich gleich. Die G-Werte für die Radikalausbeute nehmen mit steigendem linearen Energieübertragungsvermögen (s. Abschn. 4.4.8.3) ab, während sie für die molekularen Produkte H_2 und H_2O_2 ansteigen. Durch die Bildung von H, OH, $e^{\ominus}_{aqu}$ und H_2O_2 hat bestrahltes Wasser reduzierende und oxydierende Eigenschaften. Die H- oder OH-Radikale sowie das $e^{\ominus}_{aqu}$ und H_2O_2 können mit gelösten Stoffen reagieren. Lösungen organischer Stoffe in Wassers können daher wesentlich höhere G-Werte für H_2 erreichen als reines Wasser.

8.2.3.2.2 Organische Flüssigkeiten
[139]

Die durch die Radiolyse erzeugten Produkte und ihre G-Werte hängen vor allem vom Molekülaufbau ab. Unter den Kohlenwasserstoffen zeigen die Aliphate gegenüber

---

* Der G-Wert (s. Abschn. 7.3.2.4.1) steht zur Ionenpaarausbeute M/N in folgender Beziehung:

$$G = \frac{M}{N} \cdot \frac{100}{E_i}$$

E_i Mittlere Energie zur Erzeugung eines Ionenpaares (eV) (s. Abschn. 3.3.2); M Anzahl der gebildeten ($+M$) bzw. zersetzten ($-M$) Moleküle; N Anzahl der gebildeten Ionenpaare.

** MAK-Werte werden von der Kommission zur Prüfung gesundheitsschädlicher Arbeitsstoffe der Deutschen Forschungsgemeinschaft Bad Godesberg zusammengestellt (s. Bundesarbeitsblatt, Fachteil „Arbeitsschutz", Heft 12 (1968) S. 341 bis 345).

338 Strahlenschutz

Tabelle 8-16. Strahlenwirkung auf verschiedene Kunststoffe (nach SCHNABEL [380])

Bezeichnung	Handelsname Typ	Füllstoff	Schwellen-dosis* Mrd	25%-Schaden-dosis** Mrd	50%-Eigen-schafts-änderung*** Mrd	Gas-entwicklung $\mu mol/g \over Mrd$
Duroplaste						
Anilinformaldehydharz	Cibanite	—	0,74	88	10000	0,28
Phenolformaldehydharz	Catalin	—	2,7	11	2000	0,14
Phenolformaldehydharz	Bakelite	Asbestgewebebahnen	18	770	> 4000	< 0,006
Phenolformaldehydharz	Bakelite	Asbestfasern	78	890	> 4000	< 0,006
Phenolformaldehydharz	Karbate	Graphit	0,89	77	> 3000	< 0,013
Phenolformaldehydharz	Bakelite	Leinengewebebahnen	0,34	2,8	20	0,63
Phenolformaldehydharz	Micarta	Papierbahnen	0,34	8,2	100	0,8
Phenolformaldehydharz	Bakelite	Papier	0,38	26	200	0,76
Thermoplaste						
Polymethylmethacrylat	Lucite	—	0,82	11	50	1,34
Polytetrafluoräthylen	Teflon	—	0,017	0,037	3	1,34
Polystyrol	Amphenol	—	800	> 4000	30000	0,011
Polyäthylen	Polythene	—	19	93	300	2,85
Polyvinylformal	Formvar	—	16	820	(10000)****	4,0
Kunststoffe aus Naturstoffen						
Kaseinkunstharz	Ameroid	—	2,8	27	100	0,27
Celluloseacetat	Plasticele	—	2,7	19	70	0,9
Celluloseacetatbutyrat	Tenite II	—	0,37	7,3	50	1,34
Cellulosenitrat	Pyralin	—	0,63	5,7	40	5,8
Cellulosepropionat	Forticel	—	0,44	4,4	40	1,6
Äthylcellulose	Ethocel	—	1,4	5,4	20	1,4
Neuere Kunststoffe						
Polyallyldiglycolkarbonat	CR-39	—	1,5	88	3000	2,54
Polyamid	Nylon	—	0,86	4,7	100	0,9
Polyester	Plaskon, Alkyd	anorg. Material	87	3900	> 4000	0,14

* Schwellendosis: Energiedosis, bei der die physikalische Eigenschaftsänderungen zuerst beobachtet werden. Die Verwendungsfähigkeit des Kunststoffes ist nicht beeinträchtigt.
** 25%-Schadendosis: Energiedosis, bei der sich wenigstens eine physikalische Eigenschaft um 25% ihres Anfangswertes geändert hat. Die Verwendungsfähigkeit des Kunststoffes wird fraglich.
*** 50%-Eigenschaftsänderung: Energiedosis, bei der sich wenigstens eine der folgenden mechanischen Eigenschaften um 50% verändert: Scherspannung, Schlagbiegefestigkeit, Zugfestigkeit, Bruchdehnung.
**** Bezieht sich nur auf Zugfestigkeit und Bruchdehnung.

Aromaten eine geringere Strahlenresistenz. Bei paraffinkettigen Verbindungen treten Verknüpfungen zu größeren Molekülen auf. Dadurch steigt z. B. die Viskosität der Mineralöle an. Bei aromatischen Verbindungen entstehen vor allem Vernetzungen und in geringerem Maße Ringspaltungen. Die Ringspaltung führt über alkylierte Aromaten zu niedermolekularen gasförmigen Kohlenwasserstoffen. Die Gasausbeute ist gegenüber der von aliphatischen Verbindungen gering, z. B. ist beim Benzol $G(H_2) = 0{,}035$ und beim Cyklohexan $G(H_2) = 5{,}6$. Bei anderen aromatischen Verbindungen wie Naphtalin, Anthrazen und Phenantren sind die $G(H_2)$-Werte ähnlich gering. Als besonders strahlenresistent erwiesen sich die Polyphenyle. So beträgt die gesamte Gasausbeute von p-Terphenyl $G(\text{Gas}) = 0{,}002$ bei einer Temperatur von 30 °C. Solange die thermischen Temperaturschwellwerte (bei aromatischen Verbindungen ≥ 375 °C) nicht überschritten werden, überwiegt die Radiolyse gegenüber der Pyrolyse.

8.2.3.3 Kunststoffe (Hochpolymere)
[34, 55, 383, 439]

Die Lebensdauer der gebildeten Zwischenprodukte (Radikale) kann wegen der erschwerten Diffusion in den Makromolekülen mitunter Wochen und Monate betragen. Als strahleninduzierte Reaktionen werden vor allem Vernetzung und Abbau beobachtet, es können aber auch Seiten- und Hauptkettenbrüche auftreten. Als Gase werden niedere Kohlenwasserstoffe und Wasserstoff, bei Polyvinylchlorid auch Chlorwasserstoff gebildet. Die $G(\text{Gas})$-Werte reichen von 0,03 bei Polystyrol (100% H_2) bis 4,8 (98% H_2) bei Polyäthylenoxid und ca. 13 (HCl) bei Polyvinylchlorid. Substanzen von geringer Festigkeit halten die Gase gelöst, so daß erst nach längerer Lagerung oder Erwärmung Risse und Bläschen erkannt werden. Strahlenresistente Kunststoffe sind aufgrund der Ringstruktur Phenolharze, Polyterephtalate und Polystyrol. Als Schutzstoffe werden den Polymeren Schwefelverbindungen, Phenole, Chinone, Hydrochinone und Amine zugesetzt. In Tab. 8–16 sind die Energiedosen angegeben, bei denen Veränderungen bzw. Schäden an Hochpolymeren beobachtet wurden.

8.2.3.4 Feste anorganische Stoffe
[24, 55, 135, 165, 314]

8.2.3.4.1 Metalle
[143]

In Metallen treten keine permanenten chemischen Veränderungen auf. Wenn jedoch durch energiereiche Teilchen Atome auf Zwischengitterplätze angehoben werden, können sich Strukturveränderungen ergeben, die abhängig von der Temperatur die mechanischen und elektrischen Eigenschaften ändern. Streckgrenze, Zugfestigkeit, Härte und elektrischer Widerstand werden erhöht, die Gleichmaßdehnung und Kerbschlagzähigkeit verringert. Unter Berücksichtigung der Energieverteilung der Strahlungen wurde auch die Energieabsorption in den untersuchten Objekten ermittelt [384].

8.2.3.4.2 Nichtleitende anorganische Verbindungen

Hohe Strahlenresistenz zeigen auch nichtleitende anorganische Festkörper mit hoher kristalliner Ordnung (z. B. Diamant und Quarz). Festkörper von niedriger kristalliner Ordnung (Ionenkristalle mit Fehlstellen oder Gläser) bilden Farbzentren. Erst bei Erwärmung treten aus den Farbzentren stabilisierte Elektronen aus. Durch geringe Zusätze bestimmter Metalloxide läßt sich die Verfärbung von Gläsern weitgehend unterdrücken.

8.2.3.4.3 Bauelemente

Von der NCRP (NBS-Handbook, Nr. 97) wurden für elektronische Systeme folgende obere Grenzwerte der Energiedosis genannt:

Transistoren	$< 10^6$ rd
Plastikisolatoren	$< 10^7$ rd
Kompositionsisolatoren (z. B. Glasfaser)	$< 5 \cdot 10^7$ rd
Keramische Elemente	$< 10^9$ rd

Außerdem wird darauf hingewiesen, daß bei Dosisleistungen über 1 R/s in geladenen Leitern infolge der Ionisation elektrische Ströme ($\geq 1\ \mu$A) erzeugt werden können, die empfindliche Stromkreise stören können.

8.2.3.4.4 Photographische Emulsionen

Strahlenempfindlichstes Objekt unter den Gebrauchsgütern ist die photographische Emulsion. Die Schwärzung empfindlicher Emulsionen (s. Abschn. 7.3.2.5) dient deshalb als Orientierungshilfe zur Festlegung von Grenzwerten der Strahlenexposition mancher Gebrauchsgüter, etwa beim Transport radioaktiver Stoffe. Nach einer Studie [122] sind gleichmäßige Erhöhungen der Grundschwärzung des Films um $S = 0{,}04$ bis $0{,}05$ noch akzeptabel und sprunghafte Schwärzungsdifferenzen von $S = 0{,}02$ visuell kaum noch erkennbar. Im Rahmen von Transportbestimmungen wurde vorgeschlagen, die Strahlenexpositionen von photographischen Emulsionen so zu begrenzen, daß die Erhöhung der Schwärzung unterhalb von $S = 0{,}02$ bleibt, d.h. die Ionendosis sollte 15 mR nicht überschreiten [122]. Dabei werden Photonenenergien $\geq 0{,}15$ MeV zugrunde gelegt.

8.3 Primäre Grenzwerte der Strahlenbelastung des Menschen

Als primäre Grenzwerte der Strahlenbelastung werden im folgenden auf den Gesamtkörper oder Teilkörper des Menschen bezogene Werte der *Äquivalentdosis* (s. Abschn. 4.4.8.4) verstanden, die aufgrund wissenschaftlicher Erhebungen international empfohlen und auf regionaler oder nationaler Ebene in Grundnormen oder Verordnungen im wesentlichen übernommen worden sind. Die von den primären Grenzwerten abgeleiteten sekundären Grenzwerte, wie Dosisleistungen, Aktivitäten, Konzentrationen radioaktiver Stoffe u.a. werden in Abschn. 8.4 behandelt (s. auch CHAMBERLAIN [60]).
Die natürliche Strahlung auf der Erdoberfläche setzt der Strahlenbelastung des Menschen unverrückbare untere Grenzwerte (Tab. 8–17).
Sofern Schwellwerte bei den Beziehungen zwischen Strahlenbelastung und Strahlenwirkung nicht hinreichend gesichert sind, muß angenommen werden, daß jede zusätzliche Strahlenbelastung das Risiko erhöht (s. Abschn. 8.2.1.1). In der Praxis muß jedoch eine gewisse Erhöhung der natürlichen Strahlenbelastung in Kauf genommen werden. Die ICRP hat deshalb obere Grenzwerte für zusätzliche Strahlenbelastungen festgelegt, die als zumutbar angesehen werden können. Jedes zumutbare Risiko hängt von einer Abwägung zwischen Schaden und Nutzen in der gegebenen Situation (Normalbedingungen, Notsituationen) und von den betroffenen Personengruppen ab [365].
Mangelhafte Überwachung wird von der ICRP strenger bewertet als geringfügige Überschreitungen der „höchstzulässigen Dosen" (maximum permissible doses = MPD) für

Tabelle 8–17. Strahlenbelastung durch die natürliche Strahlung auf der Erdoberfläche

Art und Ursache der Strahlenbelastung			Beiträge zur Äquivalentdosis im Jahr		
			Gonaden mrem	Knochen mrem	Lungen mrem
Äußere Strahlenquellen					
Kosmische Strahlung	50° nördl. Breite 0 m ü. M. *		50	50	50
Radioaktive Stoffe der Umwelt	^{238}U ^{232}Th ^{40}K	und Zerfallsprodukte im Boden	47	47	47
	^{220}Rn ^{222}Rn	in Luft	2	2	2
Innere Strahlenquellen					
Radioaktive Stoffe im Körper (Aufnahme über Nahrung)	^{3}H		<0,002	—	—
	^{14}C		1,6	1,6	1,6
	^{40}K		19	11	15 [336]
	^{87}Rb		0,3	—	—
	^{210}Po		—	14 [388]	—
	^{220}Rn ^{222}Rn		2	2	2
	^{226}Ra ^{228}Ra		3	38 34 [388]	5 [336] —
	^{238}U		0,08 [336]	—	—
Radioaktive Stoffe in der Lunge (Aufnahme über Atemluft)	^{220}Rn		—	—	175**
	^{222}Rn		—	—	130**
Summe			125	200	428

* Innerhalb eines Bereiches von einigen 1000 m verdoppelt sich der Wert etwa jede 1500 m ü.M.
** Die Werte beziehen sich auf Ziegelbauten mit 3,5fachem Luftwechsel pro Stunde. In unbelüfteten Betongebäuden wurden 3,7fach höhere Werte für ^{220}Rn und 7fach höhere Werte für ^{222}Rn ermittelt.

die Strahlenbelastung beruflich strahlenexponierter Personen und der „Dosisgrenzen" (dose limits) für die Strahlenbelastung der Bevölkerung*.

Für unvorhergesehene hohe Strahlenbelastungen, die unverzüglich Maßnahmen (actions) erfordern, wurde von der ICRP vorgeschlagen, „Aktionspegel" (action levels) festzulegen.

8.3.1 Natürliche Strahlenbelastung auf der Erdoberfläche

Die natürliche Strahlenbelastung wird durch äußere und innere Strahlenquellen verursacht. Zu den äußeren Strahlenquellen gehören die kosmische Strahlung, deren Einfluß ortsabhängig (Höhe ü.M., geographische Breite, s. Tab. 3–1) ist, und die Strahlung der natürlich vorkommenden radioaktiven Stoffe in der Umgebung (Boden, Gebäude, Luft), die nur in bestimmten Gebieten (z.B. Monazitsandgebiete) außergewöhnliche Werte erreicht. Ursache der Strahlenbelastung durch innere Strahlenquellen sind die mit der Nahrung in den Körper gelangten natürlich radioaktiven Stoffe (^{14}C, ^{40}K u.a.)

---

* Der noch beibehaltene Begriff „höchstzulässig" wird auch von der ICRP als „nicht völlig befriedigend" angesehen. Vom Federal Radiation Council der USA [126, 127] wird deshalb der Ausdruck „Strahlenschutzrichtwerte" (radiation protection guides) benutzt.

sowie die mit der Atemluft aufgenommenen Emanationen der Radium- (^{222}Rn) und Thoriumreihe (^{220}Rn) mit ihren Folgeprodukten [168]. In Tab. 8–17 sind die Äquivalentdosen im Jahr für Gonaden, Knochen (Osteozyten) und Lungen infolge der natürlichen Strahlung angegeben. Die Daten stützen sich im wesentlichen auf die Erhebungen der UNSCEAR [406–411] und wurden nur durch neuere Angaben [336, 388] ergänzt. Die Werte beziehen sich im wesentlichen auf Verhältnisse in unseren Breiten. Auf die Strahlenbelastung der Lungen haben Baustoffe und Lüftung der Gebäude erheblichen Einfluß.

8.3.2 Höchstzulässige Äquivalentdosen für beruflich strahlenexponierte Personen

Bei den Grenzwerten für die gesamte Strahlenbelastung beruflich strahlenexponierter Personen („Strahlenbeschäftigte") wird zwischen Normal- und Notstandsbedingungen unterschieden.

8.3.2.1 *Normalbedingungen*

Während der Routinearbeiten unter normalen Betriebsbedingungen sollten die Grenzwerte nach den Empfehlungen der ICRP in Tab. 8–18 nicht überschritten werden. Die

Tabelle 8–18. Höchstzulässige Äquivalentdosis D_q im Quartal und im Jahr für beruflich strahlenexponierte Personen

Organ bzw. Gewebe	D_q*	
	im Quartal rem	im Jahr rem
Gonaden	3	5
Rotes Knochenmark	3	5
Gesamtkörper (bei gleichmäßiger Bestrahlung)	3	5
Haut	15	30
Schilddrüse	15	30
Knochen	15	30
Hände und Unterarme	40	75
Füße und Knöchel	40	75
Alle anderen Organe	8	15

* Ohne Strahlenbelastungen durch natürliche Strahlung und durch ärztliche Strahlenanwendungen und ohne die Strahlenbelastungen, die diese Personen als einzelne Personen der Bevölkerung (also außerhalb ihrer Arbeitszeit als Strahlenbeschäftigte) empfangen haben.

Grenzwerte für ein Quartal sollten aber nur dann zugelassen werden, wenn

a) der zugehörige Grenzwert für ein Jahr nicht überschritten wird und

b) die Einschränkungen für weibliche Strahlenbeschäftigte berücksichtigt worden sind (1,3 rem für Abdomen im Quartal, 1 rem für die Schwangerschaftsperiode).

Unter Umständen können Strahlenbelastungen bis zur Höhe der für ein Quartal zugelassenen Grenzwerte als Einzeldosis zugelassen werden.

In besonderen Fällen, z. B. bei dringenden Reparaturarbeiten, können die für ein Quartal angegebenen Grenzwerte in jedem Quartal eines Jahres zugelassen werden, sofern dadurch die seit dem 18. Lebensjahr akkumulierte Gesamtkörperdosis (Lebensalterdosis) der Strahlenbeschäftigten den Wert

$$D_q = 5(N - 18)$$

(N Alter der betreffenden Person in Jahren; D_q Äquivalentdosis in rem)

nicht überschreitet.
In Ausnahmefällen können die Grenzwerte für ein Quartal nach Tab. 8–18 bei Strahlenbeschäftigten bis zu den Grenzwerten für „geplante besondere Strahlenbelastungen" erhöht werden. Geplante besondere Strahlenbelastungen sind im Einzelfall bis zum Doppelten der für ein Jahr geltenden Grenzwerte zulässig, sofern die gesamte Äquivalentdosis, die sich infolge geplanter besonderer Strahlenbelastungen während der Lebenszeit ergibt, das 5fache der für ein Jahr empfohlenen Grenzwerte nicht überschreitet; jedoch müssen dabei die folgenden Bedingungen erfüllt werden:

a) Es darf sich nicht um weibliche Beschäftigte im fortpflanzungsfähigen Alter handeln.
b) Die Lebensalterdosis darf durch die geplante besondere Strahlenbelastung nicht überschritten werden.
c) Während der vorausgegangenen 12 Monate darf keine Einzeldosis den für ein Quartal zugelassenen Wert (Tab. 8–18) überschritten haben.
d) Es darf zuvor keine außergewöhnliche Strahlenbelastung (z.B. anläßlich eines Betriebsnotstandes oder als Folge eines Unfalls) stattgefunden haben, durch die das 5fache der für ein Jahr zugelassenen Äquivalentdosis (Tab. 8–18) überschritten wurde.

8.3.2.2   *Notstandsbedingungen*

8.3.2.2.1   Grenzwerte für die Strahlenbelastung von Einsatzkräften

Entsteht durch einen Störfall ein Notstand, so können für die Strahlenbeschäftigten im Einsatz, z.B. zur Rettung von Personen, zur Verhütung hoher Strahlenbelastungen eines weiten Personenkreises oder zur Bergung besonders wertvoller Apparaturen, noch höhere Grenzwerte als die „geplanten besonderen Strahlenbelastungen" zugelassen werden. Die ICRP konnte jedoch für Strahlenbelastungen in Notstandssituationen keine Zahlenwerte festlegen, da diese vom Einzelfall abhängen. Jeder Strahlenbeschäftigte ist soweit wie möglich über die Risiken einer solchen Strahlenbelastung aufzuklären.
Nach Richtlinien der USAEC [416] darf in solchen Situationen eine Gesamtkörperdosis von 100 rem akzeptiert werden, wenn es sich um die Rettung von Menschenleben handelt. Dagegen sollte in allen übrigen Fällen eine Gesamtkörperdosis von 25 rem und, wenn irgend möglich, eine Gesamtkörperdosis von 12 rem nicht überschritten werden.

8.3.2.2.2   Aktionspegel

Aktionspegel stützen sich auf solche Werte, die bei Notstand für Einzelpersonen der Bevölkerung zulässig sind (Abschn. 8.3.3).

8.3.3   Dosisgrenzen für einzelne Personen der Bevölkerung

Bei Einzelpersonen der Bevölkerung treten an die Stelle der höchstzulässigen Dosen „Grenzwerte" (dose limits), die vor allem der Festlegung sekundärer Grenzwerte (s. Abschn. 8.4) dienen.
Für die genannten Personen kann in der Praxis nur indirekt von den Strahlenquellen, unter Berücksichtigung lokaler Gegebenheiten und mit statistischen Verfahren, auf die mittlere Strahlenbelastung einer als repräsentativ angesehenen Personengruppe, jedoch nicht auf die tatsächliche Strahlenbelastung der einzelnen Person geschlossen werden.

Bei den Grenzwerten für Einzelpersonen der Bevölkerung wurden u.a. auch Kinder berücksichtigt. Dabei wird zwischen der Strahlenbelastung unter Normal- und Notstandsbedingungen unterschieden.

8 3.3.1 *Normalbedingungen*

Nach den Empfehlungen der ICRP sollen unter Normalbedingungen die Dosisgrenzen im Jahr nach Tab. 8-19 nicht überschritten werden. Dabei müssen Strahlenbelastungen durch äußere und innere Strahlenquellen berücksichtigt werden.

Tabelle 8-19. Grenzwerte der Äquivalentdosis D_q für die jährliche Strahlenbelastung einzelner Personen der Bevölkerung unter Normalbedingungen (Dosisgrenzen)

Organ bzw. Gewebe	D_q* im Jahr rem	Organ bzw. Gewebe	D_q* im Jahr rem
Gonaden	0,5	Schilddrüse	3**
Rotes Knochenmark	0,5	Hände und Unterarme	7,5
Haut	3	Füße und Knöchel	7,5
Knochen	3	Alle anderen Organe	1,5

* Ohne Strahlenbelastungen durch natürliche Strahlung und durch ärztliche Strahlenanwendungen.
** Für Kinder bis zu 16 Jahren sollte die Äquivalentdosis im Jahr 1,5 rem nicht überschreiten.

8.3.3.2 *Notstandsbedingungen*

Außergewöhnliche Strahlenbelastungen einzelner Personen oder bestimmter Personengruppen der Bevölkerung sind in Notstandssituationen zu erwarten. Eine Anleitung zur Abschätzung der Risiken, die bei Strahlenunfällen für größere Personengruppen der Bevölkerung entstehen können, hat die IAEA [189] veröffentlicht. Über den derzeitigen Stand nationaler Untersuchungen über noch vertretbare Strahlenbelastungen einzelner Personen der Bevölkerung unter Notstandsbedingungen geben mehrere Arbeiten [128, 129, 323—326, 339] einen gewissen Anhalt. In England wurde der Begriff „Bezugspegel für Notstandssituationen" (emergency reference level = ERL) eingeführt [339].

8.3.4 Grenzwerte für die Strahlenbelastung der Gesamtbevölkerung

Die Strahlenbelastung der Gesamtbevölkerung schließt die Belastungen aus beruflicher Tätigkeit sowie aus medizinischen (Diagnostik und Therapie) und technischen Strahlenanwendungen ein. Sie wird beurteilt nach den zu erwartenden genetischen und somatischen Strahlenschäden (s. Tab. 8-10 und 8-11). Für die genetische Strahlenbelastung empfiehlt die ICRP als oberen Grenzwert 5 rem in 30 Jahren.
Nach den Erhebungen der UNSCEAR [406—411] hat die Strahlenbelastung bisher in keinem Land Werte erreicht, die zu einer Überprüfung des Ausmaßes der Strahlenanwendung oder des Strahlenschutzes hätten Anlaß geben können.

8.4 Sekundäre Grenzwerte der Strahlenbelastung des Menschen

In der Praxis lassen sich die primären Grenzwerte nach Abschn. 8.3 nur in begrenztem Umfang überwachen. Die Überwachung sollte zudem möglichst bereits bei der Strahlenquelle und nicht erst bei den betroffenen Personen einsetzen. Für den praktischen Strahlenschutz werden deshalb Dosisleistungen, Aktivitäten und Konzentrationen radioaktiver Stoffe benötigt, die als sekundäre Grenzwerte aus den primären Grenzwerten abgeleitet sind.

8.4.1 Grenzwerte der Dosisleistung von äußeren Strahlenquellen

8.4.1.1 *Normalbedingungen*

In der Praxis braucht nicht immer mit einer ununterbrochenen Strahlenbelastung gerechnet zu werden. Die Arbeitszeit der Strahlenbeschäftigten und die Aufenthaltsdauer von Personen in Strahlenbereichen sind begrenzt. Zahlreiche Strahlenquellen werden nicht ständig betrieben. Schließlich hängt das Strahlenfeld auch von der Betriebsart ab. Deshalb werden bei den Grenzwerten der Dosisleistung die Aufenthaltszeit der Personen sowie die Einschaltzeit und Betriebsart der Quellen berücksichtigt [72, 73, 81, 82, 191].

Tab. 8–20 enthält aus den primären Grenzwerten abgeleitete obere Grenzwerte der mittleren Äquivalentdosisleistung am Arbeits- bzw. Aufenthaltsplatz verschiedener Personengruppen ohne Berücksichtigung von Einschaltzeit und Betriebsart der Strahlenquellen.

Tabelle 8–20. Obere Grenzwerte der mittleren Äquivalentdosisleistung am Arbeits- oder Aufenthaltsplatz verschiedener Personengruppen ohne Berücksichtigung von Einschaltzeit und Betriebsart der Strahlenquellen

Personengruppe	Primärer Grenzwert * Äquivalentdosis im Jahr rem	Sekundäre Grenzwerte Äquivalentdosisleistung		
		mrem/Woche	mrem/d	mrem/h
Strahlenbeschäftigte ärztlich und durch Personendosimetrie überwacht	5	100 **	20 **	2,5 **
nicht ärztlich und nicht durch Personendosimetrie überwacht	1,5	30 **	6 **	0,75 **
Einzelne Personen der Bevölkerung	0,5	10 ***	1,4 ***	0,05 ***

* „Höchstzulässige Dosis" für Strahlenbeschäftigte, „Dosisgrenze" für einzelne Personen der Bevölkerung nach ICRP (s. Abschn. 8.3).
** Die Aufenthaltszeit am Bezugsort wurde gleich der Arbeitszeit von 40 h/Woche angenommen.
*** Unter der Annahme abgeleitet, daß sich die betreffenden Personen am Bezugsort dauernd aufhalten.

In Tab. 8–21 stehen obere Grenzwerte der mittleren Ionendosisleistung innerhalb und außerhalb von Kontrollbereichen bei medizinischen Strahlenanwendungen, wobei Aufenthaltszeit, Einschaltzeit und Betriebsart berücksichtigt wurden.
Aus Abb. 8–3 läßt sich die Aufenthaltsdauer entnehmen, in der bei einer konstanten Ortsdosisleistung die Ionendosis die als Parameter angegebenen Werte erreicht. Die Zahlenwerte gelten für die Ionendosisleistung (mR/min; R/h) und die Ionendosis (R), sie sind analog auch auf Energiedosisleistung (mrd/min, rd/h) und Energiedosis (rd) oder Äquivalentdosisleistung (mrem/min) und Äquivalentdosis (rem) anwendbar.

8.4.1.2 *Notstandsbedingungen*

Sofern man unter Notstandsbedingungen mit nahezu gleichbleibender Ortsdosisleistung rechnen kann, läßt sich aus Abb. 8–3 die höchste Aufenthaltsdauer ermitteln, bei der eine vorgegebene Ionendosis (Energiedosis, Äquivalentdosis) erreicht wird. In unübersichtlichen Situationen muß allerdings die Personendosimetrie durch Strahlenwarngeräte, die eine Überschreitung bestimmter Schwellwerte durch akustische und optische Zeichen anzeigen, sowie durch Messung der Ortsdosisleistung im Arbeits- oder Aufenthaltsbereich ergänzt werden. Grenzwerte der Dosisleistung, die in Notsituationen als Aktionspegel zu verwenden sind, müssen nach den Richtlinien in den Abschn. 8.3.2.2 und 8.3.3.2 bestimmt werden.

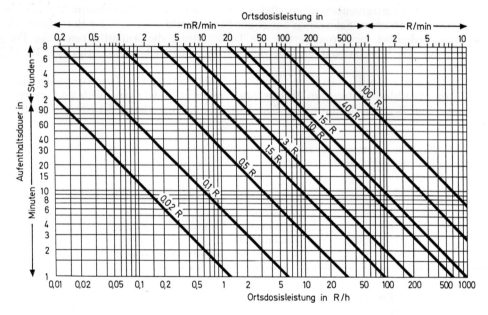

Abb. 8–3. Aufenthaltsdauer, in der bei zeitlich konstanter Ortsdosisleistung die als Parameter angegebenen Ionendosiswerte erreicht werden. Das Diagramm gilt nicht nur für Ionendosis und Ionendosisleistung, sondern auch für Äquivalentdosis und Äquivalentdosisleistung sowie für Energiedosis und Energiedosisleistung in den entsprechenden Einheiten

8.4.2 Grenzwerte für die innere Kontamination des Menschen

8.4.2.1 *Zur Berechnung der Strahlenbelastung durch innere Strahlenquellen*

Die Wirkung inkorporierter radioaktiver Stoffe auf den Organismus hängt von der Verteilung auf die einzelnen Organe, deren Strahlensensibilität und von der Reaktion des Gesamtorganismus auf Funktionsstörungen der Organe ab. Das Organ, das nach der Inkorporation die empfindlichsten Reaktionen des Körpers erwarten läßt, wird als „Kritisches Organ" bezeichnet. Da die Verteilung eines Radionuklids im Organ nicht nur vom Element, sondern auch vom Aufnahmeweg (über die Lungen, durch Mund, Wunden oder Haut), von der Löslichkeit des radioaktiven Stoffes in Körperflüssigkeiten, vom Aufnahmemodus (einmalige bzw. kurzzeitige * oder dauernde Zufuhr) sowie bei unlöslichen Verbindungen von der Teilchengröße abhängt, ergeben sich mitunter unterschiedliche kritische Organe. (* s. Fußnote S. 347)

Tabelle 8–21. Obere Grenzwerte der mittleren Ionendosisleistung bzw. Energiedosisleistung innerhalb und außerhalb von Kontrollbereichen bei medizinischen Strahlenanwendungen unter Berücksichtigung der Aufenthaltszeit von Personen sowie der Einschaltzeit und Betriebsart der Strahlenquellen nach DIN 6811, 6812, 6846 und 6847 [72, 73, 81, 82]

Verwendung der Quellen	Nenn-spannung	Einschalt-zeit	Obere Grenzwerte der mittleren Ionendosisleistung		
			in Kontroll-bereichen [a]	außerhalb von Kontrollbereichen [b]	
				Daueraufenthalt	gelegentl. Aufenthalt [c]
	kV	h/Monat	mR/h	mR/h	mR/h
Röntgendiagnostik					
Durchleuchtung					
Stehende oder sitzende Personen		30	14	1,4	14
Liegende Personen Untertischdurchleuchtung		10	42		
Selten vorkommende Anwendungen		4	100		
Aufnahmen					
Anzahl[d] 30–60/d	100 (2000 mAs/d)	4	100	10	100
	125 (1000 mAs/d)	2	200	20	200
	150 (500 mAs/d)	1,5	300	30	300
Röntgenreihenuntersuchungen Anzahl 200/d			2,5		
Röntgentherapie					
Vorzugsstrahlenrichtungen	< 150	30	14		
	> 150	60	7	0,7	7
Selten vorkommende Strahlenrichtungen[e]	> 150	6	70	7	70
Gammatherapie					
Vorzugsstrahlenrichtungen		60	7	0,7	7
Selten vorkommende Strahlenrichtungen[e]		60	70	7	70

Um Verweildauer und Verteilung inkorporierter Radionuklide in den Organen und Organabschnitten zu berechnen, werden einfache Modelle verwendet. Nach Untersuchungen von DOLPHIN u. EVE [92, 123] kann auch heute noch das von der ICRP im Jahre 1959 für den Magen-Darm-Kanal eingeführte Modell [241] als ausreichend für Strahlenschutzberechnungen angesehen werden**. Auch allgemeine Abschätzungen der Dosis in Ab-

---

* Als kurzzeitig gilt eine Inkorporation, wenn die Inkorporationsdauer klein gegenüber der effektiven Halbwertszeit (s. Abschn. 2.3.2.2) ist.
** Die verbesserten Modelle liefern Dosiswerte, die um einen Faktor, der im allgemeinen wesentlich kleiner als 2 ist, von den Werten nach dem älteren Modell abweichen.

Tabelle 8–21 (Fortsetzung)

Verwendung der Quellen	Nennspannung	Einschaltzeit	Obere Grenzwerte der mittleren Energiedosisleistung		
			in Kontrollbereichen [a]	außerhalb von Kontrollbereichen [b]	
				Daueraufenthalt	gelegentl. Aufenthalt [c]
	kV	h/Monat	mrd/h	mrd/h	mrd/h
Elektronenbeschleunigertherapie					
Röntgen- und Elektronenstrahlung					
Vorzugsstrahlenrichtungen	60	7		0,7	7
Selten vorkommende Strahlenrichtungen [e]	60	70		7	70
Neutronenstrahlung					
Alle Strahlenrichtungen und Betriebsarten	60	0,7		0,07	0,7
Beta- und Gammastrahlung					
Alle Strahlenrichtungen und Betriebsarten	60	2,5		0,25	2,5

[a] Kontrollbereich: Bereich, in dem Personen bei einem Aufenthalt von 40 Stunden je Woche eine höhere Dosis als 1,5 rem je Jahr erhalten könnten (1. SSVO).
[b] Diese Werte gelten für Bereiche, in denen sich einzelne Personen der Bevölkerung, also auch Kinder, aufhalten können. Sofern es sich um Überwachungsbereiche im Sinne der 1. SSVO oder um Bereiche handelt, zu denen nur erwachsene Betriebsangehörige Zutritt haben, dürfen die Grenzwerte dieser Spalten mit dem Faktor 3 multipliziert werden.
[c] Als Dauer des gelegentlichen Aufenthaltes wurde 1/10 der gesamten Einschaltzeit zugrunde gelegt.
[d] Ist die Anzahl der Aufnahmen höher, so sind die Grenzwerte der Ionendosisleistung entsprechend zu reduzieren.
[e] Es wurde angenommen, daß die selten vorkommenden Strahlenrichtungen höchstens während 1/10 der gesamten Einschaltzeit eingestellt sind.

schnitten des Atemtraktes stützen sich noch heute auf das Ablagerungs- und Abbau- (deposition and clearance-)Modell der ICRP [241]. Sofern aus Luftüberwachungsmessungen die Partikeldurchmesser der eingeatmeten Aerosole bekannt sind, kann mit den 1965 verbesserten Modellen [256] die Dosis für Abschnitte des Atemtraktes genauer abgeschätzt werden.
Mit diesen Modellen werden sowohl die Strahlenbelastungen in verschiedenen Abschnitten des Atemtraktes und des Magen-Darm-Kanals als auch jene Teilbeträge der radioaktiven Stoffe berechnet, die aus dem Atemtrakt in den Magen-Darm-Kanal und von dort in den Blutkreislauf übergehen. Die Teilbeträge, die von den verschiedenen Organen aus den im Blut vorhandenen radioaktiven Stoffen aufgenommen werden, sind von der ICRP [241, 245] ebenso tabelliert worden wie die effektiven Halbwertszeiten (s. Abschn. 2.3.2.2). Die im kritischen Organ absorbierten effektiven Energien pro Organabmessung und -masse sowie alle Stoffwechseldaten* werden auf den Standardmensch bezogen (Tab. 8–22).

---

* Die von der ICRP angegebenen Stoffwechseldaten [241, 245] beziehen sich auf die Dauerzufuhr der Radionuklide. Werden sie zur Berechnung der Strahlenbelastung nach einmaliger oder kurzzeitiger Inkorporation verwendet, so können die Ergebnisse irreführend sein.

8.4.2.2   *Allgemeines zur Festlegung von Grenzwerten für die innere Kontamination des Menschen*

Als Grenzwerte für die Strahlenbelastung durch innere Strahlenquellen werden verwendet:

a) Höchstzulässige Organ- und Körperaktivität (Maximum permissible organ- and bodyburden),

b) Maximal zulässige Konzentration radioaktiver Stoffe in Luft (MZK_L) und Wasser (MZK_W) [Maximum permissible concentration of radionuclides in air (MPC_a) or water (MPC_w)],

c) Maximum permissible dose commitment. Eine offizielle Übersetzung für „dose commitment" existiert noch nicht. Es handelt sich um eine spezielle Äquivalentdosis, die im Deutschen mit „Äquivalent-Bindungsdosis" oder kurz „Bindungsdosis" bezeichnet werden könnte. Durch den Begriff „dose commitment" soll ausgedrückt werden, daß eine Person, die eine bestimmte Aktivität eines Radionuklids inkorporiert hat, in der Folgezeit an die Äquivalentdosis gebunden ist, die von dieser Inkorporation herrührt, selbst wenn keine weiteren Inkorporationen erfolgen [105, 379].

Die höchstzulässige Organaktivität ist die Aktivität, bei der die Äquivalentdosisleistung im kritischen Organ den hierfür geltenden Grenzwert nicht überschreitet.

Die maximal zulässige Konzentration eines Radionuklids in Luft oder Wasser ist die Konzentration, die ständig in der von einer Person (Standardmensch) aufgenommenen Luft- bzw. Wassermenge vorhanden sein kann, ohne daß während einer Einwirkungsdauer von 50 Jahren der Grenzwert der Äquivalentdosisleistung im kritischen Organ bzw. die höchstzulässige Organaktivität überschritten wird.

Das Maximum Permissible Dose Commitment ist die Äquivalentdosis, die sich im kritischen Organ als Folge der Inkorporation einer Aktivität innerhalb eines Zeitraumes $t \leq 1$ Jahr während der folgenden 50 Jahre höchstens ergeben darf. Anstelle des höchstzulässigen Dose Commitment wird aus praktischen Gründen diejenige Aktivität der einzelnen Radionuklide angegeben, deren Inkorporation zu dem höchstzulässigen Dose Commitment führen würde. Von der ICPR [248] werden die höchstzulässigen Aktivitäten durch die Konzentrationen radioaktiver Stoffe in Luft bzw. Wasser für eine hypothetische Einwirkungsdauer festgelegt (s. Tab. 8–25). Von der IAEA [177] werden die Höchstwerte der Aktivitäten, die in den angegebenen Zeitabschnitten inkorporiert werden dürfen, anhand der bekannten MZK-Werte und des Wasser- bzw. Luftkonsums des Standardmenschen während der Inkorporationszeit für die einzelnen Radionuklide angegeben.

Die höchstzulässige Organ- bzw. Körperaktivität ist für die Planung von Schutzmaßnahmen ungeeignet, weil sie die verschiedene Verweildauer der Radionuklide im Körper (effektive Halbwertzeit) nicht ausreichend berücksichtigt*.

Die maximal zulässigen Konzentrationen erwiesen sich in der Praxis als unrealistisch, weil nie mit gleichbleibenden Konzentrationen in Wasser oder Luft gerechnet werden kann; trotzdem werden die MZK-Werte in der Bundesrepublik Deutschland wie in den meisten anderen Ländern noch angewendet.

Das höchstzulässige Dose Commitment wurde eingeführt, um die Mängel der MZK-Werte zu beseitigen [177, 248].

Abschätzungen der Gefahren durch inkorporierte radioaktive Stoffe [105] haben nicht nur bei den oben behandelten Grenzwerten, sondern auch bei den Aktivitäten, die ohne Genehmigung gehandhabt werden dürfen, eine wesentliche Rolle gespielt, wie z.B. für die sogenannten Freigrenzen sowie für die Aktivitäten bestimmter Radionuklide in Leuchtfarben von Uhren. Empfehlungen über Grenzwerte der Aktivität in Gebrauchs-

---

* Handelt es sich nur um ein Radionuklid mit kurzer Verweildauer, so darf die betreffende Person nach verhältnismäßig kurzer Zeit wieder belastet werden.

Tabelle 8–22. Der Standardmensch (aus: ICRP [241])
a) Organe des Standardmenschen. Masse und effektiver Radius der Organe im Körper eines Erwachsenen

	Masse m g	In % der Masse des Gesamtkörpers	Effektiver Radius cm
Gesamtkörper *	70 000	100	30
Muskeln	30 000	43	30
Haut und subkutanes Gewebe **	6 100	8,7	0,1
Fett	10 000	14	20
Skelett			
ohne Knochenmark	7 000	10	5
rotes Mark	1 500	2,1	
gelbes Mark	1 500	2,1	
Blut	5 400	7,7	
Magen-Darm-Kanal *	2 000	2,9	30
Inhalt des Magen-Darm-Kanals			
unterer Dickdarm	150		5
Magen	250		10
Dünndarm	1 100		30
oberer Dickdarm	135		5
Leber	1 700	2,4	10
Gehirn	1 500	2,1	15
Lungen (2)	1 000	1,4	10
Lymphgewebe	700	1,0	
Nieren (2)	300	0,43	7
Herz	300	0,43	7
Milz	150	0,21	7
Harnblase	150	0,21	
Bauchspeicheldrüse	70	0,10	5
Speicheldrüsen (6)	50	0,071	
Hoden (2)	40	0,057	3
Rückenmark	30	0,043	1
Augen (2)	30	0,043	0,25
Schilddrüse	20	0,029	3
Zähne	20	0,029	
Prostata	20	0,029	3
Nebennieren (2)	20	0,029	3
Thymus	10	0,014	
Ovarien (2)	8	0,011	3
Hirnanhangdrüse	0,6	$8,6 \cdot 10^{-6}$	0,5
Zirbeldrüse	0,2	$2,9 \cdot 10^{-6}$	0,04
Nebenschilddrüsen (4)	0,15	$2,1 \cdot 10^{-6}$	0,06
Verschiedenes (Blutgefäße, Knorpel, Nerven usw.)	390	0,56	

* Ohne Inhalt des Magen-Darm-Kanals.
** Die Masse der Haut allein wird zu 2000 g angenommen.

gegenständen, die der Bevölkerung zugänglich sind, werden z.Z. von der ENEA und IAEA ausgearbeitet. Als Ergebnis erschien inzwischen eine unverbindliche Richtlinie (guide) einer ENEA „expert group" mit dem Titel: Basic approach for safety analysis and control of products containing radionuclides and available to the general public. OECE/ENEA, Paris, June 1970.

Tabelle 8–22 (Fortsetzung)
b) Aufnahme und Ausscheidung des Standardmenschen

Wasserbilanz			
Aufnahme	cm³/Tag	Ausscheidung	cm³/Tag
Nahrung	1000	Urin	1400
Flüssigkeiten	1200	Schweiß	600
Oxydation	300	von der Lunge	300
		Fäzes	200
Gesamt	2500	Gesamt	2500

Luftbilanz			
	O_2 Vol.-%	CO_2 Vol.-%	N_2 + andere Gase Vol.-%
eingeatmete Luft	20,94	0,03	79,03
ausgeatmete Luft	16	4,0	80
Alveolarluft (eingeatmet)	15	5,6	
Alveolarluft (ausgeatmet)	14	6,0	

Vitalkapazität der Lungen:	3 bis 4 l (Mann)
	2 bis 3 l (Frau)
Luftmenge, die während eines 8stündigen Arbeitstages inhaliert wird	10^7 cm³/d
Luftmenge, die während der übrigen 16 Stunden des Tages inhaliert wird	10^7 cm³/d
Gesamt	$2 \cdot 10^7$ cm³/d
Austauschfläche der Lungen	50 m²
Fläche des oberen Atemtraktes, Luftröhre, Bronchien	20 m²
Gesamtoberfläche des Atemtraktes	70 m²

Gesamtwassergehalt des Körpers: $4,3 \cdot 10^4$ g
Mittlere Lebenszeit des Menschen: 70 Jahre
Berufliche Belastung eines Menschen: 8 h/Tag; 40 h/Woche; 50 Wochen/Jahr; insgesamt 50 Jahre

c) Magen-Darm-Kanal des Standardmenschen

Teil des Magen-Darm-Kanals, der das kritische Gewebe bildet	Masse des Inhaltes g	Zeitspanne τ, die die Nahrung dort verbleibt d	Anteil f_a, der von der Lunge in den Magen-Darm-Kanal gelangt	
			löslich	unlöslich
Magen	250	1/24	0,50	0,625
Dünndarm	1100	4/24	0,50	0,625
oberer Dickdarm	135	8/24	0,50	0,625
unterer Dickdarm	150	18/24	0,50	0,625

d) Partikeln im Atemtrakt des Standardmenschen
Die Retention von Materieteilchen in den Lungen hängt von vielen Faktoren ab, wie z.B. ihrer

Größe, Form und Dichte, vom chemischen Zustand und ob die betreffende Person ein Mundatmer ist oder nicht. Wenn keine spezifischen Angaben vorliegen, wird die hier angegebene Verteilung angenommen.

Verteilung	leicht lösliche Verbindungen %	andere Verbindungen %
ausgeatmet	25	25
in den oberen Atemwegen abgelagert und anschließend verschluckt	50	50
in den Lungen abgelagert (untere Atemwege)	25	25*

* Hiervon wird die Hälfte von der Lunge wieder ausgeschieden und in den ersten 24 h verschluckt, so daß also insgesamt 62,5% verschluckt werden. Die restlichen 12,5% verbleiben mit einer biologischen Halbwertszeit von 120 Tagen in der Lunge, wobei angenommen wird, daß diese Menge in die Körperflüssigkeit aufgenommen wird.

8.4.2.3 Normalbedingungen

8.4.2.3.1 Grenzwerte für beruflich strahlenexponierte Personen

Maximal zulässige Konzentrationen in Luft (MZK_L) und Wasser (MZK_W). In den Tab. 8–23 (einzelne Nuklide) und 8–24 (Radionuklidgemische) sind die MZK-Werte für berufliche Strahlenbelastungen bei einer Einwirkungszeit von 168 h/Woche wiedergegeben. Diese von der ICRP empfohlenen Werte wurden mit wenigen Ausnahmen in Anlage II der Ersten Strahlenschutzverordnung (1. SSVO) übernommen. Bei einer wöchentlichen Arbeitszeit von 40 Stunden sind dagegen die dreifachen Konzentrationen* zulässig. Nach der 1. SSVO dürfen für einen Kontrollbereich bis zu 10fach höhere Luftkonzentrationen bei entsprechend kürzeren Einwirkungszeiten zugelassen werden.

Höchstzulässiges Dose Commitment (Bindungsdosis). In Tab. 8–25 sind als Parameter Konzentration und hypothetische Einwirkungsdauer angegeben, die von der ICRP [248] für die Ermittlung der Aktivitäten empfohlen wurden, die zu dem höchstzulässigen Dose Commitment führen. Die Werte gelten für die Inkorporation radioaktiver Stoffe während eines Jahres, eines Vierteljahres und während der Zeit, in der Arbeiten unter geplanter besonderer Strahlenbelastung durchgeführt werden (vgl. Abschn. 8.3.2.1).

8.4.2.3.2 Grenzwerte für einzelne Bevölkerungsmitglieder

Maximal zulässige Konzentrationen für einzelne Bevölkerungsmitglieder. Als obere Grenzwerte der Konzentration von Radionukliden in Luft oder Wasser empfiehlt die ICRP 1/10 der Werte in den Tab. 8–23 und 8–24. Für Abwässer, die aus Räumen, in denen mit radioaktiven Stoffen umgegangen wird, herausgelangen und in Abwasserkanäle oder oberirdische Gewässer eingeleitet werden, sind nach der 1. SSVO wegen der zu erwartenden Verdünnung die Konzentrationen für Wasser (MZK_W) nach Tab. 8–23 und 8–24 als Tagesdurchschnittswerte zulässig.

Allgemeine Freigrenzen für radioaktive Stoffe. Aktivitäten radioaktiver Stoffe, mit denen wegen ihrer Geringfügigkeit ohne Anmeldung und Genehmigung umgegangen werden darf, werden als Freigrenzen (quantities exempted from registration and licensing) bezeichnet (s. Tab. 8–23). Für Radionuklide der Ordnungszahl 1–81 mit einer physikali-

---

* Da angenommen wird, daß Strahlenbeschäftigte während der Arbeitszeit die Hälfte der Tagesmengen an Luft und Wasser aufnehmen und nur an 250 von 364 Tagen am Arbeitsplatz tätig sind, ergibt sich der Faktor aus $2 \frac{364}{250} = 2{,}92$.

Tabelle 8–23. Maximal zulässige Konzentrationen bestimmter Radionuklide in Wasser (MZK_W) und Luft (MZK_L) für eine Einwirkungsdauer von 168 h/Woche sowie Freigrenzen für Radionuklide

Radio-nuklid	MZK_W µCi/cm³	MZK_L µCi/cm³	Frei-grenze µCi	Radio-nuklid	MZK_W µCi/cm³	MZK_L µCi/cm³	Frei-grenze µCi
^{3}H	$3 \cdot 10^{-2}$	$2 \cdot 10^{-6}$	1000 b)	^{85}Sr	10^{-3}	$4 \cdot 10^{-8}$	10 f)
^{7}Be	$2 \cdot 10^{-2}$	$4 \cdot 10^{-7}$	$\overline{100}$	^{89}Sr	10^{-4}	10^{-8}	$\overline{10}$ d)
^{14}C	$8 \cdot 10^{-3}$	10^{-6}	100	^{90}Sr	$4 \cdot 10^{-6}$ i, l)	$4 \cdot 10^{-10}$ i, l)	$\overline{1}$ e)
^{18}F	$5 \cdot 10^{-3}$	$9 \cdot 10^{-7}$	100	^{91}Sr	$\overline{5 \cdot 10^{-4}}$	$9 \cdot 10^{-8}$	$\overline{10}$
^{22}Na	$3 \cdot 10^{-4}$	$3 \cdot 10^{-9}$	10	^{92}Sr	$6 \cdot 10^{-4}$	10^{-7}	10
^{24}Na	$3 \cdot 10^{-4}$	$5 \cdot 10^{-8}$	10	^{90}Y	$2 \cdot 10^{-4}$	$3 \cdot 10^{-8}$	10
^{31}Si	$2 \cdot 10^{-3}$	$3 \cdot 10^{-7}$	100	^{91}Y^m	$3 \cdot 10^{-2}$	$6 \cdot 10^{-6}$	100 f)
^{32}P	$2 \cdot 10^{-4}$	$2 \cdot 10^{-8}$	10	^{91}Y	$3 \cdot 10^{-4}$	10^{-8}	$\overline{10}$ f)
^{35}S	$6 \cdot 10^{-4}$	$9 \cdot 10^{-8}$	10	^{92}Y	$6 \cdot 10^{-4}$	10^{-7}	$\overline{10}$
^{36}Cl	$6 \cdot 10^{-4}$	$8 \cdot 10^{-9}$	10	^{93}Y	$3 \cdot 10^{-4}$	$5 \cdot 10^{-8}$	10
^{38}Cl	$4 \cdot 10^{-3}$	$7 \cdot 10^{-7}$	100	^{93}Zr	$8 \cdot 10^{-3}$	$4 \cdot 10^{-8}$	10
^{37}Ar		10^{-3}	(100)	^{95}Zr	$6 \cdot 10^{-4}$	10^{-8}	10
^{41}Ar		$4 \cdot 10^{-7}$	(10)	^{97}Zr	$2 \cdot 10^{-4}$	$3 \cdot 10^{-8}$	100
^{42}K	$2 \cdot 10^{-4}$	$4 \cdot 10^{-8}$	10	^{93}Nb^m	$4 \cdot 10^{-3}$	$4 \cdot 10^{-8}$	10
^{45}Ca	$9 \cdot 10^{-5}$	10^{-8}	10 d)	^{95}Nb	10^{-3}	$3 \cdot 10^{-8}$	10
^{47}Ca	$3 \cdot 10^{-4}$	$6 \cdot 10^{-8}$	$\overline{10}$ d)	^{97}Nb	$9 \cdot 10^{-3}$	$2 \cdot 10^{-6}$	100
^{46}Sc	$4 \cdot 10^{-4}$	$8 \cdot 10^{-9}$	$\overline{10}$	^{99}Mo	$4 \cdot 10^{-4}$	$7 \cdot 10^{-8}$	10
^{47}Sc	$9 \cdot 10^{-4}$	$2 \cdot 10^{-7}$	10	^{96}Tc^m	10^{-1}	10^{-5}	100
^{48}Sc	$3 \cdot 10^{-4}$	$5 \cdot 10^{-8}$	10	^{96}Tc	$5 \cdot 10^{-4}$	$8 \cdot 10^{-8}$	10
^{48}V	$3 \cdot 10^{-4}$	$2 \cdot 10^{-8}$	10	^{97}Tc^m	$2 \cdot 10^{-3}$	$5 \cdot 10^{-8}$	10
^{51}Cr	$2 \cdot 10^{-2}$	$8 \cdot 10^{-7}$	100	^{97}Tc	$8 \cdot 10^{-3}$	10^{-7}	10
^{52}Mn	10^{-3}	$5 \cdot 10^{-8}$	10	^{99}Tc^m	$3 \cdot 10^{-2}$	$5 \cdot 10^{-6}$	100
^{54}Mn	10^{-3}	10^{-8}	10	^{99}Tc	$2 \cdot 10^{-3}$	$2 \cdot 10^{-8}$	10
^{56}Mn	10^{-3}	$2 \cdot 10^{-7}$	10	^{97}Ru	$3 \cdot 10^{-3}$	$6 \cdot 10^{-7}$	10
^{55}Fe	$8 \cdot 10^{-3}$	$3 \cdot 10^{-7}$	100 c)	^{103}Ru	$8 \cdot 10^{-4}$	$3 \cdot 10^{-8}$	10
^{59}Fe	$5 \cdot 10^{-4}$	$2 \cdot 10^{-8}$	$\overline{10}$ d)	^{105}Ru	10^{-3}	$2 \cdot 10^{-7}$	10
^{57}Co	$4 \cdot 10^{-3}$	$6 \cdot 10^{-8}$	$\overline{10}$	^{106}Ru	10^{-4}	$2 \cdot 10^{-9}$	1
^{58}Co^m	$2 \cdot 10^{-2}$	$3 \cdot 10^{-6}$	10	^{103}Rh^m	10^{-1}	$2 \cdot 10^{-5}$	100
^{58}Co	$9 \cdot 10^{-4}$	$2 \cdot 10^{-8}$	10	^{105}Rh	10^{-3}	$2 \cdot 10^{-7}$	10
^{60}Co	$3 \cdot 10^{-4}$	$3 \cdot 10^{-9}$	10	^{103}Pd	$3 \cdot 10^{-3}$	$3 \cdot 10^{-7}$	10
^{59}Ni	$2 \cdot 10^{-3}$	$2 \cdot 10^{-7}$	10	^{109}Pd	$7 \cdot 10^{-4}$	10^{-7}	10
^{63}Ni	$3 \cdot 10^{-4}$	$2 \cdot 10^{-8}$	10	^{105}Ag	10^{-3}	$3 \cdot 10^{-8}$	10
^{65}Ni	10^{-3}	$2 \cdot 10^{-7}$	10	^{110}Ag^m	$3 \cdot 10^{-4}$	$3 \cdot 10^{-9}$	10
^{64}Cu	$2 \cdot 10^{-3}$	$4 \cdot 10^{-7}$	100 c)	^{111}Ag	$4 \cdot 10^{-4}$	$8 \cdot 10^{-8}$	10
^{65}Zn	10^{-3}	$2 \cdot 10^{-8}$	$\overline{10}$	^{109}Cd	$2 \cdot 10^{-3}$	$3 \cdot 10^{-8}$	10
^{69}Zn^m	$6 \cdot 10^{-4}$	10^{-7}	10	^{115}Cd^m	$3 \cdot 10^{-4}$	10^{-8}	10
^{69}Zn	$2 \cdot 10^{-2}$	$2 \cdot 10^{-6}$	100 c)	^{115}Cd	$3 \cdot 10^{-4}$	$6 \cdot 10^{-8}$	10
^{72}Ga	$4 \cdot 10^{-4}$	$6 \cdot 10^{-8}$	$\overline{10}$	^{113}In^m	10^{-2}	$2 \cdot 10^{-6}$	100
^{71}Ge	$2 \cdot 10^{-2}$	$2 \cdot 10^{-6}$	100	^{114}In^m	$2 \cdot 10^{-4}$	$7 \cdot 10^{-9}$	10
^{73}As	$5 \cdot 10^{-3}$	10^{-7}	10	^{115}In^m	$4 \cdot 10^{-3}$	$6 \cdot 10^{-7}$	100
^{74}As	$5 \cdot 10^{-4}$	$4 \cdot 10^{-8}$	10	^{115}In	$9 \cdot 10^{-4}$ i)	10^{-8} i)	(unbegr.)
^{76}As	$2 \cdot 10^{-4}$	$3 \cdot 10^{-8}$	10	^{113}Sn	$8 \cdot 10^{-4}$	$2 \cdot 10^{-8}$	10
^{77}As	$8 \cdot 10^{-4}$	10^{-7}	10	^{125}Sn	$2 \cdot 10^{-4}$	$3 \cdot 10^{-8}$	10
^{75}Se	$3 \cdot 10^{-3}$	$4 \cdot 10^{-8}$	10	^{122}Sb	$3 \cdot 10^{-4}$	$5 \cdot 10^{-8}$	10
^{82}Br	$4 \cdot 10^{-4}$	$6 \cdot 10^{-8}$	10	^{124}Sb	$2 \cdot 10^{-4}$	$7 \cdot 10^{-9}$	1 c)
^{85}Kr^m		10^{-6}	(10)	^{125}Sb	10^{-3}	$9 \cdot 10^{-9}$	$\overline{10}$
^{85}Kr		$3 \cdot 10^{-6}$	(100)	^{125}Te^m	10^{-3}	$4 \cdot 10^{-8}$	10
^{87}Kr		$2 \cdot 10^{-7}$	(10)	^{127}Te^m	$5 \cdot 10^{-4}$	10^{-8}	10
^{86}Rb	$2 \cdot 10^{-4}$	$2 \cdot 10^{-8}$	10	^{127}Te	$2 \cdot 10^{-3}$	$3 \cdot 10^{-7}$	10
^{87}Rb	$2 \cdot 10^{-3}$ i)	$2 \cdot 10^{-8}$ i)	10 a)	^{129}Te^m	$2 \cdot 10^{-4}$	10^{-8}	10
^{85}Sr^m	$7 \cdot 10^{-2}$	10^{-5}	$\overline{10}$ f)	^{129}Te	$8 \cdot 10^{-3}$	10^{-6}	100

Tabelle 8–23 (Fortsetzung)

Radio-nuklid	MZK_W $\mu Ci/cm^3$	MZK_L $\mu Ci/cm^3$	Frei-grenze μCi	Radio-nuklid	MZK_W $\mu Ci/cm^3$	MZK_L $\mu Ci/cm^3$	Frei-grenze μCi
$^{131}Te^m$	$4 \cdot 10^{-4}$	$6 \cdot 10^{-8}$	10	^{177}Lu	10^{-3}	$2 \cdot 10^{-7}$	10
^{132}Te	$2 \cdot 10^{-4}$	$4 \cdot 10^{-8}$	10 f)	^{181}Hf	$7 \cdot 10^{-4}$	10^{-8}	10
^{126}J	$2 \cdot 10^{-5}$ i)	$3 \cdot 10^{-9}$ i)	1	^{182}Ta	$4 \cdot 10^{-4}$	$7 \cdot 10^{-9}$	10
^{129}J	$4 \cdot 10^{-6}$ i)	$6 \cdot 10^{-10}$ i)	1	^{181}W	$3 \cdot 10^{-3}$	$4 \cdot 10^{-8}$	10
^{131}J	$2 \cdot 10^{-5}$ i)	$3 \cdot 10^{-9}$ i)	1	^{185}W	10^{-3}	$4 \cdot 10^{-8}$	10
^{132}J	$6 \cdot 10^{-4}$ i)	$8 \cdot 10^{-8}$ i)	10	^{187}W	$6 \cdot 10^{-4}$	10^{-7}	10 f)
^{133}J	$7 \cdot 10^{-5}$ i)	10^{-8} i)	10	^{183}Re	$3 \cdot 10^{-3}$	$5 \cdot 10^{-8}$	10
^{134}J	10^{-3} i)	$2 \cdot 10^{-7}$ i)	10	^{186}Re	$5 \cdot 10^{-4}$	$8 \cdot 10^{-8}$	10
^{135}J	$2 \cdot 10^{-4}$ i)	$4 \cdot 10^{-8}$ i)	10	^{187}Re	$5 \cdot 10^{-7}$	$2 \cdot 10^{-7}$	1000 a,i)
$^{131}Xe^m$		$4 \cdot 10^{-6}$		^{188}Re	$3 \cdot 10^{-4}$	$6 \cdot 10^{-8}$	10
^{133}Xe		$3 \cdot 10^{-6}$	(10)	^{185}Os	$7 \cdot 10^{-4}$	$2 \cdot 10^{-8}$	10
^{135}Xe		10^{-6}	(10)	$^{191}Os^m$	$2 \cdot 10^{-2}$	$3 \cdot 10^{-6}$	100
^{131}Cs	$9 \cdot 10^{-3}$	10^{-6}	100	^{191}Os	$2 \cdot 10^{-3}$	10^{-7}	10
$^{134}Cs^m$	10^{-2}	$2 \cdot 10^{-6}$	100	^{193}Os	$5 \cdot 10^{-4}$	$9 \cdot 10^{-8}$	10
^{134}Cs	$9 \cdot 10^{-5}$	$4 \cdot 10^{-9}$	10	^{190}Ir	$2 \cdot 10^{-3}$	10^{-7}	10
^{135}Cs	10^{-3}	$3 \cdot 10^{-8}$	10	^{192}Ir	$4 \cdot 10^{-4}$	$9 \cdot 10^{-9}$	10
^{136}Cs	$6 \cdot 10^{-4}$	$6 \cdot 10^{-8}$	100 c)	^{194}Ir	$3 \cdot 10^{-4}$	$5 \cdot 10^{-8}$	10
^{137}Cs	$2 \cdot 10^{-4}$	$5 \cdot 10^{-9}$	10	^{191}Pt	10^{-3}	$2 \cdot 10^{-7}$	10
^{131}Ba	$2 \cdot 10^{-3}$	10^{-7}	10	$^{193}Pt^m$	10^{-2}	$2 \cdot 10^{-6}$	100 c)
^{140}Ba	$2 \cdot 10^{-4}$	10^{-8}	10 d)	^{193}Pt	$9 \cdot 10^{-3}$	10^{-7}	10
^{140}La	$2 \cdot 10^{-4}$	$4 \cdot 10^{-8}$	10	$^{197}Pt^m$	$9 \cdot 10^{-3}$	$2 \cdot 10^{-6}$	100
^{141}Ce	$9 \cdot 10^{-4}$	$5 \cdot 10^{-8}$	10	^{197}Pt	10^{-3}	$2 \cdot 10^{-7}$	100 c)
^{143}Ce	$4 \cdot 10^{-4}$	$7 \cdot 10^{-8}$	10	^{196}Au	10^{-3}	$2 \cdot 10^{-7}$	10
^{144}Ce	10^{-4}	$2 \cdot 10^{-9}$	1	^{198}Au	$5 \cdot 10^{-4}$	$8 \cdot 10^{-8}$	10
^{142}Pr	$3 \cdot 10^{-4}$	$5 \cdot 10^{-8}$	10	^{199}Au	$2 \cdot 10^{-3}$	$3 \cdot 10^{-7}$	10
^{143}Pr	$5 \cdot 10^{-4}$	$6 \cdot 10^{-8}$	10	$^{197}Hg^m$	$2 \cdot 10^{-3}$	$3 \cdot 10^{-7}$	10
^{144}Nd	$7 \cdot 10^{-4}$ i)	$3 \cdot 10^{-11}$ i)	10 a)	^{197}Hg	$3 \cdot 10^{-3}$	$4 \cdot 10^{-7}$	100 c)
^{147}Nd	$6 \cdot 10^{-4}$	$8 \cdot 10^{-8}$	10	^{203}Hg	$2 \cdot 10^{-4}$	$2 \cdot 10^{-8}$	10 d)
^{149}Nd	$3 \cdot 10^{-3}$	$5 \cdot 10^{-7}$	100	^{200}Tl	$2 \cdot 10^{-3}$	$4 \cdot 10^{-7}$	100 c)
^{147}Pm	$2 \cdot 10^{-3}$	$2 \cdot 10^{-8}$	10	^{201}Tl	$2 \cdot 10^{-3}$	$3 \cdot 10^{-7}$	100
^{149}Pm	$4 \cdot 10^{-4}$	$8 \cdot 10^{-8}$	10	^{202}Tl	$7 \cdot 10^{-4}$	$8 \cdot 10^{-8}$	10
^{147}Sm	$6 \cdot 10^{-4}$ i)	$2 \cdot 10^{-11}$ i)	1 a)	^{204}Tl	$6 \cdot 10^{-4}$	$9 \cdot 10^{-9}$	10
^{151}Sm	$4 \cdot 10^{-3}$	$2 \cdot 10^{-8}$	10	^{203}Pb	$4 \cdot 10^{-3}$	$6 \cdot 10^{-7}$	10
^{153}Sm	$8 \cdot 10^{-4}$	10^{-7}	10	^{210}Pb	10^{-6}	$4 \cdot 10^{-11}$	0,1 d)
^{152}Eu (9,2 h)	$6 \cdot 10^{-4}$	10^{-7}	10	^{212}Pb	$2 \cdot 10^{-4}$	$6 \cdot 10^{-9}$	1
^{152}Eu (13 a)	$8 \cdot 10^{-4}$	$4 \cdot 10^{-9}$	1	^{206}Bi	$4 \cdot 10^{-4}$	$5 \cdot 10^{-8}$	10 d)
^{154}Eu	$2 \cdot 10^{-4}$	10^{-9}	1	^{207}Bi	$6 \cdot 10^{-4}$	$5 \cdot 10^{-9}$	10 d)
^{155}Eu	$2 \cdot 10^{-3}$	$3 \cdot 10^{-8}$	10 d)	^{210}Bi	$4 \cdot 10^{-4}$	$2 \cdot 10^{-9}$	1
^{153}Gd	$2 \cdot 10^{-3}$	$3 \cdot 10^{-8}$	10	^{212}Bi	$4 \cdot 10^{-3}$	$3 \cdot 10^{-8}$	10 d)
^{159}Gd	$8 \cdot 10^{-4}$	10^{-7}	10 b)	^{210}Po	$7 \cdot 10^{-6}$	$7 \cdot 10^{-11}$	0,1
^{160}Tb	$4 \cdot 10^{-4}$	10^{-8}	10	^{211}At	$2 \cdot 10^{-5}$ i)	$2 \cdot 10^{-9}$ i)	0,1
^{165}Dy	$4 \cdot 10^{-3}$	$7 \cdot 10^{-7}$	10 b)	^{220}Rn	(unbegr.)	10^{-7} k)	10
^{166}Dy	$4 \cdot 10^{-4}$	$7 \cdot 10^{-8}$	10	^{222}Rn	(unbegr.)	10^{-8} i,k)	0,1 f)
^{166}Ho	$3 \cdot 10^{-4}$	$6 \cdot 10^{-8}$	10	^{223}Ra	$7 \cdot 10^{-6}$	$8 \cdot 10^{-11}$	1
^{169}Er	$9 \cdot 10^{-4}$	10^{-7}	10	^{224}Ra	$2 \cdot 10^{-5}$	$2 \cdot 10^{-10}$	1
^{171}Er	10^{-3}	$2 \cdot 10^{-7}$	10 b)	^{226}Ra	10^{-7}	10^{-11}	0,1
^{170}Tm	$5 \cdot 10^{-4}$	10^{-8}	1	^{228}Ra	$3 \cdot 10^{-7}$	10^{-11}	0,1
^{171}Tm	$5 \cdot 10^{-3}$	$4 \cdot 10^{-8}$	10	^{227}Ac	$2 \cdot 10^{-5}$	$8 \cdot 10^{-13}$	0,1
^{175}Yb	10^{-3}	$2 \cdot 10^{-7}$	10	^{228}Ac	$9 \cdot 10^{-4}$	$6 \cdot 10^{-9}$	1
				^{227}Th	$2 \cdot 10^{-4}$	$6 \cdot 10^{-11}$	1
				^{228}Th	$7 \cdot 10^{-5}$	$2 \cdot 10^{-12}$	0,1

Tabelle 8–23 (Fortsetzung)

Radio-nuklid	MZK_W $\mu Ci/cm^3$	MZK_L $\mu Ci/cm^3$	Frei-grenze μCi	Radio-nuklid	MZK_W $\mu Ci/cm^3$	MZK_L $\mu Ci/cm^3$	Frei-grenze μCi
^{230}Th	$2 \cdot 10^{-5}$	$8 \cdot 10^{-13}$	0,1	^{242}Am	$10^{-3\,1)}$	$10^{-8\,1)}$	
^{231}Th	$2 \cdot 10^{-3}$	$4 \cdot 10^{-7}$	10	^{243}Am	$4 \cdot \underline{10^{-5}}$	$2 \cdot \underline{10^{-12}}$	0,1
^{232}Th	$2 \cdot 10^{-5}$	$7 \cdot 10^{-13\,i,\,j)}$	0,1 f)	^{244}Am	$5 \cdot 10^{-2\,1)}$	$10^{-6\,1)}$	
^{234}Th	$2 \cdot 10^{-4}$	$\underline{10^{-8}}$	1	^{242}Cm	$\underline{2 \cdot 10^{-4}}$	$4 \cdot \underline{10^{-11}}$	0,1
Th_{nat}	10^{-5}	$6 \cdot 10^{-13\,i,\,j)}$	1 kg g)	^{243}Cm	$5 \cdot 10^{-5}$	$2 \cdot 10^{-12}$	0,1
^{230}Pa	$2 \cdot 10^{-3}$	$\underline{3 \cdot 10^{-10}}$	1	^{244}Cm	$7 \cdot 10^{-5}$	$3 \cdot 10^{-12}$	0,1
^{231}Pa	$9 \cdot 10^{-6}$	$4 \cdot 10^{-13}$	0,1 f)	^{245}Cm	$4 \cdot 10^{-5}$	$2 \cdot 10^{-12}$	0,1
^{233}Pa	10^{-3}	$6 \cdot 10^{-8}$	10	^{246}Cm	$4 \cdot 10^{-5}$	$2 \cdot 10^{-12}$	0,1
^{230}U	$2 \cdot 10^{-5\,i,\,l)}$	$4 \cdot 10^{-11}$	1	^{247}Cm	$4 \cdot 10^{-5\,1)}$	$2 \cdot 10^{-12\,1)}$	
^{232}U	$\underline{8 \cdot 10^{-6}\,i,\,l)}$	$9 \cdot 10^{-12}$	0,1 f)	^{248}Cm	$\underline{4 \cdot 10^{-6\,1)}}$	$\underline{2 \cdot 10^{-13\,1)}}$	
^{233}U	$\underline{4 \cdot 10^{-5}\,i,\,l)}$	$4 \cdot 10^{-11}$	1	^{249}Cm	$\underline{2 \cdot 10^{-2\,1)}}$	$\underline{4 \cdot 10^{-6\,1)}}$	
^{234}U	$\underline{4 \cdot 10^{-5}\,i,\,l)}$	$4 \cdot 10^{-11}$	1	^{249}Bk	$6 \cdot 10^{-3}$	$\underline{3 \cdot 10^{-10}}$	1
^{235}U	$\underline{4 \cdot 10^{-5}\,i,\,l)}$	$4 \cdot 10^{-11}$	1	^{250}Bk	$2 \cdot 10^{-3\,1)}$	$5 \cdot 10^{-8\,1)}$	
^{236}U	$\underline{5 \cdot 10^{-5}\,i,\,l)}$	$4 \cdot 10^{-11}$	(1)	^{249}Cf	$\underline{4 \cdot 10^{-5}}$	$\underline{5 \cdot 10^{-13\,1)}}$	0,1
^{238}U	$\underline{6 \cdot 10^{-6}\,i,\,l)}$	$3 \cdot 10^{-11}$		^{250}Cf	10^{-4}	$2 \cdot 10^{-12}$	0,1
U_{nat}	$\underline{6 \cdot 10^{-6}\,i,\,l)}$	$2 \cdot 10^{-11}$	1 kg h)	^{251}Cf	$4 \cdot 10^{-5\,1)}$	$6 \cdot 10^{-13\,1)}$	
^{237}Np	$3 \cdot 10^{-5}$	$\underline{10^{-12}}$	0,1	^{252}Cf	$7 \cdot 10^{-5}$	$\underline{2 \cdot 10^{-12}}$	0,1
^{239}Np	10^{-3}	$2 \cdot 10^{-7}$	10	^{253}Cf	$10^{-3\,1)}$	$3 \cdot 10^{-10\,1)}$	
^{238}Pu	$5 \cdot 10^{-5}$	$7 \cdot 10^{-13}$	0,1	^{254}Cf	$\underline{10^{-6}}$	$\underline{2 \cdot 10^{-12\,1)}}$	
^{239}Pu	$5 \cdot 10^{-5}$	$6 \cdot 10^{-13}$	0,1	^{253}Es	$\underline{2 \cdot 10^{-4\,1)}}$	$\underline{2 \cdot 10^{-10\,1)}}$	
^{240}Pu	$5 \cdot 10^{-5}$	$6 \cdot 10^{-13}$	0,1	$^{254}Es^m$	$\underline{2 \cdot 10^{-4\,1)}}$	$\underline{2 \cdot 10^{-9\,1)}}$	
^{241}Pu	$2 \cdot 10^{-3}$	$3 \cdot 10^{-11}$	1	^{254}Es	$\underline{10^{-4\,1)}}$	$\underline{6 \cdot 10^{-12\,1)}}$	
^{242}Pu	$5 \cdot 10^{-5}$	$6 \cdot 10^{-13}$	0,1	^{255}Es	$3 \cdot \underline{10^{-4\,1)}}$	$\underline{10^{-10\,1)}}$	
^{243}Pu	$3 \cdot 10^{-3\,1)}$	$6 \cdot 10^{-7\,1)}$		^{254}Fm	$\underline{10^{-3\,1)}}$	$2 \cdot \underline{10^{-8\,1)}}$	
^{244}Pu	$\underline{4 \cdot 10^{-5\,1)}}$	$\underline{6 \cdot 10^{-13\,1)}}$		^{255}Fm	$3 \cdot \underline{10^{-4\,1)}}$	$\underline{4 \cdot 10^{-9\,1)}}$	
^{241}Am	$\underline{4 \cdot 10^{-5}}$	$\underline{2 \cdot 10^{-12}}$	0,1	^{256}Fm	$9 \cdot 10^{-6\,1)}$	$\underline{6 \cdot 10^{-10\,1)}}$	
$^{242}Am^m$	$4 \cdot 10^{-5\,1)}$	$\underline{2 \cdot 10^{-12\,1)}}$					

Bemerkungen: Die MZK-Werte sind den ICRP Publikationen [241, 245], die Freigrenzen den IAEA-Safety-Series [177] entnommen.

Die unterstrichenen Werte weichen von den Werten der 1. SSVO (Fassung vom 15. 10. 1965) ab oder sind dort noch nicht enthalten. In Klammern gesetzte Werte der Freigrenzen sind nur in der 1. SSVO enthalten.

Die MZK_W- und MZK_L-Werte der 1. SSVO, die von den oben angegebenen Werten abweichen, sind nachstehend unter i) aufgeführt.

a–h) Freigrenze nach 1. SSVO:
a) Unbegrenzt
b) 100 μCi
c) 10 μCi
d) 1 μCi
e) 0,1 μCi
f) nicht festgelegt
g) 10 g
h) 300 g

i) die MZK-Werte dieser Radionuklide wurden in der 1. SSVO wie umstehend festgelegt.
j) berechneter Wert, der empfohlene Wert beträgt $MZK_L = 10^{-11}$ $\mu Ci/cm^3$.
k) Tochterelemente sind in dem Maße als vorhanden angenommen, wie diese in nichtgefilterter Luft vorhanden sind.
l) entspricht dem in der ICRP-Publ. Nr. 6 angegebenen Wert. Diese Werte wurden in der 1. SSVO noch nicht berücksichtigt.

---

schen Halbwertszeit bis zu einer Stunde, die nicht in Tab. 8–23 stehen, gilt nach der 1. SSVO als Freigrenze eine Aktivität von 100 μCi. Für alle anderen nicht aufgeführten

Radio-nuklid	MZK_W µCi/cm³	MZK_L µCi/cm³	Radio-nuklid	MZK_W µCi/cm³	MZK_L µCi/cm³	Radio-nuklid	MZK_W µCi/cm³
^{87}Rb	unbegr.	unbegr.	^{134}J	$5 \cdot 10^{-4}$	10^{-7}	^{230}U	$5 \cdot 10^{-5}$
^{90}Sr	10^{-6}	10^{-10}	^{135}J	10^{-4}	$2 \cdot 10^{-8}$	^{232}U	$3 \cdot 10^{-4}$
^{115}In	unbegr.	unbegr.	^{144}Nd	unbegr.	unbegr.	^{233}U	$3 \cdot 10^{-4}$
^{126}J	10^{-5}	$2 \cdot 10^{-9}$	^{147}Sm	unbegr.	unbegr.	^{234}U	$3 \cdot 10^{-4}$
^{129}J	$2 \cdot 10^{-6}$	$3 \cdot 10^{-10}$	^{187}Re	unbegr.	unbegr.	^{235}U	$3 \cdot 10^{-4}$
^{131}J	10^{-5}	$2 \cdot 10^{-9}$	^{211}At	10^{-5}	10^{-9}	^{236}U	$3 \cdot 10^{-4}$
^{132}J	$3 \cdot 10^{-4}$	$4 \cdot 10^{-8}$	^{222}Rn	unbegr.	10^{-7}	^{238}U	$4 \cdot 10^{-4}$
^{133}J	$4 \cdot 10^{-5}$	$5 \cdot 10^{-9}$	^{232}Th	$2 \cdot 10^{-5}$	10^{-11}	U_{nat}	$2 \cdot 10^{-4}$
			Th_{nat}	10^{-5}	10^{-11}		

radioaktiven Stoffe gilt als Freigrenze 0,1 µCi. Die Freigrenze mehrerer gleichzeitig vorhandener Radionuklide muß nach der Summenformel am Schluß der Tab. 8–24 berechnet werden. Außerdem fallen unter die allgemeinen Freigrenzen Stoffe in beliebiger Form mit einer Aktivitätskonzentration von weniger als 0,002 µCi/g*, Stoffe in fester Form mit einer Aktivitätskonzentration von weniger als 0,01 µCi/g sowie natürliches

Tabelle 8–24. Maximal zulässige Konzentrationen von Radionuklidgemischen in Wasser (MZK_W) und Luft (MZK_L) für eine Einwirkungsdauer von 168 h/Woche [241, 245] sowie Freigrenzen für mehrere gleichzeitig vorhandene Radionuklide

	MZK_W µCi/cm³
Radionuklide, die in Tab. 8–23 nicht genannt sind oder beliebige Radionuklidgemische in Wasser	10^{-7}
Beliebige Radionuklidgemische in Wasser, die frei von ^{226}Ra und ^{228}Ra sind	10^{-6}
Beliebige Radionuklidgemische in Wasser, die frei von ^{90}Sr, ^{129}J, ^{210}Pb, ^{226}Ra und ^{228}Ra sind	$7 \cdot 10^{-6}$
Beliebige Radionuklidgemische in Wasser, die frei von ^{90}Sr, (^{126}J)*, ^{129}J, (^{131}J), ^{210}Pb, ^{210}Po, (^{211}At), ^{223}Ra, ^{226}Ra, ^{228}Ra, ^{231}Pa und Th_{nat} sind	$2 \cdot 10^{-5}$
Beliebige Radionuklidgemische in Wasser, die frei von ^{90}Sr, ^{126}J, ^{129}J, ^{131}J, ^{210}Pb, ^{210}Po, ^{211}At, ^{223}Ra, ^{224}Ra, ^{226}Ra, ^{228}Ra, ^{227}Ac, ^{231}Pa, ^{230}Th, ^{232}Th und Th_{nat} sind	$3 \cdot 10^{-5}$

	MZK_L µCi/cm³
Radionuklide, die in Tab. 8–23 nicht genannt sind oder beliebige Radionuklidgemische in Luft	$4 \cdot 10^{-13}$
Beliebige Radionuklidgemische in Luft, die frei von ^{231}Pa, $\underline{Th_{nat}}$**, ^{239}Pu, ^{240}Pu, ^{242}Pu und ^{249}Cf sind	$7 \cdot 10^{-13}$
Beliebige Radionuklidgemische in Luft, die frei von ^{227}Ac, ^{230}Th, $\underline{^{232}Th}$, Th_{nat}, ^{231}Pa, ^{238}Pu, ^{239}Pu, ^{240}Pu, ^{242}Pu und ^{249}Cf sind	10^{-12}
Beliebige Radionuklidgemische in Luft, die frei von Alphastrahlern und von ^{227}Ac sind	10^{-11}
Beliebige Radionuklidgemische in Luft, die frei von Alphastrahlern und von ^{210}Pb, ^{227}Ac, ^{228}Ra und ^{241}Pu sind	10^{-10}
Beliebige Radionuklidgemische in Luft, die frei von Alphastrahlern und von ^{90}Sr, ^{129}J, ^{210}Pb, ^{227}Ac, ^{228}Ra, ^{230}Pa, ^{241}Pu und ^{249}Bk sind	10^{-9}

* In Klammern gesetzte Radionuklide sind in der 1. SSVO zusätzlich genannt.
** Unterstrichene Radionuklide sind in der 1. SSVO nicht genannt.

* Ausgenommen ist mit ^{235}U angereichertes Uran.

Die Konzentrationswerte bei einem Radionuklidgemisch in Luft oder Wasser sollten der folgenden Gleichung genügen:

$$\frac{k_1}{K_1} + \frac{k_2}{K_2} + \cdots + \frac{k_n}{K_n} \leq 1.$$

Darin bedeuten $k_1, k_2, \ldots, k_n$ die zu ermittelnden Konzentrationswerte für die Radionuklide bzw. Radionuklidgemische 1, 2, ..., n und $K_1, K_2, \ldots, K_n$ die in Tab. 8-23 und 8-24 für die betreffenden Radionuklide bzw. Gemische angegebenen Konzentrationswerte.
Die Freigrenzen mehrerer gleichzeitig vorhandener Radionuklide müssen der Summenformel

$$\frac{f_1}{F_1} + \frac{f_2}{F_2} + \cdots + \frac{f_n}{F_n} \leq 1$$

genügen. Darin bedeuten $f_1, f_2, \ldots, f_n$ die zu ermittelnden Freigrenzen für die Radionuklide 1, 2, ..., n und $F_1, F_2, \ldots, F_n$ die Freigrenzen für diese Radionuklide nach Tab. 8-23.

Kalium und Heilwässer, deren Konzentration an natürlich radioaktiven Stoffen nicht erhöht ist (s. Tab. 2-8).
Grenzwerte der Aktivität bestimmter Radionuklide in Leuchtfarben von Uhren. In bestimmten Gebrauchsgütern können z.T. höhere Aktivitäten als die Freigrenzen zugelassen

Tabelle 8-25. Parameter für das höchstzulässige Dose Commitment [248]

Tatsächliche Inkorporationsdauer	Parameter	
	Konzentration	Einwirkungsdauer in Tagen
1 Jahr	MZK	250
1/4 Jahr während der Arbeiten unter geplanter besonderer Strahlenbelastung	MZK	125*
	2 MZK	250*

* Diese Werte sind nur zugelassen, wenn die Bedingungen nach Abschn. 8.3.2.1 erfüllt sind.

Tabelle 8-26. Radionuklide und Aktivitäten für Leuchtfarben von Uhren nach gemeinsamen Empfehlungen von IAEA und ENEA [191]

Art der Uhren	Zugelassene Radionuklide					
	^{3}H Gesamtaktivität		^{147}Pm Gesamtaktivität		^{226}Ra Gesamtaktivität	
	Mittel µCi	Max. µCi	Mittel µCi	Max. µCi	Mittel µCi	Max. µCi
Gewöhnl. Uhren						
Armbanduhr	5000	7500	100	150	0,1	0,15
Taschenuhr	5000	7500	100	150	—*	—*
Wecker	7500	10000	150	200	0,15	0,2
Spezialuhren						
z.B. Taucheruhr		25000**		500***		1,5****

* ^{226}Ra sollte wegen des hohen Anteils an harter Gammastrahlung nicht für Taschenuhren verwendet werden.
** Ziffernblattkennzeichnung durch „T 25".
*** Ziffernblattkennzeichnung durch „Pm 0,5".
**** Ziffernblattkennzeichnung durch „Ra 1,5".

werden. Risikoabschätzungen über die Aktivität der Radionuklide in Leuchtfarben auf Uhrzifferblättern und -zeigern [327] haben zu gemeinsamen Empfehlungen der IAEA und ENEA [191] geführt. In Tab. 8–26 sind die Aktivitäten angegeben, die im gesamten Leuchtpigment einer Uhr bestimmten Typs höchstens vorhanden sein dürfen.

8.4.2.4 *Notstandsbedingungen*

Notstandssituationen mit Inkorporationsgefahren können praktisch nur dann entstehen, wenn außerordentlich hohe Aktivitäten freigesetzt werden. So können z. B. Spaltprodukte zunächst als Wolke aus einem Kamin ins Freie gelangen. Diese Wolke bildet eine äußere Strahlenquelle, die zu einer Strahlenbelastung von Personen führen kann. Beim Absinken wird die Atemluft und schließlich der Boden kontaminiert. Über den Biozyklus [121] gelangen einige der Spaltprodukte in Nahrungsmittel, z. B. in die Milch. In England werden Bezugspegel in Notstandssituationen verwendet [339], und die USAEC hat ebenfalls Richtlinien für solche Fälle angegeben [416].
Die Konzentration von ^{131}J in Milch wird so festgelegt, daß für eine Kinderschilddrüse (1,5 g) eine Äquivalentdosis von 20 rem nicht überschritten wird. Werte von K_W^{Not} enthält Tab. 8–27.

Tabelle 8–27. Grenzwerte für die Konzentration radioaktiver Stoffe in Wasser und Milch unter Notstandsbedingungen nach Richtlinien der USAEC [416]

Radionuklid bzw. Radionuklidgemisch im Medium	Einwirkungsdauer	
	10 d	30 d
	K_W^{Not} µCi/cm^3	K_W^{Not} µCi/cm^3
Frische Spaltprodukte (< 1 Woche) in Wasser	$3 \cdot 10^{-3}$	$1 \cdot 10^{-3}$
Alte Spaltprodukte ($\geq$ 1 Jahr) in Wasser	$2 \cdot 10^{-4}$	$6 \cdot 10^{-5}$
Sonstige nicht identifizierte Radionuklide in Wasser	$1 \cdot 10^{-5}$	$3 \cdot 10^{-6}$
^{131}J in Milch (1,5 g Schilddrüse)	$1 \cdot 10^{-4}$	$3 \cdot 10^{-5}$

8.4.3 Grenzwerte für die äußere Kontamination des Menschen und für die Kontamination von Oberflächen

Die Gefahr einer Inkorporation unter Normalbedingungen besteht vor allem in der Einatmung (bei loser Oberflächenkontamination nach Aufwirbelung) und in der Resorption durch die Haut und darüber hinaus unter Notstandsbedingungen in der oralen Aufnahme.
Bei Kontaminationen der Haut sowie bei häufigem Kontakt mit kontaminierten Gegenständen kann schließlich die Basalschicht und das darunterliegende Gewebe geschädigt werden (s. Abschn. 7.9.2). Kontaminationen großer Flächen durch Gammastrahler können zu einer äußeren Strahlenbelastung des Gesamtkörpers führen.
Die Grenzwerte der Kontamination von Oberflächen beruhen auf unterschiedlichen Grundlagen. Die Inkorporationsgefahr durch Oberflächenkontaminationen hängt u. a. weitgehend von Lebensgewohnheiten der Betroffenen ab [385].

Tabelle 8–28. Grenzwerte für die Hautkontamination von Strahlenbeschäftigten

Objekt und Art der Kont.	Strahler	Strahlenwirkung	Annahmen	Grenzwert	Lit.
1. Hände Permanente Kontamination	Beta-	von außen auf Basalschicht der Haut	a) Äquivalentdosisleistung $\leq 1{,}5$ rem/Woche b) Von gesamter Handfläche (300 cm²) sind 30 cm² kontaminiert c) $\dfrac{\dot{D}}{A_F} = 10 \dfrac{\text{rd/h}}{\mu\text{Ci/cm}^2}$	Mittelwert/Hand 10^{-4} μCi/cm²	[98]
2.	Alpha-	nach Teilresorption durch Epidermis Bestrahlung der Basalschicht	a, b) wie unter 1. c) $\dfrac{\dot{D}}{A_F} = 10^2 \dfrac{\text{rd/h}}{\mu\text{Ci/cm}^2}$ a) $E_\alpha = 7$ MeV $q = 10$ (q s. Abschn. 4.4.8.4)	Mittelwert/Hand 10^{-5} μCi/cm²	[98]
3. Haut Permanente Kontamination	Beta-	wie unter 1.	a) Äquivalentdosisleistung $\leq 0{,}6$ rem/Woche b) Von 100 cm² Haut sind tatsächlich nur 10 cm² kontaminiert c) wie unter 1.	Mittelwert über 100 cm² $4 \cdot 10^{-5}$ μCi/cm²	[98]
4.	Alpha-	wie unter 2.	a, b) wie unter 3. c) wie unter 2.	Mittelwert über 100 cm² $4 \cdot 10^{-6}$ μCi/cm²	[98]
5. Gesamte Haut Nach Waschung verbliebene Kontamination	Beta-	von innen nach Teilresorption	a) 2% der Hautaktivität werden täglich resorbiert und gelangen ins Blut b) b) Referenznuklid: ^{90}Sr c) Grenzwert für die tägliche Aufnahme über das Blut: $0{,}22 \cdot 4 \cdot 10^{-3}$ μCi	Gesamtaktivität $4 \cdot 10^{-2}$ μCi	[385]
6.	Alpha-	wie unter 5.	a) wie unter 5. b) Referenznuklid: ^{239}Pu c) Grenzwert für die tägliche Aufnahme über das Blut: $0{,}18 \cdot 4 \cdot 10^{-5}$ μCi	Gesamtaktivität $4 \cdot 10^{-4}$ μCi	[385]
7. Haut Oral aufnehmbare Kontamination	Beta-	von innen nach teilweiser oraler Aufnahme	a) täglich wird die Aktivität von 10 cm² der Hautkontamination oral aufgenommen b) Bezugsnuklide: ^{90}Sr, ^{210}Pb	$2 \cdot 10^{-4}$ μCi/cm²	[98]
8.	Alpha-	wie unter 7.	a) wie unter 7. b) Bezugsnuklid: ^{226}Ra	$2 \cdot 10^{-5}$ μCi/cm²	[98]

a) Dieser Wert wurde unter Verwendung eines einfachen Verteilungsmodells für die Aktivität in der Epidermis berechnet.
b) Dieser Wert stützt sich auf Angaben von FINK [130] für Polonium. Inzwischen wurden auch für ^{131}J, das nach einfacher Waschung auf der Haut verblieben ist, Werte zwischen 1 und 5% experimentell ermittelt [154].

8.4.3.1 *Kontamination von Haut und Kleidung*

Da Strahlenbeschäftigte, die mit offenen radioaktiven Stoffen umgehen, sich vor Verlassen des Arbeitsbereiches die Hände waschen und bei Kontamination anderer Körperbereiche duschen sollen, geht man von folgenden Überlegungen aus: Nach einer Waschung können bis zu 10% der ursprünglichen Aktivität auf der Haut verbleiben. Deshalb werden für die ungewaschene Haut bis zu zehnfach höhere Werte zugelassen. Mit einer permanenten, etwa konstanten Hautaktivität muß gerechnet werden, wenn sich die zeitliche Aktivitätsabnahme durch radioaktive Umwandlung und die Zunahme durch neue Kontaminationen die Waage halten. Auf dieser Basis sind die Grenzwerte für Hautkontaminationen in Tab. 8–28 ermittelt worden.

Grenzwerte der Oberflächenaktivität (Aktivität/Fläche) für fest haftende Kontaminationen der Kleidung sind unter der Annahme abgeleitet worden, daß für die Kontamination der Unterwäsche die Grenzwerte für die Hautkontamination gelten. Bei der Arbeitskleidung, die über der Unterwäsche getragen wird, werden im allgemeinen zehnfach höhere Werte zugelassen. Bei loser Oberflächenkontamination müssen wegen der Inhalationsgefahr niedrigere Werte angesetzt werden. Tab. 8–29 enthält Werte für gewaschene Kleidung mit fester und loser Kontamination, wobei im zweiten Fall mit einem Aufwirbelungsfaktor (s. Abschn. 8.4.3.2) $\omega = 2 \cdot 10^{-6}$ cm^{-1} gerechnet wurde.

Tabelle 8–29. Grenzwerte für die Kontamination von Kleidung für Strahlenbeschäftigte

Objekt und Art der Kontamination	Strahler	Annahmen	Grenzwert µCi/cm²
1. Privatkleidung Feste Kontamination	Beta-	s. Text	10^{-4}
2.	Alpha-	s. Text	10^{-5}
3. Arbeitskleidung Feste Kontamination	Beta-	s. Text	10^{-3}
4.	Alpha-	s. Text	10^{-4}
5. Arbeitskleidung Lose Kontamination	Beta-	a) $\omega = 2 \cdot 10^{-6}$ cm^{-1} b) Referenznuklid: ^{90}Sr c) MZK$_L = 1{,}2 \cdot 10^{-9}$ µCi/cm³	$5 \cdot 10^{-4}$
6.	Alpha-	a) wie unter 5. b) Referenznuklid: ^{239}Pu c) MZK$_L = 1{,}8 \cdot 10^{-12}$ µCi/cm³	10^{-6}

Kontaminationsgrenzwerte für Haut und Kleidung unter Notstandsbedingungen lassen sich analog ableiten. Wie die Grenzwerte für Notstandsbedingungen der USAEC [416] (s. Tab. 8–31) abgeleitet sind, ist nicht bekannt, sie sind jedoch nach der sicheren Seite hin ausgelegt, wie ein Vergleich mit den Werten für Strahlenbeschäftigte zeigt.

8.4.3.2 *Kontamination von Oberflächen*

Kontaminierte Oberflächen gefährden unter Normalbedingungen nur Strahlenbeschäftigte, allerdings können Gegenstände aus Betrieben, in denen mit offenen radioaktiven Stoffen umgegangen wird, auch andere Personen gefährden, z.B. ein Behälter für die

Tabelle 8–30. Grenzwerte für Flächenkontaminationen

Objekt	Strahler	Strahlenwirkung	Annahmen	Grenzwert $\mu\text{Ci}/\text{cm}^2$	Lit.
1. Arbeits- und Verkehrsflächen in geschlossenen Räumen (Kontrollbereiche) [a]	Beta-	von innen nach Einatmung	a) $\omega = 2 \cdot 10^{-8}\ \text{cm}^{-1}$ b_1) Referenznuklid: ^{90}Sr $\text{MZK}_L = 10^{-9}\ \mu\text{Ci}/\text{cm}^3$ (40 h/Woche) b_2) Referenznuklid: ^{210}Pb $\text{MZK}_L = 10^{-10}\ \mu\text{Ci}/\text{cm}^3$ (40 h/Woche) b_3) Referenznuklid: nicht identifiziertes Gemisch ohne ^{227}Ac [b] $\text{MZK}_L = 3 \cdot 10^{-11}\ \mu\text{Ci}/\text{cm}^3$ (40 h/Woche)	$5 \cdot 10^{-2}$ $5 \cdot 10^{-3}$ $1,5 \cdot 10^{-3}$	[97] [98]
2.	Alpha-	wie unter 1.	a) wie unter 1. b) Referenznuklid: ^{239}Pu $\text{MZK}_L = 2 \cdot 10^{-12}\ \mu\text{Ci}/\text{cm}^3$ (40 h/Woche)	10^{-4}	[97] [98]
3. Transportbehälter	Beta-	wie unter 1.	a) $\omega = 4 \cdot 10^{-7}\ \text{cm}^{-1}$ b) Referenznuklid: ^{90}Sr $\text{MZK}_L = 10^{-9}\ \mu\text{Ci}/\text{cm}^3$ [c] (40 h/Woche)	$2,5 \cdot 10^{-3}$ [d]	[175]
4.	Alpha-	wie unter 1.	a) wie unter 3. b) Referenznuklid: ^{239}Pu $\text{MZK}_L = 2 \cdot 10^{-12}\ \mu\text{Ci}/\text{cm}^3$ (40 h/Woche)	$5 \cdot 10^{-6}$ [e]	[175]
5. Häufig zu hantierende Gegenstände	Beta-	von außen, Basalschicht der Haut	a) 1,5 rd/(40 h)-Woche b) $\dot{D}/A_F = 10\ \dfrac{\text{rd/h}}{\mu\text{Ci}/\text{cm}^2}$ $E_\beta = 1$ MeV	$4 \cdot 10^{-3}$	[97] [98]
6. Ausgedehnte Fläche	Gamma-	von außen, Gesamtkörper	a) Äquivalentdosis in (40 h)-Woche $\leq 1/10$ der zul. Dosis $= 2,5 \cdot 10^{-4}$ rem/h b) $\dot{D}_q/A_F = 10^{-1}\ \dfrac{\text{rem/h}}{\mu\text{Ci}/\text{cm}^2}$ [f] $E_\gamma = 5$ MeV	$2,5 \cdot 10^{-3}$	[387]
7. Ausgedehnte Fläche im Freien (Notstand)	Alpha-	von innen, Pulmonallymphknoten	a) $\omega = 10^{-6}\ \text{cm}^{-1}$ b) Krit. Organ erteilte Jahresdosis $\leq 1,5$ rem/a c) Referenznuklid: ^{239}Pu d) Halbwertszeit der Luftkontamination $T = 45$ d	Wohngebiete Mittel: $4 \cdot 10^{-6}$ Max.: $7 \cdot 10^{-5}$ Landwirtschaftl. genutzte Gebiete Mittel: $4 \cdot 10^{-5}$ Abgelegene Gebiete Mittel: $4 \cdot 10^{-4}$	[292]

[a] Außerhalb von Kontrollbereichen dürfen die Grenzwerte nur 1/10 der Werte für Kontrollbereiche betragen.
[b] Tochternuklide des ^{227}Ac emittieren Alphastrahlung.
[c] In einer Arbeit [175] wurde noch der (alte) Wert $3 \cdot 10^{-10}\ \mu\text{Ci}/\text{cm}^2$ zugrundegelegt.
[d] Berechneter Wert. Empfohlener Wert: $10^{-4}\ \mu\text{Ci}/\text{cm}^2$.
[e] Berechneter Wert. Empfohlene Werte: Pu, Ra, Ac, Po: $10^{-5}\ \mu\text{Ci}/\text{cm}^2$, sonstige Alphastrahler: $10^{-4}\ \mu\text{Ci}/\text{cm}^2$.
[f] KÖNIG [299] leitet für 2 MeV Gammastrahlung einen Wert von $6 \cdot 10^{-2}\ \dfrac{\text{rem/h}}{\mu\text{Ci}/\text{cm}^2}$ ab.

Beförderung radioaktiver Stoffe. Durch die Kontamination von Flugzeugen durch Produkte des „fall-out" könnte unter Umständen das Wartungspersonal gefährdet werden. Unter Normalbedingungen spielen praktisch nur lose Oberflächenkontaminationen eine Rolle, die nach Aufwirbelung über die Luft eine Inkorporationsgefahr bilden könnten, sowie feste Oberflächenkontaminationen von Gegenständen, die Hautschäden der Hände bewirken könnten. Die Grenzwerte für die lose Oberflächenkontamination werden mit Hilfe des Aufwirbelungsfaktors ω in cm^{-1} (resuspension factor) abgeleitet, der durch den Quotienten Luftkonzentration MZK$_L$ (μCi/cm^3)/Oberflächenkontamination A_F (μCi/cm^2) definiert ist. Für den Grenzwert der Oberflächenkontamination A_F gilt

$$A_F = (1/\omega) \cdot \text{MZK}_L; \quad A_F \text{ in } \mu\text{Ci/cm}^2.$$

Tabelle 8–31. Grenzwerte für Flächenkontaminationen in Notstandssituationen und Aktionspegel nach USAEC [416]

Objekt	Art der Kontamination	Strahler	Aktionspegel	Maßnahmen
Direkt mit dem Körper in Verbindung stehende Objekte	Lose	Beta-Gamma-	$\leq 5 \cdot 10^{-6}$ μCi/cm^2	Keine Sofortmaßnahmen erforderlich; die weitere Dekontamination kann später erfolgen
	Fest	Beta-Gamma-	$\leq 0{,}75$ mR/h	
	Lose	Alpha-	$\leq 5 \cdot 10^{-7}$ μCi/cm^2	
	Fest	U$_{nat}$ U$_{abger}$ Sonst. Alpha-	$\leq 5 \cdot 10^{-5}$ μCi/cm^2 $\leq 2 \cdot 10^{-6}$ μCi/cm^2	
Nicht direkt mit dem Körper in Verbindung stehende Objekte*	Lose	Beta-Gamma-	$\leq 10^{-5}$ μCi/cm^2	
	Fest	Beta-Gamma-	$\leq 1{,}5$ mR/h	
	Lose	Alpha-	$\leq 10^{-6}$ μCi/cm^2	
	Fest	U$_{nat}$ U$_{abger}$ Sonst. Alpha-	$\leq 10^{-4}$ μCi/cm^2 $\leq 4 \cdot 10^{-6}$ μCi/cm^2	
Ausgedehnte Flächen	Lose + fest	Beta-Gamma-	> 2 mR/h bis 100 mR/h	Absperrung, Zutrittskontrolle, Zutritt nur in Vollschutzkleidung
	Lose + fest	Alpha-	$> 2 \cdot 10^{-5}$ bis $2 \cdot 10^{-3}$ μCi/cm^2	
Haut	Lose + fest	Beta-Gamma-	> 1 mR/h	Sofort Waschung veranlassen
	Lose + fest	Alpha-	$> 10^{-5}$ μCi/cm^2	
Kleidung	Lose + fest	Beta-Gamma-	> 2 mR/h	Die Kleidung ist als kontaminiert anzusehen und entsprechend zu behandeln
	Lose + fest	Alpha-	$> 10^{-5}$ μCi/cm^2	

* Dazu gehören u. a. Fußböden (außer in Haushaltungen), Einrichtungsgegenstände, Straßen, Fahrzeuge, Ladeflächen, Reifen.

Die Tatsache, daß allein die für Plutonium und dessen Verbindungen publizierten Aufwirbelungsfaktoren elf Größenordnungen umfassen [292], ist offenbar nicht allein auf unterschiedliche Parameter, sondern auch auf die verschiedenen Meßverfahren zurückzuführen. Nach Analyse der vorliegenden Daten wird von STEWART [395] ein Aufwirbelungsfaktor von 10^{-8} cm^{-1} im kontaminierten Bereich unter Ruhebedingungen und von 10^{-7} cm^{-1} bei mäßiger Bewegung empfohlen. Einige jüngere Arbeiten über Bestimmungen von Aufwirbelungsfaktoren sind im Literaturverzeichnis angegeben [41, 289, 292, 387]. Grenzwerte der Oberflächenkontamination verschiedener Objekte enthält Tab. 8–30. Aktionspegel für Notstandssituationen nach Richtlinien der USAEC [416] stehen in Tab. 8–31.

8.5 Praktischer Strahlenschutz

Auch der praktische Strahlenschutz kann nur knapp anhand von Zahlenmaterial, Tabellen usw. behandelt werden. Die Grundlagen des praktischen Strahlenschutzes finden sich in zahlreichen Übersichten [1, 11, 22, 29, 36, 141, 150, 158, 161, 279, 281, 282, 336, 341, 356, 357, 368, 378, 403, 436a]. Die übrige Literatur muß sich auf Übersichten von Teilgebieten beschränken, nur in Einzelfällen wird auf Originalarbeiten verwiesen.

8.5.1 Administration

Der Strahlenschutz ist in der Bundesrepublik Deutschland (BRD) durch das Atom- und Strahlenschutzrecht [319, 363] geregelt. Die technische Anwendung von Röntgenstrahlen unterliegt der Röntgenverordnung. Eine Verordnung über den Schutz vor Gefahren aus medizinischen Anwendungen der Röntgenstrahlung ist ebenfalls erlassen. Zu berücksichtigen sind ferner: Lebensmittelgesetz, Weingesetz, Arzneimittelgesetz, bau- und wasserrechtliche Regelungen des Bundes und der Länder, Reichsversicherungsverordnung, Berufskrankheiten-Verordnung sowie besondere Rechtsvorschriften über die Beförderung [37] von Kernbrennstoffen und sonstigen radioaktiven Stoffen (Rechtsvorschriften s. Abschn. 8.1, insbesondere Tab. 8–2 bis Tab. 8–6).

8.5.1.1 *Genehmigungspflichtige Handlungen*

Die genehmigungspflichtigen Handlungen nebst Ausnahmen sind im Atom- und Strahlenschutzrecht der BRD enthalten. Daneben sind vor allem bau- und wasserrechtliche Genehmigungen häufig mit Auflagen für den Strahlenschutz verbunden. Außer der Genehmigungspflicht sind die Zulassungspflicht der SSVO und der RöVo (s. Tab. 8–1) zu beachten.

8.5.1.2 *Verantwortung und Pflichten*

Die allgemeine Verantwortung und die Aufgaben der Behörden sind von der WHO [429] angegeben worden. Im einzelnen ergeben sich Verantwortung und Pflichten aus den Rechtsgrundlagen. Das Atom- und Strahlenschutzrecht bestimmt die Verantwortlichen für den Strahlenschutz und legt deren Pflichten und die Pflichten anderer Personen fest.

8.5.1.3 Organisation

Die Organisation des Strahlenschutzes auf der Ebene des Bundes und der Länder ist von CARTELLIERI u. Mitarb. [56] sowie in den Loseblattsammlungen über das Strahlenschutz- und Atomenergierecht [131, 132] dargestellt worden. In der Literatur werden Anleitungen und Beispiele für die Planung von Strahlenschutzdiensten allgemein [181], den Einsatz bei Stör- und Unfällen [200] für Betriebe, in denen Kritikalitätsrisiken bestehen [85], und für die ärztliche Überwachung [29, 46, 48, 113, 421] gegeben.

8.5.1.4 Einteilung von Bereichen und Personen nach potentiellen Strahlengefahren

Nach der 1. SSVO sind Bereiche, in denen die Möglichkeit besteht, daß Personen bei einem Aufenthalt von 40 Stunden je Woche eine höhere Äquivalentdosis als 1,5 rem je Jahr erhalten, als Kontrollbereiche abzugrenzen und zu kennzeichnen, sowie an Kontrollbereiche angrenzende Bereiche, in denen Personen bei dauerndem Aufenthalt eine höhere Äquivalentdosis als 0,15 rem je Jahr erhalten, zu überwachen (Überwachungsbereiche). Ferner gibt es besondere Vorschriften für

a) Bereiche, in denen mit offenen radioaktiven Stoffen umgegangen wird (Kontaminations- und Inkorporationsrisiko),
b) Bereiche, in denen sich Kernbrennstoffe außerhalb von Reaktoren in Mengen befinden, die die nukleare Sicherheit gefährden könnten (Kritikalitätsrisiko).

Nach der 1. SSVO gilt als beruflich strahlenexponierte Person, wer
a) beim genehmigungspflichtigen Umgang mit radioaktiven Stoffen ionisierender Strahlung ausgesetzt sein kann, oder
b) sich aufgrund seiner sonstigen Tätigkeit gewöhnlich in Kontrollbereichen aufhält.

Außerdem sind in der 1. SSVO Vorschriften für Personen erlassen, die sich gelegentlich in Kontrollbereichen aufhalten, ohne dort mit radioaktiven Stoffen umzugehen, sowie für Personen, die sich zu Ausbildungszwecken in Kontrollbereichen aufhalten, sowie für Personen in Überwachungsbereichen.

Der räumliche Bereich und die Personen in diesem Bereich werden nach der potentiellen Strahlengefahr klassifiziert. Anleitungen zur Raumeinteilung werden für Röntgenbetriebe in deutschen Normen [73, 81, 82, 88, 89] und für Betriebe, die mit umschlossenen radioaktiven Stoffen arbeiten, in weiteren Normen [71, 90] gegeben. Für Räume, die für den Umgang mit offenen radioaktiven Stoffen vorgesehen sind, haben sich Einteilungen bewährt, wie sie unter anderem von der IAEA [171, 190] für Laboratorien, Laboratoriumsbereiche und Arbeitsplätze vorgeschlagen wurden (Tab. 8–32). Diese Einteilungen stützen sich auf die vierteilige Radiotoxizitätsklassifikation der Radio-

Tabelle 8–32. Klassifizierung von Laboratorien und Arbeitsplätzen für offene radioaktive Stoffe (nach Empfehlungen der IAEA, [171])

Radiotoxizität der Isotope	Kleinste signifikante Menge*	Typ des Laboratoriums und Arbeitsplatzes		
		Typ C gut ausgerüstetes chemisches Labor	Typ B Radioisotopen-Labor	Typ A „Heißes Labor"
Sehr hoch	0,1 µCi	10 µCi oder weniger	10 µCi bis 10 mCi	10 mCi oder mehr
Hoch	1,0 µCi	100 µCi oder weniger	100 µCi bis 100 mCi	100 mCi oder mehr
Mittel	10 µCi	1 mCi oder weniger	1 mCi bis 1 Ci	1 Ci oder mehr
Niedrig	100 µCi	10 mCi oder weniger	10 mCi bis 10 Ci	10 Ci oder mehr

* Die kleinste signifikante Menge kann der Freigrenze der Radionuklide (s. Tab. 8–23) gleichgesetzt werden.

Praktischer Strahlenschutz 365

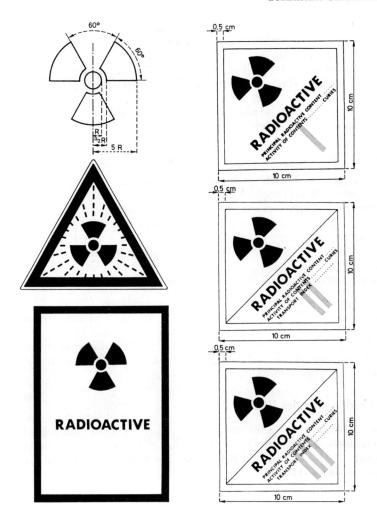

Abb. 8–4. Warnzeichen für ionisierende Strahlen und radioaktive Stoffe.
Links oben: Warnzeichen für ionisierende Strahlung nach den Strahlenschutznormen der IAEA
Links Mitte: Warnzeichen für ionisierende Strahlung nach DIN 25 400 (Symbol schwarz auf gelbem Grund)
Links unten: Kennzeichen für die Außenwände von Fahrzeugen, die radioaktive Stoffe befördern, nach ADR Rn 42500 (s. Tab. 8–2). Mindestabmessungen 148 mm × 210 mm (Symbol und Aufschrift auf orangefarbenem Grund)
Rechts oben: Kennzeichen für radioaktive Stoffe in Versandstücken der Kategorie I-Weiß nach Empfehlungen der IAEA (Symbol und Aufschrift schwarz, senkrechter Streifen rot)
Rechts Mitte: Kennzeichen für radioaktive Stoffe in Versandstücken der Kategorie II-Gelb nach Empfehlungen der IAEA (Symbol und Aufschrift schwarz, obere Hälfte gelbe Grundfarbe, untere Hälfte weiße Grundfarbe, senkrechte Streifen rot)
Rechts unten: Kennzeichen für radioaktive Stoffe in Versandstücken der Kategorie III-Gelb nach Empfehlungen der IAEA (Symbol und Aufschrift schwarz, obere Hälfte gelbe Grundfarbe, untere Hälfte weiße Grundfarbe, senkrechte Streifen rot)
Die Zeichen der rechten Reihe sind von ADR, RID, IMCO und IATA (s. Tab. 8–2) übernommen, denen die BRD beigetreten ist (s. Tab. 8–5)

nuklide (s. Abschn. 8.5.2.2.2). Die Eignung Einzelner als beruflich strahlenexponierte Personen muß auch aus ärztlicher Sicht (s. Publikation der Euratom [113] und Abschn. 8.5.6) beurteilt werden.

Die Mengen, die in den letzten drei Spalten der Tabelle angegeben sind, sollten mit Koeffizienten versehen werden, die der Kompliziertheit der angewendeten Verfahren Rechnung tragen.

Die folgenden Koeffizienten werden empfohlen, aber es sollten die Umstände, die bei einzelnen Fällen eine Rolle spielen, berücksichtigt werden.

Verfahren

Lagerung (Stammlösungen)	× 100
sehr einfache Verfahren auf nassem Wege	× 10
gewöhnliche chemische Verfahren	× 1
komplexe Verfahren auf nassem Wege, bei denen die Gefahr des Verschüttens von Flüssigkeiten besteht einfache Verfahren auf trockenem Wege	× 0,1
Verfahren auf trockenem Wege mit Staubentwicklung	× 0,01

8.5.1.5 *Information, Ausbildung und Belehrung*

In der Literatur finden sich Anleitungen mit Lehrplänen für die Ausbildung [232] sowie Anleitungen [329] über die Anwendung optischer und akustischer Sicherheitszeichen in kerntechnischen Anlagen [12]. Das u.a. von der IAEA [177] empfohlene Symbol für Warnungen vor ionisierender Strahlung [115] ist international akzeptiert [83] und auch für die Kennzeichnung von Versandstücken und Fahrzeugen mit radioaktiven Stoffen übernommen worden (Abb. 8–4).

8.5.2 Abschätzung des Risikos

Das Risiko wird im folgenden für äußere und innere Strahlenquellen (s. Abschn. 8.2.1) getrennt behandelt. Sofern primäre und sekundäre Grenzwerte der Strahlenbelastung festgelegt sind (s. Abschn. 8.3 und 8.4), kann das Risiko unmittelbar durch Vergleich abgeschätzt und daraus eine ungefähre Beziehung zu den Grenzwerten ermittelt werden.

8.5.2.1 *Strahlenwirkung äußerer Strahlenquellen*

Zu den äußeren Strahlenquellen gehören neben den Quellen ungewollter Strahlung vor allem Röntgenanlagen für medizinische und nichtmedizinische Zwecke, Beschleuniger (Betatron, Zyklotron, Synchrotron, Linearbeschleuniger), radioaktive Quellen für medizinische und technische Bestrahlungen, Kernbrennstoffe, die außerhalb von Reaktoren durch unbeabsichtigte Anhäufung kritisch werden können, Reaktoren und Kernexplosionen. In der Raumfahrt muß die extraterrestrische Strahlung beachtet werden (s. auch Abschn. 3.2.1). Bei der Beurteilung des Risikos spielen die Strahlenart und -energie, die Flußdichte und die Wirkungsdauer eine maßgebende Rolle.

8.5.2.1.1 Berechnung der Teilchenflußdichte sowie der Energie- und Äquivalentdosisleistung aus der Quellstärke

Wenn die Energiedosisleistung sich nicht aus Messungen ermitteln läßt, kann bei bekannter Quellstärke (s. Abschn. 4.2.1) rechnerisch die Flußdichte (s. Abschn. 4.2.2) und hieraus die Energie- bzw. Äquivalentdosisleistung (s. Abschn. 4.4.2 und 4.4.8.4) im biologischen Gewebe berechnet werden (s. Abschn. 4.6.1). Gleichungen und Tabellen zur Berechnung der Teilchenflußdichte aus der Quellstärke von Punkt-, Linien-, Kreisscheiben-, Halbraum-, Zylinder- und Kugelquellen für verschiedene Aufpunkte hinter einer ebenen Materieschicht sind bei BLIZARD u. Mitarb. [31] sowie bei ROCKWELL [372] angegeben. Die tabellarischen und graphischen Darstellungen der benötigten Funktionen findet man in verschiedenen Arbeiten [31, 134, 372]. Die zahlenmäßigen Beziehungen zwischen den Teilchenflußdichten verschiedener Strahlenarten und der Energie- bzw. Äquivalentdosisleistung im biologischen Gewebe nach ANSI [8] sind in Tab. 8–33 zusammengestellt.

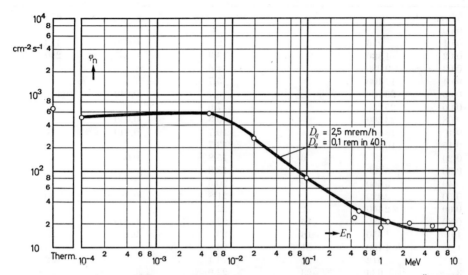

Abb. 8–5. Die Neutronenflußdichte φ_n als Funktion der Neutronenenergie E_n für eine Äquivalentdosisleistung $\dot{D}_q = 2{,}5$ mrem/h entsprechend einer Äquivalentdosis $D_q = 0{,}1$ rem in 40 h (aus: NBS-Handbook Bd. 63 s. [590] in Lit. zu Kapitel 7) (s. auch Tab. 8–33)

Für den Bereich zwischen thermischen und 10 MeV-Neutronen veranschaulicht Abb. 8–5 den Gang der Neutronenflußdichte, die eine Äquivalentdosisleistung von 2,5 mrem/h zur Folge hat. Für Neutronenenergien über 10 MeV nehmen die Flußdichten nach den neueren Werten der Tab. 8–33 (letzte Spalte) weiter ab.

8.5.2.1.2 Quellen ungewollter Strahlung

Nach Empfehlungen der IAEA [177] muß in Anlagen, in denen Elektronen auf Energien von mehr als 5 keV beschleunigt werden, auch mit dem Auftreten ungewollter Röntgenstrahlung gerechnet werden. Messungen an Gleichrichtern, Senderöhren, Oszillographen, Elektronenmikroskopen, Magnetrons, Bildwandlern und Fernsehempfängern u.a. haben gezeigt [20, 119, 394], daß die zugelassenen Grenzwerte der Ionendosisleistung gelegentlich überschritten wurden.

8.5.2.1.3 Radioaktive Stoffe

Bei punktförmigen Gammastrahlern läßt sich die Standard-Ionendosisleistung $\dot{J}_s$ aus der Aktivität A, der spezifischen Gammastrahlenkonstante Γ (s. Abschn. 4.4.6 und Tab. 2–9), dem Abstand r und dem Schwächungskoeffizienten μ (s. Abschn. 6.4.2 und Tab. 6–4) nach Gleichung (4.39), Abschn. 4.4.6, überschlägig berechnen.
Bei ausgedehnten kompakten radioaktiven Stoffen ist die Berechnung schwieriger. In der Literatur findet man Angaben über die Äquivalentdosisleistung für Gewebe an der Oberfläche von metallischem Natururan [96] und Plutonium [315].

Tabelle 8–33. Teilchenflußdichten von Röntgen- und Gammastrahlung (φ_γ), Betastrahlung (φ_β), monoenergetischer Elektronenstrahlung (φ_e) und Protonenstrahlung (φ_p), die in biologischem Gewebe* eine Energiedosisleistung von 2,5 mrd/h erzeugen (nach Goussev [149]) und Neutronenflußdichten (φ_n), für die sich eine Äquivalentdosisleistung von 2,5 mrem/h ergibt (nach ANSI [8])

Energie** MeV	φ_γ cm^{-2} s^{-1}	φ_β*** cm^{-2} s^{-1}	φ_e cm^{-2} s^{-1}	φ_p cm^{-2} s^{-1}	φ_n cm^{-2} s^{-1}
Thermisch					670
0,005					570
0,01	956		2,0	0,079	410
0,02	4 320		3,3	0,055	280
0,03	9 980		4,6		
0,04	17 400		5,7		
0,05	23 100		6,7	0,040	143
0,06	25 200		7,6		
0,08	23 200		9,3	0,039	
0,10	18 600		10,7	0,040	91
0,15	10 800		13,7		53
0,20		6	15,8	0,053	
0,30	5 020		18,8		
0,40	3 660	9	20,6		
0,50	2 920		21,8	0,087	30
0,60	2 440	12	22,5		
0,80	1 880	16	23,4	0,039	
1,0	1 550	18	23,7	0,142	23
1,5	1 130	21	23,8		
2	912	22	23,4		22
3	686	23	22,9		
4	559		22,2		
5	480		21,7	0,552	18
6	420		21,3		
7			21,1		
8	339		20,7	0,790	
9			21,0		
10	284		20,3	1,00	17
20	158			1,73	16
50	63,4			3,63	15
80	37,9			5,02	
100	29,7			5,90	14
200	13,4			9,40	13
500	4,96			14,8	11
800	3,05			16,6	
1000	2,42			17,0	10
2000	1,19			16,6	9,5

* H: 10%; C: 12,3%; N: 3,5%; O: 72,9% (Massen-Anteile).
** Die zu φ_β gehörende Energie ist die Maximalenergie der Betastrahlung.
*** Bei Energien < 0,3 MeV machen sich die Einflüsse der Elektronen mit Energien < 10 keV sowie der unterschiedlichen spektralen Energieverteilung bemerkbar, die in den Berechnungen nicht berücksichtigt wurden.

Radioaktive Betastrahler erzeugen durch Abbremsung der Betateilchen in der Quelle selbst, in der Unterlage, der Abdeckung oder der Behälterwandung stets Röntgenbremsstrahlung. Zur rohen Abschätzung der Energiedosisleistung $\dot{D}_L$ in Luft in der Nähe von Behältern von Betaquellen kann man davon ausgehen, daß die effektive Photonenenergie (s. Abschn. 6.5.2.3) etwa gleich der mittleren Betaenergie $\bar{E}_\beta$ (s. Tab. 7–39) ist.

Für annähernd kugelförmige Betaquellen in etwa kugelförmigen Behältern läßt sich folgende Näherungsgleichung gewinnen [W. HÜBNER, pers. Mitt.]:

$$\dot{D}_L = 2{,}1 \cdot 10^5 (\eta'/\varrho) \frac{A \cdot Z \cdot \bar{E}_\beta^2}{r^2} \text{ in mrd/h}$$

wobei (η'/ϱ) der Massen-Energieabsorptionskoeffizient für Luft in cm²/g (s. Tab. 6–6) bei der Photonenenergie $E_{\text{eff}} = \bar{E}_\beta$, A die Aktivität in Ci, Z die Ordnungszahl des Bremsmaterials, $\bar{E}_\beta$ die mittlere Betaenergie in MeV und r der Abstand vom Quellenmittelpunkt in cm ist. Hierbei ist die Schwächung der Bremsstrahlung durch die Wand, deren Dicke gleich der Reichweite der Betateilchen im Wandmaterial angenommen wird, oder durch die Luft nicht berücksichtigt.

Ein (^{90}Sr + ^{90}Y)-Präparat von 0,2 Ci erzeugt hiernach in einem Bleibehälter in 3 cm Abstand von der Mitte eine Energiedosisleistung in Luft von etwa 8800 mrd/h, dagegen in einem Aluminiumbehälter nur 1400 mrd/h. Für eine ^{32}P-Lösung mit einer Aktivität von 1 Ci in einem Polyäthylenbehälter entsteht in 1 m Abstand eine Energiedosisleistung von etwa 2 mrd/h.

Nach Untersuchungen von BREITLING [38] wird zweckmäßig ein innerer Behälter zur Aufnahme der starken Betaquellen aus Stoffen niedriger Ordnungszahl und hinreichender Materialstärke zur vollständigen Absorption der Betastrahlung (s. Abschn. 8.5.3.1.1 und Abb. 8–6) sowie ein äußerer Behälter aus Material hoher Ordnungszahl zur Schwächung der erzeugten Bremsstrahlung verwendet (s. auch BRODSKY u. BEARD [40] und DUMMER [96]).

8.5.2.1.4 Reaktoren

Die wesentlichen Daten des Strahlungsfeldes von Reaktoren (s. Abschn. 5.4.2.3) sind in Handbüchern über Reaktorabschirmungen [206, 286, 287, 314, 373] (s. Abschn. 8.5.3.1) sowie in Übersichten über Reaktorbestrahlungen [318] zu finden. Im übrigen orientiert sich der praktische Strahlenschutz bei allen Reaktoroperationen an Überwachungsmessungen [231, 235] (s. Abschn. 8.5.5). Fragen der Standortwahl, der Kritikalität und des Aktivitätsausstoßes sind in verschiedenen Arbeiten behandelt [16, 23, 59, 106, 366, 440].

8.5.2.1.5 Kernexplosionen

Als Einführung über die Wirkungen von Kernwaffen dient die Übersicht von DEMMING u. Mitarb. [67] (s. auch GLASTONE [146]). Einige Faustformeln zur groben Abschätzung der Strahlenwirkungen enthält die Übersicht von BRODSKY u. BEARD [40], während die Strahlenbelastungen bei Kernexplosionen für friedliche Zwecke in verschiedenen Publikationen [144, 229, 386] abgeschätzt werden.

8.5.2.1.6 Raumfahrt

Über das Strahlungsfeld im interplanetarischen Raum und seine Wirkung auf Raumfahrer gibt es verschiedene Übersichten [99, 280, 307] (s. auch Abschn. 3.2.1).

8.5.2.2 *Strahlenwirkung innerer Strahlenquellen*

Die Grenzwerte für innere Kontaminationen sind in Abschn. 8.4.2, Bestimmungen der Dosis bei medizinischen Anwendungen in Abschn. 7.8 und 7.9 behandelt. Hier werden nur einige Hilfen für den praktischen Strahlenschutz gegeben.

Tabelle 8–34. Äquivalentdosis im kritischen Organ in 50 Jahren für einmalig inkorporierte Aktivität in rem/μCi für lösliche und unlösliche Substanzen und verschiedene Inkorporationsarten. Die eingeklammerten Zahlen bezeichnen das kritische Organ nach dem Schlüssel am Ende der Tabelle

Chem. Form	Äquivalentdosis im kritischen Organ/inkorporierte Aktivität [rem/μCi]				
	Löslich			Unlöslich	
Inkorporationsart	durch Mund	durch Wunden	durch Lungen	durch Lungen	durch Mund
Radionuklid					
^{3}H	$2{,}4 \cdot 10^{-4}$ (2)	$2{,}4 \cdot 10^{-4}$ (2)	$2{,}4 \cdot 10^{-4}$ (2)	$1{,}0 \cdot 10^{-2}$ (8)	$1{,}3 \cdot 10^{-3}$ (18)
^{7}Be	$1{,}1 \cdot 10^{-3}$ (18)	$1{,}4 \cdot 10^{-3}$ (1)	$3{,}6 \cdot 10^{-4}$ (1)	$5{,}9 \cdot 10^{-3}$ (8)	$1{,}1 \cdot 10^{-3}$ (18)
^{14}C	$2{,}8 \cdot 10^{-3}$ (5)	$2{,}8 \cdot 10^{-3}$ (4)	$2{,}4 \cdot 10^{-3}$ (4)	$6{,}1 \cdot 10^{-2}$ (8)	$6{,}9 \cdot 10^{-3}$ (18)
^{18}F	$1{,}9 \cdot 10^{-3}$ (15)	$4{,}5 \cdot 10^{-4}$ (3)	$3{,}3 \cdot 10^{-4}$ (3)	$2{,}3 \cdot 10^{-3}$ (8)	$1{,}3 \cdot 10^{-3}$ (17)
^{22}Na	$2{,}2 \cdot 10^{-2}$ (1)	$2{,}2 \cdot 10^{-2}$ (1)	$1{,}8 \cdot 10^{-2}$ (1)	$8{,}0 \cdot 10^{-1}$ (8)	$6{,}8 \cdot 10^{-2}$ (18)
^{24}Na	$6{,}2 \cdot 10^{-3}$ (15)	$1{,}8 \cdot 10^{-3}$ (1)	$1{,}3 \cdot 10^{-3}$ (1)	$3{,}5 \cdot 10^{-2}$ (8)	$4{,}8 \cdot 10^{-2}$ (18)
^{31}Si	$6{,}0 \cdot 10^{-4}$ (8)	$7{,}0 \cdot 10^{-4}$ (8)	$5{,}0 \cdot 10^{-4}$ (8)	$3{,}5 \cdot 10^{-3}$ (8)	
^{32}P	$2{,}0 \cdot 10^{-2}$ (4)	$2{,}6 \cdot 10^{-1}$ (4)	$1{,}6 \cdot 10^{-1}$ (4)	$1{,}0 \cdot 10^{-1}$ (8)	$8{,}4 \cdot 10^{-2}$ (18)
^{35}S	$1{,}1 \cdot 10^{-2}$ (14)	$1{,}1 \cdot 10^{-2}$ (14)	$9{,}0 \cdot 10^{-3}$ (14)	$2{,}8 \cdot 10^{-2}$ (8)	$7{,}1 \cdot 10^{-3}$ (18)
^{36}Cl	$7{,}0 \cdot 10^{-3}$ (1)	$7{,}0 \cdot 10^{-3}$ (1)	$5{,}5 \cdot 10^{-3}$ (1)	$2{,}9 \cdot 10^{-1}$ (8)	$3{,}3 \cdot 10^{-2}$ (18)
^{38}Cl	$4{,}9 \cdot 10^{-3}$ (15)	$6{,}0 \cdot 10^{-5}$ (1)	$4{,}5 \cdot 10^{-5}$ (1)	$7{,}2 \cdot 10^{-3}$ (8)	$4{,}9 \cdot 10^{-3}$ (15)
^{42}K	$6{,}2 \cdot 10^{-3}$ (15)	$1{,}6 \cdot 10^{-3}$ (6)	$1{,}2 \cdot 10^{-3}$ (6)	$3{,}2 \cdot 10^{-2}$ (8)	$5{,}9 \cdot 10^{-2}$ (18)
^{45}Ca	$3{,}6 \cdot 10^{-1}$ (4)	$6{,}0 \cdot 10^{-1}$ (4)	$3{,}6 \cdot 10^{-1}$ (4)	$5{,}7 \cdot 10^{-2}$ (8)	$1{,}1 \cdot 10^{-2}$ (18)
^{47}Ca	$6{,}6 \cdot 10^{-2}$ (4)	$1{,}1 \cdot 10^{-1}$ (4)	$6{,}0 \cdot 10^{-2}$ (4)	$5{,}7 \cdot 10^{-2}$ (8)	$7{,}6 \cdot 10^{-2}$ (18)
^{46}Sc	$5{,}1 \cdot 10^{-2}$ (18)	$1{,}4 \cdot 10^{-1}$ (9)	$3{,}6 \cdot 10^{-2}$ (9)	$3{,}1 \cdot 10^{-1}$ (8)	$5{,}1 \cdot 10^{-2}$ (18)
^{47}Sc	$2{,}0 \cdot 10^{-2}$ (18)	$6{,}0 \cdot 10^{-3}$ (4)	$1{,}5 \cdot 10^{-3}$ (4)	$1{,}2 \cdot 10^{-2}$ (8)	$2{,}0 \cdot 10^{-2}$ (18)
^{48}Sc		$6{,}0 \cdot 10^{-3}$ (4)	$1{,}5 \cdot 10^{-3}$ (4)	$4{,}4 \cdot 10^{-2}$ (8)	
^{48}V	$7{,}0 \cdot 10^{-2}$ (18)	$8{,}0 \cdot 10^{-2}$ (12)	$2{,}0 \cdot 10^{-2}$ (12)	$1{,}4 \cdot 10^{-1}$ (8)	$7{,}2 \cdot 10^{-2}$ (18)
^{51}Cr	$1{,}2 \cdot 10^{-3}$ (18)	$1{,}3 \cdot 10^{-3}$ (8)	$3{,}3 \cdot 10^{-4}$ (8)	$3{,}3 \cdot 10^{-3}$ (8)	$1{,}3 \cdot 10^{-3}$ (18)
^{52}Mn	$5{,}9 \cdot 10^{-2}$ (18)	$5{,}0 \cdot 10^{-2}$ (11)	$1{,}6 \cdot 10^{-2}$ (11)	$7{,}7 \cdot 10^{-2}$ (8)	$6{,}5 \cdot 10^{-2}$ (18)
^{54}Mn	$1{,}5 \cdot 10^{-2}$ (18)	$5{,}0 \cdot 10^{-2}$ (9)	$1{,}4 \cdot 10^{-2}$ (9)	$1{,}9 \cdot 10^{-1}$ (8)	$1{,}7 \cdot 10^{-2}$ (18)
^{56}Mn		$3{,}3 \cdot 10^{-3}$ (11)	$1{,}0 \cdot 10^{-3}$ (11)	$7{,}8 \cdot 10^{-3}$ (8)	
^{55}Fe	$2{,}4 \cdot 10^{-3}$ (10)	$2{,}4 \cdot 10^{-2}$ (10)	$7{,}0 \cdot 10^{-3}$ (10)	$6{,}6 \cdot 10^{-3}$ (8)	$8{,}3 \cdot 10^{-4}$ (18)
^{59}Fe	$3{,}3 \cdot 10^{-2}$ (18)	$1{,}3 \cdot 10^{-1}$ (10)	$4{,}0 \cdot 10^{-2}$ (10)	$1{,}4 \cdot 10^{-1}$ (8)	$3{,}7 \cdot 10^{-2}$ (18)
^{57}Co	$3{,}6 \cdot 10^{-3}$ (18)	$1{,}1 \cdot 10^{-3}$ (9)	$5{,}5 \cdot 10^{-4}$ (9)	$4{,}2 \cdot 10^{-2}$ (8)	$5{,}1 \cdot 10^{-3}$ (18)
^{58}Co^m		$4{,}5 \cdot 10^{-5}$ (9)	$2{,}2 \cdot 10^{-5}$ (9)	$3{,}8 \cdot 10^{-3}$ (8)	
^{58}Co	$1{,}5 \cdot 10^{-2}$ (18)	$6{,}0 \cdot 10^{-3}$ (1)	$2{,}4 \cdot 10^{-3}$ (1)	$1{,}3 \cdot 10^{-1}$ (8)	$2{,}2 \cdot 10^{-2}$ (18)
^{60}Co	$3{,}9 \cdot 10^{-2}$ (18)	$2{,}0 \cdot 10^{-2}$ (1)	$8{,}0 \cdot 10^{-3}$ (1)	$7{,}7 \cdot 10^{-1}$ (8)	$5{,}6 \cdot 10^{-2}$ (18)
^{59}Ni	$6{,}9 \cdot 10^{-4}$ (18)	$8{,}0 \cdot 10^{-2}$ (4)	$3{,}0 \cdot 10^{-2}$ (4)	$8{,}7 \cdot 10^{-3}$ (8)	$9{,}8 \cdot 10^{-4}$ (18)
^{63}Ni		$2{,}4 \cdot 10^{-1}$ (4)	$9{,}0 \cdot 10^{-2}$ (4)	$2{,}4 \cdot 10^{-2}$ (8)	
^{65}Ni	$5{,}5 \cdot 10^{-3}$ (17)	$3{,}3 \cdot 10^{-3}$ (4)	$1{,}3 \cdot 10^{-3}$ (4)	$7{,}1 \cdot 10^{-3}$ (8)	$7{,}8 \cdot 10^{-3}$ (17)
^{64}Cu	$4{,}6 \cdot 10^{-3}$ (18)	$3{,}3 \cdot 10^{-3}$ (10)	$1{,}4 \cdot 10^{-3}$ (10)	$4{,}0 \cdot 10^{-2}$ (8)	$6{,}4 \cdot 10^{-3}$ (18)
^{65}Zn	$1{,}8 \cdot 10^{-2}$ (11)	$1{,}8 \cdot 10^{-1}$ (11)	$5{,}5 \cdot 10^{-2}$ (11)	$1{,}2 \cdot 10^{-1}$ (8)	$1{,}1 \cdot 10^{-2}$ (18)
^{69}Zn^m		$5{,}0 \cdot 10^{-2}$ (11)	$1{,}6 \cdot 10^{-2}$ (11)	$1{,}1 \cdot 10^{-2}$ (8)	
^{69}Zn		$2{,}8 \cdot 10^{-3}$ (11)	$9{,}0 \cdot 10^{-4}$ (11)	$7{,}2 \cdot 10^{-4}$ (8)	
^{72}Ga		$7{,}0 \cdot 10^{-3}$ (9)	$1{,}6 \cdot 10^{-3}$ (9)	$2{,}5 \cdot 10^{-2}$ (8)	
^{71}Ge	$1{,}2 \cdot 10^{-3}$ (18)	$5{,}5 \cdot 10^{-4}$ (12)	$1{,}5 \cdot 10^{-4}$ (12)	$1{,}2 \cdot 10^{-3}$ (8)	$1{,}2 \cdot 10^{-3}$ (18)
^{73}As	$4{,}1 \cdot 10^{-3}$ (18)	$7{,}0 \cdot 10^{-3}$ (12)	$1{,}8 \cdot 10^{-3}$ (12)	$1{,}9 \cdot 10^{-2}$ (8)	$4{,}2 \cdot 10^{-3}$ (18)
^{74}As	$4{,}0 \cdot 10^{-2}$ (18)	$1{,}3 \cdot 10^{-2}$ (12)	$3{,}6 \cdot 10^{-2}$ (12)	$1{,}7 \cdot 10^{-1}$ (8)	$4{,}1 \cdot 10^{-2}$ (18)
^{76}As	$7{,}7 \cdot 10^{-2}$ (18)	$3{,}3 \cdot 10^{-3}$ (12)	$9{,}0 \cdot 10^{-4}$ (12)	$3{,}9 \cdot 10^{-2}$ (8)	$8{,}0 \cdot 10^{-2}$ (18)
^{77}As		$1{,}0 \cdot 10^{-3}$ (12)	$2{,}6 \cdot 10^{-4}$ (12)	$9{,}6 \cdot 10^{-3}$ (8)	
^{75}Se	$6{,}3 \cdot 10^{-3}$	$2{,}0 \cdot 10^{-3}$ (12)	$5{,}0 \cdot 10^{-3}$ (12)	$5{,}6 \cdot 10^{-2}$ (8)	$7{,}2 \cdot 10^{-3}$ (18)
^{82}Br	$3{,}6 \cdot 10^{-3}$ (15)	$2{,}6 \cdot 10^{-3}$ (1)	$2{,}0 \cdot 10^{-3}$ (1)	$3{,}3 \cdot 10^{-2}$ (8)	$4{,}5 \cdot 10^{-2}$ (18)
^{86}Rb	$2{,}4 \cdot 10^{-2}$ (11)	$2{,}4 \cdot 10^{-2}$ (11)	$1{,}8 \cdot 10^{-2}$ (11)	$1{,}2 \cdot 10^{-1}$ (8)	$8{,}0 \cdot 10^{-2}$ (18)
^{87}Rb	$1{,}4 \cdot 10^{-2}$ (11)	$\{1{,}4 \cdot 10^{-2}$ (11); $1{,}4 \cdot 10^{-2}$ (9)$\}$	$\{1{,}1 \cdot 10^{-2}$ (11); $1{,}1 \cdot 10^{-2}$ (9)$\}$	$1{,}0 \cdot 10^{-1}$ (8)	$1{,}2 \cdot 10^{-2}$ (18)

Tabelle 8-34 (Fortsetzung)

Chem. Form	Äquivalentdosis im kritischen Organ/inkorporierte Aktivität [rem/µCi]				
	Löslich			Unlöslich	
Inkorpora-tionsart	durch Mund	durch Wunden	durch Lungen	durch Lungen	durch Mund
Radionuklid					
$^{85}Sr^m$		$8{,}0 \cdot 10^{-5}$ (4)	$3{,}3 \cdot 10^{-5}$ (4)	$1{,}4 \cdot 10^{-4}$ (8)	
^{85}Sr	$1{,}3 \cdot 10^{-2}$ (4)	$8{,}0 \cdot 10^{-2}$ (4)	$3{,}0 \cdot 10^{-2}$ (4)	$6{,}6 \cdot 10^{-2}$ (8)	$1{,}2 \cdot 10^{-2}$ (18)
^{89}Sr	$3{,}0 \cdot 10^{-1}$ (4)	$1{,}0$ (4)	$4{,}0 \cdot 10^{-1}$ (4)	$2{,}0 \cdot 10^{-1}$ (8)	$7{,}1 \cdot 10^{-2}$ (18)
^{90}Sr	$2{,}7 \cdot 10$ (4)	$9{,}0 \cdot 10$ (4)	$3{,}6 \cdot 10$ (4)	$1{,}2$ (8)	$1{,}4 \cdot 10^{-1}$ (18)
^{91}Sr		$1{,}2 \cdot 10^{-2}$ (4)	$5{,}0 \cdot 10^{-3}$ (4)	$2{,}4 \cdot 10^{-2}$ (8)	
^{92}Sr		$6{,}0 \cdot 10^{-3}$ (4)	$2{,}4 \cdot 10^{-3}$ (4)	$1{,}2 \cdot 10^{-2}$ (8)	
^{90}Y	$9{,}0 \cdot 10^{-2}$ (18)	$1{,}0 \cdot 10^{-1}$ (4)	$2{,}6 \cdot 10^{-2}$ (4)	$4{,}6 \cdot 10^{-2}$ (8)	$9{,}0 \cdot 10^{-2}$ (18)
$^{91}Y^m$		$8{,}0 \cdot 10^{-4}$ (4)	$2{,}0 \cdot 10^{-4}$ (4)	$1{,}1 \cdot 10^{-3}$ (8)	
^{91}Y	$7{,}5 \cdot 10^{-2}$ (18)	$1{,}3$ (4)	$3{,}3 \cdot 10^{-1}$ (4)	$2{,}3 \cdot 10^{-1}$ (8)	$7{,}5 \cdot 10^{-2}$ (18)
^{92}Y		$9{,}0 \cdot 10^{-3}$ (4)	$2{,}2 \cdot 10^{-3}$ (4)	$1{,}2 \cdot 10^{-2}$ (8)	
^{93}Y		$2{,}4 \cdot 10^{-2}$ (4)	$6{,}0 \cdot 10^{-3}$ (4)	$3{,}2 \cdot 10^{-2}$ (8)	
^{93}Zr	$2{,}4 \cdot 10^{-3}$ (18)	$5{,}0 \cdot 10^{-1}$ (4)	$1{,}3 \cdot 10^{-1}$ (4)	$2{,}2 \cdot 10^{-2}$ (8)	$2{,}4 \cdot 10^{-3}$ (18)
^{95}Zr	$3{,}1 \cdot 10^{-2}$ (18)	$2{,}2 \cdot 10^{-1}$ (4)	$5{,}5 \cdot 10^{-2}$ (4)	$2{,}2 \cdot 10^{-1}$ (8)	$3{,}1 \cdot 10^{-2}$ (18)
^{97}Zr		$1{,}6 \cdot 10^{-2}$ (4)	$4{,}0 \cdot 10^{-3}$ (4)	$4{,}0 \cdot 10^{-2}$ (8)	
$^{93}Nb^m$	$3{,}9 \cdot 10^{-3}$ (18)	$3{,}6 \cdot 10^{-1}$ (4)	$1{,}0 \cdot 10^{-1}$ (4)	$4{,}2 \cdot 10^{-2}$ (8)	$3{,}9 \cdot 10^{-3}$ (18)
^{95}Nb	$2{,}0 \cdot 10^{-2}$ (18)	$5{,}0 \cdot 10^{-2}$ (4)	$1{,}2 \cdot 10^{-2}$ (4)	$7{,}2 \cdot 10^{-2}$ (8)	$2{,}0 \cdot 10^{-2}$ (18)
^{97}Nb		$6{,}0 \cdot 10^{-4}$ (4)	$1{,}5 \cdot 10^{-4}$ (4)	$1{,}8 \cdot 10^{-3}$ (8)	
^{99}Mo	$1{,}1 \cdot 10^{-2}$ (18)	$1{,}4 \cdot 10^{-2}$ (12)	$9{,}0 \cdot 10^{-3}$ (12)	$2{,}6 \cdot 10^{-2}$ (8)	
$^{96}Tc^m$		$3{,}6 \cdot 10^{-5}$ (12)	$1{,}8 \cdot 10^{-5}$ (12)	$1{,}3 \cdot 10^{-3}$ (8)	
^{96}Tc	$3{,}9 \cdot 10^{-2}$ (18)	$5{,}5 \cdot 10^{-3}$ (12)	$2{,}8 \cdot 10^{-3}$ (12)	$4{,}2 \cdot 10^{-2}$ (8)	$3{,}9 \cdot 10^{-2}$ (18)
$^{97}Tc^m$	$5{,}7 \cdot 10^{-2}$ (18)	$3{,}0 \cdot 10^{-3}$ (12)	$1{,}5 \cdot 10^{-3}$ (12)	$4{,}6 \cdot 10^{-2}$ (8)	$1{,}1 \cdot 10^{-1}$ (18)
^{97}Tc	$1{,}2 \cdot 10^{-3}$ (18)	$1{,}0 \cdot 10^{-3}$ (12)	$5{,}0 \cdot 10^{-4}$ (12)	$2{,}3 \cdot 10^{-2}$ (8)	$2{,}4 \cdot 10^{-3}$ (18)
$^{99}Tc^m$		$2{,}0 \cdot 10^{-5}$ (1)	$1{,}0 \cdot 10^{-5}$ (1)	$5{,}3 \cdot 10^{-4}$ (8)	
^{99}Tc	$6{,}0 \cdot 10^{-3}$ (18)	$6{,}0 \cdot 10^{-3}$ (12)	$3{,}0 \cdot 10^{-3}$ (12)	$1{,}1 \cdot 10^{-1}$ (8)	$1{,}2 \cdot 10^{-2}$ (18)
^{97}Ru	$2{,}0 \cdot 10^{-2}$ (18)	$4{,}0 \cdot 10^{-3}$ (12)	$1{,}0 \cdot 10^{-3}$ (12)	$7{,}2 \cdot 10^{-3}$ (8)	$2{,}0 \cdot 10^{-2}$ (18)
^{103}Ru	$2{,}4 \cdot 10^{-2}$ (18)	$1{,}8 \cdot 10^{-2}$ (12)	$4{,}5 \cdot 10^{-3}$ (12)	$8{,}2 \cdot 10^{-2}$ (8)	$2{,}5 \cdot 10^{-2}$ (18)
^{105}Ru		$6{,}0 \cdot 10^{-3}$ (12)	$1{,}5 \cdot 10^{-3}$ (12)	$1{,}0 \cdot 10^{-2}$ (8)	
^{106}Ru	$1{,}7 \cdot 10^{-1}$ (18)	$1{,}5 \cdot 10^{-1}$ (12)	$3{,}6 \cdot 10^{-2}$ (12)	$1{,}2$ (8)	$1{,}7 \cdot 10^{-1}$ (18)
$^{103}Rh^m$		$\begin{cases}1{,}2 \cdot 10^{-5} (10)\\ 1{,}2 \cdot 10^{-5} (12)\end{cases}$	$\begin{cases}4{,}0 \cdot 10^{-5} (10)\\ 4{,}0 \cdot 10^{-6} (12)\end{cases}$	$1{,}2 \cdot 10^{-4}$ (8)	
^{105}Rh		$2{,}2 \cdot 10^{-3}$ (12)	$7{,}0 \cdot 10^{-4}$ (12)	$7{,}6 \cdot 10^{-3}$ (8)	
^{103}Pd	$6{,}0 \cdot 10^{-3}$ (18)	$1{,}2 \cdot 10^{-2}$ (12)	$4{,}5 \cdot 10^{-3}$ (12)	$1{,}0 \cdot 10^{-2}$ (8)	$7{,}5 \cdot 10^{-3}$ (18)
^{109}Pd		$4{,}5 \cdot 10^{-3}$ (12)	$1{,}6 \cdot 10^{-3}$ (12)	$9{,}2 \cdot 10^{-3}$ (8)	
^{105}Ag	$2{,}0 \cdot 10^{-2}$ (18)	$8{,}0 \cdot 10^{-3}$ (12)	$2{,}0 \cdot 10^{-3}$ (12)	$8{,}8 \cdot 10^{-2}$ (8)	$2{,}0 \cdot 10^{-2}$ (18)
$^{110}Ag^m$	$6{,}4 \cdot 10^{-2}$ (18)	$3{,}0 \cdot 10^{-2}$ (12)	$8{,}0 \cdot 10^{-3}$ (12)	$7{,}6 \cdot 10^{-1}$ (8)	$6{,}5 \cdot 10^{-2}$ (18)
^{111}Ag	$4{,}3 \cdot 10^{-2}$ (18)	$8{,}0 \cdot 10^{-3}$ (12)	$2{,}0 \cdot 10^{-3}$ (12)	$3{,}6 \cdot 10^{-2}$ (8)	$4{,}3 \cdot 10^{-2}$ (18)
^{109}Cd	$1{,}2 \cdot 10^{-2}$ (18)	$4{,}5 \cdot 10^{-1}$ (12)	$1{,}1 \cdot 10^{-1}$ (12)	$9{,}0 \cdot 10^{-2}$ (8)	$1{,}2 \cdot 10^{-2}$ (18)
$^{115}Cd^m$	$7{,}8 \cdot 10^{-2}$ (18)	$7{,}0 \cdot 10^{-1}$ (9)	$1{,}8 \cdot 10^{-1}$ (9)	$2{,}0 \cdot 10^{-1}$ (8)	$7{,}8 \cdot 10^{-2}$ (18)
^{115}Cd	$5{,}2 \cdot 10^{-2}$ (18)	$4{,}5 \cdot 10^{-2}$ (9)	$1{,}1 \cdot 10^{-2}$ (9)	$2{,}7 \cdot 10^{-2}$ (8)	$5{,}2 \cdot 10^{-2}$ (18)
$^{113}In^m$		$\begin{cases}1{,}5 \cdot 10^{-4} (10)\\ 1{,}5 \cdot 10^{-4} (12)\end{cases}$	$\begin{cases}3{,}6 \cdot 10^{-5} (10)\\ 3{,}6 \cdot 10^{-5} (12)\end{cases}$	$8{,}4 \cdot 10^{-4}$ (8)	
$^{114}In^m$	$1{,}2 \cdot 10^{-1}$ (18)	$2{,}4 \cdot 10^{-2}$ (12)	$6{,}0 \cdot 10^{-3}$ (12)	$3{,}4 \cdot 10^{-1}$ (8)	$1{,}2 \cdot 10^{-1}$ (18)
$^{115}In^m$		$\begin{cases}4{,}0 \cdot 10^{-4} (12)\\ 4{,}0 \cdot 10^{-4} (10)\end{cases}$	$\begin{cases}1{,}0 \cdot 10^{-4} (12)\\ 1{,}0 \cdot 10^{-4} (10)\end{cases}$	$2{,}2 \cdot 10^{-3}$ (8)	
^{115}In	$2{,}2 \cdot 10^{-2}$ (18)	$1{,}0 \cdot 10^{-1}$ (12)	$2{,}4 \cdot 10^{-2}$ (12)	$1{,}9 \cdot 10^{-1}$ (8)	$2{,}2 \cdot 10^{-2}$ (18)
^{113}Sn	$2{,}3 \cdot 10^{-2}$ (18)	$1{,}0 \cdot 10^{-1}$ (4)	$2{,}8 \cdot 10^{-2}$ (4)	$1{,}4 \cdot 10^{-1}$ (8)	$2{,}4 \cdot 10^{-2}$ (18)
^{125}Sn		$1{,}2 \cdot 10^{-1}$ (4)	$3{,}3 \cdot 10^{-2}$ (4)	$1{,}1 \cdot 10^{-1}$ (8)	
^{122}Sb	$6{,}1 \cdot 10^{-2}$ (18)	$8{,}0 \cdot 10^{-3}$ (4)	$2{,}2 \cdot 10^{-3}$ (4)	$3{,}5 \cdot 10^{-2}$ (8)	$6{,}3 \cdot 10^{-2}$ (18)

Tabelle 8–34 (Fortsetzung)

Chem. Form	Äquivalentdosis im kritischen Organ/inkorporierte Aktivität [rem/μCi]				
	Löslich			Unlöslich	
Inkorpora- tionsart	durch Mund	durch Wunden	durch Lungen	durch Lungen	durch Mund
Radionuklid					
^{124}Sb	$8{,}0 \cdot 10^{-2}$ (18)	$9{,}0 \cdot 10^{-2}$ (4)	$2{,}8 \cdot 10^{-2}$ (4)	$3{,}7 \cdot 10^{-1}$ (8)	$8{,}7 \cdot 10^{-2}$ (18)
^{125}Sb	$1{,}6 \cdot 10^{-2}$ (18)	$6{,}0 \cdot 10^{-2}$ (8)	$1{,}6 \cdot 10^{-2}$ (8)	$2{,}6 \cdot 10^{-1}$ (8)	$1{,}7 \cdot 10^{-2}$ (18)
^{125}Te^m	$1{,}2 \cdot 10^{-2}$ (18)	$3{,}6 \cdot 10^{-2}$ (12)	$1{,}6 \cdot 10^{-2}$ (12)	$5{,}5 \cdot 10^{-2}$ (8)	$1{,}7 \cdot 10^{-2}$ (18)
^{127}Te^m	$3{,}1 \cdot 10^{-2}$ (18)	$1{,}2 \cdot 10^{-1}$ (12)	$5{,}0 \cdot 10^{-2}$ (12)	$1{,}7 \cdot 10^{-1}$ (8)	$4{,}1 \cdot 10^{-2}$ (18)
^{127}Te		$1{,}2 \cdot 10^{-3}$ (12)	$5{,}0 \cdot 10^{-4}$ (12)	$4{,}6 \cdot 10^{-3}$ (8)	
^{129}Te^m	$7{,}0 \cdot 10^{-2}$ (18)	$2{,}1 \cdot 10^{-1}$ (12)	$9{,}0 \cdot 10^{-2}$ (12)	$2{,}6 \cdot 10^{-1}$ (8)	$9{,}4 \cdot 10^{-2}$ (18)
^{129}Te		$6{,}0 \cdot 10^{-4}$ (12)	$2{,}8 \cdot 10^{-4}$ (12)	$2{,}1 \cdot 10^{-3}$ (8)	
^{131}Te^m		$1{,}8 \cdot 10^{-2}$ (12)	$8{,}0 \cdot 10^{-3}$ (12)	$3{,}8 \cdot 10^{-2}$ (8)	
^{132}Te	$6{,}8 \cdot 10^{-2}$ (18)	$5{,}5 \cdot 10^{-2}$ (12)	$2{,}4 \cdot 10^{-2}$ (12)	$6{,}4 \cdot 10^{-2}$ (8)	$9{,}0 \cdot 10^{-2}$ (18)
^{126}J	$2{,}2$ (7)	$2{,}2$ (7)	$1{,}8$ (7)	$2{,}5 \cdot 10^{-2}$ (8)	$2{,}2 \cdot 10^{-2}$ (18)
^{129}J	$9{,}0$ (7)	$9{,}0$ (7)	$7{,}0$ (7)	$9{,}3 \cdot 10^{-2}$ (8)	$9{,}2 \cdot 10^{-3}$ (18)
^{131}J	$2{,}0$ (7)	$2{,}0$ (7)	$1{,}6$ (7)	$3{,}0 \cdot 10^{-2}$ (8)	$2{,}9 \cdot 10^{-2}$ (18)
^{132}J	$6{,}0 \cdot 10^{-2}$ (7)	$6{,}0 \cdot 10^{-2}$ (7)	$4{,}5 \cdot 10^{-2}$ (7)	$5{,}4 \cdot 10^{-3}$ (8)	$4{,}1 \cdot 10^{-3}$ (17)
^{133}J	$5{,}5 \cdot 10^{-1}$ (7)	$5{,}5 \cdot 10^{-1}$ (7)	$4{,}0 \cdot 10^{-1}$ (7)	$1{,}9 \cdot 10^{-2}$ (8)	
^{134}J	$3{,}3 \cdot 10^{-2}$ (7)	$3{,}3 \cdot 10^{-2}$ (7)	$2{,}6 \cdot 10^{-2}$ (7)	$2{,}2 \cdot 10^{-3}$ (8)	
^{135}J	$1{,}8 \cdot 10^{-1}$ (7)	$1{,}8 \cdot 10^{-1}$ (7)	$1{,}3 \cdot 10^{-1}$ (7)	$1{,}2 \cdot 10^{-2}$ (8)	
^{131}Cs	$7{,}0 \cdot 10^{-4}$ (9)	$7{,}0 \cdot 10^{-4}$ (9)	$5{,}0 \cdot 10^{-4}$ (9)	$2{,}8 \cdot 10^{-3}$ (8)	$2{,}2 \cdot 10^{-3}$ (18)
^{134}Cs^m		$8{,}0 \cdot 10^{-5}$ (9)	$5{,}5 \cdot 10^{-5}$ (9)	$1{,}2 \cdot 10^{-3}$ (8)	
^{134}Cs	$1{,}3 \cdot 10^{-1}$ (9)	$1{,}3 \cdot 10^{-1}$ (9)	$9{,}0 \cdot 10^{-2}$ (9)	$5{,}6 \cdot 10^{-1}$ (8)	$4{,}9 \cdot 10^{-2}$ (18)
^{135}Cs	$2{,}2 \cdot 10^{-2}$ (9)	$2{,}2 \cdot 10^{-2}$ (9)	$1{,}5 \cdot 10^{-2}$ (9)	$7{,}5 \cdot 10^{-2}$ (8)	$8{,}5 \cdot 10^{-3}$ (18)
^{136}Cs	$1{,}2 \cdot 10^{-2}$ (9)	$1{,}2 \cdot 10^{-2}$ (9)	$8{,}0 \cdot 10^{-3}$ (9)	$4{,}8 \cdot 10^{-2}$ (8)	$3{,}1 \cdot 10^{-2}$ (18)
^{137}Cs	$1{,}1 \cdot 10^{-1}$ (9)	$1{,}1 \cdot 10^{-1}$ (9)	$8{,}0 \cdot 10^{-2}$ (9)	$4{,}6 \cdot 10^{-1}$ (8)	$4{,}4 \cdot 10^{-2}$ (18)
^{131}Ba		$4{,}0 \cdot 10^{-3}$ (1)	$1{,}1 \cdot 10^{-3}$ (1)	$2{,}4 \cdot 10^{-12}$ (8)	
^{140}Ba	$1{,}3 \cdot 10^{-1}$ (18)	$3{,}0 \cdot 10^{-1}$ (4)	$8{,}0 \cdot 10^{-2}$ (4)	$1{,}9 \cdot 10^{-1}$ (8)	$1{,}4 \cdot 10^{-1}$ (18)
^{140}La	$7{,}0 \cdot 10^{-2}$ (18)	$2{,}0 \cdot 10^{-1}$ (4)	$5{,}0 \cdot 10^{-2}$ (4)	$4{,}4 \cdot 10^{-2}$ (8)	$7{,}0 \cdot 10^{-2}$ (18)
^{141}Ce	$2{,}2 \cdot 10^{-2}$ (18)	$9{,}0 \cdot 10^{-2}$ (4)	$2{,}2 \cdot 10^{-2}$ (4)	$4{,}7 \cdot 10^{-2}$ (8)	$2{,}2 \cdot 10^{-2}$ (18)
^{143}Ce		$1{,}5 \cdot 10^{-2}$ (4)	$3{,}8 \cdot 10^{-3}$ (4)	$3{,}2 \cdot 10^{-2}$ (8)	
^{144}Ce	$1{,}7 \cdot 10^{-1}$ (18)	$4{,}5$ (4)	$1{,}1$ (4)	$1{,}0$ (8)	$1{,}7 \cdot 10^{-1}$ (18)
^{142}Pr		$1{,}3 \cdot 10^{-2}$ (4)	$3{,}3 \cdot 10^{-3}$ (4)	$2{,}4 \cdot 10^{-2}$ (8)	
^{143}Pr	$4{,}1 \cdot 10^{-2}$ (18)	$8{,}0 \cdot 10^{-2}$ (4)	$2{,}0 \cdot 10^{-2}$ (4)	$4{,}6 \cdot 10^{-2}$ (8)	$4{,}1 \cdot 10^{-2}$ (18)
^{144}Nd	$2{,}4 \cdot 10^{-2}$ (18)	$8{,}0 \cdot 10^{2}$ (4)	$2{,}0 \cdot 10^{2}$ (4)	$2{,}3 \cdot 10$ (8)	$2{,}4 \cdot 10^{-2}$ (18)
^{147}Nd	$3{,}3 \cdot 10^{-2}$ (18)	$7{,}0 \cdot 10^{-2}$ (9)	$1{,}8 \cdot 10^{-2}$ (9)	$3{,}6 \cdot 10^{-2}$ (8)	$3{,}3 \cdot 10^{-2}$ (18)
^{149}Nd		$1{,}8 \cdot 10^{-3}$ (9)	$4{,}5 \cdot 10^{-4}$ (9)	$4{,}6 \cdot 10^{-3}$ (8)	
^{147}Pm	$8{,}8 \cdot 10^{-3}$ (18)	$7{,}0 \cdot 10^{-1}$ (4)	$2{,}0 \cdot 10^{-1}$ (4)	$7{,}0 \cdot 10^{-2}$ (8)	$8{,}8 \cdot 10^{-3}$ (18)
^{149}Pm	$3{,}9 \cdot 10^{-2}$ (18)	$1{,}3 \cdot 10^{-2}$ (4)	$3{,}3 \cdot 10^{-3}$ (4)	$1{,}9 \cdot 10^{-2}$ (8)	$3{,}9 \cdot 10^{-2}$ (18)
^{147}Sm	$3{,}8 \cdot 10^{-2}$ (18)	$8{,}0 \cdot 10^{2}$ (4)	$2{,}0 \cdot 10^{2}$ (4)	$2{,}6 \cdot 10$ (8)	$3{,}8 \cdot 10^{-2}$ (18)
^{151}Sm	$5{,}3 \cdot 10^{-2}$ (18)	$7{,}0 \cdot 10^{-1}$ (4)	$2{,}0 \cdot 10^{-1}$ (4)	$4{,}8 \cdot 10^{-2}$ (8)	$5{,}3 \cdot 10^{-2}$ (18)
^{153}Sm	$2{,}2 \cdot 10^{-2}$ (18)	$8{,}0 \cdot 10^{-3}$ (4)	$2{,}0 \cdot 10^{-3}$ (4)	$1{,}1 \cdot 10^{-2}$ (8)	$2{,}2 \cdot 10^{-2}$ (18)
^{152}Eu (9,2 h)		$4{,}5 \cdot 10^{-3}$ (4)	$1{,}1 \cdot 10^{-3}$ (4)	$1{,}4 \cdot 10^{-2}$ (8)	
^{152}Eu (13 a)	$2{,}6 \cdot 10^{-2}$ (18)	$1{,}8$ (12)	$4{,}5 \cdot 10^{-1}$ (12)	$3{,}7 \cdot 10^{-1}$ (8)	$2{,}6 \cdot 10^{-2}$ (18)
^{154}Eu	$8{,}9 \cdot 10^{-2}$ (18)	$1{,}3 \cdot 10$ (4)	$3{,}3$ (4)	$9{,}6 \cdot 10^{-1}$ (8)	$8{,}9 \cdot 10^{-2}$ (18)
^{155}Eu	$9{,}6 \cdot 10^{-3}$ (18)	$4{,}5 \cdot 10^{-1}$ (4)	$1{,}2 \cdot 10^{-1}$ (4)	$9{,}0 \cdot 10^{-2}$ (8)	$9{,}6 \cdot 10^{-3}$ (18)
^{153}Gd	$9{,}2 \cdot 10^{-3}$ (18)	$2{,}2 \cdot 10^{-1}$ (4)	$5{,}0 \cdot 10^{-2}$ (4)	$7{,}5 \cdot 10^{-2}$ (8)	$9{,}2 \cdot 10^{-3}$ (18)
^{159}Gd		$4{,}5 \cdot 10^{-3}$ (4)	$1{,}0 \cdot 10^{-3}$ (4)	$9{,}2 \cdot 10^{-3}$ (8)	
^{160}Tb	$4{,}4 \cdot 10^{-2}$ (18)	$3{,}6 \cdot 10^{-1}$ (4)	$9{,}0 \cdot 10^{-2}$ (4)	$2{,}1 \cdot 10^{-1}$ (8)	$4{,}4 \cdot 10^{-2}$ (18)
^{165}Dy		$1{,}1 \cdot 10^{-3}$ (4)	$2{,}8 \cdot 10^{-4}$ (4)	$2{,}2 \cdot 10^{-2}$ (8)	

Tabelle 8–34 (Fortsetzung)

Chem. Form	Äquivalentdosis im kritischen Organ/inkorporierte Aktivität [rem/µCi]				
	Löslich			Unlöslich	
Inkorpora-tionsart Radionuklid	durch Mund	durch Wunden	durch Lungen	durch Lungen	durch Mund
^{166}Dy		$8{,}0 \cdot 10^{-2}$ (4)	$2{,}0 \cdot 10^{-2}$ (4)	$4{,}4 \cdot 10^{-2}$ (8)	
^{166}Ho		$2{,}6 \cdot 10^{-2}$ (4)	$6{,}0 \cdot 10^{-3}$ (4)	$2{,}6 \cdot 10^{-2}$ (8)	
^{169}Er	$2{,}1 \cdot 10^{-2}$ (18)	$3{,}6 \cdot 10^{-2}$ (4)	$9{,}0 \cdot 10^{-3}$ (4)	$2{,}4 \cdot 10^{-2}$ (8)	$2{,}1 \cdot 10^{-2}$ (18)
^{171}Er		$4{,}0 \cdot 10^{-3}$ (4)	$1{,}0 \cdot 10^{-3}$ (4)	$8{,}8 \cdot 10^{-3}$ (8)	
^{170}Tm	$4{,}4 \cdot 10^{-2}$ (18)	$1{,}5$	$4{,}0 \cdot 10^{-1}$ (4)	$2{,}0 \cdot 10^{-1}$ (8)	$4{,}4 \cdot 10^{-2}$ (18)
^{171}Tm	$3{,}8 \cdot 10^{-3}$ (18)	$4{,}5 \cdot 10^{-1}$ (4)	$1{,}1 \cdot 10^{-1}$ (4)	$2{,}9 \cdot 10^{-2}$ (8)	$3{,}8 \cdot 10^{-3}$ (18)
^{175}Yb	$1{,}7 \cdot 10^{-2}$ (18)	$1{,}6 \cdot 10^{-2}$ (4)	$4{,}0 \cdot 10^{-3}$ (4)	$9{,}8 \cdot 10^{-3}$ (8)	$1{,}7 \cdot 10^{-2}$ (18)
^{177}Lu	$1{,}9 \cdot 10^{-2}$ (18)	$4{,}0 \cdot 10^{-2}$ (4)	$1{,}0 \cdot 10^{-2}$ (4)	$1{,}4 \cdot 10^{-2}$ (8)	$1{,}9 \cdot 10^{-2}$ (18)
^{181}Hf	$2{,}8 \cdot 10^{-2}$ (18)	$7{,}0 \cdot 10^{-1}$ (10)	$1{,}6 \cdot 10^{-1}$ (10)	$9{,}6 \cdot 10^{-2}$ (8)	$2{,}8 \cdot 10^{-2}$ (18)
^{182}Ta	$4{,}8 \cdot 10^{-2}$ (18)	$7{,}0 \cdot 10^{-1}$ (9)	$1{,}8 \cdot 10^{-1}$ (9)	$3{,}2 \cdot 10^{-1}$ (8)	$4{,}8 \cdot 10^{-2}$ (18)
^{181}W	$5{,}4 \cdot 10^{-2}$ (18)	$9{,}0 \cdot 10^{-4}$ (9)	$2{,}8 \cdot 10^{-4}$ (9)	$5{,}6 \cdot 10^{-2}$ (8)	$6{,}0 \cdot 10^{-3}$ (18)
^{185}W	$1{,}6 \cdot 10^{-2}$ (18)	$3{,}6 \cdot 10^{-3}$ (4)	$1{,}1 \cdot 10^{-3}$ (4)	$6{,}3 \cdot 10^{-2}$ (8)	$1{,}8 \cdot 10^{-2}$ (18)
^{187}W		$1{,}0 \cdot 10^{-3}$ (9)	$3{,}3 \cdot 10^{-4}$ (9)	$1{,}5 \cdot 10^{-2}$ (8)	
^{183}Re	$3{,}5 \cdot 10^{-3}$ (18)	$2{,}8 \cdot 10^{-3}$ (7)	$1{,}4 \cdot 10^{-3}$ (7)	$4{,}5 \cdot 10^{-2}$ (8)	$7{,}1 \cdot 10^{-3}$ (18)
^{186}Re	$2{,}0 \cdot 10^{-2}$ (18)	$1{,}5 \cdot 10^{-2}$ (7)	$7{,}0 \cdot 10^{-3}$ (7)	$2{,}2 \cdot 10^{-2}$ (8)	$3{,}9 \cdot 10^{-2}$ (18)
^{187}Re	$1{,}4 \cdot 10^{-3}$ (19)	$2{,}8 \cdot 10^{-3}$ (19)	$1{,}5 \cdot 10^{-3}$ (19)	$1{,}4 \cdot 10^{-2}$ (8)	$1{,}5 \cdot 10^{-3}$ (18)
^{188}Re		$1{,}2 \cdot 10^{-2}$ (7)	$6{,}0 \cdot 10^{-3}$ (7)	$2{,}0 \cdot 10^{-2}$ (8)	
^{185}Os	$2{,}7 \cdot 10^{-2}$ (18)	$1{,}5 \cdot 10^{-2}$ (12)	$6{,}0 \cdot 10^{-3}$ (12)	$1{,}5 \cdot 10^{-1}$ (8)	$3{,}0 \cdot 10^{-2}$ (18)
^{191}Os^m		$2{,}6 \cdot 10^{-4}$ (12)	$1{,}1 \cdot 10^{-4}$ (12)	$2{,}9 \cdot 10^{-3}$ (8)	
^{191}Os	$1{,}2 \cdot 10^{-2}$ (18)	$5{,}5 \cdot 10^{-3}$ (12)	$2{,}2 \cdot 10^{-3}$ (12)	$1{,}8 \cdot 10^{-2}$ (8)	$1{,}3 \cdot 10^{-2}$ (18)
^{193}Os		$4{,}5 \cdot 10^{-3}$ (12)	$1{,}8 \cdot 10^{-3}$ (12)	$1{,}4 \cdot 10^{-2}$ (8)	
^{190}Ir	$1{,}0 \cdot 10^{-2}$ (18)	$1{,}2 \cdot 10^{-2}$ (9)	$3{,}6 \cdot 10^{-3}$ (9)	$2{,}0 \cdot 10^{-2}$ (8)	$1{,}1 \cdot 10^{-2}$ (18)
^{192}Ir	$4{,}8 \cdot 10^{-2}$ (18)	$1{,}5 \cdot 10^{-1}$ (12)	$5{,}0 \cdot 10^{-2}$ (12)	$2{,}7 \cdot 10^{-1}$ (8)	$5{,}4 \cdot 10^{-2}$ (18)
^{194}Ir		$6{,}0 \cdot 10^{-4}$ (12)	$2{,}0 \cdot 10^{-5}$ (12)	$2{,}4 \cdot 10^{-2}$ (8)	
^{191}Pt	$1{,}5 \cdot 10^{-2}$ (18)	$1{,}6 \cdot 10^{-2}$ (12)	$5{,}0 \cdot 10^{-3}$ (12)	$1{,}7 \cdot 10^{-2}$ (8)	$1{,}7 \cdot 10^{-2}$ (18)
^{193}Pt^m		$1{,}8 \cdot 10^{-3}$ (12)	$5{,}5 \cdot 10^{-4}$ (12)	$1{,}9 \cdot 10^{-3}$ (8)	
^{193}Pt	$2{,}2 \cdot 10^{-3}$ (12)	$2{,}2 \cdot 10^{-2}$ (12)	$6{,}0 \cdot 10^{-3}$ (12)	$2{,}2 \cdot 10^{-2}$ (8)	$1{,}3 \cdot 10^{-3}$ (18)
^{197}Pt^m		$7{,}0 \cdot 10^{-4}$ (12)	$2{,}0 \cdot 10^{-5}$ (12)	$1{,}6 \cdot 10^{-3}$ (8)	
^{197}Pt		$4{,}5 \cdot 10^{-3}$ (12)	$1{,}4 \cdot 10^{-4}$ (12)	$6{,}7 \cdot 10^{-3}$ (8)	
^{196}Au	$1{,}1 \cdot 10^{-2}$ (18)	$7{,}0 \cdot 10^{-3}$ (12)	$2{,}0 \cdot 10^{-4}$ (12)	$1{,}7 \cdot 10^{-2}$ (8)	$1{,}3 \cdot 10^{-2}$ (18)
^{198}Au	$3{,}4 \cdot 10^{-2}$ (18)	$8{,}0 \cdot 10^{-3}$ (12)	$2{,}6 \cdot 10^{-4}$ (12)	$2{,}3 \cdot 10^{-2}$ (8)	$3{,}8 \cdot 10^{-2}$ (18)
^{199}Au	$1{,}0 \cdot 10^{-2}$ (18)	$2{,}8 \cdot 10^{-4}$ (12)	$8{,}0 \cdot 10^{-4}$ (12)	$7{,}5 \cdot 10^{-3}$ (8)	$1{,}2 \cdot 10^{-2}$ (18)
^{197}Hg^m	$1{,}1 \cdot 10^{-2}$ (12)	$1{,}4 \cdot 10^{-2}$ (12)	$9{,}0 \cdot 10^{-3}$ (12)	$6{,}6 \cdot 10^{-3}$ (8)	
^{197}Hg	$5{,}2 \cdot 10^{-3}$ (12)	$7{,}0 \cdot 10^{-3}$ (12)	$4{,}5 \cdot 10^{-3}$ (12)	$2{,}7 \cdot 10^{-3}$ (8)	$3{,}6 \cdot 10^{-3}$ (18)
^{203}Hg	$1{,}0 \cdot 10^{-1}$ (12)	$1{,}3 \cdot 10^{-1}$ (12)	$8{,}0 \cdot 10^{-2}$ (12)	$5{,}8 \cdot 10^{-2}$ (8)	$1{,}8 \cdot 10^{-2}$ (18)
^{200}Tl		$1{,}5 \cdot 10^{-3}$ (12)	$7{,}0 \cdot 10^{-4}$ (12)	$6{,}7 \cdot 10^{-3}$ (8)	
^{201}Tl	$5{,}7 \cdot 10^{-3}$ (18)	$2{,}8 \cdot 10^{-3}$ (12)	$1{,}3 \cdot 10^{-3}$ (12)	$6{,}5 \cdot 10^{-3}$ (8)	$1{,}0 \cdot 10^{-2}$ (18)
^{202}Tl	$1{,}6 \cdot 10^{-2}$ (18)	$1{,}1 \cdot 10^{-2}$ (12)	$5{,}5 \cdot 10^{-3}$ (12)	$3{,}5 \cdot 10^{-2}$ (8)	$2{,}9 \cdot 10^{-2}$ (18)
^{204}Tl	$1{,}8 \cdot 10^{-2}$ (18)	$3{,}0 \cdot 10^{-2}$ (12)	$1{,}5 \cdot 10^{-2}$ (12)	$2{,}6 \cdot 10^{-1}$ (8)	$3{,}2 \cdot 10^{-2}$ (18)
^{203}Pb	$4{,}4 \cdot 10^{-3}$ (18)	$4{,}5 \cdot 10^{-3}$ (12)	$1{,}3 \cdot 10^{-3}$ (12)	$4{,}2 \cdot 10^{-3}$ (8)	$4{,}8 \cdot 10^{-3}$ (18)
^{210}Pb	$1{,}6 \cdot 10^{1}$ (4)	$2{,}0 \cdot 10^{2}$ (4)	$5{,}5 \cdot 10$ (4)	$2{,}8 \cdot 10$ (8)	
^{212}Pb		$1{,}4$ (12)	$4{,}0 \cdot 10^{-1}$ (12)	$1{,}7$ (8)	
^{206}Bi	$5{,}1 \cdot 10^{-2}$ (18)	$1{,}8 \cdot 10^{-1}$ (12)	$4{,}5 \cdot 10^{-2}$ (12)	$7{,}0 \cdot 10^{-2}$ (8)	$5{,}1 \cdot 10^{-2}$ (18)
^{207}Bi	$3{,}0 \cdot 10^{-2}$ (18)	$1{,}6 \cdot 10^{-1}$ (12)	$4{,}5 \cdot 10^{-2}$ (12)	$4{,}9 \cdot 10^{-1}$ (8)	$3{,}1 \cdot 10^{-2}$ (18)
^{210}Bi		$4{,}0$ (12)	$1{,}1$ (12)	$2{,}0$ (8)	
^{212}Bi		$2{,}6 \cdot 10^{-1}$ (12)	$7{,}0 \cdot 10^{-2}$ (12)	$1{,}9 \cdot 10^{-1}$ (8)	
^{210}Po	$3{,}0$ (10)	$5{,}0 \cdot 10$ (10)	$1{,}2 \cdot 10$ (10)	$3{,}4 \cdot 10$ (8)	$6{,}8 \cdot 10^{-2}$ (18)
^{211}At	$1{,}8$ (7)	$1{,}8$ (7)	$1{,}4$ (7)	$1{,}1$ (8)	

Tabelle 8–34 (Fortsetzung)

Chem. Form	Äquivalentdosis im kritischen Organ/inkorporierte Aktivität [rem/µCi]				
	Löslich			Unlöslich	
Inkorporationsart	durch Mund	durch Wunden	durch Lungen	durch Lungen	durch Mund
Radionuklid					
^{223}Ra	4,2 (4)	$1,4 \cdot 10$ (4)	5,5 (4)	$3,6 \cdot 10$ (8)	$4,8 \cdot 10^{-1}$ (18)
^{224}Ra	1,2 (4)	4,0 (4)	1,6 (4)	$1,7 \cdot 10$ (8)	$4,2 \cdot 10^{-1}$ (18)
^{226}Ra	$3,0 \cdot 10^2$ (4)	$1,0 \cdot 10^3$ (4)	$3,0 \cdot 10^2$ (4)	$1,3 \cdot 10^2$ (8)	$5,9 \cdot 10^{-1}$ (18)
^{228}Ra	$1,2 \cdot 10^2$ (4)	$4,0 \cdot 10^2$ (4)	$1,2 \cdot 10^2$ (4)	$1,7 \cdot 10^2$ (8)	$6,4 \cdot 10^{-1}$ (18)
^{227}Ac	<2 (4)	$2,0 \cdot 10^4$ (4)	$5,0 \cdot 10^3$ (4)	$2,6 \cdot 10^2$ (8)	$5,5 \cdot 10^{-1}$ (18)
^{228}Ac		$8,0 \cdot 10^{-1}$ (4)	$2,0 \cdot 10^{-1}$ (4)	2,4 (8)	
^{227}Th		$1,1 \cdot 10^2$ (4)	$2,8 \cdot 10$ (4)	$4,0 \cdot 10$ (8)	
^{228}Th	$5,5 \cdot 10^{-1}$ (18)	$4,0 \cdot 10^3$ (4)	$2,3 \cdot 10^3$ (4)	$2,3 \cdot 10^2$ (8)	$5,5 \cdot 10^{-1}$ (18)
^{230}Th	$<1 \cdot 10^1$ (4)	$1,1 \cdot 10^5$ (4)	$2,8 \cdot 10^4$ (4)	$5,4 \cdot 10$ (8)	$6,0 \cdot 10^{-2}$ (18)
^{231}Th		$4,0 \cdot 10^{-3}$ (4)	$1,1 \cdot 10^{-3}$ (4)	$4,0 \cdot 10^{-3}$ (8)	
^{232}Th		$1,3 \cdot 10^5$ (4)	$3,6 \cdot 10^4$ (4)	$5,2 \cdot 10$ (8)	
^{234}Th	$1,2 \cdot 10^{-1}$ (18)	$7,0 \cdot 10^{-1}$ (4)	$1,8 \cdot 10^{-1}$ (4)	$1,9 \cdot 10^{-1}$ (8)	$1,2 \cdot 10^{-1}$ (18)
Th$_{nat}$		$1,4 \cdot 10^5$ (4)	$3,6 \cdot 10^4$ (4)	$2,8 \cdot 10^2$ (8)	
^{230}Pa		$2,6 \cdot 10$ (4)	6,0 (4)	$3,7 \cdot 10^{-3}$ (8)	
^{231}Pa		$3,6 \cdot 10^4$ (4)	$9,0 \cdot 10^3$ (4)	$6,1 \cdot 10$ (8)	
^{233}Pa	$1,7 \cdot 10^{-2}$ (18)	$5,5 \cdot 10^{-2}$ (4)	$1,3 \cdot 10^{-1}$ (4)	$4,2 \cdot 10^{-2}$ (8)	$1,7 \cdot 10^{-2}$ (18)
^{230}U		$4,2 \cdot 10$ (4)	$1,1 \cdot 10$ (4)	$6,7 \cdot 10$ (8)	
^{232}U		$4,5 \cdot 10^2$ (4)	$1,1 \cdot 10^2$ (4)	$2,3 \cdot 10^2$ (8)	
^{233}U	$6,3 \cdot 10^{-2}$ (18)	$9,0 \cdot 10$ (4)	$2,3 \cdot 10$ (4)	$5,5 \cdot 10$ (8)	$6,3 \cdot 10^{-2}$ (18)
^{234}U	$6,2 \cdot 10^{-2}$ (18)	$9,0 \cdot 10$ (4)	$2,3 \cdot 10$ (4)	$5,4 \cdot 10$ (8)	$6,2 \cdot 10^{-2}$ (18)
^{235}U	$7,8 \cdot 10^{-2}$ (18)	$7,5 \cdot 10$ (4)	$1,9 \cdot 10$ (4)	$5,1 \cdot 10$ (8)	$7,8 \cdot 10^{-2}$ (18)
^{236}U	$5,8 \cdot 10^{-2}$ (18)	$7,5 \cdot 10$ (4)	$1,9 \cdot 10$ (4)	$5,3 \cdot 10$ (8)	$5,8 \cdot 10^{-2}$ (18)
^{238}U	$5,5 \cdot 10^{-2}$ (18)	$3,0 \cdot 10^2$ (12)	$8,0 \cdot 10$ (12)	$4,9 \cdot 10$ (8)	$5,5 \cdot 10^{-2}$ (18)
U$_{nat}$		$3,0 \cdot 10^2$ (12)	$8,0 \cdot 10$ (12)	$1,1 \cdot 10^2$ (8)	
^{237}Np	$<1,2$ (4)	$1,2 \cdot 10^4$ (4)	$2,8 \cdot 10^3$ (4)	$5,6 \cdot 10$ (8)	
^{239}Np		$9,0 \cdot 10^{-3}$ (4)	$2,2 \cdot 10^{-3}$ (4)	$7,7 \cdot 10^{-3}$ (8)	
^{238}Pu	$<8 \cdot 10^{-2}$ (4)	$2,8 \cdot 10^3$ (4)	$7,0 \cdot 10^2$ (4)	$6,4 \cdot 10$ (8)	$7,1 \cdot 10^{-2}$ (18)
^{239}Pu	$<9 \cdot 10^{-1}$ (4)	$3,0 \cdot 10^4$ (4)	$7,0 \cdot 10^3$ (4)	$6,0 \cdot 10$ (8)	$6,7 \cdot 10^{-2}$ (18)
^{240}Pu	$<9 \cdot 10^{-1}$ (4)	$3,0 \cdot 10^4$ (4)	$7,0 \cdot 10^3$ (4)	$6,0 \cdot 10$ (8)	$6,7 \cdot 10^{-2}$ (18)
^{241}Pu	$<1,5 \cdot 10^{-2}$ (4)	$5,5 \cdot 10^2$ (4)	$1,3 \cdot 10^2$ (4)	$5,9 \cdot 10^{-2}$ (8)	
^{242}Pu	$<7 \cdot 10^{-1}$ (4)	$2,4 \cdot 10^4$ (4)	$6,0 \cdot 10^3$ (4)	$5,8 \cdot 10$ (8)	$6,3 \cdot 10^{-2}$ (18)
^{241}Am	$<9 \cdot 10^{-1}$ (4)	$9,0 \cdot 10^3$ (4)	$2,2 \cdot 10^3$ (4)	$6,5 \cdot 10$ (8)	$7,2 \cdot 10^{-2}$ (18)
^{243}Am	$<8 \cdot 10^{-1}$ (4)	$8,0 \cdot 10^3$ (4)	$2,0 \cdot 10^3$ (4)	$6,1 \cdot 10$ (8)	
^{242}Cm		$2,0 \cdot 10^2$ (9)	$5,0 \cdot 10$ (9)	$4,3 \cdot 10$ (8)	
^{243}Cm	$<7 \cdot 10^{-1}$ (4)	$7,0 \cdot 10^3$ (4)	$1,8 \cdot 10^3$ (4)	$6,7 \cdot 10$ (8)	
^{244}Cm	$<5 \cdot 10^{-1}$ (4)	$5,5 \cdot 10^3$ (4)	$1,3 \cdot 10^3$ (4)	$6,7 \cdot 10$ (8)	
^{245}Cm	<1 (4)	$1,1 \cdot 10^4$ (4)	$2,8 \cdot 10^3$ (4)	$6,2 \cdot 10$ (8)	
^{246}Cm	$<9 \cdot 10^{-1}$ (4)	$9,0 \cdot 10^3$ (4)	$2,2 \cdot 10^3$ (4)	$6,3 \cdot 10$ (8)	$6,9 \cdot 10^{-2}$ (18)
^{249}Bk		$5,0 \cdot 10$ (4)	$1,2 \cdot 10$ (4)	$5,6 \cdot 10^{-2}$ (8)	
^{249}Cf	$8,4 \cdot 10^{-1}$ (4)	$2,8 \cdot 10^4$ (4)	$7,0 \cdot 10^3$ (4)	$6,8 \cdot 10$ (8)	$8,1 \cdot 10^{-2}$ (18)
^{250}Cf	$3,0 \cdot 10^{-1}$ (4)	$1,0 \cdot 10^4$ (4)	$2,4 \cdot 10^3$ (4)	$6,8 \cdot 10$ (8)	
^{252}Cf	$2,7 \cdot 10^{-1}$ (18)	$2,2 \cdot 10^3$ (4)	$5,5 \cdot 10^2$ (4)	$2,1 \cdot 10^2$ (8)	$2,7 \cdot 10^{-1}$ (18)

8.5.2.2.1 Äquivalentdosis und inkorporierte Aktivität

In Tab. 8–34 ist der Quotient Äquivalentdosis/inkorporierte Aktivität angegeben. Die Werte wurden für den Standardmenschen (s. Tab. 8–22) für verschiedene Aufnahme-

Schlüssel-zahl	Kritisches Organ	Schlüssel-zahl	Kritisches Organ
1	Gesamtkörper	11	Bauchspeicheldrüse
2	Körpergewebe	12	Niere
3	Knochen und Zähne	13	Prostata
4	Knochen	14	Hoden
5	Fett	15	Magen-Darm-Kanal/Magen
6	Gehirn	16	Magen-Darm-Kanal/Dünndarm
7	Schilddrüse	17	Magen-Darm-Kanal/Oberer Dickdarm
8	Lunge	18	Magen-Darm-Kanal/Unterer Dickdarm
9	Leber	19	Haut
10	Milz		

arten „löslicher" und „unlöslicher" oder besser „mobiler" und „immobiler" Radionuklidverbindungen (s. Abschn. 8.5.5.3) für das kritische Organ errechnet. Die Werte der Spalten 2 und 6 beruhen auf bisher unpublizierten Berechnungen, soweit sie nicht aus der Arbeit von VENNART u. MINSKI [423] entnommen werden konnten. Die Werte der Spalten 3 bis 5 sind einer IAEA-Publikation entnommen (s. hierzu auch BRODSKY u. BEARD [40], KÖNIG [300] und MORGAN u. Mitarb. [334]).
Die Strahlenbelastung von Kindern bei Aufnahme von ^{131}J enthält Tab. 8–35 [293].
Zur Abschätzung der Strahlenbelastung der Lunge infolge ständiger Einatmung (24 Stunden pro Tag) der an Aerosole gebundenen Folgeprodukte von ^{222}Rn (Radon) und ^{220}Rn (Thoron) in geschlossenen Räumen, werden folgende Gleichungen angegeben [406]:

Belüftung	Radon	Thoron
unbelüftet (Gleichgewicht)	$D_{Rn} = 5{,}0 \cdot 10^{11} c_{Rn}$	$D_{Tn} = 6{,}7 \cdot 10^{12} c_{Tn}$
belüftet (3,5facher Luftwechsel pro Stunde)	$D_{Rn} = 1{,}4 \cdot 10^{11} c_{Rn}$	$D_{Tn} = 3{,}9 \cdot 10^{11} c_{Tn}$

Darin bedeuten

D_{Rn}, D_{Tn} die Äquivalentdosis in 1 Jahr in der Lunge für Radon bzw. Thoron in mrem,
c_{Rn}, c_{Tn} die Konzentration in Luft für Radon bzw. Thoron in Ci/m³.

8.5.2.2.2 Radiotoxizität der Radionuklide

Bisher gibt es keine allgemein akzeptierte Definition des Begriffes Radiotoxizität für Radionuklide. Die verschiedenen Radiotoxizitätsklassifikationen beruhen auf verschiedenen Verfahren zur Abschätzung des relativen spezifischen Inkorporationsrisikos [94, 95, 192, 205, 335]. Da im allgemeinen das Risiko durch Inhalation am höchsten eingeschätzt wird, wird meist mit den maximal zulässigen Konzentrationen in Luft (MZK$_L$) gerechnet. Anhand der errechneten Zahlenwerte wurden die Radionuklide nach steigendem Inkorporationsrisiko geordnet und in Gruppen als Radiotoxizitätsklassen eingeteilt. Gebräuchlich ist die Einteilung in die vier Klassen:

    Klasse 1: sehr hohe Toxizität, Freigrenze   0,1 µCi
    Klasse 2:   hohe Toxizität, Freigrenze   1 µCi
    Klasse 3: mittlere Toxizität, Freigrenze   10 µCi
    Klasse 4: niedrige Toxizität, Freigrenze   100 µCi und darüber.

Danach sind auch die Freigrenzen (s. Tab. 8–23) festgelegt worden, so daß sich die Radiotoxizitätsklasse für ein Radionuklid einfach aus der Freigrenze ergibt.

8.5.2.2.3 Abschätzung des Inkorporationsrisikos

Analysen [94, 138] haben gezeigt, daß die inkorporierte Aktivität das 10^{-5}fache der gehandhabten Aktivität in weniger als 10% der auswertbaren Fälle überschritt, bei denen mit mehr als 1 mCi umgegangen worden war.
Bei grob fahrlässigen Handlungen (z.B. Pipettieren mit dem Mund) können selbstverständlich auch höhere Anteile inkorporiert werden. Inhalationen von mehr als 10 mg eines Radionuklides werden als äußerst unwahrscheinlich angesehen [205]. Nach MORGAN u. Mitarb. [335] sind Personen in kerntechnischen Anlagen nie längere Zeit Konzentrationen in Luft von mehr als etwa $3 \cdot 10^{-10}$ Ci/m³ ausgesetzt, weil andernfalls un-

Tabelle 8–35. Äquivalentdosis in der Schilddrüse bei gesunden Kindern verschiedener Altersgruppen nach oraler Aufnahme von NaJ (^{131}J) (nach KEREIAKES u. Mitarb. [293])

Alter	Aufnahme-maximum %	Effektive Halbwertszeit Tage	Äquivalentdosis in der Schilddrüse / inkorporierte ^{131}J-Aktivität rem/µCi
2 Tage	67	4,7	23,8
1 Monat	10	7,0	5,0
3 Monate	20	5,0	7,2
2 Jahre	10	5,2	2,5
4 Jahre	21	6,3	3,9
6 Jahre	22	5,8	2,9

verzüglich Atemschutzgeräte angewendet oder die betreffenden Bereiche geräumt werden müssen. Ausführlich ist das Inkorporationsrisiko für Arbeitskräfte in einem Euratom-Symposium [120] behandelt worden.
Die Forderungen an die Konstruktion von Geräten, die der Bevölkerung frei zugängliche radioaktive Stoffe enthalten, sind so streng, daß das Inkorporationsrisiko äußerst gering bleibt [110]. Experimentell wurde das Inkorporationsrisiko untersucht [43], das für Angehörige von Hyperthyreosepatienten besteht, wenn die Patienten unmittelbar nach Applikation von ^{131}J-Aktivitäten bis zu 20 mCi in ihre Wohnungen entlassen werden. Danach ist das Risiko unbedeutend.

8.5.2.2.4 Inkorporationsrisiko infolge der Freisetzung radioaktiver Stoffe in Luft und Wasser

Bei Freisetzungen radioaktiver Stoffe in Luft oder Wasser wird das Inkorporationsrisiko auf mehr oder weniger weite Kreise der Bevölkerung ausgedehnt und muß deshalb gesondert beurteilt werden. Die Verteilung radioaktiver Stoffe in Luft hängt u.a. von den meteorologischen Bedingungen ab. Zur Abschätzung der hierdurch bedingten langfristigen Inkorporationsrisiken muß auf einschlägige Standardwerke [17, 223, 375] verwiesen werden.
Freisetzung radioaktiver Stoffe in Luft. Aus der Aktivitätskonzentration in Luft und aus der eingeatmeten Luftmenge läßt sich die Aktivität der inhalierten radioaktiven Stoffe und daraus die Aktivität der tatsächlich inkorporierten Radionuklide mit Hilfe des Lungenmodells (s. Tab. 8-22) errechnen. Umfassende Übersichten über Verfahren zur Abschätzung radioaktiver Stoffe in Luft hat die USAEC [415] und knappere Über-

sichten die IAEA [185, 186, 193] veröffentlicht. Über die Ausbreitung radioaktiver Stoffe unter verschiedenen atmosphärischen Bedingungen, insbesondere aus Schornsteinen, sind zahlreiche, auch theoretische Arbeiten erschienen [35, 42, 65, 298, 360, 398, 399].

Freisetzung radioaktiver Stoffe in Wasser [397]. Ableitungen radioaktiver Stoffe in hydrologische Systeme unter normalen Betriebsbedingungen werden gegenwärtig vielfach noch nach der Formel

$$\frac{\Delta A/\Delta t}{\Delta V/\Delta t} \leq \mathrm{MZK_W}$$

berechnet; dabei ist
ΔA die im Zeitintervall Δt abgeleitete Aktivität eines Radionuklids; ΔV das im gleichen Zeitintervall Δt für die Verdünnung verfügbare Wasservolumen; Δt das Zeitintervall; $\mathrm{MZK_W}$ die maximal zulässige Aktivitätskonzentration in Wasser.

Die Wassermengen für die Verdünnung in Kanalisationen lassen sich aus dem Wasserverbrauch je Einwohner abschätzen, der in der BRD zwischen 40 l/Tag (ländliche Bezirke) und 300 l/Tag (Großstädte) liegt [160]. Heute werden Ableitungen in hydrologische Systeme unter Normalbedingungen vielfach enger begrenzt und nicht mehr über maximal zulässige Konzentrationen, sondern über höchstzulässige Aktivitäten pro Jahr festgelegt. Diese Konzentrationen in biologischen Systemen behalten jedoch für außergewöhnliche Einleitungen bei Störfällen ihre Bedeutung. Die inkorporierte Aktivität von Personen einzelner Bevölkerungsgruppen kann aus den Konzentrationen der radioaktiven Stoffe in Wasser und dem aufgenommenen Wasservolumen abgeschätzt werden. Die Strahlenbelastungen lassen sich dann mit Hilfe der Werte in Tab. 8–34 abschätzen. Einzelheiten können den Unterlagen von BLOCK u. SCHNEIDER [32] sowie verschiedenen Übersichten [118, 151, 160, 173, 178, 211, 223, 382] entnommen werden.

8.5.3 Allgemeiner technischer Strahlenschutz

Dieser Abschnitt befaßt sich mit technischen Schutzmaßnahmen an Strahlenquellen.

8.5.3.1 *Schutz vor äußeren Strahlenquellen*

Für diesen Schutz kommen u. a. folgende Maßnahmen in Betracht:
a) Herabsetzung der Quellstärke,
b) Herabsetzung der Bestrahlungsdauer,
c) Ausfilterung entbehrlicher Strahlenanteile, z. B. der Komponenten geringerer Durchdringungsfähigkeit,
d) Ausblendung des Nutzstrahlenbündels,
e) Abschirmung aller Bereiche, in denen sich strahlengefährdete Personen oder Objekte befinden,
f) Vergrößerung des Abstandes zwischen der Quelle und den strahlengefährdeten Personen oder Objekten.

Schutzvorschriften, -vorrichtungen und Abschirmungen hängen von der Art der Quelle und ihrer Verwendung ab. In der Literatur findet man neben allgemeinen Übersichten [36, 112, 281, 312, 336, 403] Richtlinien und Normen für medizinische Röntgenanlagen [72, 73, 242, 337, 349, 350], für nichtmedizinische Röntgen-Grobstrukturanlagen [10, 88, 89, 242, 364], für Röntgen-Feinstrukturanlagen [166, 290, 313], für Beschleuniger [14, 82, 140, 243, 346], für Gammastrahlenquellen [10, 81, 90, 242, 349], Neutronengeneratoren [8, 243, 353] und Reaktorstrahlungen [30, 147, 157, 206, 301, 353, 372]. Forderungen an Hausschutzräume stehen in der Bekanntmachung des Bundesministerium für Wohnungswesen und Städtebau [52]. Für Abschirmberechnungen können die ungefähren Dichten einiger Bau- und Schutzstoffe nach Tab. 8–36 dienen.

Tabelle 8–36. Ungefähre Dichte einiger Bau- und Schutzstoffe

Material	Dichte g/cm³	Material	Dichte g/cm³
Bariumbeton*	3,6 bis 4,1	Gips**	0,8 bis 1,6
Bariumsulfat*	4,5	Granit**	2,6 bis 3,0
(natürl. Baryt)		Kacheln*	1,6 bis 2,5
Beton**	1,5 bis 2,4	Kalkstein*	2,1 bis 2,8
Beton mit Eisenphosphat*	6	Marmor**	2,5 bis 2,8
Blei**	11,34	Sand, trocken*	1,6 bis 1,9
Bleiglas*	3,3 bis 6,2	Sandmörtel (Putz)*	1,5
Eisen**	7,86	Sandstein**	1,9 bis 2,3
Erde, trocken**	1,3 bis 2,0		

* Nach NCRP [349].
** Nach KOHLRAUSCH [11 in Lit. zu Kap. 2].

8.5.3.1.1 Teilchenstrahlung

Protonen und schwere Teilchen. Reichweiten von Protonen und schweren Teilchen sind in Abschn. 5.3.3 zusammengestellt.

Elektronen und Betateilchen. Reichweite und Bahnlänge von Elektronen und Betateilchen sind in Abschn. 5.2.4 behandelt. Über den Schutz gegen die Bremsstrahlung infolge der Betastrahlung s. Abschn. 8.5.2.1.3.

Die Dicke s_b von Schutzschichten zur vollständigen Abbremsung der direkten oder gestreuten Elektronenstrahlung ergibt sich in Abhängigkeit von der Elektronenenergie E_e für verschiedene Bremsstoffe mit der Dichte ϱ nach der Formel [82]

$$s_b = 0{,}5(E_e/\varrho); \quad s_b \text{ in cm}; \quad E_e \text{ in MeV}; \quad \varrho \text{ in g/cm}^2.$$

Abb. 8–6 zeigt die maximale Reichweite von Betastrahlen in Abhängigkeit von der maximalen Betaenergie [345] (s. auch ETHERINGTON [112]). Aus Abb. 8–7 lassen sich

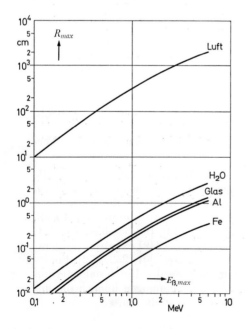

Abb. 8–6. Maximale Reichweite R_{max} von Betastrahlung in Luft, Wasser, Glas, Al und Fe als Funktion der maximalen Betaenergie $E_{\beta,max}$ (nach NCRP [345])

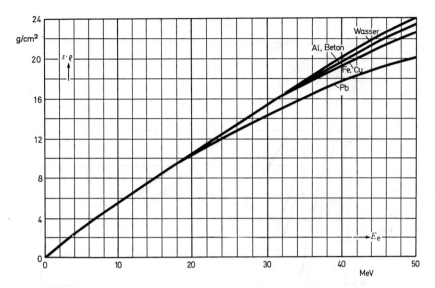

Abb. 8–7. Flächendichte $s \cdot \varrho$ von Wasser, Beton, Al, Fe, Cu und Pb zur vollständigen Abbremsung primärer Elektronenstrahlung als Funktion der Elektronenenergie E_e (s Schichtdicke, ϱ Dichte) (nach DIN 6847, Entwurf 1964)

die Flächendichten von Aluminium, Beton, Wasser, Eisen, Kupfer und Blei entnehmen, die zur vollständigen Abbremsung primärer Elektronenstrahlung mit Teilchenenergien bis zu 50 MeV erforderlich sind [82].

Neutronenstrahlung. Die Wechselwirkung zwischen Neutronen und Materie ist in Abschn. 5.4.3 behandelt.
Bei der Neutronenabschirmung [103] muß neben der Schwächung der Neutronenflußdichte die Erzeugung und nachfolgende Absorption von Gammastrahlung berücksichtigt werden. Die Schwächung der Gesamtstrahlung kann deshalb nicht in einfacher Weise berechnet werden. Die alleinige Schwächung der Flußdichte schneller Neutronen einheitlicher Energie läßt sich für enge Strahlenbündel und dünne Schichten mit Hilfe des Neutronen-Schwächungskoeffizienten μ_n ermitteln, für den die Beziehung gilt:

$$\mu_n = 0{,}602 \, \varrho \, \frac{\sigma(E)}{M}.$$

Darin bedeuten:
μ_n Schwächungskoeffizient in cm^{-1}, σ mikroskopischer Gesamtquerschnitt für Neutronen der Energie E in barn, ϱ Dichte des Absorbermaterials in g cm^{-3}, M molare Masse des Absorbermaterials in g mol^{-1}*.
Tab. 8–37 enthält Werte von μ_n für Neutronenenergien von 1 bis 100 MeV nach NCRP [346]. Abb. 8–8 zeigt die relative Schwächung der Neutronenflußdichte φ_n bei breitem Strahlenbündel in Wasser und Beton für Neutronenenergien zwischen 1 und 100 MeV [243].
Strahlen schneller Neutronen werden in dicken Absorbern zunächst vorwiegend durch unelastische Stöße geschwächt. Die hierbei entstehenden intermediären und thermischen Neutronen werden bei Gegenwart von Wasserstoff nicht weit vom Kollisionsort absorbiert. In derartigen Fällen wird gewöhnlich die „removal"-Theorie angewendet, mit der

---

* Der Zahlenwert der molaren Masse M hat in g/mol denselben Zahlenwert wie die relative Atommasse A_r.

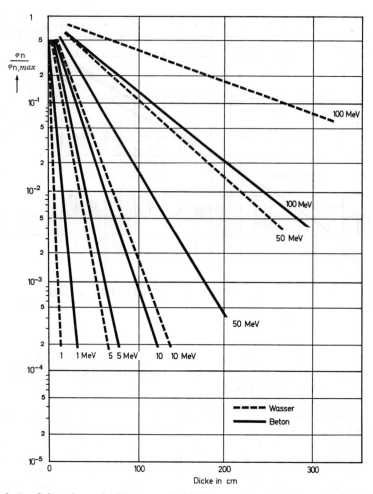

Abb. 8–8. Relative Schwächung der Neutronenflußdichte φ_n, bezogen auf $\varphi_{n,max}$ durch Wasser und Beton (Dichte 2,37 g/cm³) bei breitem Strahlenbündel für Neutronenenergien von 1, 5, 10, 50 und 100 MeV (nach ICRP [243])

anstelle des Schwächungskoeffizienten der empirisch gewonnene Neutronenbeseitigungsquerschnitt Σ_b (removal cross-section Σ_r) eingeführt wurde. Der Neutronenbeseitigungsquerschnitt schließt Effekte durch ungünstige Geometrie und Aufbaueffekte in dicken Schichten ein und gilt nur, wenn die Neutronenstrahlung einige Schwächungslängen $(1/\mu_n)$ zurückgelegt hat. Deshalb werden vorzugsweise Schwächungslängen (= Relaxationslängen) tabuliert. Für Neutronen von etwa 8 MeV beträgt der Beseitigungsquerschnitt in den meisten Materialien das 0,6- bis 0,7fache des Schwächungskoeffizienten nach Tab. 8–37. Für die Neutronenspektren bestimmter Neutronenquellen und für häufig verwendete Abschirmmaterialien sind in Tab. 8–38 Neutronenbeseitigungsquerschnitte und scheinbare Dosiszuwachsfaktoren* (bezogen auf die Äquivalentdosisleistung der Neutronen) angegeben. Alle Neutronen, die keine Teilchenreaktionen (z. B. (n, α)- oder (n, p)-Prozesse) eingehen, insbesondere thermische Neutronen, werden

---

* Der scheinbare Dosiszuwachsfaktor ist ein Korrektionsfaktor, mit dessen Hilfe die experimentellen Ergebnisse durch eine Exponentialfunktion dargestellt werden können.

schließlich in den meisten Absorbern mit nachfolgendem (n, γ)-Prozeß eingefangen. Die wichtigsten Ausnahmen bilden He, Be, C, O, F, Mg und Bi. Die Gesamtenergie der Einfanggammastrahlung ist gleich der Bindungsenergie des zusätzlichen Neutrons in dem gebildeten Kern (s. Abschn. 2.2.2). Diese Energie beträgt beim Wasserstoff 2,23 MeV und liegt für die meisten anderen Kerne bei etwa 7 MeV. Wenn diese Energie durch ein einziges Photon emittiert wird, entsteht also eine äußerst durchdringende Gammastrahlung.

Für Beobachtungsfenster bei Neutronengeneratoren wählt man zum Strahlenschutz Wasser, im allgemeinen in normalen Glasbehältern oder, falls noch Gammastrahlung neben den Neutronen vorhanden ist oder die Gammastrahlung beim (n, γ)-Einfang in Wasserstoff eine Rolle spielt, Bleiglasbehälter.

Tabelle 8–37. Linearer Schwächungskoeffizient μ_n (gesamter makroskopischer Querschnitt) für schnelle Neutronen (nach einer Zusammenstellung des NCRP [346])

Stoff	Normal-beton	Baryt-beton	H_2O	Erde	Al	Fe	Ta	Pb
Dichte g cm^{-3}	2,3	3,1	1,0	1,0*	2,7	7,8	16,6	11,4
E_n [MeV]			μ [cm^{-1}]					
1	0,38	0,37	0,49	0,25	0,21	0,21	0,42	0,21
2	0,161	0,18	0,25	0,116	0,18	0,24	0,41	0,19
3	0,166	0,18	0,22	0,110	0,16	0,27	0,39	0,25
4	0,157	0,18	0,19	0,101	0,14	0,31	0,34	0,25
5	0,159	0,18	0,17	0,096	0,14	0,31	0,31	0,24
6	0,135	0,152	0,14	0,079	0,13	0,31	0,30	0,22
7	0,144	0,166	0,15	0,087	0,11	0,31	0,29	0,19
8	0,10	0,133	0,12	0,066	0,11	0,29	0,27	0,17
9	0,104	0,130	0,11	0,062	0,11	0,28	0,26	0,16
10	0,105	0,128	0,087	0,057	0,11	0,26	0,27	0,16
20	0,134	0,134	0,087	0,061	0,11	0,20	0,29	0,19
30	0,113	0,127	0,07	0,055		0,20	0,25	0,17
40	0,0976	0,113	0,06	0,047		0,20	0,23	0,15
50	0,0875	0,103	0,05	0,042		0,20	0,22	0,14
60	0,0777	0,092	0,043	0,036		0,19	0,22	0,15
70	0,0663	0,086	0,037	0,033		0,18	0,23	0,15
80	0,0654	0,080	0,033	0,030		0,17	0,23	0,16
90	0,0600	0,073	0,03	0,027	0,066	0,16	0,23	0,16
100	0,055	0,067	0,027	0,025	0,060	0,15	0,23	0,15

* Da die Dichte von Erde bis zu 1,5 g/cm³ betragen kann, müssen die Schwächungskoeffizienten für Erde gegebenenfalls mit 1,5 multipliziert werden.

8.5.3.1.2 Photonenstrahlung (Röntgen- und Gammastrahlung)

Die Wechselwirkung zwischen Photonen und Materie ist in Abschn. 6.4 behandelt. In Tab. 6–4 stehen die Schwächungskoeffizienten verschiedener Abschirmmaterialien.
Die Dicke d einer Schutzschicht für einen geforderten Schwächungsgrad (s. Abschn. 6.4.2) läßt sich aus der Anzahl m_{HWS} der Halbwertsdicken s_1 oder der Anzahl n_{ZWS} der Zehntelwertsdicken z für ein Material ermitteln. Aus dem Diagramm (Abb. 8–9) kann

man die Werte für m_{HWS} und n_{ZWS} für denselben Schwächungsgrad bei exponentieller Schwächung der Dosisleistung oder Flußdichte entnehmen. Dabei gilt

$$d = m_{HWS} \cdot s_1 = n_{ZWS} \cdot z; \quad m_{HWS} = 3{,}32\, n_{ZWS}.$$

Bei weiten Bündeln und dicken Schichten müssen die Strahlengeometrie (Geometriefaktor = geometry factor) und die im Schwächungsstoff erzeugte Sekundärstrahlung (Aufbaufaktor = build-up factor) gesondert berücksichtigt werden.

Man muß zwischen Aufbaufaktoren für die Teilchenflußdichte, die Energieflußdichte, die Energiedosisleistung oder die Ionendosisleistung unterscheiden (s. Abschn. 6.5.2.1). Der Aufbaufaktor für eine Dosisleistungsgröße wird häufig Dosiszuwachsfaktor (= dose

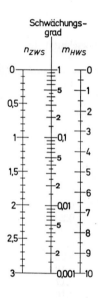

Abb. 8–9. Nomogramm zur Bestimmung der Anzahl m_{HWS} der Halbwertsdicken s und der Anzahl n_{ZWS} der Zehntelwertsdicken z für den gleichen Schwächungsgrad der Dosisleistung oder der Flußdichte von Photonen

Tabelle 8–38. *Neutronenbeseitigungsquerschnitte Σ_b und scheinbarer Dosiszuwachsfaktor B für verschiedene Neutronenquellen und Absorber*

Quelle	Wasser		Paraffin, $(CH_2)_n$		Normalbeton	
	Σ_b [cm^{-1}]	B*	Σ_b [cm^{-1}]	B*	Σ_b [cm^{-1}]	B*
Uranspaltung	0,103[a]				0,094[a]	
^{226}Ra/Be	0,104[b]		0,108[c]		0,054[d]	
^{210}Po/Be	0,097[e]		0,13[f]	1,3[f]		
^{241}Am/Be			0,13[g]	1,4[g]	0,06[g]	1,2[g]
					0,0563[d]	
T(d, n)-Reaktion (14 MeV)	0,053[h]	1,0	0,057[h]	1,3[h]	0,051[h]	1,2[h]
					0,067[i]	

* Die Werte gelten für Abschirmdicken von 30 cm, mit Ausnahme von [h].

[a] NCRP-Report Nr. 20.
[b] TITTMANN, J.: Phys. Rev. 90 (1953) 256.
[c] FELD, B. T.: Report MDDC-1437 (1944).
[d] SAUERMANN, P. F., SCHAFER, W.: persönliche Mitteilung 1968.
[e] BAER, W.: J. appl. Phys. 26 (1955) 1235.
[f] NACHTIGALL, D.: Bericht Jül-158-ST (1964).
[g] NACHTIGALL, D.: persönliche Mitteilung 1964.
[h] BROERSE, J. J., VAN WERVEN, F. J.: Hlth Phys. 12 (1966) 83.
Die Werte gelten für Abschirmdicken < 50 cm.
[i] HACKE, J.: Int. J. appl. Radiat. (1966). Der Wert gilt für Abschirmdicken > 50 cm.

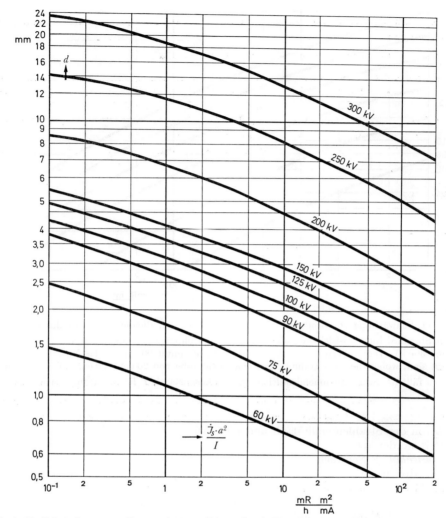

Abb. 8–10. Schwächung von Röntgennutzstrahlung durch Blei. Bleidicke d als Funktion der reduzierten Standard-Ionendosisleistung $\dot{J}_s \cdot a^2/I$ im Nutzstrahlenbündel für die Röhrengleichspannungen 60, 75, 90, 100, 125, 150, 200, 250 und 300 kV ($\dot{J}_s$ Standard-Jonendosisleistung, a Fokusabstand I Röhrenstrom) (nach DIN 6811, 1962)

build-up factor) genannt, der bei Röntgen- und Gammastrahlung meist auf die Standard-Ionendosisleistung bezogen wird. Der Aufbaufaktor hängt von der Geometrie, der Strahlenenergie sowie dem Produkt $\mu \cdot d$ ab. Tab. 8–39 enthält Dosiszuwachsfaktoren für Photonenstrahlung von Punktquellen in isotropem Medium sowie für ein breites, normal auf eine plattenförmige Wasser-, Eisen- und Bleischicht fallendes Strahlenbündel [148]. Die Dicke von Schutzschichten für eine bestimmte Schwächung kann für die Praxis den graphischen Darstellungen der Abb. 8–10 bis 8–27 entnommen werden. Die Abschirmwirkung von Schutzstoffen wurde früher vielfach durch den Bleigleichwert gekennzeichnet, der neuerdings meist nur noch für bleihaltige Stoffe wie Bleigläser und Bleigummi angegeben wird. Der Bleigleichwert eines Materials für eine Photonenstrahlung ist diejenige Dicke einer Bleischicht, die die gleiche Schwächung der Standard-Ionendosisleistung hervorruft wie die vorliegende Materialschicht. Der Bleigleichwert

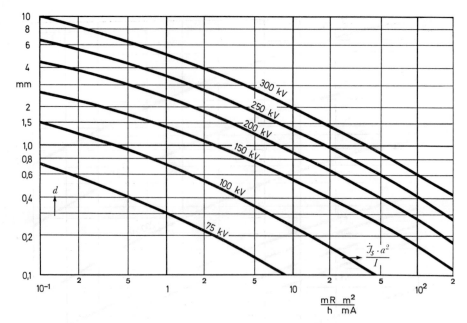

Abb. 8–11. Schwächung von Röntgenstreustrahlung durch Blei. Bleidicke d als Funktion der reduzierten Standard-Ionendosisleistung $\dot{J}_s \cdot a^2/I$ für die Röhrengleichspannungen 75, 100, 150, 200, 250 und 300 kV. Die Kurven gelten für Strahlungen, die unter 90° gegen das Nutzstrahlenbündel gestreut sind, wobei die Nutzstrahlung mit einer Feldgröße von 20 cm × 20 cm auf ein Patientenphantom fällt ($\dot{J}_s$ Standard-Ionendosisleistung, a Fokusabstand, I Röhrenstrom) (nach DIN 6811, 1962)

hängt von der Strahlenqualität ab und muß bei eng ausgeblendetem Strahlenbündel ermittelt werden [80].
Röntgenstrahlung. Schwächung in Blei: Die Bleidicke als Funktion der reduzierten Standard-Ionendosisleistung ist in Abb. 8–10 für die Röntgennutzstrahlung und in Abb. 8–11 für die Röntgenstreustrahlung bei Röhrengleichspannungen zwischen 75 und 300 kV wiedergegeben. Abb. 8–12 zeigt die reduzierte Standard-Ionendosisleistung als Funktion der Bleidicke für die Röntgennutzstrahlung bei pulsierender Röhrenspannung von 50 bis 200 kV, Abb. 8–13 bei pulsierender Röhrenspannung sowie Röhrengleichspannung von 250 bis 400 kV und Abb. 8–14 bei Röhrengleichspannungen von 0,5 bis 3 MV nach Empfehlungen der NCRP [349]. Abb. 8–15 enthält die relative Energiedosisleistung in Luft als Funktion der Bleidicke für Röntgenbremsstrahlung mit Maximalenergien von 10, 86 und 176 MeV nach Empfehlungen der ICRP [243].
Schwächung in Beton und anderen Stoffen: Die reduzierte Standard-Ionendosisleistung der Röntgennutzstrahlung als Funktion der Betondicke ist in Abb. 8–16 für pulsierende Röhrenspannungen zwischen 50 kV und 400 kV und in Abb. 8–17 für Röhrengleichspannungen zwischen 0,5 und 3 MV nach Empfehlungen der ASA [10] und der NCRP [349] dargestellt. Die relative Energiedosisleistung in Luft als Funktion der Betondicke zeigt Abb. 8–18 für Röntgennutzstrahlungen mit Maximalenergien zwischen 6 und 176 MeV und Abb. 8–19 für eine unter verschiedenen Winkeln an einem Preßholzphantom gestreute 6-MV-Röntgenstrahlung bei breitem Strahlenbündel [349]. In Abb. 8–20 ist das Produkt $\varrho \cdot z$ aus Dichte ϱ und Zehntelwertschichtdicke z für Beton und einige andere Stoffe als Funktion der Grenzenergie von Röntgenstrahlung bis zu 50 MeV nach einer deutschen Norm [82] wiedergegeben.
Gammastrahlung. Schwächung in Blei: Den Dosisschwächungsgrad als Funktion der

Tabelle 8–39. Dosiszuwachsfaktoren für Wasser, Eisen und Blei bei Photonenstrahlung (nach GOLDSTEIN u. WILKINS [148])

Stoff	Energie MeV	1	2	4	μd 7	10	15	20
a) Punktquelle in isotropem Medium								
Wasser	0,5	2,52	5,14	14,3	38,8	77,6	178,0	334,0
	1	2,13	3,71	7,68	16,2	27,1	50,4	82,2
	2	1,83	2,77	4,88	8,46	12,4	19,5	27,7
	3	1,69	2,42	3,91	6,23	8,63	12,8	17,0
	4	1,58	2,17	3,34	5,13	6,94	9,97	12,9
	6	1,46	1,91	2,76	3,99	5,18	7,09	8,85
	8	1,38	1,74	2,40	3,34	4,25	5,66	6,95
	10	1,33	1,63	2,19	2,97	3,72	4,90	5,98
Eisen	0,5	1,98	3,09	5,98	11,7	19,2	35,4	55,6
	1	1,87	2,89	5,39	10,2	16,2	28,3	42,7
	2	1,76	2,43	4,13	7,25	10,9	17,6	25,1
	3	1,55	2,15	3,51	5,85	8,51	13,5	19,1
	4	1,45	1,94	3,03	4,91	7,11	11,2	16,0
	6	1,34	1,72	2,58	4,14	6,02	9,89	14,7
	8	1,27	1,56	2,23	3,49	5,07	8,50	13,0
	10	1,20	1,42	1,95	2,99	4,35	7,54	12,4
Blei	0,5	1,24	1,42	1,69	2,00	2,27	2,65	2,73
	1	1,37	1,69	2,26	3,02	3,74	4,81	5,86
	2	1,39	1,76	2,51	3,66	4,84	6,87	9,00
	3	1,34	1,68	2,43	3,75	5,30	8,44	12,3
	4	1,27	1,56	2,25	3,61	5,44	9,80	16,3
	6	1,18	1,40	1,97	3,34	5,69	13,8	32,7
	8	1,14	1,30	1,74	2,89	5,07	14,1	44,6
	10	1,11	1,23	1,58	2,52	4,34	12,5	39,2
b) Breites, normal auf plattenförmigen Absorber fallendes Strahlenbündel								
Wasser	0,5	2,63	4,29	9,05	20,0	35,9	74,9	
	1	2,26	3,39	6,27	11,5	18,0	30,8	
	2	1,84	2,63	4,28	6,96	9,87	14,4	
	3	1,69	2,31	3,57	5,51	7,48	10,8	
	4	1,58	2,10	3,12	4,63	6,19	8,54	
	6	1,45	1,86	2,63	3,76	4,86	6,78	
	8	1,36	1,69	2,30	3,16	4,00	5,47	
Eisen	0,5	2,07	2,94	4,87	8,31	12,4	20,6	
	1	1,92	2,74	4,57	7,81	11,6	18,9	
	2	1,69	2,35	3,76	6,11	8,78	13,7	
	3	1,58	2,13	3,32	5,26	7,41	11,4	
	4	1,48	1,90	2,95	4,61	6,46	9,92	
	6	1,35	1,71	2,48	3,81	5,35	8,39	
	8	1,27	1,55	2,17	3,27	4,58	7,33	
	10	1,22	1,44	1,95	2,89	4,07	6,70	
Blei	0,5	1,24	1,39	1,63	1,87	2,08	—	
	1	1,38	1,68	2,18	2,80	3,40	4,20	
	2	1,40	1,76	2,41	3,36	4,35	5,94	
	3	1,36	1,71	2,42	3,55	4,82	7,18	
	4	1,28	1,56	2,18	3,29	4,69	7,70	
	6	1,19	1,40	1,87	2,97	4,69	9,53	
	8	1,14	1,30	1,69	2,61	4,18	9,08	
	10	1,11	1,24	1,52	2,27	3,54	7,70	

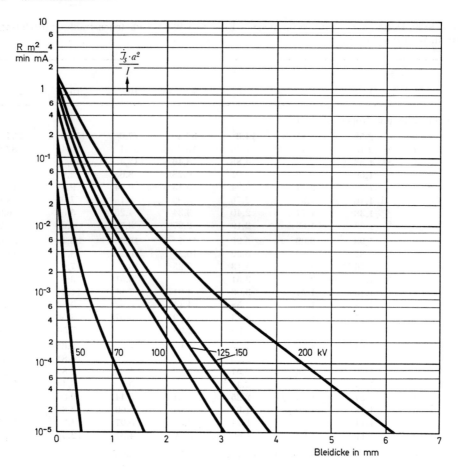

Abb. 8–12. Schwächung von Röntgennutzstrahlung durch Blei. Reduzierte Standard-Ionendosisleistung $\dot{J}_s \cdot a^2/I$ als Funktion der Bleidicke für die pulsierenden Röhrenspannungen 50, 70, 100, 125, 150 und 200 kV ($\dot{J}_s$ Standard-Ionendosisleistung, a Fokusabstand, I Röhrenstrom) (nach NCRP [349])

Bleidicke d zeigt Abb. 8–21 für die direkte Gammastrahlung verschiedener Radionuklide, Abb. 8–22 für die an einem zylindrischen Masonit-Phantom unter Winkeln zwischen 30° und 150° gestreute Strahlung für ^{60}Co und Abb. 8–23 für ^{137}Cs [10, 349]. Schwächung in Beton und Eisen: Der Dosisschwächungsgrad als Funktion der Betondicke d ist für die direkte Gammastrahlung verschiedener Radionuklide in Abb. 8–24, für die an einem zylindrischen Masonit-Phantom unter Winkeln zwischen 30° und 150° gestreute Strahlung für ^{60}Co in Abb. 8–25 und für ^{137}Cs in Abb. 8–26 wiedergegeben [10, 349].
Der Dosisschwächungsgrad als Funktion der Eisendicke d ist für die direkte Gammastrahlung verschiedener Radionuklide in Abb. 8–27 dargestellt [10, 349].

8.5.3.2 *Schutz vor Freisetzung und Verbreitung radioaktiver Stoffe*

Zur Verminderung der Gefährdung durch Freisetzung und Verbreitung radioaktiver Stoffe kommen generell folgende Maßnahmen in Betracht:

a) Reduzierung der Umgangsmenge auf das unbedingt notwendige Maß,

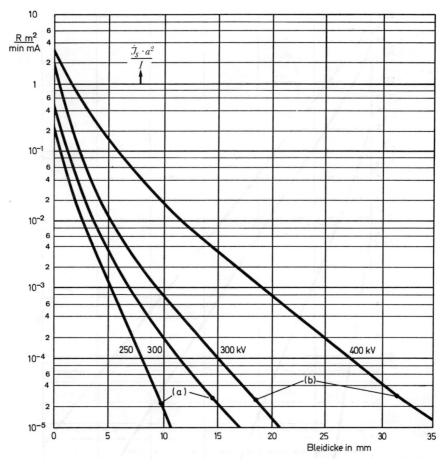

Abb. 8–13. Schwächung von Röntgennutzstrahlung durch Blei. Reduzierte Standard-Ionendosisleistung $\dot{J}_s \cdot a^2/I$ als Funktion der Bleidicke für die pulsierenden (a) und konstanten (b) Gleichspannungen 250, 300 und 400 kV ($\dot{J}_s$ Standard-Ionendosisleistung, a Fokusabstand, I Röhrenstrom) (nach NCRP [349])

b) Auswahl von Radionukliden geringer Radiotoxizität (s. Abschn. 8.5.2.2.2),
c) Umschließung der Radionuklide durch Hüllen, Behälter, Handschuhkästen, Zellen usw.,
d) Bindung der Radionuklide in chemisch beständigen Festkörpern wie Keramik, Glas, Kunststoff u.a.,
e) Rückhaltung freigesetzter Radionuklide durch Lüftungsanlagen mit Unterdruck und Schleusensystemen, durch Abluftanlagen mit Verzögerungsstrecken, Rückhaltebehältern und Filtersystemen sowie durch Abwasseranlagen mit Ionenaustauschern u.a.,
f) Überführung der radioaktiven Rückstände in einen lagerfähigen Zustand,
g) Endlagerung der Rückstände, z.B. in Höhlen, Kavernen, Bergwerken oder im Polareis.

Die Verfahren a) und b) können naturgemäß nicht auf Radionuklide angewendet werden, die etwa bei der Teilchenbeschleunigung oder der Energiegewinnung aus der Kernspaltung auftreten. Die Maßnahmen c) bis f) werden im folgenden behandelt.

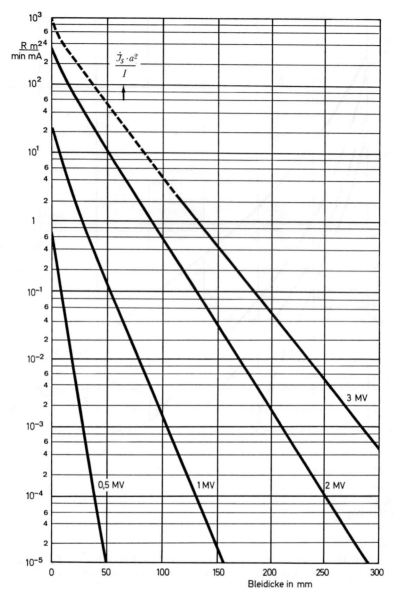

Abb. 8-14. Schwächung von Röntgennutzstrahlung durch Blei. Reduzierte Standard-Ionendosisleistung $\dot{J}_s \cdot a^2/I$ als Funktion der Bleidicke für die Röhrengleichspannungen 0,5, 1, 2 und 3 MV ($\dot{J}_s$ Standard-Ionendosisleistung, a Fokusabstand, I Röhrenstrom) (nach NCRP [349])

8.5.3.2.1 Umschließung radioaktiver Stoffe

Umschlossene radioaktive Stoffe. Radioaktive Stoffe, die ständig von einer allseitig dichten, festen, inaktiven Hülle umschlossen sind, die bei üblicher betriebsmäßiger Beanspruchung einen Austritt der radioaktiven Stoffe mit Sicherheit verhindert, gelten als umschlossene radioaktive Stoffe (sealed sources) (1. SSVO). Für umschlossene radioaktive Stoffe entfallen die Vorschriften für offene radioaktive Stoffe. Umschlossene radioaktive Stoffe in Geräten, Anlagen und Vorrichtungen können nach der 1. SSVO

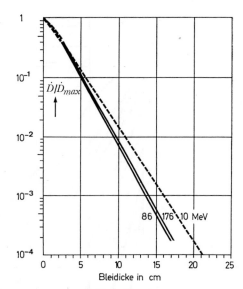

Abb. 8–15. Schwächung von Röntgennutzstrahlung mit breitem Strahlenbündel durch Blei. Relative Energiedosisleistung $\dot{D}/\dot{D}_{max}$ in Luft als Funktion der Bleidicke für die Maximalenergien 10, 86 und 176 MeV (nach ICRP [243])

Tabelle 8–40. Dichtheitsprüfungen für umschlossene radioaktive Stoffe (Bundesrepublik Deutschland)

Radioaktiver Stoff	Prüfverfahren	Prüfdauer in Stunden	Grenzwert für Dichtheit
Radium	*Emanationstest* Absorption in Aktivkohle — in Prüfröhrchen	12	0,01 µCi ^{222}Rn in Kohle
Sonstige feste Stoffe	*Immersionstest* Immersion in Gemisch Alkohol und Wasser (1 : 1) bei 50 °C	8	0,05 µCi des umschlossenen radioaktiven Stoffes im Gemisch
	Naßwischtest mit in Alkohol getränkter Watte	—	0,01 µCi des umschlossenen radioaktiven Stoffes in der Watte
Sonstige gasförmige Stoffe	*Leckratentest* in 1000 ml — Gefäß	24	0,1 µCi/h des umschlossenen radioaktiven Stoffes im Gefäß

als „bauartgeprüfte Vorrichtungen" zugelassen werden, wenn die radioaktiven Stoffe berührungssicher abgedeckt sind und die Äquivalentdosisleistung in 0,1 m von der berührbaren Oberfläche 0,1 mrem/h nicht überschreitet. Umschlossene radioaktive Stoffe als Prüfstrahler können als „bauartgeprüft" bis zu einer Aktivität von 1 mCi zugelassen werden, wenn die Äquivalentdosisleistung 10 mrem/h in 0,1 m von der berührbaren Oberfläche nicht überschreitet. Für bauartgeprüfte Vorrichtungen und bauartgeprüfte Prüfstrahler ist wegen des geringen Inkorporationsrisikos keine Umgangsgenehmigung erforderlich. Umschlossene radioaktive Stoffe, deren Aktivität die Freigrenze übersteigt, müssen im allgemeinen von einer durch die Genehmigungsbehörde bezeichneten Stelle in bestimmten Zeitabständen auf Dichtheit geprüft werden. In Tab. 8–40 sind einige Prüfverfahren für Dichtheit zusammengestellt.

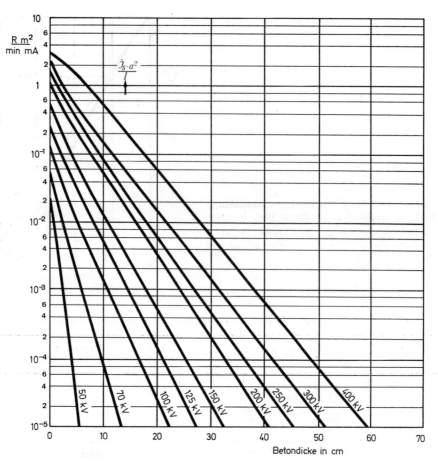

Abb. 8–16. Schwächung von Röntgennutzstrahlung durch Beton (Dichte 2,35 g/cm³). Reduzierte Standard-Ionendosisleistung $\dot{J}_s \cdot a^2 / I$ als Funktion der Betondicke für die pulsierenden Röhrenspannungen 50, 70, 100, 125, 150, 200, 250, 300 und 400 kV ($\dot{J}_s$ Standard-Ionendosisleistung, a Fokusabstand, I Röhrenstrom)(nach NCRP [349])

Strahlenschutzregeln bei der medizinischen Anwendung von ⁹⁰Sr-Präparaten sind vom Bundesministerium für Bildung und Wissenschaft [51], für sonstige umschlossene radioaktive Stoffe in den deutschen Normen [71, 90] und praktische Hinweise in zwei weiteren Untersuchungen [159, 357] angegeben. Außerhalb der BRD sind zum Teil andere Definitionen für umschlossene radioaktive Stoffe und auch abweichende Methoden für Dichtheitsprüfungen in Gebrauch [390, 417]. Für die Umschließung radioaktiver Stoffe zur Beförderung auf Land-, Luft- und Seewegen bestehen weitgehend einheitliche Regelungen (s. Tab. 8–2).

Sonstige Umschließungen radioaktiver Stoffe. Sind die oben angegebenen Bedingungen für umschlossene radioaktive Stoffe nicht erfüllt, so sind trotz der Umschließung die Bestimmungen für offene radioaktive Stoffe anzuwenden. Zu derartigen Umschließungen gehören unter anderem Brennelementhüllen, Bestrahlungskapseln, Rohrleitungssysteme, Behälter und Tanks für feste, flüssige und gasförmige radioaktive Stoffe. Bezüglich der Dichtheitsprüfungen wird auf eine Übersicht [112] verwiesen. In weiterem Sinne gehören zu den Umschließungen auch Handschuhkästen, heiße Zellen und das Contain-

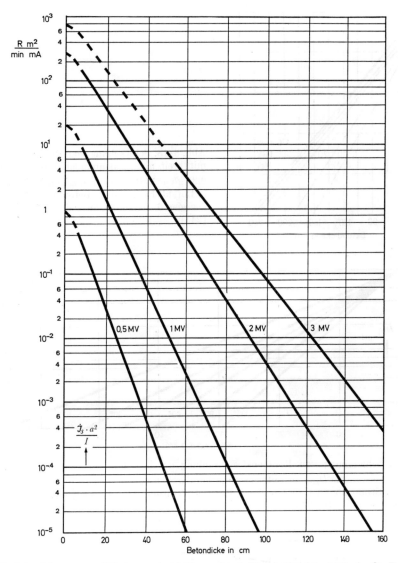

Abb. 8–17. Schwächung von Röntgennutzstrahlung durch Beton (Dichte 2,35 g/cm³). Reduzierte Standard-Ionendosisleistung $\dot{J}_s \cdot a^2/I$ als Funktion der Betondicke für die Röhrengleichspannungen 0,5, 1, 2 und 3 MV ($\dot{J}_s$ Standard-Ionendosisleistung, a Fokusabstand, I Röhrenstrom) (nach NCRP [349])

ment von Reaktoren. Konstruktion und Dichtheitsprüfungen (Leckratentests) von Handschuhkästen [112, 142, 198, 425, 443, 444], heißen Zellen [108, 198, 228, 425] und des Reaktor-Containments [62, 112, 214, 373] sind in der Literatur beschrieben worden.

8.5.3.2.2 Bindung radioaktiver Stoffe

Die Bindung radioaktiver Stoffe an Keramik, Beton, Bitumen, Glas, Kunststoff wird vielfältig, insbesondere bei radioaktiven Rückständen [236] (s. Abschn. 8.5.3.2.4), angewendet. Durch Eintauchen in Flüssigkeiten bei vorgegebener Temperatur kann leicht geprüft werden, ob radioaktive Stoffe freigesetzt werden. Deshalb sind auch für ge-

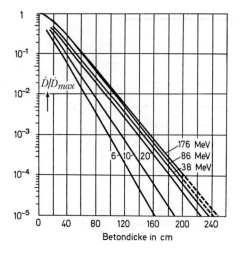

Abb. 8–18. Schwächung von Röntgennutzstrahlung mit breitem Strahlenbündel durch Beton (Dichte 2,35 g/cm³). Relative Energiedosisleistung $\dot{D}/\dot{D}_{max}$ in Luft als Funktion der Betondicke für die Maximalenergien 6, 10, 20, 38, 86 und 176 MeV (nach ICRP [243])

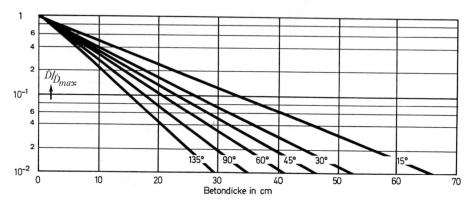

Abb. 8–19. Schwächung von Röntgenstreustrahlung durch Beton (Dichte 2,35 g/cm³). Relative Energiedosisleistung $\dot{D}/\dot{D}_{max}$ in Luft als Funktion der Betondicke für eine 6-MV-Röntgenstrahlung bei breitem Strahlenbündel, die an einem Preßholzphantom unter 15°, 30°, 45°, 60°, 90° und 135° gestreut ist (nach NCRP [349])

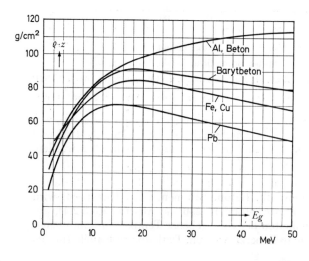

Abb. 8–20. Schwächung von Röntgennutzstrahlung durch Beton (Dichte 2,3 g/cm³), Al, Fe, Cu, Barytbeton (Dichte 2,7–3,2 g/cm³) und Pb. Flächendichte $\varrho \cdot z$ als Funktion der Grenzenergie E_g der Röntgenbremsstrahlung (s. Abschn. 6.1.1.) bei breitem Strahlenbündel zur Berechnung der Zehntelwertdicke z, bezogen auf die Energiedosisleistung in Luft (∂ Dichte) (nach DIN 6847 [82])

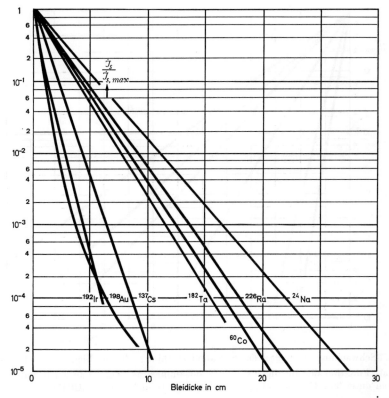

Abb. 8–21. Schwächung von Gammastrahlung durch Blei. Dosisschwächungsgrad $\dot{J}_s/\dot{J}_{s,max}$ als Funktion der Bleidicke für die Gammastrahlung verschiedener Radionuklide (nach NCRP [349])

bundene radioaktive Stoffe die Bestimmungen für offene radioaktive Stoffe anzuwenden, sofern keine zusätzliche Hülle nach Abschn. 8.5.3.2.1 vorhanden ist.

8.5.3.2.3 Rückhaltung radioaktiver Stoffe

Lüftungsanlagen. Durch die Anordnung räumlicher Bereiche nach steigendem Inkorporationsrisiko und Steigerung des Unterdrucks in Richtung steigenden Risikos wird erreicht, daß etwa freigesetzte radioaktive Stoffe mit der Luft jeweils in Bereiche mit höherem Kontaminationsrisiko und kontrolliert in das Abluftsystem und damit an die Außenwelt abgegeben werden. Der Unterdruck in einem Raum mit erhöhtem Kontaminationsrisiko sollte gegenüber der Außenluft mindestens 0,5 mm WS (s. Tab. 1–8) betragen, bei Hallen mit heißen Zellen sollte er jedoch innerhalb etwa 20 s auf mehr als 8 mm WS gebracht werden können. Der Unterdruck in einem Handschuhkasten liegt je nach Größe, Form und Kontaminationsrisiko zwischen 6 und 50 mm WS, in heißen Zellen jedoch im allgemeinen mindestens bei 25 mm WS. Je nach den Verhältnissen werden für Laborräume 5 bis 20 Luftwechsel pro Stunde und für Handschuhkästen 30 bis 180 Luftwechsel pro Stunde vorgesehen. Um den Unterdruck zwischen verschiedenen räumlichen Bereichen aufrecht zu erhalten, werden Schleusen verwendet. Einzelheiten über Lüftungsanlagen werden in der Literatur [53, 108, 112, 142, 185, 412, 418] behandelt.

Abluftanlagen. Ein wesentlicher Bestandteil aller Abluftanlagen sind die Filtersysteme. In der BRD werden für kerntechnische Anlagen als Feinfilter Schwebstoffilter der

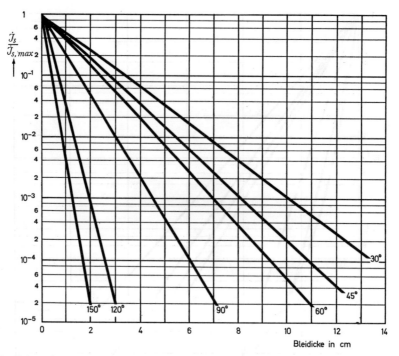

Abb. 8–22. Schwächung von gestreuter Gammastrahlung durch Blei. Dosisschwächungsgrad $\dot{J}_s/\dot{J}_{s,max}$ als Funktion der Bleidicke für die ^{60}Co-Gammastrahlung, die an einem zylindrischen Masoniphantom unter 30°, 45°, 60°, 90°, 120° und 150° gestreut ist (nach NCRP [349])

Sonderstufe S vorgeschrieben. Diese Filter haben eine besonders hohe Abscheidungsleistung für feste und flüssige Aerosole aller Kornbereiche mit Teilchendurchmesser bis unterhalb 1 μm. Richtlinien für die Prüfung von Filtern der Sonderstufe S sind publiziert worden [393].
Die Filter werden charakterisiert durch den prozentualen Abscheidegrad η, die prozentuale Durchlässigkeit D und den Dekontaminationsfaktor F, die folgendermaßen definiert sind:

$$\eta = \left(1 - \frac{N_1}{N_2}\right) 100; \quad D = \frac{N_2}{N_1} \cdot 100; \quad F = \frac{N_1}{N_2}.$$

Dabei ist N_1 die Konzentration der Schwebstoffe vor dem Filter und N_2 hinter dem Filter.
Filter der Sonderstufe S müssen für radioaktiv induzierte natürliche atmosphärische Aerosole einen mittleren Abscheidegrad $\eta > 99{,}95\%$ haben.
Bei hohem Luftdurchsatz schaltet man zweckmäßig Grobfilter vor das Feinfilter. Werden auch Gase, insbesondere Edelgase, freigesetzt, so wird der Aufwand für die Rückhaltung wesentlich größer. Filter und andere Teile von Abluftsystemen sind in der Literatur [66, 108, 112, 217, 228, 239, 412, 418, 425, 438] beschrieben worden.
Abwasseranlagen. Zur Rückhaltung radioaktiver Abwässer werden sie entweder am Arbeitsplatz in Auffangbehältern gesammelt, die zur weiteren Behandlung abtransportiert werden, oder sie werden in besondere Abflüsse über ein eigenes Rohrleitungssystem zu Sammelbehältern geleitet, deren Inhalt in abgeschirmte Spezialtankwagen oder Transportbehälter abgepumpt und zur weiteren Behandlung abtransportiert wird. Bei hohen

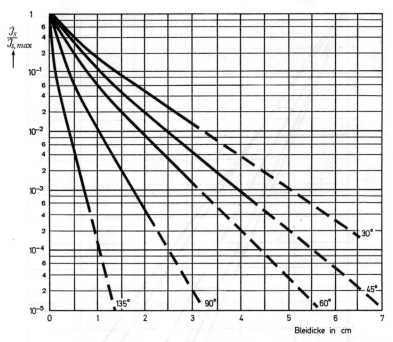

Abb. 8–23. Schwächung von gestreuter Gammastrahlung durch Blei. Dosisschwächungsgrad $\dot{J}_s/\dot{J}_{s\,max}$ als Funktion der Bleidicke für die ^{137}Cs-Gammastrahlung, die an einem zylindrischen Masonitphantom unter 30°, 45°, 60°, 90° und 135° gestreut ist (nach NCRP [349])

Anteilen kurzlebiger Radionuklide werden die Abwässer ausreichend lange in Abklingtanks aufbewahrt. Hinweise auf Konstruktion und Betrieb von Anlagen zur Rückhaltung radioaktiver Abwässer enthält das Literaturverzeichnis [108, 187, 198, 212, 228, 303].

8.5.3.2.4 Behandlung und Beseitigung radioaktiver Rückstände

Radioaktive Rückstände müssen im allgemeinen durch besondere Behandlung in einen Zustand überführt werden, in dem sie wirtschaftlich und sicher gelagert werden können. Die Behandlung hängt von der Konzentration der Radionuklide und dem Aggregatzustand der Rückstände ab [233]. Radioaktive Rückstände werden auch in die Umwelt abgeleitet oder ins Meer versenkt. Zulässig sind nur Verfahren, bei denen die Rückstände dem Biozyklus und damit der Umwelt für immer entzogen werden. Übersichten über die Behandlung [112, 180, 187, 192, 196, 212, 217, 227, 302, 303] und die Beseitigung [164, 173, 178, 183, 192, 203, 215, 302, 303] radioaktiver Stoffe sind im Literaturverzeichnis angegeben.

Feste radioaktive Rückstände. Bei festen radioaktiven Rückständen ist der Strahlenschutz vor allem bei der Handhabung [218] und Beförderung (s. Tab. 8–2) vor und nach der Behandlung für die Endlagerung zu beachten. Die Einteilung der IAEA [233] (s. Tab. 8–41) sieht vor, daß feste Rückstände, die Alphastrahler in höheren Konzentrationen enthalten (Gruppe 4), im allgemeinen von Beta- und Gammastrahlern (Gruppen 1 bis 3) isoliert sind und für Rückstände der Gruppe 4 keine Kritikalitätsgefahr be-

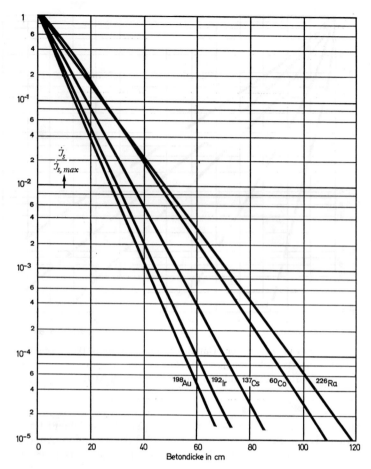

Abb. 8–24. Schwächung von Gammastrahlung durch Beton (Dichte 2,35 g/cm³). Dosisschwächungsgrad $\dot{J}_s/\dot{J}_{s,max}$ als Funktion der Betondicke für die Gammastrahlung verschiedener Radionuklide (nach NCRP [349])

steht. Rückstände der Gruppe 1 können ohne besondere Schutzvorkehrungen gehandhabt und befördert werden. Rückstände der Gruppe 2 lassen sich im allgemeinen in einfach abgeschirmten Behältern aus Beton, Eisen oder Blei befördern. Rückstände der Gruppe 3 erfordern besondere Schutzmaßnahmen.

Flüssige radioaktive Rückstände. Flüssige radioaktive Rückstände der Gruppe 1 der IAEA-Klassifikation [233] (s. Tab. 8–42) können im allgemeinen unbehandelt nach den Auflagen der Genehmigungsbehörden unmittelbar an die Umwelt abgeleitet werden. In der Bundesrepublik Deutschland dienen den Genehmigungsbehörden die Grundsätze des Bundesministeriums für Bildung und Wissenschaft [51] bei medizinischen Radionuklidanwendungen und bei sonstigen Nuklidanwendungen die Empfehlungen des Länderausschusses für Atomenergie [306] als Basis für die Festlegung der Grenzwerte (s. Abschn. 8.5.2.2.4). Rückstände der Gruppen 2 bis 4 werden durch Verdampfung [219], Ionenaustausch [213] oder sonstige [234], insbesondere chemische Methoden [220] angereichert und als Konzentrate [218, 236] für die Endlagerung vorbereitet. Die Rückstände dieser Gruppen unterscheiden sich im übrigen nur durch den Aufwand für die

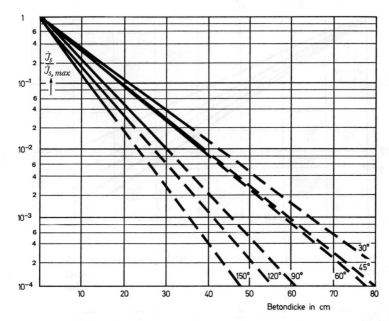

Abb. 8–25. Schwächung gestreuter Gammastrahlung durch Beton (Dichte 2,35 g/cm³). Dosisschwächungsgrad $\dot{J}_s/\dot{J}_{s,max}$ als Funktion der Betondicke für die ^{60}Co-Gammastrahlung, die an einem zylindrischen Masonitphantom unter 30°, 45°, 60°, 90°, 120° und 150° gestreut ist (nach NCRP [349])

Tabelle 8–41. Vorschlag der IAEA für die Einteilung fester radioaktiver Rückstände [233]

Gruppe	Standard-Ionendosisleistung $\dot{J}_s$ an der Oberfläche der Rückstände R/h	Bemerkungen
1	$\dot{J}_s \leqq 0{,}2$	} β-γ-Strahler
2	$0{,}2 < \dot{J}_s \leqq 2$	
3	$2 < \dot{J}_s$	α-Strahler-Anteil unbedeutend
4	Die α-Aktivitätskonzentration wird in Ci/m³ angegeben	vorwiegend α-Strahler β-γ-Strahler-Anteil unbedeutend, keine Kritikalitätsgefahr

Tabelle 8–42. Vorschlag der IAEA für die Einteilung flüssiger radioaktiver Rückstände [233]

Gruppe	Aktivitätskonzentration c_A µCi/ml	Bemerkungen	
1	$c_A \leqq 10^{-6}$	wird gewöhnlich nicht weiter behandelt	
2	$10^{-6} < c_A \leqq 10^{-3}$	keine Abschirmung erforderlich	Behandlung durch gebräuchliche Methoden
3	$10^{-3} < c_A \leqq 10^{-1}$	Abschirmung möglicherweise erforderlich	
4	$10^{-1} < c_A \leqq 10^4$	Abschirmung erforderlich	
5	$10^4 < c_A$	Kühlung erforderlich	

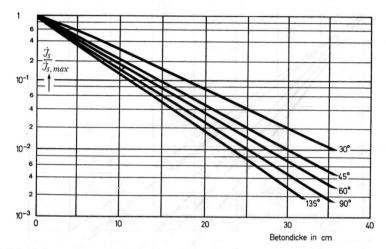

Abb. 8-26. Schwächung gestreuter Gammastrahlung durch Beton (Dichte 2,35 g/cm³). Dosisschwächungsgrad $\dot{J}_s/\dot{J}_{s,max}$ als Funktion der Betondicke für die ^{137}Cs-Gammastrahlung, die an einem zylindrischen Masonitphantom unter 30°, 45°, 60°, 90° und 135° gestreut ist (nach NCRP [349])

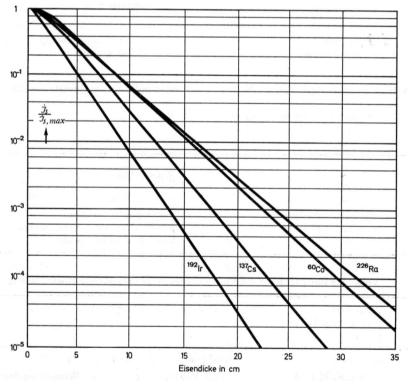

Abb. 8-27. Schwächung von Gammastrahlung durch Eisen. Dosisschwächungsgrad $\dot{J}_s/\dot{J}_{,max}$ als Funktion der Eisendicke für die Gammastrahlung verschiedener Radionuklide (nach NCRP [349])

Abschirmung. Rückstände der Gruppe 5 müssen wegen der Wärmeentwicklung gekühlt werden und lassen sich erst behandeln, nachdem die Aktivität hinreichend abgeklungen ist. Bis dahin werden diese Rückstände in Tanks gelagert.

Gasförmige radioaktive Rückstände. Gasförmige radioaktive Rückstände werden nach der IAEA [233] in den 3 Gruppen vor der Ableitung entsprechend Tab. 8–43 behandelt (s. Abschn. 8.5.3.2.3).

Tabelle 8–43. Vorschlag der IAEA für die Einteilung gasförmiger radioaktiver Rückstände [233]

Gruppe	Aktivitäts- konzentration c_A Ci/m³	Bemerkungen
1	$c_A \leq 10^{-10}$	gewöhnlich vor der Ableitung nicht weiter behandelte Gase
2	$10^{-10} < c_A \leq 10^{-6}$	gewöhnlich vor der Ableitung gefilterte Gase
3	$10^{-6} < c_A$	gewöhnlich besonders behandelte Gase

Radioaktive Stoffe enthaltende Leichen. Für die Bestattung von Leichen gelten die Grundsätze des BMBW [51]. Im übrigen dürfen nach der 1. SSVO radioaktive Rückstände nur in Sonderfällen in den Erdboden gebracht werden.
Lagerung radioaktiver Rückstände. Für Rückstände mit langlebigen Radionukliden sind Zwischenlager für begrenzte Zeiträume [203, 212, 215, 227] und Endlager großer Kapazität für extrem lange Zeiträume bis zu einigen tausend Jahren erforderlich, um die Rückstände ohne besondere Wartung dem Biozyklus entziehen zu können (s. Abschn. 8.5.3.2.g) [215, 227]. In der Bundesrepublik Deutschland haben die Landesbehörden Zwischenlager eingerichtet. Nach der Bearbeitung werden die Rückstände in das frühere Salzbergwerk Asse II bei Wolfenbüttel als Endlager überführt [164, 302].

8.5.4 Technischer Personenschutz

Reichen die Schutzmaßnahmen an den Strahlenquellen (s. Abschn. 8.5.3) nicht aus, so müssen die Personen oder auch strahlengefährdete Objekte zusätzlich geschützt werden. Biologisch-chemische Strahlenschutzmittel [167] zur Verminderung der Strahlensensibilität von Personen dürfen nur in extremen Notfällen und auf Anordnung eines kompetenten Strahlenschutzarztes angewendet werden, wenn fernbediente Operatoren [342] nicht eingesetzt werden können.

8.5.4.1 Schutz vor äußeren Strahlenquellen

Zum technischen Personenschutz gegen äußere Strahlenquellen gehören Abschirmungen des Körpers und Einrichtungen zur Handhabung von Strahlenquellen. Schutz gegen Alpha- und Betastrahlung bieten Plastik-, Gummi- und Lederhandschuhe, begrenzter Schutz gegen Röntgen- und Gammastrahlung läßt sich durch folgende Schutzmittel erreichen, deren Bleigleichwert (s. Abschn. 8.5.3.1.2) für 80 kV Röntgenröhrenspannung im folgenden angegeben wird (s. auch Tab. 8–44):

0,25 mm Pb: leichte Schutzschürze, leichter Schutzmantel, Schutzrock, Kleinschutzschürze, leichter Schutzhandschuh, Beckenschutz für Patienten, Armstulpe,
0,5 mm Pb: schwere Schutzschürze, Schutzschild und Schutzschürze für Patienten, schwerer Schutzhandschuh, Schienbeinschützer,
$\geq 0{,}7$ mm Pb: Schutzkanzeln.

Leider beziehen sich die von den Herstellern angegebenen Schwächungsgrade oder Bleigleichwerte vielfach auf unterschiedliche Strahlengeometrien und -qualitäten. Nur für

Tabelle 8–44. Schwächung der Nutz- und Streustrahlung von Röntgenstrahlung durch Schutzstoffe mit Bleigleichwerten von 0,25 und 0,5 mm. Richtwerte nach DIN 6813 [74]

Röhren-spannung kV	Gesamtfilter mm (bei Nutzstr.)	Dosisschwächungsgrad $\dot{J}_s/\dot{J}_{s\,max}$ bei Bleigleichwert von			
		0,25 mm		0,5 mm	
		bei Nutzstr.	bei Streustr.	bei Nutzstr.	bei Streustr.
60	2 Al	0,01	0,01	0,003	0,002
75	2 Al	0,04	0,04	0,01	0,007
90	3 Al	0,08	0,07	0,02	0,015
120	3 Al	0,14	0,12	0,05	0,03
150	0,2 Cu	0,25	0,16	0,10	0,05
200	0,2 Cu	0,35	0,25	0,15	0,09

Röntgenschutzkleidung, -schutzkanzeln und -schutzwände bestehen Regeln für die Herstellung [74]. Schutzstoffe für Röntgen- und Gammastrahlung müssen normgerecht geprüft werden [80]. Beispiele für den technischen Personenschutz (Schutzkleidung, Abschirmungen) sind in verschiedenen Übersichten angegeben [28, 52, 142, 337]. Daten für Bleischutzgläser für Röntgenstrahlen im konventionellen Energiebereich findet man in der deutschen Norm [78]. Zahlenwerte für die optische Durchlässigkeit verschiedener Bleigläser sowie Schwächungskoeffizienten und Zehntelwertschichten für Photonen mit Energien zwischen 0,1 MeV und 100 MeV sind veröffentlicht worden [283].
Zur Handhabung von Strahlenquellen gibt es mechanische, hydraulische und elektronische Werkzeuge und Einrichtungen. Gegebenenfalls werden daneben licht- oder elektronenoptische Beobachtungssysteme benötigt.
Einfache Ferngreifer, Fernpipetten, Spiegelsysteme usw. [28, 112, 357] und kompliziertere Systeme [108, 225, 228, 342] sind in mehreren Arbeiten beschrieben. Eine Übersicht über den Stand der Entwicklung vermitteln die Proceedings der Symposien der ANS [4].

8.5.4.2 Schutz vor Kontamination und Inkorporation

Schutz gegen äußere Kontamination bieten z. B. Arbeitskittel, Gummihandschuhe, Schutzbrillen, Überschuhe, Haarschutz und Vollschutzanzüge. Die Richtlinien der IAEA [190] enthalten einen umfassenden Katalog von Ausrüstungsgegenständen zur Schutzkleidung mit zahlreichen Literaturhinweisen. Praktische Hinweise über Schutzkleidung gibt die Arbeit von OBERHOFER [357], während über Katastrophenschutzanzüge in einer anderen Arbeit [297] ausführlich berichtet wird.
Atemschutzgeräte mit Luftfiltern oder besonderer Atemluftversorgung schützen vor radioaktiven Aerosolen. Da in begehbaren Räumen unter normalen Betriebsbedingungen die Luftkonzentrationen unterhalb der Grenzwerte zu halten sind, die einen Atemschutz erfordern (s. Abschn. 8.4.2.3.1), wird ein Atemschutz nur bei Arbeiten in Bereichen hoher Kontamination und bei Freisetzung radioaktiver Stoffe benötigt (Fluchtgeräte und Geräte für Einsatzkräfte). In der Bundesrepublik Deutschland gibt es für Atemschutzgeräte verbindliche Richtlinien [69, s. Tab. 8–9].

Als Filtergeräte gibt es Halb- und Vollmasken. Halbmasken dürfen nur bis zum 100-fachen, Vollmasken nur bis zum 1000fachen der maximal zugelassenen radioaktiven Konzentrationen in Luft (s. Abschn. 8.4.2.3.1) verwendet werden, mit Ausnahme von Fluchtgeräten in Notstandslagen. Bei höheren Konzentrationen müssen Vollschutzanzüge mit Schlauch-, Behälter- oder Regenerationsgeräten eingesetzt werden. Den im Handel befindlichen Filtergeräten sind bestimmte Schutzstufen zuerkannt worden [69].
Für Schwebstoff-, Dampf- oder Gasgemische ist die Schutzstufe IIIc vorgeschrieben.

Die Schutzstufe IIc darf nur verwendet werden, wenn die radioaktiven Stoffe nicht als Schwebstoffe oder Feinstäube vorliegen. Atemschutzgeräte sind in einem Handbuch [96] und in den Richtlinien der IAEA [190] beschrieben.

Die Abscheidegrade (s. Abschn. 8.5.3.2.3) von Filtergeräten für flüchtige organische Verbindungen sind untersucht worden [152], dabei wurde Jodaerosol und elementares Jod nahezu vollständig, Methyljodid nur zu 30 bis 50% zurückgehalten. Der Nachweis [101], daß etwa 1% des aus bestrahlten Kernbrennstoffen freigesetzten Radiojods in organischer Form auftritt, ist für die Entwicklung von Atemschutzgeräten richtungsweisend.

Da die Radiojodkontamination bei schweren Störfällen ein sehr schwieriges Problem [91] ist, soll hier auf die Blockierung der Radiojodaufnahme der Schilddrüse durch Verabfolgung inaktiven Jods etwa als Kaliumjodid hingewiesen werden [2] (s. Tab. 8–35).

8.5.5 Meßtechnische Überwachung

Das weite Anwendungsgebiet ist im folgenden nach den zu überwachenden Gefahrenquellen gegliedert.

8.5.5.1 *Meßtechnische Überwachung von äußeren Strahlenquellen und Personen*

Die meßtechnische Überwachung äußerer Strahlenquellen erstreckt sich auf die Quellen, die Strahlenfelder und die Strahlenexpositionen von Personen.

Die Quellen sowie deren Strahlenfelder werden vor allem durch Messungen von Ortsdosisleistungen überwacht. Dagegen interessiert bei der Strahlenexposition von Personen primär die Äquivalentdosis. Nur bei Strahlenfeldern, bei denen plötzlich hohe Dosisleistungen im Arbeitsbereich auftreten können, wird neben der Personendosis — meist über Warngeräte mit Schwellwerteinstellung — auch die Personendosisleistung überwacht.

Die Äquivalentdosisleistung und Äquivalentdosis von Personen (s. Abschn. 4.4.10.1, 4.4.10.2 und 4.4.10.3) kann jedoch im allgemeinen erst nach Kenntnis von Strahlenart und Strahlenqualität aus Meßwerten bestimmt werden. Bezüglich der Strahlenschutzmessungen an Hochenergiebeschleunigern wird auf die Arbeiten von BAARLI u. SULLIVAN [14, 14a, 14b, 397a] und FREYTAG [140] verwiesen.

Bei der Analyse der Ursachen außergewöhnlich hoher Expositionen haben sich Personendosimeter besonders bewährt, die zusätzlich zur Strahlenart und -qualität Aussagen über die Häufigkeit der Expositionen und die Einfallsrichtung der Strahlung zulassen. Für die betriebseigene Überwachung müssen die Dosimeter jederzeit die Feststellung der Dosis ermöglichen. In der Bundesrepublik Deutschland ist durch die 1. SSVO außerdem eine amtliche Überwachung mit Dosimetern der nach Landesrecht zuständigen Meßstellen (s. Abschn. 7.3.2.5.2) vorgeschrieben. Für einige häufig verwendete Personendosimeter sind in Tab. 8–45 charakteristische Merkmale sowie die unteren und oberen Nachweisgrenzen angegeben.

In Ergänzung zur Dosimetrie in Kapitel 7 wird hier nur auf einige Übersichten zur meßtechnischen Strahlenschutzüberwachung hingewiesen [109, 124, 225, 235, 294, 294a, 356, 357]. Die meßtechnische Überwachung von Personen bei äußeren Strahlenquellen wird ausführlich in Richtlinien der IAEA [182] und der ICRP [251] behandelt. Beschreibungen von Dosimetern findet man in verschiedenen Arbeiten [19, 107, 109, 176, 208, 224, 231, 235, 294, 294a, 356].

8.5.5.2 *Meßtechnische Überwachung der Freisetzung und Verbreitung radioaktiver Stoffe*

Die Überwachung erstreckt sich hierbei auf die Wirksamkeit von Umschließung, Bin-

Tabelle 8-45. Auswerteverfahren und Nachweisgrenzen häufig verwendeter Personendosimeter für verschiedene Strahlenarten

Dosimeter	Auswerteverfahren	Strahlenart	Nachweisgrenze untere	Nachweisgrenze obere	Bemerkungen
Filmdosimeter (s. auch Abschn. 7.3.2.5)	Filteranalyse nach photometrischer Auswertung der Filmschwärzung	Röntgen-, Gammastrahlen langsame (thermische) Neutronen	~40 mR	~100 R	Grenzwerte gelten nur für Doppelfilme (empfindlich und unempfindlich) und konventionelle Auswertung
			~20 mrem	~50 rem	
	Bahnspurzählung auf Kernspurfilm	schnelle Neutronen	~20 mrem	~20 rem	
Taschenionisationskammer	Ablesung über eingebautes Fadenelektrometer (direkt) oder über getrenntes Elektrometer (indirekt)	Röntgen-, Gammastrahlen langsame (thermische) Neutronen, schnelle Neutronen	~20 mR	200 mR	Gammakammern sind bis zur oberen Nachweisgrenze von 1000 R erhältlich, die untere Nachweisgrenze erhöht sich entsprechend
			~20 mrem	200 mrem	
			~20 mrd	200 mrd	
Phosphatglasdosimeter (s. auch Abschn. 7.3.2.6)	Photometerauswertung der Radiophotolumineszenz bei UV-Anregung des Glases	Röntgen-, Gammastrahlen langsame (thermische) Neutronen	~50 mR	~1000 R	Die Werte gelten für ein Glas von $8 \times 8 \times 4{,}7$ mm im Proportionalbereich
			~10 mrem	200 rem	
Thermolumineszenzdosimeter (s. auch Abschn. 7.3.2.7)	Photometerauswertung der Thermolumineszenz bei Ausheizung des Leuchtphosphors	Röntgen-, Gammastrahlen	~1 mR	~10000 R	Die Werte beziehen sich auf ein CaF_2/Mn-Dosimeter

dung und Rückhaltung radioaktiver Stoffe (s. Abschn. 8.5.3.2), auf die Kontamination von Arbeits- und Verkehrsflächen sowie des Bodens der Umwelt, der Luft in Arbeitsräumen, der Abluft und der Luft der Umwelt, der Niederschläge, der Abwässer, der Gewässer der Umwelt, des Trinkwassers und der Nahrungsmittel sowie auf die äußere und innere Kontamination von Personen [436]. Innere Kontaminationen (Inkorporationen) werden in Abschn. 8.5.5.3 behandelt.
Zur Überwachung von Umschließung, Bindung und Rückhaltung radioaktiver Stoffe dienen einfache Strahlenmeßgeräte für radioaktive Stoffe in Gasen, Flüssigkeiten oder festen Proben. Geräte zur konventionellen Bestimmung von Leckraten sind beschrieben worden [112, 425]. Die Überwachung des Kontaminationsgrades von größeren Arbeits- und Verkehrsflächen erfordert einen relativ hohen Aufwand, wenn in begrenzter Zeit die Flächenaktivität (Aktivität/Fläche) ausreichend genau bestimmt werden soll.
Bei direkten Verfahren wird mit großflächigen Detektoren, die in geringem Abstand über die auszumessende Fläche gehalten werden, die Flächenaktivität unmittelbar aus der Alpha- bzw. Betaaktivität der radioaktiven Stoffe bestimmt. Wegen der Absorption, vor allem der Alpha- und der weichen Betastrahlung in der Luft und in der Detektorwandung müssen die Meßergebnisse vielfach korrigiert werden.
Bei den indirekten Verfahren werden die radioaktiven Stoffe mit trockenen oder nassen, vorzugsweise in Trichloraethan getränkten Papieren von definierten Flächen abgewischt oder mit Klebfolien abgehoben. Die Flächenaktivität wird aus der Aktivität der Wisch- bzw. Klebfolienprobe ermittelt. Ausgedehnte, stark kontaminierte Flächen können feucht aufgewischt werden, und die Flächenaktivität kann aus der Aktivität des Scheuertuches bestimmt werden.
Die lose (aufwirbelbare) Flächenkontamination läßt sich nach einem Verfahren abschätzen, bei dem die durch einen Luftstrom aufgewirbelten Kontaminanten von einer definierten Fläche auf Filterpapier aufgefangen und ausgemessen werden [374].
Die Resultate verschiedener Methoden sind nicht vergleichbar, da mit den direkten Verfahren die gesamte (feste und lose) Flächenkontamination, mit den indirekten Verfahren jedoch nur unterschiedliche Anteile erfaßt werden. Deshalb sollten neben den Ergebnissen auch die Methoden stets angegeben werden.
Geräte und Verfahren zur Überwachung von Flächenkontaminationen wurden beschrieben [28, 96, 114, 133, 238, 294, 294a, 356].
Zur meßtechnischen Überwachung des Kontaminationsgrades der Luft in Arbeitsräumen, der Abluft und der Luft der Umwelt muß die Aktivitätskonzentration in der Luft bestimmt werden. Zur Messung der Aktivitätskonzentration in der Atemluft wurden „Giraffen"-Monitore und tragbare Personenmonitore entwickelt, die die Luft über Saugstutzen möglichst nahe bei der Person entnehmen. Außerdem wird versucht, die Teilchengrößenverteilung zu bestimmen. Bei der Abluftüberwachung interessiert auch die gesamte Aktivität der innerhalb von bestimmten Zeiträumen abgegebenen radioaktiven Stoffe. Wenn radioaktive Gemische vorliegen, benötigt man analytische Verfahren, die wenigstens eine grobe Differenzierung ermöglichen, z.B. auf Tritium, Edelgase, langlebige Alphastrahler, langlebige Betastrahler ohne Tritium, Radiojod.
Zur direkten Luftüberwachung werden geschlossene oder offene Detektoren benutzt. Geschlossene Detektoren, vorzugsweise zur Überwachung der Luft im Freien und in Abluftkaminen, registrieren die von außen einfallende Gammastrahlung und energiereiche Betastrahlung. Sie sind gegen Alpha- und weiche Betastrahlung unempfindlich. Ihre Empfindlichkeit ist stark energieabhängig. Bei Radionuklidgemischen können solche Detektoren meist nur für einfache Warnanlagen benutzt werden. In offene Detektoren (Füllungs- oder Durchflußdetektoren) wird eine Luftprobe eingebracht und ausgemessen. Sollen nur Gase erfaßt werden, wird die Luft vorher durch Aerosolfilter geleitet. Mit diesen Anlagen lassen sich auch Alpha- und weiche Betastrahler nachweisen, jedoch genügt die Empfindlichkeit vielfach nicht, um Luftkontaminationen in Höhe der höchstzugelassenen Konzentrationen nachzuweisen.

Bei indirekten Verfahren wird der Gehalt der Luft an radioaktiven Aerosolen bestimmt. Definierte Luftvolumina werden über Aerosolfilter oder elektrostatische Aerosolabscheider geleitet. Aus der Aktivität der Aerosole und der Luftmenge kann die Aerosolkonzentration ermittelt werden. Durch Filter verschiedener Porenweite läßt sich eine Differenzierung nach Teilchengrößen erreichen. Durch wiederholte Ausmessung der Aerosolproben in verschiedenen Zeitabständen können kurzlebige und langlebige Komponenten ermittelt werden. Der Nachweis von Konzentrationen hochtoxischer Alphastrahler in der Größenordnung der höchstzugelassenen Werte ist schwierig, ebenso wie der Nachweis von Tritium in Gegenwart hoher Konzentrationen radioaktiver Edelgase oder der selektive Nachweis der radioaktiven Jodisotope in Gegenwart anderer Betastrahler bei Spaltproduktfreisetzungen.

Geräte und Methoden zur meßtechnischen Überwachung radioaktiver Stoffe in Luft wurden beschrieben [28, 61, 63, 116, 125, 137, 216, 294, 294a, 295, 356, 362].

Zur Überwachung des Kontaminationsgrades der Niederschläge, der Abwässer, der Gewässer, der Umwelt und des Trinkwassers wird die Aktivitätskonzentration bestimmt. Da jedoch nur kleine Flüssigkeitsmengen ausgemessen werden können, müssen die Meßproben repräsentativ sein. Die Probenahmeverfahren für Niederschläge, Kanalisationssysteme und öffentliche Gewässer sind von HABERER [151] zusammengestellt worden.

Bei den direkten Verfahren werden die Detektoren in die Wasserproben eingetaucht, Großflächendetektoren unmittelbar über die Flüssigkeitsoberfläche gebracht oder die Flüssigkeitsproben in Meßgeräte eingeleitet.

Bei den indirekten Verfahren werden die radioaktiven Stoffe in einem definierten Wasservolumen durch Verdampfen oder Zerstäubung des Wassers, durch Absorption und Mitfällung oder durch Ionenaustausch vom Wasser getrennt und zu konzentrierten Meßproben aufgearbeitet, deren Aktivität gemessen wird. Mit Ausnahme der Absorption und Mitfällung werden diese indirekten Verfahren auch für kontinuierlich arbeitende Systeme verwendet.

Verfahren und Geräte zur Überwachung der Kontamination in Niederschlägen und den verschiedenen Wässern sind in mehreren Arbeiten [151, 237, 294, 294a, 295, 356] beschrieben worden. In Tab. 8–46 sind die oberen und unteren Nachweisgrenzen für verschiedene Verfahren zur Überwachung der Ausbreitung radioaktiver Stoffe auf Oberflächen, in Luft und in Wasser angegeben.

Bei der meßtechnischen Überwachung der Kontamination der Lebensmittel wird die Häufigkeit der Probenahme und die Auswahl der Proben auf den Verbrauch abgestimmt. Hierzu sind Anleitungen von Euratom [116] gegeben worden.

Bei den direkten Meßmethoden wird die Aktivität der Lebensmittel ohne Aufarbeitung unmittelbar gemessen. Die Aktivität von Proben mit einem Volumen bis zu einigen hundert Litern können in Ganzkörperzählern (s. Abschn. 8.5.5.3), bis zu etwa 10 l in kleineren Geräten („babycounter", „arm counter") oder in Detektoren für Flüssigkeitsmessungen bestimmt werden, für die die Nahrungsmittel homogenisiert werden. Die Zählrate wird durch Trocknung oder trockene Veraschung der Proben erhöht, allerdings können hierbei flüchtige Kontaminanten entweichen. Zeitraubender ist die physikochemische Probenaufbereitung, die neben der chemischen Naßveraschung zahlreiche Verfahren zur selektiven Anreicherung bestimmter Kontaminanten umfaßt. Schnellmethoden für den Einsatz nach erheblichen Freisetzungen radioaktiver Stoffe sind von der IAEA [221] angegeben worden. Verfahren zur Aufarbeitung biologischer Meßproben enthält das Standardwerk der USAEC [413]. Weitere Übersichten wurden von der IAEA [209, 223] veröffentlicht.

Zur meßtechnischen Überwachung der äußeren Kontamination von Personen werden transportable Monitore oder fest installierte Hand-, Fuß- oder auch Rumpfmonitore eingesetzt. Manche Geräte geben Warnzeichen, wenn die Meßdauer unterschritten oder ein bestimmter Meßwert überschritten wird. Meßgeräte für äußere Kontaminationen von Personen sind in einigen Arbeiten beschrieben [238, 288, 357].

Tabelle 8-46. Nachweisgrenze verschiedener Verfahren zur Bestimmung der Kontamination von Oberflächen, von Luft und Wasser

Kontamination	Verfahren/Detektor	Spezifikationen		Kontaminant	untere Nachweisgrenze
Oberflächen-kontamination	Direktmessung mit Großflächenzähler	Fenster: Abdeckung:	100 cm² 0,9 mg/cm²	Betastrahler Alphastrahler	$\sim 2 \cdot 10^{-6}$ µCi/cm² $\sim 1 \cdot 10^{-7}$ µCi/cm²
	Indirektmessung mit Proportionalzählrohr	Blende: Abdeckung:	145 mm² keine	Tritium	$\sim 3 \cdot 10^{-5}$ µCi/cm²
Luft-kontamination	Direktmessung mit 2-GM-Zählrohren	Zählrohrabmessung: Wandstärke:	4,5 cm ∅ × 36 cm 0,2 mm Al Zählrohre in Differenzschaltung, davon eines gegen Betastrahlung abgeschirmt	Betastrahler ($E < 0,1$ MeV)	$\sim 10^{-8}$ µCi/cm³
	Direktmessung mit Großflächenzählrohr mit beidseitigen Fenstern	Fenster: Abdeckung:	2 × 660 cm² 0,4 mg/cm²	^{41}Ar	$\sim 10^{-8}$ µCi/cm³
	Indirekte Messung nach Aerosolabscheidung über Filter	Luftdurchsatz: Filter: Sammeldauer: Beta-Alpha-Pseudokoinzidenzschaltung; Umgebungsstrahlungskompensation	bis 60 m³/h 20 cm ∅ 1 h	Alphastrahler Betastrahler	$\sim 10^{-12}$ µCi/cm³ $\sim 10^{-11}$ µCi/cm³
Wasser-kontamination	Direktmessung mit Durchfluß-Proportionalzählrohr	Meßvolumen: Luftdurchsatz:	230 cm³ bis 120 l/h getrennter Meß und Schirmzähler	Tritium	$\sim 10^{-7}$ µCi/cm³
	Direktmessung mit Großflächen-Proportionalzählrohr	Fenster: Abdeckung:	20 cm ∅ 0,4 mg/cm² Dreistufiges Zählrohr mit Gammakompensation zur gleichzeitigen getrennten Überwachung von Alpha- und Betastrahlern	^{14}C ^{90}Sr, ^{90}Y ^{239}Pu	$\sim 2 \cdot 10^{-4}$ µCi/cm³ $\sim 5 \cdot 10^{-7}$ µCi/cm³ $\sim 1 \cdot 10^{-5}$ µCi/cm³
	Direktmessung mit Zählrohrtauchsonde	Zählrohrabmessung: Wandstärke:	4,5 cm ∅ × 36 cm 2 mm Al	^{32}P ^{131}J	$\sim 3 \cdot 10^{-7}$ µCi/cm³ $\sim 8 \cdot 10^{-8}$ µCi/cm³
	Direktmessung mit NaJ/Tl-Kristall-Tauchsonde	Kristallabmessung:	2,5 cm ∅ × 2,5 cm	^{131}J	$\sim 8 \cdot 10^{-6}$ µCi/cm³

Tabelle 8–47. Nachweisgrenzen eines typischen Ganzkörperzählers mit einem NaJ/Tl-Kristall von 20 cm ⌀ × 10 cm (nach MEHL u. RUNDO [330])

10^{-5}- bis 10^{-4}faches der höchstzugelassenen Körperaktivität:
^{7}Be, ^{18}F, ^{47}Sc, ^{51}Cr, ^{54}Mn, ^{57}Co, ^{58}Co, ^{65}Zn, ^{74}As, ^{85}Sr, ^{95}Zr(D)*, ^{95}Nb, ^{103}Ru, ^{113}In^m, ^{125}Sb, ^{134}Cs, ^{136}Cs, ^{196}Au, ^{198}Au, ^{199}Au, ^{202}Tl, ^{203}Pb, ^{233}Pa

10^{-4}- bis 10^{-3}faches der höchstzugelassenen Körperaktivität:
^{22}Na, ^{24}Na, ^{42}K, ^{47}Ca(D), ^{46}Sc, ^{48}Sc, ^{48}V, ^{52}Mn, ^{59}Fe, ^{60}Co, ^{64}Cu, ^{72}Ga, ^{76}As, ^{77}As, ^{82}Br, ^{86}Rb, ^{97}Zr(D), ^{105}Rb, ^{110}Ag^m/^{110}Ag, ^{122}Sb, ^{124}Sb, ^{132}Te(D), ^{137}Cs, ^{140}La, ^{141}Ce, ^{154}Eu, ^{159}Gd, ^{160}Tb, ^{171}Er, ^{175}Yb, ^{186}Re, ^{192}Ir, ^{203}Hg, ^{239}Np

10^{-3}- bis 10^{-2}faches der höchstzugelassenen Körperaktivität:
^{56}Mn, ^{65}Ni, ^{69}Zn^m, ^{97}Nb, ^{106}Ru/^{106}Rh, ^{129}Te^m/^{129}Te, ^{126}J, ^{131}J, ^{132}J, ^{133}J, ^{140}Ba(D), ^{144}Ce(D), ^{142}Pr, ^{147}Nd, ^{170}Tm, ^{182}Ta, ^{188}Re, ^{207}Bi/^{207}Pb^m

10^{-2}- bis 10^{-1}faches der höchstzugelassenen Körperaktivität:
^{90}Sr/^{90}Y**, ^{135}J(D), ^{166}Ho, ^{212}Pb(D), ^{224}Ra(D), ^{226}Ra(D), ^{228}Ra(D), ^{228}Th(D), ^{235}U, ^{241}Am, ^{243}Am(D), ^{249}Cf

10^{-1}- bis 10^{0}faches der höchstzugelassenen Körperaktivität:
^{210}Pb, ^{223}Ra(D), ^{228}Ac(D), ^{227}Th(D), ^{237}Np(D), ^{243}Cm, ^{245}Cm

* Die mit (D) gekennzeichneten Radionuklide werden über die Strahlung der Tochternuklide nachgewiesen.
** Der Nachweis reiner Betastrahler hängt von der meßtechnischen Erfassung der Bremsstrahlung im Energiebereich < 500 keV ab. Eine Identifizierung ist wahrscheinlich nicht möglich, und der Nachweis geringer Aktivitäten setzt voraus, daß keine anderen Kontaminanten in vivo vorliegen. Die Nachweisgrenzen für ^{89}Sr und ^{32}P werden etwas höher als für ^{90}Sr, da deren Betaenergie geringer ist, jedoch sicher noch kleiner als das 10^{-1}fache der höchstzugelassenen Körperaktivität sein.

Tabelle 8–48. Nachweisgrenzen für Radionuklide in Urin- und Atemluftproben nach einer Zusammenstellung der ICRP [249]

Radionuklid	Probe	Nachweisgrenze	Radionuklid	Probe	Nachweisgrenze
^{3}H	Urin	0,1 μCi/l	^{226}Ra	Urin	0,1 pCi/l
^{14}C	Urin	10 nCi/l		Atemluft	0,06 pCi/l
^{22}Na	Urin	10 nCi/l	Th$_{nat}$	Urin	0,2 bis 0,5 μg/Probe
^{32}P	Urin	40 pCi/l		Atemluft	10^{-8} μCi/l
^{35}S	Urin	100 pCi/l	^{233}U	Urin	0,1 pCi/l
^{36}Cl	Urin	0,1 μCi/l	^{234}U	Urin	0,1 pCi/l
^{45}Ca	Urin	0,3 μCi/l	^{235}U	Urin	0,1 pCi/l
^{89}Sr ⎫ ^{90}Sr ⎭	Urin	10^{-5} μCi/l	^{238}U ⎫ U$_{nat}$ ⎭	Urin	5 μg/l
^{131}J	Urin	100 pCi/l	^{239}Pu	Urin	0,06 pCi/24 h Urin
^{210}Po	Urin	0,1 pCi/l	^{241}Pu	Urin	10 nCi/Probe

8.5.5.3 *Meßtechnische Überwachung von Personen auf innere Strahlenquellen (Inkorporation radioaktiver Stoffe)*

Zur Überwachung von Personen auf radioaktive Inkorporationen gehört zunächst die Bestimmung der Aktivität und anschließend Identifizierung der Kontaminanten. Eine Übersicht über die Verfahren vermitteln die Beiträge zu einem Symposium der IAEA [207].
Bei Kontaminanten, die Photonen (Röntgen- oder Gammastrahlung) emittieren, läßt

sich die Aktivität bei ausreichender Photonenenergie und Flußdichte aus der vom Körper ausgehenden Photonenstrahlung bestimmen. Hierfür werden vorwiegend Ganzkörperzähler eingesetzt. Grundlagen der Konstruktion von Kristalldetektoren [328] und von organischen Detektoren [422] sind umfassend dargestellt worden.
Laboratorien, die über besonders empfindliche Ganzkörperzähler zum Nachweis des natürlichen ^{40}K-Gehaltes des Körpers verfügen, Beschreibungen der Anlagen sowie Vergleiche der Leistungsfähigkeit der Geräte sind von der IAEA [230] zusammengestellt worden. Die Nachweisgrenzen eines häufig verwendeten Typs mit einem NaJ/Tl-Kristall von 20 cm $\varnothing \times$ 10 cm wurden publiziert [330] (s. Tab. 8–47). Neben Ganzkörperzählern werden nach Inhalationen Lungenmonitore [102] und bei Inkorporationen radioaktiver Jodisotope Schilddrüsenmonitore [159] verwendet.
Bei indirekten Verfahren wird aus den in bestimmten Zeiträumen vom Körper ausgeschiedenen Aktivitäten auf die im Körper vorhandene Aktivität anhand der bekannten Ausscheidungsfunktionen für die Kontaminanten geschlossen. Diese Methode ist von der Art und Energie der Strahlung der Kontaminanten sowie von äußerer Kontamination des Körpers weitgehend unabhängig. Die Beziehung zwischen den Meßwerten und der Körperaktivität kann jedoch mit erheblicher Unsicherheit belastet sein. Die Aufarbeitung der Stuhl- und Urinproben für die Messungen ist u.a. ausführlich in dem Standardwerk der USAEC [413] und in einer Übersicht der IAEA [209] behandelt; die Ausscheidungsfunktionen und Nachweisgrenzen für verschiedene Kontaminanten sind von der ICRP [249] zusammengestellt worden. Dieser Zusammenstellung sind die Nachweisgrenzen in Tab. 8–48 entnommen.
Wenn Inkorporationen festgestellt worden sind, muß entschieden werden, ob den Ursachen nachzugehen ist. Hierzu wurden von der ICRP [249] „Erhebungspegel" (investigation level) eingeführt, bei deren Überschreitung die Ursachen für die Inkorporation ermittelt werden sollten. Da in der Praxis die Unterscheidung zwischen löslichen und unlöslichen Kontaminanten leicht zu Fehlinterpretationen führen kann, hat die ICRP [249] statt dessen zwischen „mobilen" und „immobilen" Kontaminanten unterschieden.

8.5.6 Maßnahmen bei Störungen und Unfällen
— Planung, Ausführung, Erfahrungen und Lehren —

Selbst bei gewissenhafter Durchführung aller Schutz- und Überwachungsvorschriften lassen sich Fehler, Störungen und Unfälle nicht völlig vermeiden. Deshalb müssen auch Maßnahmen vorbereitet sein, durch die in solchen Fällen die Folgen unverzüglich auf das geringstmögliche Maß reduziert werden können.

8.5.6.1 *Planung*

Klassifizierung von Ereignissen, die Gegenmaßnahmen erfordern, sind nach ihren charakteristischen Merkmalen aus der Sicht der Betreiber kerntechnischer Anlagen [200], aus der Sicht des Arztes [377] und aus der Sicht einer Aufsichtsbehörde [308, 377] vorgenommen worden.
Organisationen zur Leitung und Durchführung von Gegenmaßnahmen [200, 225, 435] sind ebenso wie Einrichtungen und Ausrüstungen für besondere Vorkommnisse [124, 225, 419], Dekontaminationseinrichtungen [437] für Personen [162, 316, 320, 377] und für Geräte [33, 355] behandelt worden.
Sofortmaßnahmen für unmittelbar Betroffene sind in einigen Arbeiten [28, 68, 320, 358, 377] angegeben. Nachfolgend wird die weitere Behandlung bei Kontaminationen, Inkorporationen und außergewöhnlich hohen Expositionen erörtert.

408　Strahlenschutz

8.5.6.2　*Behandlung von Kontaminationen*

Verfahren zur Dekontamination von Flächen hängen von der Art und Beschaffenheit des Flächenmaterials sowie der Kontaminanten ab. Über die Wirksamkeit verschiedener Verfahren und Mittel zur Dekontamination von Flächen mit gegebenen Kontaminanten liegen britische Normen [39] vor. Die Ergebnisse von Untersuchungen über die Wirksamkeit von Dekontaminationsverfahren und -mitteln sind nur selten vergleichbar und auf spezielle Dekontaminationsprobleme übertragbar.

Verfahren und Mittel zur Dekontamination verschiedener fester Oberflächen enthalten mehrere Arbeiten [28, 40, 96, 100, 357, 359, 377, 391, 405]. Über die Dekontamination von Anlagen und Geräten kann ebenfalls nachgelesen werden [28, 33, 40, 96, 355, 357]. Verfahren und Mittel zur Dekontamination von Kleidungsstücken finden sich in der Literatur [340, 370, 402]. Die Behandlung äußerlich kontaminierter Personen, insbesondere die Dekontamination der Haut, ist ebenfalls beschrieben worden [28, 40, 64, 96, 332, 333, 345, 357, 377, 391, 405, 437].

8.5.6.3　*Behandlung von Personen nach außergewöhnlich hohen Inkorporationen oder Expositionen durch äußere Strahlenquellen*

Hierfür sind nur erfahrene Ärzte zuständig. Höchstens sollte bei oralen Inkorporationen als erste Hilfe versucht werden, durch Spülen der Mundhöhle und Auslösen des Brechreizes einen Teil der radioaktiven Stoffe unverzüglich zu dekorporieren.

Über Erfahrungen mit verschiedenen Dekorporationsmethoden wird in der Literatur berichtet [57, 58, 204, 332, 377]. Verfahren zur Behandlung von Personen nach hohen Expositionen durch äußere Strahlenquellen wurden beschrieben [117, 136, 161, 377, 434].

8.5.6.4　*Erfahrungen und Lehren*

Eine umfassende Übersicht über besondere Vorkommnisse, Ursachen, Folgen und Lehren enthält die Zusammenstellung von SCHULZ [381]. Unfälle aus dem Zeitraum von 1943 bis 1967 hat die USAEC [414] veröffentlicht.

Erfahrungen und Lehren aus Unfällen sind auch anhand von Beispielen behandelt worden [117, 225, 320, 331, 434]. Strahlenerkrankungen in der Bundesrepublik Deutschland und die Ergebnisse von Erhebungen und Untersuchungen nach den Berichten der staatlichen Gewerbeärzte aus der Zeit zwischen 1952 und 1962 sind vom Bundesminister für Arbeit und Sozialordnung zusammengestellt worden [44, 45].

8.6　Umweltradioaktivität und Strahlenbelastung infolge von Anwendungen ionisierender Strahlungen

Die Belastungen durch Anwendungen ionisierender Strahlung und künstlich radioaktiver Stoffe in Medizin, Technik und Forschung, einschließlich der friedlichen und militärischen Ausnutzung der Kernenergie, werden zu den Dosen durch natürliche terrestrische und kosmische Strahlung addiert. Die Tab. 8–17 gibt eine Ausgangsbasis zur Beurteilung der zulässigen Dosen durch ionisierende Strahlung aus künstlichen Quellen (man-made radiation) [104, 138, 322]. Die einzelnen Komponenten dieser Strahlungsbelastung werden im folgenden aufgeführt.

8.6.1　Strahlenbelastung durch künstlich radioaktive Stoffe in der Umwelt

Die größten Mengen künstlich radioaktiver Stoffe sind bisher durch Kernwaffenexplosionen in die Umwelt gelangt. Wolken radioaktiver Partikel sind bis zur Stratosphäre

Tabelle 8–49. Jährliche Belastungen in der Bundesrepublik Deutschland durch Produkte des „fall-out" von Atombombenexplosionen

Quelle	Objekt	Jährliche Belastung für den Zeitraum von 1961 bis 1969									Einheit
		1961	1962	1963	1964	1965	1966	1967	1968	1969	
Äußere Quellen											
„fall-out"-Produkte in Luft	Luft 1 m über Boden	0,008	0,018	0,016	0,002	0,0005	0,0005	0,0005	0,0007	0,006	mR
„fall-out"-Produkte am Boden	Luft 1 m über Boden	6	16	17	14	12	10	9	9	8	mR
	Keimdrüsen	0,7	2,0	2,1	1,8	1,5	1,3	1,1	1,1	1	mrem
Innere Quellen											
^{90}Sr	Knochen	14	19	32	47	39	33	20	13	9*	mrem
^{137}Cs	Keimdrüsen	0,4*	0,5	1,0	2,6	2,8	2,0	1,4	0,8	0,5	mrem
	Knochen	0,7*	0,9	1,8	4,7	5,1	3,6	2,5	1,4	0,9	mrem
^{14}C	Keimdrüsen	0,2*	0,35	0,35	0,35	0,35	0,35	0,35	0,35	0,35	mrem
	Knochen	0,45*	0,8	0,8	0,8	0,8	0,8	0,8	0,8	0,8	mrem
Insgesamt	Knochen	15,2	20,7	34,6	52,5	44,9	37,4	23,3	15,2	10,7*	mrem
	Keimdrüsen	1,3*	2,9	3,5	4,8	4,7	3,7	2,9	2,3	1,9	mrem

* geschätzte Werte: Die Unterstreichungen kennzeichnen die Höchstwerte, die in dem angegebenen Zeitabschnitt aufgetreten sind.

aufgestiegen und haben dort ein Reservoir gebildet, dessen Inhalt und Verteilung in den UNSCEAR-Berichten [407—409] beschrieben ist. Die radioaktiven Partikel gelangen über verschiedene Wege [407] aus der Troposphäre, verteilen sich mit den Großraumluftbewegungen über den Raum nahe der Erdoberfläche und werden je nach den meteorologischen Verhältnissen als ,,fall-out" auf der Erde niedergeschlagen [105]. Die weltweite Verteilung des ,,fall-out" und seine Wirkungen auf die Bevölkerung sind zusammengestellt und analysiert worden [406—410]. Dabei unterscheidet man äußere Strahlenquellen mit sofortiger Wirkung in der Luft und am Boden sowie innere Strahlenquellen mit verzögerter Wirkung der ,,fall-out"-Produkte, die in den Biozyklus gelangen und mit den Nahrungsmitteln inkorporiert werden.

In Vierteljahresberichten (4/58 bis 4/67), Jahresberichten (1968, 1969) und einer Übersicht (1958—1968) ist die Verteilung dieser Produkte in der Bundesrepublik Deutschland publiziert. Unter Verwendung der jüngsten Berichte des Bundesministriums für Bildung und Wissenschaft [49, 50] und von UNSCEAR-Daten [408] wurde Tab. 8–49 zusammengestellt. Die Daten sind gemittelt über die Gesamtbevölkerung. Die Strahlenbelastung durch inkorporiertes ^{90}Sr ist stark vom Alter der Personen abhängig und hat bei Kindern zu wesentlich höheren (1963/64 bis zum 5fachen) als den angegebenen Mittelwerten geführt. Bei Kindern wurden in den Jahren 1961/62 auch nichtvernachlässigbare Strahlenbelastungen der Schilddrüse durch ^{131}J (in der Bundesrepublik Deutschland 85 bzw. 71 mrem) festgestellt. Bei Erwachsenen war die Strahlenbelastung der Schilddrüse [91], vor allem wegen des geringeren Milchkonsums, um Größenordnungen kleiner. Die Strahlenbelastung der Lunge wurde in den Jahren höchster Luftaktivität (1962/63) auf einige Millirem geschätzt und deshalb in den Folgejahren als vernachlässigbar gering angesehen.

Die Strahlenbelastung in der Bundesrepublik Deutschland durch Ableitung radioaktiver Stoffe mit Abluft und Abwasser aus kerntechnischen Betrieben ist z. Z. ohne Bedeutung. Die Ableitungen haben bisher nur zu Bruchteilen der sekundären und damit auch der primären ICRP-Grenzwerte geführt (s. Abschn. 8.3 und 8.4). Da sich die primären Grenzwerte auf eine kleine Gruppe der Gesamtbevölkerung beziehen, wurde deren Beitrag zur jährlich genetisch signifikanten Äquivalentdosis auf $\ll 1$ mrem geschätzt.

8.6.2 Strahlenbelastung infolge medizinischer Anwendungen von Röntgenstrahlen und radioaktiven Stoffen

Mit Hilfe eines Nomogramms [424] (Abb. 8–28) lassen sich Standard-Ionendosis bzw. Standard-Ionendosisleistung (s. Abschn. 4.4.5) auf der röhrennahen Hautoberfläche bei Durchleuchtungen und Aufnahmen abschätzen, Meßwerte nach RAJEWSKY [368] zeigen Ionendosen an der röhrennahen Hautoberfläche bei Röntgenaufnahmen. Weitere Werte der Belastung in der Röntgendiagnostik können u. a. der Übersicht der ICRP und ICRU [240] sowie anderen Arbeiten [321, 424, 441] entnommen werden.

Strahlenbelastungen der Keimdrüsen bei verschiedenen röntgenologischen Untersuchungen und Abschätzungen der Beiträge zur jährlichen genetisch signifikanten Äquivalentdosis sind von der UNSCEAR [406, 407] zusammengestellt worden. Diese Beiträge sind — ergänzt durch jüngere Ergebnisse in den USA [361, 420] — in Tab. 8–50 wiedergegeben (s. auch Lit. [21, 153, 371]). Erhebungen in der Bundesrepublik Deutschland waren auf Hamburg beschränkt [163]. Der Wert von 17,7 mrem verteilte sich zu etwa 86% auf die in Tab. 8–51 angegebenen acht Untersuchungen. Seither ist die Zahl der röntgenologischen Untersuchungen in der Bundesrepublik Deutschland etwa um 10% pro Jahr und ebenso die Zahl der Aufnahmen pro Untersuchung angestiegen [367, 396]. Neue, die Strahlenbelastung reduzierende Techniken [396] werden offenbar noch nicht in ausreichendem Umfang angewendet. Im Jahre 1969 dürfte daher der Beitrag röntgenologischer Untersuchungen zur jährlichen genetisch signifikanten Äquivalentdosis bei etwa 25 mrem gelegen haben und noch ansteigen.

Tabelle 8–50. Beiträge D_q zur jährlichen genetisch signifikanten Äquivalentdosis durch Anwendung von Röntgenstrahlen in der medizinischen Diagnostik

Land, Ort	Erhebungs-zeitraum	D_q mrem	Land, Ort	Erhebungs-zeitraum	D_q mrem
Erhebungen über das gesamte Land			*Örtlich begrenzte Erhebungen*		
Dänemark	1956/58	29	Argentinien		
Frankreich	1957/58	58	Buenos Aires	1950/59	37
Großbritannien ohne Nordirland	1957/58	14	BRD Hamburg	1957/58	18
Japan	1958/60	39	Italien		
Norwegen	1958	10	Rom	1957	43
Österreich	1955/58	16 bis 25	Vereinigte Arabische Rep.		
Schweden	1955/57	38	Kairo	1955/61	7
Schweiz	1957	22	Alexandria	1956/60	7
USA	1964	55			

Tabelle 8–51. Anteile D_q der acht wichtigsten röntgenologischen Untersuchungsverfahren an der jährlichen genetisch signifikanten Äquivalentdosis (nach HOLTHUSEN u. Mitarb. [163])

Art der Untersuchung	D_q mrem	Anteil %
Unterer Gastrointestinaltrakt	6,09	34,4
Hüfte, Oberschenkel	3,33	18,7
Ausscheidungsurographie	1,46	8,3
Lendenwirbelsäule	1,28	7,3
Becken	1,15	6,5
Abdomen bei Schwangeren	0,76	4,3
Magen, oberer Magen-Darm-Kanal	0,60	3,4
Retrograde Pyelographie	0,50	2,8
Sonstige	2,53	14,3
Insgesamt	17,70	100,0

Tabelle 8–52. Anteile D_q der acht wichtigsten Anwendungen von Radionukliden in der medizinischen Diagnostik und Therapie an der jährlichen genetisch signifikanten Äquivalentdosis (nach AURAND u. HINZ [13])

Radionuklid, Verbindung	D_q mrem	Anteil %
^{131}J (Jodid) (SD-Diagnose)	0,033	23,5
^{75}Se (Methionin)	0,032	23,2
^{198}Au (Kolloid)	0,016	11,6
^{131}J (Jodid) (SD-Therapie)	0,014	10,1
^{131}J (HSA/MAA)	0,014	9,9
^{57}Co/^{58}Co	0,0074	5,3
^{197}Hg/^{203}Hg	0,0064	4,6
^{131}J (Hippuran)	0,0056	4,0
Sonstige	0,011	7,8
Insgesamt	~0,14	100,0

412 Strahlenschutz

Der Beitrag therapeutischer Anwendungen von Röntgenstrahlen und von umschlossenen radioaktiven Stoffen in der Medizin zur jährlichen genetisch signifikanten Äquivalentdosis lag nach UNSCEAR [407] 1959 in Großbritannien bei 5 mrem, in Frankreich bei

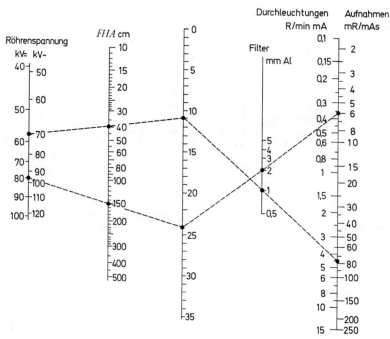

Abb. 8–28. Nomogramm zur Ermittlung der Standard-Ionendosisleistung auf der röhrennahen Haut des Patienten bei Durchleuchtungen und Aufnahmen (nach F. WACHSMANN [424])

6 mrem, dürfte in der Bundesrepublik Deutschland von gleicher Größenordnung gewesen sein und sich seither nicht wesentlich erhöht haben.
Der Beitrag von Anwendungen offener radioaktiver Stoffe in Diagnostik und Therapie zur jährlichen genetisch signifikanten Äquivalentdosis wurde für das Jahr 1956 in Großbritannien mit 0,18 mrem angegeben [324]. Aufgrund von Erhebungen in West-Berlin [13] wurden für 1968 ein Schätzwert von 0,14 mrem und die zugehörigen Anteile aus verschiedenen Radionuklidanwendungen ermittelt (Tab. 8–52).

8.6.3 Strahlenbelastung durch berufliche Tätigkeit in Strahlenbetrieben

Abschätzungen der Beiträge aus beruflichen Strahlenexpositionen zur jährlichen genetisch signifikanten Äquivalentdosis wurden von UNSCEAR [407] für Österreich (1955: 0,2 mrem), die Niederlande (1960: 0,3 mrem) und Großbritannien (1959: 0,4 mrem) zusammengestellt. Für die Bundesrepublik Deutschland ist dieser Beitrag nach Auswertung von Ergebnissen der amtlichen Personendosimetrie, bezogen auf das Jahr 1963, auf 0,1 bis 0,2 mrem geschätzt worden und hat sich seither nicht wesentlich geändert [49].

8.6.4 Strahlenbelastungen durch sonstige Einflüsse

Der Beitrag zur jährlichen genetisch signifikanten Äquivalentdosis durch radioaktive Leuchtfarben auf Uhren, Fernsehgeräte, Schuhdurchleuchtungsgeräte und durch Flüge in großer Höhe wurde von UNSCEAR [407] auf etwa 2 mrem geschätzt. Seither werden in der Bundesrepublik Deutschland Schuhdurchleuchtungsgeräte nicht mehr verwendet und die Aktivitäten radioaktiver Stoffe in Uhren nach den Normen der ENEA (s. Tab. 8–4) begrenzt, so daß sich die verbleibenden Beiträge auf <1 mrem reduziert haben dürften.

8.6.5 Zusammenfassung

In Tab. 8–53 sind die Beiträge zivilisatorischer Strahlenbelastungen zur jährlichen genetisch signifikanten Äquivalentdosis im Jahre 1969 für die Bundesrepublik Deutschland zusammengestellt. Den größten Beitrag ($\sim 70\%$) liefert die medizinische Röntgendiagnostik. Die Tendenz ist weiterhin steigend, owbohl Techniken bekannt sind, mit deren Hilfe dieser Beitrag auf etwa 1/5 des gegenwärtigen Wertes reduziert werden könnte [287, 324].

Tabelle 8–53. Beiträge D_q zivilisatorischer Strahlenbelastungen zur jährlichen genetisch signifikanten Äquivalentdosis im Jahre 1969 in der Bundesrepublik Deutschland

Ursache der Belastung	D_q mrem
Natürliche Strahlung (s. Tab. 8–17)	125
Röntgendiagnostik	~ 25
Therapie mit Röntgenstrahlen und umschlossenen radioaktiven Stoffen	~ 6
Produkte des „fall-out" aus Kernwaffenexplosionen	1,9
Produkte in Ableitungen aus kerntechnischen Anlagen	$\ll 1$
Berufliche Tätigkeit in Strahlenbetrieben	0,2
Diagnostik und Therapie mit offenen radioaktiven Stoffen	0,14
Sonstige Ursachen	~ 1
Insgesamt	160

Der Beitrag aus der Anwendung von Röntgenstrahlen und umschlossenen radioaktiven Stoffen zur Therapie ($\sim 17\%$) läßt sich z.Z. nur grob schätzen, da bisher Erhebungen für das gesamte Bundesgebiet nicht durchgeführt wurden.

Der Beitrag aus Kernwaffenexplosionen ($\sim 6\%$) nimmt z.Z. infolge der verringerten Häufigkeit oberirdischer Versuche ab. Der Beitrag von langlebigen Produkten des „fall-out", insbesondere des ^{14}C, wird allerdings auch dann nahezu konstant bleiben, wenn keine weiteren Kernwaffenexplosionen mehr stattfinden.

Die restlichen Beiträge ($<6\%$) können als unbedeutend angesehen werden. Die Entwicklung der Kerntechnik wird jedoch in naher Zukunft verstärkte Strahlenschutzmaßnahmen erfordern, wenn diese Beiträge weiterhin unbedeutend bleiben sollen (s. Tab. 8–54).

Tabelle 8-54. Bis zum Jahr 2000 installierte Leistung von Kernkraftwerken, anfallende radioaktive Rückstände, Tritium- und Krypton-85-Gehalt in der Atmosphäre

Jahr	Bundesrepublik Deutschland [302]							Ganze Welt				
	Kernkraftwerke	Jahresmengen für die Endlagerung radioaktiver Rückstände						Kernkraftwerke		Gehalt der Atmosphäre***		
	Installierte thermische Leistung	niedrige Aktivitäts-* konzentration		mittlere Aktivitäts-** konzentration		hohe Aktivitäts- konzentration		Installierte thermische Leistung [61]		Tritium [287, 362, 366]	Krypton**** [61, 63, 137, 287]	
	MW	m³/a		m³/a		m³/a	Ci	MW		Ci		Ci
1970	3 000	1 100		220		—	—	30 000		$7 \cdot 10^5$		$3 \cdot 10^7$
1980	50 000	4 200		700		30	$7{,}5 \cdot 10^8$	220 000		$1{,}3 \cdot 10^7$		$4{,}6 \cdot 10^8$
1990	130 000	10 000		1 700		100	$2{,}5 \cdot 10^9$	1 100 000		$7 \cdot 10^7$		$2{,}6 \cdot 10^9$
2000	270 000	20 300		3 500		220	$5{,}5 \cdot 10^9$	3 800 000		$1 \cdot 10^8$		$8{,}2 \cdot 10^9$

* < 1 Ci/m³.
** 1 bis einige 10³ Ci/m³.
*** Beiträge aus dem Betrieb von Kernkraftwerken und Wiederaufarbeitungsanlagen für ausgebrannte Brennelemente.
**** Obere Grenze unter der Annahme, daß 75% in die nördliche Hemisphäre freigesetzt werden.

Abkürzungen von nationalen und internationalen Organisationen, Kommissionen, Gesellschaften, Instituten, Ausschüssen usw.

AAPM	American Association of Physicists in Medicine	EURATOM	Europäische Atomgemeinschaft, Brüssel
AEC	Atomic Energy Commission, USA (USAEC)	EWG	Europäische Wirtschaftsgemeinschaft
AEF	Ausschuß für Einheiten und Formelgrößen im Deutschen Normenausschuß (DNA)	FAO	Food and Agriculture Organization of the United Nations, Rom
AFNOR	Association Française de Normalisation	FNA	Fachnormenausschuß im Deutschen Normenausschuß (DNA)
AIF	Arbeitsgemeinschaft industrieller Forschungsvereinigungen	FNE	Fachnormenausschuß Elektrotechnik im Deutschen Normenausschuß (DNA)
ANS	American Nuclear Society		
ANSI	American National Standards Institute	FNKe	Fachnormenausschuß Kerntechnik im Deutschen Normenausschuß (DNA)
ASA	American Standard Association		
BAM	Bundesanstalt für Materialprüfung, Berlin	FNM	Fachnormenausschuß Materialprüfung im Deutschen Normenausschuß (DNA)
BIPM	Bureau International des Poids et Mesures, Paris-Sèvres		
BM	Bundesminister für ...	FNR	Fachnormenausschuß Radiologie im Deutschen Normenausschuß (DNA)
BSI	British Standards Institute		
CERN	Conseil Européen pour la Recherche Nucléaire, Genf		
COCIR	Comité de Coordination des Industries Radiologiques	HPA	Hospital Physicists Association, London
COMECON	Council for Mutual Economic Assistance, Moskau	IAEA	International Atomic Energy Agency, Wien oder
DAMW	Deutsches Amt für Meßwesen und Warenprüfung, Berlin DDR	IAEO	Internationale Atomenergie Organisation, Wien
DFG	Deutsche Forschungsgemeinschaft, Bad Godesberg	IATA	International Air Transport Association
DGAS	Deutscher Gemeinsamer Ausschuß für Strahlenschutz	IBWM	International Bureau of Weights and Measurements, vgl. BIPM
DGMP	Deutsche Gesellschaft für Medizinische Physik	ICR	International Congress of Radiology
DIN	Deutsche Industrie-Normen	ICRE	International Commission on Radiological Education
DNA	Deutscher Normenausschuß, Berlin	ICRP	International Commission on Radiological Protection
DPG	Deutsche Physikalische Gesellschaft	ICRU	International Commission on Radiological Units and Measurements
DRG	Deutsche Röntgen-Gesellschaft		
DVT	Deutscher Verband Technisch-Wissenschaftlicher Vereine	ICSU	International Council of Scientific Unions, Rom
ENEA	European Nuclear Energy Agency (OEEC), Paris	IEC	International Electrotechnical Commission

ILO	International Labour Office, Genf	OIML	Organisation Internationale de Métrologie Légale, Paris
IMCO	Intergovernmental Maritime Consultative Organization	OMS	Organisation Mondiale de la Santé, siehe WHO
IOMP	International Organization for Medical Physics	PTB	Physikalisch-Technische Bundesanstalt, Braunschweig und Berlin
IRPA	International Radiological Protection Association	TCRT	Tripartite Committee on Radiation Tolerances, USA, Großbritannien und Kanada
ISO	International Organization for Standardization, Genf		
IUPAC	International Union of Pure and Applied Chemistry, Paris	TÜV	Technischer Überwachungsverein
IUPAP	International Union of Pure and Applied Physics, Paris	UN	United Nations, New York
		UNESCO	United Nations Educational, Scientific and Cultural Organization, Paris
MPG	Max-Planck-Gesellschaft		
MPI	Max-Planck-Institut	UNO	United Nations Organization, New York
NBS	National Bureau of Standards, Washington D.C.	UNSCEAR	United Nations Scientific Commission on the Effects of Atomic Radiation, New York
NCRP	National Commission on Radiation Protection and Measurement, USA	UPU	Universal Postal Union, Weltpostverein
NPL	National Physical Laboratory, Teddington (England)	USAEC	siehe AEC-USA
NRC	National Research Council, Ottawa (Kanada)	VDE	Verein Deutscher Elektrotechniker
OCDE	siehe OECD	VDI	Verein Deutscher Ingenieure
OECD	Organization for Economic Cooperation and Development, Paris (franz. OCDE: Organisation de Cooperation et de Développement Economique)	WEU	Westeuropäische Union, London
		WHO	World Health Organization, Genf, vgl. OMS
		WMO	World Meteorological Organization
OEEC	Organization for European Economic Cooperation, Paris	ZVEI	Zentralverband der elektrotechnischen Industrie

Literatur

Kapitel 1

1. Ausführungsverordnung zum Gesetz über Einheiten im Meßwesen vom 26. Juni 1970. Bundesgesetzblatt Teil I, Nr. 62 (1970)
2. DIN 1319. Grundbegriffe der Meßtechnik. Beuth, Berlin 1968
3. Ebert, H.: Physikalisches Taschenbuch. Vieweg, Braunschweig 1967
4. Geigy, J. R.: Wissenschaftliche Tabellen, 7. Aufl. Geigy, Basel 1968
5. Gesetz über Einheiten im Meßwesen vom 2. Juli 1969. Bundesgesetzblatt Teil I, Nr. 55 (1969)
6. Hoppe-Blank, J., U. Stille: Definition und Realisierung von gesetzlichen Einheiten. PTB-Mitt. 76 (1966) 299, 335, 529
7. Kohlrausch, F.: Praktische Physik, Bd. I-III. Teubner, Stuttgart 1968
8. Stille, U.: Messen und Rechnen in der Physik. Vieweg, Braunschweig 1961
9. Weyerer, H.: Anschluß der Röntgenwellenlängen an die Meterskala. 76 (1966) 503
10. Weyerer, H.: PTB-Mitt. 77 (1967) 18

Kapitel 2

1. Amelung, W., A. Evers: Handbuch der Bäder- und Klimaheilkunde. Schattauer, Stuttgart 1962
2. Bethe, H. A., A. Morrison: Elementary Nuclear Theory. Wiley, London 1956
3. DIN 6814, Blatt 4: Begriffe und Benennungen in der radiologischen Technik, Radioaktivität. Beuth, Berlin 1968
4. Ebert, H.: Physikalisches Taschenbuch. Vieweg, Braunschweig 1967
5. Finkelnburg, W.: Einführung in die Atomphysik. Springer, Berlin 1967
6. International Atomic Energy Agency: International Directory of Isotopes. IAEA, Wien 1964
7. International Commission on Radiological Units and Measurements: Radioactivity. NBS-Handbook, Bd. LXXXVI, National Bureau of Standards, Washington D.C. 1963
8. Jaeger, R.G.: Eine Kompensationsmethode zur Messung schwacher Ströme. Z. Phys. 52 (1928) 627
9. Jaeger, R. G., H. Houtermans: Comments on the definition of the Curie with special reference to natural radioactive materials. J. appl. Rad. Isot. 13 (1962) 267
10. Kaplan, J.: Nuclear Phys. Addison-Wesley, Reading/Mass. 1963
11. Kohlrausch, F.: Praktische Physik, Bd. III. Teubner, Stuttgart 1968
12. Krüse, K.: Beiträge zur Kenntnis der Radioaktivität der Mineralquellen Tirols. Geolog. Bundesanstalt, Wien 1937
13. Lapp, R.E., H. L. Andrews: Nuclear Radiation Physics, 3. Aufl. Prentice-Hall, Englewood Cliffs/N.J. 1963
14. Lederer, C. M., J. M. Hollander, I. Perlman: Table of Isotopes, 6. Aufl. Wiley, London 1967
15. Littlefield, T. A., N. Thorley: Atomic and Nuclear Physics. D. van Nostrand, New York 1963
16. Minder, W.: Dosimetrie der Strahlungen der radioaktiven Stoffe. Springer, Wien 1961
17. Nachtigall, D.: Tabelle spezifischer Gammastrahlenkonstanten. Thiemig, München 1969
17a. Nachtigall, D., D. Gelly, H. Meloni: Specific gamma ray constants; Preliminary version of the second issue of „Table of Specific Gamma Ray Constants". Geel, 1970 (Pers. Mitteilg.)
18. Pohl, R. W.: Biophysikalische Untersuchungen über die Inkorporation der natürlichen radioaktiven Emanationen und deren Zerfallsprodukte. Springer, Wien 1965
19. Riezler, W.: Einführung in die Kernphysik. Oldenbourg, München 1959
20. Scheminzky, F.: Der Thermalstollen von Bad Gastein-Böckstein. In: Forschungen u. Forscher der Tiroler Ärzteschule, Bd. V, Tyrolia, Innsbruck 1965
21. Scheminzky, F.: Die Tätigkeit des Forschungsinstitutes Gastein der Österreichischen Akademie der Wissenschaften im Jahre 1966. Verlag der Kurverwaltung, Bad Gastein 1967
22. Strominger, D., J.M. Hollander, G.T. Seaborg: Table of Isotopes. Rev. mod. Phys. 30 (1958) 585
23. Weiß, K. F.: Radioaktive Standardpräparate. Deutscher Verlag der Wissenschaften, Berlin/DDR 1956

Kapitel 3

1. Bichsel, H.: Charged-particle interactions. In: Radiation Dosimetry, Bd. I, hrsg. von F. H. Attix, W. C. Roesch, E. Tochilin; Academic Press, New York 1968
2. Boag, J. W.: Ionization chambers. In: Radiation Dosimetry, Bd. II, hrsg. von F. H. Attix, W. C. Roesch, E. Tochilin; Academic Press, New York 1966
3. Booz, J., H. G. Ebert: Mittlerer Energieaufwand zur Bildung eines Ionenpaares in Gasen durch Elektronen, Beta-, Gamma- und Röntgenstrahlung. Strahlentherapie 120 (1963) 7
4. Booz, J., H. G. Ebert: Energieabhängigkeit der mittleren Energie pro Ionenpaar bei kleinen Elektronenenergien. Biophysik 2 (1965) 226
5. Chappel, S. E., J. H. Sparrow: The average energy required to produce an ion pair in Argon, Nitrogen and air for 1 to 5 MeV alpha particles. Radiat. Res. 32 (1967) 383
6. Dalton, P., J. E. Turner: New evaluation of mean excitation energies for use in radiation dosimetry. Hlth Phys. 15 (1968) 257
7. DIN 6814, Blatt 2: Begriffe und Benennungen der radiologischen Technik, Strahlenphysik. Beuth, Berlin 1969
8. Ebert, H.: Physikalisches Taschenbuch. Vieweg, Braunschweig 1967
9. Ellis, R. E., L. R. Read: Recombination in ionization chambers irradiated with pulsed electron beams. Phys. Med. Biol. 14 (1969) 293, 411
10. v. Engel, A., M. Steenbeck: Elektrische Gasentladungen, Bd. I u. II. Springer, Berlin 1934
11. Engelke, B. A., K. Hohlfeld: Bestimmung des mittleren Energieaufwandes (W_i)$_L$ zur Erzeugung eines Ionenpaares in Luft durch kalorimetrische Messung der Energieflußdichte. PTB-Mitt. 81 (1970) 20

12 Engelke, B. A., K. Hohlfeld: Ein Kalorimeter als Energiedosis-Standardmeßeinrichtung und Bestimmung des mittleren Energieaufwandes zur Erzeugung eines Ionenpaares in Luft. PTB-Mitt. 82 (1971) 336
13 Gentner, W., H. Maier-Leibnitz, W. Bothe: Atlas typischer Nebelkammerbilder. Springer, Berlin 1940
14 Greening, J. R.: Saturation characteristics of parallel plate ionization chambers. Phys. Med. Biol. 9 (1964) 143
14a Hohlfeld, K., B. A. Engelke: Bestimmung der mittleren Energie W_L zur Erzeugung eines Ionenpaares in Luft mit 60 MeV- bis 120-MeV-Bremsstrahlungen. Biophysik 9 (1972) 85
15 Hübner, W.: Ein Diagramm zur Ermittlung der Sättigungsverluste in Standard-Ionisationskammern. Fortschr. Röntgenstr. 89 (1958) 764
16 Hübner, W., C. Klett: Der Einfluß von Sauerstoff- und Wasserdampfzusätzen auf die Ionenbeweglichkeit und die Elektronenanlagerungswahrscheinlichkeit in Stickstoff und Argon. Z. Naturforsch. 17a (1962) 763
17 Hübner, W., C. Klett: Der Einfluß von Sauerstoff- und Wasserdampfzusätzen auf die Ionenbeweglichkeit und die Elektronenanlagerungswahrscheinlichkeit in Stickstoff und Argon. Z. Naturforsch. 19a (1964) 240
18 International Commission on Radiological Protection: Task group on the biological effects of high energy radiation. Hlth Phys. 12 (1965) 209
19 International Commission on Radiological Units and Measurements: Physical Aspects of Irradiation. NBS-Handbook, Bd. LXXXV. National Bureau of Standards, Washington 1964
20 Loeb, L. B.: Processes of Gaseous Electronics. University of California Press, Berkeley/Kalif. 1955
21 Myers, I. T.: Ionization. In: Radiation Dosimetry, Bd. I, hrsg. von F. H. Attix, W. C. Roesch, E. Tochilin: Academic Press, New York 1968
22 Niatel, M. T.: An experimental study of Ion recombination in parallel plate free air chambers. Phys. Med. Biol. 12 (1967) 555
23 Reid, W. B., H. E. Johns: Measurement of absorbed dose with calorimeter and determination of W. Radiat. Res. 14 (1961) 1
24 Schaefer, H. J.: Die galaktische Strahlendosis im freien Planetenraum. Biophysik 5 (1969) 315
25 Sondhaus, C. A., R. D. Evans: Dosimetry of radiation in space flight. In: Radiation Dosimetry, Bd. III, hrsg. von F. H. Attix, W. C. Roesch, E. Tochilin: Academic Press, New York 1969
26 Van Allen, J. A.: Dynamics composition and origin of the geomagnetically trapped corpuscular radiation. In: Space Science, hrsg. von D. P. LeGalley, A. Rosen. Wiley, New York 1963
27 Vette, J. I.: Models of the trapped radiation environment. NASA Sci. Tech. Inform. Div. (Washington) NASA-SP-3024 (1967)

Kapitel 4

1 Ardan, G. M., H. E. Crooks: The measurement of patient dose. Brit. J. Biol. 38 (1965) 766
2 Attix, F. H.: Basic γ-ray dosimetry. Hlth Phys. 15 (1968) 49
3 Attix, F. H.: Computated values of the specific γ-ray constant for ^{137}Cs and ^{60}Co. Phys. Med. Biol. 13 (1968) 119
4 Attix, F. H., Le Roy de la Vergne, V. H. Ritz: Cavity ionization as a function of wall material. J. Res. Nat. Bur. Stand. 60 (1958) 235
5 Auxier, J. A.: Kerma versus first collision dose. Hlth Phys. 17 (1969) 342
6 Berger, H.: Die praktische Anwendung der neuen Dosisbegriffe nach DIN 6809. Strahlentherapie Sbd. 43 (1959) 3
7 Berger, H.: Physikalische und begriffliche Grundlagen der Dosimetrie. Radiologe 4 (1964) 237
8 Berger, H., D. Harder, W. Hübner, R. G. Jaeger: Die Definition des Dosisäquivalents, der Einheit Rem und des Bewertungsfaktors. Strahlentherapie 131 (1966) 143
9 Bunde, E.: Grundlagen der Strahlendiagnostik und Strahlentherapie. In: Medizinische Röntgentechnik, Bd. II, 3. Aufl., hrsg. von H. Schoen; Thieme, Stuttgart 1961
10 Burch, P. R.: Cavity ionization theory. Radiat. Res. 3 (1955) 361
11 Burlin, T. E.: An Experimental Examination of Theories Relating Ionization in a Cavity to Radiation Dose. Diss. London University 1962
12 Burlin, T. E.: The limits of validity of cavity ionization theory. Brit. J. Radiol. 35 (1962) 343
13 Burlin, T. E.: A general theory of cavity ionization. Brit. J. Radiol. 39 (1966) 727
14 Burlin, T. E.: Cavity chamber theory. In: Radiation Dosimetry, Bd. I, 2. Aufl., hrsg. von F. H. Attix, W. C. Roesch, E. Tochilin; Academic Press, New York 1968
15 Burlin, T. E., F. K. Chan: Some applications of cavity theory to condensed state radiation dosimetry. In: Solid State and Chemical Radiation Dosimetry in Medicine and Biology, hrsg. von International Atomic Energy Agency, Wien 1967
16 Carlsson, C.: Integral absorbed doses in Roentgendiagnostic. Acta radiol. Ther. Phys. Biol. 1 (1963) 433
17 Chan, F. K., T. E. Burlin: An experimental examination of the general cavity theory using solid state dosimeter. Brit. J. Radiol. 43 (1970) 54
18 Christen, Th.: Messung und Dosierung der Röntgenstrahlen. Gräfe & Sillem, Hamburg 1913
19 Cowan, F. P.: Interactions above 10 GeV. Radiat. Res. 7 (1967) 1
20 DIN 6814, Blatt 2: Begriffe und Benennungen in der radiologischen Technik; Strahlenphysik. Beuth, Berlin 1970
21 DIN 6814, Blatt 3: Begriffe und Benennungen in der radiologischen Technik; Dosimetrie. Beuth, Berlin 1972
22 DIN 6814, Blatt 5: Begriffe und Benennungen in der radiologischen Technik; Strahlenschutz. Beuth, Berlin 1972
23 Drexler, G., M. Goßrau, U. Nahrstadt: Der Quotient Energiefluenz/Ionendosis als charakteristische Größe einer Röntgenstrahlung. Strahlentherapie 139 (1970) 109
24 Dutreix, J., A. Dutreix, M. Tubiana: Electronic equilibrium and transition stages. Phys. Med. Biol. 10 (1965) 177

25 Eisenlohr, H. H.: Eine Bemerkung zu den Begriffen Exposure und Ionendosis. Strahlentherapie 135 (1968) 414
26 Eisenlohr, H. H.: Note in the relation between absorbed dose, kerma, energy fluence and exposure. Hlth Phys. 17 (1969) 336
27 Fano, U.: Note on the Bragg-Gray cavity principle for measuring energy dissipation. Radiat. Res. 1 (1954) 237
28 Fossati, F.: Quantities, Units and Measuring Methods of Ionizing Radiation. Hoepli, Mailand 1959
29 Fränz, H.: Physikalische Begriffe und Größen in der Dosimetrie ionisierender Strahlen. Strahlentherapie 131 (1966) 270
30 Fränz, H., W. Hübner: Zur Frage des Dosisbegriffes und der Dosiseinheiten. Strahlentherapie 102 (1957) 223
31 Fränz, H., W. Hübner: Concept and measurement of dose. In: Proceedings of the Second International Conference of Peaceful Uses of Atomic Energy, Bd. XXI, hrsg. von United Nations, Genf 1958
32 Glocker, R.: Der Dosisbegriff. Strahlentherapie Sbd. 46 (1960) 202
33 Glocker, R.: Dosis und Dosismessung ionisierender Strahlung. Z. Phys. 158 (1960) 145
34 Glocker, R.: Dosisbegriffe und Dosiseinheiten. Biophysik 2 (1964) 1
35 Gray, H.: An ionization method for the absolute measurement of γ-ray energy. Proc. roy. Soc. A 156 (1936) 578
36 Greening, J. R.: An experimental examination of theories of cavity ionization. Brit. J. Radiol. 30 (1957) 254
37 Greening, J. R., J. Law, K. J. Randle, A. T. Redpath: The measurement of low energy x-rays. I.-IV. Mitt. Phys. Med. Biol. 13 (1968) 159, 359, 371, 635
38 Greening, J. R., J. Law, K. J. Randle, A. T. Redpath: The measurement of low energy x-rays. V. Mitt. Phys. Med. Biol. 14 (1969) 55
39 Harder, D.: Physikalische Grundlagen zur relativen biologischen Wirksamkeit verschiedener Strahlenarten. Biophysik 1 (1964) 225
40 Harder, D.: Physikalische Grundlagen der Dosimetrie. Strahlentherapie Sbd. 62 (1966) 254
41 Holthusen, H.: Zur Geschichte der Einheit „Röntgen" und die Möglichkeiten ihrer Weiterentwicklung. Fortschr. Röntgenstr. 89 (1958) 746
42 Hübner, W.: Physikalische Grundlagen und Verfahren zur Messung der Dosisleistung von Photonen-, Elektronen- und Neutronenstrahlen. Atom und Strom 14 (1968) 53
43 Hug, O.: Die relative biologische Wirksamkeit in der medizinischen Radiologie. Biophysik 1 (1964) 210
44 Hurst, G. S., R. H. Ritchie: A generalized concept for radiation dosimetry. Hlth Phys. 8 (1962) 117
45 International Commission on Radiological Units and Measurements: Clinical Dosimetry. NBS-Handbook, Bd. LXXXVII. National Bureau of Standards, Washington 1963
46 International Commission on Radiological Units and Measurements: Evaluation of risks from radiation. Hlth Phys. 12 (1966) 239
47 International Commission on Radiological Units and Measurements: Radiation quantities and units. ICRU-Report 11 (1968)
48 International Commission on Radiological Units and Measurements: Linear energy transfer. ICRU-Report 16 (1970)
49 International Commission on Radiological Units and Measurements: Radiation quantities and units. ICRU-Report 19 (1971)
50 Jaeger, R. G.: Zur Entwicklung und Bedeutung der Dosiseinheit „Röntgen". Strahlentherapie 108 (1959) 8
51 Johns, H. E.: The Physics of Radiology, 2. Aufl. Thomas, Springfield/Ill. 1966
52 Lossen, H.: 50 Jahre Deutsche Röntgengesellschaft. Fortschr. Röntgenstr. Tagungsheft 84 (1966) 13
53 Marth, W.: Die Dosiskonstanten von Gammastrahlern. Atompraxis 12 (1966) 392
54 Maurer, H. J., F. Heinzler: Zur biologischen Wirksamkeit schneller Elektronen in verschiedenen Gewebstiefen. Strahlentherapie 137 (1969) 288
55 Nachtigall, D.: Table of Specific Gamma Ray Constants. Thiemig, München 1969
56 Neufeld, J.: Comments on "quality factor", Hlth Phys. 17 (1969) 625
57 Phillips, L. F., E. D. Scalsky, R. I. Champagne: Dose distributions as a function of LET and measurements of QF around BNL medical research reactor. Hlth Phys. 13 (1967) 1175
58 Pszona, S.: A new approach for determining quality factor and dose equivalent in mixed radiation fields. Hlth Phys. 16 (1969) 9
59 Pychlau, P., E. Bunde: The absorption of x-rays in a body equivalent phantom. Brit. J. Radiol. 38 (1965) 875
60 RBE-Committee: Report of the RBE-Committee. Hlth Phys. 9 (1963) 357
61 Roesch, W. C.: Dose for non-equilibrium conditions. Radiat. Res. 9 (1958) 399
62 Roesch, W. C.: Cavity chamber theory. Radiology 74 (1960) 109
63 Roesch, W. C.: Mathematical theory of radiation fields. In: Radiation Dosimetry, Bd. I, 2. Aufl., hrsg. von F. H. Attix, W. C. Roesch, E. Tochilin; Academic Press, New York 1968
64 Roesch, W. C., F. H. Attix: Basic concept of dosimetry. In: Radiation Dosimetry, Bd. I, 2. Aufl., hrsg. von F. H. Attix, W. C. Roesch, E. Tochilin; Academic Press, New York 1968
65 Rossi, H. H.: Microscopic energy distribution in irradiated matter. In: Radiation Dosimetry, Bd. I, 2. Aufl., hrsg. von F. H. Attic, W. C. Roesch, E. Tochilin; Academic Press, New York 1968
66 Rossi, H. H., W. Rosenzweig: Limitation of the concept of linear energy transfer (LET). Radiology 66 (1956) 105
67 Schinz, H. R., R. Wideroe: Units in radiation measurements. Acta Radiol. 58 (1962) 313
68 Spencer, L. V.: Note on the theory of cavity ionization chambers. Radiat. Res. 25 (1965) 352
69 Spencer, L. V.: Remarks on the theory of energy deposition in cavities. Acta radiol. Ther. Phys. Biol. 10 (1971) 1
70 Spencer, L. V., F. H. Attix: A theory of cavity ionization. Radiat. Res. 3 (1955) 239
71 Turner, J. E., H. Hollister: RBE, LET, Z. V.: Some further thoughts. Hlth Phys. 17 (1969) 356
72 Whyte, G. N.: Principles of Radiation Dosimetry. Wiley, London 1959
73 Williams, M. D.: Significance of R, rad, rem, and related units. Amer. J. Roentgenol. 96 (1966) 794

Kapitel 5

1. Acheson, L. K.: Effect of finite nuclear size on the elastic scattering of electrons. Phys. Rev. 82 (1951) 488
2. Agu, B. N. C., T. A. Burdett, E. Matsukawa: Transmission of electrons through aluminium foils. Proc. Phys. Soc. A 72 (1958) 727
3. Agu, B. N. C., T. A. Burdett, E. Matsukawa: Transmission of electrons through metallic foils. Proc. Phys. Soc. A 72 (1958) 727
4. Aiginger, H., G. Wilmersdorf: Mehrfachstreuung von Elektronen im Energiebereich von 0,52 bis 2,0 MeV. Z. Phys. 209 (1968) 260
5. Akagi, H., R. L. Lehmann; Neutron dosimetry in and around human phantoms by use of nuclear track emulsion. Hlth. Phys. 9 (1963) 207
6. Alexander, K. F.: Methoden der Neutronenspektrometrie. In: Lehrbuch der Kernphysik, Bd. I, 2. Aufl., hrsg. von G. Hertz. Teubner, Leipzig 1964 (S. 614)
7. Amaldi, E.: The production and slowing down of neutrons. In: Handbuch der Physik, Bd. XXXVIII/2, hrsg. von S. Flügge. Springer, Berlin 1959
8. Andersson, M. E., W. H. Bond: Neutron spectrum of a plutonium-beryllium source. Nucl. Phys. 43 (1963) 330
9. Archard, G. D.: Backscattering of electrons. J. appl. Phys. 32 (1961) 1505
10. Armani, R. J., E. F. Bennett, M. W. Brenner, M. M. Bretscher, C. E. Cohn, R. J. Huber, S. G. Kaufmann, W. C. Redman: Improved techniques for low flux measurements of prompt neutron lifetime, conversion ratio and fast spectrum. In: Exponential and Critical Experiments, Bd. I. IAEA, Wien 1964 (S. 227)
11. Aten, A. H. W., I. Heertje, R. Bonn, J. A. Mosk, N. P. van Westen, J. C. Kapteyn: Measurement of fast neutron fluence by means of an indium detector. Hlth Phys. 11 (1965) 1094
12. Barkas, W. H., M. J. Berger; Tables of energy losses and ranges of heavy charged particles. NASA Administration, Washington. NASA-SP-3013 (1964)
13. Barleon, L., C. Brückner, K. Burkart, G. Fieg, D. Kuhn, G. Kußmaul, H. Meister, H. Seufert, D. Stegemann, H. Werle: Ladungen 3 und 4 des Schnell-Thermischen Argonnant-Reaktors STARK. KFK-Bericht 668, Karlsruhe 1967
14. Barnard, E., A. T. G. Ferguson, W. R. McMurray, J. J. van Heerden: Time-of-flight measurements of neutron spectra from fission of ^{235}U, ^{238}U and ^{239}Pu. Nucl. Phys. 71 (1965) 228
15. Barshall, H. H.: Detections of neutrons. In: Handbuch der Physik, Bd. XLV, hrsg. von S. Flügge, Springer, Berlin 1958
16. Basson, J. K.: Counting intermediate-energy neutrons. In: Neutron Dosimetry, Bd. II. IAEA, Wien 1963 (S. 241)
17. Bathow, G., E. Freytag, R. Haensel: Measurement of Synchrotron Radiation in the X-Ray Region. Deutsches Elektronen-Synchrotron, Hamburg. DESY 5 (1966)
18. Beckurts, K. H., K. Wirtz: Neutron Physics. Springer, Berlin 1964
19. Benjamin, P. W., C. D. Kemshall: Analysis of recoil proton spectra. UKAEA-Report AWRE-7 (1967)
20. Benjamin, P. W., C. D. Kemshall, J. Redfearn: A high resolution spherical proportional counter. UKAEA-Report AWRE 1 (1964)
21. Bennet, E. F.: Fast neutron spectroscopy by proton-recoil proportional counting. Nucl. Sci. Eng. 27 (1967) 16
22. Bensch, F., C. M. Fleck: Neutronenphysikalisches Praktikum, Bd. I/II. Bibliographisches Institut Mannheim 1968
23. Berger, M. J.: Monte Carlo calculation of the penetration and diffusion of fast charged particles. In: Methods of Computational Physics, hrsg. von B. Alder, S. Fernbach, M. Rotenberg. Academic Press, New York 1963
24. Berger, M. J., S. M. Seltzer: Tables of energy losses and ranges of electrons and positrons. NASA Administration, Washington. NASA SP-3012 (1964)
25. Berger, M. J., S. M. Seltzer: Results of some recent transport calculations for electrons and Bremsstrahlung. NASA-Administration, Washington. NASA SP-71 (1965)
26. Berger, M. J., S. M. Seltzer: Additional stopping power and range tables for protons, mesons and electrons. NASA Administration, Washington. NASA SP-3036 (1966)
27. Berger, M. J., S. M. Seltzer: Penetration of electrons and associated Bremsstrahlung trough aluminium targets. In: Protection Against Space Radiation. NASA Administration, Washington. NASA SP-169 (1968)
28. Berger, M. J., S. M. Seltzer: Quality of radiation in a water medium irradiated with high-energy electron beams. Presented at XIIth Int. Congr. Radiology, Tokio 1969
29. Berger, M. J., S. M. Seltzer: Calculation of energy and charge deposition and of electron flux in a water medium bombarded with 20 MeV electrons. Ann. N. Y. Acad. Sci. 161 (1969) 8
30. Berger, M. J., S. M. Seltzer, S. E. Chappell, J. C. Humphreys, J. W. Motz: Response of silicon detectors to monoenergetic electrons with energies between 0,15 and 5,0 MeV. Nucl. Instr. Meth. 69 (1969) 181
31. Berger, M. J., S. M. Seltzer, S. E. Chappell, J. C. Humphreys, J. W. Motz: Tables of response functions for silicon electron detectors. Nat. Bur. Stand. (Wash.) NBS Techn. Note 489 (1969)
32. Bethe, H.: Quantenmechanik der Ein- und Zweielektronenprobleme. In: Handbuch der Physik, Bd. XXIV/1, hrsg. von H. Geiger, K. Scheel. Springer, Berlin 1933 (S. 508 u. 515)
33. Bethe, H., J. Ashkin: Passage of radiations through matter. In: Experimental Nuclear Physics, Bd. I, hrsg. von E. Segré. Wiley, New York 1953
34. Bethe, H., W. Heitler: On the stopping of fast particles and on the creation of positive electrons. Proc. roy. Soc. A 146 (1934) 83
35. Bethe, H., M. E. Rose, L. P. Smith: The multiple scattering of electrons. Proc. Amer. Philos. Soc. 78 (1938) 573
36. Bichsel, H.: Charged-particle interactions. In: Radiation Dosimetry, Bd. I, 2. Aufl., hrsg. von F. H. Attix, W. C. Roesch. Academic Press, New York 1968

37 Bichsel, H.: Passage of charged particles through matter. Univ. South. Cal. USC-136-150 (1969)

38 Bichsel, H.: Quantum mechanical bound state corrections to the $1/E^2$ collision spectrum. In: Second Symposium on Microdosimetry, Stresa 1969, hrsg. von H. G. Ebert. Euratom 1970

39 Birkhoff, R. D.: The passage of fast electrons through matter. In: Handbuch der Physik, Bd. XXXIV, hrsg. von S. Flügge. Springer, Berlin 1958

40 Birkhoff, R. D.: Energy loss spectra for charged particles traversing material and plastic films. In: Physical Processes in Radiation Biology, hrsg. von G. Augenstein, R. Mason, B. Rosenberg. Academic Press, New York 1964

41 Bishop, H. E.: Electron scattering and X-ray production. Diss., University of Cambridge 1966

42 Bloch, F.: Zur Bremsung rasch bewegter Teilchen beim Durchgang durch Materie. Ann. Phys. 16 (1933) 285

43 Bloch, F.: Bremsvermögen von Atomen mit mehreren Elektronen. Z. Phys. 81 (1933) 363

44 Bluhm, H., D. Stegemann: Theoretical and experimental investigations for an improved application of the ^{6}Li-semiconductor sandwich spectrometer. Nucl. Instr. Meth. 70 (1969) 141

45 Blunck, O.: Zur Reichweite schneller Elektronen. Z. Phys. 131 (1952) 354

46 Blunck, O., S. Leisegang: Zum Energieverlust schneller Elektronen in dünnen Schichten. Z. Phys. 128 (1950) 500

47 Blunck, O., K. Westphal: Zum Energieverlust energiereicher Elektronen in dünnen Schichten. Z. Phys. 130 (1951) 641

48 Borchers, R. R., J. C. Overley, R. M. Wood: Neutron yields from proton bombardment of thick targets. Nucl. Instr. Meth. 30 (1964) 73

49 Bothe, W.: Durchgang von Elektronen durch Materie. In: Handbuch der Physik, Bd. XXII/2, hrsg. von H. Geiger, K. Scheel. Springer, Berlin 1933

50 Bothe, W.: Einige Diffusionsprobleme. Z. Phys. 118 (1941) 401

51 Bothe, W.: Die Diffusion von einer Punktquelle aus. Z. Phys. 119 (1942) 493

52 Bothe, W.: Einige einfache Überlegungen zur Rückdiffusion. Ann. Phys. 6 (1949) 44

53 Bramblett, R. L., R. I. Ewing, T. W. Bonner: A new type of neutron spectrometer. Nucl. Instr. Meth. 9 (1960) 1

54 Breitling, G.: Übergangseffekte bei schnellen Elektronenstrahlen. Z. Phys. 149 (1957) 180

55 Breuer, H.: Energieverlust von Elektronen in Aluminium im Energiebereich 20 bis 60 MeV. Z. Phys. 180 (1964) 209

56 Breuer, H.: The radiation correction, a review of the theory and some calculated values. SAL-Report, Saskatchewan/Kanada, H. 4 (1964)

57 Breuer, H., D. Harder, W. Pohlit: Zur Energie-Reichweite-Beziehung monoenergetischer schneller Elektronen. Z. Naturforsch. 13 A (1958) 567

58 Brolley, J. E., J. L. Fowler: Monoenergetic neutron sources: reactions with light nuclei. In: Fast Neutron Physics, Bd. I, hrsg. von J. B. Marion, J. L. Fowler. Wiley, New York 1960

59 Bruce, W. R., M. L. Pearson, H. S. Freedhoff: The linear energy transfer distributions resulting from primary and scattered X-ray and gamma rays with primary HVL's from 1.25 mm Cu to 11 mm Pb. Radiat. Res. 19 (1963) 606

60 Burge, R. E., G. H. Smith: A new calculation of electron scattering cross sections and a theoretical discussion of image contrast in electron microscope. Proc. Phys. Soc. 79 (1962) 673

61 v. Butlar, H.: Einführung in die Grundlagen der Kernphysik. Akademische Verlagsgesellschaft, Frankfurt/M. 1964

62 Byerly, P. R.: Radioactivation methods of determining neutron flux. In: Fast Neutron Physics, Bd. I, hrsg. von J. B. Marion, J. L. Fowler. Wiley, New York 1960 (S. 657)

63 Calvert, J. M., A. A. Jaffe: Neutron spectroscopy. In: Fast Neutron Physics, Bd. II, hrsg. von J. B. Marion, J. L. Fowler. Wiley, New York 1963 (S. 1907)

64 Cerenkov, P. A.: C. R. Acad. Sci. (USSR) 8 (1934) 451

65 Cerenkov, P. A.: Visible radiation produced by electrons moving in a medium with velocities exceeding that of light. Phys. Rev. 52 (1937) 378

66 Cloth, P., R. Hecker: Bestimmung der Energieverteilung von Neutronen einer Am-Be- und einer ^{252}Cf-Quelle mit Hilfe eines ^{3}He-Halbleiter-Sandwich-Spektrometers. Nukleonik 12 (1969) 163

67 Cohen, A. J., K. F. Koral: Backscattering and secondary electron emission from metal targets of various thicknesses. NASA Administration, Lewis Research Center, NASA TN-D-2782 (1965)

68 Cole, A.: Absorption of 20 eV to 50 000 eV electron beams in air and plastic. Radiat. Res. 38 (1969) 7

69 Condé, H., G. During: Fission neutron spectra. Arkh. Fys. 29 (1965) 313

70 Coppola, M., H. H. Knitter: Erzeugung monoenergetischer Neutronen mit Teilchenbeschleunigern. Kerntechnik 9 (1967) 459

71 Cosslet, V. E., R. N. Thomas: Multiple scattering of 5-30 keV electrons in evaporated metal films. I. total transmission and angular distributions. Brit. J. appl. Phys. 15 (1964) 883

72 Dance, W. E., L. L. Baggerly: Bremsstrahlung production in aluminium and iron. In: Investigation of Electron Interactions with Matter. NASA Administration, Washington. NASA-CR-334 (1956)

73 Dashen, R. F.: Theory of electron backscattering. Phys. Rev. 134 A (1964) 1025

74 Dearnaley, G., A. T. G. Ferguson: Two new semiconductor detectors for fast neutrons. Nucleonics 20/4 (1962) 84

75 De Pangher, J.: Double moderator neutron dosimeter. Nucl. Instr. Meth. 5 (1959) 61; Erratum 21 (1963) 21

76 De Pangher, J., L. L. Nichols: Precision long counter for measuring fast neutron flux density. Batelle Northwest Laboratory BNWL-Report 260 (1966)

77 DIN 6809, Blatt 1: Klinische Dosimetrie: Therapeutische Anwendung gebündelter Röntgen-, Gamma- und Elektronenstrahlung. Beuth, Beuth, Berlin 1973

78 DIN 6814, Blatt 2: Begriffe und Benennungen in der radiologischen Technik, Strahlenphysik. Beuth, Berlin 1970

79 Dogget, J. A., L. V. Spencer: Elastic scattering of relativistic electrons by point nuclei. Phys. Rev. 103 (1956) 1597

80 Dudley, R. A.: Dosimetry with photographic emulsion. In: Radiation Dosimetry, Bd. II, 2. Aufl., hrsg. von F. H. Attix, W. C. Roesch, E. Tochilin. Academic Press, New York 1966

81 Ebert, H.: Physikalisches Taschenbuch. Vieweg, Braunschweig 1967

82 Ebert, P. J., A. F. Lauzon, E. M. Lent: Transmission and backscattering of 4.0 – to 12.0 – MeV electrons. Phys. Rev. 183 (1969) 422

83 Eggler, C., D. J. Hughes: The neutron spectrum of a radium-beryllium photo source. USAEC-Report ANL 4476 (1950)

84 Emery, E. W.: Geiger-Müller and proportional counters. In: Radiation Dosimetry, Bd. II, 2. Aufl., hrsg. von F. H. Attix, W. C. Roesch, E. Tochilin. Academic Press, New York 1966

85 Epp, E. R., H. Weiss, J. Heslin: The energy spectrum of electron flux inside tissue irradiated with 20 MeV electrons. In: Radiation Dosimetry, Bd. III, hrsg. von F. H. Attix, E. Tochilin. Academic Press, New York 1969

86 Fano, U.: Inelastic collisions and the Moliere theory of multiple scattering. Phys. Rev. 93 (1954) 117

87 Fano, U.: Atomic theory of electromagnetic interactions in dense materials. Phys. Rev. 103 (1956) 1202

88 Fano, U.: Normal modes of a lattice of oscillators with many resonances and dipolar coupling. Phys. Rev. 118 (1960) 451

89 Feist, H.: Messungen zur Abbremsung schneller Elektronen in dicken Materieschichten. Diplomarbeit, Würzburg 1963

90 Feld, B. T.: The neutron. In: Experimental Nuclear Physics, hrsg. von E. Segré. Wiley, New York 1953

91 Fenyves, E., O. Haiman: Die physikalischen Grundlagen der Kern-Strahlungsmessungen. Akadémiai Kiadó, Budapest 1965

92 Fink, M., J. Kessler: Messung des differentiellen Wirkungsquerschnittes für Elektronenstrahlung an freien Silberatomen. Z. Phys. 196 (1966) 504

93 Flammersfeld, A.: Eine Beziehung zwischen Energie und Reichweite für Betastrahlen kleiner und mittlerer Energie. Naturwissenschaften 33 (1946) 280

94 Fleischer, R. L., P. B. Price, R. M. Walker: Tracks of charged particles in solids. Science 149 (1965) 383

95 Ford, G. W., C. J. Mullin: Energy distribution of inelastically scattered electrons. Phys. Rev. 110 (1958) 520

96 Frank, H.: Zur Vervielfachung und Rückdiffusion schneller Elektronen. Z. Naturforsch. 14A (1959) 247

97 Frank, H., W. Paul: Durchgang von Elektronen durch Materie. In: Landolt-Börnstein: Zahlenwerte und Funktionen aus Physik, Chemie, Astronomie, Geophysik und Technik, Bd. I/5, hrsg. von J. Bartels, P. ten Bruggencate, H. Hausen, K.-H. Hellwege, K. Schäfer, E. Schmid. Springer, Berlin 1952

98 Fränz, H.: Physikalische Begriffe und Größen in der Dosimetrie ionisierender Strahlen. Strahlentherapie 131 (1966) 270

99 Gayther, D. B., P. D. Goode: Measurements of fast neutron spectra in reactor materials. In: Pulsed Neutron Research, Bd. II. IAEA, Wien 1966 (S. 435)

100 Geiger, K. W., C. K. Hargrove: Neutron spectrum of an Am^{241}-Be(α,n) source. Nucl. Phys. 53 (1964) 204

101 Geiger, K. W., R. Hum, C. J. D. Jarvis: Neutron spectrum of a Ra-Be(α,n) source. Canad. J. Phys. 42 (1964) 1097

102 Gentner, W., H. Maier-Leibnitz, W. Bothe: Atlas typischer Nebelkammerbilder. Springer, Berlin 1940

103 Gibbons, J. H., H. W. Newson: The Li^7(p,n)Be^7 reaction. In: Fast Neutron Physics, Bd. I, hrsg. von J. B. Marion, J. L. Fowler, Wiley, New York 1960

104 Gierts, G.: Spectrometry of fast neutrons by means of the reaction $^6Li(n,t)^4He$. J. Nucl. Energy 17 A/B (1963) 121

105 Goldwasser, E. L., F. E. Mills, A. O. Hanson: Ionization loss and straggling of fast electrons. Phys. Rev. 88 (1952) 1137

106 Goudsmit, S., J. L. Saunderson: Multiple scattering of electrons. Phys. Rev. 57 (1940) 24

107 Gredel, H., M. Säbel: A stilbene scintillation counter with pulse-shape discrimination against gamma radiation for measurement of fast neutron spectra and dose. In: Neutron Monitoring. IAEA, Wien 1967

108 Greis, H. B.: Das Neutronenspektrum einer Am-Be-Quelle. Nukleonik 10 (1968) 283

109 Grundl, J. A.: A study of fission neutron spectra with high-energy activation detectors. Nucl. Sci. Eng. 30 (1967) 39

110 Grundl, J. A., A. Usner: Spectral comparisons with high-energy activation detectors. Nucl. Sci. Eng. 8 (1960) 598

111 Haag, D., H. Fuchs: Die Energieverteilung der Neutronen aus einer Po-α-Quelle. Z. Phys. 174 (1963) 227

112 Hagemann, G.: Tiefenabhängige Änderungen von RBW, LET und Energiespektrum bei hochenergetischer Elektronenstrahlung. Biophysik 3 (1967) 339; 4 (1967) 155

113 Hankins, D. E.: New methods of neutron-dose-rate-evaluation. In: Neutron Dosimetry, Bd. II, IAEA, Wien 1963 (S. 123)

114 Hanson, A. O.: Radioactive neutron sources. In: Fast Neutron Physics, Bd. I, hrsg. von J. B. Marion, J. L. Fowler. Wiley, New York 1960

115 Hanson, A. O., J. L. McKibben: A neutron detector having uniform sensitivity from 10 keV to 3 MeV. Phys. Rev. 72 (1943) 673

116 Harder, D.: Physikalische Grundlagen zur relativen biologischen Wirksamkeit verschiedener Strahlenarten. Biophysik 1 (1964) 225

117 Harder, D.: Diskussionsbemerkungen zur Deutung des Anstiegs der RBW mit der Tiefe. In: Symposion on High-Energy Electrons, hrsg. von A. Zuppinger, G. Poretti. Springer, Berlin 1965

118 Harder, D.: Energiespektren schneller Elektronen in verschiedenen Tiefen. In: Symposion on High-Energy Electrons, hrsg. von A. Zuppinger, G. Poretti. Springer, Berlin 1965

119 Harder, D.: Durchgang schneller Elektronen durch dicke Materieschichten. Habilitationsschrift, Würzburg 1965

120 Harder, D.: Physikalische Grundlagen der Dosimetrie. Strahlentherapie Sbd. 62 (1966) 254

121 Harder, D.: Spectra of primary and secondary electrons in materials irradiated by fast electrons. In: Biophysical Aspects of Radiation Quality. IAEA Techn. Rep. Ser. 58 (1966)

122 Harder, D.: Transmission of fast electrons through thick layers of matter. Argonne Nat. Lab. ANL-TRANS-608 (1967)

123 Harder, D.: Berechnung der Energiespektren abgebremster Elektronen in verschiedenen Absorbertiefen. Biophysik 4 (1967) 38

124 Harder, D.: Some general results from the transport theory of electron absorption. In: 2nd Symposion on Microdosimetry, Stresa 1969, hrsg. von H. G. Ebert. Euratom, Brüssel 1970

125 Harder, D.: Similarity of secondary electron tracks in solids and liquids. Proc. 2nd L. H. Gray Memor. Conf., hrsg. von J. W. Boag. Inst. Phys. Conf. Ser. 8 (1970)

126 Harder, D., H. F. Ferbert: Rückdiffusion schneller Elektronen im Energiebereich 8 bis 22 MeV. Phys. Lett. 9 (1964) 233

127 Harder, D., L. Metzger: Check of electron backscattering coefficients at 10 and 20 MeV. Z. Naturforsch. 23A (1968) 1675

128 Harder, D., G. Poschet: Transmission und Reichweite schneller Elektronen im Energiebereich 4 bis 30 MeV. Phys. Lett. 24B (1967) 519

129 Harder, D., H. J. Schulz: Buildup and equilibrium of secondary electrons for high-energy radiation. In: Proc. Symposion on Microdosimetry, Ispra 1967, hrsg. von H. G. Ebert. Euratom, Brüssel 1968

130 Harder, D., H. J. Schulz: Some new physical data for electron beam dosimetry. In: Proc. Europ. Congr. Radiology, Amsterdam 1971, hrsg. von J. R. Blickman, E. H. Burrows, K. H. Ephraim, W. H. A. M. Penn, A. Somervil, P. Thomas. Excerpta Medica Foundation, Amsterdam 1972

131 Harder, D., P. Drepper, H. J. Schulz: Durchgang schneller Elektronen durch dicke Materieschichten. Verh. dtsch. phys. Ges. 3 (1968) 411; Roos, H., H. J. Schulz, D. Harder: Studies of the passage of fast electrons through thick layers of matter. In: Proc. 5th Internat. Betatron Symposium, Bukarest 1971, hrsg. von S. Titeica, G. Baciu, Bukarest 1973

132 Harder, D., G. Harigel, K. Schultze: Bahnspuren schneller Elektronen. Strahlentherapie 115 (1961) 3; 117 (1962) 579

133 Harigel, G., M. Scheer, K. Schultze: Messungen zur Reichweite von 20,4 MeV Elektronen. Z. Naturforsch. 16A (1961) 132

134 Harigel, G., M. Scheer, K. Schultze: Blasenkammerexperimente zur Abbremsung relativistischer Elektronen. Z. Naturforsch. 18A (1963) 675

135 Harigel, G., D. Luers, H. M. Mayer, M. Scheer, K. Schultze: Typische Blasenkammerbilder mit relativistischen Elektronen für Energien unter 30 MeV. Z. angew. Phys. 13 (1961) 217

136 Haynes, H., G. W. Dolphin: The calculation of linear energy transfer, with special reference to a 14 MeV electron beam and 10 MeV per nucleon ion beams. Phys. in Med. Biol. 4 (1959) 148

137 Heertje, I., A. H. W. Aten: Determination of cyclotron fast neutron spectra and fluxes with activation detectors. Physica 30 (1964) 978

138 Heisenberg, W.: Kosmische Strahlung. Springer, Berlin 1953

139 Heitler, W.: The Quantum Theory of Radiation, 3. Aufl. Clarendon Press, Oxford 1954

140 Herold, T. R.: Neutron spectrum of $^{238}PuF_4$. Nucl. Instr. Meth. 71 (1969) 40

141 Hess, W. N.: Neutrons from (α, n) sources. Ann. Phys. 6 (1957) 116

142 Hilborn, J. H.: Self-powered neutron detectors for reactor flux monitoring. Nucleonics 22/2 (1964) 69

143 Hofstadter, R.: Nuclear and Nucleon Structure. Benjamin, New York 1963

144 Holbrow, C. H., H. H. Barschall. Neutron evaporation spectra. Nucl. Phys. 42 (1963) 264

145 Holzwarth, G., H. J. Meister: Elastic scattering of relativistic electrons by screened gold and mercury nuclei. Nucl. Phys. 59 (1964) 56

146 Hughes, D. J., R. B. Schwartz: Neutron Cross Sections, 2. Aufl. USAEC-Report BNL 325 (1958)

147 International Atomic Energy Agency: Neutron Dosimetry, Bd. I u. II. IAEA, Wien 1963

148 International Atomic Energy Agency: Photonuclear reactions. IAEA-Bibliographie Ser. Nr. 10 (1964); Nr. 27 (1967)

149 International Atomic Energy Agency: Neutron Monitoring, IAEA, Wien 1967

150 International Commission on Radiological Units and Measurements: Physical Aspects of Irradiation. NBS-Handbook, Bd. 85, National Bureau of Standards, Washington 1964

151 International Commission on Radiological Units and Measurements: Neutron fluence, neutron spectra and Kerma. ICRU-Report 13 (1969)

152 Inaternational Commission on Radiological Units and Measurements: Linear energy transfer. ICRU-Report 16 (1970)

153 International Commission on Radiological Units and Measurements: Electron dosimetry: Electrons with initial energies between 1 and 50 MeV. ICRU-Report 21 (1972)

154 Inada, T., K. Hoshino, H. Matsuzawa: Primary and secondary spectra of MeV electrons in water phantoms. Presented at XIIth Int. Congr. Radiology, Tokio 1969

155 Jeter, T. R., M. C. Kennison: Recent improvements in helium-3 solid state neutron spectrometry. IEEE Trans. Nucl. Sci. 14 (1967) 422

156 Kanter, H.: Rückstreuung von Elektronen im Energiebereich 10 bis 100 keV. Ann. Phys. 20 (1957) 144

157 Katz, L., A. S. Penfold: Range-energy-relations for electrons and the determination of beta-ray endpoint energies by absorption. Rev. Mod. Phys. 24 (1952) 28

158 Keepin, G. R.: Physics of Nuclear Kinetics. Addison-Wesley, Reading/Mass. 1965

159 Keil, E., E. Zeitler, W. Zinn: Zur Einfach- und Mehrfachstreuung geladener Teilchen. Z. Naturforsch. 15A (1960) 1031

160 Khandelwal, G. S.: Characteristic X-ray production in the atomic K-shell. Phys. Rev. 167 (1968) 136

161 Khandelwal, G. S., E. Merzbacher: Stopping power of M-electrons. Phys. Rev. 144 (1966) 349

162 Klemperer, O.: Spectrometry of energy losses of electrons transmitted through solids. In: Physical Processes in Radiation Biology, nrsg. von G. Augenstein, R. Mason, B. Rosenberg. Academic Press, New York 1964

163 Kluge, H.: Das Neutronenspektrum radioaktiver Be(α,n)-Quellen im Energiebereich oberhalb 1 MeV. Z. Naturforsch. 242 (1969) 1289

164 Knop, G., W. Paul: Interactions of electrons and α-particles with matter. In: Alpha-, Beta- and Gamma-Ray Spectroscopy. Bd. I, 2. Aufl., hrsg. von S. Siegbahn. North-Holland Publ. Co., Amsterdam 1965

165 Knop, G., A. Minten, B. Nellen: Der Energieverlust von 1 MeV-Elektronen in sehr dünnen Schichten. Z. Phys. 165 (1961) 533

166 Kobetich, E. J., R. Katz: Energy deposition by electron beams and δ-rays. Phys. Rev. 170 (1968) 391

167 Kobetich, E. J., R. Katz: Electron energy dissipation. Nucl. Instr. Meth. 71 (1969) 226

168 Koch, H. W., J. W. Motz: Bremsstrahlung. Rev. Mod. Phys. 31 (1959) 920

169 Kohlrausch, F.: Praktische Physik, Bd. 3. Teubner, Stuttgart 1968

170 Kollath, R.: Teilchenbeschleuniger. Vieweg, Braunschweig 1962

171 Kreiner, H. J., F. Bell, R. Sizmann, D. Harder, W. Hüttl: Rosette motion in negative particle channeling. Phys. Lett. 33A (1970) 135

172 Kulenkampff, H., K. Rüttiger: Energie- und Winkelverteilung rückdiffundierter Elektronen. Z. Phys. 137 (1954) 426

173 Kulenkampff, H., K. Rüttiger: Untersuchung der Energieverteilung rückdiffundierter Elektronen an dünnen Metallschichten. Z. Phys. 152 (1958) 249

174 Kulenkampff, H., W. Spyra: Energie- und Winkelverteilung rückdiffundierter Elektronen. Z. Phys. 137 (1954) 416

175 Kuppermann, A., L. M. Raff: Excited states produced by low-energy electrons. In: Physical Processes in Radiation Biology, hrsg. von G. Augenstein, R. Mason, B. Rosenberg. Academic Press, New York 1964

176 Ladu, M., P. Pelliccioni, E. Rotondi: Flat response to neutrons between 20 keV and 14 MeV of a BF_3 counter in a spherical hollow moderator. Nucl. Instr. Meth. 32 (1965) 173

177 Landau, L.: On the energy loss of fast electrons by ionization. J. Phys. (USSR) 8 (1944) 201

178 Lauglin, J. S.: Electron beams. In: Radiation Dosimetry, Bd. III, hrsg. von F. H. Attix, E. Tochilin. Academic Press, New York 1969

179 Lawson, J. D.: Differential Bremsstrahlung cross sections for low-energy electrons. Oak Ridge Nat. Lab. ORNL-TM-790 (1964)

180 Lea, D. E.: Actions of Radiations of Living Cells, 2. Aufl. Cambridge University Press, London 1956

181 Leiss, J. E., S. Penner, C. S. Robinson: Range straggling of high energy electrons in carbon. Phys. Rev. 107 (1957) 1544

182 Lenard, P.: Quantitatives über Kathodenstrahlen aller Geschwindigkeiten. Winters, Heidelberg 1918

183 Lin, S. R.: Elastic electron scattering by screened nuclei. Phys. Rev. 133A (1964) 965

184 Lin, S. R., N. Sherman, J. K. Percus: Elastic scattering of relativistic electrons by screened atomic nuclei. Nucl. Phys. 45 (1963) 492

185 Loevinger, R., C. J. Karzmark, M. Weissbluth: Radiation therapy with high energy electrons. Radiology 77 (1961) 906

186 Lyman, E. M., A. O. Hanson, M. B. Scott: Scattering of 15,7 MeV electrons by nuclei. Phys. Rev. 84 (1951) 626

187 Marion, J. B.: Monoenergetic neutron sources: reaction with medium weight nuclei. In: Fast Neutron Physics, Bd. I, hrsg. von J. B. Marion, J. L. Fowler. Wiley, New York 1960

188 Marion, J. B., J. L. Fowler: Fast Neutron Physics, Bd. I u. II. Wiley, New York 1963

189 Markus, B.: Energiebestimmung schneller Elektronen aus Tiefendosiskurven. Strahlentherapie 116 (1961) 280

190 Markus, B.: Beiträge zur Entwicklung der Dosimetrie schneller Elektronen. Strahlentherapie 123 (1964) 350, 508; 124 (1964) 33

191 Marton, L.: Methods of Experimental Physics. Bd. V/A. Academic Press, New York 1961

192 Massey, H.S.W., E.H.S. Burthop, H.B.Gilbody: Electronic and Ionic Phenomena. Bd. I, 2. Aufl. Clarendon Press, Oxford 1969

193 Mattauch, J.H.E., W.Thiele, A.H.Wapstra, N.B. Gove: 1964 atomic mass table. Nucl. Phys. 67 (1965) 1; Wapstra, A.H., N.B.Gove: Nuclear reaction and separation energies. Nucl. Data 9 (1971) 299

194 McConnel, W. J., R. C. Birkhoff, R. N. Hamm, R. H. Ritchie: Electron flux spectra in aluminium: analysis for LET spectra and excitation and ionization yields. Radiat. Res. 33 (1968) 216

195 McCormick, R. D., D. G. Keiffer, G. Parzen: Energy and angle distribution of electrons in Bremsstrahlung. Phys. Rev. 103 (1956) 29

196 McGinnies, R. T.: Energy spectrum resulting from electron slowing down. NBS-Circular (1959) 597

197 McKinley, W. A., H. Feshbach: The Coulomb scattering of relativistic electrons by point nuclei. Phys. Rev. 74 (1948) 1759

198 Measurement of Neutron Flux and Spectra for Physical and Biological Applications. NBS-Handbook, Bd. 72. National Bureau of Standards, Washington 1960

199 Molière, G.: Theorie der Streuung schneller geladener Teilchen. I. Einzelstreuung am abgeschirmten Coulomb-Feld. Z. Naturforsch. 2A (1947) 133

200 Molière, G.: Theorie der Streuung schneller geladener Teilchen. II. Mehrfach- und Vielfachstreuung. Z. Naturforsch. 3A (1948) 78

201 Molière, G.: Theorie der Streuung schneller geladener Teilchen. III. Vielfachstreuung von Bahnspuren unter Berücksichtigung der statistischen Kopplung. Z. Naturforsch. 10A (1955) 177

202 Møller, C.: Zur Theorie des Durchgangs schneller Elektronen durch Materie. Ann. Phys. 14 (1932) 531

203 Monahan, J.: Kinematics of neutron-producing reactions. In: Fast Neutron Physics, Bd. I, hrsg. von J. B. Marion, J. L. Fowler. Wiley, New York 1960

204 Mott, N. F.: The scattering of fast electrons by atomic nuclei. Proc. roy. Soc. Lond. A 124 (1929) 425

205 Mott, N. F., H. S. W. Massey: The Theory of Atomic Collisions, 3. Aufl. Clarendon Press, Oxford 1965

206 Mott, W. E., R. B. Sutton: Scintillation and Cerenkov Sounters. In: Handbuch der Physik, Bd. XLV, hrsg. von S. Flügge. Springer, Berlin 1958

207 Motz, J. W., H. Olsen, H. W. Koch: Electron scattering without atomic or nuclear excitation. Rev. Mod. Phys. 36 (1964) 881

208 Motz, J. W., R. C. Placious, C. E. Dick: Coulomb scattering without atomic excitation for 50-, 100-, 200-, and 400-keV electrons. Phys. Rev. 132 (1963) 2558

209 Nachtigall, D., F. Rohloff: Neue Verfahren zur Messung von Neutronenflußdichten und Neutronendosisleistungen mit Szintillationszähler und Kugelmoderator. Nukleonik 6 (1964) 330

210 National Academy of Sciences, National Research Council: Studies in penetration of charged particles in matter. NAS-NRC Publ. 1133, Washington 1964

211 Neuert, H.: Kernphysikalische Meßverfahren zum Nachweis von Teilchen und Quanten. Braun, Karlsruhe 1966

212 Nigam, B. P., M. K. Sundaresan, T. W. Wu: Theory of multiple scattering: Second Born approximation and corrections to Molière's work. Phys. Rev. 115 (1959) 491

213 Nüsse, M.: Factors affecting the energy-range relation of fast electrons in aluminium. Phys. in Med. Biol. 14 (1969) 315

214 Olien, T. C., A. F. Hollyway: Energy-loss spectra for high-energy electrons as a function of depth in an absorber. Radiat. Res. 38 (1969) 1

215 Paul, W.: Streuung und Bremsung energiereicher Elektronen. In: Kosmische Strahlung, hrsg. von W. Heisenberg. Springer, Berlin 1953

216 Paul, W., H. Reich: Energieverlust schneller Elektronen. Z. Phys. 127 (1950) 429

217 Paul, W., H. Reich: Einzelstreuung von schnellen Elektronen um große Winkel. Z. Phys. 131 (1952) 326

218 Perkins, J. F.: Monte Carlo calculation of transport of fast electrons. Phys. Rev. 126 (1962) 1781

219 Perlow, G. J.: Recoil type neutron spectrometer for 0,05 to 1 MeV. Rev. Sci. Instr. 27 (1956) 460

220 Pohlit, W.: Dosimetrie zur Betatrontherapie. Thieme, Stuttgart 1965

221 Pomerantz, M.A., A. A. Schultz: Secondary electron emission produced by relativistic primary electrons. Phys. Rev. 130 (1963) 2135

222 Potenza, R., A. Rubbino: Fast neutron spectrometer. Nucl. Instr. Meth. 25 (1963) 77

223 Powell, C. F., P. H. Fowler, D. H. Perkins: The Study of Elementary Particles by the Photographic Method. Pergamon Press, London 1959

224 Prêtre, S., E. Tochilin, N. Goldstein: A standardized method for making neutron fluence measurements by fission fragment tracks in plastics. Hlth. Phys. 12 (1966) 1775

225 Prevo, P. R., R. E. Dahl, H. H. Yoshikawa: Thermal and fast neutron detection by fission track production in mica. J. appl. Phys. 35 (1964) 2636

226 Raether, H.: Solid state excitations by electrons. Springer Tracts Mod. Phys. 38 (1965) 84

227 Ramm, W. J.: Scintillation detectors. In: Radiation Dosimetry, Bd. II, 2. Aufl., hrsg. von F. H. Attix, W. C. Roesch, E. Tochilin. Academic Press, New York 1966

228 Rauch, H., F. Grass, B. Feigl: Ein neuartiger Detektor für langsame Neutronen. Nucl. Instr. Meth. 46 (1967) 153

229 Rausche, A.: Berechnung der Energieverteilung bei der Abbremsung von Elektronen in einem dicken Absorber. Staatsexamen, Würzburg 1963

230 Rauth, A. M., F. Hutchinson: Distribution in energy of the primary energy loss events of electrons in condensed media. In: Biological Effects of Ionizing Radiation at the Molecular Level. IAEA, Wien 1962

231 Rauth, A. M., J. A. Simpson: The energy loss of electrons in solids. Radiat. Res. 22 (1964) 643

232 Redman, W. C., J. H. Roberts; Some current techniques of fast neutron spectrum measurements. In: Proceedings of the International Conference on Peaceful Uses of Atomic Energy, Bd. XII/2, hrsg. von United Nations, Genf 1958 (S. 72)

233 Rester, D. H., W. J. Rainwater jr.: Coulomb scattering of electrons in aluminium without atomic excitation. Phys. Rev. 140A (1965) 165

234 Ritson, D. M.: Techniques of high energy physics. Interscience, New York 1961

235 Rohrlich, F., B. C. Carlson: Positron-electron-differences in energy loss and multiple scattering. Phys. Rev. 93 (1954) 38

236 Rossi, B.: High-energy particles, 2. Aufl. Prentice-Hall, Englewood Cliffs/N. J. 1956

237 Rossi, B., K. Greisen: Cosmic-ray theory. Rev. Mod. Phys. 13 (1941) 240

238 Rotondi, E.: Energy loss of alpha particles in tissue. Radiat. Res. 33 (1968) 1

239 Rubbino, A., D. Zubke, C. Meixner: Neutrons from (α,n) sources. Nuovo Cim. 44B (1966) 178

240 Runnals, O. J. C., R. R. Boucher: Neutron yields from actinide beryllium alloys. Can. J. Phys. 34 (1956) 949

241 Rutherford, E.: The scattering of α- and β-particles by matter and the structure of the atom. Phil. Mag. 21 (1911) 669

242 Sakai, E.: Semiconductor counter and its application for neutron measurements. In: Nuclear Electronics, Bd. I. IAEA, Wien 1962 (S. 551)

243 Salgir, T., J. Walker: Neutron spectrum of ^{241}Am-^{9}Be sources by use of proton recoils from a shaped converter foil. In: Neutron Monitoring. IAEA, Wien 1967

244 Santar, I., J. Bednar: Theory of radiation chemical yield. V. Initial structure of the track of a fast electron in a dense medium. Int. J. Phys. Chem. 1 (1969) 133

245 Sauter, F.: Die theoretischen Grundlagen für Streuung und Bremsung geladener Teilchen. In: Kosmische Strahlung, hrsg. von W. Heisenberg. Springer, Berlin 1953

246 Schneider, D. O., D. V. Cormack: Monte Carlo calculations of electron energy loss. Radiat. Res. 11 (1959) 418

247 Schulz, H. J., D. Harder: Aufbau des Sekundärelektronenspektrums bei energiereicher Elektronenstrahlung. In: 2nd Symposion on Microdosimetry, Stresa 1969, hrsg. von H. G. Ebert. Euratom, Brüssel 1970

248 Schumacher, B. W.: A review of the (macroscopic) laws for the electron penetration through matter. In: Electron and Ion Beam Science and Technology, hrsg. von R. Bakish. Wiley, New York 1965

249 Schwarz, S., H. O. Zetterström: Some remarks on the properties of small organic scintillators as detectors of fast neutrons. Nucl. Instr. Meth. 41 (1966) 93

250 Scott, W. T.: The theory of small-angle multiple scattering of fast charged particles. Rev. Mod. Phys. 35 (1963) 231

251 Seeliger, H. H.: Transmission of positrons and electrons. Phys. Rev. 100 (1955) 1029

252 Segrè, E.: Experimental Nuclear Physics, 2. Aufl. Wiley, New York 1960

253 Segrè, E.: Nuclei and Particles. Benjamin, New York 1964

254 Seiler, H.: Einige aktuelle Probleme der Sekundärelektronenemission. Naturwissenschaften 22 (1967) 249

255 Shapiro, M. G.: Nuclear emulsions. In: Handbuch der Physik. Bd. XLV, hrsg. von S. Flügge. Springer, Berlin 1958

256 Sherman, N.: Coulomb scattering of electrons and positrons by point nuclei. Phys. Rev. 103 (1956) 1601

257 Silk, M. G.: The determination of fast neutron spectra in thermal reactors by means of a high-resolution semiconductor spectrometer. Nucl. Instr. Meth. 66 (1968) 93

258 Skerbele, A., E. N. Lasettre: Electron impact spectra. J. Chem. Phys. 42 (1965) 395

259 Spencer, L. V.: Theory of electron penetration. Phys. Rev. 98 (1955) 1507

260 Spencer, L. V.: Energy Dissipation by Fast Electrons. NBS-Monography 1. National Bureau of Standards, Washington 1959

261 Spencer, L. V., F. H. Attix: A theory of cavity ionization. Radiat. Res. 3 (1955) 239

262 Spencer, L. V., U. Fano: Energy spectrum resulting from electron slowing down. Phys. Rev. 93 (1954) 1172

263 Spiers, F. W.: Radioisotopes in the Human Body; Physical and Biological Aspects. Academic Press, New York 1968

264 Stearns, M.: Mean square angles of Bremsstrahlung and pair production. Phys. Rev. 76 (1949) 836

265 Sternheimer, R. M.: The density effect for the ionization loss in various material. Phys. Rev. 88 (1952) 851; 103 (1956) 511

266 Sternheimer, R. M.: The energy loss of a fast charged particle by Cerenkov radiation. Phys. Rev. 91 (1953) 256

267 Tabata, T., R. Ito, S. Okabe: Angular distribution of transmitted electrons with incident energies 3.2 — 14.1 MeV. Ann. Rep. Rad. Center Osaka Prefect. 8 (1967) 70

268 Tabata, T., R. Ito, S. Okabe: Range distribution of mono-energetic electrons in Be and Al. Ann. Rep. Rad. Center Osaka Prefect. 9 (1968) 34

269 Tabata, T., R. Ito, S. Okabe: An empirical equation for the backscattering coefficient of electrons. Nucl. Instr. Meth. 94 (1971) 509

270 Theissen, H., F. Gudden: Energieverlust von 53 MeV-Elektronen in Graphit. Z. Phys. 191 (1966) 395

271 Thompson, M. N., J. M. Taylor: Neutron spectra from Am-α-Be and Ra-α-Be sources. Nucl. Instr. Meth. 37 (1965) 305

272 Thümmel, H. W.: Untersuchungen zur Energieverteilung rückgestreuter Betastrahlung. Nukleonik 6 (1964) 65

273 Thümmel, H. W.: Zur Theorie der Rückstreuung monoenergetischer Elektronen. Z. Phys. 179 (1964) 116

274 Tochilin, E.: Flux and spectra measurements of primary and moderated neutron sources. In: Neutron Dosimetry, Bd. I. IAEA, Wien 1963

275 Tochilin, E., R. R. Alves: Neutron spectra from mock fission sources. Nucleonics 16/11 (1958) 145; US Nav. Def. Lab. Rep. USNRDL-TR-201 (1958)

276 Toms, E.: Bibliography of Photo- and Electronuclear Disintegrations. Nav. Res. Lab., Bibliogr. 31, Washington 1967

277 Turner, J. E., P. D. Roecklein, R. B. Vora: Mean excitation energies for chemical elements. Hlth. Phys. 18 (1970) 159

278 Uggerhøj, E.: Orientation dependence of the emission of positrons and electrons from ^{64}Cu embedded in single crystals. Phys. Lett. 22 (1966) 382

279 Uggerhøj, E., J. U. Andersen: Influence of lattice structure on motion of positrons and electrons through single crystals. Can. J. Phys. 46 (1968) 543

280 Unruh, C. M., W. V. Baumgartner, L. F. Kocher, L. W. Brackenbush, C. W. R. Endres: Personnel neutron dosimeter developments. In: Neutron Monitoring. IAEA, Wien 1967 (S. 433)

281 Van Camp, K. J., V. J. Vanhuyse: Thick target energy loss distributions of electrons. Z. Phys. 211 (1968) 152

282 Van der Zwan, L.: Calculated spectra from $^9Be(\alpha,n)$ sources. Can. J. Phys. 46 (1968) 1527

283 Van Dyk, I., J. C. F. MacDonald: Penetration of high energy electrons in water. Phys. in Med. Biol. 17 (1972) 52

284 Venkatapathi Raju, B. B., S. Inanananda: A fast neutron spectrometer for the study of the neutron spectrum of Po-Be-source. Nucl. Instr. Meth. 27 (1964) 299

285 Verbinski, V. V., W. R. Burrus, R. M. Freestone, R. Textor: Proton-recoil neutron spectrometry with organic scinitillators. In: Neutron Monitoring. IAEA, Wien 1967 (S. 151)

286 Verbinski, V. V., M. S. Bokhari: A fast neutron spectrometer for reactor environments. Nucl. Instr. Meth. 46 (1967) 309

287 Wallace, R.: Four-pi fast-neutron spectrometers for detection and dosimetry. In: Neutron Dosimetry, Bd. I. IAEA, Wien 1963 (S. 575)

288 Walsh, Ph. J.: Stopping power and range of alpha particles. Hlth Phys. 19 (1970) 312

289 Walske, M. C.: The stopping power of K-electrons. Phys. Rev. 88 (1952) 1283

290 Walske, M. C.: Stopping power of L-electrons. Phys. Rev. 101 (1956) 940

291 Weale, J. W., P. Benjamin, C. D. Kemshall, W. J. Paterson, J. Redfearn: Neutron spectrum measurements in the zero-power fast reactor VERA. In: Radiation Measurements in Nuclear Power, Institute of Physics and Physical Society, London 1966 (S. 231)

292 Weber, K. H.: Eine einfache Energie-Reichweiten-Beziehung für Elektronen im Energiebereich von 3 keV bis 3 MeV. Nucl. Instr. Meth. 25 (1964) 261

293 Wehrle, H., G. Fieg, H. Seufert, D. Stegemann: Investigation of the specific energy loss of protons in hydrogen above 1 keV with regard to neutron spectromety. Nucl. Instr. Meth. 72 (1969) 111

294 Westcott, C. H.: Effective cross section values for well moderated thermal reactor spectra. Atomic Energy Can. Ltd. Report 1101 (1960)

295 Westcott, C. H., W. H. Walker, T. K. Alexander: Effectove cross sections and cadmium ratios for the neutron spectra of thermal reactors. In: Proceedings of the International Conference of Peaceful Uses of Atomic Energy, Bd. XV, hrsg. von United Nations, Genf 1958 (S. 202)

296 Whaling, W.: The energy losses of charged particles in matter. In: Handbuch der Physik, Bd. XXXIV, hrsg. von S. Flügge. Springer, Berlin 1958

297 White, R. S.: Photographic plate detection. In: Fast Neutron Physics, Bd. I, hrsg. von J. B. Marion, J. L. Fowler. Wiley, New York 1960 (S. 297)

298 Wideroe, R.: Physikalische Untersuchungen zur Therapie mit hochenergetischen Elektronenstrahlen. Strahlentherapie 113 (1960) 161

299 Wideroe, R.: Distribution of δ-electrons in a body irradiated with high-energy electrons. In: Symposion on High Energy-Electrons, Montreux 1964, hrsg. von A. Zuppinger, G. Poretti. Springer, Berlin 1965

300 Wideroe, R.: Interaction of high-energy electrons with matter. In: Symposion on High-Energy Electrons, Madrid 1966, hrsg. von C. Gil y Gil, C. Gil Gayarre. General Directorate of Health, Madrid 1970

301 Williams, E. J.: Concerning the scattering of fast electrons and of cosmic-ray particles. Proc. roy. Soc. Lond. 169A (1939) 531

302 Williams, E. J.: Multiple scattering of fast electrons and a particles and "curvature" of cloud tracks due to scattering. Phys. Rev. 58 (1940) 292

303 Wittig, S.: Eine universelle Monte-Carlo-Methode zur Lösung von Elektronen-Transport-Problemen. Diss. Frankfurt/M. 1968

304 Wlassow, N. A.: Neutronen. Hoffmann, Köln 1959

305 Wong, C., J. D. Anderson, J. W. McLure, B. D. Walker: Neutron spectra from the (p,n) reaction in medium mass nuclei using 7-13 MeV protons. Nucl. Phys. 57 (1964) 515

306 Yang, C. N.: Actual path length of electrons in foils. Phys. Rev. 84 (1951) 599

307 Zeitler, E., H. Olsen: Screening effects in elastic electron scattering. Phys. Rev. 136 A (1964) 1546; 162 (1967) 1439

308 Zerby, C. D., F. L. Keller: Electron transport theory, calculations and experiments. Nucl. Sci. Eng. 27 (1967) 190

309 Zijp, W. L.: Review of activation methods for the determination of fast neutron spectra. Reactor Centrum Nederland. Bericht RCN-37, Petten 1965

310 Zijp, W. L.: Review of activation methods for the determination of intermediate neutron spectra. Reactor Centrum Nederland. Bericht RCN-40, Petten 1965

311 Zill, H. W.: Das Neutronenspektrum radioaktiver $Be(\alpha,n)$-Quellen im Energiebereich unterhalb 1 MeV. Z. Naturforsch. 240 (1969) 1287

Kapitel 6

1. Aitken, J. H., W. H. Henry: Spectra of the internally scattered radiation from large cobalt-60 sources used in teletherapy. Int. J. appl. Radiat. Isotop. 15 (1964) 713
2. Atwater, H. F.: Photon attenuation coefficients for organic materials. Hlth Phys. 20 (1971) 213
3. Becker, O.: Die Bedeutung der Grenzstrahlen für die Strahlenforschung. Strahlentherapie 138 (1969) 586
4. Bentley, R. E., J. C. Jones, S. C. Lillierap: X-ray spectra from accelerators in the range 2 to 6 MeV. Phys. Med. Biol. 12 (1967) 301
5. Berger, R. T.: The X- or gamma-ray energy absorption or transfer coefficient. Radiat. Res. 15 (1961) 1
6. Bomford, C. K., T. E. Burlin: The angular distribution of radiation scattered from a phantom to 100–300 kVp X-rays. Brit. J. Radiol. 36 (1963) 436
7. Bruce, W. R., M. L. Pearson: Spectral distribution of scattered radiation in a water phantom irradiated with cesium-137 gammarays. Radiat. Res. 17 (1962) 555
8. Bruce, W. R., M. L. Pearson, H. E. Johns: Comparison of Monte Carlo calculations and experimental measurements of scattered radiation produced in a water phantom by primary radiation of HVL from 1,25 mm Cu to 11 mm Pb. Radiat. Res. 17 (1962) 534
9. Bunde, E.: Grundlagen der Strahlendiagnostik und Strahlentherapie. In: Medizinische Röntgentechnik, Bd. II/1, hrsg. von H. Schoen. Thieme, Stuttgart 1961
10. Burlin, T. E., S. R. Husain: The low portion of the electron spectrum established within and emitted from irradiated conducting materials. Phys. Med. Biol. 13 (1968) 347
11. Burlin, T. E., S. R. Husain: An extension and experimental examination of Greening's theory of vacuum chamber. Brit. J. Radiol. 41 (1968) 545
12. Burt, A. K.: A set of X-ray filters for a dosimeter calibration facility. Phys. Med. Biol. 14 (1969) 131
13. Clark, B. C., W. Gross: Spectral and dosimetric characteristics of soft X-rays for studies in radiobiology. Radiology 93 (1969) 139
14. Cohen, M.: Physical aspects of roentgen therapy using wedge filters. Acta radiol. 52 (1959) 65, 158, 471
15. Cohen, M.: Physical aspects of roentgen therapy using wedge filters. Acta radiol. 53 (1960) 153
16. Cohen, M., J. E. Burns, R. Sear: Physical aspects of cobalt-60-therapy using wedge filters. Acta radiol. 53 (1960) 401, 486
17. Cormack, D. V., H. E. Johns: Spectral distributions of scattered radiation from a kilocurie unit. Brit. J. Radiol. 31 (1958) 497
18. Cormack, D. V., W. E. Davitt, D. G. Burke: Spectral distributions of 280 kVp X-rays. Brit. J. Radiol. 31 (1958) 565
19. Cormack, D. V., T. I. Griffith, H. E. Johns: Measurement of the spectral distribution of scattered 400 kVp X-rays in a waterphantom. Brit. J. Radiol. 30 (1957) 129
20. Costrell, L.: Scattered radiation from large ^{137}Cs sources. Hlth Phys. 8 (1962) 491
21. Costrell, L.: Scattered radiation from large ^{60}Co calibration sources. Hlth Phys. 8 (1962) 261
22. Davisson, C. M.: Gamma ray attenuation coefficients. In: Alpha-, Beta- and Gamma-Spectroscopy, Bd. I, hrsg. von K. Siegbahn; North-Holland Publ., Amsterdam 1966
23. DIN 6814, Blatt 2: Begriffe und Benennungen in der radiologischen Technik, Strahlenphysik. Beuth, Berlin 1969
24. Drexler, G., M. Goßrau: Spektren gefilterter Röntgenstrahlungen für Kalibrierzwecke. Ges. Strahlenforsch. Bericht 1968, S. 45
25. Drexler, G., F. Perzl: Messung von Röntgenspektren mit Lithium-gedrifteten Germanium-Halbleiterdetektoren. Atompraxis 13 (1967) 185
26. Drexler, G., F. Perzl: Methoden zur Spektrometrie niederenergetischer Bremsstrahlung. Röntgenblätter 24 (1971) 26
27. Drexler, G., M. Goßrau, U. Nahrstedt: Der Quotient Energiefluenz/Ionendosis als charakteristische Größe einer Röntgenstrahlung. Strahlentherapie 139 (1970) 109
28. Epp, E. R., H. Weiß: Spectral fluence of scattered radiation in a water medium irradiated with diagnostic X-rays. Radiat. Res. 30 (1967) 129
29. Evans, R. D.: Compton effect. In: Handbuch der Physik, Bd. XXXIV, hrsg. von S. Flügge; Springer, Berlin 1958
30. Evans, R. D.: X-ray and γ-ray interactions. In: Radiation Dosimetry, Bd. I, hrsg. von F. H. Attix, W. C. Roesch, E. Tochilin. Academic Press, New York 1968
31. Fairchild, R. G., J. J. Robertson, D. A. Levine: A tissue equivalent ionization chamber for phantom dosimetry. Hlth Phys. 12 (1966) 787
32. Fano, U.: Gamma ray absorption. Nucleonics 11 (1953) H. 8, 8; H. 9, 55
33. Fuchs, R., H. Kuhlenkampff: Zur Energieverteilung im Spektrum der Röntgenbremsstrahlung. Z. Phys. 137 (1954) 583
34. Galand, C., D. E. Charlton, E. J. K. Cowdry: The use of "effective" energy to calculate absorbed dose. Phys. Med. Biol. 15 (1970) 541
35. Glocker, R.: Über das Grundgesetz der physikalischen Wirkungen von Röntgenstrahlen verschiedener Wellenlänge. Z. Phys. 136 (1953) 352
36. Glocker, R., D. Messner: Die Berücksichtigung der kohärenten Streuung bei der Ermittlung der wirksamen Röntgenstrahlenenergie. Z. Phys. 149 (1957) 480
37. Greening, J. R.: The deviation of approximate X-ray spectral distribution and an analysis of X-ray "quality" specifications. Brit. J. Radiol. 36 (1963) 363
38. Greening, J. R., K. J. Randle: A vacuum chamber investigation of low energy electrons liberated by X-rays. Brit. J. Radiol. 41 (1968) 534
39. Heath, R. L.: Scintillation spectrometry. Gamma-ray spectrum catalogue. USAEC IDO-16880-2 (1964)
40. Heitler, W.: The Quantum Theory of Radiation. Oxford University Press, London 1954

41 Hettinger, G.: Angular and spectral distributions of backscatter radiation from slabs of water, brass, lead irradiated by photons between 50 and 250 kV. Acta Radiol. 54 (1960) 129

42 Hettinger, G., K. Lidén: Scattered radiation in a water phantom irradiated by roentgen photons between 50 and 250 kV. Acta Radiol. 53 (1960) 73

43 Hettinger, G., N. Starfeldt: Bremsstrahlung spectra from roentgen tubes. Acta Radiol. 50 (1958) 381

44 Hubbell, J. H.: Photon cross sections, attenuation coefficients and energy absorption coefficients from 10 keV to 100 GeV. Nat. Stand. Data Ser., Nat. Bur. Stand. NSRDS-NBS 29 (1969)

45 Hubbell, J. H., M. J. Berger: Photon attenuation and energy absorption coefficients. 2. Aufl. NBS-Report 8681 (1966)

46 Hübner, W.: Über den Einfluß von Fremdstoffen in Filtersubstanzen bei Schwächungs- und Halbwertschichtmessungen. Fortschr. Röntgenstr. 89 (1958) 629

47 International Commission on Radiological Units and Measurements: Physical Aspects of Irradiation. NBS-Handbook, Bd. LXXXV. National Bureau of Standards, Washington 1964

48 Jaeger, R. G.: Wahrer und scheinbarer Schwächungskoeffizient inhomogener Röntgenstrahlung (Intensitäts- und Dosis-Schwächungskoeffizient). Phys. Z. 36 (1935) 41

49 Jaeger, R. G., W. Kolb: Szintillationsspektrometrie weicher Röntgenstrahlung. Strahlentherapie Sbd. 35 (1956) 285

50 Johns, H. E.: The Physics of Radiology. 2. Aufl. Thomas, Springfield/Ill. 1966

51 Jones, D. E. A.: The suitability of materials used for the measurement of the half value thickness of X-ray beams. Brit. J. Radiol. 34 (1961) 801

52 Joyet, G., E. Hugentobler, A. Misyrowicz: Air equivalent materials for X-ray dosimetry from 10 keV to 50 MeV. Helv. phys. Acta 34 (1961) 414

53 Karzmark, C. J., T. Capone: Measurement of 6 MV X-rays. Brit. J. Radiol. 41 (1968) 33, 222, 227

54 Keller, H. L., Je. Sam Rock: Faktoren zur Berücksichtigung nicht wasseräquivalenter Gewebe bei Strahlungen zwischen 200 kV und 17 MeV. Strahlentherapie 122 (1963) 531

55 Kirsch, M., B. Maier, E. Schumann: Dosimetrische Untersuchungen der Gewebeäquivalenz von Phantommaterialien zur Verwendung in der Orthovolt-Röntgentherapie. Strahlentherapie 134 (1967) 511

56 Koch, H. W., J. W. Motz: Bremsstrahlung cross section formulas and related datas. Rev. Mod. Phys. 31 (1959) 920

57 Kolb, W.: Szintillationsspektrometrie weicher Röntgenstrahlung. Naturwissenschaften 43 (1955) 53

58 Kolb, W.: Untersuchung des Anteils charakteristischer Strahlung verschiedener Anodenmaterialien im Spektrum der in der Dermatologie angewandten Röntgenstrahlung. Strahlentherapie 102 (1957) 596

59 Kramers, H. A.: On the theory of X-ray absorption and the continuous X-ray spectrum. Phil. Mag. 46 (1926) 836

60 Krokowski, E.: Berechnung der Absorption von Röntgen- und Gammastrahlen; berechnet für Medien der Ordnungszahlen Z_{eff} 6 bis 16. Strahlentherapie 104 (1957) 442

61 Lowry, W. S. B.: Half value thickness equivalents in water. Brit. J. Radiol. 37 (1967) 958

62 Markus, B.: Über den Begriff der Gewebeäquivalenz und einige wasserähnliche Phantomsubstanzen für Quanten von 10 keV bis 100 MeV und schnelle Elektronen. Strahlentherapie 101 (1956) 111

63 Martin, J. H., G. W. Muller: Quantity and quality of scattered radiation. Brit. J. Radiol. 34 (1961) 227

64 Meisberger, L. L., R. J. Keller, J. Shalek: The effective attenuation in water of the gamma rays of gold 198, iridium 192, caesium 137, radium 226 and cobalt 60. Radiology 90 (1958) 953

65 Meißner, J., D. Wendorff: Vergleichende Phantomdosimetrie mit verschiedenen Quellen ionisierender Strahlung. Atomkernenergie 12 (1967) 371

66 Meredith, W., D. Greene, K. Kawashima: The attenuation and scattering in a phantom of gamma rays from some radionuclides used in mould and interstitial therapy (^{198}Au, ^{192}Ir, ^{182}Ta, ^{137}Cs, ^{60}Co, ^{226}Ra). Brit. J. Radiol. 39 (1966) 280

67 Mikda, N., K. H. Reiß: Die Bedeutung der Messung von Röntgenspektren für die Diagnostik. Strahlentherapie 138 (1969) 760

68 Nath, A., A. M. Ghoss: An empirical formula to the coherent scattering cross section of gamma rays. Nat. Bur. Stand. Techn. Note 442 (1968)

69 Nelson, O. R., R. D. Birkhoff, R. H. Ritchie, H. H. Hubbell jr.: Measurement of electron flux in water bombarded by x-rays. Hlth. Phys. 5 (1961) 203

70 Peaple, L. H. J., A. K. Burt: The measurement of spectra of X-ray machines. Phys. Med. Biol. 14 (1969) 73

71 Pohl, R. W.: Einführung in die Physik, Bd. III. Springer, Berlin 1967

72 Pychlau, P., E. Bunde: The absorption of X-rays in a body equivalent phantom. Brit. J. Radiol. 38 (1965) 875

73 Rossi, H. H., G. Failla: Tissue equivalent ionization chambers. Nucleonics 14 (1966) H. 2

74 Saylor, W. L.: The X-ray spectrum form 2 MVp alternating potential generator. Phys. Med. Biol. 14 (1969) 87

75 Schaal, A.: Messung der Strahlenhärte innerhalb eines streuenden Mediums in der Röntgentherapie. Strahlentherapie 99 (1956) 561

76 Schiff, L. J.: Energy-angle distribution of thin target bremsstrahlung. Phys. Rev. 83 (1951) 252

77 Scringer, J. W., D. V. Chormack: Spectrum of the radiation from a cobalt-60 teletherapy unit. Brit. J. Radiol. 36 (1963) 514

78 Shonka, F. R., J. E. Rose, G. Failla: Conductivity plastic equivalent to tissue, air and polystyrene. In: Proceedings of the Second International Conference of Peaceful Uses of Atomic Energy, Bd. XXI, hrsg. von United Nations, Genf 1958 (S. 184)

79 Skarsgard, L. D., H. E. Johns: Spectral flux density of scattered and primary radiation generated at 250 kV. Radiat. Res. 14 (1961) 231

80 Smith, H. L., R. D. Neff: Linear absorption coefficients for gamma rays in tissue. Hlth Phys. 19 (1970) 59

81 Smocovitis, D., M. E. J. Young, H. F. Batho: Apparent absorption of the gamma rays of radium in water. Brit. J. Radiol. 40 (1967) 771

82 Spiers, E. W.: Effective atomic number and energy absorption in tissue. Brit. J. Radiol. 19 (1946) 52

83 Spiers, E. W.: Radiation units and theory of ionization dosimetry. In: Radiation Dosimetry, hrsg. von G. J. Hine, G. L. Brownell; Academic Press, New York 1956

84 Thoraeus, R.: On the determination of the radiation quality. In: Quantities, Units and Measuring Methods of Ionizing Radiation, hrsg. von F. Fossati. Hoepli, Mailand 1959

85 Trout, E. D., J. P. Kelley, W. Gross: Beam quality measurements in diagnostic roentgenology. Amer. J. Roentgenol. 103 (1968) 689

86 Trout, E. D., J. P. Kelley, A. C. Luca: The second half value layer and the homogenity coefficient. Amer. J. Roentgenol. 87 (1967) 574

87 Trübestein, H.: Die „absorbierte Dosis" im Gewebe für Röntgenstrahlen von 10 keV bis 1 MeV und die Gewebsdichte. Strahlentherapie 111 (1960) 122

88 Wachsmann, F., A. Dimotsis: Kurven und Tabellen für die Strahlentherapie. Hirzel, Stuttgart 1957

89 Wachsmann, F., G. Drexler: Über die Spektren der in der Röntgendiagnostik benutzten Strahlungen. Röntgenpraxis 21 (1968) 254

90 Wachsmann, F., H. Tiefel, E. Berger: Messung der Quantität und Qualität gestreuter Röntgenstrahlung. Fortschr. Röntgenstr. 101 (1964) 308

91 Wagner, G.: Die Bedeutung der charakteristischen Eigenstrahlung in der dermatologischen Röntgentherapie. In: Proceedings of the 11th International Congress of Dermatology, Bd. XI, 1957 (S. 412)

92 Wagner, G., P. Hell: Der Einfluß von Wolfram und Kupfer als Anodenmaterial auf die Strahlenqualität ungefilterter Berylliumfenster-Röhren. Strahlentherapie 103 (1957) 598

93 Weber, J., D. J. von dem Berge: The effective atomic number and the calculation of the composition of phantom materials. Brit. J. Radiol. 42 (1969) 378

94 Whyte, G. N.: Principles of Radiation Dosimetry. Wiley, London 1959

95 Will, W., A. Rakow: Zur Messung der Standard-Ionendosis in festen und flüssigen Medien bei Röntgen- und Gammastrahlung mit Energien zwischen 50 keV und 3 MeV. Strahlentherapie 141 (1971) 176

96 Zieler, E.: Zur Charakterisierung weicher Röntgenstrahlung durch Halbwertschicht und Homogenitätsgrad. Strahlentherapie 93 (1954) 579

97 Zieler, E.: Der Einfluß des charakteristischen Röntgenspektrums auf die Qualität weicher Röntgenstrahlung. Strahlentherapie 102 (1957) 88

Kapitel 7

1 Aceto, H., B. W. Churchill: Neutron depth dose from (α,n) and (γ,n) sources in a tissue equivalent phantom. USAEC-Bericht UCRL-10267 (1963)
2 Adams, G. D.: On the use of thimble chambers in a phantom. Radiology 78 (1962) 77
3 Adawi, J.: Penetration of electron beams into water below the critical energy. Phys. Rev. 107 (1957) 1476
4 Aglinzew, K. K.: Dosimetrie ionisierender Strahlung: VEB Deutscher Verlag der Wissenschaften, Berlin 1961
5 Aglinzew, K. K.: Applied dosimetry. Illiffe, London 1965
6 Aglinzew, K. K., G. P. Ostromukhova: Roentgen readings in the gamma-radiation range with quantum energy of 0,25–3 MeV. Inst. Metodi (Bull. Mendeleev Inst.) 55 (1961) 553
7 Ahnström, G.: Biological dosimetry of fast neutrons. IAEA Techn. Rep. Ser. Nr. 76 (1967) 3
8 Akagi, H., R. L. Lehmann: Neutron dosimetry in and around human phantoms by use of nuclear track emulsion. Hlth Phys. 9 (1963) 207
9 Allisy, A., A. Astier: Determination of the absorbed dose exposure dose ratio in bone and muscle by the method of equivalent gazes. J. Radiol. Electrol. 39 (1958) 340
10 Almond, P. R.: The physical measurement of electron beams from 6 to 18 MeV. Absorbed dose and energy calibration. Phys. in Med. Biol. 12 (1967) 13
11 Almond, P. R.: C_λ-values for high energy X-radiation. Phys. in Med. Biol. 13 (1968) 285
12 Almond, P. R.: The use of ionization chambers for the absorbed dose calibration of high energy electron beam theray units. Int. J. appl. Radiat. 21 (1970) 1
13 Almond, P. R.: A lithium borate thermoluminescent dosimetry system for radiologic physics dosimetry. Amer. J. Roentgenol. 108 (1970) 199
14 Almond, P. R., R. Worsnop: Variation of ^{60}Co backscatter factors with different machines. Brit. J. Radiol. 42 (1969) 717
15 Almond, P. R., A. E. Wright, M. L. M. Boone: High energy electron dose perturbation in regions of tissue heterogeneity II. Physical models of tissue heterogeneities. Radiology 88 (1967) 1146
16 Almond, P. R., A. Wright, J. F. Lentz: The use of lithium fluoride thermoluminescent dosimeters to measure dose distributions of a 15 MeV electron beam. Phys. in Med. Biol. 12 (1967) 389
17 Alsmiller, R. G., T. W. Armstrong, W. A. Coleman: The absorbed dose and dose equivalent from neutrons in the energy range 60 to 3000 MeV and protons in the range 400 to 3000 MeV. USAEC-Bericht ORNL-TM-2924, rev. (1970)
18 Andersson, I. Ö. J. Braun: A neutron rem counter. Nukleonik 6 (1964) 237
19 Antila, P., E. Spring: The influence of field size, field shape and source-to-skin distance upon the dose rate in fixed field telecobalt therapy. Strahlentherapie 135 (1968) 181
20 Ardran, G. M., H. E. Crooks: The measurement of patient dose. Brit. J. Radiol. 38 (1965) 766
21 Armstrong, W. A., R. A. Facey, D. W. Grant, W. G. Humphreys: A tissue-equivalent chemical dosimeter sensitive to 1 Rad. Can. J. Chem. 41 (1963) 1575
22 Asard, P. E., G. Baarson: Commercial photodiodes as gamma- and roentgen-ray dosemeters. Acta radiol. Ther. Phys. Biol. 7 (1968) 49
23 Aspin, N., H. E. Johns: The absorbed dose in cylindrical cavities within irradiated bone. Brit. J. Radiol. 36 (1963) 350
24 Aspin, N., H. E. Johns, R. J. Horley: Depth dose data for rectangular fields. Radiology 76 (1961) 76
25 Attix, F. H.: Luminescence degradation. Nucleonics 17 (1959) 60
26 Attix, F. H.: Dosimetry by solid state devices. U.S. Naval Res. Lab. Rep. 5777 (1962)
27 Attix, F. H., V. H. le Roy de la Vergne, V. H. Ritz: Cavity ionization as a function of wall material. J. Res. Nat. Bur. Stand. 60 (1958) 235
28 Attix, F. H., W. C. Roesch: Radiation Dosimetry, Bd. I u. II. Academic Press, New York 1968
29 Attix, F. H., E. Tochilin: Radiation Dosimetry. Bd. III. Academic Press, New York 1969
30 Auxier, J. A., F. W. Sanders, P. N. Hensley: A device for determining the orientation of persons exposed to neutron and/or γ-radiation. Hlth Phys. 5 (1961) 226
31 Auxier, J. A., W. S. Snyder, T. D. Jones: Neutron interactions and penetration in tissue. In: Radiation Dosimetry, Bd. I, hrsg. von F. H. Attix, W. C. Roesch. Academic Press, New York 1968 (S. 275)
32 Axtmann, R. C., J. A. Licari: Yield of the Fricke dosimeter to 14,6 MeV neutrons. Radiat. Res. 22 (1964) 511
33 Baarli, J.: Radiological physics of pions. Radiat. Res. Suppl. 7 (1967) 10
34 Baarli, J., A. H. Sullivan: Radiation dosimetry for protection purposes near high-energy particle accelerators. Hlth Phys. 11 (1965) 353
35 Baarli, J., A. H. Sullivan: Dosimetry studies of a high-energy neutron beam. Phys. in Med. Biol. 14 (1969) 269
36 Baarli, J., K. Goebel, A. Sullivan: The calibration of instruments used to measure high energy radiation. Hlth Phys. 9 (1963) 1057
37 Babor, R., F. Wachsmann: Über die Möglichkeiten und Ergebnisse von Ortsdosisleistungsmessungen mit Filmdosimetern. Fortschr. Röntgenstr. 109 (1968) 793
38 Bach, R. L., R. S. Caswell: Energy transfer to matter by neutrons. Radiat. Res. 35 (1968) 1

39 Baily, N. A., H. S. Frey: The measurement and characteristics of depth dose patterns due to proton beams. Hlth Phys. 16 (1969) 349

40 Baily, N. A., G. Kramer: The lithium-drifted silicon p-i-n junction as an x-ray and gamma-ray dosimeter. Radiat. Res. 22 (1964) 53

41 Baily, N. A., A. Norman: Miniature p-i-n junctions for in-vivo dosimetry. Nucleonics 21,10 (1963) 64

42 Baily, N. A., A. Norman, J. W. Hilbert: A direct reading intercavitary dosimeter for use in radium therapy. Amer. J. Roentgenol. 99 (1967) 382

43 Barkas, W. H.: Nuclear Research Emulsions. Academic Press, New York 1963

44 Barnard, G. P.: Dose-exposure conversion factors for megavoltage x-ray dosimetry. Phys. in Med. Biol. 9 (1964) 321

45 Barnard, G. P., G. H. Aston, A. R. S. Marsh: Effects of variation in the ambient air on the calibration and use of ionization chambers. Her Majestic's Stationery Office, London 1960

46 Barnard, G. P., E. J. Axton, A. R. S. Marsh: A study of cavity ionization chambers for use with 2 MV x-rays. Phys. in Med. Biol. 3 (1959) 366

47 Barnard, G. P., A. R. C. Marsh, D. G. J. Hitchman: Studies of cavity ionization chambers with megavoltage x-rays. Phys. in Med. Biol. 9 (1964) 295

48 Barr, T. A., G. S. Hurst: Fast neutron dose in a large tissue equivalent phantom. Nucleonics 12, Nr. 8 (1954) 33

49 Basson, J. K.: Counting intermediate-energy neutrons. In: Neutron Dosimetry, Bd. II. IAEA, Wien 1963 (S. 241)

50 Batho, H. F.: Relationships between exposure, kerma and absorbed dose to megavoltage photons from an external source. Phys. in Med. Biol. 13 (1968) 335

51 Batten jr., G. W.: The M. D. Anderson method for the computation of isodose curves around interstitial and intracavitary sources. Amer. J. Roentgenol. 102 (1968) 673

52 Becker, J., K. E. Scheer: Betatron- und Telekobalttherapie. Internationales Symposion Heidelberg 1957. Springer, Berlin 1958

53 Becker, J., K. H. Kärcher, G. Weitzel: Elektronentherapie mit Supervoltgeräten. In: Strahlenbiologie, Strahlentherapie, Nuklearmedizin und Krebsforschung, hrsg. von H. R. Schinz, H. Holthusen, H. Langendorff, B. Rajewsky, G. Schubert. Thieme, Stuttgart 1959

54 Becker, K.: Filmdosimetrie. Springer, Berlin 1962

55 Becker, K.: Fehlerquellen bei der Neutronen-Personendosismessung mittels Kernspuremulsionen. Atomkernenergie 8 (1963) 74

56 Becker, K.: Neuere Methoden der Personen-Neutronendosimetrie. Kerntechnik 7 (1965) 274

57 Becker, K.: Radiophotoluminescence. A bibliography. Hlth Phys. 12 (1966) 1369

58 Becker, K.: Radiophotoluminescence dosimetry. Bibliography II. Hlth Phys. 17 (1969) 631

59 Becker, K.: Alpha particle registration in plastics and its application for radon and neutron personnel dosimetry. Hlth Phys. 16 (1969) 113

60 Becker, K.: Thermally stimulated exoelectron emission (TSEE) as a method of measurement using lithium fluoride. Hlth Phys. 16 (1969) 526

61 Becker, K., J. S. Cheka: Silver-activated lithium borate glasses as radiophotoluminescence dosimeters with low energy dependance. Hlth. Phys. 16 (1969) 125

62 Becker, K., D. Nachtigall: Eigenschaften und Bestrahlungsverhalten selbstablesbarer Stabdosimeter. Bericht KFA-Jülich, Jül-102-ST (1963)

63 Becker, K., E. M. Robinson: Integrating dosimetry by thermally stimulated exoelectron (after-)emission. Hlth Phys. 15 (1968) 463

64 Benjamin, P. W., C. D. Kemshall: Analysis of recoil proton spectra. UKAEA-Report AWRE-NR-7/67

65 Benjamin, P. W., C. D. Kemshall, J. Redfearn: A high resolution spherical proportional counter. UKAEA-Bericht AWRE-NR-1/64

66 Benner, S., J. Ragnhult, G. Gebert: Miniature ionization chambers for measurement in body cavities. Phys. in Med. Biol. 4 (1959) 26

67 Bennet, E. F.: Fast neutron spectroscopy by proton-recoil proportional counting. Nucl. Sci. Eng. 27 (1967) 16

68 Berger, H. A., D. Harder, W. Hübner, R. G. Jaeger: Die Definition des Dosisäquivalents, der Einheit Rem und des Bewertungsfaktors. Strahlentherapie 131 (1966) 143

69 Berger, M. J.: Monte Carlo calculations of the penetration and diffusion of fast charged particles. In: Methods in computational physics, Bd. I, hrsg. von B. Alder, S. Fernbach, M. Rotenberg. Academic Press, New York 1963

70 Berger, M. J.: Energy deposition in water by photons from point isotropic sources. J. nucl. Med. Suppl. 1 (1968) 15

71 Berger, M. J.: Spectrum of energy deposited by electrons in spherical regions. In: Second Symposion on Microdosimetry, Stresa 1969, hrsg. von H. G. Ebert. Euratom, Brüssel 1970

72 Berger, M. J.: Distribution of absorbed dose around point sources of electrons and beta-particles in water and other media. Medical Internal Radiation Dose Committee (MIRD), 1970 (Reprint J. nucl. Med.)

73 Berger, M. J.: Transmission and reflection of high-energy electrons by aluminium shields. Reprint. National Bureau of Standards, Washington 1970

74 Berger, M. J., S. M. Seltzer: Tables of energy losses and ranges of electrons and positrons. NASA Administration, Washington. NASA-Sp 3012 (1964)

75 Berger, M. J., S. M. Seltzer: Additional stopping power and range tables for protons, mesons and electrons. NASA Administration, Washington. NASA SP-3036 (1966)
76 Berger, M. J., S. M. Seltzer: Calculation of energy and charge deposition and of the electron flux in a water medium bombarded with 20-MeV electrons. Ann. N. Y. Acad. Sci. 161 (1969) 8
77 Berger, M. J., S. M. Seltzer: Quality of radiation in a water medium irradiated with high-energy electron beams. 12th Int. Congr. Radiol. Tokyo 1969.
78 Berger, M. J., S. M. Seltzer, K. Maeda: Energy deposition by auroral electrons in the atmosphere. J. Atm. Terr. Phys. 32 (1970) 1015
79 Berry, R. J., C. H. Marshall: Clear perspex H. X. as a reference dosimeter for electrons and gamma radiation. Phys. in Med. Biol. 14 (1969) 585
80 Bewley, D. K.: The measurement of locally absorbed dose of megavoltage x-rays by means of a carbon calorimeter. Brit. J. Radiol. 36 (1963) 865
81 Bewley, D. K.: A simple calorimeter for the calibration of solid state dosimeters. Ann. N. Y. Acad. Sci. 161 (1969) 94
82 Bichsel, H.: A fortran programme for the calculation of the energy loss of heavy charged particles. Lawrence Rad. Lab. Rep. UCRL-17538 (1967)
83 Binks, C.: Energy dependence of lithium fluoride dosimeters at electron energies from 10 to 35 MeV. Phys. in Med. Biol. 14 (1969) 327
84 Biophysical Aspects of Radiation Quality. IAEA, Techn. Rep. Ser. Nr. 58 (1966)
85 Biophysical Aspects of Radiation Quality. Second Panel Report. IAEA, Vienna 1968
86 Birge, A. C., H. O. Anger, C. A. Tobias: Heavy charged-particle beams. In: Radiation Dosimetry, hrsg. von J. Hine, G. L. Brownell. Academic Press, New York 1956
87 Birkner, R., G. Pohle, D. Puppe: Zur Dosimetrie für die Telekobalttherapie. Strahlentherapie 126 (1965) 1
88 Bishop, H. E.: Electron scattering and X-ray production. Diss. Cambridge/Engl. 1966
89 Bleeken, St.: Tritium-Mikrodosimetrie. Strahlentherapie 125 (1964) 145
90 Bloch, P., Ch. S. Worrilow: Portable radiation and light detector using a p-i-n silicon diode. Phys. in Med. Biol. 14 (1969) 277
91 Boag, J. W.: On the energy absorbed by a patient during x-ray treatment. Brit. J. Radiol. 18 (1945) 235
92 Boag, J. W.: Ionization chambers. In: Radiation Dosimetry, Bd. II. hrsg. von F. H. Attix, W. C. Roesch. Academic Press, New York 1966
93 Boag, J. W.: Methods of absorbed-dose measurements. In: Solid State and Chemical Radiation Dosimetry in Medicine and Biology. IAEA, Wien 1967 (S. 349)
94 Boag, J. W., C. W. Dolphin, J. Rotblat: Radiation dosimetry by transparent plastics. Radiat. Res. 9 (1958) 589
95 Boag, J. W., F. D. Pilling, T. Wilson: Ionization chambers for electron dosimetry. Brit. J. Radiol. 24 (1951) 341
96 Boles, L. A., K. R. Blake, C. V. Parker jr., J. B. Nelson: Physical dosimetry and instrumentation for low-energy proton. Irradiation of primates. Radiat. Res. 37 (1969) 261
97 Bomford, C. K.: Calculations of percentage depth dose in regions of build-up. Brit. J. Radiol. 42 (1969) 551
98 Boone, M. L., P. R. Almond, A. E. Wright: High-energy electron dose perturbations in regions of tissue heterogeneity. Ann. N. Y. Acad. Sci. 161 (1969) 214
99 Boone, M. L., J. H. Jardine, A. E. Wright, N. Tapley: High energy electron dose perturbation in regions of tissue heterogeneity I. In vivo dosimetry. Radiology 88 (1967) 1136
100 Boot, S. J., J. A. Dennis: Flux density distributions in and around a man-sized phantom irradiated with thermal neutrons. Phys. in Med. Biol. 13 (1968) 573
101 Bradshaw, A. L.: Calorimetric measurement of absorbed dose with 15 MeV electrons. Phys. in Med. Biol. 10 (1965) 355
102 Bradshaw, A. L., D. G. Cadena, G. W. Crawford, H. A. W. Spetzler: The use of alanine as a solid state dosimeter. Radiat. Res. 17 (1962) 11
103 Brady, J. M., N. O. Aarestad, H. M. Swartz: In vivo dosimetry by electron spin resonance spectrometry. Hlth Phys. 15 (1968) 43
104 Bramblett, R. L., R. I. Ewing, T. W. Bonner: A new type of neutron spectrometer. Nucl. Instr. Meth. 9 (1960) 1
105 Bramson, P.E.: The Hanford Criticality Dosemeter. USAEC-Bericht HW-Sa-2625 (1962)
106 Breitling, G.: Übergangseffekte bei schnellen Elektronenstrahlen. Z. f. Phys. 149 (1957) 180
107 Breitling, G.: Dosimetrie hochenergetischer Strahlen. Radiologe 4 (1964) 275
108 Breitling, G., R. Glocker: Über die Transitionskurven verschiedener Stoffe für die Röntgenstrahlung eines 31 MeV Betatrons. Z. f. Naturforsch. 8a (1953) 629
109 Breitling, G., W. Seeger: Zur Filmdosimetrie schneller Elektronen. Strahlentherapie 122 (1963) 483
110 Breitling, G., K. H. Vogel: Dosisverteilung bei Bestrahlung inhomogener Medien mit schnellen Elektronen. Strahlentherapie 122 (1963) 321
111 Breitling, G., K. H. Vogel: Über den Einfluß der Streuung auf den Dosisverlauf schneller Elektronen. In: Symposium on High-Energy Electrons, Montreux 1964, hrsg. von A. Zuppinger, G. Poretti. Springer, Berlin 1965
112 Brenner, M.: Neutron contamination of electron beams. In: Symposium on High Energy Electrons, Montreux 1964, hrsg. von A. Zuppinger, G. Poretti. Springer, Berlin 1965
113 Brenner, M.: Neutrons and other radiation associated with the betatron beam: In: Symposium on High-Energy Electrons, Madrid 1966, hrsg. von C. Gil y Gil, C. Gayarre. General Directorate of Health, Madrid 1970

114 Brenner, M., P. Karjalainen, A. Rytilä, H. Jungar: The effect of inhomogeneities on dose distributions of high-energy electrons. Ann. N. Y. Acad. Sci. 161 (1969) 233

115 Brisbane, R. W., L. B. Silverman: Photographic dosimetry. An annoted bibliography (Suppl.) UCLA-516 (1963)

116 Brizel, H., L. H. Lanzl, E. M. Duthorn: A comparison of techniques for parametrical irradiation using cobalt-60. Amer. J. Roentgenol. 89 (1963) 101

117 Brodsky, A., R. L. Kathren: Accuracy and sensitivity of film measurements of gamma radiations. Hlth Phys. 9 (1963) 453, 463, 769

118 Brodsky, A., A. A. Spritzer, F. E. Feagin, F. J. Bradley, G. J. Karchers, H. J. Maudelberg: Accuracy and sensitivity of film measurements of gamma radiations. Hlth Phys. 11 (1965) 1071

119 Brooke, C., R. Schayes: Recent developments in thermoluminescent dosimetry; extension in the range of applications. In: Solid State and Chemical Radiation Dosimetry in Medicine and Biology. IAEA, Wien 1967 (S. 31)

120 Broszkiewicz, R. K.: Chemical dosimetry of ionizing radiation. In: Solid State and Chemical Radiation Dosimetry in Medicine and Biology. IAEA, Wien 1967 (S. 213)

121 Broszkiewicz, R. K.: Errors in ferrous sulphate dosimetry. Phys. in Med. Biol. 15 (1970) 549

122 Brownell, G. L., W. H. Ellet, A. R. Reddy: Absorbed fractions for photons. J. nucl. Med. Suppl. 1 (1968) 27

123 Brustadt, T., P. Ariotti, I. T. Lyman: Experimental setup and dosimetry for investigating biological effects of density ionizing radiation. Lawrence Rad. Lab. Rep. UCRL-9454

124 Bryant, T. H. E.: A photoconductive dosimeter for measurement of radium dosage. Brit. J. Radiol. 39 (1966) 291

125 Brynjolfsson, A., G. Thaarup: Determination of beam parameters and measurements of dose distribution in material irradiated by electrons in the range of 6 MeV to 14 MeV. Danish Atomic Energy Commission, Risö 1963

126 Buchan, R. C. T., Th. C. Griffith: Derivation of isodose charts for radium tubes. Brit. J. Radiol. 42 (1969) 313

127 Burch, P. R. J.: A theoretical interpretation of the effect of radiation quality on yield in the $FeSO_4$ and $Ce_2(SO_4)_3$ dosimeter. Radiat. Res. 11 (1959) 481

128 Burgkhardt, B., E. Piesch: Energieabhängigkeit einiger gebräuchlicher Dosisleistungs- und Dosismesser für den Strahlenschutz. Kernforschungszentrum Karlsruhe, KFK 1484 (1971)

129 Burkhardt, W., D. Herrmann: Zur Eichung von Beta-Dosismeßgeräten. Atomkernenergie. 5 (1960) 324

130 Burlin, T. E.: The measurement of exposure dose for high energy radiation with cavity ionization chambers. Phys. in Med. Biol. 3 (1959) 197

131 Burlin, T. E.: An experimental examination of theories relating absorption of x-ray energy in a medium to the ionization produced in a cavity. Phys. in Med. Biol. 6 (1961) 33

132 Burlin, T. E.: Further examination of theories relating the absorption of gamma ray energy in a medium to the ionization produced in a cavity. Phys. in Med. Biol. 11 (1966) 255

133 Burlin, T. E.: The energy response of LiF, CaF_2 and $Li_2B_4O_7$ to high energy radiations. Phys. in Med. Biol. 15 (1970) 558

134 Burlin, T. E., S. R. Husain: An extension and experimental examination of Greening's theory of vacuum chamber. Brit. J. Radiol. 41 (1968) 545

135 Burlin, T. E., R. J. Snelling: The application of general cavity theory to the dosimetry of electron fields. In: Second Symposium on Microdosimetry, Stresa 1969, hrsg. von H. G. Ebert. Euratom, Brüssel 1970

136 Busch, M.: Gegenwärtiger Stand und neuere Erkenntnisse der Radiumdosimetrie. Strahlentherapie Sbd. 66 (1967) 280

137 Busch, M.: Ein geometrisch variables Körperphantom für die Bestrahlungsplanung mit Computern. Röntgen-Bl. 22 (1969) 181

138 Bush, F.: The estimation of energy absorption during teleradium treatment. Brit. J. Radiol. 16 (1943) 109

139 Bush, F.: Energy absorption in radium therapy. Brit. J. Radiol. 19 (1946) 14

140 Bush, F.: The integral dose received from a uniformly distributed radioactive isotope. Brit. J. Radiol. 22 (1949) 96

141 Busulini, L., P. Céscon, S. Lora, G. Palma: Dosimétrie des rayons γ de Co-60 par un simple méthode calorimétrique. Int. J. appl. Radiat. 19 (1968) 657

142 Busuoli, G., A. Cavallini, A. Fasse, O. Rimondi: Mixed radiation dosimetry with LiF (TLD-100). Phys. in Med. Biol. 15 (1970) 673

143 Caha, A.: Ein neues Szintillationsgerät zur Dosisbestimmung im Mastdarm und in der Harnblase bei gynäkologischen Radiumeinlagen. Strahlentherapie 135 (1968) 539; 136 (1968) 33

144 Caha, A., J. Kolas: Die Dosisbestimmung im Mastdarm und in der Harnblase bei gynäkologischen Radiumeinlagen. Radiobiol. Radiother. (Berl.) 8 (1967) 51

145 Cameron, J. R., N. Suntharalingam, G. N. Kenney: Thermoluminescent dosimetry. University of Wisconsin Press, Madison Wisc. 1968

146 Carlsson, C.: Determination of integral absorbed dose from exposure measurements. Acta radiol. Ther. Phys. Biol. 1 (1963) 433

147 Carlsson, C.: Integral absorbed doses in Roentgen diagnostic. I. The dosemeter. II. Measurement. Acta radiol. Ther. Phys. Biol. 3 (1965) 310, 384

148 Carlsson, C. A.: Thermoluminescence of LiF: Dependance of thermal history. Phys. Med. Biol. 14 (1969) 107

149 Carlsson, C. A., G. A. Carlsson: Proton dosimetry: Measurement of depth dosis from 185 MeV protons by means of thermoluminescent LiF. Radiat. Res. 42 (1970) 207

150 Carpender, J. W. L., L. S. Skaggs, L. H. Lanzl, M. L. Griem: Radiation therapy with high-energy electrons using pencil beam scanning. Amer. J. Roentgenol. 90 (1963) 221

151 Caswell, R. S.: Neutron-insensitive proportional counter for gamma-ray dosimetry. Rev. Sci. Instr. 31 (1960) 689

152 Caswell, R. S., W. B. Beverly, V. Spiegel: Energy dependence of proportional-counter fast-neutron dosimeters. In: Neutron-Dosimetry, Bd. II. IAEA, Wien 1963, S. 227

153 Chadwick, K. H.: The use of clear PMMA (Polymethylmethacrylate) as a dosimeter for irradiation studies in the range 10 krad to 10 Mrad. Atompraxis 15 (1969) 181

154 Chan, F. K., T. E. Burlin: The energy-size dependance of the response of thermoluminescent dosimeters to photon irradiation. Hlth Phys. 18 (1970) 305

155 Charlton, D. E., D. V. Cormack: A method for calculation of alpha-ray dosage to soft-tissue-filled cavities in bone. Brit. J. Radiol. 35 (1962) 473

156 Cheka, J. S.: Recent developments in film monitoring of fast neutrons. Nucleonics 12 Nr. 6 (1954) 40

157 Chen, W. L., W. H. Shinpaugh, H. H. Hubbel, J. W. Poston: Dose distributions from neutrons incident a tissue-equivalent phantom. USAEC-Bericht ORNL-TM 3425 (1971)

158 Clarkson, J. R., D. E. A. Jones, J. R. Greening, L. A. W. Kemp, L. F. Lamette, C. W. Wilson: Central axis depth dose data for x-radiations of half value layer from 0,01 mm Al to 15 mm Cu, cobalt 60 radiation HVL 11 mm Pb, Betatron radiation 22 MeV. Brit. J. Radiol. Suppl. 5 (1953)

159 Clifton, J. S., D. T. Gooduld, S. J. Martin, S. B. Osborn: Design and evaluation of a free air ionization chamber for grenz-ray measurements. Brit. J. Radiol. 39 (1966) 693

160 Cloos, O., W. Pohlit: Dosimetrie ionisierender Strahlungen. Atompraxis 12 (1966) 331

161 Code of pràctice for radiosterilization of medical products. In: Radiosterilization of Medical Products, Pharmaceuticals and Bioproducts. IAEA Techn. Rep. Ser. Nr. 72 (1967)

162 Cohen, M.: Physical aspects of roentgen therapy using wedge filters. Acta radiol. 52 (1959) 68, 471, 658; 53 (1960) 153

163 Cohen, M.: Physical aspects of cobalt-60 therapy using wedge filters. Acta radiol. 53 (1960) 401, 486

164 Cohen, M.: Report on a meeting on the use of solid state and other dosimeters in radio-therapy held in the British Insitute of Radiology, London 1969. Brit. J. Radiol. 42 (1969) 870

165 Cohen, M., S. J. Martin: Atlas of radiation dose distributions, Bd. II. IAEA, Wien 1966

166 Cross, W. B.: Distribution of absorbed beta-energy in solid media. Can. J. Phys. 47 (1969) 75

167 Cumming, J. B.: Monitor reactions for high energy proton beams. Ann. Rev. nuclear Sci. 13 (1963) 26

168 Cunningham, J. R., H. E. Johns: The calculation of absorbed dose from exposure measurements: Practical problems in dosimetry. Phys. in Med. Biol. 15 (1970) 71

169 Czempiel, H.: Zur Frage der Bestrahlungsplanung und Dosimetrie beim Einsatz der Megavolttherapie (Telekobalttherapie) in der radiologischen Praxis. Strahlentherapie 127 (1965) 522

170 Dahler, A., A. S. Baker, J. S. Laughlin: Comprehensive electron-beam treatment planning. Ann. N. Y. Acad. Sci. 161 (1969) 198

171 Davies, J. V., J. Law; Practical aspects of ferrons sulphate dosimetry. Phys. in Med. Biol. 8 (1963) 91

172 Davies, J. V., D. Greene, J. P. Keene, J. Law, J. B. Massey: A comparison of ionization, calorimetric and ferrons sulphate dosimetry. Phys. in Med. Biol. 8 (1963) 97

173 Day, M. J., G. Stein: Chemical effects of ionizing radiations in some gels. Nature 166 (1960) 146

174 Dean, Ph. N., W. H. Langham: Tumorigenicity of small highly radioactive particles. Hlth Phys. 16 (1969) 79

175 Debois, J. M.: The isodose of wedge fields. A new reference. Acta radiol. Ther. Phys. 6 (1967) 283

176 Debois, J. M., M. Roo: Experimental demonstration of the influence of bone on dose distribution in radiotherapy. Radiology 92 (1969) 1

177 Deev, J. S.: Anwendung von CdS Photo-widerstandszellen für die Dosimetrie ionisierender Strahlen. Kernenergie 3 (1966) 77

178 Degner, W., H. Hegewald, R. Windelband: Untersuchungen von dosimetrischen Eigenschaften bei LiF-Detektoren. Radiobiol. Radiother. (Berl.) 10 (1969) 169

179 Delarue, R., S. Carpentier, H. François, A.M. Chapuis: Bemerkungen über den Begriff „Vordosis" in der Radiophotolumineszenz-dosimetrie. Atompraxis 14 (1968) 30

180 Dennis, J. A.: Neutron dosimetry using activation techniques. Proc. ENEA Symposium, Madrid 1963 (S. 189)

181 Dennis, J. A. The measurement of neutron dose. Kerntechnik. 7 (1965) 269

182 Dennis, J. A., W. R. Loosemore: A fast neutron counter for dosimetry. Bericht AERE-R-3302 (1960)

183 De Pangher, J.: Double moderator neutron dosimeter. Nucl. Instr. Meth. 5 (1969) 61, Erratum, a.a.O. 21 (1963) 360

184 Diethelm, L., D. Olsson, F. Strnad, H. Vieten, A. Zuppinger: Handbuch der medizinischen Radiologie, Bd.I/1. Springer, Berlin 1968

185 Dillman, L. T.: Radionuclide decay schemes and nuclear parameters for use in radiation dose estimation. J.nucl.Med.Suppl.2 (1969) 5

186 Dillmann, L. T.: Average particle energy in beta decay. Hlth Phys. 19 (1970) 385
187 DIN 4512, Blatt 3: Photographische Sensitometrie. Bestimmung der optischen Dichte von durchlässigen streuenden Schichten. Beuth, Berlin 1963
188 DIN 6816: Filmdosimetrie nach dem filteranalytischen Verfahren zur Strahlenschutzüberwachung. Beuth, Berlin 1964
189 DIN 6829: Röntgenfilme zur Verwendung ohne Verstärkerfolien in der medizinischen Diagnostik. Bestimmung von Empfindlichkeit, Gradation und Schleier. Beuth, Berlin 1964
190 DIN 1349, Blatt 1: Strahlungsdurchgang durch Medien, optisch klare Stoffe. Beuth, Berlin 1968
191 DIN 5036, Blatt 1: Bewertung und Messung lichttechnischer Eigenschaften von Werkstoffen; spezielle allgemeine und strahlungsphysikalische Stoffkennzahlen. Begriffe. Beuth, Berlin 1968
192 DIN 53750: Verfahren zur Bestrahlung mit energiereichen Strahlen. Deutscher Normenausschuß. Berlin 1970
193 DIN 6809, Blätter 1 u. 2: Klinische Dosimetrie. 1.: Therapeutische Anwendung gebündelter Röntgen-, Gamma- und Elektronenstrahlung; 2.: Interstitielle und Kontaktbestrahlung mit umschlossenen gamma- und betastrahlenden radioaktiven Stoffen. Beuth, Berlin 1973
194 DIN 6800, Blätter 1-6: Dosismeßverfahren in der radiologischen Technik. 1.: Allgemeines zur Dosimetrie nach der Sondenmethode; 2.: Ionisationsdosimetrie; 3. Eisensulfatdosimetrie; 4.: Filmdosimetrie; 5.: Radiothermolumeszenz-Dosimetrie; 6.: Radiophotolumineszenz-Dosimetrie. Beuth, Berlin 1973
195 Domen, S. R.: A heat loss compensated calorimeter and related theorems. J. Res. Nat. Bur. Stand. 73C (1969) 17
196 Dousset, M., J. Le Grand: Etude theorètique de la dose absorbée a un tissu superficiellement contaminé par un emetteur α. Hlth Phys. 11 (1965) 171
197 Dove, D. B.: Effect of dosimeter size on measurements close to a radioactive source. Brit. J. Radiol. 32 (1959) 202
198 Draganic, I.: Oxalic acid, the only aqueous dosimeter for in-pile use. Nucleonics 21 Nr. 2 (1963) 33
199 Draganic, I.: Recent work on the use of oxalid acid in aqueous solutions or in solde state for chemical dosimetry in the multimegared region. In: Proceedings of the 2nd Tihany Symposium on Radiation Chemistry, Budapest 1967
200 Draganic, I., N. W. Holm, J. E. Maul: Laboratory manual for some high-level chemical dosimeters. Daniel AEC Research Establishment Risö/Dänemark 1967
201 Dresel, H.: Die Filmdosimetrie und ihre Grenzen. Strahlentherapie 116 (1961) 484
202 Dresel, H.: Bestimmung der Belastung durch schnelle Neutronen mit Kernspurfilmen im Rahmen der routinemäßigen Personenüberwachung. Kerntechnik 3 (1961) 498
203 Dresel, H.: A new film holder for mixed radiation (neutrons, γ- and X-rays). In: Personal dosimetry techniques for external radiations. ENEA, Paris 1963
204 Dressel, R. W.: Electron current pulse monitor for linear accelerators. Nucl. Instr. Meth. 24 (1963) 61
205 Dressel, R. W.: Use of polymethyl methacrylate plates for electron beam measurements at energies above 1 MeV. Nucl. Instr. Meth. 28 (1964) 261
206 Drexler, G., A. Scharmann: Festkörperdosimetrie in der Strahlentherapie. Radiologe 4 (1964) 262
207 Drexler, G., F. Wachsmann: Messungen über die Größe des Aufbaueffektes bei ^{60}Co und Röntgenstrahlen von 17 MeV. Strahlentherapie 132 (1967) 1
208 Dudley, R. A.: Photographic detection and dosimetry of β-rays. Nucleonics 12 Nr. 5 (1954) 24
209 Dudley, R. A.: Photographic film dosimetry. In: Radiation Dosimetry, hrsg. von G. J. Hine, G. L. Brownell. Academic Press, New York 1956
210 Dudley, R. A.: Dosimetry with photographic emulsion. In: Radiation Dosimetry, Bd. II, 2. Aufl., hrsg. von F. H. Attix, W. C. Roesch. Academic Press, New York 1966 (S. 326)
211 Dutreix, J. M.: Mesure par films de la distribution en profondeur de la dose pour les électrons de haute énergie. In: Betatron- und Telekobalttherapie, hrsg. von J. Becker, K. E. Scheer. Springer, Berlin 1958
212 Dutreix, J., M. Bernard: Dosimetry at interfaces for high energy x- and gamma-rays. Brit. J. Radiol. 39 (1966) 205
213 Dutreix, J., M. Bernard: Dosimétrie au voisinage des interfaces dans l'expérimentation radio-biologique avec des rayonnements x et γ de haute énergie. Int. J. Radiat. Biol. 10 (1966) 177
214 Dutreix, J., M. Bernard: Influence d'une lame métallique sur la distribution de la dose dans le plexiglas irradié par des électrons de haute énergie. Biophysik 4 (1968) 302
215 Dutreix, J., A Dutreix: Etude comparé d'un série de chambres d'ionisation dans des faisceaux d'électrons de 20 et 10 MeV. Biophysik 3 (1966) 249
216 Dutreix, J., A. Dutreix: Film dosimetry of high-energy electrons. Ann. N. A. Acad. Sci. 161 (1969) 33
217 Ebert, H. G.: Second Symposium on Microdosimetry, Stresa 1969. Euratom, Brüssel 1970
218 Ehrlich, M.: Photographic dosimetry of X- and gamma rays. NBS-Handbook, Bd. 57 National Bureau of Standards, Washington 1954
219 Ehrlich, M.: The use of filmbadges for personnel monitoring. IAEA, Wien 1962
220 Ehrlich, M., P. J. Lamperti: Uniformity of high-energy electron beam calibrations, Phys. in Med. Biol. 14 (1969) 305
220a Eisenlohr, H. H., R. Abedin-Zadeh: Berechnung der Dosisumrechnungsfaktoren für ^{60}Co-Gammastrahlung. Strahlentherapie 143 (1972) 410
220b Eisenlohr, H. H., R. Abedin-Zadeh: Berechnung der absoluten Tiefendosis im Zentrahlstrahl eines Co-60 Strahlenfeldes. Strahlentherapie 143 (1972) 90

221 Ellet, W. H., G. L. Brownell, A. R. Reddy: An assessment of Monte Carlo calculations to determine gamma ray dose from internal emitters. Phys. in Med. Biol. 13 (1968) 219

222 Ellet, W. H., A. B. Callahan, G. L. Brownell: Gamma-ray dosimetry of internal emitters. Monte Carlo calculations of absorbed dose. Brit. J. Radiol. 37 (1964) 45; 38 (1965) 541

223 Ellis, F.: Volume dose in radiotherapy. Brit. J. Radiol. 18 (1945) 240

224 Ellis, R. E., L. R. Read: Recombination in ionization chambers irradiated with pulsed electron beams. I. Plane parallel chamber. Phys. in Med. Biol. 14 (1969) 293

225 Emery, E. W.: Geiger-Müller and proportional counters. In: Radiation Dosimetry, 2. Aufl., Bd. II, hrsg. von F. H. Attix, W. C. Roesch. Academic Press, New York 1966 (S. 73)

226 Engelke, B. A., K. Hohlfeld: Einfluß von Temperaturgradienten im Absorber bei der kalorimetrischen Bestimmung der Energiedosis. PTB-Mitteilungen 82 (1971) 185

227 Engelke, B. A., K. Hohlfeld: Ein Kalorimeter als Energiedosis-Standardmeßeinrichtung und die Bestimmung des mittleren Energieaufwandes zur Erzeugung eines Ionenpaares in Luft. PTB-Mitteilungen 82 (1971) 336

228 Engelke, B. A., W. Hübner: Untersuchungen an Hohlraum-Ionisationskammern zur Messung der Ionendosis bei Röntgen- und Gammastrahlung im Photonenenergiebereich zwischen 100 keV und 1,3 MeV. Biophysik 2 (1965) 193

229 Engelke, B. A., W. Oetzmann: Der Einfluß dünner luftäquivalenter Zwischenschichten auf die Druckabhängigkeit der mittleren Ionendosis. Biophysik 2 (1967) 175

230 Ermakov, I. A.: Experimentel determination of absorbed energy with the aid of graphite calorimeter. Med. Radiol. (Moskau) 14 (1969) 47

231 Ermakov, I. A.: Calorimetric determination of the complete energy of bremsstrahlung beams. Med. Radiol. (Moskau) 15 (1970) 67

232 Ermilova, V. K., L. P. Kotenko, G. I. Merzon, V. A. Chechin: Primary specific ionization of relativistic particles in gases. Sov. Phys. (JETP) 29 (1969) 861

233 Fairschild, R. G., J. S. Robertson, D. A. Levine, L. J. Goodman: A tissue equivalent ionization chamber for phantom dosimetry. Hlth Phys. 12 (1966) 787

234 Fehrentz, D., K.-D. Franz: Über den Einfluß von Körperinhomogenitäten auf die Dosisverteilung bei der Elektronen- und Röntgenstrahlung eines 42-MeV-Betatrons. Therapiewoche Nr. 19 (1971) 1551

235 Fehrentz, D., H. Kuttig: Vergleich der Dosisverteilungen bei ultraharten Röntgenstrahlen bis 42 MV und Kobalt-60 Gammastrahlen. Strahlentherapie 139 (1970) 143

236 Fehrentz, D., F. Zunter: Zur Filmdosimetrie in der Strahlentherapie. Strahlentherapie 135 (1968) 301

237 Fehrentz, D., H. Kuttig, G. Braun: Berechnung der Dosisverteilungen zur ^{60}Co-Teletherapie mit einem digitalen Rechenautomaten. Strahlentherapie 135 (1968) 186; 136 136 (1968) 279; 137 (1969) 18

238 Feist, H., D. Harder, R. Metzner: Ein Plastik-Szintillationsspektrometer für Elektronen im Energiebereich 2 bis 20 MeV. Nucl. Instr. Meth. 58 (1968) 236

239 Fenyves, E., O. Haimann: Die physikalischen Grundlagen der Kernstrahlungsmessungen. Verlag der ungarischen Akademie der Wissenschaften. Budapest 1965

240 Ferbert, H.: Bau und Untersuchung eines Faradaykäfig-Auffängers für schnelle Elektronen. Diplomarbeit, Würzburg 1963

241 Fleming, D. M.: A calorimeter for absorbed dose measurements at low dose rates. Hlth Phys. 18 (1970) 135

242 Fleming, D. M., W. A. Glass: Endothermic processes in tissue equivalent plastic. Radiat. Res. 37 (1969) 316

243 Forman, H.: Medical management of radioactively contaminated wounds, diagnosis and treatment of radioactive poisoning. IAEA Proc., Wien 1963

244 Fossati, F.: Quantities, units and measuring methods of ionizing radiation. Hoepli, Mailand 1959

245 Fowler, J. F.: Solid state dosimetry. Phys. in Med. Biol. 8 (1963) 1

246 Fowler, J. F.: Solid state electrical conductivity dosimeters. In: Radiation Dosimetry, Bd. II, hrsg. von F. H. Attix, W. C. Roesch. Academic Press, New York 1966

247 Fowler, J. F., F. H. Attix: Solid state integrating dosimeters. In: Radiation Dosimetry, Bd. II, hrsg. von F. H. Attix, W. C. Roesch. Academic Press, New York 1966

248 Fowler, J. F., H. G. Grant: Solid state radiation detectors with particular reference to low dose rate. Phys. in Med. Biol. 4 (1960) 344

249 Frank, M., W. Stolz: Festkörperdosimetrie ionisierender Strahlung. Verlag Chemie, Weinheim 1969

250 Frankenberg, D.: A ferrous sulphate dosimeter independant of photon energy in the range from 25 keV up to 50 MeV. Phys. in Med. Biol. 14 (1969) 597

251 Fränz, H.: Elektrostatische Messungen. In: Praktische Physik, Bd. II. F. Kohlrausch. Teubner, Stuttgart 1954

252 Fränz, H.: Calibration of cavity ionization chambers. Phys. in Med. Biol. 16 (1971) 57

253 Fregene, A. D.: Calibration of the ferrous sulphate dosimeter by ionometric and calorimetric methods for radiations of a wide range. Radiat. Res. 31 (1967) 256

254 Freyberger, K.: Örtliche Verteilung der Energiedosis beim Durchgang schneller Elektronen durch dicke Materieschichten. Staatsexamensarbeit, Würzburg 1964

255 Fricke, H., E. J. Hart: Chemical dosimetry. In: Radiation Dosimetry, Bd. II, hrsg. von F. H. Attix, W. C. Roesch. Academic Press, New York 1966

256 Frost, D.: Über die Wellenlängenabhängigkeit kleiner Fingerhutkammern. Fortschr. Röntgenstr. 87 (1957) 248

257 Frost, D., L. Michel: Über die Zusatzdosis durch Betatron-Neutronen. In: Symposium on High-Energy Electrons, Montreux 1964, hrsg. von A. Zuppinger, G. Poretti. Springer, Berlin 1965
258 Fry, R. M.: Neutron dose conversion factors for radioactive neutron sources. Hlth Phys. 12 (1966) 855
259 Gammersfelder, C. C., P. E. Bramson, G. W. R. Endres, R. H. Wilson: Some notes on practical neutron dosimetry. In: Neutron Dosimetry, Bd. II. IAEA, Wien 1964 (S. 109)
260 Garrett, J. H., D. E. A. Jones; Dose distribution problems in megavoltage ranges. II. obliquity problems. Brit. J. Radiol. 35 (1962) 739
261 Garsou, J. L.: Film dosimetry. In: Symposium on High-Energy Electrons, Madrid 1966, hrsg. von C. Gil y Gil, C. Gil-Gayarre. General Directorate of Health, Madrid 1970
262 Geisseloder, J., C. J. Karzmark: G-value determination of the Fricke dosimeter for 50 kVp x-rays. Phys. in Med. Biol. 14 (1969) 61
263 Genna, S., R. G. Jaeger, J. Nagl, A. Sanielevici: Quasiadiabatic calorimeter for the direct determination of radiation dose in rat. Atomic Energy Rev. 1 (1963) 239
264 Gevatman, L. H.: Radiation effects in some gels. Radiat. Res. Suppl. 2 (1960) 608
265 Gil y Gil, C., C. Gil Gayarre: Symposium on High-Energy Electrons, Madrid 1966, hrsg. von General Directorate of Health, Madrid 1970
266 Glasow, P., O. Jäntsch: The spectrum of a small rod-shaped Si-detector for medical purpose. Nucl. Instr. Meth. 80 (1970) 146
267 Glass, F. M., G. S. Hurst; A method of pulse integration using the binary scaling unit. Rev. Sci. Instr. 23 (1952) 67
268 Glasser, D., E. H. Quimby, L. S. Taylor, J. L. Weatherwax, R. H. Morgan: Physical Foundations of Radiology, 3. Aufl. Harper & Row, New York 1961
269 Glocker, R.: Dosis u. Dosismessung ionisierender Strahlungen. Z. Phys. 158 (1960) 145
270 Glocker, R.: Die Übertragbarkeit von Röntgendosismessungen von einem Stoff auf einen anderen. Fortschr. Röntgenstr. 93 (1960) 617
271 Glocker, R., E. Macherauch: Röntgen- und Kernphysik für Mediziner und Biophysiker. 2. Aufl. Thieme, Stuttgart 1965
272 Glocker, R., G. Frohnmeyer, R. Berthold, A. Trost: Ein in bezug auf die Röntgeneinheit Wellenlängen unabhängiges Zählrohr. Naturwissenschaften 39 (1952) 233, Nr. 10
273 Goebel, K.: Beitrag zur Dosimetrie der π-Mesonen. Z. Naturforsch. 21a (1966) 1808
274 Goldstein, H.: Calculations on the penetration of gamma-rays. In: Radiation Dosimetry, hrsg. von G. J. Hine, G. L. Brownell. Academic Press, New York 1956
275 Goldstein, N., E. R. Schleiger, E. Tochilin: Absorbed dose measurements with a portable calorimeter. Hlth Phys. 13 (1967) 806
276 Goodheart, C. R.: Radiation dose calculation in cells containing intranuclear tritium. Radiat. Res. 15 (1961) 769
277 Goodman, L. J., H. H. Rossi: The measurement of dose equivalent using paired ionization chambers. Hlth Phys. 14 (1968) 163

278 Goodwin, P.: A simple calorimeter for 6 MeV electrons. Ann. N. Y. Acad. Sci. 161 (1969) 99
279 Goodwin, P. N., H. W. Adair: Calorimetric measurements of absorbed dose for low and medium kilovoltage x-rays. Radiology 81 (1963) 320
280 Gray, H.: An ionization method for the absolute measurement of gamma-ray energy. Proc. roy. Soc. A 156 (1936) 578
281 Gray, L. H.: Aspects physiques de la radiobiologie. Actions chimiques et biologiques des radiations. Masson, Paris 1955
282 Grebe, S. F., M. Römer; Das Strahlenfeld beim Arbeiten mit der Yttrium 87/Strontium 87m-Säule und mit dem Strontium 87 m. Strahlentherapie 138 (1969) 685
283 Greene, D.: The use of an ethylene-filled polyethylene chamber for dosimetry of megavoltage x-rays. Phys. in Med. Biol. 7 (1962) 213
284 Greene, D.: Observations on the effect of chamber size on measurements at the edge of an x-ray beam. Brit. J. Radiol. 35 (1962) 856
285 Greene, D., J. B. Massey: The use of the Farmer-Baldwin and Victrometer ionization chamber for dosimetry of high energy x-radiation. Phys. in Med. Biol. 12 (1967) 257; 13 (1968) 287
286 Greenhouse, jr., N. A., H. D. Maillie, H. Mermagen: A thermoluminescent microdosimetry system for the measurement of photon quality. Radiat. Res. 32 (1967) 641
287 Greening, J. R.: An experimental examination of theories of cavity ionization. Brit. J. Radiol. 30 (1957) 254
288 Greening, J. R., K. J. Randle: A vaccum chamber investigation of low energy electrons liberated by x-rays. Brit. J. Radiol. 41 (1968) 534
289 Groß, B.: Compton dosimeter for measurement of penetrating x- and gamma-rays. Radiat. Res. 14 (1961) 117
290 Groß, W., W. B. Catella-Cavalcanti, A. G. Fox: Experimental determination of the absorbed dose from x-rays in tissue. Radiat. Res. 18 (1963) 326
291 Grünewald, Th., W. Schmidt-Lorenz: Über die Verwendung von Triphenyltetrazoliumchlorid zur Messung der Strahlendosisverteilung. Atomkernenergie 9 (1964) 143
292 Guldbrandsen, T., C. B. Madsen: Radiation dosimetry by means of semiconductors. Acta radiol. (Stockh.) 58 (1962) 226
293 Gund, R., R. Schittenhelm: Die physikalischen Eigenschaften der Strahlenbündel der 15 MeV-Elektronenschleuder der SRW. Strahlentherapie 92 (1953) 506
294 Gunn, S. R.: Radiometric calorimetry; a review. Nucl. Instr. Meth. 29 (1964) 1
295 Gupton, E. D., D. M. Davis, J. C. Hart: Criticality accident application of the Oak Ridge National Laboratory badge dosimeter. Hlth Phys. 5 (1961) 57
296 Gursky, S.: Möglichkeiten der Patientendosimetrie zur Ermittlung der Strahlenbelastung in der Röntgendiagnostik. Röntgenpraxis 22 (1969) 69
297 Hankins, D. E.: New methods of neutron-dose-rate evaluation. In: Neutron Dosimetry, Bd. II. IAEA, Wien 1963 (S. 123)

298 Hankins, D. E.: The response of selected neutron monitoring instruments to several types of neutron sources. Hlth Phys. 13 (1967) 587

299 Harder, D.: Über die Wirkung von Elektronenstrahlen auf das Luciferase-System der Leuchtbakterien. Diss., Frankfurt 1957

300 Harder, D.: Physikalische Grundlagen zur relativen biologischen Wirksamkeit verschiedener Strahlenarten. Biophysik 1 (1964) 225

301 Harder, D.: Bemerkungen zur Sondenmethode in der Dosimetrie. In: Tagung der Deutschen, Österreichischen und Schweizerischen Gesellschaften für Biophysik und Strahlenbiologie. Wien 1964

302 Harder, D.: Berechnung der Energiedosis aus Ionisationsmessungen bei Sekundärelektronen-Gleichgewicht. In: Symposium on High-Energy Electrons, Montreux 1964, hrsg. von A. Zuppinger, G. Poretti. Springer, Berlin 1965

303 Harder, D.: Durchgang schneller Elektronen durch dicke Materieschichten. Habil.-Schrift, Würzburg 1965

304 Harder, D.: Physikalische Grundlagen der Dosimetrie. Strahlentherapie Sbd. 62 (1966) 254

305 Harder, D.: Erfahrungen mit Detektoren und Spektrometern im externen Elektronenstrahl eines 35 MeV-Betatrons. In: Fourth International Betatron Symposium, Prag 1966. Tschechoslowakische Akademie der Wissenschaften 1967

306 Harder, D.: Einfluß der Vielfachstreuung von Elektronen auf die Ionisation in gasgefüllten Hohlräumen. Biophysik 5 (1968) 157

307 Harder, D.: On electron dosimetry. In: Symposium on High-Energy Electrons, Madrid 1966, hrsg. von C. Gil y Gil, C. Gil Gayarre. General Directorate of Health, Madrid 1970

308 Harder, D.: Probleme der Dosimetrie hochenergetischer Röntgen- und Elektronenstrahlung. In: Tagung der Deutschen Gesellschaft für Medizinische Physik; Göttingen 1970

309 Harder, D.: Some general results from the transport theory of electron absorption. In: Second Symposium on Microdosimetry, Stresa 1969, hrsg. von H. G. Ebert. Euratom, Brüssel 1970

310 Harder, D., G. Poschet: Transmission und Reichweite schneller Elektronen im Energiebereich 4 bis 30 MeV. Phys. Let. 24B (1967) 519

311 Harder, D., H. J. Schulz: Some New Physical Data for Electron Beam Dosimetry. Europ. Congr. Radiol., Amsterdam 1971. Excerpta media, Amsterdam 1972

312 Hardy, K. A., J. C. Mitchell, St. J. Allen: Measurements of depth-dose distributions in cylindrical phantom exposed to 28-MeV, 14-MeV, or 5-MeV protons. Radiat. Res. 37 (1969) 272

313 Harrah, L. A.: Chemical dosimetry with trans-stilbene-doped polystyrene films. Radiat. Res. 39 (1969) 223

314 Hart, E. J., P. D. Walsh: A molecular product dosimeter for ionizing radiation. Radiat. Res. 1 (1954) 342

315 Hart, E. J., H. W. Koch, G. Petree, J. H. Schulman, S. J. Taimuty, H. O. Wykoff: Measurement systems of high level dosimetry. In: Proceedings of the Second International Conference on Peaceful Uses of Atomic Energy, Bd. XXI, hrsg. von United Nations, Genf 1958 (S. 188)

316 Hasl, G. J.: Filteranalytische Berechnung der spektralen Ionendosisleistungs- und Intensitätsverteilung weicher Röntgenstrahlen. Strahlentherapie 136 (1968) 196

317 Hattori, H.: Electron dose distributions near the body surface. Nippon Igaku hoshasen Gakkai Zasshi 28 (1968) 994

318 Heinzler, F.: Untersuchungen mit Ionisationskammern und der Filmschwärzung zur Bestimmung der Isodosen bei der Pendelbestrahlung mit exzentrisch gelegener Pendelachse der ultraharten Roentgenstrahlung einer 17 MeV Elektronenschleuder (Betatron). Strahlentherapie 128 (1968) 148, 247

319 Heitzmann, M., R. G. Jaeger, W. Kolb: Energiespektren der Dosisleistung von Röntgen-Therapiestrahlungen. In: IX. International Congres of Radiology, Transactions 1960 (S. 1405)

320 Helm, W., L. A. König: Ein Vergleich der Ergebnisse der Personendosisüberwachung mit Taschenionisationskammern und Filmdosimetern. Atompraxis 15 (1969) 263

321 Hendee, W. R.: Measurement and corrections of non-uniform surface dose rates from beta eye applicators. Amer. J. Roentgenol. 103 (1968) 734

322 Hendee, W. R., K. Kennedy: Thermoluminescent measurement of cellular radiation dose. Amer. J. Roentgenol. 100 (1967) 886

323 Henderson, C. M., N. Miller: A study of the extinction coefficient for ferric and ceric ions. Radiat. Res. 13 (1960) 641

324 Henschke, U. K., P. Cevec: Dimension averaging; a simple method for dosimetry of interstitial implants. Radiobiol. Radiother. (Ber.) 9 (1968) 287

325 Hertz, C. H., R. Gremmelmaier: Miniature semiconductor dose rate meter. Acta radiol. 54 (1960) 69

326 Herz, R. H.: The photographic action of ionizing radiation in dosimetry and medical-, industrial-, neutron-, auto- and microradiography. Wiley, New York 1969

327 Heß, B.: Röntgenelement. DRP Nr. 940847 (1941) Z. angew. Phys. 11 (1959) 449

328 Hettinger, G., H. Svensson: Photographic film for the determination of isodose curves from betatron electron radiation. Acta radiol. Ther. Phys. Biol. 6 (1967) 74

329 Hettinger, G., C. Petterson, H. Svensson: Displacement effects of thimble chambers exposed to a photon or electron beam from a betatron. Acta radiol. Ther. Phys. Biol. 6 (1967) 61

330 Hettinger, G., C. Petterson, H. Svensson: Calibration of thimble chambers in a 34 MeV Röntgen beam. Acta radiol. Ther. Phys. Biol. 6 (1967) 214

331 Heuß, K.: Eine Ionisationskammer zur Messung hoher Dosisleistungen. Strahlentherapie 108 (1959) 556
332 Heuß, K.: Über die Röntgenstrahlendosimetrie mit Kunststoffen. Strahlentherapie 110 (1959) 628
333 Heuß, K.: Beitrag zur Bestrahlungsplanung bei der Elektronentherapie des Bronchialkarzinoms. Strahlentherapie 141 (1971) 25
334 High Voltage Engineering Corporation: Handbook of High Voltage Electron-Beam Processing. Burlington/Mass. 1959
335 Hoecker, F. E.: Characteristics of radiation polymerization dosemeter. Hlth Phys. 8 (1962) 381
336 Hoerlin, H., R. H. Clark, D. P. Jones, F. J. Kaszuba, E. T. Larson: Development of wave-length independent radiation monitoring film. Argonne National Laboratory. ANL Nr. 5165 (1953)
337 Höfert, M.: Absorption, Energieverteilung und biologische Wirkung von Neutronen. Kerntechnik 7 (1965) 262
338 Holloway, A. F., E. M. Campbell: A lithium fluoride thermoluminescent dosimeter. In: Symposium on High-Energy Electrons, Montreux 1964, hrsg. von A. Zuppinger, G. Poretti. Springer, Berlin 1965
339 Holm, N. W.: Dosimetry in radiosterilization of medical products. Diss., Kopenhagen 1968
340 Holt, J. G., J. S. Laughlin, J. P. Moroney: The extension of the concept of tissue-air ratio (TAR) to high energy X-ray beams. Radiology 96 (1970) 437
341 Holthusen, H.: Die Entwicklung des Dosisbegriffs im Gebiet der ionisierenden Strahlungen. Strahlentherapie 82 (1950) 487
342 Holzapfel, G.: Zur Exoelektronen-Emission (Kramer-Effekt) von Berylliumoxyd. Diss. TU Berlin 1968
343 Horst, W., B. Conrad: Radiotherapie des Krebses mit negativen Pi-Mesonen. Fortschr. Röntgenstr. 105 (1966) 299
344 Hosemann, R., H. F. H. Warrikoff: Ein direkt anzeigendes Stabdosimeter mit Strahlungselement. Kerntechnik 5 (1963) 114
345 Hosemann, R., J. Haase, D. Junker, D. Melde: The Production of Roentgen Elements Sensitive to Neutrons. IAEA, Wien 1968
346 Hosemann, R., H. F. H. Warrikoff, H. Haase, D. Melde, D. Junker: Radiation elements for dosimetry of neutrons and mixed radiation. In: Neutron Monitoring. IAEA, Wien 1967
347 Hospital Physicists' Association: I. Depth dose tables for use in therapy; II. A review of supplement Nr. 10. Brit. J. Radiol. Suppl. 10 (1961); 41 (1968) 932
348 Hospital Physicists' Association: A code of practice for the dosimetry of 2 to 8 MV-x-ray and Cesium-137 and Cobalt-60-γ-ray-beams. Phys. in Med. Biol. 9 (1964) 457; 14 (1969) 1
349 Hospital Physicists' Association: A practical guide to electron dosimetry (5-35 MeV). HPA-Report Ser. Nr. 4 (1971)
350 Howarth, I. L.: Calculation of the absorbed dose in soft tissue cavities in bone irratiated. Radiat. Res. 24 (1965) 158
351 Howarth, I. L.: Calculations of the alpha-ray absorbed dose of soft tissue. Brit. J. Radiol. 38 (1965) 51
352 Hsieh, C. L., E. M. Uhlmann: Experimental evaluation of the physical characteristics of a 45 MeV medical linear electron accelerator. Radiology 67 (1956) 263
353 Hubbell, H. H., R. M. Johnson, R. D. Birkhoff: Beta-sensitive personnel dosimeter. Nucleonics 15,2 (1957) 85
354 Hübner, W.: Type tests for radiation protection dosimeters. In: Radiation dose measurements, their purpose, interpretation and required accuracy in radiological protection. European Nuclear Energy Agency, Paris 1967
355 Hübner, W.: Physikalische Grundlagen und Verfahren zur Messung der Dosisleistung von Photonen-, Elektronen- und Neutronenstrahlen. Atom und Strom 14 (1968) 53
356 Hug, O.: Die relative biologische Wirksamkeit in der medizinischen Radiologie. Biophysik 1 (1964) 210
356a Hug, O., A. M. Kellerer: Stochastik der Strahlenwirkung. Springer, Berlin 1966
357 Hurst, G.S.: An absolute tissue dosimeter for fast neutrons. Brit. J. Radiol. 27 (1954) 353
358 Hurst, G. S., R. H. Ritchie: Radiation accidents; dosimetrie aspects of neutron and gamma-ray exposure. USAEC-Bericht ORNL-2748, Part A (1959)
359 Hurst, G. S., E. B. Wagner: Special counting techniques in mixed radiation dosimetry. In: Selected Topics in Radiation Dosimetry. IAEA, Wien 1961 (S. 409)
360 Hurst, G.S., R. H. Richtie, L. C. Emerson: Accidental radiation excursion at the Oak Ridge Y-12 plant—III. Hlth Phys. 2 (1959) 121
361 Hüttl, W., D. Harder: Monitorprobleme bei Elektronenstreuexperimenten im MeV-Bereich. Verh. dtsch. phys. Ges. 6 (1969) 123
362 International Atomic Energy Agency: Selected Topics in Radiation Dosimetry. IAEA-Proceedings, Wien 1961
363 International Atomic Energy Agency: An International Guide for Single Field Isodose Charts. IAEA, Wien 1962
364 International Atomic Energy Agency: Neutron Dosimetry. Bd. I u. II, IAEA, Wien 1963
365 International Atomic Energy Agency: Neutron Monitoring. IAEA, Wien 1967
366 International Atomic Energy Agency: Solid State and Chemical Radiation Dosimetry in Medicine and Biology. IAEA-Proceedings, Wien 1967
367 International Atomic Energy Agency: Role of Computers in Radiotherapy. IAEA, Wien 1968
368 International Commission on Radiological Protection: Report of Committee II on permissable dose for internal radiation. ICRP Publ. 2. Pergamon Press, New York 1959
369 International Commission on Radiological Protection: Protection against electromagnetic radiation above 3 MeV and electrons, neutrons and protons. ICRP Publ. 4. Pergamon Press, New York 1964
370 International Commission on Radiological Protection: Protection of the patient in X-ray diagnosis. ICRP Publ. 16. Pergamon Press, New York 1971

371 International Commission on Radiological Units and Measurements: Clinical Dosimetry. NBS-Handbook, Bd. 87. National Bureau of Standards, Washington 1963

372 International Commission of Radiological Units and Measurements: Methods of Evaluation Radiological Equipment and Materials. NBS-Handbook, Bd. 89. National Bureau of Standards, Washington 1963

373 International Commission on Radiological Units and Measurements: Physical Aspects of Irradiation. NBS-Handbook, Bd. 85. National Bureau of Standards, Washington 1964

374 International Commission on Radiological Units and Measurements: Radiation dosimetry: x-rays and gamma rays with maximum energies between 0,6 and 50 MeV. ICRU Rep. 14. ICRU Publ. P.O.Box 30165 Washington 1969

375 International Commission on Radiological Units and Measurements: Radiation dosimetry: x-rays generated at potentials of 5 to 150 kV. ICRU Rep. 17. ICRU Publ. P.O.Box 30165, Washington 1970

376 International Commission on Radiological Units and Measurements: Radiation protection instrumentation and its application. ICRU Rep. 20. ICRU Publ. P.O.Box 30165, Washington 1971

377 International Commission on Radiological Units and Measurements: Radiation dosimetry: Electrons with initial energies between 1 and 50 MeV. ICRU Rep. 21. ICRU Publ. P.O.Box 30165, Washington 1972

377a International Commission on Radiological Units and Measurements: Measurement of absorbed dose in a phantom irradiated by a single beam of X or gamma rays. ICRU Rep. 23. ICRU Publ. P.O.Box 30165, Washington 1973

378 Ilic-Popovic, J., P. E. Hjortenberg: Anthracene gelatine films for luminescence degradation dosimetry. Int. J. appl. Radiat. Isotop. 20 (1969) 541

379 Irving, D. C., R. G. Alsmiller, H. S. Moran: Tissue current-to-dose conversion factors for neutrons with energies from 0,5 to 60 MeV. USAEC-Bericht ORNL-4032 (1967); Nucl. Instr. Meth. 51 (1967) 129

380 Isabelle, D.: La mesure de l'intensité du courant produit par un accélérateur lineaire. L'onde électrique 48 (1962) 354

381 Isabelle, D., P. H. Roy: Factors influencing the stability of a secondary electron monitor. Nucl. Instr. Meth. 20 (1963) 17

382 Isenburger, H. R.: Bibliography on film badge monitoring. US Atomic Energy Commission NP 10 738 (1961

383 Jaeger, R. G., W. Kolb: Über die Beziehung zwischen spektraler Verteilung der Impulsrate, Intensität und Dosisleistung einer Röntgenstrahlung. Strahlentherapie 104 (1957) 29

384 Jaeger, R. G., J. Nagl, A. Sanielevici: Die Bedeutung der Kalorimetrie für die Dosimetrie ionisierender Strahlung. Strahlentherapie 126 (1965) 321

385 Jaeger, R. G., J. Nagl, A. Sanielevici: Das Dosiskalorimeter der IAEA und die Frage der Dosismessung in Rad. Fortschr. Röntgenstr. Beiheft 171 (1967)

386 Jeltsch, E.: Untersuchungen über Festkörperdosimeter für Neutronen. Atomkernenergie 13 (1968) 289

387 Jeltsch, E., W. Graf: Zur Gammadosimetrie an Kernreaktoren mit Dosimetergläsern. Atomkernenergie 13 (1968) 425

388 John, G. St., E. Fish: The use of cadmium sulfide crystals for the measurement of roentgen radiation. Am. J. Roentgenol. 83 (1960) 156

389 Johns, H. E.: The Physics of Radiology, 2. Aufl. Thomas, Springfield 1966

390 Johns, H. E.: Use of x- and γ-rays in radiotherapy. In: Radiation Dosimetry, Bd. III, hrsg. von F. H. Attix, E. Tochilin, 2. Aufl. Academic Press, New York 1969

391 Johns, H. E., J. R. Cunningham: The Physics of Radiology, 3. Aufl. Thomas, Springfield 1969

392 Johns, H. E., E. K. Darby: The distribution of radiation near the geometrical edge of an x-ray beam. Brit. J. Radiol. 23 (1950) 193

393 Johns, H. E., N. Aspin, R. Baker: Currents induced in the dielectrics of ionization chambers through action of high energy radiations. Radiat. Res. 9 (1958) 573

394 Johns, H. E., W. R. Bruce, W. B. Reid: The dependance of depth dose on focal skin distance. Brit. J. Radiol. 31 (1958) 254

395 Johns, H. E., E. K. Darby, J. J. S. Hamilton: A negative feedback dosage rate meter using a very small ionization chamber. Amer. J. Roentgenol. 61 (1949) 550

396 Johns, H. E., E. R. Epp, S. O. Fedoruk: Depth dose data 75 kV$_p$ to 140 kV$_p$. Brit. J. Radiol. 26 (1953) 32

397 Johns, H. E., J. W. Hunt, S. O. Fedoruk: Surfache backscatter in the 100 kV to 400 kV range. Brit. J. Radiol. 27 (1954) 443

398 Johns, H. E., E. K. Darby, R. N. H. Haslam, L. Katz, E. L. Harrington: Depth dose data and isodose distrubtions for radiation from a 22 MeV betatron. Amer. J. Roentgenol. 62 (1949) 257

399 Johns, H. E., E. R. Epp, D. V. Cormack, S. O. Fedoruk: Depth dose data and diaphragm design for the Sasketchewan 1000 Curie Cobalt. Brit. J. Radiol. 25 (1952) 302

400 Johns, H. E., S. O. Fedoruk, R. O. Kornelsen, E. R. Epp, E. K. Darby: Depth dose data 150 kV$_p$ to 400 kV$_p$. Brit. J. Radiol. 25 (1952) 542

401 Johnson, D. R.: Neutron dose conversion factors for Am-Be and Am-B sources. Hlth Phys. 12 (1966) 856

402 Jones, A. R.: The application of some direct current properties of silicon junction detectors to gamma-ray dosimetry. Phys. in Med. Biol. 8 (1963) 451

403 Jones, A. R.: Proposed calibration factors for various dosimeters at different energies. Hlth Phys. 12 (1966) 663

404 Jones, D. E. A.: The representation of deep x-ray therapy beam by means of isodose charts. Brit. J. Radiol. 15 (1942) 178

405 Jones, T. D., J. A. Auxier: Neutron dose, dose equivalent and linear energy transfer from ^{252}Cf-sources. Hlth Phys. 20 (1971) 253

406 Jones, T. D., W. S. Snyder, J. A. Auxier: Absorbed dose, dose equivalent and LET distribution in cylindrical phantoms irradiated by a collimated beam of monoenergetic neutrons. Hlth Phys. 21 (1971) 253

407 Karjalainen, P., M. Brenner, A. Rytilä: Influence of inhomogeneous matter, "hot spots". In: XI. International Congress of Radiology, Rom 1965, Sonderveranstaltung, hrsg. von W. Pohlit

408 Kartha, M.: A ferrous sulfate mini-dosimeter. Radiat. Res. 42 (1970) 220

409 Karzmark, C. J.: Secondary emission monitor as a linear accelerator electron beam dose monitor. Rev. Sci. Instr. 35 (1964) 1646

410 Kastner, J., R. Hukoo, B. G. Oltman, V. Dayal: Thermoluminescent internal beta-ray dosimetry. Radiat. Research 32 (1967) 625

411 Katoh, K., J. E. Turner: A study of elementary particle interactions for high-energy dosimetry. Hlth Phys. 13 (1967) 831

412 Keene, J. P., J. Law: A determination of the G-value of ferrous sulphate for ^{60}Co-radiation using calorimetric dosimetry. Phys. in Med. Biol. 8 (1963) 83

413 Keller, H. L.: Die Ermittlung der Raumdosis bei der Roentgenbestrahlung. Fortschr. Roentgenstr. 84 (1956) 73

414 Keller, H. L.: Die Probleme einer photographischen Dosismessung bei konventionellen und ultraharten Strahlen. Strahlentherapie 122 (1963) 174

415 Keller, H. L.: Filmdosimetrie in der Strahlentherapie. Radiologe 4 (1964) 272

416 Keller, H. L., Sam Ro Je: Faktoren zur Berücksichtigung nichtwasseräquivalenter Gewebe bei Strahlungen zwischen 200 kV und 17 MeV. Strahlentherapie 129 (1963) 559

417 Kember, N. F.: Radiation damage in bone. IAEA-Report Sti/Pub. 27, Wien 1960

418 Kemp, L. A. W.: A solid state digital integrating x-ray dosemeter. Phys. in Med. Biol. 13 (1968) 231

419 Kemp, L. A. W., B. Barber: Iron as an impurity in colloidal graphite, its effect on thimble ionization chamber performance. Brit. J. Radiol. 29 (1966) 457

420 Kemp, L. A. W., L. R. Read: An inflated balloon ionization chamber for low energy, low level x-ray exposure measurements. Phys. in Med. Biol. 13 (1968) 451

421 Kent, M., J. P. Mallard: Temperature and saturation effects. In: ESR spectra of whole tissues. Phys. in Med. Biol. 14 (1969) 431

422 Kerr, G. D., D. R. Johnson: Radiation survey and dosimeter intercomparison study at the Health Physics Research Reactor. USAEC-Bericht ORNL-TM-2334 (1968)

423 Kessaris, N. D.: Calculated absorbed dose for electrons. Radiat. Res. 23 (1964) 630

424 Kessaris, N. D.: Absorbed dose and cavity ionization for high-energy electron beams. Radiat. Res. 43 (1970) 288

425 Kiefer, H., R. Maushart: Strahlenschutzmeßtechnik. Braun, Karlsruhe 1964

426 Kiefer, H., E. Piesch: Die Ermittlung der Strahlenqualität und der Dosis von Röntgenstrahlung über eine Tiefendosismessung in silberaktivierten Phosphatgläsern. Atompraxis 15 (1969) 108

427 Kirsch, M., E. Schumann, D. Stoltze: Filmdosimetrische Untersuchungen zur Konvergenzbestrahlung von Hirntumoren. Strahlentherapie 130 (1966) 189

428 Klein, N.: A broad range chemical dosimeter. Hlth Phys. 6 (1961) 212

429 Kniedler, M. J., J. Silverman: Dose-depth distributions produced by electrons in multi-layer targets. In: Symposium on Utilization of Large Radiation Sources and Accelerators in Industrial Processing, München 1968

430 Kobetich, E. J., R. Katz: Energy deposition by electron beams and delta rays. Phys. Rev. 170 (1968) 391

431 Kobetich, E. J., R. Katz: Electron energy deposition. Nucl. Instr. Meth. 71 (1969) 226

432 Kocker, L. F., P. E. Bramson, C. M. Unruh: The new Hanford film badge dosimeter, USAEC-Bericht HW-76944 (1963)

433 Koehler, A. M.: Dosimetry of proton beams using small silicon diodes. Radiat. Res. Suppl. 7 (1967) 53

434 Korba, A., J. E. Hoy: A thermoluminescent personnel dosimeter. Hlth Phys. 18 (1970) 581

435 Koschel, K. W.: Rectal dose measurements with CdS dosimeters. Amer. J. Roentgenol. 103 (1968) 837

436 Kramer, J.: Der Nachweis ionisierender Strahlung mit Exoelektronen. Z. angew. Phys. 15 (1963) 20

437 Kramer, J.: Exoelektronen-Dosimeter für Röntgen- und Gammastrahlen. Z. angew. Phys. 20 (1966) 411

438 Kretschko, J.: Dosimeter-Vergleich zwischen verschiedenen Beschleuniger-Stationen. In: Symposium on High-Energy Electrons, Montreux 1964, hrsg. von A. Zuppinger, G. Poretti. Springer, Berlin 1965

439 Kriegel, H., N. Haring, G. Neumann: Versuch einer körperinneren Dosimetrie mit Hilfe der Thrmolumineszenzmethode nach Inkorporation von ^{90}Sr bei der Ratte. Strahlentherapie 122 (1963) 41

440 Krüger, E.: Untersuchungen über die Herstellung von LiF-Teflon-Scheiben für Dosismessungen von ^{60}Co-Gammastrahlen. Strahlentherapie 132 (1967) 553

441 Krüger, E., S. Matschke, M. Frank: Energieabsorptionsmessungen von ^{60}Co an der Grenzschicht Muskel-Knochen mit LiF-Einkristallen. Strahlentherapie 129 (1966) 559

442 Kühn, W.: Methode zur Berechnung der Dosis bei inkorporierten Beta-Strahlern in annähernd symmetrischen Mikrobereichen. Biophysik 4 (1968) 187

443 Künkel, H. A.: Zur Frage der Strahlenbelastung des Zellkerns durch Inkorporation von tritium-markiertem Thymidin. Strahlentherapie 118 (1962) 46

444 Kuttig, H.: Der Einfluß der Strahlenqualität auf die Tiefendosis bei Stehfeld- und Bewegungsstrahlung in homogenen und geschichteten Medien. Strahlentherapie 101 (1956) 241

445 Kuttig, H., D. Lehnert, K. E. Mai, C. Wieland: Die Dosisverteilung bei Keilfilteranwendung in der Caesium-137 Teletherapie. Strahlentherapie 138 (1969) 571

446 Lanzl, L.: Magnetic and threshold techniques for energy calibration of high-energy radiations. Ann. N. Y. Acad. Sci. 161 (1969) 101

447 Larsson, B.: Pre-therapeutic physical experiments with high energy protons. Brit. J. Radiol. 34 (1961) 143

448 Laughlin, J. S.: Physical Aspects of Betatron Therapy. Thomas, Springfield/Ill. 1954

449 Laughlin, J. S.: High-energy electron beams. In: Radiation Dosimetry, hrsg. von G. J. Hine, G. L. Brownell. Academic Press, New York 1956

450 Laughlin, J. S.: Calorimetric determination of absorbed dose with electrons. In: Symposium on High-Energy Electrons, Montreux 1964, hrsg. von A. Zuppinger, G. Poretti. Springer, Berlin 1965

451 Laughlin, J. S.: High energy electron treatment planning for inhomogeneities. Brit. J. Radiol. 38 (1965) 143

452 Laughlin, J. S.: Electron-beam treatment planning in inhomogeneous tissue. Radiology 85 (1965) 524

453 Laughlin, J. S.: Electron beams. In: Radiation Dosimetry, Bd. III, hrsg. von F. H. Attix, E. Tochilin. Academic Press, New York 1969

454 Laughlin, J. S.: High-energy radiation therapy dosimetry. Conference New York 1967. Ann. N. Y. Acad. Sci. 161 (1969) 1

455 Laughlin, J. S., S. Genna: Calorimetry. In: Radiation Dosimetry, Bd. II, hrsg. v. F. H. Attix, W. C. Roesch, Academic Press, New York 1966

456 Laughlin, J. S., J. W. Beattie, J. W. Henderson, R. A. Harvey: Calorimetric evaluation of the roentgen for 400 kV and 22,4 MeV roentgen rays. Amer. J. Roentgenol. 70 (1953) 294

457 Laughlin, J. S., J. W. Beattie, J. E. Lindsay, R. A. Harvey: Dose distribution measurements with 25 MeV medical betatron. University of Illinois. Amer. J. Roentgenol. 65 (1951) 787

458 Law, J.: The consistency of $FeSO_4$ dosimetry. Phys. in Med. Biol. 15 (1970) 301

459 Lawson, R. C., D. E. Watt: Neutron depth dose measurements in a tissue equivalent phantom for incident Pu-Be spectrum. Phys. in Med. Biol. 9 (1964) 487

460 Lea, D. E.: Actions of Radiation on Living Cells, 2. Aufl. Cambridge University Press, London 1955

461 Leake, J. W.: New methods of measuring neutron dose equivalent around pulsed neutron generators. Bericht AERE-R 4883, Harwell 1965

462 Leake, J. W.: An improved spherical dose equivalent neutron detector. Nucl. Instr. Meth. 63 (1968) 329

463 Leake, J. W., A. K. Burt: Neutron measurements around nuclear reactors. Bericht AERE-M 1848, Harwell 1967

464 Leetz, H.-K.: Dosisberechnung für die Telekobalttherapie mit einem Prozeßrechner. Röntgenpraxis 22 (1969) 257

465 Leiss, E. J., S. Penner, C. S. Robinson: Range straggling of high-energy electrons in carbon. Phys. Rev. 107 (1957) 1544

466 Lentsch, J. W., R. A. Finston: Increased X-ray dose adjacent to plane bone interfaces as measured in polyethylene. Phys. in Med. Biol. 12 (1967) 543

467 Lewis, H. W.: Multiple Scattering in an infinite medium. Phys. Rev. 78 (1950) 526

468 Liesem, H., W. Pohlit: Dosismessungen an schnellen Elektronen nach der Eisensulfatmethode. Z. Phys. Chem. 35 (1962) 352

469 Lin, F. M., J. R. Cameron: A bibliography of thermoluminescent dosimetry. Hlth Phys. 14 (1968) 495

470 Loevinger, R.: Interaction of fast electrons with matter; effective density. In: Symposium on High-Energy Electrons, Montreux 1964, hrsg. von A. Zuppinger, G. Poretti. Springer, Berlin 1965

471 Loevinger, R.: Distributed radionuclide sources. In: Radiation Dosimetry, Bd. III, hrsg. von F. H. Attix, E. Tochilin. Academic Press, New York 1969

472 Loevinger, R., M. Berman: A formalism for caluclation of absorbed dose from radionuclides. Phys. in Med. Biol. 13 (1968) 205

473 Loevinger, R., N. G. Trout: Design and operation of an extrapolation chamber with removable electrodes. Int. J. appl. Radiation 17 (1964) 103

474 Loevinger, R., S. S. Yaniv: Absorbed dose determination for x-rays in the Grenz-ray region (5-20 keV). Phys. in Med. Biol. 10 (1965) 213

475 Loevinger, R., J. G. Holt, G. J. Hine: Internally administered radioisotopes. In: Radiation Dosimetry, hrsg. von G. J. Hine, G. L. Brownell. Academic Press, New York 1956

476 Loevinger, R., E. M. Japha, G. L. Brownell: Discrete radioisotope sources. In: Radiation Dosimetry, hrsg. von G. J. Hine, G. L. Brownell. Academic Press, New York 1956

477 Loevinger, R., J. Karzmark, M. Weißbluth: Radiation therapy with high energy electrons. Radiology 77 (1961) 906

478 Madey, R.: Space radiation dosimetry. Hlth Phys. 13 (1967) 345

479 Maillie, H. D., A. M. Dutton, H. Mermagen: The relationship between effective energy and rad/R conversion factors in heterogeneous photon-energy field. Hlth Phys. 14 (1968) 522

480 Makiola, K.: Die Filteranalyse zur Ermittlung der Personendosis mit Filmplaketten. Strahlentherapie 131 (1966) 536

481 Mallard, J. R., M. Kent: Electron spin resonance in biological tissues. Phys. in Med. Biol. 14 (1969) 373

482 Manegold, K.: Über den Einfluß der Elektronenstreuung an Inhomogenitätskanten. Strahlentherapie 140 (1970) 647

483 Marinelli, L. D.: Radiation dosimetry and protection. Ann. Rev. Nucl. Sci. 3 (1953) 249

484 Marinelli, L. D., R. F. Brinkerhoff, G. J. Hine: Average energy of beta rays emitted by radioactive isotopes. Rev. Mod. Physics 19 (1947) 25

485 Marinelli, L. D., E. H. Quimby, G. J. Hine: Dosage determination with radioactive isotopes. II. Practical considerations in therapy and protection. Amer. J. Roentgenol. 59 (1948) 260

486 Markowić, V., J. Draganic: New possibilities for routine use of oxalic acid solutions in multimegarad gamma radiation dosimetry. Radiat. Res. 35 (1968) 587

487 Markowić, V., J. Draganic: New possibilities for routine use of oxalic acid solutions in in-pile dosimetry. Radiat. Res. 36 (1969) 588

488 Markus, B.: Dosisverteilungen schneller Elektronen zwischen 2 und 14 MeV und ihre Beeinflussung durch Herdblenden und Tubusse. Strahlentherapie 112 (1960) 322

489 Markus, B.: Energiebestimmung schneller Elektronen aus Tiefendosiskurven. Strahlentherapie 116 (1961) 280

490 Markus, B.: Beiträge zur Entwicklung der Dosimetrie schneller Elektronen. Strahlentherapie 123 (1964) 350, 508; 124 (1964) 33

491 Markus, B.: Die Messung von Tiefendosen im Weichstrahlbereich. Strahlentherapie 135 (1968) 25

492 Markus, B.: Dosimetrie am Betatron. Röntgenpraxis 22 (1969) 53

493 Markus, B., W. Paul: Photographische Dosimetrie in elektronenbestrahlten Körpern. Strahlentherapie 92 (1953) 612

494 Martenson, B. K. A.: Thermoluminescence of LiF: A statistical analysis of the influence of pre-annealing on the precision of measurement. Phys. Med. Biol. 14 (1969) 119

495 Massey, J. B.: Dose distribution problems in megavoltage therapy; I. The problem of air spaces. Brit. J. Radiol. 35 (1962) 736

496 Mauderli, W.: Dosimetrie von Röntgen- und Gammastrahlen mittels photographischer Filme. Fortschr. Röntgenstr. 86 (1957) 634, 784

497 Mauderli, W., L. T. Fitzgerald, E. Lorenz: Meßunsicherheiten, verursacht durch die endliche Länge des Detektors. Fortschr. Röntgenstr. 112 (1970) 267

498 Maushart, R., E. Piesch: Die Verwendung von Radiophotolumineszenzglasdosimetern zur Personendosisüberwachung. Kernforschungszentrum Karlsruhe, KFK-Bericht 20/60-2 (1966)

499 Mayneord, W. V.: Energy absorption III. The mathematical theory of integral dose and its application in practice. Brit. J. Radiol. 18 (1945) 12

500 Mayneord, W. V.: Some applications of nuclear physics in medicine. Brit. J. Radiol. Suppl. 2 (1950)

501 Mayneord, W. V., J. R. Clarkson: Energy absorption II, Teil 1. Integral dose when whole body is irradiated. Brit. J. Radiol. 17 (1944) 151, 359

502 McCormick, D., G. Keiffer, G. Parzen: Energy and angle distribution of electrons in bremsstrahlung. Phys. Rev. 103 (1956) 29

503 McIlwain, C. E.: The radiation belts, natural and artificial. Science 142 (1963) 355

504 McLaughlin, W. L., E. K. Hussmann, H. H. Eisenlohr, L. Chalkley: A chemical dosimeter for monitoring gamma-radiation doses of 1-100 krad. Int. J. appl. Rad. Isot. 22 (1971) 135

505 Measday, D. F.: The $^{12}C(p,pn)^{11}C$ reaction from 50 to 160 MeV. Nucl. Phys. 78 (1966) 476

506 Measurement of Absorbed Dose of Neutrons and of Mixtures of Neutrons and Gamma Rays. NBS-Handbook, Bd. 75, National Bureau of Standards, Washington 1961

507 Measurement of Neutron Flux and Spectra for Physical and Biological Applications. NBS-Handbook, Bd. 72, National Bureau of Standards, Washington 1960

508 Meissner, G.: Berechnung des Durchgangs schneller Elektronen durch Materie durch eine Kombination von analytischen und stochastischen Methoden. Naturforsch. 19a (1964) 269

509 Melski, J.: Tissue-air ratio formulae in ^{60}Co teletherapy dosimetry. Brit. J. Radiol. 43 (1970) 825

510 Meredith, W. J.: Radium Dosage. The Manchester system. Livingstone, Edinburgh 1947

511 Meredith, W. J.: The reference point for percentage depth dose data and a proposal on an output calibration method. Brit. J. Radiol. 36 (1963) 801

512 Meredith, W. J., G. S. Neary: The production of isodose curves and the calculation of energy absorption from standard depth dose data. Brit. J. Radiol. 17 (1945) 75

513 Michaelis, W.: Neutronenquellen und Neutronenfelder. Kerntechnik 7 (1965) 256

514 Microdosimetry, Proceedings of a Symposium. Ed. H.G.Ebert, Euratom, Brüssel 1968, 1971, 1973

515 Minder, W.: Dosimetrie der Strahlungen radioaktiver Stoffe. Springer, Wien 1961

516 Minder, W.: Chemical dose measurements of high energy photons and electrons. In: Selected Topics in Radiation Dosimetry. IAEA, Wien 1961 (S. 323)

517 Minder, W.: Dosimetrie mit Hilfe strahlenchemischer Reaktionen. Radiologe 4 (1964) 267

518 Mitshell, J. C., G. V. Dalrymple, G. H. Williams, J. D. Hall, I. L. Morgan: Proton depth-dose dosimetry. Radiat. Res. 28 (1966) 390

519 Mohler, H.: Chemische Reaktionen ionisierender Strahlen. Sauerländer, Aarau 1956

520 Moos, W. S., G. H. Sandberg: Eine photographische Methode zur Bestimmung von Isodosen in der Strahlentherapie. Strahlentherapie 102 (1957) 223

521 Moos, W. S., H. Eisenlohr, V. Balamutov, S. Jayaraman: A review of the International Atomic Energy Agency's activities in radiation dosimetry. Strahlentherapie 139 (1970) 100

522 Morgan, R. H.: Handbook of Radiology. Year Medical Book Publishers, Chikago 1955
523 Morrison, A., R. Dixon, C. Garrett, H. E. Johns, L. M. Bates, E. R. Epp, D. V. Cormack, S. O. Fedoruk: Multicurie cobalt 60 units for radiation therapy. Science 115 (1952) 310
524 Murthy, M. S. S.: Shape and average energy of beta-particle spectra. Int. J. appl. Radiat. 22 (1971) 111
525 Nachtigall, D.: Über die Messung von Flußdichten und Dosisleistungsäquivalenten intermediärer Neutronen außerhalb der Abschirmung von Neutronenquellen. Bericht KFA-Jülich, Jül-158-ST (1964)
526 Nachtigall, D.: Größen und Einheiten im Neutronen-Strahlenschutz. Kerntechnik 7 (1965) 253
527 Nachtigall, D.: Rechenmethoden zur Dosimetrie von Neutronen. Kerntechnik 7 (1965) 285
528 Nachtigall, D.: Average and effective energies, fluence-dose conversion factors and quality factors of the neutron spectra of some (α,n) sources. Hlth Phys. 13 (1967) 213
529 Nachtigall, D., F. Rohloff: Kugeltechniken zur Messung von Flußdichte und Dosisleistungen thermischer, intermediärer und schneller Neutronen, Bericht KFA-Jülich. Jül-213-ST (1964)
530 Nachtigall, D., F. Rohloff: Neue Verfahren zur Messung von Neutronenflußdichten und Neutronendosisleistungen mit Szintillationszähler und Kugelmoderatoren. Nukleonik 6 (1964) 330
531 Nagarajan, P. S., D. Krishnan: Neutron personnel monitoring-correction factors and a suggested device for measuring intermediate energy neutrons. Hlth Phys. 17 (1969) 323
532 Nagl, J., A. Sanielevici: Dosisvergleichsmessungen für hochenergetische Elektronen mit Eisensulfat-Dosimeter. Strahlentherapie 133 (1967) 561
533 Nagl, J., A. Sanielevici: Vergleich von Energiedosismessungen mit Kalorimeter und Ionisationskammer für ^{60}Co-Gammastrahlung. Strahlentherapie 137 (1969) 424
534 Nagl, J., A. Sanielevici, R. Wideröe: Calorimetric dose measurements with 35 MeV betatron electron radiation. Nature (London) 203 (1964) 632
535 Nahon, J.: Backscatter from tissue and bone. Radiology 69 (1957) 255
536 Nakajima, T.: On the causes of changes in sensitivity due to re-use of LiF thermoluminescence dosimeter. Hlth Phys. 16 (1969) 509
537 Nakajima, T., T. Hiraoka, T. Habu: Energy dependance of LiF and CaF_2 thermoluminescent dosimeters for high energy electrons. Hlth Phys. 14 (1968) 266
538 National Aeronautics and Space Administration: Protection against space radiation, Proceedings of Special Sessions, San Diego 1967, hrsg. von A. Reetz, K. O'Brien, NASA SP-169 (1968)
539 National Bureau of Standards: Stopping Powers for Use with Cavity Ionization Chambers. NBS-Handbook, Bd. 79, Washington 1961

540 Netteland, O.: Isodose measurements in inhomogeneous matter. In: Symposion on High-Energy Electrons, Montreux 1964, hrsg. von A. Zuppinger, G. Poretti. Springer, Berlin 1965
541 Neuert, H.: Kernphysikalische Meßverfahren. Braun, Karlsruhe 1966
542 Neufeld, J., W. S. Snyder, J. E. Turner, H. Wright: Calculation of radiation dose from protons and neutrons to 400 MeV. Hlth Phys. 12 (1966) 227
543 Newbery, G. R., D. K. Bewley: The performance of the medical research council 8 MeV linear accelerator. Brit. J. Radiol. 28 (1955) 241
544 Nold, M. M., R. L. Hayes, C. L. Comar: Internal radiation dose measurements in live experimental animals. Hlth Phys. 4 (1960) 86
545 Nordic Association of Clinical Physics: Procedures in radiation therapy dosimetry with 5 to 50 MeV electrons and roentgen and gamma rays with maximum photon energies between 1 MeV and 50 MeV. Acta radiol. Ther. Phys. Biol. 11 (1972) 603
546 Ohmart, Ph. E : A method of producing an electron current from radioactivity. J. appl. Phys. 22 (1951) 1504
547 Okabe, S., T. Tabata, R. Ito: Anomalous emission in secondary emission beam monitors. Nucl. Instr. Meth. 26 (1964) 349
548 Okabe, S., T. Tabata, K. Tsumori: Energy monitor for electron beams. Rev. Sci. Instr. 37 (1966) 309
549 Oliver, R., L. A. W. Kemp: An investigation into some factors affecting x-rays dose distribution and its measurement. Brit. J. Radiol. 22 (1949) 33
549a Onai, Y., T. Irifune, T. Tomaru: Calculation of dose distributions in radiation therapy by a digital computer. Nippon Acta Radiol. Tomus. 28, Fasc. 12 (1969) 53
550 Oosterkamp, W. J.: General considerations regarding the dosimetry of roentgen and gamma radiation. Appl. Sci. Res. 3 (1953) 100
551 Orton, C. G.: Clear perspex dosimetry. Red perspex dosimetry. Phys. in Med. Biol. 11 (1966) 377, 551
552 Palmieri, J. N., R. Goloskie: Calibration of 30 cm Faraday cup. Brit. Sci. Instr. 35 (1964) 4023
553 Parker, R. P.: Semiconductor electrical conductivity detectors. In: Solid State and Chemical Radiation Dosimetry in Medicine and Biology. IAEA, Wien 1967 (S. 437)
554 Parker, R. P., B. J. Moreley: Silicon-p-n junction surface barrier detectors and other applications to the dosimetry of x-and gamma ray beams. In: Solid State and Chemical Radiation Dosimetry in Medicine and Biology. IAEA, Wien 1967 (S. 167)
555 Parker, R. P., P. J. Johnson, J. W. Baker: The use of a semiconductor probe for dose-rate measurements during intracavitary irradiation. Brit. J. Radiol. 42 (1969) 69
556 Patau, J. P., D. Blank, J. Mathieu, G. Mason: Transport simulé d'electrons de 2 MeV dans diverse materiaux. In: Second Symposion on Micordosimetry, Stresa 1969, hrsg. von H. G. Ebert, Euratom, Brüssel 1970

557 Paterson, R.: Treatment of Malignant Disease by Radiotherapy. Arnold, London 1963
558 Paterson, R., H. M. Parker: A dosage system for gamma-ray therapy. Brit. J. Radiol. 7 (1934) 592
559 Paterson, R., H. M. Parker: A dosage system for interstitial radium therapy. Brit. J. Radiol. 11 (1938) 252, 313
560 Pauly, H.: Über eine kalorimetrische Methode zur Intensitätsmessung weicher Röntgenstrahlung. Strahlentherapie 110 (1959) 462
561 Peirson, D. H.: Neutron dosimetry in radiological protection. Phys. in Med. Biol. 13 (1968) 69
562 Perkins, J. F.: Statistics of the Glass-Hurst pulse integrating circuit. Rev. Sci. Instr. 26 (1959) 88
563 Perkins, J. F.: Monte Carlo calculation of transport of fast electrons. Phys. Rev. 126 (1962) 1781
564 Persson, J. E., K. Rohleder: Röntgenstrahlen, genau dosiert. data report 3 (1968) 8
565 Peterson, D. F.: Neutron dose estimates in the SL-1 accident. Hlth Phys. 9 (1963) 231
566 Peterson, D. F., V. E. Mitchell, W. H. Langham: Estimation of fast neutron doses in man by $S^{32}(n,p)P^{32}$ reaction in body hair. Hlth Phys. 6 (1961) 1
567 Pettersson, C.: Calorimetric determination of the G-value of the ferrous sulphate dosimeter with high energy electrons and ^{60}Co gamma rays. Ark. Fys. 34 (1967) 385
568 Petterson, C., G. Hettinger: A balancing chamber for stabilizing the homogeneity of the electron field between 10 and 35 MeV. In: Symposium on High-Energy Electrons, Montreux 1964, hrsg. von A. Zuppinger, G. Poretti. Springer, Berlin 1965
569 Pfalzner, P. M.: The variation of axial depth dose with focal distance, with field area and with depth. Brit. J. Radiol. 34 (1961) 236
570 Pfalzner, P. M., S. M. Alvarez: Intercomparison of absorbed dose in cobalt-60 teletherapy using mailed LiF dosimeters. Acta Radiol. Ther. Phys. Biol. 7 (1968) 379
571 Philbrick, Ch. R., W. G. Buckman: Ruby as a thermoluminescent radiation dosimeter. Hlth Phys. 13 (1968) 798
572 Piesch, E.: Zur Dosimetrie schneller Neutronen mit Kernspurfilmen. Atompraxis 9 (1963) 179
573 Piesch, E.: Die Verwendung von silberaktivierten Metaphosphatgläsern zur Bestimmung einer Personen- und Ortsdosis von Gamma- und Neutronenstrahlung. Atompraxis 10 (1964) 268
574 Piesch, E.: Messung der Neutronendosis im Katastrophenfall. Kerntechnik 7 (1965) 279
575 Piesch, E.: The indication of absorbed dose in critical organs by energy independant personell dosimeters. Hlth Phys. 15 (1968) 139
576 Piesch, E.: Routine dosimetry with phosphate glasses. Kernforschungszentrum Karlsruhe, KFK Nr. 831 (1968)
577 Piesch, E.: Phosphate glass dosimeters for the measurement of organ dosis with reduced body influence. Kernforschungszentrum Karlsruhe, KFK Nr. 832 (1968)
578 Pinkerton, A. P.: Comparison of calorimetric and other methods for the determination of absorbed dose. Ann. N. Y. Acad. Sci. 161 (1969) 63
579 Plaats, van der, G. J.: Dosimetrie in der Röntgendiagnostik. Röntgenpraxis 20 (1967) 271
580 Pohlit, W.: Dosierungsprobleme: In: Strahlenbiologie, Strahlentherapie, Nuklearmedizin und Krebsforschung, hrsg. von H. R. Schinz, H. Holthusen, D. Langendorff, B. Rajewsky, G. Schubert. Thieme, Stuttgart 1959
581 Pohlit, W.: Dosisverteilung in inhomogenen Medien bei Bestrahlung mit schnellen Elektronen. Fortschr. Röntgenstr. 93 (1960) 631
582 Pohlit, W.: Standardisierung der Dosismessung bei energiereichen Strahlungen. Thieme, Stuttgart 1961
583 Pohlit, W.: Absolute Messung energiereicher Bremsstrahlung. Wiss. Z. Univ. Jena 13 (1964) 523
584 Pohlit, W.: Dosimetrie zur Betatrontherapie. Thieme, Stuttgart 1965
585 Pohlit, W.: Calculated and measured dose distributions in inhomogeneous materials and in patients. Ann. N. Y. Acad. Sci. 161 (1969) 189
586 Pohlit, W.: Energy calibration of betatron X-rays and electrons up to 40 MeV. Ann. N. Y. Acad. Sci. 161 (1969) 119
587 Pohlit, W., M. Teich: Zur Dosimetrie schneller Elektronen mit Kondensator-Ionisationskammern, Strahlentherapie 118 (1962) 288
588 Pott, E. Ph., S. Wagner: Die selektive Messung von Neutronen- und Photonendosen mit einem Äthylendosimeter. Nukleonik 2 (1960) 271
589 Price, W. J.: Nuclear Radiation Protection. McGraw-Hill, New York 1961
590 Protection against Neutrons up to 30 MeV. NBS-Handbook, Bd. 63, National Bureau of Standards, Washington 1957
591 Pychlau, H.: Dosismeßgeräte. Strahlentherapie 83 (1950) 245
592 Pychlau, P.: Lithiumfluorid-Thermolumineszenz-Dosimetrie in der klinischen Praxis. Röntgenpraxis 22 (1969)
593 Quimby, E. H.: The grouping of radium tubes in packs or plaques to produce desired distribution of radiation. Amer. J. Roentgenol. 27 (1932) 18
594 Quimby, E. H.: Dosage table for linear radium sources. Radiology 43 (1944) 572
595 Quimby, E. H.: Dosage calculations for radioactive isotopes. In: Radioactive Isotopes in Medicine and Biology: Basic Physics and Instrumentation, hrsg. von E. H. Quimby, S. Feitelberg. Lea & Febiger. Philadelphia 1963

596 Quimby, E. H., V. Castro: Calculation of dosage in interstitial radiumtherapy. Amer. J. Roentgenol. 70 (1953) 739

597 Rajewsky, B.: Einführung. In: Dosimetrie zur Betatrontherapie, hrsg. von W. Pohlit. Thieme, Stuttgart 1965

598 Rajewsky, B., E. Bunde, M. Dorneich, D. Lang, A. Sewkor, R. G. Jaeger, W. Hübner: Darstellung, Wahrung und Übertragung der Einheit der Dosis für Röntgen- und Gammastrahlen mit Quantenenergien zwischen 3 und 500 keV. PTB, Braunschweig 1955

599 Raju, M. R.: The use of miniature silicon diode as a radiation dosimeter. Phys. in Med. Biol. 11 (1966) 371

600 Raju, M. R.: Heavy particle studies with silicon detectors. Radiat. Res. Suppl. 7 (1967) 43

601 Rakow, A.: Isodosenkurven bei Co-60 Bewegungsbestrahlung mit einer billigen photographischen Methode. Argomenti di Radioterapia von alte energie, Turin 1961

602 Rakow, A.: Photographic dosimetry in a phantom. In: International Conference on Medical Physics. Harrogate 1965

603 Rakow, A.: Der Wert der photographischen Bestimmung der Dosisverteilung für die Bestrahlungsplanung. Radiobiol. Radio ther. 6 (1965) 69

604 Rakow, A.: Gemittelte Umrechnungsfaktoren von Röntgen in rad für kompaktes Knochen- und Muskelgewebe. Strahlentherapie 127 (1965) 538

605 Rakow, A.: Genauigkeit der Bestimmung der Energiedosis durch Ionisationsmessungen in einem biologischen Gewebe, das mit Photonen bestrahlt wird. Stud. biophys. 1 (1966) 189

606 Rakow, A., W. Will: Absolute Darstellung der Röntgeneinheit im Energiebereich der ^{60}Co-Gamma-Strahlung mit Hohlraum-Ionisationskammern. Kernenergie 6 (1963) 496, 542

607 Ramm, W. J.: Scintillation detectors. In: Radiation Dosimetry, 2. Aufl., hrsg. von F. H. Attix, W. C. Roesch, Bd. II (S. 123), Academic Press, New York 1966

608 Rase, S., W. Pohlit: Eine Extrapolationskammer als Standardmeßgerät für energiereiche Photonen- und Elektronenstrahlung. Strahlentherapie 119 (1962) 266

609 Rassow, J.: Grundsätzliche Gesichtspunkte bei der Filmdosimetrie an einem 42 MeV-Betatron. Fortschr. Röntgenstr. 108 (1968) 630

610 Rassow, J.: Gesetzmäßigkeiten von Feldausgleich und Dosisleistung beim Siemens-42-MeV-Betatron. Strahlentherapie 136 (1968) 426

611 Rassow, J.: Beitrag zur Elektronentiefentherapie mittels Pendelbestrahlung, I. Mitteilung: Grundlegende Vorversuche an Stehfeldern mit 43 MeV-Elektronen. Strahlentherapie 138 (1969) 267

612 Rassow, J.: Beitrag zur Elektronentiefentherapie mittels Pendelbestrahlung. IV. Mitteilung: Über eine neuartige, für primär unaufgestreute Elektronen spezifische telezentrische Kleinwinkelpendeltechnik. Strahlentherapie 140 (1970) 156

613 Rassow, J.: Grundlagen und Planung der Elektronentiefentherapie mittels Pendelbestrahlung. Habil.-Schrift, Essen 1971

614 Rassow, J., H.-D. Strüter: Beitrag zur Filmdosimetrie energiereicher Strahlen. V. Mitteilung: Energie- und Phantomtiefenabhängigkeit der Filmempfindlichkeit für energiereiche Photonen- und Elektronenstrahlen bei Exposition parallel zur Einstrahlrichtung. Strahlentherapie 141 (1971) 336

615 Rassow, J., U. Erdmann, H.D. Strüter: Beitrag zur Filmdosimetrie energiereicher Strahlen. I. Auswahl günstiger Film-Entwickler-Kombinationen durch Untersuchung der Gradation und Genauigkeit bei ^{60}Co-Gammastrahlung. Strahlentherapie 138 (1969) 149

616 Rassow, J., H. D. Strüter, E. Lacin: Die ungewollte Nebenstrahlung im Bestrahlungsraum eines Siemens-42-MeV-Betatrons. Strahlentherapie 136 (1968) 183

617 Recht, P. M., M. Collet: Experience international de comparison et d'étalonnage des film dosimétriques. In: Radiation Dose Measurements, their Purpose, Interpretation and required Accuracy in Radiological Protection. Symposium Stockholm 1967. European Nuclear Energy Agency, Paris 1967

618 Reddy, A. R., K. Ayyengar, G. L. Brownell: Absorbed fractions, specific absorbed fractions and dose build-up factors for dosimetry of internal photon emitters. Hlth Phys. 17 (1969) 295

619 Reddy, A. R., W. H. Ellet, G. L. Brownell: Gamma-ray dosimetry of internal emitters. Brit. J. Radiol. 40 (1967) 512

620 Redhardt, A.: Die Anwendung der Elektronenspinresonanzmethode in der Strahlenbiologie. Biophysik 2 (1965) 303

621 Regulla, D., H. Pychlau, F. Wachsmann: Properties of solid state dosimeters and their use in medicine. In: Solid State and Chemical Radiation Dosimetry in Medicine and Biology. IAEA, Wien 1967 (S. 121)

622 Reichel, G., A. Morczek, W. Weise: Thermolumineszenzdosimeter bei gynäkologischen Radiummessungen. Radiobiol. Radiother. (Berl.) 7 (1966) 427

623 Reichel, G., M. Nicht, B. Rösler: Die Benutzung der Lithium-Fluorid Thermolumineszenzdosimetrie bei strahlenbiologischen Tierexperimenten. Strahlentherapie 133 (1967) 190

624 Reid, W. B., H. E. Johns: Measurement of absorbed dose with calorimeter and determination of W. Radiat. Res. 14 (1961) 1

625 Report of the RBE Committee. Hlth Phys. 9 (1963) 357

626 Richter, J.: Die Ermittlung der Raumdosis bei der ^{60}Co-Bestrahlung. Strahlentherapie 136 (1968) 544

627 Ritts, J. J., E. Solomito, P. N. Stevens: Calculations of neutron fluence-to-kerma factors for the human body. USAEC-Bericht ORNL-TM-2079 (1968)

628 Ritz, V. H., F. H. Attix: An ionization chamber for kilocurie source calibration. Radiat. Res. 16 (1962) 401

629 Robertson, J. S., W. L. Hughes: Proceedings of National Biophysics Conference. Yale University Press, Chikago 1959
630 Roesch, W. C.: Dose for non equilibrium conditions. Radiat. Res. 9 (1958) 399
631 Rogers, R. T.: Radiation dose to skin in diagnostic radiography. Brit. J. Radiol. 42 (1969) 511
632 Rohloff, F., M. Heinzelmann: Über die Moderation schneller Neutronen in Polyäthylen und ihre Anwendung in der Neutronendosimetrie. Euratom-Bericht EUR 4540d Luxemburg 1971
633 Rollo, E. D., L. J. Katchis, M. Dauer: A calorimetric method for the measurement of grenzrays. Phys. in Med. Biol. 13 (1968) 79
634 Rossi, H. H.: Specification of radiation quality. Radiat. Res. 10 (1959) 522
635 Rossi, H. H.: Distribution of radiation energy in the cell. Radiology 78 (1962) 530
636 Rossi, H. H.: Ionization chambers in neutron dosimetry. In: Neutron Dosimetry, Bd. II. IAEA, Wien 1963, S. 55
637 Rossi, H. H.: Energy distribution in the absorption of radiation. In: Advances in Biological and Medical Physics, hrsg. von J. H. Lawrence, J. W. Gofman, Bd. XI, Academic Press, New York 1967
638 Rossi, H. H., G. Failla: Tissue equivalent ionization chambers. Nucleonics 14, Nr. 2 (1956) 32
639 Rossi, H. H., W. Rosenzweig: A device for the measurement of dose as a function of specific ionization. Radiology 64 (1955) 404
640 Rossi, H. H., W. Rosenzweig: Measurement of neutron dose as a function of linear energy transfer. Radiat. Res. 2 (1955) 417
641 Rossi, H. H., W. Rosenzweig: Limitations of the concept of linear energy transfer (LET). Radiology 66 (1956) 105
642 Rossi, H. H., M. H. Biarati, W. Gross: Local energy density in irradiated tissues; 1. Radiobiological significance. Radiat. Res. 14 (1961) 431
643 Rossi, H. H., J. L. Bateman, V. A. Bond, L. J. Goodman, E. E. Strickley: The dependence of RBE on the energy of fast neutrons. Radiat. Res. 13 (1960) 503
644 Rossi, H. H., W. Rosenzweig, M. H. Biavati, L. Goodman, L. Phillips: Radiation protection surveys at heavy particle accelerators operating at energies beyond several hundred million electron-volts. Hlth Phys. 8 (1962) 331
645 Roswit, B., St. J. Malsky, C. B. Reid, Ch. Amato, H. Jones, Ch. Spreckels: A critical survey of radiation dosimeters for in vivo dosimetry during clinical and experimental radiotherapy. Radiology 80 (1963) 292
646 Roux, A. M., A. Allisy: Determination du rapport rad/r dans l'os et le muscle par la methode des gaz équivalents. Ann. Radiol. (Paris) 4 (1961) 387
647 Rozenfeld, M., L. H. Lanze, C. M. Newton, L. S. Skaggs: Computation of distribution of absorbed dose and absorbed dose rate fror scanning electron beams. Strahlentherapie 138 (1969) 651
648 Rudstam, G., T. Svedberg: Use of traces in chemical dosimetry. Nature 171 (1953) 648
649 Rudstam, G., T. Svedberg: Semiconductor Detectors. Nucleonics 18 Nr. 5 (1960) 98
650 Säbel, M., Th. Svedberg: Semiconductor defect of low energy X-rays absorbed in tissue equivalent plastic. Hlth Phys. 23 (1972) 745
650a Säbel, M.: Bestimmung des kalorischen Defekts bei der Absorption weicher Röntgenstrahlen. Diss. Univ. Erlangen-Nürnberg (1972)
651 Sanders, F. W., J. A. Auxier: Neutron activation of sodium in antropomorphous phantoms. Hlth Phys. 8 (1962) 371
652 Scarpa, G.: The dosimetric use of beryllium oxyde as a thermoluminescent material: A preliminary study. Phys. in Med. Biol. 15 (1970) 667
653 Schaal, A.: Untersuchungen über die Anwendbarkeit des Kadmium-Sulfid-Kristalls zu Dosismessungen im Röntgen- und Gammastrahlenbereich. Strahlentherapie 94 (1954) 393
654 Schaal, A.: Messungen der Integraldosis bei Tiefentherapiebestrahlungen. Strahlentherapie 121 (1963) 75
655 Schaal, A.: Messungen der Integraldosis bei Tiefentherapiebestrahlungen. Strahlentherapie 121 (1963) 75
655 Schaefer, H. J.: Messung der Protonendosis der Gemini-Astronauten mit Kernemulsionen. Biophysik 4 (1967) 63
656 Schalnow, M. I.: Neutronen-Gewebedosimetrie. VEB Deutscher Verlag der Wissenschaften, Berlin 1963
657 Schayès, R., C. Brooke, J. Kolowitz, M. Lheureux: New developments in thermoluminescent dosimetry. Hlth Phys. 14 (1968) 251
658 Scherer, E.: Strahlentherapie. Thieme, Stuttgart 1967
659 Schimmerling, W., R. E. Sass: Experience with a commercial film badge service. Hlth Phys. 15 (1968) 73
660 Schmidt, Th.: Kalorimetrische Messung der Energieflußdichte weicher Röntgenstrahlen. Diss., Erlangen-Nürnberg 1971
661 Schmidt-Burbach, G. M.: Untersuchungen zur Dosimetrie an punktförmigen radioaktiven Teilchen. Atompraxis 15 (1969) 345
662 Schmidt-Burbach, G. M.: Experimental determination of dose rate around punctiform radioactive particles. Hlth Phys. 18 (1970) 255
663 Schoknecht, G.: Berechnung von Stehfeld-Dosisverteilungen für die Kobalt-60-Tiefentherapie. Strahlentherapie 127 (1965) 217
664 Schoknecht, G.: Die Beschreibung von Strahlenfeldern durch Separierung von Primär- und Streustrahlung. Bd. I: Relativer Tiefendosisverlauf bei ^{60}Co-Feldern. Strahlentherapie 131 (1966) 311
665 Schoknecht, G.: Die Beschreibung von Strahlenfeldern durch Separierung von Primär- und Streustrahlung. Bd. II: Das Gewebe-Luft-Verhältnis bei ^{60}Co-Feldern. Strahlentherapie 132 (1967) 516

666 Schoknecht, G.: Die Beschreibung von Strahlenfeldern durch Separierung von Primär- und Streustrahlung. Bd. III: Das Gewebe-Luft-Verhältnis und der Tiefendosisverlauf bei Gamma- und Röntgenstrahlungen im Bereich 0,6 bis 42 MeV. Strahlentherapie 136 (1968) 24

666a Schoknecht, G., A. Klatt: Dosisbestimmungen für die ^{60}Co-Teletherapie nach dem Dekrementlinienverfahren (Dosisverteilung). Biophys. 4 (1967) 77

667 Schreiber, H.; W. Peters: Von Neutronen in Geweben des menschlichen Körpers induzierte Kernreaktionen. Atompraxis 10 (1964) 485

668 Schulman, J. H.: Principles of solid state luminescence dosimetry. In: Solid State and Chemical Radiation Dosimetry in Medicine and Biology. IAEA, Wien 1967 (S. 3)

669 Schulz, H. J., D. Harder: Aufbau des Sekundärelektronenspektrums bei energiereicher Elektronenstrahlung. In: Second Symposium on Microdosimetry, Stresa 1969, hrsg. von H. G. Ebert. Euratom, Brüssel 1970

670 Schwiegk, H., F. Turba: Künstliche radioaktive Isotope in Physiology, Diagnostik und Therapie, 2. Aufl., Bd. I, Springer, Berlin 1961

671 Seelentag, W.: Zur Wellenlängenabhängigkeit verschiedener Ionisationskammern. Fortschr. Röntgenstr. 89 (1958) 753

672 Sewkor, A.: Measurement of very high dose rate of ionizing radiation by ionometric methods. Biophysik 3 (1966) 8

673 Shalek, R. J., C. E. Smith: Chemical dosimetry for the measurement of high-energy photons and electrons. Ann. N. Y. Acad. Sci. 161 (1969) 44

674 Shalek, R. J., M. Stovall: The M. D. Anderson method for the computation if isodose curves around interstitial and intracavitary radiation sources. Amer. J. Roentgenol. 102 (1968) 662, 677

675 Shalek, R. J., M. Stovall: Dosimetry in implant therapy. In: Radiation Dosimetry, Bd. III, hrsg. von F. H. Attix, E. Tochilin. Academic Press, New York 1969

676 Shalek, R. J., W. K. Sinclair, J. C. Calkins: Solid state conductivity. Symposium. Phys. in Med. Biol. 4 (1960) 325

677 Shalek, R. J., W. K. Sinclair, J. C. Calkins: The use of the ferrous sulfate dosimeter for x-ray and gamma-ray beams. Radiat. Res. 16 (1962) 344

678 Shalek, R. J., W. K. Sinclair, J. C. Calkins: Solid state dosimetry. Abstracts of papers. Brit. J. Radiol. 36 (1963) 778

679 Shalek, R. J., W. K. Sinclair, J. C. Calkins: Solid State Dosimetry. Bibliogr. Ser. 23 IAEA, Wien 1963

680 Shapiro, G., W. S. Ernst, J. Ovadia: Radiation dose distribution in water for 22,5-MeV-peak roentgen rays. Radiology 66 (1956) 429

681 Shiragai, A.: Annealing of LiF thermoluminescence dosimeters. Hlth Phys. 13 (1967) 1040

682 Sidei, T., T. Higasimura, K. Kinosita: Memoirs Fac. Eng. Kyoto Univ. 19 (1957) 220

683 Sievert, R. M.: Intensitätsverteilung der primären γ-Strahlung in der Nähe medizinischer Radiumpräparate. Acta radiol. 1 (1921) 89

684 Sievert, R. M.: Eine Methode zur Messung von Röntgen-, Radium- und Ultrastrahlung nebst einigen Untersuchungen über die Anwendbarkeit derselben in Physik und Medizin. Acta radiol. Suppl. 14 (1932)

685 Sievert, R. M.: Über die Anwendung der Kondensatorkammer für sowohl Röntgen- wie γ-Strahlenmessung, zugleich ein Beitrag zu den Vergleichen der biologischen Wirkungen dieser beiden Strahlenarten. Acta radiol. 15 (1934) 193

686 Skarsgard, L. D., J. P. Bernier, D. V. Cormack, H. E. Johns: Calorimetric determination of the ratio of energy absorption to ionization for 22 MeV x-rays. Radiat. Res. 7 (1957) 217

687 Slater, M., G. B. Bunyard, M. L. Randolph: Combination ion chamber-proportional counter dosimeter for measuring gamma-ray contamination of neutron fields. Rev. Sci. Instr. 29 (1958) 601

688 Smith, A. R.: A cobalt neutron-flux integrator. Hlth Phys. 7 (1961) 40

689 Smith, J. W.: Sodium activation by fast neutrons in man phantom. Phys. in Med. Biol. 7 (1962) 341

690 Smith, J. W., S. J. Boot: The variation of neutron dose with depth in a tissue equivalent phantom. Phys. in Med. Biol. 7 (1962) 45

691 Smith, E. M.: Calculating absorbed doses from radiopharmaceuticals. Nucleonics 24 Nr. 1 (1966) 33, 68

692 Smith, E. M.: Activities of the Medical Internal Radiation Dose Committee. J. nucl. Med. Suppl. 1 (1968) 5

693 Smith, J. W.: Distribution of neutron dose with depth. Kerntechnik 7 (1965) 266

694 Snyder, W. S.: Calculation of radiation dose. Hlth Phys. 1 (1958) 51

695 Snyder, W. S.: The LET Distribution of Dose in some Tissue Cylinders, in Biological Effects of Neutron and Proton Irradiations, Bd. I. IAEA, Wien 1964 (S. 3)

696 Snyder, W. S., J. Neufeld: Calculated depth dose curves in tissue for broad beams of fast neutrons. Brit. J. Radiol. 28 (1955) 342

697 Sommermeyer, K.: Die Dosimetrie der Strahlung radioaktiver Isotope in luftäquivalenten Substanzen (unter besonderer Berücksichtigung von ^{32}P und ^{90}Sr und ^{90}Y). Strahlentherapie 95 (1954) 302

698 Sommermeyer, K.: Über die Dosierung radioaktiver Präparate mit Anthrazen-Kristallen. Strahlentherapie 95 (1954) 424

699 Sommermeyer, K., L. Mittermaier: Untersuchungen über die Dosisverteilung in der Umgebung reiner Gammapräparate mit dem Fluoreszenzdosimeter. Strahlentherapie 102 (1957) 78

700 Spencer, L. V.: Theory of electron penetration. Phys. Rev. 98 (1955) 1597

701 Spencer, L. V.: Energy dissipation by fast electrons. NBS Monography 1. National Bureau of Standards, Washington 1959

702 Spiers, F. W.: Effective atomic number and energy absorption in tissue. Brit. J. Radiol. 19 (1946) 52

703 Spiers, F. W.: The influence of energy absorption and electron range of dosage in irradiated bone. Brit. J. Radiol. 22 (1949) 521

704 Spiers, F. W.: A review of the theoretical and experimental methods of determining radiation dose in bone. Brit. J. Radiol. 39 (1966) 216

705 Spiers, F. W.: Radioisotopes in the Human Body; physical and biological Aspects. Academic Press, New York 1968

706 Spiers, F. W.: Transition-Zone Dosimetry. In: Radiation Dosimetry, Bd. III, 2. Aufl., hersg. von F. H. Attix, E. Tochilin. Academic Press, New York 1969

707 Spiers, F. W., G. W. Reed: Radiation Dosimetry. Academic Press, New York 1964

708 Spring, E., P. Anttila: Empirical formulas for tissue correction factors in cobalt therapy. Acta Radiol. Ther. Phys. Biol. 7 (1968) 230

709 Srdoč, D.: Experimental technique for measurement of microscopic energy distribution in irradiated matter using ROSSI counters. Radiat. Res. 43 (1970) 302

710 Steinbach, K. H.: Direkte Dosismessung in eng begrenzten Röntgenstrahlenbündeln mit Hilfe der Thermolumineszenz von natürlichem Flußspat. Strahlentherapie 134 (1967) 387

711 Steinbach, K. H., H. Kriegel: Körperinnere Thermolumineszenz-Dosimetrie bei 90-Strontium Inkorporation. Strahlentherapie 131 (1966) 473

712 Sternheimer, R. M.: Density effect for the ionization loss in various materials. Phys. Rev. 88 (1952) 851 103 (1956) 511

713 Stolterfoht, N., W. Jacobi: Neutronendosimetrie mit Hilfe der Thermolumineszenz von Lithiumfluorid. Strahlentherapie 134 (1967) 536

714 Stolz, W.: Chemische Dosimetrie ionisierender Strahlung. Zusammenfassender Bericht (bis 1966). Isotopenpraxis 3 (1967) 77

715 Stopping Powers for Use with Cavity Chambers. NBS-Handbook, Bd. 79. National Bureau of Standards, Washington 1961

716 Storm, E., S. Schlaer: Development of energy independant film badges with multi element filters. Hlth Phys. 11 (1965) 1125

717 Strüter, H.-D., J. Rassow, U. Erdmann, R. Lambers: Beitrag zur Filmdosimetrie energiereicher Strahlen. IV. Mitteilung: Energie- und Phantomtiefenabhängigkeit der Filmempfindlichkeit für energiereiche Photonen- und Elektronenstrahlen bei Exposition senkrecht zur Einstrahlrichtung. Strahlentherapie 141 (1971) 176

718 Sub-Committee on radiation dosimetry (SCRAD) of the American Association of Physics in Medicine (AAPM): Protocol for the dosimetry of high energy electrons. Phys. in Med. Biol. 11 (1966) 505

719 Suntharalingam, N., J. R. Cameron: Thermoluminescent response of lithium fluoride to radiations with different LET. Phys. in Med. Biol. 14 (1969) 397

720 Suntharalingam, N., J. R. Cameron: Thermoluminescent response of lithium fluoride to high-energy electrons. Ann. N. Y. Acad. Sci. 161 (1969) 77

721 Suntharalingam, N., J. R. Cameron, E. Shuttleworth, M. West, J. F. Fowler: Fading characteristics of thermoluminescent lithium fluoride. Phys. in Med. Biol. 13 (1968) 97

722 Sutherland, W. H.: Microchambers for dose rate exploration in high energy beams. Acta radiol. Ther. Phys. Biol. 2 (1964) 209

723 Svensson, H.: Dosimetric measurements at the Nordic medical accelerators (Teil 2. Absorbed dose measurements). Acta radiol. Ther. Phys. Biol. 10 (1971) 631

724 Svensson, H.: Influence of scattering foils, transmission monitors and collimating system on the absorbed dose distribution from 10 to 35 MeV electron radiation. Acta radiol. Ther. Phys. Biol. 10 (1971) 443

725 Svensson, H., G. Hettinger: Influence of collimating systems on dose distribution from 10 to 35 MeV electron radiation. Acta radiol. Ther. Phys. Biol. 6 (1967) 404

726 Svensson, H., G. Hettinger: Measurement of doses from high-energy electron beams at small depth. Acta radiol. Ther. Phys. Biol. 6 (1967) 289

727 Svensson, H., G. Hettinger: Dosimetric measurements at the Nordic medical accelerators (Teil 1. Characteristics of the radiation beam). Acta Radiol. Ther. Phys. Biol. 10 (1970) 369

728 Svensson, H., C. Petterson: Absorbed dose calibration of thimble chambers with high energy electrons at different phantom depths. Ark. Fys. 34 (1967) 377

729 Svensson, H., G. Hettinger, D. Frost, W. Pohlit: Intercomparison of absorbed dose determinations in 10 to 35 MeV electron radiation. Acta radiol. Ther. Phys. Biol. 10 (1971) 56

730 Taimuty, S. J., R. A. Glass, R. S. Deaver: High level dosimetry of gamma and electron beam sources. In: Proceedings of the Second International Conference of Peaceful Uses of Atomic Energy, Bd. XX, hrsg. von United Nations, Genf 1958 (S. 188)

731 Taimuty, S. J., L. H. Towle, D. L. Petterson: Ceric dosimetry, routine use at $10^5 - 10^7$ rads. Nucleonics 17, Nr. 8 (1959) 103

732 Tanner, R. L., N. A. Baily, J. W. Hilbert: High energy proton depth dose patterns. Radiat. Res. 32 (1967) 861

733 Tatsuta, H., H. Ryufuku, T. A. Shirotani: A new rem-counter for neutrons. Hlth Phys. 13 (1967) 559

734 Tautfest, G. W., H. R. Fechter: A nonsaturable high-energy beam monitor. Rev. Sci. Instr. 26 (1955) 229

735 Thomas, R. E., D. G. Brown: Response of burros to neutron-γ-radiation. Hlth Phys. 6 (1961) 19
736 Thomas, R. L.: A general expression for megavoltage central axis depth doses. Brit. J. Radiol. 43 (1970) 554
737 Thoraeus, R.: Condensor chamber dose meter for radiation measurement of low dose rate. Acta radiol. 55 (1961) 315
738 Tilbury, R. S.: Activation analysis with charged particles. USAEC NAS-NS 3110
739 Tobias, C. A., H. O. Anger, J. H. Lawrence: Radiological use of high energy deuterons and alpha particles. Amer. J. Roentgenol. 67 (1952) 1
740 Tochilin, E., N. Goldstein, W. G. Miller: Beryllium oxyde as a thermoluminescent dosimeter. Hlth Phys. 16 (1969) 1
741 Tochilin, E., B. W. Shumway, G. D. Kohler: Response of photographic emulsion to charged particles and neutrons. Radiat. Res. 4 (1956) 467
742 Todd, P. W., J. T. Lyman, R. A. Amer: Dosimetry and apparates for heavy ion irradiation of mammalion cells in vitro. Radiat. Res. 34 (1968) 1
743 Török, I.: Über die Anwendungsmöglichkeiten der Festkörperdosimetrie in der medizinischen Radiologie. Magy. Radiol. 20 (1968) 226
744 Tranter, F. W.: Two windowless chambers for the measurement of grenz-rays. Brit. J. Radiol. 40 (1967) 717
745 Trout, E. D., J. P. Kelley, A. C. Lucas, E. J. Furno: Isodose curves for superficial therapy. Radiology 65 (1955) 706
746 Trower, W. P.: High-energy particle data, Bd. I-IV. Law. Rad. Lab. Rep. UCRL-2426 Rev. (1966)
747 Truckenbroth, W., P. Pychlau: Dosismessung mit Hilfe von Ionisationskammern an einer Röntgenanlage zur Erzeugung eng begrenzter Strahlenbündel. Strahlentherapie 134 (1967) 553
748 Trump, M. A., A. P. Pinkerton: Application of p-n-junction diodes to the measurement of dose distribution of high energy radiation. Phys. in Med. Biol. 12 (1967) 573
749 Tsien, K. C., M. Cohen: Isodose Charts and Depth Dose Tables for Medium Energy X-Rays. Butterworth, London 1962
750 Tsien, K. C., J. R. Cunningham, D. J. Wright, D. E. A. Jones, P. M. Pfalzner: Atlas of radiation dose distributions, Bd. II. IAEA, Wien 1967
751 Turner, J. E.: Calculation of radiation dose from protons to 500 MeV. Hlth Phys. 10 (1964) 783
752 Unnewehr, F., H. Zeh: Dosismessungen nach 17 MeV Betatronbestrahlung am menschlichen Körper (Leichenmessungen). Strahlentherapie 137 (1968) 14
753 Vaeth, J. M.: Frontiers of radiation therapy and oncology. Karger, Basel 1968
754 Vanhuyse, V. J., R. E. Van de Vijver: Efficiency of secondary emission monitors for electron beams. Nucl. Instr. Meth. 15 (1962) 63
755 Vennart, I., M. Minsty: Radiation doses from administered radionuclides. Brit. J. Radiol. 35 (1962) 372
756 Vigneron, L.: Calcul général de la relation parcours-energie des particules dans les émulsions ou en milieu ralentissuer quelconque. Applications numérique à l'émulsions Ilford C-2. J. Phys. Rad. 14 (1953) 145
757 Vogel, K. H.: Untersuchungen über das Verhalten schneller Elektronen unter dem Gesichtspunkt strahlentherapeutischer Erfordernisse. Strahlentherapie 138 (1969) 142, 267, 398, 556
758 Vora, R. B., M. A. Prasad, J. E. Turner: Effect of delta-ray build up in high-energy dose calculations. Hlth Phys. 15 (1968) 139
759 Wachsmann, F.: Über den Begriff der Raumdosis. Strahlentherapie 70 (1941) 653
760 Wachsmann, F.: Definition des Begriffes „Relative Herdraumdosis" und Wert des Begriffes für verschiedene Bestrahlungsmethoden. Strahlentherapie 93 (1954) 295
761 Wachsmann, F., W. E. Adam: Die Dosimetrie in der radiologischen Praxis. Radiologe 4 (1964) 246
762 Wachsmann, F., J. Azuma: Untersuchungen über die Winkelabhängigkeit von Ionisationskammern. Strahlentherapie 116 (1961) 287
763 Wachsmann, F., A. Dimotsis: Kurven und Tabellen für die Strahlentherapie. Hirzel, Stuttgart 1957
764 Wachsmann, F., G. Drexler: Dosisverteilung von konventioneller und ultraharter Strahlung in inhomogenen Medien. Strahlentherapie, Sbd. 66 (1967) 287
765 Wachsmann, F., K. Heckel, C. G. Schirren: Die Größe der Rückstreuung bei verschiedener Tiefe des Streukörpers. Strahlentherapie 94 (1957) 480
766 Wachsmann, F., G. Barth, L. H. Lanzl, J. W. J. Carpenter: Moving field radiation therapy. University of Chicago Press, Chicago 1962
767 Wagner, E. B., G. S. Hurst: Advances in the standard proportional counter method of fast neutron dosimetry. Rev. Sci. Instr. 29 (1958) 153
768 Wagner, E. B., G. S. Hurst: Gamma response and energy losses in the absolute fast neutron dosimeter. Hlth Phys. 2 (1959) 57
769 Wagner, E. B., G. S. Hurst: A G-M tube γ-ray dosimeter with low neutron sensitivity. Hlth Phys. 5 (1961) 20
770 Wagner, S.: Depth dose and quality factor for neutrons in radiation protection. Atomkernenergie 16 (1970) 243
771 Wambersie, A.: Contributioun l'étude de l'efficacité biologique relative des faisceaux de photons et d'électrons de 20 MeV du betatron. J. Belge Radiol. Monographie Nr. 1 (1967)
772 Wambersie, A., M. Prignot, J. van Dam, J. C. Dardenne, J. Gueulette: EBR des electrons de 34 MeV par rapport au ^{60}Co. Strahlentherapie 142 (1971) 185

773 Warrikhoff, H. E. H.: Röntgenelemente für die Dosimetrie. Z. angew. Physik 18 (1964) 89, 95
774 Warshaw, S. D., D. G. Oldfield: Pretherapeutic Studies with the Chicago Synchrocyclotron, Semiannual Report to the U.S. Atomic Energy Commission. Argonne Cancer Research Hospital, ACRH 54 (März 1956)
775 Webster, E. W., K. C. Tsien: Atlas of radiation dose distributions, Bd. I. Single-field isodose charts. IAEA, Wien 1965
775a Weimer, G.: Kalorimetrische Dosimetrie schneller Neutronen unter Berücksichtigung des kalorischen Defekts. Diss. Univ. Gießen 1973
776 Whaling, W.: The energy losses of charged particles in matter. In: Handbuch der Physik, Bd. XXXIV, hrsg. von S. Flügge. Springer, Berlin 1958
777 Wheeler, R. V.: Depth-dose for protons and pions from 1 to 10 BeV/c. Hlth Phys. 12 (1966) 653
778 Whelpton, D., B. W. Watson: A p-n junction photovoltaic detector for use in radiotherapy. Phys. in Med. Biol. 8 (1963) 33
779 Whyte, G. N.: Density effect in gamma ray measurements. Nucleonics 12, Nr. 2 (1954) 18
780 Whyte, G. N.: Measurement of the Bragg-Gray stopping power correction. Radiat. Res. 6 (1957) 371
781 Whyte, G. N.: Principles in radiation dosimetry. Wiley, London 1959
782 Wichmann, H.: Zur Frage der Phantommessung und der Anwendung von Standard-Isodosen bei der Bewegungsbestrahlung. Strahlentherapie 104 (1957) 287
783 Wideroe, R.: Integraldosen für 200 keV Röntgen- und für Megavoltstrahlen. Strahlentherapie 110 (1959) 1
784 Wideroe, R.: Physik und Technik der Megavolttherapie. In: Strahlenbiologie, Strahlentherapie, Nuklearmedizin und Krebsforschung. Ergebnisse 1952-1958, hrsg. von H. R. Schinz, H. Holthusen, H. Langendorff, B. Rajewsky, G. Schubert. Thieme, Stuttgart 1959
785 Widman, J. C., E. R. Pownser: Internal conversion coefficients for absorbed dose calculations. Phys. in Med. Biol. 15 (1970) 99
786 Widman, J. C., J. Mantel, N. H. Horwich, E. R. Powsner: Average energy of beta spectra. Int. J. appl. Radiat. 19 (1968) 1
787 Wijker, H.: Skin contamination. In: Accidental Radiation at Place of Work. Proc. International Symposium. Euratom, Nizza 1966
788 Wijker, H.: The average α-ray dose rate around a spherical particle encapsuled in tissue after wound healing. Euratom RNC-Kema Rep. P-B/R-1766 (1966)
789 Will, W., A. Rakow: Zur Messung der Standard-Ionendosis in festen und flüssigen Medien bei Röntgen- und γ-Strahlung mit Energien zwischen 50 keV und 3 MeV. I.: Fehler bei der Messung der Standard-Ionendosis im Phantom mit verschiedenen kommerziell gefertigten Ionisationskammern. Strahlentherapie 128 (1965) 532
790 Will, W., A. Rakow: Zur Messung der Standard-Ionendosis in festen und flüssigen Medien bei Röntgen- und γ-Strahlung mit Energien zwischen 50 keV und 3 MeV. II.: Erste Diskussion einer allgemeinen Gleichung zur Bestimmung der Standard-Ionendosis in festen und flüssigen Medien mit Ionisationskammern. Strahlentherapie 129 (1966) 72
791 Will, W., A. Rakow: Zur Messung der Standard-Ionendosis in festen und flüssigen Medien bei Röntgen- und γ-Strahlung mit Energien zwischen 50 keV und 3 MeV. III.: Untersuchungen zur Richtungsabhängigkeit bei Messungen in festen und flüssigen Medien. Strahlentherapie 132 (1967) 387
792 Will, W., A. Rakow: Zur Messung der Standard-Ionendosis in festen und flüssigen Medien bei Röntgen- und γ-Strahlung mit Energien zwischen 50 keV und 3 MeV. IV.: Untersuchungen zum Einfluß des Kammerstiels bei Ionisationskammern. Strahlentherapie 133 (1967) 354
793 Will, W., A. Rakow: Zur Messung der Standard-Ionendosis in festen und flüssigen Medien bei Röntgen- und γ-Strahlung mit Energien zwischen 50 keV und 3 MeV. V.: Untersuchungen zur Luftäquivalenz von Ionisations-Kammermaterialien. Strahlentherapie 141 (1971) 176
794 Willis, C., O. A. Miller, A. E. Rothwell, A. W. Boyd: The dosimetry of very-high-intensity pulsed radiation. Radiat. Res. 35 (1968) 428
795 Wingate, C. L., W. Gross, B. Failla: Experimental determination of absorbed dose from x-rays near the interface of soft-tissue and other materials. Radiology 79 (1962) 984
796 Wittig, S.: Eine universelle Monte Carlo-Methode zur Lösung von Elektronen-Transport-Problemen. Univ. Frankfurt, Bericht IKF-20 (1968)
797 Wojtech, L.: Die durch Röntgenstrahlen induzierte elektrische Leitfähigkeit in dem PVC-Kunststoff „Trovidur". Biophysik 1 (1963) 60
798 Wojtech, L.: Die durch Röntgenstrahlen hoher Dosisleistung induzierte elektrische Leitfähigkeit in Polyäthylen. Biophysik 2 (1965) 217
799 Wojtech, L., K. Heuß: Ein gewebeäquivalentes Strahlenkalorimeter zur Messung der Energiedosis in wässrigen Lösungen. Biophysik 6 (1970) 345
800 Wood, R. G., W. H. Sutherland: Some factors influencing the experimental determinations of percentage depth doses for medium X-rays. Brit. J. Radiol. 36 (1963) 266
801 Woodard, H. Q.: The elementary composition of human cortical bone. Hlth Phys. 8 (1962) 513
802 Wright, H., V. E. Anderson, J. E. Turner, J. Neufeld, W. S. Snyder: Calculation of radiation dose due to protons and neutrons with energies from 0,4 to 2 GeV. Hlth Phys. 16 (1969) 13
803 Würthner, H., D. Frost: Oberflächendosen schneller Elektronen im Energiebereich von 8 bis 36 MeV. Strahlentherapie 123 (1964) 503

804 Wykoff, H.O.: Measurement of cobalt-60 and cesium-137 gamma rays with a free air chamber. J. Res. NBS 64C (1960) 87
805 Wykoff, H. O.: Standards and quantities in radiation dosimetry. In: Solid State and Chemical Radiation Dosimetry in Medicine and Biology. IAEA, Wien 1967 (S. 333)
806 Wykoff, H. O., F. H. Attix: Design of free air ionization chambers. NBS-Handbook, Bd. 64. National Bureau of Standards, Washington 1957
807 Yoshida, Y., H. Tatsuta, H. Ryufuku, K. Kitano, S. Fukuda: A practical method for evaluating the neutron dose equivalent rate. J. Nucl. Sci. Techn. 3 (1966) 473
808 Yoshida, Y., J. A. Dennis: A proportional counter for personnel neutron dosimetry. Hlth Phys. 16 (1969) 727
809 Young, M. E. J., H. F. Batho: Dose tables for linear radium sources calculated by an electronic computer. Brit. J. Radiol. 37 (1964) 38
810 Young, M. E. J., J. O. Gaylord: Experimental tests of corrections for tissue inhomogeneities in radiotherapy. Brit. J. Radiol. 43 (1970) 319
811 Zaimidoroga, Y., D. Prokoshkin, V. M. Tsupo-Sitnikov: Investigation of showers produced by 45, 130, 230 and 330 MeV electrons in lead. Sov. Phys. (JETP) 24 (1967) 498
812 Zakovsky, J.: Zur Frage der Vereinfachung der mathematischen Dosimetrie von radioaktiven Isotopen. Radiol. Austriaca 9/2 (1956) 125
813 Zieler, E.: Dosismessungen an Berylliumfenster-Röhren für Spannungen von 10 ... 100 kV. Strahlentherapie 100 (1956) 595
814 Zolutkin, V. G., G. M. Obaturov, Z. A. Prokofieva, J. B. Keyrcin-Markus, V. J. Tzvetkov: Influence of incidence angle of monoenergetic neutrons on dose equivalent distribution for recoil nuclei in man's phantom. Hlth.Phys. 20 (1971) 205
815 Zuppinger, A., G. Poretti: Symposium on High-Energy Electrons, Montreux 1964. Springer, Berlin 1965

Nachtrag zu Kapitel 7

816 Boag, J. W., S. C. Lillicrap: Dose distributions in high energy electron beams. In: Third International Conference on Medical Physics, including Medical Engineering, Göteborg 1972, hrsg. R. Kadefors, R. I. Magnusson, I. Petersen 1972
817 Briot, E., A. Dutreix, J. Dutreix, A. Penet: Etude expérimentale de la collimation des faisceaux d'électrons par un diaphragme de plomb reglable. Radiol. Electrol. 54 (1973) 39
818 Feist, H., M. Koep, H. Reich: A current transformer and gated integrator for measurement of weak currents from pulsed accelerators. Nucl. Instr. Meth. 97 (1971) 319
819 Feist, H., M. Koep, H. Reich: Untersuchung der Eignung von Silizium-Photodioden als Monitore und Dosimeter für Elektronen hoher Energie. In: Tagungsbericht Elektronen-Beschleuniger-Arbeitsgruppen Gießen 1971, AED-Conf. 71-400-045, hrsg. von H. Schneider, Gießen 1972
820 Hüttl, W., D. Harder, H. Roos: Formeln zur Berechnung gepulster Strahlführungsmagnete mit zylindrischer Wicklung. In: Tagungsbericht Elektronen-Beschleuniger-Arbeitsgruppen, Gießen 1971, AED-Conf. 71-400-044, hrsg. von H. Schneider, Gießen 1972
821 Kartha, M., J. C. F. MacDonald: LiF surface and depth dose measurements of megavoltage photon and electron beams. Acta radiol. Ther. Phys. Biol. 10 (1971) 279
822 Landberg, T., U.-B. Nordberg, H. Olivecrona, M. Lindgren, H. Henrikson: Treatment of inoperable pulmonary tumours with high-energy electrons. Acta radiol. Ther. Phys. Biol. 11 (1972) 172
823 Lindskoug, B., K. A. Johansson: Collimator and scattering foil for 10-20 MeV electrons. Acta radiol. Ther. Phys. Biol. 10 (1971) 21
824 Lindskoug, B., A. Dahler: Collimating system for electron beams. Acta radiol. Ther. Phys. Biol. 10 (1971) 454
825 Markus, B.: Measurements with an ionization chamber free of polarity effect in high energy electron dosimetry. In: Third International Conference on Medical Physics including Medical Engineering, Göteborg 1972, hrsg. R. Kadefors, R.I. Magnusson, I. Petersen, 1972
826 McLaughlin, W. L., P. Hjortenberg, B. B. Radak: Problems in absorbed dose measurements by thin films. In: IAEA Symposium on Dosimetric Techniques as Applied to Agriculture, Industry, Biology and Medicine, Wien 1972, IAEA/SM-160/32, hrsg. von E. Eisenlohr
827 Nordberg, U.-B.: Correction of isodosediagrams for ^{60}Co and 35 MeV electrons at penetration of lung tissue. Acta radiol. Ther. phys. Biol. 11 (1972) 113
828 Radak, B., P. E. Hjortenberg, N. W. Holm: A calorimeter for absolute calibration of thin film dosimeters in electron beams. In: IAEA Symposion on Dosimetric Techniques as Applied to Agriculture, Industry, Biology and Medicine, Wien 1972, IAEA/SM-160/31, hrsg. von H. Eisenlohr
829 Roos, H., H. J. Schulz, D. Harder; Studies of the passage of fast electrons through thick layers of matter. In: Proceedings on Fifth International Betatron Symposium, Bukarest 1971, hrsg. von S. Titeica, G. Baciu. Institute for Atomic Physics, Bukarest 1973
830 Scheer, M., D. Harder, W. Hüttl: Recent developments with the external beamguide system of the 35 MeV betatron. In: Proceedings on Fifth International Betatron Symposium, Bukarest 1971, hrsg. von S. Titeica, G. Baciu. Institute for Atomic Physics, Bukarest 1973
831 Späth, U., K. Heuß, W. Hoeffken: Zur Anwendung schneller Elektronen in der Oberflächentherapie. I. Strahlentherapie 145 (1973) 269
832 Svensson, H., C. Petterson, G. Hettinger: Commercial thimble chambers for absorbed dose measurements at high energy electron radiation. Acta radiol. Ther. Phys. Biol. 10 (1971) 504
833 Glass, W.A., W.A. Gross: Wall-less detectors in Microdosimetry. Kap. 4 aus Topics in Radiation Dosimetry, Supl. 1, Ed. F.H. Affix, Academic Press, 1972

Kapitel 8

1. Abbat, J. D., I. R. A. Laken, D. J. Matthias: Protection Against Radiation. Thomas, Springfield 1961
2. Adams, C. A., J. A. Bonnell: Administration of stable iodine as a means of reducing thyroid irradiation resulting from inhalation of radioactive iodine. Hlth. Phys. 7 (1962) 127-149
3. Anderson, A. R., D. A. Dominey: The radiolysis of carbon dioxide; Radiat. Res. Rev. 1 (1968) 269
4. ANS: Conference on Remote-Systems-Technology. 12.-17. Konferenz. American Nuclear Society, Hinsdale 1964-1969
5. ANSI: Immediate evaluation signal for use in industrial installations where radiation exposure occur. N. 2.3 (1967)
6. ANSI: Administrative pratice in radiaction monitoring. N. 2.6 (1967)
7. ANSI: Guide for classifying electrical insulating materials exposed to neuton and gamma radiation. N. 4.1 (1967)
8. ANSI: Radiological safety in the design and operation of particle accelerators. N. 43.1 (1970)
9. ANSI: Safe design and use of industrial beta-ray sources. Teil I. General Z. 54.2 (1958)
10. ANSI: Safety standard for non-medical X-ray and sealed gamma-ray sources. Teil I. General. Z. 54.1 (1964)
11. ASA: Nuclear Safety Guide. Report TID 7016 Rev. 1 (1961)
12. Aspinall, K. J., J. T. Daniels: Review of UKAEA Critically Detection Alarm Systems 1963/64, Teil I: Provision and Design Principles. Report AHSB (S) R 92 (1965)
13. Aurand, K., G. Hinz: Erhebungen über die Entwicklung der Anwendung offener Radionuklide in Diagnostik und Therapie. 7. Jahrestagung der Gesellschaft für Nuklearmedizin, Zürich 1969
14. Baarli, J., A. Sullivan: Radiation dosimetry for protection purposes near high energy particle accelerators. Hlth Phys. 11 (1965) 353
14a. Baarli, J.: Radiological physics of pions. Radiat. Res. Suppl. 7 (1967) 10
14b. Baarli, J.: An investigation of the biological effectiveness of stopped pions. CERN Health Physics Rep. DI/HP 163 (1972). Proceedings Meeting on Biological Application of Pions from Isochronous Cyclotron, Zürich 1971 (S. 126-166)
15. Bäck, W.: Strahlenschutzrecht. Deutscher Fachschriften Verlag, Wiesbanden, Loseblattsamml.
16. Beattie, J. R.: A Review of Hazards and Some Thoughts on Safety and Siting. Symposium on Safety and Siting. British Nuclear Society, London 1969
17. Beattie, J. R., P. M. Bryant: Assessment of Environmental Hazards from Reactor Fission Product Releases. Report AHSB (S) R 135 (1970)
18. Beck, H. R.: Die Strahlenschutzverordnungen, Bd. I, Vahlen, Berlin 1961
19. Becker, K.: Filmdosimetrie. Springer, Berlin 1962
20. Becker, S.: An investigation of X-radiation from color television receivers in Suffolk County New York. Radiol. Hlth Data Rep. 11 (1970) 179-182
21. Beekmann, Z. M.: Genetically Significant Dose from Diagnostic Roentgenology. Thesis, Leiden 1962
22. Belcher, E. H.: Protection against ionizing radiations. Nature (Lond.) 176 (1955) 375
23. Bell, G. D., F. R. Charlesworth: The evaluation of power reactor sites. In: Siting of Nuclear Research Centres. IAEA, Wien 1963
24. Billington, D. S., J. H. Crawford: Radiation Effects in Solids. Princeton University Press, Princeton/N. J. 1961
25. Blair, H. A.: Recovery from radiation injury in mice and its effect on LD_{50} for durations of exposure up to several weeks. University of Rochester. Atomic Energy Project. Report UR-312 (1954)
26. Blair, H. A.: Some properties of reparable and irreparable radiation injury. University of Rochester, Atomic Energy Project. Report UR-602 (1961)
27. Blair, H. A.: The constancy of repair rate and irreparability. University of Rochester, Atomic Energy Project. Report UR-621 (1962)
28. Blatz, H.: Radiation Hygiene Handbook. McGraw Hill, New York 1959
29. Blatz, H.: Introduction into Radiological Health. McGraw Hill, New York 1964
30. Blizard, E. P., L. S. Abbott: Shielding. In: Reactor Handbook, 2. Aufl., Bd. III, Teil B. Interscience Publ., New York 1962
31. Blizard, E. P., A. Foderaro, N. G. Goussev, E. E. Kovalev: Extended radiation sources. In: Engineering Compendium on Radiation Shielding, Bd. I, hrsg. von R. G. Jaeger. Springer, Berlin 1968
32. Block, W., H. Schneider: Zur Frage der Belastbarkeit des Rheines mit radioaktiven Nukliden. 1.-6. Mitteilung. Gas- und Wasserfach 108 (1967) 1249-1257; 109 (1968) 1178-1181, 1410-1416; 110 (1969) 647-652; 821-824; 111 (1970) 21-26
33. Blythe, H. J.: The Decontamination of Nuclear Installations. Cambridge University Press, Cambridge 1967
34. Bopp, S. D., O. Sisman: Radiation stability of plastics and elastomers. Nucleonics 13 (7) (1955) 28
35. Bosanquet, C. H., J. C. Pearson: The spread of smoke from chimneys, diperse systems in gases. Trans. Faraday Soc. 32 (1936) 1249
36. Braestrup, C. B., H. O. Wyckoff: Radiation Protection. Thomas, Springfield 1958
37. Brandl, J., M. Blechschmidt: Bestimmungen über die Beförderung radioaktiver Stoffe. Nomos, Baden-Baden 1971
38. Breitling, G.: Strahlenschutz bei β-Strahlern. Strahlentherapie 85 (1956) 453
39. British Standard Institution: Recommendations for the assessment of surface materials for use in radioactive areas. Teil 1: Methods of test for ease of decontamination. British Standard, 4247, Part 1 1967
40. Brodsky, A., G. V. Beard: Controlling Radiation Emergencies. Report TID-8206 (Rev.) (1958)
41. Brunskill, R. T.: The relationship between surface and airborne contamination. In: Surface Contamination, Pergamon Press, Oxford 1967 (S. 53-105)

42 Bryant, P. M.: Methods of Estimation of Dispersion of Windborne Material and Data to Assist their Application. Report AHSB (RP)R 42 (1964)
43 Buchnan, R. C. T., J. B. Brindle: Radioiodine therapy to out patients—the contamination hazard. Brit. J. Radiol. 43 (1970) 479-482
44 Bundesministerium für Arbeit: Arbeitsmedizinische Erkenntnisse und Erfahrungen. Köllen, Bonn 1957
45 Bundesministerium für Arbeit und Sozialordnung: Berufskrankheiten. MZ-Druck, Regensburg 1969
46 Bundesminister für Arbeit und Sozialordnung: Merkblatt für die ärztliche Überwachung zu Nr. 27 der Anlage zur 6. Berufskrankheitenverordnung. Erkrankungen durch ionisierende Strahlung. Bundesministerium für Arbeit und Sozialordnung, Bonn 1963
47 Bundesminister für Bildung und Wissenschaft: Schriftenreihe Kernenergierecht. Heft 1-13. Gersbach, München 1959-1967
48 Bundesminister für Bildung und Wissenschaft: Merkblatt für die ärztliche Überwachung nach §§ 46ff der Ersten Strahlenschutzverordnung und Untersuchungsformulare. Schriftenreihe „Strahlenschutz". Heft 24. Gersbach, München 1963
49 Bundesminister für Bildung und Wissenschaft: Umweltradioaktivität und Strahlenbelastung. Umweltüberwachung 1956-1968. Gersbach, München 1970
50 Bundesminister für Bildung und Wissenschaft: Umweltradioaktivität und Strahlenbelastung. Jahresbericht 1969. Gersbach, München 1970
51 Bundesminister für Wissenschaftliche Forschung: Grundsätze für den Strahlenschutz bei Verwendung radioaktiver Stoffe im medizinischen Bereich. Schriftenreihe „Strahlenschutz". Heft 29. Gersbach, München 1967
52 Bundesminister für Wohnungswesen und Städtebau: Bekanntmachung über bautechnische Grundsätze für Hausschutzräume, des Grundschutzes und des verstärkten Schutzes sowie für die Lieferung von Anschlüssen der Schutzräume. Beilage zum Bundesanzeiger Nr. 104 v. 11.6.1969
53 Bundesminister für Wohnungswesen und Städtebau: Bekanntmachung über technische Grundsätze für die Ausführung, Prüfung und Abnahme von lüftungstechnischen Bauelementen in Schutzräumen. Beilage zum Bundesanzeiger Nr. 192 v. 15.10.1969
54 Buxton, G. V.: Primary radical and molecular yields in aqueous solution, the effect of pH and solute concentration. Radiat. Res. Rev. 1 (1968) 209
55 Calkins, V. P.: Radiation damage to liquids and organic materials. In: Nuclear Engineering Handbook, hrsg. von H. Etherington. McGraw Hill, New York 1958
56 Cartellieri, W., H. von Heppe, A. Hocker, A. Weber: Taschenbuch für Atomfragen 1968. Festland, Bonn 1968
57 Catsch, A.: Dekorporierung radioaktiver und stabiler Metallionen. Thiemig, München 1968
58 Catsch, A.: Interne Dekontamination. Arbeitsmed. Arbeitsschutz 18 (1969) 323
59 Cave, L., P. Halliday: Suitability of Gas-Cooled Reactors for Fully Urban Sites. Symposium on Safety and Siting. British Nuclear Society, London 1969
60 Chamberlain, A. C.: Estimation of Maximum Permissible Levels of Radiation. Report AERE-HP/R 551. Atomic Energy Establishment, Harwell
61 Coleman, J. R., R. Liberace: Nuclear power production and estimated Kr-85 levels. Radiol. Hlth Data 7 (1966) 615
62 Cottrell, W. B., A. W. Solvainen: US-Reactor Containment Technology, Bd. I-II. Report ORNL-NSIC-5 UC-80; Reactor Technology. Report TID-4500 (1965)
63 Cowser, K. E., K. Z. Morgan: Krypton-85 and Tritium in an Expanding world. Nuclear Power Economy. Report ORNL-4168 (1967)
64 Crespi, P. R., E. Montoli: First Aid for Injured Personnel, Note II, Industrial Intoxication-Radioactive Contamination. Minerva med. 59 (1968) 3770-3785
65 Davidson, W. F.: The dispersion and spreading of gases and dust from chimneys. Transactions of the Conference on Industrial Wastes. 14th Annual Meeting of the Industrial Hygiene Foundation of America, 1949 (S. 38-55)
66 Delbag Luftfilter GmbH: Absolutfilter für kerntechnische Anlagen. Kerntechnik 12 (1970) 175-177
67 Demming, F., D. M. Harmsen, K. F. Saur: Kernexplosionen und ihre Wirkungen. Fischer, Frankfurt 1961
68 Deutsche Bundesbahn: Bestimmungen über sicherheitstechnische Maßnahmen nach Freiwerden gefährlicher Stoffe. Deutsche Bundesbahn, Minden 1967
69 Deutscher Ausschuß für Atemschutzgeräte: Atemschutzgerät gegen Staubgefahren und Staubschutzmerkblatt (Loseblattsammlung). Heymanns, Köln 1962
70 Dienes, G., G. Vineyard: Radiation Effects in Solids. Interscience Publ., New York 1957
71 DIN 6804: Geschlossene radioaktive Präparate in medizinischen Betrieben; Regeln für den Strahlenschutz. Beuth, Berlin 1964
72 DIN 6811: Medizinische Röntgeneinrichtungen bis 300 kV; Strahlenschutzregeln für die Herstellung. Beuth, Berlin 1972
73 DIN 6812: Medizinische Röntgeneinrichtungen bis 300 kV; Strahlenschutzregeln für die Errichtung (in Überarb.)
74 DIN 6813: Röntgen-Schutzkleidung, Schutzkanzeln und Schutzwände; Regeln für die Herstellung (in Überarb.)
75 DIN 6814: Begriffe und Benennungen in der radiologischen Technik. Blatt 1-5. Beuth, Berlin 1963-1972
76 DIn 6815: Regeln für Strahlenschutzprüfungen an medizinischen Röntgenanlagen bis 300 kV (in Überarb.)

77 DIN 6816: Filmdosimetrie nach dem filteranalytischen Verfahren zur Strahlenschutzüberwachung. Beuth, Berlin 1964
78 DIN 6841: Röntgen-Strahlenschutz; Bleiglasscheiben. Beuth, Berlin 1966
79 DIN 6843: Strahlenschutz beim Arbeiten mit radioaktivem Material in offener Form in medizinischen Betrieben. Beuth, Berlin 1957
80 DIN 6845 (Vornorm): Prüfung von Strahlenschutzstoffen für Röntgen- und Gamma-Strahlung. Beuth, Berlin 1967
81 DIN 6846: Medizinische Gamma-Bestrahlungsanlagen; Strahlenschutzregeln für die Herstellung und Errichtung. Beuth, Berlin 1969
82 DIN 6847: Elektronenbeschleunigeranlagen; Strahlenschutzregeln für die Herstellung und Errichtung. Beuth, Berlin 1972
83 DIN 25400: Warnzeichen für ionisierende Strahlung. Beuth, Berlin 1966
84 DIN 25401: Kerntechnik. Begriffe. Blatt 10-15. Beuth, Berlin 1966-1970
85 DIN 25403: Grundsätze der Kritikalitätssicherheit bei der Herstellung Handhabung von Kernbrennstoffen. Beuth, Berlin 1970
85a DIN 25407: Abschirmwände gegen ionisierende Strahlung; Blatt 1, Bleibausteine. Beuth, Berlin 1971
86a DIN 44427: Prüfstrahler zur Funktionskontrolle von Dosisleistungsmessern. Beuth, Beuth, Berlin 1971
86 DIN 44420: Begriffe aus der Meßtechnik für ionisierende Strahlung. Beuth, Berlin 1966
86a DIN 44427: Prüfstrahler zur Funktionskontrolle von Dosisleistungsmessern. Beuth, Berlin 1972
87 DIN 53750: Werkstoffprüfung; Verfahren zur und -anlagen bis 300 kV; Strahlenschutzregeln für die Herstellung und Errichtung. Beuth, Berlin 1956
89 DIN 54114: Nichtmedizinische Röntgeneinrichtungen und -anlagen bis 400 kV; Strahlenschutzregeln für die Herstellung, die Errichtung und den Betrieb. Beuth, Berlin 1967
90 DIN 54115: Strahlenschutzregeln für die technische Anwendung umschlossener radioaktiver Stoffe. Blatt 1-3. Beuth, Berlin 1964-1972
91 Dolphin, G. W.: The risk of thyroid cancers following irradiation. Hlth Phys. 15 (1968) 219-228
92 Dolphin, G. W., I. S. Eve: Dosimetry of the gastrointestinal tract. Hlth Phys. 12 (1966) 163-172
93 Dolphin, G. W., W. G. Marley: Risk evaluation in relation to the protection of the public in the event of accidents at nuclear installations. IAEA-Seminar on Agricultural and Public Health. Aspects of Environmental Contamination by Radioactive Materials. Wien, 1969
94 Donth, H. H., R. Maushart: Empirical radiotoxicity hazards and general licensing exemptions. Hlth Phys. 12 (1966) 106-108
95 Duhamel, F., J. M. Lavie: Comment établir des reglès pratiques pour eviter la contamination. Rapport CEA No. 1501 (1960)
96 Dummer, J.E.: Radiation Monitoring, 3. Aufl. Report LA-1853 (1958)
97 Dunster, H. J.: Contamination of surfaces by radioactive materials: The derivation of maximum permissible levels. Atomics 6 (1955) 233-250
98 Dunster, H. J.: The concept of derived working limited for surface contamination. In: Surface Contamination. Pergamon Press, Oxford 1967 (S. 139-147)
99 Dye, D. L., M. Wilkinson: Radiation hazards in space. Science 147 (1965) 19-25
100 Easley, Ch. W.: Contamination: Removal, Control, Prevention. J. Amer. Soc. Safety Engineers, 13 (1968) 11-13
101 Eggleton, A. E. J., D. H. F. Atkins: The identification of trace quantities of radioactive iodine compounds by gaschromatography and effusion methods. Radiochim. Acta 3 (1964) 151
102 Ehret, R., H. Kiefer, R. Maushart, G. Möhrle: Performance of an arrangement of several large-area proportional counters for the assessment of Pu-239 lung burdens. In: Assessment of Radioactivity in Man. Teil 1. IAEA, Wien 1964 (S. 141-149)
103 Eipper, H. H., K. Manegold: Zum Neutronen-Strahlenschutz. Strahlenther. 140 (1970) 286
104 Eisenbud, M.: Environmental Radioactivity. McGraw Hill, New York 1963
105 Ellis, R. E.: An appraisal of the current fall-out levels and their biological significance. Phys. Med. Biol. 10 (1965) 153
106 ENEA: Criticality Control. European Nuclear Energy Agency, Paris 1961
107 ENEA: Personnel Dosimetry Techniques for External Radiation. European Nuclear Energy Agency, Paris 1963
108 ENEA: High Activity Hot Laboratories, Working Methods, Bd. I-II. European Nuclear Energy Agency, Paris 1965
109 ENEA: Radiation Dose Measurements. European Nuclear Energy Agency, Paris 1967
110 ENEA: Basic Approach for Safety Analysis and Control of Products Containing Radionuclides and Available to the Public. European Nuclear Energy Agency, Paris 1970
111 Erler, G., H. Kruse: Deutsches Atomenergie-Recht. Schwartz, Göttingen, Loseblattsamml.
112 Etherington, H.: Nuclear Engineering Handbook. McGraw Hill, New York 1958
113 Euratom: Ärztliche Überwachung der Arbeitskräfte, die ionisierenden Strahlen ausgesetzt sind. Euratom Publ. EUR 421 (1963)
114 Euratom: Die radioaktive Kontaminierung der Arbeitskräfte. Euratom Publ. EUR 2210 (1964)
115 Euratom: Warnzeichen für die Radioaktivitätsgefahr, die in den Ländern der Europäischen Gemeinschaft verwendet werden. Euratom Arbeitsdokument EUR/C545/67d (1967)

116 Euratom: Praktische Richtlinien für die Organisation der Überwachung der radioaktiven Kontamination von Lebensmitteln und Getränken. Kommission der Europäischen Gemeinschaften, Luxemburg 1967
117 Euratom: Unfallbedingte Bestrahlung am Arbeitsplatz. Euratom Publ. EUR 3666 (1967)
118 Euratom: Grundsätze und allgemeine Methodologie zur Festlegung der radiologischen Grenzkapazität eines hydrobiologischen Systems. Kommission der Europäischen Gemeinschaften, Luxemburg 1969
119 Euratom: Strahlenschutzprobleme bei der Emission parasitärer Röntgenstrahlung von elektronischem Gerät (Symposium Toulouse, 3.-6. Nov. 1970). Kommission der Europäischen Gemeinschaften, Luxemburg 1970
120 Euratom: Seminar über die äußere und innere Dekontamination von Strahlenarbeitern. Bericht EUR 4569 (1970)
121 Euratom: Die Radioökologie angewendet auf den Schutz des Menschen und seine Umwelt. Int. Symposium Rom, 1971
122 Evans, R. D.: Sensitivity of photographic materials. In: Physical, Biological and Administrative Problems Associated with the Transportation of Radioactive Substances, 2. Aufl. Nuclear Science Series, Report Nr. 11. National Academy of Sciences-Nation Research Council, Washington 1954
123 Eve, I. S.: A review of the physiology of the gastrointestinal tract in relation to radiation doses from radioactive materials. Hlth Phys. 12 (1966) 131-161
124 Fachverband für Strahlenschutz: Strahlenschutz der Bevölkerung bei einer Nuklearkatastrophe (Tagungsbericht 1968). EMDZ-Druck, Bern 1968
125 Fachverband für Strahlenschutz: Strahlenschutzprobleme bei der Freisetzung und Inkorporation radioaktiver Stoffe (Tagungsbericht 1969). Fachverband für Strahlenschutz, Jülich/Würenlingen 1969
126 Federal Radiation Council, Federal Registers (1965) S. 6953
127 Federal Radiation Council: Selected Radiation Protection Guides, Report Nr. 2. US Government Printing Office, Washington 1961
128 Federal Radiation Council: Background Material for the Development of Radiation Protection Standards. Report Nr. 5. US Government Printing Office, Washington 1964
129 Federal Radiation Council: Material for the Development of Radiation Protection Standards: Protective Action Guides for Strontium-89, Strontium-90 and Cesium-137. Report Nr. 7. US Government Printing Office, Washington 1965
130 Fink, R. M.: Biological Studies with Polonium, Radium and Plutonium. McGraw Hill, New York 1950
131 Fischerhof, H.: Deutsches Atemgesetz und Strahlenschutzrecht. Kommentar. Lutzeyer, Baden-Baden 1962
132 Fischerhof, H.: Deutsches Atomgesetz und Strahlenschutzrecht. Kommentar. Bd. II. Nomos, Baden-Baden 1966
133 Fish, B. R.: Surface Contamination. Pergamon Press, Oxford 1967
134 Fitzgerald, J. J., G. L. Brownell, J. F. Mahoney: Mathematical Theory of Radiation Dosimetry. Gordon & Beach, New York 1967
135 Flach, H., O. Hauser, M. Kittner: Werkstoffe der Kerntechnik, Bd. I-IV. VEB Deutscher Verlag der Wissenschaften, Berlin 1963
136 Fliedner, T. M., W. Hauger: Ärztliche Maßnahmen bei außergewöhnlicher Strahlenbelastung. Thieme, Stuttgart 1967
137 Fowler, T. W., T. E. Voit: A Review of the Radiological and Environmental Aspects of Krypton-85. US Department of Health, Education and Welfare, Public Health Service. Report NF-690-16
138 Franke, Th., G. Herrmann, W. Hunzinger: A quantitative estimation of the hazards involved in work with radionuclides. International Symposium on the Protection of the Worker by Design and Control of his Environment, Bournemouth 1966. British Health Physics Society
139 Freeman, G. R.: The radiolysis of aliphatic and alicyclic hydrocarbons. Radiat. Res. Rev. 1 (1968) 1
140 Freytag, E.: Strahlenschutz an Hochenergiebeschleunigern. Braun, Karlsruhe 1972
141 Frost, D.: Praktischer Strahlenschutz. de Gruyter, Berlin 1960
142 Garden, N. B.: Report on Glove Boxes and Containment Enclosures. Report TLD 16020 (1962)
143 Gebhardt, E., E. F. Thümmler, H. D. Seghezzi: Reaktorwerkstoffe, Teil 1: Metallische Werkstoffe. Teubner, Stuttgart 1964
144 Ginsburg, Th.: Die friedliche Anwendung von nuklearen Explosionen. Thiemig, München 1965
145 Glasser, O., E. H. Quimby, L. S. Taylor, J. L. Weatherwax: Physical Foundations of Radiology, 2. Aufl. Harper & Row, New York 1952
146 Glastone, S.: The Effects of Nuclear Weapons. USAEC, Washington D.C., 1962. Deutsche Fassung: H. Lentz: Die Wirkung der Kernwaffen, Heymanns, Köln 1960
147 Goldstein, H.: Fundamental Aspects of Reactor Shielding. Pergamon Press, Oxford 1959
148 Goldstein, H., J. E. Wilkins: Calculations of the Penetration of Gamma-Rays. Report NYO 3075 (1954)

149 Goussev, N. G.: Relationship between dose equivalent (absorbed dose) and fluence (flux density). In: Engineering Compendium on Radiation Shielding, Bd. I, hrsg. von R. G. Jaeger. Springer, Berlin 1968

150 Goussev, N. G.: Leitfaden der Radioaktivität und Strahlenschutz. VEB Technik, Berlin 1957

151 Haberer, K.: Radionuklide im Wasser. Thiemig, München 1969

152 Hacke, J., W. Jacobi, K. Tramme: Über die Abscheidung von Radiojod im Atomfilter. Bericht HMI B-48 (1966)

153 Hammer-Jacobsen, E.: Gonad doses in roentgen diagnostics. 9th International Congress of Radiology, Bd. II (1961) S. 1179-1180

154 Harrison, J.: The fate of radioiodine applied to human skin. Hlth Phys. 9 (1963) 993

155 Harwood, I., H. Hausner, I. Morse, W. Rauch: The Effects of Radiation on Materials. Reinhold, New York 1958

156 Hasterlik, R. J.: The clinical consequences of protracted exposure to fallout. In: Strahlenschutz der Bevölkerung bei einer Nuklearkatastrophe. Fachverband für Strahlenschutz, Bern 1968

157 Hehn, G.: Das Strahlungsfeld des Reaktors. Thiemig, München 1963

158 Henry, H. F.: Fundamentals of Radiation Protection. Wiley Interscience, New York 1969

159 Hine, G. J., J. B. Williams: Thyroid radioiodine uptake measurements. In: Instrumentation in Nuclear Medicine, Bd. I. Academic Press, New York 1967

160 Hinrich, H.: Das Deutsche Gewässerkundliche Jahrbuch. Überblick über die Herausgabe nach dem Stand von 1970. Wasserwirtschaft 8 (1970) 274-277

161 Hollaender, A.: Radiation Protection and Recovery. Pergamon Press, Oxford 1960

162 Holland, R. W.: Planning a medical unit for handling contaminated persons following a radiation accident. Nuclear Safety 10 (1969) 72-84

163 Holthusen, H., K. H. Leetz, W. Leppin: Die genetische Strahlenbelastung einer Großstadt (Hamburg). In: Schriftenreihe „Strahlenschutz", Heft 21, hrsg. vom Bundesministerium für Bildung und Wissenschaft. Gersbach, München 1963

164 Holtzem, H., J. Schwibach: Probleme der Beseitigung radioaktiver Abfälle in Deutschland. Atomwirtschaft 12 (1967) 413-417

165 Howe, J. P., S. Siegel: Radiation damage to solids; In: Nuclear Engineering Handbook, hrsg. von H. Etherington. McGraw-Hill, New York 1958

166 Howley, J. R., C. Robbins: Radiation hazzards from X-ray diffraction equipment. Radiol. Hlth Data 8 (1967) 245-249

167 Huber, R., E. Spode: Biologisch-chemischer Strahlenschutz. Akademie, Berlin 1961

167a Hug, O., A. M. Kellerer: Stochastik der Strahlenwirkung. Springer, Berlin 1966

168 Hultqvist, B.: Studies on Naturally Occuring Ionizing Radiations. Königliche Schwedische Akademie der Wissenschaften, Stockholm 1956

169 IAEA: Safe Handling of Radioisotopes, mit revid. App. I, Safety Series Nr. 1. IAEA, Wien 1973

170 IAEA: Safe Handling of Radioisotopes, Health Physics Addendum. Safety Series Nr. 2. IAEA, Wien 1960

171 IAEA: Safe Handling of Radioisotopes, Medical Addendum, Safety Series Nr. 3. IAEA, Wien 1960

172 IAEA: Safe Operation of Critical Assemblies and Research Reactors. Safety Series Nr. 4. IAEA, Wien 1961

173 IAEA: Radioactive Waste Disposal into the Sea. Safety Series Nr. 5. IAEA, Wien 1961

174 IAEA: Regulations for the Safe Transport of Radioactive Materials. Safety Series Nr. 6. IAEA, Wien 1973

175 IAEA: Regulations for the Safe Transport of Radioactive Materials, Notes on Certain Aspects of the Regulations. Safety Series Nr. 7. IAEA, Wien 1961

176 IAEA: Use of Film Badges for Personnel Monitoring. Safety Series Nr. 8 IAEA, Wien 1962

177 IAEA: Basic Safety Standards for Radiation Protection. Safety Series Nr. 9. IAEA, Wien 1967

178 IAEA: Disposal of Radioactive Wastes into Fresh Water.Safety Series Nr. 10. IAEA, Wien 1963

179 IAEA: Methods of Surveying and Monitoring Marine Radioactivity. Safety Series Nr. 11. IAEA, Wien 1965

180 IAEA: The Management of Radioactive Wastes Produced by Radioisotope Users. Safety Series Nr. 12. IAEA, Wien 1965

181 IAEA: The Provision of Radiological Protection Services. Safety Series Nr. 13. IAEA, Wien 1965

182 IAEA: The Basic Requirements of Personnel Monitoring. Safety Series Nr. 14. IAEA, Wien 1965

183 IAEA: Radioactive Waste Disposal into the Ground. Safety Series Nr. 15. IAEA, Wien 1965

184 IAEA: Manual on Environmental Monitoring in Normal Operations. Safety Series Nr. 16. IAEA, Wien 1966

185 IAEA: Techniques for Controlling Air Pollution from the Operating of Nuclear Facilities. Safety Series Nr. 17. IAEA, Wien 1966

186 IAEA: Environmental Monitoring in Emergency Situations. Safety Series Nr. 18. IAEA, Wien 1966

187 IAEA: The Management of Radioactive Wastes Produced by Radioisotope Users. Technical Addendum. Safety Series Nr. 19. IAEA, Wien 1966

Literatur 459

188 IAEA: Guide to the Safe Handling of Radioisotopes in Hydrology, Safety Series Nr. 20. IAEA, Wien 1966
189 IAEA: Risk Evaluation for Protection of the Public in Radiation Accidents. Safety Series Nr. 21. IAEA, Wien 1967
190 IAEA: Respirators and Protective Clothing, Safety Series Nr. 22. IAEA, Wien 1967
191 IAEA: Radiation Protection Standards for Radioluminous Timepieces. Safety Series Nr. 23. IAEA, Wien 1967
192 IAEA: Basic Factors for the Treatment and Disposal of Radioactive Wastes. Safety Series Nr. 24. IAEA, Wien 1967
193 IAEA: Medical Supervision of Radiation Workers. Safety Series Nr. 25. IAEA, Wien 1968
194 IAEA: Radiation Protection in the Mining and Milling of Radioactive Ores. Safety Series Nr. 26. IAEA, Wien 1968
195 IAEA: Safety Considerations in the Use of Ports and Approaches by Nuclear Merchant Ships. Safety Series Nr. 27. IAEA, Wien 1968
196 IAEA: Management of Radioactive Wastes at Nuclear Power Plants. Safety Series Nr. 28. IAEA, Wien 1968
197 IAEA: Application of Meteorology to Safety at Nuclear Power Plants. Safety Series Nr. 29. IAEA, Wien 1968
198 IAEA: Manual on Safety Aspects of the Design and Equipment of Hot Laboratories. Safety Series Nr. 30. IAEA, Wien 1969
199 IAEA: Safe Operation of Nuclear Power Plants. Safety Series Nr. 31. IAEA, Wien 1969
200 IAEA: Planning for the Handling or Radiation Accidents. Safety Series Nr. 32
201 IAEA: Guide to the Safe Design, Construction and Use of Radioisotopic Power Generators for Certain Land and Sea Applications. Safety Series Nr. 33. IAEA, Wien 1970
202 IAEA: Disposal of Radioactive Wastes into Rivers, Lakes and Estuaries. Safety Series Nr. 36. IAEA, Wien 1971
203 IAEA: Disposal of Radioactive Waste, Bd. I, II. International Atomic Energy Agency. Wien 1959
204 IAEA: Diagnosis and Treatment of Radioactive Poisoning. International Atomic Energy Agency. Wien 1963
205 IAEA: A Basic Toxicity Classification. Techn. Rep. Ser. Nr. 15. International Atomic Energy Agency, Wien 1963
206 IAEA: Reactor Shielding. Techn. Rep. Ser. Nr. 34. International Atomic Energy Agency, Wien 1964
207 IAEA: Assessment of Radioactivity in Man; Teil 1 u. 2. International Atomic Energy Agency, Wien 1964
208 IAEA: Personnel Dosimetry for Radiation Accidents. International Atomic Energy Agency, Wien 1965
209 IAEA: Methods of Radiochemical Analysis. International Atomic Energy Agency, Wien 1966
210 IAEA: Criticality Control of Fissile Material. International Atomic Energy Agency, Wien 1966
211 IAEA: Disposal of Radioactive Wastes into Seas, Oceans and Surface Waters. International Atomic Energy Agency, Wien 1966
212 IAEA: Practices in the Treatment of Low and Intermediate-Level Radioactive Wastes. International Atomic Energy Agency, Wien 1966
213 IAEA: Operation and Control of Ion-Exchange Processes for Treatment of Radioactive Wastes. Techn. Rep. Ser. Nr. 78. International Atomic Energy Agency, Wien 1967
214 IAEA: Containment and Siting of Nuclear Power Plants. International Atomic Energy Agency, Wien 1967
215 IAEA: Disposal of Radioactive Waste into the Ground. International Atomic Energy Agency, Wien 1967
216 IAEA: Assessment of Airborne Radioactivity. International Atomic Energy Agency, Wien 1967
217 IAEA: Treatment of Airborne Radioactive Wastes. International Atomic Energy Agency, Wien 1968
218 IAEA: Treatment of Low- and Intermediate Level Radioactive Waste Concentrates. Techn. Rep. Ser. Nr. 82. International Atomic Energy Agency, Wien 1968
219 IAEA: Design and Operation of Evaporation for Radioactive Wastes. Techn. Rep. Ser. Nr. 87. International Atomic Energy Agency, Wien 1968
220 IAEA: Chemical Treatment of Radioactive Wastes. Technical Report Ser. Nr. 89. International Atomic Energy Agency, Wien 1968
221 IAEA: Quick Methods for Radiochemical Analysis. Techn. Rep. Ser. Nr. 95. International Atomic Energy Agency, Wien 1969
222 IAEA: Seminar on Agricultural and Public Health Aspects of Environmental Contamination by Radioactive Materials. International Atomic Energy Agency, Wien 1969
223 IAEA: Environmental Contamination by Radioactive Materials. International Atomic Energy Agency, Wien 1969
224 IAEA: Radiation Protection Monitoring. International Atomic Energy Agency, Wien 1969
225 IAEA: Handling of Radiation Accidents. International Atomic Energy Agency, Wien 1969
226 IAEA: Environmental Aspects for Nuclear Powerstations. International Atomic Energy Agency, Wien 1970
227 IAEA: Management of Low- and Intermediate-Level Radioactive Wastes. International Atomic Energy Agency, Wien 1970
228 IAEA: Radiation Safety in Hot Facilities. International Atomic Energy Agency, Wien 1970

229 IAEA: Peaceful Nuclear Explosions. International Atomic Energy Agency, Wien 1970
230 IAEA: Directory of Whole Body Monitors. International Atomic Energy Agency, Wien 1970
231 IAEA: Nuclear Accident Dosimetry Systems. International Atomic Energy Agency, Wien 1970
232 IAEA: Training in Radiological Protections. Techn. Rep. Ser. Nr. 31. International Atomic Energy Agency, Wien 1970
233 IAEA: Standardization of Radioactive Waste Categories. Techn. Rep. Ser. Nr. 101. International Atomic Energy Agency, Wien 1970
234 IAEA: The Volume Reduction of Low-Activity Wastes. Techn. Rep. Ser. Nr. 106. International Atomic Energy Agency, Wien 1970
235 IAEA: Personnel Dosimetry Systems for External Radiation Exposures. Techn. Rep. Ser. Nr. 109. International Atomic Energy Agency, Wien 1970
236 IAEA: The Bituminization of Radioactive Wastes. Techn. Rep. Ser. Nr. 116. International Atomic Energy Agency, Wien 1970
237 IAEA: Reference Methods for Marine Radioactivity Studies. Techn. Rep. Ser. Nr. 118. International Atomic Energy Agency, Wien 1970
238 IAEA: Monitoring of Radioactive Contamination on Surfaces. Techn. Rep. Ser. Nr. 120. International Atomic Energy Agency, Wien 1970
239 IAEA: Air Filters for Use at Power Nuclear Facilities. Techn. Rep. Ser. Nr. 122. International Atomic Energy Agency, Wien 1970
240 ICRP/ICRU: Exposure of man to ionizing radiation arising from medical procedures. Phys. in Med. Biol. 2 (1957) 107-151
241 ICRP: Permissible dose for internal radiation. ICRP Publ. Nr. 2. Pergamon Press, London 1960
242 ICRP: Protection against X-rays up to energies of 3 MeV and beta- and gamma rays from sealed sources. ICRP Publ. Nr. 3. Pergamon Press, London 1960
243 ICRP: Protection against electromagnetic radiaction above 3 MeV and electrons, neutrons and protons. ICRP Publ. Nr. 4. Pergamon Press, London 1964
244 ICRP: Handling and disposal of radioactive materials in hospitals and medical research establishments. ICRP Publ. Nr. 5. Pergamon Press, London 1965
245 ICRP: Recommendation of the Commission. ICRP Publ. Nr. 6. Pergamon Press, London 1964
246 ICRP: Principles of environmental monitoring related to the handling of radioactive materials. ICRP Publ. Nr. 7. Pergamon Press, London 1966
247 ICRP: The evaluation of risks from radiation. ICRP Publ. Nr. 8. Pergamon Press, London 1966
248 ICRP: Recommendations of the Commission (1965). ICRP Publ. Nr. 9. Pergamon Press, London 1966
249 ICRP: Evaluation of radiation doses to body tissues from internal contamination due to occupational exposure. ICRP Publ. Nr. 10. Pergamon Press, London 1968
249a ICRP: The assessment of internal contamination resulting from recurrent and prolonged uptakes. ICRP Publ. Nr. 10a, Pergamon Press, Oxford 1971
250 ICRP: A review of the sensitivity of the tissues in bone. ICRP Publ. Nr. 11. Pergamon Press, London 1968
251 ICRP: General principles of monitoring for radiation protection workers. ICRP Publ. Nr. 12. Pergamon Press, London 1969
252 ICRP: Radiation protection in schools for pupils up to the age of 18 years. ICRP Publ. Nr. 13. Pergamon Press, London 1970
253 ICRP: Radiosensitivity and spatial distribution of dose. ICRP Publ. Nr. 14. Pergamon Press, London 1969
254 ICRP: Protection against ionizing radiation from external sources. ICRP Publ. Nr. 15. Pergamon Press, London 1970
255 ICRP: Protection of the patient in X-ray diagnosis. ICRP Publ. Nr. 16, Pergamon Press, London 1971
255a ICRP: Protection of the patient in radionuclide investigations. ICRP Publ. Nr. 17. Pergamon Press, Oxford 1971
255b ICRP: The RBE for high-LET radiations with respect to mutagenesis. ICRP Publ. Nr. 18. Pergamon Press, Oxford 1972
256 ICRP: Task-group on lung dynamics. Deposition and retention models for internal dosimetry of the human respiratory tract. Hlth Phys. 12 (1966) 173-207
257 ICRU: Physical aspects of irradiation. ICRU Rep. 10 b (1964)
258 ICRU: Radioactivity. ICRU Rep. 10c (1963)
259 ICRU: Clinical dosimetry, ICRU Rep. 10 d (1963)
260 ICRU: Radiobiological dosimetry. ICRU Rep. 10e (1963)
261 ICRU: Methods of evaluating radiological equipment. ICRU Rep. 10f (1963)
262 ICRU: Certification of standardized radioactive sources. ICRU Rep. 12 (1968)
263 ICRU: Neutron fluence, neutron spectra and kerma. ICRU Rep. 13 (1969)
264 ICRU: Radiation dosimetry: X-rays and gamma-rays with maximum photon energies between 0.6 and 50 MeV. ICRU Rep. 14 (1969)
265 ICRU: Cameras for image intensifier fluorography. ICRU Rep. 15 (1969)
266 ICRU: Linear energy transfer. ICRU Rep. 16 (1970)
267 ICRU: Radiation dosimetry: X-rays generated at potentials of 5 to 160 kV, ICRU Rep. 17 (1970)
268 ICRU: Specification of high activity gamma-ray sources. ICRU Rep. 18 (1970)
269 ICRU: Radiation quantities and units. ICRU Rep. 19 (1971)

270 ICRU: Radiation protection instrumentation and its application. ICRU Rep. 20 (1971)
271 ICRU: Radiation dosimetry: electrons with initial energies between 1 and 50 MeV. ICRU Rep. 21 (1972)
272 ICRU: Measurement of low-level radioactivity. ICRU Rep. 22 (1972)
272a ICRU: Measurement of absorbed dose in a phantom irradiated by a single beam of X- or gamma-rays. ICRU Rep. 23 (1973)
273 IEC: International vocabulary, 2. Aufl. Gruppe 65. Radiology and Radiological Physics. Genf 1964
274 IEC: Index of electrical measuring apparatus used in connection with ionizing radiation. Publ. 181. Genf 1964
275 IEC: Supplement to Publ. 181 (1964) Genf 1965
276 ILO: Manual of Industrial Radiation Protection. Teil I–VI. Genf, 1963-1968
277 Jacchia, E.: Atom, Sicherheit und Rechtsordnung. Eurobuchverlag, Freudenstadt 1965
278 Jachia, E.: Atom und Sicherheit: Die Strahlenschutznormen der internationalen Organisationen und ihre rechtliche Bedeutung. Schwartz, Göttingen 1967
279 Jacobi, W.: Strahlenschutzpraxis, Teil I: Grundlagen. Thiemig, München 1962
280 Jacobi, W.: Das Strahlenfeld im interplanetarischen Raum und seine Einwirkung auf den Menschen beim Raumflug. Astronautica Acta 10 (1964) 105-137
281 Jaeger, R. G.: Engineering Compendium on Radiation Shielding, Bd. I: Shielding Fundamentals and Methods. Springer, Berlin 1968
282 Jaeger, Th.: Grundzüge der Strahlenschutztechnik für Bauingenieure. Springer, Berlin 1960
283 Jahn, W.: Die Absorptionseigenschaften von Bleigläsern. Atompraxis. 6 (1960) 1 (Heft 4/5)
284 Jahrbücher der Vereinigung deutscher Strahlenschutzärzte: Strahlenschutz in Forschung und Praxis, Bd. I-XII. Thieme, Stuttgart 1958-1971
285 Johnson, G. R. A., G. Scholes: The Chemistry of Ionisation and Exitation. Taylor & Francis, London 1967
286 Joint Committee on Atomic Energy-Congress of the United States: Selected Materials on Environmental Effects of Producing Electrical Power. US Government Printing Office, Washington 1969
287 Joint Committee on Atomic Energy-Congress of the United States: Environmental Effects of Producing Electrical Power, Teil 2, Bd. I, II. US Government Printing Office, Washington 1969
288 Jones, A. R.: The measurement of radioactive contamination of hands and feet. Nucl. Instr. Meth. 21 (1963) 75-80
289 Jones, I. S., S. F. Pond: Some experiments to determine the resuspension factor of plutonium for various surfaces. In: Surface Contamination. Pergamon Press, Oxford 1967 (S. 83-92)

290 Kaelble, E. F.: Handbook of X-Rays for Diffraction, Emission, Absorption and Microscopy. McGraw Hill, New York 1967
291 Kaindl, K., E. Graul: Strahlenchemie. Huthig, Heidelberg 1967
292 Kathren, R. L.: Towards interim acceptable contamination levels for environmental PuO_2. In: Strahlenschutz 1968 (S. 460-472)
293 Kereiakes, J. G., H. N. Wellman, E. L. Saenger: Radiation exposure from radiopharmaceuticals in children. In: Radiotion Protection. Proceedings of the First Congress of the International Radiation Protection Association, Rome 1966, hrsg. von W. Snyder. Pergamon Press, Oxford 1968
294 Kiefer, H., R. Maushart; Strahlenschutzmeßtechnik. Braun, Karlsruhe 1964
294a Kiefer, H., R. Maushart: Radiation Protection Measurement. Pergamon Press, Oxford 1972
295 Kiefer, H., R. Maushart: Überwachung der Radioaktivität in Abwasser und Abluft, 2. Aufl. Teubner, Stuttgart 1967
296 Kirchner, G. F., H. Bowman: Effects of Radiation on Materials and Components. Reinhold, New York 1964
297 Klauer, F., K. W. Kaufmann: Katastrophenschutzanzüge, Teil 2. Zivilschutz 14 (1969) 341-349
298 Klug, W.: Ein Verfahren zur Bestimmung der Ausbreitungsbedingungen aus synoptischen Beobachtungen. Staub 29 (1969) 143-147
299 König, L. A.: Die Beschränkung der Flächenkontamination beim Umgang mit radioaktiven Stoffen. Atompraxis 12 (1966) 555-559
300 König, L. A.: Zur Frage der Strahlenbelastung durch Inkorporationen. Atompraxis 14 (1968) 467-470
301 Komarovskii, A. N.: Shiolding Materials for Nuclear Reactors. Pergamon Press, Oxford 1961
302 Krause, H., F. Perzl: Behandlung und Beseitigung radioaktiver Abfälle. Haus der Technik, Vortragsveröffentlichungen, Heft 214. Vulkan, Essen 1969 (S. 78-84)
303 Krawczynski, S. J. B.: Radioaktive Abfälle-Aufbereitung, Lagerung und Beseitigung. Thiemig, München 1967
304 Kruse, H.: Atomenergierecht, Kommentar zum Atomgesetz. Verlag Neue Wirtschaftsbriefe, Herne 1961
305 Kruse, H.: Legal Aspects of the Peaceful Utilization of Atomic Energy. Verlag Neue Wirtschaftsbriefe, Herne 1962
306 Länderausschuß für Atomkernenergie: Empfehlung über die Begrenzung der Ableitung radioaktiver Stoffe im Wasser aus Kontrollbereichen durch Verwender von Radionukliden v. 7./8. Oktober 1970. Bundesministerium für Bildung und Wissenschaft, Bonn 1970
307 Langham, W. H.: Radiobiological Factors in Manned Space Flight. National Academy of Sciences/National Research Council, Washington 1967

308 Lanzl, L. H., J. H. Pingel, J. H. Rust: Radiation Accidents and Emergencies in Medicine, Research, and Industry. Thomas, Springfield 1965

309 Leong, G. I., E. J. Ainsworth, N. P. Page, J. F. Taylor, E. T. Still: Reexamination of biological recovery rates and equivalent residual doses. In: Strahlenschutz der Bevölkerung bei einer Nuklearkatastrophe. Fachverband für Strahlenschutz, Bern 1968

310 Le Roy, G. V.: Re-examination of NCRP Rep. Nr. 29. In: Strahlenschutz der Bevölkerung bei einer Nuklearkatastrophe. Fachverband für Strahlenschutz, Bern 1968

311 Lind, S. C.: Radiation chemistry of Gases. Reinhold, New York 1961

312 Lindackers, K. H.: Praktische Durchführung von Abschirmungsberechnungen. Thiemig, München 1962

313 Lindell, B.: Occupational hazards in X-ray analytical work. Hlth Phys. 15 (1968) 481-486

314 Lintner, K., D. Schmid: Werkstoffe des Reaktorbaues. Springer, Berlin 1962

315 Lister, B. A. J.: Helath Physics Aspects of Plutonium Handling. Report AERE-L 151 (1964)

316 Love, R. A.: Personnel decontamination units at Brookhaven National Laboratory. Int. Rec. Med. 173 (1960) 365-368

317 Low-Beer, B. V. A.: External therapeutic use of radioactive phosphorus: Erythema studies. Radiology 47 (1946) 213

318 Marth, W.: Bestrahlungstechnik an Forschungsreaktoren. Thiemig, München 1969

319 Mattern, K. H., P. Raisch: Atomgesetz Kommentar. Vahlen, Berlin 1960

320 Mazaury, E.: Organisation of medical control of radioactive contamination of workers in a nuclear plant. Euratom Publ. EUR 2210 (1964)

321 McCullough, E. C., J. Cameron: Exposure rates from diagnostic X-ray units. Brit. J. Radiol. 43 (1970) 448-451

322 Medical Research Council: The Hazards to Man of Nuclear and Allied Radiations (June 1956). Report Cmnd 9780. Her Majesty's Stationary Office, London 1956

323 Medical Research Council: Maximum Permissible Dietary Contamination after the Accidental Release of Radioactive Material from a Nuclear Reactor. Brit. Med. J. 1 (1959) 967

324 Medical Research Council: Report on Emergency Exposure to External Radiation. In: Hazards to Man of Nuclear and Allied Radiations. Cmnd.1225, Her Majesty's Stationary Office, London 1960

325 Medical Research Council: Maximum Permissible Contamination of Respirable Air after an Accidental Release of Radioiodine, Radiostrontium and Cesium-137. Brit. Med. J. 2 (1961) 576

326 Medical Research Council: The Assessment of the Possible Radiation Risks to the Population from Environmental Contamination. Her Majesty's Stationary Office, London 1966

327 Mehl, J. G.: Zur Auswahl von Radionukliden für Leuchtfarben der Uhrenindustrie. Atomkernenergie 10 (1965) 115-126

328 Mehl, J.: Single and multiple detector systems for whole body counting. In: Instrumentation in Nuclear Medicine, hrsg. von G. J. Hine. Academic Press, New York 1967

329 Mehl, J.: Optische und akustische Sicherheitszeichen in kerntechnischen Betrieben. Kolloquium über Information und Ausbildung der Arbeitskräfte auf dem Gebiet des Strahlenschutzes. Kommission der Europäischen Gemeinschaften, Luxemburg 1969

330 Mehl, J., J. Rundo: Preliminary results of a world survey of whole-body monitors. Hlth Phys. 9 (1963) 607-614

331 Meyer, K. F.: Unfälle in Verbindung mit radioaktiven Substanzen. Schriftenreihe des Bundeskriminalamtes 43^{01} – 43^{02}. Bundeskriminalamt, Wiesbaden 1962-1963

332 Möhrle, G.: Ärztliche Überlegungen und Richtlinien für die Personendekontamination und Dekorporierung. Atompraxis 14 (1968) 69-73; 201-204

333 Möhrle, G.: Externe Dekontamination. Zentralblatt für Arbeitsmedizin und Arbeitsschutz. 18 (1969) 322-323

334 Morgan, K., W. S. Snyder, M. R. Ford: Maximum permissible concentration of radioisotopes in air and water for short period exposure. 1. UN Conference on the Peaceful Uses of Atomic Energy. Bd. XIII. United Nations, New York 1956

335 Morgan, K., W. S. Synder, M. R. Ford: Relative hazard of the various radiotoxic materials. Hlth Phys. 10 (1964) 151-169

336 Morgan, K. Z., J. E. Turner: Principles of Radiation Protection. Wiley, New York 1967

337 Morgan, R. H., K. E. Corrigan: Handbook of Radiology. Yearbook Publishers, Chicago 1955

338 Moritz, A. R., F. W. Henriques: Effects of Beta-rays on skin as a function of energy, intensity and duration of exposure: II Animal experiments. Lab. Invest. 1 (1952) 167

339 Morley, F., P. M. Bryant: Basid and derived radiological protection standards for the evaluation of environmental contamination. In: Agricultural and Public Health Aspects of Environmental Contamination by Radioactive Materials. IAEA, Wien 1969

340 Mosselmanns, G., J. Nienhaus: Reinigung und Dekontamination radioaktiv verseuchter Kleidung. Bericht Euratom 8187 (1968)

341 Nachtigall, D.: Physikalische Grundlagen für Dosimetrie und Strahlenschutz. Thiemig, München 1971

342 NASA: Advancements in Teleoperator Systems. Report NASA SP-5081 (1970)

343 NCRP: A manuel of radioactivity procedures. NCRP Rep. Nr. 28 (1961)

344 NCRP: Exposure to radiation in an emergency. NCRP Rep. Nr. 29 (1962)

345 NCRP: Safe handling of radioactive materials. NCRP Rep. Nr. 30 (1964)

346 NCRP: Shielding of high-energy electron accelerator installations. NCRP Rep. Nr. 31 (1964)

347 NCRP: Radiation protection in educational institutions. NCRP Rep. Nr. 32 (1966)

348 NCRP: Medical X-ray and gamma-ray protection for energies up to 10 MeV— Equipment, design and use. NCRP Rep. Nr. 33 (1968)

349 NCRP: Medical X-ray and gamma-ray protection for energies up to 10 MeV— Structural 1 shielding design and evaluation. NCRP Rep. Nr. 34 (1970)

350 NCRP: Dental X-ray protection. NCRP Rep. Nr. 35 (1970)

351 NCRP: Radiation protection in veterinary medicine. NCRP Rep. Nr. 36 (1970)

352 NCRP: Precautions in the management of patients who have received therapeutic amounts of radionuclides. NCRP Rep. Nr. 37 (1970)

353 NCRP: Protection against neutron radiation up to 30 million electron volts. NCRP Rep. Nr. 38 (1971)

354 NCRP: Basic radiation protection criteria. NCRP Rep. Nr. 39 (1971)

355 Neil, J., A. M. Marko: Decontamination of Buildings and Equipment. Report AECL-1531 (1962)

356 Oberhofer, M.: Strahlenschutzpraxis Teil II; Meßtechnik. Thiemig, München 1962

357 Oberhofer, M.: Strahlenschutzpraxis, Teil 3. Umgang mit Strahlern. Thiemig, München 1968

358 Oerlein, K. F.: Radiological Emergency Procedures for the Non-Specialist. United States Atomic Energy Commission 1964

359 Otto, R.: Untersuchungen über die Dekontaminationsfähigkeit radionuklidkontaminierter Oberflächen. Isotopenpraxis 5 (1969) 27-34

360 Pasquill, F.: Atmospheric Diffusion. van Nostrand, New York 1962

361 Penfil, R. L., M. L. Brown: Genetically significant dose to the United States population from diagnostic medical roentgenology. Radiology 90 (1968) 209-216

362 Peterson, H. T., J. E. Martin, C. L. Weaver, E. D. Harward: Environmental tritium contamination from increasing utilisation of nuclear energy sources. In: IAEA seminar on agricultural and public health aspects of environmental contamination by radioactive materials. IAEA, Wien 1969

363 Pfaffelhuber, J., H. Donth: Kommentar zur Zweiten Strahlenschutzverordnung. Walhalla & Pretoria, Regensburg 1966

364 Physikalisch Technische Bundesanstalt: Bedingungen für die Bauartprüfung und -zulassung von Röntgenröhren und Röntgenhauben zur Verwendung in nichtmedizinischen Betrieben (Zulassungsbedingungen für nichtmedizinische Röntgenstrahler) in der Fassung vom 21.7.67. Amtsblatt PTB Nr. 4, (1967) 329; Arbeitsschutz Nr. 11 (1967) 261-262

365 Pochin, E. E.: The development of the quantitative bases of radiation protection. Brit. J. Radiol. 43 (1970) 155

366 Price, H. L.: Background information on release of activity in nuclear power reactions. In: Joint Committee on atomic energy-congress of the United States. Selected materials on environmental effects of producing electrical power. US Government Printing Office, Washington 1969

367 Puijlaert, C. B. A. J.: The expansion of radiodiagnostics. Medicamundi 14 (1969) 137-149

368 Rajewsky, B.: Strahlendosis und Strahleneinwirkung, 2. Aufl. Thieme, Stuttgart 1956

369 Rees, D. J.: Health Physics. Massachussetts Institute of Technology Press, Cambridge 1967

370 Reiff, F., K. Schuster, H. Heinen; Die Dekontamination von Geweben mit Polyphosphatlösungen. Atompraxis 9 (1963) 58-63

371 Research Group on the Genetically Significant Dose by the Medical Use of X-Ray in Japan: The genetically significant dose by the X-ray diagnostic examinations in Japan. Nippon Acta Radiologica 21 (1961) 565-616

372 Rockwell, Th.: Reactor Shielding Design Manual. McGraw Hill, New York 1956; McMillan, London 1956

373 Royal College of Science and Technology Glasgow: Nuclear Reactor Containment-Buildings and Pressure Vessels. Butterworth, London 1960

374 Royster, G. W., B. R. Fish: Techniques for assessing "removable" surface contamination. In: Surface Contamination, hrsg. von B. R. Fish. Pergamon Press, Oxford 1967

375 Russel, R. S.: Radioactivity and Human Diet. Pergamon Press, Oxford 1966

376 Rust, J. H.: Evaluation of large animal studies on recovery from radiation injury. In: Strahlenschutz der Bevölkerung bei einer Nuklearkatastrophe. Fachverband für Strahlenschutz, Bern 1968

377 Saenger, E. L.: Medical Aspects of Radiation Accidents. US Government Printing Office, Superintendent of Documents, Washington 1963
378 Sauter, E.: Grundlagen des Strahlenschutzes. Siemens, Berlin 1971
379 Schleien, B.: An evaluation of internal radiation exposure based on dose commitments from radionuclides in milk, food and air. Hlth Phys. 18 (1970) 267
380 Schnabel, W.: Kunststoffe — ihr Wesen und Verhalten gegenüber ionisierender Strahlung. Deutsches Atomforum, Information 2.II 11/2000, Ausgabe September 1962
381 Schulz, E. H.: Vorkommnisse und Strahlenunfälle in kerntechnischen Anlagen. Thiemig, München 1966
382 Schwibach, J.: Gewässerschutz bei der Ableitung radioaktiver Abwässer. In: Güteprobleme der Wasserversorgung in der Industriegesellschaft. ZfGW-Verlag, Frankfurt 1968 (S. 54-69)
383 Sheldon, R.: A guide to radiation stability of plastics and rubbers. Report NIRL/R/58, Rutherford High Energy Lab. Chilton, Didcot 1963
384 Sisman, O., J. Wilson: Engineering use of damage data. Nucleonics 14 (9) (1956) 59
385 Somasundaram, S., P. V. Hariharan, A. K. Ganguly: Maximum permissible levels of surface contamination. Report AEET/HP/2. Atomic Energy Establishment Trombay, Bombay 1958
386 Southwestern Radiological Health Laboratory: Public Health Aspects of Peaceful Uses of Nuclear Explosives. Clearinghouse for Federal Scientific Information, US Department of Commerce, Springfield 1969
387 Spangler, G. W., C. A. Willis: Permissible contamination limits. In: Surface Contamination, hrsg. von B. R. Fish. Pergamon Press, Oxford 1967 (S. 151-158)
388 Spiers, F. W.: Radioisotopes in the Human Body: Physical and Biological Aspects. Academic Press, New York 1968
389 Spinks, J. W. T., R. J. Woods: An Introduction to Radiation Chemistry. J. Wiley, New York 1964
390 Staatliche Zentrale für Strahlenschutz (DDR): Richtlinie zur Prüfung von geschlossenen radioaktiven Strahlungsquellen. Report 3, Berlin 1966
391 Staatliche Zentrale für Strahlenschutz (DDR): Empfehlungen für die Dekontamination von Oberflächen in Räumen, Ausrüstungen, Mitteln des individuellen Schutzes, sowie der Haut. Bericht SZS-4/69 (1969) 1-29
392 Stason, E., D. Estep, W. J. Pierce: Atoms and the Law. The University of Michigan Law School, Ann Arbor 1959
393 Staubforschungsinstitut des Hauptverbandes der gewerblichen Berufsgenossenschaften: Vorläufige Richtlinien zur Prüfung von Filtern zur Abscheidung von Schwebstoffen aus Luft und anderen Gasen. Staub 23 (1963) 21-27
394 Stewart, H. F., N. F. Modine, E. G. Murphy, J. W. Rolofson: X-ray patterns and intensities from high voltage shunt regulator tubes for color television receivers. Radiol. Hlth Data 8 (1967) 675-686
395 Stewart, K.: The resuspension factor of particulate material from surfaces. In: Surface Contamination, hrsg. von B. R. Fish, Pegamon Press, Oxford 1967 (S. 63-74)
396 Stieve, F. E.: Aktuelle Strahlenschutzprobleme in der Röntgendiagnostik. GSF-Bericht K 57 (1969)
397 Such, W.: Das Wassersicherstellungsgesetz, seine Notwendigkeit und Ziele. Ziviler Bevölkerungsschutz 15/2 (1970) 14-23
397a Sullivan, A. H., J. Baarli: An ionization chamber for the estimation of the biological effectiveness of radiation. CERN Health Physics Rep. 63-17, Genf 1963
398 Sutton, O. G.: The theoretical distribution of airborne pollution from factory chimneys. Quart. J. Roy. Met. Soc. 73 (1947) 426-436
399 Sutton, O. G.: The problem of diffusion in the lower atmosphere. Quart. J. Roy. Met. Soc. 73 (1947) 257-281
400 Suyahara, T., O. Hug: Biological Aspects of Radiation Protection. Springer, Berlin 1971
401 Swallow, A. J.: Radiation Chemistry of Organic Compounds. Pergamon Press, Oxford 1960
402 Talboys, A. P., E. C. Spratt: An evaluation of laundring agents and techniques used in the decontamination of cotton clothing. Report NYO 4990 (1954)
403 Taylor, L. S.: Radiation protection standards. Butterworth, London 1971
404 Ternäben: Handbuch der Atomwirtschaft. Linnepe, Hagen, Loseblattsammlung
405 Unger, H.: Methoden zur Oberflächendekontamination in Radionuklidlaboratorien. Bericht SZS-1/68 (1968) 21-34
406 UNSCEAR: 13th Session suppl. Nr. 17 (A/3338) UN, New York 1958
407 UNSCEAR: 17th Session suppl. Nr. 16 (A/5216) UN, New York 1962
408 UNSCEAR: 19th Session suppl. Nr. 14 (A/5814) UN, New York 1964
409 UNSCEAR: 21[rst] Session suppl. Nr. 14 (A/6315) UN, New York 1966
410 UNSCEAR: 24th Session suppl. Nr. 13 (A/7613) UN, New York 1969
411 UNSCEAR: 25th Session, Annex, agenda item 33 (A/7078) UN, New York 1970
412 USAEC: 8th AEC Air Cleaning Conference, Oak Ridge 1963. Report TID-7677 (1963)
413 USAEC: Manual on Standard Procedures, 2. Aufl. Report NYO-4700 (1967)

414 USAEC: Operational accidents and radiation exposure experience within the United States Atomic Energy Commission, 1943-1967. US Government Printing Office, Superintendent of Documents, Washington 1968
415 USAEC: Meteorology and Atomic Energy. United States Atomic Energy Commission. Report AECU-3066 (1955); Report TID-24190 (1968)
416 USAEC-Region 5: Radiological Assistance Handbook. Report CH-CA, Appendix 0526. US-Atomic Energy Commission, Chicago Operations Office 1968
417 USAEC: Health and Safety Regulations (Loseblatt-Sammlung, Stand 1970). Part 30.24; Part 31.105; Part 70.39. US Atomic Energy Commission, Washington
418 USAEC: AEC Air Cleaning Conference. 7th Conference, Brookhaven, 1961. Report TID 7627 (1962). 8th Conference, Oak Ridge, 1963. Report TID 7677 (1963). 9th Conference, Boston, 1966. Conf. 660904. 10th Conference, New York, 1968. Conf. 680821. 11th Conference, Richland, 1970.
419 USAEC: Accident Recovery Equipment Study AEC-DRD Reactors, Bd. I, II. Report IDO-10 043, Rev. 1
420 US Department of Health, Education and Welfare, Public Health Service: Population dose from X-rays, U.S. 1964. US Government Printing Office, Washington 1969
421 US Department of Health Education and Welfare, Public Health Service: Radiological Health Handbook, 2. Aufl. Superintendant of Documents, US Government Printing Office, Washington 1970
422 Van Dilla, M. A., E. C. Anderson, Ch. R. Richmond, R. L. Schuch: Large scintillation detectors. In: Instrumentation in Nuclear Medicine, Bd. I, hrsg. von Hine. Academic Press, New York 1967
423 Vennart, J., M. Minski: Radiation dose from administered radionuclides. Brit. J. Radiol. 35 (1962) 372-387
424 Wachsmann, F.: Dosisbelastung des Patienten bei röntgendiagnostischen Untersuchungen. Fortschr. Röntgenstr. 75 (1951) 728-733
425 Walton, G. N.: Glove Boxes and Shielded Cells. Butterworth, London 1958
426 WHO: Mental Health Aspects of the Peaceful Uses of Atomic Energy. Techn. Rep. Ser. Nr. 151. WHO, Genf 1958
427 WHO: Effect of Radiation on Human Heredity. WHO, Genf 1957
428 WHO: Effect of Radiation on Human Heredity. Investigation of Areas of High Natural Radiation. Techn. Rep. Ser. Nr. 166. WHO, Genf 1959
429 WHO: Medical Supervision in Radiation Work. Techn. Rep. Ser. Nr. 196. WHO, Genf 1960
430 WHO: Radiation Hazards in Perspective. Techn. Rep. Ser. Nr. 248, WHO, Genf 1962
431 WHO: Public Health Responsibilities in Radiation Protection. Techn. Rep. Ser. Nr. 254. WHO, Genf 1963
432 WHO: Public Health and the Medical Use of Ionizing Radiation. Techn. Rep. Ser. Nr. 306. WHO, Genf 1965
433 WHO: Planning of Radiotherapeutic Facilities. Techn. Rep. Ser. Nr. 328, WHO, Genf 1966
434 WHO: Diagnosis and Treatment of Acute Radiation Injury. WHO, Genf 1961
435 WHO: Protection of the Public in the Event of Radiation Accidents. WHO, Genf 1965
436 WHO: Routine Surveillance for Radionuclides in Air and Water. WHO, Genf 1968
436a WHO-IAEA-ILO: Manual on Radiation Protection in Hospitals of General Medicine. Part I: Basic Protection Requirements. International Labour Office, Genf 1972
437 Wijker, H.: External decontamination. In: Die radioaktive Kontaminierung der Arbeitskräfte. Euratom Publ. EUR 2210 (1964)
438 Wilhelm, J. G.: Trapping of Fission Product Iodine with Silver Impregnated Molecular Sieves. Bericht KFK 1065 (1969)
439 Wilski, K.: Kunststoffe in der Kerntechnik. Kunststoffe 58 (1968) 18-20
440 Woodcock, E. R.: Potential Magnitude of Criticality Accidents. Report AHSB (RP) R.14. (1964)
441 Zakovsky, J.: Das Problem des Strahlenschutzes und der Strahlengefährdung. Wien. med. Wschr. 111 (1961) 601-604
442 Zirkle, R. E.: Effects of External Beta-Radiation. McGraw Hill, New York 1951
443 Anonym: Glove box installation at Aldermaston. Nuclear Engineering 8 (1963) 236-237
444 Anonym: Looking into glove boxes. Nuclear Engineering 8 (1963) 234-236
445 Anonym: Yearbook of International Organisations, 10. Aufl. 1964-65. Union of International Associations, Brüssel 1964

Allgemeine und zusammenfassende Literatur

1. Aglinzew, K.K.: Dosimetrie ionisierender Strahlung. Deutscher Verlag der Wissenschaften, Berlin 1961
2. Angerstein, W.: Lexikon der radiologischen Technik in der Medizin. VEB. Thieme, Leipzig 1971
3. Attix, F.H., W.C. Roesch, E. Tochilin: Radiation Dosimetry, Bd. I-III, 2. Aufl. Academic Press, New York 1969
4. Ebert, H.: Physikalisches Taschenbuch. Vieweg, Braunschweig 1967
5. Finkelnburg, W.: Einführung in die Atomphysik. Springer, Berlin 1967
6. Flügge, S.: Handbuch der Physik, Bd. XXX, XXXIV, XLV. Springer, Berlin 1958
7. Geigy, J.R.: Wissenschaftliche Tabellen, 7. Aufl. Geigy, Basel 1968
8. Glocker, R., E. Macherauch: Röntgen- und Kernphysik für Mediziner und Biophysiker.
9. Hine, G.J., G.L. Brownell: Radiation Dosimetry. Academic Press, New York 1956
10. Holm, N.W., R.J. Berry: Manual on Radiation Dosimetry. Dekker, New York 1970
11. Johns, H.E.: The Physics of Radiology. Thomas, Springfield/Ill., 1966
12. Kohlrausch, F.: Praktische Physik, Bd. I-III. Teubner, Stuttgart 1968
13. Kollath, R.: Teilchenbeschleuniger. Vieweg, Braunschweig 1962
14. Lawrence, J.H., J.G. Gotman: Advances in Biological and Medical Physics, Bd. XI. Academic Press, New York 1967
15. Lea, D.E.: Actions of Radiation on Living Cells, 2. Aufl. University Press, Cambridge London 1955
16. Liechti, A., W. Minder: Röntgenphysik. Springer, Wien 1955
17. Livingstone, M.St., J.P. Blewett: Particle Accelerators. McGraw-Hill, New York 1962
18. Minder, W.: Dosimetrie der Strahlungen radioaktiver Stoffe. Springer, Wien 1961
19. Nachtigall, D.: Physikalische Grundlagen für Dosimetrie und Strahlenschutz. Thiemig, München 1971
20. Neuert, H.: Kernphysikalische Meßverfahren zum Nachweis von Teilchen und Quanten. Braun, Karlsruhe 1966
21. Pohl, R.W.: Einführung in die Physik. Bd. III. Springer, Berlin 1967
22. Riezler, W.: Einführung in die Kernphysik. Oldenbourg, München 1959
23. Schoen, H.: Medizinische Röntgentechnik, Bd. II/1, 3. Aufl. Thieme, Stuttgart 1961
24. Siegbahn, K.: Alpha-, Beta- und Gamma-Spectroscopy, Bd. I u. II. North Holland-Publ. Amsterdam 1965
25. Whyte, G.N.: Principles of Radiation. Dosimetry. Wiley, London 1959

Sachverzeichnis

A

Abbremsspektren, Elektronen 113f.
Abfälle, radioaktive s. Rückstände
Abklingzeit, Szintillatoren 209ff.
Abkürzungen, Organisationen 415f.
– Strahlenschutzregelungen 320
Ablagerungs- und Abbaumodell 348
Ablenkung im Magnetfeld 84ff., 252
Ablösearbeit, Ablöseenergie 50
Abluftanlagen 393 f.
Abscheidegrad, Filter 394, 401
Abschirmwinkel 98
Abschneideenergie, Abschneidekante 133, 135
Absolutmethoden 185f.
Absorbed dose 61
Absorption, Photonen 150
Absorptionsereignis 314f.
Absorptionskante, Kadmium 133, 135
Absorptionskoeffizient, Elektronen 104
– scheinbarer 291
Abstandsquadratgesetz 232, 269
Abwässer 352
Abwasseranlagen 394f.
Actiniumreihe 30
Administration, Strahlenschutz 363ff.
Aerion 164
Aerosole, radioaktive 400f.
Aktiniden 19ff.
Aktionspegel 332, 341, 343, 362f.
Aktivierungsverfahren 133, 205
Aktivierungsdetektor, Folien 134, 139, 283
Aktivierungsquerschnitt 137
Aktivierungssonde 133, 137, 278, 282
Aktivität 25, 310ff.
– molare 28
– spezifische 28, 290, 299, 306ff., 310f.
Aktivitätskonzentration 28f., 303, 305f., 310, 403
Aktivitätsmessung, Neutronen 133f., 282
Alpha-Emissionsraten 34f.
Alphagesättigte Schicht 35
Alphastrahler, Alphateilchen 18, 24, 31, 117ff., 209ff.
– Anzahl der gebildeten Ionen 34f.
– Energiedosis 300f.
– Energiedosisleistung 294, 301f., 303ff.
– Energieübertragungsvermögen, lineares 72, 300, 303f.
– Ionisierungsvermögen 47
– Reichweite 119ff., 200, 303, 305
Alphastrahlung 31
Alphaumwandlung, Zerfall 24
Ampere 14
Anfangsenergie, Elektronen 251f., 284
Ångström 5
Anode 142
Anregung 46, 90f.
Anregungsenergie, mittlere 51, 91, 117f.
Antikathode 142
Antineutrino 23f.
Anwendungsbereiche, Betastrahler 287f., 299ff., 306
– Elektronenstrahlung 249
– Photonenstrahlung 213
– Protonenstrahlen 284
Apothecaries' Units 8
Applikation, Dosis 183

Applikatoren, Betaapplikatoren 293
– Radiumapplikatoren 296ff.
Äquivalentbindungsdosis s. dose commitment
Äquivalentdosis, Äquivalentdosisleistung 61
– Definition 72f.
– genetisch-signifikante 410ff.
– höchstzulässige 342f., 345
– im kritischen Organ 370ff.
– in der Schilddrüse 375f., 410
– selektive Bestimmung 278f.
Äquivalente Energie 174ff.
Äquivalente Restdosis 332, 334
Arbeitsplatzkonzentration, maximale (MAK) 337
Atemschutz, Atemschutzgeräte 376f., 400f.
Atmosphäre, physikalische und technische 11
Atomarer Wirkungsquerschnitt, Definition 128
Atomanzahldichte 272f.
Atomart s. Nuklid
Atomgewicht s. Atommasse, relative
Atomhülle 22
Atomkern 22
Atomkernspaltung s. Kernspaltung
Atommasse, effektive 120
– Einheit 4
– relative 17ff., 156f., 205
Atomnummer s. Ordnungszahl
Atomphysikalische Einheiten 4
Atomphysikalische Symbole Vorsatz
Aufbau des Atoms 22f.
Aufbaueffekt s. Dosisaufbaueffekt
Aufenthaltsdauer, Ermittlung 345f.
Auffänger (Target) 142
Auflösungsvermögen, Spektrometer 147
Aufwirbelungsfaktor 360, 362f.
Auger-Effekt, Elektronen 159
Ausbeute, chemische 192ff.
– Ionenpaar 337
– Lumineszenz 209ff.
– Neutronengeneratoren 126
– radioaktive Neutronenquellen 124
Ausbreitung radioaktiver Stoffe 377
Ausgleichsfilter 175
Auslösezählrohr 190f.
– Neutronen 280
Ausscheidung, biologische 299, 306
Austrittsdosis 73
Avogadro-Konstante 16

B

Bahnendenhypothese 112
Bahnlänge, Elektronen 107f., 266
– schwere geladene Teilchen 119, 199
Bahnspuren 199, 280f.
Bar 11
Barn 6
Baryonen 18
Basiseinheiten 4
Basisgrößen 3
Bauartgeprüfte Vorrichtungen 389
Baustoffe, Dichte 377f.
Beförderung radioaktiver Stoffe 322f.
Behandlung, Personen nach Inkorporation, Kontamination und Strahlenexposition 408
– radioaktiver Rückstände 395f.
Berechnung der Dosis, offene radioaktive Stoffe 303, 306ff.

468 Sachverzeichnis

Berechnung der Dosis
— — — umschlossene radioaktive Stoffe 290ff.
Berechnung der Dosisverteilung mit Computern 246f., 263f., 282, 296f.
Berechnungsmethoden, Elektronendosis 263f.
Bereiche, Strahlenschutz 364
Beruflich strahlenexponierte Personen s. Strahlenbeschäftigte
Beschleuniger 141, 147, 249ff., 348
— als Neutronenquellen 125f.
— Strahlenschutz 348, 377, 401
Beseitigung radioaktiver Rückstände 395ff.
Beseitigungsquerschnitt, Neutronen 380, 382
Bestrahlung, fraktionierte 332
— kurzzeitige 332, 335f.
— protrahierte 332f.
Bestrahlungsplanung 269, 271
Betaapplikatoren 293f.
Betaenergie, maximale u. mittlere 31f., 38ff., 289ff., 378
Betastrahlenkonstante s. Punktquellenfunktion
Betastrahler, Betateilchen 18, 31f., 90ff.
— Abbremsung 368
— Behälter 369
— Energie, maximale u. mittlere 31f., 38ff., 289ff., 305f., 378
— Energiedosis 290, 293, 305ff.
— Energiedosisleistung 290ff., 301ff., 306ff., 369
— Flußdichten 368
— kombinierte, Dosimetrie 298f., 310f.
— offene, Dosimetrie 301, 303, 306ff.
— Reichweite, mittlere u. maximale 108ff., 291f., 303, 378f.
— reine 32, 292
— umschlossene, Dosimetrie 288ff.
Betastrahlung 31f.
Betatron 249, 252, 255, 266, 271
— Isodosen 268ff.
— Tiefendosis 268
Betaumwandlung, Zerfall 24, 31f.
Bethe-Bloch-Formel 91
Bethe-Born-Näherung 90
Betonschutzdicken 390ff., 396ff.
BeV (amerikanisch 10^9 eV) 4
Beweglichkeit, Ladungsträger 50, 205
Bewegungsbestrahlung 242
Bewegungsenergie 16, 84
Bewertungsfaktor, Definition 72
— Neutronen 274ff.
Bezugsdosis 73, 229, 251, 254
Bezugsnachweis, radioaktive Stoffe 37
Bezugspegel, Notstand 344, 358
Bezugstiefe 254
Bezugsvolumen 313
Bindungsdosis s. Dose commitment
Bindungsenergie 25, 152, 381
Bindung radioaktiver Stoffe 391f.
Biologische Halbwertszeit 27, 299f., 305
Bleiäquivalent s. Bleigleichwert
Bleiglas 400
Bleigleichwert 383f., 399f.
Bleigummi 399f.
Bleischutzdicken 383ff., 393ff.
Boltzmann-Konstante 16
Borzähler 278
Bragg-Gray-Prinzip 63, 66, 213ff., 226
— verallgemeinertes 257f.
Bragg-Kurve 283ff., 302
Brechungsindex, Szintillatoren 209ff.
Bremsneutronen 127, 137

Bremsspektren 96, 141, 146f.
Bremsstrahlung 90, 93ff., 141f., 144, 148f., 256, 271
Bremsvermögen, Alphastrahlen, Deuteronen, Protonen 117ff., 284
— beschränktes, Definition 71, 93
— Elektronen 91ff.
— relatives 226, 229, 257ff.
Bronson-Widerstand 35
Bündeldivergenz 251ff.

C

Cadmium s. Kadmium
Celsius 13
Cerenkov-Strahlung, Energieverlust 89ff., 262
Charakteristische Röntgenstrahlung, Definition 141
— — Erzeugung 143ff.
Chemische Dosimetrie 192ff., 259ff., 281
Clusterionen 50
Cold spots 269ff.
Compoundkern (Zwischenkern) 128
Compton-Dosimeter 206
— Effekt 151ff., 158
— Elektronen 151ff., 178ff., 205
— Rückstoßkoeffizient 152f.
— Spektrum 148
— Streukoeffizient 151ff.
— Streustrahlungskoeffizient 152ff.
— Umwandlungskoeffizient 154, 159
— Wellenlänge 18, 155
Computer für Dosisverteilungen 246f., 263f., 282, 296f.
Coulomb 14
Coulomb-Feld 141
Curie, Definition 25, 316f.
— alte Definition 44f.

D

De-Broglie-Wellenlänge 18, 87
Defektelektronen 204
Decelerator 251, 268
Degradation, Lumineszenz 202, 263
Dekontamination 408
Dekontaminationsfaktor, Filter 394
Dekorporation 408
Deltaelektronen 71, 112, 222
Dermatitis 336
Detektoren, Neutronen 133f.
— für langsame Neutronen 134ff.
— für mittelschnelle Neutronen 136f.
— für schnelle Neutronen 137ff.
— für thermische Neutronen 134ff.
Deuterium 22
Deuteronen 18, 22, 117ff.
— Dosimetrie 283ff.
Dichte, Baustoffe 378
— effektive 266
— Elemente 156f.
— Fettgewebe 168f.
— Muskelgewebe 168f.
— Knochen 168f.
— Kunststoffe 168f.
— Phantommaterialien 168f.
— Szintillatoren 209ff.
Dichteeffekt 64, 119, 226, 259
Dichteeinheiten 9
Dichtekorrektion 91
Dichtemessung, Neutronen 135
Dichtheitsprüfung 389ff.
Differentialkalorimeter 187
Differentielle Flußdichte 57

Sachverzeichnis 469

Differentieller Streuquerschnitt 155
Differentieller Wirkungsquerschnitt, Elektronen 90ff.
—— Neutronen 129
Differentielles Ionisierungsvermögen 47, 276f.
Diffusion, Elektronen 101ff.
Divergenzwinkel, Elektronenstrahl 253
Doppelmoderator-Dosimeter 279
Dose commitment 349, 352, 357
Dosierung 183
Dosimeter 188
— chemische 192ff., 260f., 281
— Glasdosimeter 201f., 216f., 281, 402
— Halbleiterdosimeter 204f., 217, 263, 283
— Ionisationsdosimeter 190, 216, 259ff., 283, 286, 402
— kalorische 187f., 191f., 259, 283
— Leitfähigkeitsdosimeter 206f., 217, 263
— photographische 195ff., 261, 280f., 283, 402
— Photolumineszenz 189f., 200ff.
— Szintillationsdosimeter 207ff., 217, 263, 279
— Thermolumineszenzdosimeter 202f., 217, 263, 281, 283, 402
— Verfärbungsdosimeter (optische Durchlässigkeit) 206, 263
— Zählrohr 190f, 216, 277ff, 283
Dosimetrie, Deuteronen 283ff.
— Elektronen 248ff.
— Grundprinzipien 184
— bei intrakavitärer, interstitieller u. Kontaktbestrahlung 287ff.
— Ionen 282
— Neutronen 276ff.
— offene radioaktive Stoffe 299ff.
——— Alphastrahler 300ff.
——— Betastrahler 306ff.
——— Gammastrahler 308ff.
— Photonen 212ff.
— Protonen 283ff.
— umschlossene radioaktive Stoffe 287ff.
—·—— Alphastrahler 299ff.
———— Betastrahler 288ff.
———— Beta- u. Gammastrahler 298f.
———— Gammastrahler 294f.
— Ziel 183
Dosisabhängigkeit der Anzeige 189
Dosisanstieg s. Dosisaufbaueffekt, Elektronen
Dosisaufbaueffekt, Elektronen 266f.
— Neutronen 274, 380
— Photonen 219ff.
Dosisaufbaufaktor 294f., 382f.
Dosisbegriffe, medizinische 73f.
— Strahlenschutz 74f.
Dosisberechnungen, Alphastrahler 301, 303f.
— Betastrahler 290ff., 298ff., 306f., 310ff.
— Elektronenstrahlen 263ff.
— Gammastrahler 296, 298f., 308, 310ff.
Dosis-Effekt-Beziehung s. Dosis-Wirkungsbeziehung
Dosiseinheiten, allgemein 61f.
— historische Entwicklung 79f.
Dosisformeln, Dosisfunktionen 290ff., 294, 306f.
Dosisgrenzen 341ff.
Dosisgrößen, allgemein 61f.
— historische Entwicklung 79f.
Dosiskalorimeter s. Dosimeter, kalorische
Dosiskonstante s. spezifische Gammastrahlenkonstante
Dosisleistung 61
Dosisleistungsabhängigkeit der Anzeige 189
Dosisleistungskonstante s. spezifische Gammastrahlenkonstante

Dosisleistungsspektren 230f.
Dosismeßmethoden 189ff., 210, 212
— Elektronen 256ff.
— Neutronen 276ff.
— Photonen 213ff.
— Protonen 283ff.
— schwere geladenen Teilchen 283ff.
Dosis-Mutationsbeziehung 331
Dosisschwächungsgrad s. Schwächungsgrad
Dosisumrechnungsfaktoren, chemische Dosimeter 194
— Elektronen 257ff.
— Photonen 223ff., 308, 311
Dosisverteilungen, Betaapplikatoren 293f.
— Deuteronen 284ff.
— Elektronen 251, 256, 263ff.
—— in homogenen Medien 266ff.
—— in inhomogenen Medien 268ff.
—— in Phantomen 264f.
— Neutronen 274f.
— Photonen 233ff.
— Protonen 284ff.
— Radiumapplikatoren 295ff.
Dosis-Wirkungsbeziehung 315, 330
Dosiszuwachsfaktor, Neutronen 380, 382
— Photonen 294f., 382f., 385
Dotieren 204
dpm, dps 27
Driften 204
Druckeinheiten 11
Dunkelstrom, Halbleiter 10
Durchlässigkeit, Atemfilter 394
— optische 190, 206ff., 263
Durchlässigkeitskurve, Elektronen 104
Durchlaßstrahlung, Definition 54
— Gehäuse 272
Dyn 10

E
Effekte, Dosimetrie 188ff.
Effektive Atomnummer s. Ordnungszahl
— Dichte 266
— Energie 174f.
— Halbwertszeit 27, 290, 299, 311f.
— Ordnungszahl 168, 210f.
Effektiver Meßort 259f.
Effektives Meßvolumen 223
Eichen 185
Eigenfilterung 175
Eigenstrahlung 141
Einfallsdosis 73
Einfang, Elektronen 24
— Gammastrahlung 274, 278, 282, 381
— Neutronen 128ff, 274
Einflüsse auf die Anzeige 189, 218f.
Einheiten Buchdeckel 4ff., 81ff., 316
— atomphysikalische 4
— Kurzzeichen Buchdeckel 5ff., 81ff.
— veraltete, Aktivität 44f
—— Dosis 80
Einzelstehfeldbestrahlung 239ff.
Einzelstreuung, Elektronen 97ff.
Eisensulfat-Dosimetrie 193ff, 260f.
Elastische Streuung, Elektronen 90, 97
—— Neutronen 128f.
—— Photonen 151f.
Elektrische Größen u. Einheiten 14
Elektrodesintegration 116, 251, 254
Elektron 18
Elektronen 22, 84ff., 90ff.
— Dosimetrie 248ff.

Elektronen
- Einfang 24, 38
- Flußdichten 368
- Fluenz, auch spektrale 113f.
- Ladung, spezifische 18
- Radius, klassischer 18, 91
- Sekundäre s. Sekundärelektronen
- Spektren 113f.
- Spinresonanz 190, 209
- Strahlung, Anwendungen 249ff.
- Therapie 249f., 348
- Wechselwirkung mit Materie 90ff.
- Zwilling 155, 157, 159, 178

Elektronenanzahl, Elemente 156f.
- Fettgewebe 168f.
- Muskelgewebe 168f.
- Knochen 168f.
- Kunststoffe 168f.
- Phantommaterialien 168f.

Elektronenbeschleuniger s. Beschleuniger
Elektronische Rechenanlagen s. Computer
Elektron-Positron-Paar s. Elektronenzwilling
Elektronvolt 4, 12
Elementarladung, elektrische 16
Elementarteilchen 18
Elemente 19ff., 156f.
- Dichte 156f.
- Elektronenanzahl 156f.
- Massenzahl 19ff.
- relative Atommasse 19ff., 156f.
- Z/A_r 156f.

Eman 45
Emanation 342
Emanationstest 389
Emanationstherapie 35f
Emissionsrate 34f., 55
Emissionswinkel, Sekundärelektronen 91
Emitterfolie 255
Empfindlichkeit, Meßgerät 3
- Film, Definition 196
-- verschiedener Emulsionen 196ff., 261f.

Emulsion, photographische 195ff.
Endotherme Prozesse, Reaktionen 60, 135, 139f.
Energie, auf das Material übertragene 60ff.
- Betastrahlen, maximale u. mittlere 31f., 38ff., 289ff., 305f.
- Bewegung, relativistische, Ruhe 15f.
- effektive (Photonen) 174f.
- Gammastrahlen 34, 38ff.
- intermediäre Elektronen 142
- kritische 96
- mittlere, wahrscheinlichste (Elektronen) 251
- nichtrelativistische Elektronen 142
- relativistische Elektronen 142
- Übertragung 60f
- Übertragungsvermögen, lineares 71, 274f., 278, 300, 303f., 314
- Umwandlung 60f., 150, 158
- Umwandlungskoeffizient 158ff.
- Unschärfe, Elektronen 251f.
-- Neutronen 126
- Verluste, Elektronen 90ff, 251
-- durch Stoß 99ff.
-- durch Strahlung 93ff.

Energieabhängigkeit, Anzeige 188
-- Elektronen 255, 259, 263
-- Neutronen 277, 280
-- Photonen 196, 201f., 206f., 215ff.

Energieabsorption 150
Energieabsorptionskoeffizient 160ff.

Energieäquivalent, Masse 15, 25
- Röntgen 225
Energieaufwand, mittlerer, pro Ionenpaar 51f., 192, 280, 283, 337
-- pro Ladungsträgerpaar 204
Energiebereiche, Neutronen 133
Energiedichte, lokale 313
Energiedosis, Alphastrahler, Alphateilchen 300f
- Betastrahler, Betateilchen 290, 293, 305ff.
- Beta- u. Gammastrahler 310f.
- Definition 60ff.
- Gammastrahler 308ff.
- Haut 305
- Luft 224f.
- Neutronen, selektive Bestimmung 277f.
- Zelle, Zellkern 300, 303
- Zytoplasma 303

Energiedosisleistung, Alphastrahler, Alphateilchen 294, 301f., 303ff.
- Betastrahler, Betateilchen 290ff., 301f., 303f., 306ff.
- Definition 60ff.
- Gammastrahler 308ff.
- heiße Teilchen, auch fall-out 294, 301f.

Energieeinheiten 12
- atomphysikalische 4
Energiefluenz 58, 272
- spektrale 58, 272
Energieflußdichte 58
- spektrale 58
Energiekalibrierung, Gammastrahler 34
Energieniveaus 33, 92
Energie-Reichweite-Beziehungen 109ff.
Energiespektrum, Elektronen 113ff, 251
- Gammastrahlen 148
Energiestromdichte 59
Energieverteilung, Betastrahlen 32, 288f.
- Bremsstrahlung 96
- Cerenkov-Strahlung 89
- Elektronen 113ff., 251, 254, 259
- Gammastrahlen 148
- Neutronen 125ff.
- Röntgenstrahlen 146f.

Epilation 336
Epithermische Neutronen 133
Erfahrungen, Strahlenschutz 408
Erg 12
Ergiebigkeit, Strahlungselemente 204f.
Erhebungspegel 407
Erythemdosis 332, 336
Europäische Organisationen 322, 415f.
Exoelektronen 190, 209f.
Exotherme Prozesse u. Reaktionen 60, 135, 139f., 276
Exponentialfunktion 2
Exposure 61, 66, 260
Extinktionskoeffizient, molarer 193

F

Fading 189, 201ff., 206ff.
Fahrenheit 13
Fall-out 301, 362, 409f., 413
Fano-Theorem 63f., 314
Farad 14
Faraday-Käfig 283, 286
Faraday-Konstante 17
Fehlerrechnung 2
Feldgröße 222, 239ff., 251, 254, 266
Feldhomogenität 251, 254
Feldkonstante, magnetische u. elektrische 16

Sachverzeichnis

Feldstärke, magnetische 14
Fermi-Korrektion s. Dichtekorrektion
Ferrosulfat-Dosimeter, s. Dosimeter, chemische
Feste Rückstände, radioaktive 395ff.
Festkörperdosimeter 189, 259, 263
Fettgewebe, physikalische Daten 168f.
Feuchte, relative 223
FHA, Fokus-Haut-Abstand 230, 235ff., 253
Filmdosimeter 195ff., 402
− Elektronen- u. Betastrahlen 198f., 261f.
− Neutronen 199f., 280f.
− Photonen 196ff.
− Protonen u. schwere Teilchen 199, 283
Filmfading 196, 199
Filmkontrast 196
Filmplakette 196ff., 281
Filter, Abluft 393f.
− Filmplakette 196, 281
− Geräte 400
− Materialien 176
−− Normalstrahlungen 177
−− Röntgenbremsstrahlungen 176f.
−− Schwächungsmessung 176
− selektive (K-Strahlung) 176f.
Filterung 175
Fingerring-Dosimeter 196
First collision dose s. Kerma
Flächenaktivität 303f., 360, 400
Flächendichteeinheiten 10
Flächendichten 379
Flächendosimeter 232
Flächendosisprodukt 74, 83, 232
Flächeneinheiten 6
Flächenenergie, veraltet s. Energiefluenz
Flächenkontamination s. Oberflächenkontamination
Fluenz, Energie 58
− planare 196
− Teilchen 56
Fluenzrate 56
Fluktuationen, statistische 92, 97, 107, 119, 284
Fluoreszenzstrahlung 141
Fluoreszenzverstärkung 196
Flüssige Rückstände, radioaktive 396f.
Flüssigkeiten, bestrahlte 337f.
Flußdichte, Energie 58
− Teilchen 56
Fokussierung geladener Teilchen 86
Formeln, mathematische 1f.
Formelzeichen für Größen 3, 81f, hinteres Vorsatzblatt
Fraktionierte Bestrahlung 332
Freigrenzen, radioaktive Stoffe 349, 352ff., 375
− Summenformel für Radionuklidgemische 357
Freisetzung, radioaktive Stoffe 376f.
Frequenz 14, 146
Fricke-Dosimeter 193, 222
Füllgas, gewebeäquivalentes 190, 278ff., 314
Fundamentalmethoden, Dosimetrie 185ff.
Fusion, Kern 25

G

Galaktische Höhenstrahlung 48f
Gammaquant s. Photon
Gammastrahlendosimetrie 212ff., 294ff.
Gammastrahlenkonstante, spezifische 38ff., 67ff., 124, 294, 308, 311f.
Gammastrahler, Dosisaufbau, Zuwachsfaktor 294f., 385
− Energiedosis, Dosisleistung 308ff.
− zur Energiekalibrierung 34

Gammastrahler, Flußdichten 368
− Geometriefaktoren 308f.
− offene, Dosimetrie 308ff.
− Strahlenschutz 347, 377, 384
− umschlossene, Dosimetrie 295ff.
Gammastrahlung, Definition 141
− Radionuklide 32f., 38ff.
Ganzkörperbestrahlung 332, 335
Ganzkörperzähler 406f.
Gase, bestrahlte 337
− gewebeäquivalente 278f., 314
Gasförmige Rückstände, radioaktive 399
Gasverstärkung 191
Gauß 14
Gauß-Verteilung, Elektronen 99
Gehäusedurchlaßstrahlung s. Durchlaßstrahlung
Geiger-Müller-Zählrohr, s. Auslösezählrohr
Genauigkeit 2f.
Genehmigungen, Strahlenschutz 363
Genetisch signifikante Äquivalentdosis 410ff.
Genetische Wirkungen 331, 333
Geometriefaktoren 308f., 382
Geschwindigkeit, Teilchen 87, 123, 128, 135
Gewebeäquivalent 164, 168f., 191
Gewebehalbwertsschichtdicke, -tiefe 244f., 305
Gewebedosis 276f., 279
Gewebe-Luft-Verhältnis 229f., 235f., 238
Gewebeoberflächendosis 73
Gewebeproportionalität 276f.
Glasdosimeter 201f., 216f., 281
Gleichgewicht, radioaktives 29
− Sekundärelektronen 62f., 65f., 213f., 226, 258
− Sekundärteilchen 62, 273, 277, 280
Gleichgewicht-Ionendosis 65f
Glockersches Grundgesetz 159
Glowkurve 202
Gonaden, Strahlenbelastung 336, 341f., 410
Gradation, Film 197
Gramm-Rad 62, 243
Gramm-Röntgen 80, 242
Grenzenergie 141, 146
Grenzflächen, Einfluß 221f., 258, 263, 273, 290
Grenzschichten in Meßsonden 221f., 258
Grenzstrahlen 213
Grenzwellenlänge 146
Grenzwerte, Strahlenschutz
−− Äquivalentdosis 340, 342f., 344f.
−− Äquivalentdosisleistung 345
−− äußere Kontamination 358ff
−− Dosisgrenzen 341
−− Hautkontamination 359f.
−− innere Kontamination 346ff., 369
−− Ionendosisleistung (Energiedosisleistung) 345, 347
−− Kleidungskontamination 360
−− Leuchtfarben 357
−− Normalbedingungen 340, 342, 344f., 352
−− Notstandsbedingungen 340, 343f., 346, 358
−− Oberflächenkontamination 360ff.
−− primäre 340, 345
−− sekundäre 340, 344ff.
Größen, Formelzeichen 3, 81ff., hinteres Vorsatzblatt
Größenarten 3
− physikalische 3
Größengleichung 3
Grundgesetz, Glockersches 159
Grundgrößen 3
Grundschleier, Film 196
G-Werte 192ff., 260f., 337, 339

H

Hadronen 18
Halbempirische Rechenverfahren 263
Halbleiter 190, 204f., 217, 263, 283
Halbtiefentherapie 213, 250
Halbwertschichtdicke 171ff., 215, 381f.
Halbwertschichtmessungen 172, 176
Halbwertstiefe s. Gewebehalbwertstiefe
Halbwertszeit 27f.
— biologische u. effektive 27, 290, 299f, 305, 307, 311f.
— physikalische 18, 27, 31f., 38ff., 124, 134, 137, 139, 307
Handhabung, Strahlenquellen 399f.
Handlungen, genehmigungspflichtige 361
Handschuhkästen 390f., 393
Härtebereiche 176
Härtefaktor, Film 196
Härtungsgleichwert 175ff.
Hautkontamination 299, 303, 305, 358ff.
Heilwässer, radioaktive 35f.
Heiße Teilchen (hot spots) 269ff., 301, 303, 305
Heiße Zellen 390f.
Henry-Einheit 14
Herddosis 74
Herdgebiete, Elektronentherapie 249f.
Hertz 14
Heterogenitätsgrad s. Homogenitätsgrad
Höhenstrahlung s. kosmische Strahlung
Hohlraum-Ionendosis 66, 225f., 253, 257, 260f.
Hohlraumkammer 215
Hohlraumtheorie 63, 114, 258
Homogenitätsgrad 171ff.
Homogenitätsindex 254
Hot spots 269ff., 301, 303, 305
Hyperonen 18

I

Immersionstest 389
Implantation 288, 298
Impuls 15f., 84f., 123
— elektromagnetischer 88f.
Inaktivierungskonstante 315
Induktion, magnetische 14, 84f.
Induktionsmonitor 254ff.
Induzierte Radioaktivität 254
Inelastische Streuung s. auch unelastische 128
Infusion 299
Ingestion 306
Inhalation 299, 301, 375, 407
Inhomogenitäten 221f., 245f., 268ff.
Injektion 288, 299, 306
Inkohärente Streuung 150
Inkorporation 299ff., 370ff.
Inkorporationsrisiko 376
Inkorporationsüberwachung 406f.
Innere Konversion, Umwandlung 34
Instillation 288
Integraldosis 62, 242ff.
Intensität s. Energieflußdichte
Intermediäre Neutronen s. mittelschnelle N.
Internationale Organisation 319ff., 415f.
——Abkürzungen 415f.
— Verträge für Beförderung 322f.
Interstitielle Therapie, Dosimetrie 287ff.
Intrakavitäre Radiumapplikatoren 298
— Therapie, Dosimetrie 287ff.
Ionenanzahldichte 46
Ionenart 50
Ionenbeweglichkeit 50

Ionendosis, Definition 64ff.
Ionendosisgrößen 64ff.
Ionendosisleistung 61f., 224f.
Ionengröße 50
Ionenkonzentration 46
Ionenladung 50
Ionenpaarausbeute 337
Ionisation 46, 90f.
— Atmosphäre, galaktischer Raum 48f.
Ionisationskammer, Extrapolation 187
— gewebeäquivalente 279f.
— Hochdruck 187
— Kleinkammer 187, 256, 259
— Kondensator 189
— Neutronen 279ff.
— schwere Teilchen 283, 286
Ionisationsmethoden 187, 190, 213, 259f., 279ff., 283
Ionisierende Strahlen, ionisierende Teilchen, Definition 53f.
Ionisierung 47
Ionisierungsdichte 47, 284
Ionisierungsenergie 50f.
Ionisierungskonstante 51
Ionisierungsstärke 47
Ionisierungsvermögen 47, 255, 276f.
Isobare 22
Isobarenregel 23
Isodosen, Deuteronen 284ff.
— Elektronen 266ff.
— Gammastrahler 295f.
— Photonen 238ff.
— Protonen 285ff.
Isomere 23, 32f.
Isotone 23
Isotope 22f.

J

Jodkonzentration 358, 376, 401, 403, 407
Joule 12, 14

K

Kadmiumsulfid 206, 208, 218
Kadmiumsulfidverhältnis 136
Kalibrieren 185
Kalorie 12
Kalorimetrische Methoden 187f., 191f., 259, 276, 283
Kalorischer Defekt s. Wärmedefekt
Kammerfaktor 215, 223
Kammer-Gleichgewicht-Ionendosis 65f., 223
Katastrophendosimetrie 188
K_β 307f.
Keilfilter 175, 249, 251, 268
Keilfilterdosen 239ff.
K-Einfang 24, 31f.
K-Elektron 152
Kelvin 13
Kenndosisleistung, Definition 60
— Messung 231f.
Kerma, Kermaleistung, Kermarate 75, 77f., 272f., 276f.
Kernart s. Nuklid
Kernfusion 25
Kernkraftwerke 414
Kernladungszahl (Ordnungszahl) 19ff, 22, 156f.
Kernmagneton 122
Kernphotoeffekt 116
Kernprozeß, Kernreaktion 276, 283
Kernspaltung 34, 126, 128

Sachverzeichnis

Kernspuremulsion 199, 283
Kernspuren 195, 199, 280f.
Kernumwandlung 24f., 128
Kernwaffenexplosion 369, 413
Kernzustand, angeregter 30, 32ff.
Kettenbrüche 339
Kilopond 10
Kinetische Energie 16, 84f., 123, 152
Kleinauffänger-Monitor 256
Klein-Nishina-Formel 153
K-Mesonen 18
Knochen, Äquivalentdosis 341f.
– physikalische Daten 168f.
Kohärente Streuung 150
Kollektorfolie 255
Kollimator, Elektronenstrahl 249, 251ff., 271
Kombinationsfilter 176f.
Kontakttherapie, Dosimetrie 287ff.
Kontamination, äußere 358ff.
– Haut 299, 303, 305, 358ff.
– innere 346ff., 369ff.
– Kleidung 360
– Lebensmittel 404
– Oberflächen 360ff.
Kontrast, Film 196
Kontrollbereich 345ff., 361, 364
Konversion, innere 34
Konversionselektronen 34, 38ff., 290
Konzentration, Aktivität 32f.
– höchstzulässige 349, 353ff.
Korpuskel 53
Korpuskularstrahlen 84ff.
Korrektion, äquivalente Dicke (c_{ET}) 269
Korrektionsfaktor p_i s. Perturbation correction
Kosmische Strahlung 48f., 123, 341
Krafteinheiten 10
Kramer-Effekt s. Exoelektronen 209f
Kritikalitätsrisiko 364, 395
Kritikalitätssicherheit 329
Kritische Energie 96
Kritisches Organ, Definition 346
Krümmungsradius, Bahnlinie 85, 89
Kryptongehalt 414
K-Strahler 31f., 38ff.
K-Strahlung 24, 141, 144f., 176f.
Kunststoffe, gewebeäquivalente 164, 168f., 191, 278
– physikalische Daten 168f.
– bestrahlte 338f.
Kurzzeichen, Einheiten vorderer Buchdeckel, 4ff.
Kurzzeitige Bestrahlung, Wirkungen 332, 335f.

L

Laboratorienklassifizierung 364
Ladung, spezifische 18
Lagerung radioaktiver Rückstände 399, 414
Längeneinheiten 5
Langer Zähler 140, 279
Langevin-Ionen 50
Langsame Neutronen 133ff.
–– Dosimetrie 278
Lanthaniden 19ff.
LD s. Letaldosis
Lebensalterdosis 342f.
Lebensdauer, mittlere radioaktive 27
–– Ladungsträger 204f.
Leckrate 403
Leckratentest 389, 391
Leckstrom s. Dunkelstrom
Leichen, radioaktive 399
L-Einfang 24

Leistung, Kernkraftwerke 414
Leistungseinheiten 12, 14
Leitfähigkeitsänderungen 190, 206ff., 263
Leptonen 18
LET s. auch Lineares Energieübertragungsvermögen 71
Letaldosis 334, 336
Lethargie 125
Leuchtfarben, radioaktive 349, 357f., 412
Lichtausbeute s. Lumineszenzausbeute
Lichtgeschwindigkeit 16
Lichtleiter 209
Lineares Energieübertragungsvermögen (L, englisch: Linear Energy Transfer, LET) 274f., 278, 300, 303f., 314
–– Definition 71f.
Linienquelle 294, 296
Linienspektrum, Gammastrahlen 141, 148
– Röntgenstrahlen 141, 144ff.
Linsentrübung 336
Liter 7
Loevingersche Punktquellenfunktion 291ff.
Logarithmus 2
Loschmidt-Konstante 16
L-Strahlung 141, 144ff., 176
Luftäquivalenz 164, 214, 221, 223
Luftdichte 223f.
Luftfeuchte 199, 223
Lüftungsanlagen 393
Lumineszenzabbau, Degradation 202, 263
Lumineszenzausbeute 201f., 209ff.
Lunge, Äquivalentdosis 341, 375
– physikalische Daten 168f.

M

Mache-Einheit 45
Magnetfeld, Ablenkung 84ff., 252
Magnetische Größen u. Einheiten 14
Magnetische Induktion 14, 85ff.
Makroskopischer Wirkungsquerschnitt 129, 273, 381
Manchester-System 296
Masse, molare 28
Massen-Bremsvermögen, beschränktes 93
– durch Bremsstrahlerzeugung 93ff.
– Elektronen 75ff., 259, 261
– Protonen 118f.
– relatives 226, 229, 257, 259
– durch Stöße 90ff., 257., 264
Massendefekt 25
Masseneinheiten 4, 8, 17
Massen-Energieabsorptionskoeffizient 160ff., 291
– relativer 226ff.
Massen-Energieumwandlungskoeffizient 158ff.
– Neutronen 272
– Spektren 159f.
Massen-Paarbildungskoeffizient 155, 158, 166
Massen-Paarumwandlungskoeffizient 159
Massen-Photoabsorptionskoeffizient 152, 158, 166
Massen-Photoumwandlungskoeffizient 159
Massen-Reichweite 119ff., 182, 214
Massen-Schwächungskoeffizient 151f., 161ff.
– Spektren 159f.
Massen-Stoßbremsvermögen 90ff., 257, 264
Massen-Strahlungsbremsvermögen 93ff., 264, 305
Massen-Streukoeffizient 153, 158
Massen-Streuvermögen 99ff., 264
Massenverhältnis 18
Massenzahl 19ff., 22, 38ff.
Massenzunahme 16
Maßnahmen, Strahlenschutz 377ff., 399ff., 407f.

Materialäquivalenz 163ff.
Materialbestrahlung, Elektronen 249
Materiewellen 87f., 123
Mathematische Formeln 1f
Maxwell-Einheit 14
Maxwell-Verteilung, Neutronen 127f., 133, 136
Med (millicurie détruite) 45
Medizinische Dosisbegriffe 73f.
Megavolttherapie 213
Mehrfachstreuung 97, 99
Mehrfeldbestrahlung 241f.
Merkblätter, Strahlenschutz 328ff.
Mesonen 18, 278, 287
Meßort, effektiver 259f.
Meßsonden 184, 188f., 213ff.
Meßtechnische Überwachung, Strahlenschutz 401ff.
Meßunsicherheit 2f., 187
Meßverfahren, Dosimetrie 188ff., 210, 212
– Elektronen 248ff.
– Neutronen 276ff.
– Photonen 212ff.
– Protonen u. schwere Teilchen 283ff.
Meßvolumen, effektives 223
Metalle, bestrahlte 339
Metastabiler Zustand 23, 33, 38ff.
Mgh s. Milligramm-Element-Stunden
Mikrodosimetrie, Größen 263, 313ff.
Mikroskopische Energieverteilung 313ff.
Mikroskopischer Wirkungsquerschnitt 273, 379, 381
Milligramm-Element-Stunden 44f., 296ff.
Mittelschnelle Neutronen 133, 136f.
–– Dosimetrie 278, 281f.
Mittlere Energie, Betastrahlen 289f.
–– Elektronen 251f.
–– Neutronen 128
Mittlere freie Weglänge, Elektronen 100
––– Neutronen 129
Mittlere Lebensdauer, radioaktive 27
–– Ladungsträger 204f.
Moderator, Neutronen 128, 133, 137f., 140, 278f.
Mol 4
Molare Aktivität 28
Molare Masse 28, 156
Molarer Extinktionskoeffizient 193
Molvolumen, spezifisches 16
Momentenmethode 263f.
Monitor, Elektronenstrahl 254ff.
– Induktions 254ff.
– Kalibrierung 251, 254, 256
– Kammer 251, 254f.
– Probenentnahme 256
– Sekundäremission 255
– Strahlenschutz
–– Lungen 404
–– Schilddrüsen 404
– Transmissions 254f.
Monoenergetische Neutronen 125f., 274
Monte-Carlo-Methode 104, 107, 114, 263ff., 274f., 282
Moulagen 288, 296
Muskelgewebe, physikalische Daten 168f.
Muttersubstanz, radioaktive 29f.
Myonen 18
MZA, Maximal zulässige Organaktivität 349
MZK, Maximal zulässige Konzentration 349, 352ff.

N

Nachweisgrenzen, Ganzkörperzähler 406f.
– Oberflächenkontamination 405
– Personendosimeter 401f.
– Radionuklide in Atem u. Urin 406

Nadelstrahl 271
Näherungsformeln, mathematische 2
Naßwischtest 389
Natürliche Strahlung 340ff.
Nebenstrahlung 271f.
Nettoschwärzung, Film 196
Neutrino 18, 24, 32
Neutronen 18, 22f., 53, 122ff.
– Äquivalentdosis 271
– Äquivalentdosismessung 278
– Ausbeute, Generatoren 126
–– radioaktive Quellen 124
– Beseitigungsquerschnitt 380, 382
– Dichtemessung 135f.
– Dosimetrie 272ff.
–– Größen 272ff.
– Einfang 128f.
– Elemente 206
– Energiebereiche 133
– Fluenz, auch spektrale 272
– Flußdichten 367f.
– Flußdichtemessung 133ff.
–– langsame (thermische u. epithermische) 135f.
–– mittelschnelle (intermediäre) 137
–– schnelle 138f.
– Generatoren 125f., 377
– monoenergetische 125f., 274
– Nachweis 133ff.
– Quellen 123ff.
– Quellstärke 125
– Schwächung 379ff.
– Schwächungskoeffizient 379ff.
– Spektren 125, 127, 136, 138
– Strahlung im Elektronenstrahl 271
Neutronendosis, selektive Messung 276f.
Newton 10
Nichtselektive Verfahren, Neutronen 279f.
n-Leiter 204
Nomogramm, Standard-Ionendosis, Diagnostik 412
– Umrechnung radiologischer Einheiten 317f.
Normalbedingungen, Strahlenschutz 340, 342, 344f., 352
Normallösungen, radioaktive 37
Normalstrahlung 177
Normen, Strahlenschutz, deutsche 319
–– internationale 321
–– übrige Länder 321, 329
Notstandsbedingungen, Strahlenschutz 340, 343ff., 358ff.
Nukleonen 18, 22
Nukleonenzahl s. Massenzahl
Nuklid 22f.
– natürlich radioaktives 29ff.
Nutzstrahlung, Definition 54
– Schwächung, Gammastrahlen 384, 386, 393f., 396, 398
–– Röntgenstrahlen 383ff., 386ff., 400
N-Z-Diagramm 23f.

O

Oberflächenaktivität s. Flächenaktivität
Oberflächendosis, Gewebe 73
Oberflächenenergie 251
Oberflächenkontamination 358, 360ff., 403
Oberflächen-Radiumapplikatoren 297f.
Oberflächentherapie 213, 250, 287
Oerstedt 14
Ohm 14
Optische Dichte 193, 206ff.
– Durchlässigkeit 190, 206ff., 263

Sachverzeichnis

Ordnungszahl 19ff., 22, 156f., 205
— effektive 168, 210f.
Organaktivität, höchstzulässige 349
Organe, Standardmensch 350
Organisation, Abkürzungen 415f.
— internationale 319ff., 415f.
— Strahlenschutz 364, 407
Ortsdosis, Dosisleistung, Definition 74
— Messungen 281f., 401

P
Paarbildungseffekt 151, 155, 158
Paarbildungselektronen 178ff.
Paarbildungskoeffizient 151, 155
— benachbarte Elemente 158
Paarumwandlungskoeffizient 159
Pascal 11
Paterson-Parker-System 296
Patientenbelastung, Diagnostik 231f., 410ff.
Patientendosimetrie, Diagnostik 231f.
Periodisches System, Elemente 19ff.
Permeabilität 14, 255f.
Personendosimeter 280f., 401f.
Personendosis, Definition 74
— Messungen, auch selektive 280ff.
— Meßstellen 197
Personenschutz, technischer 399ff.
Perturbation correction P_i 257, 259f.
Pferdestärke (PS) 12
Phantome, Dosisverteilung 264, 266ff.
Phantommaterialien 164, 168f.
Photoabsorptionskoeffizient 151f.
— für benachbarte Elemente 158
Photoeffekt 151f., 158, 205
Photoelektronen 152, 178ff., 205
Photoelemente 204
Photographische Methoden 195ff., 261f.
Photolumineszenz 200ff.
Photomultiplier 200
Photon, Quant 14, 18, 30
Photonen 53
— Dosimetrie 212ff.
— Dosis, selektive Messung 276, 280
— Energie 14f., 38ff.
— Flußdichten 368
— Strahlen, Definition 141
— Strahlenschutz 381ff.
Photoumwandlungskoeffizient 159
Physikalische Konstanten 16f.
Pi(π)-Mesonen, Pionen 18, 117, 287
Planare Fluenz 196
Planck-Konstante (Wirkungsquantum) 16
Plastik, gewebeäquivalente 278
p-Leiter 204
Polarisationseffekt s. Dichteeffekt
Positron 18, 24, 157, 283
Positronenstrahler 38ff., 289f.
Potentialstreuung 128f.
Potenzen 1
Primäre Grenzwerte s. Grenzwerte
Primärstrahlung, Definition 54
Probenantnahme, Monitor 256
Proportionalzählrohr, Mikrodosimetrie 313ff.
— Neutronen 277f., 280
— Photonen 190f.
Protonen 18, 22, 117ff.
— Dosimetrie 283ff.
— Flußdichten 368
— Reichweiten 119ff., 200, 274, 285ff.
Protrahierte Bestrahlung 332

Prozentuale Tiefendosis 73, 233ff.
Punktquellenfunktion 291ff.

Q
Quant s. Photon
Quasiadiabatisches Kalorimeter 188, 191f.
Quellen, radioaktive 29ff.
— ungewollter Strahlung 367
Quellpunkt, Elektronenstrahl 252ff., 268
Quellstärke, Berechnung der Flußdichte 366ff.
— auch spektrale, Definition 55
— Neutronenquellen 123ff.
Quimby-System 296
Quimby-Tabellen 296f.

R
Rad (rd) 61, 316f.
Radiant 61
Radioaktive Heilwässer 35f.
— Neutronenquellen 125f., 277
— Quellen 29ff.
— Rückstände 395ff., 399, 414
— Stoffe (Strahlenschutz)
— — Ausbreitung 377
— — Beförderungsverträge 323
— — Behandlung u. Beseitigung 395ff.
— — Bindung 391, 393
— — Freisetzung 376, 386f.
— — im Körper 341
— — medizinische Anwendung 410f.
— — meßtechnische Überwachung 401ff.
— — Risikoabschätzung 367f., 375ff.
— — Rückhaltung 393ff.
— — Strahlenbelastung 341, 408ff.
— — Umschließung 369, 388
— — Umwelt 341
— — Verbreitung 386f.
— Stromstandards 34f.
Radioaktives Gleichgewicht 29
Radioaktivität 25ff.
— induzierte 254
Radioisotop 23
Radiologische Größen u. Einheiten 81ff.
— — — historische Entwicklung 79f.
Radiolyse 337
Radionuklide 23
— Bezugsnachweis 37
— gebräuchliche 38ff.
— maximal zulässige Konzentrationen 352ff.
Radionuklidgemische, maximal zulässige Konzentration 356f.
Radiophotolumineszenz 189f., 200ff.
Radiotoxizität 364, 375
Radium 30f., 38ff., 44
— Äquivalente 298
— Applikatoren 296ff.
— Emanation 35f., 45
— Nadeln 288, 295
— Präparate, Abmessungen 297
— Quellen 35f.
Radongehalt, Heilwässer 36
— Luft 342, 375
Randeffekte s. Wandeffekte
Randflächen s. Grenzflächen
Raumdosis 242
Raumfahrt, Strahlung 49, 369
Rayleigh-Streuung 150f.
RBW-Faktor 70f., 261, 313, 316
Rd s. Rad
Reaktionsratendichte 129

Reaktordosimetrie, Reaktormetrologie 183, 276
Reaktoren 127f.
Reaktorstrahlenschutz 369, 377
Reduktionsfaktor, Film 261f.
Reflexionsfaktor, Neutronen 281
Regelungen, Strahlenschutz 319, 321f., 324f., 329
Reichweite, Alphastrahlen 119ff., 200, 303, 305
— Betastrahlen 108ff., 291f., 303, 378f.
— Deuteronen 119ff., 200, 286
— Elektronen 108ff., 122, 251f., 378f.
— extrapolierte 108ff
— maximale 108ff., 292
— mittlere 108ff, 252, 291
— praktische 108ff., 251f., 266f.
— Protonen 119ff., 200, 274, 285ff.
— Rückstoßatome 273f.
— Sekundärelektronen 179, 181f., 214f.
— therapeutische 249f., 253
— Tritonen 200
Rekombination 48
Relative Atommasse, auch mittlere 17, 19ff., 156f.
Relative biologische Wirksamkeit 70f., 112, 261, 313, 316
Relatives Bremsvermögen 225f., 229, 257ff.
Relativgeschwindigkeit 84
Relativistische Energie 16
Relativmethoden, Dosimetrie 185f., 188ff., 213
Relaxationslänge s. Schwächungslänge
Rem 72, 80
Rem-Counter 74, 279
Rep 80
Reproduzierbarkeit 3, 187, 207f.
Resonanzdetektoren 137
Resonanzneutronen 127, 129
Restdosis, äquivalente 332, 334
Reziprozitätsgesetz, Filmschwärzung 196
Richtlinien, Strahlenschutz 329
Richtungsabhängigkeit, Anzeige 189, 213, 279
Richtungsänderungen, Elektronen 97ff.
Richtungsverteilung, Elektronen 97ff., 254, 259
— Energieflußdichte 58
— Kenndosisleistung 148f
— Neutronen 278
— Photoelektronen 152
— Rückstoßelektronen 154f.
— Strahlungsleistung 56, 149
— Streuphotonen 154f.
— Teilchenflußdichte 57
Ringspaltung 339
Risikoabschätzung 366, 375ff.
Risikokoeffizient 330f.
Röntgen (R) 64, 316f.
Röntgenanlagen, Strahlenschutz 347f., 377, 381ff.
Röntgenbremsspektren 96, 146f.
Röntgenelement 206
Röntgenstrahlendosimetrie 212ff.
Röntgenstrahlung, Definition 141
— Erzeugung 142f.
— Flußdichten 368
Röntgenwert s. Kenndosisleistung
Rückdiffusion, Elektronen 103ff.
Rückdiffusionskoeffizient 104ff.
Rückhaltung radioaktiver Stoffe 393ff.
Rückstände, radioaktive 395ff.
Rückstoßatome 300
Rückstoßelektronen s. Compton-Elektronen
Rückstoßkerne 280
Rückstoßprotonen 137f., 205, 273, 276, 278, 280
Rückstreufaktor, Photonen 222f., 238f.

Ruheenergie 15, 18, 84
Ruhemasse 15, 18, 84
Rutherford-Einheit 45
Rutherford-Wirkungsquerschnitt 98
Rydberg-Frequenz, Rydberg-Konstante 17

S
Sandwich-Verfahren 137
Sättigung 48, 255
Sättigungsaktivität 133
Sättigungsdicke 35
Sättigungsgrad 255
Sättigungsspannung 48
Sättigungsstrom 48
Schadensdosis 338
Schilddrüse, Äquivalentdosis 378f., 410
Schnelle Neutronen 133
—— Dosimetrie 277ff.
—— Flußdichte 138ff.
—— Nachweis 137f.
—— Spektren 138ff.
Schutzkleidung 399f.
Schutzmaßnahmen 377f., 386ff., 399f., 400f., 407f.
Schutzstoffe s. Baustoffe
Schwächung, Photonenstrahlung 150f., 381ff.
— Teilchenstrahlung 378ff.
Schwächungsgesetz 150f.
Schwächungsgleichwert 175
Schwächungsgrad 151, 170f., 381f., 393ff.
Schwächungskoeffizient 150f., 273
— atomarer 151
— Gemische, chemische Verbindungen 151
— pro Elektron 151, 153
Schwächungskurve 170f.
Schwächungslänge 151, 214f., 273f., 294f., 380
Schwächungsmessungen 170f., 176
Schwärzung, Film 195f., 261f., 281, 340
Schwellendiskriminator 277
Schwellendosis 338
Schwellenenergie 116, 126, 139, 251
Schwellwertdetektoren, Neutronen 139, 277
Schwellwerte, Erythemdosis 332, 336
Sekundäre Grenzwerte s. Grenzwerte
Sekundärelektronengleichgewicht 62f., 65f., 213f., 226, 258
Sekundärelektronen von Elektronen 91, 112f.
— mittlere Energie 179, 181f.
— von Photonen 178ff.
— Reichweite 178ff., 214f.
— relative Anzahl 179, 181f.
— Spektren 112, 114
Sekundäremissionsmonitor 254f.
Sekundäremissionsvervielfacher (SEV) 200, 202, 207, 209
Sekundärstandard 186
Sekundärstrahlung, Definition 54
Sekundärteilchengleichgewicht 62, 273, 277, 280
Selektivfilter 176, 181
Selektivmessung 278ff.
— langsame Neutronen 278
— mittelschnelle Neutronen 278
— schnelle Neutronen 277f.
— Personendosis 280ff.
— Photonendosis 280, 282
Siebbestrahlung, Elektronen 266
SI-Einheiten 4, 81ff., 316ff.
Siemens-Einheit 14
Somatische Wirkungen 331, 335f.
Sondendosis 257f.
Sondenmethode 133f., 184ff., 257ff.

Spaltkammern 135, 139
Spaltneutronen 127
Spaltung, spontane 24, 34, 128
Spaltungsreaktion 276
Spektrale Dosisleistung 230f.
– Energiefluenz 58
– Energieflußdichte 58, 146f.
– Quellstärke 55
– Strahlungsleistung 55
– Teilchenfluenz 56f.
– Teilchenflußdichte 56f., 146
– Verteilungen 146ff.
Spektren, Betastrahler 288ff.
– Elektronen 113ff.
– Gammastrahler 141, 148
– Neutronen 125, 127, 136, 138
– Röntgenstrahlen 141, 146f.
– Sekundärelektronen 112, 114
Spezifische Aktivität 28, 290, 299, 306ff., 310f.
– Gammastrahlenkonstante 38ff., 67ff., 294, 308, 311f.
Spezifisches Ionisierungsvermögen 47
Spickmethode 288, 296
Spin, Neutron 122
Spontane Spaltung 24, 34, 128
Staatsinstitute, Standarddosimetrie 186f.
Stabilitätskriterien 23f.
Stabilitätskurve 24
Standardabweichung 2
Standarddosimetrie 186f.
Standard-Gleichgewicht-Ionendosis 64f., 225
Standardlösungen, radioaktive 37
Standardmensch, Organe u. Stoffwechsel 348, 350ff.
– atomare Zusammensetzung 273
Standardpräparate, Bezugsnachweis 37
Stat 45
Stehfeldbestrahlung, Dosisverteilung 239f.
Steradiant (sr) 56
Sterilität 335
Stochastik der Strahlenwirkung 313f., 329
Stoffmenge, Einheit 4
Störstrahlung, Definition 54
Stoßbremsvermögen, Elektronen 91ff.
– Protonen, Deuteronen 117f.
Stoßionisation 53, 90f.
Strahldichte 58, 90f.
Strahldivergenz 253, 266
Strahlenbelastung, berufliche Tätigkeit 412
– innere radioaktive Quellen 341f., 346ff.
– kosmische Strahlung 49, 341
– künstlich radioaktive Quellen 408ff.
– medizinische Anwendungen 345, 347f., 410f.
– natürlich radioaktive Quellen 341f.
– natürliche Strahlung 341
– Raumfahrt 49, 369
– Risikoabschätzung 366, 375ff.
– sonstige Einflüsse 412f.
– zivilisatorische Anwendungen 413
Strahlenbeschäftigte 342f., 345, 352, 364
Strahlenerkrankungen 335f.
Strahlen, ionisierende, Definition 54
Strahlenqualität 170ff., 316
Strahlenquelle, Definition 54
Strahlenrisiko 331
Strahlenschutz 319ff.
– Administration 363
– Ausbildung, Belehrung 366
– Bereiche 364
– Dosisbegriffe 74f.
– Dosimetrie 188

Strahlenschutz
–– Elektronen 249
–– Neutronen 276ff.
–– Photonen 213ff.
–– Protonen 287
– Genehmigungen 363
– Maßnahmen 377ff., 399ff., 407f.
– Merkblätter 328ff.
– Normen 329, 377
– Organisation 364
– Pflichten 363
– Regelungen 319ff.
– Richtlinien 328ff., 377
– Richtwerte 341
– Verantwortung 363
– Verträge 322f.
– Überwachung 197, 364, 401ff.
Strahlenwarngeräte 346, 401
Strahlenwirkung 54, 313f., 329
– anorganische Verbindungen 339f.
– Bauelemente, elektronische 340
– Flüssigkeiten 337ff.
– Gase 337
– genetische 331f., 333
– hohe Dosen 332, 335f.
– Kunststoffe 338f.
– kurzzeitige und protrahierte Bestrahlung 332, 335f.
– Mensch 329ff.
– niedrige Dosen 329f.
– organische Stoffe, feste 339f.
– somatische 331f., 335f.
– sonstige Lebewesen 334, 336
– unbelebte Objekte 335ff.
Strahlleistung s. Strahlungsleistung
Strahlparameter 249ff.
Strahlrichtung 251ff.
Strahlstärke, Definition 56
Strahlstromstärke 254ff.
Strahlung, aktivierte Kerne 271
Strahlungsbremsvermögen 92, 96f., 117
Strahlungseinfang 128
Strahlungselemente 204ff.
– mit äußerem Photoeffekt 205f.
Strahlungsfeld 54
Strahlungsfeldgrößen 55f.
Strahlungslänge 97, 142
Strahlungsleistung 55f., 142, 148f., 254
– spektrale 55
Streufolie 251f., 266f.
Streukoeffizient 151ff., 158
Streuquerschnitt, differentieller 155
Streustrahlung, Definition 54
– Schwächung, Gammastreustrahlung 384, 394f., 397f.
–– Röntgenstreustrahlung 384, 386, 392, 399f.
Streuung, elastische, Elektronen 90
–– Neutronen 128ff.
–– Photonen 150f.
– Elektronen 98ff.
– inelastische (unelastische), Elektronen 90
–– Neutronen 128ff.
–– Photonen 150
– kohärente u. inkohärente s. Streuung, elastische u. inelastische
Streuvermögen 99
Streuwinkelquadrat, mittleres 99ff.
Stromdichte, Energie 59
– Teilchen 59, 255
Stromstandards, radioaktive 34f.

Subzelluläre Aktivitätskonzentration 303
Supervolttherapie 213
Symbole, atomphysikalische vorderes Vorsatzblatt
— Warnzeichen 365
Synchrotronstrahlung 89f.
Szintillationsmethoden 190, 207ff., 218
Szintillationsspektrometer 147, 170, 251

T
Target 142, 147, 149, 251
Teilchen, direkt u. indirekt ionisierend 53
Teilchenfluenz 56
— spektrale 57
Teilchenflußdichte 56
— spektrale 56f
Teilchenflußdichten 366ff.
Teilchengeschwindigkeit 87, 123, 128, 135
Teilchenstrahlung, Strahlenschutz 378ff.
Teilchenstrom, Definition 59
Teilchenstromdichte, Definition 59
Teilkörperbestrahlung 332, 336
Telecurietherapie 213
Telegammatherapie 213
Teletherapie 148
Temperatureinheiten 54
Terrestrische Strahlung 48, 341
Tertiärstrahlung, Definition 54
Tesla 14
Therapie, Betastrahler 287f., 299ff., 306
— Elektronen 249f
— Photonen (Röntgen- u. Gammastrahlen) 212f.
— Protonen 284
Therapeutische Reichweite 249f., 253
Thermische Neutronen 127, 133f.
Thermolumineszenz 188f., 202f., 217, 263, 281, 402
Thoraeus-Filter 180
Thoriumreihe 29f
Thorongehalt 342, 375
Tiefendosis, Definition 73
— Betastrahlen 292ff.
— Deuteronen 283ff.
— Elektronen 250, 263ff.
— Neutronen 273
— Photonen 219ff., 233ff.
— Protonen 283ff.
— prozentuale u. relative 73, 233
— Radiumapplikatoren 297f.
Tiefendosisdaten 234, 269, 286, 298
Tiefendosiskurven, Betaapplikatoren 293f.
— Deuteronen 283ff.
— Elektronen 253f., 263ff.
— Neutronen 274f.
— Photonen 184f., 219ff., 228
— Protonen 283ff.
— Radiumapplikatoren 295ff.
Tiefendosistabellen, Elektronen 269
— Photonen 184, 233ff.
Tiefentherapie 213, 250
Tochterkern, Tochternuklid 29
Torr 11
Totaler Wirkungsquerschnitt 129, 273, 381
Totzeit, Zählrohr 189, 191
Townsend-Kompensationsmethode 254f.
Toxizität s. Radiotoxizität
Transmission 104
Transmissionskoeffizient 104f.
Transmissionsmonitor 254f.
Transportweglänge 100f., 252
Treffertheorie 315, 329

Triton 18, 23
Tritium 23, 38
Tritiumgehalt 403, 414
Tritiummarkierung 303

U
Überwachung, meßtechnische 401ff.
Überwachungsbereich 348, 364
Umgebungsstrahlung 48, 341f.
Umrechnungsfaktoren, Dosis 194, 223ff, 257ff.
Umrechnung, Dosismeßwerte 223ff., 256ff.
— Einheiten 62, 65, 81ff., 316ff.
Umschließung radioaktiver Stoffe 388ff.
Umwandlung, innere 34
— radioaktive 25, 29ff.
Umwandlungsrate 25
Umwegfaktor 111f.
Umweltradioaktivität 341, 408ff.
Unelastische Streuung
—— Elektronen 90
—— Neutronen 128f., 133
—— Photonen 150
Unfalldosimetrie 281f.
Unfallverhütungsvorschriften 328f.
Ungewollte Strahlung 367
Unschärfe s. Energieunschärfe
Urankompensator 35
Uran-Radium-Reihe 29f.

V
Van-Allen-Gürtel 49
Vakuumkammer 283
Varianz 2
Verarmungszone 204f.
Verbindungen, radioaktiv markierte 37
Verfärbung 206, 263
Vernetzungen 339
Vernichtungsstrahlung 38, 157, 283
Verschmelzung, Kern s. Fusion
Verteilungsfunktion, Energiedichte 313f.
Vielfachstreuung, Elektronen 98ff., 266
Volt 14
Volumendosis s. Raumdosis
Volumeneinheiten 7
Vordosis 202, 283

W
Wahrscheinlichste Energie, Elektronen 251f.
—— Neutronen 128
Wandeffekte 215, 221f., 258ff.
Wärmedefekt 187, 191f.
Warnzeichen, Strahlenschutz 365
Wasserdampfgehalt, Luft 223
Wasserverbrauch, Bevölkerung 377
— Standardmensch 351
Watt 12, 14
Weber-Einheit 14
Wechselwirkungen mit Materie 54, 313
—— Elektronen 90ff.
—— Neutronen 128ff., 133
—— Photonen 150ff.
—— Protonen u. schwere Teilchen 117ff., 282
Weglänge, mittlere freie, Elektronen 100
—— Neutronen 129
Wellenlänge 14f., 87, 123, 144ff.
Wellenlängenabhängigkeit s. Energieabhängigkeit
Wellenzahl, Neutron 123
Wescott-Parameter 134, 137
Wirksamkeit, relative biologische 70ff.
Wirkungen s. Strahlenwirkungen

Wirkungsgrad, Bremsstrahlung 142f.
Wirkungsquantum 16
Wirkungsquerschnitt, Elektronen 90ff, 112
— Neutronen 128ff., 203, 205, 272f.
— Röntgenbremsstrahlung 142
Wurzeln 1

X
X-Einheit 5

Y
Y-Spektren, Elektronen 113f.
— Mikrodosimetrie 315f.

Z
Zahlenwertgleichung 3
Zähler, langer 140, 279
Zählrohrmethoden 191f., 216, 277ff., 283

Zählverluste 279
Zehntelwertsschichtdicke 381f., 392
Zeiteinheiten 13
Zeitfaktor, Radiumapplikatoren 298
Zerfallsenergie 33
Zerfallsfamilien 29f.
Zerfallsgesetz 25ff.
Zerfallskonstante 25, 27
Zerfallsprodukt 29
Zerfallsrate 25
Zerfallsreihe 29f.
Zerfallsschema 33, 299
Zerfallszeit s. Halbwertszeit
Zusatzfilterung 175ff.
Zuwachsfaktor s. Dosiszuwachsfaktor
Zwillingskalorimeter 187, 276
Zwischenkern s. Compoundkern

Formelzeichen für Größen

Lateinische Buchstaben

Formelzeichen	Bezeichnung	Formelzeichen	Bezeichnung
A	Aktivität	J_s	Standard-Ionendosis
A	Fläche	$\dot{J}_{s100}$	Kenndosisleistung
A	Massenzahl	j	Teilchenstromdichte
A_r	Relative Atommasse	K	Kraft
a	Spezifische Aktivität	K	Kerma
$a_1 \ldots a_i$	Verbindungszahl, Wertigkeit	$\dot{K}$	Kermaleistung, Kermarate
B	Dosisaufbaufaktor	k	Boltzmann-Konstante
B	Quellstärke	L	Induktivität
B	Magnetische Induktion	L	Lineares Energieübertragungsvermögen
b	Beschleunigung		
b^+, b^-	Beweglichkeit	l	Länge
C	Kapazität	M	Molare Masse
c_A	Aktivitätskonzentration	m	Masse
c_0	Lichtgeschwindigkeit	N	Anzahl, Teilchenanzahl
D	Energiedosis	$\dot{N}$	Anzahlrate, Zählrate
$\dot{D}$	Energiedosisleistung	N	Neutronenzahl
D_q	Äquivalentdosis	N_A	Avogadro-Konstante
d	Abstand, Schichtdicke, Durchmesser	N_L	Loschmidt-Konstante
		n	Teilchenanzahldichte
$E, \mathfrak{E}$	Elektrische Feldstärke	$\dot{n}$	Anzahldichterate
E	Teilchen-, Photonenenergie	P	Leistung
E_i	Energieaufwand pro Ionenpaar	p	Impuls
e	Elementarladung	p	Druck
F	Fläche	$p_1 \ldots p_i$	Relativer Massenanteil
F	Faraday-Konstante	Q	Elektrizitätsmenge
f	Dosisumrechnungsfaktor	Q	Energietönung, Energie
f_{RBW}	Faktor der relativen biologischen Wirksamkeit	q	Ionisierungsstärke
		q	Bewertungsfaktor
f_R	Rückstreufaktor	R	Reichweite
G	Flächendosisprodukt	R	Widerstand
G	G-Wert (chem. Dosimetrie)	R_∞	Rydberg-Konstante
g	Dosisumrechnungsfaktor	R_y	Rydberg-Frequenz
g	Energiestromdichte	r	Radius, Abstand
H	Magnetische Feldstärke	S	Bremsvermögen
H	Homogenitätsgrad	S	Schwärzung
h	Planck-Konstante, Wirkungsquantum	s	Weglänge
		s_1	1. Halbwertschichtdicke
I	Lichtstrom	s_2	2. Halbwertschichtdicke
I	Stromstärke	$T, T_{1/2}$	Halbwertszeit
I	Teilchenstrom	T	Absolute Temperatur
$\bar{I}$	Mittlere Ionisierungsenergie	T	Teilchenenergie
$\bar{I}$	Mittlere Anregungsenergie	t	Zeit
J	Ionendosis	t	Relative Tiefendosis
$\dot{J}$	Ionendosisleistung	t	Temperatur
J_c	Hohlraum-Ionendosis	U	Spannung